2022 | 全国勘察设计注册工程师
执业资格考试用书

Zhuce Dianqi Gongchengshi(Fashu Biandian) Zhiye Zige Kaoshi
Zhuanye Kaoshi Linian Zhenti Xiangjie

注册电气工程师（发输变电）执业资格考试
专业考试历年真题详解

（2010~2021）

上册

蒋　徵　胡　健／主编

人民交通出版社股份有限公司
北　京

内 容 提 要

本书为注册电气工程师（发输变电）执业资格考试专业考试历年真题、参考答案及解析，涵盖2010～2021年专业知识试题（上、下午卷）、案例分析试题（上、下午卷）。

本书配有数字资源，读者可刮开封面增值贴，扫描二维码，关注"注考大师"微信公众号兑换使用。

本书可供参加注册电气工程师（发输变电）执业资格考试专业考试的考生复习使用，也可供供配电专业的考生参考练习。

图书在版编目（CIP）数据

2022注册电气工程师（发输变电）执业资格考试专业考试历年真题详解：2010—2021／蒋徵，胡健主编．—北京：人民交通出版社股份有限公司，2022.5

ISBN 978-7-114-17895-5

Ⅰ．①2… Ⅱ．①蒋… ②胡… Ⅲ．①发电—电力工程—工程技术人员—资格考试—题解②输电—电力工程—工程技术人员—资格考试—题解③变电所—电力工程—工程技术人员—资格考试—题解 Ⅳ．①TM-44

中国版本图书馆CIP数据核字（2022）第043991号

书　　名：2022注册电气工程师（发输变电）执业资格考试专业考试历年真题详解（2010～2021）
著 作 者：蒋　徵　胡　健
责任编辑：刘彩云　李　梦
责任印制：刘高彤
出版发行：人民交通出版社股份有限公司
地　　址：（100011）北京市朝阳区安定门外外馆斜街3号
网　　址：http://www.ccpcl.com.cn
销售电话：（010）59757973
总 经 销：人民交通出版社股份有限公司发行部
经　　销：各地新华书店
印　　刷：北京虎彩文化传播有限公司
开　　本：787×1092　1/16
印　　张：58
字　　数：1293千
版　　次：2022年5月　第1版
印　　次：2022年5月　第1次印刷
书　　号：ISBN 978-7-114-17895-5
定　　价：168.00元（含上、下两册）

目录(上册)

2010 年注册电气工程师(发输变电)执业资格考试专业考试试题及答案

2011 年注册电气工程师(发输变电)执业资格考试专业考试试题及答案

2012 年注册电气工程师(发输变电)执业资格考试专业考试试题及答案

2013 年注册电气工程师(发输变电)执业资格考试专业考试试题及答案

2014年注册电气工程师(发输变电)执业资格考试专业考试试题及答案

2016年注册电气工程师(发输变电)执业资格考试专业考试试题及答案

2010年

注册电气工程师(发输变电)执业资格考试

专业考试试题及答案

2010年专业知识试题(上午卷)

一、单项选择题(共40题,每题1分,每题的备选项中只有1个最符合题意)

1. 在火力发电厂中500m^2配电装置室,疏散门数量不宜为下列哪项数值? (　　)

(A)1　　(B)2
(C)3　　(D)4

2. 容量为300MW的燃煤电厂的主厂房,防火墙上的电缆孔洞应采用电缆防火封堵材料进行封堵,其耐火极限为下列哪项数值? (　　)

(A)2h　　(B)3h
(C)4h　　(D)5h

3. 变电站站内道路布置除满足运行、检修、消防及设备安装要求外,还应符合带电设备安全间距的规定,下列哪个变电所的主干道路应尽量布置成环形? (　　)

(A)35kV变电站　　(B)66kV变电站
(C)110kV变电站　　(D)220kV变电站

4. 某220kV变电站内设有两台主变压器,变压器铁芯为冷轧硅钢片,过电压一般不超过下列哪个数值时,可不采取保护措施? (　　)

(A)411.5kV　　(B)291.0kV
(C)617.3kV　　(D)436.5kV

5. 爆炸性气体危险场所敷设电缆,下列哪项规定是正确的? (　　)

(A)电缆线路中严禁设置接头
(B)易燃气体较空气重时,不应采用埋地敷设方式
(C)易燃气体比空气轻时,电缆应敷设在较低处的管、沟内,沟内非铠装电缆应埋砂
(D)电缆及其管、沟穿过不同区域之间的墙、板孔洞处,应采用难燃性材料严密封堵

6. 计算机监控系统中的测量部分、常用电测量仪表和综合装置的测量部分,二次回路电压降不应大于额定二次电压的下列哪项数值? (　　)

(A)5%　　(B)4%
(C)3%　　(D)2%

7. 下列哪项举措不能减少化石能源的使用和消耗？ ( )

(A)发展水电 (B)淘汰小火电机组

(C)发展核电 (D)建立垃圾发电站

8. 某 220kV 变电站的火灾自动报警系统，采用共用接地装置，其接地电阻不应大于： ( )

(A)1Ω (B)2Ω

(C)4Ω (D)10Ω

9. 某 35kV 变电所中设两台主变压器，每台变压器配置 1 组电容器补偿装置，电抗率为 12%，35kV 母线短路容量为 500MVA，已运行的补偿容量为 12Mvar，由于负荷波动，每次自动投入的分组补偿容量为 334kvar，请问电容器组投入时的涌流标幺值为下列哪项数值？ ( )

(A)3.82 (B)8.31

(C)3.88 (D)8.39

10. 有关无功补偿的基本原则与要求，下列哪项说法是不正确的？ ( )

(A)发电机应带自动调节励磁(包括强行励磁)运行，并保持其运行的稳定性

(B)220kV 及以上电压等级线路的充电功率应基本予以补偿

(C)电网的无功补偿应以分层分区和就地平衡为原则，并应随负荷(或电压)变化进行调整

(D)电网受端系统中应有足够的动态无功备用容量

11. 在燃煤电厂和变电所电缆防火设计中，下列哪项设计不符合规范的要求？ ( )

(A)公用主隧道或沟内引接分支处宜设防火墙

(B)长距离沟道中相隔约 200m 宜设防火墙

(C)电缆引至电气柜处的开孔处应设防火封堵

(D)16m 深的电缆竖井宜设两道防火封堵

12. 某新建火力发电厂计划安装 4 台 200MW 的发电机组，发电厂以 220kV 电压接入系统，起动/备用电源也从 220kV 引接，220kV 出线为 6 回，请问该发电厂的 220kV 配电装置接线采用下列哪种是最经济合理的？ ( )

(A)双母线接线

(B)双母线带旁路接线

(C)双母线单分段接线

(D)双母线双分段接线

13. 离线封闭母线与设备连接时，为了便于拆卸，连接处一般采用螺栓连接，且接触面需镀银处理，请问当导体额定电流大于下列哪项数值时，应采用非磁性材料紧固件？（ ）

(A)1000A (B)2000A
(C)2500A (D)3000A

14. 对于按经济电流密度选择屋外导体时，下列哪一项应考虑日照的影响？（ ）

(A)共箱封闭母线 (B)离相封闭母线
(C)组合导线 (D)管形母线

15. 某 110kV 高压断路器额定电流 1000A，当使用环境温度为 50℃、海拔高度为 800m 时，允许的最大长期负荷电流为多少？（ ）

(A)820A (B)900A
(C)920A (D)1000A

16. 某变电站中，10kV 母线上的电容补偿装置串联电抗器电抗率是 6%，电容器组每相的串联段数是 1，该并联电容器组的额定相电压应是下列哪一数值？（ ）

(A)$10/\sqrt{3}$kV (B)$10.5/\sqrt{3}$kV
(C)$11/\sqrt{3}$kV (D)$12/\sqrt{3}$kV

17. 在有效接地系统中，采用无间隙氧化物避雷器作为雷电过电压保护装置时，下列哪一条不符合避雷器技术要求？（ ）

(A)避雷器额定电压为 $0.75U_m$
(B)避雷器持续运行电压为 $U_m/\sqrt{3}$
(C)避雷器额定电压应不低于 $1.25U_m$
(D)避雷器应能承受所在系统作用的操作过电压能量

18. 校验导体动、热稳定，选取被校验导体或电器通过最大短路电流短路点，下列哪项不符合规范要求？（ ）

(A)对带电抗器的 10kV 出线，校验母线与母线隔离开关之间隔板前的引线和套管时，应选在电抗器前
(B)对带电抗器的 10kV 出线，校验管形母线的动稳定，应选在电抗器之后
(C)对不带电抗器的回路，短路点应选在各种接线方式时短路电流为最大的地点
(D)对带电抗器的 10kV 厂用分支回路，校验母线与母线隔离开关之间隔板前的引线和套管时，应选在电抗器前

19. 有关室外配电装置与冷却塔的距离，下列哪项是不符合规范要求的？（　　）

(A) 对于机械通风冷却塔，非严寒地区应不小于 40m
(B) 对于机械通风冷却塔，严寒地区应不小于 50m
(C) 对于自然通风冷却塔，配电装置位于其冬季盛行风向的上风侧时，应不小于 25m
(D) 对于自然通风冷却塔，配电装置位于其冬季盛行风向的下风侧时，应不小于 40m

20. 下列关于矩形、槽形、管形导体的选型配置，哪项不符合规范要求？（　　）

(A) 20kV、4kA；矩形导体　　(B) 66kV、1kA；矩形导体
(C) 20kV、6kA；槽形导体　　(D) 66kV、2kA；槽形导体

21. 110kV 及以上单芯电缆金属层单点直线接地时，下列哪种情况，应沿电缆邻近设置平行回流线？（　　）

(A) 需要抑制电缆邻近弱电线路的电气干扰强度
(B) 系统短路时，电缆金属层产生的工频感应电压，达到电缆护层电压限制器的工频耐压
(C) 系统短路时，电缆金属层产生的工频感应电压，达到电缆护层绝缘耐受强度
(D) 重要回路且可能有过热部位的高压电缆线路

22. 在发电厂、变电所中，屋内配电装置采用金属封闭开关设备时，下列哪些关于设备布置的描述是不正确的？（　　）

(A) 固定式设备单列布置时，维护通道 800mm，操作通道为 1500mm
(B) 移开式设备单列布置时，维护通道 800mm，操作通道为单车长 +1200mm
(C) 固定式设备双列布置时，维护通道 800mm，操作通道为 1500mm
(D) 移开式设备双列布置时，维护通道 1000mm，操作通道为双车长 +900mm

23. 发电厂厂区内升压站装有：一台 360MVA 主变压器、由三个单相变组成的一台 189MVA 联络变压器、一台 45MVA 高压厂用变压器和一台 55MVA 的起动/备用变压器，且均为油浸变压器。按规程规定，应设置水喷雾灭火系统的是：（　　）

(A) 主变压器　　(B) 联络变压器
(C) 高压厂用变压器　　(D) 起动/备用变压器

24. 某变电所安装一单支避雷针，高度为 35m，其地面保护半径为：（　　）

(A) 35m　　(B) 48.8m
(C) 52.5m　　(D) 120m

25. 某有效接地系统的变电站中，最大接地故障不对称电流为 1.8kA，其中经变压器

中性点入地电流为0.15kA,不考虑避雷线分流影响,请问该变电所的接地网最大接地电阻为下列哪项数值? ( )

(A)1.11Ω (B)13.3Ω
(C)1.21Ω (D)0.1Ω

26. 省级电网经营企业与其供电企业的供电关口需设置关口计量电度表,即该供电企业的降压变电所的下列哪个部位需设置关口计量电度表? ( )

(A)主变压器的高压侧 (B)主变压器的高压、中压侧
(C)主变压器的高压、中压、低压侧 (D)主变压器的低压侧

27. 某220kV变电站中的220kV配电装置采用双母线分段接线,220kV线路配置综合重合闸,母线装设母差保护,主变压器装设差动保护。请问下列哪台断路器不应选用三相联动操动断路器? ( )

(A)主变220kV侧断路器 (B)220kV母线断路器
(C)220kV线路断路器 (D)220kV分段断路器

28. 具有电流和电压线圈的中间继电器,其电流和电压线圈应采用正极性接线,电流与电压线圈间的耐压水平的试验标准不应低于下列哪项数值? ( )

(A)500V,2min (B)1000V,2min
(C)500V,1min (D)1000V,1min

29. 断路器失灵保护中,失灵保护判别元件和动作时间,下列哪项是不正确的? ( )

(A)正序电流元件,15ms (B)相电流元件,20ms
(C)零序电流元件,15ms (D)负序电流元件,20ms

30. 某变电所中,110kV线路变压器组的主变压器是110/35/10kV、31.5MVA。主变压器110kV侧最大三相短路电流5kA、最小两相短路电流3kA,主变压器110kV侧安装了过负荷保护。过负荷保护的一次整定电流为:(可靠系数取1.05,返回系数取0.85) ( )

(A)6176A (B)3705A
(C)204A (D)165A

31. 某变电所直流系统的经常负荷电流为20A,蓄电池的自放电电流为3A,其浮充电电流应为: ( )

(A)3A (B)17A
(C)20A (D)23A

32. 某变电所选用500kVA，35/0.4kV，U_d为6.5%的所用变压器，至380V母线每相回路的总电阻、总电抗分别为3.576mΩ和21.349mΩ，请计算380V母线的三相短路电流周期分量起始值为：（　　）

(A)10.67kA　　(B)10.5kA

(C)8.2kA　　(D)6.5kA

33. 变电站中，下列哪一场所不应设置备用照明？（　　）

(A)主控制室　　(B)屋内配电装置室

(C)主要楼梯间　　(D)蓄电池室

34. 某地区220kV电网的最大有功负荷1000MW，电网最大自然无功负荷系数为1.3kvar/kW，本网发电机的无功功率为100Mvar，主网和邻网输入的无功功率为400Mvar，线路和电缆的充电功率为200Mvar。请问此电网的容性无功补偿设备总容量为下列哪个数值？（　　）

(A)450Mvar　　(B)600Mvar

(C)795Mvar　　(D)2195Mvar

35. 火力发电厂厂房内需安装投光灯，投光灯功率2kW/个，投光灯轴线光强为30000cd，初始光通量25000lm，请问投光灯的安装高度应不低于下列哪个数值？（　　）

(A)10m　　(B)9.13m

(C)5m　　(D)4.56m

36. 500kV及以上输电线路跨越非长期住人的建筑物或邻近民房时，房屋所在位置离地面1.5m处的未畸变电场不得超过下列哪项数值？（　　）

(A)1kV/m　　(B)2kV/m

(C)3kV/m　　(D)4kV/m

37. 悬垂型杆塔分为悬垂直线和悬垂转角塔，标称电压为220kV和500kV的线路，其转角度数分别不宜大于下列哪项数值？（　　）

(A)3°，10°　　(B)10°，15°

(C)10°，25°　　(D)10°，20°

38. 110kV无避雷线线路，杆塔横担高度25.6m，绝缘子长度2.2m，导线弧垂8.5m，雷击大地距线路100m，雷电流为50kA，线路上感应过电压的最大值为下列哪项？

（　　）

(A)375kV　　(B)389kV

(C)311kV　　(D)340kV

39. 下列有关输电线路架设地线的描述，不正确的是： （ ）

（A）在山区地带，110kV 输电线路全线架设地线
（B）在少雷区，220kV 输电线路可不架设地线
（C）在山区地带，330kV 输电线路全线架设地线
（D）在少雷区，500kV 输电线路应不架设地线

40. 某线路的导线为钢芯铝绞线，拉断力为 123400N，在稀有覆冰条件下，导线在悬挂点的最大设计张力允许值为多少？ （ ）

（A）54844N （B）49360N
（C）95018N （D）86380N

二、多项选择题（共 30 题，每题 2 分。每题的备选项中有 2 个或 2 个以上符合题意，错选、少选、多选均不得分）

41. 某火力发电厂内电力电缆采用架空敷设，应在下列哪些部位设置阻火措施？ （ ）

（A）穿越配电装置室、锅炉房之间的隔墙处
（B）两台机组连接处
（C）电缆桥架分支处
（D）架空敷设每间距 100m 处

42. 某火力发电厂，设 1 台汽轮发电机组，容量为 125MW，请问下列哪些位置应设置火灾自动报警系统？ （ ）

（A）电缆夹层 （B）配电装置室（室内）
（C）主控制室 （D）计算机房

43. 火力发电厂废物和烟尘处理，下列哪几项措施是正确的？ （ ）

（A）烟囱高度一般高于厂区内邻近最高建筑物的 2 倍
（B）燃煤锅炉应装设高效除尘器，烟尘排放满足零排放要求
（C）灰渣和脱硫石膏应分区堆放，堆满后应运出，不可采用覆土碾压
（D）对于灰场应采用绿化措施

44. 火力发电厂的照明设计中，下列哪几项节能措施是正确的？ （ ）

（A）户外照明宜采用分区、分组集中手动控制方式
（B）户外照明和道路照明应采用高压钠灯
（C）气体放电灯应装设补充电容器，补偿后的功率因数不应低于 0.85
（D）户外照明宜采用光控、时控等自动控制

45. 电气设施布置应分局设防烈度、场地条件和其他环境条件确定，下列有关抗震的措施哪几项是正确的？ （　　）

(A)当为9度时，限流电抗器宜采用三相垂直布置
(B)当为9度时，110kV及以上配电装置的管形母线，宜采用悬挂式结构
(C)当为8度时，可将重心位置的几个开关柜连成整体
(D)主要设备之间以及主要设备与其他设备及设施间的距离宜适当加大

46. 某变电所的建筑物耐火等级为二级，火灾危险性为戊类，体积为下列哪些数值时，可不设消防给水装置？ （　　）

(A) $1000m^3$　　(B) $1500m^3$
(C) $3000m^3$　　(D) $4000m^3$

47. 某变电所的电力电容器组布置在室内，在其防火设计中，是否设置储油设施或挡油栏，下列哪些说法是错误的？ （　　）

(A)取决于电容器容量　　(B)取决于电容器组接线形式
(C)取决于单台电容器形式和容量　　(D)取决于电容器形式

48. 有关短路保护中主保护的最小灵敏度系数，下列说法哪些是符合规范要求的？ （　　）

(A)变压器电流速断保护为1.5
(B)发电机纵联差动保护为1.5
(C)采用负序和零序增量元件的距离保护为2.0
(D)采用跳闸元件的线路纵联差动保护为1.0

49. 对工业、民用建筑，应分别单独划分火灾探测器区域的场所为下列哪几项？ （　　）

(A)敞开楼梯间　　(B)电缆隧道
(C)水泵房　　(D)管道井

50. 某330kV变电所中有两台360MVA主变压器，330kV、110kV配电装置分别采用一个半断路器接线和双母线接线。关于隔离开关的配置，下列哪些说法是正确的？ （　　）

(A)接在330kV母线及110kV母线上的避雷器和电压互感器，可合用一组隔离开关
(B)断路器两侧均应配置隔离开关
(C)300kV、110kV线路上的耦合电容器不应装设隔离开关
(D)变压器110kV中性点不必装设隔离开关

51. 计算电力系统中不对称短路时，若双绕组变压器均采用三相四柱式，关于零序阻抗下列哪些说法是正确的？（　　）

(A) 110/10kV，接线组别 YNd11，零序阻抗 = 正序阻抗
(B) 110/10kV，接线组别 YNd1，零序阻抗 = 0
(C) 220/10kV，接线组别 YNy6，零序阻抗 = 正序阻抗
(D) 220/10kV，接线组别 YNy0，零序阻抗 = 无穷大

52. 某变电所，所在地区环境的最热月平均最高温度为 32℃，年最高温度为 35℃。请问选择该变电所中的户外隔离开关和户内隔离开关的环境温度不宜采用哪几组数据？（　　）

(A) 37℃（户外），35℃（户内）
(B) 35℃（户外），37℃（户内）
(C) 32℃（户外），37℃（户内）
(D) 32℃（户外），35℃（户内）

53. 导体的电晕临界电压应大于导体安装处的最高工作电压，下列哪些导体可不进行电晕校验？（　　）

(A) 110kV LGJ-200
(B) 220kV LGJ-300
(C) 330kV 2 × LGJ-300
(D) 550kV 2 × LGJ-600

54. 单相重合闸线路，为确保多相故障时可靠不重合，宜增设由不同相断路器位置触点串并联解除重合闸的附加回路，下列哪些断路器宜选用三相联动断路器？（　　）

(A) 发电机变压器组低压侧断路器
(B) 变压器低压侧断路器
(C) 母线联络断路器
(D) 并联电抗器断路器

55. 110kV 及以下电力电缆可选用铜芯和铝芯，但在下列哪几种情况下应采用铜芯？（　　）

(A) 电机励磁、重要电源、移动式电气设备等需要保持连续具有高可靠性的回路
(B) 振动剧烈、有爆炸危险等严酷的工作环境
(C) 耐火电缆
(D) 紧靠消防设备附近布置

56. 在变电站的工程设计中，选用屋外高压配电装置出线架构宽度时，一般应使出线对架构横梁垂直线的偏角符合典型布置要求，请判断下列哪些偏角不满足要求？（　　）

(A) 110kV，20°
(B) 220kV，15°
(C) 330kV，15°
(D) 500kV，10°

57. 变电所中，对 110kV 屋外配电装置作安全距离校验时，下列哪些情况应按 B_1 值校验？（　　）

(A)设备运输时，其设备外廓至无遮拦带电部分之间
(B)交叉的不同时停电检修的无遮拦带电部分之间
(C)断路器和隔离开关的断口两侧引线带电部分之间
(D)栅状遮拦至绝缘体和带电部分之间

58. 在 500kV 电力网中，空载线路合闸、单相重合闸的操作过电压，可采用下述哪些主要的限制措施？（　　）

(A)采用选相合闸措施
(B)断路器上安装合闸电阻
(C)线路两端加装氧化锌避雷器
(D)在线路并联高压电抗器中性点串联接地电抗器

59. 高压直流输电大地返回运行系统的接地极址与换流站、220kV 及以上电压等级交流变电站的直线距离，宜选用下列哪几种？（　　）

(A)80km　　(B)50km　　(C)30km　　(D)8km

60. 发电厂、变电所中，电流互感器二次额定电流有 5A、1A 两种，选用 1A 的特点有下列哪几条？（　　）

(A)在相同容量的情况下，带二次负荷能力提高
(B)在相同距离的情况下，控制电缆截面可以减小
(C)在相同额定一次电流值时，电流互感器二次绕组匝数增加
(D)在相同的运行条件下，暂态特性好

61. 在发电厂、变电所中，送电电路自动重合闸装置除应符合 GB 14285 外，还应满足下列哪些要求？（　　）

(A)任何情况下，自动重合闸装置的动作次数都应符合预先的规定，自动重合闸动作时应发出信号至计算机
(B)对于发电机—变压器—线路组接线方式，可仅装设单相跳闸重合闸装置，三相跳闸时应延时重合闸
(C)自动重合闸装置，应能在重合闸后加速继电保护的动作；必要时，还应能在重合闸前加速其动作
(D)当断路器处于不允许实现自动重合闸状态时，应将自动重合闸装置闭锁

62. 在规定运行方式和故障形态下，电力系统暂态稳定计算分析的目的是下列哪几项？（　　）

(A)应用相应的判据，确定电力系统稳定性和输电功率极限
(B)检验在给定条件下的稳定储备

(C)对系统稳定性进行校验
(D)对继电保护和自动装置以及各种措施提出相应的要求

63. 在中性点不直接接地系统的输电线路中,发生单相接地单路,人体触碰邻近电信导线时,由容性耦合引起的流经人体的电流值,以下哪些是允许的? ( )

(A)20mA　(B)15mA　(C)30mA　(D)10mA

64. 某发电厂装设2台200MW机组,请问下列有关备用、起动/备用电源及交流保安电源叙述正确的是: ( )

(A)应设置交流保安电源,即安装1台自动快速起动的柴油发电机组,分批投入保安负荷
(B)交流保安母线应采用双母线接线,以保证机组分段分别供给本机组的交流保安负荷
(C)应设1台高压厂用起动/备用变压器,主要作为机组起动或停机的电源,兼作厂用备用电源
(D)应设1台低压厂用备用变压器

65. 某发电厂采用快速起动柴油发电机组作为交流保安电源,关于此电源的继电保护与自动装置,下列哪些说法是不正确的? ( )

(A)当电流速断保护灵敏度不够时,应装设纵联差动保护,同时应装设反时限过电流保护作为后备保护
(B)事故时,高压厂用电自动投入合闸回路中应加同期闭锁,同时应装设慢速切换作为后备
(C)正常运行时,高压厂用电宜采用手动并联切换,同时宜采用手动合上断路器后,联动切除被解列电源
(D)交流保安电源宜在接地装设同期并列装置,保安段的厂用工作电源与交流保安电源之间采用并联断电切换

66. 发电厂、变电站中,哪些工作场所应采用24V及以下的特低电压照明? ( )

(A)供锅炉本体,金属容器检修用的携带式作业灯,其电压应为12V
(B)具有导电灰尘的场所,应采用24V及以下电压
(C)特别潮湿的场所,应采用24V及以下电压
(D)无其他防止触电安全措施的隧道照明,宜采用24V

67. 在架空送电线路设计中选择导线方案时,如果验算电晕不满足要求,可采取的有效措施有以下哪些? ( )

(A)加大导线直径　(B)增加分裂根数
(C)采用等截面的扩径导线　(D)提高对地高度

68. 架空送电线路中，导、地线架设后的塑性伸长应按制造厂提供的数据或通过试验确定。如无资料，铜芯铝绞线可采用的数值哪些是正确的？（　　）

(A) 铝钢截面比 5.05 ~6.16 时，塑性伸长 4×10^{-4} ~ 5×10^{-4}

(B) 铝钢截面比 5.05 ~6.16 时，塑性伸长 3×10^{-4} ~ 4×10^{-4}

(C) 铝钢截面比 4.29 ~4.38 时，塑性伸长 3×10^{-4} ~ 4×10^{-4}

(D) 铝钢截面比 4.29 ~4.38 时，塑性伸长 3×10^{-4}

69. 在架空送电线路计算垂直于导地线风荷载时，需考虑的因素有以下哪些？（　　）

(A) 线条基准高度的风速、杆塔水平档距

(B) 杆塔两侧弧垂最低点的水平距离

(C) 风压高度变化系数、线条体型系数

(D) 线条直径

70. 架空送电线路施工图定位中，对摇摆角超过设计值的杆塔，可采取哪些措施？（　　）

(A) 减小导线弧垂

(B) 加挂重锤

(C) 调整杆塔型

(D) 调整杆塔高度

2010年专业知识试题答案(上午卷)

1. **答案**:A

依据:《火力发电厂与变电站设计防火规范》(GB 50229—2019)第11.2.5条。

注:此规范较少考查,应注意。

2. **答案**:B

依据:《火力发电厂与变电站设计防火规范》(GB 50229—2019)第6.8.4条。

3. **答案**:D

依据:《变电站总布置设计技术规程》(DL/T 5056—2007)第8.3.1条。

4. **答案**:A

依据:《交流电气装置的过电压保护和绝缘配合设计规范》(GB/T 50064—2014)第4.2.6条。

$$2.0\text{p.u.}=2.0\times\sqrt{2}\times\frac{252}{\sqrt{3}}=411.5\text{kV}$$

注:最高电压 U_m 应依据《标准电压》(GB/T 156—2007)第4.3条、第4.4条及第4.5条确定。

5. **答案**:C

依据:《电力工程电缆设计规范》(GB 50217—2018)第5.1.10条。

6. **答案**:C

依据:《电力装置电测量仪表装置设计规范》(GB/T 50063—2017)第8.2.3-1条。

7. **答案**:D

依据:无。

8. **答案**:A

依据:《火灾自动报警系统设计规范》(GB 50116—2013)第10.2.1-1条。

9. **答案**:C

依据:《并联电容器装置设计规范》(GB 50227—2017)附录A第A.0.1条。

母线装设的电容器组总容量:$Q=Q_0+Q'=12+0.334=12.334\text{Mvar}$

电源影响系数:$\beta=1-\dfrac{1}{\sqrt{1+\dfrac{Q}{KS_d}}}=1-\dfrac{1}{\sqrt{1+\dfrac{12.334}{12\%\times500}}}=0.089$

涌流峰值的标幺值:$I_*=\dfrac{1}{\sqrt{K}}\left(1-\beta\dfrac{Q_0}{Q}\right)+1=\dfrac{1}{\sqrt{12\%}}\left(1-0.089\times\dfrac{0.334}{12.334}\right)+1=3.88$

10. **答案**:B

依据:《电力系统设计技术规程》(DL/T 5429—2009)第7.2.1条。

11. **答案**:B

依据:《火力发电厂与变电站设计防火规范》(GB 50229—2019)第6.8.2条、第6.8.3条。

12. **答案**:C

依据:《火力发电厂设计技术规程》(DL 5000—2000)第13.2.12条。

第13.2.12条:容量为200MW及以下的机组,当发电厂总装机容量在800MW及以上,且220kV配电装置进出线回路数达10~14回时,可采用双母线单分段接线。

注:《大中型火力发电厂设计规范》(GB 50660—2011)中相关内容已修改。

13. **答案**:D

依据:《导体和电器选择设计技术规定》(DL/T 5222—2005)第7.4.10条。

14. **答案**:D

依据:《导体和电器选择设计技术规定》(DL/T 5222—2005)第6.0.3条。

15. **答案**:A

依据:《导体和电器选择设计技术规定》(DL/T 5222—2005)第5.0.3条。

降负荷工作:$I_n = 1000 \times [1 - (50 - 40) \times 1.8\%] = 820\text{A}$

16. **答案**:C

依据:《并联电容器装置设计规范》(GB 50227—2017)第5.2.2条及条文说明。

单台电容器额定电压:$U_{CN} = \dfrac{1.05U_{SN}}{\sqrt{3}S(1-K)} = \dfrac{1.05 \times 10}{\sqrt{3} \times 1 \times (1 - 6\%)} = \dfrac{11.17}{\sqrt{3}}\text{A}$

17. **答案**:C

依据:《交流电气装置的过电压保护和绝缘配合设计规范》(GB/T 50064—2014)第4.4.2条、第4.4.3条。

注:《交流电气装置的过电压保护和绝缘配合》(DL/T 620—1997)第5.3.4条。

18. **答案**:C

依据:《导体和电器选择设计技术规定》(DL/T 5222—2005)第5.0.6条。

19. **答案**:B

依据:《高压配电装置设计技术规程》(DL/T 5352—2018)第3.0.2条及条文说明。

20. **答案**:D

依据:《导体和电器选择设计技术规定》(DL/T 5222—2005)第7.3.2条和《高压配电装置设计技术规程》(DL/T 5352—2018)第4.2.3条。

21. **答案**:A

依据:《电力工程电缆设计规范》(GB 50217—2018)第4.1.16条、第4.1.18条。

22. **答案**:C

依据:《高压配电装置设计技术规程》(DL/T 5352—2018)第5.4.4条及表5.4.4。

23. **答案**:A

依据:《高压配电装置设计技术规程》(DL/T 5352—2018)第5.5.5条。

注:联络变压器由三个单相变压器构成,单个容量未超过90MVA。

24. **答案**:B

依据:《交流电气装置的过电压保护和绝缘配合设计规范》(GB/T 50064—2014)第5.2.1条。

由 $h = 35\text{m} > 30\text{m}, P = 5.5/\sqrt{35} = 0.93$,则 $r = 1.5hP = 1.5 \times 35 \times 0.93 = 48.8\text{m}$

注:也可参考《交流电气装置的过电压保护和绝缘配合》(DL/T 620—1997)第5.2.1条式(4)。

25. **答案**:C

依据:《交流电气装置的接地设计规范》(GB/T 50065—2011)第4.2.1-1条。

26. **答案**:C

依据:《电力装置电测量仪表装置设计规范》(GB/T 50063—2017)第4.2.1-2条。

27. **答案**:C

依据:《火力发电厂、变电站二次接线设计技术规程》(DL/T 5136—2012)第5.1.6条。

28. **答案**:D

依据:《火力发电厂、变电站二次接线设计技术规程》(DL/T 5136—2012)第7.1.5条。

29. **答案**:A

依据:《继电保护和安全自动装置技术规程》(GB/T 14285—2006)第4.9.2.2条。

30. **答案**:C

依据:《电力工程电气设计手册》(电气二次部分)P639式(29-130)。

整定电流:$I_{dz} = \dfrac{K_K}{K_f} I_e = \dfrac{1.05}{0.85} \times \dfrac{31.5 \times 10^3}{\sqrt{3} \times 110} = 204\text{A}$

31. **答案**:D

依据:《电力工程直流系统设计技术规程》(DL/T 5044—2014)附录D第D.1.1-1条。

充电装置额定电流应满足浮充电要求,浮充电输出电流应按蓄电池自放电电流与经常负荷电流之和计算。

32. **答案**:A

依据:《220kV~500kV变电所所用电设计技术规程》(DL/T 5155—2002)附录D。

变压器短路周期分量起始有效值：

$$I''_{B}=\frac{U}{\sqrt{3}\times\sqrt{R_{\Sigma}^{2}+X_{\Sigma}^{2}}}=\frac{400}{\sqrt{3}\times\sqrt{3.576^{2}+21.349^{2}}}=10.67\text{kA}$$

33. **答案**：C

依据：《发电厂和变电站照明设计技术规定》(DL/T 5390—2014)第3.2.2条表3.2.2。

注：主要楼梯间设置疏散照明。

34. **答案**：C

依据：《电力系统电压和无功电力技术导则》(SD 325—1989)第5.5条。

容性无功补偿设备总容量：

$$Q_{C}=1.15Q_{D}-Q_{G}-Q_{R}-Q_{L}=1.15\times1.3\times1000-100-400-200=795\text{Mvar}$$

35. **答案**：A

依据：《发电厂和变电站照明设计技术规定》(DL/T 5390—2014)第9.0.4条。

36. **答案**：D

依据：《110kV～750kV架空输电线路设计规范》(GB 50545—2010)第13.0.5条。

37. **答案**：D

依据：《110kV～750kV架空输电线路设计规范》(GB 50545—2010)第9.0.3-5条。

38. **答案**：D

依据：《电力工程高压送电线路设计手册》(第二版)P125、P126式(2-7-9)和式(2-7-13)。

注：题目明确无避雷线线路，不建议选用《交流电气装置的过电压保护和绝缘配合》(DL/T 620—1997)中的公式计算。

39. **答案**：B

依据：《110kV～750kV架空输电线路设计规范》(GB 50545—2010)第7.0.13条。

注：对比《交流电气装置的过电压保护和绝缘配合》(DL/T 620—1997)第6.1.2条，建议以新版本的规定为准。

40. **答案**：C

依据：《110kV～750kV架空输电线路设计规范》(GB 50545—2010)第5.0.9条。

注：本题数据虽与《圆线同心绞架空导线》(GB/T 1179—2008)一致，但题干未明确其引自该规范，可不必按《电力工程高压送电线路设计手册》(第二版)P177的规定乘以系数0.95。

---

41. **答案**：BCD

依据:《火力发电厂与变电站设计防火规范》(GB 50229—2019)第6.8.3条。

42. 答案:ABC
依据:《火力发电厂与变电站设计防火规范》(GB 50229—2019)第7.1.6-1条。

43. 答案:AD
依据:《大中型火力发电厂设计规范》(GB 50660—2011)第21.2.3条、第21.2.5条、第21.2.8条。

44. 答案:ABD
依据:《发电厂和变电站照明设计技术规定》(DL/T 5390—2014)第10.0.3条、第10.0.4条。

45. 答案:BCD
依据:《电力设施抗震设计规范》(GB 50260—2013)第6.5.2条、第6.5.4条、第6.7.8条。

46. 答案:ABC
依据:《火力发电厂与变电站设计防火规范》(GB 50229—2019)第11.5.1条。

47. 答案:ABD
依据:《火力发电厂与变电站设计防火规范》(GB 50229—2019)第6.7.7条。

48. 答案:AB
依据:《继电保护和安全自动装置技术规程》(GB/T 14285—2006)附录A表A.1。

49. 答案:ABD
依据:《火灾自动报警系统设计规范》(GB 50116—2013)第3.3.3条。

50. 答案:BC
依据:《电力工程电气设计手册》(电气一次部分)P71"隔离开关的配置"和《高压配电装置设计技术规程》(DL/T 5352—2018)第2.1.5条。

注:有关耦合电容器的规定可参考《220kV~750kV变电站设计技术规程》(DL/T 5218—2012)相关规定。

51. 答案:AD
依据:《电力工程电气设计手册》(电气一次部分)P142表4-17。

52. 答案:ACD
依据:《导体和电器选择设计技术规定》(DL/T 5222—2005)第6.0.2条及表6.0.2。

53. 答案:ABC
依据:《导体和电器选择设计技术规定》(DL/T 5222—2005)第7.1.7条及表7.1.7。

54. **答案**:CD

依据:《火力发电厂、变电站二次接线设计技术规程》(DL/T 5136—2012)第5.1.6条。

55. **答案**:ABC

依据:《电力工程电缆设计规范》(GB 50217—2018)第3.1.1条。

56. **答案**:BC

依据:《电力工程电气设计手册》(电气一次部分)P579中"2.屋外配电装置部分"。

57. **答案**:ABD

依据:《高压配电装置设计技术规程》(DL/T 5352—2018)第5.1.2条。

58. **答案**:ABC

依据:《交流电气装置的过电压保护和绝缘配合设计规范》(GB/T 50064—2014)第4.2.1-5条。

注:也可参考《交流电气装置的过电压保护和绝缘配合》(DL/T 620—1997)第4.2.1条c)款。

59. **答案**:BC

依据:《高压直流输电大地返回运行系统设计技术规定》(DL/T 5224—2014)第9.2.1条及条文说明。

60. **答案**:AB

依据:《电力工程电气设计手册》(电气二次部分)P65中"3.电流互感器二次电流选择"。

注:也可参考《火力发电厂、变电站二次接线设计技术规程》(DL/T 5136—2012)第5.3.3条及条文说明。

61. **答案**:ACD

依据:《火力发电厂、变电站二次接线设计技术规程》(DL/T 5136—2012)第6.3.1条。

62. **答案**:CD

依据:《电力系统安装稳定导则》(DL/T 755—2001)第4.4.2条、第4.3.2条。

63. **答案**:BD

依据:《输电线路对电信线路危险和干扰影响防护设计规程》(DL/T 5033—2006)第4.1.1条。

64. **答案**:ACD

依据:《火力发电厂厂用电设计技术规定》(DL/T 5153—2014)第3.7.4-1条、第3.7.10条、第3.8.1条~第3.8.4条。

65. **答案**:AD

依据:《火力发电厂厂用电设计技术规定》(DL/T 5153—2014)第8.9.2-2条、第9.3.1条、第9.4.3条。

66. **答案**:AD

依据:《发电厂和变电站照明设计技术规定》(DL/T 5390—2014)第8.1.3条~第8.1.5条。

67. **答案**:ABC

依据:《电力工程高压送电线路设计手册》(第二版)P30式(2-2-1)及P33"(二)最大电晕损失"的论述。

68. **答案**:BD

依据:《110kV~750kV架空输电线路设计规范》(GB 50545—2010)第5.0.15条。

69. **答案**:ACD

依据:《电力工程高压送电线路设计手册》(第二版)P174"(二)电线风荷载计算"第一段及式(3-1-14)。

70. **答案**:BCD

依据:《电力工程高压送电线路设计手册》(第二版)P604右侧中间段落。

(4)对摇摆角超过设计值的杆塔,除调整杆(塔)位、杆(塔)型、杆(塔)高度或单联改双联外,尚应考虑加挂重锤。

2010 年专业知识试题(下午卷)

一、单项选择题(共 40 题,每题 1 分,每题的备选项中只有 1 个最符合题意)

1. 发电厂、变电所中,验算硬导体短路动稳定时,对应于导体材料的破坏应力,安全系数取下列哪个数值? ( )

(A)1.4 (B)1.67 (C)2.5 (D)4.0

2. 某变电站安装一台 35kVA 壳式变压器,接线组别 YNd 接线,则该变压器的零序电抗为: ( )

(A)$X_0=\infty$
(B)$X_0=X_1+X_{\mu0}$
(C)$X_0=X_1$
(D)$X_0=X_1+3Z$

3. 检验导体和电器的动、热稳定以及电器开断性能时,短路电流计算应采用哪种运行方式? ( )

(A)系统最大过渡运行方式
(B)系统最大运行方式下
(C)系统正常运行方式下
(D)仅在切换过程中可能并列运行的接线方式

4. 某变电所中,有一组每相能接成四个桥臂的单星形接线的 35kV 并联电容器,每个桥臂由 5 台 500kvar 电容器并联而成,此电容器组的总容量为: ( )

(A)7500kvar (B)10000kvar (C)15000kvar (D)30000kvar

5. 220kV 隔离开关应具有切合电感、电容性小电流和环流的能力,请问在正常操作时,隔离开关能够可靠切断下列哪项电流? ( )

(A)隔离开关能可靠切断空载母线电流
(B)隔离开关能可靠切断不超过 5A 的变压器励磁电流
(C)隔离开关能可靠切断不超过 10A 的空载电路电容电流
(D)隔离开关能可靠切断系统环流

6. 有一只二次侧额定电流为 1A 的电流互感器,其二次额定负荷为 20Ω,此电流互感器二次额定容量是下列哪项数值? ( )

(A)20VA
(B)30VA
(C)50VA
(D)80VA

7. 发电厂、变电所户外布置的电流互感器，下列哪项使用环境条件不需要校验？（　　）

(A)环境温度　　(B)海拔高度
(C)系统接地方式　　(D)日照强度

8. 交流系统中，电力电缆缆芯的相间额定电压不得低于以下哪项电压？（　　）

(A)使用回路的工作线电压　　(B)操作过电压
(C)系统最高电压　　(D)3 倍使用回路的工作相电压

9. 发电厂、变电所中，屋外高压配电装置的最小安全净距 A 值是基本带电距离，其他安全净距是以 A 值为基础得出的，下列哪项安全净距计算是错误的？（　　）

(A) $B_1 = A_1 + 750\text{mm}$　　(B) $B_2 = A_1 + 30\text{mm} + 70\text{mm}$
(C) $C = A_1 + 2300\text{mm} + 200\text{mm}$　　(D) $D = A_1 + 1800\text{mm}$

10. GIS 上的感应电压不应危及人身和设备的安全，在故障条件下，GIS 外壳的感应电压不应大于下列何值？（　　）

(A)100V　　(B)60V　　(C)30V　　(D)24V

11. 某架空进线的 110kV 敞开式高压配电装置，进线路数 4 回，若避雷线进线长度 2km，则金属氧化物避雷器与主变压器间的最大电气距离应为下列哪项数值？（　　）

(A)200m　　(B)230m　　(C)270m　　(D)310m

12. 海拔高度不超过 1000m 地区的 220kV 变电所，操作过电压要求的相对地和相间间隙分别为下列哪组数据？（　　）

(A)1.5m,2.0m　　(B)1.0m,2.0m
(C)1.8m,2.0m　　(D)2.0m,1.1m

13. 下列哪种过电压一般不可采用 MOA 进行限制？（　　）

(A)无故障甩负荷过电压
(B)投切空载变压器产生的操作过电压
(C)投切空载架空线路产生的操作过电压
(D)开断并联电容补偿装置的单相重击穿过电压

14. 220kV 电力系统中，线路断路器变电所侧的相对地工频过电压水平一般不宜超过下列哪项数值？（　　）

(A)145kV　　(B)165kV　　(C)189kV　　(D)252kV

15. 某电厂 220kV 升压站站内接地短路时，最大接地短路电流为 24kA，流经变压器中性点的最大短路电流为 15.4kA，经计算该电厂接地装置的接地电阻为 0.3Ω，如最大接触电位差系数为 0.166，则最大接触电位差应为下列哪个值？（假设不考虑避雷线工频分流） （ ）

(A)286V (B)375V (C)428V (D)560V

16. 发电厂、变电所人工接地网的外绝缘应闭合，外缘各角应做成圆弧形，圆弧的半径应满足下列哪条要求？ （ ）

(A)外缘圆弧的半径小于均压带间距的 0.2 倍
(B)外缘圆弧的半径大于均压带间距的 0.5 倍
(C)外缘圆弧的半径为均压带间距的 1 倍
(D)外缘圆弧的半径为均压带间距的 2 倍

17. 在发电厂 220kV 电气设备接地短路电流进行热稳定校验时，钢接地线短时温度不应超过： （ ）

(A)250℃ (B)300℃ (C)400℃ (D)450℃

18. 变电所中，计算机监控系统的控制操作功能有很多种，以下对于功能叙述错误的是： （ ）

(A)计算机监控系统应具有手动控制和自动控制两种方式
(B)手动控制级别由高到低依次是：远程调度，站内控制，就地三种控制级别相互互锁，同一时间只允许一级控制
(C)自动控制应包括顺序控制和调节控制
(D)调节控制包括自动投切无功补偿设备和调节主变压器分接头位置

19. 某变电所中，110kV 为直接接地系统，10kV 为消弧线圈接地系统，两系统电压互感器二次绕组均为星形接线，请问下列电压互感器二次绕组接线方式错误的是哪项？ （ ）

(A)110kV 电压互感器二次绕组中性点一点接地
(B)10kV 电压互感器二次绕组中性点一点接地
(C)110kV 电压互感器二次绕组 B 相一点接地
(D)10kV 电压互感器二次绕组 B 相接地

20. 用于 220kV 电网的线路保护，都不应因系统振荡引起误动作，下列哪项是正确的？ （ ）

(A)系统在全振荡过程中，被保护线路发生单相接地故障，保护装置不动作
(B)系统在非全相振荡过程中，被保护线路发生单相接地故障，保护装置不动作
(C)系统发生非全相振荡，保护装置不应误动作
(D)系统在全振荡过程中发生三相短路，故障线路的保护装置不应动作

21. 电力系统稳定破坏出线失步状态时，应采取消除失步的控制措施，请问采取下列哪项措施是不正确的？（　　）

（A）装设失步解列控制装置

（B）对局部系统，经验证可采取同步控制

（C）调度电网，采用加大发电机出力和适当减负荷

（D）送端孤立的大型发电厂，应优先切除部分机组

22. 继电保护和安全自动装置的通道一般采用下列哪种形式的传输媒介？（　　）

（A）采用自承式光缆　　（B）采用缠绕式光缆

（C）采用光纤复合架空地线　　（D）采用架空线路的铜绞线地线

23. 发电厂、变电所的直流系统中，当直流断路器和熔断器串级作为保护电器时，直流断路器装设在熔断器下一级时，熔断器的额定电流应为：（　　）

（A）熔断器额定电流应为直流断路器额定电流的 2 倍以上

（B）熔断器额定电流应为直流断路器额定电流的 2.5 倍以上

（C）熔断器额定电流应为直流断路器额定电流的 3 倍以上

（D）熔断器额定电流应为直流断路器额定电流的 4 倍以上

24. 额定容量为 2000Ah 的阀控式铅酸蓄电池，其直流系统的动稳定按下列哪项校验？（　　）

（A）可按 15kA 短路电流校验　　（B）可按 20kA 短路电流校验

（C）可按 25kA 短路电流校验　　（D）可按 30kA 短路电流校验

25. 阀控式密封铅酸蓄电池室的室内温度的范围宜为下列哪项？（　　）

（A）0℃ ~30℃　　（B）10℃ ~35℃

（C）10℃ ~30℃　　（D）15℃ ~30℃

26. 220kV ~500kV 变电所中，当 380/220V 屏柜双列布置时，跨越屏前的裸导体对地高度及遮护后通道高度分别不得低于下列哪组数值？（　　）

（A）2200mm，1500mm　　（B）2200mm，1900mm

（C）2500mm，1900mm　　（D）2500mm，2200mm

27. 火力发电厂厂用低压用电回路中，当低压保护电器采用熔断器时，下列哪种熔断器用于电器和导体需要校验热稳定？（　　）

（A）限流熔断器　　（B）RT_0-30/100A

（C）RT_0-50/100A　　（D）RT_0-80/100A

28. 某 220kV 变电所选用两台所用变压器,经统计变电所连续运行及经常短时运行的设备负荷为:全所动力负荷共 280kW,全所电热负荷共 35kW,全所照明负荷共 50kW,不经常短时的设备负荷为 100kW,请问每台所用变压器的容量宜选用下列哪组? ( )

(A)计算值 161kVA,选 200kVA (B)计算值 210kVA,选 315kVA
(C)计算值 323kVA,选 400kVA (D)计算值 423kVA,选 500kVA

29. 水电厂厂用电设计中,交流电压超过下列哪项数值时,容易被触及的裸带电体设置遮护物,且其防护等级不应低于 IP2X。 ( )

(A)12V (B)24V
(C)36V (D)110V

30. 火力发电厂、变电所中的照明线路穿管敷设时,导线(包括绝缘层)截面积的总和不应超过管子内截面积的: ( )

(A)25% (B)30%
(C)35% (D)40%

31. 变电所的照明设计中,下列哪项场所的照度标准值不符合规程要求? ( )

(A)主控制室 0.75m 水平面照度标准值 500lx
(B)高、低压配电室地面照度标准值 200lx
(C)电容器室地面照度标准值 100lx
(D)电气实验室 0.75m 水平面照度标准值 75lx

32. 电力系统中,下列哪项是电能质量的重要指标? ( )

(A)电压 (B)电流
(C)有功功率 (D)无功功率

33. 某架空送电线路的导线采用 LGJ-400/50 钢芯铝绞线,设其保证不小于计算拉断力 95% 的条件下,导线在悬挂点的最大设计张力应取: ( )

(A)≤30850N (B)≤42300N
(C)≤52100N (D)≤54844N

34. 某单回 500kV 架空送电线路,相导线按水平排列,某塔使用绝缘子串长 5m,相导线水平间距 12m,某耐张段位于平原地区,弧垂 $k = 8.0 \times 10^{-5}$,求连续使用最大档距:[$k = P/(8T)$] ( )

(A)938m (B)645m
(C)756m (D)867m

35. 若架空送电线路导线的自重比载为 30×10^{-3} N/(m·mm²),高温时的应力为 50N/mm²,大风时的应力为 80N/mm²,某塔的水平档距 500m,高温时垂直档距 600m,求大风时的垂直档距为多少米?(按平抛物线公式计算) ( )

(A)500m (B)550m

(C)600m (D)660m

36. 按规程要求,对山区线路,在 10mm 冰区直线悬垂塔两分裂以上导线的纵向不平衡张力,不应低于相导线最大使用张力的百分数为下列哪项数值? ( )

(A)15% (B)20%

(C)25% (D)30%

37. 某线路的导线最大使用张力允许值为 35000N,则该导线年平均运行张力为: ( )

(A)17065N (B)18700N

(C)19837N (D)21875N

38. 采用分裂导线的线路一般要求安装阻尼间隔棒,下列说法中哪项是不正确的? ( )

(A)安装阻尼间隔棒可防止导线微风振动

(B)安装阻尼间隔棒主要是为了防止导线舞动

(C)安装阻尼间隔棒宜采用不等距安装

(D)安装阻尼间隔棒可防止导线次档距振荡

39. 对于架空送电线路中垂直档距较大的情况,如果导线在悬垂线夹出口处的悬垂角超过线夹允许值,一般采取的解决办法是: ( )

(A)更换具有较小允许悬垂角的线夹

(B)采用双联悬垂串

(C)采用双悬垂线夹组合

(D)加装预绞丝护线条

40. 下列关于架空送电线路的电线风振的说法中哪项是错误的? ( )

(A)电线收到的风振冲击力频率与风速和电线直径有关

(B)只要有风,电线就会发生震动

(C)电线的微风震动是驻波震动形式

(D)档距较大的时候,电线更容易震动

二、多项选择题(共30题,每题2分,每题的备选项中有2个或2个以上符合题意,错选、少选、多选均不得分)

41. 在电力系统中,下列关于电力设备中性点接地方式的描述哪些是正确的? ( )

(A)容量为300MW以上发电机中性点直接接地
(B)220kV主变的110kV侧,根据保护整定要求也可以不接地运行
(C)自耦变压器中性点必须直接接地
(D)35kV变压器中性点必须直接接地

42. 在电力工程设计中,下列计算短路电流目的中哪些是正确的? ( )

(A)电气主接线比选
(B)确定中性点接地方式
(C)确定分裂导线间隔棒的间距
(D)确定接触电压和泄漏比距

43. 在发电厂、变电所的设计中,下列电压互感器的原则中哪些是正确的? ( )

(A)SF_6全组合电器的电压互感器应选择电容式电压互感器
(B)在中性点直接接地系统中的电压互感器,为了防止铁磁谐振过电压,应采取消谐措施
(C)在中性点非直接接地系统的电压互感器,应采用全绝缘电压互感器
(D)用于中性点直接接地系统中的电压互感器,其剩余绕组额定电压应为100V

44. 在选择电力变压器时,下列哪些环境条件为特殊使用条件,工程设计时应采取相应防护措施,否则应与制造厂协商? ( )

(A)特殊运输条件
(B)海拔高度超过1000m
(C)环境温度超出正常使用范围
(D)特殊安装位置和空间限制

45. 在发电厂、变电所中,下列哪些设备需要校验动、热稳定电流? ( )

(A)隔离开关
(B)避雷器
(C)封闭电器
(D)熔断器

46. 在放射线作用场所的电缆,应具有耐受放射线辐照强度的防护外套,下列哪些材料能满足要求? ( )

(A)聚氯乙烯
(B)氯丁橡皮
(C)乙丙橡皮
(D)氯磺化聚乙烯

47. 高压电力电缆的订货中,下列哪些做法是正确的? ( )

(A)长距离的电缆线路宜采用计算长度作为订货长度
(B)35kV以上电压单芯电缆应按相计长度

(C)当35kV以上电缆线路,采用交叉互联等分段连接时,应按段开列
(D)电缆的计算长度可采用实际路径长度

48. 直流柜内主母线及其相应回路,应能满足直流母线出口短路时的动稳定要求,有关蓄电池直流短路电流,下列哪些叙述是正确的? ( )

(A)蓄电池容量为1000Ah时,短路电流按20kA考虑
(B)蓄电池容量为1600Ah时,短路电流按25kA考虑
(C)蓄电池容量为3200Ah时,短路电流按30kA考虑
(D)蓄电池容量为5000Ah时,短路电流按40kA考虑

49. 在设计变电所中,220kV配电装置符合下列哪些条件的宜采用屋内配电装置或GIS配电装置? ( )

(A)海拔高度大于2000m
(B)IV级污秽地区
(C)大城市中心地区
(D)土石方开挖工程量大的山区

50. 330kV变电所有三种电压分别为330kV、110kV、35kV,330kV采用敞开式配电装置,下列所述哪项设计原则是正确的? ( )

(A)330kV、110kV配电装置布置最小安全净距时,一般不考虑带电检修
(B)110~220kV母线避雷器和电压互感器宜合用一组隔离开关
(C)330kV线路并联电抗器回路应装设断路器
(D)330kV母线避雷器不应装设隔离开关

51. 对可能形成局部不接地的电力系统,低压侧有电源的110kV及220kV变压器不接地的中性点装有间隙,其主要保护作用有哪些? ( )

(A)工频电压
(B)谐振过电压
(C)操作过电压
(D)雷电过电压

52. 架空送电线路中的绝缘子串风偏后,导线对杆塔的空气间隙应分别符合哪几项要求? ( )

(A)工频电压要求
(B)操作过电压要求
(C)谐振过电压要求
(D)雷电过电压要求

53. 在高土壤电阻率地区,发电厂、变电所的接地装置,为降低土壤电阻率所采用的下列方法中哪些是有效的? ( )

(A)距接地设备最远3km以内,有电阻率低的土壤,可外引接地体
(B)在地下水位较高且水较丰富的地方,设深埋式接地体
(C)采用长效降阻剂
(D)敷设水下接地网

54. 高压直流输电大地返回运行系统，导流线采用架空线，接地极线路杆塔的直流接地电阻，下列要求哪些是正确的？ ( )

(A)土壤电阻率为 100Ω·m，接地电阻不大于 15Ω
(B)土壤电阻率为 100 ~ 500Ω·m，接地电阻不大于 20Ω
(C)土壤电阻率为 500 ~ 1000Ω·m，接地电阻不大于 20Ω
(D)土壤电阻率为 1000 ~ 2000Ω·m，接地电阻不大于 25Ω

55. 对担任系统峰荷、经常全厂停机的特别重要的大型水电厂或抽水蓄能电厂，柴油发电机组作为保安电源，请问该装置的容量应满足下列哪些要求？ ( )

(A)最大保安负荷
(B)启动一台机组所必须的用电负荷
(C)带负荷后启动最大一台电动机或成组电动机的能力
(D)空载启动最大的单台电动机时母线电压降不宜低于额定电压的 75%，有电梯时不宜低于 80%

56. 在发电厂网络控制室控制的设备和元件有下列哪些？ ( )

(A)主变压器 (B)联络变压器
(C)并联电抗器 (D)高压母线设备

57. 变电所中，对 35kV 油浸并联电抗器应装设下列哪几种保护？ ( )

(A)电流速断及过电流保护 (B)瓦斯保护
(C)纵联差动及过电流保护 (D)温度升高及冷却器系统故障保护

58. 双绕组变压器纵联差动保护在下列哪些情况下不应动作？ ( )

(A)当出现大于变压器所能承受的过负荷电流时
(B)当变压器出现励磁涌流时
(C)当变压器两侧均流过超越性短路电流时
(D)当变压器发生内部短路电流时

59. 发电厂、变电所中，蓄电池组的充电装置配置，下列哪几项原则是正确的？ ( )

(A)当采用 1 组蓄电池并采用晶闸管充电装置时，宜配置 2 套充电装置
(B)当采用 1 组蓄电池并采用高频开关充电装置时，宜配置 2 套充电装置
(C)当采用 2 组蓄电池并采用晶闸管充电装置时，宜配置 2 套充电装置
(D)当采用 2 组蓄电池并采用高频开关充电装置时，宜配置 2 套充电装置

60. 水电厂、变电所内，直流系统中电缆及动力馈线的电缆截面选择应符合：( )

(A)直流柜与直流分柜间馈线的电缆截面,应根据分电柜最大负荷电流选择

(B)该直流柜和直流分电柜引出的控制、信号和保护馈线的电压降不应大于直流系统标称电压的10%

(C)蓄电池与直流柜之间的连接电缆长期允许载流量的计算电流,应取蓄电池1h放电率电流

(D)蓄电池组与直流柜之间连接电缆的允许电压降应根据蓄电池组出口端最低计算电压值选取,不宜小于直流系统标称电压的1%

61. 在发电厂、变电所设计中,为了选择所用变压器容量,在统计变电所所用电负荷时,下列哪些设备应统计在内? ( )

(A)深井水泵 (B)雨水泵

(C)生活水泵 (D)变压器水喷雾装置

62. 某变电所设有两台强油风冷240MVA,220±2.5/121/35kV变压器,220kV、110kV、35kV母线均为单母线分段接线,设两台35/0.4kV所用变压器分接于35kV两端母线,当初期该变电所只有一台主变压器时,下列所用电源的配置方式有哪些是不合理的? ( )

(A)设两台所用变压器,一台接110kV母线,另一台接35kV母线

(B)只另设一台所用变压器,接35kV母线

(C)设两台所用变压器,均接35kV母线

(D)设两台所用变压器,一台接35kV母线,另一台从所外电源引进

63. 在水电厂设计中,下列哪几条关于厂用电最大负荷的设计原则是正确的? ( )

(A)经常连续及经常短时运行的负荷均应计入

(B)经常断续运行负荷应全部计入

(C)不经常断续运行负荷,仅计入在机组检修时经常使用的负荷

(D)互为备用电动机,只计算参加运行的部分

64. 变电站布置室外照明灯杆时,应满足下列哪几项设计要求? ( )

(A)避开上下水道、管沟等地下设施

(B)与消火栓保持2m距离

(C)灯杆距路边的距离宜为1~1.5m

(D)灯杆距离宜为50m

65. 为了提高电力系统的稳定运行,可采用合理的网络结构,尽可能减小系统阻抗,还可以采取下列哪些措施? ( )

(A)快速继电保护　　(B)单相自动重合闸
(C)快速断路器　　(D)快速励磁装置

66. 架空送电线路的地线应满足机械和电气方面的要求，下列哪些说法是不正确的？（　　）

(A)导线断线时对杆塔有足够的支持力
(B)设计安全系数宜大于导线设计安全系数
(C)年平均运行应力宜大于导线的年平均运行应力
(D)在档距中央，与导线的距离应满足 $0.012L + 1\text{m}$（L 为档距）

67. 对于 10mm 覆冰地区，上下层相邻导线间或地线与相邻导线间的水平偏移，如无运行经验，不宜小于规定数值，下面哪些是不正确的？（　　）

(A)220kV，1.0m；500kV，1.5m　　(B)220kV，1.0m；500kV，1.75m
(C)110kV，0.5m；330kV，1.5m　　(D)110kV，1.0m；330kV，1.5m

68. 按照架空送电线路设计技术规程的要求，下面哪些是规定的正常运行荷载组合？（　　）

(A)年平均气温、无风、无冰
(B)最大风速、无冰、未断线
(C)设计覆冰、相应风速及气温、未断线
(D)最低气温、无冰、无风、未断线（适用于终端和转角杆塔，不含大跨越直线塔）

69. 按照现行规程，在海拔不超过 1000m 的地区，采用现行钢芯铝绞线国标时，下面哪几项导线方案可不验算电晕？（　　）

(A)220kV，33.6mm　　(B)330kV，2×26.8mm
(C)500kV，2×21.6mm　　(D)500kV，4×21.6mm

70. 按照架空送电线路设计技术规程的要求，下列哪些情况需要进行邻档断线情况的校验？（　　）

(A)跨越窄轨铁路　　(B)跨越高速公路
(C)跨越 220kV 电力线路　　(D)跨越 I 级弱电线路

2010年专业知识试题答案(下午卷)

1. **答案**:B

依据:《导体和电器选择设计技术规定》(DL/T 5222—2005)第5.0.15条。

注:也可参考《3~110kV 高压配电装置设计规范》(GB 50060—2008)第4.1.9条。

2. **答案**:C

依据:《电力工程电气设计手册》(电气一次部分)P142 表4-17 第4项。

三个单相、三相四柱或壳式变压器的零序电抗:$X_0 = X_1$

3. **答案**:B

依据:《导体和电器选择设计技术规定》(DL/T 5222—2005)第5.0.4条。

4. **答案**:D

依据:《电力工程电气设计手册》(电气一次部分)P503 图9-30。

注:$Q = 3 \times 4 \times 5 \times 500 = 30000\text{kvar}$,无串联段。

5. **答案**:A

依据:《导体和电器选择设计技术规定》(DL/T 5222—2005)第11.0.9条。

6. **答案**:A

依据:《导体和电器选择设计技术规定》(DL/T 5222—2005)第5.0.1条。

$$S = I_{sn}^2 Z_b = 1^2 \times 20 = 20\text{VA}$$

注:也可参考《电力工程电气设计手册》(电气二次部分)P66 式(20-4)

7. **答案**:D

依据:《导体和电器选择设计技术规定》(DL/T 5222—2005)第15.0.2条、第6.0.3条。

8. **答案**:A

依据:《电力工程电缆设计规范》(GB 50217—2018)第3.2.1条。

9. **答案**:D

依据:《高压配电装置设计技术规程》(DL/T 5352—2018)第5.1.2条及条文说明。

注:也可参考《电力工程电气设计手册》(电气一次部分)P699 相关内容。

10. **答案**:A

依据:《高压配电装置设计技术规程》(DL/T 5352—2018)第2.2.4条。

注：此题不严谨，《导体和电器选择设计技术规定》（DL/T 5222—2005）第 12.0.4 条为 24V，但考虑到题干中“在故障条件下”为《高压配电装置设计技术规程》（DL/T 5352—2018）第 5.2.3 条的原文，建议选 A。

11. **答案**：B

依据：《交流电气装置的过电压保护和绝缘配合设计规范》（GB/T 50064—2014）第 5.4.13-6 条。

注：也可参考《交流电气装置的过电压保护和绝缘配合》（DL/T 620—1997）第 7.3.4 条表 12。

12. **答案**：C

依据：《交流电气装置的过电压保护和绝缘配合设计规范》（GB/T 50064—2014）第 6.3.4-1 条。

注：也可参考《交流电气装置的过电压保护和绝缘配合》（DL/T 620—1997）第 10.3.4 条表 17。

13. **答案**：C

依据：《交流电气装置的过电压保护和绝缘配合设计规范》（GB/T 50064—2014）第 4.2.3 条、第 4.2.5 条、第 4.2.6 条、第 4.2.7 条。

14. **答案**：C

依据：《交流电气装置的过电压保护和绝缘配合设计规范》（GB/T 50064—2014）第 3.2.2-1 条、第 3.2.3 条、第 4.1.1 条。

第 3.2.3 条：本规范中系统最高电压的范围分为下列两类：

1. 范围Ⅰ，$7.2\text{kV} \leqslant U_{m} \leqslant 252\text{kV}$
2. 范围Ⅱ，$252\text{kV} < U_{m} \leqslant 800\text{kV}$

第 3.2.2-1 条：当系统最高电压有效值为 U_{m} 时，工频过电压的基准电压（1.0p.u.）应为 $U_{m}/\sqrt{3}$。

由第 4.1.1 条，对工频过电压幅值的规定，则 220kV 工频过电压：$1.3\text{p.u.} = 1.3 \times \frac{252}{\sqrt{3}} = 189.14\text{kV}$

注：《标准电压》（GB/T 156—2007）第 4.3 条～第 4.5 条确定最高电压 U_{m}。也可参考《交流电气装置的过电压保护和绝缘配合》（DL/T 620—1997）第 4.1.1-b）条及第 3.2.2-a）条。

15. **答案**：C

依据：《电力工程电气设计手册》（电气一次部分）P920 式（16-32）和《交流电气装置的接地设计规范》（GB/T 50065—2011）附录 D 式（D.0.4-19）。

站内发生接地短路时，入地短路电流：

$I = I_{max} - I_z = 24 - 15.4 = 8.6kA$

最大接触电位差：

$U_T = KV = KI_G R = 0.166 \times 8.6 \times 0.3 \times 10^3 = 428V$

注：关于入地电流公式可参考《交流电气装置的接地设计规范》(GB/T 50065—2011)第4.2.1条，相关公式已修改。

16. **答案**：B

依据：《交流电气装置的接地设计规范》(GB/T 50065—2011)第4.3.2-1条。

17. **答案**：C

依据：《交流电气装置的接地设计规范》(GB/T 50065—2011)附录E第E.0.2条。

18. **答案**：B

依据：《220kV～500kV变电所计算机监控系统设计技术规程》(DL/T 5149—2001)第6.3.2条、第6.3.3条、第6.3.6条、第6.3.8条。

19. **答案**：C

依据：《火力发电厂、变电站二次接线设计技术规程》(DL/T 5136—2012)第5.4.18条。

20. **答案**：C

依据：《继电保护和安全自动装置技术规程》(GB/T 14285—2006)第4.1.7条。

21. **答案**：C

依据：《继电保护和安全自动装置技术规程》(GB/T 14285—2006)第5.4.4条。

注：也可参考《电力系统安全稳定控制技术导则》(DL/T 723—2000)第6.4条中的相关内容。

22. **答案**：C

依据：《继电保护和安全自动装置技术规程》(GB/T 14285—2006)第6.7.2条。

23. **答案**：D

依据：《电力工程直流系统设计技术规程》(DL/T 5044—2014)第5.1.3-1条。

24. **答案**：D

依据：《电力工程直流系统设计技术规程》(DL/T 5044—2014)第6.9.6-4条。

25. **答案**：D

依据：《电力工程直流系统设计技术规程》(DL/T 5044—2014)第8.2.1条。

26. **答案**：C

依据：《220kV～1000kV变电站站用电设计技术规程》(DL/T 5155—2016)第7.3.5条。

27. **答案**:D

依据:《火电发电厂厂用电设计技术规定》(DL/T 5153—2014)第6.5.6-1条。

28. **答案**:C

依据:《220kV~1000kV变电站站用电设计技术规程》(DL/T 5155—206)第4.1.1条、第4.1.2条、第4.2.1条及附录A。

计算负荷:$S = 0.85 \times P_1 + P_2 + P_3 = 0.85 \times 280 + 35 + 50 = 323\text{kVA}$

注:第5.1.1条:不经常短时及不经常断续运行的设备不予计算。

29. **答案**:B

依据:《水力发电厂厂用电设计规程》(NB/T 35044—2014)第9.2.4条。

30. **答案**:D

依据:《发电厂和变电站照明设计技术规定》(DL/T 5390—2014)第8.7.3条。

31. **答案**:D

依据:《发电厂和变电站照明设计技术规定》(DL/T 5390—2014)第6.0.1条及表6.0.1。

32. **答案**:A

依据:《电力系统电压和无功电力技术导则》(SD 325—1989)第1.1条。

注:有关电能质量共6本规范如下:

a.《电能质量　供电电压偏差》(GB/T 12325—2008)

b.《电能质量　电压波动和闪变》(GB/T 12326—2008)

c.《电能质量　三相电压不平衡》(GB/T 15543—2008)

d.《电能质量　暂时过电压和瞬态过电压》(GB/T 18481—2001)

e.《电能质量　公用电网谐波》(GB/T 14549—1993)

f.《电能质量　电力系统频率偏差》(GB/T 15945—2008)

33. **答案**:C

依据:《110kV~750kV架空输电线路设计规范》(GB 50545—2010)第5.0.7条。

悬挂点的最大张力:$T \leqslant \dfrac{0.95T_P}{2.25} = \dfrac{0.95 \times 123400}{2.25} = 52102\text{N}$

注:T_P可查《电力工程高压送电线路设计手册》(第二版)P769~771表11-2-1"计算拉断力"。

34. **答案**:A

依据:《110kV~750kV架空输电线路设计规范》(GB 50545—2010)第8.0.1条及式(8.0.1-1)。

水平线间距:$D = k_i L_k + \dfrac{U}{110} + 0.65\sqrt{f_m} = 0.4 \times 5 + \dfrac{500}{110} + 0.65\sqrt{f_m} = 12$,解得$f_m = 70.42\text{m}$

最大档距：$f_m = kL^2 = 8.0 \times 10^{-5} \times L^2 = 70.42$，解得 $L = 938\text{m}$。

35. **答案**：D

依据：《电力工程高压送电线路设计手册》（第二版）P184 式（3-3-12）。

$$\text{高温时：} l_v = l_H + \frac{\sigma_0}{\gamma_v}\alpha \Rightarrow 600 = 500 + 50 \times \frac{\alpha}{\gamma_v} \Rightarrow \frac{\alpha}{\gamma_v} = 2$$

$$\text{大风时：} l_v = l_H + \frac{\sigma_0}{\gamma_v}\alpha = 500 + 80 \times 2 = 660\text{m}$$

36. **答案**：C

依据：《110kV～750kV 架空输电线路设计规范》（GB 50545—2010）第 10.1.7 条及表 10.1.7。

37. **答案**：D

依据：《110kV～750kV 架空输电线路设计规范》（GB 50545—2010）第 5.0.7 条、第 5.0.13 条及表 5.0.13。

年平均运行张力：$35000 \times 2.5 \times 25\% = 21875\text{N}$

38. **答案**：A

依据：《电力工程高压送电线路设计手册》（第二版）P316 相关内容。

阻尼型间隔棒的特点是：在间隔棒活动关节处利用橡胶作阻尼材料来消耗导线的振动能量，对导线振动产生阻尼作用。

注：注意间隔棒与阻尼型间隔棒的区别，可参考该页有关间隔棒的定义内容。

39. **答案**：C

依据：《电力工程高压送电线路设计手册》（第二版）P606 图 8-2-8 下方文字：当超过线夹允许悬垂角时，可采用调整杆塔位置或杆塔高度，或改用悬垂角较大的线夹，也可以用两个悬垂线夹组合在一起悬挂。

注：显然，后两种方式在实际工作中更具可操作性。

40. **答案**：B

依据：《电力工程高压送电线路设计手册》（第二版）P219“二、电线微风振动的基本理论”。

---

41. **答案**：BC

依据：《大中型火力发电厂设计规范》（GB 50660—2011）第 16.2.8 条，选项 A 错误。

《交流电气装置的过电压保护和绝缘配合设计规范》（GB/T 50064—2014）第 3.1.1-2 条，选项 B 正确。

《电力工程电气设计手册》（电气一次部分）P70，选项 C 正确。

《交流电气装置的过电压保护和绝缘配合设计规范》（GB/T 50064—2014）第 3.1.3-1 条，选项 D 错误。

42. **答案**:ABC

依据:《电力工程电气设计手册》(电气一次部分)P119 第一行。

43. **答案**:CD

依据:《导体和电器选择设计技术规定》(DL/T 5222—2005)第 16.0.3-4 条、第 16.0.5条、第 16.0.7 条。

44. **答案**:ACD

依据:《导体和电器选择设计技术规定》(DL/T 5222—2005)第 8.0.3 条。

45. **答案**:AC

依据:《电力工程电气设计手册》(电气一次部分)P231 表 6-1。

46. **答案**:ABD

依据:《电力工程电缆设计规范》(GB 50217—2018)第 3.4.6 条。

47. **答案**:ABC

依据:《电力工程电缆设计规范》(GB 50217—2018)第 5.1.18 条。

48. **答案**:AB

依据:《电力工程直流系统设计技术规程》(DL/T 5044—2014)第 6.9.6 条。

49. **答案**:BC

依据:《220kV ~750kV 变电站设计技术规程》(DL/T 5218—2005)第 7.3.2 条。

注:可参考新规《220kV ~750kV 变电站设计技术规程》(DL/T 5218—2012)第 5.3.4 条。

50. **答案**:ABD

依据:《高压配电装置设计技术规程》(DL/T 5352—2018)第 2.1.4 条、第 2.1.5 条、第 2.1.6 条。

51. **答案**:AB

依据:《交流电气装置的过电压保护和绝缘配合设计规范》(GB/T 50064—2014)第 4.1.4-1 条、第 4.1.10-1 条。

注:也可参考《交流电气装置的过电压保护和绝缘配合》(DL/T 620—1997)第 4.1.1条、第 4.1.5 条。

52. **答案**:ABD

依据:《110kV ~750kV 架空输电线路设计规范》(GB 50545—2010)第 7.0.9 条。

53. **答案**:BCD

依据:《交流电气装置的接地设计规范》(GB/T 50065—2011)第 4.3.1-4 条。

注:原考查《交流电气装置的接地》(DL/T 621—1997)第 6.1.3 条。

54. **答案**:CD

依据:《高压直流输电大地返回运行系统设计技术规定》(DL/T 5224—2014)第

10.2.10条。

55. **答案**:ACD

依据:参考《水力发电厂厂用电设计规程》(NB/T 35044—2014)第7.2.1条、第7.2.2条,新规范中已修改相关内容。

注:原考查《水力发电厂厂用电设计规程》(DL/T 5164—2002)第6.2.5条。

56. **答案**:BCD

依据:《火力发电厂、变电站二次接线设计技术规程》(DL/T 5136—2012)第3.2.7.2条。

注:原考查《火力发电厂、变电站二次接线设计技术规程》(DL/T 5136—2001)第7.6.2条。

57. **答案**:ABD

依据:《继电保护和安全自动装置技术规程》(GB/T 14285—2006)第4.12.3条。

注:可参考《电力装置的继电保护和自动装置设计规范》(GB/T 50062—2008)第8.2条。

58. **答案**:BC

依据:《继电保护和安全自动装置技术规程》(GB/T 14285—2006)第4.3.4条。

59. **答案**:AD

依据:《电力工程直流系统设计技术规程》(DL/T 5044—2014)第3.4条充电装置。

60. **答案**:ACD

依据:《电力工程直流系统设计技术规程》(DL/T 5044—2014)第6.3.3条、第6.3.4条、第6.3.6条。

61. **答案**:AC

依据:《220kV ~ 1000kV 变电站站用电设计技术规程》(DL/T 5155—2016)第3.1.1条。

62. **答案**:ABC

依据:《220kV ~ 500kV 变电所所用电设计技术规程》(DL/T 5155—2002)第4.1.2条:初期只有一台(组)主变压器时,除由所内引接一台工作变压器外,应再设置一台由所外可靠电源引接的所用工作变压器。

63. **答案**:ACD

依据:《水力发电厂厂用电设计技术规定》(NB/T 35044—2014)第5.1.2条。

64. **答案**:ABC

依据:《发电厂和变电站照明设计技术规定》(DL/T 5390—2014)第5.3.6条。

注：选项D对应旧规范条文第7.3.5条：厂区、所区道路照明灯具布置，应与总布置相协调，宜采用单列布置；厂前区入厂干道也可采用双列布置。灯杆距离宜为30～40m，交叉路口或岔道口应有照明。

65. **答案**：ABC

依据：《电力系统设计技术规程》（DL/T 5429—2009）第8.2.2条。

66. **答案**：BC

依据：《110kV～750kV架空输电线路设计规范》（GB 50545—2010）第5.0.7条、第5.0.13条、第7.0.15条。

67. **答案**：AD

依据：《110kV～750kV架空输电线路设计规范》（GB 50545—2010）第8.0.2条。

68. **答案**：CD

依据：《110kV～750kV架空输电线路设计规范》（GB 50545—2010）第10.1.4条。

69. **答案**：ABD

依据：《110kV～750kV架空输电线路设计规范》（GB 50545—2010）第5.0.2条。

70. **答案**：BD

依据：《110kV～750kV架空输电线路设计规范》（GB 50545—2010）第13.0.11条及表13.0.11。

2010年案例分析试题(上午卷)

[案例题是4选1的方式,各小题前后之间没有联系,共25道小题,每题分值为2分,上午卷50分,下午卷50分,试卷满分100分。案例题一定要有分析(步骤和过程)、计算(要列出相应的公式)、依据(主要是规程、规范、手册),如果是论述题要列出论点]

题1~5:某220kV变电所,原有2台120MVA主变压器,其电压为220/110/35kV,220kV为户外管母线中型布置,管母线规格为φ100/90;220kV、110kV为双母线接线,35kV为单母线分段接线,根据负荷增长的要求,计划将现有2台主变压器更换为180MVA(远景按3×180MVA考虑)。

1. 根据系统计算结果,220kV母线短路电流已达35kA,在对该管形母线进行短路下机械强度计算时,请判断需根据下列哪项考虑,并说明根据。 (　　)

(A)自重,引下垂线,最大风速

(B)自重,引下垂线,最大风速和覆冰

(C)自重,引下垂线,短路电动力和50%最大风速且不小于15m/s风速

(D)引下线重,自重,相应震级的地震力和25%最大风速

解答过程:

2. 已知现有220kV配电装置为铝镁系(LDRE)管母线,在计及日照(环境温度35℃,海拔1000m以下)条件下,若远景220kV母线最大穿越功率为800MVA,请通过计算判断下列哪个正确? (　　)

(A)现有母线长期允许载流量2234A,不需要更换

(B)现有母线长期允许载流量1944A,需要更换

(C)现有母线长期允许载流量1966A,需要更换

(D)现有母线长期允许载流量2360A,不需要更换

解答过程:

3. 变电所扩建后，35kV 出线规模增加，若该 35kV 系统总的单相接地故障电容电流为 22.2A，且允许短时单相接地运行，计算 35kV 中性点接地应选择下列哪种接线方式？（　　）

(A)35kV 中性点不接地，不需要装设消弧线圈
(B)35kV 中性点经消弧线圈接地，消弧线圈容量 450kVA
(C)35kV 中性点经消弧线圈接地，消弧线圈容量 800kVA
(D)35kV 中性点经消弧线圈接地，消弧线圈容量 630kVA

解答过程：

4. 该变电所选择 220kV 母线三相短路电流为 38kA，若 180MVA 主变压器阻抗 $U_{k1-2}\% = 14$，$U_{k2-3}\% = 8$，$U_{k1-3}\% = 23$，110kV 侧、35kV 侧均为开环且无电源，请计算该变电所 110kV 母线最大三相短路电流为下列哪项数值？（$S_B = 100MVA$，$U_B = 230/121kV$）（　　）

(A)5.65kA　　(B)8.96kA
(C)10.49kA　　(D)14.67kA

解答过程：

5. 该变电所现有 35kV、4 组 7.5Mvar 并联电容器，更换为 2 台 180MVA 主变压器后，请根据规程说明下列电容器配置中，哪项是错误的？（　　）

(A)容量不满足要求，增加 2 组 7.5Mvar 电容器
(B)可以满足要求
(C)容量不满足要求，更换为 6 组 10Mvar 电容器
(D)容量不满足要求，更换为 6 组 15Mvar 电容器

解答过程：

题6~10：建设在海拔2000m，污秽等级Ⅲ级的220kV屋外配电装置，采用双母线接线，有2回进线，2回出线，均为架空线路，220kV为有效接地系统，其主接线如图。

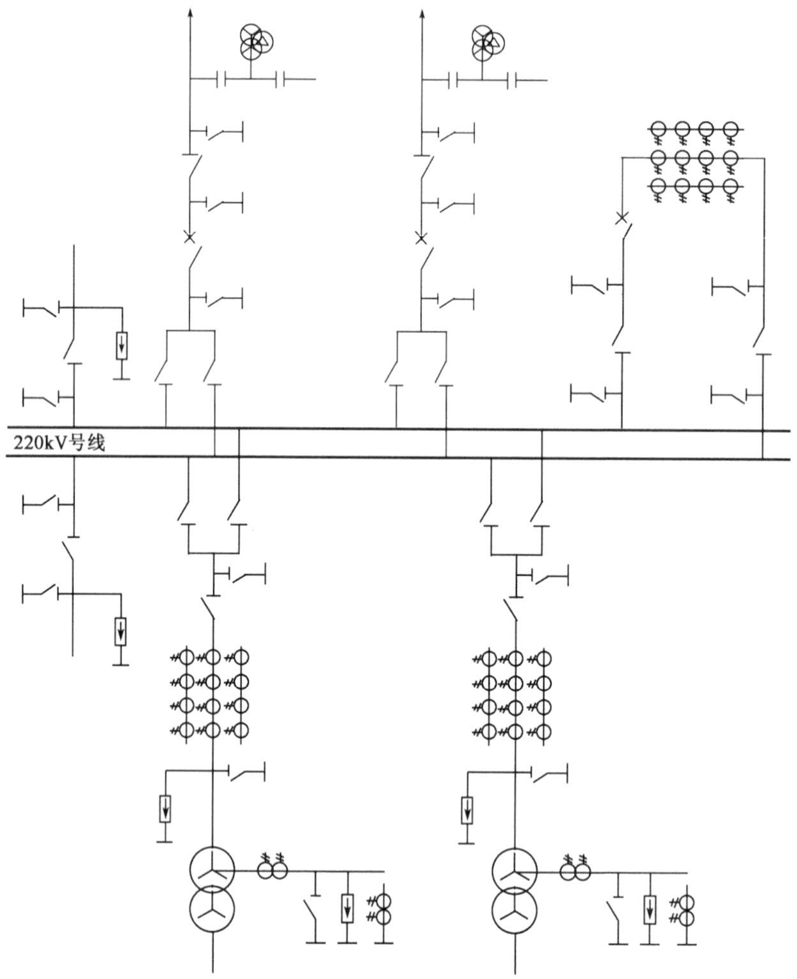

6. 请根据计算母线氧化锌避雷器保护电气设备的最大距离(除主变外)？ ( )

(A)165m　(B)195m　(C)223m　(D)263m

解答过程：

7. 图中电气设备的外绝缘当在海拔1000m下试验时，其耐受电压为： ( )

(A)相对地雷电冲击电压耐压950V，相对地工频耐受电压395kV

(B)相对地雷电冲击电压耐压1055V,相对地工频耐受电压438.8kV
(C)相对地雷电冲击电压耐压1050V,相对地工频耐受电压460kV
(D)相对地雷电冲击电压耐压1175V,相对地工频耐受电压510kV

解答过程：

8. 假设图中变压器容量为240MVA,最大负荷利用小时数 $T=5000h$,成本电价为0.2元/(kWh),主变220kV侧架空线采用铝绞线,按经济电流密度选择截面为：(　　)

(A)$2\times400mm^2$　　(B)$2\times500mm^2$
(C)$2\times630mm^2$　　(D)$2\times800mm^2$

解答过程：

9. 配电装置内母线耐张绝缘子采用XPW-160(每片的几何爬电距离为450mm),爬电距离有效系数为1,请计算按工频电压的爬电距离选择,每串的片数为：(　　)

(A)14　　(B)16　　(C)15　　(D)18

解答过程：

10. 图中变压器中性点氧化锌避雷器持续运行电压和额定电压为下列哪项？(　　)

(A)持续运行电压 $0.13U_m$,额定电压 $0.17U_m$
(B)持续运行电压 $0.45U_m$,额定电压 $0.57U_m$
(C)持续运行电压 $0.64U_m$,额定电压 $0.80U_m$
(D)持续运行电压 $0.58U_m$,额定电压 $0.72U_m$

解答过程：

题 11～15：某 220kV 变电所，所址环境温度 35℃，大气污秽 III 级，海拔 1000m，所内的 220kV 设备用普通敞开式电器，户外中型布置，220kV 配电装置为双母线，母线三相短路电流 25kA，其中一回接线如图，最大输送功率 200MVA，请回答下列问题。

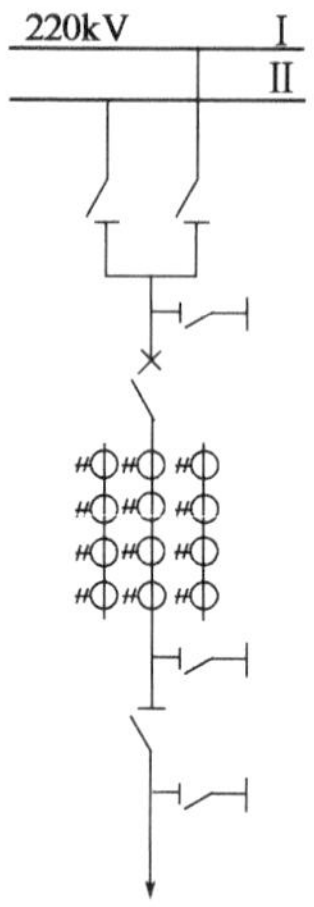

11. 此回路断路器、隔离开关持续电流为：（　　）

(A)52.487A　(B)524.87A　(C)787.3A　(D)909A

解答过程：

12. 如果此回路是系统联络线，采用 LW12－220 SF6 单断口瓷柱式断路器，请计算瓷套对地爬电距离和断口间爬电距离不低于哪项？（　　）

(A)500cm，500cm　(B)630cm，630cm

(C)630cm，756cm　(D)756cm，756cm

解答过程：

13. 如果回路 220kV 母线隔离开关选定额定电流为 1000A，它应具备切母线环流能力是：当开合电压 300V，开合次数 100 次，其开断电流应为哪项？（　　）

(A)500A　(B)600A

(C)800A　(D)1000A

解答过程：

14. 如 220kV 的母线隔离开关选用单柱垂直开启式，则在分闸状态下，动静触头的最小电气距离不小于： （ ）

（A）1800mm （B）2000mm （C）2550mm （D）3800mm

解答过程：

15. 220kV 变电所远离发电厂，220kV 母线三相短路电流为 25kA，220kV 配电设备某一回路电流互感器的一次额定电流为 1200A，请计算电流互感器的动稳定倍数应大于： （ ）

（A）53 （B）38 （C）21 （D）14.7

解答过程：

题 16～20：某 220kV 变电所，总占地面积为 $12000m^2$（其中接地网的面积为 $10000m^2$），220kV 系统为有效接地系统，土壤电阻率为 100Ω·m，接地短路电流为 10kA，接地故障电流持续时间为 2s，工程中采用钢接地线作为全所主接地网及电气设备接地（钢材的热稳定系数取 70）。试根据上述条件计算下列各题。

16. 220kV 系统发生单相接地时，其接地装置的接触电位差和跨步电位差不应超过下列哪组数据？ （ ）

（A）55V，70V （B）110V，140V （C）135V，173V （D）191V，244V

解答过程：

17. 在不考虑腐蚀的情况下，按热稳定计算电气设备的接地线选择下列哪种规格是较合适的？（短路等效持续时间为 1.2s） （ ）

(A)$40\times4mm^2$　(B)$40\times6mm^2$　(C)$50\times4mm^2$　(D)$50\times6mm^2$

解答过程：

18. 计算一般情况下，变电所电气装置保护接地的接地电阻不大于下列哪项数值？（　　）

(A)0.2Ω　(B)0.5Ω　(C)1.0Ω　(D)2.0Ω

解答过程：

19. 采用简易计算方法，计算该变电所采用复合式接地网，其接地电阻为：（　　）

(A)0.2Ω　(B)0.5Ω　(C)1.0Ω　(D)4.0Ω

解答过程：

20. 如变电所采用独立避雷针，作为直接防雷保护装置，其接地电阻值不大于：（　　）

(A)10Ω　(B)15Ω　(C)20Ω　(D)25Ω

解答过程：

题21~25：某500kV架空送电线路双地线，具有代表性的铁塔为酒杯塔，塔的全高为45m，导线为4分裂LGJ-500/45（直径$d=30mm$）钢芯铝绞线，采用28片XP-160（$H=155mm$）悬式绝缘子串，线间距离为12m，地线为GJ-100型镀锌钢绞线（直径$d=15mm$），地线对边相导线的保护角为10°，地线平均高度为30m。请回答下列各题。

21. 若地线的自波阻抗为540Ω，两地线的互波阻抗为70Ω，两地线与边导线的互波阻抗分别为55Ω和100Ω，计算两地线共同对该边导线的几何耦合系数为下列哪项数值？（　　）

(A)0.185　(B)0.225　(C)0.254　(D)0.261

解答过程：

22. 若两地线共同对边导线的几何耦合系数为 0.26，计算电晕下耦合系数为（在雷直击塔顶时）：（　　）

(A)0.333　　(B)0.325　　(C)0.312　　(D)0.260

解答过程：

23. 若该线路所在地区雷电日为 40，两地线水平距离 20m，杆塔高度为 80m，请计算线路雷击次数为：（　　）

(A)56.0　　(B)50.6　　(C)40.8　　(D)39.2

解答过程：

24. 若该线路所在地区为山区，请计算线路的绕击率为：（　　）

(A)0.076%　　(B)0.245%　　(C)0.194%　　(D)0.269%

解答过程：

25. 为了使线路在平原地区的绕击率不大于 0.10%，请计算当杆塔高度为 55m，地线对边相导线的保护角应控制在多少以内？（　　）

(A)4.06°　　(B)10.44°　　(C)11.54°　　(D)12.56°

解答过程：

2010年案例分析试题答案(上午卷)

题1~5答案:**CBDDB**

1.《导体和电器选择设计技术规定》(DL/T 5222—2005)第7.3.5条及表7.3.5“荷载组合条件”。

注:也可参考《电力工程电气设计手册》(电气一次部分)P344表8-17“荷载组合条件”。

2.《导体和电器选择设计技术规定》(DL/T 5222—2005)附录D表D.2和表D.11。

最大母线电流应为本段母线自有变压器负荷与至其他段母线的穿越功率的持续运行电流之和。

导线最大持续工作电流:$I_g = \dfrac{S}{\sqrt{3}U_N} = \dfrac{800}{\sqrt{3}\times 220} = 2.099\text{kA} = 2099\text{A}$

查表D.2,LDRE管形母线规格$\phi100/90$,最高允许温度为80℃(室外型)的载流量$I_n = 2234\text{A}$;

查表D.11,校正系数$k = 0.87$。

因此,导体实际载流量:$I'_n = 2234\times 0.87 = 1944\text{A} < 2099\text{A}$,不能满足要求,需要更换。

注:穿越功率指作为中间变电站高压侧(电源侧)存在出线负荷,即经该变电站高压母线向相同电压等级的其他变电站提供电源,则这个出线上的负荷就是穿越功率。所谓穿越功率,是因为这部分负荷没有被变压器转移到低压侧,而是直接从高压侧穿越走了。按持续工作电流计算选择主变高压母线时,母线容量选择不再是变压器容量,而是通流容量,即通流容量=本站主变容量+穿越功率。题目明确了母线最大穿越功率值,应理解为流通容量,因此不需再加本站的变压器负荷。补充一点,若该变电站为终端变电站,一般不考虑穿越功率;若终端变电站规划有新建相同电压等级的其他变电站时,且需经过该变电站高压母线获得电源,则在设计时,其高压母线时需考虑穿越功率。

3.《交流电气装置的过电压保护和绝缘配合设计规范》(GB/T 50064—2014)第3.1.3-1条。

单相接地故障电容电流22.2A>10A,35kV中性点采用中性点谐振接地方式(消弧线圈接地方式)。

《导体与电器选择设计技术规程》(DL/T 5222—2005)第18.1.4条式(18.1.4)。

消弧线圈补偿容量:$Q = KI_C\dfrac{U_N}{\sqrt{3}} = 1.35\times 22.2\times\dfrac{35}{\sqrt{3}} = 605.6\text{kVA}$,选择较接近数值630kVA。

注:也可参考《交流电气装置的过电压保护和绝缘配合》(DL/T 620—1997)第3.1.2条。

4.《电力工程电气设计手册》(电气一次部分)P120 表4-1、表4-2、表4-4,式(4-10)及P129式(4-20)。

设 $S_j = 100\text{MVA}$,$U_j = 230\text{kV}$,则 $I_j = 100 \div (\sqrt{3} \times 230) = 0.251\text{kA}$

(1)系统电抗标幺值:$X_{*s} = \dfrac{I_j}{I''_d} = \dfrac{0.251}{38} = 0.0066$

(2)变压器各侧等值短路电抗:

$$U_{k1}\% = \frac{1}{2}(U_{k(1-2)}\% + U_{k(3-1)}\% - U_{k(2-3)}\%) = \frac{1}{2} \times (14 + 23 - 8) = 14.5$$

$$U_{k2}\% = \frac{1}{2}(U_{k(1-2)}\% + U_{k(2-3)}\% - U_{k(3-1)}\%) = \frac{1}{2} \times (14 + 8 - 23) = -0.5$$

$$U_{k3}\% = \frac{1}{2}(U_{k(2-3)}\% + U_{k(3-1)}\% - U_{k(1-2)}\%) = \frac{1}{2} \times (8 + 23 - 14) = 8.5$$

(3)变压器电抗标幺值:

$$X_{*T1} = \frac{U_{k1}\%}{100} \times \frac{S_j}{S_e} = \frac{14.5}{100} \times \frac{100}{180} = 0.0806$$

$$X_{*T2} = \frac{U_{k2}\%}{100} \times \frac{S_j}{S_e} = \frac{-0.5}{100} \times \frac{100}{180} = -0.003$$

$$X_{*T3} = \frac{U_{k3}\%}{100} \times \frac{S_j}{S_e} = \frac{8.5}{100} \times \frac{100}{180} = 0.047$$

(4)由于远景为3台变压器并联,则总电抗标幺值:$X_{*\Sigma} = 0.0066 + (0.0806 - 0.003) \div 3 = 0.0325$

(5)110kV母线短路电流:$I_z = \dfrac{I_j}{X_{*\Sigma}} = \dfrac{100/(\sqrt{3} \times 121)}{0.0325} = 14.68\text{kA}$

注:开环运行是相对于闭环运行而言的,闭环运行即系统环网运行,优点在于环网中某一点故障时,不影响其他用电点的功率输送,缺点是短路电流过大,对系统环网中的设备分段能力、耐受电流有更高的要求。当然,系统环网故障开断后,系统即为开环运行。系统开环运行与母线分列运行是两个概念,勿混淆。若仍有疑惑,考生可查阅相关书籍对开环运行的解释。

5.《并联电容器装置设计规范》(GB 50227—2017)第3.0.2条及条文说明。

第3.0.2条条文说明:并联电容器的装设容量,可按主变容量的10%~30%估算,即:

$10\% \times 2 \times 180 \leqslant Q \leqslant 30\% \times 2 \times 180$

则:$36\text{Mvar} \leqslant Q \leqslant 108\text{Mvar}$

现有并联电容器的容量为:$Q_x = 4 \times 7.5 = 30\text{Mvar} < 36\text{Mvar}$,不能满足要求。

题6~10答案:**DBCDB**

6.《交流电气装置的过电压保护和绝缘配合设计规范》(GB/T 50064—2014)第5.4.13-6条。

第5.4.13-6条:金属氧化物避雷器与主变压器间的最大电气距离可参考表5.4.13-1

确定,对其他电气的最大距离可相应增加35%。

则氧化锌避雷器最大保护距离(变压器之外)$S = 195 \times (1 + 35\%) = 263.25\text{m}$

注:也可参考《交流电气装置的过电压保护和绝缘配合》(DL/T 620—1997)第7.3.4-b)条及表12,本题题干条件明确为2回进线,可对比2011年案例分析考试(上午卷)第6题。

7.《导体和电器选择设计技术规定》(DL/T 5222—2005)第6.0.8条及式(6.0.8)。

第6.0.8条:对安装在海拔高度超过1000m地区的电器外绝缘应予校验。当海拔高度在4000m以下时,其试验电压应乘以系数K。

$$K = \frac{1}{1.1 - \frac{H}{10000}} = \frac{1}{1.1 - \frac{2000}{10000}} = 1.11$$

《交流电气装置的过电压保护和绝缘配合设计规范》(GB/T 50064—2014)第6.4.6-1条。

相对地雷电冲击耐受电压:$U_{K1} = 950 \times 1.11 = 1054.5\text{kV}$

相对地工频冲击耐受电压:$U_{K2} = 395 \times 1.11 = 438.8\text{kV}$

注:也可参考《交流电气装置的过电压保护和绝缘配合》(DL/T 620—1997)第10.4.5条及表19。

8.《导体和电器选择设计技术规定》(DL/T 5222—2005)附录E,图E.6曲线6和式(E.1.1)。

(1)查阅曲线可得:经济电流密度为0.46A/mm^2。

(2)《电力工程电气设计手册》(电气一次部分)P232表6-3和P377式(8-3)。

回路持续运行电流:$I_g = 1.05 \times \frac{S}{\sqrt{3}U} = 1.05 \times \frac{240}{\sqrt{3} \times 220} = 0.66\text{kA} = 660\text{A}$

(3)导体的经济截面[式(E.1.1)]:

$$S = \frac{I_{max}}{j} = \frac{660}{0.46} = 1434.8\text{mm}^2 > 2 \times 630\text{mm}^2$$

(4)综合以上,确定电缆规格为$2 \times 630\text{mm}^2$。

注:参考《电力工程电气设计手册》(电气一次部分)P336"当无合适规格导体时,导线面积可小于经济电流密度的计算截面"。也可参考《导体和电器选择设计技术规程》(DL/T 5222—2005)第7.1.6条。

9.《导体和电器选择设计技术规定》(DL/T 5222—2005)第21.0.9条的条文说明、附录C表C.1和表C.2。

(1)由工频电压爬电比距要求的线路绝缘子片数:$m \geqslant \frac{\lambda U}{K_e L_{o1}} = \frac{2.5 \times 252}{1 \times 45} = 14$ 片

(2)《导体和电器选择设计技术规定》(DL/T 5222—2005)第21.0.12条,按海拔修正。

$N_H = N[1 + 0.1(H - 1)] = 14 \times [1 + 0.1(2 - 1)] = 15.4$ 片

(3)另考虑绝缘子的老化,每串绝缘子要预留零值绝缘子片数:220kV耐张串为2片。则$m' = 15.4 + 2 = 17.4$片,取18片。

注：系统最高电压 U_m 参考《标准电压》(GB/T 156—2007)第4.3条、第4.4条、第4.5条。

10.《交流电气装置的过电压保护和绝缘配合设计》(GB/T 50064—2014)第4.4.3条。

氧化锌避雷器持续运行电压和额定电压分别为 $0.46U_m$ 和 $0.58U_m$。

注：早期题目，较为简单。也可参考《导体和电器选择设计技术规定》(DL/T 5222—2005)第20.1.7条及表20.1.7，但应注意表中的数据存在些许差别，建议以国标为准。

题11～15答案：**BCCCB**

11.《电力工程电气设计手册》(电气一次部分)P232表6-3。

回路持续工作电流为线路最大负荷电流，即 $I_g=\dfrac{S}{\sqrt{3}U}=\dfrac{200}{\sqrt{3}\times 220}=0.52486\text{kA}=524.86\text{A}$

注：早期题目，较为简单。

12.《交流电气装置的过电压保护和绝缘配合》(DL/T 620—1997)第10.4.1条。

户外电瓷绝缘的爬电距离：$L\geqslant K_d\lambda U_m=1.0\times 2.5\times 252=630\text{cm}$

《导体和电器选择设计技术规定》(DL/T 5222—2005)第9.2.13-4条：当断路器起联络作用时，其断口的公称爬电比距与对地公称爬电比距之比，应选取较大的数值，一般不低于1.2。

外电瓷绝缘的断口间爬电距离：$L'\geqslant 630\times 1.2=756\text{cm}$

注：U_m 为最高电压，可参考《标准电压》(GB/T 156—2007)第4.3条～第4.5条。

《交流电气装置的过电压保护和绝缘配合设计规范》(GB/T 50064—2014)中无有关户外电瓷绝缘的爬电距离的公式。

13.《导体和电器选择设计技术规定》(DL/T 5222—2005)第11.0.9条的条文说明。

一般，对隔离开关的开断电流为 $0.8I_n$，即 $0.8I_n=0.8\times 1000=800\text{A}$。

14.《高压配电装置设计技术规程》(DL/T 5352—2018)第4.3.3条、第5.1.2条。

第4.3.3条：单柱垂直开启式隔离开关在分闸状态下，动静触头间的最小电气距离不应小于配电装置的最小安全净距 B_1 值。根据表5.1.2-1，$B_1=2550\text{mm}$。

15.《导体和电器选择设计技术规定》(DL/T 5222—2005)第15.0.1条及式(6)。

电流互感器动稳定倍数：$K_d\geqslant\dfrac{i_{ch}}{\sqrt{2}I_{1n}}=\dfrac{2.55\times 25\times 10^3}{\sqrt{2}\times 1200}=37.6$

注：其中短路冲击电流可参考《导体和电器选择设计技术规定》(DL/T 5222—2005)附录F的表F.4.1。$i_{ch}=\sqrt{2}K_{ch}I''=\sqrt{2}\times 1.8I''=2.55I''$

题 16 ~ 20 答案：**CAABA**

16.《交流电气装置的接地设计规范》(GB/T 50065—2011) 附录 D 及第 4.2.2 条式(4.2.2-2)(表层衰减系数取 1)。

最大接触电位差限值：$U_t=\dfrac{174+0.17\rho}{\sqrt{t}}=\dfrac{174+0.17\times100}{\sqrt{2}}=135\text{V}$

最大跨步电位差限值：$U_s=\dfrac{174+0.7\rho}{\sqrt{t}}=\dfrac{174+0.7\times100}{\sqrt{2}}=173\text{V}$

注：原题考查规范《交流电气装置的接地》(DL/T 621—1997) 附录 B 式(B3)、式(B7)及第 3.4 条，原规中无"表层衰减系数"参数。

17.《交流电气装置的接地设计规范》(GB/T 50065—2011) 附录 E 第 E.0.1 条、第 4.3.5 条。

接地导线的最小截面：$S_g\geqslant\dfrac{I_g}{C}\sqrt{t_e}=\dfrac{10\times10^3}{70}\sqrt{1.2}=156\text{mm}^2$，取导线截面为 $40\times4\text{mm}^2$。

注：原题考查规范《交流电气装置的接地》(DL/T 621—1997) 附录 C 式(C1)，不考虑腐蚀情况，亦为该规范要求。

18.《交流电气装置的接地设计规范》(GB/T 50065—2011) 第 4.2.1-1 条。第 4.2.1-1 条：有效接地系统和低电阻接地系统，应符合下列要求。

接地电阻：$R\leqslant\dfrac{2000}{I_G}=\dfrac{2000}{10\times10^3}=0.2\Omega$

注：原题考查规范《交流电气装置的接地》(DL/T 621—1997) 第 5.1.1-a 条。

19.《交流电气装置的接地设计规范》(GB/T 50065—2011) 附录 A，式(A.0.4-3)"复合接地网"。

接地电阻：$R=0.5\dfrac{\rho}{\sqrt{S}}=0.5\times\dfrac{100}{\sqrt{10000}}=0.5\Omega$

注：原题考查规范《交流电气装置的接地》(DL/T 621—1997) 附录 A，式(A2)。

20.《交流电气装置的过电压保护和绝缘配合设计规范》(GB/T 50064—2014) 第 5.4.6-2 条。

第 7.1.6 条：独立避雷针(线)宜设独立的接地装置。在非高土壤电阻率地区，其接地电阻不宜超过 10Ω。

注：也可参考《交流电气装置的过电压保护和绝缘配合》(DL/T 620—1997) 第 7.1.6条。原题考查规范《交流电气装置的接地》(DL/T 621—1997) 第 5.1.2 条：独立避雷针(含悬挂独立避雷线的架构)的接地电阻，在土壤电阻率不大于 500Ω·m 的地区不应大于 10Ω。

题 21 ~ 25 答案:**CACDB**

21.《电力工程高压送电线路设计手册》(第二版) P131 式(2-7-55)。

两地线共同对边导线的几何耦合系数:$K_{12\cdot3}=\dfrac{Z_{13}+Z_{23}}{Z_{11}+Z_{12}}=\dfrac{55+100}{540+70}=0.254$

注:也可参考《交流电气装置的过电压保护和绝缘配合》(DL/T 620—1997) 附录 C 式(C7)。

22.《电力工程高压送电线路设计手册》(第二版) P131 式(2-7-46)。

电晕下的耦合系数:$K=K_1\cdot K_0=1.28\times0.26=0.3328$

注:也可参考《交流电气装置的过电压保护和绝缘配合》(DL/T 620—1997) 附录 C 表 C1 和式(C3)。

23.《交流电气装置的过电压保护和绝缘配合设计规范》(GB/T 50064—2014) 附录 D 第 D.1.2 条。

线路雷击次数:$N'_L=0.1N'_g(28h_T^{0.6}+b)=0.1\times(28\times80^{0.6}+20)=40.8$

24.《电力工程高压送电线路设计手册》(第二版) P125 式(2-7-12)。

线路绕击率(对山区线路):$\lg P'_a=\dfrac{\alpha\sqrt{h_t}}{86}-3.35=\dfrac{10\times\sqrt{45}}{86}-3.35=-2.57$

则:$P'_a=10^{-2.57}=0.00269=0.269\%$

注:也可参考《交流电气装置的过电压保护和绝缘配合》(DL/T 620—1997) 附录 C式(C19)。

25.《电力工程高压送电线路设计手册》(第二版) P125 式(2-7-11)。

线路绕击率(对平原线路):$\lg P'_a=\dfrac{\alpha\sqrt{h_t}}{86}-3.9$

$\lg(0.1\%)=\dfrac{\alpha\sqrt{55}}{86}-3.9=-3$

则:$\alpha'-10.44°$

注:也可参考《交流电气装置的过电压保护和绝缘配合》(DL/T 620 - 1997) 附录 C 式(C18)。

2010 年案例分析试题(下午卷)

[案例题是 **4** 选 **1** 的方式,各小题前后之间没有联系,共 **40** 道小题,选作 **25** 道,每题分值为 **2** 分,上午卷 **50** 分,下午卷 **50** 分,试卷满分 **100** 分。案例题一定要有分析(步骤和过程)、计算(要列出相应的公式)、依据(主要是规程、规范、手册),如果是论述题要列出论点]

题 1~5:某发电厂本期安装两台 125MW 机组,每台机组配一台 400t/h 锅炉,机组采用发电机-三绕组变压器单元接线接入厂内 220kV 和 110kV 升压站,220kV 和 110kV 升压站均采用双母线接线。高压厂用工作变压器由主变压器低压侧引接,厂用电电压为 6kV 和 380V。请回答下列问题。

1. 请按下面工艺专业提供的负荷,计算高压厂用工作变压器的计算负荷为下列哪个值? ( )

序号	名称	容量(kW)	安装/工作台数	换算系数	6kV-A 段		6kV-B 段		重复容量(kVA)
					安装/工作台数	容量(kVA)	安装/工作台数	容量(kVA)	
1	电动给水泵	3400	2/1		1/1		1/1		
2	循环水泵	630	2/2		1/1		1/1		
3	送风机	800	2/2		1/1		1/1		
4	吸风机	800	2/2		1/1		1/1		
5	磨煤机	800	2/2		1/1		1/1		
6	排粉风机	560	2/2		1/1		1/1		
7	凝结水泵	250	2/1		1/1		1/1		
8	斗轮推取料机	310	1/1		1/1				
9	低压工作变压器电动机负荷	890	1		1				
10	低压备用变压器电动机负荷		1				1		
11	低压公用变压器电动机负荷	860	1		1				
12	辅助车间工作变电动机负荷	1050	1				1		
13	辅助车间备用变电动机负荷	1650	1				1		
14	输煤变压器电动机负荷	1650	1		1				

注:表中低压负荷装设全部为电动机,容量为 kW,低压备用变为低压工作变和低压公用变提供明备用,辅助车间备用变为辅助车间工作变和输煤变提供明备用,所有负荷均为连续负荷,可以直接在表内进行计算。

(A)12598kVA　　(B)13404kVA

(C)13580kVA　　(D)14084kVA

解答过程：

2. 在厂用电接线设计中采用了以下设计原则，请判断下列哪项是不符合规程要求的？并说明依据和理由。　　(　　)

(A)6kV 和 380V 厂用母线均设二段

(B)起动/备用变压器由 110kV 母线引接

(C)6kV 和 380V 的二段母线均分别由一台变压器供电

(D)主厂房照明不设专用照明变压器供电

解答过程：

3. 假设选择了 16000kVA 的无励磁调压双绕组高压厂用工作变压器，其阻抗电压为 10.5%，计及反馈电动机额定功率之和为 6846kW，请计算 6.3kV 母线的三相短路电流周期分量起始值是下列哪个值？（设变压器高压侧系统阻抗为 0，电动机平均反馈电流倍数取 6）　　(　　)

(A)19.96kA　　(B)19.48kA

(C)18.90kA　　(D)15.53kA

解答过程：

4. 请计算电动给水泵正常起动时，母线电压是下列哪个值？（起动前母线已带负荷 6166kVA，电动机起动电流倍数取 6）　　(　　)

(A)80.3%　　(B)82.6%

(C)83.8%　　(D)85.4%

解答过程：

5. 经计算,6kV 厂用母线的接地电容电流为 6.5A,厂用变中性点宜采用高电阻接地方式,请问选择下列哪种接线组别能满足中性点接地的要求？并说明根据和理由。（　　）

(A)高压厂用变压器为 Dd12,一台低压厂用变压器为 YNyn12
(B)高压厂用变压器为 Dy1
(C)高压厂用变压器为 YNy12
(D)高压厂用变压器为 Dd12,两台低压厂用变压器为 YNyn12

解答过程:

题 6～10:某变电所电压等级为 220/110/10kV,2 台主变压器容量为 180MVA。220kV、110kV 系统为有效接地方式,10kV 系统为消弧线圈接地方式。220kV、110kV 设备为户外布置,母线均采用圆形铝管母线形式,10kV 设备为户内开关柜,10kV 所用变压器采用 2 台 400kVA 油浸式变压器,布置于户外,请回答下列问题。

6. 若 220kV 圆形铝管母线的外径为 150mm,假设母线导体固有自振频率为 7.2Hz,请计算下列哪项数值为产生微风共振的计算风速？（　　）

(A)1m/s　　(B)5m/s
(C)6m/s　　(D)7m/s

解答过程:

7. 当计算风速小于 6m/s 时,可以采用下列哪项措施来消除管母微风振动？并简述理由。（　　）

(A)加大铝管内径　　(B)母线采用防振支撑
(C)在管内加装阻尼线　　(D)采用短托架

解答过程:

8. 该变电所从10kV开关柜到所有变压器之间采用电缆连接，单相接地故障按2h考虑，请计算该电缆导体与绝缘屏蔽之间额定电压最小不应低于下列哪项数值？（　　）

(A)5.77kV　　(B)7.68kV

(C)10kV　　(D)13.3kV

解答过程：

9. 该变电所从10kV开关柜到所用变压器之间采用1根三芯铠装交联聚乙烯电缆，敷设方式为与另一根10kV馈线电缆（共两根）并行直埋，净距为100mm，电缆导体最高工作温度按90℃考虑，土壤环境温度为30℃，土壤热阻系数为3.0k·m/W，按照100%持续工作电流计算，请问该电缆导体最小载流量计算值应为下列哪项？（　　）

(A)28A　　(B)33.6A

(C)37.3A　　(D)46.3kA

解答过程：

10. 该变电所10kV出线电缆沟深度1200mm，沟内采用电缆支架两侧布置方式，请问该电缆沟内通道的净宽不宜小于下列哪项数值？并说明根据和理由。（　　）

(A)500mm　　(B)600mm

(C)700mm　　(D)800mm

解答过程：

题11～15：某新建330kV变电站位于海拔3600m的地区，主变压器2台，采用油浸变压器，装机容量为2×240MVA，所内330kV配电装置采用双母线接线，设2回出线。

11. 若变电站计量PT采用电磁式电压互感器，请确定其运行时，针对0.1s和1s，其相对地的暂时过电压的限值是下列哪项？（　　）

(A)764.02kV,726.0kV　　(B)400.11kV,380.09kV

(C)311.20kV,296.39kV　　(D)440.11kV,419.16kV

解答过程:

12. 本变电所 330kV 电气设备(包括主变压器)的额定雷电冲击耐受电压为 1175kV,若在线路断路器的线路侧选择一种无间隙氧化锌避雷器,应选用下列哪种规格?　　(　　)

(A)Y10W－298/698　　(B)Y10W－300/698

(C)Y10W－312/842　　(D)Y10W－312/868

解答过程:

13. 配电装置电气设备的直击雷保护采用在架构上设避雷针的方式,其中两支相距 60m,高度为 30m,当被保护设备的高度为 10m 时,请计算两支避雷针对被保护设备联合保护范围的最小宽度是下列哪项?　　(　　)

(A)1.35m　　(B)15.6m

(C)17.8m　　(D)19.3m

解答过程:

14. 对该变电站绝缘配合,下列说法正确的是:　　(　　)

(A)电气设备内绝缘相对地额定操作冲击耐压与避雷器操作过电压保护水平的配合系数不应小于 1.15

(B)断路器同级断口间内绝缘的短时工频耐受电压有效值应计算反极性持续运行电压的影响,断开耐受电压折扣系数取 0.7

(C)变电站电气设备应能承受一定持续运行电压及一定幅值暂时过电压,其内、外绝缘短时工频耐压配合系数不得小于 1.15

(D)变压器、并联电抗器及电流互感器截波雷电冲击耐压可取相应设备全波雷电冲击耐压的 1.05 倍

解答过程：

15. 升压站海拔 3600m，变压器外绝缘的额定雷电耐受电压为 1050kV，当海拔不高于 1000m 时，试验电压是：（　　）

(A) 1221.5kV　　(B) 1307.6kV

(C) 1418.6kV　　(D) 1529kV

解答过程：

题 16～20：某 220kV 变电所，直流系统标称电压为 220V，直流控制与动力负荷合并供电。已知变电所内经常负荷 2.5kW，事故照明直流负荷 3kW，设置交流不停电电源 3kW。直流系统由 2 组蓄电池、2 套充电装置供电，蓄电池组采用单体电压为 2V 的蓄电池，不设端电池。其他直流负荷忽略不计，请回答下列问题。

16. 假设采用阀控式密封铅酸蓄电池，根据题目给出的条件，请计算电池个数为下列哪项数值？（　　）

(A) 104 个　　(B) 107 个

(C) 109 个　　(D) 112 个

解答过程：

17. 假定本变电所采用铅酸式蓄电池，蓄电池组容量为 400Ah，不脱离母线均衡充电，请计算充电装置的额定电流为下列哪项数值？（　　）

(A) 11.76A　　(B) 50A

(C) 61.36A　　(D) 75A

解答过程：

18. 如该直流系统保护电器采用直流回路断路器，判定下列哪项原则是正确的？并说明根据和理由。（　　）

(A) 额定电压应大于或等于回路的标称电压
(B) 额定电流应大于回路的最大工作电流
(C) 直流电动机回路的断路器额定电流应按电动机起动电流选择
(D) 直流断路器断流能力应满足直流系统短路电流的要求

解答过程：

19. 在事故放电情况下，蓄电池出口端电压和在均衡充电运行情况下的直流母线电压应满足下列哪组要求？请给出计算过程。（　　）

(A) 不低于 187V，不高于 254V
(B) 不低于 202.13V，不高于 242V
(C) 不低于 192.5V，不高于 242V
(D) 不低于 202.13V，不高于 254V

解答过程：

20. 关于本变电所直流系统电压和接线的表述，下列哪项是正确的？并说明根据和理由。（　　）

(A) 直流系统正常运行电压为 220V，单母线分段接线，每组蓄电池及其充电设备分别接于相应母线
(B) 直流系统标称电压为 220V，两段单母线接线，每组蓄电池及其充电设备分别接于相应母线
(C) 直流系统标称电压为 231V，单母线分段接线，每组蓄电池和充电设备各接一段母线
(D) 直流系统正常运行电压采用 231V，双母线分段接线，每组蓄电池组和充电设备分别接于相应母线

解答过程：

题 21～25：某地区电网规划建设一座 220kV 变电所，电压为 220/110/10kV，所用变压器采用双绕组变压器从 10kV 母线引接，主接线如图所示。请回答下列问题。

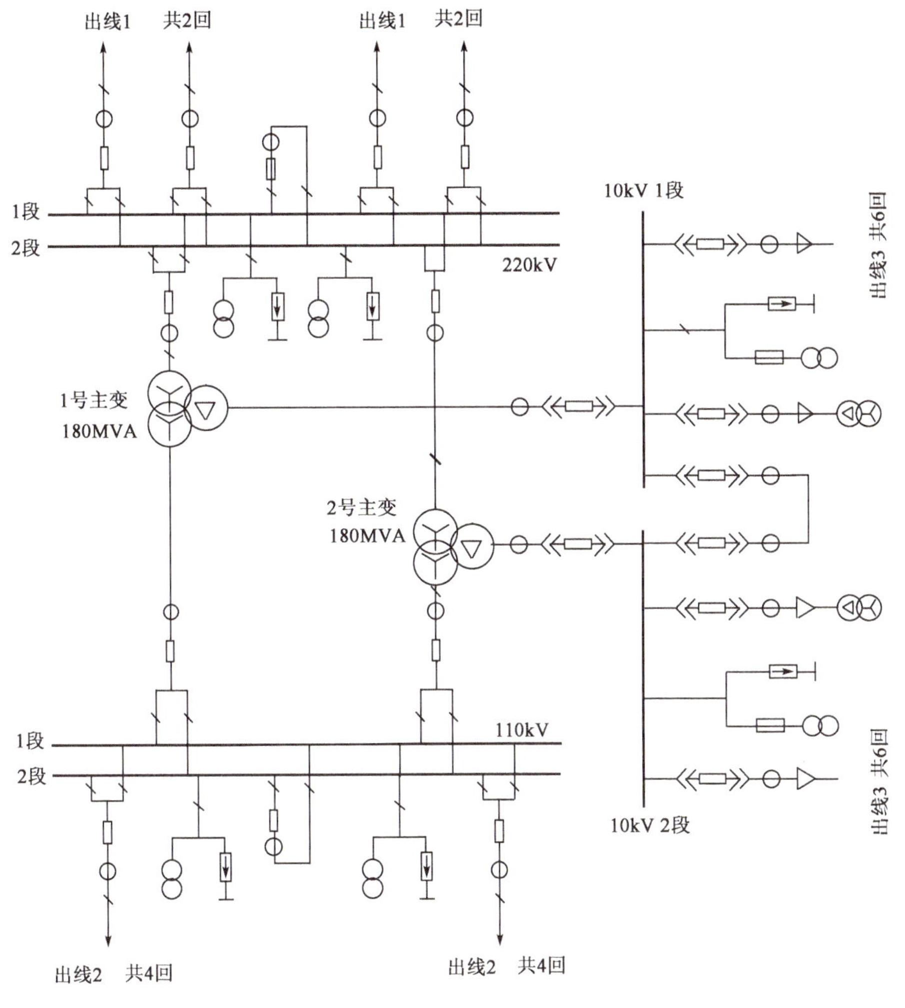

21. 该变电所 110kV 出线有 1 回用户专线，有功电能表为 0.5 级，电压互感器回路电缆截面选择时，其压降应满足哪项要求？根据是什么？（　　）

(A) 不大于额定二次电压的 0.20%
(B) 不大于额定二次电压的 0.30%
(C) 不大于额定二次电压的 0.50%
(D) 不大于额定二次电压的 1.00%

解答过程：

22. 该变电所220kV线路配置有全线速动保护,其主保护的整组动作时间应为下列哪项? 并说明根据。 (　　)

(A)对近端故障,≤15ms;对远端故障,≤35ms(不包括通道时间)
(B)对近端故障,≤30ms;对远端故障,≤20ms
(C)对近端故障,≤20ms;对远端故障,≤30ms(不包括通道时间)
(D)对近端故障,≤30ms;对远端故障,≤50ms

解答过程:

23. 该变电所110kV出线中,其中有2回线路为一个热电厂的并网线,请确定该线路配置自动重合闸的正确原则为下列哪项? 并说明根据和理由。 (　　)

(A)设置不检查同步的三相重合闸
(B)设置检查同步的三相重合闸
(C)设置同步检定和无电压检定的三相自动重合闸
(D)设置无电压检定的三相自动重合闸

解答过程:

24. 统计本变电所应安装有功电能计量表数量为下列哪项? 并说明根据和理由。 (　　)

(A)24只　　(B)30只
(C)32只　　(D)35只

解答过程:

25. 当运行于1段母线的一回220kV线路出口发生相间短路,且断路器拒动时,保护正确动作行为应该是下列哪项? 并说明根据和理由。 (　　)

(A)母线保护动作断开母联断路器
(B)断路器失灵保护动作无时限开断母联断路器

(C)母线保护动作断开连接在 1 段母线上的所有断路器

(D)断路器失灵保护动作以较短时限断开母联断路器，再经一时限断开连接在 1 段母线上的所有断路器

解答过程：

题 26～30：某 220kV 变电所，最终规模为 2 台 180MVA 的主变压器，额定电压为 220/110/35kV，拟在 35kV 侧装设并联电容器进行无功补偿。请回答下列问题。

26. 请问本变电所的每台主变压器的无功补偿容量取下列哪项为宜？ （　　）

(A)15000kvar　　(B)40000kvar

(C)63000kvar　　(D)80000kvar

解答过程：

27. 本变电所每台主变压器装设电容器组容量确定后，将分组安装，下列确定分组原则哪一条是错误的？ （　　）

(A)电压波动　　(B)负荷变化

(C)谐波含量　　(D)无功规划

解答过程：

28. 本所 35kV 母线三相短路容量为 700MVA，电容器组的串联电抗器的电抗率为 5%，请计算发生 3 次谐波谐振的电容器容量是多少？ （　　）

(A)42.8Mvar　　(B)74.3Mvar

(C)81.7Mvar　　(D)113.2Mvar

解答过程：

29. 若该所并联电容器接入电网的主要谐波为5次以上，则并联电抗器的电抗率宜选择以下哪一项？（　　）

(A)1%　　(B)5%　　(C)12%　　(D)13%

解答过程：

30. 若本所每台主变压器安装单组容量为3相3.5kV，12000kvar的电容器两组，电容器采用单星形接线，每相由10台电容器并联后再2组串联而成，请计算每单台容量为：（　　）

(A)500kvar　　(B)334kvar　　(C)200kvar　　(D)350kvar

解答过程：

题31～35：某单回220kV架空送电线路，采用两分裂LGJ-300/40导线，气象条件和导线基本参数见表：

气象条件　　表1

工　况	气温(℃)	风速(m/s)	冰厚(mm)	工　况	气温(℃)	风速(m/s)	冰厚(mm)
最高气温	40	0	0	最大覆冰	-5	10	10
最低气温	-20	0	0	最大风速	-5	30	0
年平均气温	15	0	0				

导线基本参数　　表2

导线型号	拉断力(N)	外径(mm)	截面(mm^2)	单重(kg/m)	弹性系数(N/mm)	线膨胀系数(1/℃)
LGJ-300/40	87600	23.94	338.99	1.133	73000	19.6×10^{-6}

31. 计算最大覆冰时的垂直比载(自重比载加冰重比载)γ_3为何值？已知g取9.8。（　　）

(A)$32.777\times10^{-3}N/(m\cdot mm^2)$　　(B)$27.747\times10^{-3}N/(m\cdot mm^2)$

(C)$68.645\times10^{-3}N/(m\cdot mm^2)$　　(D)$54.534\times10^{-3}N/(m\cdot mm^2)$

解答过程：

32. 计算最大风速工况下的风荷比载 γ_4（计算杆塔用，不计及风压高度变化系数）。（　　）

(A) 29.794×10^{-3} N/(m·mm²)　　(B) 46.465×10^{-3} N/(m·mm²)

(C) 32.773×10^{-3} N/(m·mm²)　　(D) 30.354×10^{-3} N/(m·mm²)

解答过程：

33. 已知最低气温和最大覆冰时两个有效控制条件，则存在有效临界档距为：（　　）

(A) 155m　　(B) 121m　　(C) 92m　　(D) 142m

解答过程：

34. 若导线在最大风速时应力为 100N/mm²，最高气温时应力为 50N/mm²，某直线塔的水平档距为 400m，最高气温时的垂直档距为 300m，计算最大风速垂直档距为：（　　）

(A) 600m　　(B) 200m　　(C) 350m　　(D) 380m

解答过程：

35. 若线路某气象条件下自重力比载为 0.033N/(m·mm²)，冰重力比载为 0.040N/(m·mm²)，风荷比载为 0.020N/(m·mm²)，综合比载为 0.0757N/(m·mm²)，导线水平应力为 115N/mm²，计算在该气象条件下档距为 400m 的最大弧垂为：（　　）

(A) 13.2m　　(B) 12.7m　　(C) 10.4m　　(D) 8.5m

解答过程：

题 36～40：某单回路 220kV 架空送电路，其导线参数见表。

导线型号	每米质量 p (kg/m)	外径 d (mm)	截面 S (mm^2)	破坏强度 T_p (N)	弹性模量 E (N/mm^2)	线膨胀系数 (1/℃)
LGJ-400/50	1.511	27.63	451.55	117230	69000	19.3×10^{-6}
GJ-60	0.4751	10	59.69	68226	185000	11.5×10^{-6}

本工程的气象条件见表。

序　　号	条件	风速(m/s)	覆冰厚度(mm)	气温(℃)
1	低温	0	0	-40
2	平均	0	0	-5
3	大风	30	0	-5
4	覆冰	10	10	-5
5	高温	0	0	40

本线路需跨越同行河流，两岸是陡崖。两岸塔位 A 和 B 分别高出最高航行水位 110.8m 和 25.1m，档距为 800m。桅杆高出水面 35.2m，安全距离为 3.0m，绝缘子串长为 2.5m。导线最高气温时，最低点张力为 26.87kN。两岸跨越直线塔的呼称高度相同。（提示：$g=9.8$）

36. 计算最高气温时，导线最低点 O 到 B 的水平距离 L_{OB} 应为下列哪项数值？（　　）

(A) 606m　　(B) 379m

(C) 206m　　(D) 140m

解答过程：

37. 计算导线最高气温时，距 A 点距离为 500m 处的弧垂 f_x 应为下列哪项数值？（用平抛物线公式）（　　）

(A) 30.02m　　(B) 38.29m

(C) 41.37m　　(D) 44.13m

解答过程：

38. 若最高气温时，弧垂最低点距 A 点的水平距离为 600m，该点弧垂为 33m，为满足跨河的安全距离要求，A 和 B 处直线塔的呼称高度至少为下列哪项数值？（　　）

(A)24.2m　　(B)24.7m

(C)27.2m　　(D)29.7m

解答过程：

39. 若最高气温时，弧垂最低点距 A 点水平距离为 600m。A 点处直线塔在跨河侧导线的悬垂角约为下列哪项数值？（　　）

(A)13.7°　　(B)16.1°

(C)18.3°　　(D)23.8°

解答过程：

40. 假设跨河档 A、B 两塔的导线悬点高度均高出水面 80m，导线的最大弧垂为 48m，计算导线平均高度为下列哪项数值？（　　）

(A)64.0m　　(B)48.0m

(C)43.0m　　(D)32.0m

解答过程：

2010 年案例分析试题答案(下午卷)

题 1 ~5 答案:**BBADD**

1.《火力发电厂厂用电设计技术规定》(DL/T 5153—2014)第 4.1.1 条、第 4.2.1 条、附录 F 表 F.0.1。

1)根据附录 F、表 F.0.1 确定换算系数:

序号	名称	容量(kW)	安装/工作台数	换算系数	6kV - A 段		6kV - B 段		重复容量
					安装/工作台数	容量(kVA)	安装/工作台数	容量(kVA)	(kVA)
1	电动给水泵	3400	2/1	1	1/1	3400	1/1	3400	3400
2	循环水泵	630	2/2	1	1/1	630	1/1	630	
3	送风机	800	2/2	0.8	1/1	640	1/1	640	
4	吸风机	800	2/2	0.8	1/1	640	1/1	640	
5	磨煤机	800	2/2	0.8	1/1	640	1/1	640	
6	排粉风机	560	2/2	0.8	1/1	448	1/1	448	
7	凝结水泵	250	2/1	0.8	1/1	200	1/1	200	200
8	斗轮推取料机	310	1/1	0.8	1/1	248			
高压部分合计					6846		6598		3600
9	低压工作变压器电动机负荷	890	1	0.8	1	712			
10	低压备用变压器电动机负荷	890	1	0.8			1		
11	低压公用变压器电动机负荷	860	1	0.8	1	688			
12	辅助车间工作变电动机负荷	1050	1	0.8			1	840	
13	辅助车间备用变电动机负荷	1650	1	0.8			1	—	
14	输煤变压器电动机负荷	1650	1	0.8	1	1320			
低压部分合计					2720		840		0

2)第 5.1.1-4 条:由同一厂用电电源供电的互为备用的设备只计算运行部分。

6kV 公用 A 段计算负荷:$S_A = 6846 + 2720 = 9566\text{kVA}$

6kV 公用 B 段计算负荷:$S_B = 6598 + 840 = 7438\text{kVA}$

6kV 公用 A 段与 B 段共有负荷:$S_C = 3400 + 200 = 3600\text{kVA}$

则该段电源计算负荷为:$S_{js} = 9566 + 7438 - 3600 = 13404\text{kVA}$

2.《火力发电厂厂用电设计技术规定》(DL/T 5153—2014)第3.5.1条、第3.5.3条、第3.5.4条、第3.7.8条。

第3.5.1-2条:(高压厂用母线)单机容量为125~300MW级的机组,每台机组的每一级高压厂用电压母线应为2段,并将双套辅机的电动机分接在2段母线上;

第3.5.3-2条:(低压厂用母线)单机容量为125~300MW级的机组每台机组可由2段母线供电,并将双套辅机的电动机分接在2段母线上,2段母线可由1台变压器供电。(选项A正确,选项C错误)

第3.7.8-2条:当无发电机电压母线时,由高压母线中电源可靠的最低一级电压母线或由联络变压器的第三绕组引接。(选项B正确)

第3.5.4条:容量为200MW及以上的机组,每个单元机组可设1台照明变压器。(选项D正确)

3.《火力发电厂厂用电设计技术规定》(DL/T 5153—2014)附录L。

设 $S_f = 100\text{MVA}, U_j = 6.3\text{kV}$,则 $I_j = 9.16\text{kA}$

厂用变压器电抗标幺值(式M4):$X_T = 0.925\dfrac{U_d\%}{100}\times\dfrac{S_j}{S_{eB}} = 0.925\times\dfrac{10.5}{100}\times\dfrac{100}{16} = 0.61$

厂用电源短路电流周期分量起始有效值:$I_B = \dfrac{I_j}{X_X + X_T} = \dfrac{9.16}{0+0.61} = 15.02\text{kA}$,变压器高压侧系统短路阻抗为0,即 $X_X = 0$。

电动机反馈电流周期分量起始有效值:$I_D = K_{qD}\dfrac{P_{qD}}{\sqrt{3}U_{eD}\eta_D\cos\varphi_D} = 6\times\dfrac{6.846\times6}{\sqrt{3}\times6\times0.8} = 4.94\text{kA}$

短路电流周期分量起始有效值:$I'' = I_B + I_D = 15.02 + 4.94 = 19.96\text{kA}$

4.《火力发电厂厂用电设计技术规定》(DL/T 5153—2014)附录H。

设 $S_j = 100\text{MVA}, U_j = 6.3\text{kV}$,则 $I_j = 9.16\text{kA}$。

电动机起动容量:$S_q = \dfrac{K_q P_e}{S_{2T}\eta_d\cos\varphi} = \dfrac{6\times3400}{16000\times0.8} = 1.594$

电动机起动前已接容量:$S_1 = \dfrac{6166}{16000} = 0.385$

合成负荷:$S = S_q + S_1 = 1.594 + 0.385 = 1.979$

变压器电抗标幺值:$X_T = 1.1\dfrac{U_d\%}{100}\times\dfrac{S_{2T}}{S_T} = 1.1\times\dfrac{10.5}{100}\times\dfrac{16}{16} = 0.1155$

电动机起动母线电压标幺值:$U_m = \dfrac{U_0}{1+SX} = \dfrac{1.05}{1+0.1155\times1.979} = 0.8546 = 85.46\%$

注:本题部分条件取自第3小题,题目本身不严谨。

5.《火力发电厂厂用电设计技术规定》(DL/T 5153—2014)附录C。

高压厂用电系统供电的低压厂用变压器高压侧的中性点,要考虑低压厂用变压器退出运行的工况,所以应选用2台变压器中性点,变压器的接线组别可采用YNyn0。

因此,选项D正确。

题 6 ~ 10 答案：**BCBCC**

6.《导体和电器选择设计技术规定》（DL/T 5222—2005）第 7.3.6 条式（7.3.6）。

管形母线发生共振时的微风风速：$v_{js} = f\frac{D}{A} = 7.2 \times \frac{150 \times 10^{-3}}{0.214} = 5.05\text{m/s}$

注：也可参考《电力工程电气设计手册》（电气一次部分）P347 式（8-47）。

7.《导体和电器选择设计技术规定》（DL/T 5222—2005）第 7.3.6 条。

当计算风速小于 6m/s 时，可采用下列措施消除微风振动：

（1）在管内加装阻尼线；

（2）加装动力消振器；

（3）采用长托架。

注：也可参考《电力工程电气设计手册》（电气一次部分）P347"4. 消除微风振动的措施"，注意手册中多一种措施。

8.《电力工程电缆设计规范》（GB 50217—2018）第 3.2.2 条。

第 3.3.2-2 条：除上述"（1）供电系统"外，其他系统不宜低于 133% 使用回路的工作相电压。

即 $U_x \geqslant 1.33 \times \frac{10}{\sqrt{3}} = 7.68\text{kV}$

9.《电力工程电缆设计规范》（GB 50217—2018）附录 D。

（1）查表 D.0.1：土壤温度 30℃，电缆工作温度 90℃，环境温度校正系数 $K_1 = 0.96$。

（2）查表 D.0.3：土壤热阻系数为 3.0k·m/W 时，校正系数 $K_2 = 0.75$。

（3）查表 D.0.4：土壤中直埋 2 根并行敷设电缆，载流量校正系数 $K_3 = 0.9$。

《220kV ~ 500kV 变电所所用电设计技术规程》（DL/T 5155—2002）附录 E 式 E.1。

（4）持续工作电流：$I_g = 1.05 \times \frac{S}{\sqrt{3}U_N} = 1.05 \times \frac{400}{\sqrt{3} \times 10} = 24.25\text{A}$

《220kV ~ 500kV 变电所所用电设计技术规程》（DL/T 5155—2002）附录 E 式（E.1）。

（5）电缆导体最小载流量：$I_s = \frac{I_g}{K} = \frac{24.25}{0.96 \times 0.75 \times 0.9} = 37.4\text{A}$

10.《电力工程电缆设计规范》（GB 50217—2018）第 5.5.1 条及表 5.5.1。

查表可知，电缆沟内通道净宽不宜小于 700mm。

题 11 ~ 15 答案：**DBCCC**

11.《交流电气装置的过电压保护和绝缘配合设计规范》（GB/T 50064—2014）第 6.4.2 条、附录 E。

第 6.4.2 条：变电站电气设备承受暂时过电压幅值和时间的要求应符合规范附录 E 的规定。

表 E.0.1-1，针对电磁式电压互感器 0.1s 和 1s，其暂时过电压限值为：

$$u_{0.1s}=2.10\times\frac{U_m}{\sqrt{3}}=2.10\times\frac{363}{\sqrt{3}}=440.11\text{kV}$$

$$u_{1s}=2.0\times\frac{U_m}{\sqrt{3}}=2.0\times\frac{363}{\sqrt{3}}=419.16\text{kV}$$

注：最高电压值可参考《标准电压》(GB/T 156—2007) 第 4.5 条。

12.《交流电气装置的过电压保护和绝缘配合设计规范》(GB/T 50064—2014) 第 4.4.3 条、第 6.4.4-2 条。

(1) 第 4.4.3 条及表 4.4.3 无间隙氧化物避雷器相地额定电压：$0.75U_m=0.75\times363=272.25$kV，取 300kV。

(2) 第 6.4.4-2 条：变压器电气设备与雷电过电压的绝缘配合符合下列要求：电气设备外绝缘的雷电冲击耐压为，即：$U_R\leqslant\frac{\overline{U_1}}{K_5}=\frac{1175}{1.4}=839$kV，取 698kV。

因此最后确定答案为 B。

注：Y10W-300/698 含义：Y 表示氧化锌避雷器，10 表示标称放电电流 10kA，W 表示无间隙，300 表示额定电压 300kV，698 表示标称放电电流下的最大残压 698kV。另最高电压值可参考《标准电压》(GB/T 156—2007) 第 4.5 条。

《交流电气装置的过电压保护和绝缘配合设计规范》(GB/T 50064—2014) 第 4.1.3条：范围Ⅱ系统的工频过电压应符合下列要求：

线路断路器的变电所侧：1.3p.u.。

线路断路器的线路侧：1.4p.u.。

按题意，避雷器安装在线路 CB 线路侧，则取 1.4p.u.。

《电力工程电气设计手册》(电力一次部分) P876 ~ P878"阀式避雷器参数选择"。

330kV 及以上避雷器的灭弧电压(又称避雷器的额定电压)，应略高于安装地点的最大工频过电压：$U_{mi}\geqslant K_zU_g$

避雷器的残压根据选定的设备绝缘全波雷电冲击耐压水平和规定绝缘配合系数确定，$U_{bc}\leqslant BIL/1.4$。

13.《交流电气装置的过电压保护和绝缘配合设计规范》(GB/T 50064—2014) 第 5.2.2 条。

各计算因子：$h=30$m，$h_x=10$m，$h_a=30-10=20$m；$P=1$；$D=60$m。

单支避雷针的保护半径：$h_x<\frac{h}{2}$，$r_x=(1.5h-2h_x)P=(1.5\times30-2\times10)\times1=25$m

$\frac{D}{h_aP}=\frac{60}{20\times1}=3$，查图(a)可知：$\frac{b_x}{h_aP}=0.9$

则 $b_x=0.9\times20=18\text{m}<25\text{m}$，满足条件。

注：也可参考《交流电气装置的过电压保护和绝缘配合》(DL/T 620—1997) 第 5.2.2 条。

14.《交流电气装置的过电压保护和绝缘配合设计规范》(GB/T 50064—2014) 第6.4.1条、第6.4.3条、第6.4.4条。

15.《导体和电器选择设计技术规定》(DL/T 5222—2005) 第6.0.8条及式(6.0.8)。

第6.0.8条：对安装在海拔高度超过1000m地区的电器外绝缘应予校验。当海拔高度在4000m以下时，其试验电压应乘以系数K。

$$K=\frac{1}{1.1-\frac{H}{10000}}=\frac{1}{1.1-\frac{3600}{10000}}=1.35$$

试验电压：$U_K=1050\times1.35=1418.9\text{kV}$

题16~20答案：**ACBCB**

16.《电力工程直流系统设计技术规程》(DL/T 5044—2014) 第6.1.2-2条及附录C第C.1.1条。

蓄电池浮充电电压应根据厂家推荐值选取，当无产品资料时可按第6.1.2-2条选取，即阀控式铅酸蓄电池的单体浮充电电压值宜取2.23~2.27V。

蓄电池个数：$n=1.05\times\frac{U_n}{U_f}=1.05\times\frac{220}{2.23\sim2.27}=101.76\sim103.59\approx102\sim104$个

17.《电力工程直流系统设计技术规程》(DL/T 5044—2014) 附录D第D.1.1-3条或D.1.1.-5。

经常负荷电流：$I_{jc}=\frac{P_{jc}}{220}=\frac{2.5\times10^3}{220}=11.36\text{A}$

充电装置额定电流：$I_r=(1.0I_{10}\sim1.25I_{10})+I_{jc}=(1.0\sim1.25)\times\frac{400}{10}+11.36=$ 51.36~61.36A

注：题干明确蓄电池不脱离母线均衡充电，若脱离母线$I_{jc}=0$。

18.《电力工程直流系统设计技术规程》(DL/T 5044—2014)第6.5.2条、第6.5.3条。

第6.5.2条：

1)额定电压应大于或等于回路最高工作电压。(选项A错误)

2)额定工作电流应大于回路最大工作电流。(选项B正确)

3)直流电动机回路，可按电动机额定电流选择。(选项C错误)

第6.5.3条：断流能力应满足安装地点直流系统最大预期短路电流的要去。(选项D错误)

19.《电力工程直流系统设计技术规程》(DL/T 5044—2014)第3.2.3条、第3.2.4条。

第3.2.3条：在均衡充电运行条件下，对于控制负荷与动力负荷合并供电的直流系统，直流母线电压应不高于直流系统标称电压的110%。

即：$U_{jh}\leqslant110\%\times220=242\text{V}$

第3.2.4条：在事故放电末期，蓄电池组出口端电压不应低于直流电源系统标称电压的87.5%。

即：$U_{sg} \leq 87.5\% \times 220 = 192.5V$

20.《电力工程直流系统设计技术规程》(DL/T 5044—2014)第3.2.2条、第3.5.1条、第3.5.2条。

第3.2.2条：在正常运行情况下，直流母线电压应为直流系统标称电压的105%。

第3.5.1-1条：2组蓄电池的直流系统，应采用两段单母线接线，两段直流母线之间应设联络电器，正常运行时，两段直流母线应分别独立运行。

第3.5.2-2条：2组蓄电池配置2套充电装置时，每组蓄电池及其充电装置应分别接入相应母线段。

注：本题无难度，此类深度的题目近年考试中已极少出现，参考价值有限。

题21～25答案：**ACCCD**

21.《电力装置电测量仪表装置设计规范》(GB/T 50063—2017)第8.2.3条。

第8.2.3-2条：电能计量装置的二次回路电压降不应大于额定二次电压的0.2%。

注：根据《电能计量装置技术管理规程》(DL/T 448—2016)第6.2条及表1准确度等级的规定，0.5级的有功电能表为Ⅱ、Ⅲ类电能计量装置。

22.《继电保护和安全自动装置技术规程》(GB/T 14285—2006)第4.6.2.1条。

第4.6.2.1条f款：(对于220kV线路)具有权限速动保护的线路，其主保护的整组动作时间应为：对近端故障，≤20ms；对远端故障，≤30ms(不考虑通道时间)。

23.《继电保护和安全自动装置技术规程》(GB/T 14285—2006)第5.2.5.2条。

第5.2.5.2条：(110kV及以下双侧电源线路的自动重合闸装置，按下列规定装设)并列运行的发电厂和电力系统之间，具有两条联系的线路或三条联系不紧密的线路，可采用同步检定和无电压检定的三相重合闸方式。

24.《电力装置电测量仪表装置设计规范》(GB/T 50063—2017)第4.2.1条。

第4.2.1条：下列回路应设置有功电能表：

(1)三绕组主变压器的三侧。即 $n_1 = 2 \times 3 = 6$ 只。

(2)1200V及以上的线路。即 $n_2 = 2 + 2 + 4 + 4 + 6 + 6 = 24$ 只。

(3)双绕组厂用主变压器的高压侧。即 $n_3 = 2 \times 1 = 2$ 只。

共32只。

25.《继电保护和安全自动装置技术规程》(GB/T 14285—2006)第4.9.3.2条。

第4.9.3.2条：220kV双母线失灵保护：

1)可以较短时限动作于断开与拒动断路器相关的母线及分段断路器，再经一时限动作于断开与拒动断路器连接在同一母线上的所有有源支路的断路器。

2)也可仅经一时限动作于断开与拒动断路器连接在同一母线上的所有有源支路的断路器。

题26～30答案：**BDABC**

26.《35kV ~ 220kV 变电站无功补偿装置设计技术规定》(DL/T 5242—2010) 第5.0.6 条及条文说明。

每台变压器的无功补偿容量：$Q_c = (10\% \sim 25\%) \times 180 \times 10^3 = 18000 \sim 45000\text{kvar}$

依据题干数据，取值 40000kvar。

注：也可参考《并联电容器装置设计规范》(GB 50227—2017) 第 3.0.2 条及其条文说明，按 10% ~30% 估算。

27.《35kV ~ 220kV 变电站无功补偿装置设计技术规定》(DL/T 5242—2010) 第5.0.7条及条文说明。

第 5.0.7 条的条文说明：分组原则主要是根据电压波动、负荷变化、电网背景谐波含量，以及设备技术条件等因素来确定。

注：也可参考《并联电容器装置设计规范》(GB 50227—2017) 第 3.0.3 条及其条文说明。

28.《35kV ~ 220kV 变电站无功补偿装置设计技术规定》(DL/T 5242—2010) 附录B 式(B.1)。

发生谐振的电容器容量：$Q_{cx} = S_d\left(\frac{1}{n^2} - K\right) = 700 \times \left(\frac{1}{3^2} - 5\%\right) = 42.8\text{MVA}$

注：也可参考《并联电容器装置设计规范》(GB 50227—2017) 第 3.0.3-3 条。可与 2012 年案例分析(下午卷)第 29 题对比计算。

29.《35kV ~ 220kV 变电站无功补偿装置设计技术规定》(DL/T 5242—2010) 第7.4.2条。

第 7.4.2 条：用于限制合闸涌流的串联电抗器的电抗率一般按不大于 1% 选择；用于限制 5 次及以上谐波，串联电抗率可取 4.5% ~6%，限制 3 次及以上谐波，串联电抗器可取 12%。

注：也可参考《并联电容器装置设计规范》(GB 50227—2017) 第 5.5.2 条。

30.《电力工程电气设计手册》(电气一次部分) P503 图 9-30 单星形接线。

设每单台容量为 Q_n，则 $Q = 3 \times 10 \times 2 \times Q_n = 12000\text{kvar}$，计算可知 $Q_n = 200\text{kvar}$。

注：图 9-30 中，各并联电容器组的接线类型曾多次考查，须熟练掌握。

题 31 ~35 答案：**CBDBA**

31.《电力工程高压送电线路设计手册》(第二版) P179 表 3-2-3。

自重力荷载：$g_1 = 9.8p_1 = 9.8 \times 1.133 = 11.10\text{N/m}$

冰重力荷载：$g_2 = 9.8 \times 0.9\pi\delta(\delta + d) \times 10^{-3} = 9.8 \times 0.9 \times 3.14 \times 10 \times (10 + 33.94) \times 10^{-3} = 12.17\text{N/m}$

覆冰时的垂直比载：$\gamma_3 = \frac{g_1 + g_2}{A} = \frac{11.10 + 12.17}{338.99} = 68.64 \times 10^{-3}\text{N/(m·mm}^2)$

32.《电力工程高压送电线路设计手册》(第二版) P179 表 3-2-3 和 P174、175 表 3-1-14及表 3-1-15。

无冰时风比载：

$$\gamma_4=\frac{g_4}{A}=\frac{0.625v^2d\alpha u_{sc}\times10^{-3}}{\mathrm{A}}=\frac{0.625\times30^2\times33.94\times0.75\times1.1\times10^{-3}\times10^{-3}}{338.99}=$$

46.46N/(m·mm²)

33.《电力工程高压送电线路设计手册》(第二版)P179 表 3-2-3 和 P187 表 3-3-20。

(1)最低气温时线路比载：$\gamma_m=\gamma_1=\dfrac{9.8\times1.133}{338.99}=32.74\times10^{-3}\mathrm{N/(m\cdot mm^2)}$

(2)最大覆冰时线路比载：$\gamma_n=\sqrt{\gamma_3^2+\gamma_5^2}$

自重力加冰重力荷载：$\gamma_3=68.64\times10^{-3}\mathrm{N/(m\cdot mm^2)}$(取 31 题的计算结果)

覆冰时的风荷载：$\gamma_5=\dfrac{0.625v^2(d+2\delta)\alpha u_{sc}\times10^{-3}}{A}=$

$$\frac{0.625\times10^2\times(33.94+2\times10)\times1\times1.1\times10^{-3}}{338.99}=10.94\times10^{-3}\mathrm{N/(m\cdot mm^2)}$$

最大覆冰时线路比载：$\gamma_n=\sqrt{\gamma_3^2+\gamma_5^2}=\sqrt{(68.64^2+10.94^2)}\times10^{-3}=69.5\times10^{-3}$ N/(m·mm²)

(3)有效临界档距：

$$l_{cr}=\sigma_m\sqrt{\frac{24\alpha(t_m-t_n)}{\gamma_m^2-\gamma_n^2}}=\frac{87600/2.5}{338.99}\times\sqrt{\frac{24\times19.6\times10^{-6}\times(-20+5)}{(32.74^2-69.5^2)\times10^{-6}}}=141.6\mathrm{m}$$

注：其中的风压不均匀系数参考表 3-1-14 选择，在最大覆冰时，风速为 10m/s，该系数取 1。

34.《电力工程高压送电线路设计手册》(第二版) P184 表 3-2-3 和 P187 表 3-3-12。

(1)最高气温时：

垂直比载：$\gamma_v=\gamma_1=\dfrac{g_1}{A}=\dfrac{9.8\times1.133}{338.99}=32.74\times10^{-3}\mathrm{N/(m\cdot mm^2)}$

垂直档距：$l_{v1}=l_H+\dfrac{\sigma_{o1}}{\gamma_v}\alpha$

$$300=400+\frac{50}{32.74\times10^{-3}}\alpha$$

$\alpha=-0.06548$

(2)最大风速时：

垂直档距：$l_{v2}=l_H+\dfrac{\sigma_{o2}}{\gamma_v}\alpha=400+\dfrac{100}{32.74\times10^{-3}}\times(-0.06548)=200\mathrm{m}$

注：查看题干中的表格，最高气温时与最大风速时垂直比载均只考虑线路自重比载。

35.《电力工程高压送电线路设计手册》（第二版）P179 表 3-3-1 相关公式及 P188“三、最大弧垂判别法”。

根据最大弧垂判别法$\frac{\gamma_7}{\sigma_7}=\frac{0.0757}{115}>\frac{0.033}{115}=\frac{\gamma_1}{\sigma_1}$，则最大弧垂发生在覆冰时。

最大弧垂（平抛物线公式）：$f_m=\frac{\gamma l^2}{8\sigma_0}=\frac{0.0757\times 400^2}{8\times 115}=13.2\text{m}$

题 36 ~40 答案：**CCCCB**

36.《电力工程高压送电线路设计手册》（第二版）P179 表 3-3-1 相关公式。

（1）各计算因子：

电线比载：$\gamma=\gamma_1=\frac{9.8p_1}{A}=\frac{9.8\times 1.511}{451.55}=0.0328\text{N/(m}\cdot\text{mm}^2)$

水平应力：$\sigma_0=\frac{F}{A}=\frac{26.87\times 10^3}{451.55}=59.51\text{N/mm}^2$

高差角正切值：$\tan\beta=\frac{h}{l}=\frac{110.8-25.1}{800}=0.10675$

（2）L_{OB}的水平距离：$L_{OB}=\frac{l}{2}-\frac{\sigma_0}{\gamma}\tan\beta=\frac{800}{2}-\frac{59.51}{0.0328}\times 0.10675=206.33\text{m}$

37.《电力工程高压送电线路设计手册》（第二版）P179 表 3-3-1 相关公式。

最大弧垂公式：$f_m=\frac{\gamma l^2}{8\sigma_0}=\frac{0.0328\times 800^2}{8\times 59.51}=44.1\text{m}$

距离 A 点 500m，即距离 B 点 300m 的导线弧垂：

$$f_x=\frac{4x'}{l}\left(1-\frac{x'}{l}\right)f_m=\frac{4\times 300}{800}\times\left(1-\frac{300}{800}\right)\times 44.1=41.34\text{m}$$

注：题中悬挂点与公式图示相反。

38.《电力工程高压送电线路设计手册》（第二版）P602“2. 杆塔定位高度关于呼称高的公式”。

首先，设两点杆塔呼称高为 h，如图所示，根据相似三角形原理（三角形未画出），可计算 h_{DE}。

导线最小水平线间距离：$h_{DE}=25.1+h-\lambda+(110.8-25.1)\times\frac{800-600}{800}=25.1+h-2.5+21.425$

根据呼称高公式，h_{DE}需满足安全距离，则：$h_{DE}=35.2+3+33=25.1+h-2.5+21.425$

计算可知，杆塔呼称高：$h=27.175\text{m}$

注：呼称高公式中的δ，即考虑各种误差而采取的定位裕度，在各年考试中均未考虑。

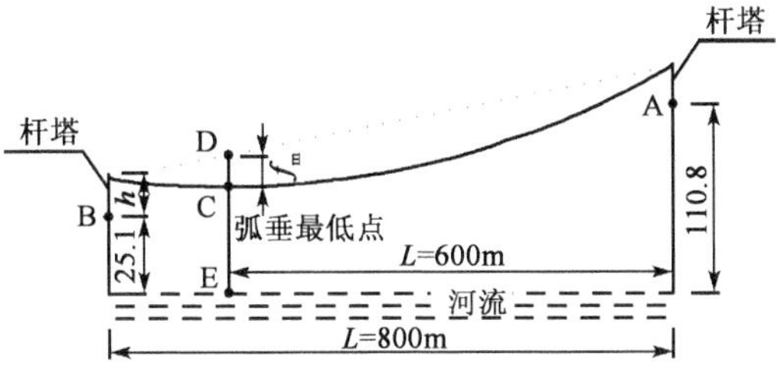

39.《电力工程高压送电线路设计手册》（第二版）P179 表 3-3-1 相关公式。

A 点（较高悬挂点）的悬垂角：$\theta_A = \arctan\left(\frac{\gamma l}{2\sigma_0} + \frac{h}{l}\right) = \arctan\left(\frac{0.0328 \times 800}{2 \times 59.51} + \frac{110.8 - 25.1}{800}\right) = 18.12°$

注：题中悬挂点与公式图示相反。

40.《电力工程高压送电线路设计手册》（第二版）P125 式（2-7-9）。

导线的平均高度：$h_{av} = h - \frac{2}{3}f = 80 - \frac{2}{3} \times 48 = 48\text{m}$

注：此公式很少考查，不易定位。

2011 年

注册电气工程师(发输变电)执业资格考试

专业考试试题及答案

2011 年专业知识试题(上午卷)

一、单项选择题(共 40 题,每题 1 分,每题的备选项中只有 1 个最符合题意)

1. 在水利水电工程的防静电设计中,下列哪项不符合规范要求? ( )

(A)放静电接地装置应与工程中的电气接地装置共用
(B)放静电接地装置的接地电阻,不宜大于 50Ω
(C)油罐室、油处理设备、通风设备及风管均应接地
(D)移动式油处理设备在工作位置应设临时接地点

2. 燃煤电厂的防火设计要考虑安全疏散,配电装置室内最远点到疏散出口的距离,下列哪一条满足规程要求? ( )

(A)直线距离不应大于 7m
(B)直线距离不应大于 15m
(C)路径距离不应大于 7m
(D)路径距离不应大于 15m

3. 风电场的测风塔顶部应装有避雷装置,接地电阻不应大于: ( )

(A)5Ω
(B)10Ω
(C)4Ω
(D)20Ω

4. 按规程规定,火力发电厂选择蓄电池容量时,与电力系统连接的发电厂,交流厂用事故停电时间应按下列哪项计算? ( )

(A)0.5h
(B)1.0h
(C)2.0h
(D)3.0h

5. 变电所绿化措施,下列哪项是错误的? ( )

(A)城市地下变电所的顶部宜覆土进行绿化
(B)城市变电所的绿化应与所在街区的绿化相协调,满足美化市容要求
(C)进出线下的绿化应满足带电安全距离要求
(D)220kV 及以上变电所的绿化场地可敷设浇水的水管

6. 火电厂废水治理的措施,下列哪一项是错误的? ( )

(A)酸、碱废水应经中和处理后复用或排放
(B)煤场排水和输煤设施的清扫水,应经沉淀处理,处理后的水宜复用
(C)含金属离子废水宜进入废水集中处理系统,处理后复用或排放
(D)位于城市的发电厂生活污水直接排入城市污水系统,水质不受限制

7. 某公用电网 10kV 连接点处的最小短路容量为 200MVA，该连接点的全部用户向该点注入的 5 次谐波电流分量（方均根值）不应超过下列哪项？（　　）

(A)10A　　(B)20A　　(C)30A　　(D)40A

8. 下列关于变电所消防的设计原则，哪一条是错误的？（　　）

(A)变电所建筑物（丙类火灾危险性）体积 3001 ~ 5000m^3，消防给水量为10L/s
(B)一组消防水泵设置两条吸水管
(C)吸水管上设检修用阀门
(D)应设置备用泵

9. 火力发电厂与变电所的 500kV 屋外配电装置中，当动力电缆和控制电缆敷设在统一电缆沟内时，宜采用下列哪种方式分隔？（　　）

(A)宜采用防火堵料　　(B)宜采用防火隔板
(C)宜采用防火涂料　　(D)宜采用防火阻燃带

10. 发电厂与变电所中，110kV 屋外配电装置（无含油电气设备）的火灾危险性应为下列哪一类？（　　）

(A)乙类　　(B)丙类
(C)丁类　　(D)戊类

11. 某 220kV 屋外变电所的两台主变压器间不设防火墙，其挡油设施大于变压器外廓每边各 1m，则挡油设施的最小间距是下列哪一数值？（　　）

(A)5m　　(B)6m　　(C)8m　　(D)10m

12. 直接接地电力系统中的自耦变压器，其中性点应如何接地？（　　）

(A)不接地　　(B)直接接地
(C)经避雷器接地　　(D)经放电间隙接地

13. 验算某 110kV 终端变电站管母线短路动稳定时，若已知母线三相短路电流，其冲击系数 K_{ch} 推荐值应选下列哪个数值？（　　）

(A)1.90　　(B)1.80
(C)1.85　　(D)2.55

14. 变电所中，支柱绝缘子的力学安全系数，在荷载长期作用下和短时作用下，应是下列哪一项？（　　）

(A)45,2.5　　(B)2.0,1.67
(C)1.6,1.4　　(D)2.5,1.67

15. 某变电所中，有一组双星形接线的35kV电容器组，每星的每相有2个串联段，每段由5台500kvar电容器并联组成，此电容器组的总容量为：（　　）

（A）7500kvar　（B）10000kvar　（C）15000kvar　（D）30000kvar

16. 某110kV变电所需要增容扩建，已有一台7500kVA、110/10.5kV Yd11的主变压器，下列可以与之并联运行、允许的最大容量是哪一种？（　　）

（A）7500kvar，Yd7　（B）10000kvar，Yd11
（C）15000kvar，Yd5　（D）20000kvar，Yd11

17. 某滨海电厂，当地盐密0.21mg/cm^2，厂中220kV户外电气设备瓷套的爬电距离应不小于：（　　）

（A）5040mm　（B）6300mm　（C）7258mm　（D）7812mm

18. 发电厂、变电所中，下列电压互感器形式的选择条件，哪一条是不正确的？（　　）

（A）35kV屋内配电装置，宜采用树脂浇注绝缘电磁式电压互感器
（B）35kV屋外配电装置，宜采用油浸绝缘结构电磁式电压互感器
（C）110kV屋内配电装置，当容量和准确度满足要求时，宜采用电容式电压互感器
（D）SF6全封闭组合电器宜采用电容式电压互感器

19. 发电厂、变电所中，选择屋外导体的环境条件，下列哪一条是不正确的？（　　）

（A）发电机引出线的封闭母线可不校验日照的影响
（B）发电机引出线的组合导线应校验日照的影响
（C）计算导体日照的附加温升时，日照强度取0.1W/cm^2
（D）计算导体日照的附加温升时，风速取0.5m/s

20. 某变电所中，10kV户内配电装置的主母线工作电流是2000A，主母线选用矩形铝母线、平放。按正常工作电流双片铝排最小应选为：（海拔高度900m，最热月平均最高温度+25℃）（　　）

（A）$2\times(100\times6.3\text{mm}^2)$　（B）$2\times(100\times8.0\text{mm}^2)$
（C）$2\times(100\times10\text{mm}^2)$　（D）$2\times(125\times8.0\text{mm}^2)$

21. 在电力电缆工程中，以下10kV电缆哪一种可采用直埋敷设？（　　）

（A）地下单根电缆与市政管道交叉且不允许经常破路的地段
（B）地下电缆与铁路交叉地段
（C）同一通路少于6根电缆，且不经常性开挖的地段
（D）有杂散电流腐蚀的土壤地段

22. 在高海拔地区，某变电所中高压配电装置的 A_1 值经修正为 1900mm，此时无遮拦裸导体至地面之间的最小安全净距应为多少？（　　）

（A）3800mm　（B）3900mm　（C）4300mm　（D）4400mm

23. 发电厂、变电所中，对一台 1000kVA 室内布置的油浸变压器，考虑就地检修设计采用下列尺寸中，哪一项不是规程允许的最小尺寸？（　　）

（A）变压器与后壁间 600mm
（B）变压器与侧壁间 1400mm
（C）变压器与门间 1600mm
（D）室内高度按吊芯所需的最小高度加 700mm

24. 在 220kV 和 35kV 电力系统中，工频过电压水平一般分别不超过下列哪项数值？（　　）

（A）252kV，40.5kV　（B）189kV，40.5kV
（C）328kV，23.38kV　（D）189kV，23.38kV

25. 架空线路杆塔的接地装置由较多水平接地极或垂直接地极组成时，垂直接地极的间距及水平接地极的间距应符合下列哪一项规定？（　　）

（A）垂直接地极的间距不应大于其长度的两倍，水平接地极的间距不宜大于 5m
（B）垂直接地极的间距不应小于其长度的两倍，水平接地极的间距不宜大于 5m
（C）垂直接地极的间距不应大于其长度的两倍，水平接地极的间距不宜小于 5m
（D）垂直接地极的间距不应小于其长度的两倍，水平接地极的间距不宜小于 5m

26. 电力工程设计中，下列哪项缩写的解释是错误的？（　　）

（A）AVR——自动励磁装置　（B）ASS——自动同步系统
（C）DEH——数字式电液调节器　（D）SOE——事件顺序

27. 电力工程中，当采用计算机监控时，监控系统的信号电缆屏蔽层选择，下列哪项是错误的？（　　）

（A）开关量信号，可选用外部总屏蔽
（B）脉冲信号，宜采用双层式总屏蔽
（C）高电平模拟信号，宜采用对绞芯加外部总屏蔽
（D）低电平模拟信号，宜采用对绞芯分屏蔽

28. 发电厂、变电所中，对于 10kV 线路相间短路保护装置的要求，下列哪项是错误的？（　　）

（A）后备保护应采用近后备方式

(B)对于单侧电源线路可装设两段电流保护,第一段为不带时限的电流速断保护,第二段为带时限的过电流保护

(C)当线路短路使发电厂厂用母线或重要用户母线电压低于额定电压的60%,以及线路导线截面过小,不允许带时限切除故障时,应快速切除故障

(D)对于1~2km双侧电源的段线路,当有特殊要求时,可采用差动保护为主保护,电流保护为后备

29. 在110kV电力系统中,对于容量小于63MVA的变压器,由外部相间短路引起的变压器过流,应装设相应的保护装置,保护装置动作后,应带时限动作于跳闸且应符合相关规定。下列哪项表述不符合规定? ( )

(A)过电流保护宜作用于降压变压器

(B)复合电压起动的过电流保护宜用于升压变压器、系统联络变压器和过电流保护不符合灵敏性要求的降压变压器

(C)低电压闭锁的过电流保护宜用于升压变压器、系统联络变压器和过电流保护不符合灵敏性要求的降压变压器

(D)过电流保护宜用于升压变压器、系统联络变压器

30. 变电所中,电容器组台数的选择及保护配置,应考虑不平衡保护有足够的冗余度,当切除部分故障电容器,引起剩余电容器过电压时,保护装置应发出信号作用于跳闸,发出信号或动作与跳闸的过电压值分别为: ( )

(A) >102%额定电压, >110%额定电压

(B) >105%额定电压, >110%额定电压

(C) >110%额定电压, >115%额定电压

(D) >105%额定电压, >115%额定电压

31. 某变电所的直流系统中,用直流断路器和熔断器串级作为保护电器,按规范规定,直流断路器不可装设在熔断器上一级,只可装设在熔断器下一级。如熔断器额定电流为2A,为保证动作选择性,直流断路器装设在下一级时,其额定电流各宜选: ( )

(A)1A (B)2A (C)4A (D)8A

32. 变电所中,220~380V所用配电屏室内,跨越屏前的裸导体对地高度及走道内裸导体对地高度分别不得低于: ( )

(A)2300mm,1900mm (B)2300mm,2200mm

(C)2500mm,2200mm (D)2500mm,2300mm

33. 220kV变电所中,下列场所的工作面照度哪项是不正确的? ( )

(A)主控制室500lx (B)配电装置室200lx

(C)蓄电池室25lx (D)继电器室300lx

34. 某城市电网 2009 年用电量为 225 亿 kWh，最大负荷为 3900MW，请问该电网年最大负荷利用小时数和年最大负荷利用率各为多少？ （ ）

(A)1733h，19.78%　　(B)577h，6.6%

(C)5769h，65.86%　　(D)5769h，57.86%

35. 选择送电线路的路径时，下列哪项原则是正确的？ （ ）

(A)选择送电线路的路径，应避开易发生导线舞动地区

(B)选择送电线路的路径，应避开重冰区、不良地质地带、原始森林区

(C)选择送电线路的路径，宜避开重冰区、不良地质地带、原始森林区

(D)选择送电线路的路径，应避开邻近电台、机场、弱电线路等

36. 在轻冰区，对于耐张段长度，下列哪项要求是正确的？ （ ）

(A)单导线线路不宜大于 10km

(B)2 分裂导线线路不宜大于 10km

(C)单导线线路不大于 10km

(D)2 分裂导线线路不大于 10km

37. 在轻冰区，设计一条 500kV 架空线路，采用 4 分裂导线，子导线型为 LGJ－300/40。对于耐张段长度，下列哪项要求是正确的？ （ ）

(A)不大于 10km　　(B)不宜大于 10km

(C)不大于 20km　　(D)不宜大于 20km

38. 对不超过 1000m 的海拔地区，采用现行钢芯铝绞线国标时，给出了计算电晕的导线最小直径。下列哪项是不正确的？ （ ）

(A)110kV，导线外径为 1×9.6mm

(B)220kV，导线外径为 1×21.6mm

(C)330kV，导线外径为 1×33.6mm

(D)500kV，导线外径为 1×33.6mm

39. 某线路的导线最大使用张力允许值为 35000N，则该导线年平均运行张力值应为？ （ ）

(A)21875N　　(B)18700N　　(C)19837N　　(D)17065N

40. 某线路的导线面平均运行张力允许值为 35300N，导线在弧垂最低点的最大设计张力允许值为多少？ （ ）

(A)56480N　　(B)54680N　　(C)46890N　　(D)59870N

二、多项选择题(共30题,每题2分。每题的备选项中有2个或2个以上符合题意。错选、少选、多选均不得分)

41. 对于燃煤发电厂应设室内消火栓的建筑物是: ( )

(A)主控制楼、网络控制楼 (B)主厂房
(C)脱硫工艺楼 (D)柴油发电机房

42. 在火力发电厂与变电所的电缆隧道或电缆沟中,下列哪些部位应设防火墙? ( )

(A)穿越集中控制楼外墙处
(B)架空敷设每间隔100m处
(C)两台机组连接处
(D)电缆沟内每间距50m处

43. 发电厂中,油浸变压器外轮廓与汽机房的间距,下列哪几条是满足要求的? ( )

(A)2m(变压器外轮廓投影范围外侧各2m内的汽机房外墙上无门、窗和通风孔)
(B)4m(变压器外轮廓投影范围外侧各3m内的汽机房外墙上无门、窗和通风孔)
(C)6m(变压器外轮廓投影范围外侧各5m内的汽机房外墙上设有甲级防火门)
(D)10m

44. 下列哪几项是火电厂防止大气污染的措施? ( )

(A)采用高效除尘器
(B)采用脱硫技术
(C)对于300MW及以上机组,锅炉采用低氮氧化物燃烧技术
(D)闭式循环水系统

45. 采取以下哪几项措施可降低发电厂的噪声影响? ( )

(A)总平面布置优化 (B)建筑物的隔声、消声、吸声
(C)在厂界设声障屏 (D)改变监测点

46. 在变电站的设计和规划时,必须同时满足下列哪几项条件才可不设消防给水设施? ( )

(A)变电站内建筑物满足耐火等级不低于二级
(B)建筑物体积不超过3000m^3
(C)火灾危险性为戊类
(D)控制室内装修采用了不燃材料

47. 110kV 变电所,下列哪些场所应采取防止电缆火灾蔓延的措施? ( )

(A)电缆从室外进入室内的入口处
(B)电缆竖井的出入口
(C)电缆接头处
(D)电缆沟与其他管线的垂直交叉处

48. 火力发电厂与变电所中,电缆夹层的灭火介质应采用下列哪几种? ( )

(A)水喷雾 (B)细水雾
(C)气体 (D)泡沫

49. 火力发电厂和变电所中,继电器室的火灾探测器可采用下列哪些类型? ( )

(A)火焰探测器 (B)吸气式感烟型
(C)点型感烟型 (D)缆式线型感温型

50. 电力工程电气主接线设计的基本要求是下列哪几项? ( )

(A)经济性 (B)可靠性
(C)选择性 (D)灵活性

51. 在短路电流使用计算中,采用的假设条件以下哪几项是正确的? ( )

(A)考虑短路发生在短路电流最大值的瞬间
(B)所有计算均忽略元件电阻
(C)所有计算均不考虑磁路的饱和
(D)不考虑自动调整励磁装置的作用

52. 电力工程中,按冷却方式划分变压器的类型,下列哪几种是正确的? ( )

(A)自冷变压器,强迫油循环自冷变压器
(B)风冷变压器,强迫油循环风冷变压器
(C)水冷变压器,强迫油循环水冷变压器
(D)强迫导向油循环风冷变压器,强迫导向油循环水冷变压器

53. 电力工程中,关于断路器选择,下列哪几种规定是正确的? ( )

(A)35kV 系统中电容器组回路宜选用 SF6 断路器或真空断路器
(B)当断路器的两端为互不联系的电源时,断路器同极断口间的公称爬电比距与对地公称爬电比距之比一般取为 1.15 ~ 1.3
(C)110kV 以上的系统,当电力系统稳定要求快速切除故障时,应选用分断时间不大于 0.04 秒的断路器
(D)在 110kV 及以下的中性点非直接接地的系统中,断路器首相开断系数取 1.3

54. 电力工程中,常用电缆的绝缘类型选择,下列哪些规定是正确的? ( )

(A)低压电缆宜选用聚氯乙烯或交联聚乙烯型挤塑绝缘类型
(B)中压电缆宜选用交联聚乙烯绝缘类型
(C)高压交流系统中,宜选用交联聚乙烯绝缘类型
(D)直流输电系统宜选用普通交联聚乙烯型电缆

55. 电力工程中,防腐型铝绞线一般应用在以下哪些区域? ( )

(A)在空气中含盐量较大的沿海地区
(B)周围气体对铝有明显腐蚀的场所
(C)变电所所内母线
(D)变电所 2km 进线范围内

56. 户外配电装置中,下列哪几种净距用 C 值校验? ( )

(A)无遮拦裸导体与地面之间距离
(B)无遮拦裸导体与建筑物、构筑物顶部距间
(C)穿墙套管与户外配电装置地面的距离
(D)带电部分与建筑物、构筑物边缘距离

57. 变电所中配电装置的布置应结合电气接线、设备形式、总体布置综合考虑,下列哪几种 110kV 户外敞开式配电装置宜采用中型布置? ( )

(A)双母线接线,软母配双柱隔离开关
(B)双母线接线,管母配双柱隔离开关
(C)单母线接线,软母配双柱隔离开关
(D)双母线接线,软母配单柱隔离开关

58. 某变电所中有一照明灯塔上装有避雷针,照明灯电源线采用直接埋入地下带金属外皮的电缆,电缆外皮埋地长度为下列哪几种时,不允许与 35kV 电压配电装置的接地网及低压配电装置相连? ( )

(A)15m (B)12m
(C)10m (D)8m

59. 变电所内,下列哪些电气设备和电力生产设施的金属部分可不接地? ( )

(A)安装在已接地的金属架构上的电气设备和金属部分可不接地
(B)标称电压 220V 及以下的蓄电池室内的支架可不接地
(C)配电、控制、保护用的屏及操作台等的金属框架可不接地
(D)箱式变电站的金属箱体可不接地

60. 发电厂、变电所中,下列有关电流互感器配置和接线的描述,正确的是哪几项? ( )

(A)当测量仪表和保护装置共用电流互感器同一个二次绕组时,保护装置应设在仪表之后

(B)500kV 保护用电流互感器的暂态特性应满足继电保护的要求

(C)对于中性点直接接地系统,电流互感器按三相配置

(D)用于自动调整励磁装置的电流互感器应布置在发电机定子绕组的出线端

61. 火力发电厂中,600MW 发电机-变压器组接于 500kV 配电装置,对发电机定子绕组及变压器过电压,应装设下列的哪几种保护? ( )

(A)发电机过电压保护 (B)发电机过励磁保护

(C)变压器过电压保护 (D)变压器过励磁保护

62. 电力工程的直流系统中,常选择高频开关电源整流装置作为充电设备,下列哪些要求属于高频开关模块的基本性能? ( )

(A)均流 (B)稳压

(C)功率因数 (D)谐波电流含量

63. 变电所中供电范围小、距离短,故一般由所用电屏直接配电。为了保证供电的可靠性,对重要负荷会采用双回路供电方式,下列采用双回路供电的负荷是: ( )

(A)消防水泵 (B)主变压器强油风(水)冷却装置

(C)检修电源网络 (D)断路器操作负荷

64. 220kV 无人值班变电所不必设置的照明为下列哪几项? ( )

(A)正常照明 (B)备用照明

(C)警卫照明 (D)障碍照明

65. 电力系统暂态稳定计算应考虑以下哪些因素? ( )

(A)考虑负荷特性

(B)在规划阶段,发电机模型可采用暂态电势恒定的模型

(C)考虑在电网任一地点发生金属性短路故障

(D)继电保护、重合闸和安全自动装置的动作状态和事件,应结合实际情况考虑

66. 下列哪些线路路径选择原则是正确的? ( )

(A)选择送电线路的路径,应避开严重影响安全运行的地区

(B)选择送电线路的路径,宜避开严重影响安全运行的地区

(C)选择送电线路的路径,应避开临近设置如电台、机场等

(D)选择送电线路的路径,应考虑与临近设置如电台、机场等的相互影响

67. 在轻冰区设计一条220kV架空线路,采用2分裂导线,对于耐张段长度下列哪些要求是正确的? ( )

(A)不大于10km

(B)不宜大于10km

(C)不宜大于5km

(D)在运行条件较差的地段,耐张段长度应适当缩短

68. 大型发电厂和枢纽变电站的进出线,两回或多回路相邻线路应统一规划,下列哪些表述是不正确的? ( )

(A)应按紧凑型线路架设

(B)宜按紧凑型线路架设

(C)在走廊拥挤地段应采用同杆塔架设

(D)在走廊拥挤地段宜采用同杆塔架设

69. 电线的平均运行张力和防震措施,下面哪些是不正确的?(T_p 为电线的拉断力) ( )

(A)档距不超过500m的开阔地区、不采取防震措施时,镀锌钢绞线的平均运行张力上限为12% T_p

(B)档距不超过500m的开阔地区、不采取防震措施时,钢绞线的平均运行张力上限为18% T_p

(C)档距不超过500m的非开阔地区、不采取防震措施时,镀锌钢绞线的平均运行张力上限为22% T_p

(D)钢芯铝绞线的平均运行张力为25% T_p 时,均需用防震(阻尼线)或另加护线条防震

70. 架空送电线路中,电线应力随气象情况而变化,若在某种气象情况,指定电线的应力不得超过某一数值,则该情况就成为设计中的一个控制条件。下列哪些表述是正确的? ( )

(A)最大使用应力,相应的气象条件为最大覆冰

(B)最大使用应力,相应的气象条件为平均气温

(C)平均运行应力,相应的气象条件为最低气温

(D)平均运行应力,相应的气象条件为平均气温

2011 年专业知识试题答案(上午卷)

1. 答案:B

依据:《水电工程劳动安全与工业卫生设计规范》(NB 35074—2015)第 4.2.4 条。

注:此规范较少考查,应注意。

2. 答案:B

依据:《火力发电厂与变电站设计防火规范》(GB 50229—2019)第 5.2.5 条。

3. 答案:C

依据:《风电场风能资源测量方法》(GB/T 18709—2002)第 6.1.4 条。

注:超纲规范。

4. 答案:B

依据:《电力工程直流系统设计技术规程》(DL/T 5044—2014)第 4.2.2-1 条。

5. 答案:D

依据:《变电站总布置设计技术规程》(DL/T 5056—2007)第 9.2.4 条、第 9.2.5 条。

注:选项 D 无对应规范条文。

6. 答案:D

依据:《大中型火力发电厂设计规范》(GB 50660—2011)第 13.8.2 条、第 13.8.5 条、第 13.8.6 条。

7. 答案:D

依据:《电能质量　公用电网谐波》(GB/T 14549—1993)第 5.1 条及表 2。

注:当基准容量与表 2 中不一致时,谐波电流允许值需按附录 B 式(B1)进行折算。

8. 答案:A

依据:《火力发电厂与变电站设计防火规范》(GB 50229—2019)第 11.5.3 条、第 11.5.15 条、第 11.5.18 条。

9. 答案:B

依据:《火力发电厂与变电站设计防火规范》(GB 50229—2019)第 11.4.6 条。

10. 答案:D

依据:《火力发电厂与变电站设计防火规范》(GB 50229—2019)第 11.1.1 条及表 11.1.1。

注:屋外配电装置(内有含油电气设备)火灾危险性为丙级,耐火等级为二级。

11. **答案**:C

依据:《高压配电装置设计技术规程》(DL/T 5352—2018)第5.5.5条、第5.5.6条。

注:挡油设施应大于设备外廓每边各1000mm。

12. **答案**:B

依据:《电力工程电气设计手册》(电气一次部分)P70第3行"凡是自耦变压器,其中性点须要直接接地或经小阻抗接地"。

13. **答案**:B

依据:《导体和电器选择设计技术规定》(DL/T 5222—2005)附录F表F.4.1。

注:终端变电站即为远离发电厂的地点。

14. **答案**:D

依据:《导体和电器选择设计技术规定》(DL/T 5222—2005)第5.0.15条表5.0.15。

15. **答案**:D

依据:《电力工程电气设计手册》(电气一次部分)P503图9-30"并联电容器组接线类型——双星形接线"。

注:$Q = 2 \times 3 \times 2 \times 5 \times 500 = 30000\text{kVA}$。

16. **答案**:C

依据:《电力变压器选用导则》(GB/T 17468—2008)第6.1条中"容量比在0.5~2"及附录C图C.2。

注:此规范有瑕疵。第6.1条要求钟时序数严格相等;而附录C中"若钟时序数不同,从变压器并联运行可靠性看,有如下连接方法"。可见,第6.1条与附录C自相矛盾。

17. **答案**:B

依据:《交流电气装置的过电压保护和绝缘配合》(DL/T 620—1997)第10.4.1条。

$$L \geqslant K_d \lambda U_m = (1 \sim 1.2) \times 2.5 \times 252 = 630 \sim 756\text{cm} = 6300 \sim 7560\text{mm}$$

注:根据《高压配电装置设计技术规程》(DL/T 5352—2018)附录A,确定爬电比距为2.5cm/kV;最高电压U_m可参考《标准电压》(GB/T 156—2007)第4.3~4.5条。

18. **答案**:D

依据:《导体和电器选择设计技术规定》(DL/T 5222—2005)第16.0.3条。

19. **答案**:B

依据:《导体和电器选择设计技术规定》(DL/T 5222—2005)第6.0.3条。

20. **答案**:B

依据:《导体和电器选择设计技术规定》(DL/T 5222—2005)第6.0.2条、附录D表D.9和表D.11。

第6.0.2条:对于室内裸导体,环境温度应取该处的通风设计温度。当无资料时,可取最热月平均最高温度加5℃。则本题环境温度应取25+5=30℃。

查表D.11,综合校正系数$K=0.94$,导体实际计算载流量:$I=2000\div0.94=2127.66$A。

根据表D.9,应选取导体规格为2×(100×8.0mm²)。

21. **答案**:C

依据:《电力工程电缆设计规范》(GB 50217—2018)第5.2.2条。

22. **答案**:D

依据:《高压配电装置设计技术规程》(DL/T 5352—2018)第5.1.2条及条文解释中C值。

注:$C=A_1+2500=4400$mm。

23. **答案**:C

依据:《高压配电装置设计技术规程》(DL/T 5352—2018)第5.4.5条。

24. **答案**:B

依据:《交流电气装置的过电压保护和绝缘配合设计规范》(GB/T 50064—2014)第3.2.2-1条、第3.2.3条、第4.1.1条。

第3.2.3条:本规范中系统最高电压的范围分为下列两类:

1. 范围Ⅰ,$7.2\text{kV}\leqslant U_m\leqslant252\text{kV}$
2. 范围Ⅱ,$252\text{kV}<U_m\leqslant800\text{kV}$

第3.2.2-1条:当系统最高电压有效值为U_m时,工频过电压的基准电压(1.0p.u.)应为$U_m/\sqrt{3}$。

由第4.1.1条,对工频过电压幅值的规定,则:

220kV:$1.3\text{p.u.}=1.3\times252\div\sqrt{3}=189.14\text{kV}$

35kV:$\sqrt{3}\text{p.u.}=\sqrt{3}\times40.5\div\sqrt{3}=40.5\text{kV}$

注:也可参考《交流电气装置的过电压保护和绝缘配合》(DL/T 620—1997)第4.1.1-b)条及第3.2.2-a)条,最高电压U_m可参考《标准电压》(GB/T 156—2007)第4.3条~第4.5条。

25. **答案**:D

依据:《交流电气装置的接地设计规范》(GB/T 50065—2011)第5.1.8条。

26. **答案**:A

依据:旧规《火力发电厂、变电所二次接线设计技术规程》(DL/T 5136—2001)第3.2条,新规已取消。

27. **答案**:B

依据:《火力发电厂、变电站二次接线设计技术规程》(DL/T 5136—2012)第7.5.15条。

28. **答案**:A

依据:《继电保护和安全自动装置技术规程》(GB/T 14285—2006)第4.4.1条、第4.4.2条。

选项 A 依据第 4.4.1.2 条；选项 B 依据第 4.4.2.1 条；选项 C 依据第 4.4.1.3 条；选项 D 依据第 4.4.2.2 条。

29. **答案**：D

依据：《电力装置的继电保护和自动装置设计规范》(GB/T 50062—2008)第 4.0.5 条。

30. **答案**：B

依据：《电力装置的继电保护和自动装置设计规范》(GB/T 50062—2008)第 8.1.2-3 条。

31. **答案**：A

依据：《电力工程直流系统设计技术规程》(DL/T 5044—2014)第 5.1.3 条。

32. **答案**：C

依据：《220kV ~1000kV 变电站站用电设计技术规程》(DL/T 5155—2016)第 7.3.5 条。

33. **答案**：C

依据：《发电厂和变电站照明设计技术规定》(DL/T 5390—2014)第 6.0.1 条表6.0.1-1。

注：蓄电池室照度要求为 100lx。

34. **答案**：C

依据：《电力系统设计手册》P31 式(2-15)和式(2-16)。

最大负荷利用小时数：$T=\frac{A_F}{P_{n\cdot max}}=\frac{225\times10^8\times10^3}{3900\times10^6}=5769\text{h}$

年最大负荷利用率：$\delta=\frac{T}{8760}\times100\%=\frac{5769}{8760}\times100\%=65.8\%$

35. **答案**：C

依据：《110kV ~750kV 架空输电线路设计规范》(GB 50545—2010)第 3.0.3 条。

36. **答案**：B

依据：《110kV ~750kV 架空输电线路设计规范》(GB 50545—2010)第 3.0.7 条。

37. **答案**：B

依据：《110kV ~750kV 架空输电线路设计规范》(GB 50545—2010)第 3.0.7 条。

38. **答案**：D

依据：《110kV ~750kV 架空输电线路设计规范》(GB 50545—2010)第 5.0.2 条及表 5.0.2。

39. **答案**：A

依据：《110kV ~750kV 架空输电线路设计规范》(GB 50545—2010)第 5.0.7 条及第 5.0.13 条。

导线拉断力：$T_p=T_{max}k_C=35000\times2.5=87500\text{N}$

导线年平均运行张力：$T_{av}=25\%T_p=25\%\times87500=21875\text{N}$

注：考虑不论档距大小的情况，年平均运行张力的上限应为拉断力的 25%。

40. **答案**:A

依据:《110kV~750kV 架空输电线路设计规范》(GB 50545—2010)第 5.0.7 条及第 5.0.13 条。

导线拉断力:$T_p = \frac{T_{av}}{25\%} = \frac{35300}{25\%} = 141200N$

导线最大张力允许值:$T_{max} = \frac{T_p}{k_C} = \frac{141200}{2.5} = 56480N$

---

41. **答案**:ABD

依据:《火力发电厂与变电站设计防火规范》(GB 50229—2019)第 7.3.1 条。

42. **答案**:ABC

依据:《火力发电厂与变电站设计防火规范》(GB 50229—2019)第 6.8.3 条。

43. **答案**:BCD

依据:《火力发电厂与变电站设计防火规范》(GB 50229—2019)第 4.0.9 条、第 5.3.10 条。

44. **答案**:AB

依据:《大中型火力发电厂设计规范》(GB 50660—2011)第 21.2.2 条、第 21.2.3 条。

注:C 答案为旧规范《火力发电厂设计技术规程》(DL 5000—2000)第 18.2.5 条,新规范已取消此要求。

45. **答案**:ABC

依据:《大中型火力发电厂设计规范》(GB 50660—2011)第 21.5 条噪声防治。

46. **答案**:ABC

依据:《火力发电厂与变电站设计防火规范》(GB 50229—2019)第 11.5.1 条。

47. **答案**:ABC

依据:《火力发电厂与变电站设计防火规范》(GB 50229—2019)第 11.4.2 条。

48. **答案**:ABC

依据:《火力发电厂与变电站设计防火规范》(GB 50229—2019)第 7.1.8 条及表 7.1.8。

49. **答案**:BC

依据:《火力发电厂与变电站设计防火规范》(GB 50229—2019)第 7.1.8 条及表 7.1.8。

50. **答案**:ABD

依据:《电力工程电气设计手册》(电气一次部分)P46"主接线设计的基本要求"。

51. **答案**:AC

依据:《电力工程电气设计手册》(电气一次部分)P119"电力系统短路电流计算条件的基本假定"。

注:也可参考《导体和电器选择设计技术规定》(DL/T 5222—2005)第5.0.5条,但其内容没有手册中更具体和完整。

52. **答案**:ABD

依据:《电力变压器选用导则》(GB/T 17468—2008)第4.2条。

53. **答案**:ABC

依据:《导体和电器选择设计技术规定》(DL/T 5222—2005)。

选项A依据第9.2.11条;选项B依据第9.2.13-3条;选项C依据第9.2.7条;选项D依据第9.2.3条。

54. **答案**:ABC

依据:《电力工程电缆设计规范》(GB 50217—2018)第3.3.2条。

55. **答案**:AB

依据:《电力工程高压送电线路设计手册》(第二版)P177表3-2-2。

56. **答案**:AB

依据:《高压配电装置设计技术规程》(DL/T 5352—2018)第5.1.2条。

注:(选项C答案)穿墙套管与户外配电装置地面的距离:(屋内配电装置最小安全距离)E值;(选项D答案)带电部分与建筑物、构筑物边缘距离:D值。

57. **答案**:ACD

依据:《高压配电装置设计技术规程》(DL/T 5352—2018)第5.3.2条、第5.3.3条。

58. **答案**:CD

依据:《交流电气装置的过电压保护和绝缘配合设计规范》(GB/T 50064—2014)第5.4.10-2条。

注:也可参考《交流电气装置的过电压保护和绝缘配合》(DL/T 620—1997)第7.1.10条。

59. **答案**:AB

依据:《交流电气装置的接地设计规范》(GB 50065—2011)第3.2.2条。

60. **答案**:BCD

依据:《火力发电厂、变电站二次接线设计技术规程》(DL/T 5136—2012)第5.4.1条、第5.4.2条、第5.4.5条。

选项A依据第7.4.5条;选项B依据第7.4.1-3条;选项C依据第7.4.2-3条;选项D依据第7.4.2-5条。

61. **答案**:BD

依据:《继电保护和安全自动装置技术规程》(GB/T 14285—2006)第4.2.7.2条、第4.2.13条。

第4.2.7.2条：对于100MW及以上的汽轮发电机，宜装设过电压保护。

第4.2.13条：300MW及以上的发电机，应装设过励磁保护……汽轮发电机装设了过励磁保护，可不再装设过电压保护。

第4.3.12条：对于高压侧为330kV及以上的变压器，应装设过励磁保护。

注：综合判断，在600MW汽轮发电机组不必装设过电压保护。

62. **答案**：ACD

依据：《电力工程直流系统设计技术规程》(DL/T 5044—2014)第6.2.1-8条。

63. **答案**：ABD

依据：《220kV～1000kV变电站站用电设计技术规程》(DL/T 5155—2016)第3.3.1条。

64. **答案**：CD

依据：《发电厂和变电站照明设计技术规定》(DL/T 5390—2014)第3.2.1条、第3.2.4条。

65. **答案**：AB

依据：《电力系统安全稳定导则》(DL/T 755—2001)第4.4.3条。

66. **答案**：AD

依据：《110kV～750kV架空输电线路设计规范》(GB 50545—2010)第3.0.4条。

注：原题考查旧规范《110～500kV架空送电线路设计技术规程》(DL/T 5092—1999)第5.0.2条，新条文有修改。

67. **答案**：BD

依据：《110kV～750kV架空输电线路设计规范》(GB 50545—2010)第3.0.4条。

注：原题考查旧规范《110～500kV架空送电线路设计技术规程》(DL/T 5092—1999)第5.0.4条，《110kV～750kV架空输电线路设计规范》(GB 50545—2010)条文有修改。

68. **答案**：BD

依据：《110kV～750kV架空输电线路设计规范》(GB 50545—2010)第3.0.6条及条文说明。

注：条文说明中宜采用同杆架设可理解为紧凑型线路架设。

69. **答案**：BC

依据：《110kV～750kV架空输电线路设计规范》(GB 50545—2010)第5.0.13条。

70. **答案**：AD

依据：《电力工程高压送电线路设计手册》(第二版)P186“(二)临界档距及其选定”。

最大使用应力和平均运行应力，其相应的气象条件为最大荷载(风、冰)，最低气温及平均气温。

2011年专业知识试题(下午卷)

一、单项选择题(共40题,每题1分,每题的备选项中只有1个最符合题意)

1. 对于农村电网,通常通过220kV变电所或110kV变电所向35kV负荷供电,下列系统中,哪项的两台主变压器35kV侧不能并列运行? (　　)

(A)220/110/35kV,150MVA,Yyd型主变与220/110/35kV,180MVA,Yyd型主变

(B)220/110/35kV,150MVA,Yyd型主变与110/35kV,63MVA,Yd型主变

(C)220/110/35kV,150MVA,Yyd型主变与110/35/10kV,100MVA,Yyd型主变

(D)220/35kV,180MVA,Yd型主变与220/110/35kV,180MVA,Yyd型主变

2. 预期的最大短路冲击电流在下列哪一时刻? (　　)

(A)短路发生后的短路电流开断瞬间

(B)短路发生后的0.01s

(C)短路发生的瞬间

(D)短路发生后的一个周波时刻

3. 下列哪项措施,对限制三相对称短路电流是无效的? (　　)

(A)将并列运行的变压器改为分列运行

(B)提高变压器的短路阻抗

(C)在变压器中性点加小电抗

(D)在母线分段处加装电抗器

4. 电力系统中,330kV并联电抗器的容量和台数选择,下列哪个因素是可不考虑的? (　　)

(A)限制工频过电压　　(B)限制潜供电流

(C)限制短路电流　　(D)无功平衡

5. 检验发电机断路器开断能力时,下列哪项是错误的? (　　)

(A)应分别校核系统源和发电源在主弧触头分离时对称短路电流值

(B)应分别校核系统源和发电源在主弧触头分离时非对称短路电流值

(C)应分别校核系统源和发电源在主弧触头分离时非对称短路电流的直流分量值

(D)在校验系统源对称短路电流时,可不考虑常用高压电动机的影响

6. 电力工程中，对 TP 类电流互感器，下列哪一级电流互感器的剩磁可以忽略不计？（　　）

(A) TPS 级电流互感器　　(B) TPX 级电流互感器
(C) TPY 级电流互感器　　(D) TPZ 级电流互感器

7. 在中性点非直接接地电力系统中，中性点电流互感器一次回路起动电流应按下列哪一条件确定？（　　）

(A)应按二次电流及保护灵敏度确定一次回路起动电流
(B)应按接地电流确定一次回路起动电流
(C)应按电流互感器准确限值系数确定一次回路起动电流
(D)应该电流互感器的容量确定一次回路起动电流

8. 某变电所的 500kV 户外配电装置中选用了 2×LGJT－1400 双分裂软导线，其中一间隔的架空双分裂软导线跨距长 63m，临界接触区次档距长 16m，此跨距中架空导线的间隔棒间距不可选多少？（　　）

(A) 16m　　(B) 20m
(C) 25m　　(D) 30m

9. 某变电所有一台交流金属封闭开关柜，其内装母线在环境温度 40℃ 时的允许电流为 1200A，当柜内空气温度 50℃ 时，母线的允许电流应为下列哪个值？（　　）

(A) 958A　　(B) 983A
(C) 1006A　　(D) 1073A

10. 某变电所中的 110kV-GIS 配电装置由数个单元间隔组成，每个单元间隔宽 1.5m、长 4.5m，布置在户内，户内 GIS 配电装置的两侧应设置安装检修和巡视通道，此 GIS 室的净宽最小不宜小于下列何值？（　　）

(A) 4.5m　　(B) 6.0m
(C) 7.5m　　(D) 9.0m

11. 变电所中，电容器装置内串联电抗器的布置和安装设计要求，以下不正确的是：（　　）

(A)户内油浸式铁心串联电抗器，其油量超过 100kg 的应单独设防爆间和储油设施
(B)干式空心串联电抗器宜采用三相叠装式，可以缩小安装场地
(C)户内干式空心串联电抗器布置时，应避开电气二次弱电设备，以防电磁干扰
(D)干式空心串联电抗器支撑绝缘子的金属底座接地线，应采用放射形或开口环形

12. 某电力工程中的220kV户外配电装置出线门型架构高14m，出线门型架构旁有一冲击电阻为20Ω的独立避雷针，独立避雷针与出线门型架构间的空气中距离最小应大于或等于：（　）

(A)6.0m　(B)5.4m　(C)5.0m　(D)3.0m

13. 某220kV电压等级的大跨越档线路，档距为1000m，根据雷击档距中央避雷线时防止反击的条件，档距中央导线与避雷线间的距离应大于下列何值？（　）

(A)7.5m　(B)9.5m　(C)11.0m　(D)13.0m

14. 某10kV变电所，10kV母线上接有一台变压器，3回架空出线，出线侧均装设避雷器，请问母线上是否需要装设避雷器，避雷器距变压器的距离不宜大于何值？（　）

(A)需要装设避雷器，且避雷器距变压器的电气距离不宜大于20m
(B)需要装设避雷器，且避雷器距变压器的电气距离不宜大于25m
(C)需要装设避雷器，且避雷器距变压器的电气距离不宜大于30m
(D)不需装设避雷器，出线侧的避雷器可以保护母线设备及变压器

15. 变电所中，GIS配电装置的接地线设计原则，以下哪些是不正确的？（　）

(A)在GIS配电装置间隔内，设置一条贯穿GIS设备所有间隔的接地母线或环形接地母线，将GIS配电装置的接地线接至接地母线，再由接地母线与变电所接地网相连
(B)GIS配电装置宜采用多点接地方式，当采用分相设备时，应设置外壳三相短接线，并在短接线上引出接地线至接地母线
(C)接地线的截面应满足热稳定要求，对于只有2或4条时，其截面热稳定校验电流分别取全部接地电流的35%和70%
(D)当GIS为铝外壳时，短接线宜用铝排；钢外壳时，短接线宜用铜排

16. 某变电所中接地装置的接地电阻为0.12Ω，计算用的入地短路电流12kA，最大跨步电位差系数、最大接触电位差系数计算值分别为0.1、0.22，请计算最大跨步电位差、最大接触电位差分别为下列何值？（　）

(A)10V，22V　(B)14.4V，6.55V
(C)144V，316.8V　(D)1000V，454.5V

17. 架空送电线路每基杆塔都应良好接地，降低接地电阻的主要目的是：（　）

(A)减少入地电流引起的跨步电压
(B)改善导线绝缘子串上的电压分布(类似于均压环的作用)
(C)提高线路的反击耐雷水平
(D)良好的工作接地，确保带电作业的安全

18. 在发电厂、变电所的配电装置中，接地操作的断路器，若装设了监视跳闸回路的位置继电器，并用红、绿灯作位置指示灯时，正常运行时的状态是下列哪项？（　　）

(A)红灯亮　　(B)绿灯亮

(C)暗灯运行　　(D)绿灯闪亮

19. 发电厂、变电所中，如电压互感器二次侧的保护设备采用自动开关，该自动开关瞬时脱扣断开短路电流的时间最长应不超过下列哪项数值？（　　）

(A)10ms　　(B)20ms　　(C)30ms　　(D)50ms

20. 220～500kV 隔离开关、接地开关侧必须有：（　　）

(A)电动操作机构　　(B)操作闭锁接地

(C)两组独立的操作电源　　(D)防跳继电器

21. 一回 35kV 电力线路长 15km，装设带方向电流保护，该保护电流元件的最小灵敏系数不小于下列哪项数值？（　　）

(A)1.3　　(B)1.4　　(C)1.5　　(D)2.0

22. 以下哪种发电机可不装设定子过电压保护？（　　）

(A)50MW 的水轮发电机　　(B)300MW 的水轮发电机

(C)50MW 的汽轮发电机　　(D)300MW 的汽轮发电机

23. 某 220kV 变电所的直流系统中，有 300Ah 阀控式铅酸蓄电池两组，并配置三套高频开关电源模块作充电装置，如单个模块额定电流 10A，那么每套高频开关电流模块最小选几组？（　　）

(A)2　　(B)3　　(C)4　　(D)6

24. 某电流工程中，直流系统标称电压 220V，2V 单体蓄电池浮充电压 2.23V，均衡充电电压 2.33V，蓄电池放电末期终止电压 1.87V，蓄电池个数选择符合要求的是：（　　）

(A)102 只　　(B)103 只

(C)104 只　　(D)107 只

25. 某 110kV 变电所的直流系统标称电压 110V，该直流系统中任何一级的绝缘下降到下列哪组数据时，绝缘监察装置能发出灯光和音响信号？（　　）

(A)2～5kΩ　　(B)15～20kΩ

(C)20～30kΩ　　(D)20～25kΩ

26. 变电所中，当用21kVA、220V 单相国产交流电焊机作检修电源时，检修电源回路的工作电流为： ( )

(A)153A (B)77A
(C)15.32A (D)7.7A

27. 发电厂中，下列哪种类型的高压电动机应装设低电压保护？ ( )

(A)自起动困难，需防止自起动时间过长的电动机需装设低电压保护
(B)当单相接地电流小于10A，需装设接地故障检测装置时，电动机要装设低电压保护
(C)当电流速断保护灵敏度不够时，电动机需装设低电压保护
(D)对Ⅰ类电动机，为保证人身和设备安全，在电源电压长时间消失后需自动切除时，电动机需装设低电压保护

28. 发电厂主厂房内，动力控制中心和电动机控制中心采用互为备用的供电方式时，应符合下列哪一项规定？ ( )

(A)对接有Ⅰ类负荷的电动机控制中心的双电源应自动切换
(B)两台低压厂用变压器互为备用时，宜采用自动切换
(C)成对的电动机控制中心，应由对应的动力中心双电源供电
(D)75kW 及以下的电动机宜由动力中心供电

29. 发电厂中，有一台50/25－25MVA 的无励磁调压高压厂用变压器，低压侧电压为6kV，变压器半穿越电抗 $U_d=16.5\%$，接有一台6500kW 的6kV 电动机，电动机起动前6kV 母线已带负荷0.7(标幺值)，请计算电动机正常起动时6kV 母线电压标幺值应为下列哪项数值？(设 $K_q=6$，$\eta_d=0.95$，$\cos\varphi_d=0.8$) ( )

(A)0.79 (B)0.82
(C)0.84 (D)0.85

30. 发电厂、变电站中，照明线路的导线截面应按计算电流进行选择，某一单相照明回路有2只200W 的卤钨灯和2只150W 的高强度气体灯，下列哪项数值是正确的？ ( )

(A)3.45 (B)3.82
(C)4.20 (D)3.33

31. 火力发电厂中，照明供电线路的设计原则，下列哪一条是不对的？ ( )

(A)照明主干线路上连接的照明配电箱的数量不宜超过5个
(B)厂区道路照明供电线路应与室外照明线路分开
(C)室内照明线路，每一个单相分支回路的工作电流不宜超过16A
(D)对高强气体放电灯每一个单相分支回路的工作电流不宜超过35A

32. 某大型电厂采用四回 500kV 线路并网，其中两回线路长度为 80km，另外两回线路长度为 100km，均采用 $4\times$LGJ-400 导线（充电功率 1.1Mvar/km），如在电厂母线上安装高压并联电抗器对线路充电功率进行补偿，则高压并联电抗器的容量宜选为？（　　）

(A) 365Mvar　　(B) 396Mvar

(C) 200Mvar　　(D) 180Mvar

33. 在架空送电线路设计中，下面哪项要求是符合规程规定的？（　　）

(A) 导、地线悬挂点的设计安全系数均应大于 2.25

(B) 在正常大风和正常覆冰时，弧垂最低点的最大张力不应超过拉断力的 60%

(C) 在稀有大风或稀有覆冰时，悬挂点的最大张力不应超过拉断力的 77%

(D) 在弧垂最低点，导、地线的张力设计安全系数宜大于 2.5

34. 在海拔 500m 以下的地区，有一单回 220kV 送电线路，采用三相 I 型绝缘子串的酒杯塔，绝缘子串长约 3.0m，导线最大弧垂为 16m 时，线间距离不宜小于：（　　）

(A) 6.5m　　(B) 5.8m

(C) 5.2m　　(D) 4.6m

35. 某采用双地线的单回路架空送电线路，相导线按水平排列，地线间的水平距离 25m，导、地线间的垂直距离不应小于：（　　）

(A) 4.0m　　(B) 5.0m

(C) 6.0m　　(D) 7.0m

36. 中性点直接接地系统的三条架空送电线路中，经计算，对邻近某条电信电路的噪声计电动势分别是 5.0mV、4.0mV、3.0mV，则该电信线路的综合噪声计电动势应为下列哪项数值？（　　）

(A) 5.0mV　　(B) 4.0mV

(C) 7.1mV　　(D) 12.0mV

37. 某导线的单位自重为 1.113kg/m，在最高气温时的水平张力为 18000N，请问在档距为 600m 时的最大弧垂为多少米？（按平抛物线考虑）（　　）

(A) 32m　　(B) 27m

(C) 23m　　(D) 20m

38. 若线路导线的自重比载为 32.33×10^{-3}N/(m·mm^2)，高温时的应力为 52N/mm^2，操作过电压工况时的应力为 60N/mm^2，某塔的水平档距为 400m，高温时垂直档距为 300m，则该塔操作过电压工况时的垂直档距为多少米？（　　）

(A) 450m　　(B) 400m

(C)300m　　(D)288m

39. 海拔高度不超过1000m的地区,220kV线路的操作过电压及工频电压间隙应为下列哪项数值? (　　)

(A)1.52m,0.578m　　(B)1.45m,0.55m
(C)1.30m,0.50m　　(D)1.62m,0.58m

40. 某500kV线路中,一直线塔的前侧档距为450m,后侧档距为550m,该塔的水平档距为下列哪项数值? (　　)

(A)450m　　(B)500m
(C)550m　　(D)1000m

二、多项选择题(共30题,每题2分。每题的备选项中有2个或2个以上符合题意。错选、少选、多选均不得分)

41. 某330/110kV降压变电所中的330kV配电装置采用一个半断路器接线,关于该接线方式,下列哪些配置原则是正确的? (　　)

(A)主变压器回路宜与负荷回路配成串
(B)同名回路配置在不同串内
(C)初期为两个完整两串时,同名回路宜分别接入不同侧的母线,且进出线不宜装设隔离开关
(D)第三台主变可不进串,直接经断路器接母线

42. 一般情况下,当三相短路电流大于单相短路电流时,单相短路电流的计算结果常用于下列哪种计算中? (　　)

(A)接地跨步电压的计算
(B)有效接地和低电阻接地系统中,发电厂和变电所电气装置保护接地的接地电阻计算
(C)电气设备热稳定计算
(D)电气设备动稳定计算

43. 电力工程中,变压器回路熔断器的选择规定,下列哪些是正确的? (　　)

(A)熔断器按能承受变压器的额定电流进行选择
(B)变压器突然投入时的励磁涌流不应损伤熔断器
(C)熔断器对变压器低压侧的短路故障进行保护,熔断器的最小开断电流应低于预期短路电流
(D)熔断器应能承受低压侧电动机成组起动所产生的过电流

44. 使用在 500kV 电力系统中的断路器在满足基本技术条件外，尚应根据其使用条件校验下列哪些开断性能？（　　）

(A) 近区故障条件下的开合性能
(B) 异相接地条件下的开合性能
(C) 二次侧短路开断性能
(D) 直流分量开断性能

45. 电力工程中，普通限流电抗器的电抗百分值应按下列哪些条件选择和校验？（　　）

(A) 将短路电流限制到要求值
(B) 出线上的电抗器的电压损失不得大于母线额定电压的 6%
(C) 母线分段电抗器不必校验短路时的母线剩余电压值
(D) 装有无时限继电保护的出线电抗器，不必校验短路时的母线剩余电压值

46. 在变电所中，10kV 户内配电装置的通风设计温度为 35℃，主母线的工作电流是 1600A，选用矩形铝母线、平放，按正常工作电流，铝排可选下列哪几种？（　　）

(A) $100\times10\text{mm}^2$　　(B) $125\times6.3\text{mm}^2$
(C) $125\times8\text{mm}^2$　　(D) $2\times(80\times8\text{mm}^2)$

47. 电力工程中，交流系统 220kV 单芯电缆金属层单点直接接地时，下列哪些情况下，应沿电缆邻近设置平行回流线？（　　）

(A) 线路较长
(B) 未设置护层电压限制器
(C) 需要抑制电缆邻近弱电线路的电气干扰强度
(D) 系统短路时电缆金属护层产生的工频感应电压超过电缆护层绝缘耐受强度

48. 对 GIS 配电装置设置的规定，下列哪些是正确的？（　　）

(A) 出线的线路侧采用快速接地开关
(B) 母线侧采用快速接地开关
(C) 110～220kVGIS 配电装置母线避雷器和电压互感器应装设隔离开关
(D) GIS 配电装置应在与架空线路连接处装设避雷器

49. 安装于户内的所用变压器的高低压瓷套管底部地面高度小于下列哪些值时，必须装设固定遮拦？（　　）

(A) 2500mm　　(B) 2300mm
(C) 1900mm　　(D) 1200mm

50. 电力工程中，选择 330kV 高压配电装置内导线截面及导线形式的控制条件是下列哪些因素？（　　）

(A)负荷电流　　(B)电晕

(C)无线电干扰　　(D)导线表面的电场强度

51. 一般情况下，发电厂和变电所中，下列哪些设置应装设直击雷保护装置？（　　）

(A)屋外配电装置

(B)火力发电厂的烟囱、冷却塔

(C)发电厂的主厂房

(D)发电厂和变电所的控制室

52. 发电厂、变电所中的 220kV 配电装置，采用无间隙氧化锌避雷器作为雷电过电压保护，其避雷器应符合下列哪些要求？（　　）

(A)避雷器的持续运行电压 $220/\sqrt{3}$kV，额定电压 0.75×220kV

(B)避雷器的持续运行电压 $242/\sqrt{3}$kV，额定电压 0.80×242kV

(C)避雷器的持续运行电压 $252/\sqrt{3}$kV，额定电压 0.75×252kV

(D)避雷器能承受所在系统作用的暂时过电压和操作过电压能量

53. 下列变电所中接地设计的原则中，哪些表述是正确的？（　　）

(A)露天贮罐周围应设置闭合环形接地装置，接地电阻不应超过 30Ω

(B)配电装置构架上的避雷针(含挂避雷器的构架)的接地引下线与接地网的连接点至变压器接地导体与接地网连接点之间沿接地极的长度，不应小于 15m

(C)独立避雷针(线)宜设独立接地装置，当有困难时，该接地装置可与主接地网连接，但避雷针与主接地网的地下连接点至 35kV 及以下设备与主接地网的地下连接点之间，沿接地体的长度不得小于 10m

(D)当照明灯塔装有避雷针时，照明灯电源线必须采用直接埋入地下带金属外皮的电缆或穿入金属管的导线，电缆外皮或金属管埋地长度在 10m 以上，才允许与 35kV 电压配电装置的接地网及低压配电装置相连

54. 高压直流输电大地返回运行系统的接地极址宜选在：（　　）

(A)远离城市和人口稠密的乡镇

(B)交通方便，没有洪水冲刷和淹没

(C)有条件时，优先考虑采用海洋接地极

(D)当用陆地接地极时，土壤电阻率宜在 1000Ω·m 以下

55. 在发电厂、变电所中，下列哪些回路应监测交流系统的绝缘？（　　）

(A)发电机的定子回路
(B)220kV 系统的母线和回路
(C)35kV 系统的母线和回路
(D)10kV 不接地系统的母线和回路

56. 在发电厂、变电所设计中，电压互感器的配置和中性点接地设计原则，下列哪些是正确的？（　　）

(A)对于中性点直接接地系统，电压互感器剩余绕组额定电压应为 100V/3
(B)500kV 电压互感器应具有 3 个二次绕组，其暂态特性和铁磁谐振特性应满足继电保护要求
(C)对于中性点直接接地系统，电压互感器星形接线的二次绕组应采用中性点一点接地方式，且中性点接地线中不应串接有可能断开的设备
(D)电压互感器开口三角绕组引出端之一应一点接地，接地引出线上不应串接有可能断开的设备

57. 某地区计划建设一座发电厂，安装两台 600MW 燃煤机组，采用 4 回 220kV 线路并入同一电网，其余两回 220kV 线路是负荷线，主接线如图所示。下列对于该电厂各电气设备继电保护及自动装置配置正确的是：（　　）

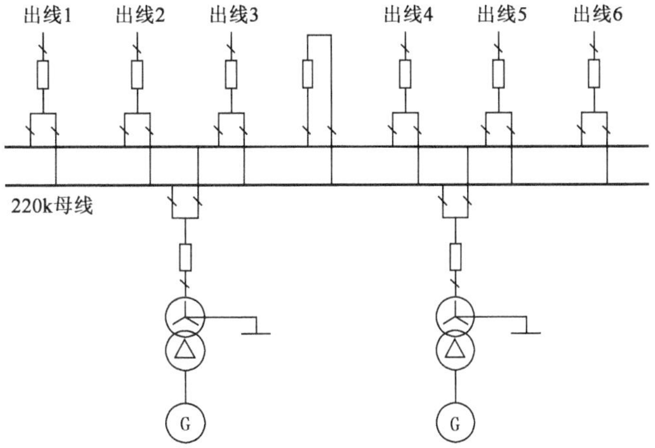

(A)2 台发电机组均装设定时限过励磁保护，其高定值部分动作于解列灭磁或程序跳闸
(B)220kV 母线保护配置 2 套独立的、快速的差动保护
(C)4 回 220kV 联络线路装设检查同步的三相自动重合闸
(D)2 台主变压器不装设零序过电流保护

58. 下列哪些遥测量信息，应向省级调度中心调度自动化系统传送？（　　）

(A)10MW 热电厂发电机有功功率

(B)220kV 母线电压
(C)300MW 火电厂高压启动备用变压器无功功率
(D)水电厂上游水位

59. 某变电所的直流系统中有一组 200Ah 阀控式铅酸蓄电池,此蓄电池出口回路的最大工作电流应按 1 小时放电率(I_{1h})选择,I_{1h}不可取: ( )

(A)$5.5I_5$ (B)$5.5I_{10}$ (C)$7.0I_5$ (D)$20I_5$

60. 某变电所的蓄电池内布置了 4 排蓄电池,其中 2 排靠墙布置,另 2 排合拢布置在中间。这蓄电池室的总宽度除包括 4 排蓄电池的宽度外,要加的通道宽度可取:( )

(A)800mm + 800mm
(B)800mm + 1000mm
(C)1000mm + 1000mm
(D)1200mm + 1000mm

61. 变电所中,所用电低压系统接线方式,下列哪些原则是错误的? ( )

(A)采用 380V、三相四线制接线,系统中性点可通过电阻接地
(B)采用 380/220V、三相四线制接线,系统中性点直接接地
(C)采用 380V、三相三线制接线,系统中性点经高电阻接地
(D)采用 380/220V、三相四线制接线,系统中性点经避雷器接地

62. 发电厂中,高压厂用电系统短路电流计算时,考虑以下哪几项条件? ( )

(A)应按可能发生最大短路电流的正常接线方式
(B)应考虑在切换过程中短时并列的运行方式
(C)应计及电动机的反馈电流
(D)应考虑高压厂用变压器短路阻抗在制造上的负误差

63. 发电厂高压电动机断路器的控制接线应满足下列哪些要求? ( )

(A)能监视电源和跳闸回路的完好性,以及备用设备自动合闸回路的完好性
(B)能指示断路器的位置状态,其断路器的跳、合闸线圈可用并联电阻来满足跳、合闸指示灯亮度的要求
(C)应具有防止断路器跳跃的电气闭锁装置
(D)断路器的合闸或跳闸动作完成后,命令脉冲能自动消除

64. 在火力发电厂主厂房的楼梯上安装的应急照明,可选择下面哪几种照明光源? ( )

(A)发光二极管 (B)荧光灯
(C)金属卤化物灯 (D)高压汞灯

65. 当电网中发生下列哪些故障时，采取相应措施后应能保证稳定运行，满足电力系统第二级安全稳定标准？（　　）

(A)向城区供电的500kV变电所中，一台750MVA主变故障退出运行

(B)220kV变电所中110kV母线三相短路故障

(C)某区域电网中一座500kV换流站双极闭锁

(D)某地区一座4×300MW电厂，采用6回220kV线路并网，当其中一回线路出口处发生三相短路故障时，断电保护装置拒动

66. 某采用双地线的单回路架空送电线路，导线绝缘子串为5m，地线的支架高度为2m，不考虑地线串长和导地线弧垂差时，下面两地线间的水平距离哪些满足现行规定要求？（　　）

(A)30m　(B)32m　(C)34m　(D)36m

67. 对于500kV线路上下层相邻导线间或地线与相邻导线间的水平偏移，如无运行经验，下面哪些设计要求是不正确的？（　　）

(A)10mm冰厚，不宜小于1.75m　(B)10mm冰厚，不应小于1.75m

(C)无冰区，不宜小于1.5m　(D)无冰区，不应小于1.5m

68. 导地线架设后的塑性伸长应按制造厂提供的数据或通过试验确定，如无资料，钢芯铝绞线采用的数值哪些是正确的？（　　）

(A)铝钢截面比7.71~7.91时，塑性伸长$4\times10^{-4}\sim5\times10^{-4}$

(B)铝钢截面比5.06~6.16时，塑性伸长$4\times10^{-4}\sim5\times10^{-4}$

(C)铝钢截面比5.06~6.16时，塑性伸长$3\times10^{-4}\sim4\times10^{-4}$

(D)铝钢截面比4.29~4.38时，塑性伸长$3\times10^{-4}\sim4\times10^{-4}$

69. 高压送电线路设计中，下面哪些要求是正确的？（　　）

(A)风速$V\leqslant20$m/s，计算500kV杆塔荷载时，风荷载调整系数取1.00

(B)风速$20\leqslant V\leqslant27$m/s，计算500kV杆塔荷载时，风荷载调整系数取1.10

(C)风速$27\leqslant V\leqslant31.5$m/s，计算500kV杆塔荷载时，风荷载调整系数取1.20

(D)风速$V\geqslant31.5$m/s，计算500kV杆塔荷载时，风荷载调整系数取1.30

70. 高压送电线路设计中，对于安装工况的附加荷载，下列哪些是正确的？（　　）

(A)220kV，直线杆塔，地线的附加荷载1500N

(B)220kV，直线杆塔，导线的附加荷载2000N

(C)330kV，耐张转角塔，导线的附加荷载4500N

(D)330kV，耐张转角塔，地线的附加荷载2000N

2011年专业知识试题答案(下午卷)

1. **答案**:C

依据:《电力变压器选用导则》(GB/T 17468—2008)第6.1条。

选项C中110/35kV部分的连接时序不同,前者为Yd形,或者是Yy形,显然不能并联运行。

注:规范要求容量比在0.5~2,本题忽略了此要求。

2. **答案**:B

依据:《电力工程电气设计手册》(电气一次部分)P140第4-6节"冲击电流"部分内容。

三相短路发生后的半个周期($t=0.01s$),短路电流的瞬时值达到最大,成为冲击电流。

3. **答案**:C

依据:《电力工程电气设计手册》(电气一次部分)P144表4-19三相短路序网组合及等效公式。

4. **答案**:C

依据:《330kV~750kV变电站无功补偿装置设计技术规定》(DL/T 5014—2010)第5.0.5条。

注:或依据《电力工程电气设计手册》(电气一次部分)P532"二、超高压并联电抗器位置与容量的选择原则"。

5. **答案**:D

依据:《导体和电器选择设计技术规定》(DL/T 5222—2005)第9.3.6条。

6. **答案**:D

依据:《导体和电器选择设计技术规定》(DL/T 5222—2005)第15.0.4-1条的条文说明。

注:TPS级:低漏磁电流互感器,对剩磁无限制;TPX级:对剩磁无限制;TPY级:剩磁不超过饱和磁通的10%;TPZ级:剩磁实际上可以忽略。以上统称为TP类(TP为暂态保护)。

7. **答案**:A

依据:《导体和电器选择设计技术规定》(DL/T 5222—2005)第15.0.9-1条。

8. **答案**:A

依据:《导体和电器选择设计技术规定》(DL/T 5222—2005)第 7.2.2 条和《电力工程电气设计手册》(电气一次部分)P383 表 8-31 和图 8-33。

注:在确定分裂导线间隔棒的间距时,要避开动态拉力最大值的临界点。

9. 答案:D

依据:《导体和电器选择设计技术规定》(DL/T 5222—2005)第 13.0.5 条。

母线允许电流:$I_t = I_{40}\sqrt{\frac{40}{t}} = 1200 \times \sqrt{\frac{40}{50}} = 1073\text{A}$

10. 答案:C

依据:《高压配电装置设计技术规程》(DL/T 5352—2018)第 6.3.5 条。

注:GIS 布置的净宽范围:1.5 + (2 ~ 3.5) + 1 = 4.5 ~ 6m,最小值为 4.5m。

11. 答案:B

依据:《并联电容器装置设计规范》(GB 50227—2017)第 8.3.1 条、第 8.3.2 条、第 8.3.4 条。

注:选项 B 需参考第 8.3.2-1 条的条文说明。

12. 答案:B

依据:《交流电气装置的过电压保护和绝缘配合设计规范》(GB/T 50064—2014)第 5.4.11-1 条。

$S_a \geqslant 0.2R_i + 0.1h = 0.2 \times 20 + 0.1 \times 14 = 5.4\text{m}$

注:第 5.4.11-5 条,S_a 不宜小于 5m。也可参考《交流电气装置的过电压保护和绝缘配合》(DL/T 620—1997) 第 7.1.11 条-a)及-e)。

13. 答案:D

依据:《交流电气装置的过电压保护和绝缘配合设计规范》(GB/T 50064—2014) 第 5.3.1-8-1)条、第 5.3.3-1 条。

注:也可参考《交流电气装置的过电压保护和绝缘配合》(DL/T 620—1997) 第 6.1.6 条及表 10,其中有关“当档距长度较大,计算出来的 *SI* 大于表 10 的数值时,可按后者要求”的内容,国标中已删除。

14. 答案:B

依据:《交流电气装置的过电压保护和绝缘配合设计规范》(GB/T 50064—2014) 第 5.4.13-12-1)条。

注:《交流电气装置的过电压保护和绝缘配合》(DL/T 620—1997) 第 7.3.9 条及表 13。

15. 答案:C

依据:《高压配电装置设计技术规程》(DL/T 5352—2018) 第 2.2.4 条、第 2.2.5 条,

《交流电气装置的接地设计规范》(GB/T 50065—2011) 第4.4.5条。

16. **答案**:C

依据:《交流电气装置的接地设计规范》(GB/T 50065—2011)附录D。

注:原考查《交流电气装置的接地》(DL/T 621—1997)附录B。

17. **答案**:C

依据:《电力工程高压送电线路设计手册》(第二版)P134倒数第4行中"对于一般高度的杆塔,降低接地电阻是提高线路耐雷水平防止反击的有效措施"。

18. **答案**:C

依据:《火力发电厂、变电站二次接线设计技术规程》(DL/T 5136—2012)第5.1.4条。

注:旧规第7.1.4条:正常时暗灯运行,事故时绿灯闪光。新规中未明确此要求。

19. **答案**:B

依据:《火力发电厂、变电站二次接线设计技术规程》(DL/T 5136—2012)第7.2.9条-2-3)。

20. **答案**:B

依据:《火力发电厂、变电站二次接线设计技术规程》(DL/T 5136—2012)第5.1.9条。

21. **答案**:C

依据:《继电保护和安全自动装置技术规程》(GB/T 14285—2006)附录A表A.1。

22. **答案**:C

依据:《继电保护和安全自动装置技术规程》(GB/T 14285—2006)第4.2.7条。

23. **答案**:B

依据:《电力工程直流系统设计技术规程》(DL/T 5044—2014)附录D第D.2.1-2条。

每套高频开关的电流模块数量:$n = \frac{I_{10}}{I_{me}} = \frac{300 \div 10}{10} = 3$

24. **答案**:B

依据:《电力工程直流系统设计技术规程》(DL/T 5044—2014)附录C第C.1.4条表C.1.4-1。

25. **答案**:A

依据:《电力工程电气设计手册》(电气二次部分)P326"三绝缘监察装置和电压监视装置"第二段内容。

26. **答案**:B

依据:《220kV~1000kV变电站站用电设计技术规程》(DL/T 5155—2016)附录D第

D.0.6 条。

$$I_e = \frac{S_e}{U_e} \cdot \sqrt{ZZ} \times 1000 = 21 \div 220 \times \sqrt{0.65} \times 1000 = 76.96\text{A}$$

27. **答案**：D

依据：《火电发电厂厂用电设计技术规定》(DL/T 5153—2014)第8.6.1-6条。

28. **答案**：A

依据：《火电发电厂厂用电设计技术规定》(DL/T 5153—2014)第3.10.5-2条。

29. **答案**：C

依据：《火电发电厂厂用电设计技术规定》(DL/T 5153—2014)附录H。

起动电动机的起动容量标幺值：$S_q = \frac{K_q P_e}{S_{2T}\eta_d \cos\varphi_d} = \frac{6 \times 6500}{25000 \times 0.95 \times 0.8} = 2.053$

合成负荷标幺值：$S = S_1 + S_q = 0.7 + 2.053 = 2.753$

变压器电抗标幺值：$X_T = 1.1\frac{U_d\%}{100} \cdot \frac{S_{2T}}{S_T} = 1.1 \times \frac{16.5}{100} \times \frac{25}{50} = 0.09$

电动机起动时母线电压标幺值：$U_m = \frac{U_0}{1 + SX_T} = \frac{1.05}{1 + 2.753 \times 0.09} = 0.84$

30. **答案**：D

依据：《发电厂和变电站照明设计技术规定》(DL/T 5390—2014)第8.6.2条及相关公式。

气体放电灯线路计算电流：$I_{js1} = \frac{P_{js1}}{U_{ex}\cos\varphi} = \frac{2 \times 150 \times (1 + 0.2)}{220 \times 0.85} = 1.824\text{A}$

卤钨灯线路计算电流：$I_{js2} = \frac{P_{js2}}{U_{ex}} = \frac{2 \times 200}{220} = 1.82\text{A}$

线路合计计算电流：

$I_{js} = \sqrt{(0.9I_{js1} + I_{js2})^2 + (0.436I_{js1})^2} = \sqrt{(0.9 \times 1.824 + 1.82)^2 + (0.436 \times 1.824)^2} = 3.55\text{A}$

31. **答案**：D

依据：《火力发电厂和变电站照明设计技术规定》(DL/T 5390—2014)第8.4.1条、第8.4.4～第8.4.6条。

32. **答案**：C

依据：《330kV～750kV 变电站无功补偿装置设计技术规定》(DL/T 5014—2010)第5.0.7条的条文说明。

变电站装设电抗器最大补偿容量，一般为其所接线路充电功率的1/2。

则：$Q_{kb} = \frac{(2 \times 80 + 2 \times 100) \times 1.1}{2} = 198\text{Mvar}$

注：也可参考《电力系统手册》P234式(8-3)，但本题未要求最低值，因此不建议代入系数 B。

33. **答案:**C

依据:《110kV～750kV 架空输电线路设计规范》(GB 50545—2010)第 5.0.7 条、第 5.0.9 条。

34. **答案:**B

依据:《110kV～750kV 架空输电线路设计规范》(GB 50545—2010)第 8.0.1 条。

$$D = k_i L_k + \frac{U}{110} + 0.65\sqrt{f_m} = 0.4 \times 3 + \frac{220}{110} + 0.65 \times \sqrt{16} = 5.8\text{m}$$

注:酒杯塔为三相导体水平排列,猫头塔为三相导体三角排列。

35. **答案:**B

依据:《110kV～750kV 架空输电线路设计规范》(GB 50545—2010)第 7.0.15 条。

36. **答案:**C

依据:《输电线路对电信线路危险和干扰影响防护设计规程》(DL/T 5033—2006)第 6.1.1-3 条。

37. **答案:**B

依据:《电力工程高压送电线路设计手册》(第二版)P179 表 3-3-1。

计算因子:导线比载 $\gamma = 1.113 \times 9.8/S$;导线水平应力 $\sigma_0 = 18000/S$。式中,S 为导线截面积。

最大弧垂:$f_m = \dfrac{\gamma l^2}{8\sigma_0} = \dfrac{1.113 \times 9.8 \times 600^2}{8 \times 18000} = 27.27\text{m}$

38. **答案:**D

依据:《电力工程高压送电线路设计手册》(第二版)P184 表 3-3-12。

高温时垂直档距:$l_v = l_m + \dfrac{\sigma_0}{\gamma_v}\alpha$

$$300 = 400 + \frac{52}{32.33 \times 10^{-3}}\alpha$$

$$\alpha = -0.06026$$

操作过电压时垂直档距:$l_v = l_m + \dfrac{\sigma_0}{\gamma_v}\alpha = 400 + \dfrac{60}{32.33 \times 10^{-3}} \times (-0.06026) = 288\text{m}$

39. **答案:**B

依据:《110kV～750kV 架空输电线路设计规范》(GB 50545—2010)第 7.0.9 条及表 7.0.9-1。

40. **答案:**B

依据:《电力工程高压送电线路设计手册》(第二版)P183 式(3-3-9)中水平档距的定义。

---

41. **答案:**ABD

依据:旧规范《220kV～750kV 变电所设计技术规程》(DL/T 5218—2005)第 7.1.2

条、第 7.1.6 条。

注：新规范《220kV～750kV 变电站设计技术规程》(DL/T 5218—2012)第 5.1.2 条中此条文已修改，仅针对 500～750kV 有此要求。

42. **答案**：AB

依据：无准确对应规范条文，可参考《交流电气装置的接地设计规范》(GB/T 50065—2011)内相关要求。

43. **答案**：BCD

依据：《导体和电器选择设计技术规定》(DL/T 5222—2005)第 17.0.10 条。

44. **答案**：ABC

依据：《导体和电器选择设计技术规定》(DL/T 5222—2005)第 9.2.14 条。

45. **答案**：ACD

依据：《导体和电器选择设计技术规定》(DL/T 5222—2005)第 14.2.3 条。

46. **答案**：CD

依据：《导体和电器选择设计技术规定》(DL/T 5222—2005)附录 D，表 D.9 和表 D.11。

47. **答案**：CD

依据：《电力工程电缆设计规范》(GB 50217—2018)第 4.1.16 条。

48. **答案**：ABD

依据：《高压配电装置设计技术规程》(DL/T 5352—2018)第 2.2.1 条、第 2.2.2 条。

49. **答案**：BCD

依据：《高压配电装置设计技术规程》(DL/T 5352—2018)第 5.1.4 条。

50. **答案**：BC

依据：《高压配电装置设计技术规程》(DL/T 5352—2018)第 3.0.11～3.0.13 条。

51. **答案**：AB

依据：《交流电气装置的过电压保护和绝缘配合设计规范》(GB/T 50064—2014)第 5.4.1 条、第 5.4.2 条。

注：《交流电气装置的过电压保护和绝缘配合》(DL/T 620—1997)第 7.1.1 条、第 7.1.2 条。

52. **答案**：CD

依据：《交流电气装置的过电压保护和绝缘配合设计规范》(GB/T 50064—2014)第 4.4.3 条。

注：《交流电气装置的过电压保护和绝缘配合》(DL/T 620—1997)第 5.3.4 条及表 3。

53. **答案**:ABD

依据:《交流电气装置的接地设计规范》(GB/T 50065—2011) 第 4.5.1-1 条、第 4.5.1-3条(A)、(B)和《交流电气装置的过电压保护和绝缘配合设计规范》(GB/T 50064—2014) 第 5.4.6 条(C)、第 5.4.10-2 条(D)。

注:《交流电气装置的过电压保护和绝缘配合》(DL/T 620—1997) 第 7.1.6 条(C)、第 7.1.10 条(D)。

54. **答案**:ABC

依据:《高压直流输电大地返回运行系统设计技术规定》(DL/T 5224—2014) 第 4.1.4 条、第 4.1.5 条。

55. **答案**:ACD

依据:《电力装置电测量仪表装置设计规范》(GB/T 50063—2017) 第 3.3.4 条。

56. **答案**:BCD

依据:《火力发电厂、变电站二次接线设计技术规程》(DL/T 5136—2012) 第 5.4.11 条、第 5.4.18 条。

57. **答案**:AB

依据:《继电保护和安全自动装置技术规程》(GB/T 14285—2006) 第 4.2.13 条、第 4.8.1-2 条、第 5.2.6-b) 条、第 4.3.7.1 条。

58. **答案**:BCD

依据:《电力系统调度自动化设计技术规程》(DL/T 5003—2005) 第 5.1.2 条。

59. **答案**:ACD

依据:《电力工程直流系统设计技术规程》(DL/T 5044—2014) 附录 A 及 A.3.6。

60. **答案**:CD

依据:《电力工程直流系统设计技术规程》(DL/T 5044—2014) 第 7.1.7 条。

61. **答案**:ACD

依据:《200kV ~ 1000kV 变电站站用电设计技术规程》(DL/T 5155—2016) 第 3.4.2 条。

62. **答案**:ACD

依据:《火电发电厂厂用电设计技术规定》(DL/T 5153—2014) 第 6.1.3 条、第 6.1.4 条。

63. **答案**:ACD

依据:《火电发电厂厂用电设计技术规定》(DL/T 5153—2014) 第 9.1.4 条。

注:也可参考《火力发电厂、变电站二次接线设计技术规程》(DL/T 5136—2012) 第 5.1.2 条。

64. **答案**:AB

依据:《发电厂和变电站照明设计技术规定》(DL/T 5390—2014)第 4.0.4 条及条文说明。

65. **答案**:BC

依据:《电力系统安全稳定导则》(DL/T 755—2001)第 3.2.2 条。

66. **答案**:ABC

依据:《110kV ~750kV 架空输电线路设计规范》(GB 50545—2010)第 7.0.15 条。

67. **答案**:BCD

依据:《110kV ~750kV 架空输电线路设计规范》(GB 50545—2010)第 8.0.2 条。

68. **答案**:AC

依据:《110kV ~750kV 架空输电线路设计规范》(GB 50545—2010)第 5.0.15 条。

69. **答案**:BCD

依据:《110kV ~750kV 架空输电线路设计规范》(GB 50545—2010)第 10.1.18-1 条。

注:也可参考《电力工程高压送电线路设计手册》(第二版)P175 表 3-1-16。

70. **答案**:CD

依据:《110kV ~750kV 架空输电线路设计规范》(GB 50545—2010)第 10.1.13 条。

2011 年案例分析试题(上午卷)

[案例题是 4 选 1 的方式,各小题前后之间没有联系,共 25 道小题,每题分值为 2 分,上午卷 50 分,下午卷 50 分,试卷满分 100 分。案例题一定要有分析(步骤和过程)、计算(要列出相应的公式)、依据(主要是规程、规范、手册),如果是论述题要列出论点]

题 1~5:某电网规划建设一座 220kV 变电所,安装 2 台主变压器,三相电压为 220/110/10kV,220kV、110kV 为双母线接线,10kV 为单母线分段接线。220kV 出线 4 回,10kV 电缆出线 16 回,每回长 2km。110kV 出线无电源。电气主接线如图所示。

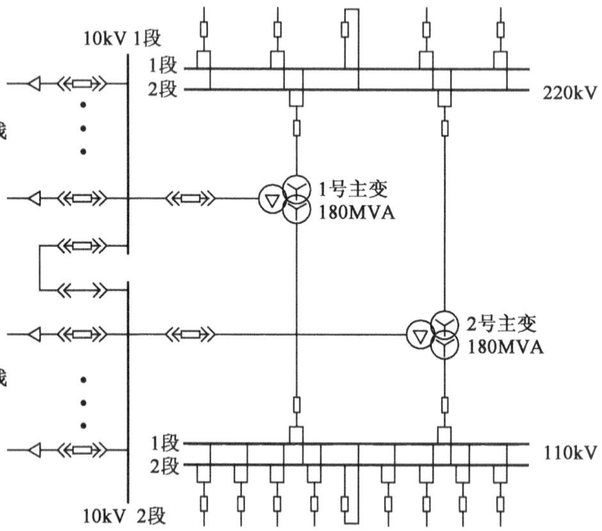

变电站电气主接线

请回答下列问题。

1. 如该变电所 220kV 屋外配电装置采用 ϕ120/110[铝镁系(LDRE)]管形母线,远景 220kV 母线最大穿越功率为 900MVA,在计及日照(环境温度 35℃,海拔高度 1000m 以下)条件下,请计算 220kV 管形母线长期允许载流量最接近下列哪项数值?是否满足要求?并说明理由。 ( )

(A)2317A,不满足要求 (B)2503A,满足要求

(C)2663A,满足要求 (D)2831A,满足要求

解答过程:

2. 220kV 线路采用架空钢芯铝绞线,(导线最高允许温度为 +70℃、环境温度为 25℃),导线参数见表。若单回线路最大输送容量为 550MW(功率因数为 0.95),请计算并合理选择导线为下列哪一种? （ ）

导体截面(mm^2)	长期允许电流(A)
400	845
2 × 300	710 × 2
2 × 400	845 × 2
2 × 630	1090 × 2

(A) $2 \times 300mm^2$ (B) $2 \times 400mm^2$

(C) $400mm^2$ (D) $2 \times 630mm^2$

解答过程:

3. 若主变压器高压侧并列运行,为限制该变电所 10kV 母线短路电流,需采取相应措施。以下哪种措施不能有效限制 10kV 母线短路电流?为什么? （ ）

(A)提高变压器阻抗

(B)10kV 母线分列运行

(C)在主变压器低压侧加装串联电抗器

(D)110kV 母线分列运行,10kV 母线并列运行

解答过程:

4. 请计算该变电所 10kV 系统电缆线路单相接地电容电流应为下列哪项数值? （ ）

(A)2A (B)32A

(C)1.23A (D)320A

解答过程:

5. 该变电所 10kV 侧采用了 YN,d 接线的三相接地变压器,且中性点经电阻接地,请问下列哪项接地变压器容量选择要求是正确的?为什么?(注:S_N 为接地变压器额定容量,P_r 为接地电阻额定容量)　　(　　)

(A) $S_N = U_N I_2/\sqrt{3}K_n$　　(B) $S_N \leqslant P_r$

(C) $S_N \geqslant P_r$　　(D) $S_N \geqslant \sqrt{3}P_r/3$

解答过程:

题 6~10:某 110kV 变电所装有两台三绕组变压器,额定容量为 120/120/60MVA,额定电压为 110/35/10kV,阻抗为 $U_{1-2}=9.5\%$,$U_{1-3}=28\%$,$U_{2-3}=19\%$,主变压器 110kV,35kV 侧均为架空进线,110kV 架空出线至 2km 之外的变电所(全线有避雷线),35kV 和 10kV 为负荷线,10kV 母线上装设有并联电容器组,其电气主接线如图所示。

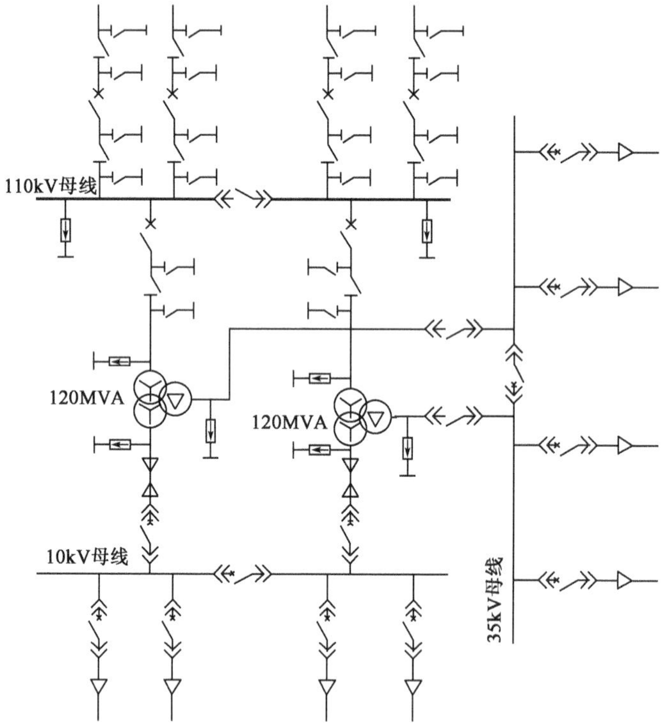

图中 10kV 配电装置距主变压器 1km,主变压器 10kV 侧采用 3×185mm 铜芯电缆接 10kV 母线,电缆单位长度电阻为 0.103Ω/km,电抗为 0.069Ω/km,功率因数 $\cos\varphi=0.85$,请回答下列问题。(计算题按最接近数值选项)

6. 请计算图中 110kV 母线氧化锌避雷器最大保护的电气距离为下列哪项数值?(变压器之外)　　(　　)

(A) 165m　　(B) 223m　　(C) 230m　　(D) 310m

解答过程：

7. 假设图中主变压器最大年利用小时数为4000h，成本按0.27元/kWh，经济电流密度取0.455A/mm²，主变压器110kV侧架空导线采用铝绞线，按经济电流密度选择的导线截面应为：（　　）

(A) $2\times400mm^2$　　(B) $2\times500mm^2$

(C) $2\times630mm^2$　　(D) $2\times800mm^2$

解答过程：

8. 请校验10kV配电装置至主变压器电缆末端的电压损失最接近下列哪项数值？（　　）

(A)5.25%　　(B)7.8%　　(C)9.09%　　(D)12.77%

解答过程：

9. 假设10kV母线上电压损失为5%，为保证母线电压正常为10kV，补偿的最大容性无功容量最接近下列哪项数值？（　　）

(A)38.6Mvar　　(B)46.1Mvar

(C)68.8Mvar　　(D)72.1Mvar

解答过程：

10. 上图中，取基准容量 $S_j = 1000MVA$，其110kV系统正序阻抗标幺值为0.012，当35kV母线发生三相短路时，其归算至短路点的阻抗标幺值最接近下列哪项？（　　）

(A)1.964　　(B)0.798　　(C)0.408　　(D)0.399

解答过程：

题 11～15：发电厂（或变电所）的 220kV 配电装置，地处海拔高度 3000m，盐密 0.18mg/cm²，采用户外敞开式中型布置，构架高度为 20m。220kV 采用无间隙金属氧化物避雷器和避雷针作为雷电过电压保护。请回答下列问题（计算保留两位小数）

11. 请计算该 220kV 配电装置无遮拦裸导体至地面之间的距离应为下列哪项数值？（　　）

(A) 4300mm　　(B) 4680mm
(C) 5125mm　　(D) 5375mm

解答过程：

12. 该配电装置母线避雷器的额定电压和持续运行电压应选择下列哪组数据？依据是什么？（　　）

(A) 165kV, 127.02kV　　(B) 175.2kV, 132.79kV
(C) 181.5kV, 139.72kV　　(D) 189kV, 145.49kV

解答过程：

13. 该 220kV 系统工频过电压一般不应超过下列哪一数值？依据是什么？（　　）

(A) 189.14kV　　(B) 203.69kV
(C) 327.6kV　　(D) 352.8kV

解答过程：

14. 该配电装置防直击雷保护采用在构架上装设避雷针的方式，当需要保护的设备高度为10m，要求保护半径不小于18m时，计算需要增设的避雷针最低高度应为下列哪项数值？ (　　)

(A)5.0m　　(B)6.0m　　(C)25m　　(D)26m

解答过程：

15. 计算该220kV配电装置中的设备外绝缘爬电距离应为下列哪项数值？ (　　)

(A)5000mm　　(B)5750mm

(C)6050mm　　(D)6300mm

解答过程：

题16～20：某火力发电厂，在海拔1000m以下，发电机变压器组单元接线如图所示：i_1、i_2分别为d1和d2点短路时流过DL的短路电流。已知远景最大运行方式下，i_1的交流分量起始有效值为36kA不衰减，直流分量衰减时间常数为45ms，i_2的交流分量起始有效值为3.86kA，衰减时间常数720ms，直流分量衰减时间常数为260ms，请回答下列问题(计算题按最接近数值选项)

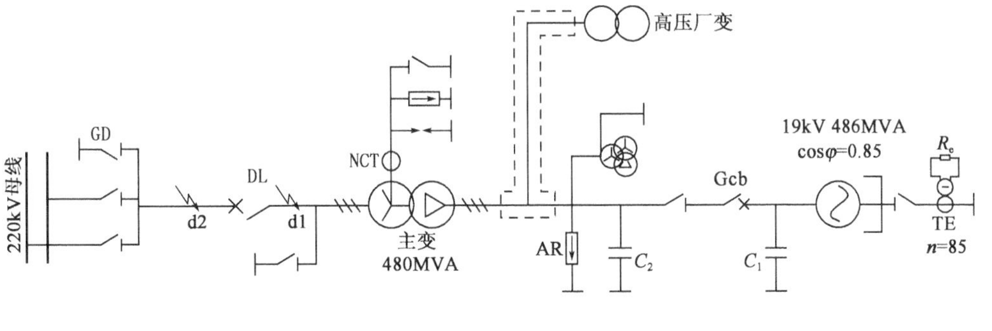

发电机变压器组单元接线

16. 若220kV断路器额定开断电流50kA，d1和d2点短路时主保护动作时间加断路器开断时间均为60ms。请计算断路器应具备的直流分断能力及当d2点短路时需要开断的短路电流直流分量百分数最接近下列哪组数值？ (　　)

(A)37.28%，86.28%　　(B)26.36%，79.38%

(C)18.98%，86.28%　　(D)6.13%，26.36%

解答过程：

17. 试计算接地开关 GD 应满足的最小动稳定电流最接近下列哪项常数？（　　）

(A)120kA　　(B)107kA

(C)104kA　　(D)94kA

解答过程：

18. 图中主变压器中性点回路 NCT 电流比宜选择下列哪项？为什么？（　　）

(A)100/5A　　(B)400/5A

(C)1200/A　　(D)4000/5A

解答过程：

19. 主变压器区域有一支 42m 高独立避雷针，主变压器至 220kV 配电装置架空线在附近经过，高度为 14m。计算该避雷针与 220kV 架空线间的最小距离最接近下列哪项数值？（已知避雷针冲击接地电阻为 12Ω，不考虑架空线风偏）（　　）

(A)1.8m　　(B)3.0m

(C)3.8m　　(D)4.6m

解答过程：

20. 已知每相对地电容：$C_1=0.13\mu F$，$C_2=0.26\mu F$，发电机定子绕组 $C_F=0.45\mu F$，忽略封闭母线和变压器的电容。中性点接地变压器 TE 的变比 $n=85$，请计算发电机中性点接地变压器二次侧电阻 R_e 的值最接近下列哪项？（　　）

(A)0.092Ω　　(B)0.159Ω　　(C)0.477Ω　　(D)0.149Ω

解答过程：

题 21～25：500kV 单回路架空送电线路，4 分裂相导线，导线分裂间距 450mm，三相导线水平排列，间距 12m，导线直径为 26.82mm。

21. 导线的表面系数取 0.82，计算导线的临界起始电晕电位梯度最接近下列何值？（不计海拔高度的影响） （　　）

(A)3.13MV/m　　(B)3.81MV/m

(C)2.94MV/m　　(D)3.55MV/m

解答过程：

22. 欲用 4 分裂导线，以经济电流密度 $j=0.9A/mm^2$，功率因数 0.95，输送有功功率 1200MW，计算出一根子导线的铝截面最接近下列哪项数值？ （　　）

(A)$702mm^2$　　(B)$385mm^2$

(C)$405mm^2$　　(D)$365mm^2$

解答过程：

23. 请计算相导线间几何均距为下列哪项数值？ （　　）

(A)12.0m　　(B)15.1m

(C)13.6m　　(D)14.5m

解答过程：

24. 线路的正序电抗为 0.3Ω/km，正序电纳为 4.5×10^{-6}s/km，请计算线路的波阻抗 Z_c 最接近下列哪项数值？（　　）

(A) 258.2Ω　　(B) 387.7Ω

(C) 66.7Ω　　(D) 377.8Ω

解答过程：

25. 线路的波阻抗 $Z_c=250\Omega$，请计算线路的自然功率 P_λ 最接近下列何值？（　　）

(A) 1102.5MW　　(B) 970.8MW

(C) 858.6MW　　(D) 1000.0MW

解答过程：

2011 年案例分析试题答案(上午卷)

题 1 ~ 5 答案:**ABDBC**

1.《导体和电器选择设计技术规定》(DL/T 5222—2005)附录 D,表 D. 2 及表 D. 11。

表 D. 2,$\phi120/110$[LDRE]管型母线载流量:$I'' = 2663\text{A}$

表 D. 11,综合校正系数 $K = 0.87$,则管型母线实际载流量:$I = KI' = 0.87 \times 2663 = 2317\text{A}$

《电力工程电气设计手册》(电气一次部分)P232 表 6-3。

持续工作电流为:$I_g = \dfrac{S}{\sqrt{3}U_N} = \dfrac{900}{\sqrt{3} \times 220} = 2.362\text{kA} = 2362\text{A} > 2317\text{A}$,因此该管形母线不满足使用要求。

注:穿越功率指作为中间变电站高压侧(电源侧)存在出线负荷,即经该变电站高压母线向相同电压等级的其他变电站提供电源,则这个出线上的负荷就是穿越功率。所谓穿越功率,是因为这部分负荷没有被变压器转移到低压侧,而是直接从高压侧穿越走了。按持续工作电流计算选择主变高压母线时,母线容量选择不再是变压器容量,而是通流容量,即通流容量 = 本站主变容量 + 穿越功率。题目明确了母线"最大"穿越功率值一般应为流通容量,不需再加本站负荷。补充一点,若该变电站为终端变电站,一般不考虑穿越功率,若终端变电站规划有新建相同电压等级的其他变电站,且需经过该变电站高压母线获得电源,则在设计时,其高压母线时需考虑穿越功率。

2.《导体和电器选择设计技术规定》(DL/T 5222—2005)附录 D,表 D. 11。校正系数 $K = 1$,载流量修正。

《电力工程电气设计手册》(电气一次部分)P232 表 6-3。

导线最大持续工作电流:$I_g = \dfrac{P}{\sqrt{3}U_N\cos\varphi} = \dfrac{550}{\sqrt{3} \times 220 \times 0.95} = 1.519\text{kA} = 1519\text{A} < 845\text{A} \times 2$

注:架空钢芯铝绞线应为不计日照的屋外软导线。

3.《电力工程电气设计手册》(电气一次部分)P120"变电所中可以采用的限流措施"。

(1)变压器分裂运行。

(2)在变压器回路中装设分裂电抗器或电抗器。

(3)采用低压侧为分裂绕组变压器。

(4)出线上装设电抗器。

(5)选择高阻抗变压器(补充此条)。

注：《220kV ~ 750kV 变电站设计技术规程》(DL/T 5218—2012)无限流措施的规定，10kV 侧限流措施也可参考《35kV ~ 110kV 变电站设计规范》(GB 50059—2011)第 3.2.6 条。

4.《电力工程电气设计手册》(电气一次部分)P262 式(6-34)。

电缆线路电容电流：$I_C = 0.1U_eL = 0.1 \times 10 \times 16 \times 2 = 32A$

注：此题不严谨，易引起误解：题干要求 10kV“系统”单相短路电流，应考虑变电所增加的接地电容电流值，但此题显然忽略了。“系统”与“线路”在题目中最好不同时出现，否则易造成混淆。

5.《导体和电器选择设计技术规定》(DL/T 5222—2005)第 18.3.4 条式(18.3.4-3)。

对 YN，d 接线三相接地变压器，若中性点接消弧线圈或电阻，接地变压器的容量为：

$S_N \geqslant Q_X$

$S_N \geqslant P_r$

题 6 ~ 10 答案：**CCBCC**

6.《交流电气装置的过电压保护和绝缘配合设计规范》(GB/T 50064—2014)第 5.4.13-6 条。

第 5.4.13-6-1)条：MOA 与主变压器间的最大电气距离可参考表 5.4.13-1 确定，对其他电气的最大距离可相应增加 35%。

则氧化锌避雷器最大保护距离(变压器之外)：$S = 170 \times (1 + 35\%) = 229.5m$

注：也可参考《交流电气装置的过电压保护和绝缘配合》(DL/T 620—1997)第 7.3.4-b)条及表 12。本题关键在于确定 110kV 的进线回路数，但题干中未明确该条件，只能根据接线图中 110kV 侧主接线为单母线分段接线，确定为 2 回电源进线。图中 4 路 110kV 线路均为馈线，切勿作为 4 条电源进线线路而错选 D。

7.《导体和电器选择设计技术规定》(DL/T 5222—2005)附录 E，图 E.7 曲线 6 和式(E.1.1)。

(1)查阅曲线及已知条件：经济电流密度为 0.455A/mm^2。

(2)持续工作电流：

《电力工程电气设计手册》(电气一次部分)P232 表 6-3 和 P377 式(8-3)。

回路持续运行电流：$I_g = 1.05 \times \dfrac{S}{\sqrt{3}U} = 1.05 \times \dfrac{120}{\sqrt{3} \times 110} = 0.66kA = 660A$

(3)导体的经济截面：[式(E.1.1)]

$$S = \frac{I_{max}}{j} = \frac{660}{0.45} = 1466.7mm^2 > 2 \times 630mm^2$$

(4)综合以上确定电缆规格为 2 × 630mm^2。

注：参考《电力工程电气设计手册》(电气一次部分)P336 中“当无合适规格导体时，导线面积可小于经济电流密度的计算截面”。也可参考《导体和电器选择设计技术规定》(DL/T 5222—2005)第 7.1.6 条。

8.《电力工程电气设计手册》(电气一次部分)P940 式(17-6)。

电缆回路电压损失:

$$\Delta U=\frac{173}{U}I_gL(r\cos\varphi+x\sin\varphi)=\frac{173}{10000}\times\frac{1.05\times60\times10^3}{\sqrt{3}\times10}\times1\times(0.103\times0.85+0.069\times0.527)=7.8$$

注:主变压器 10kV 侧的容量为 60MVA。

9.《电力工程电气设计手册》(电气一次部分)P478 表 9-4。

最大容性无功补偿容量:$Q_{cum}=\frac{\Delta U_m U_m}{X_1}=\frac{10\times5\%\times10\times(1-5\%)}{1\times0.069}=68.84\text{Mvar}$

注:无功补偿容量的四种计算方式必须掌握,这是考试重点。

10.《电力工程电气设计手册》(电气一次部分)P478 表 9-4。

(1)变压器各侧等值短路电抗:

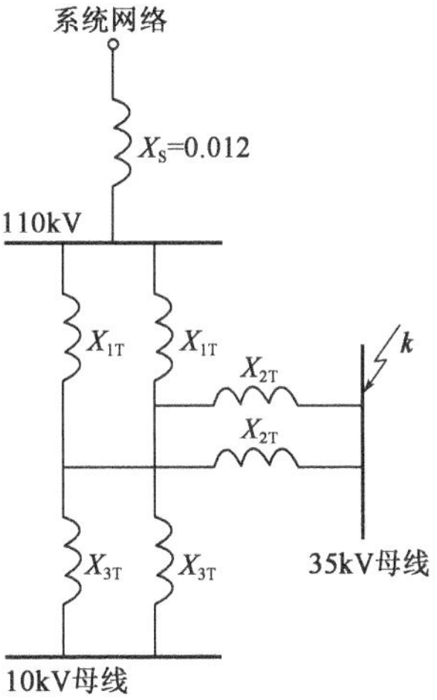

$$U_{k1}\%=\frac{1}{2}(U_{k(1-2)}\%+U_{k(3-1)}\%-U_{k(2-3)}\%)=\frac{1}{2}\times(9.5+28-19)=9.25$$

$$U_{k2}\%=\frac{1}{2}(U_{k(1-2)}\%+U_{k(2-3)}\%-U_{k(3-1)}\%)=\frac{1}{2}\times(9.5+19-28)=0.25$$

$$U_{k3}\%=\frac{1}{2}(U_{k(2-3)}\%+U_{k(3-1)}\%-U_{k(1-2)}\%)=\frac{1}{2}\times(19+28-9.5)=18.75$$

(2)变压器电抗标幺值:

$$X_{*T1}=\frac{U_{k1}\%}{100}\times\frac{S_j}{S_e}=\frac{9.25}{100}\times\frac{1000}{120}=0.771$$

$$X_{*T2}=\frac{U_{k2}\%}{100}\times\frac{S_j}{S_e}=\frac{0.25}{100}\times\frac{1000}{120}=0.021$$

$$X_{*T3}=\frac{U_{k3}\%}{100}\times\frac{S_j}{S_e}=\frac{18.75}{100}\times\frac{1000}{120}=1.5625$$

(3)系统至短路点的阻抗标幺值:$X_*=0.012+\frac{0.771+0.021}{2}=0.408$

注:也可采用高、中侧阻抗 $U_{k(1-2)}\%=9.5$ 直接计算 1-2 侧的电抗标幺值,较为简便。

$X_{*T(1-2)}=\frac{U_{k1}\%}{100}\times\frac{S_j}{S_e}=\frac{9.5}{100}\times\frac{1000}{120}=0.79$,此题考点为变压器并联阻抗值。

题 11 ~ 15 答案:**BDABD**

11.《高压配电装置设计技术规程》(DL/T 5352—2018)。

(1)第 5.1.2 条及表 5.1.2-1 可知:220kV 无遮拦裸导体至地面之间的距离为 C 值,$L=4300\text{mm}$;

(2)附录A，图A.0.1可知，海拔3000m的A_1值修正为2.18m，即2180mm；

(3)第5.1.2条的条文说明可知$C = A_1 + 2300 + 200 = 2180 + 2500 = 4680\text{mm}$；

(4)综上所述，220kV无遮拦裸导体至地面之间的距离$L = 4680\text{mm}$。

注：此类题目每年必考。

12.《交流电气装置的过电压保护和绝缘配合设计规范》(GB/T 50064—2014)第4.4.3条。

额定电压：$U_{n1} = 0.75U_m = 0.75 \times 252 = 189\text{kV}$

持续运行电压：$U_{n2} = \dfrac{U_m}{\sqrt{3}} = \dfrac{252}{\sqrt{3}} = 145.5\text{kV}$

注：也可参考《交流电气装置的过电压保护和绝缘配合》(DL/T 620—1997)第5.3.4条及表3。U_m为最高电压，可参考《标准电压》(GB/T 156—2007)第4.3条~第4.5条。

13.《交流电气装置的过电压保护和绝缘配合设计规范》(GB/T 50064—2014)第3.2.2-1条、第3.2.3条、第4.1.1条。

第3.2.3条：本规范中系统最高电压的范围分为下列两类：

3. 范围Ⅰ，$7.2\text{kV} \leqslant U_m \leqslant 252\text{kV}$

4. 范围Ⅱ，$252\text{kV} < U_m \leqslant 800\text{kV}$

第3.2.2-1条：当系统最高电压有效值为U_m时，工频过电压的基准电压(1.0p.u.)应为$U_m/\sqrt{3}$。

由第4.1.1条，对工频过电压幅值的规定，则：

因此，220kV的工频过电压限值为：$1.3\text{p.u.} = 1.3 \times \dfrac{U_m}{\sqrt{3}} = 1.3 \times \dfrac{252}{\sqrt{3}} = 189.1\text{kV}$

注：也可参考《交流电气装置的过电压保护和绝缘配合》(DL/T 620—1997)第3.2.2条、第4.1.1-b)条。

14.《交流电气装置的过电压保护和绝缘配合设计规范》(GB/T 50064—2014)第5.2.1条。

设避雷针和架构的总高度h小于30m，则各算子：$P = 1, h_x = 10\text{m}, r_x = 18\text{m}$，且$h_x < 0.5h = 15$。

被保护物高度水平面的保护半径：$r_x = (1.5h - 2h_x)P = 1.5 \times h - 2 \times 10 = 18$

计算可知$h = 25.3\text{m} < 30\text{m}$，满足假设条件。

需增设的避雷针最低高度：$h' = h - 20 = 25.3 - 20 = 5.3\text{m}$，取6m。

注：也可参考《交流电气装置的过电压保护和绝缘配合》(DL/T 620—1997)第5.2.1条单根避雷针的保护范围相关公式，若设避雷针和架构的总高度h大于30m，则$p = 5.5/\sqrt{h}$，有兴趣的可以试算一下，需要解一元二次方程。

15.《导体和电器选择设计技术规定》(DL/T 5222—2005)附录C、第21.0.9条及条文说明。

表C.1：根据变电所所在地区的盐密判断所处地区为III级污秽区。

表C.2：III级污秽区的爬电比距$\lambda = 2.5\text{cm/kV}$。

根据爬电距离的定义，设备外绝缘的爬电距离为：$L=\lambda U_m=2.5\times252=630cm=6300mm$

注：U_m为最高电压，可参考《标准电压》（GB/T 156—2007）第4.3～4.5条。

题16～20答案：**CBBCB**

16.《导体和电器选择设计技术规定》（DL/T 5222—2005）第9.2.5条及条文说明。

第9.2.5条：短路电流中的直流分量是以断路器的额定短路开断电流值为100%核算的。

（1）d1点短路：

《高压交流断路器订货技术条件》（DL/T 402—2007）第4.101.2条。

直流分量百分数（实际短路电流）：$DC\%=100\times e^{-\left(\frac{T_{op}+T_r}{\tau}\right)}=100\times e^{-\left(\frac{60+0}{45}\right)}=26.36\%$

d1点短路时直流分量百分数（断路器分断能力）：$DC_{d1}\%=\dfrac{36\sqrt{2}\times26.36\%}{50\sqrt{2}}=18.98\%$

（2）d2点短路：

d2点短路时直流分量百分数（实际短路电流）：$DC_{d2}\%=\dfrac{3.86\times\sqrt{2}\times e^{-\left(\frac{60}{260}\right)}}{3.86\times\sqrt{2}\times e^{-\left(\frac{60}{760}\right)}}=e^{-\left(\frac{60}{260}-\frac{60}{720}\right)}=86.28\%$

注：本题较难，且《高压交流断路器订货技术条件》（DL/T 402—2007）为超纲规范。也可参考《导体与电器选择设计技术规定》（DL/T 5222—2005）附录F式（F.3.1-2），但在考场上很难直接导出计算上述结果。

17.《导体和电器选择设计技术规程》（DL/T 5222—2005）附录F式（F.3.1-2）、式（F.4.1-1）、式（F.4.1-2）。参考《电力工程电气设计手册》（电气一次部分）P140冲击电流内容，即三相短路发生后的半个周期（0.01s），短路电流瞬时值达到最大，称为冲击电流。则：

（1）系统侧提供的冲击电流：$i_{ch1}=\sqrt{2}I''_1+\sqrt{2}I''_1e^{-\frac{0.01\omega}{T_a}}=\sqrt{2}\times36+\sqrt{2}\times36\times e^{-\frac{0.01\times2\pi\times50}{45}}=98.38kA$

（2）发电机侧提供的冲击电流：$i_{ch2}=\sqrt{2}I''_2e^{-\frac{0.01\omega}{T_{a1}}}+\sqrt{2}I''_1e^{-\frac{0.01\omega}{T_{a2}}}=\sqrt{2}\times3.86\times e^{-\frac{0.01\times2\pi\times50}{720}}+\sqrt{2}\times3.86\times e^{-\frac{0.01\times2\pi\times50}{260}}=10.83kA$

（3）总冲击电流（动稳定电流）：$i_{ch}=i_{ch1}+i_{ch2}=98.38+10.83=109.21kA$

注：分析可知，i_1为系统提供的短路电流，i_2为发电机提供的短路电流，由于接地器短路瞬间，断路器是否会在冲击电流之前分断并未明确，因此建议GD接地器的最小动稳定电流应为系统侧和发电机侧提供的短路电流之和，也应考虑短路直流分量的影响。

18.《导体和电器选择设计技术规定》（DL/T 5222—2005）第15.0.6条。

第15.0.6条：电力变压器中性点电流互感器的一次侧额定电流，应大于变压器允许的不平衡电流，一般可按变压器额定电流的30%选择。

变压器额定电流：$I_n=\dfrac{S}{\sqrt{3}U_n}=\dfrac{480}{\sqrt{3}\times220}=1.26kA$

互感器NCT一次侧电流：$I_{n1}=1.26\times30\%=0.378kA=378A$，选取400A。

注：变压器额定电流与变压器回路持续工作电流含义不同，因此不建议乘以1.05。

19.《交流电气装置的过电压保护和绝缘配合设计规范》(GB/T 50064—2014)第5.4.11-1条。

避雷针与220kV架空线的空气间距离：$S_a \geq 0.2R_i + 0.1h = 0.2 \times 12 + 0.1 \times 14 = 3.8\text{m}$

注：也可参考《交流电气装置的过电压保护和绝缘配合》(DL/T 620—1997)第7.1.11条式(15)，规范中该条文e款，S_a不宜小于5m；幸运的是，本题答案中无5m的选项，否则很难判断。

20.《电力工程电气设计手册》(电气一次部分)P80式(3-1)。

单相接地电容电流：$I_C = \sqrt{3}U_e\omega C \times 10^{-3} = \sqrt{3} \times 19 \times 314 \times (0.13 + 0.26 + 0.45) \times 10^{-3} = 8.68\text{A}$

《导体和电器选择设计技术规定》(DL/T 5222—2005)第18.2.5条式(18.2.5-4)。

发电机中性点接地变压器二次侧电阻：$R_e = \dfrac{U_N \times 10^3}{1.1 \times \sqrt{3}I_C n_\varphi^2} = \dfrac{19 \times 10^3}{1.1 \times \sqrt{3} \times 8.68 \times 85^2} = 0.159\Omega$

注：题干中明确忽略了封闭母线和变压器的电容，不建议再乘以1.25作为全系统总电容近似值。

题21～25答案：**ACBAD**

21.《电力工程高压送电线路设计手册》(第二版)P30式(2-2-2)皮克公式。

临界电场强度最大值：$E_{m0} = 3.03m\left(1 + \dfrac{0.3}{\sqrt{r}}\right) = 3.03 \times 0.82 \times \left(1 + \dfrac{0.3}{\sqrt{\dfrac{26.28}{20}}}\right) = 3.13\text{MV/m}$

注：公式中导线半径的单位为cm。

22.《导体和电器选择设计技术规定》(DL/T 5222—2005)附录E式(E.1-1)。

相导体截面：$S = \dfrac{I_{max}}{j} = \dfrac{P}{j \times \sqrt{3}U\cos\varphi} = \dfrac{1200 \times 10^3}{0.9 \times \sqrt{3} \times 500 \times 0.95} = 1620.6\text{mm}^2$

4分裂导线子导线截面：$S = \dfrac{1620.6}{4} = 405.2\text{mm}^2$。

23.《电力工程高压送电线路设计手册》(第二版)P16式(2-1-3)。

相导线间的几何均距：$d_m = \sqrt[3]{d_{ab}d_{bc}d_{ac}} = \sqrt[3]{12 \times 12 \times 24} = 15.12\text{m}$

24.《电力工程高压送电线路设计手册》(第二版)P24式(2-1-41)。

导线波阻抗：$Z_n = \sqrt{\dfrac{X_1}{B_1}} = \sqrt{\dfrac{0.3}{4.5 \times 10^{-6}}} = 258.2\Omega$

25.《电力工程高压送电线路设计手册》(第二版)P24式(2-1-42)。

线路自然功率：$P_n = \dfrac{U^2}{Z_n} = \dfrac{500^2}{250} = 1000\text{MW}$

注：早年，线路题目异常简单，近年来很少出现此类题目。

2011 年案例分析试题(下午卷)

[案例题是4选1的方式,各小题前后之间没有联系,共40道小题,选作25道,每题分值为2分,上午卷50分,下午卷50分,试卷满分100分。案例题一定要有分析(步骤和过程)、计算(要列出相应的公式)、依据(主要是规程、规范、手册),如果是论述题要列出论点]

题1~5:某110/10kV变电所,两台主变,两回110kV电源进线。110kV主接线为内桥接线,10kV为单母线分段接线(分列运行),电气主接线见图。110kV桥开关和10kV分段开关均装设备用电源自动投入装置。系统1和系统2均为无穷大系统。架空线路1长70km,架空线路2长30km。该变电所主变压器负载率不超过60%,系统基准容量为100MVA。请回答下列问题。

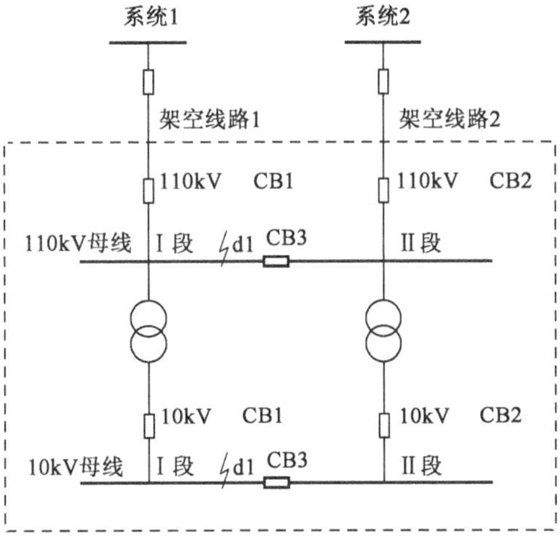

110/10kV 变电所电气主接线

1. 如该变电站供电的负荷:一级负荷9000kVA,二级负荷8000kVA、三级负荷10000kVA。请计算主变压器容量应为下列哪项数值? ( )

(A)10200kVA　　(B)16200kVA

(C)17000kVA　　(D)27000kVA

解答过程:

2. 假设主变压器容量为31500kVA，电抗百分比 $U_k = 10.5\%$，110kV 架空线路电抗 $0.4\Omega/km$。请计算10kV 1号母线最大三相短路电流接近下列哪项数值？（　　）

(A)10.07kA　　(B)12.97kA

(C)13.86kA　　(D)21.33kA

解答过程：

3. 若在主变压器10kV 侧串联电抗器以限制10kV 侧短路电流，该电抗器的额定电流应选择下列哪项数值最合理？为什么？（　　）

(A)变压器10kV 侧额定电流的60%

(B)变压器10kV 侧额定电流的105%

(C)变压器10kV 侧额定电流的120%

(D)变压器10kV 侧额定电流的130%

解答过程：

4. 如主变压器10kV 回路串联3000A 电抗器限制短路电流，若需将10kV 母线短路电流从25kA 限制到20kA 以下，请计算并选择该电抗器的电抗百分值为下列哪项？（　　）

(A)3%　　(B)4%　　(C)6%　　(D)8%

解答过程：

5. 请问该变电所发生下列哪种情况时，110kV 桥开关应自动投入？为什么？（　　）

(A)主变差动保护动作

(B)主变110kV 侧过流保护动作

(C)110kV 线路无短路电流，线路失压保护动作跳闸

(D)110kV 线路断路器手动合闸

解答过程：

题6～10：一座远离发电厂的城市地下变电站，设有110/10kV，50MVA主变压器两台，110kV线路2回，内桥接线，10kV出线多回，单母线分段接线。110kV母线最大三相短路电流31.5kA，10kV母线最大三相短路电流20kA。110kV配电装置为户内GIS，10kV户内配电装置为成套开关柜。地下建筑共有三层，地下一层的布置见简图。请按各小题假设条件回答下列问题。

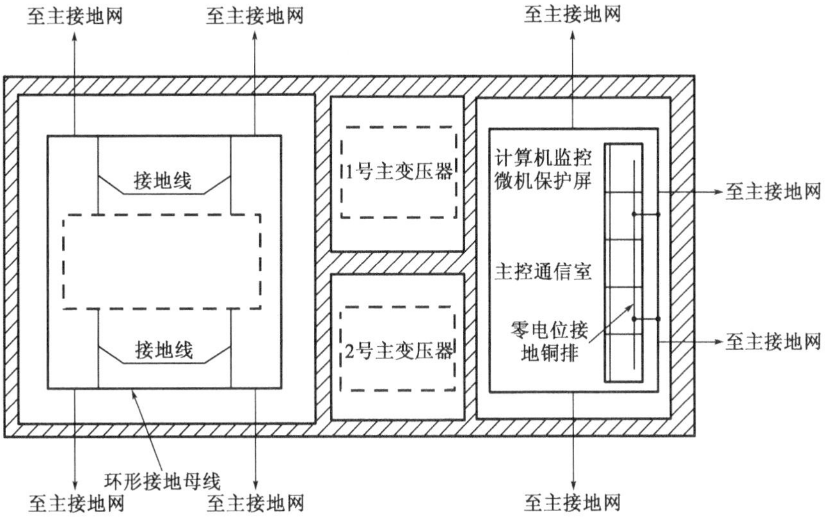

6. 本变电所有两台50MVA变压器，若变压器过负荷能力为1.3倍，请计算本站最大设计负荷为下列哪一项值？（　　）

(A)50MVA　　(B)65MVA　　(C)71MVA　　(D)83MVA

解答过程：

7. 如本变电所中10kV户内配电装置的通风设计温度为30℃，主变压器10kV侧母线选用矩形铝母线，按1.3倍过负荷工作电流考虑，矩形铝母线最小规格及安装方式应选择下列哪一种？（　　）

(A)$3\times(125\times8)mm^2$，竖放　　(B)$3\times(125\times10)mm^2$，平放

(C)$3\times(125\times10)mm^2$，竖放　　(D)$4\times(125\times10)mm^2$，平放

解答过程：

8. 本变电所中10kV户内配电装置某间隔内的分支母线是$80 \times 80mm^2$铝排，相间距离30cm，母线支持绝缘子间距120cm。请计算一跨母线相间的最大短路电动力最接近下列哪项数值？（振动系数β取1） （ ）

(A) 104.08N (B) 1040.8N

(C) 1794.5N (D) 179.45N

解答过程：

9. 本变电所的110kV GIS配电室内接地线的布置见简图。如110kV母线最大单相接地故障电流为5kA。由GIS引向室内环形接地母线的接地线截面热稳定校验电流最小可取下列哪项数值？依据是什么？ （ ）

(A) 5.0kA (B) 3.5kA

(C) 2.5kA (D) 1.75kA

解答过程：

10. 本变电所的主控通信室内装有计算机监控系统和微机保护装置，主控通信室内的接地布置见简图，图中有错误，请指出图中的错误是哪一条？依据是什么？ （ ）

(A) 主控通信室内的环形接地母线与主接地网应一点相连

(B) 主控通信室内的环形接地母线不得与主接地网相连

(C) 零电位接地铜排不得与环形接地母线相连

(D) 零电位接地铜排与环形接地母线两点相连

解答过程：

题 11 ~ 15：某 125MW 火电机组低压厂变回路从 6kV 厂用工作段母线引接，该母线短路电流周期分量起始值为 28kA。低压厂变为油浸自冷式三相变压器，参数为：$S_e = 1000$kVA，$U_e = 6.3/0.4$kV，阻抗电压 $U_d = 4.5\%$，接线组别 Dyn11，额定负载的短路损耗 $P_d = 10$kW。DL_1 为 6kV 真空断路器，开断时间为 60ms；DL_2 为 0.4kV 空气断路器。该变压器高压侧至 6kV 开关柜用电缆连接；低压侧 0.4kV 至开关柜用硬导体连接，该段硬导体每相阻抗为 $Z_m = (0.15 + j0.4)$ mΩ；中性点直接接地，低压厂变设主保护和后备保护，主保护动作时间为 20ms，后备保护动作时间为 300ms，低压厂变回路接线及布置见图，请回答下列问题（计算题按最接近数值选项）。

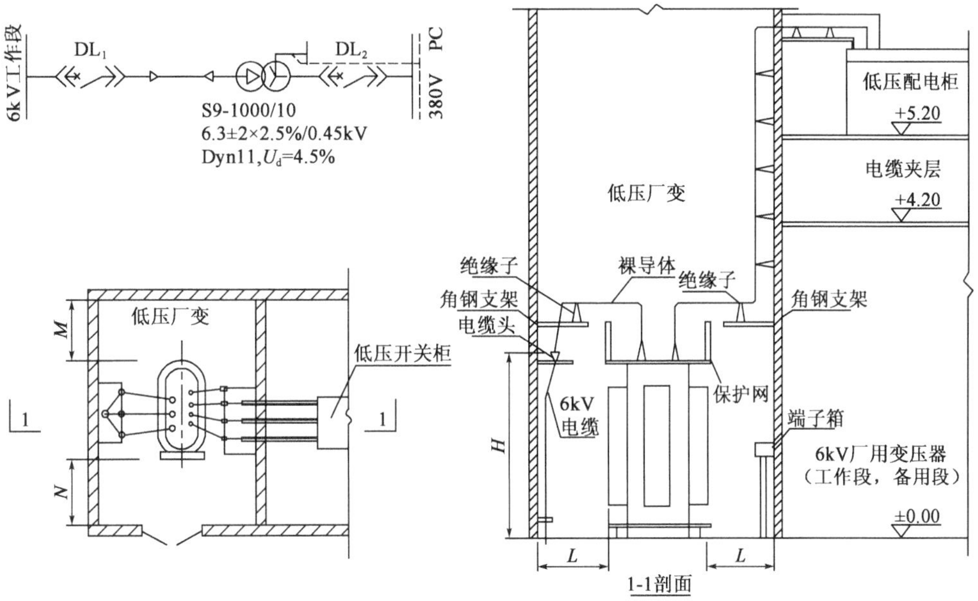

11. 若 0.4kV 开关柜内的电阻忽略，计算空气断路器 DL_2 的 PC 母线侧短路时，流过该断路器的三相短路电流周期分量起始有效值最接近下列哪项数值？[变压器相关阻抗按照《电力工程电气设计手册》（电气一次部分）计算]（　　）

(A) 32.08kA　　(D) 30.30kA

(C) 27.00kA　　(D) 29.61kA

解答过程：

12. 已知环境温度 40℃，电缆热稳定系数 $C = 140$，试计算该变压器回路 6kV 交联聚乙烯铜芯电缆的最小截面为：（　　）

(A) $3 \times 120\text{mm}^2$　　(B) $3 \times 95\text{mm}^2$

(C) $3 \times 70\text{mm}^2$　　(D) $3 \times 50\text{mm}^2$

解答过程：

13. 若该 PC 上接有一台 90kW 电动机，额定电流 168A，起动电流倍数 6.5 倍，回路采用铝芯电缆，截面 $3\times150mm^2$，长度 150m，保护拟采用断路器本身的短路瞬时脱扣器，请按照单相短路电流计算曲线计算保护灵敏系数，并说明是否满足单相接地短路保护的灵敏性要求。（　）

(A) 灵敏系数 4.76，满足要求　　(B) 灵敏系数 4.12，满足要求
(C) 灵敏系数 1.74，不满足要求　　(D) 灵敏系数 1.16，不满足要求

解答过程：

14. 下列变压器保护配置方案符合规范的为哪项？为什么？（　）

(A) 电流速断 + 瓦斯 + 过电流 + 单相接地 + 温度
(B) 纵联差动 + 电流速断 + 瓦斯 + 过电流 + 单相接地
(C) 电流速断 + 过电流 + 单相接地 + 温度
(D) 电流速断 + 瓦斯 + 过电流 + 单相接地

解答过程：

15. 根据变压器布置图，在下列选项中选出正确的 H、L、M、N 值，并说明理由。（　）

(A) $H\geq2500mm$，$L\geq600mm$，$M\geq600mm$，$N\geq800mm$
(B) $H\geq2300mm$，$L\geq600mm$，$M\geq600mm$，$N\geq800mm$
(C) $H\geq2300mm$，$L\geq800mm$，$M\geq800mm$，$N\geq1000mm$
(D) $H\geq1900mm$，$L\geq800mm$，$M\geq1000mm$，$N\geq1300mm$

解答过程：

题 16 ~ 20：某 2 × 300MW 火力发电厂，每台机组装设 3 组蓄电池，其中 2 组 110V 蓄电池对控制负荷供电，另 1 组 220V 蓄电池对动力负荷供电。两台机组的 220V 直流系统间设有联络线。蓄电池选用阀控式密封铅酸蓄电池（贫液）（单体 2V），浮充电压取 2.23V，均衡充电电压取 2.3V。110V 系统蓄电池组选为 52 只，220V 系统蓄电池组选为 103 只。现已知每台机组的直流负荷如下：

UPS	120kVA
电气控制、保护电源	15kW
热控控制经常负荷	15kW
热控控制事故初期冲击负荷	5kW
热控动力总电源	20kW（负荷系数取 0.6）
直流长明灯	3kW
汽机氢侧直流备用泵（起动电流倍数按 2 计）	4kW
汽机空侧直流备用泵（起动电流倍数按 2 计）	10kW
汽机直流事故润滑油泵（起动电流倍数按 2 计）	22kW
6kV 厂用低电压跳闸	40kW
400V 低电压跳闸	40kW
厂用电源恢复时高压厂用断路器合闸	3kW
励磁控制	1kW
变压器冷却器控制电源	1kW

请根据上述条件计算下列各题（保留两位小数）。

16. 请计算 110V、220V 单体蓄电池的事故放电末期终止电压为下列哪组数值？（　　）

(A) 1.75V，1.83V　　(B) 1.75V，1.87V

(C) 1.85V，1.83V　　(D) 1.85V，1.87V

解答过程：

17. 请计算 110V 蓄电池组的经常负荷电流最接近下列哪项数值？（　　）

(A) 92.73A　　(B) 169.09A

(C) 174.55A　　(D) 188.19A

解答过程：

18. 请计算220V蓄电池组事故放电初期0～1min的事故放电电流最接近下列哪项数值？（　　）

(A)663.62A　(B)677.28A
(C)690.01A　(D)854.55A

解答过程：

19. 如该电厂220V蓄电池组选用1600Ah，配置单个模块为25A的一组高频开关电源，请计算需要的模块数为下列哪项？（　　）

(A)6　(B)8
(C)10　(D)12

解答过程：

20. 如该电厂220V蓄电池选用1600Ah，蓄电池出口与直流配电柜连接的电缆长度为25m，求该电缆的截面应为下列哪项数值？（已知：铜电阻系数$\rho = 0.0184\Omega \cdot mm^2/m$）（　　）

(A)$141.61mm^2$　(B)$184mm^2$
(C)$283.23mm^2$　(D)$368mm^2$

解答过程：

题21～25：某500kV变电所中有750MVA、500/220/35kV变压器两台。35kV母线分列运行，最大三相短路容量为2000MVA，是不接地系统。拟在35kV侧安装几组并联电容器组。请按各小题假定条件回答下列问题。

21. 如本变电所每台主变压器35kV母线上各接有100Mvar电容器组，请计算电容器组投入运行后母线电压升高值为：（　　）

(A)13.13kV　(B)7.0kV
(C)3.5kV　(D)1.75kV

解答过程：

22. 如本变电所安装的三相35kV电容器组，每组由单台500kvar电容器或334kvar电容器串、并联组合而成，采用双星形接线，每相的串联段是2。请选择下列哪一种组合符合规程规定且单组容量较大？并说明理由。 (　　)

(A)每串联段500kvar，7台并联　　(B)每串联段500kvar，8台并联

(C)每串联段334kvar，10台并联　　(D)每串联段334kvar，11台并联

解答过程：

23. 如本变电所安装的四组三相35kV电容器组。每组串5%的电抗器，每台主变压器装两组，下列哪一种电容器组需考虑对35kV母线短路容量的助增作用？并说明理由。 (　　)

(A)35000kvar　　(B)40000kvar

(C)45000kvar　　(D)60000kvar

解答过程：

24. 如本变电所安装的三相35kV电容器组，每组由48台500kvar电容器串、并联组合而成，每组容量24000kvar，如图的几种接线方式中，哪一种是可采用的？并说明理由。(500kvar电容器有内熔丝) (　　)

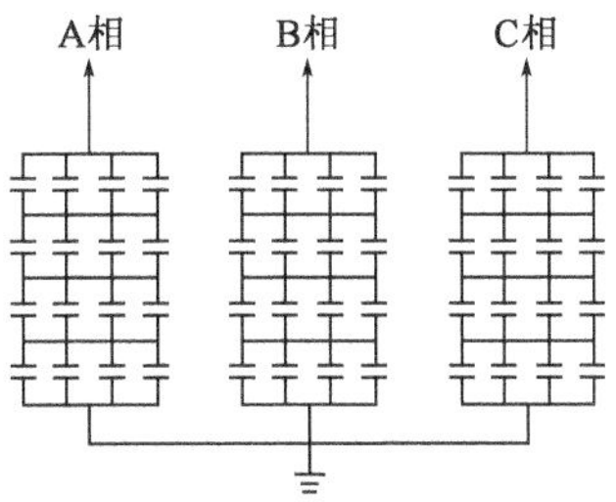

(A)单星形接线，每相4并4串

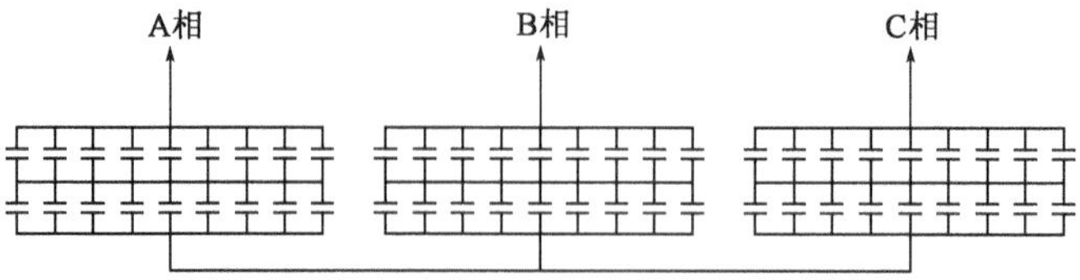

(B) 单星形接线，每相8并2串

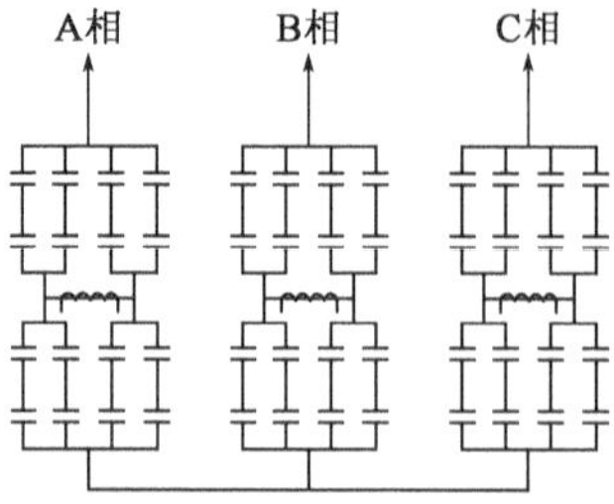

(C) 单星形接线，每相4并4串，桥差接线

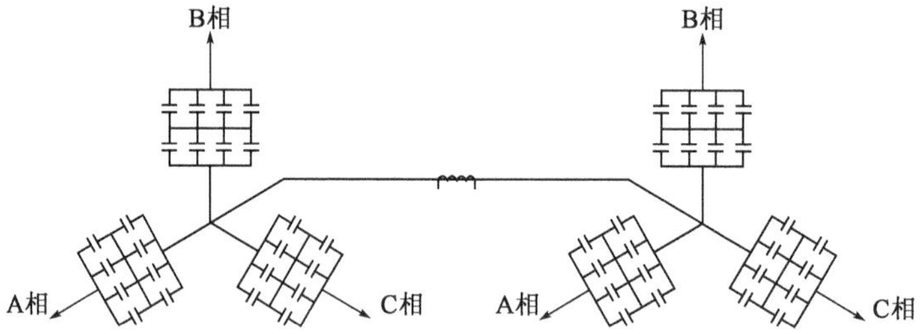

(D) 双星形接线，每星每相4并4串

解答过程：

25. 假设站内避雷针的独立接地装置采用水平接地极，水平接地极采用直径为10mm 的圆钢，埋深 0.8m，土壤电阻率 100Ω·m，要求接地电阻不大于 10Ω。请计算当接地装置采用下列哪种形式时，能满足接地电阻不大于 10Ω 的要求？（　　）

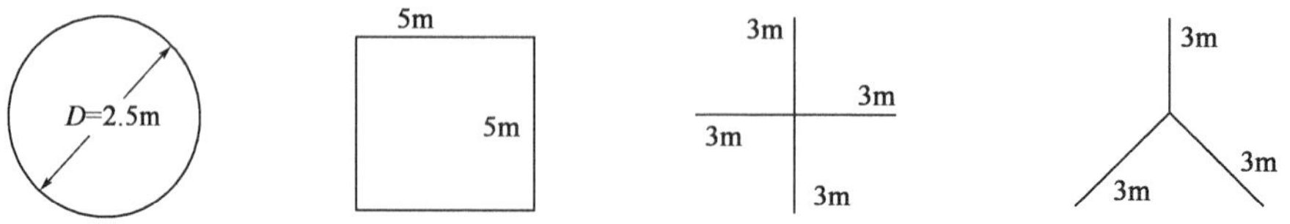

(A)　　(B)　　(C)　　(D)

解答过程：

题 26～30：某新建电厂一期安装两台 300MW 机组，机组采用发电机-变压器单元接入厂内 220kV 配电装置，220kV 采用双母线接线，有 2 回负荷线和 2 回联络线。按照最终规划容量计算的 220kV 母线三相短路电流（起始周期分量有效值）为 30kA，动稳定电流 81kA；高压厂用变压器为一台 50/25－25MVA 的分裂变压器，半穿越电抗 U_d＝16.5%，高压厂用母线电压 6.3kV。请按各小题假设条件回答下列问题。

26. 本工程采用 220kV SF6 断路器，其热稳定电流为 40kA、3s，负荷线的短路持续时间 2s。试计算此回路断路器承受的最大热效应是下列哪项值？（不考虑周期分量有效值电流衰减） （　　）

(A) $1800kA^2s$　　(B) $1872kA^2s$

(C) $1890kA^2s$　　(D) $1980kA^2s$

解答过程：

27. 发电机额定电压 20kV，中性点采用消弧线圈接地，20kV 系统每相对地电容 0.45μF，消弧线圈的补偿容量应选择下列哪项数值？（过补偿系数 K＝1.35，欠补偿系数 K＝0.8） （　　）

(A) 26.1kVA　　(B) 45.17kVA

(C) 76.22kVA　　(D) 78.24kVA

解答过程：

28. 每台发电机 6.3kV 母线分为 A、B 二段，每段接有 6kV 总容量为 18MW 电动机，当母线发生三相短路时，其短路电流周期分量的起始值为下列哪项数值？（设系统阻抗为 0，K_{qD}＝5.5） （　　）

(A) 27.76kA　　(B) 30.84kA

(C) 39.66kA　　(D) 41.94kA

解答过程：

29. 发电机额定功率因数为 0.85，最大连续输出容量为额定容量的 1.08 倍，高压工作变压器的计算容量按选择高压工作变压器容量的方法计算出的负荷为 46MVA，按估算厂用电率的原则和方法所确定的厂用电计算负荷为 42MVA，试计算并选择主变压器容量最小是下列哪项数值？（　　）

(A) 311MVA　　(B) 315MVA

(C) 335MVA　　(D) 339MVA

解答过程：

30. 假定 220kV 高压厂用公用/备用变压器容量为 50/25－25MVA，其 220kV 架空导线宜选用下列哪一种规格？（经济电流密度按 0.4A/mm^2 计算）（　　）

(A) LGJ-185　　(B) LGJ-240

(C) LGJ-300　　(D) LGJ-400

解答过程：

题 31～35：110kV 架空送电线路架设双地线，采用具有代表性的酒杯塔，塔的全高为 33m，双地线对边相导线的保护角为 10°，导地线高度差为 3.5m，地线平均高度为 20m，导线平均高度为 15m，导线为 LGJ-500/35（直径 d＝30mm）钢芯铝绞线，两边相间距 d_{13}＝10.0m，中边相间距 d_{12}＝d_{23}＝5m，塔头空气间隙的 50% 放电电压 $U_{50\%}$ 为 800kV。

31. 每相的平均电抗值 x_1 为下列哪项？（提示：频率为 50Hz）（　　）

(A) 0.380Ω/km　　(B) 0.423Ω/km

(C) 0.394Ω/km　　(D) 0.420Ω/km

解答过程：

2011 年案例分析试题（下午卷）

32. 设相导线 $X_1 = 0.4\Omega/\text{km}$，电纳 $B_1 = 3.0 \times 10^{-6}\text{s/km}$，雷击导线时，其耐雷水平为下列哪项数值？(保留两位小数)

(A)8.00kA　　(B)8.77kA
(C)8.12kA　　(D)9.75kA

解答过程：

33. 若线路位于我国的一般雷电地区(雷电日 40)的山地，且雷击杆塔和导线时的耐雷水平分别为 75kA 和 10kA，雷击次数为 25 次/(100km·a)，建弧率 0.8，线路的跳闸率为下列哪项？(按 DL/T 620—1997 计算，保留三位小数)　　(　　)

(A)1.176 次/(100km·a)　　(B)0.809 次/(100km·a)
(C)0.735 次/(100km·a)　　(D)0.603 次/(100km·a)

解答过程：

34. 为了使线路的绕击率不大于 0.20%，若为平原地区线路，地线对边相导线的保护角应控制在多少度以内？　　(　　)

(A)9.75°　　(B)17.98°　　(C)23.10°　　(D)14.73°

解答过程：

35. 高土壤电阻率地区，提高线路雷击塔顶时的耐雷水平，简单易行的有效措施是：(　　)

(A)减少对边相导线的保护角　　(B)降低杆塔接地电阻
(C)增加导线绝缘子串的绝缘子片数　　(D)地线直接接地

解答过程：

题 36～40：某单回路 500kV 架空送电线路，采用 4 分裂 LGJ－400/35 导线，导线的基本参数如表。

导线型号	拉断力 (N)	外径 (mm)	截面 (mm^2)	单重 (kg/m)	弹性系数 (N/mm^2)	线膨胀系数 (1/℃)
LGJ-400/35	98707.5	26.82	425.24	1.349	65000	20.5×10^{-6}

注：拉断力为试验保证拉断力。

该线路的主要气象条件为：最高温度 40℃，最低温度 －20℃，年平均气温 15℃，最大风速 30m/s（同时气温 －5℃），最大覆冰厚度 10mm（同时气温 －5℃，同时风速 10m/s）。且重力加速度取 10。

36. 最大覆冰时的水平风比载为下列哪项？（　　）

(A) $7.57 \times 10^{-3} N/(m \cdot mm^2)$　　(B) $8.26 \times 10^{-3} N/(m \cdot mm^2)$

(C) $24.47 \times 10^{-3} N/(m \cdot mm^2)$　　(D) $15.23 \times 10^{-3} N/(m \cdot mm^2)$

解答过程：

37. 若该线路导线的最大使用张力为 39483N，请计算导线的最大悬点张力大于下列哪项时，需要放松导线？（　　）

(A) 43870N　　(B) 43431N

(C) 39483N　　(D) 59224N

解答过程：

38. 若代表档距为 500m，年平均气温条件下的应力为 $50N/mm^2$，最高气温时的应力最接近下列哪项值？（　　）

(A) $58.5N/mm^2$　　(B) $47.4N/mm^2$

(C) $50.1N/mm^2$　　(D) $51.4N/mm^2$

解答过程：

39. 在校验杆塔间隙时，经常要考虑导线 Δf（导线在塔头处的弧垂）及风偏角，若此时导线的水平比载 $\gamma_4 = 23.80 \times 10^{-3} N/(m \cdot mm^2)$，那么，导线的风偏角为多少度？（　）

(A) 47.91°　　(B) 42.00°

(C) 40.15°　　(D) 36.88°

解答过程：

40. 设年平均气温条件下的比载为 $30 \times 10^{-3} N/(m \cdot mm^2)$，水平应力为 $50N/mm^2$，且某档的档距为600m，两点高差为80m，该档的导线长度最接近下列哪项数值？（按平抛公式计算）？（　）

(A) 608.57m　　(B) 605.13m

(C) 603.24m　　(D) 602.52m

解答过程：

2011 年案例分析试题答案(下午卷)

题 1 ~ 5 答案:**DBCBC**

1. 旧规范《35 ~ 110kV 变电所设计规范》(GB 50059—1992)第 3.1.3 条。

第 3.1.3 条:两台及以上主变压器的变电所,当断开一台时,其余主变压器容量不应小于 60% 的全部负荷,并应保证用户的一、二级负荷。

变电所负荷率为 60%,单台变压器容量不应小于: $S_1 = \dfrac{9000 + 8000 + 10000}{2 \times 60\%} = 22500\text{kVA}$

单路电源满足一、二级负荷,应不小于: $S_2 = 9000 + 8000 = 17000\text{kVA}$

取以上结果的较大值,主变压器容量至少为 22500kVA,因此选 27000kVA。

注:原题考查旧规,新规范《35kV ~ 110kV 变电站设计规范》(GB 50059—2011)中已无 60% 的要求,按旧规范解答如下,请参考:

旧规范《35 ~ 110kV 变电所设计规范》(GB 50059—1992) 第 3.1.3 条:装有两台及以上主变压器的变电所,当断开一台时,其余主变压器的容量应不小于 60% 的全部负荷,并应保证用户一、二级负荷。则当断开一台时,不小于 60% 的全部负荷: $S_3 = (9000 + 8000 + 10000) \times 60\% = 16200\text{kVA}$。

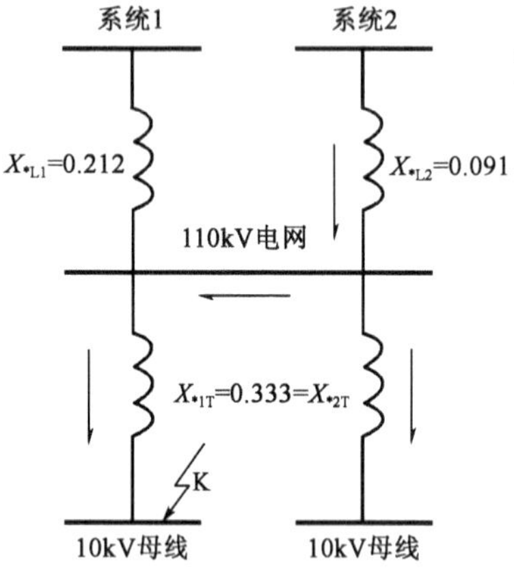

2.《电力工程电气设计手册》(电气一次部分) P120 表 4-1 和表 4-2、式(4-10)及 P129 式(4-20)。

由于线路 2 的电抗明显较线路 1 小,题干中 10kV 母线分裂运行,当系统 1 线路检修或故障时,最大短路电流的运行状况如右图所示。

设 $S_j = 100\text{MVA}$, $U_j = 115\text{kV}$,则 $I_j = 0.502\text{kA}$

L_1 线路电抗标幺值: $X_{*L1} = X_{L1}\dfrac{S_j}{U_j^2} = 0.4 \times 70 \times \dfrac{100}{115^2} = 0.212$

L_2 线路电抗标幺值: $X_{*L2} = X_{L2}\dfrac{S_j}{U_j^2} = 0.4 \times 30 \times \dfrac{100}{115^2} = 0.091$

变压器电抗标幺值: $X_{*T} = \dfrac{U_d\%}{100} \times \dfrac{S_j}{S_e} = 0.333$

10kV 三相短路电流标幺值: $I_{*K} = \dfrac{1}{X_{*\Sigma}} = \dfrac{1}{0.333 + 0.091} = 2.358$

10kV 的 1 号母线最大三相短路电流有名值: $I_K = I_{*K} \cdot I_j = 2.358 \times \dfrac{100}{\sqrt{3} \times 10.5} = 12.97\text{kA}$

注：题干中已明确10kV侧母线分裂运行。此题与2011年供配电专业考试案例分析试题（上午卷）第12题类似，可对比做答。

3.《导体和电器选择设计技术规定》(DL/T 5222—2005)第14.2.1条。

第14.2.1条　普通限流电抗器的额定电流应按下列条件选择：1.主变压器或馈线回路的最大可能工作电流。

其条文说明强调：由于电抗器几乎没有什么过负荷能力，所以主变压器或出线回路的普通电抗器的额定电流应**按回路最大工作电流选择，而不能用最大持续工作电流选择。**

《电力工程电气设计手册》(电力一次部分)P253中普通电抗器的额定电流选择中也强调：电抗器几乎没有过负荷能力，所以主变压器或出线回路的普通电抗器的额定电流应按回路最大工作电流选择，而不能用正常持续工作电流选择。

针对本题已知条件，可分析如下：

最大持续工作电流（正常持续工作电流）：变压器10kV侧额定电流的60%。（题干明确变压器的负载率不到60%）

回路最大工作电流（回路可能的最大工作电流）：变压器10kV侧2倍额定电流的60%。（一台10kV变压器故障或检修时，另一台变压器需带两段10kV母线运行情况）

因此，答案即C，变压器10kV侧额定电流的120%。

4.《电力工程电气设计手册》(电气一次部分)P253式(6-14)。

设 $S_j=100\text{MVA}$，$U_j=10.5\text{kV}$，则 $I_j=5.5\text{kA}$

限流电抗器的电抗百分值：

$$X_k\%\geqslant\left(\frac{I_j}{I''}-X_{*j}\right)\frac{I_{ek}}{U_{ek}}\cdot\frac{U_j}{I_j}\times100\%=\left(\frac{5.5}{20}-\frac{5.5}{25}\right)\times\frac{3}{10}\times\frac{10.5}{5.5}\times100\%=3.15\%\text{，取}4\%\text{。}$$

注：建议手册中基准电流和电抗器额定电流的单位设置为kA，便于思考与计算。

5.《继电保护和安全自动装置技术规程》(GB/T 14285—2006)第5.3.2条。

第5.3.2条　自动投入装置的功能设计应符合下列要求：

a.除发电厂备用电源快速切换外，应保证在工作电源或设备断开后，才投入备用电源或设备。

b.工作电源或设备上的电压，不论何种原因消失，除有闭锁信号外，自动投入装置均应动作。

c.自动投入装置应保证只动作一次。

因此，选项C正确。

注：也可参考《电力装置的继电保护和自动装置设计规范》(GB/T 50062—2008)第11.0.2条，但其内容针对性不显著，不能直接定位选项。

题6～10答案：**BCCDD**

6.《35kV～220kV城市地下变电站设计规定》(DL/T 5216—2005)第6.2.2条及条文说明。

第6.2.2条：装有2台及以上主变压器的地下变电站，当断开1台主变压器时，其余主变压器的容量（包括过负荷能力）应满足全部负荷用电要求。

最大设计负荷(即变电站全部负荷):$S_B = 50 \times 1.3 = 65\text{MVA}$

注:条文说明中有关变压器高负荷率和低负荷率的分析,也具有参考价值。

7.《导体和电器选择设计技术规定》(DL/T 5222—2005)附录 D 表 D.11 和表 D.9。

30℃时屋内矩形导体载流量综合校正系数:$K = 0.94$

主变压器回路持续工作电流(1.3 倍过负荷):$I_g = 1.3 \times \dfrac{S}{\sqrt{3}U} = 1.3 \times \dfrac{50}{\sqrt{3} \times 10} = 3.753\text{kA} = 3753\text{A}$

矩形铝母线计算电流:$I'_g = \dfrac{I_g}{k} = \dfrac{3753}{0.94} = 3992.6\text{A}$

查表 D.9 可知,3×(125×10)竖放的载流量为 4194A,可满足要求。

注:选项 D 也可满足要求,但不是最小规格,不满足题意要求。

8.《电力工程电气设计手册》(电气一次部分)P338 式(8-8)。

三相短路电动力:$F = 17.248\dfrac{l}{a}i_{ch}^2\beta \times 10^{-2} = 17.248 \times \dfrac{120}{30} \times (2.55 \times 20)^2 \times 1 \times 10^{-2} = 1794.5\text{N}$

注:β 为振动系数,若题干中未明确,则为了安全,工程计算一般取 $\beta = 0.58$。(P344 第 1 行)

9.《交流电气装置的接地设计规范》(GB/T 50065—2011)第 4.4.5 条。

第 4.4.5 条:气体绝缘金属封闭开关设备区域专用接地网与变电站总接地网的连接线,不应少于 4 根。4 根连接线截面的热稳定校验电流,应按单相接地故障时最大不对称电流有效值的 35% 取值。

则:5×35% = 1.75kA

注:原题考查《交流电气装置的接地》(DL/T 621—1997)第 6.2.14 条,《交流电气装置的接地设计规范》(GB/T 50065—2011)取消了 2 根连接线的方式,只保留了 4 根连接线的规定。

10.《火力发电厂、变电所二次接线设计技术规程》(DL/T 5136—2001)第 16.2.4 条。

第 16.2.4 条:零电位母线应仅在一点用绝缘铜绞线或电缆就近连接至接地干线上。零电位母线与主接地网相连处不得靠近有可能产生较大故障电流和较大电气干扰的场所。

因此,选项 D 错误。

题 11 ~ 15 答案:**BADDA**

11.《火电发电厂厂用电设计技术规定》(DL/T 5153—2014)第 6.3.4 条:当在 380V 动力中心或电动机控制中心内发生短路时,应计及直接接在配电屏上的电动机反馈电流。但由于本题问的是流过 DL2 断路器的短路电流周期分量,电动机的反馈电流应进入短路点后,不再流过 DL2 断路器,因此本题只计算变压器供给的短路电流即可。

《电力工程电气设计手册》(电气一次部分)P151 式(4-60)和式(4-68)。

(1)变压器阻抗:$U_b\% = \dfrac{P_b}{10S_e} = \dfrac{10000}{10 \times 1000} = 1$

$$U_x\% = \sqrt{(U_d\%)^2 - (U_b\%)^2} = \sqrt{4.5^2 - 1^2} = 4.387$$

$$R_b = \frac{P_d U_e^2}{S_e^2} \times 10^3 = \frac{10000 \times 0.4^2}{1000^2} \times 10^3 = 1.6\text{m}\Omega$$

$$X_D = \frac{10 \times U_x\% \times U_e^2}{S_e} \times 10^3 = \frac{10 \times 4.387 \times 0.4^2}{1000} \times 10^3 = 7.02\text{m}\Omega$$

(2)变压器短路电流周期分量的起始有效值:(代入低压侧硬导体阻抗)

$$I''_B = \frac{U}{\sqrt{3} \times \sqrt{R_{\sum}^2 + X_{\sum}^2}} = \frac{400}{\sqrt{3} \times \sqrt{(1.6 + 0.15)^2 + (7.02 + 0.4)^2}} = 30.3\text{kA}$$,即答案 B。

下面关于电动机反馈电流计算如下,可参考(与本题无关):

电动机反馈电流周期分量的起始有效值:$I''_D = 3.7 \times 10^{-3} \cdot I_{e\cdot B} = 3.7 \times 10^{-3} \times \frac{1000}{\sqrt{3} \times 0.4} = 5.34\text{kA}$

注:严格地说,低压电力网短路时,是需要计入高压侧系统阻抗的,但规范要求低压系统短路时,实际认为高压侧电源无穷大,这样可以简化计算,而产生的误差是使三相短路电流偏大,但至多不超过3%,这对用于校验电器的动热稳定性是偏于安全的。且本题6kV 电缆阻抗数据未明确,无法完整计入高压侧阻抗,因此建议忽略高压侧短路阻抗。

为了解答完整起见,高压侧系统阻抗计算如下,可参考:《电力工程电气设计手册》(电力一次部分) P151 式(4-59)。

高压侧系统阻抗:$X_x = \frac{U_p^2}{S_{ed}} \times 10^3 = \frac{0.4^2}{\sqrt{3} \times 6.3 \times 28} \times 10^3 = 0.524\text{m}\Omega$,带入上式计算短路电流为 28.39kA。

12.《电力工程电缆设计规范》(GB 50217—2018)第 3.6.8-5 条和附录 E 式 E.1.1-1。

第 3.7.8-4 条:短路作用时间,应取保护动作时间与断路器开断时间之和。对电动机等直馈线,保护动作时间应取主保护时间;其他情况,宜取后备保护时间。

短路电流持续时间:$t = 300 + 60 = 360\text{ms} = 0.36\text{s}$

电缆短路热稳定校验:$S \geq \frac{\sqrt{Q}}{C} \times 10^3 = \frac{28 \times \sqrt{0.36}}{140} \times 10^3 = 120\text{mm}^2$,因此选取 120mm^2。

注:本题难点在于确定短路电流持续时间,由于此题导体为电缆,因此不建议引用《导体和电器选择设计技术规定》(DL/T 5222—2005)第 5.0.13 条,或《3 ~ 110kV 高压配电装置设计规范》(GB 50060—2008)第 4.1.4 条。

13.《火电发电厂厂用电设计技术规定》(DL/T 5153—2014)附录 N 表 N.1.4-2。

单相短路电流:$I_d^{(1)} = I_{d(100)}^{(1)} \times \frac{100}{L} = 1922 \times \frac{100}{150} = 1281\text{A}$(源自旧规范 DL 5153—2002 附录 P 式 P2)

《电力工程电气设计手册》(电气二次部分)P215 式(23-3)和式(23-4)。

断路器短路保护动作电流：$I_{dz} = K_k I_{qd} = 1 \times 168 \times 6.5 = 1092A$

灵敏度系数：$K_m = \frac{I_d^{(1)}}{I_{dz}} = \frac{1281}{1092} = 1.17 < 2$，不满足要求。

注：未明确断路器类型(DL 或 GL)及可靠系数 K，因此不予考虑，因其为计算单相接地短路灵敏度，式(23-4)的数据需要做相应调整。本题原考查旧规范内容，新规有关公式已删除，需查表解答，但表格中无电缆长度 150m 时的对应数据，因此本题重点掌握解题思路。

14.《火电发电厂厂用电设计技术规定》(DL/T 5153—2014)第 8.5.1 条。

(1)纵联差动保护：2MVA 及以上用电流速断保护灵敏度不符合要求的变压器应装设。(否)

(2)电流速断：用于保护变压器绕组内及引出线上的相间短路保护。(是)

(3)瓦斯保护：800kVA 及以上的油浸变压器均应装设。(是)

(4)过电流保护：保护变压器及相邻元件的相间短路故障。(是)

(5)单相接地短路保护：对于低压侧中性点直接接地的变压器，均装设。(是)

(6)温度保护：装设于干式变压器。(否)

综上所述，选择答案 D。

注：厂用电部分很多内容自成体系，规范要求及公式均比较完整，不建议参考《继电保护和安全自动装置技术规程》(GB/T 14285—2006)。

15.《高压配电装置设计技术规程》(DL/T 5352—2018)第 5.1.4 条，第 5.4.5 条及表 5.4.5。

由表 5.1.4 可知最小距离：$H \geqslant 2500$mm

由第 5.4.5 条可知各最小距离：$M = 600$mm，$N = 800$mm，$L = 600$mm

题 16 ~ 20 答案：**DCBDD**

16.《电力工程直流系统设计技术规程》(DL/T 5044—2014)附录 C 第 C.1.3 条。

对于控制负荷：$U_m \geqslant 0.875U_n = \frac{0.875 \times 110}{52} = 1.85V$

对于动力负荷：$U_m \geqslant \frac{0.875U_n}{n} = \frac{0.875 \times 220}{103} = 1.87V$

17.《电力工程直流系统设计技术规程》(DL/T 5044—2014)第 4.1.1 条、第 4.2.5 条、第 4.2.6 条。

(1)第 4.1.1 条　控制负荷：电气和热工的控制、信号、测量和继电保护、自动装置和监控系统负荷。

(2)根据表 4.2.5，控制负荷中的经常负荷如下：

电气控制、保护电源	15kW
热控控制经常电源	15kW
励磁控制	1kW

变压器风冷控制　　　　　　1kW

(3)根据表4.2.6,负荷系数均取0.6。

(4)110kV 蓄电池组正常负荷电流:

$P_m = 15 \times 0.6 + 15 \times 0.6 + 1 \times 0.6 + 1 \times 0.6 = 19.2\text{kW}$

$I_m = \frac{19.2}{110} = 0.1745\text{kA} = 174.5\text{A}$

18.《电力工程直流系统设计技术规程》(DL/T 5044—2014)第4.1.1条、第4.2.5条、第4.2.6条。

(1)第4.1.1条　动力负荷:各类直流电动机、断路器电磁操动和合闸机构、交流不停电电源装置、DC/DC 变换装置、直流应急照明负荷、热工动力负荷。

(2)根据表4.2.5、表4.2.6,动力负荷中的初期放电负荷及负荷系数如下:

UPS	120kW	0.6
直流长明灯	3.0kW	1
汽机氢侧直流备用泵	2×4kW	0.8
汽机空侧直流备用泵	2×10kW	0.8
汽机直流事故润滑油泵	2×22kW	0.9
热控动力总电源	20kW	0.6

(3)220kV 蓄电池组初期放电电流:

$P_c = (120 + 20) \times 0.6 + (8 + 20) \times 0.8 + 2 \times 22 \times 0.9 + 3 \times 1 = 149\text{kW}$

$I_c = 149/220 = 0.6773\text{kA} = 677.3\text{A}$

注:本题考查动力负荷的内容,在考场上短时间内要将所有动力负荷准确分辨出来,还是有一定难度的。

19.《电力工程直流系统设计技术规程》(DL/T 5044—2014)第4.1.1条、第4.2.5条、第4.2.6条。

(1)第4.1.1条　动力负荷:各类直流电动机、断路器电磁操动和合闸机构、交流不停电电源装置、DC/DC 变换装置、直流应急照明负荷、热工动力负荷。

(2)根据表4.2.5、表4.2.6,动力负荷中的经常负荷及负荷系数如下:

直流长明灯	3.0kW	1
热控动力总电源	20kW	0.6

(3)220kV 蓄电池组经常负荷电流:

$$I_{jc} = \frac{3 \times 1 + 20 \times 0.6}{220} = 0.06818\text{kA} = 68.18\text{A}$$

(4)《电力工程直流系统设计技术规程》(DL/T 5044—2014)附录D第D.2.1条。根据题意,显然充电装置为均衡充电状态,即蓄电池充电时仍对经常负荷供电,则充电装置电流应根据附录D的式D.1.1-5求得:

铅酸蓄电池:$n_1 = \frac{(1.0 \sim 1.25)I_{10}}{I_{me}} + \frac{I_{jc}}{I_{me}} = \frac{(1.0 \sim 1.25) \times \frac{1600}{10}}{25} + \frac{68.18}{25} = 9.12 \sim 10.73$

附加模块数量:$n_2 = 2(n_1 \geqslant 7)$

(5)高频开关电源模块数量：$n=n_1+n_2=(9.13\sim10.73)+2=11.13\sim12.73$，当模块数量不为整数时，可取邻近值，取12个。

20.《电力工程直流系统设计技术规程》(DL/T 5044—2014)附录A第A.3.6条和附录E表E.2-1、E.2-2。

蓄电池出口回路计算电流：$I_{ca1}=I_{d.1h}=5.5I_{10}=5.5\times1600\div10=880A$

$I_{ca2}=I_{cho}=677.3A$

计算电流取其大者：$I_{ca}=I_{ca2}=880A$

按回路允许电压降：$S_{cac}=\dfrac{\rho\cdot2LI_{ca}}{\Delta U_P}=\dfrac{0.0184\times2\times25\times880}{1\%\times220}=368mm^2$

注：I_{cho}为事故初期(1min)冲击放电电流，需参考18小题计算结果。

题21~25答案：**DDDDB**

21.《并联电容器装置设计规范》(GB 50227—2017)第5.2.2条及条文说明。

并联电容器装置投入电网后引起的母线电压升高值：$\Delta U=U_{S0}\dfrac{Q}{S_d}=35\times\dfrac{100}{2000}=1.75kV$

注：条文说明中的公式也需熟悉，命题组认为，这里的公式相对生僻，因此比较喜欢在这里出题。

22.《电力工程电气设计手册》(电气一次部分)P503图9-30和《并联电容器装置设计规范》(GB 50227—2017)第4.1.2条。

参考图c，双星形接线，每个星形有三相，每相有2个串联段，每个串联段并联的数量为n。

第4.1.2条第3款：每个串联段的电容器并联总容量不应超过3900kvar，则各答案的单组容量分别为：

选项A：并联段容量为$500\times7=3500kvar$，符合规范要求，$500\times7\times2\times3\times2=42000kvar$。

选项B：并联段容量为$500\times8=4000kvar$，不符合规范要求。

选项C：并联段容量为$334\times10=3340kvar$，符合规范要求，$334\times10\times2\times3\times2=40080kvar$。

选项D：并联段容量为$334\times11=3674kvar$，符合规范要求，$334\times11\times2\times3\times2=44088kvar$。

因此，答案为选项D。

注：电容器并联总容量不应超过3900kvar是经常考查的知识点，需要有足够的敏感度。

23.《导体和电器选择设计技术规定》(DL/T 5222—2005)附录F第F.7条。

对于采用(5~6)%串联电抗器的电容器装置：$\dfrac{Q_C}{S_d}\geq5\%$

$Q_C\geq5\%S_d=5\%\times2000=100Mvar$

每台变压器设2组电抗器，则$Q_C'=Q_C/2=100\div2=50Mvar$，选大于50Mvar的电抗

器即可。

注：也可参考《并联电容器装置设计规范》(GB 50227—2008)第5.1.2条的条文说明。

24.《并联电容器装置设计规范》(GB 50227—2017)第4.1.2条。

(1)在中性点非直接接地的电网中，星形接线电容器组的中性点不应接地。(选项A错误)

(2)每个串联段的电容器并联总容量不应超过3900kvar。(选项B错误)

(3)由多台电容器串并联组合接线时，宜采用先并联后串联的连接方式。(选项C错误)

注：此题不严谨，严格地说，选项C中规范要求是“宜”，因此也是可采用的，题干若问哪种接线是最合适的则更为恰当。

25.《交流电气装置的接地设计规范》(GB/T 50065—2011)附录A，式(A.0.2)表A.0.2。

均匀土壤中不同形状的水平接地极的接地电阻公式：$R_h = \frac{\rho}{2\pi L}\left(\ln\frac{L^2}{hd}+A\right)$

(1)圆形水平接地极：$L=\pi d=7.85\text{m}$，$A=0.48$。

$$R_h = \frac{\rho}{2\pi L}\left(\ln\frac{L^2}{hd}+A\right) = \frac{100}{2\times3.14\times7.85}\times\left(\ln\frac{7.85^2}{0.8\times0.01}+0.48\right) = 19.1\Omega$$

(2)正方形水平接地极：$L=4d=20\text{m}$，$A=1$。

$$R_h = \frac{\rho}{2\pi L}\left(\ln\frac{L^2}{hd}+A\right) = \frac{100}{2\times3.14\times20}\times\left(\ln\frac{20^2}{0.8\times0.01}+1\right) = 9.41\Omega$$

(3)十字形水平接地极：$L=4d=12\text{m}$，$A=0.89$。

$$R_h = \frac{\rho}{2\pi L}\left(\ln\frac{L^2}{hd}+A\right) = \frac{100}{2\times3.14\times12}\times\left(\ln\frac{12^2}{0.8\times0.01}+0.89\right) = 14.18\Omega$$

(4)星形水平接地极：$L=3d=9\text{m}$，$A=0$。

$$R_h = \frac{\rho}{2\pi L}\left(\ln\frac{L^2}{hd}+A\right) = \frac{100}{2\times3.14\times9}\times\left(\ln\frac{9^2}{0.8\times0.01}+0\right) = 16.31\Omega$$

注：难度不大，但计算量大，会占用大量考试时间的题目，考场上需谨慎抉择。

题26~30答案：**CBDDC**

26.《导体和电器选择设计技术规定》(DL/T 5222—2005)附录F第F.6条。

短路电流在导体和电器中引起的热效应包括周期分量和非周期分量两部分。

周期分量引起的热效应：$Q_z = I''^2 t = 30^2\times2 = 1800\text{kA}^2\text{s}$

非周期分量引起的热效应：$Q_f = I''^2 T = 30^2\times0.1 = 90\text{kA}^2\text{s}$

总热效应：$Q = Q_z + Q_f = 1800+90 = 1890\text{kA}^2\text{s}$

27.《电力工程电气设计手册》(电气一次部分)P80式(3-1)，《导体和电器选择设计技术规定》(DLT 5222—2005)第18.1.4条、第18.1.6条。

(1)单相接地电容总电流：$I_C = \sqrt{3}U_e\omega C\times10^{-3} = \sqrt{3}\times20\times2\pi\times50\times0.45\times10^{-3} = 4.895\text{A}$

(2)第 18.1.6 条：对于采用单元连接的发电机中性点消弧线圈，为了限制电容耦合传递过电压以及频率变动等对发电机中性点位移电压的影响，宜采用欠补偿方式。

$$Q = KI_c \frac{U_N}{\sqrt{3}} = 0.8 \times 4.895 \times \frac{20}{\sqrt{3}} = 45.2\text{kVA}$$

28.《火力发电厂厂用电设计技术规定》(DLT 5153—2002)附录 L“高压厂用电系统短路电流计算”。

设 $S_j = 100\text{MVA}$，$U_j = 6.3\text{kV}$，则 $I_j = 9.16\text{kA}$

厂用变压器电抗标幺值：$X_T = 0.925 \frac{U_d\%}{100} \times \frac{S_j}{S_{eB}} = 0.925 \times \frac{16.5}{100} \times \frac{100}{50} = 0.305$

厂用电源短路电流周期分量起始有效值：$I_B = \frac{I_j}{X_X + X_T} = \frac{9.16}{0 + 0.305} = 30.03\text{kA}$

电动机反馈电流周期分量起始有效值：

$$I_D = K_{qD} \frac{P_{qD}}{\sqrt{3} U_{eD} \eta_D \cos\varphi_D} = 5.5 \times \frac{18 \times 10^3 \times 10^{-3}}{\sqrt{3} \times 6 \times 0.8} = 11.908\text{kA}$$

短路电流周期分量起始有效值：$I'' = I_B + I_D = 30.03 + 11.908 = 41.94\text{kA}$

注：$S_{e.B}$为分裂变压器一次侧容量。

29.《大中型火力发电厂设计规范》(GB 50660—2011)第 16.1.5 条及条文说明。

第 16.1.5 条：容量 125MW 级及以上的发电机与主变压器为单元连接时，主变压器的容量宜按发电机的最大连续容量扣除不能被高压厂用起动/备用变压器替代的高压厂用工作变压器计算负荷后进行选择。

第 16.1.5 条的条文说明：“不能被高压厂用起动/备用变压器替代的高压厂用工作变压器计算负荷”是指以估算厂用电率的原则和方法所确定的厂用电计算负荷。

主变压器容量：$S = 1.08 \frac{P}{\cos\varphi} - 42 = 1.08 \times \frac{300}{0.85} - 42 = 339.2\text{MVA}$

注：也可参考《电力工程电气设计手册》(电气一次部分)P214“单元接线的主变压器”相关内容，但此内容没有规范表述的明确。

30.《电力工程电气设计手册》(电气一次部分)P232 表 6-3。

变压器回路持续工作电流为：$I'_g = 1.05 \times \frac{S}{\sqrt{3} U_N} = 1.05 \times \frac{50}{\sqrt{3} \times 220} = 137.8\text{A}$

依据《导体和电器选择设计技术规定》(DL/T 5222—2005)附录 E。

导体的最小截面：$S = \frac{I_g}{j} = \frac{137.8}{0.4} = 344.5\text{mm}^2$，选择导体 LGJ-300。

注：《导体和电器选择设计技术规定》(DL/T 5222—2005)第 7.1.6 条，当无合适规格导体时，导体截面可按经济电流密度计算截面的相邻下一档选取。

题 31～35 答案：**CBCBB**

31.《电力工程高压送电线路设计手册》(第二版)P16 式(2-1-2)。

相导线几何均距：$d_m = \sqrt[3]{d_{ab} d_{bc} d_{ac}} = \sqrt[3]{5 \times 5 \times 10} = 6.3\text{m}$

导线有效半径：$r_e = 0.81r = 0.81 \times 30 \div 2 = 12.15\text{mm}$

导线的正序电抗：$x_1 = 0.0029f\lg\frac{d_m}{r_e} = 0.0029 \times 50 \times \lg\frac{6.3}{12.15 \times 10^{-3}} = 0.3936\Omega/\text{km}$

32.《电力工程高压送电线路设计手册》(第二版)P24 式(2-1-41)和 P129 式(2-7-39)。

线路波阻抗：$Z_n = \sqrt{\frac{X_1}{B_1}} = \sqrt{\frac{0.4}{3.0 \times 10^{-6}}} = 365.1\Omega$

雷击导线时的耐雷水平：$I_2 = \frac{4U_{50\%}}{Z} = \frac{4 \times 800}{365.1} = 8.764\text{kA}$

注：可对照 2013 年案例分析上午卷第 23 题计算。

33.《交流电气装置的过电压保护和绝缘配合》(DL/T 620—1997) 附录 C。

根据式(C19)，求绕击率(山区线路)：$\lg P_a = \frac{\alpha\sqrt{h_t}}{86} - 3.35 = \frac{10 \times \sqrt{33}}{86} - 3.35 = -2.682$，$P_a = 0.00208$

根据式(C1)，超过雷击杆塔顶部时耐雷水平的雷电流概率：$\lg P_1 = -\frac{I}{88} = -\frac{75}{88} = -0.8523$，$P_1 = 0.14$

超过雷绕击导线时耐雷水平的雷电流概率：$\lg P_2 = -\frac{I}{88} = -\frac{10}{88} = -0.1136$，$P_2 = 0.77$

根据式(C24)、及表 C4，有避雷线路的跳闸率为：

$N = N_L\eta(gP_1 + P_aP_2) = 25 \times 0.8 \times (0.25 \times 0.14 + 0.00208 \times 0.77) = 0.7323$

注：h_t 为杆塔高度，参见式(C16)；N_L 为每 100km 每年的平均雷击次数，参见式(C11)。可参考《电力工程高压送电线路设计手册》(第二版) P121 ~ P125 式(2-7-1)、式(2-7-12)，《交流电气装置的过电压保护和绝缘配合设计规范》(GB/T 50064—2014) 附录 D 有关公式有所变化，但无法参考。

34.《电力工程高压送电线路设计手册》(第二版) P125 式(2-7-11)。

绕击率(平原线路)：$\lg P_a = \frac{\alpha\sqrt{h_t}}{86} - 3.9$

$\lg(0.20\%) = \frac{\alpha \times \sqrt{33}}{86} - 3.9 = -2.7$，则 $\alpha = 17.98°$

注：也可参考《交流电气装置的过电压保护和绝缘配合》(DL/T 620—1997) 附录 C 式(C18)。

35.《电力工程高压送电线路设计手册》(第二版)P134 倒数第 4 行"(二)降低杆塔接地电阻"。

对一般高度的杆塔，降低接地电阻是提高线路耐雷水平，防止反击的有效措施。

注：此知识点曾多次考查，务必掌握。

题 36 ~ 40 答案：**BABDA**

36.《电力工程高压送电线路设计手册》(第二版)P179 表 3-2-3。

覆冰时的风荷载：

$$g_5 = 0.625v^2(d+2\delta)\alpha u_{sc} \times 10^{-3} = 0.625 \times 10^2 \times (26.28 + 2 \times 10) \times 1 \times 1.2 \times 10^{-3} = 3.51\text{N/m}$$

覆冰时的风荷载比载：$\gamma_5 = \dfrac{g_5}{A} = \dfrac{3.51}{425.24} = 8.26 \times 10^{-3}\text{N/(m·mm}^2)$

37.《110kV～750kV 架空输电线路设计规范》(GB 50545—2010)第 5.0.7 条、第 5.0.8 条。

第 5.0.7 条：导、地线在弧垂最低点的设计安全系数不应小于 2.5，悬挂点的设计安全系数不应小于 2.25。

根据第 5.0.8 条，最大悬挂点应力：$T_{d \cdot \max} = \dfrac{T_p}{2.25} = \dfrac{T_{x \cdot \max} \times 2.5}{2.25} = \dfrac{39483 \times 2.5}{2.25} = 43870\text{N}$

注：《电力工程高压送电线路设计手册》(第二版) P184 悬挂点的导线应力为较弧垂最低点应力高 10%，即为破坏应力的 44%，现行规范为 44.44%(1/2.25)，略有不同，在手册与规范冲突时，建议以最新的规范要求为准。

38.《电力工程高压送电线路设计手册》(第二版)P179 表 3-2-3、P183 式(3-3-7)。

电线状态方程：$\sigma_m - \dfrac{\gamma_m^2 l^2 E}{24\sigma_m^2} = \sigma - \dfrac{\gamma^2 l^2 E}{24\sigma^2} - \alpha E(t_m - t)$

相关计算因子：$\sigma_m = 50\text{N/mm}^2$

$$\gamma_m = \gamma = \frac{10 \times 1.349}{425.24} = 0.032\text{N/(m·mm}^2)$$

$$E = 65000\text{N/mm}^2$$

$$t_m = 15°$$

$$t = 40°$$

代入电线状态方程：

$$50 - \frac{0.032^2 \times 500^2 \times 65000}{24 \times 50^2} = \sigma - \frac{0.032^2 \times 500^2 \times 65000}{24\sigma^2} - 20 \times 10^{-6} \times 65000 \times (15 - 40)$$

整理得 $\sigma - \dfrac{650677}{\sigma^2} = -243$，为一元二次方程，解得 $\sigma = 47.4\text{N/mm}^2$。

39.《电力工程高压送电线路设计手册》(第二版)P106 倒数第 4 行。

导线自重比载：$\gamma_1 = \dfrac{10 \times 1.349}{425.24} = 31.72 \times 10^{-3}\text{N/(m·mm}^2)$

导线风荷载比载：$\gamma_4 = 23.80 \times 10^{-3}\text{N/(m · mm}^2)$

导线风偏角：$\eta = \arctan\dfrac{\gamma_4}{\gamma_1} = \arctan\left(\dfrac{23.8}{31.72}\right) = 36.88°$

40.《电力工程高压送电线路设计手册》(第二版)P179 表 3-3-1。

档内线长(平抛物线公式)：

$$L = l + \frac{h^2}{2l} + \frac{\gamma^2 l^3}{24\sigma_0^2} = 600 + \frac{80^2}{2 \times 600} + \frac{(30 \times 10^{-3})^2 \times 600^3}{24 \times 50^2} = 608.57\text{m}$$

2012年

注册电气工程师(发输变电)执业资格考试

专业考试试题及答案

2012 年专业知识试题(上午卷)

一、单项选择题(共 40 题,每题 1 分,每题的备选项中只有 1 个最符合题意)

1. 110kV 有效接地系统的配电装置,当地表面的土壤电阻率为 500Ωm,单相接地短路电流持续时间为 4s,则配电装置允许的接触电压和跨步电压不应超过以下哪项数值? (　　)

(A)230V,324V　　(B)75V,150V

(C)129.5V,262V　　(D)100V,360V

2. 某 220kV 变电所,其 35kV 共有 8 回出线,均采用架空线路(无架空地线),总长度为 140km,架空线路单相接地电容电流为多少?该变电所内是否需装设消弧线圈,如需装,容量为多少? (　　)

(A)8.69A,不许装设消弧线圈

(B)13.23A,需装设消弧线圈,容量为 625kvar

(C)16.12A,不许装设消弧线圈

(D)13.23A,需装设消弧线圈,容量为 361kvar

3. 变电所内,用于 110kV 直接接地系统的母线型无间隙金属氧化物避雷器的持续运行电压和额定电压应不低于下列哪项数值? (　　)

(A)57.6kV,71.8kV　　(B)69.6kV,90.8kV

(C)72.7kV,94.5kV　　(D)63.5kV,82.5kV

4. 有一台 300MVA 机组的无励磁调压低压厂用变压器,容量为 1250kVA,变压器电抗 $U_d = 10\%$,有一台 200kW 的 0.38kV 电动机正常起动。此时 0.38kV 母线已带有负荷 0.65(标幺值),请计算母线电压为下列哪个值?($K_q = 6, \eta_d = 0.95, \cos\varphi_d = 0.8$)(　　)

(A)83%　　(B)86%　　(C)87%　　(D)91%

5. 某电厂系统网络控制室一般照明的照度设计值为 300lx,则应急照明的照度值不宜大于下列哪项值? (　　)

(A)30lx　　(B)60lx　　(C)90lx　　(D)300lx

6. 某一市区电网日供电量为 5568 万 kWh,日最大负荷为 290 万 kW,则该电网日负荷率为: (　　)

(A)95%　　(B)80%　　(C)90%　　(D)60%

7. 当选用正压型电气设备及通风系统时,下列哪项描述是错误的? (　　)

(A)电气设备应与通风设备联锁,运行前先通风,在通风量大于电气设备及其通风管道设备容积5倍时,接通设备主电源

(B)运行中,进入电气设备及其通风系统内的气体不宜还有可燃物质或其他有害物质

(C)对闭路通风的正压型设备及其通风系统应供给清洁气体

(D)电气设备外壳及通风系统的门或盖子应采取联锁装置或其他安全措施

8. 在电力系统中,220kV 高压配电装置出线方向的围墙外侧为居民区时,其静电辐射场强水平(高度1.5m空间场强)不宜大于下列哪项值? (　　)

(A)3kV/m　　(B)5kV/m

(C)10kV/m　　(D)15kV/m

9. 水电厂以下哪一回路在发电机出口可不装设断路器? (　　)

(A)扩大单元回路

(B)三绕组变压器

(C)抽水蓄能电厂采用发电机电压侧同期与换相

(D)双绕组无载调压变压器

10. 某变电所的三相35kV 电容器组采用单星形接线,每相由单台500kvar 电容器并联组合而成,请选择允许的单组最大组合容量是: (　　)

(A)9000kvar　　(B)10500kvar

(C)12000kvar　　(D)13500kvar

11. 在火电厂动力中心(PC)和电动机控制中心(MCC)低压厂用电回路设计中塑壳空气开关的功能是: (　　)

(A)隔离电器　　(B)保护电器

(C)操作电器　　(D)保护和操作电器

12. 在500kV 长距离输电线路通道上,加装串联补偿电容器的作用是: (　　)

(A)提高线路的自然功率

(B)提高系统电压稳定水平

(C)提高系统静态稳定水平

(D)抑制系统的同步谐振

13. 发电厂中机组继电器室内屏带背后开门,背对背布置时,屏背面至屏背面的最小屏间距离为下列哪项数值? (　　)

(A)800mm (B)1000mm
(C)1200mm (D)1400mm

14. 对于25MW的水轮发电机,采用低压起动的过电流作为发电机外部相间短路的后备保护时,其低电压的接线及取值应为下列哪项? ( )

(A)相电压0.6倍 (B)相电压0.7倍
(C)线电压0.6倍 (D)线电压0.7倍

15. 配电装置中,相邻带电导体的额定电压不同时,其间的最小距离应按下列哪些条件确定? ( )

(A)按较高额定电压的 A_2 值确定 (B)按较高额定电压的 D 值确定
(C)按较低额定电压的 A_2 值确定 (D)按较低额定电压的 B_1 值确定

16. 某城市电网需建设一座110kV变电所,110kV配电装置采用GIS设备,2路进线,进线段采用150m电缆(单芯),其余为架空线,约5km,请问以下过电压保护措施错误的是? ( )

(A)在110kV架空线与电缆连接处应装设金属氧化物避雷器
(B)对于末端的电缆金属外皮,应经金属氧化物电缆护层保护器接地
(C)连接电缆段的1km架空线路段应装设避雷线
(D)根据电缆末端至变压器或GIS一次回路的任何电气部分的最大电气距离,进行校验后,在架空线与电缆连接处装设一组避雷器能符合保护要求

17. 单机容量为600MW机组的火力发电厂中,下列哪类负荷需要由事故保安负荷供电? ( )

(A)与消防有关的电动阀门 (B)消防水泵
(C)单元控制室的应急照明 (D)柴油机房的应急照明

18. 电力系统中,220kV三相供电线路的允许偏差为下列哪项? ( )

(A)220kV ±10% (B)220kV ±7%
(C)220kV ±5% (D)220kV -10% ~ +7%

19. 下列哪种报警系统信号为发电厂、变电所信号系统中的事故报警信号? ( )

(A)设备运行异常时发出的报警信号
(B)断路器事故跳闸时发出的报警信号
(C)具有闪光程序的报警信号
(D)以上三种信号都是事故报警信号

20. 某变电所原有2台三相315kVA、Yyn12所用变压器,扩建改造后,变电所的动

力、加热、照明各类负荷均增加25%，为此，宜选用哪种容量和连接级别的变压器？（　　）

(A)2台，315kVA，Yyn12　　(B)2台，315kVA，Dyn11

(C)2台，400kVA，Yyn12　　(D)2台，400kVA，Dyn11

21. 选择电流互感器的规定条件中，下列哪一条是错误的？（　　）

(A)220V电流互感器应考虑暂态影响

(B)电能计量用仪表与一般测量仪表在满足准确级条件下，可共用一个二次绕组

(C)电力变压器中性点电流互感器的一次额定电流应大于变压器允许的不平衡电流

(D)供自耦变压器零序差动保护用的电流互感器，其各侧变比应一致

22. 对于GIS配电装置避雷器的配置，以下哪种表述不正确？（　　）

(A)与架空线连接处应装设避雷器

(B)避雷器宜采用敞开式

(C)GIS母线不需装设避雷器

(D)避雷器的接地端应与GIS管道金属外壳连接

23. 某变电站10kV回路工作电流为1000A，采用单片规格为80×8mm的铝排进行无镀层搭接，请问下列搭接处的电流密度哪一项是经济合理的？（　　）

(A)0.078A/mm^2　　(B)0.147A/mm^2

(C)0.165A/mm^2　　(D)0.226A/mm^2

24. 关于短路电流及其应用，下列表述中哪个是正确的？（　　）

(A)系统的短路电流与系统接线有关，与设备参数无关

(B)系统的短路电流与系统接线无关，与设备参数有关

(C)继电保护整定计算，与最大短路电流有关，与最小短路电流无关

(D)继电保护整定计算，与最大、最小短路电流有关

25. 有关爆炸性气体混合物，下列哪项引燃温度分组不符合规范规定？（　　）

(A)T2：$300 < t \leq 450$　　(B)T3：$180 < t \leq 300$

(C)T5：$100 < t \leq 135$　　(D)T6：$85 < t \leq 100$

26. 火力发电厂升压站监控系统中，测控装置机柜的接地采用绝缘电缆连接等电位母线总接地铜排，接地电缆最小截面为下列哪项数值？（　　）

(A)35mm^2　　(B)25mm^2

(C)16mm^2　　(D)10mm^2

27. 300MW 机组的火力发电厂,每台机组直流系统采用控制和动力负荷合并供电方式,设两组 220V 阀控蓄电池,蓄电池容量为 1800Ah、103 只。每组蓄电池供电的经常负荷为 60A,均衡充电时,蓄电池不与母线相连,在充电设备参数选择计算中,下列哪组数据是不正确的? ( )

(A)充电装置额定电流满足浮充电要求为 61.8A
(B)充电装置额定电流满足初充电要求为 180 ~ 225A
(C)充电装置直流输出电压为 247.2V
(D)充电装置额定电流满足均衡充电要求为 240 ~ 285A

28. 变电所中不同接线的并联补偿电容器组,下列哪种保护配置是错误的? ( )

(A)中性点不接地单星形接线的电容器组,装设中性点电流不平衡保护
(B)中性点接地单星形接线的电容器组,装设中性点电流不平衡保护
(C)中性点不接地双星形接线的电容器组,装设中性点电流不平衡保护
(D)中性点接地双星形接线的电容器组,装设中性点回路电流差不平衡保护

29. 输电线路悬垂串采用 V 形串时,可采用下列哪种方法? ( )

(A)V 形串两肢之间夹角的一半可比最大风偏角小 5° ~ 10°
(B)V 形串两肢之间夹角的一半与最大风偏角相同
(C)V 形串两肢之间夹角的一半可比最大风偏角小 3°
(D)V 形串两肢之间夹角的一半可比最大风偏角小 5°

30. 某架空送电线路中,采用单悬垂线夹 XGU-5A,破坏荷重为 70kN,其最大使用荷载不应超过以下哪个数值? ( )

(A)35kN (B)28kN
(C)25.9kN (D)30kN

31. 在海拔不超过 1000m 的地区,在相应风偏条件下,下面带电部分与杆塔构件(包括拉线、铆钉)的最小间隙中哪个是正确的? ( )

(A)110kV 线路的最小间隙:工频电压 0.25m,操作过电压 0.70m,雷电过电压 1.0m
(B)110kV 线路的最小间隙:工频电压 0.20m,操作过电压 0.70m,雷电过电压 1.0m
(C)110kV 线路的最小间隙:工频电压 0.25m,操作过电压 0.75m,雷电过电压 1.0m
(D)110kV 线路的最小间隙:工频电压 0.25m,操作过电压 0.70m,雷电过电压 1.05m

32. 在一般档距的中央,导线与地线间的距离,应按 $S \geq 0.012L + 1$ 公式校验(L 为档

距,S 为导线与地线间的距离),计算时采用的气象条件为: (　　)

(A)气温 +15℃,无风,无冰
(B)年平均气温:气温 +10℃,无风,无冰
(C)最高气温:气温 +40℃,无风,无冰
(D)最低气温:气温 -20℃,无风,无冰

33. 覆冰区段,与 110kV 线路 LGJ-240/30 导线配合的镀锌绞线最小标称截面小于: (　　)

(A)$35mm^2$　　(B)$50mm^2$
(C)$80mm^2$　　(D)$100mm^2$

34. 关于电缆支架选择,以下哪项是不正确的? (　　)

(A)工作电流大于 1500A 的单芯电缆支架不宜选用钢制
(B)金属制的电缆支架应有防腐处理
(C)电缆支架的强度,应满足电缆及其附件荷重和安装维护的受力要求,有可能短暂上人时,计入 1000N 的附加集中荷载
(D)在户外时,计入可能有覆冰、雪和大风的附加荷载

35. 关于接地装置,以下哪项不正确? (　　)

(A)通过水田的铁塔的接地装置应敷设为环形
(B)中性点非直接接地系统在居民区的无地线钢筋混凝土杆和铁塔应接地
(C)电杆的金属横担与接地引线间应有可靠连接
(D)土壤电路为 300Ω·m,有地线的杆塔工频接地电阻不应大于 20Ω

36. 中性点非直接接地系统在居民区的无地线钢筋混凝土杆和铁塔应接地,其接地电阻不应超过以下哪个数值? (　　)

(A)15Ω　　(B)20Ω
(C)25Ω　　(D)30Ω

37. 架空送电电路每基杆塔都应良好接地,降低接地电阻的主要目的是: (　　)

(A)减小入地电流引起的跨步电压
(B)改善导线绝缘子串上的电压分布(类似于均压环的作用)
(C)提高线路的反击耐雷水平
(D)良好的工作接地,确保带电作业的安全

38. 悬垂型杆塔(不含大跨越悬垂型杆塔)的断线情况,应计算下列哪种荷载组合? (　　)

(A)单回路杆塔,单导线断任意一相导线,地线未断
(B)单回路杆塔,单导线断任意一相导线,断任意一根地线
(C)双回路杆塔,同一档内,单导线断任意一相导线,地线未断
(D)多回路杆塔,同一档内,单导线断任意两相导线

39. 下列哪种说法是正确的? ( )

(A)选择输电线路的路径,应避开重冰区
(B)选择输电线路的路径,应避开不良地质地带
(C)选择输电线路的路径,应避开电台、机场等
(D)选择输电线路的路径,应考虑与电台、机电、弱电线等设施的互相影响

40. 关于导、地线的弧垂在弧垂最低点的设计安全系数,下列哪种说法是不正确的? ( )

(A)导线的设计安全系数不应小于2.5
(B)地线的设计安全系数不应小于2.5
(C)地线的设计安全系数,不应小于导线的设计安全系数
(D)地线的设计安全系数,应大于导线的设计安全系数

二、多项选择题(共30题,每题2分。每题的备选项中有2个或2个以上符合题意。错选、少选、多选均不得分)

41. 下面所列四种情况,其中哪几种情况宜采用内桥接线? ( )

(A)变压器的切换较频繁
(B)线路较长、故障率高
(C)二线路间有穿越功率
(D)变压器故障率较低

42. 变电所中电气设备与工频电压的绝缘配合原则是哪些? ( )

(A)电气设备应符合相应现场污秽度等级下耐受持续运行电压的要求
(B)电气设备应能承受一定幅值的暂时过电压
(C)电气设备与工频过电压的绝缘配合系数取1.15
(D)电气设备应能承受持续运行电压

43. 根据短路电流实用计算法中X_{js}的意义,在基准容量相同的条件下,下列推断哪些是对的? ( )

(A)X_{js}越大,在某一时刻短路电流周期分量的标幺值越小
(B)X_{js}越大,电源的相对容量越大
(C)X_{js}越大,短路点至电源的电气距离越近
(D)X_{js}越大,短路电流周期分量随时间衰减的程度越小

44. 下列哪些区域为非爆炸危险区域？（ ）

(A)没有释放源并不可能有易燃物质侵入的区域
(B)在生产装置区外，露天设置的输送易燃物的架空管道区域
(C)易燃物质可能出现的最高浓度不超过爆炸下限值的10%区域
(D)在生产装置区设置的带有阀门的输送易燃物质的架空管道区域

45. 在选择厂用电系统中性点接地方式时，下列哪些规定是正确的？（ ）

(A)当高压厂用电系统接地电容电流小于或等于7A时，宜采用高电阻接地方式
(B)当高压厂用电系统接地电容电流小于或等于7A时，可采用不接地方式
(C)当高压厂用电系统接地电容电流大于7A时，宜采用低电阻接地方式
(D)低压厂用电系统不应采用三相三线制，中性点经高电阻接地方式

46. 某区域电网中的一座500kV变电所，其220kV母线单相接地短路电流超标，请问采取以下哪些措施可经济、有效地限制单相接地短路电流？（ ）

(A)500kV出线加装并联电抗器
(B)220kV母线分段运行
(C)变压器中性点加装小电抗器
(D)更换高阻抗变压器

47. 在选用电气设备时，下面哪些内容是符合规程规定的？（ ）

(A)选用电器的最高工作电压不应低于所在系统的最高电压
(B)选用导体的长期允许电流不得小于该回路的额定电流
(C)电器的正常使用环境条件规定为：周围空气温度不高于40℃，海拔不超过1000m
(D)确定校验用短路电流应按系统发生最大短路电流的正常运行方式

48. 在电力系统运行中，下列哪几种电压属于设备绝缘的电压？（ ）

(A)工频电压　　(B)跨步电压
(C)操作过电压　　(D)暂时过电压

49. 电力系统中，下面哪几项是属于电压不平衡？（ ）

(A)三相电压在幅值上不同
(B)三相电压相位差不是120°
(C)三相电压幅值不是额定值
(D)三相电压在幅值上不同，同时相位差不是120°

50. 为了限制短路电流，在电力系统可以采取下列哪几项措施？（　　）

(A)提高电力系统的电压等级
(B)减少系统的零序阻抗
(C)增加变压器的接地点
(D)直流输电

51. 某医院以10kV三芯电缆供电，10kV配电室位于二楼，请问可以选用下列哪几种电缆外护层？（　　）

(A)聚氯乙烯　　(B)聚乙烯
(C)乙丙橡皮　　(D)交联聚乙烯

52. 屋外配电装置的导体、套管、绝缘子和金具选择时，其安全系数的取值，下列说法哪些是正确的？（　　）

(A)套管在荷载长期作用时，安全系数不应小于2.5
(B)悬式绝缘子在荷载短时作用时对应于破坏荷载时的安全系统不应小于2.5
(C)软导体在荷载长期作用时的安全系数不应小于4
(D)硬导体对应于屈服点应力在荷载短时作用时的安全系数不应小于1.67

53. 下列电力设备的金属部件，哪几项均应接地？（　　）

(A)SF6全封闭组合电器(GIS)与大电流封闭母线外壳
(B)电气设备传动装置
(C)互感器的二次绕组
(D)标称电压220V及以下的蓄电池室内的支架

54. 在电力系统电能量计量表计接线的描述中，哪几项是正确的？（　　）

(A)电流互感器的二次绕组接线，宜先接常用测量仪表，后接测控装置
(B)电流互感器的二次绕组应采取防止开路的保护措施
(C)用于测量的二次绕组应在测量仪表屏处接地
(D)和电流的两个二次绕组中性点应并接和一点接地，接地点应在和电流处

55. 某变电所有220/110/38.5kV和220/110/11kV主变压器两台，设置了两台所用变压器，分别接至两台主变压器的第三侧，两台所用变压器的高压侧额定电压不取哪几项？（　　）

(A)35kV，10kV
(B)38.5kV，10.5kV
(C)38.5kV，11kV
(D)40.5kV，11kV

56. 在发电厂中与电气专业有关的建(构)筑物,其火灾危险性分类及耐火等级确定了消防设计的设置,下列哪些建(构)筑物,其火灾危险性分类为丁类、耐火等级为二级? ( )

(A)装有油浸式励磁变压器的600MW 水氢机组的主厂房汽机房
(B)封闭式运煤栈桥
(C)主厂房煤仓间
(D)电气继电保护试验室

57. 对水电厂来说,下列哪几种说法是正确的? ( )

(A)水电厂与电力系统连接的输电电压等级,宜采用一级,不应超过两级
(B)蓄能电厂与电力系统连接的输电电压等级应采用一级
(C)水电厂在满足输送水电厂装机容量的前提下,宜在水电厂设置电力系统的枢纽变电站
(D)经论证合理时,可在梯级的中心水电厂设置联合开关站(变电站)

58. 选择低压厂用变压器高压侧回路熔断器时,下列哪些规定是正确的? ( )

(A)熔断器应能承受低压侧电动机和续起动所产生的过电流
(B)变压器突然投入时的励磁渗流不应损伤熔断器
(C)熔断器对变压器低压侧的短路故障进行保护,熔断器的最小开断电流低于预期短路电流
(D)熔断器按能承受变压器的额定电流的条件进行选择

59. 为限制500kV 线路的潜供电流,可采取下列哪些措施? ( )

(A)高压并联电抗器中性点接小电抗 (B)快速单相接地开关
(C)装设良导体架空地线 (D)线路断路器装设合闸电阻

60. 在发电厂的直流系统中,下列哪些负荷为控制负荷? ( )

(A)电气和热工的控制、信号、测量负荷
(B)继电保护负荷
(C)断路器电磁操动的合闸机构负荷
(D)系统远动、通信装置的电源负荷

61. 变电所中,以下哪几条所用电低压系统的短路电流计算原则是正确的? ( )

(A)应按单台所用变压器进行计算
(B)应计及电阻
(C)系统阻抗按低电压侧短路容量确定
(D)馈线回路短路时,应计及馈线电缆的阻抗

62. 在选择火力发电厂和变电站照明灯具时，依据绿色照明理念，T8 直管型荧光灯应配用下列哪些选项的镇流器？（　　）

(A)电子镇流器
(B)恒功率镇流器
(C)传统型电感镇流器
(D)节能型电感镇流器

63. 与横担连接的第一个金具应符合下列哪项要求？（　　）

(A)转动灵活且受力合理
(B)其强度高于串内其他金具
(C)满足受力要求即可
(D)应与绝缘子的受力强度相等

64. 某架空送电线路，地线型号为 GJ-80，选用悬垂线夹时，下列哪些说法是不正确的？（　　）

(A)最大荷载时安全系数大于 2.5
(B)最大荷载时安全系数大于 2.7
(C)线夹握力不应小于地线计算拉断力的 14%
(D)线夹握力不应小于地线计算拉断力的 24%

65. 在海拔高度 1000m 以下地区，带电作业时，带电部分对杆塔与接地部分的校验间隙不应小于以下哪些数值？（　　）

(A)110kV 线路校验间隙 1.00m
(B)220kV 线路校验间隙 1.80m
(C)110kV 线路校验间隙 0.70m
(D)220kV 线路校验间隙 1.90m

66. 送电线路最常用的耐张线夹为下列哪几项？（　　）

(A)螺栓式耐张线夹　　(B)楔形耐张线夹
(C)压缩式耐张线夹　　(D)并沟线夹

67. 架空送电线路的某铁塔位于高土壤电阻率地区，为了降低接地电阻，宜采取下列哪些措施？（　　）

(A)采用接地模块
(B)在接地沟内换填黏土(套黏土)
(C)采用垂直接地体
(D)加大接地体的直径

68. 下列哪些情况下需要计算电线的不平衡张力？ (　　)

(A)设计冰厚较大
(B)电线悬挂点的高差相差悬殊
(C)两侧档距大小不等,且气候变化大
(D)相邻档距大小悬殊

69. 防振锤的特性与下列哪些参数有关？ (　　)

(A)直锤质量、偏心距
(B)防振锤安装距离
(C)防振锤钢线粗细
(D)防振锤安装数量

70. 各类杆塔的正常运行情况,应计算下列哪些荷载组合？ (　　)

(A)基本风速,无冰,未断线(包括最小垂直荷载和最大水平荷载组合)
(B)设计覆冰,相应风速及气温,未断线
(C)电线不均匀覆冰,相应风速,未断线
(D)最低气温,无风,无冰,未断线

2012年专业知识试题答案(上午卷)

1. **答案**:C

依据:《交流电气装置的接地设计规范》(GB 50065—2011) 第4.2.2-1条。

接触电压:$U_t = \frac{174 + 0.17\rho_f}{\sqrt{t}} = \frac{174 + 0.17 \times 500}{\sqrt{4}} = 129.5\text{V}$

跨步电压:$U_s = \frac{174 + 0.7\rho_t}{\sqrt{t}} = \frac{174 + 0.7 \times 500}{\sqrt{4}} = 262\text{V}$

注:新规《交流电气装置的接地设计规范》(GB 50065—2011) 的相关公式中增加了表层衰减系数 C_s,考试中一般会在已知条件中直接或间接给出,2012年及之前年份的题目中的表层衰减系数 C_s 按1计算。

2. **答案**:D

依据:《电力工程电气设计手册》(电气一次部分)P261 式(6-32)、式(6-33),《交流电气装置的过电压保护和绝缘配合设计规范》(GB/T 50064—2014) 第3.1.3条。

架空线路的电容电流:$I_C = 2.7 \times U_e L \times 10^{-3} = 2.7 \times 35 \times 140 \times 10^{-3} = 13.23\text{A}$

根据第3.1.3条规定,35kV系统单相接地故障电容电流大于10A,又需在接地故障条件下运行时,应采用中性点谐振接地方式。(旧称消弧线圈接地)。

消弧线圈补偿容量:$Q = KI_C \frac{U_e}{\sqrt{3}} = 1.35 \times 13.23 \times \frac{35}{\sqrt{3}} = 361\text{kvar}$

注:此题不严谨,实际 I_C 应采用系统(或电网)单相接地电容电流,而不仅是架空线路单相接地电容电流,参考P262表6-46可知系统(或电网)的电容电流数值应为 $(1 + 13\%) \times 13.23 = 15\text{A}$,而补偿容量应为408kvar,但无对应答案。

3. **答案**:C

依据:《交流电气装置的过电压保护和绝缘配合设计规范》(GB/T 50064—2014) 第4.4.3条。

持续运行电压:$\frac{U_m}{\sqrt{3}} = \frac{126}{\sqrt{3}} = 72.7\text{kV}$

额定电压:$0.75U_m = 0.75 \times 126 = 94.5\text{kV}$

注:也可参考《交流电气装置的过电压保护和绝缘配合》(DL/T 620—1997) 表3,最高电压 U_m 可依据《标准电压》(GB/T 156-2007) 第4.4条。

4. **答案**:C

依据:《火电发电厂厂用电设计技术规定》(DL/T 5153—2014)附录H。

变压器电抗标幺值:$X = 1.1\frac{U_d}{100} \times \frac{S_{2T}}{S_T} = 1.1 \times \frac{10}{100} \times \frac{1250}{1250} = 0.11$

起动电动机的起动容量标幺值：$S_q = \dfrac{K_q P_e}{S_{2T}\eta_d \cos\varphi_d} = \dfrac{6 \times 200}{1250 \times 0.95 \times 0.8} = 1.26$

合成负荷标幺值：$S = S_d + S_q = 0.65 + 1.26 = 1.91$

电动机正常起动时的母线电压：$U_m = \dfrac{U_0}{1 + SX} = \dfrac{1.05}{1 + 1.91 \times 0.11} = 0.8677 = 86.77\%$

5. **答案**：C

依据：《发电厂和变电站照明设计技术规定》(DL/T 5390—2014)第6.0.1条、表6.0.1-1。

6. **答案**：B

依据：《电力系统设计手册》P27式(2-8)。

日负荷率：$\gamma = \dfrac{P_v}{P_{max}} = \dfrac{5568}{290 \times 24} = 0.8$

7. **答案**：B

依据：《爆炸危险环境电力装置设计规范》(GB 50058—2014)第5.2.4条。

8. **答案**：B

依据：《高压配电装置设计技术规程》(DL/T 5352—2018)第3.0.11条及条文说明。

注：规范条文针对300kV及以上配电装置，仅可根据条文说明内容合理推测，但结果并不严谨。

9. **答案**：D

依据：《水利发电厂机电设计规范》(DL/T 5186—2004)第5.2.4条。

10. **答案**：B

依据：《并联电容器装置设计规范》(GB 50227—2017)第4.1.2-3条。

每个串联段的电容器并联总容量不应超过3900kvar，3900/500 = 7.8个，取整为7个。

因此，单星形接线的总容量最大为：$Q_{max} = 7 \times 500 \times 3 = 10500\text{kvar}$

注：有关并联电容器组接线类型可参考《电力工程电气设计手册》(电气一次部分)P503图9-30。

11. **答案**：D

依据：《火力发电厂厂用电设计技术规定》(DL/T 5153—2014)第6.5.1条。

12. **答案**：C

依据：《电力工程电气设计手册》(电气一次部分)P542第9-7节“一、串联补偿装置的作用”或《电力系统设计手册》P331倒数第1行中“一般在220kV及以上输电系统中，是起到提高电力系统稳定的作用”。

13. **答案**：B

依据：《火力发电厂、变电站二次接线设计技术规程》(DL/T 5136—2012)附录A注4。

注：继电器室即控制室。

14. **答案**：D

依据：《电力装置的继电保护和自动装置设计规范》(GB/T 50062—2008)第3.0.6-2条。

15. **答案**：B

依据：《高压配电装置设计技术规程》(DL/T 5352—2018)第5.1.6条：配电装置中，相邻带电部分的额定电压不同时，应按较高额定电压确定其最小安全净距。

16. **答案**：C

依据：《交流电气装置的过电压保护和绝缘配合设计规范》(GB/T 50064—2014)，选项A、选项B、选项C依据第5.4.13-5条，选项D依据第5.4.14-1条。

注：也可参考《交流电气装置的过电压保护和绝缘配合》(DL/T 620—1997)，选项A、选项B、选项C依据第7.3.3条，选项D依据第7.4.1条。

17. **答案**：A

依据：《火力发电厂与变电站设计防火规范》(GB 50229—2019)第9.1.1条~9.1.4条。

18. **答案**：C

依据：《电能质量　供电电压偏差》(GB/T 12325—2008)第4.1条。

19. **答案**：B

依据：《火力发电厂、变电站二次接线设计技术规程》(DL/T 5136—2012)第2.0.11条。

20. **答案**：D

依据：《220kV~1000kV变电站站用电设计技术规程》(DL/T 5155—2016)第5.0.3条。

$315\times(1+25\%)=394\text{kVA}$，因此选择容量为400kVA，所有变压器宜采用Dyn11联接组。

注：此题不严谨，由于并未给出各类负荷的比例，因此无法应用公式准确计算。

21. **答案**：A

依据：《导体和电器选择设计技术规定》(DL/T 5222—2005)第15.0.4-2条、第15.0.7条。

22. **答案**：C

依据：《高压配电装置设计技术规程》(DL/T 5352—2018)第2.2.3条。

23. **答案**：C

依据：《导体和电器选择设计技术规定》(DL/T 5222—2005)第7.1.10条及表7.1.10。

$0.78\times[0.31-1.05\times(1000-200)\times10^{-4}]=0.176\text{A/mm}^2$，因此选择$0.165\text{A/mm}^2$。

注：导体无镀层接头接触面的电流密度，不宜超过表7.1.10所列数值。

24. **答案**:D

依据:《电力工程电气设计手册》(电气一次部分)P119"短路电流"部分概念,无对应文字,但我们应该知道,最大短路电流对应脱扣器整定电流,最小短路电流对应灵敏度。

25. **答案**:B

依据:《爆炸危险环境电力装置设计规范》(GB 50058—2014)第3.4.2条。

26. **答案**:C

依据:《火力发电厂、变电站二次接线设计技术规程》(DL/T 5136—2012)第16.3.7条及表16.3.7。

注:本题有争议,建议选择的连接对象为计算机系统地-总接地板。

27. **答案**:D

依据:《电力工程直流系统设计技术规程》(DL/T 5044—2014)附录D中D.1.1和D.1.2。

注:满足均衡充电要求中,当均衡充电的蓄电池不与直流母线连接时,$I_{jc}=0$;另,$I_{10}=1800\div10=180A$。

28. **答案**:A

依据:《继电保护和安全自动装置技术规程》(GB/T 14285—2006)第4.11.4条。

29. **答案**:A

依据:《110kV~750kV架空输电线路设计规范》(GB 50545—2010)第6.0.8条。

30. **答案**:B

依据:《110kV~750kV架空输电线路设计规范》(GB 50545—2010)第6.0.3条。

注:单悬垂线夹为金具的一种。

31. **答案**:A

依据:《110kV~750kV架空输电线路设计规范》(GB 50545—2010)第7.0.9条及表7.0.9-1。

32. **答案**:A

依据:《110kV~750kV架空输电线路设计规范》(GB 50545—2010)第7.0.15条的小注。

33. **答案**:C

依据:《110kV~750kV架空输电线路设计规范》(GB 50545—2010)第5.0.12条及表5.0.12。

34. **答案**:C

依据:《电力工程电缆设计规范》(GB 50217—2018)第6.2.2~第6.2.4条。

35. **答案**:D

依据:《110kV~750kV架空输电线路设计规范》(GB 50545—2010)第7.0.16~第7.0.20条。

36. **答案**:D

依据:《110kV~750kV架空输电线路设计规范》(GB 50545—2010)第7.0.17条。

37. **答案**:C

依据:《电力工程高压送电线路设计手册》(第二版)P134"四、(二)降低杆塔接地电阻"部分内容。

38. **答案**:A

依据:《110kV~750kV架空输电线路设计规范》(GB 50545—2010)第10.1.5-1条。

39. **答案**:D

依据:《110kV~750kV架空输电线路设计规范》(GB 50545—2010)第3.0.3~第3.0.4条。

40. **答案**:D

依据:《110kV~750kV架空输电线路设计规范》(GB 50545—2010)第5.0.7条。

---

41. **答案**:BD

依据:《电力工程电气设计手册》(电气一次部分)P51有关"内桥与外桥接线特点"的内容。

42. **答案**:ABD

依据:《交流电气装置的过电压保护和绝缘配合设计规范》(GB/T 50064—2014)第6.4.1条。

43. **答案**:AD

依据:《导体和电器选择设计技术规定》(DL/T 5222—2005)附录F第F.2.1.4条、第F.2.2条。

注:B答案表述有误,应为X_{js}越大,电源的额定容量越大。

44. **答案**:AC

依据:《爆炸危险环境电力装置设计规范》(GB 50058—2014)第3.2.2条。

注:B答案未明确阀门地带,描述不够严谨,不建议选择。

45. **答案**:ABC

依据:《火电发电厂厂用电设计技术规定》(DL/T 5153—2014)第3.4.1条。

注:原题考查旧规范条文,针对性较强,新规范条文有所变化。

46. **答案**:BC

依据:《电力工程电气设计手册》(电气一次部分)P120"限流措施"部分内容及P144表4-19有关"单相接地短路序网组合"内容。

注:由于题干中要求措施的经济性,因此排除选项D。另《电力系统设计手册》P352相关内容,变压器中性点加装小电抗器可以限制单相短路电流。

47. **答案**:ACD

依据:《导体和电器选择设计技术规定》(DL/T 5222—2005)第5.0.1条~第5.0.4条。

48. **答案**:ACD

依据:《交流电气装置的过电压保护和绝缘配合设计规范》(GB/T 50064—2014)第3.2.1条。

49. **答案**:ABD

依据:《电能质量　三相电压不平衡》(GB/T 15543—2008)第3.1条。

50. **答案**:AD

依据:《电力工程电气设计手册》(电气一次部分)P119"限流措施"部分内容。

51. **答案**:BC

依据:《电力工程电缆设计规范》(GB 50217—2018)第3.4.1-3条。

注:选项D的交联聚乙烯是电缆绝缘层,与题意不符。

52. **答案**:AC

依据:《导体和电器选择设计技术规定》(DL/T 5222—2005)第5.0.15条及小注。

注:表5.0.15中悬式绝缘子的安全系数对应于1h机电试验荷载,而不是破坏荷载,若是破坏荷载,安全系数则分别为5.3和3.3。

53. **答案**:ABC

依据:《交流电气装置的接地》(DL/T 621—1997)第4.1条,《交流电气装置的接地设计规范》(GB/T 50065—2011)第3.2.1条,其中部分条文有调整。

54. **答案**:ABD

依据:《电力装置电测量仪表装置设计规范》(GB/T 50063—2017)第8.1.1条~第8.1.4条。

55. **答案**:AD

依据:《220kV ~ 1000kV 变电站站用电设计技术规程》(DL/T 5155—2016)第5.0.5条、第5.0.6条。

注:高压侧电压除按接入点主变压器的额定电压选择外,还应考虑取值不超过±5%。

56. **答案**:ACD

依据:《火力发电厂与变电站设计防火规范》(GB 50229—2019)第3.0.1条表3.0.1。

57. **答案**:ABD

依据:《水力发电厂机电设计规范》(DL/T 5186—2004)第5.1.2~第5.1.4条。

58. **答案**:ABC

依据:《导体和电器选择设计技术规定》(DL/T 5222—2005)第17.0.10条。

59. **答案**:ABC

依据:《电力系统设计技术规程》(DL/T 5429—2009)第9.2.3条。

60. **答案**:AB

依据:《电力工程直流系统设计技术规程》(DL/T 5044—2014)第4.1.1-1条。

61. **答案**:ABD

依据:《220kV ~1000kV 变电所所用电设计技术规程》(DL/T 5155—2016)第6.1.2条。

62. **答案**:AD

依据:《发电厂和变电站照明设计技术规定》(DL/T 5390—2014)第5.1.9条。

63. **答案**:AB

依据:《110kV ~750kV 架空输电线路设计规范》(GB 50545—2010)第6.0.7条。

64. **答案**:ABD

依据:《110kV ~750kV 架空输电线路设计规范》(GB 50545—2010)第6.0.3-1条及《电力工程高压送电线路设计手册》(第二版)P292表5-2-2。

注:选项A中的"大于"应为"不小于"。

65. **答案**:AB

依据:《110kV ~750kV 架空输电线路设计规范》(GB 50545—2010)第7.0.10条。

66. **答案**:ABC

依据:《电力工程高压送电线路设计手册》(第二版)P293、294。

67. **答案**:AB

依据:未找到对应依据,可参考《电力工程高压送电线路设计手册》(第二版)P149。

注:采用土壤的化学处理、换土、采用伸长接地带(有时辅助以引外接地)等几种措施。

68. **答案**:BCD

依据:《电力工程高压送电线路设计手册》(第二版)P198 第四节及 P203 相关内容。

69. **答案**:AC

依据:《电力工程高压送电线路设计手册》(第二版)P226"三、防振锤类型和特性"第11 行内容。

70. **答案**:ABD

依据:《110kV ~750kV 架空输电线路设计规范》(GB 50545—2010)第 10.1.4 条。

2012年专业知识试题(下午卷)

一、单项选择题(共40题,每题1分,每题的备选项中只有1个最符合题意)

1.下列哪一条不符合爆炸性气体环境电气设备布置及选型要求? ( )

(A)将正常运行时发生火花的电气设备布置在没有爆炸性危险的环境
(B)将正常运行时发生火花的电气设备布置在爆炸性危险小的环境
(C)在满足生产工艺及安全的前提下,应减少防爆电气设备的数量
(D)爆炸性气体环境中的电气设备必须采用携带式

2.在发电厂中,当电缆采用架空敷设时,不需要设置阻火措施的地方是下列哪个部位? ( )

(A)穿越汽机房、锅炉房和集中控制楼的隔墙处
(B)两台机组连接处
(C)厂区围墙处
(D)电缆桥架分支处

3.在变电站或发电厂的设计中,作为载流导体的钢母线适用下列哪种场合? ( )

(A)持续工作电流较大的场合
(B)对铝有严重腐蚀的场合
(C)额定电流小而短路电动力大的场合
(D)大型发电机出线端部

4.220kV架空线路的某跨线档,导体悬挂点高度为25m,弧垂为12m,在此档100m处,发生了雷云对地放电,雷电流幅值为60kA,该线路档上产生的感应过电压最大值为下列哪个数值? ( )

(A)375kV　　(B)255kV
(C)195kV　　(D)180kV

5.发电厂和变电所的35~110kV母线,下列何种母线形式不需要装设专用母线保护? ( )

(A)110kV双母线
(B)需要快速切除母线故障的110kV单母线
(C)变电所66kV双母线
(D)需要快速切除母线故障的重要发电厂的35kV单母线

6. 某变电所选用了 400kVA 35/0.4kV 所用变压器，其低压侧进线回路持续工作电流为下列哪个数值？（　　）

(A)519A　　(B)577A

(C)606A　　(D)638A

7. 当爆炸危险区域内通风空气流量能使可燃物质很快稀释到爆炸下限值的何种比例以下时，方可定为通风良好的环境？（　　）

(A)10%　　(B)15%

(C)20%　　(D)25%

8. 在水电厂 110～220kV 配电装置使用气体绝缘金属封闭开关设备(简称 GIS)时，采用下列哪种接线是错误的？（　　）

(A)桥形接线

(B)双桥形接线

(C)单母线接线

(D)出线回路较多的大型水电厂可采用单母线分段带旁路母线

9. 某 220kV 变电站控制电缆的绝缘水平选用下列哪种是经济合理的？（　　）

(A)110/220kV　　(B)220/340kV

(C)450/750kV　　(D)600/1000kV

10. 在超高压线路的并联电抗器上，装设中性点小电抗器的作用是下列哪项？（　　）

(A)限制合闸过电压

(B)限制操作过电压

(C)限制工频谐振过电压和潜供电流

(D)限制雷电过电压

11. 电力系统中，下列哪种线路的相间短路保护宜采用近后备方式？（　　）

(A)10kV 线路　　(B)35kV 线路

(C)110kV 线路　　(D)220kV 线路

12. 在火电厂化学处理车间的加氯间，宜采用下列哪一选项的灯具？（　　）

(A)荧光灯　　(B)防爆灯

(C)块板灯　　(D)防腐蚀灯

13. 在电力系统中，500kV 高压配电装置非出线方向的围墙外多远处其无线电干扰

水平不宜大于 50dB？（ ）

(A)20m (B)30m (C)40m (D)50m

14. 6kV 厂用电系统中，短路冲击电流与下列哪项因素无关？（ ）

(A)厂用电源的短路冲击电流
(B)电动机的反馈冲击电流
(C)电动机的冲击系数
(D)继电保护整定时间

15. 在 220kV 屋外配电装置中，当 1 母线与 2 母线平行布置时，其两组母线间的安全距离应按下列哪种情况校验？（ ）

(A)应按不同相的带电部分之间距离(A_2 值)校验
(B)应按无遮拦导体至构筑物顶部之间的距离(C 值)校验
(C)应按交叉的不同时停电检修的无遮拦带电部分之间距离(B_1 值)校验
(D)应按平行的不同时停电检修的无遮拦带电部分之间距离(D 值)校验

16. 某一区域 220kV 电网，系统最高运行电压为 242kV，其 220kV 变电所中无间隙金属氧化物避雷器的持续运行电压不应低于下列哪一项？（ ）

(A)242kV (B)220kV
(C)109kV (D)140kV

17. 单机容量为 300MW 的火力发电厂中，每台机组直流系统采用控制和动力负荷合并供电方式，设两台机组均采用 220V 蓄电池，在统计每台机组直流负荷时，下列哪项是不正确的？（ ）

(A)控制负荷，每组应按全部负荷统计
(B)直流电动机按所接蓄电池组运行统计
(C)直流应急照明负荷，每组应按全部负荷的 60% 统计
(D)两组蓄电池的直流系统设有联络线时，每组蓄电池仍按各自所连接的负荷考虑，不因互联而增加负荷容量的统计

18. 某企业电网，系统最大发电机负荷为 2580MW，最大发电机组为 300MW，系统总备用容量和事故备用容量应为下列哪一组数值？（ ）

(A)516MW，258MW (B)516MW，300MW
(C)387MW，258MW (D)387MW，129MW

19. 在电力系统中，R-C 阻容吸收装置用于下列哪种过电压的保护？（ ）

(A)雷电过电压 (B)操作过电压

(C)谐振过电压　　　　　　　　　　(D)工频过电压

20. 在选择主变压器时,下列哪一种选择条件是不正确的?　　　　(　　)

(A)在发电厂中,两种升高电压级之间的联络变压器宜选用自耦变压器
(B)在 220kV 及以上变电所的主变压器宜选用自耦变压器
(C)单机容量在 125MW 及以下,以两种升高电压向用户供电或电力系统连接的主变压器应选用自耦变压器
(D)200MW 及以上机组不宜采用三绕组变压器

21. 对于 220kV 配电装置电压互感器的配置原则,以下哪种说法不正确?　　(　　)

(A)可以采用按母线配置方式
(B)可以采用按回路配置方式
(C)不宜采用按母线配置方式
(D)电压互感器的配置应满足测量、保护、同期和自动装置的要求

22. 在电力系统中,断路器防跳功能的描述中,哪种描述是正确的?　　(　　)

(A)防止断路器三相不一致而导致跳闸
(B)防止断路器由于控制回路原因而多次跳合
(C)防止断路器由于控制回路原因而不能跳合
(D)防止断路器由于控制回路原因而导致误跳闸

23. 电力工程直流系统的绝缘监测中,下列哪项是不需要的?　　(　　)

(A)监测出主导线正极对地的电压值及绝缘电阻值
(B)监测出主导线负极对地的电压值及绝缘电阻值
(C)监测出主导线正、负极之间的电压值及绝缘电阻值
(D)当直流系统绝缘电阻低于规定值时,应能显示有关的参数和发出信号

24. 在发电厂中,主厂房到网络控制楼的每条电缆沟容纳的电缆回路不宜超过 2 台机组电缆时,其机组的单机容量为下列哪一数值?　　(　　)

(A)125MW　　　　　　　　　　(B)200MW
(C)300MW　　　　　　　　　　(D)600MW

25. 变电所中,10kV 支柱绝缘子的选择应进行动稳定校验,当短路冲击电流为 50kA,相间距 30cm,三相母线水平布置,绝缘子受力折算系数简化为 1,绝缘子间距 100cm,此时绝缘子承受的电动力是下列哪个值?　　(　　)

(A)1466.7N　　　　　　　　　　(B)1466.7g
(C)2933.4N　　　　　　　　　　(D)2933.4g

26. 对于配电装置位置的选择，以下哪种规定不正确？（　　）

（A）宜避开冷却塔常年盛行风向的下风侧
（B）布置在自然通风冷却塔冬季盛行风向的下风侧时，配电装置架构边距自然通风冷却塔零米外壁的距离不应小于40m
（C）布置在自然通风冷却塔冬季盛行风向的上风侧时，配电装置架构边距自然通风冷却塔零米外壁的距离不应小于25m
（D）配电装置架构边距机离通风冷却塔零米外壁的距离，在严寒地区不应小于25m

27. 发电厂和变电所中，断路器控制回路电压采用直流110V，断路器跳闸线圈额定电流3A，在额定电压工况下，以下描述错误的是哪一项？（　　）

（A）跳闸中间继电器电流自保持线圈的电压降应不大于5.5V
（B）跳闸中间继电器电流自保持线圈的额定电流为2A
（C）电流起动电压的保持"防跳"继电器的电流起动线圈的不应大于11V
（D）具有电流和电压线圈的中间继电器，其电流和电压线圈采用正极性接线

28. 一座由三台主变压器变电所的所用电负荷包括：直流充电负荷40kW、冷却装置40kW/台、保护室30kW、生活水泵30kW、配电装置加热负荷20kW、照明负荷10kW，该变电所的所用变压器最小需选：（　　）

（A）160kVA　　（B）200kVA
（C）250kVA　　（D）315kVA

29. 500kV输电线路导线采用LGJ-400/50，地线采用镀锌钢绞线，请问覆冰区段地线的最小标称截面应为下列哪项数值？（　　）

（A）$80mm^2$　　（B）$100mm^2$　　（C）$120mm^2$　　（D）$150mm^2$

30. 双联及以上的多联绝缘子应验算断一联后的机械强度，其断联情况下的安全系数不应小于以下哪个数值？（　　）

（A）盘形绝缘子机械强度断联情况下的安全系数不应小于1.5
（B）盘形绝缘子机械强度断联情况下的安全系数不应小于2.0
（C）盘形绝缘子机械强度断联情况下的安全系数不应小于1.8
（D）盘形绝缘子机械强度断联情况下的安全系数不应小于2.7

31. 覆冰区段，与110kV线路LGJ-240/30导线配合的镀锌绞线最小标称截面不小于：（　　）

（A）$35mm^2$　　（B）$50mm^2$
（C）$80mm^2$　　（D）$100mm^2$

32. 关于绝缘子配置，以下哪项是不正确的？ （ ）

（A）高海拔地区悬垂绝缘子片数需要进行海拔修正
（B）相间爬电距离的复合绝缘子串的耐污能力比一般盘形绝缘子强
（C）由于高海拔而增加绝缘子片数时，雷电过电压最小间隙不变
（D）绝缘子片数选择时，一般需要考虑环境污秽变化因素

33. 架空送电线路每基杆塔都应良好接地，降低接地电阻的主要目的是： （ ）

（A）减小入地电流引起的跨步电压
（B）改善导线绝缘子串上的电压分布（类似于均压环的作用）
（C）提高线路的反击耐雷水平
（D）良好的工作接地，确保带电作业的安全

34. 在进行杆塔地震影响的验算中，风速取： （ ）

（A）最大设计风速 （B）1/2 最大设计风速
（C）10m/s （D）0m/s

35. 500kV 全线架设地线的架空输电线，某一杆塔高 100m，按操作过电压及雷电过电压要求的悬垂绝缘子片数应为下列哪项数值？（单片绝缘子高度为 155mm） （ ）

（A）25 片 （B）30 片 （C）31 片 （D）32 片

36. 中性点非直接接地系统，为降低中性点长期运行中的电位，可采用下列哪种方法来平衡不对称电容电流？ （ ）

（A）增加导线分裂数量 （B）紧凑型架空送电线路
（C）中性点小电抗 （D）变换输电线路相序排列

37. 在海拔不超过 1000m 的地区，在相应风偏条件下，220kV 线路带电部分与杆塔构件（包括拉线、脚钉等）的最小间隙哪个是正确的？ （ ）

（A）工频电压 0.50m；操作过电压 1.45m；雷电过电压 1.90m
（B）工频电压 0.55m；操作过电压 1.45m；雷电过电压 1.90m
（C）工频电压 0.55m；操作过电压 1.50m；雷电过电压 1.90m
（D）工频电压 0.55m；操作过电压 1.45m；雷电过电压 1.95m

38. 对于一般线路，铝钢比不小于 4.29 的钢芯铝绞线，平均运行张力为拉断力 22%，不论档距大小，采取哪项措施？ （ ）

（A）不需要 （B）护线条
（C）防振锤 （D）防振锤＋阻尼线

39. 档距为 500 ~ 700m,电线挂点高度为 40m,产生振动的风速是下列何值? ( )

(A)0.5 ~ 10.0m/s (B)0.5 ~ 8.0m/s
(C)0.5 ~ 15.0m/s (D)0.5 ~ 6.0m/s

40. 导线张力与其单位长度质量之比 T/m 可确定导线的微风振动特性,架空线路在 B 类地区(指一般无水面平坦地区)的单导线,当档距不超过 500m 时,在最低气温月的气温条件下,档中安装 2 个防振锤,导线的 T/m 比值在什么范围是安全的? ( )

(A)19500 ~ 20500m^2/s^2 (B)21500 ~ 22500m^2/s^2
(C)16900 ~ 17500m^2/s^2 (D)17500 ~ 19500m^2/s^2

二、多项选择题(共 30 题,每题 2 分。每题的备选项中有 2 个或 2 个以上符合题意。错选、少选、多选均不得分)

41. 单机容量为 600MW 机组的发电厂汽机房内,电缆夹层中火灾自动报警系统可单独选用的火灾探测器类型应为下列哪些项? ( )

(A)吸气式 (B)缆式线型感温
(C)点型感烟 (D)缆式线型感温和点型感烟组合

42. 在电力系统中,为了限制短路电流,在变电站中可以采取下列哪几项措施? ( )

(A)主变压器分列运行 (B)主变压器并列运行
(C)主变压器回路串联电抗器 (D)主变压器回路并联电抗器

43. 某地区 10kV 系统经消弧线圈接地,请问为了检查和监视一次系统单相接地,下列有关电压互感器的选择哪些是正确的? ( )

(A)采用三相五柱式电压互感器
(B)采用三个单相式电压互感器
(C)电压互感器辅助绕组额定电压应为 100V
(D)电压互感器辅助绕组额定电压应为 100/3V

44. 在变电站中,对需要装设过负荷保护的降压变压器,下列哪几种设置是正确的? ( )

(A)两侧电源的三绕组变压器装在两个电源侧
(B)双绕组变压器,装于高压侧
(C)单侧电源的三绕组变压器,当三侧绕组容量相同时,装于电源侧
(D)单侧电源的三绕组变压器,当三侧绕组容量不相同时,装于电源侧和容量较小的绕组侧

45. 一台25MW小型发电机经一台主变压器接到升高电压系统，其6kV高压厂用电源由主变压器低压侧引接，对如何设置备用电源，下面哪几条接线是符合规程规定的？ ( )

(A)可以不设置备用电源
(B)从主变低压侧再引一回路电源作为备用电源
(C)从主变高压侧引一回路电源作为备用电源
(D)从电厂附近引一回可靠电源作为备用电源

46. 依照照明分类原则，火电发电厂、变电站的应急照明包括下列哪些类型？ ( )

(A)障碍照明
(B)备用照明
(C)安全照明
(D)疏散照明

47. 在选择电力变压器分接头和调压方式时，下列哪些规定是正确的？ ( )

(A)分接头设在高压绕组或中压绕组上
(B)分接头在网络电压变化最大的绕组上
(C)分接头应设在三角形连接的绕组上
(D)无励磁分接开关应尽量减少分接头的数量

48. 500kV母线上接地开关设置数量的确定与下列哪些因素有关？ ( )

(A)母线的短路电流
(B)平行母线的长度
(C)不同时停电的两条母线之间的距离
(D)母线载流量

49. 为防止发电机自励磁过电压，可采取下列哪些限制措施？ ( )

(A)设置过电压保护装置
(B)设置高压并联电抗器
(C)使发电机容量大于被投入空载线路的充电功率
(D)设置调相机或静止型动态无功补偿装置

50. 在电力工程的直流系统中，采用分层辐射形供电方式，电缆截面的计算电流选取正确的是下面哪几项？ ( )

(A)蓄电池组与直流柜之间电缆长期允许载流量的计算电流应等于事故停电时间的蓄电池放电率电流
(B)直流电动机回路电缆允许电压降的计算电流为2倍的电动机额定电流
(C)直流电源至直流分电柜之间的允许电压降应不大于标称电压的6.5%

(D)蓄电池组与直流柜之间的电缆允许电压降宜取直流电源系统标称电压的0.5% ~1%

51. 下列哪一条不符合生产车间的照明标准值要求? ( )

(A)集中控制室在0.75m水平面的照度为520lx
(B)汽机房运转层的照度为150lx
(C)蓄电池室地面的照度为110lx
(D)高压厂用配电装置室地面的照度为180lx

52. 下列哪些规定符合爆炸气体环境1区内电缆配线的技术要求? ( )

(A)铜芯电力电缆在沟内敷设时的最小截面2.5mm^2
(B)铜芯电力电缆明敷时的最小截面2.5mm^2
(C)铜芯控制电缆在沟内敷设时的最小截面1.5mm^2
(D)铜芯照明电缆在沟内敷设时的最小截面2.5mm^2

53. 变电所中,可以作为并联电容器组泄能设备的是下列哪几种? ( )

(A)电容式电压互感器
(B)电磁式电压互感器
(C)放电器件
(D)电流互感器

54. 以下对火力发电厂和变电所电气控制方式描述正确的是哪几项? ( )

(A)发电厂交流不停电电源宜采用就地控制方式
(B)110kV无人值班变电所不设置主控制室
(C)一个100MW的发电厂采用主控制室的控制方式,在主控制室内控制的设备有发电机变压器组、110kV线路、全厂共用的消防水泵等
(D)发电机变压器组采用一个半断路器接线接入500kV配电装置时,发电机出口断路器与发电机变压器组相关的两台500kV断路器都应在机组DCS中控制

55. 某变电所的所用配电屏成排布置,成排长度为下列哪几种时,屏后通道需设2个出口? ( )

(A)5m (B)6m
(C)8m (D)10m

56. 下列关于应急照明的规定哪些是不正确的? ( )

(A)应急照明可采用荧光灯、发光二极管、无极荧光灯
(B)机组控制室的应急照明照度,按正常照明照度值的30%选取

(C)主要通道上疏散照明的照度值不应小于 5lx

(D)直流应急照明的照度按正常照度值的 15% 选取

57. 对水电厂 110 ~ 220kV 配电装置来说，敞开式配电装置进出线回路数不大于 5 回时，可以采用下列哪些接线方式？ (　　)

(A)桥形接线 (B)角形接线

(C)单母线接线 (D)双母线接线

58. 变电所中，一台额定电流 630A 的 10kV 真空断路器，可用于下列哪几种 10kV 三相电容器组？ (　　)

(A)10000kvar (B)8000kvar

(C)5000kvar (D)3000kvar

59. 当水电站接地电阻难以满足运行要求时，因地制宜采用下列哪几条措施是正确的？ (　　)

(A)水下接地 (B)引外接地

(C)深井接地 (D)将钢接地极更换为铜质接地极

60. 在电力系统中，下列哪些叙述符合电缆敷设要求？ (　　)

(A)电力电缆采用直埋方式，在地下煤气管道正上方 1m 处

(B)在电缆沟内，电力电缆与热力管道的最小平行距离为 1m

(C)33kV 电缆采用水平敷设时，在直线段每隔不少于 100m 处宜有固定措施

(D)电缆支架除支持工作电缆大于 1500A 的交流系统单芯电缆外，宜选用钢制

61. 选择和校验高压熔断器串真空接触器时，下列哪些规定是正确的？ (　　)

(A)高压限流熔断器不宜并联使用，也不宜降压使用

(B)高压熔断器的额定开断电流，应大于回路中最大预期短路电流冲击值

(C)在变压器架空线路组回路中，不宜采用高压熔断器串真空接触器作为保护和操作设备

(D)真空接触器应能承受和关合限流熔断器的切断电流

62. 某沿海电厂规划安装 4 × 300MW 供热机组，以 220kV 电压等级接入电网，选择该厂送出线路需要考虑的因素为： (　　)

(A)按经济电流密度选择导线截面的输送容量

(B)按电压损失校验导线截面

(C)当一回线路故障或检修停运时，其他线路不应超过导线按容许发热条件的

持续输送容量

(D)当一回送出线路发生三相短路不重合闸时，电网应保持稳定

63. 关于金具强度的安全系数，下列哪些说法是正确的？ (   )

(A)在断线时，金具强度的安全系数不应小于1.5

(B)在断线时，金具强度的安全系数不应小于1.8

(C)在断联时，金具强度的安全系数不应小于1.5

(D)在断联时，金具强度的安全系数不应小于1.8

64. 对于同塔双回路或多回路，杆塔上地线对边导线的保护角，应符合下列哪些要求？ (   )

(A)220kV 及以上线路的保护角不宜大于0°

(B)110kV 线路的保护角不宜大于10°

(C)220kV 及以上线路的保护角均不宜大于5°

(D)110kV 线路的保护角不宜大于15°

65. 关于杆塔接地体的引出线，以下哪些要求不正确？ (   )

(A)接地体引出线的截面不应小于$50mm^2$，并应进行热稳定验算

(B)接地体引出线表面应进行有效的防腐处理

(C)接地体引出线的截面不应小于$25mm^2$，并应进行热稳定验算

(D)接地体引出线的表面可不进行有效的防腐处理

66. 架空送电线路接地装置接地体的截面和形状对接地电阻的影响，哪些是不正确的？ (   )

(A)当采用小于$\phi 12$圆钢时，以降低集肤效应的影响

(B)当采用扁钢时，雷电流沿4棱线溢出，电阻大

(C)接地钢材的截面形状对接地电阻的影响不大

(D)接地体圆钢采用镀锌是为进一步降低接地电阻

67. 悬垂型杆塔的安装情况，需考虑下列哪些荷载组合？ (   )

(A)有一根地线进行挂线作业，另一根地线尚未架设或已经架设，部分导线已经架设

(B)提升导线、地线及其附件时的作用荷载

(C)导线及地线锚线作业时的作用荷载

(D)有一根地线进行挂线作业，另一根地线尚未架设或已经架设，全部导线已经架设

68. 对于中冰区单回路悬垂型杆塔，断线情况按断线、-5℃、有冰、无风荷载计算，断线荷载组合中，下列哪些说法是正确的？ (   )

(A)中冰区单导线断任意一相导线(分裂导线任意一相导线有纵向不平衡张力),地线未断

(B)中冰区同一档内,单导线断任意两相导线(分裂导线任意两相导线有纵向不平衡张力),地线未断

(C)断任意一根地线,导线未断

(D)同一档内,断任意一根地线,单导线断任意一相导线(分裂导线任意一相导线有纵向不平衡张力)

69. 对于超高压交流输电线路的路径选择,下列哪些说法是正确的? ( )

(A)宜避开重冰区、易舞动区及影响安全运行的其他地区

(B)应避开重冰区、易舞动区及影响安全运行的其他地区

(C)宜避开如电台、机场、弱电线路等邻近设施

(D)应考虑与电台、机场、弱电线路等邻近设施的相互影响

70. 设计一条采用3分裂导线的架空线路,对于耐张段长度,下列哪些说法是不正确的? ( )

(A)轻冰区采用分裂导线的线路不宜大于20km

(B)轻冰区采用单导线的线路不宜大于10km

(C)当耐张段长度较长时,应采取防串倒措施

(D)如导线制造长度较长时,耐张段长度可适当延长

2012年专业知识试题答案(下午卷)

1. **答案:**D

依据:《爆炸危险环境电力装置设计规范》(GB 50058—2014)第5.1.1条。

2. **答案:**C

依据:《火力发电厂与变电站设计防火规范》(GB 50229—2019)第6.8.3条。

3. **答案:**C

依据:《导体和电器选择设计技术规定》(DL/T 5222—2005)第7.1.3条。

4. **答案:**B

依据:《电力工程高压送电线路设计手册》(第二版)P125式(2-7-9)、式(2-7-13)。

注:也可参考《交流电气装置的过电压保护和绝缘配合》(DL/T 620—1997)第5.1.2条。

5. **答案:**C

依据:《继电保护和安全自动装置技术规程》(GB/T 14285—2006)第4.8.2条。

6. **答案:**C

依据:《220kV~1000kV变电站站用电设计技术规程》(DL/T 5155—2016)附录D式(D.0.1)。

7. **答案:**D

依据:《爆炸危险环境电力装置设计规范》(GB 50058—2014)第3.2.4条。

8. **答案:**D

依据:《水力发电厂机电设计规范》(DL/T 5186—2004)第5.2.5-2-2)条。

9. **答案:**C

依据:《电力工程电缆设计规范》(GB 50217—2018)第3.7.2条。

注:也可参考《火力发电厂、变电站二次接线设计技术规程》(DL/T 5136—2012)第7.5.14条。

10. **答案:**C

依据:《导体和电器选择设计技术规定》(DL/T 5222—2005)第14.4.1条。

11. **答案:**D

依据:《继电保护和安全自动装置技术规程》(GB/T 14285—2006)第4.4.1.2条、第4.5.1.1条、第4.6.1.3条、第4.6.2.2条。

12. **答案**:D

依据:《发电厂和变电站照明设计技术规定》(DL/T 5390—2014)第5.1.1-2条。

13. **答案**:A

依据:《高压配电装置设计技术规程》(DL/T 5352—2018)第3.0.10条。

注:考查原旧规范条文。

14. **答案**:D

依据:《火电发电厂厂用电设计技术规定》(DL/T 5153—2014)附录L式L.0.1-9～L.0.1-10。

15. **答案**:D

依据:《高压配电装置设计技术规程》(DL/T 5352—2018)第5.1.2条。

16. **答案**:D

依据:《交流电气装置的过电压保护和绝缘配合设计规范》(GB/T 50064—2014)第4.4.3条。

注:也可参考《交流电气装置的过电压保护和绝缘配合》(DL/T 620—1997)第5.3.4条及表3。

17. **答案**:B

依据:《电力工程直流系统设计技术规程》(DL/T 5044—2014)第4.2.1条。

18. **答案**:B

依据:《电力系统设计技术规程》(DL/T 5429—2009)第5.2.3条。

系统总备用负荷:$(15\% \sim 20\%) \times 2580 = 387 \sim 516$MW

事故备用:$(8\% \sim 10\%) \times 2580 = 206.4 \sim 258\text{MW} < 300\text{MW}$(最大发电机组),取300MW。

19. **答案**:B

依据:《电力工程电气设计手册》(电气一次部分)P868"五-2-(4)"。

20. **答案**:C

依据:《电力工程电气设计手册》(电气一次部分)P216、217有关"自耦变压器"的内容。

注:也可参考《导体和电器选择设计技术规定》(DL/T 5222—2005)第8.0.15条。

21. **答案**:C

依据:《高压配电装置设计技术规程》(DL/T 5352—2018)第2.1.11条及条文说明。

22. **答案**:B

依据:《电力工程电气设计手册》(电气二次部分)P19"(6)断路器防跳回路",P96"六、防跳继电器"。

注:防跳回路存在于断路器合闸回路中,通过防跳继电器实现,保证断路器在开断故障后最多重合一次。(有多次重合要求的超高压线路在规定范围内)

23. **答案**:C

依据:《电力工程电气设计手册》(电气二次部分)P326“(4)自检”及“三、绝缘监察装置”第8行。

24. **答案**:A

依据:《大中型火力发电厂设计规范》(GB 50660—2011)第16.9.6-1条。

25. **答案**:A

依据:《电力工程电气设计手册》(电气一次部分)P255、256式(6-27)、表6-40和表6-41。

$$P = 0.176 \times \frac{i_{ch}^2 l_p}{a} \times K_f = 0.176 \times \frac{50^2 \times 100}{30} \times 1 = 1466.7\text{N}$$

注:l_p 与 a 的单位必须一致。

26. **答案**:D

依据:《高压配电装置设计技术规程》(DL/T 5352—2018)第3.0.2条及条文说明。

27. **答案**:B

依据:《火力发电厂、变电站二次接线设计技术规程》(DL/T 5136—2012)第7.1.4条、第7.1.5条。

28. **答案**:C

依据:《220kV~1000kV变电站站用电设计技术规程》(DL/T 5155—2016)第4.1.2条及附录A。

$$S \geqslant K_1 P_1 + P_2 + P_3 = 0.85 \times (40 + 3 \times 40 + 30 + 30) + 30 + 20 = 250\text{kVA}$$

注:冷却装置为每台变压器的容量,应乘以3。

29. **答案**:B

依据:《110kV~750kV架空输电线路设计规范》(GB 50545—2010)第5.0.12条小注。

30. **答案**:A

依据:《110kV~750kV架空输电线路设计规范》(GB 50545—2010)第6.0.1条。

31. **答案**:C

依据:《110kV~750kV架空输电线路设计规范》(GB 50545—2010)第5.0.12条及表5.0.12。

32. **答案**:C

依据:《110kV~750kV架空输电线路设计规范》(GB 50545—2010)第7.0.9条的注3。

33. **答案**:C

依据:《电力工程高压送电线路设计手册》(第二版)P134“四、(二)降低杆塔接地电阻”部分内容。

34. **答案**:B

依据:《电力工程高压送电线路设计手册》(第二版)P330～331 表 6-2-9。

35. **答案**:C

依据:《110kV～750kV 架空输电线路设计规范》(GB 50545—2010)第 7.0.2 条、第 7.0.3 条。

$$n = 25 + \frac{(100-40)}{10} \times \frac{146}{155} = 30.65,取 31 片。$$

36. **答案**:D

依据:《110kV～750kV 架空输电线路设计规范》(GB 50545—2010)第 8.0.4-2 条。

37. **答案**:B

依据:《110kV～750kV 架空输电线路设计规范》(GB 50545—2010)第 7.0.9 条及表 7.0.9-1。

38. **答案**:B

依据:《110kV～750kV 架空输电线路设计规范》(GB 50545—2010)第 5.0.13 条。

39. **答案**:D

依据:《电力工程高压送电线路设计手册》(第二版)P222 表 3-6-3。

40. **答案**:B

依据:《电力工程高压送电线路设计手册》(第二版)P226。

---

41. **答案**:AD

依据:《火力发电厂与变电站设计防火规范》(GB 50229—2019)第 7.1.8 条。

42. **答案**:AC

依据:《电力工程电气设计手册》(电气一次部分)P120。

43. **答案**:ABD

依据:《导体和电器选择设计技术规定》(DL/T 5222—2005)第 16.0.4 条、第 16.0.7 条。

44. **答案**:BCD

依据:《电力工程电气设计手册》(电气二次部分)P616“八、变压器过负荷保护之2”。

45. **答案**:BD

依据:《小型火力发电厂设计规范》(GB 50049—2011)第 17.3.6 条。

注:25MW 的火力发电机不在规范 DL/T 5153—2014 的适用范围内。

46. **答案**:BD

依据:《发电厂和变电站照明设计技术规定》(DL/T 5390—2014)第 3.2.1-2 条。

47. **答案**:ABD

依据:《导体和电器选择设计技术规定》(DL/T 5222—2005)第 8.0.12 条。

48. **答案**:BC

依据:《高压配电装置设计技术规程》(DL/T 5352—2006)第 5.1.8 条。

49. **答案**:ABC

依据:《交流电气装置的过电压保护和绝缘配合设计规范》(GB/T 50064—2014)第 4.1.6 条。

50. **答案**:BD

依据:《电力工程直流系统设计技术规程》(DL/T 5044—2014)第 6.3.3 条、第 6.3.7条。

51. **答案**:BD

依据:《发电厂和变电站照明设计技术规定》(DL/T 5390—2014)第 6.0.1 条。

注:《发电厂和变电站照明设计技术规定》(DL/T 5390—2014)对照度的要求与《建筑照明设计标准》(GB 50034—2013)不同,无"设计照度与照度标准值的偏差不应超过 ±10%"的规定。

52. **答案**:ABD

依据:《爆炸危险环境电力装置设计规范》(GB 50058—2014)第 5.4.1-4 条。

53. **答案**:BC

依据:《电力工程电气设计手册》(电气一次部分)P250"二、型式选择"之 5 及《并联电容器装置设计规范》(GB 50227—2017)第 5.6 条。

54. **答案**:ABC

依据:《火力发电厂、变电站二次接线设计技术规程》(DL/T 5136—2012)第 3.2.5-5 条、第 3.3.1 条、第 3.2.4 条、第 3.2.7-3 条。

注:原题考查旧规范《火力发电厂、变电所二次接线设计技术规程》(DL/T 5136—2001),新规范中部分内容有修改。

55. **答案**:CD

依据:《220kV ~ 1000kV 变电站站用电设计技术规程》(DL/T 5155—2016)第7.3.4条。

56. **答案**：CD

依据：《发电厂和变电站照明设计技术规定》(DL/T 5390—2014)第4.0.4条及条文说明、第6.0.4条。

57. **答案**：ABC

依据：《水力发电厂机电设计规范》(DL/T 5186—2004)第5.2.5-2条-1)款。

58. **答案**：BCD

依据：《电力工程电气设计手册》(电力一次部分) P505"断路器额定电流不应小于装置长期允许电流的1.35倍"。

$$I_n = 1.35\frac{Q}{\sqrt{3}U_e} \Rightarrow Q = \frac{\sqrt{3}}{1.35} \times I_n \times U_e = 1.28 \times 630 \times 10 = 8082\text{kVar}$$

59. **答案**：ABC

依据：《水力发电厂机电设计规范》(DL/T 5186—2004)第5.7.7条。

60. **答案**：CD

依据：《电力工程电缆设计规范》(GB 50217—2018)第5.3.5条、第6.1.3-1条、第6.2.2条。

61. **答案**：ACD

依据：《火电发电厂厂用电设计技术规定》(DL/T 5153—2014)第6.2.4条。

62. **答案**：AC

依据：《电力系统设计技术规程》(DL/T 5429—2009)第6.3.3条、第6.5.5-1条或《电力系统设计手册》P179相关内容。

63. **答案**：AC

依据：《110kV～750kV架空输电线路设计规范》(GB 50545—2010)第6.0.3条。

64. **答案**：AB

依据：《110kV～750kV架空输电线路设计规范》(GB 50545—2010)第7.0.14-2条。

65. **答案**：CD

依据：《110kV～750kV架空输电线路设计规范》(GB 50545—2010)第7.0.19条。

66. **答案**：AD

依据：《电力工程高压送电线路设计手册》(第二版)P137相关内容。

67. **答案**：BC

依据：《110kV～750kV架空输电线路设计规范》(GB 50545—2010)第10.1.13条。

68. **答案**：AC

依据：《110kV～750kV架空输电线路设计规范》(GB 50545—2010)第10.1.5条。

69. **答案**:AD

依据:《110kV～750kV 架空输电线路设计规范》(GB 50545—2010)第 3.0.3 条、第3.0.4 条。

70. **答案**:ABD

依据:《110kV～750kV 架空输电线路设计规范》(GB 50545—2010)第 3.0.7 条。

2012年案例分析试题(上午卷)

[案例题是4选1的方式,各小题前后之间没有联系,共25道小题,每题分值为2分,上午卷50分,下午卷50分,试卷满分100分。案例题一定要有分析(步骤和过程)、计算(要列出相应的公式)、依据(主要是规程、规范、手册),如果是论述题要列出论点]

题1~5:某一般性质的220kV变电站,电压等级为220/110/10kV,两台相同的主变压器,容量为240/240/120MVA,短路阻抗 $U_{k1-2}=14\%$,$U_{k1-3}=25\%$,$U_{k2-3}=8\%$,两台主变压器同时运行时的负载率为65%。220kV架空线进线2回,110kV架空负荷出线8回,10kV电缆负荷出线12回,设两段母线,每段母线出线6回,每回电缆平均长度为6km,电容电流为1A/km,220kV母线穿越功率为200MVA,220kV母线短路容量为16000MVA,主变压器10kV出口设置XKK-10-2000-10的限流电抗器一台。请回答下列各题。(XK表示限流电抗器,K表示空芯,额定电压表示10kV,额定电流表示2000A,电抗率10%)

1. 该变电站采用下列哪组主接线方式是经济合理且运行可靠的? (　　)

(A)220kV内桥,110kV双母线,10kV单母线分段
(B)220kV单母线分段,110kV双母线,10kV单母线分段
(C)220kV外桥,110kV单母线分段,10kV单母线分段
(D)220kV双母线,110kV双母线,10kV单母线分段

解答过程:

2. 请问计算该变电所最大运行方式时,220kV进线的额定电流为下列哪项数值? (　　)

(A)1785A　　(B)1344A
(C)891A　　(D)630A

解答过程:

3. 假设该变电所 220kV 母线正常为合环运行，110kV、10kV 母线为分列运行，则 10kV 母线的短路电流应是下列哪项数值？（计算过程小数点后保留三位，最终结果小数点后保留一位）（ ）

(A)52.8kA (B)49.8kA

(C)15.0kA (D)14.8kA

解答过程：

4. 从系统供电经济合理性考虑，该变电站一台主变 10kV 侧最少应带下列哪项负荷值时，该变压器选型是合理的？（ ）

(A)120MVA (B)72MVA (C)36MVA (D)18MVA

解答过程：

5. 该变电站每台主变各配置一台过补偿 10kV 消弧线圈，其计算容量应为下列哪个数值？（ ）

(A)1122kVA (B)972kVA (C)561kVA (D)416kVA

解答过程：

题 6~9：某区域电网中运行一座 500kV 变电所，根据负荷发展情况需要扩建，该变电所现有、本期及远景建设规划见表。

变电所现有、本期及远景建设规模

负荷情况 \ 变电所规模	现有规模	远景建设规模	本期建设规模
主变压器	1×750MVA	4×1000MVA	2×1000MVA
500kV 出线	2 回	8 回	4 回
220kV 出线	6 回	16 回	14 回
500kV 配电装置	3/2 断路器接线	3/2 断路器接线	3/2 断路器接线
220kV 配电装置	双母线接线	双母线分段接线	双母线分段接线

6.500kV 线路均采用 4 × LGJ-400 导线，本期 4 回线路总长度为 303km，为限制工频过电压，其中一回线路上装有 120Mvar 并联电抗器；远景 8 回线路总长度为 500km，线路充电功率按 1.18Mvar/km 计算。请问远景及本期工程中，该变电所 35kV 侧配置的无功补偿低压电抗器容量应为下列哪组数值？ (　　)

(A)590Mvar，240Mvar　　(B)295Mvar，179Mvar

(C)175Mvar，59Mvar　　(D)116Mvar，23Mvar

解答过程：

7. 该变电所现有 750MVA 主变压器阻抗电压百分比为 $U_{k1-2}\% = 14\%$，本期扩建的 2 × 1000MVA 主变压器阻抗电压百分比采用 $U_{k1-2}\% = 16\%$，若三台主变压器并列运行，它们的负载分布为下列哪种情况？请计算并说明。 (　　)

(A)三台主变压器负荷均匀分布

(B)1000kVA 主变压器容量不能充分发挥作用，仅相当于 642MVA

(C)三台主变压器按容量大小分布负荷

(D)1000kVA 主变压器容量不能充分发挥作用，仅相当于 875MVA

解答过程：

8. 请计算本期扩建的 2 台 1000MVA 主变压器满载时，最大无功损耗为下列哪项数值？（不考虑变压器空载电流） (　　)

(A)105MVA　　(B)160MVA

(C)265MVA　　(D)320MVA

解答过程：

9. 该变电所 220kV 为户外配电装置，采用软导线（JLHA2 型钢芯铝合金绞线），若远景 220kV 母线最大穿越功率为 1200MVA，在环境 35℃、海拔高度低于 1000m 条件下，根据计算选择一下哪种导线经济合理？ (　　)

(A) $2\times900mm^2$　　(B) $4\times500mm^2$

(C) $4\times400mm^2$　　(D) $4\times630mm^2$

解答过程：

题 10～14：某发电厂装有两台 300MW 机组，经主变升压至 220kV 接入系统。220kV 屋外配电装置母线采用支持式管形母线，为双母线接线分相中型布置，母线采用 φ120/110 铝锰合金管，母联间隔跨线采用架空软导线。

10. 母联间隔有一跨线跳线，请计算跳线的最大摇摆弧垂的推荐值是下列哪一项？（导线悬挂点至梁底 b 为 20cm，最大风偏时，耐张夹至绝缘子串悬挂点的垂直距离 f 为 65cm，最大风偏时的跳线与垂直线之间夹角为 45°，跳线在无风时的垂直弧垂 F 为 180cm，见图。）　　(　　)

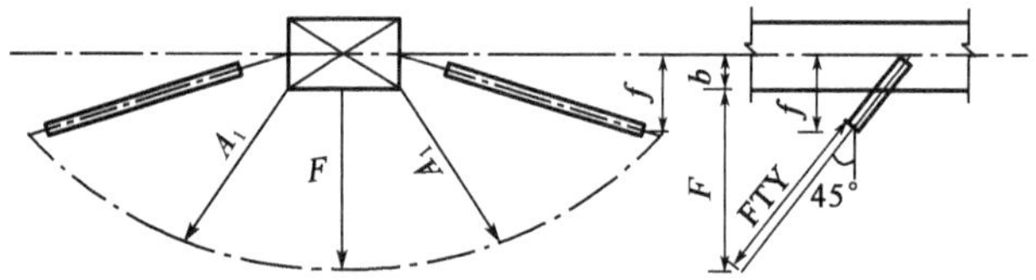

(A) 135cm　　(B) 148.5cm

(C) 190.9cm　　(D) 210cm

解答过程：

11. 母线选用管形母线支持结构，相间距离 3m，母线支持绝缘子间距 14m，支持金具长 1m（一侧），母线三相短路电流 36kA，冲击短路电流 90kA，二相短路电流冲击值 78kA，请计算短路时对母线产生的最大电动力是下列哪项？　　(　　)

(A) 269.1kg　　(B) 248.4kg

(C) 330.7kg　　(D) 358.3kg

解答过程：

12. 配电装置的直击雷保护采用独立避雷针，避雷针高 35m，被保护物高度 15m，当其中两支避雷针的联合保护范围的宽度为 30m 时，请计算这两支避雷针之间允许的最小距离和单支避雷针对被保护物的保护半径是下列哪组数值？（　　）

(A) $r = 20.9\text{m}, D = 60.95\text{m}$　　(B) $r = 20.9\text{m}, D = 72\text{m}$

(C) $r = 22.5\text{m}, D = 60.95\text{m}$　　(D) $r = 22.5\text{m}, D = 72\text{m}$

解答过程：

13. 母线支持绝缘子间距 14m，支持金具长 1m（一侧），母线自重 4.96kg/m，母线上的隔离开关静触头重 15kg，请计算母线挠度是哪项值？（$E = 7.1 \times 10^5 \text{kg/cm}^2$，$J = 299\text{cm}^4$）（　　）

(A) 2.75cm　　(B) 3.16cm

(C) 3.63cm　　(D) 4.89cm

解答过程：

14. 出线隔离开关采用双柱型，母线隔离开关为剪刀型，下面列出的配电装置的最小安全距离中哪条是错误的？请说明理由。（　　）

(A) 无遮拦架空线对被穿越的房屋屋面间 4300mm

(B) 出线隔离开关断口间 2000m

(C) 母线隔离开关动、静触头间 2000m

(D) 围墙与带电体间 3800mm

解答过程：

题 15～20：某风电场升压站的 110kV 主接线采用变压器线路组接线，一台主变压器容量为 100MVA，主变压器短路阻抗 10.5%，110kV 配电装置采用屋外敞开式，升压站地处 1000m 以下，站区属多雷区。

15. 该站 110kV 侧主接线简图如下，请问接线图中有几处设计错误？并简要说明原因。 (　　)

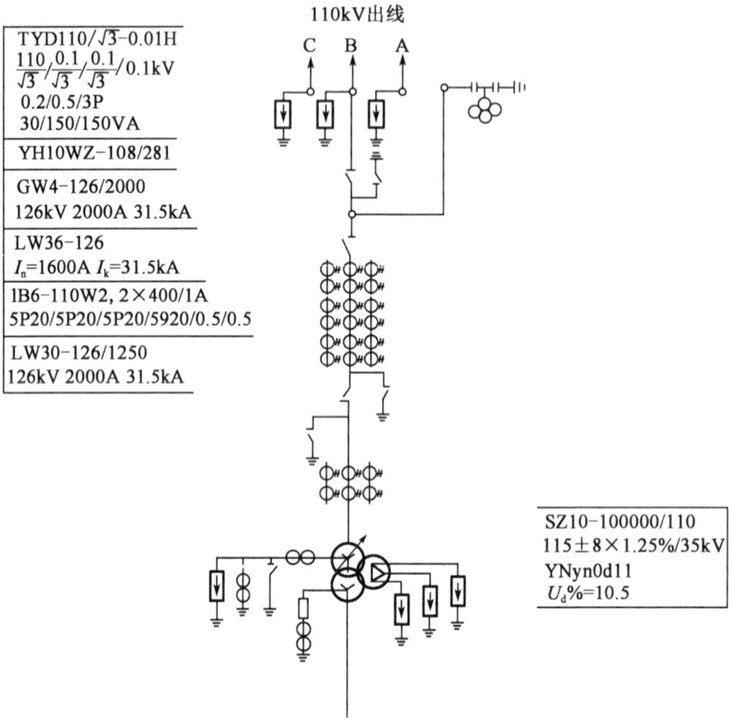

(A)1 处　　　　(B)2 处

(C)3 处　　　　(D)4 处

解答过程：

16. 图为风压站的断面图，该站的土壤电阻率 $\rho = 500\Omega\cdot m$，请问图中布置上有几处设计错误？并简要说明原因。 (　　)

(A)1 处　　　　(B)2 处

(C)3 处　　　　(D)4 处

解答过程：

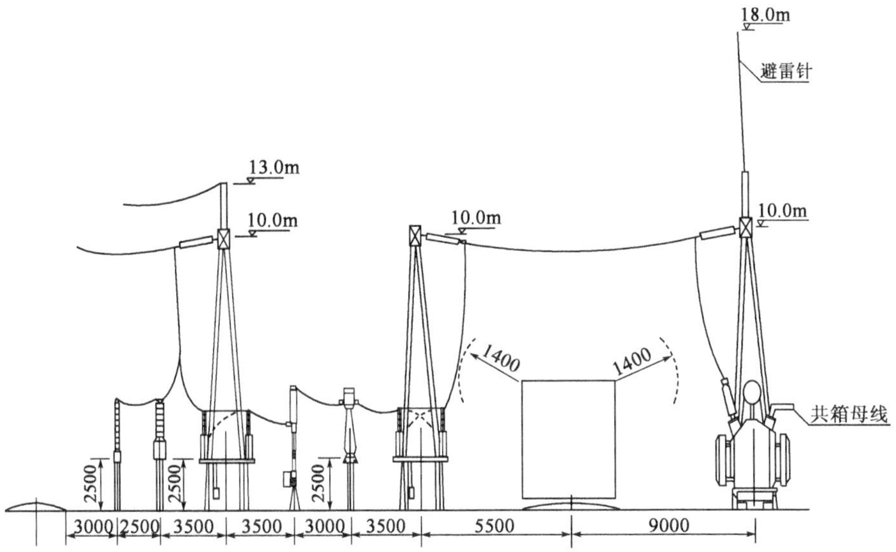

17. 假设该站属 II 级污染区,请计算变压器门型构架上的绝缘子串应为多少片?(悬式绝缘子为 XWP-7 型,单片泄漏距离 40cm) ( )

(A)7 片 (B)8 片

(C)9 片 (D)10 片

解答过程:

18. 若进行该风电场升压站 110kV 母线侧单相短路电流计算,取 $S_j = 100\text{MVA}$,经过计算网络的化简,各序计算总阻抗如下:$X_{1\Sigma} = 0.1623$,$X_{2\Sigma} = 0.1623$,$X_{0\Sigma} = 0.12$,请按照《电力工程电气设计手册》,计算单相短路电流的周期分量起始有效值最接近下列哪项? ( )

(A)3.387kA (B)1.129kA

(C)1.956kA (D)1.694kA

解答过程:

19. 该风电场升压站 35kV 侧设置 2 组 9Mvar 并联电容器装置,拟各用一回三芯交联聚乙烯绝缘铝芯高压电缆连接,电缆的额定电压 $U_0/U = 26/35\text{kV}$,电缆路径长度约为 80m,同电缆沟内并排敷设。两电缆敷设中心距等于电缆外径。试按持续允许电流,短路热稳定条件计算后,选择哪一电缆截面是正确的?($S = D$) ( )

附下列计算条件:地区气象温度多年平均值 25℃,35kV 侧计算用短路热效应 Q 为 76.8kA^2,热稳定系数 C 为 86。

三芯交联聚乙烯绝缘铝芯高压电缆在空气中**25℃**长期允许载流量(A)表

电缆导体截面 mm^2	95	120	150	185
长期允许载流量 A	165	180	200	230

注:本表引自《电力电缆运行规程》。缆芯工作温度 +80℃,周围环境温度 +25℃。

(A)$95mm^2$　　(B)$120mm^2$　　(C)$150mm^2$　　(D)$185mm^2$

解答过程:

20. 该风场的 110kV 配电装置接地均压网采用镀锌钢材,试求其最小截面,计算假定条件如下:流过接地线的短路电流稳定值 I_{jd} 为 3.85kA,短路等效持续时间 t 为 0.5s?　(　　)

(A)$38.89mm^2$　　(B)$30.25mm^2$

(C)$44.63mm^2$　　(D)$22.69mm^2$

解答过程:

题 21~25:某单回路 500kV 架空送电线路,设计覆冰厚度 10mm,某直线塔的最大设计档距为 800m,使用的绝缘子串(Ⅰ串)长度为 5m,地线串长度为 0.5m。(假定直线塔有相同的导地线布置)[提示:$k=P/(8T)$]

21. 地线与相邻导线间的最小水平偏移应为下列哪项?　(　　)

(A)0.5m　　(B)1.75m

(C)1.0m　　(D)1.5m

解答过程:

22. 若铁塔按三角布置考虑,导线挂点间的水平投影距离为 8m,垂直投影距离为 5m,其等效水平线间距离为下列哪项数值?　(　　)

(A)13.0m　　(B)10.41m　　(C)9.43m　　(D)11.41m

解答过程：

23. 若最大弧垂 k 值为 8.0×10^{-5}，相导线按水平排列，则相导线最小水平距离为下列哪项数值？ （ ）

(A) 12.63m (B) 9.27m

(C) 11.20m (D) 13.23m

解答过程：

24. 若导线按水平布置，线间距离为 12m，导线最大弧垂时 k 值为 8.0×10^{-5}，请问最大档距可用到多少米？[提示：$k=P/(8T)$] （ ）

(A) 825m (B) 1720m

(C) 938m (D) 1282m

解答过程：

25. 若导线为水平排列，并应用于无冰区时，从张力曲线可知，气温 15℃、无风、无冰时档距中央导地线的弧垂差为 2m，计算地线串挂点应比导线串挂点至少高多少？（不考虑水平位移） （ ）

(A) 3.6m (B) 4.1m

(C) 6.1m (D) 2.1m

解答过程：

2012 年案例分析试题答案(上午卷)

题 1 ~5 答案:**BBDCC**

1.《220kV ~750kV 变电站设计技术规程》(DL/T 5218—2012)第 5.1.6 条、第 5.1.7 条。

第 5.1.6 条:一般性质的 220kV 变电站 220kV 配电装置,出线回路数在 4 回以下时,可采用其他简单接线。对比该条前面的条文,简单接线可连接为单母线、单母线分段、内桥或外桥等。

第 5.1.7 条:220kV 变电站中的 110kV 配电装置,当出线回路数在 6 回及以上时,可采用双母线或双母线分段接线。

《电力工程电气设计手册》(电气一次部分)P51"内、外桥的适用范围",当线路有穿越功率时,宜采用外桥接线,而非内桥。

综上所述,选项 B 最符合规程与手册的要求。

注:题干中特别强调了"一般性质"的 220kV 变电站,显然是有所指的。主接线示意图如图所示。

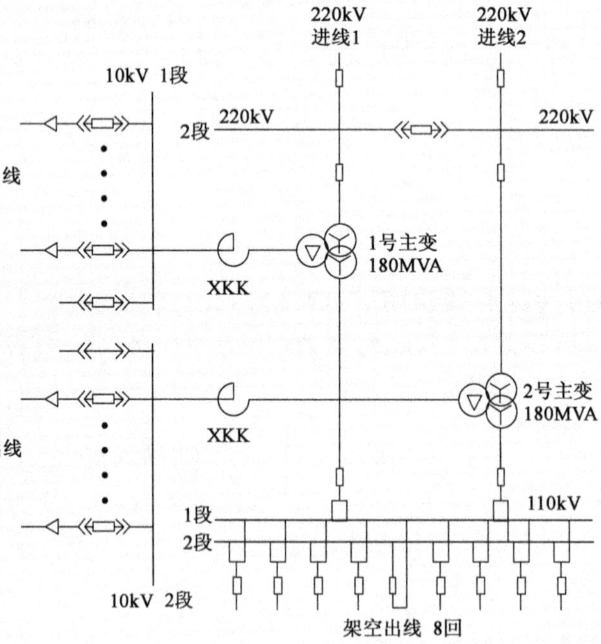

主接线示意图

2.《电力工程电气设计手册》(电气一次部分)P232 表 6-3。

对桥形接线,出线的计算工作电流为最大负荷电流加系统穿越功率产生的电流;对双回馈线,为 1.2 ~2 倍 1 回线最大负荷电流,包括线路损耗与事故时转移过来的负荷。

220kV 进线额定电流：$I_g=\dfrac{2\times240\times0.65+200}{\sqrt{3}\times220}\times1000=1343.65\text{A}$

注：穿越功率指作为中间变电站高压侧（电源侧）存在出线负荷，即经该变电站高压母线向相同电压等级的其他变电站提供电源，则这个出线上的负荷就是穿越功率。所谓穿越功率，是因为这部分负荷没有被变压器转移到低压侧，而是直接从高压侧穿越走了。按持续工作电流计算选择主变高压母线时，母线容量选择不再是变压器容量，而是通流容量，即通流容量＝本站主变容量＋穿越功率。题目未明确母线“最大”穿越功率，而仅陈述穿越功率，因此不应按流通容量计算，需加上本站负荷。本题与2011年案例分析试题（上午卷）第一题有所不同，可对照分析。

3.《电力工程电气设计手册》（电气一次部分）P120 表 4-1、表 4-2、表 4-4，式(4-10)及 P129 式(4-20)。

设 $S_j=100\text{MVA}$，$U_j=10.5\text{kV}$，则 $I_j=5.50\text{kA}$。

(1) 系统电抗标幺值：$X_{*s}=\dfrac{S_j}{S'_d}=\dfrac{100}{16000}=0.00625$

(2) 变压器各侧等值短路电抗：

$$U_{k1}\%=\frac{1}{2}(U_{k(1-2)}\%+U_{k(3-1)}\%-U_{k(2-3)}\%)=\frac{1}{2}\times(14+25-8)=15.5$$

$$U_{k2}\%=\frac{1}{2}(U_{k(1-2)}\%+U_{k(2-3)}\%-U_{k(3-1)}\%)=\frac{1}{2}\times(14+8-25)=-1.5$$

$$U_{k3}\%=\frac{1}{2}(U_{k(2-3)}\%+U_{k(3-1)}\%-U_{k(1-2)}\%)=\frac{1}{2}\times(8+25-14)=9.5$$

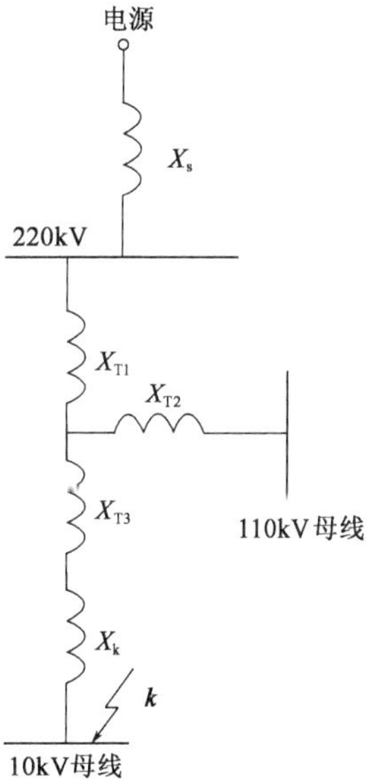

(3) 变压器电抗标幺值：

$$X_{*T1}=\frac{U_{k1}\%}{100}\times\frac{S_j}{S_e}=\frac{15.5}{100}\times\frac{100}{240}=0.065$$

$$X_{*T2}=\frac{U_{k2}\%}{100}\times\frac{S_j}{S_e}=\frac{-1.5}{100}\times\frac{100}{240}=-0.006$$

$$X_{*T3}=\frac{U_{k3}\%}{100}\times\frac{S_j}{S_e}=\frac{9.5}{100}\times\frac{100}{240}=0.040$$

(4) 电抗器电抗标幺值：

$$X_{*k}=\frac{X_k\%}{100}\times\frac{U_e}{\sqrt{3}I_e}\times\frac{S_j}{U_j^2}=\frac{10}{100}\times\frac{10}{\sqrt{3}\times2}\times\frac{100}{10.5^2}=0.262$$

(5) 10kV 母线短路电流：

$$I_z=\frac{I_j}{X_{*\Sigma}}=\frac{5.5}{0.006+0.065+0.040+0.262}=14.8\text{kA}$$

注：限流电抗器 XKK-10-2000-10 的含义为：XK 为限流电抗器；K 为空芯；额定电压为 10kV；额定电流为 2000A，电抗率 10%。

4.《220kV ~ 750kV 变电站设计技术规程》(DL/T 5218—2012)第5.2.4条。

220kV、330kV 具有三种电压的变电站中,如通过主变压器各侧绕组的功率达到该变压器额定容量的15%以上,宜采用三绕组变压器。

10kV 侧负荷:$S_{10kV} = 240 \times 15\% = 36MVA$

5.《导体和电器选择设计技术规定》(DL/T 5222—2005)第18.1.4条。

消弧线圈补偿容量:$Q = KI_C \dfrac{U_N}{\sqrt{3}} = 1.35 \times 6 \times 6 \times 2 \times \dfrac{10}{\sqrt{3}} = 561.2kVA$

注:若考虑变电所增加的接地电容电流,补偿容量为 $Q = 561.2 \times 1.16 = 650.76kVA$,无答案。按现有命题的规律,除非有明确指向性文字,一般是不要求考虑变电所增加的接地电容电流的。

题6 ~ 9答案:**CDDB**

6.《330kV ~ 750kV 变电站无功补偿装置设计技术规定》(DL/T 5014—2010)第5.0.7条及条文说明。

变电站装设电抗器的最大补偿容量,一般为其所接线路充电功率的1/2,且一般在变压器容量的30%以下。

远景无功补偿电抗器容量:$Q_{yj} = 0.5 \times 500 \times 1.18 - 120 = 175Mvar$

本期无功补偿电抗器容量:$Q_{yj} = 0.5 \times 303 \times 1.18 - 120 = 58.77Mvar$

远景变压器容量校验:$30\% \times 1000 = 300$

$175 + 120 = 295$,因 $300 > 295$,则满足要求。

本期变压器容量校验:$30\% \times 750 = 225$

$59 + 120 = 179$,因 $225 > 179$,则满足要求。

注:主题干中未明确变压器容量,因此不用按30%进行校验。

7.根据相关教材,当并联运行的变压器阻抗电压不相等时,变压器容量按阻抗大小成反比分配。

由:$X = \dfrac{U_d\%}{100} \times \dfrac{U_e^2}{S_e}$,则$\dfrac{S_1}{S_2} = \dfrac{X_2}{X_1} = \dfrac{U_{d2}\%}{U_{d1}\%} \times \dfrac{S_{e1}}{S_{e2}} = \dfrac{16}{14} \times \dfrac{750}{1000} = \dfrac{6}{7}$

因此:$S_2 = \dfrac{7}{6} \times 750 = 875MVA$

注:本题在手册中未找到具体依据。

8.《电力工程电气设计手册》(电气一次部分)P476式(9-2)。

当不考虑变压器空载电流,且主变压器满载时,其最大负荷电流为额定电流,则最大无功损耗:

$$Q_{CB,m} = \left(\frac{U_d\% I_m^2}{100 I_e^2} + \frac{I_0\%}{100}\right) S_e = \left(\frac{16}{100} + 0\right) \times 1000 \times 2 = 320Mvar$$

9.《电力工程电气设计手册》(电气一次部分)P232表6-3。

550kV 至 220kV 单回路持续工作电流：$I_g = \frac{S_{cy}}{\sqrt{3}U} = \frac{1200 \times 10^3}{\sqrt{3} \times 220} = 3149.2A$

《导体和电器选择设计技术规定》(DL/T 5222—2005) 附录 D，表 D.11 可知 $k = 0.87$。

导体最小载流量：$I_d = \frac{3149.2}{0.87} = 3619.75A$

查表 D.6，可知 $4 \times 500mm^2$ 导线规格的载流量为 $4 \times 998 = 3992A > 3620A$，因此答案为选项 B。

注：计及日照的户外软导线导体最高允许温度为 80℃。

题 10 ~ 14 答案：**DDADC**

10.《电力工程电气设计手册》(电气一次部分) P699 ~ 701"跳线弧垂的确定"相关公式。

跳线的摇摆弧垂：$f_{TY} = \frac{f'_T + b - f_j}{\cos\alpha_0} = \frac{180 + 20 - 65}{\cos 45°} = 190.95cm$

跳线的摇摆弧垂推荐值：$f'_{TY} = 1.1 \times f_{TY} = 1.1 \times 190.95 = 210cm$

注：跳线在无风时的弧垂要求不小于最小的电气距离 A_1 值，此要求曾多次考查。

11.《电力工程电气设计手册》(电气一次部分) P338 式 (8-8) 及 P345"管形母线计算式例中"相关描述。

绝缘子间距：$l = 14m$，支持金具长 0.5m，计算跨距 $l_{js} = 14 - 1m = 13m$，相间距离 $a = 3m$。

短路时母线最大电动力：$F = \frac{17.248}{9.8} \times \frac{l}{a} i_{ch}^2 \beta \times 10^{-2} = 1.76 \times \frac{13}{3} \times 90^2 \times 0.58 \times 10^{-2} = 358.3kg$

注：P344 第 1 行"为了安全，工程计算一般取 $\beta = 0.58$"。计算跨距可参考 P345 计算式例中结构尺寸过程，也可参考实物理解。

12.《交流电气装置的过电压保护和绝缘配合设计规范》(GB/T 50064—2014) 第 5.2.2 条。

各计算因子：$h = 35m$，$h_x = 15m$，$h_a = 35 - 15 = 20m$；$P = \frac{5.5}{\sqrt{35}} = 0.93$；$b_x = \frac{30}{2} = 15m$

单支避雷针的保护半径：$h_x < \frac{h}{2}$

$r_x = (1.5h - 2h_x)P = (1.5 \times 35 - 2 \times 15) \times 0.93 = 20.925m$

两支避雷针之间的最小距离：$b_x < r_x$

$\frac{b_x}{h_a P} = \frac{15}{20 \times 0.93} = 0.8$

$h_x = 0.43h$

查表 a，可知 $\frac{D}{h_a P} = 3.25$

则：$D = 3.25 \times h_a P = 3.25 \times 20 \times 0.93 = 60.45\text{m}$

注：也可参考《交流电气装置的过电压保护和绝缘配合》(DL/T 620—1997)第5.2.2条及相关公式。

13.《电力工程电气设计手册》(电气一次部分)P347计算式例中"4)挠度的校验过程"。

母线自重产生的挠度：$y_1 = 0.521\dfrac{q_1 L_{js}^4}{100EJ} = 0.521 \times \dfrac{4.96 \times (14-1)^4 \times 10^6}{100 \times 7.1 \times 10^5 \times 299} = 3.48\text{cm}$

集中荷载产生的挠度：$y_2 = 0.911\dfrac{PL_{js}^3}{100EJ} = 0.911 \times \dfrac{15 \times (14-1)^3 \times 10^6}{100 \times 7.1 \times 10^5 \times 299} = 1.41\text{cm}$

合成挠度：$y = y_2 + y_2 = 3.48 + 1.41 = 4.89\text{cm}$

注：此值小于 $0.5D = 11\text{cm}$，满足要求，但本题未要求进行挠度校验。

14.《高压配电装置设计技术规程》(DL/T 5352—2018)第4.3.3条、第5.1.2条及表5.1.2-1。

第4.3.3条：单柱垂直开启式隔离开关动静触头间的最小电气距离不应小于配电装置的最小安全距离 B_1 值，2550mm，选项C错误。

无遮拦架空线对被穿越的房屋屋面间为 C 值，4300mm，选项A正确。

出线隔离开关断口间为 A_2 值，2000mm，选项B正确。

围墙与带电体间为 D 值，3800mm，选项D正确。

注：此题主要考查两种隔离开关的断口或触点之间的最小安全距离要求。单柱垂直开启式俗称剪刀式，了解即可。

题15～20答案：**CDCADB**

15.《高压配电装置设计技术规程》(DL/T 5352—2018)第2.1.7条、《电力工程电气设计手册》(电气一次部分)P71"第2-8节主接线中的设备配置"。

(1)第2.1.7条：66kV及以上的配电装置，……，线路隔离开关靠线路侧，……，应配置接地开关。

(2)三-(3)：当需要监视和检测线路侧有无电压时，出线侧的一相上应装设电压互感器。

(3)五-(5)：三绕组变压器低压侧的一相上宜设置一台避雷器。

注：五-(14)：110kV线路侧一般不装设避雷器。但题干中有"站区属多雷区"，因此，出线设置避雷器属合理。

16.《高压配电装置设计技术规程》(DL/T 5352—2018)第5.1.2条及表5.1.2-1。

(1)图5.1.2-3：设备运输时，其设备外廓至无遮拦带电部分之间的距离为 B_1，即1750mm。

(2)图5.1.2-3：电流互感器与断路器位置有误，隔离开关出线后应先接断路器，再接入电流互感器。

《交流电气装置的过电压保护和绝缘配合设计规范》(GB/T 50064—2014)第5.4.8-1条。

(3)第5.4.8-1条：当土壤电阻率大于350Ω·m时，变压器门型架构上不允许装设避雷针、避雷线。

(4)《导体和电器选择设计技术规定》(DL/T 5222—2005)第7.5.3条之条文说明，共箱封闭母线主要用于单机容量为200MW及以上的发电厂的厂用回路。也可参考《电力工程电气设计手册》(电气一次部分)P364“有关共箱母线的特点和使用范围”。

17.《导体和电器选择设计技术规定》(DL/T 5222—2005)第21.0.9条式(13)以及附录C表C.2。

根据附录C、表C.2可知，变电站的爬电比距：$\lambda=2.0\text{cm/kV}$

绝缘子片数：$m \geqslant \dfrac{\lambda U_m}{K_e L_0}=\dfrac{2\times126}{1\times40}=6.3$ 片，取7片。

悬式绝缘子应考虑绝缘子的老化，110kV每串绝缘子要预留零值绝缘，对应耐张片为2片，取7+2=9片。

注：题干中有效系数 K_e 未提及，一般取1，可参考《交流电气装置的过电压保护和绝缘配合》(DL/T 620—1997)第10.2.1条，另外，由于本题为变电站绝缘子计算，应考虑零值绝缘子。最高电压值可参考《标准电压》(GB/T 156—2007)第4.5条。

18.《电力工程电气设计手册》(电气一次部分)P144表4-19式(4-20)和P120表4-1。

设 $S_j=100\text{MVA}$，$U_j=115\text{kV}$，则 $I_j=0.502\text{kA}$。

单相短路电流的周期分量起始标幺值：

$$i_{*d}=3i_{*d1}=3\times\frac{E}{X_{1\Sigma}+X_{2\Sigma}+X_{0\Sigma}}=3\times\frac{1}{0.1623+0.1623+0.12}=6.748$$

单相短路电流的周期分量起始有效值：

$i_d=i_j i_{*d}=0.502\times6.748=3.387\text{kA}$

19.《电力工程电缆设计规范》(GB 50217—2018)第3.6.5条。

由于户外电缆沟的电缆环境温度多年平均气温为25℃，与题干表格环境条件一致，不需要修正。

《电力工程电缆设计规范》(GB 50217—2018)附录D表D.0.5，可知校正系数 $K=0.9$。

《电力工程电气设计手册》(电力一次部分)P505“断路器额定电流不应小于装置长期允许电流的1.35倍”。

(1)按持续运行计算电流：$i_{g1}=1.35\times\dfrac{Q}{\sqrt{3}U}=1.35\times\dfrac{9\times10^3}{\sqrt{3}\times35}=200\text{A}$

电缆实际载流量：$i'_{g1}=200\div0.9=222.2\text{A}$

《电力工程电缆设计规范》(GB 50217—2018)附录E式(E.1.1)。

(2)按热稳定条件计算：$S\geqslant\dfrac{\sqrt{Q}}{C}\times10^3=\dfrac{\sqrt{76.8}}{86}\times10^3=101.9\text{A}$

综上所述，按两要求中之大者选择，因此电缆规格为 185mm^2。

20.《交流电气装置的接地设计规范》(GB/T 50065—2011)附录E式(E.0.1)及第4.3.5-3条。

接地导体(线)最小截面：$S \geqslant \frac{I_g}{C}\sqrt{t_e} = \frac{3.85 \times 10^3}{70} \times \sqrt{0.5} = 38.89\text{mm}^2$

第4.3.5-3条：接地装置接地的截面，不宜小于连接至该接地装置的接地导体(线)截面的75%。

接地均压网的最小截面 $S \geqslant 75\% \times S = 0.75 \times 38.89 = 29.17\text{mm}^2$，因此，选择最接近的答案为选项B。

注：接地均压网应属于接地装置的接地极。

题21～25答案：**BBCCB**

21.《110kV～750kV架空输电线路设计规范》(GB 50545—2010)第8.0.2条及表8.0.2。

500kV线路，地线与相邻导线间的最小水平偏移为1.75m。

22.《110kV～750kV架空输电线路设计规范》(GB 50545—2010)第8.0.1-3条，及式(8.0.1-2)。

导体三角排列的等效水平线间距离：$D_x = \sqrt{D_p^2 + \left(\frac{4}{3}D_z\right)^2} = \sqrt{8^2 + \left(\frac{4}{3} \times 5\right)^2} = 10.41\text{m}$

23.《电力工程高压送电线路设计手册》(第二版)P180表3-3-1，$k = P/(8T)$。

导线最大弧垂：$f_m = \frac{\gamma l^2}{8\sigma_0} = kl^2 = 8 \times 10^{-5} \times 800^2 = 51.2\text{m}$

《110kV～750kV架空输电线路设计规范》(GB 50545—2010)第8.0.1-1条及式(8.0.1-1)。

导体水平排列的水平线间距离：$D = k_i L_k + \frac{U}{110} + 0.65\sqrt{f_m} = 0.4 \times 5 + \frac{500}{110} + 0.65 \times \sqrt{51.2} = 11.20\text{m}$

24.《110kV～750kV架空输电线路设计规范》(GB 50545—2010)第8.0.1-1条及式(8.0.1-1)。

导体水平排列的水平线间距离：

$$D = k_i L_k + \frac{U}{110} + 0.65\sqrt{f_m}$$

$$12 = 0.4 \times 5 + \frac{500}{110} + 0.65 \times \sqrt{f_m}$$

经计算，最大弧垂 $f_m = 70.42\text{m}$。《电力工程高压送电线路设计手册》(第二版)P180表3-3-1，$k = P/(8T)$。

导线最大弧垂：$f_m = \frac{\gamma l^2}{8\sigma_0} = kl^2$

$$70.42 = 8 \times 10^{-5} \times l^2$$

经计算,最大档距 $l=938\text{m}$。

25.《110kV ~ 750kV 架空输电线路设计规范》(GB 50545—2010)第 7.0.15 条。

导线与地线间的距离:$S \geqslant 0.012L + 1 = 0.012 \times 800 + 1 = 10.6\text{m}$,如图所示。

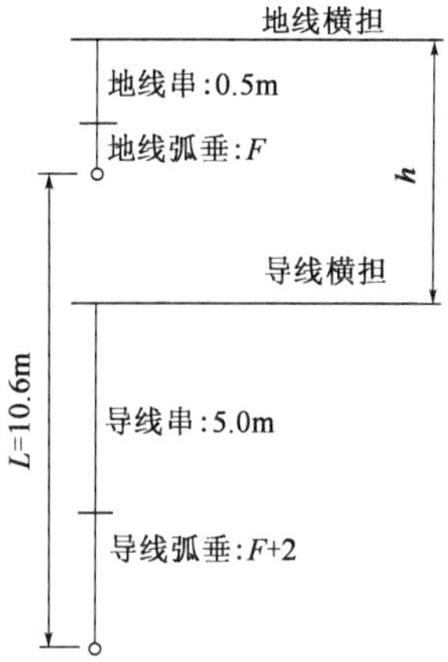

地线悬挂点 h_1 比导线悬挂点 h_2 高出 h,则:

$$h_1 - 0.5 - f = h_2 - 5 - (f+2) + 10.6$$

$$h = h_1 - h_2 = -5 - f - 2 + 10.6 + 0.5 + f = 4.1\text{m}$$

注:一般的,导线弧垂大于地线弧垂,弧垂差可如图表示,但由于题目的不严谨,若地线弧垂大于导线弧垂,则计算结果如下,供参考。

$$h_1 - 0.5 - f - 2 = h_2 - 5 - f + 10.6$$

$$h = h_1 - h_2 = -5 - f + 2 + 10.6 + 0.5 + f = 8.1\text{m}$$

2012 年案例分析试题(下午卷)

[案例题是4选1的方式,各小题前后之间没有联系,共40道小题,选作25道,每题分值为2分,上午卷50分,下午卷50分,试卷满分100分。案例题一定要有分析(步骤和过程)、计算(要列出相应的公式)、依据(主要是规程、规范、手册),如果是论述题要列出论点。]

题1~5:某新建2×300MW燃煤发电厂,高压厂用电系统标称电压为6kV,其中性点为高电阻接地。每台机组设二台高压厂用无励磁调压双绕组变压器,容量为35MVA,阻抗值为10.5%,6.3kV单母线接线,设A段、B段。6kV系统电缆选为ZR-YJV_{22}-6/6KV。已知:

ZR-YJV_{22}-6/6KV 三芯电缆每相对地电容值及A、B段电缆长度　　表1

电缆截面(mm^2)	每相对地电容值(μF/km)	A段电缆长度(km)	B段电缆长度(km)
95	0.42	5	5.5
120	0.46	3	2.5
150	0.51	2	2.1
185	0.53	2	1.8

矩形铝导体长期允许载流量(A)　　表2

导体尺寸 $h\times b$(mm)	双条		三条		四条	
	平放	竖放	平放	竖放	平放	竖放
80×6.3	1724	1892	2211	2505	2558	3411
80×8	1946	2131	2491	2809	2863	3817
80×10	2175	2373	2774	3114	3167	4222
100×6.3	2054	2253	2663	2985	3032	4043
100×8	2298	2516	2933	3311	3359	4479
100×10	2558	2796	3181	3578	3622	4829
125×6.3	2446	2680	2079	3490	3525	4700
125×8	2725	2982	3375	3813	3847	5129
125×10	3005	3282	3735	4194	4225	5633

注:1. 表中导体尺寸h为宽度,b为厚度。
2. 表中当导体为四条时,平放、竖放第2、3片间距皆为50mm。
3. 同截面铜导体载流量为表中铝导体载流量的1.27倍。

请根据以上条件计算下列各题(保留两位小数)。

1. 当A段母线上容量为3200kW的给水泵电动机起动时,其母线已带负荷19141kVA,求该电动机起动时的母线电压百分数为下列哪项数值?(已知该电动机起动电流倍数为6、额定效率为0.963、功率因数为0.9)　　(　　)

(A)88%　　(B)92%

(C)93%　　(D)97%

解答过程：

2. 当两台厂用高压变压器6.3kV侧中性点采用相同阻值的电阻接地时，请计算该电阻值最接近下列哪项数值？（　）

(A)87.34Ω　　(B)91.70Ω

(C)173.58Ω　　(D)175.79Ω

解答过程：

3. 当额定电流为2000A的6.3kV开关运行在周围空气温度50℃，海拔高度为2000M环境中时，其实际负荷电流应不大于下列哪项数值？（　）

(A)420A　　(B)1580A

(C)1640A　　(D)1940A

解答过程：

4. 厂用变高压变压器高压侧系统短路容量为无穷大，接在B段的电动机负荷为21000kVA，电动机平均反馈电流倍数取6，$\eta\cos\mu_s$ 取0.8，求B段的短路电流最接近下列哪项数值？（　）

(A)15.15kA　　(B)33.93kA

(C)45.68kA　　(D)48.15kA

解答过程：

5. 请在下列选项中选择最经济合理的6.3kV段母线导体组合,并说明理由。 (   )

(A)100×10mm 矩形铜导体二条平放
(B)100×10mm 矩形铝导体三条平放
(C)100×6.3mm 矩形铜导体三条平放
(D)100×10mm 矩形铜导体三条竖放

解答过程:

题6~8:某大型燃煤厂,采用发电机变压器组单元接线,以220kV电压接入系统,高压厂用工作变压器直接接于主变低压侧,高压起动备用变压器经220kV电缆从本厂220kV配电装置引接,其两侧额定电压比为226/6.3kV,接线组别为YNyn0,额定容量为40MVA,阻抗电压为14%,高压厂用电系统电压为6kV,设6kV工作段和公用段,6kV公用段电源从工作段引接,请回答下列各题。

6. 已知高压起动备用变压器为三相双绕组变压器,额定铜耗为280kW,最大计算负荷34500kVA,$\cos\varphi=0.8$,若220kV母线电压波动范围为208~242kV,请通过电压调整计算,确定最合适的高压起动备用变压器调压开关分接头参数为下列哪组? (   )

(A) ±4×2.5%
(B) ±2×2.5%
(C) ±8×1.25%
(D)(+5,-7)×1.25%

解答过程:

7. 已知6kV工作段设备短路水平为50kA,6kV公用段设备短路水平为40kA,且无电动机反馈电流,若在工作段至公用段馈线上采用额定电流为2000A的串联电抗器限流,请计算并选择下列哪项电抗器的电抗百分值最接近所需值?(不考虑电压波动) (   )

(A)5%
(B)4%
(C)3%
(D)1.5%

解答过程:

8. 已知电气原则接线如图所示(220kV 出线未表示出),当机组正常运行时,CB1、CB2、CB3 都在合闸状态,CB4 在分闸状态,请分析并说明该状态下,下列哪项表述正确?
( )

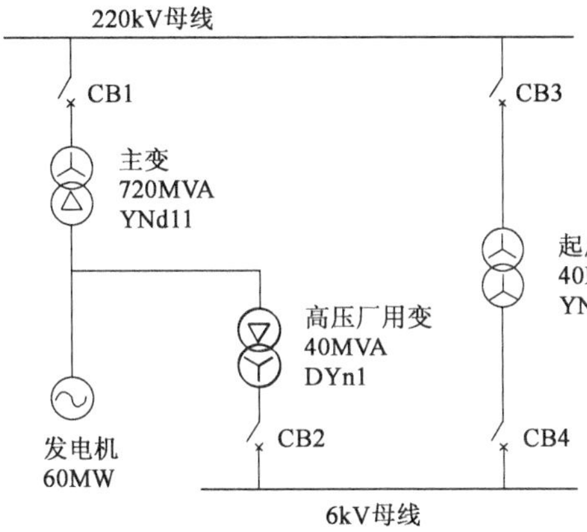

(A)变压器接线组别选择正确,CB4 两端电压相位一致,可采用并联切换

(B)变压器接线组别选择正确,CB4 两端电压相位有偏差,可采用并联切换

(C)变压器接线组别选择错误,CB4 两端电压相位一致,不可采用并联切换

(D)变压器接线组别选择错误,CB4 两端电压相位有偏差,不可采用并联切换

解答过程:

题 9 ~ 13:某风力发电厂,一期装设单机容量 1800kW 的风力发电机组 27 台,每台经箱式变升压到 35kV,每台箱式变容量为 2000kVA,每 9 台箱式变采用 1 回 35kV 集电线路送至风电场升压站 35kV 母线,再经升压变压器升至 110kV 计入系统,其电气主接线如图。

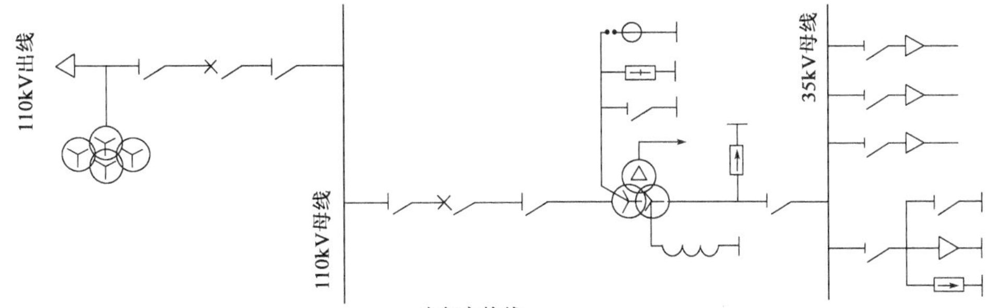

电气主接线

9. 35kV 架空集电线路径 30m 三芯电缆接至 35kV 升压站母线，为防止雷电侵入波过电压，在电缆段两侧装有氧化锌避雷器，请判断下列图中避雷器配置及保护正确的是： （　　）

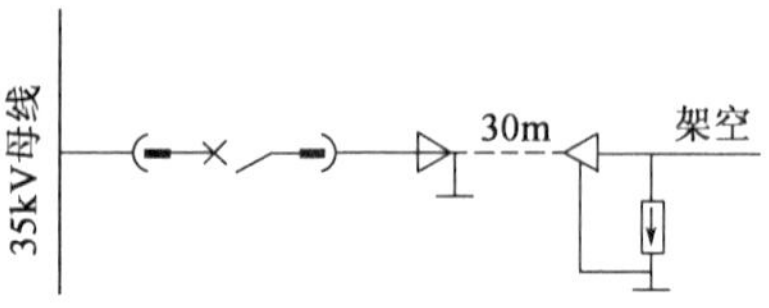

(A)

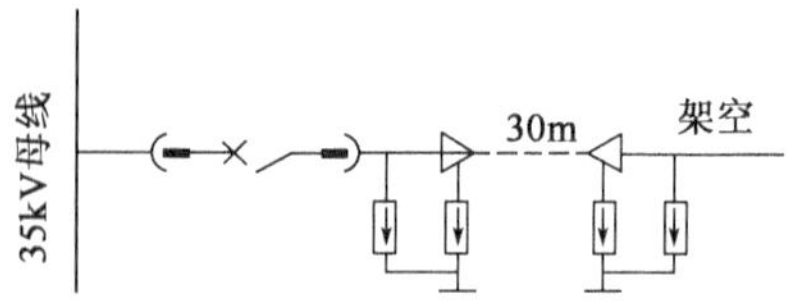

(B)

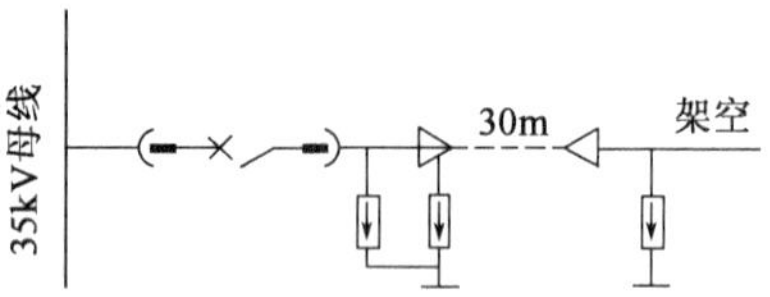

(C)

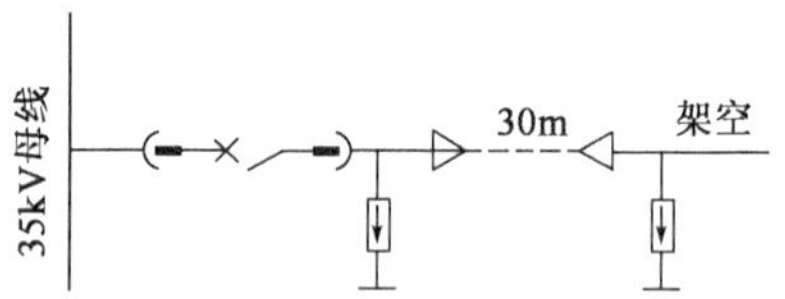

(D)

解答过程：

10. 主接线图中，110kV 变压器中性点避雷器的持续运行电压和额定电压应为下列何值？ （　　）

(A)57.96kV,73.08kV　　(B)72.75kV,90.72kV

(C)74.34kV,94.5kV　　(D)80.64kV,90.72kV

解答过程：

11. 已知变压器中性点雷电冲击全波耐受电压 250kV，中性点避雷器标称放电电流下的残压取下列何值更为合理？ （　　）

(A)175kV　　(B)180kV

(C)185kV　　(D)187.5kV

解答过程：

12. 已知风电场110kV变电站110kV母线最大短路电流 $I'' = I_{ZT/2} = I_{ZT} = 30kA$，热稳定时间 $t = 2s$，导线热稳定系数为87，请按短路热稳定条件校验110kV母线截面应选择下列何种规格？（　　）

(A) LGJ-300/30　　(B) LGJ-400/35

(C) LGJ-500/35　　(D) LGJ-600/35

解答过程：

13. 已知每一回35kV集电线路上接有9台2000kVA的箱式变压器，其集电线路短路时的热效应为 $1067kA^2S$，铜芯电缆的热稳定系数为115，电缆在土壤中敷设时，综合校正系数为1，请判断下列哪种规格的电缆既满足载流量又满足热稳定要求？（　　）

三芯交联聚乙烯绝缘铜芯电缆在空气中（25℃）长期允许载流量（A）

电缆截面（mm^2）	3×95	3×120	3×150	3×185
载流量（A）	215	234	260	320

注：缆芯工作温度+80℃，周围环境温度+25℃。

(A) $3\times95mm^2$　　(B) $3\times120mm^2$

(C) $3\times150mm^2$　　(D) $3\times185mm^2$

解答过程：

题14～17：某地区新建2台1000MW超临界火力发电机组，以500kV接入电网，每台机组设一组浮动用220V蓄电池，均无端电池，采用单母线接线，两台机组的220V母线之间设联络电器，单体电池的浮充电压为2.23V，均充电压为2.33V，该工程每台机组220V直流负荷如表，电动机的起动电流倍数为2。

序号	负荷名称	设备电流（A）	负荷系数	计算电流（A）	事故放电电流（A）				
					1min	30min	60min	90min	180min
1	氢密封油泵	37							
2	直流润滑油泵	387							
3	交流不停电电压	460							
4	直流长明灯	1							
5	事故照明	36.3							
各阶段放电电流合计					$I_1=$	$I_2=$	$I_3=$	$I_4=$	$I_5=$

14. 220V 蓄电池的个数应选择：（　　）

（A）109 个　　（B）104 个

（C）100 个　　（D）114 个

解答过程：

15. 根据给出的 220V 直流负荷表计算第 5 阶段的放电电流值为：（　　）

（A）37A　　（B）691.2A

（C）921.3A　　（D）29.6A

解答过程：

16. 若 220V 蓄电池各阶段的放电电流如下：

（1）0 ~ 1min：1477.8A　（2）1 ~ 30min：861.8A　（3）30 ~ 60min：534.5A

（4）60 ~ 90min：497.1A　（5）90 ~ 180min：30.3A

蓄电池组 29min、30min 的容量换算系数分别为 0.67、0.66，请问第 2 阶段蓄电池的计算容量最接近哪个值？（　　）

（A）1319.69Ah　　（B）1305.76Ah

（C）1847.56Ah　　（D）932.12Ah

解答过程：

17. 若 220kV 蓄电池各阶段的放电电流如上题所列，经计算选择蓄电池容量为 2500Ah，1h 终止放电电压为 1.87V，容量换算系数为 0.46，蓄电池至直流屏之间的距离为 30m，请问两者时间的电缆截面积按满足回路压降要求时的计算值为下列哪项？（选用铜芯电缆）（　　）

（A）577mm^2　　（B）742mm^2

（C）972mm^2　　（D）289mm^2

解答过程：

题 18～21：某火力发电厂发电机额定功率 600MW，额定电压 20kV，额定功率因数 0.9，发电机承担负序的能力：发电机长期允许（稳态）I_2 为 8%，发电机允许过热的时间常数（稳态）为 8，发电机额定励磁电压 418V，额定励磁电流 4128A，空载励磁电压 144V，空载励磁电流 1480A，其发电机过负荷保护的整定如下列各题。

18. 请说明发电机定子绕组对称过负荷保护定时限部分的延时范围，保护出口动作于停机、信号还是自动减负荷？正确的整定值为下列哪项？（　　）

(A)23.773kA　　(B)41.176kA

(C)21.396kA　　(D)24.905kA

解答过程：

19. 设发电机的定子绕组过电流为 1.3 倍，发电机定子绕组的允许发热时间常数为 40.8，请计算发电机定子绕组对称过负荷的反时限部分动作时间为下列哪项？并说明保护出口动作于停机、信号还是自动减负荷？（　　）

(A)10s　　(B)30s　　(C)60s　　(D)120s

解答过程：

20. 对于不对称负荷，非全相运行及外部不对称短路引起的负序电流，需装设发电机转子表层过负荷保护，设继电保护装置的返回系数 $K_n=0.95$，请计算发电机非对称过负荷保护定时限部分的整定值为下列哪项？（　　）

(A)1701A　　(B)1702A　　(C)1531A　　(D)1902A

解答过程：

21. 根据发电机允许负序电流的能力，列出计算过程，并确定下列发电机转子表层过负荷保护的反时限部分动作时间常数哪个正确？请回答保护在灵敏系数和时限方面是否与其他相间保护相配合，为什么？（　　）

(A) 12.5s　　(B) 10s

(C) 100s　　(D) 1250s

解答过程：

题 22 ~ 25：某电网企业 110kV 变电站，2 路电源进线，2 路负荷出线（电缆线路），进线、出线对端均为系统内变电站，4 台主变压器（变比为 110/10.5kV）；110kV 为单母线分段接线，每段母线接一路进线、一路出线，2 台主变压器；主变高压侧套管 CT 变比为 3000/1A，其余 110kV CT 变比均为 1200/1A，最大运行方式下，110kV 三相短路电流为 18kA，最小运行方式下，110kV 三相短路电流为 16kA，10kV 侧最大最小运行方式下三相短路电流接近，为 23kA，110kV 母线分段断路器装设自动投入装置，当一条电源线路故障断路器跳开后，分段断路器自动投入。

22. 假设已知主变压器高压侧装设单套三相过电流保护继电器动作电流为 1A，请校验该保护的灵敏系数为下列何值？（　　）

(A) 1.58　　(B) 6.34

(C) 13.33　　(D) 15

解答过程：

23. 如果主变压器配置差动保护和过电流保护，请计算主变压器高压侧电流互感器的一次电流倍数为：（可靠系数取 1.3）（　　）

(A) 2.38　　(B) 9.51

(C) 19.5　　(D) 24.91

解答过程：

24. 如果 110kV 装设母线差动保护，请计算 110kV 线路电流互感器的一次电流倍数为：（可靠系数取 1.3） （ ）

（A）15.82 （B）17.33 （C）19.5 （D）18

解答过程：

25. 110kV 三相星形接线的电压互感器，其保护和自动装置交流电压回路及测量电流回路每相负荷均按 40VA 计算，由 PT 端子箱到保护和自动装置屏及电能计量装置屏的电缆长度为 200m，均采用铜芯电缆，请问保护和测量电缆的截面计算值应为：（ ）

（A）$0.47mm^2$，$4.86mm^2$ （B）$0.81mm^2$，$4.86mm^2$

（C）$0.47mm^2$，$9.72mm^2$ （D）$0.81mm^2$，$9.72mm^2$

解答过程：

题 26～30：某地区拟建一座 500kV 变电站，站地位于Ⅲ级污秽区，海拔高度不超过 1000m，年最高温度 +40℃，年最低温度 −25℃，变电站的 500kV 侧，220kV 侧各自与系统相连，35kV 侧接无功补偿装置。该站运行规模为：主变压器 4×750MVA，500kV 出线 6 回，220kV 出线 14 回，500kV 电抗器两组，35kV 电容器组 2×60Mvar，35kV 电抗器 2×60Mvar。主变压器选用 3×250MVA 单相自耦无励磁电压变压器。电压比为 $(525/\sqrt{3})/(230/\sqrt{3})\pm 2\times 2.5\%/35kV$，容量比为 250MVA/250MVA/66.7MVA，接线组别为 YNa0 d11。

26. 本期的 2 回 500kV 出线为架空平行双线路，每回长约 120km，均采用 4×LGJ-400 导线（充电功率 1.1Mvar/km），在初步设计中，为补偿充电功率，曾考虑在本站配置 500kV 电抗器作调相调压，运行方式允许两回路共用一组高压并联电抗器。请计算本站所配置的 500kV 并联电抗器最低容量宜为下列哪一种？ （ ）

（A）59.4MVA （B）105.6MVA

（C）118.8MVA （D）132MVA

解答过程：

27. 拟用无间隙金属氧化物避雷器作500kV电抗器的过电压保护，如系统允许选用额定电压420kV（有效值），最大持续运行电压318kV（有效值），雷电冲击（8～20μs）20kA残压1046kV（峰值），操作冲击（30～100μs）2kA残压826kV（峰值）的避雷器，则500kV电抗器的绝缘水平最低应选用下列哪一种？全波雷电冲击耐压（峰值）、相对地操作冲击耐压（峰值）分别为（列式计算）：（　　）

（A）1175kV，950kV

（B）1425kV，1050kV

（C）1550kV，1175kV

（D）1675kV，1425kV

解答过程：

28. 本期主变压器35kV侧的接线有以下几种简图可选择，哪种是不正确的？并说明选择下列各简图的理由。（　　）

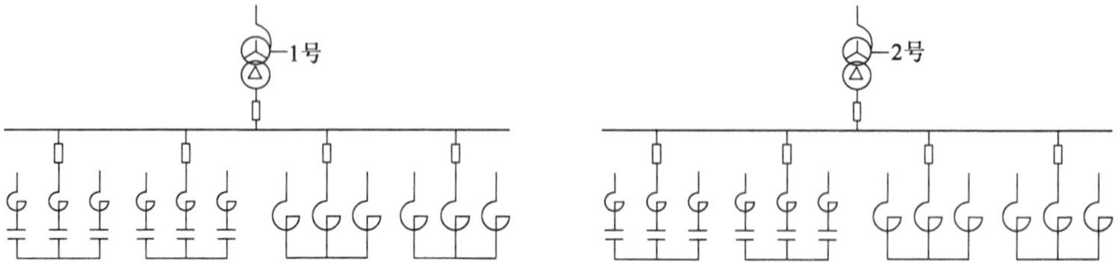

（A）简图A

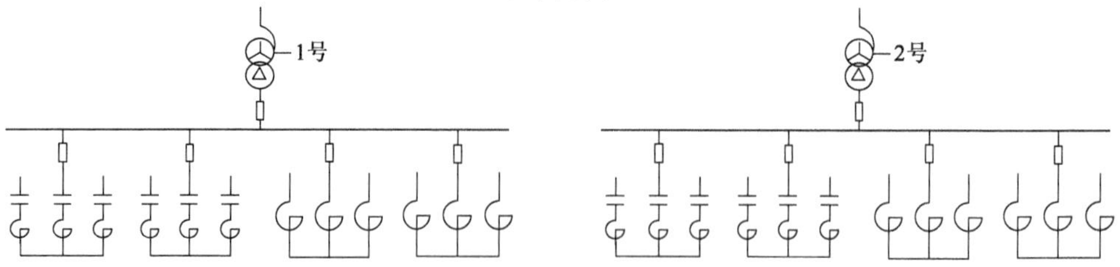

（B）简图B

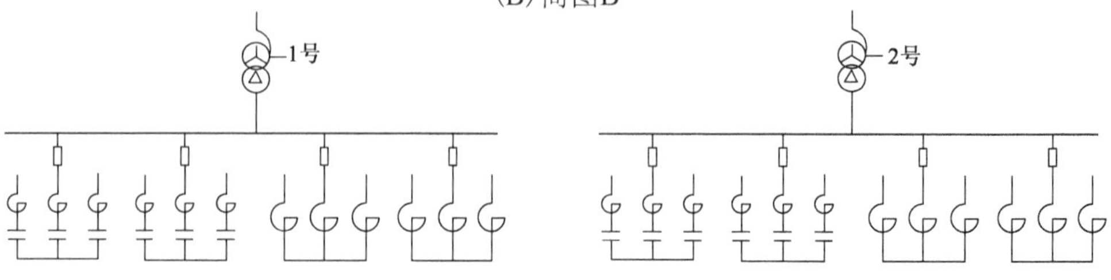

（C）简图C

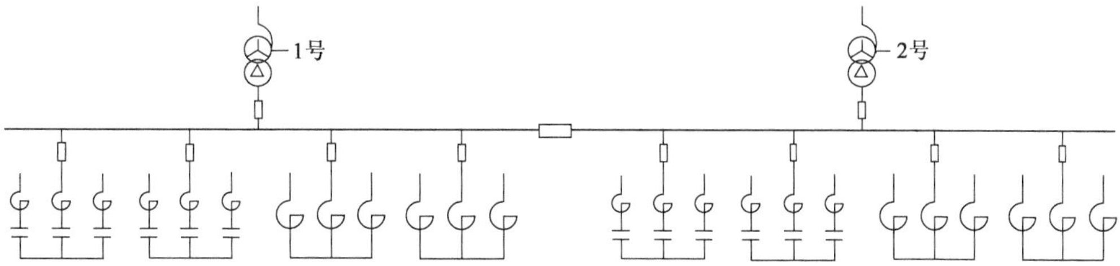

(D)简图D

解答过程：

29. 如该变电所本期35kV母线的短路容量1800MVA，每1435kvar电容器串联电抗器的电抗率为4.5%，为了在投切电容器组时不发生3次谐波谐振，则下列哪组容量不应选用？（列式计算） （ ）

(A)119Mvar (B)65.9Mvar

(C)31.5Mvar (D)7.89Mvar

解答过程：

30. 本期的35kV电容器组是油浸式的，35kV电抗器是干式的户外布置，相对位置如图，电抗器1L、2L，电容器1C、2C属1号主变，电抗器3L、4L，电容器3C、4C属2号主变，拟对这些设备作防火设计，以下防火措施哪项不符合规程？依据是什么？ （ ）

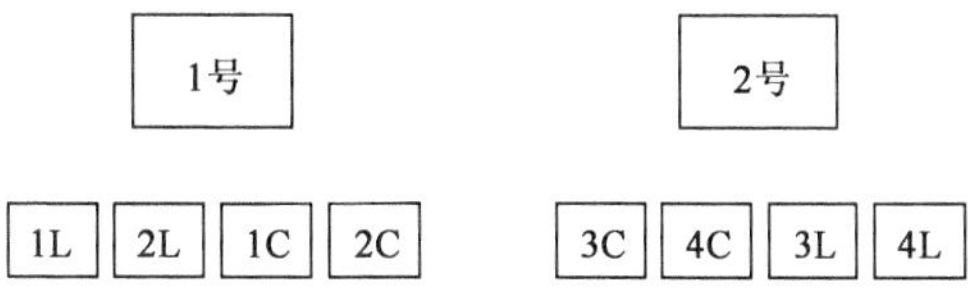

(A)每电容器组应设置消防设施

(B)电容器与主变压器之间距离15m

(C)电容器2C与3C之间仅设防火隔墙

(D)电容器2C与3C之间仅设消防通道

解答过程：

题 31～35：某 500kV 送电线路，导线采用 4 分裂导线，导线的直径为 26.82mm，截面为 $425.24mm^2$，单位长度质量为 1.349kg/m，设计最大覆冰厚度为 10mm，同时风速为 10m/s，导线最大使用应力为 $92.85N/mm^2$，不计绝缘子的荷载（提示：$g=9.8$，冰的比重为 $0.9g/cm^3$）。

31. 线路某直线塔的水平档距为 400m，大风（30m/s）时，电线的水平单位荷载为 12N/m，风压高度系数为 1.05，计算该塔荷载时 90°大风的每相水平荷载为下列何值？（　　）

(A) 20160N　　(B) 24192N

(C) 23040N　　(D) 6048N

解答过程：

32. 该塔垂直档距 650m，覆冰时每相垂直荷载为下列何值？（　　）

(A) 60892N　　(B) 14573N

(C) 23040N　　(D) 46048N

解答过程：

33. 请计算用于山区的直线塔导线断线时纵向不平衡张力为下列何值？（　　）

(A) 31587N　　(B) 24192N

(C) 39484N　　(D) 9871N

解答过程：

34. 请计算 0°耐张塔断线时的断线张力为下列何值？ (　　)

(A) 110554N　　(B) 157934N
(C) 3948.4N　　(D) 27633N

解答过程：

35. 请计算直线塔在不均匀覆冰情况下导线不平衡张力为下列何值？ (　　)

(A) 15793N　　(B) 110554N
(C) 3948.4N　　(D) 2763.8N

解答过程：

题 36～40：某架空送电线路，有一档的档距 $L = 1000$m，悬点高差 $h = 150$m，最高气温时，导线最低点应力 $\sigma = 50\text{N/mm}^2$，垂直比载 $g = 25 \times 10^{-3}\text{N/(m·mm}^2)$。

36. 公式 $f = \frac{gl^2}{8\sigma}$ 属于哪一类公式？ (　　)

(A) 经验公式　　(B) 平抛物线公式
(C) 斜抛物线公式　　(D) 悬链线公式

解答过程：

37. 请用悬链线公式计算在最高气温时档内线长最接近下列哪项数值？ (　　)

(A) 1050.67m　　(B) 1021.52m
(C) 1000.00m　　(D) 1011.55m

解答过程：

38. 请用斜抛物线公式计算最大弧垂为下列哪项? ( )

(A)62.5m　　(B)63.2m

(C)65.5m　　(D)61.3m

解答过程:

39. 请用斜抛物线公式计算距一端 350m 处的弧垂是下列哪项? ( )

(A)59.6m　　(B)58.7m

(C)57.5m　　(D)55.6

解答过程:

40. 请采用平抛物线公式计算 $L=1000\text{m}$ 档内高塔侧导线最高气温时悬垂角是下列哪项数值? ( )

(A)8.53°　　(B)14°

(C)5.7°　　(D)21.8°

解答过程:

2012 年案例分析试题答案(下午卷)

题 1 ~5 答案:**BCCDC**

1.《火力发电厂厂用电设计技术规定》(DL/T 5153—2014)附录 G、附录 H。

起动电动机的起动容量标幺值:$S_q = \dfrac{K_q P_e}{S_{2T}\eta_d \cos\varphi_d} = \dfrac{6 \times 3200}{35 \times 10^3 \times 0.963 \times 0.9} = 0.633$

电动机起动前,厂用母线上的已有负荷标幺值:$S_1 = \dfrac{S_{eh}}{S_{2T}} = \dfrac{19141}{35 \times 10^3} = 0.547$

变压器电抗标幺值:$X_T = 1.1\dfrac{U_d\%}{100} \times \dfrac{S_{2T}}{S_T} = 1.1 \times \dfrac{10.5}{100} \times \dfrac{35}{35} = 0.1155$

电动机正常起动时母线电压标幺值:$U_m = \dfrac{U_0}{1+SX} = \dfrac{1.05}{1+(0.633+0.547)\times 0.1155} = 0.924 = 92.4\%$

注:此题答案给的过于接近,计算过程多保留了几位小数,结果就处于 92% ~ 93%,实际上,若计算过程只保留两位小数,最后结果则更准确些,不过考试的时候不易取舍。

2.《电力工程电气设计手册》(电气一次部分)P80 式(3-1),《导体和电器选择设计技术规定》(DLT 5222—2005)第 18.2.5-1 条。

A 段、B 段分列运行

A 段接地电容:$I_{CA} = 5 \times 0.42 + 3 \times 0.46 + 2 \times 0.51 + 2 \times 0.53 = 5.65\mu F$

B 段接地电容:$I_{CB} = 5.5 \times 0.42 + 2.5 \times 0.46 + 2.1 \times 0.51 + 1.8 \times 0.53 = 5.485\mu F$

上述电容(或电容电流)取最大值,即:

单相接地电容总电流:$I_C = \sqrt{3}\,U_e \omega C \times 10^{-3} = \sqrt{3} \times 6.3 + 2\pi \times 50 \times 5.56 \times 10^{-3} = 19.05A$

经高电阻接地的电阻值:$R = \dfrac{U_N}{KI_C\sqrt{3}} = \dfrac{6.3 \times 1000}{1.1 \times 19.05 \times \sqrt{3}} = 173.58\Omega$

注:①参考《电力工程电气设计手册》(电气一次部分)P101 ~ P103 的 200 ~ 300MW 机组厂用电的接线示例可知,单母线接线的 A 段与 B 段之间并无联络,且题目中也无明确相关信息,因此不用考虑两段并列运行的可能。

②参考《火力发电厂厂用电设计技术规定》(DL/T 5153—2014)附录 C 中式(C.0.1)的要求,接地电阻性电流宜不小系统的接地电容电流,因此两段运行时应以电容(或电容电流)的较大者为计算依据。

③系统电容电流与电缆电容电流之间存在 1.25 的系数,本题解答过程未考虑,实因题目不严谨,若考虑 1.25 倍的系数,则无对应答案。基于对真题的一般规律,建议考生在解题时,若题干中存在明确的指向性文字说明系统电容电流和电缆电容电流的差异,方可考虑 1.25 的系数,否则可不必考虑。

3.《导体和电器选择设计技术规定》(DLT 5222—2005)第5.0.3条,《电力工程电气设计手册》(电气一次部分)P236。

第5.0.3条:电器的正常使用环境条件规定为:周围空气温度不高于40℃,海拔不超过1000m。当电器使用在周围空气温度高于40℃(但不高于60℃)时,允许降低负荷长期工作。推荐周围空气温度每增高1K,减少额定电流负荷的1.8%。……。当电器使用在海拔超过1000m(但不超过4000m)且最高周围温度为40℃时,其规定的海拔每超过100m(以海拔1000m为起点),允许温升降低0.3%。

显然,周围空气温度50℃时,额定电流负荷应减少(50－40)×1.8%＝18%,但海拔提高后仅对于允许温升,无额定电流负荷的对应变化关系。

再查手册P80第4行,在高原地区,由于气温降低足够补偿海拔对温升的影响,因为在实际使用中,其额定电流值可以一般地区相同。因此,负荷电流应不大于2000×(1－18%)＝1640A。

注:海拔对额定电流负荷是否需做修正为此题关键,可讨论。

4.《火力发电厂厂用电设计技术规定》(DL/T 5153—2014)附录L。

厂用变压器电抗标幺值:$X_T = 0.925\frac{U_d\%}{100}\times\frac{S_j}{S_{eB}} = 0.925\times\frac{10.5}{100}\times\frac{100}{35} = 0.2775$

厂用电源短路电流周期分量起始有效值:$I_B = \frac{I_j}{X_X + X_T} = \frac{9.16}{0 + 0.2775} = 33.0\text{kA}$,变压器高压侧系统短路容量无穷大,因此$X_X = 0$。

电动机反馈电流周期分量起始有效值:$I_D = K_{qD}\frac{P_{qD}}{\sqrt{3}U_{eD}\eta_D\cos\varphi_D} = 6\times\frac{21000}{\sqrt{3}\times6\times0.8} = 15.15\text{kA}$

短路电流周期分量起始有效值:$I'' = I_B + I_D = 33.0 + 15.15 = 48.15\text{kA}$

注:题干原为高压侧系统阻抗无穷大,没有这样的说法,明显错误,应为高压侧系统短路容量无穷大。

5.《电力工程电气设计手册》(电气一次部分)P232表6-3,P333式(8-1)。

母线持续工作电流:$I_g = 1.05\frac{S_N}{\sqrt{3}U_N} = 1.05\times\frac{35000}{\sqrt{3}\times6.3} = 3368\text{A}$

根据题干的表格可知:

选项A:100×10mm铜导体二条平放载流量:$I_A = 1.27\times2558 = 3248.7\text{A}$

选项B:100×10mm铝导体三条平放载流量:$I_B = 3181\text{A}$

选项C:100×6.3mm铜导体三条平放载流量:$I_C = 1.27\times2663 = 3382\text{A}$

选项D:100×10mm铜导体三条竖放载流量:$I_D = 1.27\times3578 = 4544\text{A}$

根据手册中式(8-1)的要求,即$I_{xu}\geq I_g$,选项D超过额定持续工作电流太多,明显不经济,因此选项C最为符合。

题6~8答案:**CDA**

6.《电力工程电气设计手册》(电气一次部分)P277"四、计算实例"中"3.选择分接位置及调压开关”。

变压器分支计算负荷：$S_{max}=34500\text{kVA}$

$$S_{min}=0\text{kVA}$$

厂用起动/备用负荷标幺值：$S_{*max}=\dfrac{34500}{40000}=0.8625$

$$S_{*min}=0$$

电源电压标幺值：$U_{*max}=\dfrac{U_{Gg}}{U_{1e}}=\dfrac{242}{226}=1.0708$

$$U_{*min}=\frac{U_{Gd}}{U_{1e}}=\frac{208}{226}=0.9204$$

变压器低压侧额定电压标幺值：$U_{*2e}=\dfrac{6.3}{6}=1.05$

变压器电抗标幺值：$X_{*T}=1.1\times\dfrac{U_d\%}{100}\times\dfrac{S_{2T}}{S_T}=1.1\times\dfrac{14}{100}\times\dfrac{40}{40}=0.154$

变压器阻抗标幺值：$R_{*T}=1.1\times\dfrac{P_t}{S_{2T}}=1.1\times\dfrac{280}{40000}=0.0077$

变压器负荷压降阻抗标幺值：$Z_{*\varphi}=R_{*T}\cos\varphi+X_{*T}\sin\varphi=0.0077\times0.8+0.154\times0.6=0.09856$

根据《火力发电厂厂用电设计技术规定》(DL/T 5153—2014)附录G，调压范围应采用20%，级电压为1.25%。

(1)选最高分接位置：按电源电压最高、负荷最小、母线电压为最高允许值，选最高分接位置。

取 $U_{*Gg}=1.0708$，$S_{*min}=0$，$U_{*m}=1.05$，$\delta_u\%=1.25$。

$$n=\left(\frac{U_{*Gg}U_{*2}}{U_{*m}+SZ}-1\right)\times\frac{100}{\delta_u\%}=\left(\frac{1.0708\times1.05}{1.05+0}-1\right)\times\frac{100}{1.25}=5.664$$，取整数为6。

(2)选最低分接位置：按电源电压最低、负荷最大、母线电压为最低允许值，选最低分接位置。

取 $U_{*Gd}=0.9204$，$S_{*min}=0.8625$，$U_{*m}=0.95$，$\delta_u\%=1.25$。

$$n=\left(\frac{U_{*Gd}U_{*2}}{U_{*m}+S_{*min}Z_{*\varphi}}-1\right)\times\frac{100}{\delta_u\%}=\left(\frac{0.9204\times1.05}{0.95+0.8625\times0.09856}-1\right)\times\frac{100}{1.25}=-5.30$$，

取整数 −6。

(3)选用变压器调压开关：

选 220±6×1.25% 即可满足要求，根据规范要求，调压范围为20%，选择最符合的答案为 220±8×1.25%。

注：此题计算量较大，易出错，占用大量时间，考场上建议放弃。

7.《电力工程电气设计手册》(电气一次部分)P253 式(6-14)，P120 式(4-10)及表4-1。

设 $S_j=100\text{MVA}$，$U_j=6.3\text{kV}$，则由表4-1可知 $I_j=9.16\text{kA}$。

所选电抗器前的电抗标幺值：$X_{*j}=\dfrac{S_j}{S''_d}=\dfrac{I_j}{I''_d}=\dfrac{9.16}{50}=0.1832$

电抗器的电抗百分值：

$$X_k\% \geqslant \left(\frac{I_j}{I''} - X_{*j}\right)\frac{I_{ek}}{U_{ek}} \times \frac{U_j}{I_j} \times 100\% = \left(\frac{9.16}{40} - 0.18\right) \times \frac{2}{6} \times \frac{6.3}{9.16} \times 100\% = 1.05\%$$

注：此题的公式注解有误，其中 I_j 和 I'' 的单位采用 kA 更易计算。另请注意，该页式(6-17)中分子与分母位置颠倒，需自行修正。

8.《火电发电厂厂用电设计技术规定》(DL/T 5153—2014)第 3.7.14 条。

第 3.7.14 条：厂用变压器接线组别的选择应使厂用工作电源与备用电源之间的相位一致，以便厂用电源的切换可采用并联切换的方式。

变压器时序组别定义：高压侧大写长针在前，低压侧小写短针在后，数字 n 为低压侧相对高压侧顺时针旋转 $n \times 30°$。

主变压器高压侧为 220kV，低压侧为发电机出口端，而厂用变压器高压侧为发电机端，低压侧为厂用电 6kV 侧，因此若发电机出口端(A 点)电压相位为 0°，则 6kV 母线侧与 220kV 母线侧相位均瞬时针旋转了 30°，相位相同，可以并联切换。

注：也可参考《电力变压器选用导则》(GB/T 17468—2008)第 6.1 条及附录 A，图 A1。

题 9 ~ 13 答案：**AAACD**

9.《交流电气装置的过电压保护和绝缘配合设计规范》(GB/T 50064—2014) 第 5.4.13-5 条。

第 5.4.13-5 条：发电厂、变电所的 35kV 及以上电缆进线段，在电缆与架空线的连接处应装设 MOA，其接地端应与电缆金属外皮连接。对三芯电缆，末端的金属外皮应直接接地。

如电缆长度不超过 50m，装一组阀式避雷器即能符合保护要求。

注：也可参考《交流电气装置的过电压保护和绝缘配合》(DL/T 620—1997) 第 7.3.3 条及图 11。

10.《交流电气装置的过电压保护和绝缘配合设计规范》(GB/T 50064—2014) 第 4.4.3 条。

110kV 主变压器(中性点)持续运行电压：$0.46U_m = 0.46 \times 126 = 57.96$kV

110kV 主变压器(中性点)额定电压：$0.58U_m = 0.58 \times 126 = 73.08$kV

注：U_m 为最高电压，可参考《标准电压》(GB/T 156—2007) 第 4.3 条 ~ 第 4.5 条，题中未明确时，应按有失地条件计算。

11.《导体与电器选择设计技术规程》(DL/T 5222—2005) 第 20.1.5 条。

第 20.1.5 条：阀式避雷器标称放电电流下的残压，不应大于被保护电器设备(旋转电机除外)标准雷电冲击全波耐受电压的 71%，即 $U_{res} \leqslant 0.71 \times 250 = 177.5$kV，选 A。

注：也可参考《交流电气装置的过电压保护和绝缘配合设计规范》(GB/T 50064—2014) 第 6.4.4 条。$U_{res} \leqslant 250 \div 1.4 = 178.6$kV

12.《电力工程电气设计手册》(电气一次部分)P337 式(8-3)。

短路热稳定校验：$S \geq \frac{\sqrt{Q}}{C} \times 10^3 = \frac{\sqrt{30^2 \times 2}}{87} \times 10^3 = 487.66\text{mm}^2$，因此选取 500mm^2。

13.《电力工程电气设计手册》(电气一次部分)P232 表 6-3 和 P377 式(8-3)。

(1)变压器持续工作电流：

$$I_g = 1.05 \times \frac{S}{\sqrt{3}U} = 1.05 \times \frac{9 \times 2000}{\sqrt{3} \times 35} = 311.77\text{A}$$

综合系数校正后 $I'_g = 311.77 \times 1 = 311.77\text{A} < 320\text{A}$，选电缆规格为 $3 \times 185\text{mm}^2$。

(2)满足热稳定要求最小截面：

$$S \geq \frac{\sqrt{Q}}{C} \times 10^3 = \frac{\sqrt{1067}}{115} \times 10^3 = 284.04\text{mm}^2$$

(3)综合以上，确定电缆规格为 $3 \times 185\text{mm}^2$。

题 14 ~ 17 答案：**BDCB**

14.《电力工程直流系统设计技术规程》(DL/T 5044—2014)附录 C 第 C.1.1 条。

蓄电池个数：$n = \frac{1.05U_n}{U_f} = \frac{1.05 \times 220}{2.23} = 103.6$，选 104 个。

15.《电力工程直流系统设计技术规程》(DL/T 5044—2014)第 4.2.5 条、第4.2.6条。

第 5 阶段，即放电 180min(3h)的设备仅为氢密封油泵(大于 300MW 机组)，该设备负荷系数为 0.8，则第 5 阶段的放电电流为：$I_5 = 37 \times 0.8 = 29.6\text{A}$

注：机组 220 直流负荷表计算如下，可参考。

序号	负荷名称	设备电流(A)	负荷系数	计算电流(A)	事故放电电流(A)				
					1min	30min	60min	90min	180min
1	氢密封油泵	37	0.8	29.6	29.6	29.6	29.6	29.6	29.6
2	直流润滑油泵	387	0.9	348.3	348.3	348.3	348.3	348.3	—
3	交流不停电电压	460	0.6	276	276	276	—	—	—
4	直流长明灯	1	1.0	1	1	1	1	—	—
5	事故照明	36.3	1.0	36.3	36.3	36.3	36.3	—	—
各阶段放电电流合计					$I_1 = 691.2$	$I_2 = 691.2$	$I_3 = 415.2$	$I_4 = 377.9$	$I_5 = 29.6$

16.《电力工程直流系统设计技术规程》(DL/T 5044—2014)附录 C 第 C.2.3-2 条"阶梯计算法"，式(C.2.3-8)。

第二阶段计算容量：

$$C_{C2} = K_K \left(\frac{I_1}{K_{c1}} + \frac{I_2 - I_1}{K_{c2}} \right) = 1.4 \times \left(\frac{1477.8}{0.66} + \frac{861.8 - 1477.8}{0.67} \right) = 1847.56\text{Ah}$$

17.《电力工程直流系统设计技术规程》(DL/T 5044—2014)附录 C 第 C.2.2-4 条和附录 E 第 E.1.1 ~ 第 E.1.2 条。

(1)蓄电池1h放电率电流：$I_1=\frac{C_{C1}K_C}{K_K}=\frac{2500\times0.46}{1.4}=821.4A$

(2)蓄电池1min冲击放电电流：$I_{ca1}=1477.8A$

(3)电缆回路计算电流：$I_{ca}=I_{ca1}=1477.8A$

(4)回路允许电压降计算电缆截面：

$$S_{cac}=\frac{\rho\cdot2LI_{ca}}{\Delta U_P}=\frac{0.0184\times2\times30\times1477.8}{1\%\times220}=741.59mm^2$$

题18~21答案：**ACBD**

18.《继电保护和安全自动装置技术规程》(GB/T 14285—2006)第4.2.8.2条。

第4.2.8.2条定时限部分：动作电流按在发电机长期允许的负荷电流下能可靠返回的条件整定，带时限动作与信号，有条件时，可动作于自动减负荷。

《电力工程电气设计手册》(电气二次部分)P602式(29-45)。

发电机额定电流：$I_g=\frac{P}{\sqrt{3}U\cos\varphi}=\frac{600}{\sqrt{3}\times20\times0.9}=19.245kA$

对称过负荷保护定时限动作电流：$I_{dz}=\frac{K_KI_{e\cdot f}}{K_h}=\frac{1.05\times19.245}{0.85}=23.773kA$

注：《电气工程电气设计手册》(电气二次部分)中此部分的内容：对称过负荷反时限参考式(29-179)，而非对称过负荷保护需参考P683的式(29-180)和式(29-181)。

19.《继电保护和安全自动装置技术规程》(GB/T 14285—2006)第4.2.8.2条。

第4.2.8.2条反时限部分：动作特性按发电机定子绕组的过负荷能力确定，动作于停机。

《电力工程电气设计手册》(电气二次部分)P683式(29-179)。

对称过负荷保护反时限动作时间：$t=\frac{K}{I_{1*}^2-(1+a)}=\frac{40.8}{1.3^2-(1+0.01)}=60s$

20.《电力工程电气设计手册》(电气二次部分)P683式(29-180)。

发电机额定电流：$I_g=\frac{P}{\sqrt{3}U\cos\varphi}=\frac{600}{\sqrt{3}\times20\times0.9}=19.245kA$

非对称过负荷保护定时限动作电流：

$$I_{dz}=\frac{K_KI_{2\infty}}{K_h}=\frac{1.05\times8\%\times19.245}{0.95}=1.70166kA\approx1702A$$

21.《继电保护和安全自动装置技术规程》(GB/T 14285—2006)第4.2.9.2条。

第4.2.9.2条反时限部分：动作特性按发电机承受短时负序电流的能力确定，动作于停机。不考虑在灵敏度系数和时限方面与其他相间短路保护相配合。

《电力工程电气设计手册》(电气二次部分)P683式(29-181)。

非对称过负荷保护反时限动作时间：$t=\frac{A}{I_{2*}^2}=\frac{8}{0.08^2}=1250s$

题 22 ~25 答案：**AACD**

22.《电力工程电气设计手册》（电气二次部分）P683 式（29-50）、式（29-51）。

变压器高压侧保护动作电流：$I_{dz} = n_{Nt}I_2 = 1200 \times 1 = 1200A$

则 110kV 的 CT 变比为 1200/1。

最小运行方式，电源引出端发生两相短路：

$$I_{d\cdot min}^{(2)} = 0.866 I_{d\cdot min}^{(3)} = 0.866 \times 23 \times 10^3 \times \frac{10.5}{110} = 1901.3A$$

保护装置的灵敏系数：$K_{lm} = \dfrac{I_{d\cdot min}^{(2)}}{I_{dz}} = \dfrac{1901.3}{1200} = 1.58$

注：110kV 主变套管 CT 通常情况下不接入，但也可根据特殊需要考虑接入。中性点零序套管 CT 通常要求接入。套管 CT 可以增加设备的灵活性，在开关 CT 更换或检修时，可以暂用接入套管 CT，以减少停电时间。

23.《电力工程电气设计手册》（电气二次部分）P69 式（20-9）。

变压器高压侧纵联差动保护电流互感器一次电流倍数：

$$m_{js} = \frac{K_k I_{d\cdot max}}{I_e} = \frac{1.3}{1200} \times \frac{23 \times 10^3}{\frac{110}{10.5}} = 2.38$$

注：$I_{d\cdot max}$为变压器外部短路时流过电流互感器的最大电流，按题意应取 10kV 侧短路电流 23kA，折合至一次侧进行计算。“外部”为本题的关键，针对变压器差动保护，“外部”应理解为差动保护两 CT 之间以外的设备及线路。

24.《电力工程电气设计手册》（电气二次部分）P69 式（20-10）。

110kV 母联差动保护电流互感器一次电流倍数：

$$m_{js} = \frac{K_k I_{d\cdot max}}{I_e} = \frac{1.3 \times 18 \times 10^3}{1200} = 19.5$$

注：$I_{d\cdot max}$为母线外部短路时流过电流互感器的最大电流，按题意应取变压器高压侧最大短路电流。“外部”亦为本题的关键，针对母联差动保护，“外部”应理解为，除了差动保护，两 CT 之间部分的设备及线路。

25.《电力工程电气设计手册》（电气二次部分）P103 式（20-45）和《火力发电厂、变电所二次接线设计技术规程》（DL/T 5136—2012）第 7.5.5 条、第 7.5.6 条。

第 9.5.5 条：继电保护和自动装置用电压互感器二次回路的电缆电压降不应超过额定二次电压的 3%。

电压互感器至自动装置间的电压降：$\Delta U = \sqrt{3} K_{lx\cdot zk} \times \dfrac{P}{U_{x-x}} \times \dfrac{L}{\gamma S}$

则：$S = \sqrt{3} K_{lx\cdot zk} \times \dfrac{P}{U_{x-x}} \times \dfrac{L}{\gamma \Delta U} = \sqrt{3} \times 1 \times \dfrac{40}{100} \times \dfrac{200}{57 \times 3\% \times 100} = 0.81mm^2$

第 9.5.6 条：用户计算用的 0.5 级及以下电能表二次回路电缆压降不宜大于二次电压的 0.25%。

则：$S=\sqrt{3}K_{\mathrm{lx\cdot zk}}\times\dfrac{P}{U_{\mathrm{x-x}}}\times\dfrac{L}{\gamma\Delta U}=\sqrt{3}\times1\times\dfrac{40}{100}\times\dfrac{200}{57\times0.25\%\times100}=9.72\mathrm{mm}^2$

注：《火力发电厂、变电所二次接线设计技术规程》(DL/T 5136—2001)规定，指示性仪表回路的电缆电压降不大于1%～3%，但由于指示性仪表使用较少，本题基本忽略了。

题26～30答案：**CCDAD**

26.《电力系统设计手册》P234式(8-3)。

500kV并联电抗器最低容量：$Q_{\mathrm{kb}}=\dfrac{l}{2}q_{\mathrm{c}}B=\dfrac{2\times120}{2}\times1.1\times0.9=118.8\mathrm{MVA}$

注：也可参考《330kV～750kV变电站无功补偿装置设计技术规定》(DL/T 5014—2010)第5.0.7条的条文说明，计算结果为132MVA，但由于本题要求最低容量，因此建议以《电力系统设计手册》为依据。

27.《交流电气装置的过电压保护和绝缘配合设计规范》(GB/T 50064—2014)第6.4.3-1-1)条、第6.4.4-1-1)条。

(1)变电站电气设备与雷电过电压的绝缘配合：电气设备内绝缘的全波雷电冲击耐压配合系数一般取1.4。则并联电抗器的全波额定雷电冲击耐压：$\overline{u_1}\geqslant K_5U_{\mathrm{R}}=1.4\times1046=1464.4\mathrm{kV}$

(2)变电站电气设备与操作过电压的绝缘配合：电气设备内绝缘相对地额定操作冲击耐压配合系数取1.15。则并联电抗器的相对地操作冲击耐压：$\overline{u_{\mathrm{ssi}}}\geqslant K_4U_{\mathrm{p.1}}=1.15\times826=950\mathrm{kV}$

(3)综上所述，选项C均符合两者要求。

注：也可参考《交流电气装置的过电压保护和绝缘配合》(DL/T 620—1997)第10.4.3-a)-1)条、第10.4.4-b)条。

28.《330kV～750kV变电站无功补偿装置设计技术规定》(DL/T 5014—2010)第6.1.7条及条文说明。

第6.1.7条：多组主变压器三次侧的无功补偿装置之间不应并联运行。显然选项D错误。

注：所谓三次侧是指三绕组变压器的最低压侧，也可理解为双绕组变压器的低压侧，若无功补偿装置并联运行时，三次侧(低压侧)的短路电流显著增大，难以选择适用的设备。

29.《并联电容器装置设计规范》(GB 50227—2017)第3.0.3-3条。

发生谐振的电容器容量：$Q_{\mathrm{cx}}=S_{\mathrm{d}}\left(\dfrac{1}{n^2}-K\right)=1800\times(\dfrac{1}{3^2}-4.5\%)=119\mathrm{MVA}$

注：也可参考《35kV～220kV变电站无功补偿装置设计技术规定》(DL/T 5242—2010)附录B式(B.1)。

30.《并联电容器装置设计规范》(GB 50227—2017)第9.1.2条和《35kV ~ 220kV变电站无功补偿装置设计技术规定》(DL/T 5242—2010)第10.1.3条。

第9.1.2条:并联电容器装置应设置消防设施,选项A正确。

第10.1.3条:户外布置的油浸电容器与主要电气设备之间的防火距离,不应小于10m,选项B正确。

第10.1.3条:户外布置的油浸电容器与主要电气设备之间的防火距离,不应小于10m,当不能满足上述要求时,应设置防火墙,选项C正确。

第9.1.2-1条:属于不同主变压器的屋外大容量并联电容器装置之间,宜设置消防通道,选项D错误。

注:假如设备之间的距离为9m,仅设置防火隔墙可满足规范要求,但仅设置消防通道不能满足规范要求。

题31 ~ 35答案:**CACAA**

31.《电力工程高压送电线路设计手册》(第二版)P174式(3-1-14)。

单分裂导线风荷载:$W_x = g_H l_H \beta_c \sin^2\theta = (12 \times 1.05) \times 400 \times 1.2 \times \sin^2 90° = 6048N$

每相导线水平风荷载:$W''_x = 6048 \times 4 = 24192N$

注:水平单位荷载即为90°的风荷载,由于风压高度系数不同于风荷载调整系数,本题1.05的系数存在争议,但考虑到线路手册编撰于十几年前,其中部分公式的参数现今均有所变化,参考《110kV ~ 750kV架空输电线路设计规范》(GB 50545—2010)第10.1.18条的相关公式,可知导线及地线的水平风荷载标准值是与风压高度变化系数成正比的。提请注意新规范中部分数据已与手册中的有所差异,如规范中的表10.1.18-1和手册中的表3-1-16,但也不必过于担心,一般情况下出题者会规避此种差异或直接给出明确数据,以避免混淆。

32.《电力工程高压送电线路设计手册》(第二版)P179表3-2-3。

自重力荷载:$g_1 = 9.8p_1 = 9.8 \times 1.349 = 13.22N/m$

冰重力荷载:$g_2 = 9.8 \times 0.9\pi\delta(\delta + d) \times 10^{-3} = 9.8 \times 0.9 \times 3.14 \times 10 \times (10 + 26.82) \times 10^{-3} = 10.20N/m$

覆冰时的垂直荷载:$g_3 = g_1 + g_2 = 13.22 + 10.20 = 23.42N/m$

杆塔结构所承受荷载数值,即电线单位长度上的垂直荷载与垂直档距(杆塔两侧最低点间)的水平距离之乘积。

则每相垂直档距:$P = P_0 l_v = 23.42 \times 4 \times 650 = 60892N$

注:务必掌握垂直档距与水平档距的定义,此知识点多次考查。

33.《110kV ~ 750kV架空输电线路设计规范》(GB 50545—2010)第10.1.7条表10.1.7。

山区的直线塔导线断线时,纵向不平衡张力为最大使用张力的25%,根据题干已知条件,则:

$T_{py1} = 4 \times 92.85 \times 425.24 \times 25\% = 39484N$

注：《电力工程高压送电线路设计手册》（第二版）P328 表 6-2-6 下方文字"两分裂以上导线的纵向不平衡张力，对平地、丘陵及山地线路，应分别取不小于一相导线最大使用张力的 15%、20% 及 25%，且均不小于 20kN。"

34.《110kV～750kV 架空输电线路设计规范》（GB 50545—2010）第 10.1.7 条表 10.1.7。

山区的 0°耐张塔导线断线张力为最大使用张力的 70%，根据题干已知条件，则：

$T_{py2} = 4 \times 92.85 \times 425.24 \times 70\% = 110554\text{N}$

注：同理，分裂导线应考虑一相导线的断线张力，《电力工程高压送电线路设计手册》（第二版）P328 表 6-2-7 下方文字"断线情况，所有的导、地线张力，均应分别取最大使用张力的 70% 及 80%。"

35.《110kV～750kV 架空输电线路设计规范》（GB 50545—2010）第 10.1.8 条表 10.1.8。

10mm 冰区不均匀覆冰情况的直线塔导线不平衡张力为最大使用张力的 10%。

则：$T_{py3} = 4 \times 92.85 \times 425.24 \times 10\% = 15793\text{N}$

注：同理，分裂导线应考虑一相导线的不平衡张力。并区分纵向不平衡张力、断线张力、导线不平衡张力，要对应不同的条文。

题 36～40 答案：**BBBCD**

36.《电力工程高压送电线路设计手册》（第二版）P179 表 3-3-1。

悬链线方程中包含双曲线函数，计算比较复杂不便使用，故一般将悬链线公式简化为斜抛物线公式或平抛物线公式。

所谓斜抛物线公式，是近似地认为电线荷载沿悬挂点连线上均匀分布而简化得来。

所谓平抛物线公式，是近似地认为电线荷载沿悬挂点间的水平线上均匀分布而简化得来。

根据表 3-3-1 所示，电线最大弧垂公式 $f_m = \dfrac{\gamma l^2}{8\sigma_0}$ 为平抛物线公式。

37.《电力工程高压送电线路设计手册》（第二版）P179 表 3-3-1。

档内线长：

$$L = \sqrt{\frac{4\sigma_0^2}{\gamma^2}\text{sh}^2\frac{\gamma l}{2\sigma_0} + h^2} = \sqrt{\frac{4 \times 50^2}{(25 \times 10^{-3})^2}\text{sh}^2\frac{25 \times 10^{-3} \times 1000}{2 \times 50} + 150^2} = 1021.52\text{m}$$

注：实际考查计算双曲函数的应用能力。

38.《电力工程高压送电线路设计手册》（第二版）P179 表 3-3-1。

高差角：$\tan\beta = \dfrac{h}{l} = 0.15$

$\cos\beta = 0.9889$

最大弧垂：$f_m = \dfrac{\gamma l^2}{8\sigma_0\cos\beta} = \dfrac{25 \times 10^{-3} \times 1000^2}{8 \times 50 \times 0.9889} = 63.2\text{m}$

39.《电力工程高压送电线路设计手册》(第二版)P179 表 3-3-1。

根据上题结果,最大弧垂$f_m = 63.2$m,则距离一端 350m 的弧垂为:

$$f'_x = \frac{4x'}{l}\left(1-\frac{x'}{l}\right)f_m = \frac{4\times350}{1000}\times\left(1-\frac{350}{1000}\right)\times63.2 = 57.512\text{m}$$

40.《电力工程高压送电线路设计手册》(第二版)P179 表 3-3-1。

悬挂点(高塔)电线悬垂角:

$$\theta_B = \arctan\left(\frac{\gamma l}{2\sigma_0}+\frac{h}{l}\right) = \arctan\left(\frac{25\times10^{-3}\times1000}{2\times50}+\frac{150}{1000}\right) = 21.8°$$

注:参考表 3-3-1 下方的悬挂点示意图。

2013年

注册电气工程师(发输变电)执业资格考试

专业考试试题及答案

2013 年专业知识试题(上午卷)

一、单项选择题(共 40 题,每题 1 分,每题的备选项中只有 1 个最符合题意)

1. 对单母线分段与双母线接线,若进出线回路数一样,则下列哪项表述是错误的? ( )

(A)由于正常运行时,双母线进出线回路均匀分配到两段母线,因此一段母线故障时,故障跳闸的回路数单母线分段与双母线一样

(B)双母线正常运行时,每回进出线均同时连接到两段母线运行

(C)由于双母线接线每回进出线可以连接两段母线,因此一段母线检修时,进出线可以不停电

(D)由于单母线接线每回进出线只连接一段母线,因此母线检修时,所有连接此段母线的进出线都要停电

2. 在校核断路器的断流能力时,选用的短路电流宜取: ( )

(A)零秒短路电流 (B)继电保护动作时间的短路电流

(C)断路器分闸时间的短路电流 (D)断路器实际开断时间的短路电流

3. 对油量在 2500kg 及以上的户外油浸变压器之间的防火间距要求,下列表述中哪项是正确的? ( )

(A)均不得小于 10m

(B)35kV 及以下 5m,66kV 6m,110kV 8m,220kV 及以上 10m

(C)66kV 及以下 7m,110kV 8m,220kV 及以上 10m

(D)110kV 及以下 8m,220kV 及以上 10m

4. 110kV、6kV 和 35kV 系统的最高工作电压分别为 126kV、7.2kV、40.5kV,其工频过电压水平一般不超过下列哪组数值? ( )

(A)126kV、7.2kV、40.5kV (B)95kV、7.92kV、40.5kV

(C)164kV、7.92kV、40.5kV (D)95kV、4.6kV、23.38kV

5. 为了限制 330kV、550kV 电力空载线路的合闸过电压,采取下列哪些措施是最有效的? ( )

(A)线路一端安装无间隙氧化锌避雷器

(B)断路器上安装合闸电阻

(C)线路末端安装并联电抗器

(D)安装中性点接地的星形接线的电容器组

6. 在中性点不接地的三相系统中，当一相发生接地时，未接地两相对地电压变化为相电压的多少倍？ （ ）

(A) $\sqrt{3}$倍 (B) 1 倍 (C) $1/\sqrt{3}$ (D) 1/3 倍

7. 根据短路电流实用计算法中计算电抗 X_{js} 的意义，在基准容量相同的条件下，下列哪项推断是正确的？ （ ）

(A) X_{js}越大，在某一时刻短路电流周期分量的标幺值越小
(B) X_{js}越大，电源的相对容量越大
(C) X_{js}越大，短路点至电源的电气距离越近
(D) X_{js}越大，短路电流周期分量随时间衰减的程度越大

8. 某电厂 50MW 发电机组，厂用工作电源由发电机出口引出，依次经隔离开关、断路器、电抗器供电给厂用负荷，请问该回路断路器宜按下列哪项条件校验？ （ ）

(A) 校验断路器开断水平时应按电抗器后短路条件校验
(B) 校验开断短路能力应按 0s 短路电流校验
(C) 校验热稳定时应计及电动机反馈电流
(D) 校验用的开断短路电流应计及电动机反馈电流

9. 某 135MW 发电机组的机端电压为 15.75kV，其引出线宜选用下列哪种形状的硬导体？ （ ）

(A) 矩形 (B) 槽形 (C) 管形 (D) 圆形

10. 某容量为 180MVA 的升压变压器，其高压侧经 LGJ 型导线接入 220kV 屋外配电装置，按经济电流密度选择导线截面应为下列哪项数值？（经济电流密度 $J = 1.18\ A/mm^2$） （ ）

(A) $240mm^2$ (B) $300mm^2$
(C) $400mm^2$ (D) $500mm^2$

11. 当地震烈度为 9 度时，电气设施的布置采用下列哪种方式是不正确的？ （ ）

(A) 电压为 110kV 及以上的配电装置形式不宜采用高型、半高型
(B) 电压为 110kV 的管形母线配电装置的管形母线宜采用支持母管
(C) 主要设备之间以及主要设备与其他设备及设施间的距离宜适当加大
(D) 限流电抗器不宜采用三相垂直布置

12. 一台 100MW，A 值（故障运行时的不平衡负载运行限值）等于 10s 的发电机，装设的定时限负序过负荷保护出口方式宜为下列哪项？ （ ）

(A) 停机 (B) 信号

(C)减出力　　　　(D)程序跳闸

13. 有一组600Ah阀控式密封铅酸蓄电池组,其出口电流应选用下列哪种测量范围的表计?　　(　　)

(A)400A　　　　(B)±400A

(C)600A　　　　(D)±600A

14. 装有电子装置的屏柜,应设有供公用零电位基准点逻辑接地的总接地板,即零电位母线,屏间零电位母线间的连接线应不小于:　　(　　)

(A)$100mm^2$　　　　(B)$35mm^2$

(C)$16mm^2$　　　　(D)$10mm^2$

15. 下列有关低压断路器额定短路分断能力校验条件中,符合规程规定的是哪一条?　　(　　)

(A)当利用断路器本身的瞬时过电流脱扣器作为短路保护时,应采用断路器安装点的稳态电流校验

(B)当利用断路器本身的延时过电流脱扣器作为短路保护时,应采用断路器的额定短路分断能力校验

(C)当安装点的短路功率因数低于断路器的额定短路功率因数时,额定短路分断能力宜留有适当裕度

(D)当另装继电保护时,则额定短路分断能力应按产品制造厂的规定

16. 某电厂建设规模为两台300MW机组,低压厂用备用电源的设置原则中,下列哪项是不符合规定的?　　(　　)

(A)两机组宜设一台低压厂用备用变压器

(B)宜按机组设置低压厂用备用变压器

(C)当低压厂用变压器成对设置时,两台变压器互为备用

(D)远离主厂房的负荷,宜采用邻近二台变压器互为备用的方式

17. 火灾自动报警系统设计时,火灾探测区域应按独立房(套)间划分,一个探测区域面积不宜超过下列哪项数值?　　(　　)

(A)$1000m^2$　　　　(B)$800m^2$

(C)$500m^2$　　　　(D)$300m^2$

18. 爆炸危险环境中,除本质安全系统的电路外,下列有关电压为500V时的钢管配线的最小截面积,哪项是不符合规范要求的?　　(　　)

(A)1区,电力馈线采用$2.5mm^2$铜芯电缆

(B)1区,照明馈线采用$2.5mm^2$铜芯电缆

(C)2 区,电力馈线采用 2.5mm^2 铜芯电缆
(D)2 区,照明馈线采用 2.5mm^2 铜芯电缆

19. 按电能质量标准要求,对于基准短路容量为 100MVA 的 10kV 系统,注入公共连接点的 7 次谐波电流最大允许值为: ( )

(A)8.5A (B)12A
(C)15A (D)17.5A

20. 火力发电厂与变电所中,建(构)筑物中电缆引至电气柜、盘、成控制屏、台的开孔部位,电缆贯穿隔墙、楼板的空洞应采用电缆防火封堵材料进行封堵,其防火封堵组件的耐火极限不应低于被贯穿物的耐火极限,且不应低于下列哪项数值? ( )

(A)1h (B)45min
(C)30min (D)15min

21. 下列关于太阳能光伏发电特点的表述中哪条是错误的? ( )

(A)基本无噪声
(B)利用光照发电无需燃料费用
(C)光伏发电系统组件为静止部件,维护工作量小
(D)能量持续,能源随时可得

22. 频率为 1MHz 时,220kV 的高压交流架空送电线无线电干扰限制(距边导线投影 20m 处)应为下列哪项? ( )

(A)41dB(μV/m) (B)46dB(μV/m)
(C)48dB(μV/m) (D)53dB(μV/m)

23. 容量为 2×300MW 发电机组的火力发电厂,两台机组为一个集中控制室控制时,有关应急交流照明回路供电描述,下列哪项措施不满足规范要求? ( )

(A)交流应急照明电源应由保安段供电
(B)重要辅助车间的应急交流照明宜由保安段供电
(C)当正常照明电源消失时,应自动切换至直流母线供电
(D)应由两台机组的交流应急照明电源分别向集中控制室应急照明供电

24. 工业、民用建筑中,消防控制设备对疏散通道上的防火卷帘,应按一定程序自动控制下降。当感烟探测器动作后,卷帘下降高度应为下列哪项数值? ( )

(A)下降至距地(楼)面 1.0m (B)下降至距地(楼)面 1.8m
(C)下降至距地(楼)面 2.5m (D)下降到底

25. 核电厂照明网络的接地类型宜采用下列哪种系统? ( )

(A)宜采用 TN-C-S 系统　　(B)宜采用 TN-C 系统
(C)宜采用 TN-S 系统　　(D)宜采用 TT 系统

26. 电能计量装置所用 S 级电流互感器额定一次电流应保证其在正常运行中的实际负荷电流达到一定值,为了保证计量精度,至少应不小于:（　　）

(A)60%　　(B)35%
(C)30%　　(D)20%

27. 直流系统采用分层辐射形供电方式,电缆选择的要求中,下列哪种表述是错误的?（　　）

(A)从蓄电池组的两极到电源屏合用一根两芯铜截面的电缆
(B)蓄电池组与直流柜之间连接电缆长期允许载流量的计算电流应大于事故停电时间的蓄电池放电率电流
(C)直流分电柜与直流终端断路器之间的允许电压降宜取直流系统标称电压的 1% ~1.5%
(D)事故放电末期保证恢复供电断路器可靠合闸

28. 发电机保护中零序电流型横差保护的主要对象是:（　　）

(A)发电机引出线短路　　(B)发电机励磁系统短路
(C)发电机转子短路　　(D)发电机定子匝间短路

29. 电气装置和设施的下列金属部分,可不接地的是:（　　）

(A)屋外配电装置的钢筋混凝土结构
(B)爆炸性气体环境中沥青地面的干燥房间内,交流标称电压 380V 的电气设备外壳
(C)箱式变电所的金属箱体
(D)安装在已接地的金属构架上的设备(已保证电气接触良好)

30. 火力发电厂主厂房内最远工作地点到外部出口或楼梯的距离不应超过:（　　）

(A)50m　　(B)55m
(C)60m　　(D)65m

31. 火力发电厂和变电站中防火墙上的电缆孔洞应采用电缆防火封堵材料进行封堵,并应采取防止火焰延燃的措施,其防火封堵组件的耐火极限应为:（　　）

(A)1h　　(B)1.5h　　(C)2h　　(D)3h

32. 火力发电厂和变电站有爆炸危险的场所,当管内敷设多组照明导线时,管内敷设的导线根数不应超过:（　　）

(A)4 根　　(B)5 根
(C)6 根　　(D)8 根

33. 在确定电气主接线方案时，下列哪种避雷器宜装设隔离开关？（　　）

(A)500kV 母线避雷器　　(B)200kV 母线避雷器
(C)变压器中性点避雷器　　(D)发电机引出线避雷器

34. 在选择 380V 低压设备时，下列哪项不能作为隔离电器？（　　）

(A)插头与插座　　(B)不需要拆除连接线的特殊端子
(C)熔断器　　(D)半导体电器

35. 有效接地系统变电所，其接地网的接地电阻公式为 $R \leqslant 2000/I_g$，下列对 R 的表述中哪种是正确的？（　　）

(A)R 是指采用季节变化的最大接地电阻
(B)R 是指采用季节变化的最大冲击接地电阻
(C)R 是指高电阻率地区变电所接地网的接地电阻
(D)R 是指设计变电所接地网中，根据水平接地体总长度计算的接地电阻

36. 已知电气装置金属外壳的接地引线截面为 480mm^2，其接地装置接地极不宜小于下列哪种规格？（　　）

(A)50×8mm　　(B)50×6mm
(C)40×8mm　　(D)40×6mm

37. 某电网建设一条 150km 500kV 线路，下列哪种情况须装设线路并联高抗？（　　）

(A)经计算线路工频过电压水平为：线路断路器的变电所侧 1.2p.u.，线路断路器的线路侧 1.3p.u.
(B)需补偿 500kV 线路充电功率
(C)需限制变电所 500kV 母线短路电流
(D)经计算线路潜供电流不能满足单相自动重合闸的要求

38. 下列哪项措施不能提高电力系统的静态稳定水平？（　　）

(A)采用紧凑型输电线路　　(B)采用串联电容补偿装置
(C)将电网主网架由 220kV 升至 500kV　　(D)装设电力系统稳定器(PSS)

39. 海拔 200m 的 500kV 线路为满足操作及雷电过电压要求，悬垂绝缘子串应采用多少片绝缘子？（绝缘子高度 155mm）（　　）

(A)25 片　　(B)26 片
(C)27 片　　(D)28 片

40. 220kV 线路在最大计算弧垂情况下，导线与地面的最小距离应为下列哪项数值？（　　）

(A)居民区:7.5m　　(B)居民区:7.0m
(C)非居民区:7.5m　　(D)非居民区:7.0m

二、多项选择题（共30题，每题2分。每题的备选项中有2个或2个以上符合题意。错选、少选、多选均不得分）

41. 在进行导体和设备选择时，下列哪些情况除计算三相短路电流外，还应进行两相、两相接地、单相接地短路电流计算，并按最严重情况验算？（　　）

(A)发电机出口　　(B)中性点直接接地系统
(C)自耦变压器回路　　(D)不接地系统

42. 电力设备的抗震计算方法分动力设计法和静力设计法，采用静力法时需做下列哪些抗震计算？（　　）

(A)共振频率计算　　(B)根部及危险断面处的弯矩、应力计算
(C)抗震强度验算　　(D)地震作用计算

43. 下列哪些是快速接地开关的选择依据条件？（　　）

(A)关合短路电流　　(B)关合时间
(C)开断短路电流　　(D)切断感应电流能力

44. 关于离相封闭母线，以下哪几项表述是正确的？（　　）

(A)采用离相封闭母线是为了减少导体对邻近钢构的感应发热
(B)封闭母线的导体和外壳宜采用纯铝圆形结构
(C)封闭母线外壳必须与支持点间绝缘
(D)导体的固定可采用三个绝缘子或单个绝缘子支持方式

45. 变电所中电气设备与暂时过电压的绝缘配合原则是下列哪些？（　　）

(A)电气设备应符合相应现场污秽度等级下耐受持续运行电压的要求
(B)电气设备应能承受一定幅值的暂时过电压
(C)电气设备与工频过电压的绝缘配合系数取 1.15
(D)电气设备应能承受持续运行电压

46. 电网方案设计中，对形成的方案要做技术经济比较，还要进行常规的电气计算，主要的计算有下列哪些项？（　　）

(A)潮流及调相调压和稳定计算　　(B)短路电流计算

(C)低频振荡、次同步谐振计算　　　　　(D)工频过电压及潜供电流计算

47. 验算导体和电器动稳定、热稳定以及电器开断电流所用的短路电流可按照下列哪几条原则确定？　　(　　)

(A)应按本工程的设计规划容量计算，并考虑电力系统远景发展规划
(B)应按可能发生最大短路电流的接线方式，包括在切换过程中可能并列运行的接线方式
(C)在电气连接网络中，考虑具有反馈作用的异步电动机的影响和电容补偿装置放电电流的影响
(D)一般按三相短路电流验算

48. 对于屋外管母线，下列哪几项消除微风振动的措施是无效的？　　(　　)

(A)采用隔振基础　　　　(B)在管内加装阻尼线
(C)改变母线间距　　　　(D)采用长托架

49. 在220kV～500kV 变电所中，下列哪几种容量的单台变压器应设置水喷雾灭火系统？　　(　　)

(A)50MVA　　　　(B)63MVA
(C)125MVA　　　　(D)150MVA

50. 下列关于发电厂交流事故保安电源电气系统接线基本原则的表述中，哪些是正确的？　　(　　)

(A)交流事故保安电源的电压及中性点接地方式宜与低压厂用工作电源系统的电压及中性点接地方式取得一致
(B)交流事故保安母线段除由柴油发电机取得电源外，应由本机组厂用电取得正常工作电源
(C)一般200MW 及以上的汽轮发电机组，每台配置一套柴油发电机组
(D)当确认本机组动力中心真正失电后应能切换到交流保安电源供电

51. 若发电厂6kV 厂用母线的接地电容电流为8.78A 时，其厂用系统中性点的接地方式宜采用下列哪几种接地方式？　　(　　)

(A)高电阻接地　　　　(B)低电阻接地
(C)直接接地　　　　(D)不接地

52. 下列物质中哪些属于导电性粉尘？　　(　　)

(A)砂糖　　(B)石墨　　(C)玉米　　(D)钛粉

53. 在110kV 变电站中，下列哪些场所和设备应设置火灾自动报警装置？　　(　　)

(A)配电装置室　　(B)可燃介质电容器室
(C)采用水灭火系统的油浸主变压器　　(D)变电站的电缆夹层

54. 发电厂内的噪声应按国家规定的产品噪声标准从声源上进行控制,对于声源上无法根除的生产噪声,可采用有效的噪声控制措施,下列哪项措施是正确的?　(　　)

(A)对外排气阀装设消声器　　(B)设备装设隔声罩
(C)管道增加保温材料　　(D)建筑物内敷吸声材料

55. 在220kV变电站屋外变压器的防火设计中,下列哪几条是正确的?　(　　)

(A)主变压器挡油设施的容积按其油量的20%设计,并应设置将油排入安全处的设施
(B)储油池应设有净距不大于40mm格栅
(C)储油设施内铺设卵石层,其厚度不应小于250mm
(D)储油池大于变压器外廓每边各0.5m

56. 发电厂、变电所中,正常照明网络的供电方式应符合下列哪些规定?　(　　)

(A)单机容量为200MW以下机组,低压厂用电中性点为直接接地系统时,主厂房的正常照明由动力和照明网络共用的低压厂用变压器供电
(B)单机容量为200MW及以上机组,低压厂用电中性点为非直接接地系统时,主厂房的正常照明由高压厂用电系统引接的集中照明变压器供电
(C)辅助车间的正常照明宜采用与动力系统共用变压器供电
(D)变电站正常照明宜采用动力与照明分开的变压器供电

57. 110kV及以上的高压断路器操作机构一般为液压、气动及弹簧,下列对操作机构规定哪些是正确的?　(　　)

(A)空气操作机构的断路器,当压力降低至规定值时,应闭锁重合闸、合闸及跳闸回路
(B)液压操作机构的断路器,当压力降低至规定值后,应自动断开断路器
(C)弹簧操作机构的断路器,应有弹簧未拉紧自动断开断路器的功能
(D)液压操作机构的断路器,当压力降低至规定值时,应闭锁重合闸、合闸及跳闸回路

58. 发电厂和变电站常规控制系统中,断路器控制回路的设计应满足接线简单可靠、使用电缆芯最少、有电源监视、并有监视跳合闸回路的完整性的要求外,还应满足下列哪些基本条件?　(　　)

(A)合闸或跳闸完成后应使命令脉冲自动解除
(B)有防止断路器“跳跃”的电气闭锁装置
(C)应有同期功能

(D)应有重合闸功能

59. 下列关于电压互感器二次绕组接地的规定中,哪些是正确的? ( )

(A)V-V 接线的电压互感器宜采用 B 相一点接地
(B)开口三角绕组可以不接地
(C)同一变电所所有电压互感器的中性点均应在配电装置内一点接地
(D)同一变电所几组电压互感器二次绕组之间有电路联系的,或者接地电流会产生零序电压使得保护误动时,接地点应集中在控制室或继电器内一点接地

60. 安全自动装置主要功能是在电力系统出现大扰动后实施紧急控制,以改善系统状况,提高安全稳定水平,安全自动装置实施紧急控制可以在发电端、负荷端及网络中进行,在网络中的控制手段有下列哪些? ( )

(A)串联和并联补偿的紧急控制 (B)高压直流输电紧急调制
(C)电力系统解列 (D)动态电阻制动

61. 在计算蓄电池容量时,需要进行直流负荷的统计,下列哪些统计原则是正确的? ( )

(A)装设 2 组蓄电池组时,所有动力负荷按平均分配在两组蓄电池上统计
(B)装设 2 组蓄电池组时,控制负荷按全部负荷统计
(C)2 组蓄电池组的直流系统之间有联络线时,应考虑因互联而增加负荷容量的统计
(D)事故后恢复供电的断路器合闸冲击负荷按随机负荷考虑

62. 火力发电厂的主厂房疏散楼梯间内部不应穿越下列哪些管道或设施? ( )

(A)电缆桥架 (B)可燃气体管道
(C)蒸汽管道 (D)甲、乙、丙类液体管道

63. 在电力工程中低压配电装置的电击防护措施中,下列哪些间接接触防护措施是正确的? ( )

(A)采用 II 类设备
(B)设置不接地的等电位联结
(C)TN 系统中供给 380V 移动式电气设备末端线路,间接接触防护电器切断故障回路最长时间不宜大于 0.4s
(D)TN 系统中配电线路采用过电流保护电器兼作间接接触防护电器时,当其动作特性不满足要求,应采用剩余电流动作保护电器

64. 某一工厂的配电室有消防和暖通要求,下列哪些设计原则是正确的? ( )

(A)消防水、暖通管道不能通过配电室

(B)除配电室需要管道可以进入配电室,其他管道不应通过配电室
(C)配电室上、下方及电缆沟内可敷设本配电室所需的消防水、暖通管道
(D)暖通管道与散热器的连接应采用焊接,并应做等电位联结

65. 低压电气装置的接地装置施工中,接地导体(线)与接地极的连接应牢固,可采用下列哪几种方式? ( )

(A)放热焊接 (B)搪锡焊接
(C)压接器连接 (D)夹具连接

66. 短路电流实用计算中,下列哪些情况需要对计算结果进行修正? ( )

(A)励磁顶值倍数大于 2.0 倍时
(B)励磁时间常数小于或等于 0.06s 时
(C)当实际发电机的时间常数与标准参数差异较大时
(D)当三相短路电流非周期分量超过 20% 时

67. 对于电网中性点接地方式,下列哪些做法是错误的? ( )

(A)500kV 降压变压器(自耦变压器)中性点必须接地
(B)若电厂 220kV 升压站装有 4 台主变压器,主变压器中性点可不接地
(C)330kV 母线高抗中性点可经小电抗接地
(D)若 110kV 变电站装有 3 台主变压器,可考虑 1 台主变压器中性点接地

68. 下列关于绝缘子串配置原则中,哪些表述是正确的? ( )

(A)高海拔地区悬垂绝缘子片数一般不需要进行修正
(B)相间爬电距离的复合绝缘子串的耐污闪能力一般比盘形绝缘子强
(C)耐张绝缘串的绝缘子片数应比悬垂绝缘子片数增加 3 片
(D)绝缘子片数选择时,综合考虑环境污秽变化因素

69. 220kV 输电线路与铁路交叉时,最小垂直距离应符合以下哪些要求? ( )

(A)标准轨至轨顶 8.5m (B)窄轨至轨顶 7.5m
(C)电气轨至轨顶 12.5m (D)至承力索或接触线 3.5m

70. 对于海拔 1000m 及以下交流输电线路,距边相导线投影外 20m 处,湿导线条件下,可听噪声不得超过限制,下列哪些要求是正确的? ( )

(A)110kV 线路,可听噪声限制为 53dB
(B)220kV 线路,可听噪声限制为 55dB
(C)500kV 线路,可听噪声限制为 55dB
(D)750kV 线路,可听噪声限制为 58dB

2013 年专业知识试题答案(上午卷)

1. **答案**:B

依据:《电力工程电气设计手册》(电气一次部分)P47、P48 单母线接线与双母线接线特点的内容。

注:选项 A 表述不严谨,但题干中有前置条件:进出线回路数一样,在此条件下是正确的。

2. **答案**:D

依据:《导体和电器选择设计设计规定》(DL/T 5222—2005)第 9.2.2 条。

注:也可参考《电力工程电气设计手册》(电气一次部分)P237 相关内容。

3. **答案**:B

依据:《高压配电装置设计技术规程》(DL/T 5352—2018)第 5.5.6 条。

4. **答案**:B

依据:《交流电气装置的过电压保护和绝缘配合设计规范》(GB/T 50064—2014) 第 3.2.2-1 条、第 3.2.3 条、第 4.1.1 条。

第 3.2.3 条:本规范中系统最高电压的范围分为下列两类:

5. 范围Ⅰ,$7.2\text{kV} \leqslant U_m \leqslant 252\text{kV}$

6. 范围Ⅱ,$252\text{kV} < U_m \leqslant 800\text{kV}$

第 3.2.2-1 条:当系统最高电压有效值为 U_m 时,工频过电压的基准电压(1.0p.u.)应为 $U_m/\sqrt{3}$。

由第 4.1.1 条,对工频过电压幅值的规定,则:

110kV 工频过电压:$1.3\text{p.u.} = 1.3 \times \dfrac{U_m}{\sqrt{3}} = 1.3 \times \dfrac{126}{\sqrt{3}} = 94.57\text{kV}$

6kV 工频过电压:$1.1\sqrt{3}\text{p.u.} = 1.1 \times \sqrt{3} \times \dfrac{U_m}{\sqrt{3}} = 1.1 \times 7.2 = 7.92\text{kV}$

35kV 工频过电压:$\sqrt{3}\text{p.u.} = \sqrt{3} \times \dfrac{U_m}{\sqrt{3}} = U_m = 40.5\text{kV}$

注:《标准电压》(GB/T 156—2007)第 4.3 条 ~ 第 4.5 条确定最高电压 U_m。也可参考《交流电气装置的过电压保护和绝缘配合》(DL/T 620—1997) 第 3.2.2-a)条和第 4.1.1-b)条。

5. **答案**:B

依据:《交流电气装置的过电压保护和绝缘配合设计规范》(DL/T 620—1997)(GB/T 50064—2014) 第 4.2.1-5 条。

注：也可参考《交流电气装置的过电压保护和绝缘配合》(DL/T 620—1997) 第4.2.1-c)条。

6. **答案**：A

依据：《电力工程电气设计手册》(电气一次部分)P69 中性点非直接接地相关内容。

注：无对应文字，但此为常识性问题。

7. **答案**：A

依据：《电力工程电气设计手册》(电气一次部分)P121、122 式(4-10)和表 4-2 等相关内容。

注：也可参考《导体和电器选择设计技术规程》(DL/T 5222—2005) 附录 F 第F.2条"三相短路电流周期分量计算"的相关内容。

8. **答案**：A

依据：《火力发电厂厂用电设计技术规定》(DL/T 5153—2014) 第 3.6.5 条。

9. **答案**：B

依据：《隐极同步发电机技术要求》(GB/T 7064—2008) 第 5.2 条表 4，可知功率因数为 0.85。

额定电流：$I_n = \dfrac{P}{\sqrt{3}U_n\cos\varphi} = \dfrac{135}{\sqrt{3}\times 15.75\times 0.85} = 5.822\text{kA} = 5822\text{A}$

《导体和电器选择设计技术规定》(DL/T 5222—2005) 第 7.3.2 条，可知应选择槽形导体。

注：《高压配电装置设计技术规程》(DL/T 5352—2018) 第 4.2.3 条，注意其中20kV 及以下电压等级的要求。

10. **答案**：C

依据：《电力工程电气设计手册》(电气一次部分)P232 表 6-3 及 P336 式(8-2)。

回路持续工作电流：$I = \dfrac{1.05\times S}{\sqrt{3}U_n} = \dfrac{1.05\times 180}{\sqrt{3}\times 220} = 0.496\text{kA} = 496\text{A}$。

导体经济截面：$S_j = \dfrac{I_g}{J} = \dfrac{496}{1.18} = 420\text{mm}^2$，因此，选择标称截面 400mm^2。

注：《导体与电器选择设计技术规程》(DL/T 5222—2005) 第 7.1.6 条：当无合适规格导体时，导体面积可按经济电流密度计算截面的相邻下一档选取。

11. **答案**：B

依据：《高压配电装置设计技术规程》(DL/T 5352—2018) 第 5.3.9 条或《电力设施抗震设计规范》(GB 50260—2013) 第 6.5.2 条、第 6.5.4 条。

注：原题考查旧规范《电力设施抗震设计规范》(GB 50260—1996) 第 5.5.2 条、第 5.5.4 条，新规条文有所变化，选项 C 在新规范中已修改了表述方式。

12. **答案**:B

依据:《继电保护和安全自动装置技术规程》(GB/T 14285—2006)第4.2.9.1条。

注:规范原文为"大于10s",题干表述略不严谨。第4.2.9.2条是关于转子表层过负荷保护的相关内容。

13. **答案**:B

依据:《电力工程直流系统设计技术规程》(DL/T 5044—2014)附录F表F.1。

14. **答案**:C

依据:《火力发电厂、变电站二次接线设计技术规程》(DL/T 5136—2012)第16.2.7条。

15. **答案**:C

依据:《火力发电厂厂用电设计技术规定》(DL/T 5153—2014)第6.4.1-2条、第7.4.1-4条。

16. **答案**:A

依据:《火力发电厂厂用电设计技术规定》(DL/T 5153—2014)第3.7.10条。

注:容量为300MW及以上的机组、每台机组宜设1台低压厂用备用变压器。也可参考《大中型火力发电厂设计规范》(GB 50660—2011)第16.3.15条。

17. **答案**:C

依据:《火灾自动报警系统设计规范》(GB 50116—2013)第3.3.2-1条。

注:该规范为供配电专业考试重点规范,发输变电专业考查较少。

18. **答案**:D

依据:《爆炸危险环境电力装置设计规范》(GB 50058—2014)第5.4.1-5条。

19. **答案**:C

依据:《电能质量　公用电网谐波》(GB/T 14549—1993)第5.1条及表2。

注:当基准容量与表2中不一致时,谐波电流允许值需按附录B式(B1)进行折算。

20. **答案**:A

依据:《火力发电厂与变电站设计防火规范》(GB 50229—2019)第6.8.2条。

21. **答案**:D

依据:可通过常识判断,暂未找到对应规范内容。太阳能资源与当地的地理条件和气候特征有密切关系。

注:可参考《光伏发电站设计规范》(GB 50797—2012)第5.1条相关内容。

22. **答案**:C

依据:《110kV～750kV架空输电线路设计规范》(GB 50545—2010)第5.0.4条及条

文说明：1MHz 时限值较 0.5MHz 减少 5dB(μV/m)。

注：也可参考《高压交流架空送电线　无线电干扰限值》(GB 15707—1995)第 4.1～4.2 条。

23. **答案**：C

依据：《发电厂和变电站照明设计技术规定》(DL/T 5390—2014)第 8.3.2 条。

24. **答案**：B

依据：《火灾自动报警系统设计规范》(GB 50116—2013)第 4.6.3 条。

25. **答案**：C

依据：《发电厂和变电站照明设计技术规定》(DL/T 5390—2014)第 8.9.2 条。

26. **答案**：D

依据：《电力装置电测量仪表装置设计规范》(GB/T 50063—2017)第 7.1.5 条。

27. **答案**：A

依据：《电力工程直流系统设计技术规程》(DL/T 5044—2014)第 6.3.2 条、第 6.3.4 条、第 6.3.6 条。

28. **答案**：D

依据：《继电保护和安全自动装置技术规程》(GB/T 14285—2006)第 4.2.5.1 条。

29. **答案**：D

依据：《交流电气装置的接地设计规范》(GB/T 50065—2011)第 3.2.2-3 条。

30. **答案**：A

依据：《火力发电厂与变电站设计防火规范》(GB 50229—2019)第 5.1.2 条。

31. **答案**：D

依据：《火力发电厂与变电站设计防火规范》(GB 50229—2019)第 6.8.4 条。

32. **答案**：A

依据：《发电厂和变电站照明设计技术规定》(DL/T 5390—2014)第 8.7.4 条。

33. **答案**：B

依据：《高压配电装置设计技术规程》(DL/T 5352—2018)第 2.1.5 条。

注：也可参考《电力工程电气设计手册》(电气一次部分)P71“隔离开关的配置”的相关内容。

34. **答案**：D

依据：《低压配电设计规范》(GB 50054—2011)第 3.1.7 条。

35. **答案**：A

依据：《交流电气装置的接地设计规范》(GB/T 50065—2011)第 4.2.1-1 条。

36. **答案**:A

依据:《交流电气装置的接地设计规范》(GB/T 50065—2011)第4.3.5-3条。

注:计算结果应为360mm²,但无对应答案,只能选邻近较大值。

37. **答案**:B

依据:《电力系统电压和无功电力技术导则》(SD 325—1989)第5.1条。

注:潜供电流的相关内容可参考《电力系统设计技术规程》(DL/T 5429—2009)第9.2.3条。

38. **答案**:D

依据:《电力系统设计手册》P366、367中"提高静态稳定的措施"。

39. **答案**:A

依据:《110kV~750kV架空输电线路设计规范》(GB 50545—2010)第7.0.2条。

40. **答案**:A

依据:《110kV~750kV架空输电线路设计规范》(GB 50545—2010)第13.0.2-1条及表格。

---

41. **答案**:ABC

依据:《3~110kV高压配电装置设计规范》(GB 50060—2008)第4.1.3条的条文说明。

注:《导体和电器选择设计技术规定》(DL/T 5222—2005)第5.0.9条的条文说明。

42. **答案**:BCD

依据:《电力设施抗震设计规范》(GB 50260—2013)第6.3条。

43. **答案**:ABD

依据:《导体和电器选择设计技术规定》(DL/T 5222—2005)第12.0.4-2条。

44. **答案**:ABD

依据:《电力工程电气设计手册》(电气一次部分)P357~360相关内容、《导体和电器选择设计技术规定》(DL/T 5222—2005)第7.4.3条。

选项A依据P357"(3)采用封闭式母线":为了防止导体附近的钢构发热,大电流导体应采用全连型离相封闭母线。

选项B依据《导体和电器选择设计技术规定》(DL/T 5222—2005)第7.4.3条。

选项D依据母线导体用支持绝缘子支撑。一般有单个、两个、三个和四个四种方案。

45. **答案**:ABD

依据:《交流电气装置的过电压保护和绝缘配合设计规范》(GB/T 50064—2014)第6.4.1条。

46. **答案**:ABD

依据:《电力系统设计技术规程》(DL/T 5429—2009)目次第7~9条。

47. **答案**:ACD

依据:《电力工程电气设计手册》(电气一次部分)P119"一般规定"中相关内容。

48. **答案**:AC

依据:《导体和电器选择设计技术规定》(DL/T 5222—2005)第7.3.6条。

49. **答案**:CD

依据:《高压配电装置设计技术规程》(DL/T 5352—2018)第5.5.5条。

50. **答案**:ABD

依据:《火力发电厂厂用电设计技术规定》(DL/T 5153—2014)第3.8.4条、第3.8.5条,《大中型火力发电厂设计规范》(GB 50660—2011)第16.3.17条、第16.3.18条、第16.3.19条。

51. **答案**:BD

《火力发电厂厂用电设计技术规定》(DL/T 5153—2014)第3.4.1条。

52. **答案**:BD

依据:《爆炸危险环境电力装置设计规范》(GB 50058—2014)第4.1.2条及条文说明。

53. **答案**:AB

依据:《火力发电厂与变电站设计防火规范》(GB 50229—2019)第11.5.25条。

54. **答案**:ABD

依据:《大中型火力发电厂设计规范》(GB 50660—2011)第21.5条。

55. **答案**:AC

依据:《高压配电装置设计技术规程》(DL/T 5352—2018)第5.5.3条。

56. **答案**:AC

依据:《发电厂和变电站照明设计技术规定》(DL/T 5390—2014)第8.2.1条。

57. **答案**:AD

依据:《火力发电厂、变电站二次接线设计技术规程》(DL/T 5136—2012)第5.1.10条及条文说明。

58. **答案**:AB

依据:《火力发电厂、变电站二次接线设计技术规程》(DL/T 5136—2012)第5.1.2条。

59. **答案**:AD

依据:《火力发电厂、变电站二次接线设计技术规程》(DL/T 5136—2012)第5.4.18条。

60. **答案**:ABC

依据:《电力系统安全稳定控制技术导则》(DL/T 723—2000)第6.2.3条。

注:也可参考《电力系统安装自动装置设计技术规定》(DL/T 5147—2001)第6条"安装自动装置的主要控制作用方式"。

61. **答案**:ABD

依据:《电力工程直流系统设计技术规程》(DL/T 5044—2014)第4.2.1条。

62. **答案**:BCD

依据:《火力发电厂与变电站设计防火规范》(GB 50229—2019)第5.3.7条。

63. **答案**:ABD

依据:《低压配电设计规范》(GB 50054—2011)第5.2.1条、第5.2.9-2条、第5.2.13条。

64. **答案**:BD

依据:《低压配电设计规范》(GB 50054—2011)第4.1.3条。

65. **答案**:ACD

依据:《交流电气装置的接地设计规范》(GB/T 50065—2011)第8.1.3-2条。

66. **答案**:AC

依据:《导体和电器选择设计技术规定》(DL/T 5222—2005)附件F,F.2.5 ~ F.2.6。

F.2.5 励磁参数对计算结果的修正:a.励磁顶值倍数大于2.0时,需修正;b.励磁时间常数在0.02 ~ 0.056s之间不需要修正。

F.2.6 时间常数引起的修正:当实际发电机的时间常数与标准参数差异较大时,需修正。

67. **答案**:BD

依据:《电力工程电气设计手册》(电气一次部分)P70参考"主变压器的110 ~ 550kV侧采用中性点直接接地方式"的相关内容。选项A做法正确,选项B做法错误较容易判断。选项C、选项D答案建议参考如下:

参考《330kV ~ 750kV变电站无功补偿装置设计技术规定》(DL/T 5014—2010)第6.3.4条可知,选项C做法正确。

选择接地点时,应保证任何故障形式都不应是电网解列成为中性点不接地的系统[《电力工程电气设计手册》(电气一次部分)P70],判断选项D做法错误。

注:本题有争议,可讨论。

68. **答案**:BD

依据:《110kV~750kV架空输电线路设计规范》(GB 50545—2010)第7.0.2条、第7.0.6~7.0.8条。

69. **答案**:ABC

依据:《110kV~750kV架空输电线路设计规范》(GB 50545—2010)第13.0.11条。

70. **答案**:BC

依据:《110kV~750kV架空输电线路设计规范》(GB 50545—2010)第5.0.5条。

2013 年专业知识试题(下午卷)

一、单项选择题(共 40 题,每题 1 分,每题的备选项中只有 1 个最符合题意)

1. 对内桥与外桥接线(双回变压器进线与双回线路出线),下列表述哪项是错误的? ( )

(A)采用桥形接线的优点是所需断路器少,四回进出线只需要三台断路器
(B)采用内桥接线时,变压器的投切较复杂
(C)当出线线路较长、故障率高时,宜采用外桥接线
(D)桥形接线为避免进或出线断路器检修时,变压器或线路较长时间停电,可以加装跨条

2. 某电厂 100MW 机组采用发电机—变压器单元接线接入 220kV 系统,发电机出口电压为 10.5kV,接地故障电容电流为 1.5A,由于系统薄弱,若要求发电机内部发生单相接地故障时不立即停机,发电机中性点应采用下列哪种接地方式? ( )

(A)不接地 (B)高电阻接地
(C)消弧线圈接地 (D)低电阻接地

3. 在中性点不接地的三相系统中,当一相发生接地时,接地点通过的电流为电容性的,其大小为原来每相对地电容电流的多少倍? ( )

(A)3 倍 (B)$\sqrt{3}$倍 (C)2 倍 (D)1 倍

4. 发电机能承受的过载能力与过载时间有关,当发电机过载为 1.4 倍额定定子电流时,允许的过电流时间应为(取整数): ( )

(A)9s (B)19s (C)39s (D)28s

5. 安装在靠近电源处的断路器,当该处短路电流的非周期分量超过周期分量多少时,应要求制造厂提供断路器的开断性能? ( )

(A)15% (B)20% (C)30% (D)40%

6. 对单机容量为 300MW 的燃煤发电厂,其厂用电电压宜采用下列哪项组合? ( )

(A)3kV,380V (B)6kV,380V (C)6kV,660V (D)10kV,380V

7. 某变压器低压侧的线电压为 400V,若每相回路的总电阻为 15mΩ,总电抗 20mΩ,其三相短路电流周期分量的起始有效值为下列何值?(短路时可认为低压厂变高压侧

电压不变,不考虑电动机反馈） （ ）

(A)16kA (B)11.32kA (C)9.24kA (D)5.33kA

8. 在燃煤发电厂高压厂用电母线设置中,下列哪种表述是不正确的? （ ）

(A)高压厂用电母线应采用单母线接线
(B)机炉不对应设置,当锅炉容量为230t/h时,每台锅炉可设一段高压母线
(C)单机容量为600MW的机组,每台机组的高压母线应为2段
(D)单机容量为1000MW的机组,每台机组的每一级高压母线应为段

9. 在变电所中,110kV及以上户外配电装置,一般装设架构避雷针,但在下列哪种地区宜设独立避雷针? （ ）

(A)土壤电阻率小于1000Ω·m的地区
(B)土壤电阻率大于350Ω·m的地区
(C)土壤电阻率大于500Ω·m的地区
(D)土壤电阻率大于1000Ω·m的地区

10. 某变电所的220kV户外配电装置出线门型构架高为14m,边相导线距架构柱中心2.5m,出线门型构架旁有一独立避雷针,若独立避雷针的冲击电阻为20Ω,则该独立避雷针距出线门型构架间的空气距离至少应大于下列何值? （ ）

(A)7.9m (B)6m (C)5.4m (D)2.9m

11. 当发电厂内发生三相短路故障时,若高压断路器实际开断时间越短,则:（ ）

(A)开断电流中的非周期分量绝对值越低
(B)对电力系统的冲击就越严重
(C)短路电流的热效应就越弱
(D)被保护设备的短路冲击耐受水平可以越低

12. 某发电机通过一台分裂限流电抗器跨接于两段母线上,问该电抗器的分支额定电流一般按下列哪项选择? （ ）

(A)发电机额定电流的50%
(B)发电机额定电流的80%
(C)发电机额定电流的70%
(D)发电机额定电流的50%~80%

13. 设计最大风速超过下列哪项数值的地区,在变电所的户外配电装置中,宜采取降低电气设备安装高度、加强设备与基础的固定等措施? （ ）

(A)15m/s (B)20m/s (C)30m/s (D)35m/s

14. 变电所中，配电装置的设计应满足正常运行、检修、短路和过电压时的安全要求，从下列哪级电压开始，配电装置内设备遮拦外的静电感应场强不宜超过 10kV/m？（离地 1.5 空间场强）？（　　）

(A)110kV 及以上　　(B)220kV 及以上
(C)330kV 及以上　　(D)500kV 及以上

15. 发电厂的屋外配电装置，为防止外人任意进入，其围栏高度宜至少为下列哪项数值？（　　）

(A)1.5m　　(B)1.7m　　(C)2.0m　　(D)2.3m

16. 下列对直流系统保护电器的配置要求中，哪项是不正确的？（　　）

(A)直流断路器和熔断器串级作为保护电器，直流断路器额定电流为 16A，上一级熔断器额定电流可取 32A
(B)直流断路器应具有电流速断和过电流保护
(C)直流馈线回路采用熔断器作为保护电器时，应装设隔离电器
(D)直流断路器和熔断器串级作为保护电器，熔断器额定电流为 2A，上一级直流断路器额定电流可取 6A

17. 某电厂厂用电源由发电机出口经电抗器引接，若电抗器的电抗（标幺值）为0.3，失压成组自起动容量（标幺值）为 1，则其失压成组自起动时的厂用母线电压应为下列哪项数值？（　　）

(A)70%　　(B)81%　　(C)77%　　(D)85%

18. 当发电厂高压厂用电系统采用高电阻接地方式时，若采用由其供电的低压厂用变压器高压侧中性点来实现，则低压变压器应选用下列哪种接线组别？（　　）

(A)Yyn0　　(B)Dyn11　　(C)Dd　　(D)YNd1

19. 所用变压器高压侧选用熔断器作为保护电器时，下列哪些表述是正确的？（　　）

(A)熔断器熔管的电流应小于或等于熔体的额定电流
(B)限流熔断器可使用在工作电压低于其额定电压的电网中
(C)熔断器只需按额定电压和开断电流选择
(D)熔体的额定电流应按熔断器的保护熔断特性选择

20. 某 220kV 配电装置，雷电过电压要求的相对地最小安全距离为 2m，请问雷电过电压要求的相间最小安全距离应为下列哪项数值？（　　）

(A)1.8m　　(B)2.0m　　(C)2.2m　　(D)2.4m

21. 照明设计时，灯具端电压的偏移，不应高于额定电压的105%，对视觉要求较高的主控室、单元控制室、集中控制室等，这种偏移也不宜低于额定电压的：（　　）

(A)97.5%　　(B)95%　　(C)90%　　(D)85%

22. 变电所照明设计中，下列关于开关、插座的选择要求哪项是错误的？（　　）

(A)潮湿、多灰尘场所及屋外装设的开关和插座，应选用防水防尘型
(B)办公室、控制室宜选三极式单相插座
(C)生产车间单相插座额定电压应为250V，电流不得小于10A
(D)在有爆炸、火灾危险的场所不宜装设开关和插座

23. 在电压互感器的配置方案中，下列哪种情况高压侧中性点是不允许接地的？（　　）

(A)三个单相三绕组电压互感器　　(B)一个三相三柱式电压互感器
(C)一个三相五柱式电压互感器　　(D)三个单相四绕组电压互感器

24. 在电气二次回路设计中，下列哪种继电器应表明极性？（　　）

(A)中间继电器　　(B)时间继电器
(C)信号继电器　　(D)防跳继电器

25. 200MW及以上容量的发电机组，其厂用备用电源快速自动投入装置，应采用具备下列哪种同步鉴定功能？（　　）

(A)相位差　　(B)电压差
(C)相位差及电压差　　(D)相位差、电压差及频率差

26. 某回路测量用的电流互感器二次额定电流为5A，其额定容量是30VA，二次负载阻抗最大不超过下列何值时，才能保证电流互感器的准确等级？（　　）

(A)1Ω　　(B)1.1Ω　　(C)1.2Ω　　(D)1.3Ω

27. 在发电厂中，容量为370MVA的双绕组升压变压器，其220kV中性点经隔离刀闸及放电间隙接地，其零序保护应按下列哪项配置？（　　）

(A)装设带两段时限的零序电流保护
(B)装设带两段时限的零序电流保护、装设零序过电压保护
(C)装设带两段时限的零序电流保护、装设反映零序电压和间隙放电电流的零序电流电压保护
(D)装设带两段时限的零序电流保护、装设一套零序电流电压保护

28. 某变压器额定容量为1250kVA、额定变比为10/0.4kV，其对称过负荷保护的动作电流应整定为：（　　）

(A)89A　　(B)85A　　(C)76A　　(D)72A

29. 下列对直流系统接线的表述,哪一条是不正确的?　(　　)

(A)2 组蓄电池的直流系统,应采用二段单母线接线,设联络电器,正常运行时,两段直流母线应分别独立运行

(B)2 组蓄电池的直流系统应满足在正常运行中两段母线切换时不中断供电的要求,在切换过程中允许短时并联运行

(C)2 组蓄电池的直流系统,采用高频开关电源模块型充电装置时,可配置 3 套充电装置

(D)2 组蓄电池配置 3 套充电装置时,每组蓄电池及其充电装置应分别接入相应母线段,第 3 套充电装置应经切换电气对其中 1 组蓄电池进行充电

30. 在 380V 低压配电设计中,下列哪种表述是错误的?　(　　)

(A)选择导体截面时,应满足线路保护的要求

(B)绝缘导体固定在绝缘子上,当绝缘子支持点的间距小于等于 2m 时,铝导体最小截面为 $10mm^2$

(C)装置外可导电部分可作为保护接地中性导体的一部分

(D)线路电压损失应满足用电设备正常工作及起动时端电压的要求

31. 某一工厂设有高、低压配电室,下列布置原则中,哪条不符合设计规程规范的要求?　(　　)

(A)成排布置的高、低压配电屏(柜),其长度超过 6m 时,屏(柜)后的通道应设 2 个出口

(B)布置有成排配电屏的低压配电室,当两个出口之间的距离超过 15m 时,其间尚应增加出口

(C)布置有成排配电柜的高压配电室,当两个出口之间的距离超过 15m 时,其间尚应增加出口

(D)双排低压配电屏之间有母线桥,母线桥护网或外壳的底部距地面的高度不应低于 2.2m

32. 向低压电气装置供电的配电变压器高压侧工作于低电阻接地系统时,若低压系统电源中性点与该变压器保护接地共用接地装置,请问下列哪一个条件是错误的?

(　　)

(A)变压器的保护接地装置的接地电阻应符合 $R \leq 120/I_g$

(B)建筑物内低压电气装置采用 TN-C 系统

(C)建筑物内低压电气装置采用 TN-C-S 系统

(D)低压电气装置采用(含建筑物钢筋的)保护总等电位联结系统

33. 220kV 电缆线路在系统发生单相接地故障对临近弱电线路有干扰时,应沿电缆

线路平行敷设一根回流线，其回流线的选择与设置应符合下列哪项规定？（ ）

（A）当线路较长时，可采用电缆金属护套回流线
（B）回流线的截面应按系统最大故障电流校验
（C）回流线的排列方式，应使电缆正常工作时在回流线上产生的损耗最小
（D）电缆正常工作时，在回流线上产生的感应电压不得超过150V

34. 某变电所中装有几组35kV电容器，每相由4个串联段组成，单台电容器的额定电压有5.5kV和6kV两种，安装在绝缘平台上，绝缘平台分两层，单台电容器的绝缘水平最低不应低于：（ ）

（A）6.3kV级 （B）10kV级 （C）20kV级 （D）35kV级

35. 某500kV变电所中，设有一组单星形接线串联了电抗率为12%电抗器的35kV电容器组，电容器组每组单联段数为4，此电容器组中的电容器额定电压应选为：（ ）

（A）4kV （B）5kV （C）6kV （D）6.6kV

36. 电缆与直流电气化铁路交叉时，电缆与铁路路轨间的距离应满足下列哪项数值？（ ）

（A）1.5m （B）5.0m （C）2.0m （D）1.0m

37. 下列关于电缆通道防火分隔的做法中，哪项是不正确的？（ ）

（A）在竖井中，宜每隔7m设置阻火隔层
（B）不得使用对电缆有腐蚀和损害的阻火封堵材料
（C）阻火墙、阻火隔层和阻火封堵应满足耐火极限不应低于0.5h的耐火完整性、隔热性要求
（D）防火封堵材料或防火封堵组件用于电力电缆时，宜使对载流量影响较小

38. 输电线路跨越三级弱电线路（不包括光缆和埋地电缆）时，输电线路与弱电线路的交叉角应符合下列哪项要求？（ ）

（A）≥45° （B）≥30° （C）≥15° （D）不限制

39. 某工程导线采用符合《圆线同心绞架空导线》（GB 1179—1999）规定的钢芯铝绞线，其计算拉断力为123400N，当导线的最大使用张力为下列哪个数值时，设计安全系数为2.5？（ ）

（A）46892N （B）49360N （C）30850N （D）29308N

40. 导线在某工况时的水平风比载为30×10^{-3}N/(m·mm^2)，综合比载为50×10^{-3}

$N/(m\cdot mm^2)$，水平应力为 $80N/mm^2$，若某档档距为 400m，高差为 40m，导体最低点到较高悬挂点间的水平距离为下列哪项数值？（按平抛物线考虑）（　）

(A)360m　(B)400m　(C)467m　(D)500m

二、多项选择题（共 30 题，每题 2 分。每题的备选项中有 2 个或 2 个以上符合题意。错选、少选、多选均不得分）

41. 在额定功率因数情况下，汽轮发电机的额定连续输出功率，与电压和频率的变化有关，在下列哪几种情况下，发电机在规定温升下可以连续输出额定功率？（　）

(A)电压 +5%，频率 +2%
(B)电压 -5%，频率 +2%
(C)电压 +5%，频率 -2%
(D)电压 -5%，频率 -2%

42. 高压屋外配电装置带电距离校验时，下列表述哪些是正确的？（　）

(A)耦合电容器（或电容式电压互感器）的引线与旁路母线边相之间距离不得小于 B_1 值
(B)两组母线隔离开关之间或出线隔离开关与旁路隔离开关之间的距离，要考虑其中任何一组在检修状态时对另一组带电的隔离开关之间的距离满足 B_1 值
(C)当运输道路设在电流互感器与断路器之间时，被运输设备与两侧带电体之间的距离（考虑晃动时）按 B_1 值校验
(D)网状遮拦至带电部分按 B_1 值校验

43. 为防止铁磁谐振过电压的产生，某 500kV 电力线路上接有并联电抗器及中性点接地电抗器，此接地电抗器的选择需考虑下列哪些因素？（　）

(A)该 500kV 电力线路的充电功率
(B)该 500kV 电力线路的相间电容
(C)限制潜供电流的要求
(D)并联电抗器中性点绝缘水平

44. 某电厂单元机组，发电机采用双绕组变压器组接入 220kV 母线，厂用分支从主变低压侧引接至高压工作厂变，高压起动/备用变从 220kV 母线引接，高压厂用电为 6kV 中性点不接地系统，若主变为 YNd11 接法，则高压工作厂变和高压起备变的绕组连接方法可以为下列哪几项？（　）

(A)高压工作厂变 Dd0，高压起备变 YNd11
(B)高压工作厂变 Dy1，高压起备变 YNy0d11（d11 系稳定绕组）
(C)高压工作厂变 Yd11，高压起备变 YNd11
(D)高压工作厂变 Yd1，高压起备变 DNd0

45. 某企业用 110kV 变电所，有两回 110kV 电源供电，设有两台 110/10kV 双卷主变

压器,110kV 主接线采用外桥接线,10kV 为单母线分段接线,下列哪些措施可限制 10kV 母线的三相短路电流? ( )

(A)选用 10kV 母线分段电抗器
(B)两台主变分列运行
(C)选用高阻抗变压器
(D)装设 10kV 线路电抗器

46. 下列哪些情况下,低压电器和导体可不校验热稳定? ( )

(A)用限流熔断器保护的低压电器和导体
(B)当引接电缆的载流量不大于熔件额定电流的 2.5 倍
(C)用限流断路器保护的低压电器和导体
(D)当采用保护式磁力起动器或放在单独动力箱内的接触器时

47. 在设计共箱封闭母线时,下列哪些地方应装设伸缩节? ( )

(A)共箱封闭母线超过 20m 长的直线段
(B)共箱封闭母线不同基础的连接段
(C)共箱封闭母线与设备连接处
(D)共箱封闭母线长度超过 30m 时

48. 在 110kV 配电装置设计和导体、电器选择时,其设计最大风速不应采用下列哪些项? ( )

(A)离地 10m 高,30 年一遇 10min 平均最大风速
(B)离地 10m 高,20 年一遇 10min 平均最大风速
(C)离地 15m 高,10 年一遇 10min 平均最大风速
(D)离地 10m 高,30 年一遇 20min 平均最大风速

49. 在高土壤电阻率地区,水电站和变电站可采取下列哪些降低接地电阻的措施? ( )

(A)当地下较深处的土壤电阻率较低时,可采用井式、深钻式接地极或采用爆破式接地技术
(B)当接地网埋深在 1m 左右时,可增加接地网的埋设深度
(C)在水电站和变电站 2000m 以内有较低电阻率的土壤时,敷设引外接地极
(D)具备条件时可敷设水下接地网

50. 330 ~ 750kV 变电所中,所用电源的引接可采用下列哪几种方式? ( )

(A)两台以上主变压器时,可装设两台容量相同可互为备用的所用变压器,两台所用变压器可分别接自主变压器低压侧
(B)初期只有一台变压器且所用电作为交流控制电源时,应由所外可靠电源

引接

(C)两台以上主变压器时,由变压器低压侧分别引接两台容量相同的所用变压器,并应从所外可靠电源引接一台专用备用变压器

(D)当有一台变压器时,除由所内引接一台工作变压器外,应再设置一台由所外可靠电源引接的所用工作变压器

51. 330 ~ 750kV 变电所中,屋外变电所所用电接线方式应满足多种要求,下列哪些要求是正确的? (　　)

(A)所用电低压系统采用三相四线制,系统的中性点直接接地,系统额定电压采用 380/220V,动力和照明合用供电

(B)所用电低压系统采用三相三线制,系统中性点经高电阻接地,系统额定电压采用 380V 供动力负荷,设 380/220V 照明变压器

(C)所用电母线采用按工作变压器划分的单母线,相邻两段工作母线间不设分段断路器

(D)当工作变压器退出时,备用变压器应能自动切换至失电的工作母线段继续供电

52. 330kV 系统中的工频过电压一般由线路空载、接地故障和甩负荷等引起,严重时会损坏设备绝缘,下列哪些措施不能限制工频过电压? (　　)

(A)在线路上装设氧化锌避雷器

(B)在线路上装设高压并联电抗器

(C)在线路上装设串联电容器

(D)在线路上装设避雷线

53. 在开断高压感应电动机时,因真空断路器的截留、三相同时开断和高频重复重击穿等会产生过电压,工程中一般采取下列哪些措施来限制过电压? (　　)

(A)采用不击穿断路器

(B)在断路器与电动机之间加装金属氧化物避雷器

(C)限制操作方式

(D)在断路器与电动机之间加装 R-C 阻容吸收装置

54. 发电厂、变电所照明设计中,下列哪些场所宜用逐点计算法校验其照度值?

(　　)

(A)主控制室、网络控制室和计算机室控制屏

(B)主厂房

(C)反射条件较差的场所,如运煤系统

(D)办公室

55. 变电所中,照明设计选择照明光源时,下列哪些场所可选用白炽灯? （ ）

(A)需要事故照明的场所
(B)需防止电磁波干扰的场所
(C)其他光源无法满足的特殊场所
(D)照度高、照明时间长的场所

56. 在二次回路设计中,对隔离开关、接地刀闸的操作回路,宜遵守下列哪些规定? （ ）

(A)220~500kV 隔离开关、接地刀闸和母线接地器宜能远方和就地操作
(B)110kV 及以下隔离开关、接地刀闸和母线接地器宜就地操作
(C)检修用的隔离开关、接地刀闸和母线接地器宜就地操作
(D)隔离开关、接地刀闸和母线接地器必须有操作闭锁措施

57. 发电厂、变电所中二次回路的抗干扰措施有多种,下列哪些是正确的? （ ）

(A)电缆通道的走向应尽可能与高压母线平行
(B)控制回路及直流配电网络的电缆宜采用辐射状敷设,应避免构成环路
(C)控制室、二次设备间、电子装置应有可靠屏蔽措施
(D)电缆的屏蔽层应可靠接地

58. 在电力系统内出现失步时,在满足一定的条件下,对于局部系统,可采用再同步控制,使失步的系统恢复同步运行,对于功率不足的电力系统可选择下列哪些控制手段实现再同步? （ ）

(A)切除发电机
(B)切除负荷
(C)原动机减功率
(D)某些系统解列

59. 某 1600kVA 变压器高压侧电压为 10kV,绕组为星形—星形连接,低压侧中性点直接接地,对低压侧单相接地短路可采用下列哪些保护? （ ）

(A)接在低压侧中性线上的零序电流保护
(B)利用高压侧的三相过电流保护
(C)接在高压侧中性线上的零序电流保护
(D)利用低压侧的三相电流保护

60. 直流系统设计中,对隔离电器和保护电器有多项要求,下列哪些要求是正确的? （ ）

(A)蓄电池组应经隔离电器和保护电器接入直流系统
(B)充电装置应经隔离电器和保护电器接入直流系统
(C)试验放电设备应经隔离电器和保护电器接入直流主母线
(D)直流分电柜应有 2 回直流电源进线,电源进线应经隔离电器及保护电器接入直流母线

61. 下列关于架空线路地线的表述哪些是正确的? ( )

(A)500kV 及以上线路应架设双地线
(B)220kV 线路不可架设单地线
(C)重覆冰线路地线保护角可适当加大
(D)雷电活动轻微地区的 110kV 线路可不架设地线

62. 某电厂装有 2×600MW 机组,经主变压器升压至 330kV,330kV 出线 4 回,主接线有如下设计内容,请判断哪些设计是满足设计规范要求的? ( )

(A)330kV 配电装置采用 3/2 断路器接线
(B)进、出线回路均未装设隔离开关
(C)主变压器高压侧中性点经小电抗器接地
(D)线路并联电抗器回路装有断路器

63. 在 380V 低压配电线路中,下列哪些情况中性导体截面可以小于相导体截面?
( )

(A)中性导体已进行了过电流保护
(B)在正常工作时,含谐波电流在内的中性导体预期最大电流等于中性导体的允许载流量
(C)铜相导体截面小于或等于 $16mm^2$ 的三相四线制线路
(D)单相两线制线路

64. 在 35kV~110kV 变电站站址选择和站区布置时,需要考虑下列哪些因素的影响? ( )

(A)变电站应避开火灾、爆炸及其他敏感设施,与爆炸危险气体区域邻近的变电站站址选择及其设计应符合现行国家标准《爆炸和火灾危险环境电力装置设计规范》(GB 50058—1992)的有关规定
(B)变电站应根据所在区域特点,选择适合的配电装置形式,抗震设计应符合现行国家标准《建筑抗震设计规范》(GB 50011—2010)的有关规定
(C)城市中心变电站宜选用小型化紧凑型电气设备
(D)变电站主变压器布置除应运输方便外,并应布置在运行噪声对周边影响较小的位置

65. 某单机容量为 300MW 发电厂的部分厂用负荷有:引风机、引风机油泵、热力系统阀门、汽动给水泵盘车、主厂房直流系统充电器、锅炉房电梯、主变压器冷却器、汽机房电动卷帘门,下列对负荷分类的表述中,哪些是不符合规范的? ( )

(A)应由保安电源供电的负荷有:引风机油泵、热力系统阀门、汽动给水泵盘车、主厂房直流系统充电器、锅炉房电梯、主变压器冷却器
(B)属于Ⅰ类负荷的有:引风机、引风机油泵、主变压器冷却器

(C)应由保安电源供电的负荷有:引风机油泵、热力系统阀门、汽动给水泵盘车、主厂房直流系统充电器、锅炉房电梯、汽机房电动卷帘门

(D)属于I类负荷的有:引风机、主变压器冷却器、汽机房电动卷帘门

66. 在有效接地系统中,当接地网的接地电阻不满足要求时,在符合下列哪些规定时,接地网地电位升高可提高至5kV? ( )

(A)接触电位差和跨步电位差满足要求

(B)应采用扁钢与二次电缆屏蔽层并联敷设,扁钢应至少在两端就近与接地网连接

(C)保护接地至厂用变的低压侧应采用TT系统

(D)应采取防治转移电位引起危害的隔离措施

67. 变电所中,用于并联电容器组的串联电抗的过负荷能力最小应能: ( )

(A)在1.1倍额定电流下连续运行(谐波含量与制造厂协商)

(B)在1.3倍额定电流下连续运行(谐波含量与制造厂协商)

(C)在1.3倍额定电压下连续运行

(D)在1.1倍额定电压下连续运行

68. 下列关于发电厂接入系统的安全稳定表述中,哪些是正确的? ( )

(A)电厂送出线路有两回及以上时,任一回线路事故停运后,若事故后静态稳定能力小于正常输电容量,应按事故后静态能力输电。否则,应按正常输电容量输电

(B)对于火电厂的交流送出线路三相故障,发电厂的直流送出线路单极故障,应不需要采取措施保持稳定运行和电厂正常送出

(C)对于利用小时数较低的水电站、风电场等电厂送出,应尽量减少出线回路数,确定出线回路数时可不考虑送出线路的“*N*-1”方式

(D)对核电厂送出线路出口,应满足发生三相短路不重合时保持稳定运行和电厂正常送出

69. 蓄电池充电装置额定电流的选择应满足下列哪些要求? ( )

(A)满足初充电要求 (B)满足均衡充电要求

(C)满足核对性充电要求 (D)满足浮充电要求

70. 对于110~750kV架空输电线路的导、地线选择,下列哪些表述是不正确的? ( )

(A)导线的设计安全系数不应小于2.5

(B)地线的设计安全系数不应小于2.5

(C)地线的设计安全系数不应小于导线的安全系数

(D)稀有风和稀有冰气象条件时,最大张力不应超过其导、地线拉断力的70%

2013 年专业知识试题答案(下午卷)

1. 答案:C

依据:《电力工程电气设计手册》(电气一次部分)P51 参考“内桥和外桥”的相关内容。

2. 答案:A

依据:《电力工程电气设计手册》(电气一次部分)P70 参考“发电机中性点接地方式”的相关内容。

3. 答案:A

依据:《电力工程电气设计手册》(电气一次部分)P145 表 4-20。

4. 答案:C

依据:《隐极同步发电机技术要求》(GB/T 7064—2008)第 4.15 条。

由$(I^2-1)t=37.5$,得$(1.4^2-1)t=37.5$,则 $t=39.0625\text{s}$。

5. 答案:B

依据:《导体和电器选择设计技术规定》(DL/T 5222—2005)第 9.2.5 条。

注:非周期分量可理解为直流分量。

6. 答案:B

依据:《火力发电厂厂用电设计技术规定》(DL/T 5153—2014)第 3.2.4-2 条、第 3.2.5 条。

7. 答案:C

依据:《火力发电厂厂用电设计技术规定》(DL/T 5153—2014)附录 M 式(M.0.1-2)。

$$I''_{\text{B}}=\frac{U}{\sqrt{3}\times\sqrt{R^2+R^2}}=\frac{400}{\sqrt{3}\times\sqrt{15^2+20^2}}\times10^3=9.238\text{kA}$$

8. 答案:D

依据:《火力发电厂厂用电设计技术规定》(DL/T 5153—2014)第 3.5.1 条。

9. 答案:D

依据:《交流电气装置的过电压保护和绝缘配合设计规范》(GB/T 50064—2014)第 5.4.7-1 条。

注:也可参考《交流电气装置的过电压保护和绝缘配合》(DL/T 620—1997)第 7.1.7 条。

10. 答案:C

依据:《交流电气装置的过电压保护和绝缘配合设计规范》(GB/T 50064—2014)第

5.4.11-1 条

$S_a \geq 0.2R_i + 0.1h = 0.2 \times 20 + 0.1 \times 14 = 5.4m$

注：第 5.4.11-5 条：除上述要求外，S_a 不宜小于 5m。也可参考《交流电气装置的过电压保护和绝缘配合》(DL/T 620—1997) 第 7.1.11-a) 条。

11. **答案**：C

依据：无明确条文，但简单分析短路热效应公式即可得到答案。

12. **答案**：C

依据：《导体和电器选择设计技术规定》(DL/T 5222—2005) 第 14.2.2 条。

13. **答案**：D

依据：《高压配电装置设计技术规程》(DL/T 5352—2018) 第 3.0.6 条或《导体和电器选择设计技术规定》(DL/T 5222—2005) 第 6.0.4 条。

注：《电力工程电气设计手册》(电气一次部分) P234 有关"风速"内容与题目最为贴切，也可参考。

14. **答案**：C

依据：《高压配电装置设计技术规程》(DL/T 5352—2018) 第 3.0.11 条。

15. **答案**：A

依据：《高压配电装置设计技术规程》(DL/T 5352—2018) 第 5.4.7 条。

16. **答案**：D

依据：《电力工程直流系统设计技术规程》(DL/T 5044—2014) 第 5.1.2-3 条、第 5.1.3-1 条、第 6.5.1 条、第 6.6.1 条。

17. **答案**：C

依据：《火力发电厂厂用电设计技术规定》(DL/T 5153—2014) 附录 J 式 (J.0.1-1)。

$$U_m = \frac{U_0}{1 + SX} = \frac{1}{1 + 1 \times 0.3} = 76.9\%$$

18. **答案**：D

依据：《火力发电厂厂用电设计技术规定》(DL/T 5153—2014) 附录 C。

注：电阻接地方式，电阻器直接接入系统的中性点，对电阻器要求耐压高、阻值大但电流小。因此高电阻接地方式其低压厂用工作变压器高压侧的中性点应引出，答案中仅 D 符合要求。若为中性点无法引出的方式，通过三相接地变压器的方式，通过公式可知其接地电阻(一般接地变压器变比 n 均远大于3)小于电阻直接接地方式，因此不符合题意。

19. **答案**：D

依据：《导体和电器选择设计技术规定》(DL/T 5222—2005) 第 17.0.1 条、第 17.0.4

条、第 17.0.5 条。

20. **答案**:C

依据:《交流电气装置的过电压保护和绝缘配合设计规范》(GB/T 50064—2014) 第 6.3.3-3 条。

注:也可参考《交流电气装置的过电压保护和绝缘配合》(DL/T 620—1997) 第 10.3.3-c)条。

21. **答案**:B

依据:《发电厂和变电站照明设计技术规定》(DL/T 5390—2014)第 8.1.2 条及条文说明。

22. **答案**:B

依据:《发电厂和变电站照明设计技术规定》(DL/T 5390—2014)第 5.6.2 条。

23. **答案**:B

依据:《导体和电器选择设计技术规定》(DL/T 5222—2005)第 16.0.4 条及条文说明。

24. **答案**:D

依据:《火力发电厂、变电站二次接线设计技术规程》(DL/T 5136—2012)第 5.1.12 条。

25. **答案**:C

依据:《火力发电厂、变电站二次接线设计技术规程》(DL/T 5136—2012)第 6.6.3-5 条。

26. **答案**:C

依据:《电力工程电气设计手册》(电气二次部分)P66 式(20-4)。

$$Z_2 = \frac{VA}{I_2^2} = \frac{30}{5^2} = 1.2\Omega$$

27. **答案**:C

依据:《继电保护和安全自动装置技术规程》(GB/T 14285—2006)第 4.3.8.2 条。

28. **答案**:A

依据:《电力工程电气设计手册》(电气二次部分)P639 式(29-130)。

$$I_{dz} = \frac{K_k}{K_f} I_e = \frac{1.05}{0.85} \times \frac{1250}{10 \times \sqrt{3}} = 89.15\text{A}$$

29. **答案**:B

依据:《电力工程直流系统设计技术规程》(DL/T 5044—2014)第 3.4.3 条、第 3.5.2 条。

30. **答案**:C

依据:《低压配电设计规范》(GB 50054—2011)第 3.2.2-2 条、第 3.2.2-4 条及表

3.2.2、第3.2.13条。

31. **答案**:C

依据:《低压配电设计规范》(GB 50054—2011)第4.2.4条、第4.2.6条。

注:原题也可参考旧规范《火力发电厂厂用电设计技术规定》(DL/T 5153—2002)第8.1条“厂用配电装置的布置”相关条文,新规中已删除该内容。

32. **答案**:A

依据:《交流电气装置的接地设计规范》(GB/T 50065—2011)第7.2.6条、第4.2.1-1条。

33. **答案**:C

依据:《电力工程电缆设计规范》(GB 50217—2018)第4.1.17-2条。

34. **答案**:B

依据:《并联电容器装置设计规范》(GB 50227—2017)第5.2.3条及条文说明。

35. **答案**:C

依据:《并联电容器装置设计规范》(GB 50227—2017)第5.2.2条及条文说明。

$$U_{CN}=\frac{1.05U_{SN}}{\sqrt{3}S(1-K)}=\frac{1.05\times 35}{\sqrt{3}\times 4\times(1-0.12)}>6.03\text{kV},取6\text{kV}。$$

36. **答案**:D

依据:《电力工程电缆设计规范》(GB 50217—2018)第5.3.5条及表5.3.5。

37. **答案**:C

依据:《电力工程电缆设计规范》(GB 50217—2018)第7.0.2-5条、第7.0.3-1条、第7.0.3-4条。

38. **答案**:D

依据:《110kV~750kV架空输电线路设计规范》(GB 50545—2010)第13.0.7条。

39. **答案**:A

依据:《110kV~750kV架空输电线路设计规范》(GB 50545—2010)第5.0.8条。

弧垂最低点最大张力:

$$T\leqslant\frac{T_P}{K_C}=\frac{0.95\times 123400}{2.5}=46892\text{N}$$

注:《电力工程高压送电线路设计手册》(第二版)P177规定:对于GB 1179—1983中钢芯铝绞线,由于导线上有接续管、耐张管、补修管使导线拉断力降低,故设计使用导线保证计算拉断力为计算拉断力的95%。

40. **答案**:A

依据:《电力工程高压送电线路设计手册》(第二版)P180表3-3-1。

$$l_{OB}=\frac{l}{2}+\frac{\sigma_0}{\gamma}\tan\beta=\frac{400}{2}+\frac{80}{50\times10^{-3}}\times\frac{40}{400}=360\text{m}$$

---

41. **答案**:AD

依据:《隐极同步发电机技术要求》(GB/T 7064—2008)第 4.6 条及图 1。

42. **答案**:ABC

依据:《电力工程电气设计手册》(电气一次部分)P707 附图 10-14:耦合电容器与旁路母线间的校验距离为 B_1,选项 A 正确。P606 ~ P607 相关内容说明两组母线隔离开关之间或出现隔离开关之间的距离为交叉不同时停电检修无遮拦带电部分之间的距离,选项 B 正确。P707 附图 10-15 或《高压配电装置设计技术规程》(DL/T 5352—2018)第 5.1.2 条,选项 C 正确。《高压配电装置设计技术规程》(DL/T 5352—2018)第5.1.2 条,网状遮拦至带电部分之间最小距离为 B_2,选项 D 错误。

43. **答案**:BCD

依据:《交流电气装置的过电压保护和绝缘配合设计规范》(GB/T 50064—2014)第 4.1.7-1 条(最后一段)。

注:也可参考《交流电气装置的过电压保护和绝缘配合》(DL/T 620—1997)第 4.1.3 条(最后一段)。

44. **答案**:ABD

依据:《火电发电厂厂用电设计技术规定》(DL/T 5153—2014)第 3.7.14 条。

注:变压器时序组别定义:高压侧大写长针在前,低压侧小写短针在后,数字 n 为低压侧相对高压侧顺时针旋转 $n\times30°$。

45. **答案**:BC

依据:《35kV ~ 110kV 变电站设计规范》(GB 50059—2011)第 3.2.6 条。

注:答案 A 为发电厂电压母线短路电流限制措施,不是针对变电所。

46. **答案**:ACD

依据:《火电发电厂厂用电设计技术规定》(DL/T 5153—2014)第 6.5.6 条。

47. **答案**:ABC

依据:《导体和电器选择设计技术规定》(DL/T 5222—2005)第 7.5.11 条。

48. **答案**:BCD

依据:《3 ~ 110kV 高压配电装置设计规范》(GB 50060—2008)第 3.0.5 条。

49. **答案**:ACD

依据:《交流电气装置的接地设计规范》(GB/T 50065—2011)第 4.3.1-4 条。

注：爆破式接地技术是通过爆破制裂，再用压力机将低电阻率材料压入爆破裂隙，从而起到改善接地位置土壤导电性能的一种方式，此方式一般适用于杆塔接地。本题也可参考《电力工程电气设计手册》（电气一次部分）P914 第 16-3 节“高土壤电阻率地区的接地装置”，但应注意与新规范内容的区别。

50. **答案**：CD

依据：《200kV～1000kV 变电站站用电设计技术规程》（DL/T 5155—2016）第 3.1.2 条。

51. **答案**：AD

依据：《200kV～1000kV 变电站站用电设计技术规程》（DL/T 5155—2016）第 3.4.2 条、第 3.5.2 条。

52. **答案**：ACD

依据：《交流电气装置的过电压保护和绝缘配合设计规范》（GB/T 50064—2014）第 4.1.3-3 条。

注：可参考《交流电气装置的过电压保护和绝缘配合》（DL/T 620—1997）第 4.1.1条第四段。

53. **答案**：BD

依据：《交流电气装置的过电压保护和绝缘配合设计规范》（GB/T 50064—2014）第 4.2.9 条。

注：可参考《交流电气装置的过电压保护和绝缘配合》（DL/T 620—1997）第4.2.7条。

54. **答案**：ABC

依据：《发电厂和变电站照明设计技术规定》（DL/T 5390—2014）第 7.0.2 条。

55. **答案**：BC

依据：《发电厂和变电站照明设计技术规定》（DL/T 5390—2014）第 6.0.3 条。

56. **答案**：BCD

依据：旧规《火力发电厂、变电所二次接线设计技术规程》（DL/T 5136—2001）第 7.1.8条，新规已修改，可参考《火力发电厂、变电站二次接线设计技术规程》（DL/T 5136—2012）第 5.1.8 条。

57. **答案**：BCD

依据：《火力发电厂、变电站二次接线设计技术规程》（DL/T 5136—2012）。

第 16.4.3 条之条文说明：(1) 电缆通道的走向尽可能不与高压母线平行接近。（A 错误）

第 16.4.1 条之条文说明：(1) 控制回路及直流配电网络的电缆宜采用辐射状敷设，应避免构成环路。（B 正确）

第 16.4.6 条：电缆的屏蔽层应可靠接地。（D 正确）

答案 C 为旧规范 《火力发电厂、变电所二次接线设计技术规程》（DL/T 5136—

2001)第 13.4.5 条,新规范中条文已修改。

注:也可参考《电力工程电气设计手册》(电气二次部分)P185 内容。

58. **答案**:BD

依据:《电力系统安全稳定控制技术导则》(DL/T 723—2000)第 6.4.4.2 条。

59. **答案**:AB

依据:《继电保护和安全自动装置技术规程》(GB/T 14285—2006)第 4.3.10 条。

60. **答案**:AB

依据:《电力工程直流系统设计技术规程》(DL/T 5044—2014)第 3.5.3 条、第 3.5.5 条、第 3.6.5-1 条。

61. **答案**:ACD

依据:《110kV ~750kV 架空输电线路设计规范》(GB 50545—2010)第 7.0.13 条、第 7.0.14-4 条。

注:《交流电气装置的过电压保护和绝缘配合》(DL/T 620—1997)第 6.1.2 条内容与之类似,但有细微区别,考虑其为 1997 年的行业标准,不建议作为本题依据。

62. **答案**:ABC

依据:《大中型火力发电厂设计规范》(GB 50660—2011)第 16.2.9 条、第 16.2.11-1 条、第 16.2.15 条、第 16.2.16 条。

第 16.2.11-1 条:当进出线回路数为 6 回及以上时,配电装置在系统中具有重要地位时,宜采用 3/2 断路器接线。(A 正确)

第 16.2.15 条:330kV 及以上电压等级的进、出线和母线上装设的避雷器及进、出线电压互感器不应装设隔离开关。(B 正确)

第 16.2.9 条:发电机(升压)主变压器中性点接地方式应根据所处电网的中性点接地方式及系统继电保护的要求确定。330kV ~750kV 系统中主变压器可采用直接接地或经小电抗接地方式。(C 正确)

第 16.2.16 条:330kV 及以上电压等级的线路并联电抗器回路不宜装设断路器。(D 错误)

注:A 答案进出线回路数,因题干中为 2 × 600MW 机组,经主变压器升压至 330kV,显然进线为 2 回,则出线回路总和为 6 回。

63. **答案**:AB

依据:《低压配电设计规范》(GB 50054—2011)第 3.2.8 条、第 3.2.7 条。

64. **答案**:ACD

依据:《35kV ~110kV 变电站设计规范》(GB 50059—2011)第 2.0.1-6 条、第 2.0.2 条、第 2.0.3 条、第 2.0.4 条。

65. **答案**:ABD

依据:《火力发电厂厂用电设计技术规定》(DL/T 5153—2014)第3.1.2条及附录B。

注:本题题干冗长,实质上只是问变压器冷却器和汽机房电动卷帘门哪个是保安负荷;引风机油泵和汽机房电动卷帘门哪个是I类负荷。主变压器冷却器为电气及公共部分负荷,非保安负荷,且为0II类负荷。

66. **答案**:ABD

依据:《交流电气装置的接地设计规范》(GB/T 50065—2011)第4.2.1-2)条及第4.3.3条。

67. **答案**:BD

依据:《并联电容器装置设计规范》(GB 50227—2017)第5.5.5条、《电力工程电气设计手册》(电力一次部分)P505"断路器额定电流不应小于装置长期允许电流的1.35倍"。

注:原题考查旧规《并联电容器装置设计规范》(GB 50227—2008)第5.1.3条及条文说明,新规已删除1.3倍过电流倍数的要求。

68. **答案**:ACD

依据:《电力系统设计技术规程》(DL/T 5429—2009)第6.3.3条。

69. **答案**:BD

依据:《电力工程直流系统设计技术规程》(DL/T 5044—2014)第6.2.2条。

70. **答案**:ABD

依据:《110kV~750kV架空输电线路设计规范》(GB 50545—2010)第5.0.7条、第5.0.9条。

注:与规范原文对比,缺少"弧垂最低点"的要求。

2013 年案例分析试题(上午卷)

[案例题是 4 选 1 的方式,各小题前后之间没有联系,共 25 道小题,每题分值为 2 分,上午卷 50 分,下午卷 50 分,试卷满分 100 分。案例题一定要有分析(步骤和过程)、计算(要列出相应的公式)、依据(主要是规程、规范、手册),如果是论述题要列出论点]

题 1~3:某工厂拟建一座 110kV 终端变电站,电压等级 110/10kV,由两路独立的 110kV 电源供电。预计一级负荷 10MW,二级负荷 35MW,三级负荷 10MW。站内设两台主变压器,接线组别为 YNd11。110kV 采用 SF6 断路器,110kV 母线正常运行方式为分列运行。10kV 侧采用单母线分段接线,每段母线上电缆出线 8 回,平常长度 4km。未补偿前工厂内负荷功率因数为 86%,当地电力部门要求功率因数达到 96%。请回答下列问题。

1. 说明该变电站主变压器容量的选择原则和依据,并通过计算确定主变压器的计算容量和选择的变压器容量最小值应为下列哪组数值? ( )

(A)计算值 34MVA,选 40MVA　　(B)计算值 45MVA,选 50MVA
(C)计算值 47MVA,选 50MVA　　(D)计算值 53MVA,选 63MVA

解答过程:

2. 假如主变压器容量为 63MVA,$U_d\%=16$,空载电流为 1%。请计算确定全站在 10kV 侧需要补偿的最大容性无功容量应为下列哪项数值? ( )

(A)8966kvar　　(B)16500kvar　　(C)34432kvar　　(D)37800kvar

解答过程:

3. 若该电站 10kV 系统中性点采用消弧线圈接地方式,试分析计算其安装位置和补偿容量计算值应为下列哪一选项?(请考虑出线和变电站两项因素) ( )

(A)在主变压器 10kV 中性点接入消弧线圈,其计算容量为 249kVA
(B)在主变压器 10kV 中性点接入消弧线圈,其计算容量为 289kVA
(C)在 10kV 母线上接入接地变压器和消弧线圈,其计算容量为 249kVA
(D)在 10kV 母线上接入接地变压器和消弧线圈,其计算容量为 289kVA

解答过程：

题4～6：某室外220kV变电站，地处海拔1000m以下，其高压配电装置的变压器进线间隔断面图如下。

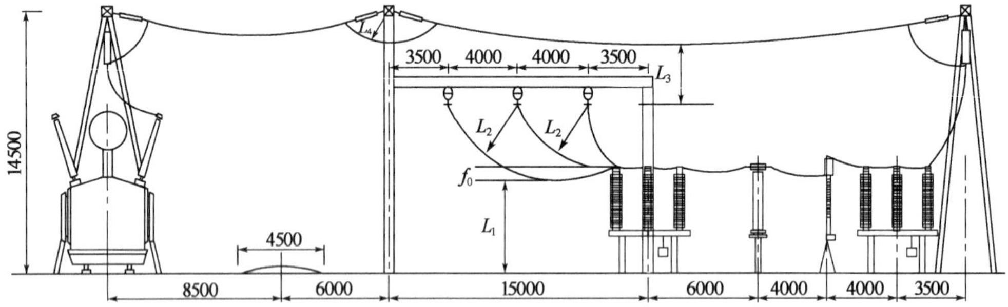

4. 上图为变电站高压配电装置断面，请判断下列对安全距离的表述中，哪项不满足规程要求？并说明判断依据的有关条文。（　　）

(A) 母线至隔离开关引下线对地面的净距 $L_1 \geqslant 4300$mm

(B) 母线至隔离开关引下线对邻相母线的净距 $L_2 \geqslant 2000$mm

(C) 进线跨带电作业时，上跨导线对主母线的垂直距离 $L_3 \geqslant 2550$mm

(D) 跳线弧垂 $L_4 \geqslant 1700$mm

解答过程：

5. 该变电站母线高度10.5m，母线隔离开关支架高度2.5m，母线隔离开关本体（接线端子距支架顶）高度2.8m，要满足在不同气象条件的各种状态下，母线引下线与邻相母线之间的净距均不小于 A_2 值，试计算确定母线隔离开关端子以下的引下线弧垂 f_0（上图中所示）不应大于下列哪一数值？（　　）

(A) 1.8m　　(B) 1.5m　　(C) 1.2m　　(D) 1.0m

解答过程：

6. 假设该变电站有一回35kV电缆负荷回路，采用交流单芯电力电缆，金属层接地方式按一端接地设计，电缆导体额定电流 $I_e = 300A$，电缆计算长度1km，三根单芯电缆直埋敷设且水平排列，相间距离20cm，电缆金属层半径3.2cm。试计算这段电缆线路中间相（B相）正常感应电压是多少？（　　）

(A)47.58V　　(B)42.6V　　(C)34.5V　　(D)13.05V

解答过程：

题7～10：某新建电厂一期安装两台300MW机组，采用发电机-变压器单元接线接入厂内220kV屋外中型配电装置，配电装置采用双母线接线。在配电装置架构上装有避雷针进行直击雷保护，其海拔高度不大于1000m。主变中性点可直接接地或不接地运行，配电装置设计了以水平接地极为主的接地网，接地电阻为0.65Ω，配电装置（人脚站立）处的土壤电阻率为100Ω·m。

7. 在主变压器高压侧和高压侧中性点装有无间隙金属氧化锌避雷器，请计算确定避雷器的额定电压值，并从下列数值中选择正确的一组？（　　）

(A)189kV，146.2kV　　(B)189kV，137.9kV

(C)181.5kV，143.6kV　　(D)181.5kV，137.9kV

解答过程：

8. 若主变压器高压侧至配电装置间采用架空线连接，架构上装有两个等高避雷针，如图所示，若被保护物的高度为15m，请计算确定满足直击雷保护要求时，避雷针的总高度最短应选择下列哪项数值？（　　）

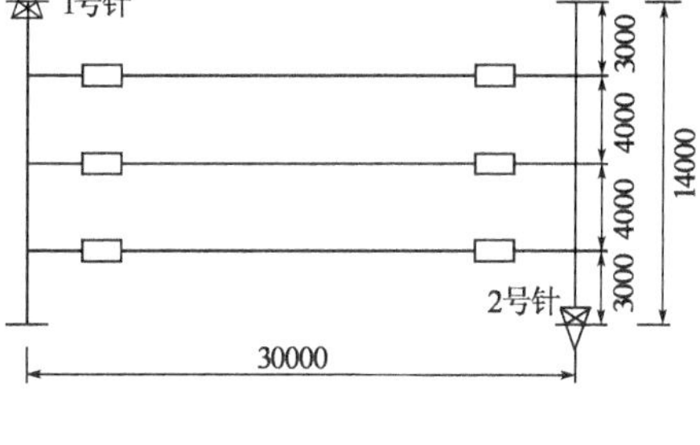

(A)25m

(B)30m

(C)35m

(D)40m

解答过程：

9. 当 220kV 配电装置发生单相短路时,计算入地电流不大于且最接近下列哪个值时,接地装置可同时满足允许的最大接触电位差和最大跨步电位差的要求?(接地电路故障电流的持续时间取 0.06s,表层衰减系数 $C_s=1$,接地电位差影响系数 $K_m=0.75$,跨步电位差影响系数 $K_s=0.6$) ( )

(A)1000A (B)1500A (C)2000A (D)2500A

解答过程:

10. 若 220kV 配电装置的接地引下线和水平接地体采用扁钢,当流过接地引下线的单相短路接地电流为 10kA 时,按满足热稳定条件选择,计算确定接地装置水平接地体的最小截面应为下列哪项数值?(设主保护的动作时间 10ms;断路器失灵保护动作时间 1s,断路器开断时间 90ms,第一级后备保护的动作时间 0.6s;接地体发热按 400℃。) ( )

(A)$90mm^2$ (B)$112.4mm^2$ (C)$118.7mm^2$ (D)$149.8mm^2$

解答过程:

题 11~15:某发电厂直流系统接线如图所示。

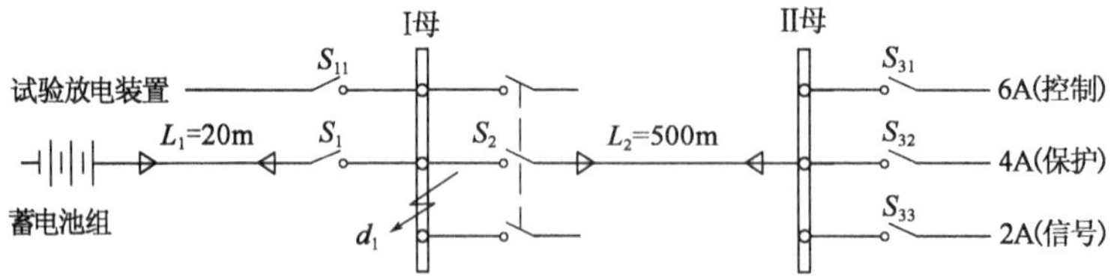

已知条件如下:

1)铅酸免维护蓄电池组:1500Ah、220V、104 个蓄电池(含连接条的总内阻为 9.67mΩ,单个蓄电池开路电压为 2.22V);

2)直流系统事故初期(1min)冲击放电电流 $I_{cho}=950A$;

3)直流断路器系列为 4A、6A、10A、16A、20A、25A、32A、40A、50A、63A、80A、100A、125A、160A、180A、200A、225A、250A、315A、350A、400A、500A、600A、700A、

800A、900A、1000A、1250A、1400A；

4）I 母线上最大馈线断路器额定电流为 200A，II 母线上馈线断路器额定电流见图；

5）铜电阻系数 $\rho = 0.0184\Omega \cdot mm^2/m$；$S_1$ 内阻忽略不计。

请根据上述条件计算下列各题（保留两位小数）。

11. 按回路压降计算选择 L_1 电缆截面应为下列哪项数值？（　　）

(A) $138.00mm^2$　　(B) $158.91mm^2$

(C) $276.00mm^2$　　(D) $317.82mm^2$

解答过程：

12. 计算并选择 S_2 断路器的额定电流应为下列哪项数值？（　　）

(A) 16A　　(B) 25A　　(C) 32A　　(D) 40A

解答过程：

13. 若 L_1 的电缆规格为 YJV-2 × (1 × $500mm^2$)，计算 d_1 点的短路电流应为下列哪项数值？（　　）

(A) 23.88kA　　(B) 22.18kA　　(C) 21.13kA　　(D) 19.73kA

解答过程：

14. 计算并选择 S_1 断路器的额定电流应为下列哪项数值？（　　）

(A) 150A　　(B) 400A　　(C) 900A　　(D) 1000A

解答过程：

15. 计算并选择 S_{11} 断路器的额定电流应为下列哪项数值？（ ）

(A)150A (B)180A (C)825A (D)950A

解答过程：

题 16~20：某新建 110/10kV 变电站设有 2 台主变，单侧电源供电，110kV 采用单母分段接线，两段母线分列运行。2 路电源进线分别为 L_1 和 L_2，两路负荷出线分别为 L_3 和 L_4。L_1 和 L_3 接在 1 号母线上，110kV 电源来自某 220kV 变电站 110kV 母线，其 110kV 母线最大运行方式下三相短路电流 20kA，最小运行方式下三相短路电流为 18kA。本站 10kV 母线最大运行方式下三相短路电流为 23kA，线路 L_1 阻抗为 1.8Ω，线路 L_3 阻抗为 0.9Ω。

16. 请计算 1 号母线最大短路电流是下列哪项数值？（ ）

(A)10.91kA (B)11.95kA (C)12.87kA (D)20kA

解答过程：

17. 请计算在最大运行方式下，线路 L_3 末端三相短路时，流过线路 L_1 的短路电流是下列哪项数值？（ ）

(A)10.24kA (B)10.91kA (C)12.87kA (D)15.69kA

解答过程：

18. 若采用电流保护作为线路 L_1 的相间故障后备保护，请问校验该后备保护灵敏度采用的短路电流为下列哪项数值？请列出计算过程。（ ）

(A)8.87kA (B)10.24kA (C)10.91kA (D)11.95kA

解答过程：

19. 已知主变高压侧 CT 变比为 300/1,线路 CT 变比为 1200/1。如果主变压器配置差动保护和过流保护,请计算主变高压侧电流互感器的一次电流倍数最接近下列哪项数值?(可靠系数取 1.3)　　(　　)

(A)9.06　　(B)21.66　　(C)24.91　　(D)78

解答过程:

20. 若安装在线路 L_1 电源侧电流保护作为 L_1 线路的主保护,当线路 L_1 发生单相接地故障后,请解释说明下列关于线路重合闸表述哪项是正确的?　　(　　)

(A)线路 L_1 本站侧断路器跳三相重合三相,重合到故障上跳三相
(B)线路 L_1 电源侧断路器跳三相重合三相,重合到故障上跳三相
(C)线路 L_1 本站侧断路器跳单相重合单相,重合到故障上跳三相
(D)线路 L_1 电源侧断路器跳单相重合单相,重合到故障上跳三相

解答过程:

题 21～25:500kV 架空送电线路,导线采用 4×LGJ-400/35,子导线直径 26.8mm,重量 1.348kg/m,位于土壤电阻率 100Ω·m 地区。

21. 某基铁塔全高 60m,位于海拔 79m、0 级污秽区,悬垂单串绝缘子型号为 XP-16(爬电距离 290mm,有效系数 1.0,结构高度 155mm),用爬电比距法计算确定绝缘子片数时,下列哪项是正确的?　　(　　)

(A)27 片　　(B)28 片　　(C)29 片　　(D)30 片

解答过程:

22. 某基铁塔需加人工接地来降低其接地电阻,若接地体采用 $\phi10$ 圆钢,按十字形水平敷设,人工接地体的埋设深度为 0.6m,四条射线的长度均为 10m,请计算这基杆塔的工频接地电阻应为下列哪项数值?(不考虑钢筋混凝土基础的自然接地效果、形状系数取 0.89)　　(　　)

(A)2.57Ω　　(B)3.68Ω　　(C)5.33Ω　　(D)5.63Ω

解答过程：

23. 若绝缘子串 $U_{50}\%$ 雷电冲击放电电压为1280kV，相导线电抗 $X_1=0.423\Omega/\text{km}$，电纳 $B_1=2.68\times10^{-6}(1/\Omega\cdot\text{km})$，在雷击导线时，计算其耐雷水平应为下列哪项数值？（　　）

(A)70.48kA　　(B)50.12kA　　(C)15.26kA　　(D)12.89kA

解答过程：

24. 海拔不超过1000m时，雷电和操作要求的绝缘子片数为25片，请计算海拔3000m处、悬垂绝缘子结构高度为170mm时，需选用多少片？（特征系数取0.65）（　　）

(A)25片　　(B)27片　　(C)29片　　(D)30片

解答过程：

25. 若基本风速折算到导线平均高度处的风速为28m/s，操作过电压下风速应取下列哪项数值？（　　）

(A)10m/s　　(B)14m/s　　(C)15m/s　　(D)28m/s

解答过程：

2013年案例分析试题答案(上午卷)

题1~3答案:**CCD**

1.《35kV~110kV变电站设计规范》(GB 50059—2011)第3.1.3条:装有两台及以上变压器的变电站,当断开一台主变压器时,其余主变压器的容量(包括过负荷能力)应满足全部一、二级负荷用电的要求。

一、二级负荷功率合计:$P_j = P_1 + P_2 = 10 + 35 = 45MW$

主变压器计算容量:$S_j = \frac{P_j}{\cos\varphi} = \frac{45}{0.96} = 46.878MW \approx 47MW < 50MW$,选择容量为50MVA。

2.《电力工程电气设计手册》(电气一次部分)P476式(9-1)、式(9-2)及表9-8。

对于直接供电的末端变电所,最大容性无功量应等于装置所在母线上的负荷按提高功率因数所需补偿的最大容性无功量与主变压器所需补偿的最大容性无功量之和。

a.母线上的负荷所需补偿的最大无功量:$Q_{cf.m} = P_{fm}Q_{cfo} = 55 \times 0.3 = 16.5Mvar = 16500kvar$

b.主变压器所需补偿的最大无功量:$I = \frac{S}{\sqrt{3}U} = \frac{P}{\sqrt{3}U\cos\varphi}$

则:$I_e = \frac{S}{\sqrt{3}U} = \frac{63}{\sqrt{3} \times 10} = 3.637kA$

$$I_m = \frac{P}{\sqrt{3}U\cos\varphi} = \frac{55}{\sqrt{3} \times 10 \times 0.96} = 3.308kA$$

$$Q_{cB \cdot m} = \left(\frac{U_d\% I_m^2}{100I_e^2} + \frac{I_0\%}{100}\right)S_e = \left(\frac{16 \times 3.308^2}{100 \times 3.637^2} + \frac{1}{100}\right) \times 63 \times 2$$

$$= 17.937Mvar = 17937kvar$$

c.全站最大无功补偿容量:$Q_m = Q_{cf.m} + Q_{cB.m} = 16500 + 17937 = 34437Mvar$

注:手册中列出了四种电容补偿装置的计算,应全部掌握,此点已多次考查。

3.《电力工程电气设计手册》(电气一次部分)P261~262式(6-32)、式(6-34),表6-46。

电缆线路的电容电流:$I_{c1} = 0.1U_eL = 0.1 \times 10 \times (4 \times 8) = 32A$

变电所增加的电容电流:$I_{c2} = I_{c1} \times 16\% = 32 \times 16\% = 5.12A$

单相接地短路时总电容电流:$I_c = I_{c1} + I_{c2} = 32 + 5.12 = 37.12A$

消弧线圈的补偿容量:$Q = KI_c\frac{U_e}{\sqrt{3}} = 1.35 \times 37.12 \times \frac{10}{\sqrt{3}} = 289.32kvar$

由于主变压器的接线组别为YNd11,10kV侧无中性点,因此需采用专用接地变压器。

题4～6答案：**DDC**

4.《高压配电装置设计技术规程》(DL/T 5352—2018)第5.1.2条及表5.1.2-1。

L_1：无遮拦裸导体至地面之间，取C值，为4300mm。

L_2：不同相的带电部分之间，取A_2值，为2000mm。

《电力工程电气设计手册》(电气一次部分)P700倒数第10行，附图10-3及P704附图10-6。

L_3：母线及进出线构架导线均带电，人跨越母线上方，此时，人的脚对母线的净距不得小于B_1值，为2550mm。

L_4：跳线在无风时的弧垂应不小于最小电气距离A_1值，为1800mm。

明显的，选项D不满足要求。

5.《电力工程电气设计手册》(电气一次部分)P703式(附10-46)。

由$H_z+H_g-f_0 \geqslant C$，得$f_0 \leqslant H_z+H_g-C$，则$f_0 \leqslant 2.5+2.8-4.3=1.0$m。

6.《电力工程电缆设计规范》(GB 50217—2018)附录F"交流系统单芯电缆金属层正常感应电势算式"。

$$E_s = LE_{so} = LI\left(2\omega\ln\frac{S}{r}\right)\times10^{-4} = 1\times300\times\left(2\times2\pi\times50\times\ln\frac{20}{3.2}\right)\times10^{-4} = 34.5\text{V}$$

题7～10答案：**ABBB**

7.《交流电气装置的过电压保护和绝缘配合设计规范》(GB/T 50064—2014)第4.4.3条。

主变压器高压侧(相地)：$0.75U_m = 0.75\times252 = 189$kV

主变压器高压侧(中性点)：$0.58U_m = 0.58\times252 = 146.16$kV，取中性点直接接地或不接地额定电压之大者。

注：也可参考《交流电气装置的过电压保护和绝缘配合》(DL/T 620—1997)第5.3.4条。U_m为最高电压，可参考《标准电压》(GB/T 156—2007)第4.3条～第4.5条。

8.《交流电气装置的过电压保护和绝缘配合设计规范》(GB/T 50064—2014)第5.2.2条相关公式。

如图所示：采用相似三角形原理，计算出15m高度，O点(两避雷针中心点)需要保护的距离为：

$$b_y = \frac{33.1}{30}\times4 = 4.41\text{m}$$

(1)设避雷针高度为30m，则$P=1$，$h_a = 30-15 = 15$m；两避雷针之间的距离：$D=\sqrt{30^2+14^2}=33.1$m。

①O点为假想避雷针的顶点，高度为：$h_0 = h-\frac{D}{7P} = 30-\frac{33.1}{7\times1} = 25.28\text{m} > 15\text{m}$，满足要求。

②$h_x = 0.5h$，$r_x = h_aP = 15\times1 = 15\text{m} > 14\text{m}$，满足要求。

③中间参数：$\frac{D}{h_aP} = \frac{33.1}{15\times1} = 2.2 < 7$，则选用图a进行计算，查图a可知$\frac{b_x}{h_aP} = 0.9$

则$b_x = 13.5\text{m} < r_x$，且$b_x > b_y$，可保护全部范围。

(2)设避雷针高度为25m,则 $P=1$,$h_a=25-15=10$m。

两避雷针之间的距离:$D=\sqrt{30^2+14^2}=33.1$m

①O 点为假想避雷针的顶点,高度为:$h_0=h-\frac{D}{7P}=25-\frac{33.1}{7\times1}=20.27\text{m}>15\text{m}$,满足要求。

②$h_x=0.5h$,$r_x=h_aP=10\times1=10\text{m}<14\text{m}$,不能满足要求。

③中间参数:$\frac{D}{h_aP}=\frac{33.1}{10\times1}=3.31<7$,则选用图 a 进行计算,查图 a 可知$\frac{b_x}{h_aP}=0.75$

则 $b_x=7.5\text{m}>b_y$,满足要求。

注:本题直接计算较为复杂,涉及的变量较多,建议采用试算法。此题仍有不严谨的地方,当 $r_x=15\text{m}>14\text{m}$ 时,不能直接判断 W 点一定在保护范围内,需要进行进一步计算,但若再进一步分析,计算过于复杂,演化成为解几何问题应不是出题老师的初衷。

解题示意图:(图中虚线及点画线均为辅助线,无实际意义)

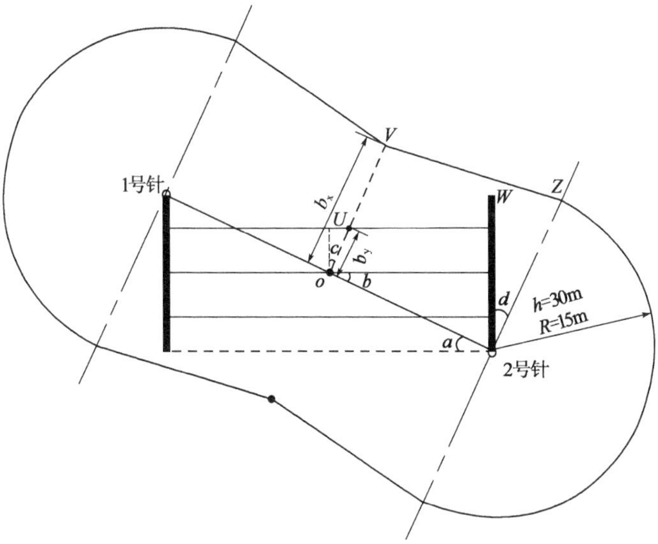

9.《交流电气装置的接地设计规范》(GB/T 50065—2011)第4.2.2条及附录D。

接触电位差允许值:$U_t=\frac{174+0.17\rho_s C_s}{\sqrt{t_s}}=\frac{174+0.17\times100\times1}{\sqrt{0.06}}=779.75\text{V}$

跨步电位差允许值:$U_s=\frac{174+0.7\rho_s C_s}{\sqrt{t_s}}=\frac{174+0.7\times100\times1}{\sqrt{0.06}}=996.13\text{V}$

入地电流允许值1:$U_t=K_mU=K_mI_1R$

$$I_1=\frac{U_t}{K_mR}=\frac{779.75}{0.75\times0.65}=1599.5\text{A}$$

入地电流允许值2:$U_s=K_sU=K_sI_2R$

$$I_2=\frac{U_s}{K_sR}=\frac{996.13}{0.6\times0.65}=2554.2\text{A}$$

入地电流允许值取小者，因此 $I_g \leqslant 1599.5\text{A}$，取 1500A。

10.《继电保护和安全自动装置技术规程》(GB/T 14285—2006)第 4.8.1-6 条：对双母线、双母线分段等接线，为防止母线保护因检修退出失去保护，母线发生故障会危及系统稳定和使事故扩大时，宜装设两套母线保护。

《交流电气装置的接地设计规范》(GB/T 50065—2011)第 4.3.5-3 条、附录 E 第 E.0.1条、第E.0.3-1条。

热稳定校验用时间：$t_e \geqslant t_m + t_f + t_o = 0.01 + 1 + 0.09 = 1.1\text{s}$

第 4.3.5-3 条：接地装置接地极的截面，不宜小于连接至该接地装置的接地导体(线)截面的 75%。

连接接地导体最小截面：$S_g \geqslant \dfrac{I_g}{C}\sqrt{t_e} = \dfrac{10\times10^3}{70}\times\sqrt{1.1} = 149.8\text{mm}^2$

水平接地装置(接地极)最小截面：$S_e \geqslant 0.75\times149.8 = 112.35\text{mm}^2$

注：参见 GB/T 50065—2011 第 2.0.6 条：接地极即埋入土壤或特定的导电介质(如混凝土或焦炭)中与大地有电接触的可导电部分。因此，水平接地装置实为接地极的一种。

题 11 ~15 答案：**DDDCB**

11.《电力工程直流系统设计技术规程》(DL/T 5044—2014)附录 A 第 A.3.6 条和附录 E 表 E.2-1、表 E.2-2。

蓄电池出口回路计算电流：$I_{ca1} = I_{d.1h} = 5.5I_{10} = 5.5\times\dfrac{1500}{10} = 825\text{A}$

$$I_{ca2} = I_{cho} = 950\text{A}$$

计算电流取其大者：$I_{ca} = I_{ca2} = 950\text{A}$

按回路允许电压降：$S_{cac} = \dfrac{\rho\cdot 2LI_{ca}}{\Delta U_P} = \dfrac{0.0184\times2\times20\times950}{1\%\times220} = 317.82\text{mm}^2$

12.《电力工程直流系统设计技术规程》(DL/T 5044—2004)附录 A 第 A.3.5 条及表 A.5-1。

(1)控制、保护、信号回路额定电流：$I_{n1} \geqslant K_c(I_{cc} + I_{cp} + I_{cs}) = 0.8\times(6+4+2) = 9.6\text{A}$

(2)上一级支流母线馈线断路器额定电流应大于直流分电柜馈线断路器的额定电流，电流级差宜符合选择性规定。

根据表 A.5-1，可知取 40A，对应答案 D。

注：题干中未明确直流分电柜，但由题中简图可知 I 母线与 II 母线之间由 500m 的电缆连接，明显地，II 母线为一直流分电柜，此为题目隐含条件。

13.《电力工程直流系统设计技术规程》(DL/T 5044—2014)附录 A 表 A.6-2 和附录 G。

查表 A.6-2，500mm² 单芯电缆内阻为 0.037mΩ/m，总电阻为：$r_j = 0.037\times20\times2 = 1.48\Omega$

直流母线上短路电流：$I_k = \dfrac{U_n}{n(r_b + r_1) + r_j} = \dfrac{220}{9.67 + 1.48} = 19.73\text{kA}$

注:蓄电池短路系指蓄电池内部或外部正负极(群)相连。可参考《电力工程电气设计手册》(电力二次部分)P314 相关内容。

14.《电力工程直流系统设计技术规程》(DL/T 5044—2014)附录 A 第 A.3.6 条:蓄电池出口回路。

断路器额定电流:$I_{n1} \geqslant I_{1h} = 5.5 \times I_{10} = 5.5 \times \frac{1500}{10} = 825\text{A}$

$$I_{n2} \geqslant K_{c4} I_{nmax} = 3.0 \times 200 = 600\text{A}$$

取以上两种情况中电流量较大者,则 $I_n \geqslant 825\text{A}$,断路器规格为 900A。

15.《电力工程直流系统设计技术规程》(DL/T 5044—2014)第 6.4.1-1 条。

试验放电装置额定电流:$I_n = 1.1I_{10} \sim 1.3I_{10} = (1.1 \sim 1.3) \times \frac{1500}{10} = 165 \sim 195\text{A}$

则断路器规格取 180A。

题 16 ~ 20 答案:**CBAAB**

16.《电力工程电气设计手册》(电气一次部分)P120 表 4-1 和表 4-2、式(4-10)及 P129 式(4-20)。

A 点短路:设 $S_j = 100\text{MVA}$,$U_j = 115\text{kV}$,则 $I_j = 0.502\text{kA}$

系统电抗标幺值:$X_{*s} = \frac{I_j}{I_d} = \frac{0.502}{20} = 0.0251$

L_1 线路电抗标幺值:$X_{*L1} = X_{L1}\frac{S_j}{U_j^2} = 1.8 \times \frac{100}{115^2} = 0.0136$

三相短路电流标幺值:$I_{*k} = \frac{1}{X_{*\Sigma}} = \frac{1}{0.0251 + 0.0136} = 25.83$

110kV 的 1 号母线最大三相短路电流有名值:$I_k = I_{*k}I_j = 25.83 \times 0.502 = 12.97\text{kA}$

接线示意图如下:

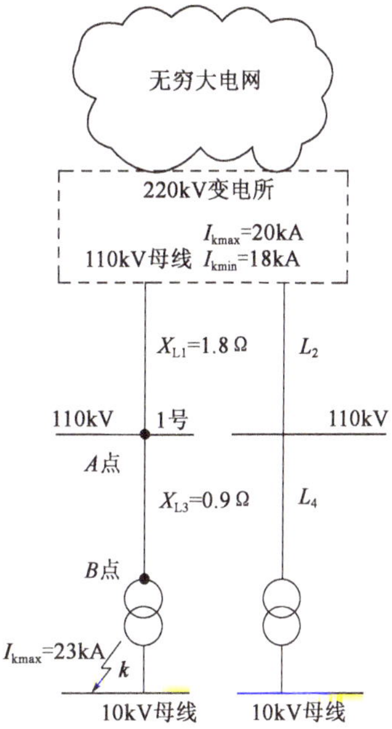

17.《电力工程电气设计手册》(电气一次部分)P120 表 4-1 和表 4-2、式(4-10)及 P129 式(4-20)。

B 点短路:设 $S_j = 100\text{MVA}$,$U_j = 115\text{kV}$,则 $I_j = 0.502\text{kA}$

L_3 线路电抗标幺值:$X_{*L3} = X_{L3}\frac{S_j}{U_j^2} = 0.9 \times \frac{100}{115^2} = 0.0068$

三相短路电流标幺值:$I_{*k} = \frac{1}{X_{*\Sigma}} = \frac{1}{0.0251 + 0.0136 + 0.0068} = 21.975$

L_3 末端短路时,三相短路电流有名值:$I_k = I_{*k}I_j = 21.975 \times 0.502 = 11.03\text{kA}$

注:L_3 末端不是 10kV 母线,而应是变压器高压侧接线端。

18.《电力工程电气设计手册》(电气一次部分)P120 表 4-1 和表 4-2、式(4-10)及 P129 式(4-20)。

校验保护灵敏系数允许按常见不利运行方式下的不利故障类型进行校验。一般的,采用最小运行方式末端两相短路的稳态电流,即 B 点两相短路。

设 $S_j = 100\text{MVA}, U_j = 115\text{kV}$,则 $I_j = 0.502\text{kA}$

系统电抗标幺值:$X_{*s} = \frac{I_j}{I_d} = \frac{0.502}{18} = 0.028$

L_1 线路电抗标幺值:$X_{*L1} = X_{L1}\frac{S_j}{U_j^2} = 1.8 \times \frac{100}{115^2} = 0.014$

L_3 线路电抗标幺值:$X_{*L3} = X_{L3}\frac{S_j}{U_j^2} = 0.9 \times \frac{100}{115^2} = 0.007$

三相短路电流标幺值:$I_{*k} = \frac{1}{X_{*\Sigma}} = \frac{1}{0.028 + 0.014 + 0.007} = 20.41$

最小两相短路电流有名值:$I_k = 0.866 I_{*k} I_j = 0.866 \times 20.41 \times 0.502 = 8.87\text{kA}$

注:L_1 线路的相间故障保护,近后备保护本段线路末端,远后备保护 L_3 线路末端。校验近后备,应用 L_1 末端两相短路电流,但计算结果约为 10.5kA,无对应答案,校验远后备,应该用 L_3 末端两相短路电流,即 8.87kA。

19.《电力工程电气设计手册》(电气二次部分)P69 式(20-9)。

$$m_{js} = \frac{K_k I''_{d\cdot max}}{I_e} = \frac{1.3 \times 23 \times \frac{10}{110}}{300} = 9.06$$

注:$I_{d\cdot man}$ 为变压器外部短路时流过电流互感器的最大电流,按题意应取 10kV 侧短路电流 23kA,折合至一次侧进行计算。"外部"为针对变压器差动保护,"外部"应理解为差动保护两 CT 之间以外的设备及线路。

20.《继电保护和安全自动装置技术规程》(GB/T 14285—2006)第 5.2.4.1 条。

110kV 及以下单侧电源线路的自动重合闸装置采用三相一次方式。

注:本大题的难点在于没有给出接线示意图,考场上需要自己绘制,示意图绘制的准确性决定本题的成败。

题 21 ~25 答案:**BCDBC**

21.《110kV ~750kV 架空输电线路设计规范》(GB 50545—2010)第 7.0.5 条。

根据《导体和电器选择设计技术规定》(DL/T 5222—2005)附录 C、第 21.0.9 条及条文说明,爬电比距 $\lambda = 1.6\text{cm/kV}$

绝缘子片数:$n \geq \frac{\lambda U}{K_e L_{o1}} = \frac{1.6 \times 500}{1 \times 29} = 27.6$,取 28 片。

注：相对于变电站，架空送电线路绝缘子片数量应采用《110kV ~ 750kV 架空输电线路设计规范》(GB 50545—2010)中的公式计算，选用标称电压及其爬电比距，且不再考虑增加零值绝缘子。爬电比距也可参考《导体和电器选择设计技术规定》(DL/T 5222—2005)附录 C 表 C.2。另，题干要求按爬电比距法计算绝缘子片个数，而基塔高度超过 40m 需进行修正是针对操作过电压和雷电过电压的绝缘子片数而言的，与题意不符。

22.《交流电气装置的接地设计规范》(GB/T 50065—2011)附录 A 第 A.0.2 条。

水平接地极的接地电阻：$R_h = \dfrac{\rho}{2\pi L}\left(\ln\dfrac{L^2}{hd}+A\right) = \dfrac{100}{2\pi\times4\times10}\left(\ln\dfrac{40^2}{0.6\times10\times10^{-3}}+0.89\right) = 5.328\Omega$

23.《电力工程高压送电线路设计手册》(第二版)P24 式(2-1-41)和 P129 式(2-7-39)。

线路波阻抗：$Z_n = \sqrt{\dfrac{X_1}{B_1}} = \sqrt{\dfrac{0.423}{2.68\times10^{-6}}} = 397.3\Omega$

雷击导线时的耐雷水平：$I_2 = \dfrac{4U_{50\%}}{Z_n} = \dfrac{4\times1280}{397.3} = 12.89\text{kA}$

注：可对照 2011 年案例分析试题(下午卷)第 32 题计算。

24.《110kV ~ 750kV 架空输电线路设计规范》(GB 50545—2010)第 7.0.8 条。

折算至绝缘子结构高度为 170mm，即 $n = 25\times\dfrac{155}{170} = 22.8$，取 23 片。

高海拔悬垂绝缘子片数：$n_H = ne^{0.1215m_1(H-1000)/1000} = 25\times e^{0.1215\times0.65(3000-1000)/1000} = 26.9$，取 27 片。

注：按题意，特征系数 0.65 对应绝缘子高度为 170mm，建议先折算再进行海拔修正。

25.《110kV ~ 750kV 架空输电线路设计规范》(GB 50545—2010)附录 A。

操作过电压风速：0.5 × 基本风速折算至导线平均高度处的风速(不低于 15m/s)。

即：$v = 0.5\times28 = 14\text{m/s} < 15\text{m/s}$，取风速 15m/s。

2013 年案例分析试题(下午卷)

[案例题是4选1的方式,各小题前后之间没有联系,共40道小题,选作25道,每题分值为2分,上午卷50分,下午卷50分,试卷满分100分。案例题一定要有分析(步骤和过程)、计算(要列出相应的公式)、依据(主要是规程、规范、手册),如果是论述题要列出论点]

题1~5:某企业电网先期装有4台发电机(2×30MW+2×42MW),后期扩建2台300MW机组,通过2回35kV线路与主网相联,主设备参数如表所列,该企业电网的电气主接线如图所示。

设备名称	参数		备注
1号、2号发电机	42MW　$\cos\varphi=0.8$　机端电压10.5kV		余热利用机组
3号、4号发电机	30MW　$\cos\varphi=0.8$　机端电压10.5kV		燃气利用机组
5号、6号发电机	300MW　$X''_d=16.7\%$　$\cos\varphi=0.85$		燃煤机组
1号、2号、3号主变	额定容量80/80/24MVA	额定电压110/35/10kV	
4号、5号、6号主变	额定容量240/240/72MVA	额定电压345/121/35kV	

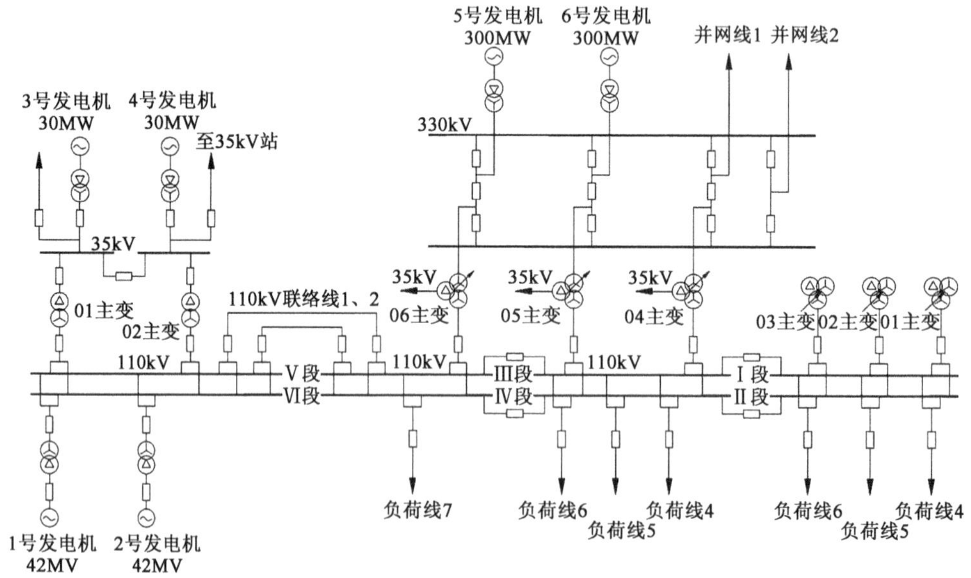

1.5 号、6 号发电机采用发电机变压器组接入 330kV 配电装置，主变压器参数为 360MVA，330/20kV，$U_d = 16\%$。当 330kV 母线发生三相短路时，计算由一台 300MW 机组提供的短路电流周期分量起始值最接近下列哪项数值？（　　）

(A)1.67kA　　(B)1.82kA

(C)2.00kA　　(D)3.54kA

解答过程：

2. 若该企业 110kV 电网全部并列运行，将导致 110kV 系统三相短路电流(41kA)超出现有电气设备的额定开断能力，请确定为限制短路电流，下列哪种方式最为安全合理经济？并说明理由。（　　）

(A)断开 I 回与 330kV 主系统的联网线

(B)断开 110kV 母线 I、II 段与 III、IV 段分段断路器

(C)断开 110kV 母线 III、IV 段与 V、VI 段分段断路器

(D)更换 110kV 系统相关电气设备

解答过程：

3. 如果 330kV 并网线路长度为 80km，采用 $2 \times 400\text{mm}^2$ 导线，同塔双回路架设，充电功率为 0.41Mvar/km，根据无功平衡要求，330kV 三绕组变压器的 35kV 侧需配置电抗器。若考虑充电功率由本站全部补偿，请计算电抗器的容量为下列哪项数值？（　　）

(A)1×30Mvar　　(B)2×30Mvar

(C)3×30Mvar　　(D)2×60Mvar

解答过程：

4. 若正常运行方式下，110kV 的短路电流为 29.8kA，10kV 母线短路电流为 18kA，若 10kV 母线装设无功补偿电容器组，请计算电容器的分组容量应取下列哪项数值？ （　　）

(A) 13.5Mvar　　(B) 10Mvar　　(C) 8Mvar　　(D) 4.5Mvar

解答过程：

5. 本企业电网 110kV 母线接有轧钢类钢铁负荷，负序电流为 68A，若 110kV 母线三相短路容量为 1282MVA，请计算该母线负序电压不平衡度为下列哪项数值？ （　　）

(A) 0.61%　　(B) 1.06%　　(C) 2%　　(D) 6.10%

解答过程：

题 6～8：某火力发电厂工程建设 4×600MW 机组，每台机组设一台分裂变压器作为高压厂用工作变压器，主厂房内设 2 段 10kV 高压厂用工作母线，全厂设 2 段 10kV 公用母线，为 4 台机组的公用负荷供电。公用段的电源引自主厂房 10kV 工作段配电装置。公用段的负荷计算见表，各机组顺序建成。

序号	设备名称	额定容量(kW)	装设/工作台数	计算系数	计算负荷(kVA)	10kV 公用 A 段			10kV 公用 B 段			重复负荷
						装设台数	工作台数	计算负荷(kVA)	装设台数	工作台数	计算负荷(kVA)	
1	螺杆空压机	400	9/9	0.85	340	5	5	1700	4	4	1360	
2	消防泵	400	2/1	0	0	1	1	0	1	1	0	
3	高压离心风机	220	2/2	0.85	187	1	1	187	1	1	187	
4	碎煤机	630	2/2	0.85	535.5	1	1	535.5	1	1	535.5	
5	C01AB 带式输送机	315	2/2	0.85	267.75	1	1	267.75	1	1	267.75	
6	C03A 带式输送机	355	2/2	0.85	301.75	2	2	603.5				
7	C04A 带式输送机	355	2/2	0.85	301.75				2	2	603.5	
8	C01AB 带式输送机	280	2/2	0.85	238	1	1	238	1	1	238	
9	斗轮堆取料机	380	2/2	0.85	323	1	1	323	1	1	323	
合计 S_1 (kVA)						3854.75			3514.75			0

续上表

序号	设备名称	额定容量(kW)	装设/工作台数	计算系数	计算负荷(kVA)	10kV 公用 A 段			10kV 公用 B 段			重复负荷
						装设台数	工作台数	计算负荷(kVA)	装设台数	工作台数	计算负荷(kVA)	
1	化水变	1250	2/1		1085	1	1	1085	1	1	1085	1085
2	煤灰变	2000	2/1		1727.74	1	1	1727.74	1	1	1727.74	1727.74
3	起动锅炉变	800	1/1		800				1	1	0	
4	脱硫备变	1600	2/2		1250	1	1	1250	1	1	1250	
5	煤场变	1600	2/1		1057.54	1	1	1057.54	1	1	1057.54	1057.54
6	翻车机变	2000	2/1		1800	1	1	1800	1	1	1800	1800
	合计 S_2(kVA)							6920.28			6920.28	
	合计 $S=S_1+S_2$(kVA)											

6. 当公用段两段之间设母联,采用互为备用接线方式时,每段电源的计算负荷为下列哪项数值? ( )

(A)21210.06kVA (B)15539.78kVA

(C)10775.03kVA (D)10435.03kVA

解答过程:

7. 当公用段两段不设母线,采用专用备用接线方式时,经过调整,公用A段计算负荷为10775.03kVA,公用B段计算负荷为11000.28kVA,分别由主厂房4台机组10kV段各提供一路电源,下表为主厂房各段计算负荷。此时下列哪组高压厂用工作变压器容量是合适的?请计算说明。 ( )

设备名称	10kV 1A 段计算负荷	10kV 1B 段计算负荷	重复负荷	10kV 2A 段计算负荷	10kV 2B 段计算负荷	重复负荷
电动机	20937.75	14142.75	8917.75	20937.75	14142.75	8917.75
低厂变	9647.56	7630.81	7324.32	9709.72	7692.97	7381.48
公用段馈线						

设备名称	10kV 3A 段计算负荷	10kV 3B 段计算负荷	重复负荷	10kV 4A 段计算负荷	10kV 4B 段计算负荷	重复负荷
电动机	20555.25	13930.25	8917.75	20555.25	13930.25	9342.75
低厂变	9647.56	7630.81	7324.32	9709.72	7692.97	7381.48
公用段馈线						

(A)64/33-33MVA　　　　　(B)64/42-42MVA

(C)47/33-33MVA　　　　　(D)48/33-33MVA

解答过程：

8. 若10kV公用段两段之间不设母联，采用专用备用方式时，请确定下列表述中哪项是正确的？并给出理由和依据。　　(　　)

(A)公用段采用备用电源自动投入装置，正常时可采用经同期闭锁的手动并列切换，故障时宜采用快速串联断电切换

(B)公用段采用备用电源手动切换，正常时可采用经同期闭锁的手动并列切换，故障时宜采用慢速串联切换

(C)公用段采用备用电源自动投入装置，正常时可采用经同期闭锁的手动并列切换，故障时也可采用快速并列切换，另加电源自投后加速保护

(D)公用段采用备用电源手动切换，正常时可采用经同期闭锁的并列切换，故障时采用慢速串联切换，另加母线残压闭锁

解答过程：

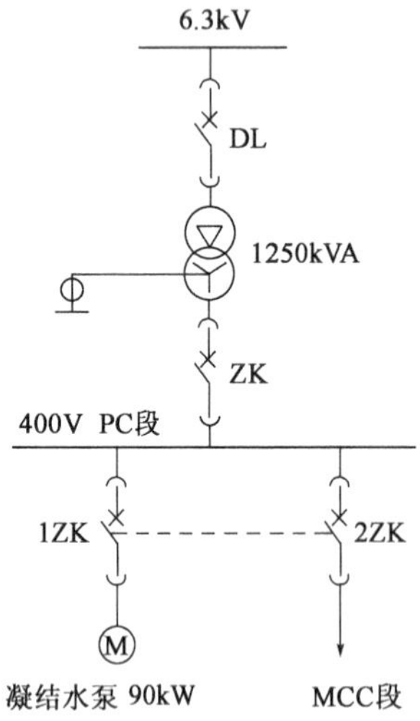

题9～13：某300MW发电厂低压厂用变压器系统接线见图。已知条件如下：

1250kVA低压厂用变压器：$U_d\% = 6$；额定电压比为6.3/0.4kV；额定电流比为114.6/1804A；变压器励磁涌流不大于5倍额定电流；6.3kV母线最大运行方式下系统阻抗$X_s = 0.444$(以100MVA为基准的标幺值)；最小运行方式下系统阻抗$X_s = 0.87$(以100MVA为基准的标幺值)。ZK为智能断路器(带延时过流保护，电流速断保护)$I_n = 2500A$。

400V PC段最大电动机为凝结水泵，其额定功率为90kW，额定电流$I_{C1} = 180A$；起动电流倍数10倍，1ZK为智能断路器(带延时过流保护，电流速断保护)$I_n = 400A$。

400V PC段需要自起动的电动机最大起动电流之和为8000A，400V PC段总负荷电流为980A，可靠系数取1.2。

请根据上述条件计算下列各题。(保留两位小数，计算中采用“短路电流实用计算”法，忽略引接线及元件的电阻对短路电流的影响。)

9. 计算 400V 母线三相短路时流过 DL 的最大短路电流值应为下列哪项数值？（　　）

（A）1.91kA　（B）1.75kA　（C）1.53kA　（D）1.42kA

解答过程：

10. 计算确定 DL 的电流速断保护整定值和灵敏度应为下列那组数值？（　　）

（A）1.7kA，5.36　（B）1.75kA，5.21

（C）1.94kA，9.21　（D）2.1kA，4.34

解答过程：

11. 计算确定 1ZK 的电流速断保护整定值和灵敏度应为下列哪组数值？（短路电流中不考虑电动机反馈电流）（　　）

（A）1800A，12.25　（B）1800A，15.31

（C）2160A，10.21　（D）2160A，12.67

解答过程：

12. 计算确定 DL 过电流保护整定值应为下列哪项数值？（　　）

（A）507.94A　（B）573A

（C）609.52A　（D）9600A

解答过程：

13. 计算确定 ZK 过电流保护整定值应为下列哪项数值？（　　）

(A) 3240A　　(B) 3552A

(C) 8000A　　(D) 9600A

解答过程：

题 14～18：某 220kV 变电站位于 III 级污秽区，海拔高度 600m，220kV 2 回电源进线，2 回负荷出线，每回出线各带负荷 120MVA，采用单母线分段接线，2 台电压等级为 220/110/10kV，容量为 240MVA 主变，负载率为 65%，母线采用管形铝镁合金，户外布置。220kV 电源进线配置了变比为 2000/5A 电流互感器，其主保护动作时间为 0.1s，后备保护动作时间为 2s，断路器全分闸时间为 40ms，最大运行方式时，220kV 母线三相短路电流为 30kA，站用变压器容量为 2 台 400kVA。请回答下列问题。

14. 在环境温度 +35℃，导体最高允许温度 +80℃ 的条件下，计算按照持续工作电流选择 220kV 管形母线的最小规格应为下列哪项数值？（　　）

铝锰合金管形导体长期允许载流量（环境温度 +25℃）

导体尺寸 D_1/D_2 (mm)	导体截面 (mm^2)	导体最高允许温度为下值时的载流量(A)	
		+70℃	+80℃
ϕ50/45	273	970	850
ϕ60/54	539	1240	1072
ϕ70/64	631	1413	1211
ϕ80/72	954	1900	1545
ϕ100/90	1491	2350	2054
ϕ110/100	1649	2569	2217
ϕ120/110	1806	2782	2377

(A) ϕ60/54mm　　(B) ϕ80/72mm

(C) ϕ100/90mm　　(D) ϕ110/100mm

解答过程：

15. 假设该站 220kV 管母线截面系数为 $41.4cm^2$，自重产生的垂直弯矩为 550N·m，集中荷载产生的最大弯矩为 360N·m，短路电动力产生的弯矩为 1400N·m，内过电压风速产生的水平弯矩为 200N·m，请计算 220kV 母线短路时，管母线所承受的应力应为下列哪项数值？ （ ）

(A) $1841N/cm^2$ (B) $4447N/cm^2$

(C) $4621N/cm^2$ (D) $5447N/cm^2$

解答过程：

16. 请核算 220kV 电源进线电流互感器 5s 热稳定电流倍数应为下列哪项数值？ （ ）

(A) 2.5 (B) 9.4 (C) 9.58 (D) 23.5

解答过程：

17. 若该变电站低压侧出线采用 10kV 三芯交联聚乙烯铠装电缆（铜芯），出线回路额定电流为 260A，电缆敷设在户内梯架上，每层 8 根电缆无间隙 2 层叠放，电缆导体最高工作温度为 90℃，户外环境温度为 35℃，请计算选择电缆的最小截面应为下列哪项数值？ （ ）

电缆在空气中为环境温度 40℃、直埋为 25℃时的载流量数值

10kV 三芯电力电缆允许载流量（铝芯）（A）							
绝缘类型		不滴流纸		交联聚乙烯			
钢铠护层				无		有	
电缆导体最高工作温度（℃）		65		90			
敷设方式		空气中	直埋	空气中	直埋	空气中	直埋
电缆导体截面（mm^2）	70	118	138	178	152	173	152
	95	143	169	219	182	214	182
	120	168	196	241	205	246	205
	150	189	220	283	223	278	219
	185	218	246	324	252	320	247
	240	261	290	378	292	373	292
	300	295	325	433	332	428	328

(A)$95mm^2$ (B)$150mm^2$

(C)$185mm^2$ (D)$300mm^2$

解答过程：

18. 请计算该站用于站用变压器保护的高压熔断器熔体的额定电流，判断下列哪项是正确的，并说明理由。（系数取 1.3） （ ）

(A)熔管 25A，熔体 30A (B)熔管 50A，熔体 30A

(C)熔管 30A，熔体 32A (D)熔管 50A，熔体 32A

解答过程：

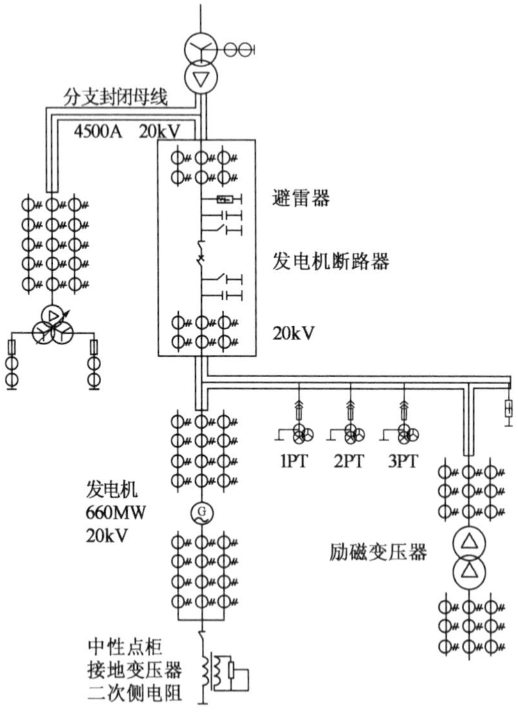

题 19～22：某 600MW 汽轮发电机组，其电气接线如图所示。

发电机额定电压为 U_N = 20kV，最高运行电压 $1.05U_N$，已知当发电机出口发生短路时，发电机至短路点的最大故障电流为 114kA，系统至短路点的最大故障电流为 102kA，发电机系统单相对地电容电流为 6A，采用发电机中性点经单相变压器二次侧电阻接地的方式，其二次侧电压为 220V，根据上述已知条件，回答下列问题。

19. 根据上述已知条件，选择发电机中性点变压器二次侧接地电阻，其阻值应为下列何值？ （ ）

(A)0.635Ω (B)0.698Ω (C)1.10Ω (D)3.81Ω

解答过程：

20. 假设发电机中性点接地电阻为0.55Ω，接地变压器的过负荷系数为1.1，选择发电机中性点接地变压器，计算其变压器容量应为下列何值？ ( )

(A)80kVA (B)76.52kVA

(C)50kVA (D)40kVA

解答过程：

21. 电气接线图中发电机出口断路器的系统侧装设有一组避雷器，计算确定这组避雷器的额定电压和持续运行电压应取下列哪项数值？(假定主变低压侧系统最高电压不超过发电机最高运行电压) ( )

(A)21kV，16.8kV (B)26.25kV，21kV

(C)28.98kV，23.1kV (D)28.98kV，21kV

解答过程：

22. 计算上图中厂用变分支离相封闭母线应能承受的最小动稳定电流为下列何值？ ( )

(A)410.40kA (B)549.85kA

(C)565.12kA (D)580.39kA

解答过程：

题 23～26：某 500kV 变电站，设有 2 台主变压器，所用电计算负荷为 520kVA，由两台 10kV 工作所用变压器供电，共用一台专用备用所用变压器，容量均为 630kVA。若变电站扩建改造，扩建一组主变压器（三台单相，与现运行的主变压器容量、型号相同），每台单相主变冷却塔配置为：共四组冷却器（主变满负荷运行时需投运三组），每组冷却器油泵一台 10kW，风扇两台，5kW/台（电动机起动系数均为 3）。增加消防泵及水喷雾用电负荷 30kW，站内给水泵 6kW，事故风机用电负荷 20kW，不停电电源负荷 10kW，照明负荷 10kW。

23. 请计算该变电站增容改造部分所用电负荷计算负荷值是多少？（　　）

(A)91.6kVA　　(B)176.6kVA

(C)193.6kVA　　(D)219.1kVA

解答过程：

24. 请问增容改造后，所用变压器计算容量至少应为下列哪项数值？（　　）

(A)560.6kVA　　(B)670.6kVA

(C)713.6kVA　　(D)747.1kVA

解答过程：

25. 设主变冷却器油泵、风扇的功率因数为 0.8，请计算主变冷却器供电回路工作电流应为下列哪项数值？（假定电动机的效率 $\eta=1$）（　　）

(A)324.76A　　(B)341.85A

(C)433.01A　　(D)455.80A

解答过程：

26. 已知所用变每相回路电阻 3mΩ，电抗 10mΩ；冷却器供电电缆每相回路电阻 2mΩ，电抗为 1mΩ。请计算所用电给新扩建主变冷却器供电回路末端短路电流和断路器过电流脱扣器的整定值为下列哪组数值？（假设主变冷却器油泵、风扇电动机的功率

因数均为 0.85、效率 $\eta=1$，可靠系数取 1.35）　　（　　）

（A）19.11kA，1.303kA　　（B）19.11kA，1.737kA

（C）2.212kA，1.303kA　　（D）2.212kA，0.434kA

解答过程：

题 27～30：某 220kV 变电站由 180MVA，220/110/35kV 主变压器两台，其 35kV 配电装置有 8 回出线、单母线分段接线，35kV 母线上接有若干组电容器，其电抗率为 5%，35kV 母线并列运行时三相短路容量为 1672.2MVA。请回答下列问题。

27. 如该变电站的每台主变压器 35kV 侧装有三组电容器、4 回出线，其 35kV 侧接线不可采用下列哪种接线方式？并说明理由。　　（　　）

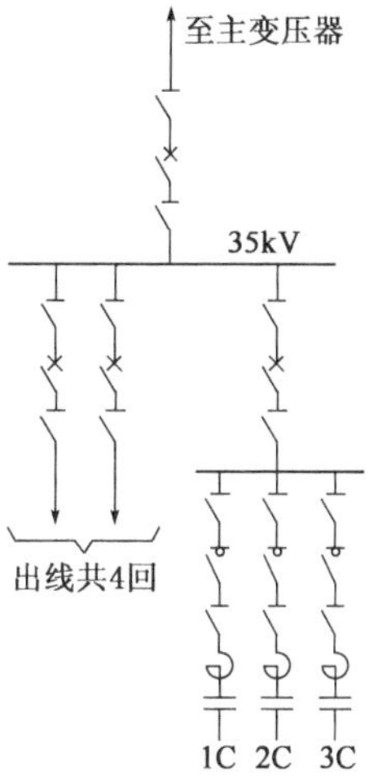

（A）

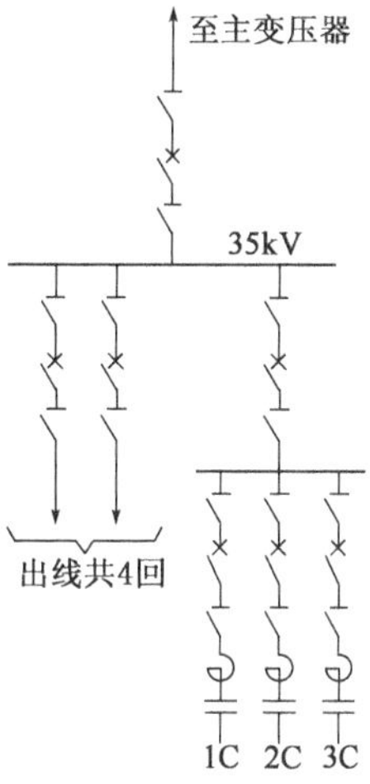

（B）

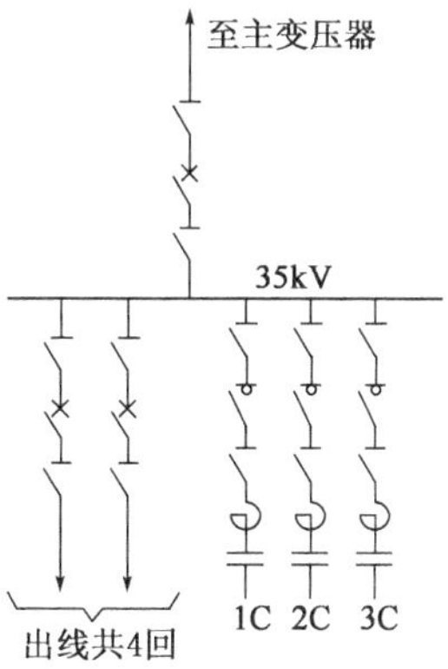

（C）

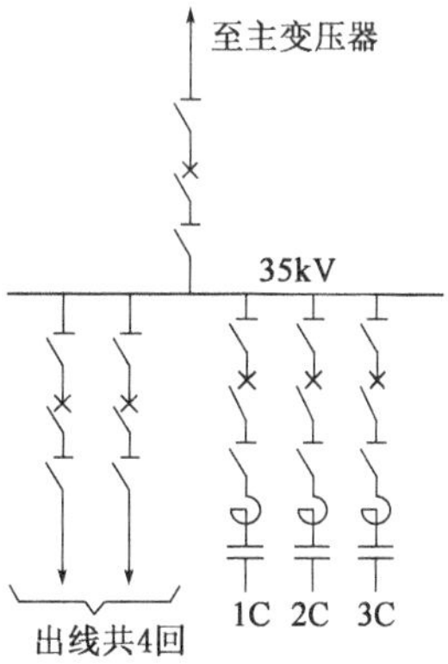

（D）

解答过程：

28. 如该变电站两段 35kV 母线安装的并联电容器组总容量为 60Mvar，请验证 35kV 母线并联时是否会发生 3 次、5 次谐波谐振？并说明理由。（　　）

(A) 会发生 3 次、5 次谐波谐振
(B) 会发生 3 次谐波谐振，不会发生 5 次谐波谐振
(C) 会发生 5 次谐波谐振，不会发生 3 次谐波谐振
(D) 不会发生 3 次、5 次谐波谐振

解答过程：

29. 如该变电站安装的电容器组为构架装配式电容器，单星形接线，由单台容量 417kvar 电容器串并联组成，电容器外壳能承受的爆裂能量为 14kJ，试求每相串联段的最大并联台数为下列哪项？（　　）

(A) 7 台　　(B) 8 台　　(C) 9 台　　(D) 10 台

解答过程：

30. 若该变电站中，35kV 电容器单组容量为 10000kvar，三组电容器采用专用母线方式接入 35kV 主母线，请计算其专用母线总断路器的长期运行电流最小不应小于下列哪项数值？（　　）

(A) 495A　　(B) 643A　　(C) 668A　　(D) 1000A

解答过程：

题 31～35：某 500kV 架空输电线路工程，导线采用 4×JL/GIA－630/45，子导线直接 33.8mm，导线自重荷载为 20.39N/m，基本风速 33m/s，设计覆冰 10mm。（提示：最高运行电压是额定电压的 1.1 倍）

31. 根据以下情况，计算确定若由 XWP-300 绝缘子组成悬垂单串，其片数应为下列哪项数值。

1）所经地区海拔为 500m，等值盐密为 0.10mg/cm²，按"高压架空线路污秽分级标准"和运行经验确定污秽等级为 C 级，最高运行相电压下设计爬电比距按 4.0cm/kV 考虑。

2）XWP-300 绝缘子（公称爬电距离为 550mm，结构高度为 195mm），在等值盐密 0.1mg/cm²，测得的爬电距离有效系数为 0.90。（　　）

(A)24 片　　(B)25 片　　(C)26 片　　(D)45 片

解答过程：

32. 如线路所经地区海拔为 3000m，污秽等级为 C 级，最高运行相电压下设计爬电比距按 4.0cm/kV 考虑，XSP-300 绝缘子（公称爬电距离为 635mm，结构高度为 195mm），假定爬电距离有效系数为 0.90，特征指数 m_1 为 0.31，计算确定若由 XSP-300 绝缘子组成悬垂单串，其片数应为下列哪项数值？（　　）

(A)24 片　　(B)25 片　　(C)27 片　　(D)30 片

解答过程：

33. 在海拔为 500m 的 D 级污秽区，最高运行相电压下盘形绝缘子（假定爬电距离有效系数为 0.90），设计爬电比距按不小于 5.0cm/kV 考虑，计算复合绝缘子所要求的最小爬电距离应为下列哪项数值？（　　）

(A)1191cm　　(B)1203cm　　(C)1400cm　　(D)1764cm

解答过程：

34. 某基塔全高100m，位于海拔500m、污秽等级为C级、最高运行相电压下设计爬电比距按4.0cm/kV考虑，悬垂单串的绝缘子型号为XWP-210绝缘子（公称爬电距离为550mm，结构高度为170mm），爬电距离有效系数为0.90，请计算确定绝缘子片数应为下列哪项数值？（　　）

（A）25片　　　　（B）26片

（C）28片　　　　（D）31片

解答过程：

35. 计算确定位于海拔2000m，全高为90m铁塔的雷电过电压最小空气间隙应为下列哪项数值？

提示：绝缘子串雷电冲击放电电压：$U_{50\%}=530L+35$

空气间隙雷电冲击放电电压：$U_{50\%}=552S$（　　）

（A）3.30m　　　　（B）3.63m

（C）3.85m　　　　（D）4.35m

解答过程：

题36～40：某单回路500kV架空送电线路，位于海拔500m以下的平原地区，大地电阻率平均为200Ω·m，线路全长155km，三相导线a、b、c为倒正三角排列，线间距离为7m，导线采用6分裂LGJ-500/35钢芯铝绞线，各子导线按正六边形布置，子导线直径为30mm，分裂间距为400mm，子导线的铝截面为497.01mm²，综合截面为531.37mm²。

36. 计算该线路相导线的有效半径R_e应为下列哪项数值？（　　）

（A）0.312m　　　　（B）0.400m

（C）0.336m　　　　（D）0.301m

解答过程：

37. 设相分裂导线半径为0.4m，有效半径为0.3m，子导线交流电阻 $R=0.06\Omega/km$，计算该线路"导线—地"回路的自阻抗 Z_m 应为下列哪项数值？ （ ）

(A) $0.11+j1.217(\Omega/km)$　　(B) $0.06+j0.652(\Omega/km)$
(C) $0.06+j0.529(\Omega/km)$　　(D) $0.06+j0.511(\Omega/km)$

解答过程：

38. 设相分裂导线半径为0.4m，有效半径为0.3m，计算本线路的正序电抗 X_1 应为下列哪项数值？ （ ）

(A) $0.198(\Omega/km)$　　(B) $0.213(\Omega/km)$
(C) $0.180(\Omega/km)$　　(D) $0.356(\Omega/km)$

解答过程：

39. 设相分裂导线的等价半径为0.35m，有效半径为0.3m，计算线路的正序电纳 B_1 应为下列哪项数值？ （ ）

(A) $5.826\times10^{-6}(s/km)$　　(B) $5.409\times10^{-6}(s/km)$
(C) $5.541\times10^{-6}(s/km)$　　(D) $5.034\times10^{-6}(s/km)$

解答过程：

40. 假设线路的正序电抗为 $0.5\Omega/km$，正序电纳为 $5.0\times10^{-6}s/km$，计算线路的自然功率 P_n 应为下列哪项数值？ （ ）

(A) 956.7MW　　(B) 790.6MW
(C) 1321.3MW　　(D) 1045.8MW

解答过程：

2013 年案例分析试题答案(下午卷)

题 1 ~5 答案:**CCBCB**

1.《电力工程电气设计手册》(电气一次部分)P120 表 4-1 和表 4-2 和 P131 式(4-21)及表 4-7。

设 $S_j = 100\text{MVA}, U_j = 345\text{kV}$,则 $I_j = 0.167\text{kA}$

发电机次暂态电抗标幺值:$X_{d*} = \dfrac{X_d\%}{100} \times \dfrac{S_j}{\dfrac{P_e}{\cos\varphi}} = \dfrac{16.7}{100} \times \dfrac{100}{\dfrac{300}{0.85}} = 0.0473$

变压器电抗标幺值:$X_{*d} = \dfrac{U_d\%}{100} \times \dfrac{S_j}{S_e} = \dfrac{16}{100} \times \dfrac{100}{360} = 0.0444$

电源点到短路点的等值电抗,归算至电源容量为基准的计算电抗:

$$X_{js} = X_\Sigma \times \frac{S_{Gj}}{S_j} = (0.0473 + 0.0444) \times \frac{\dfrac{300}{0.85}}{100} = 0.3236$$

查表 4-7,短路电流标幺值 $I_* = 3.368$。

短路电流有名值:$I'' = I_* I_e = 3.368 \times \dfrac{300}{\sqrt{3} \times 345 \times 0.85} = 1.99\text{kA}$

注:周期分量起始值查表取 $t=0$ 时的数值;另最后一步的基准电流 I_e 应由等值发电机额定容量与相应的平均额定电压求得,此点非常重要,可参考《工业与民用配电设计手册》(第三版)P137 最后一段内容。

2.《电力工程电气设计手册》(电气一次部分)P191 限流措施中发电厂与变电站可采用(2)变压器分裂运行。

根据本题接线图和答案选项,断开 III、IV 和 V、VI 可将 5 和 6 号发电机(300MW)分裂运行,可有效限制 110kV 侧短路电流。而断开 III、IV 和 I、II 将使得 I、II 母线段无电源接入,导致负荷 4 ~6 解列,不可行,而其他选项与限制短路电流无关。

3.《330kV ~750kV 变电站无功补偿装置设计技术规定》(DL/T 5014—2010)第 5.0.7条的条文说明。

按就地平衡原则,变电站装设电抗器的最大补偿容量,一般为其所接线路充电功率的 1/2。(图中 2 条并网线路)

按题意,考虑充电功率由本站全部补偿,电抗器的容量应为 $30 \times 2 = 60\text{Mvar}$。

电抗器最大补偿容量:$Q_L = 0.5 \times 80 \times 0.41 \times 2 = 32.8\text{Mvar}$,因此选择 30Mvar。

注:也可参考《电力工程电气设计手册》(电气一次部分)P533 式(9-50)或《电力系统设计手册》P234 式(8-3)进行计算。

4.《电力系统设计手册》P244 式(8-4)。

10kV 母线三相短路容量：$S_d=\sqrt{3}U_jI''_d=\sqrt{3}\times10.5\times18=327.36\text{MVA}$

按电压波动 $\Delta U<\pm2.5\%$，选择分组容量：$Q_{fz}=2.5\%S_d=2.5\%\times327.36=8.18\text{kvar}$

注：原书中公式写的不严谨，实际上仅取 2.5% 即可，有异议的考友可参考书中 P245 的算式，即可明白。

5.《电能质量　三相电压不平衡》(GB/T 15543—2008)附录 A 式(A-3)。

负序电压的不平衡度：$\varepsilon_{u2}=\dfrac{\sqrt{3}I_2U_L}{S_k}\times100\%=\dfrac{\sqrt{3}\times68\times110}{1282\times10^3}\times100\%=1.01\%$

注：第一道大题中，接线图的信息用在题中很少，但考场上容易被题中大量的干扰信息所迷惑，此方式(题干大信息量)在近两年的考试中经常采用，考生应提前适应。

题 6～8 答案：**BCA**

6.《火力发电厂厂用电设计技术规定》(DL/T 5153—2014)第 4.1.1-5 条。

10kV 公用 A 段计算负荷：$S_A=3854.75+6920.28=10775.03\text{kVA}$

10kV 公用 B 段计算负荷：$S_B=3514.75+6920.28=10435.03\text{kVA}$

10kV 公用 A 段与 B 段共有负荷：$S_C=1085+1727.74+1057.54+1800=5670.28\text{kVA}$

规范要求，由同一厂用电源供电的互为备用的设备只计算运行部分，则该段电源计算负荷为：

$S_{js}=10775.03+10435.03-5670.28=15539.78\text{kVA}$

7.《火力发电厂厂用电设计技术规定》(DL/T 5153—2014)附录 F。

公用 A 段与公用 B 段接入各机组计算容量较小的工作 B 段，计算如下：

1 号、2 号机组工作 B 段为公用 A 段供电：

$S_{1B}=14142.75+7630.81+10775.03=32548.59\text{kVA}$

$S_{2B}=14142.75+7692.97+10775.03=32610.75\text{kVA}$

3 号、4 号机组工作 B 段为公用 A 段供电：

$S_{3B}=13930.25+7630.81+11000.28=32561.34\text{kVA}$

$S_{4B}=13930.25+7692.97+11000.28=32623.5\text{kVA}$

各分裂绕组容量均小于 33MVA。

1 号变压器计算容量：$S_1=20937.75+9647.56+32548.59-8917.75-7324.32=46891.83\text{kVA}$

2 号变压器计算容量：$S_2=20937.75+9709.72+32610.75-8917.75-7381.48=46958.99\text{kVA}$

3 号变压器计算容量：$S_3=20555.25+9647.56+32561.34-8917.75-7324.32=46522.08\text{kVA}$

4 号变压器计算容量：$S_4=20555.25+9709.72+32623.5-9342.75-7381.48=46164.24\text{kVA}$

各变压器容量均小于47MVA，因此分裂变压器规格可选用47/33-33MVA。

注：此题计算量较大，若非对厂用电设计极为熟悉的考生，在考场上建议直接放弃。

8.《火力发电厂厂用电设计技术规定》(DL/T 5153—2014)第9.3.1条。

第9.3.1-1-3)条：1 正常切换：为保证切换的安全性，200MW级以上机组的高压厂用电源切换操作的合闸回路宜经同期继电器闭锁。

第9.3.1-2-3)条：2 事故切换：单机容量为200MW级及以上机组，当断路器具有快速合闸性能时，宜采用快速串联断电切换方式。

题9～13答案：**BDCCD**

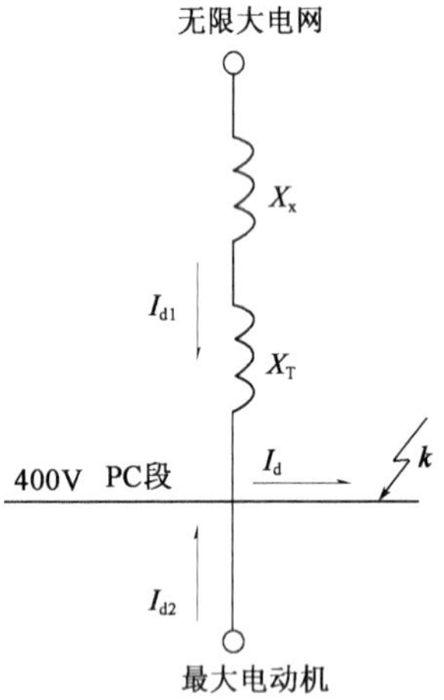

9.《火力发电厂厂用电设计技术规定》(DL/T 5153—2014)附录L。

由右图所示，短路电流由两部分组成，分别是系统短路电流周期分量和电动机反馈电流周期分量，但题干中要求为流过DL断路器的短路电流值，即为图中I_{d1}。

设$S_j = 100\text{MVA}$，$U_j = 6.3\text{kV}$，则$I_j = 9.16\text{kA}$

变压器阻抗标幺值：

$$X_{*d} = \frac{U_d\%}{100} \times \frac{S_j}{S_e} = \frac{6}{100} \times \frac{100}{1.25} = 4.8$$

厂用电源短路电流周期分量起始值：

$$I''_B = \frac{I_j}{X_X + X_T} = \frac{9.16}{0.444 + 4.8} = 1.747\text{kA}$$

注：低压母线上确实存在电动机反馈电流，但本题不必考虑。

另根据《火力发电厂厂用电设计技术规定》(DL/T 5153—2014)第6.1.4条：高压厂用电系统的短路电流应考虑短路阻抗在制造上的负误差(系数0.9)，但低压厂用电未对此做要求，因此本题未考虑负误差，也可参考该条文的条文说明内容。

10.《电力工程电气设计手册》(电气二次部分)P693式(29-185)。

按上题计算结果，最大运行方式下变压器低压侧母线三相短路时，流过高压侧的电流为1.75kA。

电流速断保护整定值：$I_{dz} = K_k I^{(3)}_{d\cdot max} = 1.2 \times 1.75 = 2.1\text{kA}$

变压器的励磁涌流：$5I_{TN} = 5 \times \dfrac{1250}{\sqrt{3} \times 6.3} = 572.77\text{A}$，满足要求。

最小运行方式下保护安装处三相短路电流：$I''_B = \dfrac{I_j}{X_X + X_T} = \dfrac{9.16}{0.87} = 10.53\text{kA}$

灵敏度系数：$K_{lm} = \dfrac{I^{(2)}_{d\cdot min}}{I_{dz}} = \dfrac{0.866 \times 10.53}{2.1} = 4.34$

注：两个参数的定义完全不同，即 $I_{d\cdot max}^{(3)}$ 和 $I_{d\cdot min}^{(2)}$，其对应短路电流的计算亦完全不同。另由于本题为厂用电计算，不建议依据书中 P618 的相关公式。

11.《电力工程电气设计手册》(电气二次部分) P215 式(23-2)和式(23-4)。

电流速断保护整定值：$I_{dz} = K_k I_{qd} = 1.2 \times 10 \times 180 = 2160A$

最小运行方式下，电动机出口三相短路的短路电流(0.4kV)：

$$I_{d\cdot min}^{(3)} = \frac{I_j}{X_X + X_T} \times \frac{N_1}{N_2} = \frac{9.16}{0.87 + 4.8} \times \frac{6.3}{0.4} = 25.44kA$$

灵敏度系数：$K_{lm} = \dfrac{I_{d\cdot min}^{(2)}}{I_{dz}} = \dfrac{0.866 \times 25.44}{2.16} = 10.20$

12.《电力工程电气设计手册》(电气二次部分) P693 式(29-187)以及 P696 式(29-214)、式(29-215)。

低压厂用变压器高压侧过电流保护，按下列三个条件整定：

a. 躲过变压器所带负荷中需要自起动的电动机最大起动电流之和：$I_{dz1} = 1.2 \times 8000 \times 0.4/6.3 = 609.52A$

b. 躲过低压侧一个分支负荷自起动电流和其他分支正常负荷总电流：

$I_{dz2} = K_k(I'_q + \sum I_{fh}) = 1.2 \times (1800 + 980 - 180) \times 0.4 \div 6.3 = 198.10A$

c. 按与低压侧分支过电流保护配合整定：

《电力工程电气设计手册》(电气二次部分) P215"过电流保护一次动作电流"与式(23-3)(即电流速断保护)相同，即

$I_{dz3} = K_k(I'_{dz} + \sum I_{fh}) = 1.2 \times (2160 + 980 - 180) \times 0.4 \div 6.3 = 225.52A$

依据上述结果，取最大者 $I_{dz} = 609.52A$。

13.《电力工程电气设计手册》(电气二次部分) P696"变压器低压侧分支过电流保护"。

a. 躲过本段母线所接电动机最大起动电流之和：$I_{dz1} = 1.2 \times 8000 = 9600A$

b. 按与本段母线最大电动机速断保护配合整定：

《电力工程电气设计手册》(电气二次部分) P215"过电流保护一次动作电流"与式(23-3)(即电流速断保护)相同，即

$I_{dz3} = K_k(I'_{dz} + \sum I_{fh}) = 1.2 \times (2160 + 980 - 180) = 3552A$

依据上述结果，取最大者 $I_{dz} = 9600A$。

注：厂用电过电流保护计算较为复杂，但本题考查的较为简单，大部分数据已直接提供，可直接使用。

题 14～18 答案：**CBCCD**

14.《电力工程电气设计手册》(电气一次部分) P232 表 6-3。

主接线及功率流动方向如图：

持续工作电流为：$I'_g = \dfrac{\sum S}{\sqrt{3} U_N} = \dfrac{120 + 120 + 2 \times 240 \times 65\%}{\sqrt{3} \times 220} = 1.48kA$

《导体和电器选择设计技术规定》(DL/T 5222—2005) 附录 D，表 D.11 可知，综合

校正系数为0.87。

计算电流为 $I_g = I_g'/0.87 = 1.70\text{kA} < 2054\text{A}$，选择管形母线规格为 $\phi100/90$。

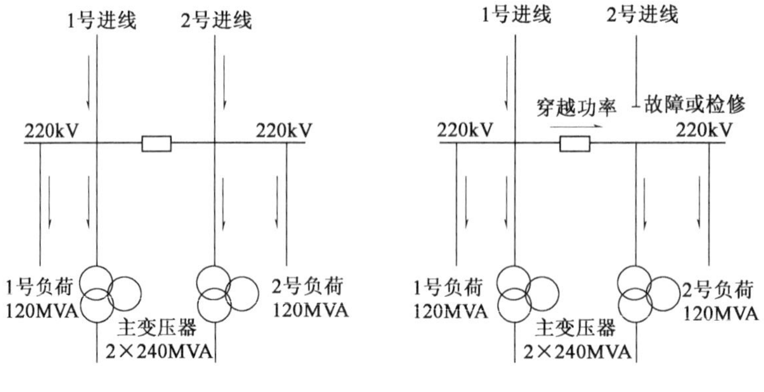

15.《电力工程电气设计手册》(电气一次部分)P344 式(8-41)和式(8-42)。

短路时母线所受的最大弯矩：

$$M_d = \sqrt{(M_{sd} + M_{sf})^2 + (M_{Cz} + M_{Cj})^2} = \sqrt{(1400+200)^2 + (550+360)^2} = 1840.67\text{N}\cdot\text{m}$$

短路时母线所受的最大应力：$\sigma_d = 100\dfrac{M_d}{W} = 100 \times \dfrac{1840.67}{41.4} = 4446.09\text{N/cm}^2$

注：管形母线考查频率较多，特别是弯矩、应力、挠度及微风振动等问题，本小节请重点关注。

16.《电力工程电气设计手册》(电气一次部分)P249 式(6-12)和《导体和电器选择设计技术规定》(DL/T 5222—2005)第5.0.13-2条。

《继电保护和安全自动装置技术规程》(GB/T 14285—2006)第4.9.1-a)条：220kV～500kV电力网中，线路或电力设备的后备保护采用近后备方式。因此，220kV母线主保护应视为有死区，建议选用后备保护时间计算。

短路电流热效应：$Q_d = I_k^2 t = 30^2 \times (2 + 0.04) = 1836\text{kA}^2$

电流互感器5s热稳定电流倍数：$K_r = \dfrac{\sqrt{\dfrac{Q_d}{t}}}{I_1} \times 10^3 = \dfrac{\sqrt{\dfrac{1836}{5}}}{2000} \times 10^3 = 9.58$

17.《电力工程电缆设计规范》(GB 50217—2018)附录D。

根据表D.0.1，温度校正系数 $k_1 = 1.05$；根据表D.0.6，敷设方式校正系数 $k_2 = 0.65$；铝芯与铜芯电缆校正系数 $k_3 = 1.29$。

出线回路计算电流(折算为铝芯)：$I_c = \dfrac{260}{k_1k_2k_3} = \dfrac{260}{1.05 \times 0.65 \times 1.29} = 295.31\text{A} < 320\text{A}$，选择185mm²电缆。

注：本题隐藏了铜铝载流量的折算要求，考试时，很多考生在此处丢分，很可惜。

18.《电力工程电气设计手册》(电气一次部分)P246 式(6-6)。

按题意条件，2台400kVA的所用变压器应为10/0.4kV，高压侧应为10kV。

高压熔断器熔体额定电流：$I_{nR}=KI_{bgm}=1.3\times1.05\times\dfrac{400}{\sqrt{3}\times10}=31.5\text{A}$，选择 32A。

《导体和电器选择设计技术规定》（DL/T 5222—2005）第 17.0.5 条：高压熔断器熔管额定电流应大于或等于熔体额定电流，即熔体额定电流≥32A，选择 50A。

注：参考《电力工程电气设计手册》（电气一次部分）P246 表 6-30，了解熔体和熔管额定电流匹配选择。

题 19～22 答案：**AABC**

19.《导体和电器选择设计技术规定》（DL/T 5222—2005）第 18.2.5 条式（18.2.5-4）。

降压变压器变比：$n_\varphi=\dfrac{U_N\times10^3}{\sqrt{3}U_{N2}}=\dfrac{20\times10^3}{\sqrt{3}\times220}=52.486\Omega$

接地电阻值：$R_{N2}=\dfrac{U_N\times10^3}{1.1\times\sqrt{3}I_Cn_\varphi^2}=\dfrac{20\times10^3}{1.1\times\sqrt{3}\times6\times52.486^2}=0.635\Omega$

注：《电力工程电气设计手册》（电气一次部分）P265 的公式与本题无直接对应条件，不建议采用。

20.《导体和电器选择设计技术规定》（DL/T 5222—2005）第 18.3.4 条式（18.3.4-2）。

接地变压器容量：$S_N=\dfrac{U_N}{\sqrt{3}Kn_\varphi}\text{I}_2=\dfrac{20}{\sqrt{3}\times1.1\times52.486}\times\dfrac{220}{0.55}=80\text{kVA}$

或 $S_N=\dfrac{1}{K}U_2I_2=\dfrac{1}{1.1}\times220\times\dfrac{220}{0.55}=80000\text{VA}=80\text{kVA}$

21.《导体与电器选择设计技术规程》（DL/T 5222—2005）第 20.1.7 条及表 20.1.7。

3～20kV 相对地的额定电压和持续运行电压分别为 $1.25U_{m.g}$ 和 $U_{m.g}$，根据题干条件，最高运行电压为 $1.05U_n$。

额定电压：$1.25U_{m\cdot g}=1.25\times1.05\times U_g=1.25\times1.05\times20=26.25\text{kV}$

持续运行电压：$U_{m\cdot g}=1.05\times\text{U}_g=21\text{kV}$

注：也可参考《交流电气装置的过电压保护和绝缘配合》（DL/T 620—1997）第 5.3.4 条表 3。《交流电气装置的过电压保护和绝缘配合设计规范》（GB/T 50064—2014）已无此相关数据。发电机最高运行电压 $U_{m.g}$，可参考规范《隐极同步发电机技术要求》（GB/T 7064—2008）第 4.6 条：发电机额定功率因数下，当电压偏差 ±5%，频率偏差 ±2% 时，应该能够长期输出额定功率。

22.《电力工程电气设计手册》（电气一次部分）P140 式（4-32）及表 4-15。

厂用分支离相分支母线的最小动稳定电流即发电机端出口处的短路冲击电流：

系统提供的冲击电流：$i_{ch1}=\sqrt{2}K_{ch}I''=\sqrt{2}\times1.8\times102=259.65\text{kA}$

发电机提供的冲击电流：$i_{ch2}=\sqrt{2}K_{ch}I''=\sqrt{2}\times1.9\times114=306.32\text{kA}$

总冲击电流：$i_{ch}=i_{ch1}+i_{ch2}=259.65+306.32=565.97\text{kA}$

题 23～26 答案：**CCBA**

23.《220kV～1000kV 变电站站用电设计技术规程》（DL/T 5155—2016）第 4.1.1

条、第4.1.2条及附录A。

负荷计算原则：连续运行及经常短时运行的设备应予计算，不经常短时及不经常断续运行的设备不予计算。

对照附录A可知：事故通风机（不经常连续）应计入，消防水泵、水喷雾装置（不经常短时）应不计入容量。

所有动力设备之和：$P_1 = 3 \times [3 \times (10 + 2 \times 5)] + 6 + 10 + 20 = 216\text{kW}$

所有电热设备之和：$P_2 = 0\text{kW}$

所有照明设备之和：$P_3 = 10\text{kW}$

新增变压器计算负荷：$S = K_1 P_1 + P_2 + P_3 = 0.85 \times 216 + 10 = 193.6\text{kVA}$

注：事故风机不纳入计算为176.6kVA，消防泵和水喷雾设备纳入计算为219.1kVA，均不正确。另，不应考虑电动机起动系数，此为干扰项。

24. 根据题干数据，增容改造后，所用变压器的计算容量：$S = 520 + 193.6 = 713.6\text{kVA}$

注：此题计算结论过于简单，是否还有其他解法，可讨论。

25.《220kV～1000kV变电站站用电设计技术规程》（DL/T 5155—2016）附录D式（D.0.2）。

$$I_g = 3n_1(I_b + n_2 I_f) = 3 \times 3 \times \left(\frac{10}{\sqrt{3} \times 0.38 \times 0.8} + 2 \times \frac{5}{\sqrt{3} \times 0.38 \times 0.8}\right) = 341.85\text{A}$$

注：泵、风机的电动机功率因数均为0.8，此为电气基本知识，本题未提供该数据。

26.《220kV～1000kV变电站站用电设计技术规程》（DL/T 5155—2016）附录C式（C.1）和附录E表E.0.3。

供电回路末端短路电流：

$$I'' = \frac{U}{\sqrt{3} \times \sqrt{(\sum R)^2 + (\sum X)^2}} = \frac{400}{\sqrt{3} \times \sqrt{(3+2)^2 + (10+1)^2}} = 19.11\text{kA}$$

变压器冷却装置的油泵和风扇供电后，为同时起动工作，应按成组自起动计算。

$$I_Z \geqslant 1.35 \times \sum I_Q = 1.35 \times 3 \times 3 \times 3 \times \left(\frac{10 + 2 \times 5}{\sqrt{3} \times 0.38 \times 0.85 \times 1}\right) = 1303.06\text{A} = 1.303\text{kA}$$

注：按最大一台起动公式进行过电流脱扣器整定，一般为母线上的各种电机分属不同设备或为不同设备服务时。

题27～30答案：**CDCC**

27.《并联电容器装置设计规范》（GB 50227—2017）第4.1.1条及条文说明。

选项A参考条文说明：为节约投资设置电容器组专用母线，专用母线的总回路断路器按能开断母线短路电流选择；分组回路开关不考虑开断母线短路电流，采用价格便宜的真空开关（10kV采用接触器），满足频繁投切要求。

选项B即图4.1.1-3。

选项C参考“分组回路无保护开关，不满足要求”。

选项D即图4.1.1-2。

28.《并联电容器装置设计规范》(GB 50227—2017)第3.0.3-3条式(3.0.3)。

3次谐波的电容器容量：$Q_{cx3}=S_d\left(\frac{1}{n^2}-K\right)=1672.2\times(\frac{1}{3^2}-5\%)=102.19\text{Mvar}$

5次谐波的电容器容量：$Q_{cx5}=S_d\left(\frac{1}{n^2}-K\right)=1672.2\times\left(\frac{1}{5^2}-5\%\right)=-16.722\text{Mvar}$

计算结果均与分组容量60Mvar不符，因此，不会发生3、5次谐波谐振。

29.《电力工程电气设计手册》(电气一次部分)P508式(9-23)。

最大并联台数：$M_m=\frac{259W_{min}}{Q_{Ce}}+1=\frac{259\times14}{417}+1=9.70$，取9台。

按《并联电容器装置设计规范》(GB 50227—2017)第4.1.2-3条校验：每个串联段的电容器并联总容量不应超过3900kvar，则$N=\frac{3900}{417}=9.35>9$，因此取9台满足要求。

30.《电力工程电气设计手册》(电力一次部分) P505"断路器额定电流不应小于装置长期允许电流的1.35倍"。

专用母线总回路长期运行电流值：$I_Q=1.35\times\frac{3\times10000}{\sqrt{3}\times35}=667.7\text{A}$

题31～35答案：**CBCCD**

31.《110kV～750kV架空输电线路设计规范》(GB 50545—2010)第7.0.5条。

采用爬电比距法，绝缘子片数：$n\geqslant\frac{\lambda U}{K_eL_{o1}}=\frac{\frac{4.0\times550}{\sqrt{3}}}{0.9\times55}=25.66$，取26片，按7.0.2条校验，亦满足操作过电压及雷电过电压的要求。

注：最高电压值可参考《标准电压》(GB/T 156—2007)第4.5条，另，题干中条件为最高运行相电压。

32.《110kV～750kV架空输电线路设计规范》(GB 50545—2010)第7.0.5条、第7.0.8条。

采用爬电比距法，绝缘子片数：$n\geqslant\frac{\lambda U}{K_eL_{o1}}=\frac{\frac{4.0\times550}{\sqrt{3}}}{0.9\times63.5}=22.23$，取23片；按7.0.2条校验，亦满足操作过电压及雷电过电压的要求。

高海拔地区悬垂绝缘子串片数：$n_H=ne^{0.1215m_1(H-1000)/1000}=23\times e^{0.1215\times0.31\times2}=24.80$，取25片。

注：最高电压值可参考《标准电压》(GB/T 156—2007)第4.5条，另，题干中条件为最高运行相电压。

33.《110kV～750kV架空输电线路设计规范》(GB 50545—2010)第7.0.7条及条文说明。

在重污染区，其爬电距离不应小于盘型绝缘子最小要求值的3/4，且不应小于2.8cm/kV。

相电压爬电比距值转线电压爬电比距值：$\lambda=5.0\div\sqrt{3}=2.887\text{cm/kV}$

系统最高电压值转系统标称电压值：$\lambda=2.887\times550\div500=3.1757\text{cm/kV}>2.8\text{cm/kV}$

盘型绝缘子要求值的3/4：$L_1=\frac{3}{4}\times\frac{\lambda U}{K_e}=\frac{3}{4}\times\frac{3.1757\times500}{0.9}=1323\text{cm}$

复合绝缘子要求的最小爬电距离：$L_2=2.8\times500=1400\text{cm}$，取两者之较大者，为1400cm。

注：规范中的"其爬电距离……且不应小于2.8cm/kV"不是系统最高电压的爬电比距值，从字面上的意思应为实际爬电距离与系统标称电压的比值，因此，为了保证数据的可比性，需将爬电比距折算至标称电压下的数值。

34.《110kV～750kV架空输电线路设计规范》(GB 50545—2010)第7.0.3条、第7.0.5条。

采用爬电比距法，绝缘子片数：$n_1\geqslant\frac{\lambda U}{K_eL_{o1}}=\frac{\frac{4.0\times550}{\sqrt{3}}}{0.9\times55}=25.66$，取26片。

塔高为100m，根据第7.0.3条，为满足操作过电压及雷电过电压的要求，则悬垂单串高度为：

$h_x=(100-40)\div10\times146+25\times155=4751\text{mm}$

XWP-210绝缘子片数为：$n_2=4751\div170=27.95$，取28片。

取两者计算结果之大者，应为28片。

注：杆塔高度超过40m时，若要满足操作过电压和雷电过电压的要求，绝缘子串的结构高度需做相应的修正，此时需与爬电比距法对比后才能确定绝缘子片数量。

35.《110kV～750kV架空输电线路设计规范》(GB 50545—2010)第7.0.2条、第7.0.3条、第7.0.12条。

塔高为90m，根据第7.0.3条，为满足操作过电压及雷电过电压的要求，因塔高需增加的绝缘子数量为：$(90-40)\times146=N\times155$，则$N=4.7$，取5片

悬垂单串高度为：$h_x=(25+5)\times155=4650\text{mm}$

绝缘子串雷电冲击放电电压：$U_{50\%}=530\times4.65+35=2500\text{kV}$

《交流电气装置的过电压保护和绝缘配合设计规范》(GB/T 50064—2014)第6.2.2-4条：风偏后导线对杆塔空气间隙的正极性雷电冲击电压波50%放电电压，对750kV以下等级可选为现场污秽度等级a级下绝缘子串相应电压的0.85倍。

空气间隙雷电冲击放电电压：$U_{50\%}=2500\times0.85=2125\text{kV}$

《高压输变电设备的绝缘配合》(GB 311.1—2012)附录B式B.3。

海拔修正系数：$K_a=e^{q\left(\frac{H-1000}{8150}\right)}=e^{1\times\left(\frac{2000-1000}{8150}\right)}=1.13$

空气间隙雷电冲击放电电压高海拔修正：$U'_{50\%}=U_{50\%}\cdot K_a=2125\times1.13=2402.4\text{kV}$

最小空气间隙：$S=2402.4/552=4.35\text{kV}$

注：题目不严谨，未明确公式中L和S的准确含义，解答过程较繁琐，不建议深究。

题 36 ~ 40 答案：**DCAAB**

36.《电力工程高压送电线路设计手册》(第二版)P16 表 2-1-1、式(2-1-8)。

导线有效半径：$r_e = 0.81r = 0.81 \times \dfrac{30}{2} = 12.15\text{mm}$

相导线有效半径：$R_e = 1.349\ (r_e S^5)^{\frac{1}{6}} = 1.349 \times (12.15 \times 400^5)^{\frac{1}{6}} = 301.41\text{mm} = 0.30141\text{m}$

注：有效半径 r_e 与导线的材料和结构尺寸有关，钢芯铝绞线约为 $0.81r$。

37.《电力工程高压送电线路设计手册》(第二版)P153 式(2-8-1)、式(2-8-3)。

地中电流等价深度：$D_0 = 660\sqrt{\dfrac{\rho}{f}} = 660 \times \sqrt{\dfrac{200}{50}} = 1320\text{m}$

"导线—地"回路自阻抗：

$$Z_m = \left(R + 0.05 + j0.145\lg\frac{D_0}{r_e}\right) = \frac{0.06}{6} + 0.05 + j0.145\lg\frac{1320}{0.3} = 0.06 + j0.528\Omega/\text{km}$$

注：R 为导线的电阻，题干中给的是子导线交流电阻，因此导线的电阻 R 应取 6 根子导线并联电阻值。

38.《电力工程高压送电线路设计手册》(第二版)P16 式(2-1-3)、式(2-1-6)。

相导线几何均距：$d_m = \sqrt[3]{d_{ab}d_{bc}d_{ac}} = \sqrt[3]{7 \times 7 \times 7} = 7\text{m}$

单回路相分裂导线正序电抗：$X_1 = 0.0029f\lg\dfrac{d_m}{R_m} = 0.0029 \times 50\lg\dfrac{7}{0.3} = 0.198\Omega/\text{km}$

39.《电力工程高压送电线路设计手册》(第二版)P21 式(2-1-32)。

相导线几何均距：$d_m = \sqrt[3]{d_{ab}d_{bc}d_{ac}} = \sqrt[3]{7 \times 7 \times 7} = 7\text{m}$

线路的正序电纳：$B_{c1} = \dfrac{7.58 \times 10^{-6}}{\lg\dfrac{d_m}{R_m}} = \dfrac{7.58 \times 10^{-6}}{\lg\dfrac{7}{0.35}} = 5.826 \times 10^{-6}\text{s/km}$

注：区分等价半径与有效半径的含义和公式。

40.《电力工程高压送电线路设计手册》(第二版)P24 式(2-1-41)、式(2-1-42)。

线路波阻抗：$Z_n = \sqrt{\dfrac{X_1}{B_1}} = \sqrt{\dfrac{0.5}{5.0 \times 10^{-6}}} = 316.23\Omega$

线路自然功率：$P_n = \dfrac{U^2}{Z_n} = \dfrac{500^2}{316.23} = 790.56\text{MW}$

2014年

注册电气工程师(发输变电)执业资格考试

专业考试试题及答案

2014年专业知识试题(上午卷)

一、单项选择题(共40题,每题1分,每题的备选项中只有1个最符合题意)

1. 在电力工程中,为了防止对人身的电气伤害,低压电网的零线设计原则,下列哪项是正确的? ( )

(A)用大地作零线
(B)接零保护的零线上装设熔断器
(C)接零保护的零线上装设断路器
(D)接零保护的零线上装设与相线联动的断路器

2. 变电站内,不停电电源的容量应保证火灾自动报警系统和消防联动控制器在火灾状态同时工作负荷条件下的连续工作时间为下列哪项数值? ( )

(A)1.0h (B)2.0h
(C)2.5h (D)3.0h

3. 某配电所内当高压及低压配电设备设在同一室内时,且两者有一侧柜顶有裸母线,两者之间的净距最小不应小于? ( )

(A)1.5m (B)2m
(C)2.5m (D)3m

4. 火力发电厂与变电站中,防火墙上的电缆孔洞应采用防火封堵材料进行封堵,防火封堵组件的耐火极限应为: ( )

(A)1h (B)2h
(C)3h (D)4h

5. 发电厂的环境保护设计方案,应以下列哪项文件为依据? ( )

(A)初步可行性研究报告 (B)批准的环境影响报告
(C)初步设计审查会议纪要 (D)项目的核准文件

6. 发电厂的噪声应首先从声源上进行控制,要求设备供应商提供: ( )

(A)低噪声设备 (B)采取隔声或降噪措施的设备
(C)将产生噪声部分隔离的设备 (D)符合国家噪声标准要求的设备

7. 220kV变电所中,下列哪一场所的照明功率密度不符合照明节能评价指标?
( )

(A)主控制和计算机房 $14W/m^2$　　(B)电子设备间 $8W/m^2$
(C)蓄电池室 $3W/m^2$　　(D)所用配电屏室 $9W/m^2$

8. 对于可燃物质比空气重的爆炸性气体环境，位于爆炸危险区附加 2 区的变电所、配电室和控制室的电气和仪表的设备层地面，应高于室外地面：（　）

(A)0.3m　　(B)0.5m
(C)0.6m　　(D)1.0m

9. 变电所中，屋内、外电气设备的单台最小总油量分别超过下列哪组数值时应设置储油或挡油设施？（　）

(A)80kg，800kg　　(B)100kg，1000kg
(C)300kg，1500kg　　(D)1000kg，2500kg

10. 某 220kV 变电所内的消防水泵房与一油浸式电容器室相邻，两建筑物为砖混结构，屋檐为非燃烧材料，相邻面两墙体上均未开小窗，这两建筑物之间的最小距离不得小于下列哪项数值？（　）

(A)5m　　(B)7.5m
(C)10m　　(D)12m

11. 220kV 变电所中，火灾自动报警系统的供电原则，以下哪一条是错误的？（　）

(A)主电源采用消防电源
(B)主电源的保护开关采用漏电保护开关
(C)直流备用电源采用所内蓄电池
(D)消防通信设备，显示器等由 UPS 装置供电

12. 有一独立光伏电站容量为 3MW，需配置储能装置，若当地连续阴雨天气为 15d，平均用电负荷为 2000kW，储能电池放电深度为 0.8，电站交流系统损耗率为 0.7，则储能电池容量为：（　）

(A)56.25MWh　　(B)90MWh
(C)1350MWh　　(D)2.025MWh

13. 设备选择与校核中，下列哪项参数与断路器开断时间没有关系？（　）

(A)电动机馈线电缆的热稳定截面　　(B)断路器需承受的短路冲击电流
(C)断路器需开断电流的直流分量　　(D)断路器需开断电流的周期分量

14. 电力工程中选择绝缘套管时，若计算地震作用和其他荷载产生的总弯矩为 1000N · m，则所选绝缘套管的破坏弯矩至少应为：（　）

(A)1000N · m　　(B)1500N · m
(C)2000N · m　　(D)2500N · m

15. 电力系统中,220kV 自耦变压器需"有载调压"时,宜采用:（　　）

(A)高压侧线端调压　　(B)中压侧线端调压
(C)低压侧线端调压　　(D)高、中压中性点调压

16. 使用在中性点直接接地电力系统中的高压断路器,其首相开断系数应取下列哪项数值?（　　）

(A)首相开断系数应取 1.2　　(B)首相开断系数应取 1.3
(C)首相开断系数应取 1.4　　(D)首相开断系数应取 1.5

17. 电力工程中,气体绝缘金属封闭开关设备(GIS)的外壳应接地,在短路情况下,外壳的感应电压不应超过:（　　）

(A)12V　　(B)24V
(C)36V　　(D)50V

18. 变电站中可以兼作并联电容器组泄能设备的是下列哪一项?（　　）

(A)电容式电压互感器　　(B)电磁式电压互感器
(C)主变压器　　(D)电流互感器

19. 发电厂、变电所中,选择导体的环境温度,下列哪种说法是正确的?（　　）

(A)对屋外导体为最热月平均最高温度
(B)对屋内导体为年最低温度
(C)对屋内导体为该处通风设计温度加 5℃
(D)对屋内导体为最高温度加 5℃

20. 在变电所设计中,导体接触面的电流密度应限制在一定的范围内,当导体工作电流为 2500A 时,下列无镀层铜-铜、铝-铝接触面的电流密度值应分别选择哪一组?（　　）

(A)0.31A/mm^2,0.242A/mm^2　　(B)1.2A/mm^2,0.936A/mm^2
(C)0.12A/mm^2,0.0936A/mm^2　　(D)0.12A/mm^2,0.12A/mm^2

21. 电力工程中,用于下列哪一场所的低压电力电缆可采用铝芯:（　　）

(A)发电机励磁回路的电源电缆
(B)紧靠高温设备布置的电力电缆
(C)辅助厂房轴流风机回路的电源电缆
(D)移动式电气设备的电源电缆

22. 在7度地震区，下列哪一种电气设施不进行抗震设计：（　　）

(A)35kV屋内配电装置二层电气设施　(B)220kV的电气设施
(C)330kV的电气设施　(D)500kV的电气设施

23. 在严寒地区电力工程中，高压配电装置构架距机力通风塔零米外壁的距离应不小于：（　　）

(A)25m　(B)30m
(C)40m　(D)60m

24. 有避雷线的110kV、220kV单回架空线路，在变电所进站段的反击耐雷水平应分别不低于下列哪组数值？（　　）

(A)96kA、151kA　(B) 87kA、120kA
(C)56kA、87kA　(D)68kA、96kA

25. 在发电厂接地装置进行热稳定校验时，下列关于接地导体的允许温度的说法不正确的是：（　　）

(A)在有效接地系统，钢材的最大允许温度可取400℃
(B)在低电阻接地系统，铜材采用放热焊接方式时的最大允许温度应根据土壤腐蚀的严重程度经验算分别取900℃、800℃、700℃
(C)在高电阻接地系统中，敷设在地上的接地导体长时间温度不应高于300℃
(D)在不接地系统，敷设在地下的接地导体长时间温度不应高于100℃

26. 在装有3台100MW火电机组的发电厂中，以下哪种断路器不需进行同步操作？（　　）

(A)发变组的三绕组升压变压器各侧断路器
(B)110kV升压站母线联络断路器
(C)110kV系统联络线断路器
(D)高压厂用变压器高压侧断路器

27. 发电厂及变电所中，为减缓高频电磁干扰的耦合，装设静态保护和控制装置的屏柜地面下应设置等电位接地网，构成等电位接地网母线的接地铜排的截面积应不小于下列哪项数值？（　　）

(A)$50mm^2$　(B)$80mm^2$
(C)$100mm^2$　(D)$120mm^2$

28. 在电力系统中，继电保护和安全自动装置的通道一般不宜采用下列哪种传输媒介：（　　）

(A)自承式光缆　　(B)微波
(C)电力线载波　　(D)导引线电缆

29. 火力发电厂内，下列对 800kVA 油浸变压器保护设置原则中，哪条是错误的？（　　）

(A)当故障产生轻微瓦斯瞬时动作于信号
(B)当变压器绕组温度升高达到限值时瞬时动作于信号
(C)当变压器油面下降时瞬时动作于信号
(D)当故障产生大量瓦斯时，应动作于各侧断路器跳闸

30. 变电所中，下列针对高压电缆电力电容器组故障的保护设置原则中，哪项是错误的？（　　）

(A)单星形接线电容器组，可装设开口三角电压保护
(B)单星形接线电容器组，可装设中性点不平衡电流保护
(C)双星形接线电容器组，可装设中性线不平衡电流保护
(D)单星形接线电容器组，可装设电压差动保护

31. 电力工程中，下列哪种蓄电池组应装设降压装置？（　　）

(A)带端电池的铅酸蓄电池组
(B)阀控式密封铅酸电池组
(C)带端电池的中倍率镉镍碱性蓄电池组
(D)高倍率镉镍碱性蓄电池组

32. 变电所工程中，下列所用变压器的选择原则中，不正确的是：（　　）

(A)选低损耗节能产品
(B)宜采用 Dyn11 联接组
(C)所用变压器高压侧的额定电压，宜取接入点相应主变压器额定电压
(D)当高压电源电压波动较大，经常使所用电母线电压偏差超过 ±5% 时，应采用无励磁调压所用变压器

33. 火力发电厂和变电所的照明设计中，下列哪种是不正确的？（　　）

(A)距离较远的 24V 及以下的低压照明线路，宜采用单相二线制
(B)当采用 I 类灯具时，照明分支线路宜采用三线制
(C)距离较长的道路照明可采用三相四线制
(D)当给照明器数量较多的场所供电时，可采用三相五线制

34. 在考虑电力系统的电力电量平衡时，系统的总备用容量不得低于系统最大发电负荷的：（　　）

(A)10%　　(B)15%

(C)18%　　(D)20%

35. 在轻冰区的 2 分裂导线架空线路，对于耐张段长度，下列哪种说法是正确的？（　　）

(A)对于 220kV 线路，耐张段长度不大于 10km

(B)对于 2 分裂导线线路，耐张段长度不大于 10km

(C)对于 220kV 线路，耐张段长度不宜大于 3km

(D)对于 2 分裂导线线路，耐张段长度不宜大于 10km

36. 对于架空输电线路耐张段长度，下列哪种说法是正确的？（　　）

(A)架空送电线路的耐张段长度由线路的输送功率确定

(B)架空送电线路的耐张长度由导线张力大小确定

(C)架空送电线路的耐张段长度由设计、运行、施工条件和施工方法确定

(D)架空送电线路的耐张段长度由导、地线制造长度确定

37. 架空输电线路，对海拔不超过 1000m 的地区，采用现行钢芯铝绞线国标时，给出了可不验算电晕的导线最小直径，下列哪种说法是不正确的？（　　）

(A)220kV，21.6mm

(B)330kV，33.6mm、2×21.6mm

(C)500kV，2×33.6mm、3×26.82mm

(D)500kV，2×36.24mm、3×26.82mm、4×21.6mm

38. 对验算一般架空输电线路导线允许载流量时导线的允许温度进行了规定，下面哪种说法是不确定的？（　　）

(A)钢芯铝绞线宜采用 +70℃

(B)钢芯铝合金绞线可采用 +90℃

(C)钢芯铝包钢绞线可采用 +80℃

(D)镀锌钢绞线可采用 +125℃

39. 架空输电线路设计中，对于验算地线热稳定时地线的允许温度，下列哪种说法是正确的？（　　）

(A)钢芯铝绞线和钢芯铝合金绞线可采用 +200℃

(B)钢芯铝绞线和钢芯铝包钢绞线可采用 +200℃

(C)钢芯铝绞线和铝包钢绞线可采用 +300℃

(D)镀锌铝绞线和铝包钢绞线可采用 +400℃

40. 某单回采用猫头塔的 220kV 送电线路，若导线间水平投影距离 4m，垂直投影距离 5m，其等效水平线距为多少米？（　　）

(A)4.0m　　(B)5.0m

(C)7.8m　　(D)9.0m

二、多项选择题(共 30 题,每题 2 分。每题的备选项中有 2 个或 2 个以上符合题意。错选、少选、多选均不得分)

41. 火力发电厂中,对消防供电的要求,下列哪几条是正确的? (　　)

(A)单机容量 150MW 机组,自动灭火系统按 I 类负荷供电

(B)单机容量 200MW 机组,自动灭火系统按 I 类负荷供电

(C)单机容量 30MW 机组,消防水泵按 I 类负荷供电

(D)单机容量 30MW 机组,消防水泵按 II 类负荷供电

42. 某变电所中的两台 110kV 主变压器是屋外油浸变压器,主变之间净距为 6m,下列防火设计原则哪些是不正确的? (　　)

(A)主变之间不设防火墙

(B)设置高于主变油箱顶端 0.3m 的防火墙

(C)设置高于主变油枕顶端的防火墙

(D)设置长于储油坑两侧各 1m 的防火墙

43. 110kV 变电所中,对户内配电装置室的通风要求,下列哪些是正确的? (　　)

(A)通风机应与火灾探测系统连锁

(B)按通风散热要求,装设事故通风装置

(C)每天通风换气次数不应低于 6 次

(D)事故排风每小时通风换气次数不应低于 10 次

44. 变电所的照明设计中,下列哪几条属于节能措施? (　　)

(A)室内顶棚、墙面和地面宜采用浅颜色的装饰

(B)气体放电灯应装设补偿电容器,补偿电容器后功率因数不应低于 0.9

(C)户外照明和道路照明应采用高压钠灯

(D)户外照明宜采用分区、分组集中手动控制

45. 电压是电能质量的重要指标,以下对电力系统电压和无功描述正确的是哪几项? (　　)

(A)当发电厂、变电所的母线电压超出允许偏差范围时,首先应调整相应有载调压变压器的分接头位置,使电压恢复到合格值

(B)为掌握电力系统的电压状况,在电网内设置电压监测点,电压监测应使用具有连续监测和统计功能的仪器或仪表,其测量精度应不低于 1 级

(C)电力系统应有事故无功电力备用,以保证在正常运行方式下,突然失去一回线路或一台最大容量无功补偿设备时,保持电压稳定和正常供电

(D)380V 用户受电端的电压允许偏差值，为系统额定电压的 ±7%

46. 在发电厂中，下列哪些变压器应设置在单独房间内？ (　　)

(A)S_9-50/10，油重 80kg
(B)S_9-200/10，油重 300kg
(C)S_9-630/10，油重 800kg
(D)S_9-1000/10，油重 1200kg

47. 在爆炸危险环境中，有关绝缘导线和电缆截面的选择，除了满足一定的机械强度要求外，下列说法正确的是： (　　)

(A)导体载流量不应小于熔断器熔体额定电流的 1.25 倍
(B)导体载流量不应小于断路器长延时过电流脱扣器整定电流的 1.25 倍
(C)同步电动机供电导体的长期允许载流量不应小于电动机额定电流的 1.5 倍
(D)感应电动机供电导体的长期允许载流量不应小于电动机额定电流的 1.25 倍

48. 下列变电所的电缆防火的设计原则，哪些是正确的？ (　　)

(A)在同一通道中，不宜把非阻燃电缆与阻燃电缆并列配置
(B)在长距离的电缆沟中，每相距 500m 处宜设阻火墙
(C)靠近含油量少于 10kg 设备的电缆沟区段的沟盖板应采用活盖板，方便开启
(D)电缆从电缆构筑物中引至电气柜、盘或控制屏、台等开孔部位均应实施阻火封堵

49. 在变电所设计中，下列哪些场所应采用火灾自动报警系统？ (　　)

(A)220kV 户外 GIS 设备区
(B)10kV 配电装置室
(C)油介质电容器室
(D)继电器室

50. 较小容量变电所的电气主接线若采用内桥接线，应符合下列哪些条件？ (　　)

(A)主变压器不经常切换
(B)供电线路较长
(C)线路有穿越功率
(D)线路故障率高

51. 在短路电流计算序网合成时，下列哪些电力机械元件，其参数的正序阻抗与负序阻抗是相同的？ (　　)

(A)发电机
(B)变压器
(C)架空线路
(D)电缆线路

52. 电力工程设计中选择支持绝缘子和穿墙套管时，两者都必须进行校验的是以下哪几项？ (　　)

(A)电压
(B)电流
(C)动稳定
(D)热稳定电流及持续时间

53. 变电所中并联电容器总容量确定后，通常将电容器分成若干组安装，分组容量的确定应符合下列哪些规定？（　　）

(A)为了减少投资，减少分组容量，增加组数

(B)分组电容器按各种容量组合运行时，应避开谐振容量

(C)电容器分组投切时，母线电压波动满足要求

(D)电容器分组投切时，满足系统无功功率和电压调整要求

54. 电力工程中，电缆在空气中固定敷设时，其护层的选择应符合下列哪些规定？（　　）

(A)小截面挤塑绝缘电缆在电缆桥架敷设时，宜具有钢带铠装

(B)电缆位于高落差的受力条件时，多芯电缆应具有钢丝铠装

(C)敷设在桥架等支撑较密集的电缆，可不含铠装

(D)明确需要与环境保护相协调时，不得采用聚氯乙烯外护套

55. 110kV 及以上的架空线在海拔不超过 1000m 的地区，采用下列哪些规格的导线时可不进行电晕校验？（　　）

(A)220kV 架空导线采用 LGJ-400

(B)330KV 架空导线采用 LGJ-630

(C)330kV 架空导线采用 2xLGJ-300

(D)500kV 架空导线采用 2xLGJ-400

56. 发电厂、变电所中，高压配电装置的设计应满足安全净距的要求，下面哪几条是符合规定的？（　　）

(A)屋外电气设备外绝缘体最低部位距地小于 2.5m 时，应装设固定遮拦

(B)屋内电气设备外绝缘体最低部位距地小于 2.3m 时，应装设固定遮拦

(C)配电装置中相邻带电部分之间的额定电压不同时，应按较高的额定电压确定其安全净距

(D)屋外配电装置带电部分的上面或下面，在满足 B1 值时，照明、通信线路可架空跨越或穿过

57. 在 35kV 屋内高压配电装置（手车式）室内，下列通道的最小宽度的说法哪些是正确的？（　　）

(A)设备单列布置时，维护通道最小宽度为：700mm

(B)设备双列布置时，维护通道最小宽度为：1000mm

(C)设备单列布置时，操作通道最小宽度为：单车长 +1200mm

(D)设备双列布置时，操作通道最小宽度为：双车长 +900mm

58. 电力系统中，当需在单相接地故障条件下运行时，下列哪些情况应采用消弧线

圈接地(中性点、谐振接地)? ( )

(A)6kV 钢筋混凝土杆塔的架空线路构成的系统,单相接地故障电容电流 10A 时
(B)10kV 钢筋混凝土杆塔的架空线路构成的系统,单相接地故障电容电流 12A 时
(C)35kV 架空线路,单相接地故障电容电流 10A 时
(D)6kV 电缆线路,单相接地故障电容电流 35A 且需在故障状态下运行时

59. 雷电流通过接地装置向大地扩散时不起作用的是以下哪些? ( )

(A)直流接地电阻 (B)工频接地电阻
(C)冲击接地电阻 (D)高频接地电阻

60. 发电厂、变电所中,下列哪些断路器宜选用三相联动的断路器? ( )

(A)变电所中的 220kV 主变压器高压侧断路器
(B)220kV 母线断路器
(C)具有综合重合闸的 220kV 系统联络线断路器
(D)发电机变组的变压器 220kV 侧断路器

61. 在发电厂、变电所中,继电保护装置具有的"在线自动检测"功能,应包括下列哪几项? ( )

(A)软件损坏
(B)硬件损坏
(C)功能失效
(D)二次回路异常运行状态

62. 变电所中,下列蓄电池的选择原则,哪些是正确的? ( )

(A)35 ~ 220kV 变电所均可采用镉镍碱性蓄电池
(B)核电厂常规岛宜采用固定型排气式铅酸蓄电池
(C)220 ~ 750kV 变电所应装设 2 组蓄电池
(D)110kV 变电所宜装设 1 组蓄电池,重要的 110kV 变电所应装设 2 组蓄电池

63. 对发电厂中设置的交流保安电源柴油发电机,以下描述正确的是哪几项? ( )

(A)柴油发电机应采用快速自起动的应急型
(B)柴油发电机应具有最多连续自起动三次成功投入的性能
(C)柴油发电机旁不应设置紧急停机按钮
(D)柴油发电机应装设自动起动和手动起动装置

64. 当不采取防止触电的安全措施时,电力电缆隧道内照明电源,不宜采用的电压是哪几种? ( )

(A)220V (B)110V

(C)48V (D)24V

65. 在下列描述中,哪些属于电力系统设计的内容? ( )

(A)分析并核算电力负荷和电量水平、分布、组成及其特性

(B)进行无功平衡和电气计算,提出保证电压质量、系统安全稳定的技术措施

(C)论证网络建设方案

(D)对变电所的所用电系统负荷进行计算,并确定所用变压器的容量

66. 设计一条 110kV 单导线架空线路,对于耐张段长度,下列哪些说法是正确的? ( )

(A)在轻冰区耐张段长度不应大于 5km

(B)在轻冰区耐张段长度不宜大于 5km

(C)在重冰区运行条件较差地段,耐张段长度应适当缩短

(D)如施工条件许可,在重冰区,耐张段长度应适当延长

67. 110 ~ 750kV 架空输电线路设计,下列哪些说法是不正确的? ( )

(A)有大跨越的送电线路,其路径方案应结合大跨越的情况,通过综合技术经济比较确定

(B)有大跨越的送电线路,其路径方案应按线路最短的原则确定

(C)有大跨越的送电线路,其路径方案应按跨越点离航空直线最近的原则确定

(D)有大跨越的送电线路,其路径方案应按大跨越跨距最小的原则确定

68. 110 ~ 750kV 架空输电线路设计,下列哪些说法是不正确的? ( )

(A)导线悬挂点的设计安全系数不应小于 2.25

(B)导线悬挂点的应力不应超过弧垂最低点的 1.1 倍

(C)地线悬挂点的应力应大于导线悬挂点的应力

(D)地线悬挂点的应力宜大于导线悬挂点的应力

69. 110 ~ 750kV 架空输电线路设计,下列哪些说法是正确的? ( )

(A)导、地线的设计安全系数不应小于 2.5

(B)地线的设计安全系数应大于导线的设计安全系数

(C)覆冰和最大风速时,弧垂最低点的最大张力,不应超过拉断力的 70%

(D)稀有风速或稀有覆冰气象条件时,弧垂最低点的最大张力,不应超过拉断力的 70%

70. 架空送电线路设计中，下面哪些说法是正确的？　　（　　）

(A)若某档距导线应力为40%的破坏应力，悬点应力刚好达到破坏应力的44%，则此档距称为极大档距

(B)若某档距导线放松后悬点应力为破坏应力的44%，则此档距称为放松系数μ下的允许档距

(C)每种导线有一个固定的极大档距

(D)导线越放松，允许档距越大

2014年专业知识试题答案(上午卷)

1. **答案**:D

依据:无准确条文,可参考《低压配电设计规范》(GB 50054—2011)的相关内容。

注:零线为旧名称,按现行规范为中性线。

2. **答案**:B

依据:《火力发电厂与变电站设计防火规范》(GB 50229—2019)第11.7.1-3条。

3. **答案**:B

依据:《低压配电设计规范》(GB 50054—2011)第4.2.3条。

4. **答案**:C

依据:《火力发电厂与变电站设计防火规范》(GB 50229—2019)第6.8.4条。

5. **答案**:B

依据:《大中型火力发电厂设计规范》(GB 50660—2011)第21.1.2条。

6. **答案**:D

依据:《大中型火力发电厂设计规范》(GB 50660—2011)第21.5.2条。

7. **答案**:D

依据:《发电厂和变电站照明设计技术规定》(DL/T 5390—2014)第10.0.8条。

8. **答案**:C

依据:《爆炸危险环境电力装置设计规范》(GB 50058—2014)第5.3.5-2条。

9. **答案**:B

依据:《高压配电装置设计技术规程》(DL/T 5352—2018)第5.5.2条、第5.5.3条。

10. **答案**:B

依据:《火力发电厂与变电站设计防火规范》(GB 50229—2019)第11.1.5条及表11.1.5。

注:相邻两座建筑两面的外墙为非燃烧体且无门窗洞口、无外露的燃烧屋檐,其防火间距可按表11.1.5减少25%。

11. **答案**:B

依据:《火灾自动报警系统设计规范》(GB 50116—2013)第10.1.2条、第10.1.3条、第10.1.4条。

12. **答案**:C

依据:《光伏发电站设计规范》(GB 50797—2012)第6.5.2条。

储能电池容量:$C_c = \dfrac{DFP_0}{UK_a} = \dfrac{15 \times 24 \times 1.05 \times 2}{0.8 \times 0.7} = 1350\text{MWh}$。

13. **答案**:B

依据:《导体与电器选择设计技术规定》(DL/T 5222—2005)第9.2.2条和附录F,《电力工程电缆设计规范》(GB 50217—2018)附录E。

电缆热稳定:$S \geqslant \dfrac{\sqrt{Q}}{C} = \dfrac{I}{C}\sqrt{t}$,式中 t 为短路持续时间。

第9.2.2条:断路器的断流能力,以断路器实际开断时间(主保护动作时间+断路器分闸时间之和)的短路电流作为校验条件。

注:断路器开断时间实际为短路持续时间的一部分。

14. **答案**:C

依据:《电力设施抗震设计规范》(GB 50260—2013)第6.3.8-2条。

破坏弯矩:$M_v \geqslant 1.67M_{tot} = 1.67 \times 1000 = 1670\text{N} \cdot \text{m}$,取答案2000N·m。

15. **答案**:B

依据:《导体与电器选择设计技术规定》(DL/T 5222—2005)第8.0.12条"调压方式选择原则"中第4款。

16. **答案**:B

依据:《导体与电器选择设计技术规定》(DL/T 5222—2005)第9.2.3条。

17. **答案**:B

依据:《导体与电器选择设计技术规定》(DL/T 5222—2005)第12.0.14条。

18. **答案**:B

依据:《导体与电器选择设计技术规定》(DL/T 5222—2005)第16.0.8条。

19. **答案**:A

依据:《导体与电器选择设计技术规定》(DL/T 5222—2005)第6.0.2条。

20. **答案**:C

依据:《导体与电器选择设计技术规定》(DL/T 5222—2005)第7.1.10条。

21. **答案**:C

依据:《电力工程电缆设计规范》(GB 50217—2018)第3.1.1条。

注:也可参考《导体与电器选择设计技术规定》(DL/T 5222—2005)第7.8.5条。

22. **答案**:B

依据:《电力设施抗震设计规范》(GB 50260—2013)第6.1.1条及条文说明。

注：条文说明中仅提供了220kV及以下电气设施的震例，并无明确规定，此题不严谨。

23. **答案**：C

依据：《高压配电装置设计技术规程》（DL/T 5352—2018）第3.0.2条的最后一句。

24. **答案**：C

依据：《交流电气装置的过电压保护和绝缘配合设计规范》（GB/T 50064—2014）第5.3.1-6条。

25. **答案**：C

依据：《交流电气装置的接地设计规范》（GB/T 50065—2011）附录E、第4.3.5-2条。

26. **答案**：D

依据：《火力发电厂、变电站二次接线设计技术规程》（DL/T 5136—2012）第9.0.3条。

27. **答案**：C

依据：《火力发电厂、变电站二次接线设计技术规程》（DL/T 5136—2012）第16.2.6条。

28. **答案**：A

依据：《继电保护和安全自动装置技术规程》（GB/T 14285—2006）第6.7.2条。

29. **答案**：B

依据：《继电保护和安全自动装置技术规程》（GB/T 14285—2006）第4.3.2条。

30. **答案**：C

依据：《继电保护和安全自动装置技术规程》（GB/T 14285—2006）第4.11.4条。

31. **答案**：C

依据：《电力工程直流系统设计技术规程》（DL/T 5044—2014）第3.5.4条。

32. **答案**：D

依据：《200kV ~ 1000kV变电站站用电设计技术规程》（DL/T 5155—2016）第5.0.2条~第5.0.6条。

33. **答案**：C

依据：《200kV ~ 1000kV变电站站用电设计技术规程》（DL/T 5155—2016）第8.4.2条、第8.4.3条。

34. **答案**：B

依据：《电力系统设计技术规程》（DL/T 5429—2009）第5.2.3条。

35. **答案**：D

依据：《110kV ~ 750kV架空输电线路设计规范》（GB 50545—2010）第3.0.7条。

36. **答案**:C

依据:《110kV ~750kV 架空输电线路设计规范》(GB 50545—2010)第 3.0.7 条的条文说明。

37. **答案**:C

依据:《110kV ~750kV 架空输电线路设计规范》(GB 50545—2010)第 5.0.2 条。

38. **答案**:B

依据:《110kV ~750kV 架空输电线路设计规范》(GB 50545—2010)第 5.0.6 条。

39. **答案**:A

依据:《110kV ~750kV 架空输电线路设计规范》(GB 50545—2010)第 5.0.10 条。

40. **答案**:C

依据:《110kV ~750kV 架空输电线路设计规范》(GB 50545—2010)第 8.0.1-3 条。

$$D_x = \sqrt{D_p^2 + \left(\frac{4}{3}D_z\right)^2} = \sqrt{4^2 + \left(\frac{4}{3} \times 5\right)^2} = 7.8\text{m}$$

注:酒杯塔导线为水平排列,猫头塔导线为三角排列。

---

41. **答案**:AC

依据:《火力发电厂与变电站设计防火规范》(GB 50229—2019)第 9.1.1 条、第 9.1.2 条。

42. **答案**:AB

依据:《火力发电厂与变电站设计防火规范》(GB 50229—2019)第 6.7.4 条。

43. **答案**:AD

依据:《35kV ~110kV 变电站设计规范》(GB 50059—2011)第 4.5.5 条。

注:也可参考《火力发电厂与变电站设计防火规范》(GB 50229—2019)第 8.3 条相关内容。

44. **答案**:BCD

依据:《发电厂和变电所照明设计技术规定》(DL/T 5390—2014)第 10.0.3 条、第 10.0.4 条。

45. **答案**:BCD

依据:《电力系统电压和无功电力技术导则》(SD 325—1989)第 3.4 条、第 4.1.3 条、第 9.3 条、第 9.6 条。

注:该规范较老,有关电压偏差建议参考《电能质量　供电电压偏差》(GB/T 12325—2008)第 4.1 条相关内容。

46. **答案**:BCD

依据:《火力发电厂与变电站设计防火规范》(GB 50229—2019)第 6.7.6 条。

注:也可参考《高压配电装置设计技术规程》(DL/T 5352—2018)第 5.5.1 条。

47. **答案**:AB

依据:《爆炸危险环境电力装置设计规范》(GB 50058—2014)第 5.4.1-6 条。

48. **答案**:AD

依据:《电力工程电缆设计规范》(GB 50217—2018)第 7.0.2 条、第 7.0.6-3 条。

49. **答案**:BCD

依据:《火力发电厂与变电站设计防火规范》(GB 50229—2019)第 11.5.25 条。

50. **答案**:ABD

依据:《电力工程电气设计手册》(电气一次部分)P51 内桥形接线的适用范围。

51. **答案**:BCD

依据:无。可参阅基础考试教科书,非旋转电机类设备的正负序阻抗均相等。

52. **答案**:AC

依据:《电力工程电气设计手册》(电气一次部分)P231 表 6-1。

53. **答案**:BCD

依据:《并联电容器装置设计规范》(GB 50227—2017)第 3.0.3 条。

54. **答案**:BCD

依据:《电力工程电缆设计规范》(GB 50217—2018)第 3.4.4 条。

55. **答案**:AC

依据:《导体与电器选择设计技术规定》(DL/T 5222—2005)第 7.1.7 条。

56. **答案**:ABC

依据:《高压配电装置设计技术规程》(DL/T 5352—2018)第 5.1.2 条、第 5.1.4 条、第 5.1.6 条、第 5.1.7 条。

57. **答案**:BCD

依据:《35 ~ 110kV 高压配电装置设计规范》(GB 50060—2008)第 5.4.4 条。

58. **答案**:BD

依据:《交流电气装置的过电压保护和绝缘配合设计规范》(DL/T 50064—2014) 第 3.1.3 条。

注:也可参考《交流电气装置的过电压保护和绝缘配合》(DL/T 620—1997) 第 3.1.2 条。

59. **答案**：ABD

依据：《电力工程电气设计手册》(电气一次部分)P906、P907 接地电阻值内容，无准确对应条文。

60. **答案**：ABD

依据：《火力发电厂、变电站二次接线设计技术规程》(DL/T 5136—2012)第 5.1.6 条。

61. **答案**：BCD

依据：《继电保护和安全自动装置技术规程》(GB/T 14285—2006)第 4.1.12.5 条。

62. **答案**：BD

依据：《电力工程直流系统设计技术规程》(DL/T 5044—2014)第 3.3.1 条、第 3.3.3-7 条、第 3.3.3-8 条。

63. **答案**：ABD

依据：《大中型火力发电厂设计规范》(GB 50660—2011) 第 16.3.18 条、《火力发电厂厂用电设计技术规定》(DL/T 5153—2014) 第 9.4.1 条。

64. **答案**：ABC

依据：《发电厂和变电站照明设计技术规定》(DL/T 5390—2014)第 8.1.3-3 条、第 8.1.4 条。

65. **答案**：ABC

依据：《电力系统设计技术规程》(GB/T 5429—2009)第 3.0.6 条。

66. **答案**：BC

依据：《110kV ~750kV 架空输电线路设计规范》(GB 50545—2010)第 3.0.7 条。

67. **答案**：BCD

依据：《110kV ~750kV 架空输电线路设计规范》(GB 50545—2010)第 3.0.9 条。

68. **答案**：BCD

依据：《110kV ~750kV 架空输电线路设计规范》(GB 50545—2010)第 5.0.7 条。

69. **答案**：AD

依据：《110kV ~750kV 架空输电线路设计规范》(GB 50545—2010)第 5.0.7 条、第 5.0.9 条。

70. **答案**：ABC

依据：《电力工程高压送电线路设计手册》(第二版)P184 有关极大档距和允许档距相关内容。

2014年专业知识试题(下午卷)

一、单项选择题(共40题,每题1分,每题的备选项中只有1个最符合题意)

1. 对于消弧线圈接地的电力系统,下列哪种说法是错误的? ( )

(A)在正常运行情况下,中性点的长时间电压位移不应超过系统标称电压的15%

(B)故障点的残余电流不宜超过10A

(C)消弧线圈不宜采用过补偿运行方式

(D)不宜将多台消弧线圈集中安装在系统中的一处

2. 短路计算中,发电机的励磁顶值倍数为下列哪个值时,要考虑短路电流计算结果的修正? ( )

(A)1.6　　(B)1.8

(C)2.0　　(D)2.2

3. 当采用短路电流实用计算时,电力系统中的假设条件,下列哪一条是错误的? ( )

(A)所有电源的电动势相位角相同

(B)同步电机都具有自动调整励磁装置

(C)计入输电线路的电容

(D)系统中的同步和异步电机均为理想电机,不考虑电机磁饱和、磁滞、涡流及导体集肤效应等

4. 变电所中,220kV变压器中性点设棒型保护间隙时,间隙距离一般取: ( )

(A)90~110mm　　(B)150~200mm

(C)250~350mm　　(D)400~500mm

5. 发电厂、变电所中,当断路器安装地点短路电流的直流分量不超过断路器额定短路开断电流的20%时,断路器额定短路开断电流宜按下列哪项选取? ( )

(A)断路器额定短路开断电流由交流分量来表征,但必须校验断路器的直流分断能力

(B)断路器额定短路开断电流仅由交流分量来表征,不必校验断路器的直流分断能力

(C)应与制造厂协商,并在技术协议书中明确所要求的直流分量百分数

(D)断路器额定短路开断电流可由直流分量来表征

6. 某变电所中的500kV配电装置采用一台半断路器接线，其中一串的两回出线各输送1000MVA功率，试问该串串中断路器和母线断路器的额定电流最小分别不得小于下列哪项数值？（　　）

(A)1250A,1250A　　(B)1250A,2500A

(C)2500A,1250A　　(D)2500A,2500A

7. 某变电所中的一台500/220/35kV，容量为750/750/250MVA的三相自耦变压器，联接方式为YNad11，变压器采用了零序差动保护，用于零序差动保护的高、中压及中性点电流互感器的变比应分别选下列哪一组？（　　）

(A)1000/1A,2000/1A,1500/1A　　(B)1000/1A,2000/1A,4000/1A

(C)2000/1A,2000/1A,2000/1A　　(D)2500/1A,2500/1A,1500/1A

8. 电力工程中，电缆采用单根保护管时，下列哪项规定不正确？（　　）

(A)地下埋管每根电缆保护管的弯头不宜超过3个，直角弯不宜超过2个

(B)地下埋管与铁路交叉处距路基不宜小于1m

(C)地下埋管距地面深度不宜小于0.3m

(D)地下埋管并列管相互间空隙不宜小于20mm

9. 某变电所中的高压母线选用铝镁合金管型母线，导体的工作温度是90℃，短路电流为18kA，短路的等效持续时间0.5s，铝镁合金热稳定系数79，请校验热稳定的最小截面接近下列哪项数值？（　　）

(A)161mm^2　　(B)79mm^2

(C)114mm^2　　(D)228mm^2

10. 电力工程中，屋外配电装置架构设计的荷载条件，下列哪一条要求是错误的？

（　　）

(A)架构设计考虑一相断线

(B)计算用的气象条件应按当地的气象资料确定

(C)独立架构应按终端架构设计

(D)连续架构根据实际受力条件分别按终端或中间架构设计

11. 某变电所的500kV配电装置内，设备间连接线采用双分裂软导线，其双分裂软导线至接地部分之间最小安全距离可取下列何值？（　　）

(A)3500mm　　(B)3800mm

(C)4550mm　　(D)5800mm

12. 某变电所中的220kV户外配电装置的出线门型架构旁，有一冲击电阻为20Ω的

独立避雷针,独立避雷针的接地装置与变电所接地网的地中距离最小应大于或等于:（ ）

(A)3m (B)5m
(C)6m (D)7m

13. 电力工程中,当幅值为50kA的雷电流雷击架空线路时,产生的直击雷过电压最大值为多少?（ ）

(A)500kV (B)1000kV
(C)1500kV (D)5000kV

14. 在10kV不接地系统中,当A相接地时,B相及C相电压升高$\sqrt{3}$倍,此种电压升高属于下列哪种情况?（ ）

(A)最高运行工频电压 (B)工频过电压
(C)谐振过电压 (D)操作过电压

15. 某35kV变电所内装设消弧线圈,所区内的土壤电阻率为200Ω·m,如发生单相接地故障后不迅速切除故障,此变电所接地装置接触电位差、跨步电位差的允许值分别为:(不考虑表层衰减系数)（ ）

(A)208V,314V (B)314V,208V
(C)90V,60V (D)60V,90V

16. 发电厂、变电所中,GIS的接地线及其连接,下列叙述中哪一条不符合要求?（ ）

(A)三相共箱式或分相式的GIS,其基座上的每一接地母线,应按照制造厂要求与该区域专用接地网连接
(B)校验接地线截面的热稳定时,对只有4条接地线,其截面热稳定的校验电流应按单相接地故障时最大不对称电流有效值的30%取值
(C)当GIS露天布置时,设备区域专用接地网宜采用铜导体
(D)室内布置的GIS应敷设环形接地母线,室内环形接地母线还应与GIS设备区域专用接地网相连接

17. 发电厂、变电所电气装置中电气设备接地的连接应符合下列哪项要求?（ ）

(A)当接地线采用搭接焊接时,其搭接长度应为圆钢直径的4倍
(B)当接地线采用搭接焊接时,其搭接长度应为扁钢宽度的2倍
(C)电气设备每个接地部分应相互串接后再与接地母线相连接
(D)当利用穿线的钢管作接地线时,引向电气设备的钢管与电气设备之间不应有电气连接

18. 当发电厂单元机组电气系统采用 DCS 控制时，以下哪项装置应是专门的独立装置？（　）

(A)柴油发电机组程控起动
(B)消防水泵程控起动
(C)高压启备变有载调压分接头控制
(D)高压厂用电源自动切换

19. 关于火力发电厂中升压站电气设备的防误操作闭锁，下列哪项要求是错误的？（　）

(A)远方、就地操作均应具备防误操作闭锁功能
(B)采用硬接线防误操作回路的电源应采用断路器或开关的操作电源
(C)断路器或开关闭锁回路不宜用重动继电器，宜直接用断路器或隔离开关的辅助触点
(D)电气设备的防误操作闭锁可以采用网络计算机监控系统、专用的微机五防装置或就地电气硬接线之一实现

20. 发电机变压器组中的 200MW 发电机定子绕组接地保护的保护区不应小于：（　）

(A)85%　　(B)90%
(C)95%　　(D)100%

21. 电力系统中，下列哪一条不属于省级及以上调度自动化系统应实现的总体功能？（　）

(A)配网保护装置定值自动整定　　(B)计算机通信
(C)状态估计　　(D)负荷预测

22. 为电力系统安全稳定计算，选用的单相重合闸时间，对 1 回长度为 200km 的 220kV 线路不应小于：（　）

(A)0.2s　　(B)0.5s
(C)0.6s　　(D)1.0s

23. 在电力工程直流系统中，保护电气采用直流断路器和熔断器，下列哪项选择是不正确的？（　）

(A)熔断器装设在直流断路器上一级时，熔断器额定电流应为直流断路器额定电流的 2 倍及以上
(B)各级直流馈线断路器宜选用具有瞬时保护和反时限过电流保护的直流断路器
(C)采用分层辐射形供电时，直流柜至分电柜的馈线断路器宜选用具有短路短

延时特性的直流断路器

(D)直流断路器装设熔断器在上一级时,直流断路器额定电流应为熔断器额定电流的 4 倍及以上

24. 某 220kV 变电所的直流系统标称电压为 220V,采用控制负荷和动力负荷合并供电的方式,拟采用 GFD 防酸式铅酸蓄电池,单体浮充电电压为 2.2V,均衡充电电压为 2.31V,下列数据是蓄电池个数和蓄电池放电终止电压的计算结果,请问哪一组数据是正确的? ( )

(A)蓄电池 100 只,放电终止电压 1.87V
(B)蓄电池 100 只,放电终止电压 1.925V
(C)蓄电池 105 只,放电终止电压 1.78V
(D)蓄电池 105 只,放电终止电压 1.833V

25. 某变电所的直流系统中有一组 200A·h 阀控式铅酸蓄电池,此蓄电池出口回路隔离开关的额定电流应大于(事故停电时间按 1 小时考虑): ( )

(A)100A (B)150A
(C)200A (D)300A

26. 在大型火力发电厂中,电动机的外壳防护等级和冷却方式应与周围环境条件相适应,在下列哪个场所电动机不需采用 IP54 防护等级? ( )

(A)煤仓间运煤皮带电动机 (B)烟囱附近送引风机电动机
(C)蓄电池室排风风机电动机 (D)卸船机起吊电动机

27. 发电厂、变电所中,厂(所)用变压器室门的宽度,应按变压器的宽度至少再加: ( )

(A)100mm (B)200mm
(C)300mm (D)400mm

28. 在火力发电厂中,下列哪种低压设备不是操作电器: ( )

(A)接触器 (B)插头
(C)磁力起动器 (D)组合电器

29. 在火力发电厂厂用限流电抗器的电抗百分数选择和校验中,下列哪个条件是不正确的? ( )

(A)将短路电流限制到要求值
(B)正常工作时,电抗器的电压损失不得大于母线电压的 5%
(C)当出线电抗器未装设无时限继电保护装置时,应按电抗器后发生短路,母线剩余电压不低于额定值的(50~70)%校验

(D)带几回出线的电抗器及其他具有无时限继电保护装置的出线电抗器不必校验短路时的母线剩余电压

30. 变电所中,照明设备的安装位置,下列哪项是正确的? (　　)

(A)屋内开关柜的上方
(B)屋内主要通道上方
(C)GIS 设备上方
(D)防爆型灯具安装在蓄电池上方

31. 变电所中,主要通道疏散照明的照度,最低不应低于下列哪个数值? (　　)

(A)0.5lx
(B)1.0lx
(C)1.5lx
(D)2.0lx

32. 在进行某区域电网的电力系统规划设计时,对无功电力平衡和补偿问题有以下考虑,请问哪一条是错误的? (　　)

(A)对 330 ~500kV 电网,高、低压并联电抗器的总容量按照不低于线路充电功率的 90%

(B)对 330 ~500kV 电网的受端系统,所安装的无功补偿容量,按照输入有功容量的 30% 考虑

(C)对 220kV 及以下电网所安装的无功补偿总容量,按照最大自然无功负荷的 1.15 倍计算

(D)对 220kV 及以下电压等级的变电所的无功补偿容量,按照主变压器容量的 10% ~30% 考虑

33. 某单回 500kV 送电线路的正序电抗为 0.262Ω/km,正序电纳为 4.4×10^{-6}S/km,该线路的自然输送功率应为下列哪项数值? (　　)

(A)975MW
(B)980MW
(C)1025MW
(D)1300MW

34. 某单回路 220kV 架空送电线路,相导体按水平排列,某塔使用的悬垂绝缘子串(I 串)长度为 3m,相导线水平线间距离 8m,某耐张段位于平原,弧垂 K 值为 8.0×10^{-5},连续使用该塔的最大档距为多少米?(提示:$K=P/8T$) (　　)

(A)958m
(B)918m
(C)875m
(D)825m

35. 架空送电线路跨越弱电线路时,与弱电线路的交叉角要符合有关规定,下列哪条是不正确的? (　　)

(A)送电线路与一级弱电线路的交叉角应≥45°
(B)送电线路与一级弱电线路的交叉角应 >45°
(C)送电线路与二级弱电线路的交叉角应≥30°

(D)送电线路与三级弱电线路的交叉角不限制

36. 某架空送电线路在覆冰时导线的自重比载为 30×10^{-3} N/(m · mm^2),冰重力比载为 25×10^{-3} N/(m · mm^2),覆冰时风荷比载为 20×10^{-3} N/(m · mm^2),此时,其综合比载为: ( )

(A) 55×10^{-3}N/(m · mm^2) (B) 58.5×10^{-3}N/(m · mm^2)
(C) 75×10^{-3}N/(m · mm^2) (D) 90×10^{-3}N/(m · mm^2)

37. 某架空送电线路在某耐张段的档距为 400m、500m、550m、450m,该段的代表档距约为多少米?(不考虑悬点高差) ( )

(A)385m (B)400m
(C)485m (D)560m

38. 某架空送电线路上,若风向与电线垂直时的风荷载为 15N/m,当风向与电线垂线间的夹角为 30°时,垂直于电线方向的风荷载约为多少? ( )

(A)12.99N/m (B)11.25N/m
(C)7.5N/m (D)3.75N/m

39. 某架空送电线路上,若线路导线的自重比载为 32.33×10^{-3}N/(m · mm^2),风荷比载为 26.52×10^{-3}N/(m · mm^2),综合比载为 41.82×10^{-3}N/(m · mm^2),导线的风偏角为多少? ( )

(A)20.23° (B)32.38°
(C)35.72° (D)39.36°

40. 架空送电线路上,下面关于电线的平均运行张力和防振措施的说法,哪种是正确的?(T_p 为电线的拉断力) ( )

(A)档距不超过 500m 的开阔地区,不采取防振措施时,镀锌钢绞线的平均运行张力上限为 16% T_p
(B)档距不超过 500m 的开阔地区,不采取防振措施时,钢芯铝绞线的平均运行张力上限为 18% T_p
(C)档距不超过 500m 的非开阔地区,不采取防振措施时,镀锌钢绞线的平均运行张力上限为 18% T_p
(D)钢芯铝绞线的平均运行张力为 25% T_p 时,均需用防振锤(阻尼线)或另加护线条防振

二、多项选择题(共 30 题,每题 2 分。每题的备选项中有 2 个或 2 个以上符合题意。错选、少选、多选均不得分)

41. 发电厂、变电站中,在母线故障或检修时,下列哪几种电气主接线形式,可持续

供电(包括倒闸操作后)? ( )

(A)单母线　　(B)双母线

(C)双母线带旁路　　(D)一台半断路器接线

42. 在用短路电流实用计算法,计算无穷大电源提供的短路电流计算时,下列哪几项表述是正确的? ( )

(A)不考虑短路电流周期分量的衰减

(B)不考虑短路电流非周期分量的衰减

(C)不考虑短路点的电弧阻抗

(D)不考虑输电线路电容

43. 发电厂、变电所中,某台 330kV 断路器两端为互不联系的电源时,设计中应按下列哪些要求校验此断路器? ( )

(A)断路器断口间的绝缘水平应满足另一侧出现工频反相电压的要求

(B)在失步下操作时的开断电流不超过断路器的额定反相开断性能

(C)断路器同极断口间的公称爬电比距与对地公称爬电比距之比一般不低于 1.3

(D)断路器同极断口间的公称爬电比距与对地公称爬电比距之比一般取 1.15 ~ 1.3

44. 某电厂 6kV 母线上装有单相接地监视装置,其反应的电压量取自母线电压互感器,则母线电压互感器宜选用下列哪几种类型? ( )

(A)两个单相互感器组成的 V-V 接线

(B)一个三相三柱式电压互感器

(C)一个三相五柱式电压互感器

(D)三个单相式三线圈电压互感器

45. 电力工程中,下列哪些场所宜选用自耦变压器? ( )

(A)发电厂中,两种升高电压级之间的联络变压器

(B)220kV 及以上变电所的主变压器

(C)110kV、35kV、10kV 三个电压等级的降压变电所

(D)在发电厂中,单机容量在 125MW 及以下,且两级升高电压均为直接接地系统,向高压和中压送电

46. 在选择电力变压器时,下列哪些电压等级的变压器,应按超高压变压器油标准选用? ( )

(A)220kV　　(B)330kV

(C)500kV　　(D)750kV

47. 电缆工程中，电缆直埋敷设于非冻土地区时，其埋置深度应符合下列哪些规定？（　　）

(A)电缆外皮至地下构筑物基础，不得小于0.3m
(B)电缆外皮至地面深度，不得小于0.7m，当位于车行道或耕地下时，应适当加深，且不宜小于1.0m
(C)电缆外皮至地下构筑物基础，不得小于0.7m
(D)电缆外皮至地面深度，不得小于0.7m，当位于车行道或耕地下时，应适当加深，且不宜小于0.7m

48. 发电厂、变电所中，对屋外配电装置的安全净距，下列哪几项应按B1值？（　　）

(A)设备运输时，其设备外廓至无遮拦带电部分之间
(B)不同相的带电部分之间
(C)交叉的不同时停电检修的无遮拦带电部分之间
(D)断路器和隔离开关断口两侧引线带电部分之间

49. 变电所中，对敞开式配电装置设计的基本规定，下列正确的是？（　　）

(A)确定配电装置中各回路相序排列顺序时，一般面对出线
(B)配电装置中母线的排列顺序，一般靠变压器侧布置的母线为I母，靠线路侧布置的母线为II母
(C)110kV及以上的户外配电装置最小安全净距，一般要考虑带电检修
(D)配电装置的布置，应使场内道路和低压电力、控制电缆的长度最短

50. 电力工程中，按规程规定，下列哪些场所高压配电装置宜采用气体绝缘金属封闭开关设备(GIS)？（　　）

(A)IV级污秽地区的110kV配电装置
(B)地震烈度为9度地区的110kV配电装置
(C)海拔高度为2500m地区的220kV配电装置
(D)地震烈度为9度地区的220kV配电装置

51. 某照明灯塔上装有避雷针，其照明灯电源线的电缆金属外皮直接埋入地下，下列哪几种埋地长度，允许电缆金属外皮与35kV电压配电装置的接地网及低压配电装置相联？（　　）

(A)15m　　(B)12m
(C)10m　　(D)8m

52. 某发电厂中，500kV电气设备的额定雷电冲击(内、外绝缘)耐压电压(峰值)为1550kV，额定操作冲击耐受电压(峰值)为1050kV，下列对其保护的氧化锌避雷器参数

中，哪些是满足要求的？（　　）

（A）额定雷电冲击波残压（峰值）1100kV

（B）额定雷电冲击波残压（峰值）11250kV

（C）额定操作冲击波残压（峰值）910kV

（D）额定操作冲击波残压（峰值）925kV

53. 发电厂的易燃油、可燃油、天然气和氢气等储罐、管道的接地应符合下列哪些要求？（　　）

（A）净距小于 100mm 的平行管道，应每隔 30m 用金属线跨接

（B）不能保持良好电气接触的阀门、法兰、弯头等管道连接处也应跨接

（C）易燃油、可燃油和天然气浮动式储罐顶，应用可挠的跨接线与罐体相连，且不应少于两处

（D）浮动式电气测量的铠装电缆应埋入地中，长度不宜小于 15m

54. 下列接地装置设计原则中，哪几条是正确的？（　　）

（A）配电装置构架上的避雷针（含挂避雷针的构架）的集中接地装置应与主接地网连接，由连接点至主变压器接地点的长度不应小于 15m

（B）变电所的接地装置应与线路的避雷线相连，当不允许直接连接时，避雷线设独立接地装置，该独立接地装置与电气装置接地点的地中距离不小于 15m

（C）独立避雷针（线）宜设独立接地装置，当有困难时，该接地装置可与主接地网连接，但避雷针与主接地网的地下连接点至 35kV 及以下设备与主接地网的地下连接点之间，沿接地体的长度不得小于 15m

（D）变电所的接地装置与线路的避雷线相连，当不允许直接连接时，避雷线接地装置在地下与变电所的接地装置相连，连接线埋在地中的长度不应小于 15m

55. 在发电厂、变电所设计中，下列哪些回路应监测直流系统的绝缘？（　　）

（A）同步发电机的励磁回路

（B）直流分电屏的母线和回路

（C）UPS 逆变器输出回路

（D）高频开关电源充电装置输出回路

56. 发电厂、变电所中的计算机系统应有稳定、可靠的接地，下列哪些接地措施是正确的？（　　）

（A）变电所的计算机宜利用电力保护接地网，与电力保护接地网一点相连，不设独立接地网

（B）计算机系统应设有截面不小于 $4mm^2$ 零电位接地铜排，以构成零电位母线

（C）变电所的主机和外设机柜应与基础绝缘

(D)继电器、操作台等与基础不绝缘的机柜,不得接到总接地铜排,可就近接地

57. 变电所中,关于 500kV 线路后备保护的配电原则,下列哪些说法是正确的?
( )

(A)采用远后备方式
(B)对于中长线路,在保护配置中宜有专门反应近端故障的辅助保护功能
(C)在接地电阻不大于 350Ω 时,有尽可能强的选相能力,并能正确动作跳闸
(D)当线路双重化的每套主保护装置具有完善的后备保护时,可不再另设后备保护

58. 发电厂、变电所中,对断路器失灵保护的描述,以下正确的是哪几项? ( )

(A)断路器失灵保护判别元件的动作时间和返回时间均不应大于 50ms
(B)对 220kV 分相操作的断路器,断路器失灵保护可仅考虑断路器单相拒动的情况
(C)断路器失灵保护动作应闭锁重合闸
(D)一个半断路器接线和双母线接线的断路器失灵保护均装设闭锁元件

59. 电力工程直流系统中,当采用集中辐射形供电方式时,按允许压降选择电缆截面时,下列哪些要求是符合规程的? ( )

(A)蓄电池组与直流柜之间的连接电缆允许电压降不宜小于系统标称电压的 0.5% ~1%
(B)蓄电池组与直流柜之间连接电缆长期允许载流量的计算电流应按蓄电池 1h 放电率电流确定
(C)电缆允许电压降应按蓄电池组出口端最低计算电压值和负荷本身允许最低运行电压值之差选取
(D)电缆允许电压降应取直流电源系统标称电压的 3% ~6.5%

60. 电力工程直流中,充电装置的配置下列哪些是不合适的? ( )

(A)1 组蓄电池配 1 套相控式充电装置
(B)1 组蓄电池配 1 套高频开关电源模块充电装置
(C)2 组蓄电池配 2 套相控式充电装置
(D)2 组蓄电池配 2 套高频开关电源模块充电装置

61. 下列 220kV 及以上变电所所用电接线方式中,哪些要求是不正确的? ( )

(A)所用电低压系统采用三相四线制,系统的中性点直接接地,系统额定电压采用 380/220V,动力和照明合用供电
(B)所用电低压系统采用三相三线制,系统的中性点经高阻接地,系统额定电压采用 380V 供动力负荷,设 380/220V 照明变压器

(C)所用电母线采用按工作变压器划分的单母线，相邻两段工作母线间不设分段断路器

(D)当工作变压器退出时，备用变压器应能自动切换至失电的工作母线段继续供电

62. 在发电厂低压厂用电系统中，下列哪些说法是正确的？（　　）

(A)用限流断路器保护的电器和导体可不校验热稳定

(B)用限流熔断器保护的电器和导体可不校验热稳定

(C)当采用保护式磁力起动器时，可不校验动、热稳定

(D)用额定电流为60A以下的熔断器保护的电器可不校验动稳定

63. 发电厂中选择和校验高压厂用电设备计算短路电流时，下列哪些做法是正确的？（　　）

(A)对于厂用电源供给的短路电流，其周期分量在整个短路过程中可认为不衰减

(B)对于异步电动机的反馈电流，其周期分量和非周期分量应按不同的衰减时间常数计算

(C)高压厂用电系统短路电流计算应计及电动机的反馈电流

(D)100MW机组应计及电动机的反馈电流对断路器开断电流的影响

64. 在电力工程中，关于照明线路负荷计算，下列哪些说法是正确的？（　　）

(A)计算照明主干线路负荷与照明装置的同时系数有关

(B)计算照明主干线路负荷与照明装置的同时系数无关

(C)计算照明分支线路负荷与照明装置的同时系数有关

(D)计算照明分支线路负荷与照明装置的同时系数无关

65. 在下列叙述中，哪些不符合电网分层分区的概念和要求？（　　）

(A)合理分区是指以送端系统为核心，将外部电源连接到受端系统，形成一个供需基本平衡的区域，并经过联络变压器与相邻区域相连

(B)合理分层是指不同规模的发电厂和负荷接到相适应的电压网络上

(C)为了有效限制短路电流和简化继电保护的配置，分区电网应尽可能简化

(D)随着高一级电压电网的建设，下级电压电网应逐步实现分层运行

66. 架空送电线路上，对于10mm覆冰地区，上下层相邻导线间或地线与相邻导线间的水平偏移，如无运行经验，不宜小于规定数值，下面的哪些是不正确的？（　　）

(A)220kV、1.0m，500kV、1.5m　　(B)220kV、1.0m，500kV、1.75m

(C)110kV、0.5m，330kV、1.5m　　(D)110kV、1.0m，330kV、1.5m

67. 架空送电线路钢芯铝绞线的初伸长补充通常用降温放线方法，下面哪些符合规

程规定？ (　　)

(A)铝钢截面比 4.29 ~ 4.38 时，降 10 ~ 15℃
(B)铝钢截面比 4.29 ~ 4.38 时，降 15℃
(C)铝钢截面比 5.05 ~ 6.16 时，降 15 ~ 20℃
(D)铝钢截面比 5.05 ~ 6.16 时，将 20 ~ 25℃

68. 某 500kV 架空送电线路中，一直线塔的前侧档距为 400m，后侧档距为 500m，相邻两塔的导线悬点均高于该塔，下面的哪些说法是正确的？ (　　)

(A)该塔的水平档距为 450m
(B)该塔的水平档距为 900m
(C)该塔的垂直档距不会小于水平档距
(D)该塔的垂直档距不会大于水平档距

69. 下面哪些说法是正确的？ (　　)

(A)基本风速 $v \geq 31.5$，计算杆塔荷载时，风压不均匀系数取 0.7
(B)基本风速 $v < 20$，计算 500kV 杆塔荷载时，风荷载调整系数取 1.0
(C)基本风速 $v \geq 20$，校验杆塔间隙时，风压不均匀系数取 0.61
(D)基本风速 $27 \leq v < 31.5$，计算 500kV 杆塔荷载时，风荷载调整系数取 1.2

70. 架空输电线路设计时，对于安装工况时需考虑的附加荷载的数值，下列哪些是正确的？ (　　)

(A)110kV，直线杆塔，导线的附加荷载：1500N
(B)110kV，直线杆塔，地线的附加荷载：1000N
(C)220kV，附件转角塔，导线的附加荷载：3500N
(D)220kV，附件转角塔，地线的附加荷载：1500N

2014年专业知识试题答案(下午卷)

1. **答案**:A

依据:《导体和电器选择设计技术规定》(DL/T 5222—2005)第18.1.6条、第18.1.7条、第18.1.8条。

注:本题选项A和C均有误。

2. **答案**:C

依据:《导体和电器选择设计技术规定》(DL/T 5222—2005)附录F第F.2.5条。

3. **答案**:C

依据:《导体和电器选择设计技术规定》(DL/T 5222—2005)附录F第F.1条。

4. **答案**:C

依据:《导体和电器选择设计技术规定》(DL/T 5222—2005)第20.1.9条及条文说明。

变压器中性点当采用棒型保护间隙时,可用直径为12mm的半圆头棒间隙水平布置。间隙距离可取下列数值:

220kV　(250~350)mm;

110kV　(90~110)mm。

5. **答案**:B

依据:《导体和电器选择设计技术规定》(DL/T 5222—2005)第7.1.8条。

6. **答案**:B

依据:《电力工程电气设计手册》(电气一次部分)P56"一台半断路器接线的特点"。

7. **答案**:C

依据:《导体和电器选择设计技术规定》(DL/T 5222—2005)第15.0.7条。

中压侧额定电流:$I_n = \dfrac{S}{\sqrt{3}U} = \dfrac{750}{\sqrt{3}\times 220}\times 10^3 = 1968\text{A}$,取2000A。

8. **答案**:C

依据:《电力工程电缆设计规范》(GB 50217—2018)第5.4.5条。

9. **答案**:A

依据:《导体和电器选择设计技术规定》(DL/T 5222—2005)第9.2.5条。

裸导体热稳定截面:$S \geqslant \dfrac{\sqrt{Q_d}}{C} = \dfrac{18\times 10^3}{79}\times \sqrt{0.5} = 161\text{mm}^2$

注：与常规不同，导体工作温度为90℃，但根据式(7.1.8)，C值计算时已考虑，因此不必再做修正。

10. **答案**：A

依据：《高压配电装置设计技术规程》(DL/T 5352—2018)第6.2.1条、第6.2.2条。

11. **答案**：B

依据：《高压配电装置设计技术规程》(DL/T 5352—2018)第5.1.2条A1值。

12. **答案**：C

依据：《交流电气装置的过电压保护和绝缘配合设计规范》(DL/T 50064—2014)第5.4.11-2条。

地中距离：$S_e \geqslant 0.3R_i = 0.3 \times 20 = 6m$，且$S_e$不宜小于3m。

注：《交流电气装置的过电压保护和绝缘配合》(DL/T 620—1997)第7.1.11-b)条。

13. **答案**：D

依据：《交流电气装置的过电压保护和绝缘配合》(DL/T 620—1997)第5.1.2-b)条。

直击雷过电压：$U_s \approx 100I = 100 \times 50 = 5000kV$

14. **答案**：B

依据：《交流电气装置的过电压保护和绝缘配合设计规范》(DL/T 50064—2014)第4.1.2条。

系统中的工频过电压一般由线路空载、接地故障和甩负荷等引起。

注：也可参考《交流电气装置的过电压保护和绝缘配合》(DL/T 620—1997)第4.1.1-a)条。

15. **答案**：D

依据：《交流电气装置的接地设计规范》(GB/T 50065—2011)第4.2.2-2条。

接触电位差：$U_t = 50 + 0.05\rho_s C_s = 50 + 0.05 \times 200 = 60V$

跨步电位差：$U_s = 50 + 0.2\rho_s C_s = 50 + 0.2 \times 200 = 90V$

16. **答案**：B

依据：《交流电气装置的接地设计规范》(GB/T 50065—2011)第4.4.5条、第4.4.6条、第4.4.7条、第4.4.9条。

17. **答案**：B

依据：《交流电气装置的接地设计规范》(GB/T 50065—2011)第4.3.7-6条之第1)、2)、5)款。

18. **答案**：D

依据：《火力发电厂、变电站二次接线设计技术规程》(DL/T 5136—2012)第11.1.3条。

19. **答案**:B

依据:《火力发电厂、变电站二次接线设计技术规程》(DL/T 5136—2012)第5.1.9条及其条文说明。

20. **答案**:D

依据:《继电保护和安全自动装置技术规程》(GB/T 14285—2006)第4.2.4.3条。

21. **答案**:A

依据:《电力系统调度自动化设计技术规程》(DL/T 5003—2005)第4.2.1条。

22. **答案**:B

依据:《电力系统安全自动装置设计技术规定》(DL/T 5147—20011)第5.4.1条。

23. **答案**:D

依据:《电力工程直流系统设计技术规程》(DL/T 5044—2014)第5.1.2-3条、第5.1.3条。

24. **答案**:D

依据:《电力工程直流系统设计技术规程》(DL/T 5044—2014)附录C第C.1.3条。

蓄电池个数:$n = 1.05U_n/U_f = 1.05 \times 220 \div 2.2 = 105$

放电终止电压:$U_m \geqslant 0.875U_n/n = 0.875 \times 220 \div 105 = 1.833V$

25. **答案**:B

依据:《电力工程直流系统设计技术规程》(DL/T 5044—2014)第6.7.2-1条及附录A第A.3.6条。

$I_n \geqslant I_{1h} = 5.5I_{10} = 5.5 \times 200 \div 10 = 110A$,取150A。

26. **答案**:C

依据:《火力发电厂厂用电设计技术规定》(DL/T 5153—2014)条5.1.5条。

27. **答案**:B

依据:《火力发电厂厂用电设计技术规定》(DL/T 5153—2014)第7.1.6条。

注:也可参考《200kV ~ 1000kV变电站站用电设计技术规程》(DL/T 5155—2016)第7.2.7条。

28. **答案**:B

依据:《火力发电厂厂用电设计技术规定》(DL/T 5153—2014)第6.5.2条。

注:操作电器为旧名称,新规范定义为功能性开关电器,可参考《低压配电设计规范》(GB 50054—2011)第3.1.9条,实际上针对低压配电装置,DL/T 5153—2002中很多定义是不准确的。

29. **答案**:C

依据:《导体和电器选择设计技术规定》(DL/T 5222—2005)第14.2.3条。

30. **答案**:B

依据:《电力工程电气设计手册》(电气一次部分)P1031 相关内容,屋内配电装置的照明器不能安装在配电间隔和母线上方,装设顶灯应避开带电体。

31. **答案**:B

依据:《发电厂和变电站照明设计技术规定》(DL/T 5390—2014)第 6.0.4 条。

32. **答案**:B

依据:《电力系统电压和无功电力技术导则》(SD 325—1989)第 5.1 条、第 5.3 条、第 5.7 条。

33. **答案**:C

依据:《电力工程高压送电线路设计手册》(第二版)P24 式(2-1-41)及式(2-1-42)。

$$P_n = \frac{U^2}{Z_n} = 500^2 \div \sqrt{\frac{0.262}{4.4 \times 10^{-6}}} = 1024.5\text{MW}$$

34. **答案**:D

依据:《110kV ~ 750kV 架空输电线路设计规范》(GB 50545—2010)第 8.0.1-1 条。

由 $D = k_i L_k + U/110 + 0.65\sqrt{f_m}$,可得 $8 = 0.4 \times 3 + 220/110 + 0.65\sqrt{f_m}$,则 $f_m = 54.53\text{m}$。

《电力工程高压送电线路设计手册》(第二版)P180 表 3-3-1,最大弧垂公式为:

$$f_m = \frac{\gamma l^2}{8\sigma_0} = Kl^2$$

可得 $8.0 \times 10^{-5} \times l^2 = 54.53$,则 $l = 825\text{m}$。

35. **答案**:B

依据:《110kV ~ 750kV 架空输电线路设计规范》(GB 50545—2010)第 13.0.7 条。

36. **答案**:B

依据:《电力工程高压送电线路设计手册》(第二版)P179 表 3-2-3。

覆冰时综合比载:$\gamma_7 = \sqrt{\gamma_3^2 + \gamma_5^2} = \sqrt{(\gamma_1 + \gamma_2)^2 + \gamma_5^2} = \sqrt{(30 + 25)^2 + 20^2} \times 10^{-3}$

$$= 58.5 \times 10^{-3}\text{N/(m} \cdot \text{mm}^2)$$

37. **答案**:C

依据:《电力工程高压送电线路设计手册》(第二版)P182 表 3-3-4。

$$l_r = \sqrt{\frac{400^3 + 500^3 + 550^3 + 450^3}{400 + 500 + 550 + 450}} = 484.8\text{m}$$

38. **答案**:A

依据:$15 \times \cos 30° = 15 \times 0.866 = 12.99\text{N/m}$

39. **答案**:D

依据:《电力工程高压送电线路设计手册》(第二版)P106 倒数第 4 行。

导线风偏角:$\eta = \arctan\left(\frac{\gamma_4}{\gamma_1}\right) = \arctan\left(\frac{26.52}{32.33}\right) = 39.36°$

40. **答案**:C

依据:《110kV ~750kV 架空输电线路设计规范》(GB 50545—2010)第 5.0.13 条。

注:只有当铝钢截面比不小于4.29 时,才应符合表5.0.13 的规定,且当有多年运行经验时,可不受该表的限制。

---

41. **答案**:BCD

依据:《电力工程电气设计手册》(电气一次部分)P47 ~49“主接线内容”和 P56“一个半断路器接线内容”。

42. **答案**:ACD

依据:《导体和电器选择设计技术规定》(DL/T 5222—2005)附录 F 之 F.1.8 条、F.1.11条及 F.2.2 条。

43. **答案**:ABD

依据:《导体和电器选择设计技术规定》(DL/T 5222—2005)第 9.2.13 条。

44. **答案**:CD

依据:《导体和电器选择设计技术规定》(DL/T 5222—2005)第 16.0.4 条之条文说明表 16。

45. **答案**:BD

依据:《导体和电器选择设计技术规定》(DL/T 5222—2005)第 8.0.15 条。

46. **答案**:CD

依据:《导体与电器选择设计技术规程》(DL/T 5222—2005) 第 8.0.14 条。

注:超高压变压器油现有 25 号和 45 号两个品牌,适用于 500kV 的变压器。可参考《超高压变压器油》(SH 0040—1991) 相关内容。

47. **答案**:AB

依据:《电力工程电缆设计规范》(GB 50217—2018)第 5.3.3 条。

48. **答案**:AC

依据:《高压配电装置设计技术规程》(DL/T 5352—2018)第 5.1.2 条。

49. **答案**:ABD

依据:《高压配电装置设计技术规程》(DL/T 5352—2018)第 2.1.2 条、第 2.1.3 条、第 2.1.4 条、第 2.1.13 条。

50. **答案**:BD

依据:《高压配电装置设计技术规程》(DL/T 5352—2018)第 5.2.4 条及条文说明、第 5.2.5 条、第 5.2.7 条。

51. **答案**:AB

依据:《交流电气装置的过电压保护和绝缘配合设计规范》(DL/T 50064—2014) 第5.4.10-2条。

注:也可参考《交流电气装置的过电压保护和绝缘配合》(DL/T 620—1997) 第7.1.10条。

52. **答案**:AC

依据:《交流电气装置的过电压保护和绝缘配合设计规范》(DL/T 50064—2014) 第6.4.3-1条、第6.4.4条。

雷电冲击波残压:$U_{R1}=\overline{u_1}/1.4=1550\div1.4=1107kV$,取1100kV。

操作冲击波残压:$U_{R2}=\overline{u_2}/1.15=1050\div1.15=913kV$,取910kV。

注:也可参考《交流电气装置的过电压保护和绝缘配合》(DL/T 620—1997) 第10.4.3条、第10.4.4条。

53. **答案**:BC

依据:《交流电气装置的接地设计规范》(GB/T 50065—2011)第4.5.2条。

54. **答案**:ACD

依据:《交流电气装置的接地设计规范》(GB/T 50065—2011) 第4.5.1-1条、《交流电气装置的过电压保护和绝缘配合设计规范》(DL/T 50064—2014) 第5.4.6条、《交流电气装置的接地》(DL/T 621—1997) 第6.2.4条。

注:也可参考《交流电气装置的过电压保护和绝缘配合》(DL/T 620—1997) 第7.1.6条。

55. **答案**:AD

依据:《电力装置电测量仪表装置设计规范》(GB/T 50063—2017)第3.3.7条。

56. **答案**:ACD

依据:《火力发电厂、变电站二次接线设计技术规程》(DL/T 5136—2012)第16.3.2条、第16.3.3条、第16.3.5条。

57. **答案**:BD

依据:《继电保护和安全自动装置技术规程》(GB/T 14285—2006)第4.7.3条、第4.7.4条。

58. **答案**:BC

依据:《继电保护和安全自动装置技术规程》(GB/T 14285—2006)第4.9.2.2条、第4.9.1-c)条、第4.9.6.3条、第4.9.4.1条。

59. **答案**:ACD

依据:《电力工程直流系统设计技术规程》(DL/T 5044—2014)第6.3.3条、第

6.3.5条。

60. **答案**:AC

依据:《电力工程直流系统设计技术规程》(DL/T 5044—2014)第3.4.2条第3.4.3条。

61. **答案**:BC

依据:《200kV ~ 1000kV 变电站站用电设计技术规程》(DL/T 5155—2016)第3.4.2条。

62. **答案**:ABC

依据:《火力发电厂厂用电设计技术规定》(DL/T 5153—2014)第6.5.6条。

63. **答案**:AC

依据:《火力发电厂厂用电设计技术规定》(DL/T 5153—2014)第6.1.4条~第6.1.6条。

64. **答案**:BD

依据:《发电厂和变电站照明设计技术规定》(DL/T 5390—2014)第8.5.1条。

65. **答案**:AD

依据:《电力系统安全稳定导则》(DL/T 755—20011)第2.2.3条。

66. **答案**:AD

依据:《110kV ~ 750kV 架空输电线路设计规范》(GB 50545—2010)第8.0.2条。

67. **答案**:BC

依据:《110kV ~ 750kV 架空输电线路设计规范》(GB 50545—2010)第5.0.15条。

68. **答案**:AD

依据:《电力工程高压送电线路设计手册》(第二版)P184 式(3-3-12)。

注:h_1、h_2 分别为杆塔两侧的悬挂点高差,当邻塔悬挂点低时取正号,反之取负号。

69. **答案**:ABD

依据:《110kV ~ 750kV 架空输电线路设计规范》(GB 50545—2010)第10.1.18条。

70. **答案**:AB

依据:《电力工程高压送电线路设计手册》(第二版)P329 表6-2-8。

注:也可参考《110kV ~ 750kV 架空输电线路设计规范》(GB 50545—2010)第10.1.13条及表10.1.13,但根据题干选项文字,依据《电力工程高压送电线路设计手册》(第二版)更为贴切。

2014年案例分析试题(上午卷)

[案例题是4选1的方式,各小题前后之间没有联系,共25道小题,每题分值为2分,上午卷50分,下午卷50分,试卷满分100分。案例题一定要有分析(步骤和过程)、计算(要列出相应的公式)、依据(主要是规程、规范、手册),如果是论述题要列出论点]

题1~5:一座远离发电厂与无穷大电源连接的变电站,其电气主接线如下图所示:

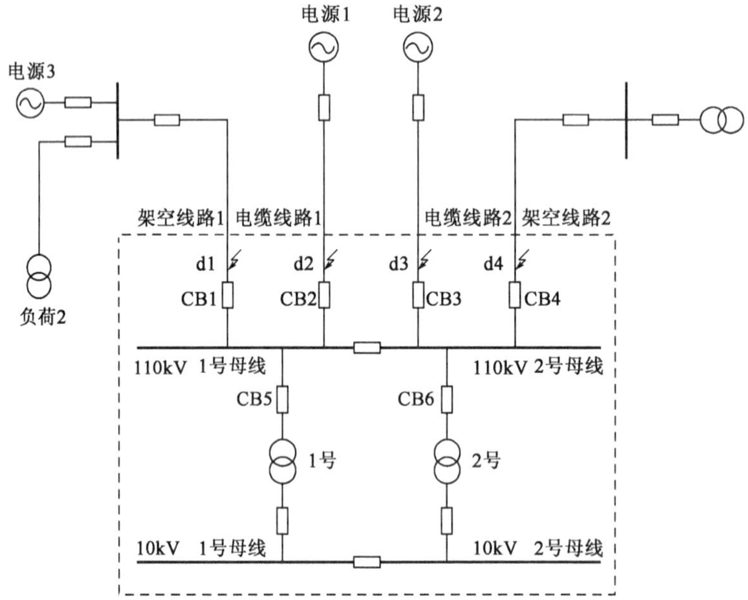

变电站位于海拔2000m处,变电站设有两台31500kVA(有1.3倍过负荷能力),110/10kV主变压器,正常运行时电源3与电源1在110kV 1号母线并网运行,110kV、10kV母线分裂运行。当一段母线失去电源时,分段断路器投入运行,电源3向d1点提供的最大三相短路电流为4kA,电源1向d2点提供的最大三相短路电流为3kA,电源2向d3点提供的最大三相短路电流为5kA。

110kV电源线路主保护均为光纤纵差保护,保护动作时间为0s,架空线路1和电缆线路1两侧的后备保护均为方向过电流保护,方向指向线路的动作时间为2s,方向指向110kV母线的动作时间为2.5s,主变配置的差动保护动作时间为0.1s,110kV侧过流保护动作时间为1.5s。110kV断路器全分闸时间为50ms。

1. 计算断路器CB1和CB2回路短路电流热效应值为下列哪组? (　　)

(A) $18kA^2s$, $18kA^2s$　　(B) $22.95kA^2s$, $32kA^2s$

(C) $40.8kA^2s$, $32.8kA^2s$　　(D) $40.8kA^2s$, $22.95kA^2s$

解答过程：

2. 如 2 号主变 110kV 断路器与 110kV 侧套管间采用独立 CT，110kV 侧套管与独立 CT 之间为软导线连接，该导线的短路电流热效应计算值应为下列哪项数值？（　　）

(A) $7.35kA^2s$　　(B) $9.6kA^2s$

(C) $37.5kA^2s$　　(D) $73.5kA^2s$

解答过程：

3. 若采用主变 10kV 侧串联电抗器的方式，将该变电所的 10kV 母线最大三相短路电流从 30kA 降到 20kA，请计算电抗器的额定电流和电抗百分数应为下列哪组数值？（　　）

(A) 1732.1A，3.07%　　(B) 1818.7A，3.18%

(C) 2251.7A，3.95%　　(D) 2364.3A，4.14%

解答过程：

4. 该变电站的 10kV 配电装置采用户内开关柜，请计算确定 10kV 开关柜内部不同相导体之间净距应为下列哪项数值？（　　）

(A) 125mm　　(B) 126.25mm

(C) 137.5mm　　(D) 300mm

解答过程：

5. 假如该变电站 10kV 出线均为电缆，10kV 系统中性点采用低电阻接地方式，若单相接地电流为 600A 考虑，请计算接地电阻的额定电压和电阻应为下列哪组数值？（　　）

(A) 5.77kV, 9.62Ω　　(B) 5.77kV, 16.67Ω

(C) 6.06kV, 9.62Ω　　(D) 6.06kV, 16.67Ω

解答过程：

题 6~10：某电力工程中的 220kV 配电装置有 3 回架空出线，其中两回同塔架设，采用无间隙金属氧化物避雷器作为雷电过电压保护，其雷电冲击全波耐受电压为 850kV。土壤电阻率为 50Ω·m。为防直击雷装设了独立避雷针，避雷针的工频冲击接地电阻为 10Ω，请根据上述条件回答下列各题（计算保留两位小数）。

6. 配电装置中装有两支独立避雷针，高度分别为 20m 和 30m，两针之间距离为 30m，请计算两针之间的保护范围上部边缘最低点高度应为下列哪项数值？（　　）

(A) 15m　　(B) 15.71m

(C) 17.14m　　(D) 25.71m

解答过程：

7. 若独立避雷针接地装置的水平接地极形状为□形，总长度 8m，埋设深度 0.8m，采用 50mm × 5mm 扁钢，计算其接地电阻应为下列哪项数值？（　　）

(A) 6.05Ω　　(B) 6.74Ω

(C) 8.34Ω　　(D) 9.03Ω

解答过程：

8. 请计算独立避雷针在 10m 高度处与配电装置带电部分之间，允许的最小空气中距离为下列哪项数值？（　　）

(A) 1m　　(B) 2m

(C) 3m　　(D) 4m

解答过程：

9. 如该配电装置中 220kV 母线接有电抗器，请计算确定电抗器与金属氧化物避雷器的最大电气距离应为下列哪项数值？并说明理由。（　　）

(A) 189m　　(B) 195m

(C) 229.5m　　(D) 235m

解答过程：

10. 计算配电装置的 220kV 系统工频过电压一般不应超过下列哪项数值？并说明理由。（　　）

(A) 189.14kV　　(B) 203.69kV

(C) 267.49kV　　(D) 288.06kV

解答过程：

题 11～15：某风电场地处海拔 1000m 以下，升压站的 220kV 主接线采用单母线接线，两台主变压器容量均为 80MVA，主变压器短路阻抗 13%，220kV 配电装置采用屋外敞开式布置，其电气主接线简图如下：

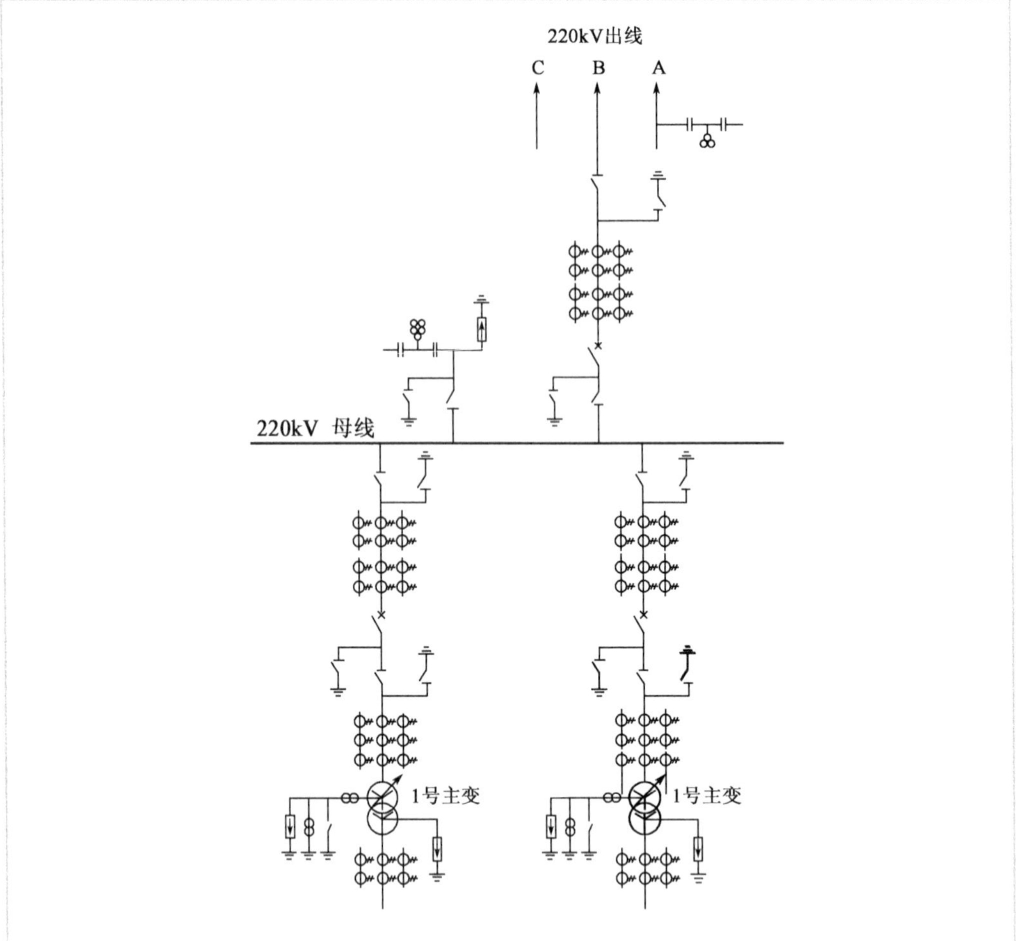

11. 主变压器选用双绕组有载调压变压器,变比为 230 ±8 ×1.25%/35kV,变压器铁芯为三相三柱式,由于 35kV 中性点采用低电阻接地方式,因此变压器绕组连接采用全星形连接,接线组别为 YNyn0,220kV 母线间隔的金属氧化物避雷器至主变压器间的最大电气距离为 80m,请问接线图中有几处设计错误(同样的错误按 1 处计),并分别说明原因。 (　　)

(A)1 处　　(B)2 处

(C)3 处　　(D)4 处

解答过程:

12. 图中 220kV 架空线路的导线为 LGJ-400/30,每公里电抗 0.417Ω,线路长度 40km,线路对侧变电站 220kV 系统短路容量为 5000MVA,计算当风电场 35kV 侧发生三相短路时,由系统提供的短路电流(有效值)最接近下列哪项数值? (　　)

(A)7.29kA　　(B)1.173kA

(C)5.7kA　　(D)8.04A

解答过程：

13. 若风电场的220kV配电装置改用GIS，其出现套管与架空线路的连接处，设置一组金属氧化物避雷器，计算该组避雷器的持续运行电压和额定电压应为下列哪项数值？（　　）

(A)145.5kV，189kV　　(B)127kV，165kV

(C)139.7kV，181.5kV　　(D)113.4kV，143.6kV

解答过程：

14. 若风电场设置两台80MVA主变压器，每台变压器的油量为40t，变压器油密度为0.84t/m^3，在设计有油水分离措施的总事故储油池时，按《火力发电厂与变电站设计防火规范》(GB 50229)的要求，其容量应选下列哪项数值？（　　）

(A)95.24m^3　　(B)47.62m^3

(C)28.57m^3　　(D)9.52m^3

解答过程：

15. 假设该风电场迁至海拔3600m处，改用220kV户外GIS，三相套管在同一高程，请校核GIS出线套管之间最小水平净距应取下列哪项数值？（　　）

(A)2206.8mm　　(B)2406.8mm

(C)2280mm　　(D)2534mm

解答过程：

题16~20：某2×300MW火力发电厂，以发电机变压器组接入220kV配电装置，220kV采用双母线接线。每台机组装设3组蓄电池组，其中2组110V电池对控制负荷供电，另1组220V电池对动力负荷供电。两台机组的220V直流系统间设有联络线，蓄电池选用阀控式密封铅酸蓄电池（贫液、单体2V），现已知每台机组的直流负荷如下：

UPS	2×60kVA
电气控制、保护电源	15kW
热控控制经常负荷	15kW
热控控制事故初期冲击负荷	5kW
直流长明灯	8kW
汽机直流事故润滑油泵（起动电流倍数为2）	22kW
6kV厂用低电压跳闸	35kW
400V低电压跳闸	20kW
厂用电源恢复时高压厂用断路器合闸	3kW
励磁控制	1kW
变压器冷却器控制电源	1kW

发电机灭磁断路器为电磁操动机构，合闸电流为25A，合闸时间200ms。

请根据上述条件计算下列各题（保留两位小数）。

16. 若每台机组的2组110V蓄电池各设一段单母线，请计算二段母线之间联络开关的电流应选取下列哪项数值？（　　）

（A）104.73A　　（B）145.45A

（C）174.55A　　（D）290.91A

解答过程：

17. 计算汽机直流事故润滑油泵回路直流断路器的额定电流至少为下列哪项数值？（　　）

（A）200A　　（B）120A

（C）100A　　（D）57.74A

解答过程：

18. 计算并选择发电机灭磁断路。器合闸回路直流断路器的额定电流和过载脱扣时间应为下列哪组数值？并说明理由。（　　）

(A)额定电流 6A，过载脱扣时间 250ms
(B)额定电流 10A，过载脱扣时间 250ms
(C)额定电流 16A，过载脱扣时间 150ms
(D)额定电流 32A，过载脱扣时间 150ms

解答过程：

19. 110V 主母线某馈线回路采用了限流直流断路器，其额定电流为 20A，限流系数为 0.75，110V 母线段短路电流为 5kA，当下一级的断路器短路瞬时保护（脱扣器）动作电流取 50A 时，请计算该馈线回路断路器的短路瞬时保护脱扣器的整定电流应选下列哪项数值？（　　）

(A)66.67A　　(B)150A
(C)200A　　(D)266.67A

解答过程：

20. 假定本电厂 220V 蓄电池组容量为 1200Ah，蓄电池均衡充电时要求不脱离母线，请计算充电装置的额定电流应为下列哪组数值？（　　）

(A)180A　　(B)120A
(C)37.56A　　(D)36.36A

解答过程：

题 21～25：某单回路单导线 220kV 架空送电线路，频率 f 为 50Hz，导线采用 LGJ-400/50，导线直径为 27.63mm，导线截面为 451.55mm²，导线的铝截面为 399.79mm²，三相导体 a、b、c 为水平排列，线间距离为 $D_{ab}=D_{bc}=7m$，$D_{ac}=14m$。

21. 计算本线路的正序电抗 X_1 应为下列哪项数值？有效半径(也称几何半径) $r_e = 0.81r$。（　　）

(A) 0.376Ω/km　　(B) 0.413Ω/km

(C) 0.488Ω/km　　(D) 0.420Ω/km

解答过程：

22. 计算本线路的正序电纳 b_1 应为下列哪项数值？(计算时不计地线影响)（　　）

(A) 2.70×10^{-6} S/km　　(B) 3.03×10^{-6} S/km

(C) 2.65×10^{-6} S/km　　(D) 2.55×10^{-6} S/km

解答过程：

23. 请计算该导线标准气象条件下的电晕临界电场强度 E 应为下列哪项数值？导线表面系数取 0.82。（　　）

(A) 88.3kV/cm　　(B) 31.2kV/cm

(C) 30.1kV/cm　　(D) 27.2kV/cm

解答过程：

24. 假设线路正序电抗为 0.4Ω/km，正序电纳为 2.7×10^{-6} S/km，计算线路的波阻抗 Z_c 应为下列哪项数值？（　　）

(A) 395.1Ω　　(B) 384.9Ω

(C) 377.8Ω　　(D) 259.8Ω

解答过程：

25. 假设导体经济电流密度为 $J=0.9\text{A/mm}^2$，功率因数为 $\cos\varphi=0.95$，计算经济输送功率 P 应为下列哪项数值？ （　　）

(A) 137.09MW　　(B) 144.70MW

(C) 130.25MW　　(D) 147.11MW

解答过程：

2014 年案例分析试题答案(上午卷)

题 1 ~5 答案:**CADCC**

1.《导体和电器选择设计技术规定》(DL/T 5222—2005) 第 5.0.13 条。

第 5.0.13 条:确定短路电流热效应计算时间,对电器宜采用后备保护动作时间加相应断路器的开断时间。

1) 断路器 CB1 短路电流热效应,应按 110kV 1 号母线短路时,流过 CB1 的最大短路电流进行计算,断路器 CB1 电流由线路指向母线,动作时间为 2.5s,即 $Q_1 = I_t^2 t = 4^2 \times (2.5 + 0.05) = 40.8\text{kA}^2\text{s}$。

2) 断路器 CB2 短路电流热效应,分两种情况考虑:

(1) 按 d2 点短路时,流过 CB2 的最大短路电流,即电源 3 提供的短路电流 4kA 进行计算,此时断路器 CB2 的电流方向为由母线指向线路,动作时间为 2s,即 $Q_{21} = I_t^2 t = 4^2 \times (2.0 + 0.05) = 32.8\text{kA}^2\text{s}$。

(2) 按 110kV 1 号母线短路时,流过 CB2 的最大短路电流,即电源 1 提供的短路电流 3kA 进行计算,此时断路器 CB2 的电流方向为由线路指向母线,动作时间为 2.5s,即 $Q_{22} = I_t^2 t = 3^2 \times (2.5 + 0.05) = 22.95\text{kA}^2\text{s}$。

取两者之大值,即 $Q_2 = 32.8\text{kA}^2\text{s}$。

注:校验断路器 CB1、CB2 的短路电流热效应时,应按最严重情况考虑,即电源 1 和电源 3 出口断路器拒动。

2.《导体与电器选择设计技术规程》(DL/T 5222—2005) 第 5.0.4 条、第 5.0.13 条。

第 5.0.4 条:确定短路电流时,应按可能发生最大短路电流的正常运行方式,不应按仅在切换过程中可能并列运行的接线方式。

第 5.0.13 条:确定短路电流热效应计算时间,对导体(不包括电缆),宜采用主保护动作时间加相应断路器开断时间。主保护有死区时,可采用能对该死区起作用的后备保护动作时间。

主变配置的差动保护,差动保护无死区,因此采用其主保护动作加相应断路器开断时间,短路电流采用正常运行方式。

则软导线的短路电流热效应:$Q = I_t^2 t = (3 + 4)^2 \times (0.1 + 0.05) = 7.35\text{kA}^2\text{s}$

3.《导体和电器选择设计技术规定》(DL/T 5222—2005) 第 14.2.1 条、第 14.1.1 条及条文说明。

第 14.2.1 条:普通限流电抗器的额定电流,主变压器或馈线回路按最大可能工作电流考虑。考虑变压器 1.3 倍过负荷能力,则:$I_e = 1.3 \times \dfrac{S}{\sqrt{3}U} = 1.3 \times \dfrac{31500}{\sqrt{3} \times 10} = 2364.25\text{A}$

第 14.1.1 条及条文说明之公式(1):

$$X_K\% \geqslant \left(\frac{I_j}{I''}-X_{*j}\right)\frac{I_{nk}}{I_j}\times\frac{U_j}{U_{nk}}=\left(\frac{5.5}{20}-\frac{5.5}{30}\right)\times\frac{2364.25\times10^{-3}}{5.5}\times\frac{10.5}{10}=0.0414=4.14\%$$

4.《导体和电器选择设计技术规定》(DL/T 5222—2005) 第 13.0.9 条及表 13.0.9。

海拔超过 1000m 时,不同相导体之间的净距按每升高 100m 增大 1%进行修正,即:

$$S=125+125\times\left(\frac{2000-1000}{100}\times1\%\right)=137.5\text{mm}$$

注:不建议依据《高压配电装置设计技术规程》(DL/T 5352—2018) 表 5.1.4 条及附录 A 进行修正,因附录 A 图 A.0.1 中无 10kV 对应曲线,无法准确计算数据。

5.《导体和电器选择设计技术规定》(DL/T 5222—2005) 第 18.2.6 条。

电阻的额定电压:$U_R\geqslant1.05\times\frac{U_N}{\sqrt{3}}=1.05\times\frac{10}{\sqrt{3}}=6.06\text{kV}$

电阻值:$R_N=\frac{U_N}{\sqrt{3}I_d}=\frac{10\times10^3}{\sqrt{3}\times600}=9.62\Omega$

题 6 ~ 10 答案:**CDCAA**

6.《交流电气装置的过电压保护和绝缘配合设计规范》(GB/T 50064—2014) 第 5.2.1条。

各算子:$h=h_1=30\text{m}$, $h_x=h_2=20\text{m}$, $P=1$, $D=30\text{m}$

由于 $h>0.5h_x$,可得:$r_x=(h-h_x)P=(30-20)\times1=10\text{m}$

则:$D-D'=10$

$D'=D-10=30-10=20\text{m}$

通过避雷针顶点及保护范围上部边缘最低点的圆弧,弓高 $f=\frac{D'}{7P}=\frac{20}{7\times1}=2.857$

两针之间的保护范围上部边缘最低点高度:$h'=h_x-f=20-2.857=17.143\text{m}$

注:也可参考《交流电气装置的过电压保护和绝缘配合》(DL/T 620—1997) 第 5.3.6 条。

7.《交流电气装置的接地设计规范》(GB/T 50065—2011) 附录 A 第 A.0.2 条。

$$R_h=\frac{\rho}{2\pi L}\left(\ln\frac{L^2}{hd}+A\right)=\frac{50}{2\pi\times8}\left(\ln\frac{8^2}{0.8\times0.05/2}+1\right)=9.03\Omega$$

8.《交流电气装置的过电压保护和绝缘配合设计规范》(GB/T 50064—2014) 第 5.4.11-1条。

独立避雷针与配电装置带电部分之间的空气中距离:$S_a\geqslant0.2R_i+0.1h=0.2\times10+0.1\times10=3\text{m}$

也可参考《交流电气装置的过电压保护和绝缘配合》(DL/T 620—1997) 第 7.1.11-a)条式(15)。此题不严谨,根据第 5.4.11-1 条,除上述要求外,S_a 不宜小于 5m,S_e 不宜小于 3m。

9.《交流电气装置的过电压保护和绝缘配合设计规范》(GB/T 50064—2014) 第5.4.13-6条。

第5.4.13-6-3)条:架空进线采用双回路杆塔,确定MOA与变压器最大电气距离时,进线路数应计为一路,且在雷季中宜避免将其中一路断开。

本题220kV配电装置由3回架空出线,其中两回同塔架设,应按一回架空线考虑。

第5.4.13-6-1)条:MOA至主变压器间的最大距离可按表5.4.13-1确定,对其他电器的最大距离可相应增加35%。

$S = 140 \times (1 + 35\%) = 189\text{m}$

由于题干条件雷电冲击全波耐受电压为850kV,按表12注2的要求,应取括号内数据。

注:也可参考《交流电气装置的过电压保护和绝缘配合》(DL/T 620—1997) 第7.3.4条及表12及小注。

10.《交流电气装置的过电压保护和绝缘配合设计规范》(GB/T 50064—2014) 第3.2.2条、第4.1.1-3条。

第3.2.2条:工频过电压的$1.0\text{p.u.} = U_m/\sqrt{3}$。

第4.1.1-3条:220kV系统,工频过电压一般不大于1.3p.u.。

则:$1.3\text{p.u.} = 1.3 \times U_m/\sqrt{3} = 1.3 \times 252 \div \sqrt{3} = 189.14\text{kV}$

注:也可参考《交流电气装置的过电压保护和绝缘配合》(DL/T 620—1997) 第3.2.2条、第4.1.1条。U_m为最高电压,可参考《标准电压》(GB/T 156—2007) 第4.3条~第4.5条。

题11~15答案:**DAABD**

11.《高压配电装置设计技术规程》(DL/T 5352—2018) 第2.1.7条、第2.1.8条。

第2.1.7条:66kV及以上的配电装置,断路器两侧的隔离开关靠断路器侧,线路隔离开关靠线路侧,变压器进线开关的变压器侧,应配置接地开关。

图中线路隔离开关靠线路侧缺少接地开关,为错误一。

第2.1.8条:对屋外配电装置,为保证电气设备和母线的检修安全,每段母线上应装设接地开关或接地器。

图中母线缺少接地开关,为错误二。

《电力变压器选用导则》(GB/T 17468—2008) 第4.9条。

第4.9条:尽量不选用全星形接法的变压器,如必须选用(除配电变压器外)应考虑设置单独的三角形接线的稳定绕组。

图中无稳定绕组,为错误三。

35kV中性点采用低电阻接地方式,但图中无接地电阻,为错误四。

注:对题中一些迷惑信息澄清如下:

《电力工程电气设计手册》(电气一次部分) P71“电压互感器的配置”第4条:当需要监视和检测线路侧有无电压时,出线侧的一相上应装设电压互感器。

《电力工程电气设计手册》(电气一次部分) P72“避雷器的配置”第14条:110～220kV线路侧一般不装设避雷器。

《高压配电装置设计技术规程》(DL/T 5352—2018) 第2.1.5条:110～220kV配电装置母线避雷器和电压互感器,宜合用一组隔离开关。

《交流电气装置的过电压保护和绝缘配合设计规范》(GB/T 50064—2014) 第5.4.13-6条:金属氧化物避雷器与主变压器间的最大距离可参照表5.4.13-1确定,即195m。

12.《电力工程电气设计手册》(电气一次部分) P120表4-1和表4-2、式(4-10)及P129式(4-20)。

设 $S_j = 100\text{MVA}$, $U_j = 230\text{kV}$,则 $I_j = 0.251\text{kA}$。

系统电抗标幺值:$X_{*s} = \dfrac{S_j}{S''_d} = \dfrac{100}{5000} = 0.02$

线路电抗标幺值:$X_{*L} = X_L \dfrac{S_j}{U_j^2} = 0.417 \times 40 \times \dfrac{100}{230^2} = 0.0315$

变压器电抗标幺值:$X_{*T} = \dfrac{U_d\%}{100} \times \dfrac{S_j}{S_e} = 0.13 \times \dfrac{100}{80} = 0.1625$

三相短路电流标幺值:$I_{*k} = \dfrac{1}{X_{*\Sigma}} = \dfrac{1}{0.02 + 0.0315 + 0.1625} = 4.673$

35kV母线最大三相短路电流有名值:$I_k = I_{*k} I_j = 4.673 \times 1.56 = 7.29\text{kA}$

13.《交流电气装置的过电压保护和绝缘配合设计规范》(GB/T 50064—2014)第4.4.3条。

持续运行电压:$U_m/\sqrt{3} = 252 \div \sqrt{3} = 145.5\text{kV}$

额定电压:$0.75U_m = 0.75 \times 252 = 189\text{kV}$

注:也可参考《交流电气装置的过电压保护和绝缘配合》(DL/T 620—1997) 第5.3.4条及表3。

14.《高压配电装置设计技术规程》(DL/T 5352—2018)第5.5.4条。

第5.5.4条:当设置有总事故储油池时,其容量宜按其接入的油量最大一台设备的全部油量确定。

即:$V = \dfrac{40}{0.84} = 47.62\text{m}^3$

注:参考2008年案例分析试题(上午卷)第13题,对比分析。

15.《高压配电装置设计技术规程》(DL/T 5352—2018) 第5.1.2条及表5.1.2-1、附录A。

表5.1.2-1中不同相的带电部分之间(A_2值)距离为2000,其A_1值为1800。

根据附录A图A.0.1,可查得海拔3600m的A_1值约为2280mm。

附录A注解:A_2值可按图之比例递增,则 $A_2 = 2000 \times \dfrac{2280}{1800} = 2533\text{mm}$。

注：参考2008年案例分析试题（上午卷）第11题，对比分析。依据规范，A_2值应按比例递增更为准确。

题16～20答案：**ACBDA**

16.《电力工程直流系统设计技术规程》（DL/T 5044—2014）第4.1.1条、第4.2.5条、第4.2.6条、第6.7.2条。

（1）第4.1.1条控制负荷：电气和热工的控制、信号、测量和继电保护、自动装置和监控系统负荷。

（2）根据表4.2.5，控制负荷中的经常负荷如下：

电气控制、保护电源	15kW
热控控制经常电源	15kW
励磁控制	1kW
变压器冷却器控制	1kW

（3）根据表4.2.6，负荷系数均取0.6。

（4）110kV蓄电池组正常负荷电流：

$P_m = 15 \times 0.6 + 15 \times 0.6 + 1 \times 0.6 + 1 \times 0.6 = 19.2\text{kW}$

$I_m = 19.2 \div 110 = 0.1745\text{kA} = 174.5\text{A}$

（5）第6.7.2-3条：直流母线分段开关可按全部负荷的60%选择，即：

$I_n = 0.6 \times 174.5 = 104.7\text{A}$

注：参考2011年案例分析试题（下午卷）第17题，对比分析。

17.《电力工程直流系统设计技术规程》（DL/T 5044—2014）第6.5.2条及附录A。

第6.5.2-2-3）条：直流电动机回路，可按电动机的额定电流选择。

附录A之第A.3.2条：$I_n \geq I_{nM} = \dfrac{P}{U} = \dfrac{22 \times 10^3}{220} = 100\text{A}$

注：汽机直流事故润滑油泵为直流动力负荷。

18.《电力工程直流系统设计技术规程》（DL/T 5044—2014）第6.5.2条及附录A。

第6.5.2-2-2）条：高压断路器电磁操动机构的合闸回路，可按0.3倍额定合闸电流选择，但直流断路器过载脱扣时间应大于断路器固有合闸时间。

附录A之第A.3.3条：$I_n \geq K_{c2} I_{cl} = 0.3 \times 25 = 7.5\text{A}$，取10A。

过载脱扣时间：$t_n > 200\text{ms}$，取250ms。

19.《电力工程直流系统设计技术规程》（DL/T 5044—2014）附录A，第A.4.2条。

（1）按断路器额定电流倍数整定：$I_{DZ1} \geq K_n I_n = 10 \times 20 = 200\text{A}$

（2）按下一级断路器短路瞬时保护（脱扣器）电流配合整定，采用限流直流断路器：

$I_{DZ2} \geq K_{c2} I_{DZX} / K_{XL} = 4 \times 50 \div 0.75 = 266.67\text{A}$

取两者较大值，即266.67A。

（3）根据断路器安装处短路电流，校验各级断路器的动作情况：

$K_L = I_{DK} / I_{DZ} = 5000 \div 266.67 = 18.75 > 1.25$，满足要求。

20.《电力工程直流系统设计技术规程》(DL/T 5044—2014) 第4.1.1条、附录D的第D.1.1条。

根据第4.1.1条和表4.2.5,动力负荷中经常负荷仅为直流长明灯,则经常负荷电流为:

$$I_{js}=\frac{8000}{220}=36.36\text{A}$$

根据附录D的第D.1.1-3条,满足均衡充电要求时,充电装置的额定电流为:

$I_r=(1.0\sim1.25)I_{10}+I_{js}=(1.0\sim1.25)\times1200\div10+36.36=156.36\sim186.36\text{A}$,取180A。

题21~25答案:**DABBC**

21.《电力工程高压送电线路设计手册》(第二版) P16式(2-1-2)、式(2-1-3)。

相导线间的几何均距:$d_m=\sqrt[3]{d_{ab}d_{bc}d_{ca}}=\sqrt[3]{7\times7\times14}=8.82\text{m}$

线路正序电抗:

$$X_1=0.0029f\lg\frac{d_m}{r_e}=0.0029\times50\times\lg\frac{8.82}{0.81\times27.63\times10^{-3}\div2}=0.42\Omega/\text{km}$$

22.《电力工程高压送电线路设计手册》(第二版) P16式(2-1-7)、P21式(2-1-32)。

单回路单导线相分裂导线的等价半径:$R_m=(nrA^{n-1})^{\frac{1}{n}}=(rA^{1-1})^{\frac{1}{1}}=r$

线路正序电纳:$b_{c1}=\dfrac{7.58\times10^{-6}}{\lg\dfrac{d_m}{R_m}}=\dfrac{7.58\times10^{-6}}{\lg\dfrac{8.82}{27.63\times10^{-3}\div2}}=2.7\times10^{-6}\text{S/km}$

23.《电力工程高压送电线路设计手册》(第二版) P30式(2-2-2)。

临界电场强度最大值:

$$Z_n=3.03m\left(1+\frac{0.3}{\sqrt{r}}\right)=3.03\times0.82\times\left(1+\frac{0.3}{\sqrt{27.63\times10^{-1}\div2}}\right)$$
$$=3.12\text{MV/m}=31.2\text{kV/cm}$$

24.《电力工程高压送电线路设计手册》(第二版) P24式(2-1-41)。

线路波阻抗:$Z_n=\sqrt{\dfrac{X_1}{b_1}}=\sqrt{\dfrac{0.4}{2.7\times10^{-6}}}=384.9\Omega$

25.《电力系统设计手册》P180式(7-13)。

经济输送功率:$P=\sqrt{3}JSU_e\cos\varphi=\sqrt{3}\times0.9\times399.79\times220\times0.95=130.25\text{MW}$

注:也可查阅《电力系统设计手册》P186表7-17的数据,但计算结果为127.3MW,略有偏差。

2014年案例分析试题(下午卷)

[案例题是4选1的方式,各小题前后之间没有联系,共40道小题,选作25道,每题分值为2分,上午卷50分,下午卷50分,试卷满分100分。案例题一定要有分析(步骤和过程)、计算(要列出相应的公式)、依据(主要是规程、规范、手册),如果是论述题要列出论点]

题1~4:某地区计算建设一座40MW,并网型光伏电站,分成40个1MW发电单元,经过逆变、升压、汇流后,由4条汇集线路接至35kV配电装置,再经1台主变压器升压至110kV,通过一回110kV线路接入电网。接线示意图见下图。

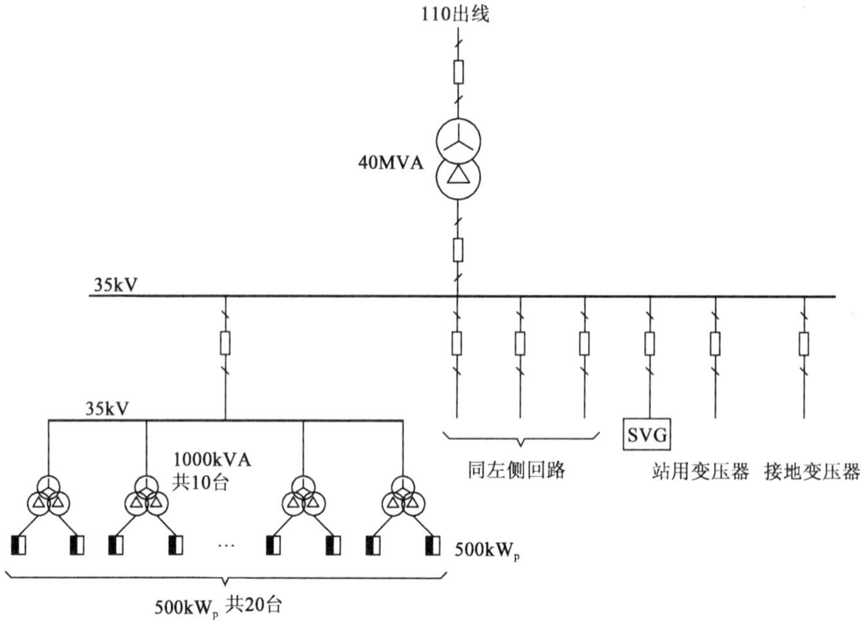

1. 电池组件安装角度32°时,光伏组件效率为87.64%,低压汇流及逆变器效率为96%,接受的水平太阳能总辐射量为1584Wh/m²,综合效率系数为0.7,计算该电站年发电量应为下列哪项数值? ( )

(A)55529MWh (B)44352MWh

(C)60826MWh (D)37315MWh

解答过程:

2. 本工程光伏电池组件选用250p 多晶硅电池板，开路电压35.9V，最大功率时电压30.10V，开路电压的温度系数 -0.32%/℃，环境温度范围：-35 ~85℃，电池片设计温度为25℃，逆变器最大直流输入电压900V，计算光伏方阵中光伏组件串的电池串联数应为下列哪项数值？（ ）

(A)31　　(B)25

(C)21　　(D)37

解答过程：

3. 若该光伏电站1000kVA 分裂升压变短路阻抗为6.5%，40MVA(110/35kV)主变短路阻抗为10.5%，110kV 并网线路长度为13km，采用300mm² 架空线，电抗按0.3Ω/km 考虑。在不考虑汇集线路及逆变器的无功调节能力，不计变压器空载电流条件下，该站需要安装的动态容性无功补偿容量应为下列哪项数值？（ ）

(A)7.1Mvar　　(B)4.5Mvar

(C)5.8Mvar　　(D)7.3Mvar

解答过程：

4. 若该光伏电站并网点母线平均电压为115kV，下列说法中哪种不满足规范要求？为什么？（ ）

(A)当电网发生故障快速切断后，不脱网连接运行的光伏电站自故障清除时刻开始，以至少30%额定功率/秒的功率变化率恢复到正常发电状态

(B)并网点母线电压为127 ~137kV 之间，光伏电站应至少连续运行10s

(C)电网频率升至50.6Hz 时，光伏电站应立即终止向电网线路送电

(D)并网点母线电压突降至37kV 时，光伏电站应至少保持不脱网连续运行1.1s

解答过程：

题5~9：某地区拟建一座500kV变电站，海拔高度不超过100m，环境年最高温度+40℃，年最低温度-25℃，其500kV侧、220kV侧各自与系统相连。该站远景规模为：4×750MVA主变压器，6回500kV出线，14回220kV出线，35kV侧安装有无功补偿装置。本期建设规模为：2台750MVA主变压器，4回500kV出线，8回220kV出线，35kV侧安装若干无功补偿装置。其电气主接线简图及系统短路电抗图（S_j=100MVA）如下：

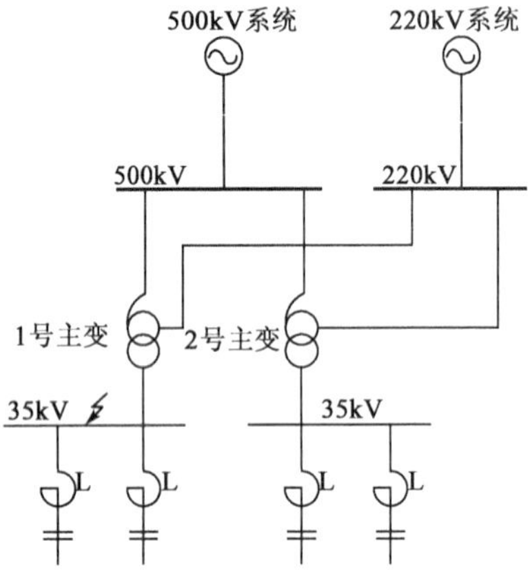

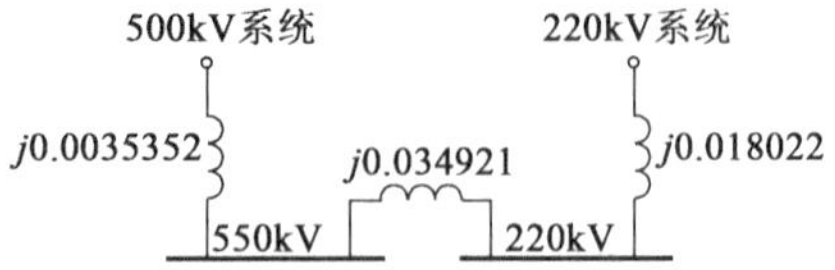

该变电站的主变压器采用单相无励磁调压自耦变压器组，其电气参数如下：

电压比：$525/\sqrt{3}/230/\sqrt{3}\pm2\times2.5\%/35$kV

容量比：250MVA/250MVA/66.7MVA

接线组别：YNad11

阻抗（以250MVA为基准）：$U_{d1\text{-}2}\%=11.8$，$U_{d1\text{-}3}\%=49.47$，$U_{d2\text{-}3}\%=34.52$

5. 该站2台750MVA主变压器的550kV和220kV侧均并列运行，35kV侧分列运行，各自安装2×30Mvar串联有5%电抗的电容器组，请计算35kV母线的三相短路容量和短路电流应为下列哪组数值？（按电气工程电气设计手册计算）（　　）

（A）4560.37MVA，28.465kA　　（B）1824.14MVA，30.09kA

（C）1824.14MVA，28.465kA　　（D）4560.37MVA，30.09kA

解答过程：

6. 若该站2台750MVA主变压器的550kV和220kV侧均并列运行，35kV侧分列运行，各自安装2×60MVA串联有12%电抗的电容器组，且35kV母线短路时由主变压器提供的三相短路容量为1700MVA，请计算短路后0.1s时，35kV母线三相短路电流周期分量应为下列哪项数值？（按《电气工程电气设计手册》计算，假定T_c=0.1s）（　　）

(A)26.52kA (B)28.04kA (C)28.60kA (D)29.72kA

解答过程：

7. 请计算该变电站中主变压器高压、中压、低压侧的额定电流应为下列哪组数值？ ( )

(A)866A,1883A,5717A

(B)275A,628A,1906A

(C)825A,1883A,3301A

(D)825A,1883A,1100A

解答过程：

8. 如该变电站安装的三相35kV电容器组，每相由单台500kvar电容器串、并联组合而成，且采用双星形接线，每相的串联段为2时，计算每组允许的最大组合容量应为下列哪项数值？ ( )

(A)每串联段由6台并联，最大组合容量36000kvar

(B)每串联段由7台并联，最大组合容量42000kvar

(C)每串联段由8台并联，最大组合容量38000kvar

(D)每串联段由9台并联，最大组合容量54000kvar

解答过程：

9. 如该变电站中，35kV电容器单组容量为60000kvar，计算其网络断路器的长期允许电流最小不应小于下列哪项数值？ ( )

(A)989.8A (B)1337A (C)2000A (D)2500A

解答过程：

题10～13：某发电厂的发电机经主变压器接入屋外220kV升压站，主变压器布置在主厂房外，海拔高度3000m，220kV配电装置为双母线分相中型布置，母线采用支持式管型，间隔纵向跨线采用LGJ－800架空软导线，220kV母线最大三相短路电流38kA，最大单相短路电流36kA。

10. 220kV配电装置中，计算确定下列经高海拔修正的安全净距值中哪项是正确的？（　　）

(A) A_1：为2180mm　　(B) A_2：为2380mm

(C) B_1：为3088mm　　(D) C：为5208mm

解答过程：

11. 220kV配电装置中，二组母线相邻的边相之间单位长度的平均互感抗为 $1.8\times10^{-4}\Omega/m$，为检修安全（检修时另一组母线发生单相接地故障），在每条母线上安装了两组接地刀闸，请计算两组接地刀闸之间的允许最大间距应为下列哪项数值？（切除母线单相接地短路时间0.5s）（　　）

(A) 53.59m　　(B) 59.85m

(C) 63.27m　　(D) 87m

解答过程：

12. 220kV配电装置采用在架构上安装避雷针作为直击雷保护，避雷针高35m，被保护物高15m，其中有两支避雷针之间直线距离60m，请计算避雷针对被保护物高度的保护半径 r_a 和两支避雷针对被保护物高度的联合保护范围的最小宽度 b_x 应为下列哪组数值？（　　）

(A) $r_a=20.93m$，$b_x=14.88m$　　(B) $r_a=20.93m$，$b_x=16.8m$

(C) $r_a=22.5m$，$b_x=14.88m$　　(D) $r_a=22.5m$，$b_x=16.8m$

解答过程：

13. 220kV 配电装置间隔的纵向跨线采用 LGJ-800 架空软导线(自重 2.69kgf/m,直径 38mm),为计算纵向跨线的拉力,需计算导线各种状态下的单位荷重,如覆冰时设计风速为 10m/s,覆冰厚度 5mm。请计算导线覆冰时自重、冰重与风压的合成荷重应为下列哪项数值? ( )

(A)3.035kgf/m　　(B)3.044kgf/m

(C)3.318kgf/m　　(D)3.658kgf/m

解答过程:

题 14~19:某调峰电厂安装有 2 台单机容量为 300MW 机组,以 220kV 电压接入电力系统,3 回 220kV 架空出线的送出能力满足 $n-1$ 要求,220kV 升压站为双母线接线,管母中型布置。单元机组接线如下图所示:

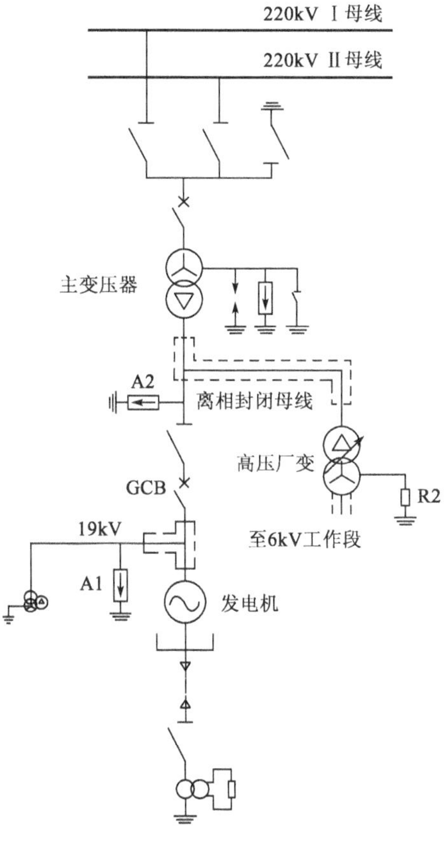

发电机额定电压为 19kV,发电机与变压器之间装设发电机出口断路器 GCB,发电机中性点为高阻接地,高压厂用工作变压器接于主变压器低压侧与发电机出口断路器之间,高压厂用电额定电压为 6kV,6kV 系统中性点为高阻接地。

14. 若发电机的最高运行电压为其额定电压的1.05倍，高压厂变高压侧最高电压为20kV，请计算无间隙金属氧化物避雷器A1、A2的额定电压最接近下列哪组数值？（　　）

(A)14.36kV,16kV　　(B)19.95kV,20kV

(C)19.95kV,22kV　　(D)24.94kV,27.60kV

解答过程：

15. 为防止谐振及间歇性电弧接地过电压，高压厂变6kV侧中性点采用高阻接地方式，接入电阻器R2，若6kV系统最大运行方式下每组对地电容值为1.46μF，请计算电阻器R2的阻值不宜大于下列哪项数值？（　　）

(A)2181Ω　　(B)1260Ω

(C)662Ω　　(D)0.727Ω

解答过程：

16. 220kV升压站电气平面布置图如下，若从I母线避雷器到0号高压备变的电气距离为175m，试计算并说明，在送出线路 $n-1$ 运行工况下，下列哪种说法是正确的？（均采用氧化锌避雷器，忽略各设备垂直方向引线长度）（　　）

(A)3台变压器高压侧均可不装设避雷器

(B)3台变压器高压侧都必须装设避雷器

(C)仅1号主变高压侧需要装设避雷器

(D)仅0号备变高压侧需要装设避雷器

解答过程：

17. 主变与220kV配电装置之间设有一支35m高的独立避雷针P（其位置间平面布置图），用于保护2号主变，由于受地下设施限制，避雷器布置位置只能在横向直线 L 上移动，L 距主变中心点 O 点的距离为18m，当 O 点的保护高度达15m时，即可满足保护要求。若避雷针的冲击接地电阻为15Ω，2号主变220kV架空引线的相间距为4m时，请计算确定避雷针与主变 220kV 引线边相间的距离 S 应为下列哪项数值？（忽略避雷针水平尺寸及导线的弧垂和风偏，主变 220kV 引线高度取 14m。） （ ）

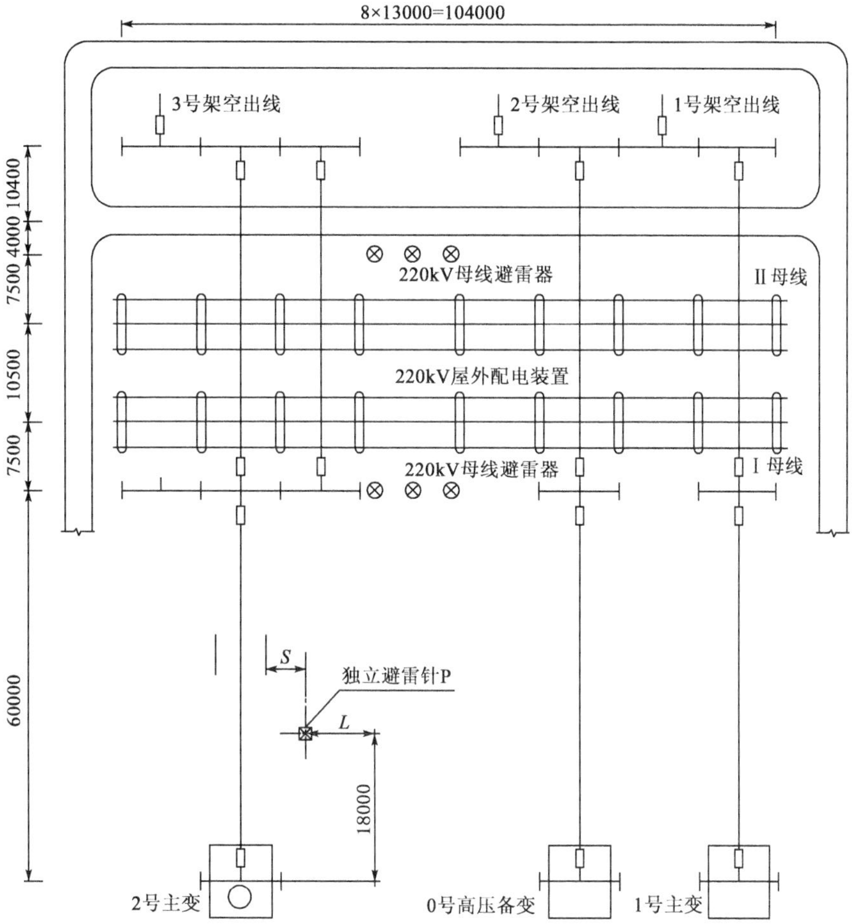

(A) $3m \leqslant S \leqslant 5m$ (B) $4.4m \leqslant S \leqslant 6.62m$

(C) $3.8m \leqslant S \leqslant 18.6m$ (D) $5m \leqslant S \leqslant 20.9m$

解答过程：

18. 若平面布置图中避雷针 P 的独立接地装置由 2 根长 12m、截面 100×10mm 的镀锌扁铁交叉焊接成十字形水平接地极构成，埋深 2m，该处土壤电阻率为 150Ω·m。请计算该独立接地装置接地电阻值最接近下列哪项数值？ （ ）

(A) 9.5Ω (B) 4.0Ω

(C) 2.6Ω (D) 16Ω

解答过程：

19. 若该调峰电厂的 6kV 配电装置室内地表面土壤电阻率 $\rho = 1000\Omega \cdot m$，表层衰减系数 $C_s = 0.95$，其接地装置的接触电位差最大不应超过下列哪项数值？（ ）

（A）240V （B）97.5V

（C）335.5V （D）474V

解答过程：

题 20～25：布置在海拔 1500m 地区的某电厂 330kV 升压站，采用双母线接线，其主变进线断面如图所示。已知升压站内采用标称放电电流 10kA，操作冲击残压峰值为 618kV、雷电冲击残压峰值为 727kV 的避雷器做绝缘配合，其海拔空气修正系数为 1.13。

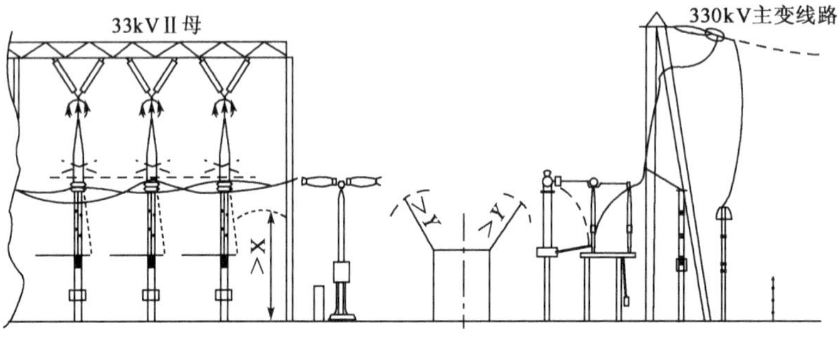

20. 若在标准气象条件下，要求导体对接地构架的空气间隙 d(m) 和 50% 正极性操作冲击电压波放电电压 $\bar{u}_{s.s.s}$(kV) 之间满足 $\bar{u}_{s.s.s} = 317d$ 配电装置中，在无风偏时正极性操作冲击电压波要求的导体与架构之间的最小空气间隙应为下列哪项数值？（ ）

（A）2.5m （B）2.6m

（C）2.8m （D）2.9m

解答过程：

21. 若在标准气象条件下，要求导体之间的空气间隙 d(m) 和相间 50% 操作冲击电压波放电电压 $\overline{u}_{s.p.s}$(kV) 之间满足 $\overline{u}_{s.p.s}=442d$ 的关系，计算该 330kV 配电装置中，相间操作冲击电压波要求的最小空气间隙应为下列何值？ (　　)

(A)2.8m　　(B)2.9m

(C)3.0m　　(D)3.2m

解答过程：

22. 假设 330kV 配电装置中，雷电冲击电压波要求的导体对接地构架的最小空气间隙为 2.55m，计算雷电冲击电压波要求的相间最小空气间隙应为下列哪项数值？ (　　)

(A)2.8m　　(B)2.7m

(C)2.6m　　(D)2.5m

解答过程：

23. 假设配电装置中导体与架空之间的最小空气间隙值(按高海拔修正后)为 2.7m，图中导体与地面之间的最小距离(X)应为下列哪项数值？ (　　)

(A)5.2m　　(B)5.0m

(C)4.5m　　(D)4.3m

解答过程：

24. 假设配电装置中导体与构架之间的最小空气间隙值(按高海拔修正后)为 2.7m，图中设备搬运时，其设备外廓至导体之间的最小距离(Y)应为下列何值？ (　　)

(A)2.60m　　(B)3.25m

(C)3.45m　　(D)4.50m

解答过程：

25. 假设图中主变 330kV 侧架空导线采用铝绞线，按经济电流密度选择，进线侧导体应为下列哪种规格？（升压主变压器容量为 360MVA，最大负荷利用小时数 $T=5000$）（　　）

(A) $2\times400\text{mm}^2$　　(B) $2\times500\text{mm}^2$

(C) $2\times630\text{mm}^2$　　(D) $2\times800\text{mm}^2$

解答过程：

题 26～30：某大型火电发电厂分别建设，一期为 4×135MW，二期为 2×300MW 机组。高压厂用电电压为 6kV，低压厂用电电压为 380/220V。一期工程高压厂用电系统采用中性点不接地方式，二期工程高压厂用电系统采用中性点低电阻接地方式。一、二期工程低压厂用电系统采用中性点直接接地方式，电厂 380/220V 煤灰 A、B 段的计算负荷为：A 段 969.45kVA、B 段 822.45kVA，两段重复负荷 674.46kVA。

26. 若电厂 380/220V 煤灰 A、B 段采用互为备用接线，其低压厂用工作变压器的计算负荷应为下列哪项数值？（　　）

(A) 895.95kVA　　(B) 1241.60kVA

(C) 1117.44kVA　　(D) 1791.90kVA

解答过程：

27. 若电厂 380/220V 煤灰 A、B 两段采用明备用接线，低压厂用备用变压器的额定容量应选下列哪项数值？（　　）

(A) 1000kVA　　(B) 1250kVA

(C) 1600kVA　　(D) 2000kVA

解答过程：

28. 该电厂内某段 380/220V 母线上接有一台 55kW 的电动机，电动机额定电流为 110A，电动机的起动电流倍数为 7 倍，电动机回路的电力电缆长 150m，查曲线得出 100m 的同规格电缆的电动机回路单相短路电流为 2300A，断路器过电流脱扣器整定电

流的可靠系数为1.35，请计算这台电动机单相短路时的保护灵敏系数为下列哪项数值？（　　）

(A)2.213　　(B)1.991

(C)1.475　　(D)0.678

解答过程：

29. 该电厂中，135MW机组6kV厂用电系统4s短路电流热效应为2401kA^2s，请计算并选择在下列制造厂提供的电流互感器额定短时热稳定电流及持续时间参数中，哪组数值最符合该电厂6kV厂用电要求？（　　）

(A)80kA，1s　　(B)63kA，1s

(C)45kA，1s　　(D)31.5kA，2s

解答过程：

30. 该电厂的部分电气接线示意图如下，若化水380/220V段两台低压化水变A、B分别由一、二期供电，为了保证互为备用正常切换的需要（并联切换）。对于低压化水变B，采用下列哪一种联接组是合适的？并说明理由。（　　）

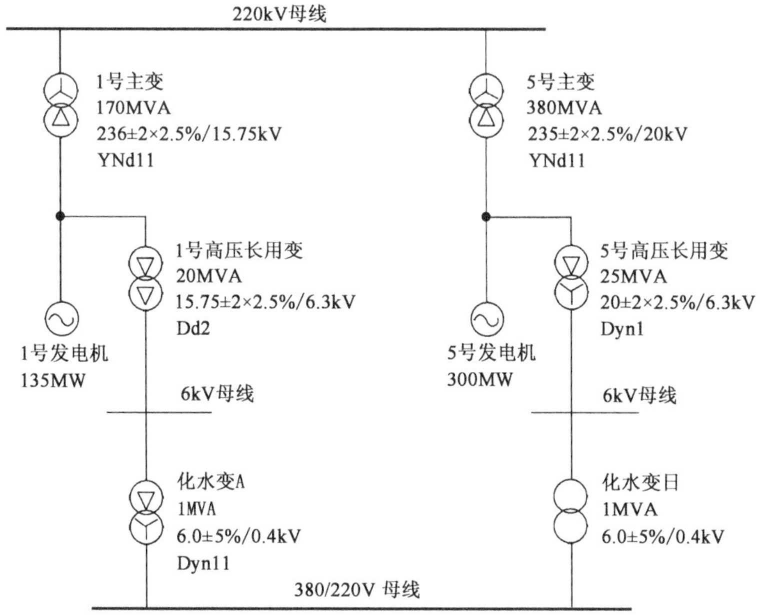

(A) Dd0　　(B) Dyn1

(C) Yyn0　　(D) Dyn11

解答过程:

题 31～35:某单回路 220kV 架空送电路,其导线参数如下表:

导线型号	每米质量 P (kg/m)	外径 d (mm)	截面 S (mm^2)	破坏强度 T_p (N)	弹性模量 E (N/mm^2)	线膨胀系数 (1/℃)
LGJ-400/50	1.511	27.63	451.55	117230	69000	19.3×10^{-6}
GJ-60	0.4751	10	59.69	68226	185000	11.5×10^{-6}

本工程的气象条件如下表:

序号	条件	风速(m/s)	覆冰厚度(mm)	气温(℃)
1	低温	0	0	-40
2	平均	0	0	-5
3	大风	30	0	-5
4	覆冰	10	10	-5
5	高温	0	0	40

本线路需跨越同行河流,两岸是陡崖。两岸塔位 A 和 B 分别高出最高航行水位 110.8m 和 25.1m,档距为 800m。桅杆高出水面 35.2m,安全距离为 3.0m,绝缘子串长为 2.5m。导线最高气温时,最低点张力为 26.87kN。两岸跨越直线塔的呼称高度相同。(提示:$g=9.81$)

31. 计算最高气温时,导线最低点 O 到 B 的水平距离 L_{OB} 应为下列哪项数值?　　(　　)

(A) 379m　　(B) 606m

(C) 140m　　(D) 206m

解答过程:

32. 计算导线最高气温时距 A 点距离为 500m 处的弧垂 f_x 应为下列哪项数值?(用平抛物线公式)　　(　　)

(A) 44.13m　　(B) 41.37m

(C)30.02m　　(D)38.29m

解答过程:

33. 若最高气温时弧垂最低点距 A 点的水平距离为 600m,该点弧垂为 33m,为满足跨河的安全距离要求,A 和 B 处直线塔的呼称高度至少为下列哪项数值?　(　)

(A)17.1m　　(B)27.2m

(C)24.2m　　(D)24.7m

解答过程:

34. 若最高气温时弧垂最低点距 A 点水平距离为 600m。A 点处直线塔在跨河侧导线的悬垂角约为下列哪项数值?　(　)

(A)18.3°　　(B)16.1°

(C)23.8°　　(D)13.7°

解答过程:

35. 假设跨河档 A、B 两塔的导线悬点高度均高出水面 80m,导线的最大弧垂为 48m,计算导线平均高度为下列哪项数值?　(　)

(A)60m　　(B)32m

(C)48m　　(D)43m

解答过程:

题 36～40：某 220kV 架空送电线路 MT（猫头）直线塔，采用双分裂 LGJ-400/35 导线，导线截面积 $425.24mm^2$，导线直径为 26.82mm，单位重量 1307.50kg/km，最高气温条件下导线水平应力为 $50N/mm^2$，$L_1=300m$，$d_{h1}=30m$，$L_2=250m$，$d_{h2}=10m$，图中表示高度均为导线挂线高度。（提示 $g=9.8$，采用抛物线公式计算）

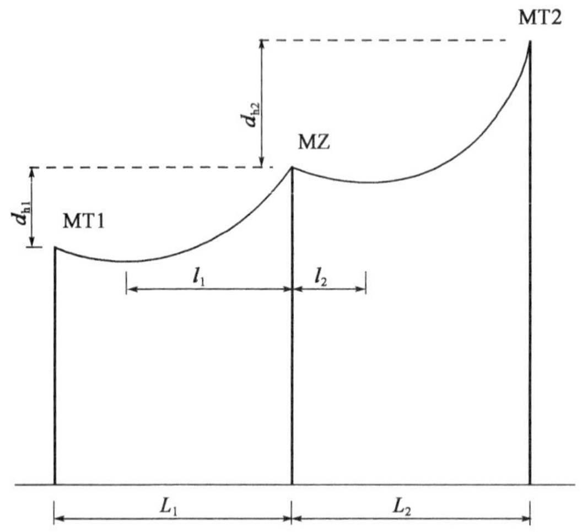

36. 导线覆冰时（冰厚 10mm，冰比重为 0.9），导线覆冰垂直比载应为下列哪项数值？（　　）

(A) $0.0301N/m \cdot mm^2$　　(B) $0.0401N/m \cdot mm^2$

(C) $0.0541N/m \cdot mm^2$　　(D) $0.024N/m \cdot mm^2$

解答过程：

37. 请计算在最高气温时 MT 两侧弧垂最低点到悬挂点的水平距离 l_1、l_2 应为下列哪项数值？（　　）

(A) 313.3m，125.2m　　(B) 316.1m，58.6m

(C) 316.1m，191.4m　　(D) 313.3m，191.4m

解答过程：

38. 假设 MZ 塔导线悬垂串重量为 54kg，MZ 塔的垂直档距为 400m，计算 MZ 塔无冰工况下的垂直荷载应为下列哪项数值？（　　）

(A)10780N　　(B)1100N
(C)5654N　　(D)11309N

解答过程：

39. 在线路垂直档距较大的地方，导线在悬垂线夹的悬垂角有可能超过悬垂线夹的允许值，需要进行校验。请计算 MZ 塔导线在最高气温条件下悬垂线夹的悬垂角应为下列哪项数值？（　　）

(A)2.02°　　(B)6.40°
(C)10.78°　　(D)12.8°

解答过程：

40. 在最高气温工况下，MZ-MT1 塔间 MZ 挂线点至弧垂最低点的垂直距离应为下列哪项数值？（　　）

(A)0.08m　　(B)6.77m
(C)12.5m　　(D)30.1m

解答过程：

2014年案例分析试题答案(下午卷)

题1～4答案:**BCCD**

1.《光伏发电站设计规范》(GB 50797—2012)第6.6.2条式(6.6.2)。

电站上网发电量:$E_P = H_A \times \frac{P_{AZ}}{E_s} \times K = 1584 \times \frac{40}{1} \times 0.7 = 44352\text{MWh}$

2.《光伏发电站设计规范》(GB 50797—2012)第6.4.2条式(6.4.2-1)。

光伏组件串的串联数:

$$N \leqslant \frac{V_{dcmax}}{V_{oc} \times [1 + (t - 25) \times K_v]} = \frac{900}{35.9 \times [1 + (-35 - 25) \times (-0.32\%)]} = 21$$

3.《光伏发电站接入电力系统技术规定》(GB/T 19964—2012)第6.2.3条。

第6.2.3-a)条:容性无功容量能够补偿光伏发电站满发时站内汇集线路、主变压器的感性无功及光伏发电站送出线路的一半感性无功之和。

题干中要求不考虑汇集线路及逆变器的无功调节能力,则只需考虑主变压器和线路的感性无功负荷。

依据《电力工程电气设计手册》(电气一次部分)P476式(9-2),不计变压器空载电流,则$I_0 = 0\text{A}$。

主变压器感性无功:$Q_T = \left(\frac{U_d\% I_m^2}{100 I_e^2} + \frac{I_0\%}{100}\right) S_e = 10.5\% \times 1 \times 40 + 0 = 4.2\text{Mvar}$

线路感性无功:$Q_L = \frac{U^2}{X_L} = \frac{110^2}{0.3 \times 13} = 3103\text{kvar} = 3.1\text{Mvar}$

光伏发电站需要补充的容性无功总量:$Q = Q_T + \frac{Q_L}{2} = 4.2 + \frac{3.1}{2} = 5.75\text{Mvar}$

注:也可参考《光伏发电站设计规范》(GB 50797—2012)第9.2.2-5条,但需要注意的是,规范要求仅考虑主变压器的全部感性无功,而不包括分裂升压站的子变压器的感性无功。

4.《光伏发电站接入电力系统技术规定》(GB/T 19964—2012)。

第8.3条:对电力系统故障期间没有脱网的光伏发电站,其有功功率在故障清除后应快速恢复,自故障清除时刻开始,以至少30%额定功率/秒的功率变化率恢复至正常发电状态。A正确。

第9.1条及表2:1.1p.u. < U_T < 1.2p.u.,应至少持续运行10s(p.u.:光伏发电站并网点电压)。B正确。

第9.3条及表3:>50.5Hz,立刻终止向电网线路送电。C正确。

第8.1条及图2:87kV,约为0.76p.u.,光伏电站应至少保持不脱网连续运行约1.7s。D错误。

题 5 ~9 答案:**BACBB**

5.《电力工程电气设计手册》(电气一次部分)P120 ~121 表 4-2、表 4-2 和表 4-4。根据表 4-4 变压器阻抗等值电抗计算公式,等值电路图如图 1 所示。

$$U_{d1}\% = \frac{1}{2}(U_{d1-2}\% + U_{d1-3}\% - U_{d2-3}\%) = \frac{1}{2}\times(11.8 + 49.47 - 34.52) = 13.375$$

$$U_{d2}\% = \frac{1}{2}(U_{d1-2}\% + U_{d2-3}\% - U_{d1-3}\%) = \frac{1}{2}\times(11.8 + 34.52 - 49.47) = -1.575$$

$$U_{d3}\% = \frac{1}{2}(U_{d2-3}\% + U_{d1-3}\% - U_{d1-2}\%) = \frac{1}{2}\times(49.47 + 34.52 - 11.8) = 36.095$$

$S_j = 100$MVA,阻抗折算到标幺值,并作星—三角变换:

$$X_{*1} = \frac{U_d\%}{100}\times\frac{S_j}{S_e} = \frac{13.375}{100}\times\frac{100}{750} = 0.0178$$

$$X_{*2} = \frac{U_d\%}{100}\times\frac{S_j}{S_e} = \frac{-1.575}{100}\times\frac{100}{750} = -0.0021$$

$$X_{*3} = \frac{U_d\%}{100}\times\frac{S_j}{S_e} = \frac{36.095}{100}\times\frac{100}{750} = 0.0481$$

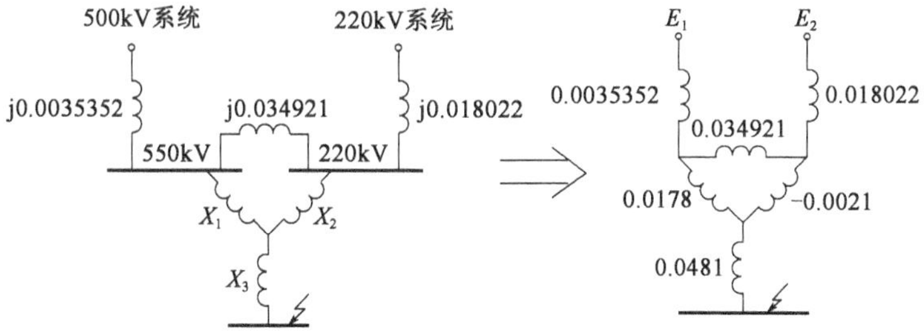

图 1

根据表 4-5 三角形变成等值星形,等值电路图如图 2 所示。

$$X_{*11} = \frac{0.034921\times0.01783}{0.034921 + 0.01783 - 0.0021} = 0.0123$$

$$X_{*12} = \frac{0.034921\times(-0.0021)}{0.034921 + 0.01783 - 0.0021} = -0.001448$$

$$X_{*13} = \frac{0.01783\times(-0.0021)}{0.034921 + 0.01783 - 0.0021} = -0.00074$$

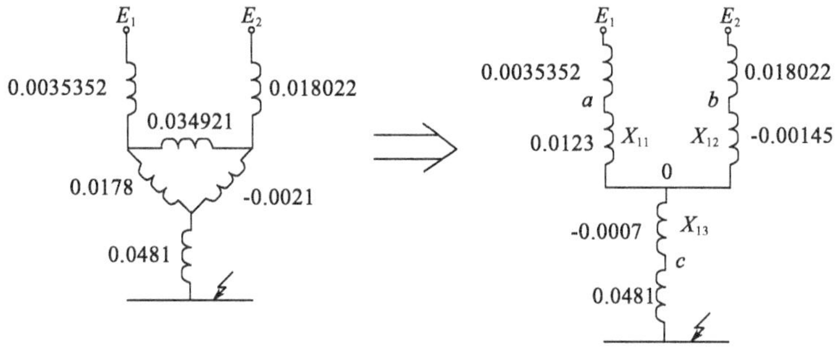

图 2

根据图4-4求分布系数示图及其相关公式，等值电路如图3所示：

$X_{*\Sigma}=X_{*23}+(X_{*21}+X_{*22})=(0.0158//0.01657)+0.0474=0.055$

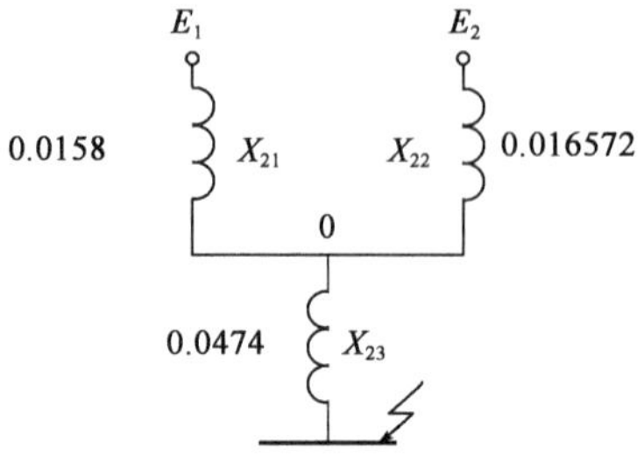

图 3

根据式(4-20)求得短路电流和三相短路容量为：

$I_k=\dfrac{I_j}{X_{*\Sigma}}=\dfrac{1.56}{0.055}=28.11\text{kA}$

$S_k=\sqrt{3}I_KU_j=\sqrt{3}\times 28.11\times 37=1801.45\text{MVA}$

《导体和电器选择设计技术规定》(DL/T 5222—2005) 附录F第F.7.1条。

对于采用5%～6%串联电抗器的电容装置：$\dfrac{Q_c}{S_d}=\dfrac{2\times 30}{1801.45}\times 100\%=3.33\%<5\%$，因此可不考虑电容器组对短路电流的影响。

注：本题计算过程过于繁琐，易出错，且因计算过程较长，结果数据与答案不完全对应。且题干中“以250MVA为基准”的表述疑似错误，按该基准折算，短路电流约为10kA，与答案完全不对应。考场上，此类题目建议留至最后再分析。

6.《电力工程电气设计手册》(电气一次部分)P159～160 式(4-73)图4-22。

对于采用12%～13%串联电抗器的电容器装置，若$\dfrac{Q_c}{S_d}<10\%$时，可不考虑并联电容器装置对短路的影响。

则：$\dfrac{Q_c}{S_d}=\dfrac{2\times 60}{1700}=0.0706=7.06\%<10\%$，因此不考虑并联电容器对短路电流的助增效应。

三相短路电流周期分量 $t=0.1\text{s}$，$I_d=\dfrac{S_d}{\sqrt{3}U_j}=\dfrac{1700}{\sqrt{3}\times 37}=26.52\text{kA}$

注：若考虑并联电容器对短路电流的助增效应，查图4-22，根据$K_c=\dfrac{Q_c}{S_d}=7.06\%$，$T_c=0.1\text{s}$，$t=0.1\text{s}$，查得$K_{tc}=1.01$，$I_d=1.01\times 26.52=26.79\text{kA}$，短路电流增量很小，且无此答案，可忽略。本题也可参考《导体和电器选择设计技术规定》(DL/T 5222—2005) 附录F第F.7条的相关内容。

7. 根据变压器容量计算公式 $S=\sqrt{3}UI$ 和已知电压比：$525/\sqrt{3}/230/\sqrt{3}\pm2\times2.5\%/35\text{kV}$，则：

高压侧额定电流：$I_{e1}=\dfrac{S}{\sqrt{3}U_{e1}}=\dfrac{750\times10^3}{\sqrt{3}\times525}=825\text{A}$

中压侧额定电流：$I_{e2}=\dfrac{S}{\sqrt{3}U_{e2}}=\dfrac{750\times10^3}{\sqrt{3}\times230}=1883\text{A}$

低压侧额定电流：$I_{e3}=\dfrac{S}{\sqrt{3}U_{e3}}=\dfrac{3\times66.7\times10^3}{\sqrt{3}\times35}=3301\text{A}$

8.《并联电容器装置设计规范》(GB 50227—2017) 第4.1.2条。

第4.1.2-3条：每个串联段的电容器并联总容量不应超过3900kvar。

每个串联段并联的最大数量：$n\leqslant\dfrac{3900}{500}=7.8$，取7个。

允许的最大组合容量：$Q_c=500\times7\times2\times3\times2=42000\text{kvar}$

9.《电力工程电气设计手册》(电力一次部分) P505"断路器额定电流不应小于装置长期允许电流的1.35倍"。

回路长期允许电流：$I_n=1.35I_c=1.35\times\dfrac{60000}{\sqrt{3}\times35}=1336.5\text{A}$

题10~13答案：**ACAC**

10.《高压配电装置设计技术规程》(DL/T 5352—2018) 第5.1.2条及表5.1.4条、附录A及注解。

200kV系统屋外配电装置，A_1 值为1800mm，海拔3600m，查附录A，则 A_1 值修正为2180mm。

附录A，图A.0.1注解：A_2 值可按本图之比例递增：$A_2=(2180\div1800)\times2000=2422.2\text{mm}$

其他各值按 A_1 的增量修正，即：$B_1=(2180-1800)+2550=2930\text{mm}$

$$C=(2180-1800)+4300=4680\text{mm}$$

注：可参考2008年案例分析试题(上午卷)第11题，对比分析。依据规范 A_2 值应按比例递增更为准确。

11.《电力工程电气设计手册》(电气一次部分) P574 式(10-3)和式(10-6)。

最大感应电压：$U_{A_2}=I_{KC_1}X_{A_2C_1}=36\times10^3\times1.8\times10^{-4}=6.48\text{V/m}$

母线允许瞬时电磁感应电压：$U_{j0}=\dfrac{145}{\sqrt{t}}=\dfrac{145}{\sqrt{0.5}}=205\text{V}$

两接地刀闸或接地器之间的距离：$L_{j2}=\dfrac{2U_{j0}}{U_{A_2}}=\dfrac{2\times205}{6.48}=63.27\text{m}$

12.《交流电气装置的过电压保护和绝缘配合设计规范》(GB/T 50064—2014) 第

5.2.1 条、第 5.2.2 条。

各算子：$h=35\text{m}$，$h_x=15\text{m}$，$h_a=h-h_x=35-15=20\text{m}$，$P=\frac{5.5}{\sqrt{35}}=0.93$，$D=60\text{m}$。

由 $h_x<0.5h$，则：$r_x=(1.5h-2h_x)P=(1.5\times35-2\times15)\times0.93=20.925\text{m}$。

$\frac{D}{h_aP}=\frac{60}{20\times0.93}=3.226$，$\frac{h_x}{h}=\frac{15}{35}=0.429$，则根据图 4-(a)，可查得$\frac{b_x}{h_aP}=0.8$。

则：$b_x=0.8\times h_aP=0.8\times20\times0.93=14.88\text{m}$

注：也可参考《交流电气装置的过电压保护和绝缘配合》(DL/T 620—1997) 第 5.2.1 条、第 5.2.2 条及相关公式。

13.《电力工程电气设计手册》(电气一次部分) P386 导线的单位荷重式(8-59)、式(8-60)、式(8-62)。

a. 导线自重：$q_1=2.69\text{kgf/m}$

b. 导线冰重：$q_2=0.00283b(d+b)=0.00283\times5\times(5+38)=0.608\text{kgf/m}$

c. 导线的自重及冰重：

$q_3=q_1+q_2=2.69+0.608=3.298\text{kgf/m}$

$q_3=q_1+q_2=2.69+0.608=3.298\text{kgf/m}$

d. 导线覆冰时所受风压：

$q_5=0.075U_f^2(d+2b)\times10^{-3}=0.075\times10^2\times(38+2\times5)\times10^{-3}=0.36\text{kgf/m}$

e. 导线覆冰时合成荷重：$q_7=\sqrt{q_3^2+q_5^2}=\sqrt{3.298^2+0.36^2}=3.318\text{kgf/m}$

注：也可参考《电力工程高压送电线路设计手册》(第二版) P179 表 3-2-3 计算。

题 14 ~ 19 答案：**DCCBAB**

14.《导体与电器选择设计技术规程》(DL/T 5222—2005) 第 20.1.7 条。

发电机中性点为高阻接地，则：

避雷器 A1 额定电压：$U_{e1}=1.25U_{m\cdot g}=1.25\times1.05\times19=24.94\text{kV}$

避雷器 A2 额定电压：$U_{e2}=1.38U_m=1.38\times20=27.6\text{kV}$

注：可参考《交流电气装置的过电压保护和绝缘配合》(DL/T 620—1997) 第 5.3.4条及表 3，也可参考《交流电气装置的过电压保护和绝缘配合设计规范》(GB/T 50064—2014) 第 4.4.3 条，但表中相关数据有所调整。

15.《电力工程电气设计手册》(电气一次部分) P80 式(3-1)。

单相接地电容电流：$I_c=\sqrt{3}U_e\omega C\times10^{-3}=\sqrt{3}\times6\times2\pi\times50\times1.46\times10^{-3}=4.764\text{A}$

《火力发电厂厂用电设计技术规定》(DL/T 5153—2014) 附录 C 式(C1)。

高电阻接地方式的电阻值：$R_N=\frac{U_e}{\sqrt{3}I_R}=\frac{6000}{\sqrt{3}\times1.1\times4.76}=661.6\Omega$

注：也可参考《导体和电器选择设计技术规定》(DL/T 5222—2005) 第 18.2.5 条之式(18.2.5-2)。

16.《交流电气装置的过电压保护和绝缘配合设计规范》(GB/T 50064—2014)第5.4.13-6条。

题干已知：从I母线避雷器到0号高压备变的电气距离为175m；由于镜像关系，I母线避雷器与2号主变的电气距离亦为175m，而其与1号主变的电气距离为：$175+2\times13=201$m。

架空出线3回，$n-1$运行工况，即2回出线时，根据表12的要求，金属氧化物避雷器至主变压器的最大电气距离为195m，因此仅1号主变压器距离不满足要求，需加装避雷器。

注：也可参考《交流电气装置的过电压保护和绝缘配合》(DL/T 620—1997)第7.3.4条及表12。

17.《交流电气装置的过电压保护和绝缘配合设计规范》(GB/T 50064—2014)第5.2.1条、第5.4.11-1条。

(1)各算子：$h=35$m，$h_x=15$m，$h_a=h-h_x=35-15=20$m，$P=\frac{5.5}{\sqrt{35}}=0.93$。

由$h_x<0.5h$，则：$r_x=(1.5h-2h_x)P=(1.5\times35-2\times15)\times0.93=20.9$m。

根据勾股定理：$L=\sqrt{20.9^2-18^2}=10.62$；与边相最大距离为$S=10.62-4=6.62$m。

(2)独立避雷针与配电装置之间的空气中距离，应符合：

$$S_a\geqslant0.2R_i+0.1h=0.2\times15+0.1\times14=4.4\text{m}$$

注：本题忽略了第5.4.11-5条中S_a不宜小于5m的要求。也可参考《交流电气装置的过电压保护和绝缘配合》(DL/T 620—1997)第5.2.1条及相关公式、第7.1.11条式(15)。

18.《交流电气装置的接地设计规范》(GB/T 50065—2011)附录A第A.0.2条。

$$R_h=\frac{\rho}{2\pi L}\left(\ln\frac{L^2}{hd}+A\right)=\frac{150}{2\pi\times(2\times12)}\left[\ln\frac{(2\times12)^2}{2\times0.1/2}+0.89\right]=9.5\Omega$$

注：与上午接地题目采用同一个公式，题目重复，在同一年度考试中较为少见。

19.《交流电气装置的接地设计规范》(GB/T 50065—2011)第4.2.2条式(4.2.2-3)。

6kV接地装置的接触电位差：$U_t=50+0.05\rho_sC_s=50+0.05\times1000\times0.95=97.5$V

题20～25答案：**CDAACA**

20.《交流电气装置的过电压保护和绝缘配合设计规范》(GB/T 50064—2014)第6.3.2-3条。

$u_{s.s.s}\geqslant K_7U_{s\cdot p}=1.27\times618=784.86$kV，无风偏间隙时$K_6$取1.27。

由题意：$\overline{u}_{s.s.s}=317d$

$d=\overline{u}_{s.s.s}\div317=784.86\div317=2.476$m

进行海拔修正：$d'=kd=1.13\times2.476=2.80$m

21.《交流电气装置的过电压保护和绝缘配合设计规范》(GB/T 50064—2014) 第6.3.3-2条。

$u_{s.s.p.p}=K_{10}U_{s\cdot p}=2.0\times618=1236\text{kV}$

由题意:$\overline{u}_{s.p.s}=442d$

$d=\overline{u}_{s.p.s}\div442=1236\div442=2.796\text{m}$

进行海拔修正:$d'=kd=1.13\times2.796=3.16\text{m}$

22.《交流电气装置的过电压保护和绝缘配合设计规范》(GB/T 50064—2014) 第6.3.3-3条。

第6.3.3-3条:变电站的雷电过电压相间空气间隙可取相对地空气间隙的1.1倍。

则相间最小空气间隙:$d=1.1\times2.55=2.8\text{m}$

注:也可参考《交流电气装置的过电压保护和绝缘配合》(DL/T 620—1997) 第10.3.3条。

23.《高压配电装置设计技术规程》(DL/T 5352—2018) 第5.1.2条、表5.1.2-1条及其条文说明。

导体与构架之间即为带电部分至接地部分之间,其最小距离根据表5.1.2-1,应为A_1值。

导体与地面之间即为无遮拦裸导体至地面之间,其最小距离根据表5.1.2-1,应为C值。

根据条文说明,$C=A_1+2300+200=2700+2300+200=5200\text{mm}=5.2\text{m}$。

24.《高压配电装置设计技术规程》(DL/T 5352—2018) 第5.1.2条、表5.1.2-1条及其条文说明。

导体与构架之间即为带电部分至接地部分之间,其最小距离根据表5.1.2-1,应为A_1值。

导体与设备外廓之间即为无遮拦带电部分至设备外廓之间,其最小距离根据表8.1.1,应为B_1值。

根据条文说明,$B_1=A_1+750=2700+750=3450\text{mm}=3.45\text{m}$。

25.《电力工程电气设计手册》(电气一次部分)P336 图8-1和式(8-2)。

根据图8-1,当最大负荷利用小时数$T=5000\text{h}$时,对应的经济电流密度$J=0.79$。

变压器回路持续供电电流:$I_g=1.05\times\dfrac{360\times10^3}{\sqrt{3}\times330}=661.33\text{A}$

经济截面:$S=\dfrac{I_g}{J}=\dfrac{661.33}{0.79}=837.12\text{mm}^2$,取$2\times400\text{mm}^2$。

注:当无合格规格的导体时,导体截面可小于经济电流密度的计算截面。由于题干没有明确电价,不建议参考《导体和电器选择设计技术规定》(DL/T 5222—2005)附录E第E.2.2条相关内容解答。

题26~30答案:**CBCBC**

26.《大中型火力发电厂设计规范》(GB 50660—2011) 第16.3.7-3条及其条文

说明。

第16.3.7-3条：采用专用备用（明备用）方式的低压厂用变压器的容量宜留有10%的裕度。

第16.3.7-3条的条文说明：暗备用的变压器可以不考虑另留10%的裕度。

则低压厂用工作变压器的计算负荷：$S=969.45+822.45-674.46=1117.44\text{kVA}$

注：互为备用即为暗备用。

27.《大中型火力发电厂设计规范》（GB 50660—2011）第16.3.7-3条。

第16.3.7-3条：采用专用备用（明备用）方式的低压厂用变压器的容量宜留有10%的裕度。

选A、B段的计算负荷较大者，即：$S\geqslant1.1\times969.45=1066.4\text{kVA}$，取1250kVA。

28.《火力发电厂厂用电设计技术规定》（DL/T 5153—2014）附录N表N.1.4-2、附录P式（P2）。

电缆单相短路电流：$I_{\rm d}=I_{\rm d(100)}\cdot\dfrac{100}{L}=2300\times\dfrac{100}{150}=1533\text{A}$

单台电动机回路断路器过电流脱扣器整定电流：$I_{\rm z}\geqslant KI_{\rm Q}=1.35\times7\times110=1039.5\text{A}$

过电流脱扣器灵敏度：$K=\dfrac{I_{\rm d}}{I_{\rm z}}=\dfrac{1533}{1039.5}=1.475$

注：本题原考查旧规范内容，新规范有关公式已删除，需查表解答，但表格中无电缆长度150m时的对应数据，因此本题重点掌握解题思路。

29.《电力工程电气设计手册》（电气一次部分）P233式（6-3）。

短路热稳定条件：$I_{\rm t}^2t\geqslant Q_{\rm dt}$，其中$Q_{\rm dt}=2401\text{kA}^2\text{s}$，则：

选项A：$I_{\rm t}^2t=80^2\times1=6400\text{kA}^2\text{s}>Q_{\rm dt}$，满足要求。

选项B：$I_{\rm t}^2t=63^2\times1=3969\text{kA}^2\text{s}>Q_{\rm dt}$，满足要求。

选项C：$I_{\rm t}^2t=45^2\times1=2025\text{kA}^2\text{s}<Q_{\rm dt}$，不满足要求。

选项D：$I_{\rm t}^2t=31.5^2\times2=1984.5\text{kA}^2\text{s}<Q_{\rm dt}$，不满足要求。

根据经济性，最符合要求的为选项B。

30.参见下图，由于220kV母线采用单母线接线形式，A点相位一致；1号与5号主变压器的接线组别相同，均为YNd11，因此B点与C点的相位相同，为基准相位。

变压器时序组别定义：高压侧大写长针在前，低压侧小写短针在后，数字n为低压侧相对高压侧顺时针旋转$n\times30°$。

1号变压器侧：D点相对B点，相位顺时针旋转$2\times30°$；F点相对D点，相位顺时针旋转$11\times30°$；因此，F点相对B点，相位顺时针旋转$13\times30°$，即旋转$1\times30°$。

5号变压器侧：E点相对C点，相位顺时针旋转$1\times30°$；E点与F点的相位一致，F点相对E点相位保持不变即可。

答案可选择Dd0或Yyn0，由于题干中明确“一、二期工程低压厂用电系统采用中性点直接接地方式”，因此低压厂用变的接线组别应选Yyn0。

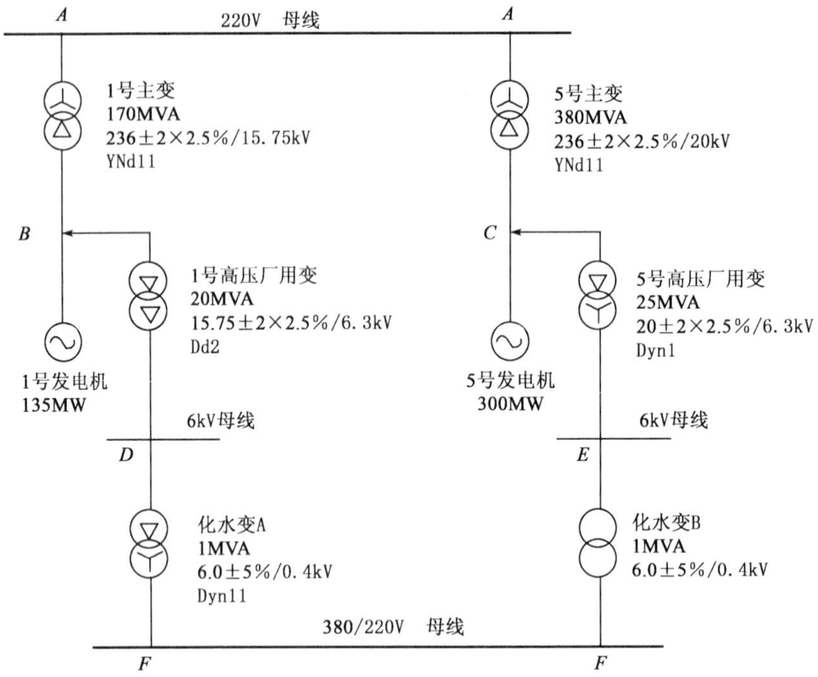

题 31 ~35 答案:**DBBAC**

31.《电力工程高压送电线路设计手册》(第二版) P179 表 3-3-1 相关公式。

(1)各计算因子:

电线比载:$\gamma = \gamma_1 = \dfrac{9.81P_1}{A} = \dfrac{9.81 \times 1.511}{451.55} = 0.0328\text{N/m}\cdot\text{mm}^2$

水平应力:$\sigma_0 = \dfrac{F}{A} = \dfrac{26.87 \times 10^3}{451.55} = 59.51\text{N/mm}^2$

高差角正切值:$\tan\beta = \dfrac{h}{l} = \dfrac{110.5 - 25.1}{800} = 0.10675$

(2)L_{OB}的水平距离:$L_{OB} = \dfrac{l}{2} - \dfrac{\sigma_0}{\gamma}\tan\beta = \dfrac{800}{2} - \dfrac{59.51}{0.0328} \times 0.10675 = 206.33\text{m}$

32.《电力工程高压送电线路设计手册》(第二版) P179 表 3-3-1 相关公式。

最大弧垂公式:$f_m = \dfrac{\gamma l^2}{8\sigma_0} = \dfrac{0.0328 \times 800^2}{8 \times 59.51} = 44.1\text{m}$

距离 A 点 500m,即距离 B 点 300m 的导线弧垂:

$$f_x = \frac{4x'}{l}\left(1 - \frac{x'}{l}\right)f_m = \frac{4 \times 300}{800}\left(1 - \frac{300}{800}\right) \times 44.1 = 41.34\text{m}$$

注:题中悬挂点与公式图示相反。

33.《电力工程高压送电线路设计手册》(第二版) P602,2 杆塔定位高度关于呼称高的公式。

首先设两点杆塔呼称高为 h,如图所示,根据相似三角形原理(三角形未画出),可计算 h_{DE}:

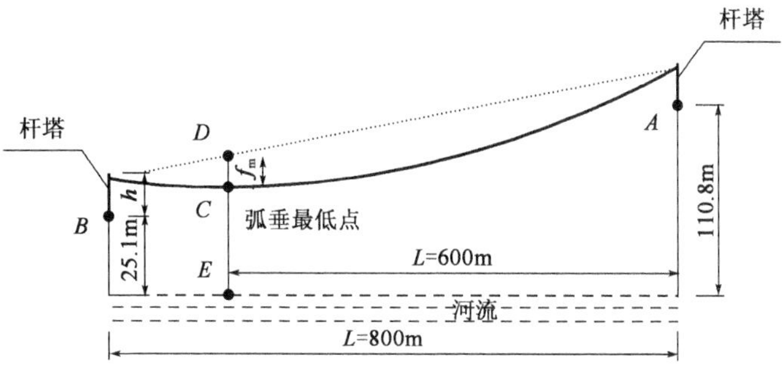

导线最小水平线间距离：$h_{DE}=25.1+h-\lambda+(110.8-25.1)\times\frac{800-600}{800}=25.1+h-2.5+21.425$

根据呼称高公式，h_{DE} 需满足安全距离，则：$h_{DE}=35.2+3+33=25.1+h-2.5+21.425$

计算可知，杆塔呼称高：$h=27.175\text{m}$

注：呼称高公式中的 δ，即考虑各种误差而采取的定位裕度，在各年考试中均未考虑。

34.《电力工程高压送电线路设计手册》（第二版）P179 表 3-3-1 相关公式。

A 点（较高悬挂点）的悬垂角：

$$\theta_A=\arctan\left(\frac{\gamma l}{2\sigma_0}+\frac{h}{l}\right)=\arctan\left(\frac{0.0328\times800}{2\times59.51}+\frac{110.8-25.1}{800}\right)=18.12°$$

注：题中悬挂点与公式图示相反。

35.《电力工程高压送电线路设计手册》（第二版）P125 式（2-7-9）。

导线的平均高度：$h_{av}=h-\frac{2}{3}f=80-\frac{2}{3}\times48=48\text{m}$

注：此大题与 2010 年案例分析试题（下午卷）最后 5 题完全相同，仅答案选项调整了位置，重力加速度微调为 9.81，但不影响计算结果，可参考对比分析。由此可见复习真题的重要性。

题 36～40 答案：**CBABD**

36.《电力工程高压送电线路设计手册》（第二版）P179 表 3-2-3。

单位重量：1307.50kg/km = 1.3075kg/m

自重力荷载：$g_1=9.8p_1=9.8\times1.3075=12.81\text{N/m}$

冰重力荷载：$g_2=9.8\times0.9\pi\delta(\delta+d)\times10^{-3}=9.8\times0.9\times3.14\times10\times(10+26.82)\times10^{-3}=10.20\text{N/m}$

自重力加冰重力荷载：$g_3=g_1+g_2=12.81+10.20=23.01\text{N/m}$

自重力加冰重力比载：$\gamma_3=\frac{g_3}{A}=\frac{23.01}{425.24}=0.0541\text{N/(m}\cdot\text{mm}^2)$

37.《电力工程高压送电线路设计手册》（第二版）P179、P180 表 3-3-1。

最高气温下，电线垂直比载：$\gamma_1=\frac{g_1}{A}=\frac{9.8\times1.3075}{425.24}=0.0301\text{N/(m}\cdot\text{mm}^2)$

MZ 左侧：$l_1=\dfrac{L_1}{2}+\dfrac{\sigma_0}{\gamma}\tan\beta=\dfrac{300}{2}+\dfrac{50}{0.0301}\times\dfrac{30}{300}=316.1\text{m}$

MZ 右侧：$l_2=\dfrac{L_2}{2}-\dfrac{\sigma_0}{\gamma}\tan\beta=\dfrac{250}{2}-\dfrac{50}{0.0301}\times\dfrac{10}{250}=58.6\text{m}$

38.《电力工程高压送电线路设计手册》(第二版) P327 式(6-2-5)。

无冰工况下 MZ 塔的垂直荷载：

$G=L_{\text{v}}qn+G_1+G_2=400\times9.8\times1.3075\times2+54\times9.8=10780\text{N}$

注：双分裂导线计算杆塔荷载时应乘以 2。

39.《电力工程高压送电线路设计手册》(第二版) P605 式(8-2-10)。

最高气温下导线最大弧垂时的比载：$\gamma_1=\dfrac{g_1}{A}=\dfrac{9.8\times1.3075}{425.24}=0.0301\text{N}/(\text{m}\cdot\text{mm}^2)$

引用 37 题计算结果：

MZ 左侧：$\theta_1=\arctan\left(\dfrac{\gamma_{\text{c}}l_{\text{xvc}}}{\sigma_{\text{c}}}\right)=\arctan\left(\dfrac{0.0301\times316.1}{50}\right)=10.78°$

MZ 右侧：$\theta_2=\arctan\left(\dfrac{\gamma_{\text{c}}l_{\text{xvc}}}{\sigma_{\text{c}}}\right)=\arctan\left(\dfrac{0.0301\times58.6}{50}\right)=2.02°$

导线的悬垂角：$\theta=\dfrac{1}{2}(\theta_1+\theta_2)=\dfrac{1}{2}\times(10.78+2.02)=6.4°$

40.《电力工程高压送电线路设计手册》(第二版) P179、P180 表 3-3-1。

最高气温工况下的垂直比载：$\gamma_1=\dfrac{g_1}{A}=\dfrac{9.8\times1.3075}{425.24}=0.0301\text{N}/(\text{m}\cdot\text{mm}^2)$

MZ 至 MT1 的最大弧垂：$f_{\text{m}}=\dfrac{\gamma l^2}{8\sigma_0}=\dfrac{0.0301\times300^2}{8\times50}=6.77\text{m}$

MZ 悬挂点至弧垂最低点的垂直距离：$y_{\text{OB}}=f_{\text{m}}\left(1+\dfrac{h}{4f_{\text{m}}}\right)^2=6.77\times\left(1+\dfrac{30}{4\times6.77}\right)^2=$ 30.1m

2016年

注册电气工程师(发输变电)执业资格考试

专业考试试题及答案

2016年专业知识试题(上午卷)

一、单项选择题(共40题,每题1分,每题的备选项中只有1个最符合题意)

1. 在进行电力系统短路电流计算时,发电机和变压器的中性点若经过阻抗接地,须将阻抗增加多少倍后方能并入零序网络? ( )

(A) $\sqrt{3}$倍　　(B) 3倍

(C) 2倍　　(D) $\frac{\sqrt{3}}{2}$倍

2. 对某220kV变电站的接地装置(钢制)作热稳定校验时,若220kV系统切除接地故障的继电保护装置由2套速动主保护,动作时间0.01s,近接地后备保护动作时间0.3s,断路器失灵保护动作时间0.8s,断路器动作时间0.06s,流过接地线的短路电流稳定值为10kA,则按热稳定要求钢质接地线的最小截面不应小于下列哪项数值? ( )

(A) $88mm^2$　　(B) $118mm^2$

(C) $134mm^2$　　(D) $155mm^2$

3. 以下对单机容量为300MW的发电机组所配直流系统的布置的要求中,下列哪项表述是不正确的? ( )

(A)机组蓄电池应设专用的蓄电池室,应按机组分别设置

(B)机组直流配电柜宜布置在专用直流配电间内,直流配电间宜按单元机组设置

(C)蓄电池与大地之间应有绝缘措施

(D)全厂公用的2组蓄电池宜布置在一个房间内

4. 变电站中,标称电压110V的直流系统,从直流屏至用电侧末端允许的最大压降为: ( )

(A) 1.65V　　(B) 3.3V

(C) 5.5V　　(D) 7.15V

5. 某变电站选用了400kVA,35/0.4kV无载调压所用变压器,其低压侧进线回路持续工作电流应为: ( )

(A) 606A　　(B) 577A

(C) 6.93A　　(D) 6.6A

6. 水电厂设计中,关于低压厂用电系统短路电流计算的表述,下列哪一条是错误的? ( )

(A)应计及电阻
(B)采用一级电压供电的低压厂用电变压器的高压侧系统阻抗可忽略不计
(C)在计算主配电屏及重要分配电屏母线短路电流时,应在第一周期内计及异步电动机的反馈电流
(D)计算0.4kV系统三相短路电流时,回路电压按400V,计算单相短路电流时,回路电压按220V

7. 在发电厂、变电站中,厂(站)低压用电回路在发生短路故障时,重要供电回路中的各级保护电器应有选择性地动作,当低压保护电器采用熔断器且短路电流(周期分量有效值)为4kA时,下列熔件的上下级配合哪组是错误的? ( )

(A) RT_0-30/100A 与 RT_0-80/100A
(B) RT_0-40/100A 与 RT_0-100/100A
(C) RT_0-60/100A 与 RT_0-150/200A
(D) RT_0-120/200A 与 RT_0-200/200A

8. 火力发电厂和变电站照明网络的接地宜采用下列哪种系统类型? ( )

(A)TN-C-S 系统　(B)TN-C 系统
(C)TN-S 系统　(D)TT 系统

9. 电力系统在下列哪个条件下才能保证运行的稳定性,维持电网频率、电压的正常水平? ( )

(A)应有足够的静态稳定储备和有功、无功备用容量、应有合理的电网结构
(B)应有足够的动态稳定储备和无功补偿容量,电网结构应合理
(C)应有足够的储备容量,主网线路应装设两套全线快速保护
(D)电网结构应可靠,潮流分布应合理

10. 照明设计中使用电感镇流器的高强气体放电灯应装设补偿电容器,补偿后的功率因数不应低于下列哪项? ( )

(A)0.75　(B)0.8
(C)0.85　(D)0.9

11. 某220kV变电站内的消防水泵房与油浸式电容器相邻,两建筑物为砖混结构,屋檐为非燃烧材料,相邻面两墙体上均为开小窗,则这两建筑物之间的最小距离不得小于下列哪个数值? ( )

(A)5m　(B)7.5m
(C)10m　(D)12m

12. 在中性点有效接地方式的系统中,采用自耦变压器时,其中性点应如何接地? ( )

(A)不接地　　(B)直接接地
(C)经避雷器接地　　(D)经放电间隙接地

13. 一般情况下,装设在超高压线路上的并联电抗器,其作用是下列哪一条? (　　)

(A)限制雷电冲击过电压　　(B)限制操作过电压
(C)节省投资　　(D)限制母线的短路电流

14. 下列哪项措施对限制三相对称短路电流是无效的? (　　)

(A)将并列运行的变压器改为分列运行
(B)提高变压器的短路阻抗
(C)在变压器中性点加小阻抗
(D)在母线分段处加装电抗器

15. 使用在中性点直接接地系统中的高压断路器其首相开断系数应取下列哪项数值? (　　)

(A)1.2　　(B)1.3
(C)1.4　　(D)1.5

16. 在变电站设计中,校验导体(不包括电缆)的热稳定一般宜采用下列哪个时间? (　　)

(A)主保护动作时间
(B)主保护动作时间加相应断路器的开断时间
(C)后备保护动作时间
(D)后备保护动作时间加相应断路器的开断时间

17. 在电力电缆工程设计中,10kV 电缆在以下哪一种情况下可采用直埋敷设? (　　)

(A)地下单根电缆与市政公路交叉且不允许经常破路的地段
(B)地下电缆与铁路交叉地段
(C)同一通路少于 6 根电缆,且不经常开挖的地段
(D)有杂散电流腐蚀的土壤地段

18. 水电厂开关站主母线采用管形母线设计时,为消除由于温度变化引起的危险应力,当采用滑动支持式铝管母线,一般每隔多少米安装一个伸缩接头? (　　)

(A)20 ~ 30m　　(B)30 ~ 40m
(C)40 ~ 50m　　(D)50 ~ 60m

19. 某 110kV 配电装置,其母线和母线隔离开关为高位布置,断路器,互感器等设备布置在母线下方,断路器单列布置,这种布置为下列哪种形式? （ ）

(A)半高型 (B)普通中型
(C)分相中型 (D)高型

20. 下列变电站室内配电装置的建筑要求,哪一项不符合设计技术规程? （ ）

(A)配电装置室的门应为向外开防火门,相邻配电室之间如有门时,应能向两个方向开启
(B)配电装置室可开固定窗采光,但应采取防止雨、雪、小动物、风沙等进入的措施
(C)配电装置室有楼层时,其楼层应有防渗水措施
(D)配电装置室的顶棚和内墙应作耐火处理,耐火等级不应低于三级

21. 屋外配电装置架构设计时,对于导线跨中有引下线的构架,从下列哪个电压等级及以上,应考虑导线上人,并分别验算单相作业和三相作业的受力状态? （ ）

(A)66kV (B)110kV
(C)220kV (D)330kV

22. 某 10kV 变电站,10kV 母线上接有一台变压器,3 回架空出线,出线侧均装设有避雷器,请问母线上是否需要装设避雷器,若需要装设,避雷器与变压器的距离不宜大于多少? （ ）

(A)需要装设避雷器,且避雷器距变压器的电气距离不宜大于 20m
(B)需要装设避雷器,且避雷器距变压器的电气距离不宜大于 25m
(C)需要装设避雷器,且避雷器距变压器的电气距离不宜大于 30m
(D)不需装设避雷器,出线侧的避雷器可以保护母线设备及变压器

23. 电力系统中的工频过电压一般由线路空载、接地故障和甩负荷等引起,在 330kV 及以上系统中采取下列哪一措施可限制工频过电压? （ ）

(A)在线路上装设避雷器以限制工频过电压
(B)在线路架构上设置避雷针以限制工频过电压
(C)在线路上装设并联电抗器以限制工频过电压
(D)在线路并联电抗器的中性点与大地之间串接一接地电抗器以限制工频过电压

24. 发电厂人工接地装置的导体,应符合热稳定与均压的要求外,下面列出的按机械强度要求的导体的最小尺寸中,哪项是不符合要求的? （ ）

(A)地下埋设的圆钢直径 8mm

(B)地下埋设的扁钢界面 $48mm^2$
(C)地下埋设的角钢厚度 4mm
(D)地下埋设的钢管管壁厚度 3.5mm

25. 下列关于高压线路重合闸的表述中,哪项是正确的? ( )

(A)自动重合闸装置动作跳闸,自动重合闸就应动作
(B)只要线路保护动作跳闸,自动重合闸就应动作
(C)母线保护动作线路断路器跳闸,自动重合闸应动作
(D)重合闸动作与否,与断路器的状态无关

26. 变电站、发电厂中的电压互感器二次侧自动开关的选择,下列哪项原则是正确的? ( )

(A)瞬时脱扣器的动作电流按电压互感器回路的最大短路电流选择
(B)瞬时脱扣器的动作电流大于电压互感器回路的最大负荷电流选择
(C)当电压互感器运行电压为95%额定电压时应瞬时动作自动开关应瞬时动作
(D)瞬时脱扣器断开短路电流的时间不大于30min

27. 某发电厂300MW机组的电能计量装置,其电压互感器的二次回路允许电压降百分数不大于下列哪项数值? ( )

(A)1% ~3%
(B)0.2%
(C)0.45%
(D)0.5%

28. 若发电厂600MW机组发电机励磁电压为500V,下列哪种设计方案是合适的? ( )

(A)将励磁电压测量的变送器放在辅助继电器柜上
(B)将励磁回路绝缘监测装置放在就地仪表盘上
(C)将转子一点接地保护装置放在就地励磁系统灭磁柜上
(D)将转子一点接地保护装置放在发变组保护柜上

29. 在110kV电力系统中,对于容量小于63MVA的变压器,由外部相间短路引起的变压器过流,应装设相应的保护装置,保护装置动作后,应带时限动作于跳闸,且应符合相关规定,以下哪条不符合规范要求? ( )

(A)过电流保护宜用于降压变压器
(B)复合电压起动的过电流保护宜用于升压变压器、系统联络变压器和过电流不符合灵敏性要求的降压变压器
(C)低电压闭锁的过电流保护宜用于升压变压器、系统联络变压器和过电流不符合灵敏性要求的降压变压器
(D)过电流保护宜用于升压变压器、系统联络变压器

30. 对于电力设备和线路短路故障的保护应有主保护和后备保护，必要时可增设辅助保护，请问下列描述中哪条是指后备保护的远后备方式？（　　）

(A)当主保护或断路器拒动时，由相邻电力设备或线路的保护实现后备
(B)当主保护拒动时，由该电力设备或线路的另一套保护实现后备的保护
(C)当电力设备或线路断路器拒动时，由断路器失灵保护来实现的后备保护
(D)补充主保护和后备保护的性能或当主保护和后备保护退出运行而增设的简单保护

31. 照明线路的导线截面应按计算电流进行选择，某一单相照明回路有 2 只 200W 的卤钨灯和 2 只 150W 的高强气体放电灯，下列哪个计算电流值是正确的？（　　）

(A)3.45A　　(B)3.82A
(C)4.24A　　(D)3.29A

32. 电力系统在进行安全稳定计算分析时，下列哪种情况可不作长过程的动态稳定分析？（　　）

(A)系统中有大容量水轮发电机和汽轮发电机经弱联系并列运行
(B)大型火电厂某一条 500kV 送电线路出口发生三相短路，线路保护动作于断路器跳闸
(C)有大功率周期性冲击负荷
(D)电网经弱联系线路并列运行

33. 以下对于爆炸性粉尘环境中粉尘分级的表述正确的是：（　　）

(A)焦炭粉尘为可燃性导电粉尘，粉尘分类为ⅢC 级
(B)煤粉尘为可燃性非导电粉尘，粉尘分类为ⅢB 级
(C)硫磺粉尘为可燃性非导电粉尘，粉尘分类为ⅢA 级
(D)人造纤维为可燃性飞絮，粉尘分类为ⅢB 级

34. 在电力设施抗震设计地震作用计算时，下列哪一项是可不计算的？（　　）

(A)体系总重力
(B)地震作用与短路电动力的组合
(C)端子拉力
(D)0.25 倍设计风载

35. 电力系统调峰应优先安排下列哪一类站点？（　　）

(A)火力发电厂　　(B)抽水蓄能电站
(C)风力发电场　　(D)光伏发电站

36. 对于大、中型地面光伏发电站的发电系统不宜采用下列哪项设计？（　　）

(A)多级汇流　　(B)就地升压
(C)集中逆变　　(D)集中并网系统

37. 某线路铁塔采用两串单联玻璃绝缘子串，绝缘子和金具最小机械破坏强度均为70kN，该塔在最大使用荷载工况下最大允许的荷载为：(不计绝缘子串的风压和重量)　　(　　)

(A)56.0kN　　(B)75.2kN
(C)91.3kN　　(D)51.9kN

38. 某500kV输电线路，设计基本风速27m/s、覆冰10mm，导线采用4×JL/G1A-500/45，导线直径30mm，单位重量16.53N/m，覆冰重量11.09N/m，导线最大使用张力48378N、平均运行张力30236N，计算档距为500m时导线悬挂点间的最大允许高差是多少？(提示：代表档距大于300m导线最大使用张力为覆冰工况控制。)　　(　　)

(A)121.6m　　(B)153.2m
(C)165.6m　　(D)195.8m

39. 某500kV线路导线采用4分裂630/45钢芯铝绞线，其单位重量为2.06kg/m，在设计杆塔时，计算得出大风工况($t=5$℃，$v=27$m/s，$b=0$mm)下导线的风偏角为38°，请问，跳线的风偏角为多少度？　　(　　)

(A)38°　　(B)43°
(C)52°　　(D)58°

40. 关于高压送电线路的无线电干扰，下列哪项表述是错误的？　　(　　)

(A)无线电干扰(RI)随着海拔的增加而增加
(B)无线电干扰(RI)随着远离线路而衰减
(C)雨天RI较晴天的增加量随着频率的增加有增大的趋势
(D)随着距边导线横向距离的增加，RI比可听噪声衰减快

二、多项选择题(共30题，每题2分。每题的备选项中有2个或2个以上符合题意。错选、少选、多选均不得分)

41. 某地区电网计划新建一座220kV变电站，安装3台180MVA、220/110/10kV主变压器，变压器高、中、低压侧的容量分别为额定容量的100%、100%、30%。下列哪些措施可限制变电站10kV母线侧短路电流？　　(　　)

(A)将主变压器低压侧容量改为50%
(B)提高变压器的阻抗值
(C)变压器220、110侧中性点不接地
(D)10kV母线分段运行

42. 变电站设计中,在选择站用变压器容量作负荷统计时,应计算的负荷是:( )

(A)连续运行设备的负荷
(B)经常短时运行设备的负荷
(C)不经常短时运行设备的负荷
(D)不经常断续运行设备的负荷

43. 电缆夹层中的灭火介质应采用下列哪几种? ( )

(A)水喷雾 (B)细水雾
(C)气体 (D)泡沫

44. 某变电站中,主变压器的220kV套管侧的引线采用LGJ-300钢芯铝绞线,布置在户内,该引线必须对下列哪几项条件进行校验? ( )

(A)环境温度 (B)污秽
(C)电晕 (D)动稳定

45. 下列关于电压互感器开口三角形绕组引出端的接地方式中,哪几项是不正确的? ( )

(A)引出端之一一点接地
(B)两个引出端分别接地
(C)接地引线经空气开关接地
(D)两个引出端经熔断器接地

46. 在变电站中,下列哪些措施属于电气节能措施? ( )

(A)站内变压器采用单位损耗低的铁芯材料
(B)110kV主变压器采用强迫冷循环风冷冷却方式
(C)高压并联电抗器取消冷却油泵
(D)220kV主变压器采用自冷冷却方式

47. 下列低压配电系统接地表述中,哪些是正确的? ( )

(A)对用电设备采用单独的PE和N的多电源TN-C-S系统,应在变压器中性点或发电机星形点直接接地
(B)TT系统中,装置的外露可导电部分应与电源系统中性点接至统一接地线上
(C)IT系统可经足够高的阻抗接地
(D)建筑物处的低压系统电源中性点,电气装置外露可导电部分的保护接地,保护等电位联结的接地极等,可与建筑物的雷电保护接地共用同一接地装置

48. 线路设计中,下列关于盘型绝缘子机械强度的安全系数表述,哪些是不正确的? ( )

(A)在断线时盘型绝缘子机械强度的安全系数不应小于1.5

(B)在断线时盘型绝缘子机械强度的安全系数不应小于1.8

(C)在断联时盘型绝缘子机械强度的安全系数不应小于1.5

(D)在断联时盘型绝缘子机械强度的安全系数不应小于1.8

49. 某变电站的接地网均压带采用等间距布置,接地网的外缘各角闭合,并做成圆弧型,如均压带间距为20m,圆弧半径可为下列哪些数值? ( )

(A)20m (B)15m

(C)10m (D)8m

50. 下列关于水电厂厂用变压器的型式选择表述中,哪几条是正确的? ( )

(A)当厂用变压器与离相封闭母线分支连接时,宜采用单相干式变压器

(B)当厂用变压器布置在户外时,宜采用油浸式变压器

(C)选择厂用变压器的接线组别时,厂用电电源间相位宜一致

(D)低压厂用变压器宜选用Yyn0连接组别的三相变压器

51. 某330kV变电站具有三种电压,在下列哪些条件下,宜采用有三个电压等级的三绕组变压器或自耦变压器? ( )

(A)通过主变压器各侧绕组的功率达到该变压器额定容量的18%

(B)系统有穿越功率

(C)第三绕组需要装设无功补偿设备

(D)需要中压侧线端调压

52. 在变电站敞开式配电装置的设计中,下列哪些原则是正确的? ( )

(A)110~220kV配电装置母线避雷器和电压互感器宜合用一组隔离开关

(B)330kV及以上进出线装设的避雷器不装设隔离开关

(C)330kV及以上进出线装设的电压互感器不装设隔离开关

(D)330kV及以上母线电压互感器应装设隔离开关

53. 对300MW及以上的汽轮发电机宜采用程序跳闸方式的保护是下列哪几种? ( )

(A)发电机励磁回路一点接地保护

(B)发电机高频率保护

(C)发电机逆功率保护

(D)发电机过电压保护

54. 下列关于消防联动控制的表述中,哪几项是正确的? ( )

(A)消防联动控制器应能按规定的控制逻辑向各相关的受控设备发出联动控

制信号,并接受相关设备的联动反馈信号

(B)消防水泵、防烟和排烟风机的控制设备,除应采用联动控制方式外,还应在消防控制室设置手动直接控制装置

(C)启动电流较大的消防设备宜分时启动

(D)需要火灾自动报警系统联动控制的消防设备,其联动触发信号应采用两个独立的报警触发装置报警信号的"或"逻辑组合

55. 对于变电站高压配电装置的雷电侵入波过电压保护,下列哪些表述是正确的? ( )

(A)多雷区 66 ~ 220kV 敞开式变电站,线路断路器的线路侧宜安装一组 MOA

(B)多雷区电压范围Ⅱ变电站的 66 ~ 220kV 侧,线路断路器的线路侧宜安装一组 MOA

(C)全线架设地线的 66 ~ 220kV 变电站,当进线的断路器经常断路运行时,同时线路侧又带电,宜在靠近断路器处安装一组 MOA

(D)未沿全线架设地线的 35 ~ 110kV 线路,在雷季,变电站 35 ~ 110kV 进线的断路器经常断路运行,同时线路侧又带电,宜在靠近断路器处安装一组 MOA

56. 铝钢截面比不小于 4.29 的钢芯铝绞线,在下列哪些条件下需要采取防振措施? ( )

(A)档距不超过 500m 的开阔地区,平均运行张力的上限小于拉断力的 16%

(B)档距不超过 600m 的开阔地区,平均运行张力的上限小于拉断力的 16%

(C)档距不超过 500m 的非开阔地区,平均运行张力的上限小于拉断力的 18%

(D)档距不超过 600m 的非开阔地区,平均运行张力的上限小于拉断力的 18%

57. 发电厂、变电站中,在均衡充电运行情况下,直流母线电压应满足下列哪些要求? ( )

(A)对专供动力负荷的直流系统,应不高于直流系统标称电压的 112.5%

(B)对专供控制负荷的直流系统,应不高于直流系统标称电压的 110%

(C)对控制和动力合用的直流系统,应不高于直流系统标称电压的 110%

(D)对控制和动力合用的直流系统,应不高于直流系统标称电压的 112.5%

58. 在火力发电厂中,当动力中心(PC)和电动机控制中心(MCC)采用暗备用供电方式时,应符合下列哪些规定? ( )

(A)低压厂用变压器、动力中心和电动机控制中心宜成对设置,建立双路电源通道

(B)2 台低压厂用变压器间互为备用时,宜采用自动切换

(C)成对的电动机控制中心,由对应的动力中心单电源供电

(D)成对的电动机分别由对应的动力中心和电动机控制中心供电

59. 电力工程中,按冷却方式划分变压器的类型,下列哪几种是正确的? (   )

(A)自冷变压器、强迫油循环自冷变压器
(B)风冷变压器、强迫油循环风冷变压器
(C)水冷变压器、强迫油循环水冷变压器
(D)强迫导向油循环风冷变压器、强迫导向油循环水冷变压器

60. 在变电站的750kV户外配电装置中,最小安全净距D值是指: (   )

(A)不同时停电检修的两平行回路之间的水平距离
(B)带电导体至围墙顶部
(C)无遮拦裸导体至建筑物、构筑物顶部之间
(D)带电导体至建筑物边缘

61. 在220kV无人值班变电站的照明种类一般可分为下列哪几类? (   )

(A)正常照明　　(B)应急照明
(C)警卫照明　　(D)障碍照明

62. 对于大、中型光伏发电站的逆变器应具备下列哪些功能? (   )

(A)有功功率连续可调
(B)无功功率连续可调
(C)频率连续可调
(D)低电压穿越

63. 在电网频率发生异常时,下列哪些条件满足光伏电站运行要求? (   )

(A)30MW光伏电站,当$48\text{Hz} \leqslant f < 49.5\text{Hz}$时,可以连续运行11min
(B)50MW光伏电站,当$48\text{Hz} \leqslant f < 49.5\text{Hz}$时,可以连续运行9min
(C)20MW光伏电站,当$f \geqslant 50.5\text{Hz}$时,0.2s内停止向电网送电,且不允许停运状态的光伏发电站并网
(D)5MW光伏电站,当$49.5\text{Hz} \leqslant f \leqslant 50.2\text{Hz}$时,可根据光伏电站逆变器运行允许的频率而定

64. 发电厂、变电站中,220V和110V直流电源系统不应采用下列哪几种接地方式是: (   )

(A)直接接地　　(B)不接地
(C)经小电阻接地　　(D)经高阻接地

65. 发电厂、变电站中,正常照明网络的供电方式应符合下列哪些规定? (   )

(A)单机容量为200MW以下机组,低压厂用电中性点为直接接地系统时,主厂

房的正常照明由动力和照明网络共用的低压厂用变压器供电

(B)单机容量为200MW及以上机组,低压厂用电中性点为非直接接地系统时,主厂房的正常照明由高压系统引接的集中照明变压器供电

(C)辅助车间的正常照明宜采用与动力系统共用变压器供电

(D)变电站正常照明宜采用动力与照明分开的变压器供电

66. 电力工程中,当500kV导体选用管形导体时,为了消除管形导体的端部效应,可采用下列哪些措施? ( )

(A)适当延长导体端部　　(B)管形导体内部加装阻尼线

(C)端部加装消振器　　(D)端部加装屏蔽电极

67. 在高土壤电阻率地区,发电厂、变电站可采取下列哪些降低接地电阻的措施? ( )

(A)当在发电厂、变电站3km以内有较低电阻率的土壤时,可敷设引外接地极

(B)当地下较深处的土壤电阻率较低时,可采用井式或深钻式接地极

(C)填充电阻率较低的物质或降阻剂

(D)敷设水下接地网

68. 对于爆炸性危险环境的电气设计,以下做法正确的是: ( )

(A)在爆炸性环境中,低压电力电缆中性线的额定电压应与相线电压相等

(B)在1区内的电力电缆可采用截面$1.5mm^2$的铜芯电缆

(C)在1区内的控制电缆可采用截面$2.5mm^2$的铜芯电缆

(D)在爆炸性环境内,引向380V鼠笼型感应电动机支线的长期允许载流量不应小于断路器长延时过电流脱扣器整定电流的1.25倍

69. 在发电厂、变电站设计中,下列过电压限制措施表述哪些是正确的? ( )

(A)工频过电压可通过加装线路并联电抗器措施限制

(B)谐振过电压应采用氧化锌避雷器限制

(C)合闸过电压主要采用装设断路器合闸电阻和氧化锌避雷器限制

(D)切除空载变压器产生的过电压可采用氧化锌避雷器限制

70. 在海拔不超过1000m地区,500kV线路的导线分裂数及导线型号为以下哪些项时可不验算电晕? ( )

(A)2×JL/G1A-630/45　　(B)3×JL/G1A-400/50

(C)4×JL/G1A-300/40　　(D)1×JL/G1A-630/45

2016年专业知识试题答案(上午卷)

1. **答案:**B

依据:《电力工程电气设计手册》(电气一次部分)P1423“零序网络”。

若发电机或变压器的中性点是经过阻抗接地的,则必须将该阻抗增加3倍后再列入零序网络。

注:电力系统短路计算的基本概念。

2. **答案:**C

依据:《交流电气装置的接地设计规范》(GB/T 50065—2011)附录E。

由第E.0.3条,接地故障的等效持续时间取值:$t_e \geqslant t_m + t_f + t_o = 0.01 + 0.8 + 0.06 = 0.87\text{s}$

钢质接地线的最小截面:$S_g \geqslant \dfrac{I_g}{C}\sqrt{t_e} = \dfrac{10 \times 10^3}{70} \times \sqrt{0.87} = 133.25\text{mm}^2$

其中,根据第E.0.2条,钢材的热稳定系数C值取70。

3. **答案:**B

依据:《电力工程直流系统设计技术规程》(DL/T 5044—2014)第7.1.1条。

4. **答案:**D

依据:《电力工程直流系统设计技术规程》(DL/T 5044—2014)第A.5条,对比表A.5-1和表A.5-2,可知从直流屏至用电侧末端允许的最大压降百分比为5% +1.5% =6.5%。

5. **答案:**A

依据:《200kV~1000kV变电站站用电设计技术规程》(DL/T 5155—2016)附录D第D.0.1条。

低压侧进线回路持续工作电流:$I_n = 1.05\dfrac{S_n}{\sqrt{3}U_n} = 1.05 \times \dfrac{400}{\sqrt{3} \times 0.4} = 606.2\text{A}$

注:也可参考《电力工程电气设计手册》(电气一次部分)P232表6-3。

6. **答案:**C

依据:《水力发电厂厂用电设计规程》(NB/T 35044—2014)第4.2.1条。

7. **答案:**D

依据:《火力发电厂厂用电设计技术规定》(DL/T 5153—2014)附录P表P.0.1RT_0型熔断器配合级差表。

8. **答案:**A

依据:《发电厂和变电站照明设计技术规定》(DL/T 5390—2014)第8.9.2条。

9. **答案**:A

依据:《电力系统安全稳定导则》(DL/T 755—2001)第2.1.1条、第2.1.2条。

10. **答案**:C

依据:《发电厂和变电站照明设计技术规定》(DL/T 5390—2014)第10.0.3条。

11. **答案**:C

依据:《火力发电厂与变电站设计防火规范》(GB 50229—2019)第11.1.1条、第11.1.5条及表11.1.5。

12. **答案**:B

依据:《电力工程电气设计手册》(电气一次部分)P70第三行"凡是自耦变压器,其中性点须要直接接地或经小阻抗接地"。

13. **答案**:B

依据:《电力工程电气设计手册》(电气一次部分)P532"一、超高压并联电抗的作用"。

14. **答案**:C

依据:《电力工程电气设计手册》(电气一次部分)P120"发电厂和变电所中可以采取的限流措施"。

注:变压器中性点加小阻抗仅对限制非对称短路(存在零序回路)电流有效。

15. **答案**:B

依据:《导体与电器选择设计技术规程》(DL/T 5222—2005)第9.2.3条。

16. **答案**:B

依据:《导体与电器选择设计技术规程》(DL/T 5222—2005)第5.0.13条。

17. **答案**:C

依据:《电力工程电缆设计规范》(GB50217—2018)第5.2.2条。

18. **答案**:B

依据:《导体与电器选择设计技术规程》(DL/T 5222—2005)第7.3.10条。

19. **答案**:A

依据:《电力工程电气设计手册》(电气一次部分)P607"二、半高型配电装置"。

20. **答案**:D

依据:《高压配电装置设计技术规程》(DL/T 5352—2018)第6.1.5条、第6.1.6条、第6.1.7条、第6.1.8条。

21. **答案**:B

依据:《高压配电装置设计技术规程》(DL/T 5352—2018)第6.2.3条。

22. **答案**:B

依据:《交流电气装置的过电压保护和绝缘配合设计规范》(GB50260—1996)第5.4.13-12-1条。

23. **答案**:C

依据:《交流电气装置的过电压保护和绝缘配合设计规范》(GB/T 50064—2014)第4.1.3-3条。

注:也可参考《交流电气装置的过电压保护和绝缘配合》(DL/T 620—1997)第4.1.1-a)条。

24. **答案**:A

依据:《交流电气装置的接地设计规范》(GB/T 50065—2011)第4.3.4-1条及表4.3.4-1之注1。

注:地下部分圆钢的直径、其分子、分母数据分别对应于架空线路和发电厂、变电站的接地网。

25. **答案**:C

依据:《继电保护和安全自动装置技术规程》(GB/T 14285—2006)第5.2.1条、第5.2.2条。

26. **答案**:B

依据:《火力发电厂、变电站二次接线设计技术规程》(DL/T 5136—2012)第7.2.9-2条。

注:也可参考《电力工程电气设计手册》(电气二次部分)P92电压互感器二次侧的熔断器或自动开关的选择。

27. **答案**:B

依据:《电力装置电测量仪表装置设计规范》(GB/T 50063—2017)第8.2.3-2条。

注:也可参考《火力发电厂、变电站二次接线设计技术规程》(DL/T 5136—2012)第7.5.6条。

28. **答案**:C

依据:无。规范中未找到相关条文。

29. **答案**:D

依据:《电力装置的继电保护和自动装置设计规范》(GB/T 50062—2008)第4.0.5条。

注:GB/T 50062—2008第1.0.2条:本规范适用于3~110kV电力线路和设备、单机容量为50MW及以下发电机、63MVA及以下电力变压器等电力装置的继电保护和自动装置的设计。

30. **答案**:A

依据:《继电保护和安全自动装置技术规程》(GB/T 14285—2006)第4.1.1.2条。

31. **答案**:D

依据:《发电厂和变电站照明设计技术规定》(DL/T 5390—2014)第8.6.2-1-1条。

卤钨灯回路:$I_{js1} = \dfrac{2 \times 200}{220} = 1.82\text{A}$

气体放电灯:$I_{js2} = \dfrac{2 \times 150}{220 \times 0.85} = 1.60\text{A}$

线路计算电流:$I_{js} = \sqrt{(I_{js1} + 0.85 I_{js2})^2 + (0.527 I_{js2})^2} = 3.29\text{A}$

32. **答案**:B

依据:《电力系统安全稳定导则》(DL/T 755—2001)第4.5.2条。

33. **答案**:A

依据:《爆炸危险环境电力装置设计规范》(GB50058—2014)第4.1.2条及条文说明。

34. **答案**:B

依据:《电力设施抗震设计规范》(GB/T 50260—2013)第6.2.7条。

35. **答案**:B

依据:《电力系统设计技术规程》(GB/T 5429—2009)第5.3.2条。

36. **答案**:C

依据:《光伏发电站设计规范》(GB50797—2012)第6.1.1条。

37. **答案**:D

依据:《110kV ~ 750kV 架空输电线路设计规范》(GB50545—2010)第6.0.1条、第6.0.3条。

最大使用荷载时绝缘子的最大使用荷载:$T_1 = \dfrac{T_R}{K_1} = \dfrac{2 \times 70}{2.7} = 51.9\text{kN}$

最大使用荷载时金具的最大使用荷载:$T_2 = \dfrac{T_R}{K_2} = \dfrac{2 \times 70}{2.5} = 56.0\text{kN}$

$T_1 < T_2$,因此取值为绝缘子最大使用荷载。

38. **答案**:C

依据:《电力工程高压送电线路设计手册》(第二版)P605 式(8-2-9)。

自重力+冰重力比载:$\gamma_3 = \dfrac{g_1 + g_2}{A} = \dfrac{16.53 + 11.09}{A} = \dfrac{27.62}{A}\text{N/(m} \cdot \text{mm}^2)$

根据《110kV ~ 750kV 架空输电线路设计规范》(GB 50545—2010)第5.0.7条,则

$\dfrac{\sigma_p}{\sigma_m} = \dfrac{T_p/2.25 \cdot A}{T_p/2.5 \cdot A} = \dfrac{2.5}{2.25}$

悬挂点高差:$h = \text{sh}\left[\text{arcch}\left(\dfrac{\sigma_p}{\sigma_m}\right) - \dfrac{\gamma l}{2\sigma_m}\right] \times \dfrac{2\sigma_m}{\gamma}\ \text{sh}\dfrac{\gamma l}{2\sigma_m} = \text{sh}\left[\text{arcch}\left(\dfrac{2.5}{2.25}\right) - \right.$

$$\frac{27.62\times500/A}{2\times48378/A}\Bigg]\times\frac{2\times48378/A}{27.62/A}\ \mathrm{sh}\left(\frac{27.62\times500/A}{2\times48378/A}\right)=165.6\mathrm{m}$$

注：如悬挂点高差过大，应验算悬挂点应力。

39. **答案**：A

依据：《电力工程电气设计手册》(电气一次部分)P701 式(附 10-23)及附表 10-1。

显然，跳线风偏角与导线风偏角之间存在由跳线悬挂点的刚性导致的阻尼系数 β，且 $\beta<1$，即跳线风偏角一般小于导线风偏角，而题干答案中只有相等的选项。也可参考《电力工程高压送电线路设计手册》(第二版)P109 有关跳线风偏角内容，近似与导线风偏角相等，因此本题只可近似选择相等的选项。

注：式(附 10-23)中 q_4 和 q_1 的单位不一致，相差一个重力加速度。

40. **答案**：C

依据：《电力工程高压送电线路设计手册》(第二版)P38 ~ P39。

5. 海拔高程对 RI 影响的修正值及式(2-3-13)，选项 A 正确。

1. 距线路边线横向水平距离 D 处的 RI 电平及图 2-3-7，选项 B 正确。

3. 天气修正：雨天 RI 的增加量随频率的增加有减少的缺失，选项 C 错误。

注：P52"(7)把声压波按量值和相位相加求得交流声"，对比图 2-3-7，可知距边导线横向距离的正价，可听噪声变化较为复杂，而 RI 是简单的衰减关系，可判断选项 D 正确。

---

41. **答案**：BD

依据：《电力工程电气设计手册》(电气一次部分)P120"发电厂和变电所中可以采取的限流措施"。

42. **答案**：AB

依据：《200kV ~ 1000kV 变电站站用电设计技术规程》(DL/T 5155—2016)第 4.1.1条。

43. **答案**：ABC

依据：《火力发电厂与变电站设计防火规范》(GB 50229—2019)第 7.1.8 条之表7.1.8。

注：题目若明确是集中控制楼或汽机房的电缆夹层或更为严谨些。

44. **答案**：ACD

依据：《导体与电器选择设计技术规程》(DL/T 5222—2005)第 7.1.1 条 ~ 第 7.1.2条。

注：第 7.1.2 条注解：当在屋内使用时，可不校验日照、风速、污秽。

45. **答案**:BCD

依据:《火力发电厂、变电站二次接线设计技术规程》(DL/T 5136—2012)第5.4.18-4条。

46. **答案**:ACD

依据:《220kV~750kV变电站设计技术规程》(DL/T 5218—2012)第13.2.1条~第13.2.2条。

47. **答案**:CD

依据:《交流电气装置的接地设计规范》(GB/T 50065—2011)第7.1.2-2条、第7.1.3条、第7.1.4条、第7.2.11条。

48. **答案**:AD

依据:《110kV~750kV架空输电线路设计规范》(GB50545—2010)第6.0.1条。

49. **答案**:ABC

依据:《交流电气装置的接地设计规范》(GB/T 50065—2011)第4.3.2-1条。

50. **答案**:ABC

依据:《水力发电厂厂用电设计规程》(NB/T 35044—2014)第5.3.1条、第5.3.2条、第5.3.4条。

51. **答案**:AC

依据:《220kV~750kV变电站设计技术规程》(DL/T 5218—2012)第5.2.4条。

52. **答案**:ABC

依据:《高压配电装置设计技术规程》(DL/T 5352—2018)第2.1.5条。

53. **答案**:AB

依据:《继电保护和安全自动装置技术规程》(GB/T 14285—2006)第4.2.17条。

54. **答案**:ABC

依据:《火灾自动报警系统设计规范》(GB50116—2013)第4.1.1条、第4.1.4条、第4.1.5条、第4.1.6条。

55. **答案**:ABC

依据:《交流电气装置的过电压保护和绝缘配合设计规范》(GB/T 50064—2014)第5.4.13-2~5.4.13-4条。

56. **答案**:AC

依据:《110kV~750kV架空输电线路设计规范》(GB50545—2010)第5.0.13条。

57. **答案**:ABC

依据:《电力工程直流系统设计技术规程》(DL/T 5044—2014)第3.2.3条。

58. **答案**:ACD

依据:《火力发电厂厂用电设计技术规定》(DL/T 5153—2002)第3.10.5-2条。

59. **答案**:ABD

依据:《电力变压器选用导则》(GB/T 17468—2008)第4.2条。

60. **答案**:ABD

依据:《高压配电装置设计技术规程》(DL/T 5352—2018)第5.1.2条。

61. **答案**:AB

依据:《发电厂和变电所照明设计技术规定》(DL/T 5390—2014)第3.2.1条、第3.2.4条。

注:应急照明改为备用照明更为贴切和准确。《35~220kV无人值班变电所设计规范》(DL/T 5103—2012)第4.15.1条:变电站电气照明的设计,应符合现行行业标准《火力发电厂和变电站照明设计技术规定》DL/T5390的规定。

62. **答案**:ABD

依据:《光伏发电站设计规范》(GB 50797—2012)第6.3.5条。

63. **答案**:AC

依据:《光伏发电站设计规范》(GB 50797—2012)第9.2.4-1条。

注:也可参考《光伏发电站接入电力系统技术规定》(GB/T 19964—2012)第9.3条"频率范围",但应注意到其表格中有关50.5Hz的界线及终止向电网送电时间等细节有些许不同。

64. **答案**:ACD

依据:《电力工程直流系统设计技术规程》(DL/T 5044—2014)第3.5.6条。

65. **答案**:AC

依据:《发电厂和变电所照明设计技术规定》(DL/T 5390—2014)第8.2.1条。

66. **答案**:AD

依据:《导体与电器选择设计技术规程》(DL/T 5222—2005)第7.3.8条。

67. **答案**:BCD

依据:《交流电气装置的接地设计规范》(GB/T 50065—2011)第4.3.1-4条。

68. **答案**:AC

依据:《爆炸危险环境电力装置设计规范》(GB50058—2014)第5.4.1-1条、第5.4.1-4条、第5.4.1-6条。

69. **答案**:ACD

依据:《交流电气装置的过电压保护和绝缘配合设计规范》(GB/T 50064—2014)第4.1.3-3条、第4.2.1-5条、第4.2.5条。

注:谐振过电压应根据其形成的不同原因采用不同的措施加以限制,参考第4.1.7条~第4.1.10条。

70. **答案**:BC

依据:《110kV~750kV架空输电线路设计规范》(GB50545—2010)第5.0.2条、《圆线同心绞架空导线》(GB/T 1179—2008)附录D表D.4。

各钢芯铝绞线外径如下:

JL/G1A-630/45	33.8mm
JL/G1A-400/50	27.6mm
JL/G1A-300/40	23.9mm(参考JL/G1A—315/22)

注:也可参考《电力工程高压送电电路设计手册》(第二版)P769表11-2-1相关数据。

2016 年专业知识试题(下午卷)

一、单项选择题(共 40 题,每题 1 分,每题的备选项中只有 1 个最符合题意)

1. 某 500kV 变电站高压侧配电装置采用一个半断路器接线,安装主变压器 4 台,以下表述正确的是: ( )

(A)所有变压器必须进串
(B)1 台变压器进串即可
(C)其中 2 台进串,其他变压器可不进串,直接经断路器接母线
(D)其中 3 台进串,另 1 台变压器不进串,直接经断路器接母线

2. 某地区规划建设一座容量为 100MW 的风电场,拟以 110kV 电压等级进入电网,关于电气主接线以下哪个方案最为合理经济? ( )

(A)采用 2 台 50MVA 升压主变,110kV 采用单母线接线,以一回 110kV 线路并网
(B)采用 1 台 100MVA 主变,110kV 采用单母线接线,以二回 110kV 线路并网
(C)采用 2 台 50MVA 升压主变,110kV 采用桥形接线,以二回 110kV 线路并网
(D)采用 1 台 100MVA 主变,110kV 采用线路变压器组接线,以一回 110kV 线路并网

3. 某变电站有两台 180MVA、220/110/10 主变压器,为限制 10kV 出线的短路电流,下列采取的措施中不正确的是: ( )

(A)变压器并列运行
(B)在变压器 10kV 回路装设电抗器
(C)采用分裂变压器
(D)在 10kV 出线上装设电抗器

4. 对 TP 类电流互感器,下列哪一级电流互感器对剩磁可以忽略不计? ( )

(A)TPS 级　　(B)TPX 级
(C)TPY 级　　(D)TPZ 级

5. 在变电站设计中,高压熔断器可以不校验以下哪个项目? ( )

(A)环境温度　　(B)相对湿度
(C)海拔高度　　(D)地震烈度

6. 某 750kV 变电站,根据电力系统调度安全运行、监控需要装设调度自动化设备,以下不属于调度自动化设备的是: ( )

(A)远动通信设备　　(B)同步相量测量装置
(C)电能量计量装置　　(D)安全自动控制装置

7. 电力工程中,330kV 配电装置的软导体宜选用下列哪种?　(　)

(A)钢芯铝绞线　　(B)空心扩径导线
(C)双分裂导线　　(D)多分裂导线

8. 在发电厂或变电站的二次设计中,下列哪种回路应合用一根控制电缆?　(　)

(A)交流断路器分相操作的各相弱电控制回路
(B)每组电压互感器二次绕组的相线和中线
(C)双重化保护的两套电流回路
(D)低电平信号与高电平信号回路

9. 某变电站的 500kV 户外配电装置中选用了 2×LGJQT-1400 双分裂软导线,其中一间隔的架空双分裂软导线跨距长 63m,临界接触区次档距长 16m,此跨距中架空导线的间隔棒间距不可选:　(　)

(A)16m　　(B)20m
(C)25m　　(D)30m

10. 布置在海拔高度 2000m 的 220kV 配电装置,其带电部分至接地部分之间最小安全距离可取下列何值?　(　)

(A)1800mm　　(B)1900mm
(C)2000mm　　(D)2550mm

11. 对于一台 1000kVA 室内油浸变压器的布置,若考虑就地检修,设计采用的最小允许尺寸中,下列哪一项数值是不正确的?　(　)

(A)变压器与后壁间 600mm
(B)变压器与侧壁间 1400mm
(C)变压器与门间 1600mm
(D)室内高度按吊芯所需的最小高度加 700mm

12. 某 750kV 变电站中,一组户外布置的 750kV 油浸式主变压器与一组 35kV 集合式电容器之间无防火墙,其防火净距不应小于:　(　)

(A)5m　　(B)8m
(C)10m　　(D)12m

13. 对于光伏发电站的光伏组件采用点聚焦跟踪系统时,其跟踪精度不应低于:
(　)

(A) ±5°　　(B) ±2°

(C) ±1°　　(D) ±0.5°

14. 流经某电厂220kV配电装置区接地装置的入地最大接地故障不对称短路电流为10kA,避雷线工频分流系数0.5,则要求该接地装置的保护接地电阻不大于下列哪项数值?　　(　　)

(A)0.1Ω　　(B)0.2Ω

(C)0.4Ω　　(D)0.5Ω

15. 某220kV变电站中,阀控式铅酸蓄电池组的10h放电率电流为50A,直流系统经常负荷30A,按照每组蓄电池配置一组高频开关电源模块的方式,请问最少应选用额定电流10A的单个模块数为下列哪项?　　(　　)

(A)8　　(B)9

(C)10　　(D)13

16. 发电厂中,厂用电负荷按生产过程中的重要性可分为三类,请判断下列哪种情况的负荷为Ⅱ类负荷?　　(　　)

(A)对允许短时停电,但停电时间过长,有可能影响设备正常使用寿命或影响正常生产的负荷

(B)对短时停电可能影响人身安全,使生产停顿的负荷

(C)对长时间停电不会直接影响生产的负荷

(D)对短时停电可能影响设备安全,使发电量大量下降的负荷

17. 以下对发电厂直流系统的描述正确的是?　　(　　)

(A)容量为500Ah的固定型排气式铅酸蓄电池应采用单体2V的蓄电池

(B)容量为200Ah组柜安装的阀控式密封铅酸蓄电池应采用单体2V的蓄电池

(C)单机容量为300MW及以上的机组应设置3组电池,其中2组对控制负荷供电,1组对动力负荷供电

(D)配置两组蓄电池的直流电源系统在正常运行中两段母线切换时不允许短时并联运行

18. 接地装置的防腐设计中,下列规定哪一条不符合要求?　　(　　)

(A)计及腐蚀影响后,接地装置的设计使用年限,应与地面工程的设计使用年限相当

(B)接地装置的防腐蚀设计,宜按当地的腐蚀数据进行

(C)在腐蚀严重地区,腐蚀在电缆沟中的接地线不应采用热镀锌

(D)在腐蚀严重地区,接地线与接地极之间的焊接点,应涂防腐材料

19. 发电厂、变电站220kVGIS装置设4条钢接地线,未考虑腐蚀时,满足热稳定条

件的最小接地线截面是下列哪项数值？（单相接地短路电流36kA，两相接地短路电流16kA，三相短路电流40kA，短路的等效持续时间0.7s）（　　）

(A)167.33mm² (B)430.28mm²
(C)191.24mm² (D)150.6mm²

20. 电力工程设计中，下列哪项缩写的解释是错误的？（　　）

(A)AVR——自动励磁装置 (B)ASS——自动同步系统
(C)DEH——数字式电液调节器 (D)SOE——事件顺序

21. 220kV线路装设全线速动保护作为主保护，对于近端故障，其主保护的整组动作时间不大于下列哪项数值？（　　）

(A)10ms (B)20ms
(C)30ms (D)40ms

22. 一回35kV线路长度为15km，装设有带方向电流保护，该保护的电流元件的最小灵敏系数不小于下列哪项数值？（　　）

(A)1.3 (B)1.4
(C)1.5 (D)2

23. 省级电力系统调度中心调度自动化系统调度端的技术要求中，遥测综合误差不大于额定值的：（　　）

(A) ±0.5% (B) ±1%
(C) ±2% (D) ±5%

24. 某220kV变电站的直流系统选用了两组300Ah阀控式密封铅酸蓄电池，有关蓄电池室的设计原则，以下哪一条是错误的？（　　）

(A)设专用蓄电池室，布置在0m层
(B)蓄电池室内设有运行通道和检修通道，通道宽度不小于1000mm
(C)蓄电池室的门采用了非燃烧体的实体门，并向外开启
(D)蓄电池室内温度宜为5~35℃

25. 以下对直流系统的网络设计描述正确的是？（　　）

(A)发电厂系统保护应采用集中辐射供电方式
(B)热工总电源柜宜采用分层辐射供电方式
(C)对于要求双电源供电的负荷应设置两段母线，两段母线宜分别由不同蓄电池组供电，每段母线宜由来自同一蓄电池组的二回直流电源供电，母线之间不宜设联络电器
(D)公用系统直流分电柜每段母线应由不同蓄电池组的二回直流电源供电，并

采用并联切换方式

26. 以下对发电厂直流系统的描述不正确的是：（　　）

（A）正常运行时，所配两组蓄电池的直流网络可短时并联运行
（B）正常运行时，直流母线电压应为直流电源系统标称电压的105%
（C）在事故放电末期蓄电池组出口端电压不应低于直流电源系统标称电压的87.5%
（D）核电厂核岛宜采用固定型排气式铅酸蓄电池，常规岛宜采用阀控式密封铅酸蓄电池

27. 某220kV变电站选用两台所用变压器，经统计，全所不经常短时的设备负荷为110kW，动力负荷300kW，电热负荷100kW，照明负荷60kW，请问每台站用变压器的容量计算值及容量选择宜选择下列哪组数据？（　　）

（A）计算值207.5kVA，选315kVA
（B）计算值391kVA，选400kVA
（C）计算值415kVA，选500kVA
（D）计算值525kVA，选630kVA

28. 高压厂用变压器的电源侧应装设精度为下列哪项的有功电能表？（　　）

（A）0.5级　　（B）1.0级
（C）1.5级　　（D）2.0级

29. 某大型电场采用四回500kV线路并网，其中两回线路长度为80km，另外两回线路长度为100km，均采用4×LGJ－400导线（充电功率1.1Mvar/km），如在电厂母线安装高压并联电抗器对线路充电功率进行补偿，则高抗的容量宜选择为：（　　）

（A）356Mvar　　（B）396Mvar
（C）200Mvar　　（D）180Mvar

30. 某35kV系统接地电容电流为20A，采用消弧线圈接地方式，则所要求的变电站接地电阻不应大于：（　　）

（A）4.0Ω　　（B）3.8Ω
（C）3.55Ω　　（D）3.0Ω

31. 某220kV变电站地表层土壤电阻率为100Ω·m，计算其跨步电位差允许值为：（取接地电流故障持续时间0.5s，表层衰减系数0.96）（　　）

（A）341V　　（B）482V
（C）300V　　（D）390V

32. 某风电场110kV升压站，其35kV系统为中性点谐振接地方式，谐振接地采用具有自动跟踪补偿功能的消弧装置，已知接地电容电流为60A，试求该装置消弧部分的容量为下列哪项数值？（　　）

(A)1636.8kVA　　(B)5144.3kVA

(C)1894kVA　　(D)1333.7kVA

33. 特快速瞬态过电压VFTO在下列哪种情况可能发生？（　　）

(A)220kV的HGIS变电站当操作线路侧的断路器时

(B)500kV的GIS变电站当操作隔离开关开合管线时

(C)220kV的HGIS变电站当发生不对称短路时

(D)500kV的GIS变电站当发生线路断线时

34. 当变压器门型架构上安装避雷针时，下列哪一条件不符合规程的相关要求？（　　）

(A)当土壤电阻率不大于350Ω·m，经过经济方案必选及采取防止反击措施后

(B)装在变压器门型架构上的避雷针应与接地网连接，并应沿不同方向引出3~4根放射形水平接地体，在每根水平接地体上离避雷针架构3~5m处应装设1根垂直接地体

(C)6~35kV变压器应在所有绕组出线上装设MOA

(D)高压侧电压35kV变电站，在变压器门型架构上装设避雷针时，变电站接地电阻不应超过10Ω

35. 对于2×600MW火力发电厂厂内通信的设置，下列哪条设置原则是不正确的？（　　）

(A)生产管理程控交换机容量为480线

(B)生产调度程控交换机容量为96线

(C)输煤扩音/呼叫系统设30~50话站

(D)总配线架装设的保安单元为400个

36. 有一光伏电站，由30个1MW发电单元，经过逆变、升压、汇集线路后经1台主变升压至110kV，通过一回110kV线路接入电网，光伏电站逆变器的功率因数在超前0.95和滞后0.95内连续可调，请问升压站主变容量应为下列哪项数值？（　　）

(A)28.5MVA　　(B)30MVA

(C)32MVA　　(D)40MVA

37. 下列哪项是特高压输电线路地线截面增大的主要因素？（　　）

(A)为了控制地线的表面电场强度

(B)地线热稳定方面的要求

(C)导地线机械强度配合的要求

(D)防雷保护的要求

38. 中性点直接接地系统的三条架空送电线路，经计算，对邻近某条电信线路的噪声计电动势分别是：5.0mV、4.0mV、3.0mV，则该电信线路的综合噪音计电动势为：（　　）

(A)5.0mV　　(B)4.0mV

(C)7.1mV　　(D)12.0mV

39. 某 500kV 线路在确定塔头尺寸时，基本风速为 27m/s 时导线的自重比载为 40×10^{-3}N/(m·mm^2)，风荷比载为 30×10^{-3}N/(m·mm^2)，计算杆塔荷载时的综合比载应为多少？（　　）

(A)30×10^{-3}N/(m·mm^2)　　(B)40×10^{-3}N/(m·mm^2)

(C)50×10^{-3}N/(m·mm^2)　　(D)60×10^{-3}N/(m·mm^2)

40. 某 500kV 输电线路直线塔，规划设计条件：水平档距 500m、垂直档距 650m，$K_v=0.85$；设计基本风速 27m/s、覆冰 10mm；导线采用 4×JL/G1A－630/45，导线直径 33.8mm、单位重量 20.39N/m，该塔定位结果为水平档距 480m、最大弧垂时垂直档距 369m，所在耐张段代表档距 450m，导线覆冰张力 55960N，平均运行张力 35730N，大风张力 45950N、最高气温张力 32590N，下列哪种处理方法是合适的？（　　）

(A)可直接采用　　(B)不得采用

(C)采取相应措施后采用　　(D)更换为耐张塔

二、多项选择题（共 30 题，每题 2 分。每题的备选项中有 2 个或 2 个以上符合题意。错选、少选、多选均不得分）

41. 根据抗震的重要性和特点，下列哪些电力设施属于重要电力设施？（　　）

(A)220kV 枢纽变电站

(B)单机容量为 200MW 及以上的火力发电厂

(C)330kV 及以上换流站

(D)不得中断的电力系统的通信设施

42. 下列爆炸性粉尘环境危险区域划分原则哪些是正确的？（　　）

(A)装有良好除尘效果的除尘装置，当该除尘装置停车时，工艺机组能连锁停车的爆炸性粉尘环境可划分为非爆炸危险区域

(B)爆炸性粉尘环境危险区域的划分是按照爆炸性粉尘的量、爆炸极限和通风条件确定

(C)当空气中的可燃性粉尘频繁地出现于爆炸性环境中的区域属于 20 区

(D)为爆炸性粉尘环境服务的排风机室的危险区域比被排风区域的爆炸危险区

域等级低一级

43. 关于光伏电站的设计原则，下列哪几条是错误的？（　　）

(A)为提高光伏组件的效率，光伏方阵中，同一光伏组件串中各光伏组件的电性能参数可以不同

(B)一台就地升压变压器连接两台不自带隔离变压器的逆变器时，宜采用分裂变压器

(C)独立光伏电站的安装容量，应根据站址安装条件和当地日照条件来确定

(D)光伏发电系统中逆变器允许的最大直流输入功率应小于其对应的光伏方阵的实际最大直流输出功率

44. 在短路电流实用计算中，采用了下列哪几项计算条件？（　　）

(A)考虑短路发生在短路电流最大值的瞬间

(B)所有计算均忽略元件电阻

(C)所有计算均不考虑磁路的饱和

(D)不考虑自动调整励磁装置的作用

45. 切合 35kV 电容器组，其开关设备宜选用哪种类型？（　　）

(A)SF6 断路器　　(B)少油断路器

(C)真空断路器　　(D)负荷开关

46. 在电力工程设计中选择 220kV 导体和电器设备时，下列哪几项必须校验动、热稳定？（　　）

(A)敞开式隔离开关

(B)断路器与隔离开关之间的软导线

(C)用熔断器保护的电压互感器回路

(D)电流互感器

47. 某 750kV 变电站中，750kV 采用 3/2 接线，对于线路串、线路主保护动作时间 20ms，后备保护动作时间 1.3s，断路器开断时间 80ms，下列表述正确的是：（　　）

(A)断路器短路电流热效应计算时间可取为 1.38s

(B)断路器短路电流热效应计算时间可取为 0.1s

(C)回路导体短路电流热效应计算时间可取为 1.38s

(D)回路导体短路电流热效应计算时间可取为 0.1s

48. 电力工程中，交流系统 220kV 单芯电缆金属层单点直接接地时，下列哪些情况下，应沿电缆邻近设置平行回流线？（　　）

(A)线路较长

(B)未设置护层电压限制器

(C)要抑制电缆邻近弱电线路的电气干扰强度
(D)系统短路时电缆金属护层产生的工频感应电压超过电缆护层绝缘耐受强度

49. 750kV 变电站中，主变三侧电压等级为 750kV、330kV、66kV，下列表述正确的是：（　　）

(A)750kV 配电装置宜采用屋外敞开式中型布置配电装置
(B)大气严重污染时，66kV 配电装置可采用屋内式
(C)抗震设防烈度 8 度时，750kV 配电装置可采用气体绝缘金属封闭组合电器
(D)抗震设防烈度 8 度时，66kV 配电装置可采用敞开支持式管型母线配电

50. 光伏发电系统中，同一个逆变器接入的光伏组件串宜一致的是下列哪几项？（　　）

(A)电流　　(B)电压
(C)方阵朝向　　(D)安装倾角

51. 变电所中，并联电容器装置应装设抑制操作过电压的避雷器，避雷器的连接方式应符合下列哪几项规定？（按《并联电容器装置设计规范》有效版本）（　　）

(A)避雷器的连接应采用相对接地方式
(B)避雷器接入位置应紧靠电容器组的电源侧
(C)不得采用三台避雷器星型连接后经第四台避雷器接地的接线方式
(D)避雷器并接在电容器两侧

52. 设计变电站的接地装置时，计算正方形接地网的最大跨步电位差系数需要考虑下列哪几项因素：（　　）

(A)接地极埋设深度
(B)入地电流大小
(C)接地网平行导体间距
(D)接地装置的接地电阻

53. 对发电厂、变电站的接地装置的规定，下列哪几条是符合要求的？（　　）

(A)水平接地网应利用直接埋入地中或水中的自然接地极，发电厂、变电所的接地网除应利用自然接地极外，还应敷设人工接地极
(B)对于 10kV 变电站、配电所，当采用建筑物基础作接地极且接地电阻满足规定值时，还应另设人工接地
(C)校验不接地系统中电气装置连接导体在单相接地故障时的热稳定，敷设在地下的接地导体长时间温度不应高于 150℃
(D)接地网均压带可采用等间距或不等间距布置

54. 下列是变电站中接地设计的几条原则，哪几条表述是正确的？（　　）

(A)配电装置架构上的避雷针(含挂避雷线的构架)的集中接地装置应与主接地网连接,由连接点至主变压器接地点沿接地体的长度不应小于 15m

(B)变电站的接地装置应与 110kV 及以上线路的避雷线相连,且有便于分开的连接点,当不允许避雷线直接和配电装置构架相连时,避雷线接地装置应在地下与变电站的接地装置相连,连接线埋在地中的长度不应小于 15m

(C)独立避雷针(线)宜设独立接地装置,当有困难时,该接地装置可与主接地网连接,但避雷针与主接地网的地下连接点至 35kV 及以下设备与主接地网的地下连接点之间,沿接地体的长度不得小于 10m

(D)当照明灯塔上装有避雷针时,照明灯电源线必须采用直接埋入地下带金属外皮的电缆或穿入金属管的导线,电缆外皮或金属管埋地长度在 10m 以上,才允许与 35kV 电压配电装置的接地网及低压配电装置相联

55. 在发电厂、变电站设计中,下列哪些设备宜采用就地控制方式? ( )

(A)交流事故保安电源

(B)主厂房内低压厂用变压器

(C)交流不停电电源

(D)直流电源

56. 在发电厂、变电站设计中,电流互感器的配置和设计原则,下述哪些是正确的? ( )

(A)对于中性点直接接地系统,按三相配置

(B)用于自动调整励磁装置时,应布置在发电机定子绕组的出线侧

(C)当测量仪表与保护装置共用电流互感器同一个二次绕组时,仪表应接在保护装置之前

(D)电流互感器的二次回路应有且只能有一个接地点,宜在配电装置处经端子排接地

57. 在发电厂、变电站设计中,电压互感器的配置和设计原则,下列哪些是正确的? ( )

(A)对于中性点直接接地系统,电压互感器剩余绕组额定电压应为 100/3V

(B)暂态特性和铁磁谐振特性应满足继电保护要求

(C)对于中性点直接接地系统,电压互感器星型接线的二次绕组应采用中性点一点接地方式,且中性点接地线中不应串接有可能断开的设备

(D)电压互感器开口三角绕组引出端之一应一点接地,接地引出线上不应串接有可能断开的设备

58. 某地区计划建设一座发电厂,安装 2 台 600MW 燃煤机组,采用四回 220kV 线路并入同一电网,220kV 电气主接线为双母线接线,2 台机组以发电机变压器组的形式接入 220kV 配电装置,2 台主变压器高压侧中性点通过隔离开关可以选择性接地。以下对

于该电厂各电气设备继电保护及自动装置配置正确的是：（　　）

(A)2 台发电机组均装设定时限过励磁保护，其高定值部分动作于解列灭磁或程序跳闸

(B)220kV 母线保护配置 2 套独立的、快速的差动保护

(C)220kV 线路装设无电压检定的三相自动重合闸

(D)2 台主变压器不装设零序过电流保护

59. 火力发电厂 600MW 发变组接于 500kV 配电装置，对发电机定子绕组、变压器过电压，应装设下列的哪几种保护？（　　）

(A)发电机过电压保护

(B)发电机过励磁保护

(C)变压器过电压保护

(D)变压器过励磁保护

60. 下列哪几种故障属于电力系统安全稳定计算的 II 类故障类型？（　　）

(A)发电厂的送出线路发生三相短路故障

(B)单回线路发生单相永久接地故障重合闸不成功

(C)单回线路无故障三相断开不重合

(D)任一台发电机组跳闸

61. 电力工程直流电源系统设计中需要考虑交流电源的事故停电时间，下列哪些工程的事故停电时间应为 2h？（　　）

(A)与电力系统连接的发电厂

(B)1000kV 变电站

(C)直流输电换流站

(D)有人值班变电所

62. 某 500kV 变电所中有三组 500/220/35kV 主变压器，对该变电所中所用电源的设置原则，下列哪些是错误的？（　　）

(A)设置两台站用变压器，接于任两组主变压器的低压侧，正常运行时一台运行一台备用

(B)设置两台站用变压器，一台接于主变压器的低压侧，另一台作为专用备用变压器接于所外可靠电源

(C)设置三台站用变压器，分别接于三组主变压器的低压侧，其中一台所用变压器作为专用备用变压器

(D)设置三台站用变压器，其中两台接于两组主变压器的低压侧，另一个作为专用备用变压器接于所外可靠电源

63. 高压厂用电系统短路电流计算时，考虑以下哪几项条件？（　　）

(A)应按可能发生最大短路电流的正常接线方式
(B)应考虑在切换过程中短时并列的运行方式
(C)应计及电动机的反馈电流
(D)应考虑高压厂用变压器短路阻抗在制造上的负误差

64. 变电站中，照明设计选择照明光源时，下列哪些场所可选白炽灯？（　　）

(A)需要直流应急照明的场所
(B)需防止电磁波干扰的场所
(C)其他光源无法满足的特殊场所
(D)照度高、照明时间长的场所

65. 在火力发电厂主厂房的楼梯上安装的疏散照明，可选择下列哪几种照明光源：（　　）

(A)发光二极管
(B)荧光灯
(C)金属卤化物灯
(D)高压汞灯

66. 在火力发电厂工程中，下列哪些厂内通信直流电源的设置原则是正确的？（　　）

(A)应由通信专用直流电源系统提供，其额定电压为 DC48V
(B)通信专用直流电源系统为不接地系统
(C)应设置两套独立的直流电源系统，每套均由一套高频开关电源，一组（或二组）蓄电池组成
(D)单组蓄电池的放电时间 4 ~ 6h

67. 现有 330kV 和 750kV 输电线路工程，导线采用现行国家标准 GB/T1179 中的钢芯铝绞线，下列哪些导线方案不需要验算电晕？（　　）

(A)330kV，2×20.40mm
(B)330kV，3×17.10mm
(C)750kV，4×38.40mm
(D)750kV，6×26.80mm

68. 导线架设后的塑性伸长，应按制造厂提供的数据或通过试验确定，塑性伸长对弧垂的影响宜采用降温法补偿，当无资料时，下列哪几组数值是正确的？（　　）

(A)铝钢截面比 4.29 ~ 4.38，降温值为 10℃
(B)铝钢截面比 4.29 ~ 4.38，降温值为 10 ~ 15℃
(C)铝钢截面比 5.05 ~ 6.16，降温值为 15 ~ 20℃
(D)铝钢截面比 7.71 ~ 7.91，降温值为 20 ~ 25℃

69. 设计规范对导线的线间距离作出了规定，下面哪些表述是正确的？ （　　）

(A) 国内外使用的水平线间距离公式大都为经验公式
(B) 我国采用的水平线间距离公式与国外公式比较，计算值偏小
(C) 垂直线间距离主要是确定于覆冰脱落时的跳跃，与弧垂及冰厚有关
(D) 上下导线间最小垂直线间距离是根据绝缘子串长度和工频电压的要求确定

70. 当电网中发生下述哪些故障时，采取相应措施后，应满足电力系统第二级安全稳定标准？ （　　）

(A) 向城区供电的 500kV 变电所中一台 750MVA 主变故障退出运行
(B) 220kV 变电站中 110kV 母线三相短路故障
(C) 某区域电网中一座 ±500kV 换流站双极闭锁
(D) 某地区一座 4×300MW 电厂，采用 6 回 220kV 线路并网，当其中一回线路出口处发生三相短路故障时，继电保护装置拒动

2016年专业知识试题答案(下午卷)

1. 答案:C

依据:《220kV~750kV 变电站设计技术规程》(DL/T 5218—2012)第5.1.2条。

2. 答案:C

依据:《风力发电场设计技术规范》(DL/T 5383—2007)第6.1.2条、第6.3.2-3-2)条。

注:事故运行方式是在正常运行方式的基础上,综合考虑线路、变压器等设备的单一故障。

3. 答案:D

依据:《电力工程电气设计手册》(电气一次部分)P120"发电厂和变电所可以采取的限流措施"。

4. 答案:D

依据:《导体与电器选择设计技术规程》(DL/T 5222—2005)第15.0.4条及条文说明。

5. 答案:B

依据:《导体与电器选择设计技术规程》(DL/T 5222—2005)第17.0.2条。

6. 答案:D

依据:《220kV~750kV 变电站设计技术规程》(DL/T 5218—2012)第6.2.1条。

7. 答案:B

依据:《导体与电器选择设计技术规程》(DL/T 5222—2005)第7.2.1条。

8. 答案:A

依据:《火力发电厂、变电站二次接线设计技术规程》(DL/T 5136—2012)第7.5.10条。

9. 答案:A

依据:《电力工程电气设计手册》(电气一次部分)P380~P382图8-32"分裂导线在第一张力作用下的形变状态"。

10. 答案:C

依据:《高压配电装置设计技术规程》(DL/T 5352—2018)第5.1.2条及附录B。

11. **答案**:B

依据:《高压配电装置设计技术规程》(DL/T 5352—2006)第8.4.6条、表8.4.6。

12. **答案**:C

依据:《220kV~750kV变电站设计技术规程》(DL/T 5218—2012)第4.2.6条之注解7。

13. **答案**:D

依据:《光伏发电站设计规范》(GB 50797—2012)第6.17.5-4条。

14. **答案**:B

依据:《交流电气装置的接地设计规范》(GB/T 50065—2011)第4.2.1条。

注:避雷线工频分流系数与接地故障时分流系数无关。

15. **答案**:C

依据:《电力工程直流系统设计技术规程》(DL/T 5044—2014)附录D"充电装置及整流模块选择"。

满足蓄电池均衡充电要求:

$$I_r = (1.0 \sim 1.25)I_{10} + I_{jc} = (1.0 \sim 1.25) \times 50 + 30 = 80 \sim 92.5\text{A}$$

基本模块数量:$n_1 = \dfrac{I_r}{I_{me}} = \dfrac{(80 \sim 92.5)}{10} = 8 \sim 9.25$ 个

附加模块数量:$n_2 = 2$ 个

总模块数量:$n = n_1 + n_2 = (8 \sim 9.25) + 2 = 10 \sim 11.25$ 个

16. **答案**:A

依据:《火力发电厂厂用电设计技术规定》(DL/T 5153—2014)第3.1.3-2条。

17. **答案**:A

依据:《电力工程直流系统设计技术规程》(DL/T 5044—2014)第3.3.2条、第3.3.3-3条、第3.5.2-4条。

18. **答案**:C

依据:《交流电气装置的接地设计规范》(GB/T 50065—2011)第4.3.6条。

19. **答案**:D

依据:《交流电气装置的接地设计规范》(GB/T 50065—2011)第4.4.5条、附录E。

最小接地线截面:$S_g \geqslant \dfrac{I_g}{C}\sqrt{t_e} = \dfrac{36 \times 10^3 \times 35\%}{70} \times \sqrt{0.7} = 150.60\text{mm}^2$

20. **答案**:A

依据:《火力发电厂、变电站二次接线设计技术规程》(DL/T 5136—2012)第8.1.4条。

注:可参考旧规范(DL/T 5136—2001)第3.2条缩写与代号,新规已无此内容。

21. **答案**:B

依据:《继电保护和安全自动装置技术规程》(GB/T 14285—2006)第4.6.2-f)条。

22. **答案**:C

依据:《继电保护和安全自动装置技术规程》(GB/T 14285—2006)附录A第一行之备注。

23. **答案**:B

依据:《电力系统调度自动化设计技术规程》(DL/T 5003—2005)第1.0.1条、第4.3.6条。

24. **答案**:D

依据:《电力工程直流系统设计技术规程》(DL/T 5044—2014)第7.2.1条、第7.1.7条、第8.1.8条、第8.2.1条。

25. **答案**:C

依据:《电力工程直流系统设计技术规程》(DL/T 5044—2014)第3.6.3-1条、第3.6.2-3条、第3.6.5-2条、第3.6.5-3条。

26. **答案**:D

依据:《电力工程直流系统设计技术规程》(DL/T 5044—2014)第3.5.2-1条、第3.5.2-4条、第3.2.2条、第3.2.4条、第3.3.1-3条。

27. **答案**:C

依据:《200kV~1000kV变电站站用电设计技术规程》(DL/T 5155—2016)第4.1.1条、第4.1.2条、第4.2.1条。

$S \geqslant K_1 \times P_1 + P_2 + P_3 = 0.85 \times 300 + 100 + 60 = 415\text{kVA}$,选择容量为500kVA。

28. **答案**:A

依据:《火力发电厂厂用电设计技术规定》(DL/T 5153—2014)第9.2.2-1条。

29. **答案**:A

依据:《330kV~750kV变电站无功补偿装置设计技术规定》(DL/T 5014—2010)第5.0.7条及条文说明。

30. **答案**:A

依据:《交流电气装置的接地设计规范》(GB/T 50065—2011)第4.2.1-2条。

31. **答案**:A

依据:《交流电气装置的接地设计规范》(GB/T 50065—2011)第4.2.2-1条。

$$U_s = \frac{174 + 0.7\rho_s C_s}{\sqrt{t_s}} = \frac{174 + 0.7 \times 100 \times 0.96}{\sqrt{0.5}} = 341.1\text{V}$$

32. **答案**:A

依据:《导体与电器选择设计技术规程》(DL/T 5222—2005)第 18.1.4 条。

33. **答案**:B

依据:《交流电气装置的过电压保护和绝缘配合设计规范》(GB/T 50064—2014)第 4.3.1 条。

34. **答案**:D

依据:《交流电气装置的过电压保护和绝缘配合设计规范》(GB/T 50064—2014)第 5.4.8 条。

35. **答案**:D

依据:《火力发电厂厂内通信设计技术规定》(DL/T 5041—2012)第 2.0.3 条、第 2.0.5条、第 3.0.4 条、第 3.0.5 条。

36. **答案**:D

依据:《光伏发电站设计规范》(GB50797—2012)第 8.1.2-3 条、《油浸式电力变压器技术参数和要求》(GB/T 6451—2008)第 8 条 110kV 电压等级变压器参数。

37. **答案**:A

依据:无对应条文。

38. **答案**:C

依据:《输电线路对电信线路危险和干扰影响防护设计规程》(DL/T 5033—2006)第 6.2.1 条。

39. **答案**:C

依据:《电力工程高压送电线路设计手册》(第二版)P179"表 3-2-3 无冰时综合比载"。

40. **答案**:D

依据:所谓 K_V 为档距利用系数,也称最小垂直档距系数,为垂直档距与水平档距的比值。题干中,定位水平档距为 480m,则最小垂直档距为 $l_{Vmin} = 480 \times 0.85 = 408 > 369 = l_V$,显然定位的垂直档距为负,即导线悬挂点受到上拉力,而非正常情况的下压力。一般可采取如下措施:①调整杆塔位置及高度以降低两悬挂点的高差;②降低超过允许值的杆塔所处的耐张段内的导线应力;③更换为耐张塔。

注:也可采取加挂重锤的方式平衡悬挂点上拉力,改善垂直档距,但若悬挂重锤需校验较高一侧直线塔悬挂点的应力,保证安全系数不小于 2.25,否则易造成断线或断联,但校验过程较之单选题目过于复杂,或非出题者原意。

41. **答案**:ACD

依据:《电力设施抗震设计规范》(GB/T 50260—2013)第1.0.6条。

42. **答案**:ABC

依据:《爆炸危险环境电力装置设计规范》(GB50058—2014)第4.2.2-1条、第4.2.4-1条、第4.2.3条、第4.2.5条。

43. **答案**:ACD

依据:《光伏发电站设计规范》(GB50797—2012)第6.1.4条、第6.1.6条、第6.4.2条、第8.2.1-2条。

44. **答案**:AC

依据:《导体与电器选择设计技术规程》(DL/T 5222—2005)附录F第F.1条。

45. **答案**:AC

依据:《并联电容器装置设计规范》(GB/T 50227—2017)第5.3.1条及条文说明。

46. **答案**:AD

依据:《电力工程电气设计手册》(电气一次部分)P231表6-1。也可参考DL/T 5222—2005的各电器相关规定。

注:软导线无需校验动稳定。

47. **答案**:ACD

依据:《导体与电器选择设计技术规程》(DL/T 5222—2005)第5.0.13条。

48. **答案**:CD

依据:《电力工程电缆设计规范》(GB50217—2018)第4.1.5条。

49. **答案**:ABC

依据:《220kV~750kV变电站设计技术规程》(DL/T 5218—2012)第5.3.4条。

50. **答案**:BCD

依据:《光伏发电站设计规范》(GB50797—2012)第6.1.2条。

51. **答案**:ABC

依据:《并联电容器装置设计规范》(GB/T 50227—2017)第4.2.8条。

52. **答案**:AC

依据:《交流电气装置的接地设计规范》(GB/T 50065—2011)附录D综合分析确定,题干要求确定其系数,而非最大跨步电位差。

53. **答案**:AD

依据:《交流电气装置的接地设计规范》(GB/T 50065—2011)第4.3.1条、第4.3.2-4条、第4.3.2-2条、第4.3.5-2条。

54. **答案**:AB

依据:《交流电气装置的接地设计规范》(GB/T 50065—2011)第4.3.1-3条、第4.5.1-1条、《交流电气装置的接地设计规范》(GB/T 50065—2011)第5.4.6-3条、第5.4.10-2条。

55. **答案**:ACD

依据:《火力发电厂、变电所二次接线设计技术规程》(DL/T 5136—2012)第3.2.5-5条。

56. **答案**:ABD

依据:《火力发电厂、变电所二次接线设计技术规程》(DL/T 5136—2012)第5.4.2-4条、第5.4.2-6条、第5.4.5条、第5.4.9条。

57. **答案**:BCD

依据:《火力发电厂、变电所二次接线设计技术规程》(DL/T 5136—2012)第5.4.11-4条、第5.4.11-5条、第5.4.18-2条、第5.4.18-4条。

58. **答案**:ABC

依据:《继电保护和安全自动装置技术规程》(GB/T 14285—2006)第4.2.13条、第4.3.7.1条、第4.8.1条、第5.2.6-a条。

59. **答案**:BD

依据:《继电保护和安全自动装置技术规程》(GB/T 14285—2006)第4.2.13条、第4.3.12条。

注:汽轮发电机装设了过励磁保护可不再装设过电压保护。

60. **答案**:BC

依据:《电力系统安全稳定控制技术导则》(DL/T 723—2000)附录A。

61. **答案**:BC

依据:《电力工程直流系统设计技术规程》(DL/T 5044—2014)第4.2.2条。

62. **答案**:ABC

依据:《200kV ~ 1000kV变电站站用电设计技术规程》(DL/T 5155—2016)第3.1.2条。

63. **答案**:ACD

依据:《火力发电厂厂用电设计技术规定》(DL/T 5153—2002)第6.1.3条、第6.1.4条。

64. **答案**:BC

依据:《发电厂和变电所照明设计技术规定》(DL/T 5390—2014)第4.0.3条。

65. **答案**:AB

依据:《发电厂和变电所照明设计技术规定》(DL/T 5390—2014)第4.0.4条及条文说明。

66. **答案**:AC

依据:《火力发电厂厂内通信设计技术规定》(DL/T 5041—2012)第6.0.3条、第6.0.5条、第6.0.6条、第8.0.3条。

67. **答案**:BCD

依据:《110kV~750kV架空输电线路设计规范》(GB50545—2010)第5.0.2条。

68. **答案**:CD

依据:《110kV~750kV架空输电线路设计规范》(GB50545—2010)第5.0.15条。

69. **答案**:AC

依据:《110kV~750kV架空输电线路设计规范》(GB50545—2010)第8.0.1条及条文说明。

注:上下导线间最小垂直线间距离是根据带电作业的要求确定。

70. **答案**:BC

依据:《电力系统安全稳定导则》(DL/T 755—2001)第3.2.1条、第3.2.2条、第3.2.3条。

2016年案例分析试题(上午卷)

[案例题是4选1的方式,各小题前后之间没有联系,共25道小题,每题分值为2分,上午卷50分,下午卷50分,试卷满分100分。案例题一定要有分析(步骤和过程)、计算(要列出相应的公式)、依据(主要是规程、规范、手册),如果是论述题要列出论点。]

题1~6:某500kV户外敞开式变电站,海拔高度400m,年最高温度+40℃、年最低温度-25℃。1号主变压器容量为1000MVA,采用3×334MVA单相自耦变压器:容量比:334/334/100MVA,额定电压:$\frac{525}{\sqrt{3}}/\frac{230}{\sqrt{3}}\pm 8\times 1.25\%/36\text{kV}$,接线组别Iaoio,主变压器35kV侧采用三角形接线。

本变电站35kV为中性点不接地系统。主变35kV侧采用单母线单元制接线,无出线,仅安装无功补偿设备,不设总断路器。请根据上述条件计算、分析解答下列各题。

1.若每相主变35kV连接用导体采用铝镁硅系(6063)管型母线,导体最高允许温度+70℃,按回路持续工作电流计算,该管型母线不宜小于下列哪项数值? ( )

(A)ϕ110/100　　(B)ϕ130/116

(C)ϕ170/154　　(D)ϕ200/184

解答过程:

2.该主变压器35kV侧规划安装2×60Mvar并联电抗器和3×60Mvar并联电容器,根据电力系统需要,其中1组60Mvar并联电抗器也可调整为60Mvar并联电容器,请计算35kV母线长期工作电流为下列哪项数值? ( )

(A)2177.4A　　(B)3860A

(C)5146.7A　　(D)7324.1A

解答过程:

3. 若主变压器35kV侧规划安装无功补偿设备：并联电抗器2×60Mvar、并联电容器3×260Mvar。35kV母线三相短路容量2500MVA，请计算并联无功补偿设备投入运行后，各种运行工况下35kV母线稳态电压的变化范围，以百分数表示应为下列哪项？（　　）

(A) −4.8% ~0　　(B) −4.8% ~ +2.4%

(C) 0 ~ +7.2%　　(D) −4.8% ~ +7.2%

解答过程：

4. 如该变电站安装的电容器组为框架装配式电容器，中性点不接地的单星形接线，桥式差电流保护。由单台容量500kvar电容器串并联组成，每桥臂2串(2并+3并)，如下图所示。电容器的最高运行电压为$U_C = 43/\sqrt{3}$kV，请选择下图中的金属台架1与金属台架2之间的支柱绝缘子电压为下列哪项？并说明理由。（　　）

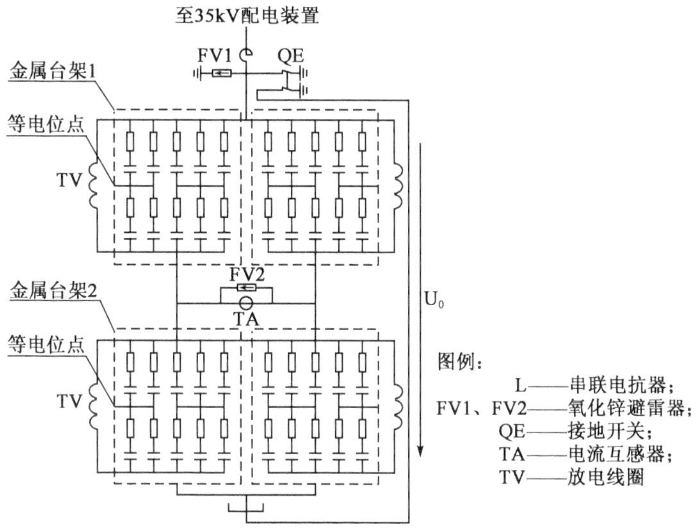

电容器组主接线图

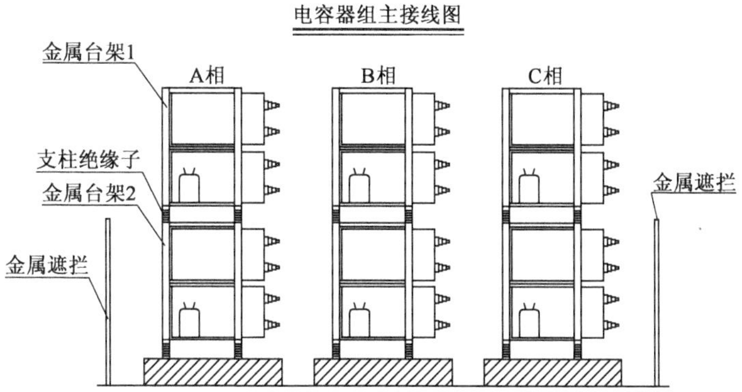

电容器组断面图

(A)3kV 级　　　　(B)6kV 级

(C)10kV 级　　　　(D)20kV 级

解答过程：

5. 若该变电所中，整组 35kV 电容器户内安装于 1 间电容器室内，单台电容器容量为 500kvar，电容器组每相电容器 10 并 4 串，介质损耗角正切值（$\tan\delta$）为 0.05%，串联电抗器额定端电压 1300V，额定电流 850A，损耗为 0.03kW/kvar，与暖通专业进行通风量配合时，计算电容器室一组电容器的发热量应为下列哪项数值？（　　）

(A)30kW　　　　(B)69.45kW

(C)99.45kW　　　　(D)129.45kW

解答过程：

6. 若变电站户内安装的电容器组为框架装配式电容器，请分析并说明右图中的 L_1、L_2、L_3 三个尺寸哪一组数据是合理的？（　　）

(A)1.0m、0.4m、1.3m

(B)0.4m、1.1m、1.3m

(C)0.4m、1.3m、1.1m

(D)1.3m、0.4m、1.1m

解答过程：

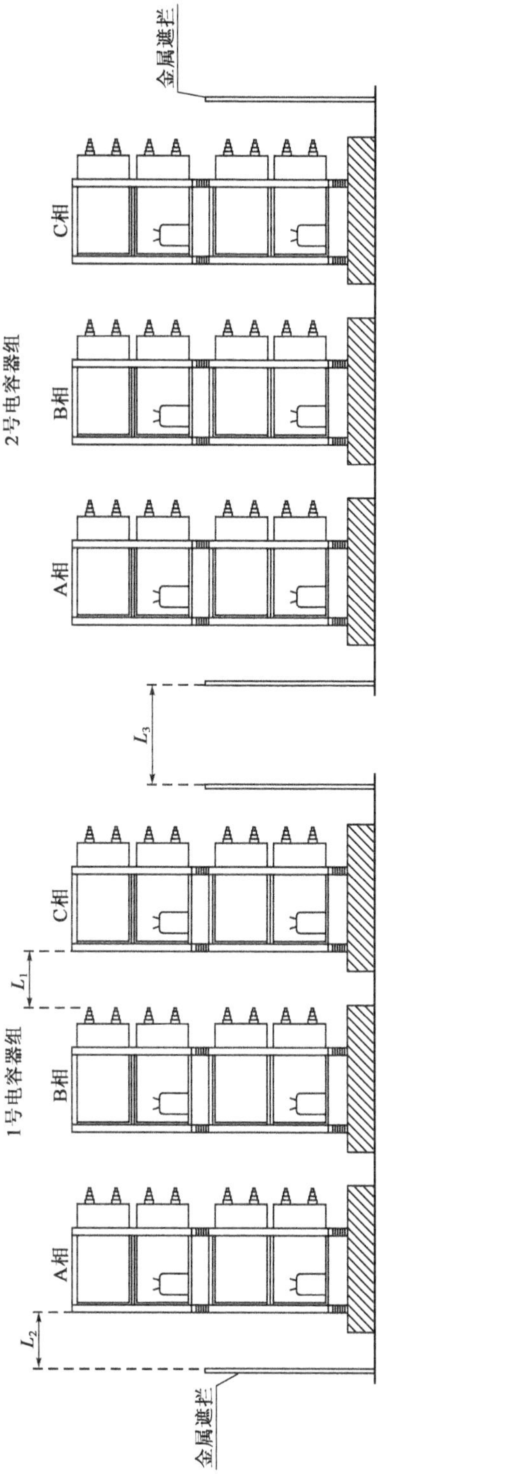

电容器组断面图

题 7～10：某 2×300MW 新建发电厂，出线电压等级为 500kV、二回出线、双母线接线，发电机与主变压器经单元接线接入 500kV 配电装置，500kV 母线短路电流周期分量起始有效值 I''=40kA，启动/备用电源引自附近 220kV 变电站，电场内 220kV 母线短路电流周期分量起始有效值 I''=40kA，启动/备用变压器高压侧中性点经隔离开关接地，同时紧靠变压器中性点并联一台无间隙金属氧化物避雷器（MOA）。

发电机额定功率为 300MW，最大连续输出功率（TMCR）为 330MW，汽轮机阀门全开（VWO）工况下发电机出力为 345MW，额定电压为 18kV，功率因数为 0.85。

发电机回路总的电容电流为 1.5A，高压厂用电电压为 6.3kV，高压厂用电计算负荷为 36690kVA，高压厂用变压器容量为 40/25－25MVA，启动/备用变压器容量为 40/25－25MVA。

请根据上述条件计算并分析下列各题（保留二位小数）。

7. 计算并选择最经济合理的主变压器容量应为下列哪项数值？（　　）

(A) 345MVA　　(B) 360MVA
(C) 390MVA　　(D) 420MVA

解答过程：

8. 若发电机中性点采用消弧线圈接地，并要求作过补偿时，则消弧线圈的计算容量应为下列哪项数值？（　　）

(A) 15.59kVA　　(B) 17.18kVA
(C) 21.04kVA　　(D) 36.45kVA

解答过程：

9. 若启动/备用变压器高压侧中性点雷电冲击全波耐受电压为 400kV，其中性点 MOA 标称放电电流下的最大残压取下列哪项数值最合理？并说明理由。（　　）

(A) 280kV　　(B) 300kV
(C) 240kV　　(D) 380kV

解答过程：

10. 若发电厂内 220kV 母线采用铝母线，正常工作温度为 60℃、短路时导体最高允许温度 200℃，若假定短路电流不衰减，短路持续时间为 2s，请计算并选择满足热稳定截面要求的最小规格为下列哪项数值？（　　）

(A) $400mm^2$　　(B) $600mm^2$

(C) $650mm^2$　　(D) $680mm^2$

解答过程：

题 11～16：某地区新建两台 1000MW 级火力发电机组，发电机额定功率为 1070MW，额定电压为 27kV，额定功率因数为 0.9。通过容量为 1230MVA 的主变压器送至 500kV 升压站，主变阻抗为 18%，主变高压侧中性点直接接地。发电机长期允许的负序电流大于 0.06 倍发电机额定电流，故障时承受负序能力 $A=6$，发电机出口电流互感器变比为 30000/5A。请分析计算并解答下列各小题。

11. 对于该发电机在运行过程中由于不对称负荷、非全相运行或外部不对称短路所引起的负序过电流，应配置下列哪种保护？并计算该保护的定时限部分整定值。（可靠系数取 1.2，返回系数取 0.9）（　　）

(A) 定子绕组过负荷保护，0.339A

(B) 定子绕组过负荷保护，0.282A

(C) 励磁绕组过负荷保护，0.282A

(D) 发电机转子表层过负荷保护，0.339A

解答过程：

12. 该汽轮发电机配置了逆功率保护，发电机效率为 98.7%，汽轮机在逆功率运行时的最小损耗为 2% 发电机额定功率 P_{gn}，请问该保护主要保护哪个设备，其反向功率整定值取下列哪项是合适的（可靠系数取 0.5）？请说明理由。（　　）

(A) 发电机，1.56% P_{gn}　　(B) 汽轮机，1.60% P_{gn}

(C) 发电机，3.30% P_{gn}　　(D) 汽轮机，3.30% P_{gn}

解答过程：

13. 若该发电机中性点采用经高阻接地方式，定子绕组接地故障采用基波零序电压保护作为 90% 定子接地保护，零序电压取自发电机中性点，500kV 系统侧发生接地短路时产生的基波零序电动势为 0.6 倍系统额定相电压，主变压器高、低压绕组间的相耦合电容 C_{12} 为 8nf，发电机及机端外接元件每相对地总电容 C_g 为 0.7μf，基波零序过电压保护定值整定时需躲过高压侧接地短路时通过主变压器高、低压绕组间的相耦合电容传递到发电机侧的零序电压值，正常运行时实测中性点不平衡基波零序电压为 300V，请计算基波零序过电压保护整定值应设为下列哪项数值？（为简化计算，计算中不考虑中性点接地电阻的影响，主变高压侧中性点按不接地考虑） （ ）

(A) 300V (B) 500V

(C) 700V (D) 250V

解答过程：

14. 若机组高压厂用电压为 10kV，接于 10kV 母线的凝结水泵电机额定功率 1800kW，效率为 96%，额定功率因数为 0.83，堵转电流倍数为 6.5，该回路所配电流互感器变比为 200/1A，电动机机端三相短路电流为 31kA，当该电机绕组内及引出线上发生相间短路故障时，应配置何种保护作为其主保护最为合理，其保护装置整定值宜为下列哪项数值？（可靠系数取 2） （ ）

(A) 电流速断保护，6.76A (B) 差动保护，0.3A

(C) 电流速断保护，8.48A (D) 差动保护，0.5A

解答过程：

15. 该机组某回路测量用电流互感器变比为 100/5A，二次侧所接表计线圈的内阻为 0.12Ω，连接导线的电阻为 0.2Ω，该电流互感器的接线方式为三角形接线，该电流换气的二次额定负载应为以下哪项数值最为合适？（接触电阻忽略不计） （ ）

(A) 150VA (B) 15VA

(C) 75VA (D) 10VA

解答过程：

16. 本机组采用发电机变压器组接线方式，发电机的直轴瞬变电抗为 0.257，直轴超瞬变电抗为 0.177，请计算当主变高压侧发生短路时由发电机侧提供的最大短路电流的周期分量起始有效值最接近下列哪项数值？（发电机的正序与负序阻抗相同，采用运算曲线计算） （ ）

(A)3.09kA　　(B)3.61kA
(C)2.92kA　　(D)3.86kA

解答过程：

题 17～20：某一接入电力系统的小型火力发电厂直流系统标称电压 220V，动力和控制共用。全厂设两组贫液吸附式的阀控式密封铅酸蓄电池，容量为 1600Ah，每组蓄电池 103 只，蓄电池内阻为 0.016Ω。每组蓄电池负荷计算：事故放电初期(1min)冲击放电电流为 747.41A、经常负荷电流为 86.6A、1～30min 放电电流为 425.05A、30～60min 放电电流 190.95A、60～90min 放电电流 49.77A。两组蓄电池设三套充电装置，蓄电池放电终止电压为 1.87V。请根据上述条件分析计算并解答下列各小题。

17. 蓄电池至直流屏的距离为 50m，采用铜芯动力电缆，请计算该电缆允许的最小截面最接近下列哪项数值？(假定缆芯温度为 20℃)　　(　　)

(A)133.82mm²　　(B)625.11mm²
(C)736mm²　　(D)1240mm²

解答过程：

18. 每组蓄电池及其充电装置分别接入不同母线段，第三套充电装置在蓄电池核对性放电后专门为蓄电池补充充电用，该充电装置经切换电器可直接对两组蓄电池进行充电。请计算并选择第三套充电装置的额定电流至少为下列哪项数值？　　(　　)

(A)88.2A　　(B)200A
(C)286.6A　　(D)300A

解答过程：

19. 本工程润滑油泵直流电动机为 10kW，额定电流为 55.3A。在起动电流为 6 倍条件下，起动时间才能满足润滑油压的要求，直流电动机铜芯电缆长 150m，截面为 70mm²，给直流电动机供电的直流断路器的脱扣器有 B 型(4～7In)、C 型(7～15In)，额定极限短路分断能力 M 值为 10kA，H 值为 20kA。在满足电动机起动和电动机侧短路时的灵敏度情况下(不考虑断路器触头和蓄电池间连接导线的电阻，蓄电池组开路电压

为直流系统标称电压），请计算下列哪组断路器选择是正确和合适的？并说明理由。（　　）

（A）63A（B 型），额定极限短路分断能力 M
（B）63A（B 型），额定极限短路分断能力 H
（C）63A（C 型），额定极限短路分断能力 M
（D）63A（C 型），额定极限短路分断能力 H

解答过程：

20. 该工程主厂房外有两个辅控中心 a、b，直流电源以环网供电。各辅控中心距直流电源的距离如下图，断路器电磁操作机构合闸电流 3A，断路器合闸最低允许电压为 85% 标称电压，请问断路器合闸电流回路铜芯电缆的最小截面计算值宜选用下列哪项数值？（假定缆芯温度为 20℃）（　　）

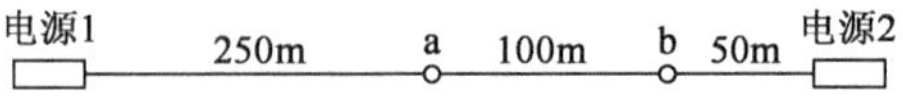

（A）4.92mm^2　　（B）1.16mm^2
（C）6.89mm^2　　（D）7.87mm^2

解答过程：

题 21 ~25：220kV 架空输电线路工程，导线采用 2 × 400/35，导线自重荷载为 13.21N/m，风偏校核时最大风风荷载为 11.25N/m，安全系数为 2.5 时最大设计张力为 39.4kN，导线采用 I 型悬垂绝缘子串，串长 2.7m，地线串长 0.5m。

21. 规划双回路垂直排列直线塔水平档距 500m、垂直档距 800m、最大档距 900m，最大弧垂时导线张力为 20.3kN，双回路杆塔不同回路的不同相导线间的水平距离最小值为多少？（　　）

（A）8.36m　　（B）8.86m
（C）9.50m　　（D）10.00m

解答过程：

22. 直线塔所在耐张段在最高气温下导线最低点张力为20.3kN，假设中心回转式悬垂线夹允许悬垂角为23°，当一侧垂直档距为$l_{1V}=600$m，计算另一侧垂直档距l_{2V}大于多少时，超过悬垂线夹允许悬垂角？（用平抛物线公式计算） （ ）

(A) 45m (B) 321m

(C) 706m (D) 975m

解答过程：

23. 假定采用V型串，V串的夹角为100°，当水平档距为500m时，在最大风情况下要使子串不受压，计算最大风时最小垂直档距限为多少？（不计绝缘子串影响，不计风压高度系数影响） （ ）

(A) 357m (B) 492m

(C) 588m (D) 603m

解答过程：

24. 架设覆冰、无风工况下，该耐张段内导线的水平应力为92.6N/mm²，比载为55.7×10 -3N/(m·mm)²，某档的档距为400m，导线悬点高差为115m，问在该工况下，该档较高塔处导线的悬点应力为多少？（平抛物线公式计算） （ ）

(A) 90.4N/mm² (B) 95.3N/mm²

(C) 100.3N/mm² (D) 104.5N/mm²

解答过程：

25. 假设直线塔大风允许摇摆角为55°，水平档距为300m，垂直档距400m，最大风时导线张力为30kN，仅从塔头间隙考虑，该直线塔允许兼多少度转角？（不计绝缘子串影响，不计风压高度系数影响） （ ）

(A) 8° (B) 6°

(C) 5° (D) 4°

解答过程：

2016年案例分析试题答案(上午卷)

题1~6答案:**DCDDDA**

1.《电力变压器 第1部分 总则》(GB 1094.1—2013)第3.4.3条、第3.4.7条。

第3.4.3条:绕组额定电压,对于三相绕组,是指线路端子间的电压。

第3.4.7条:额定电流,由变压器额定容量和额定电压推导出的流经绕组线路端子的电流。注2:对于联结成三角形结法以形成三相组的单相变压器绕组,其额定电流表示为线电流除以$\sqrt{3}$。

《电力工程电气设计手册》(电气一次部分)P232表6-3,则变压器回路持续工作电流:

$$I_r = 1.05 \times \sqrt{3} \times \frac{S_r}{U_r} = 1.05 \times \sqrt{3} \times \frac{100 \times 10^3}{36} = 5051.76\text{A}$$

《导体与电器选择设计技术规程》(DL/T 5222—2005)附表D.11,综合校正系数取0.81,则管型母线载流量:

$$I_g = \frac{I_r}{0.81} = \frac{5051.76}{0.81} = 6236.74\text{A}$$

《导体与电器选择设计技术规程》(DL/T 5222—2005)附表D.1,对应铝镁硅系(6063)管型母线型号为ϕ200/184(6674A)。

注:对于自耦联接的一对绕组,其低压绕组用auto或a表示。

2.《300kV~750kV变电站无功补偿装置设计技术规定》(DL/T 5014—2010)第7.1.3条。

第7.1.3条:无功补偿装置总回路的电器和导体的长期允许电流,按下列原则取值:

- 不小于最终规模电容器组额定工作电流的1.3倍。
- 不小于最终规模电抗器总容量的额定电流的1.1倍。

按电容器选择时:$I_{g1} = 1.3 \times \dfrac{4 \times 60}{\sqrt{3} \times 35} \times 10^3 = 5146.7\text{A}$

按电抗器选择时:$I_{g2} = 1.1 \times \dfrac{2 \times 60}{\sqrt{3} \times 35} \times 10^3 = 2177.4\text{A}$

$I_{g1} > I_{g2}$,取较大者。

注:有关电容器回路导体的额定电流取值也可参考《并联电容器装置设计规范》(GB 50227—2017)第5.8.2条。

3.《并联电容器装置设计规范》(GB 50227—2017)第5.2.2条及条文说明。

轻负荷引起的电网电压升高,并联电容器装置投入电网后引起的母线电压升高值为:

$$\Delta U\% = \frac{\Delta U}{U_{s0}} = \frac{Q}{S_d} = \frac{-2\times60 \sim 3\times60}{2500} = -0.048 \sim 0.072 = -4.8\% \sim +7.2\%$$

注:《300kV ~750kV 变电站无功补偿装置设计技术规定》(DL/T 5014—2010) 附录 C.1。

4.《并联电容器装置设计规范》(GB 50227—2017) 第 8.2.5 条及条文说明。

第 8.2.5 条:并联电容器组的绝缘水平应与电网绝缘水平相配合。电容器绝缘水平低于电网时,应将电容器安装在与电网绝缘水平相一致的绝缘框(台)架上,电容器的外壳应与框(台)架可靠连接,并应采取电位固定措施。

题干条件:电容器的最高运行电压为 $U_C = 43 \div \sqrt{3} = 24.83\text{kV}$,电容器每桥臂 2 串,则电容器组额定极间电压为 $U_{cj} = 24.83 \div 2 = 12.415\text{kV}$,支柱绝缘子应选用 20kV 级。

5.《电力工程电气设计手册》(电气一次部分) P523 式(9-48)。

单台电容器容量为 $Q = 500\text{kvar}$,数量 $n = 3\times10\times4 = 120$ 台

电容器散发的热功率:$P_c = \sum_{j=1}^{j} Q_{cej}\tan\delta_j = 120\times500\times0.05 = 30\text{kV}$

电抗器分相设置,共 3 个,总容量为:$Q_L = 3\times1.3\times850 = 3315\text{kvar}$

电抗器散发的热功率:$P_L = 0.03Q_L = 0.03\times3315 = 99.45\text{kW}$

电容器室一组电容器的发热量:$P_\Sigma = P_C + P_L = 30 + 99.45 = 129.45\text{kW}$

6.《并联电容器装置设计规范》(GB 50227—2017) 第 8.2.4 条及条文说明,以及图 b、图 c。

L_1:每相电容器框(台)架之间的通道宽度,参考图 4,$L_1 \geq 1000$ mm

L_3:金属栏杆之间的通道宽度,参考图 5,$L_3 \geq 1200$mm

《高压配电装置设计技术规程》(DL/T 5352—2018) 第 5.1.2 条及表 5.1.2-1。

L_2:带电部分至接地部分之间:$L_2 \geq 400$mm

题 7 ~10 答案:**BCAC**

7.《大中型火力发电厂设计规范》(GB 50660—2011) 第 16.1.5 条及条文说明。

第 16.1.5 条:容量 125MW 级及以上的发电机与主变压器为单元连接时,主变压器的容量宜按发电机的最大连续容量扣除不能被高压厂用启动/备用变压器替代的高压厂用工作变压器计算负荷后进行选择。

条文说明:"不能被高压厂用启动/备用变压器替代的高压厂用工作变压器计算负荷",系指以估算厂用电率的原则和方法所确定的厂用电计算负荷。

主变压器容量:$S_T = \frac{P}{\cos\varphi} - S_g = \frac{330}{0.85} - 36.69 = 351.5\text{MVA}$,因此选 360MVA 变压器。

8.《导体与电器选择设计技术规程》(DL/T 5222—2005) 第 18.1.4 条。

消弧线圈容量:$Q = KI_C\frac{U_N}{\sqrt{3}} = 1.35\times1.5\times\frac{18}{\sqrt{3}} = 21.04\text{kVA}$

注:为便于运行调谐,宜选用容量"接近于"计算值的消弧线圈。

9.《交流电气装置的过电压保护和绝缘配合设计规范》(GB/T 50064—2014)第6.4.4-1条、第6.4.4-2条。

电气设备内绝缘的雷电冲击耐压：$U_{\mathrm{l.p-1}} \leqslant \dfrac{u_{\mathrm{e.l.i}}}{k_{16}} = \dfrac{400}{1.25} = 320\mathrm{kV}$

电气设备外绝缘的雷电冲击耐压：$U_{\mathrm{l.p-2}} \leqslant \dfrac{u_{\mathrm{e.l.o}}}{k_{17}} = \dfrac{400}{1.4} = 285.7\mathrm{kV}$

满足两者要求之最大取值为280kV。

注：残压是冲击电流通过避雷器时在阀片上产生的电压降。

10.《导体与电器选择设计技术规程》(DL/T 5222—2005)附录F.6、第7.1.8条。

短路电流在导体和电器中引起的热效应包括周期分量和非周期分量两部分。

周期分量引起的热效应：$Q_z = I''^2 t = 40^2 \times 2 = 3200\mathrm{kA^2s}$

非周期分量引起的热效应：$Q_f = I''^2 T = 40^2 \times 0.05 = 80\mathrm{kA^2s}$

总热效应：$Q = Q_z + Q_f = 3200 + 80 = 3280\mathrm{kA^2s}$

母线截面：$S \geqslant \dfrac{\sqrt{Q_d}}{C} = \dfrac{\sqrt{3280}}{91} \times 10^3 = 629\mathrm{mm^2}$，选择$650\mathrm{mm^2}$。

题11～16答案：**DBCCCD**

11.《大型发电机变压器继电保护整定计算导则》(DL/T 684—2012)第4.5.3条“转子表层负序过负荷保护”。

针对发电机的不对称过负荷、非全相运行以及外部不对称故障引起的负序过电流，其保护通常由定时限过负荷和反时限过电流两部分组成。

发电机额定一次电流：$I_{GN} = \dfrac{P_{GN}}{\sqrt{3}U_{GN}\cos\varphi} = \dfrac{1070 \times 10^3}{\sqrt{3} \times 27 \times 0.9} = 2542.24\mathrm{A}$

负序定时限过负荷保护：$I_{2\cdot op} = \dfrac{K_{rel} I_{2\infty} I_{GN}}{K_r n_a} = \dfrac{1.2 \times 0.06 \times 2542.24}{0.9 \times 30000/5} = 0.0339\mathrm{A}$

注：《大型发电机变压器继电保护整定计算导则》(DL/T 684—2012)为超纲规范，但本年度考试中多次使用，建议配置。

12.《大型发电机变压器继电保护整定计算导则》(DL/T 684—2012)第4.8.3条。

动作功率：$P_{op} = K_{rel}(P_1 + P_2) = 0.5 \times [2\% P_{gn} + (1 - 98.7\%)P_{gn}] = 1.65\% P_{gn}$

注：发电机对应效率：300MW为98.6%，600MW为98.7%，1000MW的效率规范中没有明确，基本应比98.7%稍高。也可参考《电力工程电气设计手册》(电气二次部分)P681式(29-160)。

13.《电力工程电气设计手册》(电气一次部分)P872变压器传递过电压的限制。

变压器的高压侧发生不对称接地故障、断路器非全相或不同期动作而出现零序电压时，将通过电容耦合传递至低压侧，其低压侧传递过电压为：

$$U_2 = U_2\frac{C_{12}}{C_{12}+3C_0} = 0.6\times\frac{500\times10^3}{\sqrt{3}}\times\frac{0.008}{0.008+3\times0.7} = 657.32\text{V}$$

《大型发电机变压器继电保护整定计算导则》(DL/T 684—2012)第4.3.2条。

第4.3.2条:基波零序过电压保护。

基波零序过电压保护定值可设低定值段和高定值段。

低定值段动作电压:$U_{0\cdot op} = K_{rel}\cdot U_{0\cdot max} = (1.2\sim1.3)\times300 = 360\sim390\text{V} < U_2$,显然,低定值段不能满足要求。

高定值段动作电压应可靠躲过传递过电压,因此可取700V。

14.《火力发电厂厂用电设计技术规程》(DL/T 5153—2014)第8.6.1条。

第8.6.1-1条:对于2000kW以下、中性点具有分相引线的电动机,当电流速断保护灵敏性不够时,也应装设纵联差动保护。保护瞬时动作于断路器跳闸。

第8.6.1-2条:对未装设纵联差动保护的或纵联差动保护仅保护电动机绕组而不包括电缆时,应装设电流速断保护。保护瞬时动作于断路器跳闸。

《电力工程电气设计手册》(电气二次部分)P251式(23-3)、式(23-4)"电流速断保护整定"。

动作电流:$I_{dz} = K_k\frac{I_Q}{n_{TA}} = 2\times\frac{847.76}{200/1} = 8.48\text{A}$

灵敏系数:$K_m = \frac{I^{(2)}_{d\cdot min}}{I_{dz}} = \frac{0.866\times31000}{847.76} = 31.7 > 2$

15.《电力工程电气设计手册》(电气二次部分)P66~P67式(20-4)、式(20-5)表20-16。

电流互感器二次额定负载:$Z_2 = K_{cj\cdot zk}Z_{cj} + K_{lx\cdot zk}Z_{lx} + Z_c = 3\times0.12 + 3\times0.2 + 0 = 0.96\Omega$

二次额定容量:$S_{VA} = I_2^2 Z_2 = 5^2\times0.96 = 24\text{VA}$

《电力装置电测量仪表装置设计规范》(GB/T 50063—2017)第7.1.7条及表7.1.7,电流互感器二次负荷范围为25%~100%。即24~96VA之间,可选用75VA。

16.《电力工程电气设计手册》(电气一次部分)P121表4-2、P129式(4-20)。

基准容量$S = 1230\text{MVA}$,$U_j = 525\text{kV}$,则$I_j = 1230\div(525\times\sqrt{3}) = 1.353\text{kA}$

升压变压器阻抗标幺值:$X_{*T} = \frac{U_d\%}{100}\times\frac{S_j}{S_e} = \frac{18}{100}\times\frac{1230}{1230} = 0.18$

电源对短路点的等值电抗标幺值:$X_{*\Sigma} = X_{*d} + X_{*T} = 0.18 + 0.177 = 0.357$

基于电源额定容量下的计算电抗:$X_{js} = X_{*\Sigma}\frac{S_G}{S_j} = 0.357\times\frac{1070\div0.9}{1230} = 0.345$

查图4-6汽轮发电机运算曲线,对应发电机支路0s短路电流标幺值:$I_* = 3.1$

发电机侧提供的短路电流周期分量起始值:$I_k'' = I_*\cdot I_{js} = 3.1\times\frac{1070\div0.9}{\sqrt{3}\times525} = 4.05\text{kA}$,选择最近答案D。

题 17 ~20 答案:**CBDC**

17.《电力工程直流系统设计技术规程》(DL/T 5044—2014) 第 4.2.2-1 条、附录 A 之第 A.3.6 条、附录 E。

第 4.2.2-1 条:与电力系统连接的发电厂,厂用交流电源事故停电时间取 1h。

由第 A.3.6 条,铅酸蓄电池 1h 放电率:$I_{1h} = 5.5I_{10} = 5.5 \times \frac{1600}{10} = 880\text{A}$

由附录 E,蓄电池回路长期计算工作电流:$I_{ca1} = I_{d \cdot 1h} = 880\text{A}$

由题干知,事故初期(1min)冲击放电电流:$I_{ca2} = I_{ch0} = 747.41\text{A}$

$I_{ca1} > I_{ca2}$,则允许电压降计算取 $I_{ca1} = 880\ \text{A}$

由表 E.2-2 可知:$0.5\% U_n \leqslant \Delta U_p \leqslant 1\% U_n$,即 $1.1 \leqslant \Delta U_p \leqslant 2.2$,则由式(E.1.1-2):

$S_{cac} = \frac{\rho \cdot 2LI_{ca}}{\Delta U_p} = \frac{0.0184 \times 2 \times 50 \times 880}{1.1 \sim 2.2} = 736 \sim 1472\text{mm}^2$,最小截面取 736mm^2。

18.《电力工程直流系统设计技术规程》(DL/T 5044—2014) 附录 D.1。

按题干条件,第三套充电装置专门为蓄电池补充充电用,应满足蓄电池一般充电要求,即充电时蓄电池脱开直流母线。

充电装置的额定电流:$I_r = 1.0I_{10} \sim 1.25I_{10} = (1.0 \sim 1.25) \times 160 = 160 \sim 200\text{A}$

19.《电力工程直流系统设计技术规程》(DL/T 5044—2014) 第 6.5.2-3 条、附录 A 第 A.4.2 条及附录 G。

(1)按电动机起动电流整定:$I_{st} = K_{st}I_n = 6 \times 55.3 = 331.8\text{A}$

63A(B 型)最小动作电流:$I_{zd1} = 63 \times 4 = 252\text{A} < 331.8\text{A} = I_{st}$,不满足要求。

63A(C 型)最小动作电流:$I_{zd2} = 63 \times 7 = 441\text{A} > 331.8\text{A} = I_{st}$,满足要求。

(2)按极限短路分断能力整定:

第 6.5.2-3 条:直流断路器的断流能力应满足安装地点直流电源系统最大预期短路电流的要求。

直流电动机铜芯电缆规格为 150m,70mm^2,则电缆电阻为 $r_c = \rho \frac{L}{S} = 0.0184 \times \frac{2 \times 150}{70} = 0.079\Omega$。

由式(G.1.1-2),预期短路电流:$I_k = \frac{U_n}{n(r_b + r_1) + r_c} = \frac{220}{0.016 + 0.079} = 2315.8\text{A}$

选用额定极限分段能力 M 为 10kA 即可满足要求。

20.《电力工程直流系统设计技术规程》(DL/T 5044—2014) 附录 E。

附录 E 表 E.2-2 之注 2:环形网络供电的控制、保护和信号回路的电压降,应按直流柜至环形网络最远断开点的回路计算。按本题条件,应按从电源 1 至断开点 b 之间的距离计算,即 350m。

电压降应考虑最不利情况,即蓄电池出口端电压最低(事故放电终止电压),b 点为断路器合闸最低允许电压(85% 额定电压),则允许电压损失:$\Delta U_p = 103 \times 1.87 - 85\% U_n = 192.61 \times 187 = 5.61\text{V}$

由表 E.2-1,断路器合闸回路计算电流：$I_{ca}=I_{c1}=3A$

$$S_{cac}=\frac{\rho\cdot 2LI_{ca}}{\Delta U_p}=\frac{0.0184\times 2\times 350\times 3}{5.61}=6.89mm^2$$

题 21 ~25 答案:**BCACA**

21.《电力工程高压送电线路设计手册》(第二版) P180"表 3-3-1 最大弧垂的平抛物线公式"。

最高气温下导线的最大弧垂：$f_m=\frac{\gamma l^2}{8\sigma_0}=\frac{13.21\div A\times 900^2}{8\times 20.3\times 10^3\div A}=65.88m$

《110kV ~ 750kV 架空输电线路设计规范》(GB 50454—2010) 第 8.0.1 条、第 8.0.3 条。

水平线间距离：$D=k_iL_k+\frac{U}{110}+0.65\sqrt{f_c}=0.4\times 2.7+\frac{220}{110}+0.65\sqrt{65.88}=8.356m$

第 8.0.3 条:双回路及多回路杆塔不同回路的不同相导线间的水平或垂直距离,应按本规范第 8.0.1 条规定增加 0.5m。则修正的水平线间距距离：

$D'=D+0.5=8.356+0.5=8.856m$

注:《110kV ~750kV 架空输电线路设计规范》(GB50454—2010) 第 13.0.1 条,可知最大弧垂计算垂直距离应根据导线运行温度 40℃情况或覆冰无风情况求得,并根据最大风情况或覆冰情况求得的最大风偏进行风偏校验。

22.《电力工程高压送电线路设计手册》(第二版) P605 式(8-2-10)及导线悬垂角内容。

垂直档距为 600m 一侧的悬垂角：$\theta_1=\arctan\left(\frac{\gamma_c l_{xvc}}{\sigma_c}\right)=\arctan\left(\frac{13.21\div A\times 600}{20.3\times 10^3\div A}\right)=21.328°$

当导线在悬垂线夹出口处的悬垂角超过线夹悬垂角允许值时,可能使导线在线夹出口处受到损伤,则：

$\frac{1}{2}(\theta_1+\theta_2)\leqslant 23°\Rightarrow\frac{1}{2}(21.33°+\theta_2)\leqslant 23°\Rightarrow\theta_2=24.67°$

则：$\theta_2=\arctan\left(\frac{\gamma_c l_{xvc}}{\sigma_c}\right)=\arctan\left(\frac{13.21\div A\times l_{xvc2}}{20.3\times 10^3\div A}\right)=24.67°$

计算得到另一侧的垂直档距：$l_{xvc2}=705.8m$

注:当超过线夹允许悬垂角时,可采用调整杆塔位置或杆塔高度,以减少一侧或两侧的悬垂角,或改用悬垂角较大的线夹,也可以用两个悬垂线夹组合在一起悬挂。

23.《电力工程高压送电线路设计手册》(第二版) P296 式(5-3-1)。

V 形绝缘子串夹角之半：$\alpha=\frac{100}{2}=50°$

导线最大风荷载：$P_H=l_HW_4=500\times 11.25\times 2=11250N$

导线自重荷载：$W_v=l_vW_1=l_v\times 13.21\times 2=26.24l_v$

导线最大风偏角：$\varphi = \arctan\left(\dfrac{P_H}{w_v}\right) = \arctan\left(\dfrac{11250}{26.42l_v}\right) = 50°$

则：$l_v = 357.3\text{m}$

24.《电力工程高压送电线路设计手册》(第二版) P180 表 3-3-1 及附图。

高塔悬点处距离悬垂最低点的水平距离：

$$l_{OB} = \frac{l}{2} + \frac{\sigma_0}{\gamma}\tan\beta = \frac{400}{2} + \frac{92.6}{55.7 \times 10^{-3}} \times \frac{115}{400} = 677.96\text{m}$$

高塔悬点处应力：

$$\sigma_A = \sigma_0 + \frac{\gamma^2 l_{OA}^2}{2\sigma_0} = 92.6 + \frac{(55.7 \times 10^{-3})^2 \times 677.96^2}{2 \times 92.6} = 100.3\text{N/mm}^2$$

注：也可参考《电力工程高压送电线路设计手册》(第二版) P607 式(8-2-16)计算。

25.《电力工程高压送电线路设计手册》(第二版) P328 式(6-2-9)及图 6-2-2。

电线角度荷载(N) $P_\varphi = T_\varphi \sin(\alpha/2)$：对直线塔，电线角度荷载一般为零，但对悬垂转角塔、换位塔和耐张、转角杆塔，都需计算这个荷载。题干要求直线塔兼转角塔，塔头间隙主要决定于绝缘子串的摇摆角，因此需把角度荷载叠加至绝缘子串风偏角计算中。

由《电力工程高压送电线路设计手册》(第二版) P103 式(2-6-44)，调整为

$$\varphi = \arctan\left[\frac{P_1/2 + Pl_H + 2T_\varphi\sin(\alpha/2)}{G_1/2 + W_1 l_v}\right]$$

题干要求不考虑绝缘子串影响，则 $P_1 = 0$，$G_1 = 0$

则 $\varphi = \arctan\left[\dfrac{Pl_H + 2T_\varphi\sin(\alpha/2)}{W_1 l_v}\right] = 55°$

$$\frac{300 \times 11.25 \times 2 + 2 \times 30 \times 10^3 \times 2\sin(\alpha/2)}{13.21 \times 2 \times 400} = 1.428$$

$\alpha = 7.97°$

2016 年案例分析试题(下午卷)

[案例题是 **4** 选 **1** 的方式,各小题前后之间没有联系,共 **40** 道小题,选作 **25** 道,每题分值为 **2** 分,上午卷 **50** 分,下午卷 **50** 分,试卷满分 **100** 分。案例题一定要有分析(步骤和过程)、计算(要列出相应的公式)、依据(主要是规程、规范、手册),如果是论述题要列出论点。]

题 1~4:某大用户拟建一座 220kV 变电站,电压等级为 220/110/10kV,220kV 电源进线 2 回,负荷出现 4 回,双母线接线,正常运行方式为并列运行,主接线及间隔排列示意图如下图所示,110kV、10kV 均为单母线分段接线,正常运行方式为分列运行。主变容量为 2×150MVA,150/150/75MVA,$U_{k12}=14\%$,$U_{k13}=23\%$,$U_{k23}=7\%$,空载电流 $I_0=0.3\%$,两台主变压器正常运行时的负载率为 65%,220kV 出线所带最大负荷分别是 $L_1=150MVA$,$L_2=150MVA$,$L_3=100MVA$,$L_4=150MVA$,220kV 母线的最大三相短路电流为 30kA,最小三相短路电流 18kA。请回答下列问题。

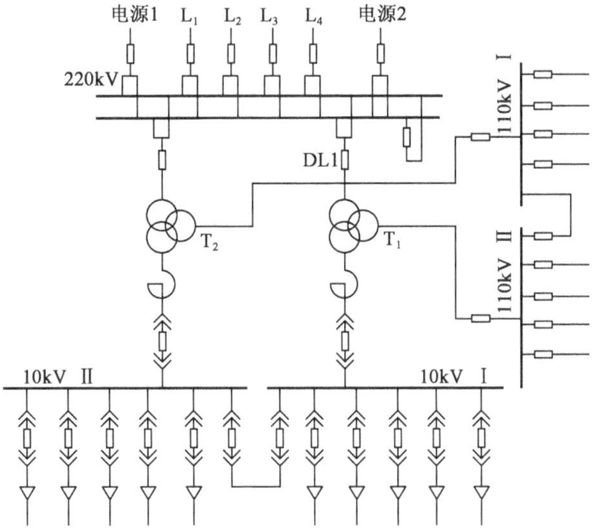

1. 在满足电力系统 n-1 故障原则下,该变电站 220kV 母线通流计算值最大应为下列哪项数值? ( )

(A) 978A　　(B) 1562A

(C) 1955A　　(D) 2231A

解答过程:

2. 若主变 10kV 侧最大负荷电流为 2500A，母线上最大三相短路电流为 32kA，为了将其限制到 15kA 以下，拟在主变 10kV 侧接入串联电抗器，下列电抗器参数中，哪组最为经济合理？（　　）

(A) $I_e=2000A, X_k\%=8$　　(B) $I_e=2500A, X_k\%=5$

(C) $I_e=2500A, X_k\%=10$　　(D) $I_e=3500A, X_k\%=14$

解答过程：

3. 该站 220kV 为户外敞开式布置，请查找下图 220kV 主接线中的设备配置和接线有几处错误，并说明理由。（注：同一类的错误算一处，如：所有出线没有配电流互感器，算一处错误）（　　）

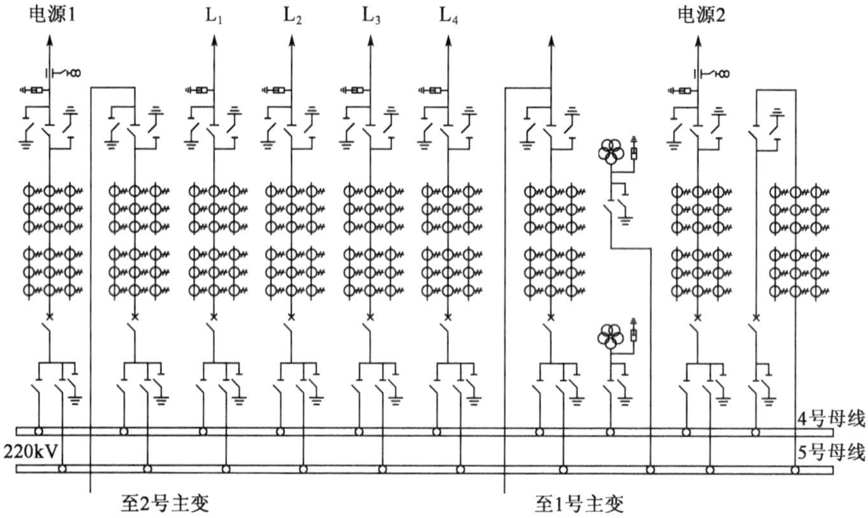

(A) 1 处　　(B) 2 处

(C) 3 处　　(D) 4 处

解答过程：

4. 该变电站的 220kV 母线配置有母线完全差动电流保护装置，请计算起动元件动作电流定值的灵敏系数。（可靠系数均取 1.5，不设中间继电器）（　　）

(A) 3.46　　(B) 4.0

(C) 5.77　　(D) 26.4

解答过程：

题 5 ~ 9：某沿海区域电网内现有一座燃煤电厂，安装有四台 300MW 机组，另外规划建设 100MW 风电场合 40MW 光伏电站，分别通过一回 110kV 和一回 35kV 线路接入电网，系统接线如下图。燃煤机组 220kV 母线采用双母线接线，母线短路参数：$I' = 28.7\text{kA}$，$I_{\infty} = 25.2\text{kA}$；$k_1$ 处发生三相短路时，线路 L_1 侧提供的短路电流周期分量初始值 $I_k = 5.2\text{kA}$。

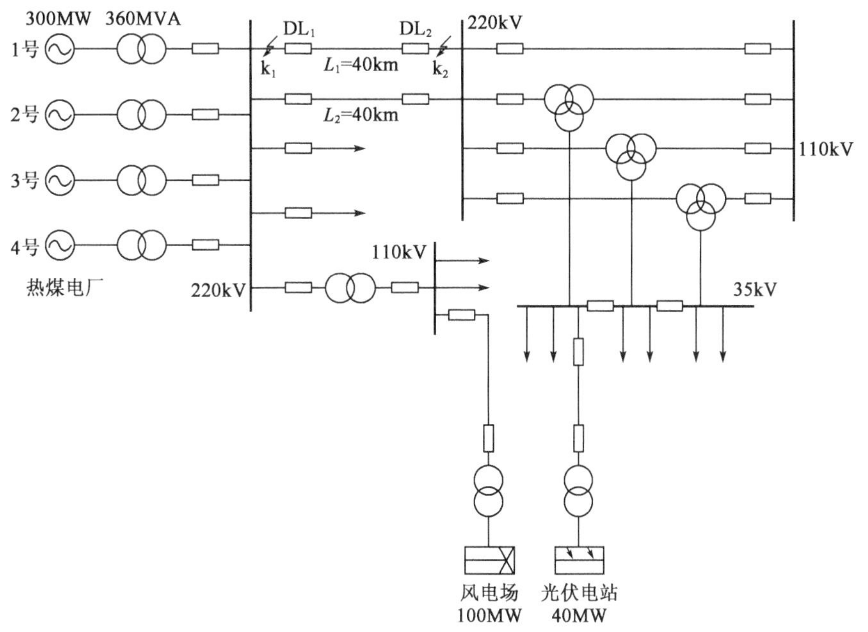

5. 当 k_1 发生三相短路时，请计算短路冲击电流应为下列哪项数值？（　　）

(A) 75.08kA　　(B) 77.1kA

(C) 60.7kA　　(D) 69.3kA

解答过程：

6. 若 220kV 线路 L_1、L_2 均采用 2 × LGJQ-400 导线，导线的电抗值为 0.3Ω/km（$S_j = 100\text{MVA}$，$U_j = 230\text{kV}$），当 k_2 发生三相短路时，不计及线路电阻，计算通过断路器 DL_2 的短路电流周期分量的起始有效值应为下列哪项数值？（假定忽略风电场机组，燃煤电厂 220kV 母线短路参数不变）（　　）

(A) 4.98kA　　(B) 5.2kA

(C) 7.45KA　　(D) 9.92kA

解答过程：

7. 当 k_1 处发生三相短路且故障清除后，风电场功率应快速恢复，请确定风电场功率恢复变化率，至少不小于下列哪项数值时才能满足规程要求？（　　）

(A) 15MW/s　　(B) 12MW/s

(C) 10MW/s　　(D) 8MW/s

解答过程：

8. 在光伏电站主变高压侧装设电流互感器，请确定测量用电流互感器一次额定电流应选择下列哪项数值？（　　）

(A) 400A　　(B) 600A

(C) 800A　　(D) 1200A

解答过程：

9. 当电网发生单相接地短路故障时，请分析说明下列对风电场低电压穿越的表述中，哪种情况是满足规程要求的？（　　）

(A) 风电场并网点 110kV 母线电压跌落至 85kV，1.5s 后风机从电网中切除

(B) 短路故障 1.8s 后，并网点母线电压恢复至 0.9p.u.，此时风机可以脱网运行

(C) 风电场并网点 110kV 母线相电压跌落至 35kV，风机连续运行 1.6s 后从电网中切除

(D) 风电场主变高压侧相电压跌落至 65kV，1.8s 后风机从电网中切除

解答过程：

题 10 ~ 15：某风电场 220kV 升压站地处海拔 1000m 以下，设置一台主变压器，以变压器-线路组接线一回出线至 220kV 系统，主变压器为双绕组有载调压电力变压器，容量为 125MVA，站内架空导线采用 LGJ-300/25，其计算截面积为 $333.31mm^2$，220kV 配电装置为中型布置，采用普通敞开式设备，其变压器及 220kV 配电装置区平面布置图如下。主变压器进线跨（变压器门构至进线门构）长度 16.5m，变压器及配电装置区土壤电阻率 $\rho = 400\Omega \cdot m$，35kV 配电室主变侧外墙为无门窗的实体防火墙。

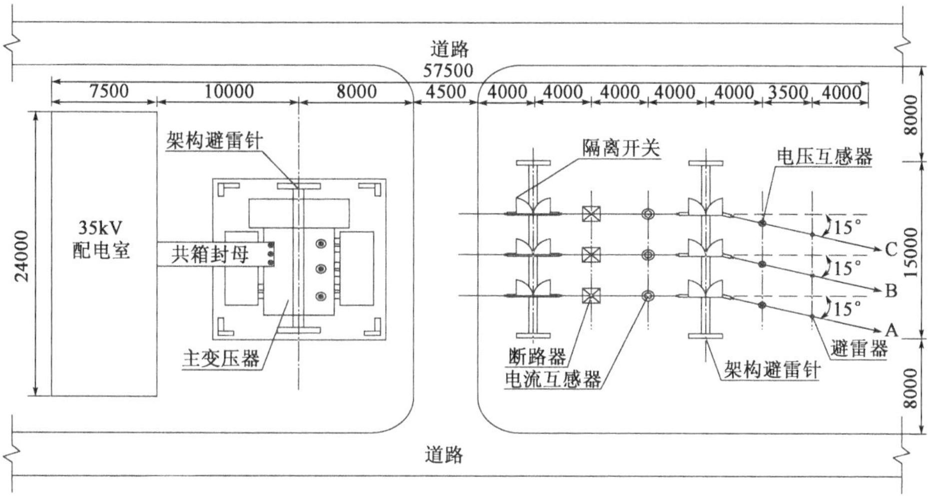

10. 请在配电装置布置图中找出有几处设计错误？并说明理由。（　　）

（A）1 处　　（B）2 处

（C）3 处　　（D）4 处

解答过程：

11. 该升压站主变压器的油重 50t，设备外廓长度 9m，设备外廓宽度 5m，卵石层的间隙率为 0.25，油的平均比重 $0.9t/m^3$，贮油池中设备的基础面积为 $17m^2$，问贮油池的最小深度应为下列哪项数值？（　　）

（A）0.58m　　（B）0.74m

（C）0.99m　　（D）1.03m

解答过程：

12. 若主变压器进线跨耐张绝缘子串采用14片X-4.5，假如该跨正常状态最大弧垂发生在最大荷载时，其弧垂为2m，计算力矩为6075.6N·m，导线应力为9.114N/mm^2，给定的参数如下：

最高温度下，其计算力矩为3572N·m，状态方程式中A为$-1426.8N/mm^2$，C_m为$42844N^3/mm^6$，求其最高温度下（$\theta_m=70℃$）的弧垂最接近下列哪项数值？（　　）

（A）1.96m　　（B）2.176m

（C）3.33m　　（D）3.7m

解答过程：

13. 主变压器进线跨导线拉力计算时，导线的计算拉断力为83410N，若该跨导线计算的应力（在弧垂最低点）见下表，求荷载长期作用时导线的安全系数为下列哪项数值？（　　）

状态	最低温度	最大荷载（有风有冰）	最大风速	带电检修
温度（℃）	-30	-5	-5	+30
应力（N/mm^2）	5.784	9.114	8.329	14.57

（A）27.45　　（B）30.5

（C）17.1　　（D）43.3

解答过程：

14. 主变压器进线跨导线拉力计算时，导线计算的应力（在弧垂最低点）见下表，试计算荷载短期作用时悬式绝缘子X-4.5的安全系数为下列哪项数值？（悬式绝缘子X-4.5的1h机电试验载荷45000N，悬式绝缘子X-4.5的破坏负荷60000N）（　　）

状态	最低温度	最大荷载（有风有冰）	最大风速	带电检修
温度（℃）	-30	-5	-5	+30
应力（N/mm^2）	5.784	9.114	8.329	14.57

（A）9.27　　（B）23.34

（C）16.21　　（D）14.81

解答过程：

15. 若该变电站地处海拔2800m，b级污秽(可按Ⅰ级考虑)地区，其主变门型架耐张绝缘子串X-4.5绝缘子片数应为下列哪项数值？ (   )

(A) 15片　　(B) 16片

(C) 17片　　(D) 18片

解答过程：

题16～21：某600MW级燃煤发电机组，高压厂用电系统电压为6kV，中性点不接地，其简化的厂用接线如下图所示，高压厂变B_1无载调压，容量为31.5MVA，阻抗值为10.5%，高压备变B_2有载调压，容量为31.5MVA，阻抗值为18%。正常运行工况下，6.3kV工作段母线由B_1供电，B_2为热备用。D_3、D_4为电动机，D_3额定参数为：$P_3=5000kW$，$\cos\varphi_3=0.85$，$\eta_3=0.93$，起动电流倍数$K_3=6$倍；D_4额定参数为$P_4=8000kW$，$\cos\varphi_4=0.88$，$\eta_4=0.96$，起动电流倍数$K_4=5$倍。假定母线上的其他负荷不含高压电动机并简化为一条馈线L_1，容量为S_1；L_2为备用馈线，充电运行。LH为工作电源进线回路电流互感器，LH_0～LH_4为零序电流互感器。请分析计算并解答下列各题。

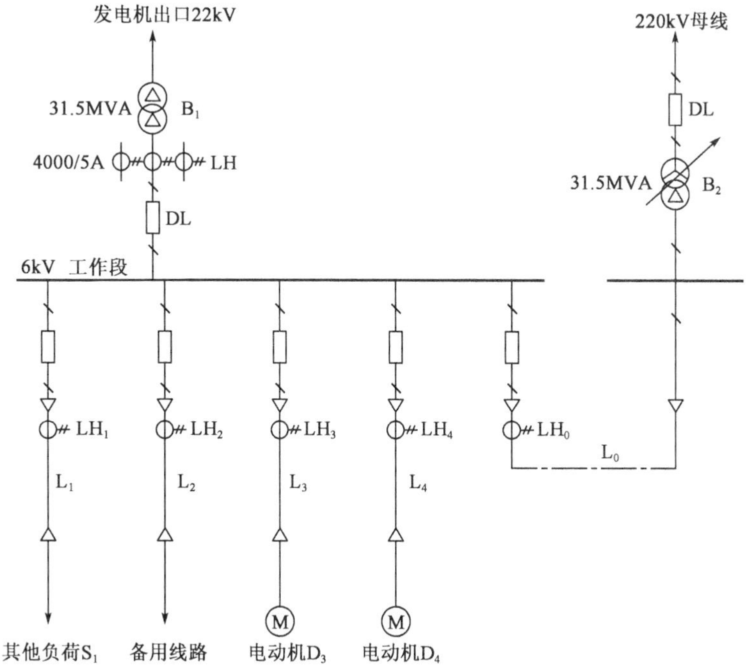

16. 若 6kV 均为三芯电缆，$L_0 \sim L_4$ 的总用缆量为 10km，其中 L_0 为 3 根并联，每根长度为 0.5km；L_3 为单根，长度 1km，当 B_1 检修，6.3kV 工作段由 B_2 供电时，电缆 L_3 的正中间，即离电动机接线端子 500m 处电缆发生单相接地短路故障，请计算流过零序电流互感器 LH_0、LH_3 一次侧电流，以及故障点的电容电流应为下列哪组数值？（已知 6kV 电缆每组对地电容值为 0.4μF/km，除电缆以外的电容忽略） （ ）

（A）2.056A，12.33A，13.02A （B）11.64A，13.02A，13.70A

（C）2.056A，12.33A，13.70A （D）13.70A，1.370A，1.370A

解答过程：

17. 已知零序电流互感器 $LH_0 \sim LH_4$ 的极性已经调整为一致，在正常运行工况下，当电缆 L_3 的正中间发生单相接地故障时，请分析并确定下列零序电流互感器的电流方向表述中哪组是正确的？ （ ）

（A）LH_1、LH_3、LH_4 方向一致，LH_0 方向相反

（B）LH_1、LH_2、LH_3、LH_4 方向一致

（C）LH_1、LH_4 方向一致，LH_3 方向相反

（D）LH_1、LH_4 方向一致，LH_0、LH_3 方向相反

解答过程：

18. 已知变压器 B_2 的有载分接开关电压分接头为 $216 \pm 8 \times 1.25\%/6.3$kV，额定铜耗为 180kW，最大计算负荷为 27500kVA，负荷功率因数为 0.83，请计算 220kV 母线电压允许波动范围为下列哪组数值？ （ ）

（A）192 ~ 236kV （B）195 ~ 238kV

（C）198 ~ 240kV （D）202 ~ 242kV

解答过程：

19. 已知在正常运行工况下，6.3kV 母线已带负荷 21MVA，请计算 D4 起动时 6.3kV 工作段的母线电压百分数最接近下列哪项数值？ （ ）

(A) 76%　　(B) 84%

(C) 88%　　(D) 93%

解答过程：

20. 在正常运行工况下，已知 $S_g = P_g + jQ_g = (12 + j9)$ MVA，D3 在额定参数下运行，若备用回路 L_2 接有一组 2Mvar 的电容器组，在起动 D_4 的同时投入，请详细计算 D_4 起动时 6.3kV 工作段的母线电压最接近下列哪项值？（　　）

(A) 83%　　(B) 85%

(C) 86%　　(D) 88%

解答过程：

21. 已知最小运行方式下 6kV 工作段母线三相短路电流为 28kA，2MW 及以上的电动机回路均已装设完整的差动保护，低压厂用变压器最大单台容量为 2MVA，其低压电动机自启动引起的过电流倍数为 2.5，请计算高压厂变 B_1 低压侧工作分支断路器的过流保护的电流整定值和灵敏系数最接近下列哪组数值？（可靠系数取 1.2）（　　）

(A) 4.91A，3.52　　(B) 8.60A，3.52

(C) 8.23A，4.25　　(D) 4.91A，6.17

解答过程：

题 22～27：一台 660MW 发电机以发变组单元接入 500kV 系统，发电机额定电压 20kV，额定功率因数 0.9，中性点经高阻接地，主变压器 500kV 侧中性点直接接地。厂址海拔 0m，500kV 配电装置采用屋外敞开式布置，10min 设计风速为 15m/s，500kV 避雷器雷电冲击残压为 1050kV，操作冲击残压为 850kV，接地网接地电阻 0.2Ω，请根据题意回答下列问题：

22. 若厂内 500kV 升压站最大接地故障短路电流为 39kA，折算至 500kV 母线的厂内零序阻抗 0.03（标幺值），系统侧零序阻抗 0.02（标幺值），发生单相接地故障时故障切除时间为 1s，500kV 的等效时间常数 X/R 为 40，厂内、厂外发生接地故障时接地网的

工频分流系数分别为 0.4 和 0.9，计算厂内单相接地时地电位升应为下列哪项数值？（　　）

(A) 2.81kV　　(B) 2.98kV

(C) 3.98kV　　(D) 4.97kV

解答过程：

23. 计算 500kV 软导线对构架操作过电压所需最小相对地空气间隙应为下列哪项数值？（取 $u_{50\%}=785d^{0.34}$）（　　）

(A) 2.55m　　(B) 1.67m

(C) 3.40m　　(D) 1.97m

解答过程：

24. 该发电机不平衡负载连续运行限值 I_2/I_N 应不小于下列哪项数值？（　　）

(A) 0.08　　(B) 0.10

(C) 0.079　　(D) 0.067

解答过程：

25. 若主变高压侧单相接地时低压侧传递过电压为 700V，主变高压侧单相接地保护动作时间为 10s，发电机单相接地保护电压定值为 500V，则发电机出口避雷器的额定电压最小计算值应为下列哪项数值？（　　）

(A) 15.1kV　　(B) 21kV

(C) 26kV　　(D) 26.25kV

解答过程：

26. 发电机及主变过励磁能力分别见表 1 及表 2，发电机与变压器共用一套过励磁保护装置，请分析判断下列各曲线关系图中哪项是正确的？（图中曲线 G 代表发电机过励磁能力，T 代表变压器过励磁能力，L 代表励磁调节器 U/f 限制设定曲线，P 代表过励磁保护整定曲线）　　（　　）

发电机过励磁允许能力　　表 1

时间(s)	连续	180	150	120	60	30	10
励磁电压(%)	105	108	110	112	125	146	208

变压器工频电压升高时的过励磁运行持续时间　　表 2

工频电压升高倍数	相 - 地	1.05	1.1	1.25	1.5	1.8
持续时间		连续	<20min	<20s	<1s	<0.1s

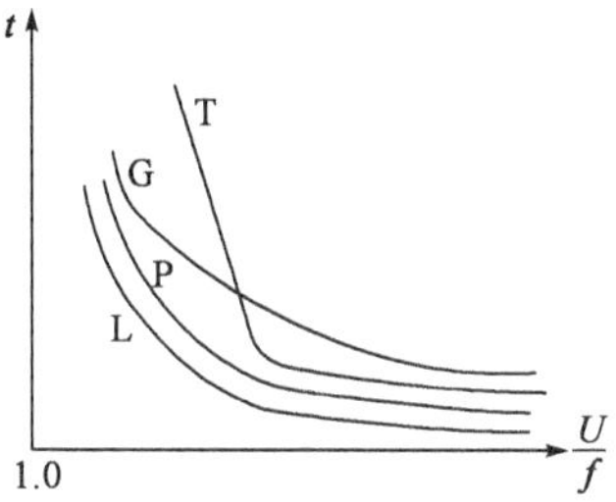

(A)

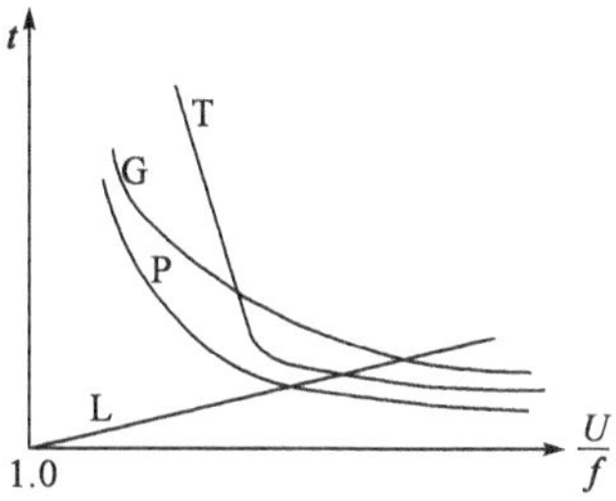

(B)

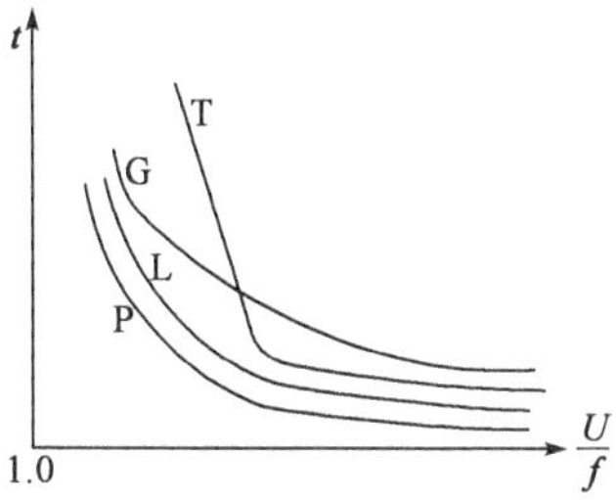

(C)

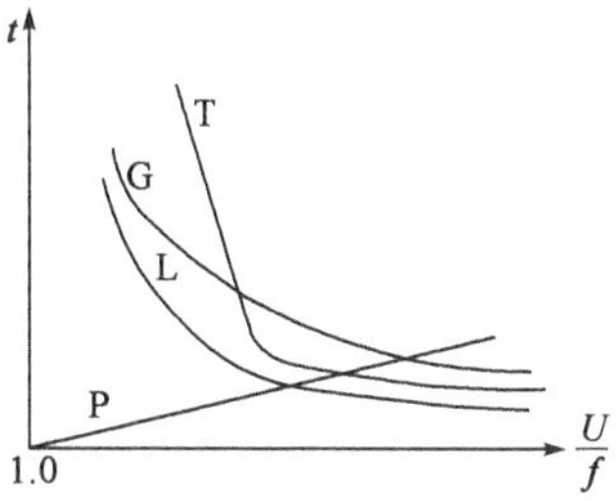

(D)

解答过程：

27. 若该工程建于海拔 1800m 处，电气设备外绝缘雷电冲击耐压（全波）1500kV，则避雷器选型正确的是：（按 GB 50064 选择）　　（　　）

(A) Y20W－400/1000　　(B) Y20W－420/1000

(C) Y10W－420/850　　(D) Y20W－420/850

解答过程：

题 28～30：某 220kV 变电站，主接线示意图见下图，安装 220/110/10kV，180MVA(100%/100%/50%)主变两台，阻抗电压高-中 13%，高-低 23%，中低 8%；220kV 侧为双母线接线，线路 6 回，其中线路 L_{21}、L_{22}分别连接 220kV 电源 S_{21}、S_{22}，另 4 回为负荷出线(每回带最大负荷 180MVA)，每台主变的负载率为 65%。

110kV 侧为双母线接线，线路 10 回，其中 2 回线路 L_{11}、L_{12}分别连接 110kV 系统电源 S_{11}、S_{12}，正常情况下为负荷出线，每回带最大负荷 20MVA、其他出线均只作为负荷出线，每回带最大负荷 20MVA，当 220kV 侧失电时，110kV 电源 S_{11}、S_{12}通过线路 L_{11}、L_{12}向 110kV 母线供电，此时，限制 110kV 负荷不大于除了 L_{11}、L_{12}线路外其他各负荷线路最大总负荷的 40%，且线路 L_{11}、L_{12}均具备带上述总负荷的 40% 的能力。

10kV 为单母线接线，不带负荷出线。

已知系统基准容量 $S_j=100$MVA，220kV 电源 S_{21}最大运行方式下系统阻抗标幺值为 0.006，最小运行方式下系统阻抗标幺值为 0.0065；220kV 电源 S_{22}最大运行方式下系统阻抗标幺值为 0.007，最小运行方式下系统阻抗标幺值为 0.0075；L_{21}线路阻抗标幺值为 0.01，L_{22}线路阻抗标幺值 0.011。

已知 110kV 电源 S_{11}最大运行方式下系统阻抗标幺值为 0.03，最小运行方式下系统阻抗标幺值为 0.035，110kV 电源 S_{12}最大运行方式下系统阻抗标幺值为 0.02，最小运行方式下系统阻抗标幺值为 0.025，L_{11}线路阻抗标幺值为 0.011，L_{12}线路阻抗标幺值 0.017。

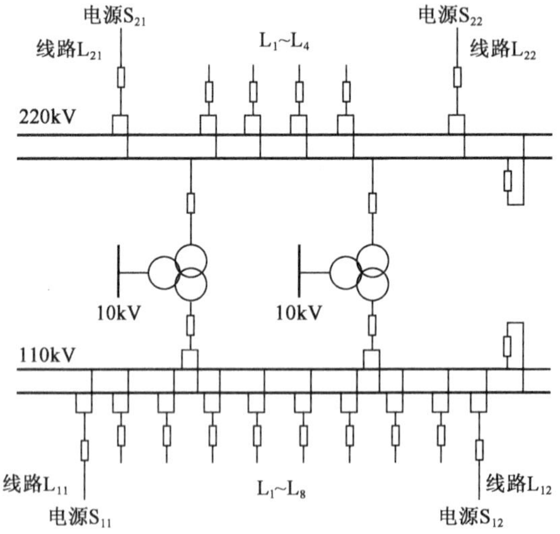

28. 已知 220kV 断路器失灵保护作为 220kV 电力设备和 220kV 线路的近后备保护，请计算 220kV 线路 L_{21}失灵保护电流判别元件的电流定值和灵敏系数最接近下列哪组数值？(可靠系数取 1.1，返回系数取 0.9)　(　　)

(A) 0.75kA,10.16　　(B) 1.15kA,6.42

(C) 11.45kA,1.3　　(D) 3.06kA,2.49

解答过程：

29. 已知主变110kV侧电流互感器变比为1200/1，请计算主变110kV侧用于主变压器差动保护的电流互感器的一次电流计算倍数最接近下列哪项数值？(可靠系数取1.3)　　(　　)

(A) 6.18　　(B) 6.04

(C) 6.76　　(D) 27.96

解答过程：

30. 已知110kV负荷出线后备保护为过流保护，保护动作时间为1.5，断路器全分闸时间取0.08s，请计算并选择110kV负荷出线断路器的最大短路电流热效应计算值为：　　(　　)

(A) 999.23kA^2s　　(B) 58.41kA^2s

(C) 1622.97kA^2s　　(D) 1052.53kA^2s

解答过程：

题31~35：750kV架空送电线路，位于海拔1000m以下的山区，年平均雷暴日数为40，线路全长100km，导线采用六分裂JL/GIA-500/45钢芯铝绞线，子导线直径为30mm，分裂间距为400mm，线路的最高电压为800kV，假定操作过电压倍数为1.80p.u.。(按国标规范计算)

31. 假设线路的正序电抗为0.36Ω/km，正序电纳为6.0×10^{-6}S/km，计算线路的自然功率P_n应为下列哪项数值？　　(　　)

(A) 2188.6MW　　(B) 2296.4MW

（C）2612.8MW　　（D）2778.6MW

解答过程：

32. 双回路段鼓型悬垂直线塔，设计极限档距为900m，导线最大弧垂为64m，导线悬垂绝缘子串长度为8.8m（I串），塔头尺寸设计时导线横担之间的最小垂直距离宜取下列哪项数值？（　　）

（A）11.66m　　（B）12.50m

（C）13.00m　　（D）15.54m

解答过程：

33. 假如在强雷区地段，需安装线路防雷用避雷器降低线路雷击跳闸率，下列在杆塔上安装线路避雷器的方式哪种是正确的？（　　）

（A）单回线路宜在3相绝缘子串旁安装

（B）单回线路可在两个相绝缘子串旁安装

（C）同塔双回线路宜在两回路线路绝缘子串旁安装

（D）同塔双回线路可在两回路线路的下相绝缘子串旁安装

解答过程：

34. 假定导线波阻抗为250Ω，闪电通道波阻为250Ω，绝缘子串负极性50%闪络电压绝对值为3600kV，雷电为负极性时，最小绕击耐雷水平值 I_{min} 应为下列哪项数值？（　　）

（A）37.1kA　　（B）38.3kA

（C）39.7kA　　（D）43.2kA

解答过程：

35. 单回路段悬垂直线塔采用水平排列的酒杯塔，假定绝缘子串的闪络距离为7.2m，计算绕击建弧率应为下列哪项数值？（　　）

（A）0.628　　（B）0.832

（C）0.966　　（D）1.120

解答过程：

题36～40：某220kV架空送电线路MT（猫头）直线塔，采用双分裂LGJ-400/35导线，悬垂串长度为3.2m，导线截面积425.24mm²，导线直径为26.82mm，单位重量1307.50kg/km，导线平均高度处大风风速为32m/s，大风时温度为15℃，应力为70N/mm²，最高气温（40℃）条件下导线最低点应力为50N/mm²，L_1邻档断线工况应力为35N/mm²。图中$h_1=18$，$L_1=300m$，$dh_1=30m$，$L_2=250m$，$dh_2=10m$，l_1、l_2为最高气温下的弧垂最低点至MT的距离，$l_1=180m$，$l_2=50m$。（提示$g=9.8$，采用抛物线公式计算）

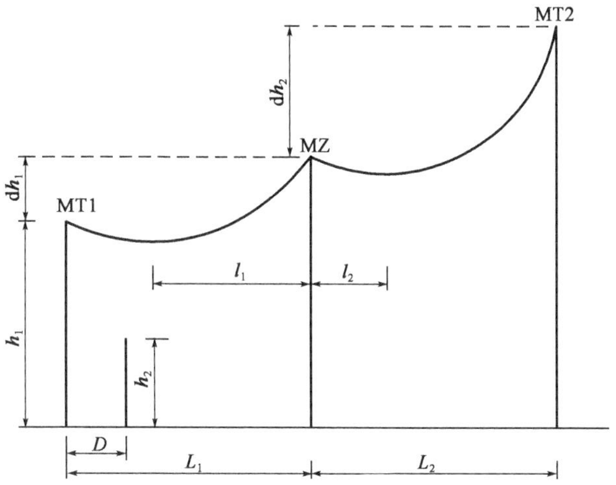

36. 计算该导线在大风工况下综合比载应为下列哪项数值？（　　）

（A）0.0301N/（m·mm²）　　（B）0.0222N/（m·mm²）

（C）0.0449N/（m·mm²）　　（D）0.0333N/（m·mm²）

解答过程：

37. 为了确定 MT 塔头空气间隙，需要计算 MT 塔在大风工况下的摇摆角，问摇摆角应为下列哪项数值？（不考虑绝缘子串影响） （　　）

（A）52.90°　　（B）57.99°

（C）48.67°　　（D）56.35°

解答过程：

38. 假定该线路最大弧垂为 14m，该线路铁塔线间垂直距离至少为以下哪项数值？ （　　）

（A）5.71m　　（B）5.5m

（C）4.28m　　（D）4.58m

解答过程：

39. 距离 MT1 塔 50m 处有一高 10m 的 10kV 线路（$D=50\text{m}$，$h_2=10\text{m}$），则邻档断线工况下，MT1-MT 档导线与被跨的 10kV 线路间的垂直距离应为下列哪项数值？ （　　）

（A）7.625m　　（B）9.24m

（C）6.23m　　（D）8.43m

解答过程：

40. 为了现场定位，线路专业往往需要制作定位模板，以下关于定位模板的表述哪项是不正确的？请说明理由。 （　　）

（A）定位模板形状与导线最大弧垂时应力有关

（B）定位模板形状与导线最大弧垂时比载有关

（C）定位模板形状与档距有关

（D）定位模板可用于检测线路纵断面图

解答过程：

2016年案例分析试题答案(下午卷)

题1~4答案:**CCDAA**

1.《电力系统安全稳定导则》(DL/T 755—2001)附录A第A3条。

第A3条N-1原则:正常运行方式下的电力系统中任一元件(如线路、发电机、变压器等)无障碍或因故障断开、电力系统应能保持稳定运行和正常供电,其他元件不过负荷,电压和频率均在允许范围内。

一般情况下,220kV母线正常运行时,其电源与负荷应尽可能平衡,由于其中三条馈线负荷相同,可假定正常运行情况下220kV母线通流负荷值如下:

220kV母线Ⅰ:S_1 = 电源1 = 负荷 L_1 + 负荷 L_2 + 变压器 T_2 = 150 + 150 + 150 = 450MVA

220kV母线Ⅱ:S_2 = 电源2 = 负荷 L_3 + 负荷 L_4 + 变压器 T_1 = 100 + 150 + 150 = 400MVA

220kV母线通流最大值:

$$I_g = \frac{L_1 + L_2 + L_3 + L_4 + T_1 + T_2}{\sqrt{3}U_e} = \frac{3\times 5 + 100 + 2\times 150\times 65\%}{\sqrt{3}\times 220}\times 10^3 = 1955\text{A}$$

2.《导体与电器选择设计技术规程》(DL/T 5222—2005)第14.2.1-1条。

第14.2.1-1条:普通限流电抗器的额定电流应按主变压器或馈线回路的最大可能工作电流选择,即2500A。

《电力工程电气设计手册》(电气一次部分)P253式(6-14)。

限流电抗器电抗百分值:

$$X_k\% \geqslant \left(\frac{I_j}{I''} - X_{*j}\right)\frac{I_{ek}}{U_{ek}}\cdot\frac{U_j}{I_j}\times 100\% = \left(\frac{5.5}{15} - \frac{5.5}{32}\right)\times\frac{2.5}{10}\times\frac{10.5}{5.5}\times 100\% = 9.3\%$$

3.《高压配电装置设计技术规程》(DL/T 5352—2018)。

第2.1.8条:每段母线上应装设接地开关或接地器。(错误1,图中缺少接地开关)

《电力工程电气设计手册》(电力一次部分)P72"避雷器的配置"第1条和第14条。第1条:配电装置的每组母线上,应装设避雷器,但进出线都装设避雷器时除外。第14条:110~220kV线路侧一般不装设避雷器。(错误2)

《电力工程电气设计手册》(电力二次部分)P526~P527"母线保护的配置原则"第11条。第11条:母线保护电流互感器的配置应和母线上其他元件(线路、变压器)保护用的电流互感器的配置相协调,防止出现无保护区。(错误3,图中母联回路电流互感器在断路器一侧,存在保护死区,应配置在断路器与隔离开关之间)

《220kV~750kV变电站设计技术规程》(DL/T 5218—2012)第5.1.8条:安装在出线上的避雷器、耦合电容器、电压互感器以及接在变压器引出线或中性点上的避雷器,

不应装设隔离开关。(错误4,图中电源进线1、2装设的电压互感器均设有隔离开关)

注:对其他信息澄清如下:

《高压配电装置设计技术规程》(DL/T 5352—2018):

第2.1.5条:110kV~220kV配电装置母线避雷器和电压互感器,宜合用一组隔离开关。(图中正确,330kV以上的内容不适用)

第2.1.7条:66kV及以上的配电装置,断路器两侧的隔离开关靠断路器侧,线路隔离开关靠线路侧,变压器进线隔离开关靠变压器侧,应配置接地开关。(图中正确)

第2.1.10条:110kV及以上配电装置的电压互感器配置,可以采用按母线配置的方式,也可以采用按回路配置的方式。(图中正确)

4.《电力工程电气设计手册 电气二次部分》P588 式(28-75)、式(28-76)、式(28-77)。

(1)按躲过外部发生故障时的最大不平衡电流整定:

$I_{DZ\cdot 1} = K_k \cdot I_{bp\cdot max} = 1.5 \times 0.1 \times 30 \times 10^3 = 4500A$

(2)按躲过二次回路断线故障电流整定:

$I_{DZ\cdot j} = K_k I_{fh\cdot max} = 1.5 \times 1955 = 2992.5A$

起动元件和选择元件的动作电流选取较大的一个,即4500A。

(3)整定后,需按系统最小运行方式下,校验母线发生故障时保护装置的灵敏度,要求起动元件和选择元件的最小灵敏度系数大于2。

$$K_{lm} = \frac{I_{k2\cdot min}}{I_{DZ} n_A} = \frac{0.866 \times 18000}{4500} = 3.46$$

注:灵敏度校验采用最小运行方式下两相短路电流 $I_{k2\cdot min}$,为三相短路电流的0.866倍。

题5~9答案:**AACCC**

5.《导体与电器选择设计技术规程》(DL/T 5222—2005)附录F.4“三相短路电流的冲击电流和全电流计算”。

短路点 k_1 位于发电厂升压变压器高压侧(220kV)母线处,根据表F.4.1,$K_{ch}=1.85$

短路冲击电流:$i_{ch} = \sqrt{2} K_{ch} I'' = \sqrt{2} \times 1.85 \times 28.7 = 75.08kA$

6.《电力工程电气设计手册》(电气一次部分)P120~P121 式(4-10)、P129 式(4-20)。

k_1 点发生单相短路时,由于负荷侧线路 L_1 和 L_2 的参数完全相同,因此负荷侧提供的短路电流应存在关系:$I_{fh} = I_{L11} + I_{L12} = 2I_{L11} = 2 \times 5.2 = 10.4kA$,忽略风电场机组,4台发电机组提供的短路电流总和为 $I_{k1} = I' - I_{fh} = 28.7 - 10.4 = 18.3kA$,等效短路网络如图,则

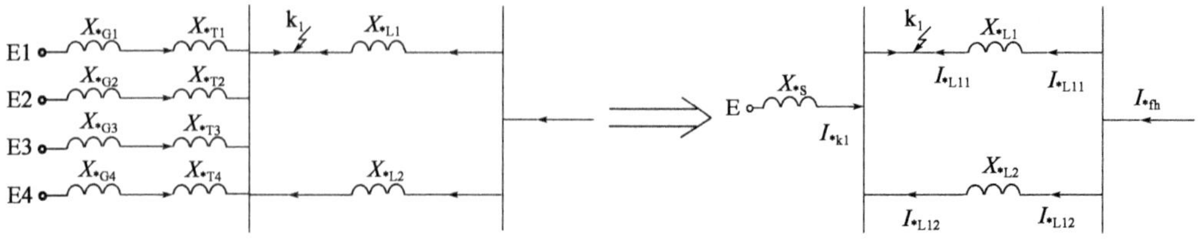

发电机侧等效系统电抗标幺值：$X_{*S}=\dfrac{S_j}{S_d''}=\dfrac{100}{\sqrt{3}\times230\times18.3}=0.0137$

线路电抗标幺值：$X_{*L1}=X_{*L2}=X\dfrac{S_j}{U_j^2}=0.3\times40\times\dfrac{100}{230^2}=0.0227$

电源至 k_2 短路点等效电抗标幺值：$X_{*\Sigma}=X_{*S}+\dfrac{1}{2}X_{*L1}=0.0137+\dfrac{0.02268}{2}=$ 0.0251

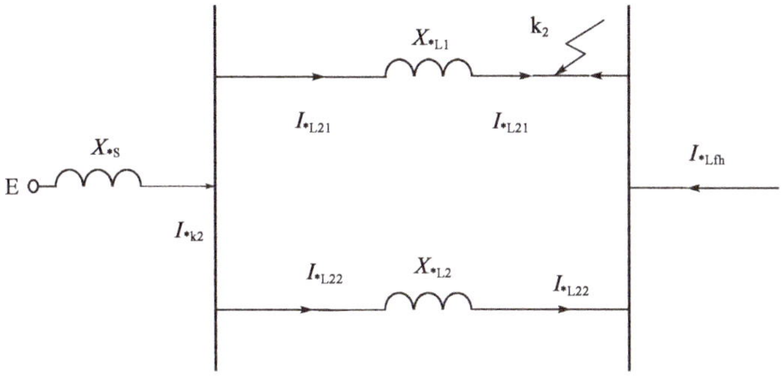

当 k_2 点短路时，等效短路网络如图，因此存在关系 $I_{k2}=I_{L21}+I_{L22}=2I_{L21}=2I_{L22}$，通过断路器 DL_2 的短路电流为 I_{L21}，则：

$$I_{L21}=\frac{1}{2}I_{k2}=\frac{1}{2}\times\frac{I_j}{X_{*\Sigma}}=\frac{1}{2}\times\frac{0.251}{0.0251}=5\text{kA}$$

7.《风电场接入电力系统技术规定》(GB/T 19963—2011) 第 9.3 条。

第 9.3 条：对电力系统故障期间没有切除的风电场，其有功功率在故障清除后应快速恢复，自故障清除时刻开始，以至少 10% 额定功率/秒的功率变化率恢复至故障前的值。

风电场功率恢复变化率：$\eta=10\%P_{WG}=10\%\times100=10\text{MW/s}$

8.《光伏发电站设计规范》(GB 50797—2012) 第 9.2.2-4 条。

第 9.2.2-4 条：接入 10～35kV 电压等级公用电网的光伏发电站，功率因数应能在超前 0.98 和滞后 0.98 的范围内连续可调。

《电力工程电气设计手册》(电气一次部分) P232 表 6-3。

变压器回路持续工作电流：$I_g=1.05\times\dfrac{S_e}{\sqrt{3}U_e}=1.05\times\dfrac{40\div0.98}{\sqrt{3}\times35}=0.707\text{kA}=707\text{A}$

《电流互感器与电压互感器选择及计算规程》(DL/T 866—2015) 第 4.2.2 条：测量用电流互感器额定一次电流应接近但不低于一次回路正常最大负荷电流。因此选择 800A。

9.《风电场接入电力系统技术规定》(GB/T 19963—2011) 第 9.1 条。

风电场低电压穿越要求如图所示：

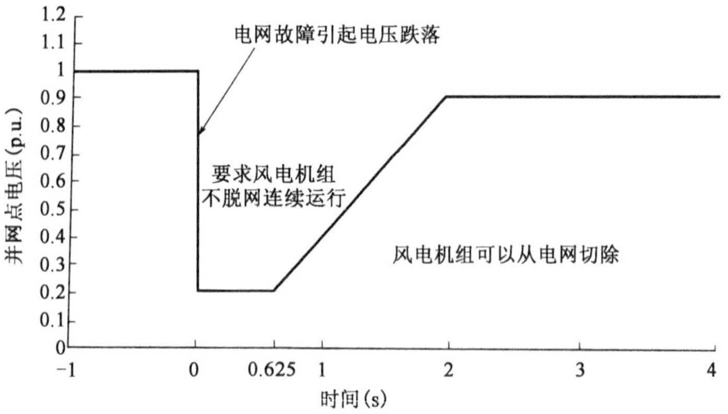

将并网点电压分别求出，对照图中确定“不脱网连续运行”和“从电网中切除”的时间节点，分析可知选项 C 正确。

题 10 ~ 15 答案：**CBAAAB**

10.《电力工程电气设计手册》(电气一次部分) P579“2. 屋外配电装置部分”，P707 附表 10-4、附表 10-5。

(1) P579“2. 屋外配电装置部，选用出现架构宽度时，应使出线对架构横梁垂直线的偏角 θ 不大于下列数值：35kV—5°；110kV—20°；220kV—10°；330kV—10°；500kV—10°。如出线偏角大于上列数值，则需采取出线悬挂点偏移等措施，并对其跳线的安全净距进行校验”。

(2) P707 附表 10-4“电流互感器与断路器之间距离不应小于 4500mm”，本题图中距离仅 4000mm，达不到最小安全净距。

(3) P707 附表 10-5“断路器与隔离开关之间距离不应小于 6000mm”，本题图中距离仅 4000mm，达不到最小安全净距。

(4)《交流电气装置的过电压保护和绝缘配合设计规范》(GB/T 50064—2014) 第 5.4.8-1 条。

变压器门型架构上安装避雷针或避雷线应符合的要求之“1”：除大坝与厂方紧邻的水力发电厂外，当土壤电阻率大于 350Ω · m 时，在变压器门型架构上，不得装设避雷针、避雷线。

注：通常电流互感器装在断路器的出线侧，是对电流互感器的一种保护，有利于互感器和表计的更换与维护。但若线路或母线设置了差动保护，电流互感器安装位置在断路器前后会有一定区别。

11.《电力工程电气设计手册》(电气一次部分) P572 式(10-1)。

贮油池面积：$S_1 = (9+2) \times (5+2) = 77\text{m}$

贮油池深度：$h \geqslant \dfrac{0.2G}{0.25 \times 0.9(S_1 - S_2)} = \dfrac{0.2 \times 50}{0.25 \times 0.9 \times (77 - 17)} = 0.74\text{m}$

注：手册公式中的设备油重单位有误，应为 t(吨)。

12.《电力工程电气设计手册》(电气一次部分) P388 ~ P389“求解导线状态方程”。

最高温度时,由式(8-89):$\sigma_m^2(\sigma_m - A) = C_m$,$\sigma_m = \sqrt{\dfrac{42844}{1426.8}} = 5.48\text{N/mm}^2$,然后采用内插法代入试算,可得 $\sigma_m = 5.469\text{N/mm}^2$

由式(8-88):$\sigma = \dfrac{H}{S} \Rightarrow H_m = \sigma_m \cdot S = 5.469 \times 333.31 = 1822.87\text{N}$

由式(8-83):$f = \dfrac{M}{H} = \dfrac{3572}{1822.87} = 1.959\text{m}$

13.《电力工程电气设计手册》(电气一次部分) P389 式(8-88)。

最大荷载时的导线拉力:$F = \sigma \cdot S = 9.114 \times 333.31 = 3037.79\text{N}$

导线的安全系数:$k = \dfrac{83410}{3037.79} = 27.46$

14.《高压配电装置设计技术规程》(DL/T 5222—2005) 第 5.0.15 条及条文说明。

表 5.0.15 之注 1:悬式绝缘子的安全系数对应于 1h 机电试验荷载,而不是机电破坏荷载。

第 5.0.15 条之条文说明:短时作用的荷载,系指在正常状态下长期作用的荷载与在安装、检修、短路、地震等状态下短时增加载荷的综合。

带电检修时的导线拉力:$F = \sigma \cdot S = 14.57 \times 333.31 = 4856.33\text{ N}$

悬式绝缘子 X-4.5 的安全系数:$K = \dfrac{45000}{4856.33} = 9.27$

15.《导体与电器选择设计技术规程》(DL/T 5222—2005) 第 21.0.9 条、第 21.0.11 条、第 21.0.11 条。

由第 21.0.10 条,220kV 等级变电站耐张绝缘子串的绝缘子片数不小于 13 个。

由第 21.0.9 条,悬式绝缘子应考虑绝缘子的老化,220kV 每串绝缘子要预留零值绝缘子对应耐张片为 2 片,为 13+2=15 片。

由第 21.0.12 条,进行海拔修正:$N_H = N[1 + 0.1(H - 1)] = 13 \times [1 + 0.1 \times (2.8 - 1)] = 15.34$,为 16 个,取两者之大值,为 16 片。

注:海拔修正与老化修正均可视为增加绝缘子数量来加强绝缘,经过修正而增加的绝缘子可彼此借用,而非叠加,因此取两者较大值即可。

题 16~21 答案:**CCBBBB**

16.《电力工程电气设计手册》(电气一次部分)P80 式(3-1)。

当 L_3 的正中间发生单相接地故障时,各馈线的电容电流的流经方向如图所示,分析可知:流经零序电流互感器 LH_0 一次侧电流由 L_0 段电缆提供,流经零序电流互感器 LH_3 一次侧电流由除 L_3 段之外的其他电缆提供,流经短路点的电容电流由全部电缆提供,则:

$I_{c0} = \sqrt{3}U_e\omega C \times 10^{-3} = \sqrt{3} \times 6.3 \times 2\pi \times 50 \times 0.4 \times 3 \times 0.5 \times 10^{-3} = 2.056\text{A}$

$I_{c3} = \sqrt{3}U_e\omega C \times 10^{-3} = \sqrt{3} \times 6.3 \times 2\pi \times 50 \times 0.4 \times (10 - 1) \times 10^{-3} = 12.335\text{A}$

$$I_k = \sqrt{3}U_e\omega C \times 10^{-3} = \sqrt{3} \times 6.3 \times 2\pi \times 50 \times 0.4 \times 10 \times 10^{-3} = 13.71\text{A}$$

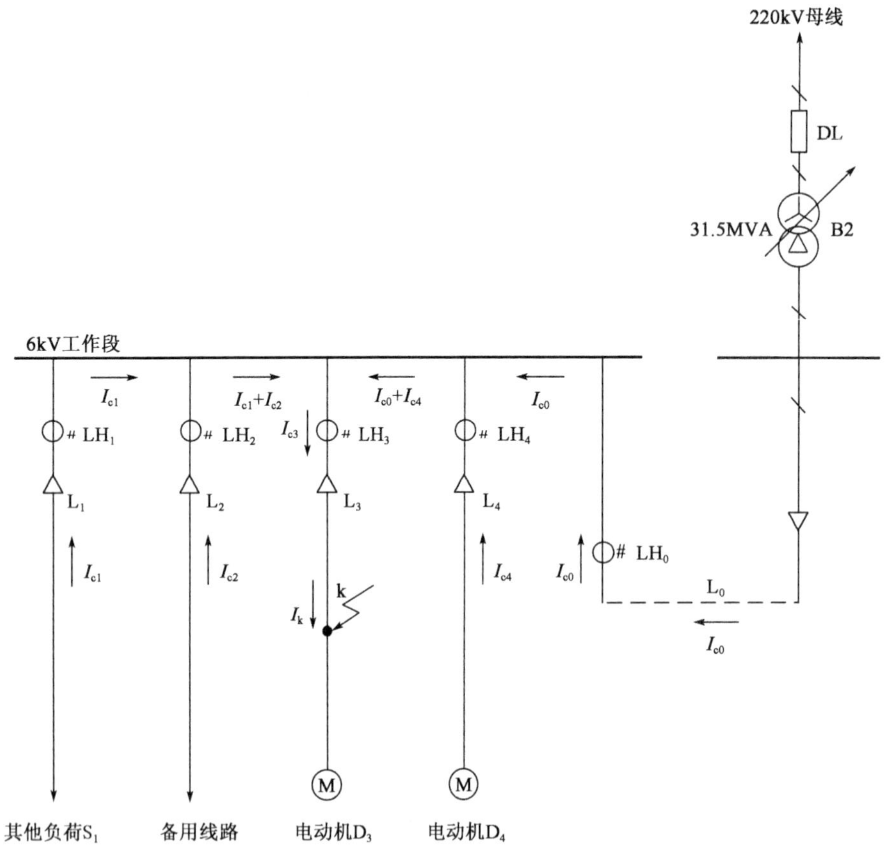

注：严格地说，所有的电容电流中还应包括220kV/6kV变配电设备的电容电流增量，但题干中未明确要求，建议忽略。

17. 依上题的图示，可判断零序电流互感器 LH_0 ~ LH_1、LH_2、LH_4 的一次侧电流方向一致，而仅 LH_3 方向相反。

18.《火力发电厂厂用电设计技术规定》(DL/T 5153—2014) 附录G"厂用电电压调整计算"。

功率因数 $\cos\varphi = 0.83$，对应 $\sin\varphi = 0.558$

变压器电阻标幺值：$R_T = 1.1\dfrac{P_t}{S_{2T}} = 1.1 \times \dfrac{0.18}{31.5} = 0.0063$

变压器电抗标幺值：$X_T = 1.1\dfrac{U_d\%}{100} \cdot \dfrac{S_{2T}}{S_T} = 1.1 \times \dfrac{18}{100} \times \dfrac{31.5}{31.5} = 0.198$

负荷压降阻抗标幺值：$Z_\varphi = R_T\cos\varphi + X_T\sin\varphi = 0.0063 \times 0.83 + 0.198 \times 0.558 = 0.1157$

厂用负荷标幺值：$S = \dfrac{S_e}{S_{2T}} = \dfrac{27.5}{31.5} = 0.873$

(1) 厂用母线的最低电压 $U_{m\cdot min} = 0.95$，厂用负荷最大，计算电源最低电压。

厂用母线电压标幺值：$U_0 = U_{m\cdot min} + SZ_\varphi = 0.95 + 0.873 \times 0.1157 = 1.051$

电源最低电压标幺值：$U_g = U_0 \dfrac{1 + n\dfrac{\delta_u\%}{100}}{U'_{2e}} = 1.051 \times \dfrac{1 - 8 \times \dfrac{1.25}{100}}{\dfrac{6.3}{6.0}} = 1.051 \times \dfrac{1 - 0.1}{1.05} = 0.9$

(2)厂用母线的最高电压 $U_{m\cdot max} = 1.05$、厂用负荷最小（为零），计算电源最高电压。

厂用母线电压标幺值：$U_0 = U_{m\cdot max} + SZ_\varphi = 1.05 + 0 = 1.05$

电源最高电压标幺值：$U_g = U_0 \dfrac{1 + n\dfrac{\delta_u\%}{100}}{U'_{2e}} = 1.05 \times \dfrac{1 + 8 \times \dfrac{1.25}{100}}{\dfrac{6.3}{6.0}} = 1.05 \times \dfrac{1 + 0.1}{1.05} = 1.1$

厂用母线电压标幺值：$U_m = U_0 - SZ_\varphi = 0.9372 - 0 = 0.9372$

(3)高压母线电压波动范围有名值：$U_G = (0.9 \sim 1.1) \times U_{1e} = (0.9 \sim 1.1) \times 216 = (194.4 \sim 237.6)\text{kV}$

19.《火力发电厂厂用电设计技术规定》（DL/T 5153—2014）附录 H“电动机正常起动时的电压计算”。

在正常运行工况下，6.3kV 工作段母线由 B_1 供电，B_2 为热备用，则

D4 起动电动机的起动容量标幺值：$S_q = \dfrac{K_q P_e}{S_{2T}\eta_d \cos\varphi_d} = \dfrac{5 \times 8000}{31.5 \times 10^3 \times 0.96 \times 0.88} = 1.5031$

电动机起动前，厂用母线上的已有负荷标幺值：$S_1 = \dfrac{21}{31.5} = 0.6667$

合成负荷标幺值：$S = S_1 + S_q = 1.5031 + 0.6667 = 2.1698$

变压器电抗标幺值：$X_T = 1.1\dfrac{U_d\%}{100} \cdot \dfrac{S_{2T}}{S_T} = 1.1 \times \dfrac{10.5}{100} \times \dfrac{31.5}{31.5} = 0.1155$

电动机正常起动时的母线电压标幺值：$U_m = \dfrac{U_0}{1 + SX} = \dfrac{1.05}{1 + 2.1698 \times 0.1155} = 0.8396 = 83.96\%$

20.《火力发电厂厂用电设计技术规定》（DL/T 5153—2014）附录 H“电动机正常起动时的电压计算”。

在正常运行工况下，6.3kV 工作段母线由 B_1 供电，B_2 为热备用，则

D4 额定容量运行时，$\cos\varphi = 0.88$，$\tan\varphi = 0.54$，则：$S_{14} = \dfrac{8}{0.96} + j\left(\dfrac{8 \times 0.54}{0.96}\right) = 8.333 + j4.5$

备用回路电容器容量：$S_{12} = 0 - j2$

D4 起动电动机的起动容量（备用回路电容器组在起动 D4 的同时投入，纳入计算）：

$S_q' = K_q S_{14} + S_{12} = 5 \times (8.333 + j4.5) - j2 = 41.665 + j11.25 = 43.157\angle 15.11°$

D4 起动电动机的起动容量标幺值：$S_q = \frac{S_q'}{S_{2T}} = \frac{43.157}{31.5} = 1.37$

D3 额定参数下运行，$\cos\varphi = 0.85$，$\tan\varphi = 0.62$，则：$S_{13} = \frac{5}{0.93} + j(\frac{5 \times 0.62}{0.93}) = 5.376 + j3.333$

电动机起动前，厂用母线上的已有负荷

$S_1 = S_g + S_{12} = (12 + j9) + (5.376 + j3.333) = 17.376 + j12.333 = 21.31\angle 35.366°$

厂用母线上的已有负荷标幺值：$S_1 = \frac{21.31}{31.5} = 0.6765$

合成负荷标幺值：$S = S_1 + S_q = 1.37 + 0.6765 = 2.047$

变压器电抗标幺值：$X_T = 1.1\frac{U_d\%}{100} \cdot \frac{S_{2T}}{S_T} = 1.1 \times \frac{10.5}{100} \times \frac{31.5}{31.5} = 0.1155$

电动机正常起动时的母线电压标幺值：$U_m = \frac{U_0}{1 + SX} = \frac{1.05}{1 + 2.047 \times 0.1155} = 0.84925 = 84.925\%$

21.《电力工程电气设计手册》（电气二次部分）P695"4.厂用高压变压器低压侧分支过电流保护"。

（1）按躲过本段母线所接电动机最大起动电流之和整定：

电动机 D3 的起动容量：$S_{D3} = 6 \times \frac{5}{0.85 \times 0.93} = 37.95\text{MVA}$

电动机 D4 的起动容量：$S_{D4} = 5 \times \frac{8}{0.88 \times 0.96} = 47.35\text{MVA}$

明备用接线：$K_{zq} = \frac{1}{\frac{U_d\%}{100} + \frac{W_e}{K_{qd}W_{d\Sigma}}} = \frac{1}{\frac{10.5}{100} + \frac{31.5}{37.95 + 47.35}} = 2.11$

低压侧过电流整定值：$I_{zd} = K_k \cdot K_{zq} \cdot I_d = 1.2 \times 2.11 \times \frac{31.5}{\sqrt{3} \times 6.3} = 7.3\text{kA}$

（2）由于2MW及以上的电动机回路均已装设完整的差动保护，不必校验其最大电动机速断保护配合。

（3）与接于本段母线的低压厂用变压器过电流保护配合整定：

$I_{dz} = K_k(I'_{dz} + \Sigma I_{fh}) = 1.2 \times \left(2.5 \times \frac{2}{\sqrt{3} \times 6.3} + \frac{31.5 - 2}{\sqrt{3} \times 6.3}\right) = 1.2 \times (458.2 + 2703.5) = 3.794\text{kA}$

取大者，$I_{dz} = 7.3\text{kA}$

（4）灵敏系数：

$$I_{dz \cdot j} = \frac{K_{jx} \cdot I_{dz}}{n_L} = \frac{1 \times 7.3 \times 10^3}{4000/5} = 9.125\text{A}$$

$$K_{lm} = \frac{I_{d \cdot min}}{I_{dz \cdot j}} = \frac{0.866 \times 28 \times 10^3 \div (4000 \div 5)}{9.125} = 3.32$$

题 22 ~ 27 答案:**BBDBAD**

22.《交流电气装置的接地设计规范》(GB/T 50065—2011) 附录 B。

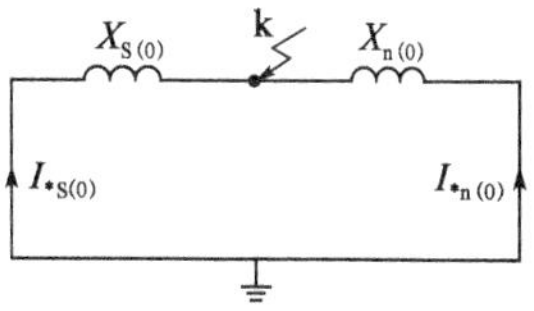

发电厂发生单相接地短路时,零序网络如图所示,则发电厂单相接地时最大单相短路电流时,流经发电厂设备中性点电流:

$$I_{*n(0)} = I_{max}\frac{X_{S(0)}}{X_{S(0)} + X_{n(0)}} = 39 \times \frac{0.02}{0.02 + 0.03} = 15.6\text{kA}$$

发电厂厂内短路时:$I_{g1} = (I_{max} - I_n)S_{f1} = (39 - 15.6) \times 0.4 = 9.36\text{kA}$

发电厂厂外短路时:$I_{g2} = I_n S_{f2} = 15.6 \times 0.9 = 14.04\text{kA}$

两者取较大数值,入地对称电流:$I_g = 14.04\text{kA}$

查表 B.0.3,单路故障切除时间为 1s,等效时间常数 X/R 为 40,对应衰减系数 $D_f = 1.0618$

最大接地故障不对称电流有效值:$I_G = D_f I_g = 1.0618 \times 14.04 = 14.91\text{kA}$

第 B.0.4 条 在系统单相接地故障电流入地时,地电位的升高为:

$V = I_G R = 14.91 \times 0.2 = 2.982\Omega$

23.《交流电气装置的接地设计规范》(GB/T 50065—2011) 第 6.3.2-3 条。

第 6.3.2-3 条:变电站导线对构架空气间隙应符合下列要求:相对地空气间隙的正极性操作冲击电压波 50% 放电电压为:

$u_{50\%} \geq k_7 U_{s\cdot p} = (1.1 \sim 1.27) \times 850 = (935 \sim 1079.5)\text{kV}$

由 $u_{50\%} = 785d^{0.34} \Rightarrow d^{0.34} = \dfrac{935 \sim 1079.5}{785} \Rightarrow d = (1.67 \sim 2.55)\text{m}$

24.《隐极同步发电机技术要求》(DL/T 7604—2008) 第 4.22 条、附录 E 表 E.2。

第 4.22 条:电机应能承受一定数量的稳态和瞬态负序电流。当三相负载不对称,且每相电流均不超过额定定子电流(I_N),其负序电流分量(I^2)与额定电流 I_N 之比(I^2/I_N)符合 GB 755 的规定时,应能连续运行,当发生不对称故障时,故障运行的和 I^2/I_N^2 时间 t 的乘积应符合 GB 755 的规定,详见表 E.2。

发电机功率 660MW,由表 E.2 可知,连续运行时的 I^2/I_N 值:$A = 0.08 - \dfrac{S_N - 350}{3 \times 10^4} = 0.08 - \dfrac{660 \div 0.9 - 350}{3 \times 10^4} = 0.067$

25.《交流电气装置的接地设计规范》(GB/T 50065—2011) 第 4.4.4 条。

第 4.4.4 条:具有发电机和旋转电机的系统,相对地 MOA 的额定电压,对应接地故障清除时间不大于 10s 时,不应低于旋转电机额定电压的 1.05 倍;接地故障清除时间大于 10s 时,不应低于旋转电机额定电压的 1.3 倍。

发电机出口 MOA 的额定电压:$U_{G\cdot n} \geq 1.05 \times 20 = 21\text{kV}$

26.《大型发电机变压器继电保护整定计算导则》(DL/T 684—2012) 第 4.8.1 条及图 16"反时限过励磁保护动作整定曲线"(见下图)、第 5.8 条。

第 4.8.1 条：发电机定子铁芯过励磁保护。

发电机或变压器过励磁运行时，铁芯发热、漏磁增加，电流波形畸变，严重损害发电机或变压器安全。对于大容量机组，必须装设过励磁保护，整定值按发电机或变压器过励磁能力较低的要求整定。当发电机与主变压器之间有断路器时，应分别为发电机和变压器配置过励磁保护。

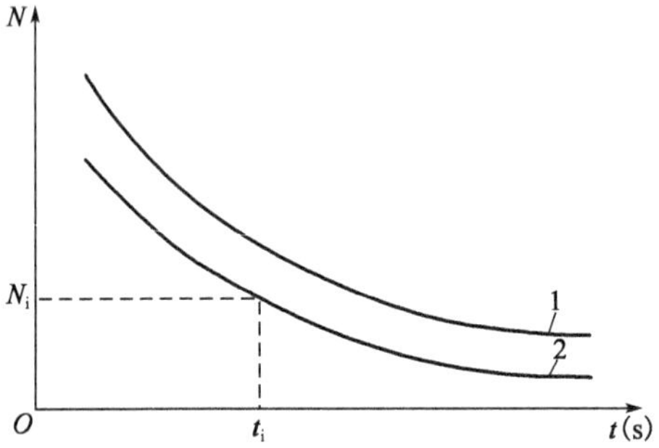

1-厂家提供的发电机或变压器允许的过励磁能力曲线；2-反时限过励磁保护动作整定曲线

过励磁反时限动作曲线 2 一般不易用一个数字表达式来精确表达，而是用分段式内插法来确定 $N(t)$ 的关系，拟合曲线 2 一般在曲线 2 上自由设定 8 ~ 10 个分点，原则是曲率大处，分点设的密一些。反时限过励磁保护定值整定过程中，宜考虑一定的裕度，可以从动作时间和动作定值上考虑裕度（两者取其一），从动作时间考虑时，可以考虑整定时间为曲线 1 时间的 60% ~ 80%；从动作定值考虑时，可以考虑整定定值为曲线 1 的值除以 1.05，最小定值应与定时限低定值配合。

发电机与变压器共用一套过励磁保护装置，题目答案中 G 曲线、T 曲线完全一致，主要需要判断 L 曲线（励磁调节器 U/f 限值设定曲线）和 P 曲线（过励磁保护整定曲线）的关系。

注：题中坐标横纵轴与规范中不一致。

27.《交流电气装置的过电压保护和绝缘配合设计规范》（GB/T 50064—2014）第 4.4.3 条、第 6.4.4-2 条、附录 A。

（1）第 4.4.3 条及表 4.4.3 无间隙氧化物避雷器相地额定电压：$0.75U_m = 0.75 \times 550 = 412.5$kV，取 420kV。

（2）附录 A，第 A.0.2 条：所在地区海拔高度 2000m 及以下地区时，各种作用电压下外绝缘空气间隙的放电电压可按下式校正：

$$U(P_0) = \frac{U(P_H)}{k_a} = \frac{U(P_H)}{e^{m(H/8150)}} = \frac{1500}{e^{1\times(1800/8150)}} = 1202.74\text{kV}$$

其中，对于雷电冲击电压 $m=1$。

（3）第 6.4.4-2 条：变压器电气设备与雷电过电压的绝缘配合符合下列要求：电气设备外绝缘的雷电冲击耐压。即：$U_R \leqslant \frac{\overline{u_1}}{K_5} = \frac{1202.74}{1.4} = 859\text{kV}$，取 850kV。

设备外绝缘的雷电冲击耐压配合系数取 1.4。

（4）第 6.3.1-3 条之条文说明：避雷器雷电冲击保护水平，对 750kV、500kV 取标称雷电流 20kA、对 330kV 取标称雷电流 10kA 和对 220kV 及以下取标称雷电流 5kA 下的额定残压值。

题干中为明确上述条件之一,因此答案为 D。

注:Y20W-420/850 含义:Y 表示氧化锌避雷器;20 表示标称放电电流 20kA;W 表示无间隙;420 表示额定电压 420kV;850 表示标称放电电流下的最大残压 850kV。最高电压值可参考《标准电压》(GB/T 156—2007) 第 4.5 条。

《电力工程电气设计手册》(电力一次部分) P876 ~ P878"阀式避雷器参数选择",内容与规范有所不同,建议以最新的国家规范为第一依据,以下内容供考生对比参考:

330kV 及以上避雷器的灭弧电压(又称避雷器的额定电压),应略高于安装地点的最大工频过电压:$U_{mi} \geqslant K_z U_g$

避雷器的残压根据选定的设备绝缘全波雷电冲击耐压水平和规定绝缘配合系数确定:$U_{bc} \leqslant BIL/1.4$

表 15-15 确定避雷器残压和标称放电电流和操作冲击电流值。

标称放电电流是冲击波形为 8/20s 放电电流的峰值,它根据雷电侵入波流经避雷器的放电电流幅值,对避雷器的类型分别进行等级划分。对于具有两种标称放电电流的避雷器,在雷电活动特别强烈的地区,耐雷水平达不到规定要求时,或与母线固定连接的线路仅有一条时,或 500kV 只有一组避雷器时,可考虑采用标称放电电流较大的避雷器。

题 28 ~ 30 答案:**DAD**

28.《大型发电机变压器继电保护整定计算导则》(DL/T 684—2012) 第 5.9.1 条。

变压器电量保护动作应启动 220kV 及以上断路器失灵保护,变压器非电量保护跳闸不启动断路器失灵保护。

第 5.9.1-a) 条:过电流判据应考虑最小运行方式下的各侧三相短路故障灵敏度,并尽量躲过变压器正常运行时的最大负荷电流。

(1)220kV 电源供电时,变压器二次侧正常运行时的最大负荷电流:

$$I_2 = \frac{S_\Sigma}{\sqrt{3}U_2} = \frac{10 \times 20}{\sqrt{3} \times 110} = 1.05\text{kA}$$

躲过变压器正常运行时的最大负荷电流判据值:

$$I = \frac{K_{rel}}{K_r} T_e = \frac{1.1}{0.9} \times 1.05 = 1.283\text{kA}$$

(2)仅采用过电流判据时,过电流判据应考虑最小运行方式下的各侧短路故障灵敏度。

由《电力工程电气设计手册》(电力一次部分) P121 ~ P122 表 4-3 和表 4-4。

a. 变压器各侧等值电抗有名值:

$$U_{k1}\% = \frac{1}{2}(U_{k(1-2)}\% + U_{k(1-3)}\% - U_{k(2-3)}\%) = \frac{1}{2}(13 + 23 - 8) = 14$$

$$U_{k2}\% = \frac{1}{2}(U_{k(1-2)}\% + U_{k(2-3)}\% - U_{k(1-3)}\%) = \frac{1}{2}(13 + 8 - 23) = -1$$

$$U_{k3}\% = \frac{1}{2}(U_{k(2-3)}\% + U_{k(3-1)}\% - U_{k(1-2)}\%) = \frac{1}{2}(23+8-13) = 9$$

b. 变压器电抗标幺值：

$$X_{*T1} = \frac{U_{k1}\%}{100} \times \frac{S_j}{S_e} = \frac{14}{100} \times \frac{100}{180} = 0.078$$

$$X_{*T2} = \frac{U_{k2}\%}{100} \times \frac{S_j}{S_e} = \frac{-1}{100} \times \frac{100}{180} = -0.006$$

$$X_{*T3} = \frac{U_{k3}\%}{100} \times \frac{S_j}{S_e} = \frac{9}{100} \times \frac{100}{180} = 0.05$$

c. 显然，由于220kV电源的系统阻抗远小于110kV电源的系统阻抗，因此最小电流三相短路电流发生在，最小运行方式下，110kV电源供电时，如图所示(分列运行)：

➢ 短路模型1(母联断路器DL_1断开，DL_2闭合，或DL_1闭合，DL_2断开)

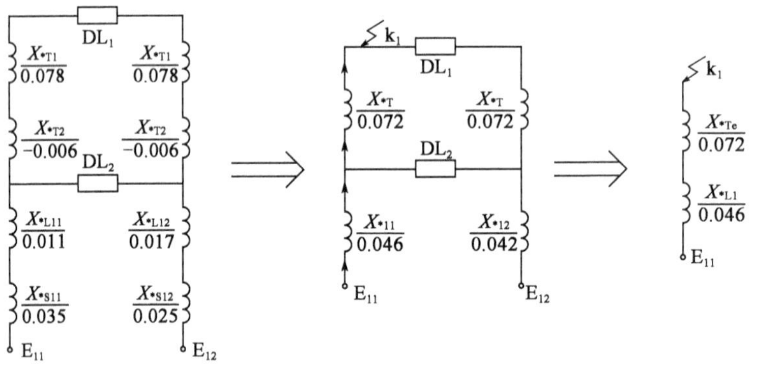

流过变压器二次侧三相短路电流：$I_{k1} = \frac{I_j}{X_{*\Sigma}} = \frac{100}{\sqrt{3} \times 115} \times \frac{1}{0.072+0.046} = 4.254\text{kA}$

➢ 短路模型2(母联断路器DL_1、DL_2均闭合)

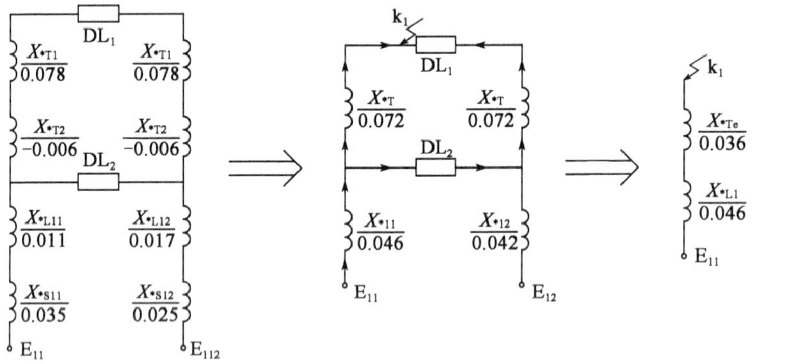

流过变压器二次侧三相短路电流：$T_{k2} = \frac{I_j}{X_{*\Sigma}} = \frac{100}{\sqrt{3} \times 115} \times \frac{1}{0.036+0.46} \times \frac{1}{2} = 3.06\text{kA}$

d. 取流过变压器较小的三相短路电流：$I_{k \cdot \min} = I_{k2} = 3.06\text{kA}$

e. 灵敏度系数：$K_{sen} = \frac{I_{k \cdot \min}}{I} = \frac{3.06}{1.283} = 2.39\text{A}$

注：规范中公式明确用最小运行方式下三相短路电流校验失灵保护灵敏度，因此未换算为两相短路数值。题目较难，欢迎反馈。

29.《电力工程电气设计手册》(电气二次部分)P69 式(20-9)。

由《电力工程电气设计手册》(电力一次部分) P478 表 9-4。

(1)变压器各侧等值短路电抗:

$$U_{k1}\% = \frac{1}{2}(U_{k(1-2)}\% + U_{k(1-3)}\% - U_{k(2-3)}\%) = \frac{1}{2}(13 + 23 - 8) = 14$$

$$U_{k2}\% = \frac{1}{2}(U_{k(1-2)}\% + U_{k(2-3)}\% - U_{k(1-3)}\%) = \frac{1}{2}(13 + 8 - 23) = -1$$

$$U_{k3}\% = \frac{1}{2}(U_{k(2-3)}\% + U_{k(3-1)}\% - U_{k(1-2)}\%) = \frac{1}{2}(23 + 8 - 13) = 9$$

(2)变压器电抗标幺值:

$$X_{*T1} = \frac{U_{k1}\%}{100} \times \frac{S_j}{S_e} = \frac{14}{100} \times \frac{100}{180} = 0.078$$

$$X_{*T2} = \frac{U_{k2}\%}{100} \times \frac{S_j}{S_e} = \frac{-1}{100} \times \frac{100}{180} = -0.006$$

$$X_{*T3} = \frac{U_{k3}\%}{100} \times \frac{S_j}{S_e} = \frac{9}{100} \times \frac{100}{180} = 0.05$$

最大运行方式下,220kV 电源供电时,110kV 母线短路(k_1 点),如图所示(母线并联运行):

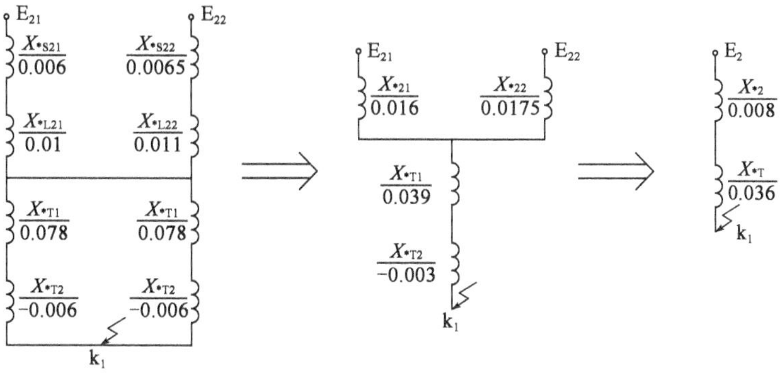

其中,$X_{*2} = \dfrac{X_{*21}X_{*22}}{X_{*21} + X_{*22}} = \dfrac{0.016 \times 0.0175}{0.016 + 0.0175} = 0.008$

最大运行方式下,110kV 电源供电时,220kV 母线短路(k_2 点),如图所示(母线并联运行):

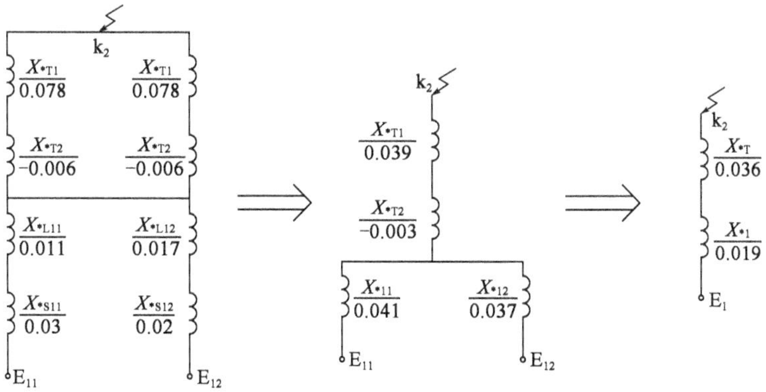

其中，$X_{*1}=\dfrac{X_{*11}X_{*12}}{X_{*11}+X_{*12}}=\dfrac{0.041\times0.037}{0.041+0.037}=0.019$

对比可知，k_1 点短路时，短路阻抗标幺值最小，110kV 侧会出现最大三相短路电流，则：

$$I_k=\frac{I_j}{X_{*\Sigma}}=\frac{100\times10^3}{\sqrt{3}\times115}\times\frac{1}{0.008+0.036}=11409\text{A}$$

主变 110kV 侧电流互感器一次电流计算倍数：

$$m_{js}=\frac{K_kI_{d\cdot max}}{I_e}=\frac{1.3\times(11409\div2)}{1200}=6.18$$

注："外部"针对变压器差动保护，"外部"应理解为差动保护两 CT 之间以外的设备及线路，因此短路点选择在 CT 两侧的母线处。短路电流在两个变压器支路平均分配。此题答案数据给的过于接近，不利于工程计算选择。

30.《导体与电器选择设计技术规程》(DL/T 5222—2005) 第 5.0.13 条、附录 F.6。

第 5.0.13 条：确定短路电流热效应计算时间，对电器，宜采用后备保护动作时间加相应断路器的开断时间。

按题意，采用后备保护动作加相应断路器开断时间，短路电流采用正常运行方式，对比分析上题的短路阻抗，由于 220kV 电源供电时，110kV 出线短路，短路电流需流经变压器，阻抗较大，因此可确定当 110kV 电源供电，110kV 负荷出线三相短路电流最大(短路点可近似取 110kV 母线，k_3 点)，短路阻抗如图所示，则

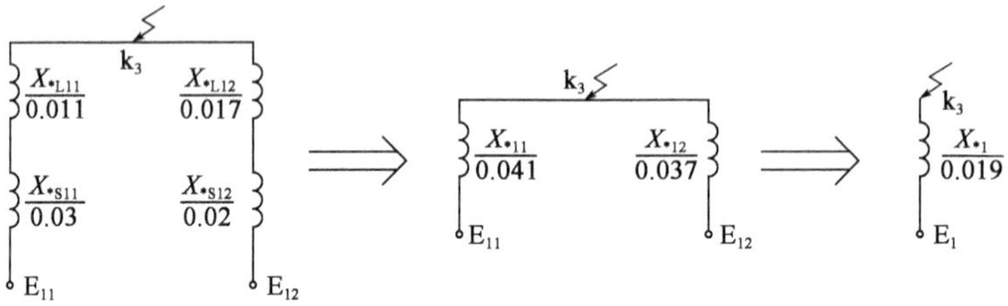

其中，$X_{*1}=\dfrac{X_{*11}X_{*12}}{X_{*11}+X_{*12}}=\dfrac{0.041\times0.037}{0.041+0.037}=0.01944$

$$I_k=\frac{I_j}{X_{*\Sigma}}=\frac{100\times10^3}{\sqrt{3}\times115}\times\frac{0.041\times0.037}{0.078}=25811.5\text{A}$$

短路周期分量热效应：$Q=I_k^2t=25.81^2\times1.58=1052.53\text{kA}^2\text{s}$

题 31 ~35 答案：**BCBBB**

31.《电力工程高压送电线路设计手册》(第二版) P24 式(2-1-41)、式(2-1-42)。

波阻抗：$Z_C=\sqrt{\dfrac{X_1}{b_1}}=\sqrt{\dfrac{0.36}{6\times10^{-6}}}=244.95\Omega$

自然功率：$P_n=\dfrac{U^2}{Z_c}=\dfrac{750^2}{244.95}=2296.4\text{MW}$

32.《110kV ~750kV 架空输电线路设计规范》(GB 50545—2010) 第 8.0.1 条、第

8.0.2 条、第 8.0.3 条。

导线水平线间距离：$D = k_iL_k + \frac{U}{110} + 0.65\sqrt{f_c} = 0.4 \times 8.8 + \frac{750}{110} + 0.65 \times \sqrt{64} =$ 15.538m

导线垂直线间距离：$D_v = 75\%D = 0.75 \times 15.538 = 11.65$m

根据表 8.0.1-2 使用悬垂绝缘子串杆塔的最小垂直线间距离,750kV 对应为 12.5m > 11.65m,因此垂直距离最小为 12.5m。

第 8.0.3 条：双回路及多回路杆塔不同回路的不同相导线间的水平或垂直距离,应按本规范第 8.0.1 条的规定增加 0.5m。

因此,导线横担之间的最小垂直距离为 15.5 + 0.5 = 13.0m。

33.《交流电气装置的过电压保护和绝缘配合设计规范》(GB/T 50064—2014) 第 5.3.5-3 条。

第 5.3.5 条：多雷区、强雷区或地闪密度较高的地段,除改善接地装置、加强绝缘和选择适当的地线保护角外,可采取安装线路防雷用避雷器的措施来降低线路雷击跳闸率,并应符合下列要求：

3) 线路避雷器在杆塔上的安装方式应符合下列要求：

(1) 110kV、220kV 单回线路宜在 3 相绝缘子串旁安装；

(2) 330kV ~ 750kV 单回线路可在两边相绝缘子串旁安装；

(3) 同塔双回线路宜在一回路线路绝缘子串旁安装。

34.《交流电气装置的过电压保护和绝缘配合设计规范》(GB/T 50064—2014) 附录 D.1.5-4。

导线上工作电压瞬时值：$U_{ph} = \frac{\sqrt{2}U_n}{\sqrt{3}}\sin\omega t = \frac{\sqrt{2} \times 750}{\sqrt{3}}\sin(2 \times 50\pi)t = 612.37\sin100\pi t$

雷电为负极性时,绕击耐雷水平 I_{min}：

$$I_{min} = \left|U_{-50\%} + \frac{2Z_0}{2Z_0 + Z_C}U_{ph}\right|\frac{2Z_0 + Z_C}{Z_0Z_C} = \left|-3600 + \frac{2 \times 250}{2 \times 250 + 250} \times 612.37\right| \times \frac{2 \times 250 + 250}{250 \times 250} = 38.3\text{kA}$$

35.《交流电气装置的过电压保护和绝缘配合设计规范》(GB/T 50064—2014) 附录 D 第 D.1.8 条、第 D.1.9 条。

750kV 系统为有效接地系统,则绝缘子串的平均运行电压梯度：

$E = U_n/(\sqrt{3}l_i) = 750 \div (\sqrt{3} \times 7.2) = 60.14$kV/m

建弧率：$\eta = (4.5E^{0.75} - 14) \times 10^{-2} = (4.5 \times 60.14^{0.75} - 14) \times 10^{-2} = 0.832$

题 36 ~ 40 答案：**CDBAC**

36.《电力工程高压送电线路设计手册》(第二版) P174 表 3-1-14、表 3-1-15、P179 表 3-2-3。

单位重量：1307.50kg/km = 1.3075kg/m

自重力荷载：$g_1 = 9.8p_1 = 9.8 \times 1.3075 = 12.81\text{N/m}$

风速 32m/s，大风工况下，风压不均匀系数 $\alpha = 0.75$，体型系数 $\mu_{sc} = 1.1$

无冰时风荷载：$g_4 = 0.625v^2 d\alpha\mu_{sc} \times 10^{-3} = 0.625 \times 32^2 \times 26.82 \times 0.75 \times 1.1 \times 10^{-3} = 14.16\text{N/m}$

无冰时综合荷载：$g_6 = \sqrt{g_1^2 + g_4^2} = \sqrt{12.81^2 + 14.16^2} = 19.09\text{N/m}$

无冰时综合比载：$\gamma_6 = \dfrac{g_6}{A} = \dfrac{19.09}{425.24} = 0.0449\text{N/(m·mm}^2)$

37.《电力工程高压送电线路设计手册》（第二版）P183 ~ P184 式（3-3-9）、式（3-3-12）。

水平档距：$l_{\text{H}} = \dfrac{L_1 + L_2}{2} = \dfrac{300 + 250}{2} = 275\text{m}$

最高温度时垂直档距：$l_{\text{v}} = l_{1\text{v}} + l_{2\text{v}} = 180 + 50 = 230\text{m}$

最高温度及最大风速时均不考虑覆冰，则电线的垂直比载：$\gamma_{\text{v}} = \dfrac{g_1}{A} = \dfrac{12.81}{425.24} = 0.0301\text{N/(m·mm}^2)$

利用式 3-3-12，最高气温时的垂直档距确定综合高差系数：

$$l_{\text{v}} = l_{\text{H}} + \frac{\sigma_0}{\gamma_{\text{v}}}\alpha = 275 + \frac{50}{0.0301}\alpha = 230 \Rightarrow \alpha = -0.0271$$

最大风速时垂直档距：$l_{\text{v}} = l_{\text{H}} + \dfrac{\sigma_0}{\gamma_{\text{v}}}\alpha = 275 + \dfrac{70}{0.0301} \times (-0.0271) = 211.98\text{m}$

导线风偏角：$\eta = \arctan\left(\dfrac{F_4}{F_1}\right) = \arctan\left(\dfrac{\gamma_4 \times L_{\text{H}}}{\gamma_1 \times L_{\text{v}}}\right) = \arctan\left(\dfrac{14.16 \div 425.24 \times 275}{0.0301 \times 211.98}\right) = 55.13°$

注：导线风偏角 $\eta = \arctan(\gamma_4/\gamma_1)$ 为近似值，忽略了不同高度杆塔垂直荷载的影响。

38.《110kV ~ 750kV 架空输电线路设计规范》（GB 50545—2010）第 8.0.1 条、第 8.0.2 条。

导线水平线间距离：$D = k_i L_k + \dfrac{U}{110} + 0.65\sqrt{f_c} = 0.4 \times 3.2 + \dfrac{220}{110} + 0.65 \times \sqrt{14} = 5.71\text{m}$

导线垂直线间距离：$D_{\text{v}} = 75\% D = 0.75 \times 5.71 = 4.28\text{m}$

根据表 8.0.1-2 使用悬垂绝缘子串杆塔的最小垂直线间距离，220kV 对应为 5.5m > 4.28m，因此垂直距离最小为 5.5m。

39.《110kV ~ 750kV 架空输电线路设计规范》（GB 50545—2010）第 13.0.11 条及表 13.0.11 之注 1。

邻档断线情况的计算条件：15℃、无风，则电线比载仅为自重力比载。

《电力工程高压送电线路设计手册》（第二版）P179 ~ P181 表 3-2-3 和表 3-3-1 。

单位质量：1307.50kg/km = 1.3075kg/m

自重力比载：$g_1 = \frac{9.8p_1}{S} = \frac{9.8 \times 1.3075}{425.24} = 30.12 \times 10^{-3}\text{N/m}$

10kV 线路正上方处线路弧垂：$f_x = \frac{\gamma x'(l - x')}{2\sigma_0} = \frac{30.12 \times 10^{-3} \times 50 \times (300 - 50)}{2 \times 35} = 5.38\text{m}$

根据三角形相似原理，MT1-MT 档导线与被跨的 10kV 线路间的垂直距离：

$$\Delta H = h_1 + dh_1 \times \frac{D}{l_1} - f_x - h_2 = 18 + 30 \times \frac{50}{300} - 5.38 - 10 = 7.62\text{m}$$

40.《电力工程高压送电线路设计手册》(第二版) P601"定位弧垂模板的制作和使用"及图 8-2-1。

式(8-2-1)：$f = Kl^2 + \frac{4}{3l^2}(Kl^2)^3$，由式可见，只要 $K = \frac{\gamma_c}{\sigma_c}$ 相同，无论任何导线，其弧垂形状完全相同，因此可根据不同的 K 值以档距 L 为横坐标，弧垂 f 为纵坐标，采用与线路纵断面图相同的纵、横比例作出一组弧垂曲线，并刻制成透明的模板，为通用定位弧垂模板。

2022 | 全国勘察设计注册工程师
执业资格考试用书

Zhuce Dianqi Gongchengshi(Fashu Biandian) Zhiye Zige Kaoshi
Zhuanye Kaoshi Linian Zhenti Xiangjie

注册电气工程师(发输变电)执业资格考试
专业考试历年真题详解

(2010~2021)

下册

蒋 徵 胡 健/主编

人民交通出版社股份有限公司
北 京

内 容 提 要

本书为注册电气工程师（发输变电）执业资格考试专业考试历年真题、参考答案及解析，涵盖2010～2021年专业知识试题（上、下午卷）、案例分析试题（上、下午卷）。

本书配有数字资源，读者可刮开封面增值贴，扫描二维码，关注“注考大师”微信公众号兑换使用。

本书可供参加注册电气工程师（发输变电）执业资格考试专业考试的考生复习使用，也可供供配电专业的考生参考练习。

图书在版编目(CIP)数据

2022注册电气工程师(发输变电)执业资格考试专业考试历年真题详解：2010—2021／蒋徵，胡健主编. —北京：人民交通出版社股份有限公司，2022.5

ISBN 978-7-114-17895-5

Ⅰ.①2… Ⅱ.①蒋… ②胡… Ⅲ.①发电—电力工程—工程技术人员—资格考试—题解②输电—电力工程—工程技术人员—资格考试—题解③变电所—电力工程—工程技术人员—资格考试—题解 Ⅳ.①TM-44

中国版本图书馆CIP数据核字(2022)第043991号

书　　名：**2022注册电气工程师(发输变电)执业资格考试专业考试历年真题详解**(2010～2021)
著 作 者：蒋　徵　胡　健
责任编辑：刘彩云　李　梦
责任印制：刘高彤
出版发行：人民交通出版社股份有限公司
地　　址：(100011)北京市朝阳区安定门外外馆斜街3号
网　　址：http://www.ccpcl.com.cn
销售电话：(010)59757973
总 经 销：人民交通出版社股份有限公司发行部
经　　销：各地新华书店
印　　刷：北京虎彩文化传播有限公司
开　　本：787×1092　1/16
印　　张：58
字　　数：1293千
版　　次：2022年5月　第1版
印　　次：2022年5月　第1次印刷
书　　号：ISBN 978-7-114-17895-5
定　　价：168.00元(含上、下两册)

目录（下册）

2017年注册电气工程师（发输变电）执业资格考试专业考试试题及答案

2018年注册电气工程师（发输变电）执业资格考试专业考试试题及答案

2019年注册电气工程师（发输变电）执业资格考试专业考试试题及答案

2020年注册电气工程师(发输变电)执业资格考试专业考试试题及答案

2021年注册电气工程师(发输变电)执业资格考试专业考试试题及答案

2017年

注册电气工程师(发输变电)执业资格考试

专业考试试题及答案

2017年专业知识试题(上午卷)

一、单项选择题(共40题,每题1分,每题的备选项中只有1个最符合题意)

1. 在水电工程设计中,下列哪项表述是不正确的? ( )

(A)中央控制室应考虑事故状态下紧急停机操作

(B)机械排水系统的水泵管道出水口低于下游校核洪水位时,必须在排水管道上安装止回阀

(C)高压单芯电力电缆的金属护层和气体绝体金属封闭开关设备(GIS),最大感应电压不宜大于100V,否则应采取防护措施

(D)卫星接收站的工作接地,保护接地和防雷接地宜合用一个接地系统,工作接地,当保护接地和防雷接地分开时,应分设接地装置。两种接地装置的直线距离不宜小于10m,工作接地、保护接地的电阻值不宜大于4Ω,并有两点与站房接地网连接

2. 关于爆炸性环境的电力装置设计,下列哪项表述是不正确的? ( )

(A)位于正常运行时可能出现爆炸性气体混合物的环境里,本质安全型的电力设备的防爆形式为"ic"

(B)爆炸性环境的电动机除按国家现行有关标准的要求装设必要的保护之外,均应装设断相保护

(C)除本质安全系统的电路外,位于含有一级释放源的粉尘处理设备的内部的爆炸性环境内,控制用铜芯电缆在电压为1000V以下的钢管配线时,最小截面积$2.5mm^2$及以上

(D)爆炸性环境中的TN系统应采用TN-S型

3. 为避免电信线路遭受强电线路危险影响,架空电力线路的纵电势和对地电压不得超过规定的容许值,如果超过要采取经济有效的防护措施,下列措施中哪一项是无效的? ( )

(A)改变路径　　(B)增加屏蔽

(C)加强绝缘　　(D)限值短路电流

4. 按电能质量标准要求对于基准短路容量为100MVA的10kV系统,注入公共连接点的7次谐波电流最大允许值为: ( )

(A)8.5A　　(B)12A

(C)15A　　(D)17.5A

5. 火力发电厂与变电所中,建(构)筑物中电缆引至电气柜、盘或控制屏、台的开孔

部位,电缆贯穿隔墙、楼板的空洞应采用电缆防火材料进行封堵,其防火封堵组件的耐火极限不应低于被贯穿物的耐火极限,且不应低于下列哪项数值? (　　)

(A)1h　　(B)45min
(C)30min　　(D)15min

6. 发电厂运煤系统内的火灾探测器及相关连接件应为下列哪种类型? (　　)

(A)防水型　　(B)防爆型
(C)金属层结构型　　(D)防尘型

7. 关于500kV变电站一个半断路器接线的设计规定,下列哪项表述是不正确的? (　　)

(A)采用一个半断路器接线时,当变压器超过两台时,其中一台进串,其他变压器可不进串,直接经断路器接母线
(B)一个半断路器接线中,一般在主变压器和每组母线上,应根据继电保护、计量和自动装置的要求,在一相或三相上装设电压互感器
(C)一个半断路器接线中,初期线路和变压器组成两个完整串时,各元件出口处宜装设隔离开关
(D)一个半断路器接线中母线避雷器和电压互感器不应装设隔离开关

8. 某城市新建一座110kV变电所,安装2台63MVA主变2回110kV进线,110kV线路有穿越功率,送变电所高压侧最经济合理的主接线为: (　　)

(A)线路变压器组接线　　(B)外桥接线
(C)单母线接线　　(D)内桥接线

9. 在估算两相短路电流时,当由无限大电源供电或短路点电气距离很远时,通常可按三相短路电流周期分量有效值乘以系数来确定,此系数值应是: (　　)

(A) $\frac{\sqrt{3}}{2}$　　(B) $\frac{1}{\sqrt{3}}$　　(C) $\frac{1}{3}$　　(D) 1

10. 某光伏发电站安装容量60MWp,每2个1MWp光伏方阵,逆变器单元接1台就地升压变压器,逆变器输出电压为270V,则就地升压变压器技术参数宜选择下列哪组数据? (　　)

(A)分裂绕组变压器,2000/1000-1000kVA,38.5±2×2.5%/0.27-0.27kV
(B)双绕组变压器,2000kVA,38.5±8×1.25%/0.27kV
(C)分裂绕组变压器,2000/1000-1000kVA,11±2×2.5%/0.27-0.27kV
(D)双绕组变压器,2000kVA,11±8×1.25%/0.27kV

11. 某220kV双绕组主变压器,其220kV中性点经过间隙和隔离开关接地,则主变

中性点放电间隙零序电流互感器准确级及额定一次电流宜选：（　　）

(A)选准确级 TPY 级互感器，额定一次电流宜选 220kV 侧额定电流的 50% ~100%

(B)选准确级 P 级互感器，额定一次电流选 100A

(C)选准确级 P 级互感器，额定一次电流选 220kV 侧额定电流的 50% ~100%

(D)选准确级 TPY 级互感器，额定一次电流选 100A

12. 在周围空气温度为 40℃不变时，下列哪种电器，其回路持续工作电流允许大于额定电流？（　　）

(A)断路器　　(B)隔离开关

(C)负荷开关　　(D)变压器

13. 在三相交流中性点不接地系统中，若要求单相接地后持续运行八小时以上，则该系统采用的电力电缆的相对地额定电压宜为：（　　）

(A)100% 工作相电压　　(B)100% 工作线电压

(C)133% 工作相电压　　(D)173% 工作相电压

14. 某工程 63000kVA 变压器，变比为 27 ±2 ×2.5%/6.3kV，低压侧拟采用硬导体引出，则该导体宜选用：（　　）

(A)矩形导体

(B)槽形导体

(C)单根大直径圆管形导体

(D)多根小直径圆管形导体组成的分裂结构

15. 下列所述是对电缆直埋敷设方式的一些要求，请判断哪一要求不符合规程规范？（　　）

(A)电缆应敷设在壕沟里，沿电缆全长的上、下紧邻侧铺以厚度为 100mm 的软土

(B)沿电缆全长覆盖宽度伸出电缆两侧不小于 50mm 的保护板

(C)非冻土地区电缆外皮至地下构筑物基础，不得小于 300mm

(D)非冻土地区电缆外皮至地面深度，不得小于 500mm

16. 某光伏电站安装容量 132MWp，电站以 2 回 220kV 架空线路接入系统，升压站设 2 台 150MVA 主变压器和 1 套无功补偿装置，220kV 配电装置和无功补偿装置均采用屋外布置，则主变压器和无功补偿装置的间距不宜小于：（　　）

(A)5m　　(B)10m

(C)15m　　(D)20m

17. 变电站中,配电装置的设计应满足正常运行、检修,短路和过电压时的安全要求。从下列哪级电压开始,配电装置内设备遮拦外的静电感应场强不宜超过 10kV/m(离地 1.5m 空间场强)? ( )

(A)110kV 及以上　　(B)220kV 及以上

(C)330kV 及以上　　(D)500kV 及以上

18. 配电装置的布置应结合接线方式、设备型式和电厂总体布置综合考虑,下述哪一条不符合规程的采用中型布置的要求? ( )

(A)35 ~ 110kV 电压,双母线,软母线配双柱式隔离开关,屋外敞开式配电装置

(B)110kV 电压,双母线,管型母线配双柱式隔离开关,屋外敞开式配电装置

(C)35 ~ 110kV 电压,单母线,软母线配双柱式隔离开关,屋外敞开式配电装置

(D)220kV 电压,双母线,软母线配双柱式隔离开关,屋外敞开式配电装置

19. 某电厂 2 × 600MW 机组通过 3 台单相主变压器组直接升压至 1000kV 配电装置,2 台机组以 1 回 1000kV 交流特高压线路接入系统,电厂海拔为 1600m,则主变压器在进行外绝缘耐受电压试验时,实际施加到主变压器外绝缘的雷电冲击耐受电压和操作冲击耐受电压应为下列哪组数据? ( )

(A)2250kV,1800kV　　(B)2421kV,1867kV

(C)2400kV,1800kV　　(D)2582kV,1867kV

20. 某 220kV 系统的操作过电压为 3.0p.u.,该电压值应为: ( )

(A)756kV　　(B)436kV

(C)617kV　　(D)539kV

21. 选择高压直流输电大地返回运行系统的接地极址时,至少应对多大范围内的地形地貌、地质结构、水文气象等自然条件进行调查? ( )

(A)3km　　(B)5km

(C)10km　　(D)50km

22. 变电所中电气装置设施的某些可导电部分应接地,请指出消弧线圈的接地属于下列哪种接地方式? ( )

(A)系统接地　　(B)保护接地

(C)雷电保护接地　　(D)防静电接地

23. 某电厂 500kV 升压站为一个半断路器接线,有两回出线,一回并联电抗器,发电机装有发电机断路器,起动/备用变压器电源由 500kV 升压站引线,下列在 NCS 监控或监测的设备范围符合规程的是: ( )

(A)在 NCS 监控的设备包括 500kV 母线设备、500kV 线路、起动/备用变压器高压断路器等;在 NCS 监测的设备包括发电机变压器组高压侧断路器等

(B)在 NCS 监控的设备包括 500kV 母线设备、500kV 线路、500kV 旁路等;在 NCS 监测的设备包括起动/备用变压器高压断路器等

(C)在 NCS 监控的设备包括 500kV 母线设备、500kV 线路、500kV 并联电抗器等;在 NCS 监测的设备包括发电机变压器组高压侧断路器、起动/备用变压器高压断路器等

(D)在 NCS 监控的设备包括 500kV 母线设备、500kV 线路、500kV 并联电抗器,发电机变压器组高压侧断路器等;在 NCS 监测的设备包括起动/备用变压器高压断路器等

24. 对于 220kV 无人值班变电站设计原则,下列哪项表述是错误的? ( )

(A)监控系统网络交换机宜具备网络管理功能,支持端口和 MAC 地址的绑定

(B)继电保护和自动装置宜具备远方控制功能,且必须保留必要的现场控制功能,远方控制优先级高于现场控制

(C)变电站内有同期功能需求时,应由计算机监控系统完成

(D)各种自动装置可在远方监控中心远方投、退

25. 对于 750kV 变电站,不需要和站内时钟同步系统进行对时的设备是: ( )

(A)750kV 线路远方跳闸装置　　(B)主变压器瓦斯继电器

(C)电能量计量装置　　(D)同步相量测量装置

26. 变电所的保护配置中,保护变压器的纵联差动保护一般加装差动速断元件,以防变压器内区故障时短路电流过大,引起电流互感器饱和、差动继电器拒动,对一台 110/10.5kV,6300kVA 变压器的差动保护速断元件的动作电流,一般取: ( )

(A)33A　　(B)66A

(C)99A　　(D)264A

27. 某火力发电厂为 2×300MW 机组,其直流负荷分类正确的是: ( )

(A)高压断路器电磁操动合闸机构,交流不间断电源装置属于控制负荷

(B)长明灯、直流应急照明属于事故照明

(C)直流电机属于事故负荷

(D)直流电动机启动、高压断路器跳闸属于冲击负荷

28. 某 220kV 变电所的直流系统标称电压为 220V,采用控制负荷和动力负荷合并供电的方式,拟选用 GFD 防酸式铅酸式蓄电池,单体浮充电电压为 2.2V,均衡充电电压为 2.31V,下列数据是蓄电池个数和蓄电池放电终止电压的计算结果,请问哪一组数据是正确的? ( )

(A)蓄电池 100 只,放电终止电压 1.87V

(B)蓄电池 100 只,放电终止电压 1.925V

(C)蓄电池 105 只,放电终止电压 1.78V

(D)蓄电池 105 只,放电终止电压 1.833V

29. 2×1000MW 火电机组的某车间采用 PC－MCC 暗备用接线,通过两台 1600kVA 的干式变压器供电,变压器接线组别 Dyn11,额定变比 10.5/0.4kV,$U_d=8\%$,变压器低压侧中性点通过 2 根 40×4mm 扁铁与地网相连,有一台电动机由 MCC 供电,电缆选用 VLV_{22}-3×50mm²,长度为 60m,该 MCC 通过一根长度为 150m 的 VLV_{22}-3×150mm² 电缆由 PC 供电,则在该电动机出线端子处发生单相金属性短路时其短路电流为:(不计开关柜母线阻抗,计算时将 3×150mm² 电缆折算到 3×50mm² 电缆) ( )

(A)608.8A (B)619.7A

(C)1238.2A (D)1249.1A

30. 2×1000MW 火电机组每台机设一台高厂变,接线组别 D,yn1,yn1,额定变比 27/10.5-10.5kV,高厂变低压绕组中性点经电阻接地,若 10kV 系统单相接地电流按 200A 设计,则高厂变中性点接地电阻阻值应为: ( )

(A)28.87Ω (B)30.31Ω

(C)50Ω (D)52.5Ω

31. 某 2×300MW 直接空冷燃煤火电机组,每台机组空冷器配 36 台风机,在夏季时全部运行,每台机组设两台专用空冷工作变、一台空冷明备用变、36 台风机平均分配到两台空冷工作变供电。已知风机电动机的额定功率为 90kW,额定电压为 380V,采用变频装置一对一供电,变频装置集中布置,则专用空冷工作变额定容量应为: ( )

(A)1250kVA (B)1600kVA

(C)2000kVA (D)2500kVA

32. 某单相照明线路上有 5 只 220V 200W 的金属卤化物灯和 3 只 220V 100W 的 LED 灯,则该线路的计算电流为: ( )

(A)7.22A (B)5.35A

(C)5.91A (D)6.86A

33. 某火电发电厂烟囱高 155m,烟囱未刷标志漆,其障碍照明设置下列哪条是最合理的? ( )

(A)在 145m 高处装设高光强 A 型障碍灯,在 90m 处装设中光强 B 型障碍灯,在 45m 处装设高光强 A 型障碍灯

(B)在 150m 高处装设高光强 A 型障碍灯,在 100m 处装设中光强 B 型障碍灯,在 50m 处装设高光强 A 型障碍灯

(C)在 145m、90m、45m 处均装设高光强 A 型障碍灯
(D)在 150m、100m、50m 处均装设中光强 B 型障碍灯

34. 双联及以上的多联绝缘子串应验算断一联后的机械强度,其断联情况下的安全系数不应小于以下哪项值? ( )

(A)1.5 (B)2.0 (C)1.8 (D)2.7

35. 架空线路耐张塔直引跳线最小弧垂计算是为了校验以下哪个选项? ( )

(A)跳线与接地侧第一片绝缘子铁帽间距
(B)跳线与塔身间距
(C)跳线与拉线间距
(D)跳线与下横担间距

36. 某 220kV 架空输电线路,输送容量 150MW,请计算当功率因数为 0.95,标称电压时正序电流值为下列哪项? ( )

(A)414A (B)360A
(C)396A (D)458A

37. 某线路采用常规酒杯塔,设边相导线 - 地回路的自电抗为 $j0.696\Omega/km$,中相导线 - 地回路的自电抗为 $j0.696\Omega/km$,导线间的互感电抗为 $j0.298\Omega/km$($Z_{ab}=Z_{bc}$)和 $j0.256\Omega/km$(Z_{ac}),问该线路的正序电抗为下列哪项值? ( )

(A)$j0.302\Omega/km$ (B)$j0.411\Omega/km$
(C)$j0.695\Omega/km$ (D)$j0.835\Omega/km$

38. 在架空输电线路设计中,当 500kV 线路在最大计算弧垂情况下,非居民区导线与地面的最小距离由下列哪个因素确定? ( )

(A)由地面场强 7kV/m 确定 (B)由地面场强 10kV/m 确定
(C)由操作间隙 2.7m 加裕度确定 (D)由雷电间隙 3.3m 加裕度确定

39. 某企业电网,系统最大发电负荷为 2580MW,最大发电机组为 300MW,则该系统总备用容量和事故备用容量分别应为: ( )

(A)516MW,258MW (B)516MW,300MW
(C)387MW,258MW (D)387MW,129MW

40. 某地区一座 100MW 地面光伏电站,通过 1 回 110kV 线路并入电网,当并网点电压在 $127kV < U_T < 138kV$(U_r 为 115kV),电站应持续运行时间和无功电压控制系统响应时间分别为: ( )

(A)≤10s,≥10s (B)10s,5s

(C)5s,10s　　(D)≥10s,≤10s

二、多项选择题(共30题,每题2分。每题的备选项中有2个或2个以上符合题意。错选、少选、多选均不得分)

41. 按规程规定,火力发电厂应设置交流保安电源的发电机组单机容量为:(　　)

(A)100MW　　(B)150MW

(C)200MW　　(D)300MW

42. 下面是关于变电站节能要求的叙述,哪些是错误的?(　　)

(A)高压并联电抗器冷却方式宜采用自然油循环风冷或自冷

(B)电气设备宜选用损耗低的节能设备

(C)变电站建筑每个朝向的窗墙的面积比均不应大于0.7,空调房间应尽量避免在北朝向大面积采用外窗

(D)严寒地区的变电站,宜采用空气调节系统进行冬季采暖

43. 对于火灾自动报警系统,宜选择点型感烟探测器的场所是:(　　)

(A)通信机房

(B)楼道、走道、高度在12m以上的办公楼厅堂

(C)楼梯、电梯机房、车库、电缆夹层

(D)计算机房、档案库、办公室、列车载客车厢

44. 在变电站的设计中,下列哪些表述是不正确的?(　　)

(A)变电站的电气主接线应根据变电站在电力系统中的地位、规划容量、负荷性质、系统潮流和短路水平、地区污秽等级、线路和变压器连接元件总数等因素确定

(B)330kV~750kV变电站中的220kV或110kV配电装置,可采用双母线接线,当为了限制220kV母线短路电流或满足系统解列运行的要求,可根据需要将母线分段

(C)220kV变电站中的220kV配电装置,当在系统中居重要地位、线路、变压器等连接元件总数为4回及以上时,宜采用双母线接线

(D)安装在500kV出线上的电压互感器应装设隔离开关

45. 电力系统中,短路电流中非周期分量的比例,会影响下列哪几种电器的选择?(　　)

(A)变压器　　(B)断路器

(C)隔离开关　　(D)电流互感器

46. 某企业用110kV变电所的电气主接线配置如下:两回110kV电源进线,设有两

台 110kV/10kV 主变压器,主变压器为双卷变,110kV 侧外桥接线,10kV 侧为单母线分段接线,对限制 10kV 母线三相短路电流,下列哪些措施是正确的? ( )

(A)选用 10kV 母线分段电抗器 (B)两台主变分列运行
(C)选用高阻抗变压器 (D)装设 10kV 线路电抗器

47. 下列保护用电流互感器宜采用 TPY 级的为? ( )

(A)600MW 级发电机变压器组差动保护用电流互感器
(B)750kV 系统母线保护用电流互感器
(C)断路器失灵保护用电流互感器
(D)330kV 系统线路保护用电流互感器

48. 750kV 变电所设计中,下列高低压并联无功补偿装置的选择原则哪些是正确的? ( )

(A)750kV 并联电抗器的容量和台数,应首先满足无功平衡的需要,并结合限制工频过电压,限制潜供电流、防止自励磁、同期并列等方面的要求,进行技术经济论证
(B)750kV 并联电抗器可在站内设置一台备用相,也可在一个地区设置一台进行区域备用
(C)站内低压无功补偿装置的配置应根据无功分层分区平衡的需要,经经济技术综合论证确定
(D)当系统有无功快速调整要求时,可配置静止补偿装置

49. 某光伏发电站安装容量为 30MW,发电母线电压为 10kV,发电母线采用单母线接线方式,通过 1 台主变压器接入 110kV 配电装置,电站以 1 回 110kV 线路接入系统,下列电站站用电系统设计原则正确的是: ( )

(A)站用电系统的电压采用 380V,采用直接接地方式
(B)站用电工作电源由 10kV 发电母线引接
(C)电站装置单独的照明检修低压变压器,照明网络由照明检修变压器供电
(D)站用电备用电源由就近变电站 10kV 配电装置引接

50. 选择控制电缆时,下列哪些回路相互间不应合用同一根控制电缆? ( )

(A)弱电信号、控制回路与强电信号、控制回路
(B)低电平信号与高电平信号回路
(C)交流断路器分相操作的各相弱电控制回路
(D)弱电回路的每一对往返导线

51. 在光伏发电站设计中,下列布置设计原则正确的是: ( )

(A)大、中型地面光伏发电站的光伏方阵宜采用单元模块化的布置方式

(B)大、中型地面光伏发电站的逆变升压室宜结合光伏方阵单元模块化布置，逆变升压室宜布置在光伏方阵单元模块的中部，且靠近主要通道处

(C)光伏方阵场地内应设置接地网，接地电阻应小于 10Ω

(D)设置带油电气设备的建(构)筑物与靠近该建筑物的其他建(构)筑物之间必须设置防火墙

52. 对屋内 GIS 配电装置设计，其 GIS 配电装置室内应配备下列哪些装置？（　　）

(A)应配备 SF6 气体净化回收装置

(B)在低位区应配置 SF6 气体泄漏报警装置

(C)应配备事故排风装置

(D)只需配备 SF6 气体净化回收装置和事故排风装置

53. 在开断高压感应电动机时，因真空断路器的截流，三相同时开断和高频重复重击穿等会产生过电压，工程中一般采取下列哪些措施来限制过电压？（　　）

(A)采用不击穿断路器

(B)在断路器与电动机之间加装金属氧化物避雷器

(C)限制操作方式

(D)在断路器与电动机之间加装 R-C 阻容吸收装置

54. 在过电压保护设计中，对于非强雷区发电厂，下列哪些设施应装设直击雷防护？（　　）

(A)露天布置良好接地的 GIS 外壳

(B)火力发电厂汽机房

(C)发电厂输煤系统地面上转运站

(D)户外敞开式布置的 220kV 配电装置

55. 某电厂 220kV 升压站为双母线接线，在升压站 NCS 的系统配置设计中，下列哪些要求是符合规程的？（　　）

(A)NCS 系统包括站控层、网络设备、间隔层设备、电源设备

(B)NCS 站控层设备配置两台主机，一台操作员站，一台工程师站，一台防误操作工作站，远动通信设备主机配置双套

(C)NCS 站控层设备配置两台主机与操作员站合用，一台工程师站，一台防误操作工作站，远动通信设备主机配置双套

(D)NCS 站控层设备配置两台主机、两台操作员站、一台工程师站、防误操作工作站与操作员工作站共用，远动通信设备主机配置双套

56. 在 220kV 无人值班变电站设计中，下列哪几项要求是符合规程的？（　　）

(A)继电保护和自动装置宜具备远方控制功能

(B)二次设备室空调可在远方监控中心进行控制
(C)通信设备应布置在独立的通信机房内
(D)高频收发信机可在远方监控中心启动

57. 电力工程的继电保护和安全自动装置应满足可靠性、选择性、灵敏性和速动性要求，下列表述哪几条是正确的？ (　　)

(A)可靠性是指保护装置该动作时应动作，不该动作时不动作
(B)选择性是指首先由故障设备或线路本身的保护切除故障，当故障设备或线路本身的保护或断路器拒动时，才允许由相邻设备、线路的保护或断路器失灵保护切除故障
(C)灵敏性是指在设备或线路的被保护范围内或范围外发生金属性短路时，保护装置具有必要的灵敏系数
(D)速动性是指保护装置应尽快地切除短路故障，提高系统稳定性、减轻故障设备和线路的损坏程度

58. 电力系统扰动可分为大扰动和小扰动，下列情况属于大扰动的是： (　　)

(A)任何线路单相瞬时接地故障并重合闸成功
(B)任一台发电机跳闸或失磁
(C)变压器有载调压分接头调整
(D)直流输电线路双极故障

59. 某电厂发电机组为 2×660MW 机组，500kV 升压站为一个半断路器接线，该厂内直流系统的充电装置均选用高频开关电源模块型，对于充电装置数量和接线方式，下列哪项要求符合设计规程？ (　　)

(A)每台机组动力负荷蓄电池组共配置 1 套充电装置，采用单母线接线，每台机组控制负荷蓄电池组共配置 2 套充电装置，采用两段单母线接线
(B)升压站蓄电池组宜配置 2 套充电装置，采用两段单母线接线
(C)每台机组动力负荷蓄电池组共配置 1 套充电装置，采用单母线接线，每台机组控制负荷蓄电池组共配置 3 套充电装置，采用两段单母线接线，升压站蓄电池组配置 2 套充电装置，采用单母线接线
(D)每台机组动力负荷蓄电池组配置 1 套充电装置，采用单母线接线，每台机组控制负荷蓄电池组配置 2 套充电装置，采用两段单母线接线，升压站蓄电池组配置 3 套充电装置，采用单母线接线

60. 某 220kV 变电所直流系统标称电压为 220V，控制负荷和动力负荷合并供电，问下列哪些要求是符合设计规程的？ (　　)

(A)在均衡充电时，直流母线电压应不高于 247.5V
(B)在均衡充电时，直流母线电压应不高于 242V
(C)在事故放电时，蓄电池组出口端电压应不低于 187V

(D)在事故放电时，蓄电池组出口端电压应不低于192.5V

61. 对于2×600MW的燃煤火电机组，正常运行工况下，其厂用电系统电能质量不符合要求的是：（　　）

(A)交流母线的电压波动范围宜在母线运行电压的95%~105%之内

(B)当由厂内交流电源供电时，交流母线的频率波动范围不宜超过49.5Hz~50.5Hz

(C)交流母线的各次谐波电压含有率不宜大于5%

(D)6kV厂用电系统电压总谐波畸变率不宜大于4%

62. 对于火力发电厂，下列哪些电气设备应装设纵联差动保护？（　　）

(A)对1000kW及以上的柴油发电机

(B)6.3MVA及以上的高压厂用备用变

(C)2000kW及以上的电动机

(D)6.3MVA及以上的高压厂用工作变

63. 在水力发电厂厂用电设计中，关于柴油发电机的设置，下列表述哪些是正确的？（　　）

(A)柴油发电机组应采用快速启动应急型，启动到安全供电时间不宜大于30s

(B)柴油发电机组应配置手动启动和快速自动启动装置

(C)柴油机宜采用高速及废气涡轮增压型，按允许加负荷的程序分批投入负荷，冷却方式宜采用封闭式循环水冷却

(D)由柴油发电机供电时，最大一台电动机启动时的总电流不宜超过柴油发电机额定电流的1.5倍，宜应满足柴油发电机允许的冲击负荷要求

64. 关于发电厂照明设计要求，下列表述错误的是：（　　）

(A)锅炉本体检修用携带式作业灯的电压应为12V

(B)应急照明网络中可装设插座

(C)照明线路N线可装设熔丝保护

(D)安全特低电压供电的隔离变压器二次侧应做保护接地

65. 关于发电厂的厂内通信系统的设计，下列要求哪几项是正确的？（　　）

(A)发电厂厂内通信系统的直流电源应由专用通信直流电源系统提供且双重化配置

(B)通信专用直流电源额定电压为48V，输出电压可调范围为43V~58V

(C)通信专用直流系统为不接地系统，直流馈电线应屏蔽，屏蔽层两端应接地

(D)通信专用直流系统容量应按其设计年限内所有通信设备的总负荷电流，蓄电池组放电时间确定

66. 220kV 输电线路导线采用 2JL/GIA－500/45，最大设计张力 47300N，导线自重 16.50N/m，覆冰冰负载 11.10N/m，基准风风荷载 11.3N/m；某直线塔定位水平档距 400m，垂直档距 550m（不考虑计算工况对垂直档距的影响），风压高度变化系数 1.25，下列大风工况下导线产生的荷载哪些是正确的？（　　）

(A) 垂直荷载 18150N　　(B) 垂直荷载 30360N
(C) 水平荷载 11300N　　(D) 水平荷载 9040N

67. 对于金具强度的安全系数，下列表述哪些是正确的？（　　）

(A) 在断线时金具强度的安全系数不应小于 1.5
(B) 在断线时金具强度的安全系数不应小于 1.8
(C) 在断联时金具强度的安全系数不应小于 1.5
(D) 在断联时金具强度的安全系数不应小于 1.8

68. 在架空输电线路设计中，330kV 及以上线路的绝缘子串应考虑一下哪些措施？（　　）

(A) 均压措施　　(B) 防电晕措施
(C) 防振措施　　(D) 防舞措施

69. 某光伏电站由 30 个 1MW 发电单元，经过逆变、升压、汇集线路后经 1 台主变升压至 35kV，通过一回 35kV 线路接入电网，当电网发生短路时，下列光伏电站的运行方式中，哪几种满足规程要求？（　　）

(A) 并网点电压降至 10.5kV 时，光伏电站运行 0.7s 后可从电网中脱出
(B) 并网点电压降至 14kV 时，光伏电站至少运行 1s
(C) 并网点电压降至 0 时，光伏电站可脱网
(D) 并网点电压降至 $0.9U_N$ 时，光伏电站至少运行 2s 可以切除

70. 在变电所设计中，下列哪些电气设施的金属部分应接地？（　　）

(A) 变压器底座和外壳
(B) 保护屏的金属屏体
(C) 端子箱内的闸刀开关底座
(D) 户外配电装置的钢筋混凝土架构

2017年专业知识试题答案(上午卷)

1. **答案**:C

依据:《水电工程劳动安全与工业卫生设计规范》(NB 35074—2015)第3.2.11条、第4.1.3-5条、第4.3.1-4条、第4.7.7条。

2. **答案**:A

依据:《爆炸危险环境电力装置设计规范》(GB 50058—2014)相关条文。

选项A:第3.2.1条、表5.2.2-1、表5.2.2-2,表述错误。

选项B:第5.3.3条,表述正确。

选项C:第3.2.5条、表5.4.1-2,表述正确。

选项D:第5.5.1-1条,表述正确。

3. **答案**:C

依据:《电信线路遭受强电线路危险影响的容许值》(GB 6830—1986)第5条"防护措施"。

4. **答案**:C

依据:《电能质量　公用电网谐波》(GB/T 14549—1993)第5.1条及表2。

5. **答案**:A

依据:《火力发电厂与变电站设计防火规范》(GB 50229—2019)第6.8.2条。

6. **答案**:A

依据:《火力发电厂与变电站设计防火规范》(GB 50229—2019)第7.13.8条。

7. **答案**:A

依据:《220kV~750kV变电站设计技术规程》(DL/T 5218—2012)第5.1.2条、第5.1.8条、5.1.12-2条。

8. **答案**:B

依据:《电力工程电气设计手册》(电气一次部分)P50~P51"七、桥形接线"。

外桥接线适用于较小容量的发电厂变电所,变压器切换较频繁或线路较短,故障率较少的情况。此外,线路有穿越功率,也宜采用外桥形接线。

9. **答案**:A

依据:《电力工程电气设计手册　电气一次部分》P144"五、合成电流"。

10. **答案**:A

依据:《光伏发电站设计规范》(GB 50797—2012)第8.1.3-4条、第8.2.1-2条、第8.2.2-3条。

11. **答案**:B

依据:《导体与电器选择设计技术规程》(DL/T 5222—2005) 第 15.0.4-2 条、第 15.0.6条。

12. **答案**:D

依据:《电力工程电气设计手册》(电气一次部分)P232 表 6-3“回路持续工作电流”。

13. **答案**:D

依据:《电力工程电缆设计规范》(GB 50217—2018) 第 3.2.2-2 条。

14. **答案**:B

依据:《导体与电器选择设计技术规程》(DL/T 5222—2005) 第 7.3.2 条。

回路持续工作电流:$I_g = 1.05 \times \dfrac{63000}{\sqrt{3} \times 6.3} = 6062.2\text{A}$

15. **答案**:D

依据:《电力工程电缆设计规范》(GB 50217—2018) 第 5.3.2 条、第 5.3.3 条。

16. **答案**:B

依据:《光伏发电站设计规范》(GB 50797—2012) 第 14.1.4 条。

17. **答案**:C

依据:《高压配电装置设计技术规程》(DL/T 5352—2018) 第 3.0.11 条。

18. **答案**:B

依据:《高压配电装置设计技术规程》(DL/T 5352—2018) 第 5.3.2 条、第 5.3.3 条、第 5.3.5 条。

19. **答案**:B

依据:《绝缘配合第 1 部分:定义、原则和规则》(GB 311.1—2012) 第 6.10.4.1 条及表 4、附录 B。

由表 4,1000kV 系统的主变压器外绝缘额定雷电冲击耐受电压为 2250kV;由表 3,1000kV 系统的主变压器外绝缘额定操作冲击耐受电压为 1800kV,则根据附录 B 的式(B.3)及图 B.1“指数 q 与配合操作冲击耐受电压的关系”:

$$U_{H1} = k_a U_{01} = 2250 \times e^{1\times(\frac{1600-1000}{8150})} = 2250 \times 1.076 = 2421\text{kV}$$

$$U_{H2} = k_a U_{02} = 1800 \times e^{0.5\times(\frac{1600-1000}{8150})} = 1800 \times 1.037 = 1867\text{kV}$$

20. **答案**:C

依据:《交流电气装置的过电压保护和绝缘配合设计规范》(GB/T 50064—2014) 第 3.2.2-2 条。

注:最高电压 U_m 取值参见《标准电压》(GB/T 156—2007) 第 4.4 条。

21. **答案**:C

依据:《高压直流输电大地返回系统设计技术教程》(DL/T 5224—2014)第4.1.2条。

22. **答案**:B

依据:《交流电气装置的接地设计规范》(GB/T 50065—2011)第3.2.1-1条。

23. **答案**:C

依据:《火力发电厂、变电站二次接线设计技术规程》(DL/T 5136—2012)第12.3.1条、第12.4.1条。

24. **答案**:A

依据:《35~220kV无人值班变电所设计规范》(DL/T 5103—2012)第4.8.11条、第4.10.3条、第4.8.9条。

25. **答案**:B

依据:《220kV~750kV变电站设计技术规程》(GB/T 5128—2012)第6.4.5条。

注:也可参考《220~500kV变电站计算机监控系统设计技术规程》(DL/T 5149—2001)第5.3.1-1条作为补充。

26. **答案**:D

依据:《电力工程电气设计手册》(电气二次部分)P606。

由于短路电流过大,在电流互感器或电抗互感器饱和时,差动继电器可能出现拒动,在继电器中加装了差动速断元件,其动作电流为额定电流的8~15倍。

27. **答案**:D

依据:《电力工程直流系统设计技术规程》(DL/T 5044—2014)第4.1.1条~第4.1.2条。

28. **答案**:D

依据:《电力工程直流系统设计技术规程》(DL/T 5044—2014)附录C式(C.1.1)、式(C.1.3)。

29. **答案**:C

依据:《火力发电厂厂用电设计技术规定》(DL/T 5153—2014)附录N第N.2.2条式(N.2.2)及表N.2.2-2。

设$VLV_{22}-3\times50mm^2$的单位长度(m)电阻为R,则$VLV_{22}-3\times150mm^2$的单位长度(m)电阻可近似为$R/3$,则由PC敷设至电动机出线端子的归算至规格$VLV_{22}-3\times50mm^2$的等效长度为:

$$L=\left(150\times\frac{R}{3}+60\times R\right)/R=110\text{m}$$

由表N.2.2-2查的对应单相金属性短路电流为1362A,再由式(N.2.2)计算得:

$$I_d^{(1)}=I_{d(100)}^{(1)}\cdot\frac{100}{L}=1362\times\frac{100}{110}=1238.2\text{A}$$

30. **答案**:D

依据:《火力发电厂厂用电设计技术规定》(DL/T 5153—2014) 附录 C 第 C.0.2-1 条。

$$R_N = \frac{U_e}{\sqrt{3} \times I_R} = \frac{10 \times 10^3}{\sqrt{3} \times 1.1 \times 200} = 52.5\Omega$$

31. **答案**:D

依据:《电力工程电气设计手册》(电气一次部分) P268 ~ P269“容量选择”。

低压厂用工作变压器的容量留有 10% 左右的裕度。

$$S \geqslant \frac{(36/2) \times 90}{0.8} \times 1.1 = 2227.5\text{kVA}$$

32. **答案**:D

依据:《发电厂和变电所照明设计技术规定》(DL/T 5390—2014) 第 8.6.2-1 条。

金属卤化物灯:$I_{js1} = \dfrac{P_{js1}}{U_{exg}\cos\varphi_1} = \dfrac{5 \times 200}{220 \times 0.85} = 5.35\text{A}$

LED 灯:$I_{js2} = \dfrac{P_{js2}}{U_{exg}\cos\varphi_2} = \dfrac{3 \times 100}{220 \times 0.9} = 1.515\text{A}$

线路计算电流:
$$\begin{aligned} I_{js} &= \sqrt{(I_{js1}\cos\varphi_1 + I_{js2}\cos\varphi_2)^2 + (I_{js1}\sin\varphi_1 + I_{js2}\sin\varphi_2)^2} \\ &= \sqrt{(5.35 \times 0.85 + 1.515 \times 0.9)^2 + (5.35 \times 0.527 + 1.515 \times 0.436)^2} \\ &= 6.86\text{A} \end{aligned}$$

33. **答案**:B

依据:《发电厂和变电所照明设计技术规定》(DL/T 5390—2014) 第 5.4.3-4 条及条文说明。

34. **答案**:A

依据:《110kV ~ 750kV 架空输电线路设计规范》(GB 50545—2010) 第 6.0.1 条及表 6.0.1。

35. **答案**:A

依据:《电力工程电气设计手册》(电气一次部分) P700“跳线相间距离的校验”。

跳线在无风时的弧垂要求大于跳线最低点对横梁下沿的距离且不小于最小电气距离 A_1 值。

A_1 为最小弧垂值,即带电部分至接地部分之间的距离,因此答案为选项 A。

注:A_1 参考《高压配电装置设计技术规程》(DL/T 5352—2018) 第 5.1.2 条。

36. **答案**:C

依据:《电力工程高压送电线路设计手册》(第二版) P153 式(2-8-13)。

$$I_{a1} = \frac{P}{\sqrt{3}U\cos\varphi} = \frac{S}{\sqrt{3}U} = \frac{150 \times 10^3}{\sqrt{3} \times 220} = 394\text{A}$$

37. **答案**:B

依据:正序阻抗 = 自阻抗 - 互阻抗,则:

$$X_1 = X_{AA} - \frac{X_{AB} + X_{AB} + X_{AC}}{3} = j0.696 - j\frac{0.298 + 0.298 + 0.256}{3} = j0.412$$

注:若不知道上述公式,可参考《电力工程高压送电线路设计手册》(第二版)P16 式(2-1-2),P152 ~ P153 式(2-8-1)、式(2-8-4),其中题干忽略导线电阻,因此相关公式忽略实部,直接利用虚部计算。

自电抗:$X_{AA} = X_{CC} = j0.145\lg\frac{D_0}{r_e} = j0.696 \Rightarrow \lg\frac{D_0}{r_e} = 4.8$

由于采用常规酒杯塔,设相线间距 $d_{AB} = d_{BC} = d_e$,则:

互电抗1:$X_{AB} = X_{BC} = j0.145\lg\frac{D_0}{d_e} = j0.298 \Rightarrow \lg\frac{D_0}{d_e} = 2.055$

互电抗2:$X_{AC} = j0.145\lg\frac{D_0}{d'_e} = j0.298 \Rightarrow \lg\frac{D_0}{d'_e} = 1.7655$

综上,$r_e = \frac{D_0}{10^{4.8}}, d_{AB} = d_{BC} = \frac{D_0}{10^{2.055}}, d_{AC} = \frac{D_0}{10^{1.7655}}$,则:

相导线的几何均距:$d_m = \sqrt[3]{d_{AB}d_{BC}d_{AC}} = \sqrt[3]{\frac{D_0}{10^{2.055}} \times \frac{D_0}{10^{2.055}} \times \frac{D_0}{10^{1.7655}}} = 0.011D_0$

正序电抗:$X_1 = 0.0029f\lg\frac{d_m}{r_e} = 0.0029 \times 50 \times \lg\frac{0.011D_0}{10^{-4.8} \cdot D_0} = j0.412$

38. **答案**:B

依据:《110kV ~ 750kV 架空输电线路设计规范》(GB 50545—2010) 第 13.0.2-1 条及条文说明。

39. **答案**:B

依据:《电力系统设计技术规程》(DL/T 5429—2009) 第 5.2.3 条。

总备用容量:S_B = (15% ~ 20%) × 2580 = (387 ~ 516)MW

事故备用容量:S_{BY} = (8% ~10%) ×2580 = (206.4 ~258)MW <300MW,取 300MW。

40. **答案**:D

依据:《光伏发电站接入电力系统技术规定》(GB/T 19964—2012) 第 9.1 条及表 2“光伏发电站在不同并网点电压范围内的运行规定”;《光伏发电站无功补偿技术规范》(GB/T 29321—2012) 第 9.2.4 条。

---

41. **答案**:CD

依据:《大中型火力发电厂设计规范》(GB 50660—2011) 第 16.3.17 条。

42. **答案**:ACD

依据:《220kV ~ 750kV 变电站设计技术规程》(DL/T 5218—2012) 第 13.2.1 条、第

13.2.2 条、第 13.4.2 条、第 13.3.4-1 条。

43. **答案**:ABC

依据:《火灾自动报警系统设计规范》(GB 50116—2013) 第 5.2.2 条、第 5.3.3 条、第 5.4.1 条。

44. **答案**:AD

依据:《220kV ~ 750kV 变电站设计技术规程》(DL/T 5218—2012) 第 5.1.1 条、第 5.1.5 条、第 5.1.6 条、第 5.1.8。

45. **答案**:BCD

依据:《导体与电器选择设计技术规程》(DL/T 5222—2005) 第 9.2.5 条、第 11.0.8 条、第 15.0.1 条及条文说明。

46. **答案**:BC

依据:《电力工程电气设计手册》(电气一次部分) P120“发电厂和变电所中可以采取的限流措施”。

注:题干中要求限制 10kV 母线三相短路电流,而非线路三相短路电流,注意区分和取舍。

47. **答案**:BD

依据:《电力工程电气设计手册》(电气二次部分) P71 ~ P72“超高压系统继电保护对电流互感器的特殊要求及对带气隙电流互感器的简介”。

TPY 级电流互感器可用于高压电网的继电保护。TPZ 及电流互感器用于需要消除剩磁和一次短路电流含直流分量的情况。例如大容量发电机的继电保护。(排除选项 A)

当失灵保护的电流起动元件接于和电流的电流互感器时,若其中任一电流互感器二次回路故障,则有可能引起故障时失灵电流起动元件的误判断。(排除选项 C)

48. **答案**:BCD

依据:《220kV ~ 750kV 变电站设计技术规程》(DL/T 5218—2012) 第 5.4.2 条、第 5.4.3条。

49. **答案**:ABD

依据:《光伏发电站设计规范》(GB 50797—2012) 第 8.3.1 条 ~ 第 8.3.4 条。

50. **答案**:ABC

依据:《电力工程电缆设计规范》(GB 50217—2018) 第 3.7.4-3 条。

51. **答案**:AD

依据:《光伏发电站设计规范》(GB 50797—2012) 第 7.2.1 条、第 7.2.4 条、第 8.8.3 条、第 8.8.4 条、第 14.1.6 条。

52. **答案**:ABC

依据:《高压配电装置设计技术规程》(DL/T 5352—2018)第6.3.4条。

53. 答案:BD

依据:《交流电气装置的过电压保护和绝缘配合》(DL/T 620—1997)第4.2.7条

注:《交流电气装置的过电压保护和绝缘配合设计规范》(GB/T 50064—2014)中相关内容有所修正。

54. 答案:BD

依据:《交流电气装置的过电压保护和绝缘配合设计规范》(GB/T 50064—2014)第5.4.1条。

注:选项C,地面转运站应不属于输煤系统的高建筑物,不建议选择。

55. 答案:ABC

依据:《220~500kV变电站计算机监控系统设计技术规程》(DL/T 5149—2001)第5.3条"硬件设备"。

56. 答案:AB

依据:《35~220kV无人值班变电所设计规范》(DL/T 5103—2012)第4.10.3条、第4.8.14条、第4.7.2条。

57. 答案:ABD

依据:《继电保护和安全自动装置技术规程》(GB/T 14285—2006)第4.1.2.1条~第4.1.2.4条。

58. 答案:ABD

依据:《电力系统安全稳定控制技术导则》(DL/T 723—2000)附录A。

59. 答案:AB

依据:

<table>
<tr><td>《电力工程直流系统设计技术规程》(DL/T 5044—2014)</td><td>第3.3.3-4条:单机容量为600MW及以上机组的火力发电厂,每台机组应装设3组蓄电池中。
第3.3.3-8条:220kV~750kV变电站应装设2组蓄电池</td><td>第3.4.2-2条:1组蓄电池,宜配置1~2套充电装置。
第3.4.3-2条:2组蓄电池,宜配置2~3套充电装置</td><td>第3.5.1-1条~第3.5.1-2条:1组蓄电池配1套充电装置时,宜采用单母线接线;配2套充电装置时,宜采用单母线接线。
第3.5.2-1条:2组蓄电池时,应采用两段单母线接线</td></tr>
<tr><td>场所及设备规格</td><td>蓄电池</td><td>充电装置</td><td>接线方式</td></tr>
<tr><td rowspan="4">发电机组:2×660MW</td><td rowspan="2">动力负荷:1组</td><td>1套</td><td>单母线接线</td></tr>
<tr><td>2套</td><td>单母线分段接线</td></tr>
<tr><td rowspan="2">控制负荷:2组</td><td>2套</td><td>两段单母线接线</td></tr>
<tr><td>3套</td><td>两段单母线接线</td></tr>
<tr><td rowspan="2">变电站:500kV,一个半断路器接线</td><td rowspan="2">2组</td><td>2套</td><td>两段单母线接线</td></tr>
<tr><td>3套</td><td>两段单母线接线</td></tr>
</table>

60. **答案:**BD

依据:《电力工程直流系统设计技术规程》(DL/T 5044—2014) 第3.2.3条、第3.2.4条。

61. **答案:**ABC

依据:《火力发电厂厂用电设计技术规定》(DL/T 5153—2014) 第3.3.1条。

62. **答案:**ACD

依据:《火力发电厂厂用电设计技术规定》(DL/T 5153—2014) 第8.4.2-1条、第8.4.4-1条、第8.6.1-1条、第8.9.2-1条。

63. **答案:**BCD

依据:《水力发电厂厂用电设计规程》(NB/T 35044—2014) 第7.1.2条~第7.1.4条及附录F第F.2.3条。

64. **答案:**BCD

依据:《发电厂和变电所照明设计技术规定》(DL/T 5390—2014) 第8.1.3-2条、第8.4.7条、第8.9.4条。

65. **答案:**AD

依据:《火力发电厂厂内通信设计技术规定》(DL/T 5041—2012) 第6.0.3条~第6.0.5条、第8.0.3条。

66. **答案:**AC

依据:《电力工程高压送电线路设计手册》(第二版) P183"水平档距和垂直档距定义",则大风工况下:

垂直荷载:$F_v = ng_1 l_v = 2 \times 16.5 \times 550 = 18150\text{N}$

水平荷载:$F_H = ng_2 l_H = 2 \times 1.25 \times 11.3 \times 400 = 11300\text{N}$

67. **答案:**AC

依据:《110kV~750kV架空输电线路设计规范》(GB 50545—2010) 第6.0.3条。

68. **答案:**AB

依据:《110kV~750kV架空输电线路设计规范》(GB 50545—2010) 第6.0.4条。

69. **答案:**BD

依据:《光伏发电站接入电力系统技术规定》(GB/T 19964—2012) 第8.1条。

70. **答案:**AD

依据:《交流电气装置的接地设计规范》(GB/T 50065—2011) 第3.2.1条。

2017年专业知识试题(下午卷)

一、 单项选择题(共40题,每题1分,每题的备选项中只有1个最符合题意)

1. 在高压电器装置保护接地设计中,下列哪个装置和设施的金属部分可不接地? ( )

(A)互感器的二次绕组　　(B)电缆的外皮

(C)标称电压110V的蓄电池室内的支架　　(D)穿线的钢管

2. 变电所内,用于110kV有效接地系统的母线型无间隙金属氧化物避雷器的持续运行电压和额定电压应不低于下列哪组数值? ( )

(A)57.6kV、71.8kV　　(B)69.6kV、90.8kV

(C)72.7kV、94.5kV　　(D)63.5kV、82.5kV

3. 某电厂50MW发电机,厂用工作电源由发电机出口引出,依次经隔离开关、断路器、电抗器供电给厂用负荷,请问该回路断路器不宜按下列哪一条件校验? ( )

(A)校验断路器开断水平时应按电抗器后短路条件校验

(B)校验开断短路能力应按0秒短路电流校验

(C)校验热稳定时应计及电动机反馈电流

(D)校验用的开断短路电流应计及电动机反馈电流

4. 某500kV配电装置采用一台半断路器接线,其中1串的两回出线各输送1000MVA功率,试问该串串内中间断路器和母线断路器的额定电流最小分别不得小于下列何值? ( )

(A)1250A,1250A　　(B)1250A,2500A

(C)2500A,1250A　　(D)2500A,2500A

5. 对双母线接线中型布置的220kV屋外配电装置,当母线与出线垂直交叉时,其母线与出线间的安全距离应按下列哪种情况校验? ( )

(A)应按不同相的带电部分之间距离(A1值)校验

(B)应按无遮拦裸导体至构筑物顶部之间距离(C值)校验

(C)应按交叉的不同时停电检修的无遮拦带电部分之间距离(B1值)校验

(D)应按平行的不同时停电检修的无遮拦带电部分之间距离(D值)校验

6. 遥测功角δ或发电机端电压是为了下列哪一种目的? ( )

(A)提高输电线路的送电能力

(B)监视系统的稳定

(C)减少发电机定子的温升

(D)防止发电机定子电流增加,造成过负荷

7. 关于自动灭火系统的设置,以下表述哪个是正确的? ( )

(A)单台容量在20MVA及以上的厂矿企业油浸电力变压器应设置自动灭火系统,且宜采用水喷雾灭火系统

(B)单台容量在40MVA及以上的电厂油浸电力变压器或设置自动灭火系统,且宜采用水喷雾灭火系统

(C)单台容量在100MVA及以上的独立变电站油浸电力变压器应设置自动灭火系统,且宜采用水喷雾灭火系统

(D)充可燃油并设置在高层民用建筑内的高压电容器应设置自动灭火系统,且宜采用水喷雾灭火系统

8. 火力发电厂二次接线中有关电气设备的监控,下列哪条不符合规程要求? ( )

(A)当发电厂电气设备采用单元制DCS监控时,电力网络部分电气设备采用NCS监控

(B)当主接线为发电机-变压器-线路组等简单接线时,电力网络部分电气设备可采用DCS监控

(C)当发电厂采用非单元制监控时,电气设备采用ECMS监控,电力网络部分电气设备采用NCS监控

(D)除简单接线方式外,发变组回路在高压配电装置的隔离开关宜在NCS远方监控

9. 对于火力发电厂220kV升压站的直流系统设计,其蓄电池的配置和各种工况运行电压的要求,下列表述正确的是? ( )

(A)应装设1组蓄电池,正常运行情况下,直流母线电压为直流标称电压的105%,均衡充电运行情况下,直流母线电压不应高于直流系统标称电压的112.5%,事故放电末期,蓄电池出口端电压不应低于直流系统标称电压的87.5%

(B)应装设2组蓄电池,正常运行情况下,直流母线电压为直流系统标称电压的105%,均衡充电运行情况下,直流母线电压不应高于直流系统标称电压的112.5%,事故放电末期,蓄电池出口端电压不应低于直流系统标称电压的87.5%

(C)应装设1组蓄电池,正常运行情况下,直流母线电压为直流系统标称电压的105%,均衡充电运行情况下,直流母线电压不应高于直流系统标称电压的110%,事故放电末期,蓄电池出口端电压不应低于直流系统标称电压85%

(D)应装设2组蓄电池,正常运行情况下,直流母线电流为直流系统标称电压的

105%，均衡充电运行情况下，直流母线电压不应高于直流系统标称电压的110%，事故放电末期，蓄电池出口端电压不应低于直流系统标称电压的87.5%

10. 发电厂露天煤场照明灯具应选择？（　　）

(A)配照灯　　(B)投光灯
(C)板块灯　　(D)三防灯

11. 某变电所的220kVGIS配电装置的接地短路电流为20kA，每根GIS基座有4条接地线与主接地网连接，对此GIS的接地线截面做热稳定校验电流应取下列何值？（不考虑敷设的影响）（　　）

(A)20kA　　(B)14kA
(C)7kA　　(D)5kA

12. 某220kV配电装置，雷电过电压要求的相对地最小安全距离为2m，雷电过电压要求的相间最小安全距离为下列何值？（　　）

(A)1.8m　　(B)2.0m
(C)2.2m　　(D)2.4m

13. 某升压变压器容量为180MVA，高压侧采用LGJ型导线接入220kV屋外配电装置，请按经济电流密度选择导线截面（经济电流密度 $J=1.18\text{A/mm}^2$）？（　　）

(A)240mm^2　　(B)300mm^2
(C)400mm^2　　(D)500mm^2

14. 在农村电网中，通常通过220kV变电所或110kV相35kV负荷供电，以下系统中的哪组主变35kV系统不能并列运行？（　　）

(A)220/110/35kV　150MVA 主变　Yyd 与 220/110/35kV　180MVA 主变　Yyd
(B)220/110/35kV　150MVA 主变　Yyd 与 110/35kV　63MVA 主变　Yd
(C)220/110/35kV　150MVA 主变　Yyd 与 220/35/10kV　63MVA 主变　Yyd
(D)220/35kV　150MVA 主变　Yd 与 220/110/35kV　180MVA 主变　Yyd

15. 当环境温度高于+40℃时，开关柜内的电器应降容使用，母线在+40℃时的允许电流为3000A时，当环境温度身高到+50℃时，此时母线的允许电流为：（　　）

(A)2665A　　(B)2683A
(C)2702A　　(D)2725A

16. 专供动力负荷的直流系统，在均衡充电运行和事故放电情况下，直流系统标称电压的波动范围应为：（　　）

(A)85% ~110%　　(B)85% ~112.5%

(C)87.5% ~110%　　(D)87.5% ~112.5%

17. 保护用电压互感器二次回路允许压降在互感器负荷最大时不应大于额定电压的：（　　）

(A)2.5%　　(B)3%

(C)5%　　(D)10%

18. 某水力发电厂电力网的电压为 220kV、110kV 两级，下列哪项断路器的操作机构选择是不正确的？（　　）

(A)当配电装置为敞开式，220kV 线路断路器选用分相操作机构

(B)当配电装置为 GIS，发变组接入 220kV 断路器选用三相联动操作机构

(C)当配电装置为敞开式，110kV 线路断路器选用分相操作机构

(D)当配电装置为 GIS，联络变 110kV 侧断路器选用三相联动操作机构

19. 关于水电厂消防供电设计，下列表述哪项不正确？（　　）

(A)消防用电设备应按 I 类负荷供电设计

(B)消防用电设备应采用专用的供电回路，当发生火灾时仍应保证消防用电

(C)消防用电设备应采用双电源供电，电源自动切换装置装设于配电装置主盘

(D)应急照明可采用直流系统或应急灯自带蓄电池作电源，其连续供电时间不应少于 30min

20. 光伏电站无功电压控制系统设计原则，以下哪条不符合规范要求？（　　）

(A)控制模式应包括恒电压控制、恒功率因数控制、恒无功功率控制等

(B)无功功率控制偏差的绝对值不超过给定值的 5%

(C)能够监控电站所有部件的运行状态，统一协调控制并网逆变器、无功补偿装置以及主变分接头

(D)无功电压控制响应时间不应超过 10s

21. 某变电所的 220kVGIS 配电装置的接地短路电流为 20kA，流经此 GIS 配电装置的某一接地线上的接地电流为 10kA，此 GIS 的接地线满足热稳定的最大截面不得小于下列何值？（C 值 70，短路的等效时间取 2s）（　　）

(A)404mm^2　　(B)282.8mm^2

(C)202mm^2　　(D)141.4mm^2

22. 电力系统中，下列哪种自耦变压器的传输容量不能得到充分利用？（　　）

(A)自耦变为升压变，送电方向主要是低压侧和中压侧向高压侧送电

(B)自耦变为联络变，高压、中压系统交换功率较大，低压侧不供任何负荷

(C)自耦变为降压变，送电方向主要是高压侧送中压侧，低压侧接厂用电系统自动备用电源

(D)自耦变为升压变，送电方向主要是低压侧向高压侧、中压侧送电

23. 某工程 35kV 手车式开关柜，手车长度为 1200，当其单列布置和双列面对面布置时，其正面操作通道最小宽度分别应为：(单位：mm)　(　　)

(A)2000，3000　(B)2400，3300

(C)2500，3000　(D)3000，3500

24. 某中性点经低电阻接地的 6kV 配电系统中，当接地保护动作不超过 1min 切除故障时，电缆缆芯与金属护套之间额定电压应为下列哪项值？　(　　)

(A)3kV　(B)3.6kV

(C)6kV　(D)10kV

25. 有一台 50/25-25MVA 的无励磁调压高压厂用变压器，低压侧电压为 6kV、变压器半穿越电抗 $U_K\% = 16.5\%$，有一台 6500kW 电动机正常起动，此时 6kV 母线已带负荷 0.7(标幺值)，请计算母线电压是下列哪项值？(设 $K_d = 6$，$\eta_d = 0.95$，$\cos\varphi_d = 0.8$)　(　　)

(A)0.79%　(B)0.82%

(C)0.84%　(D)0.85%

26. 某电力工程 220kV 直流系统，其蓄电池至直流主屏的允许压降为：　(　　)

(A)4.4V　(B)3.3V

(C)2.5V　(D)1.1V

27. 某 220kV 变电站中设置有 2 台站用变压器，选用容量 315kVA 的干式变压器，共同布置于站用变压器室内，其防火净距不应小于：　(　　)

(A)5m　(B)8m

(C)10m　(D)不考虑防火间距

28. 在火力发电厂的 220kV 升压站二次接线设计中，下列哪条原则是不对？

(A)220kV 三相联动断路器是指有条件许可时首先采用机械联动

(B)当 220kV 三相联动断路器操作机构的机械联动有困难时采用电气联动

(C)220kV 断路器分相操作结构应有非全相自动跳闸回路

(D)220kV 断路器液压操作机构宜设置压力降低至规定值时自动跳闸回路

29. 2×1000MW 火电机组的某车间采用 PC-MCC 暗备用接线，通过两台 630kVA 的无载调压干式变压器供电，变压器接线组别 Dyn11，额定变比 10.5/0.4kV，$U_d = 4\%$，在 PCA 上接有一台 185kW 的电动机，已知电动机的起动电流倍数为 7，额定效率为 0.96，

额定功率因数为0.85，则该变压器空载电动机起动时的母线电压是：（　　）

(A)342V　　(B)359V

(C)368V　　(D)378V

30.直埋单芯电缆设置回流线时，需要考虑回流线的布置位置，尽可能使回流线距离三根电缆等距，这主要是考虑以下哪项因素？

(A)满足热稳定要求

(B)降低线路阻抗

(C)减小运行损耗

(D)施工方便

31.对变电站故障录波的设计要求，下列哪项表述不正确？

(A)可控高抗可配置专用的故障录波装置

(B)故障录波装置的电流输入回路应接入电流互感器的保护级线圈，可与保护合用一个二次绕组，接在保护装置之前

(C)故障录波装置应有模拟启动、开关量启动及手动启动方式

(D)故障录波装置的时间同步准确度应达到1ms

32.在中性点不接地的三相交流系统中，当一相发生接地时，未接地两相对地电压变化为相电压的：（　　）

(A) $\sqrt{3}$　　(B)1

(C) $1/\sqrt{3}$　　(D)1/3

33.中性点不接地的高压厂用电系统，单相接地电流达到下列哪项值时，高压厂用电动机回路的单相接地保护应动作于跳闸？（　　）

(A)5A　　(B)7A

(C)10A　　(D)15A

34.在220kV变电所的水平闭合接地网总面积 $S = 100x100m^2$，所区土壤电阻率 $100\Omega \cdot m$（按简易法复合式人工接地网计算），其水平接地网的接地电阻近似为下列哪项值？（不考虑季节因素）（　　）

(A)30Ω　　(B)3Ω

(C)0.5Ω　　(D)0.28Ω

35.在下列低压厂用电系统短路电流计算的规定中，哪一条是正确的？（　　）

(A)可不计及电阻

(B)在380V动力中心母线发生短路时，可不计及异步电动机的反馈电流

(C)在380V动力中心馈线发生短路时，可不计及异步电动机的反馈电流

(D)变压器低压侧线电压取380V

36. 对于火力发电厂防火设计,以下哪条不符合规程要求? ( )

(A)变压器贮油设施应铺设卵石层,其厚度不应小于250mm,卵石直径宜为50~80mm
(B)氢管道应有防静电的接地措施
(C)两台油量均为2500kg的110kV屋外油浸变压器之间的距离为7m时,可不设防火墙
(D)电缆采用架空敷设时,每间隔100m应设置阻火措施

37. 某变电站220kV配电装置3回进线,全线有地线,220kV设备的雷电冲击耐受电压为850kV,则母线避雷器至变压器的最大电气距离为: ( )

(A)170m (B)235m
(C)205m (D)195m

38. 在火力发电厂的二次线设计中,对于电压互感器,下列哪条设计原则是不正确的? ( )

(A)对中性点直接接地系统中,电压互感器星形接线的二次绕组应采用中性点接地方式
(B)对中性点非直接接地系统,电压互感器星形接线的二次绕组宜采用中性点不接地方式
(C)电压互感器开口三角绕组的引出端之一应一点接地
(D)关口计量表计专用电压互感器二次回路不应装设隔离开关辅助接点

39. 直流换流站中,自带蓄电池的应急灯放电时间应不低于: ( )

(A)30min (B)60min
(C)120min (D)180min

40. 220kV输电线路基准设计风速29m/s的丘陵地区,导线采用2xJL/GIA-400/50,导线力学特性计算时覆冰10mm的风荷载为0.40kg/m,直线塔水平档距为500m,10mm覆冰时垂直档距为450m,计算覆冰工况下平均高度15m时导线产生的水平荷载是:(不计及间隔棒和防振锤,重力加速度$g=9.8\text{m/s}^2$) ( )

(A)4469N (B)4704N
(C)5363N (D)5657N

二、多项选择题(共30题,每题2分。每题的备选项中有2个或2个以上符合题意。错选、少选、多选均不得分)

41. 当不要求采用专门敷设的接地线接地时,电气设备的接地线可以利用其他设

施，但不得使用下列哪些设施作接地线？ （　　）

(A)普通钢筋混凝土构件的钢筋
(B)煤气管道
(C)保温管的金属网
(D)电缆的铝外皮

42. 为消除220kV及以上配电装置中管形导体的端部效应，可采用下列哪几项措施？ （　　）

(A)端部绝缘子加大爬距
(B)适当延长导体端部
(C)在端部加装屏蔽电极
(D)将母线避雷器布置在靠近端部

43. 一般情况下变电所中的220~500kV线路，需对下列哪些故障设远方跳闸保护？ （　　）

(A)一个半断路器接线的断路器失灵保护动作
(B)高压侧装设断路器的线路并联电抗器保护动作
(C)线路过电压保护动作
(D)线路变压器母线组的变压器保护动作

44. 关于水电厂厂用变压器的型式选择，下列哪几条是正确的？ （　　）

(A)当厂用变压器与离相封闭母线分支连接时，宜采用单相干式变压器
(B)当厂用变压器的安装地点在厂房内时，应采用干式变压器
(C)选择厂用变压器的接线组别时，厂用电电源间相位宜一致
(D)低压厂用变压器宜选用Yyn0连接组别的三相变压器

45. 对于220kV无人值班变电站，下列设计原则正确的是： （　　）

(A)终端变电站的220kV配电装置，当继电保护满足要求时，可采用线路分支接线
(B)变电站的66kV配电装置，当出线回路数为6回以上时，宜采用双母线接线
(C)接在变压器中性点上的避雷器，不应装设隔离开关
(D)若采用自耦变压器，变压器第三绕组接有无功补偿装置时，应根据无功功率潮流校核公用绕组的容量

46. 关于绝缘配合，以下表述正确的是： （　　）

(A)110kV系统操作过电压要求的空气间隙的绝缘强度，宜以最大操作过电压为基础，将绝缘强度作为随机变量加以确定
(B)500kV变电站操作过电压要求的空气间隙的绝缘强度，宜以避雷器操作冲

击保护水平为基础,将绝缘强度作为随机变量加以确定

(C)110kV 电气设备的内、外绝缘操作冲击绝缘水平,宜以最大操作过电压为基础,采用确定性法确定

(D)500kV 电气设备的内、外绝缘操作冲击绝缘水平,宜以避雷器操作冲击保护水平为基础,采用确定法确定

47. 关于点光源在水平面照度计算结果描述正确的是: ( )

(A)被照面的法线与入射光线夹角越大,照度越高

(B)被照面的法线与入射光线夹角越小,照度越高

(C)照度与点光源至被照面计算点距离的平方成反比

(D)照度与点光源至被照面计算点距离成反比

48. 在计算高压交流输电线路耐雷水平时,不采用下列哪些电阻值? ( )

(A)直流接地电阻值 (B)工频接地电阻值

(C)冲击接地电阻值 (D)高频接地电阻值

49. 若送电线路导线采用钢芯铝绞线,下列哪些情况不需要采取防振措施? ( )

(A)4 分裂导线,档距 400m,开阔地区,平均运行张力不大于拉断力的 16%

(B)4 分裂导线,档距 500m,非开阔地区,平均运行张力不大于拉断力的 18%

(C)2 分裂导线,档距 350m,平均运行张力不小于拉断力的 22%

(D)2 分裂导线,档距 100m,平均运行张力不大于拉断力的 18%

50. 在设计共箱封闭母线时,下列哪些部分应装设伸缩节? ( )

(A)共箱封闭母线超过 20m 长的直线段应装设伸缩节

(B)共箱封闭母线不同基础的连接段应装设伸缩节

(C)共箱封闭母线与设备连接处应装设伸缩节

(D)共箱封闭母线长度超过 30m 时应装设伸缩节

51. 在发电厂变电所的导体和电器选择时,若采用"短路电流实用计算法",可以忽略的电气参数是: ( )

(A)发电机的负序电抗

(B)输电线路的电容

(C)所有元件的电阻(不考虑短路电流的衰减时间常数)

(D)短路点的电弧电阻和变压器的励磁电流

52. 某降压变电所 330kV 配电装置采用一个半断路器接线,关于该接线方式下列哪些表述是正确的? ( )

(A)主变回路宜与负荷回路配成串

(B)同名回路配置在不同串内

(C)初期为完整两串时,同名回路宜分别就接入不同侧的母线,且进出线不宜装设隔离开关

(D)第三台主变可不进串,直接经断路器接母线

53. 对于测量或计量用的电流互感器准确级采用 0.1 级、0.2 级、0.5 级、1 级和 S 类的电流互感器,下列哪些描述是准确的? ( )

(A)S 类电流互感器在二次负荷为额定负荷值的 20% ~100% 之间,电流在额定电流 25% ~100% 之间电流的比值差满足准确级的要求

(B)S 类电流互感器在二次负荷为额定负荷值的 25% ~100% 之间,电流在额定电流 20% ~120% 之间电流的比值差满足准确级的要求

(C)0.1 级、0.2 级、0.5 级、1 级在二次负荷为额定负荷值的 20% ~100% 之间,电流在额定电流 25% ~120% 之间电流的比值差满足准确级的要求

(D)0.1 级、0.2 级、0.5 级、1 级电流互感器在二次负荷为额定负荷值的 25% ~100% 之间,电流在额定电流 100% ~120% 之间电流的比值差满足准确级的要求

54. 在火力发电厂的二次线设计中,下列哪几条设计原则是正确的? ( )

(A)控制柜进线电源的电压等级不应超过 250V

(B)电压 250V 以上的回路不宜进入控制和保护屏

(C)静态励磁系统的额定励磁电压大于 250V 时,转子一点接地保护装置不应设在继电保护室的保护柜

(D)当进入控制柜的交流三相电源系统中性点为高阻接地时,正常运行每相对地电压不超过 250V,可以不采取防护措施

55. 固定式悬垂线夹除必须具有一定的曲率半径外,还必须有足够的悬垂角,其作用是: ( )

(A)能有效地防止导线或地线在线夹内移动

(B)能防止导线或地线的微风震动

(C)避免发生导线或地线局部机械损伤引起断股或断线

(D)保证导线或地线在线夹出口附近不受大的弯曲应力

56. 架空线耐张塔直引跳线最大弧垂计算是为了校验以下哪些间距? ( )

(A)跳线与第一片绝缘子铁帽间距

(B)跳线与塔身间距

(C)跳线与拉线间距

(D)跳线与下横担间距

57. 某 500kV 电力线路上接有并联电抗器及中性点接地电抗器,以防止铁磁谐振过

电压的产生，此接地电抗器的选择需考虑下列哪些因素？（ ）

(A)该500kV电力线路的充电功率
(B)该500kV电力线路的相间电容
(C)限制潜供电流的要求
(D)并联电抗器中性点绝缘水平

58. 对裸导体和电器进行验算时，在采用下列哪些设备作为保护元件的情况下，其被保护的裸导体和电器应验算其动稳定？（ ）

(A)有限流作用的框架断路器
(B)塑壳断路器
(C)有限流作用的熔断器
(D)有限流作用的塑壳断路器

59. 110kV配电装置中管形母线采用支持式安装时，下列哪些措施是正确的？（ ）

(A)应采取防止端部效应的措施
(B)应采取防止微风震动的措施
(C)应采取防止母线热胀冷缩的措施
(D)应采取防止母线发热的措施

60. 发电厂高压电动机的控制接线应满足下列哪些要求？（ ）

(A)应有电源监视，并宜监视跳、合闸绕组回路的完整性
(B)应能指示断路器合闸于跳闸的位置状态，其断路器的跳、合闸线圈可用并联电阻来满足跳、合闸指示灯亮度的要求
(C)有防止断路器"跳跃"的电气闭锁装置，宜使用断路器机构内的防跳回路
(D)接线应简单可靠，使用电缆芯最少

61. 对于220kV无人值班变电站设计，下列描述正确的是：（ ）

(A)若220kV侧采用双母线接线，其线路侧隔离开关宜采用电动操作机构
(B)220kV线路采用综合重合闸方式，相应断路器应选用分相操作的断路器
(C)母线避雷器和电压互感器回路的隔离开关应采用手动操作机构
(D)主变压器应选用自耦变压器

62. 高压直流输电采用电缆时，具有以下哪些优点？（ ）

(A)输送有功功率不受距离限制
(B)无金属套电阻损耗
(C)直流电阻比交流电阻小
(D)不需要考虑空间电荷积聚

63. 在大型火力发电厂发电机采用静止励磁系统，下列哪些设计原则是正确的？（　　）

(A)励磁系统的励磁变压器高压侧接于发电机出线端不设断路器或熔断器
(B)当励磁变压器高压侧接于高压厂用电源母线上时应设置起励电源
(C)励磁变压器的阻抗在满足强励的条件下尽可能小
(D)当励磁变压器接线组别为 Y,d 接线时，一、二次侧绕组都不允许接地

64. 在电网方案设计中，对形成的方案要进行技术经济比较，还要进行常规的电气计算，主要的计算有下列哪几项？（　　）

(A)潮流、调相调压和稳定计算
(B)短路电流计算
(C)低频振荡、次同步谐振计算
(D)工频过电压及潜供电流计算

65. 屋外配电装置架构的荷载条件，应符合下列哪些要求？（　　）

(A)计算用气象条件应按当地的气象资料确定
(B)架构可根据实际受力条件分别按终端或中间架构设计
(C)架构荷载应考虑运行、安装、检修、覆冰情况时的各种组合
(D)架构荷载应考虑正常运行、安装、检修情况时的各种组合

66. 发电厂、变电所中，除电子负荷需要外，直流系统不应采用的接地方式是下列哪几种？（　　）

(A)直接接地　　(B)不接地
(C)经小电阻接地　　(D)经高阻接地

67. 在水电工程设计中，下列哪些表述是正确的？（　　）

(A)防静电接地装置的接地电阻不应大于 10Ω
(B)抽水蓄能厂房应设置水淹厂房的专用厂房水位监测报警系统，可以手动或在认为有必要时转为自动，能紧急关闭所有可能向厂房进水的闸(阀)门设施
(C)在中性点直接接地的低压电力网中，零线应在电源处接地
(D)如果干式变压器没有设置在独立的房间内，其四周应设置防护围栏或防护等级不低于 IP1X 的防护外罩，并应考虑通风防潮措施答案：

68. 对于 750kV 变电站设计，其站区规划及总平面布置原则，下列哪些原则是不正确的？（　　）

(A)配电装置选型应采用占地少的配电装置型式
(B)配电装置的布置位置应使各级电压配电装置与主变压器之间的连接长度最短
(C)配电装置的布置位置应使通向变电站的架空线路在入口处的交叉和转角的

数量最少

(D)高压配电装置的设计,应根据工程特点、规模和发展规划,做到远近结合,以规划为主

69. 对于火力发电厂直流系统保护电器的配置要求,下列哪些表述是正确的?( )

(A)蓄电池出口回路配置熔断器,蓄电池试验放电回路选用直流断路器,馈线回路选用直流断路器

(B)充电装置直流侧出口按直流馈线选用直流断路器

(C)蓄电池出口回路配置直流断路器,充电装置和蓄电池试验放电回路选用熔断器

(D)直流柜至分电柜馈线断路器选用具有短路短延时特性的直流塑壳断路器

70. 海拔高度为700~1000m的某750kV线路,校验带电部分与杆塔构件最小间隙时,下列哪些选项不正确? ( )

(A)工频电压工况下最小间隙为1.9m

(B)边相I串的操作过电压工况下最小间隙3.8m

(C)中相V串的操作过电压工况下最小间隙4.6m

(D)雷电过电压工况下最小间隙可根据绝缘子串放电电压的0.8配合

2017年专业知识试题答案(下午卷)

1. **答案**:C

依据:《交流电气装置的接地设计规范》(GB/T 50065—2011) 第3.2.1-10条、第3.2.1-15条、第3.2.2-4条。

2. **答案**:C

依据:《交流电气装置的过电压保护和绝缘配合设计规范》(GB/T 50064—2014) 第4.4.3条。

注:最高电压 U_m 取值参见《标准电压》(GB/T 156—2007) 第4.4条。

3. **答案**:B

依据:《导体与电器选择设计技术规程》(DL/T 5222—2005) 第5.0.6-2条、第5.0.11条,《火力发电厂厂用电设计技术规定》(DL/T 5153—2014) 第6.1.4条、第6.1.7条。

注:50MW发电机组发电机端额定电压参考《隐机同步发电机技术要求》(GB/T 7064—2008) 第5.2条及表4。

4. **答案**:B

依据:一个半断路器接线(又称3/2接线)的两组母线间有三组断路器,每一串的三组断路器之间接入两回路进出线,中间断路器又称为联络断路器。一个半断路器接线方式正常运行时,两组母线和所有断路器都投入工作,形成多环路供电方式,任意一组断路器检修时进出线均不受影响,当一组母线故障或检修时所有回路仍可通过另一组母线继续运行,线路短路故障,即使断路器失灵拒动,除故障线路不能运行外,至多再增一个电气设备(或线路)被断开,均不致造成全站停电,因此运行灵活度和工作可靠性高。

5. **答案**:C

依据:《高压配电装置设计技术规程》(DL/T 5352—2018)第5.1.2条。

6. **答案**:B

依据:《电力系统安全稳定控制技术导则》(DL/T 723—2000)第6.1条。

7. **答案**:D

依据:《建筑设计防火规范》(GB 50016—2014)第8.3.8条。

8. **答案**:B

依据:《火力发电厂、变电站二次接线设计技术规程》(DL/T 5136—2012)第3.2.7-4条、第3.2.7-5条。

注:其他选项内容综合参考第11.1条、第12.1条和第13.1条。相关缩写DCS:分布(集散)控制系统,NCS:电力网络计算机监控系统,ECMS:电气监控管理系统。

9. **答案**:D

依据:《电力工程直流系统设计技术规程》(DL/T 5044—2014) 第3.3.3-6条、第3.2.3-3条。

10. **答案**:B

依据:《发电厂和变电所照明设计技术规定》(DL/T 5390—2014)第5.3.3条。

11. **答案**:C

依据:《交流电气装置的接地设计规范》(GB/T 50065—2011)第4.4.5条。

12. **答案**:C

依据:《交流电气装置的过电压保护和绝缘配合设计规范》(GB/T 50064—2014) 第6.3.3-3条。

13. **答案**:C

依据:《电力工程电气设计手册》(电气一次部分)P336式(8-2)。

$$S_j = \frac{I_g}{j} = \frac{1.05 \times 180/(\sqrt{3} \times 220)}{1.18} \times 10^3 = 497\text{mm}^2$$

注:也可参考《导体与电器选择设计技术规程》(DL/T 5222—2005) 第7.1.6条,当无合适规格导体时,导体面积可按经济电流密度计算截面的相邻下一档选取。

14. **答案**:C

依据:《电力变压器选用导则》(GB/T 17468—2018)第6.1条。

注:容量比为0.5~2的要求考查得并不严格,建议作为最后的校验项。

15. **答案**:B

依据:《导体与电器选择设计技术规程》(DL/T 5222—2005) 第13.0.5条。

16. **答案**:D

依据:《电力工程直流系统设计技术规程》(DL/T 5044—2014) 第3.2.3-2条、第3.3.4条。

17. **答案**:B

依据:《电流互感器和电压互感器选择及计算规程》(DL/T 866—2015) 第12.2.2条。

18. **答案**:C

依据:《水力发电厂二次接线设计规范》(NB/T 35076—2016) 第3.2.1-7条,《继电保护和安全自动装置技术规程》(GB/T 14285—2006) 第4.6条。

19. **答案**:C

依据:《水力发电厂厂用电设计规程》(NB/T 35044—2014) 第3.7条"消防供电"。

20. **答案**:C

依据:《光伏发电站无功补偿技术规范》(GB/T 29321—2012) 第9.1条、第9.2.3

条、第 9.2.4 条。

21. **答案**:C

依据:《交流电气装置的接地设计规范》(GB/T 50065—2011)附录 E。

$$S_g \geqslant \frac{I_g}{C}\sqrt{t_e} = \frac{10 \times 10^3}{70} \times \sqrt{2} = 202\text{mm}^2$$

22. **答案**:A

依据:《电力工程电气设计手册》(电气一次部分)P218 ~ P219“2. 运行方式及过负荷保护”。

23. **答案**:B

依据:《高压配电装置设计技术规程》(DL/T 5352—2018) 第 5.4.5 条及表 5.4.5。

24. **答案**:B

依据:《电力工程电缆设计规范》(GB 50217—2018) 第 3.2.2-1 条。

25. **答案**:C

依据:《火力发电厂厂用电设计技术规定》(DL/T 5153—2014)附录 H“电动机正常起动时的电压计算”。

起动电动机的起动容量标幺值:$S_q = \dfrac{K_q P_e}{S_{2T}\eta_d\cos\varphi_d} = \dfrac{6 \times 6500}{25 \times 10^3 \times 0.95 \times 0.8} = 2.05$

合成负荷标幺值:$S = S_l + S_q = 2.05 + 0.7 = 2.75$

变压器电抗标幺值:$X_T = 1.1\dfrac{U_d\%}{100} \cdot \dfrac{S_{2T}}{S_T} = 1.1 \times \dfrac{16.5}{100} \times \dfrac{25}{50} = 0.09075$

电动机正常起动时的母线电压标幺值:$U_m = \dfrac{U_0}{1 + SX} = \dfrac{1.05}{1 + 2.75 \times 0.09075} = 0.8403 = 84.03\%$

26. **答案**:D

依据:《电力工程直流系统设计技术规程》(DL/T 5044—2014) 第 6.3.3-2 条。

27. **答案**:D

依据:《200kV ~ 1000kV 变电站站用电设计技术规程》(DL/T 5155—2016)第 7.2 条“站用变压器的布置”。

28. **答案**:D

依据:《火力发电厂、变电所二次接线设计技术规程》(DL/T 5136—2012) 第 5.1.6 条及条文说明、第 5.1.10 条及第 5.1.11 条。

29. **答案**:B

依据:《火力发电厂厂用电设计技术规定》(DL/T 5153—2014)附录 H“电动机正常起动时的电压计算”。

起动电动机的起动容量标幺值：$S_q = \frac{K_q P_e}{S_{2T}\eta_d \cos\varphi_d} = \frac{7 \times 185}{630 \times 0.96 \times 0.85} = 2.52$

合成负荷标幺值：$S = S_l + S_q = 2.52 + 0 = 2.52$

变压器电抗标幺值：$X_T = 1.1 \frac{U_d\%}{100} \cdot \frac{S_{2T}}{S_T} = 1.1 \times \frac{4}{100} \times \frac{630}{630} = 0.044$

电动机正常起动时的母线电压标幺值：$U_m = \frac{U_0}{1 + SX} = \frac{1.05}{1 + 2.52 \times 0.044} = 0.945$

电动机正常起动时的母线电压有名值：$U_M = 0.945 \times 380 = 359.1V$

30. **答案**：C

依据：《电力工程电缆设计规范》(GB 50217—2018)第4.1.17-2条。

31. **答案**：B

依据：《火力发电厂、变电所二次接线设计技术规程》(DL/T 5136—2012)第6.7.4条、第6.7.5条、第6.7.6条、第6.7.7条，及附录D表D。

32. **答案**：A

依据：基本概念。

33. **答案**：C

依据：《火力发电厂厂用电设计技术规定》(DL/T 5153—2014)第3.4.1条。

34. **答案**：C

依据：《交流电气装置的接地设计规范》(GB/T 50065—2011)(GB/T 50065—2011)附录A第A.0.4条。

35. **答案**：C

依据：《火力发电厂厂用电设计技术规定》(DL/T 5153—2014)第6.3.3条。

36. **答案**：C

依据：《火力发电厂与变电站设计防火规范》(GB 50229—2019)第6.5.2-4条、第6.7.3条、第6.7.9条、第6.8.3-4条。

37. **答案**：A

依据：《交流电气装置的过电压保护和绝缘配合设计规范》(GB/T 50064—2014)第5.4.13-6条及表5.4.13-1。

38. **答案**：B

依据：《火力发电厂、变电所二次接线设计技术规程》(DL/T 5136—2012)第5.4.18条，《电力装置电测量仪表装置设计规范》(GB/T 50063—2017)第8.2.4条。

39. **答案**：C

依据：《电力工程直流系统设计技术规程》(DL/T 5044—2014)第4.2.2-5条、第4.2.5

条及表4.2.5。

40. **答案**:B

依据:《电力工程高压送电线路设计手册》(第二版)P172 ~ P174 式(3-1-11)、式(3-1-14)。

由P172,风压高度变化系数μ_z为风速高度变化系数的平方数,即:$K_h^2=\mu_z$

由式(3-1-14):

$$g_H = 0.625\alpha\mu_{sc}(d_0+2\delta)\cdot(K_h v)^2 = W_0\alpha\mu_{sc}(d_0+2\delta)\mu_z = W_0\alpha\mu_{sc}d_0\mu_z$$

其中,覆冰厚度$\delta=0$,$W_0=\dfrac{v^2}{1600}=0.625\times10^{-3}v^2$,引自《110kV ~ 750kV 架空输电线路设计规范》(GB 50545—2010)第10.1.8条的式(10.1.8-1),再由式(10.1.8-2):

$$W = 2\alpha W_0\mu_z\mu_{sc}\beta_c dL_p\sin^2\theta = 2(\alpha W_0\mu_z\mu_{sc}d)\beta_c L_p\sin^2\theta = 2g_H\beta_c L_p \mathrm{Sin}^2\theta$$
$$= 2\times0.4\times9.8\times1\times1.2\times500\times1 = 4704\mathrm{N}$$

---

41. **答案**:BC

依据:《交流电气装置的接地设计规范》(GB/T 50065—2011) 第8.2.2-3条。

42. **答案**:BC

依据:《导体与电器选择设计技术规程》(DL/T 5222—2005) 第7.3.8条。

43. **答案**:ACD

依据:《继电保护和安全自动装置技术规程》(GB/T 14285—2006) 第4.10.1条。

44. **答案**:ABC

依据:《水力发电厂厂用电设计规程》(NB/T 35044—2014) 第5.3.1条、第5.3.2条、第5.3.4条。

45. **答案**:ACD

依据:《35 ~ 220kV 无人值班变电所技术规范》(DL/T 5103—2012) 第4.1.2条、第4.1.6条、第4.2.2条,《220kV ~ 750kV 变电站设计技术规程》(DL/T 5218—2012) 第5.1.6条、第5.1.7条。

46. **答案**:ABD

依据:《交流电气装置的过电压保护和绝缘配合设计规范》(GB/T 50064—2014) 第6.1.3条。

47. **答案**:BC

依据:《发电厂和变电所照明设计技术规定》(DL/T 5390—2014) 附录B 第B.0.2-1条。

48. **答案**:AD

依据:《电力工程高压送电线路设计手册》(第二版)P122 ~ P124 ,P132 表2-7-7。

注:耐雷水平,即雷电对线路放电引起绝缘闪络时的雷电流临界值,称作线路的耐雷水平。

49. **答案**:ABD

依据:《110kV ~750kV 架空输电线路设计规范》(GB50545—2010) 第5.0.13条。

50. **答案**:ABC

依据:《导体与电器选择设计技术规程》(DL/T 5222—2005) 第7.5.11条。

51. **答案**:BCD

依据:《导体与电器选择设计技术规程》(DL/T 5222—2005)附录F 第F.1条。

52. **答案**:ABD

依据:《220kV ~750kV 变电站设计技术规程》(DL/T 5218—2012) 第5.1.2条、第5.1.3条。

53. **答案**:BD

依据:《电力装置电测量仪表装置设计规范》(GB/T 50063—2017)第7.1.4条及条文说明、第7.1.7条。

54. **答案**:BC

依据:《火力发电厂、变电所二次接线设计技术规程》(DL/T 5136—2012)第1.0.6条及条文说明。

55. **答案**:CD

依据:《电力工程高压送电线路设计手册》(第二版)P292"(四)悬垂线夹悬垂角的检验"。

56. **答案**:CD

依据:《电力工程电气设计手册　电气一次部分》P700"跳线相间距离的校验"。

跳线在无风时的弧垂要求大于跳线最低点对横梁下沿的距离且不小于最小电气距离 A_1 值。

最大弧垂值即要求大于跳线最低点对横梁下沿的距离。最小弧垂即为 A_1 值。

注:A_1 参考《高压配电装置设计技术规程》(DL/T 5352—2018)第5.1.2条。

57. **答案**:BD

依据:《导体与电器选择设计技术规程》(DL/T 5222—2005) 第14.4.1条、第14.4.4条及条文说明。

58. **答案**:ABD

依据:《导体与电器选择设计技术规程》(DL/T 5222—2005) 第5.0.10条。

59. **答案**:ABC

依据:《高压配电装置设计技术规程》(DL/T 5352—2018)第5.3.9条。

60. **答案**:ACD

依据:《火力发电厂、变电所二次接线设计技术规程》(DL/T 5136—2012)第5.1.2条。

61. 答案:AB

依据:《35~220kV无人值班变电所设计规范》(DL/T 5103—2012)第4.1.2条、第4.1.8条,《220kV~750kV变电站设计技术规程》(DL/T 5218—2012)第5.2.4条、《火力发电厂、变电所二次接线设计技术规程》(DL/T 5136—2012)第5.1.6条。

62. 答案:ABC

依据:《电力工程电缆设计规范》(GB 50217—2018)第3.2.4条及条文说明。

63. 答案:ABC

依据:《火力发电厂、变电所二次接线设计技术规程》(DL/T 5136—2012)第8.2.3条及条文说明。

64. 答案:ABD

依据:《电力系统设计技术规程》(DL/T 5429—2009)第7条、第8条、第9条。

第7条:潮流及调相调压计算。第8条:电力系统稳定及短路电流计算。第9条:工频过电压及潜供电流计算。

65. 答案:AD

依据:《高压配电装置设计技术规程》(DL/T 5352—2018)第6.2.1条、第6.2.2条、第6.2.3条。

66. 答案:ACD

依据:《电力工程直流系统设计技术规程》(DL/T 5044—2014)第3.5.6条。

67. 答案:BC

依据:《水电工程劳动安全与工业卫生设计规范》(NB35074—2015)第4.1.5条、第4.2.4-3条、第4.3.2-3条、第4.3.3条。

68. 答案:ABD

依据:《220kV~750kV变电站设计技术规程》(DL/T 5218—2012)第4.1.2条、第4.2.3条、第4.2.4条。

69. 答案:ABD

依据:《电力工程直流系统设计技术规程》(DL/T 5044—2014)第5.1.2条、第5.1.3条。

70. 答案:BCD

依据:《交流电气装置的过电压保护和绝缘配合设计规范》(GB/T 50064—2014)第6.2.4条及表6.2.4-2。

2017 年案例分析试题(上午卷)

[案例题是 4 选 1 的方式,各小题前后之间没有联系,共 25 道小题,每题分值为 2 分,上午卷 50 分,下午卷 50 分,试卷满分 100 分。案例题一定要有分析(步骤和过程)、计算(要列出相应的公式)、依据(主要是规程、规范、手册),如果是论述题要列出论点。]

题 1~5:某省规划建设新能源基地,包括四座风电场和两座地面太阳能光伏电站,其中风电场总发电容量 1000MW,均装设 2.5MW 风机;光伏电站总发电容量 350MW,风电场和光伏电站均接入 220kV 汇集站,由汇集站通过 2 回 220kV 线路接入就近 500kV 变电站的 220kV 母线,各电源发电同时率为 0.8。具体接线如下图所示。

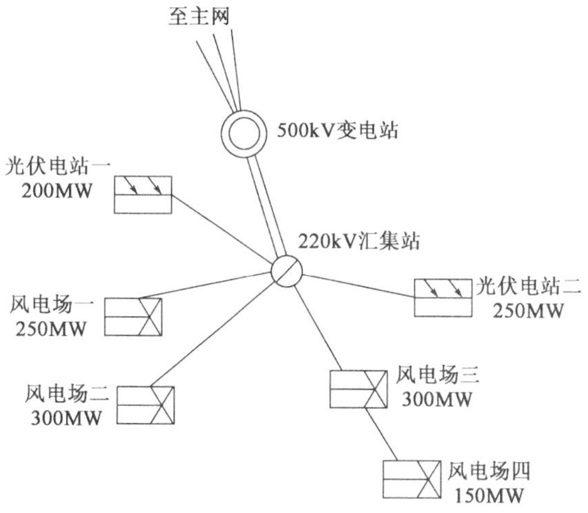

1. 风电场二采用一机一变单元制接线,各机组经箱式变升压,均匀接至 12 回 35kV 集电线路,经 2 台主升压接至本风电场 220kV 升压站,风电场等效满负荷小时数为 2045h,风机功率因数 -0.95~0.95 可调,集电线路若采用钢芯铝绞线,计算确定下列哪种规格是经济合理的?(经济电流密度参考《电力系统设计手册》中的数值)　(　　)

(A) $150mm^2$　　(B) $185mm^2$

(C) $240mm^2$　　(D) $300mm^2$

解答过程:

2. 220kV 汇集站主接线采用双母线接线,汇集站并网线路需装设电流互感器,该电

流互感器一次额定电流应选择下列哪项数值?（　　）

(A)2000A　　(B)2500A
(C)3000A　　(D)5000A

解答过程:

3. 当电网某220kV线路发生三相短路故障时,风电场一注入系统的动态无功电流,至少应为以下哪个数值才能满足规程要求?（　　）

(A)0A　　(B)90A
(C)395A　　(D)689A

解答过程:

4. 风电场四35kV侧采用单母线分段接线,架空集电线路6回总长度76km,请计算35kV单相接地电容电流值,并确定当其中一回35kV集电线路发生单相接地故障时,下列方式哪种是正确的?（　　）

(A)7.18A,中性点不接地,允许继续运行一段时间(2h以内)
(B)7.18A,中性点不接地,小电流接地选线装置动作于故障线路断路器跳闸
(C)8.78A,中性点不接地,允许继续运行一段时间(2h以内)
(D)8.78A,中性点不接地,小电流接地选线装置动作于故障线路断路器跳闸

解答过程:

5. 光伏电站二主接线如下图所示,升压站主变短路电抗为16%,35kV集电线路单回长度11km,电抗为0.4Ω/km,220kV线路长度约8km、电抗0.3Ω/km,则该光伏电站需要配置的容性无功补偿容量为:（　　）

(A)38.59Mvar

(B)38.08Mvar

(C)31.85Mvar

(D)31.34Mvar

解答过程：

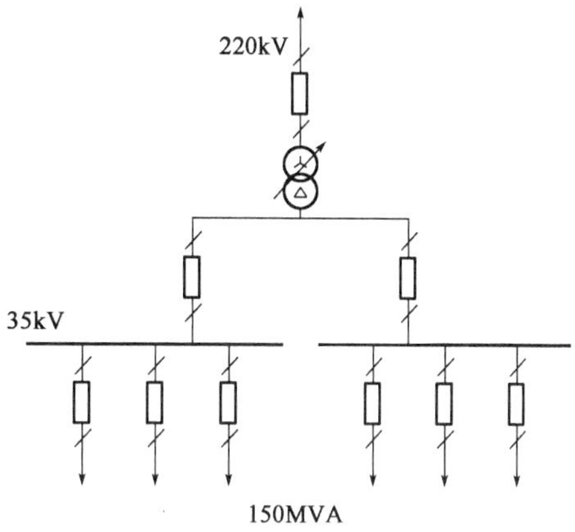

光伏电站二升压站电气主接线图

题6～10：某垃圾电厂建设2台50MW级发电机组，采用发电机－变压器组单元接线接入110kV配电装置，为了简化短路电流计算，110kV配电装置三相短路电流水平取40kA，高压厂用电系统电压为6kV，每台机组设2段6kV通过1台限流电抗器接至发电机机端，2台机组设1台高压备用变压器，其简化的电气主接线如下图所示。

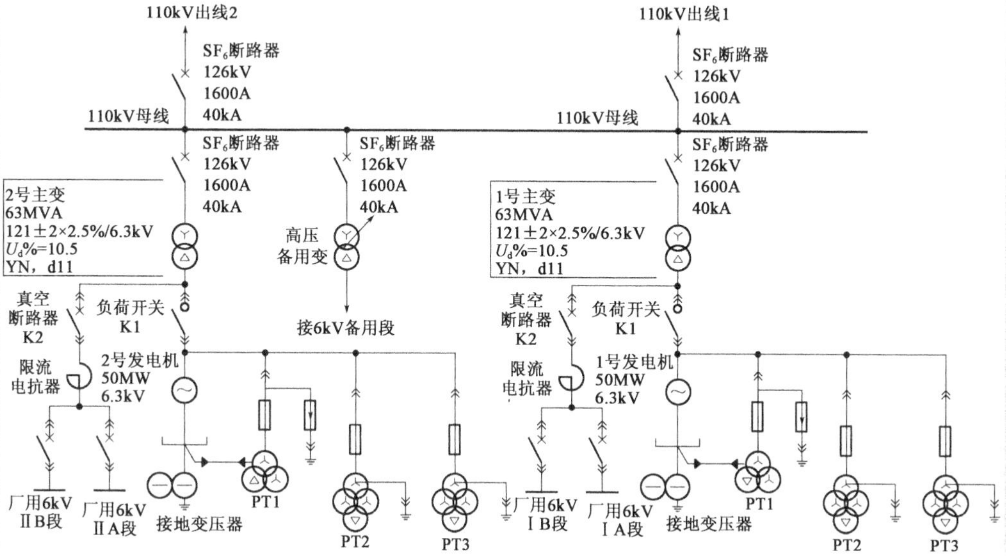

发电机主要参数：额定功率 $P_e=50MW$，额定功率因数 $\cos\varphi_e=0.8$，额定电压 $U_e=56.3kV$，次暂态电抗 $X''_d=17.33\%$，定子绕组每相对地电容 $C_g=0.22\mu F$；主变压器主要参数：额定容量 $S_e=63MVA$，电压比 $121\pm2\times2.5\%/6.3kV$，短路电抗 $U_d=10.5\%$，接线组别YNd11，主变低压绕组每相对地电容 $C_{T2}=4300pF$；高压厂用电系统最大计算负荷为13960kVA，厂用负荷功率因数 $\cos\varphi=0.8$，高压厂用电系统三相总的对地电容 $C=3.15\mu F$。请分析计算并解答下列各小题。

6. 每台机组运行厂用电率为16.2%,若为了限制6kV高压厂用电系统短路电流水平为$I''_z=31.5kA$,其中电动机反馈电流$I''_D=6.2kA$,则限流电抗器的额定电压、额定电流和电抗百分值为下列哪项? ( )

(A)6.3kV、1500A、5% (B)6.3kV、1500A、4%

(C)6.3kV、1000A、3% (D)6.0kV、1000A、3%

解答过程:

7. 若发电机中性点通过干式单相接地变压器接地,接地变压器二次侧接电阻,接地保护动作跳闸时间不大于5min,忽略限流电抗器和发电机出线电容,则接地变压器额定电压比和额定容量为下列哪组数值? ( )

(A)$\frac{6.3}{\sqrt{3}}$/0.22kV,3.15kVA (B)6.3/0.22kV,4kVA

(C)$\frac{6.3}{\sqrt{3}}$/0.22kV,12.5kVA (D)6.3/0.22kV,20kVA

解答过程:

8. 若发电机出口设置负荷开关K1,请确定负荷开关的额定电压、额定电流、峰值耐受电流为下列哪组数值? ( )

(A)7.2kV、5000A、250kA(峰值)

(B)6.3kV、5000A、160kA(峰值)

(C)7.2kV、6300A、160kA(峰值)

(D)6.3kV、6300A、100kA(峰值)

解答过程:

9. 发电机出口设2组电压互感器(PT2、PT3),电压互感器选用单相式,每相电压互感器均有2个主二次绕组和一个剩余绕组,主二次绕组连接成星形,请确定电压互感器的电压比应选择下列哪项数值? ( )

(A) $\frac{6.3}{\sqrt{3}}/\frac{0.1}{\sqrt{3}}/\frac{0.1}{\sqrt{3}}/\frac{0.1}{\sqrt{3}}$kV

(B) $\frac{6.3}{\sqrt{3}}/\frac{0.1}{\sqrt{3}}/\frac{0.1}{\sqrt{3}}/\frac{0.1}{3}$kV

(C) $\frac{6.3}{\sqrt{3}}/\frac{0.1}{\sqrt{3}}/\frac{0.1}{\sqrt{3}}$kV

(D) $\frac{7.2}{\sqrt{3}}/\frac{0.1}{\sqrt{3}}/\frac{0.1}{\sqrt{3}}/\frac{0.1}{\sqrt{3}}$kV

解答过程:

10. 若发电机采用零序电压式匝间保护,发电机出口设置1组该保护专用电压互感器(PT1)一次绕组中性点与发电机中性点采用电缆直接连接,请确定下列电缆规格中哪项能满足此要求? ( )

(A) YJV-6,1×35mm²

(B) VV-1,1×35mm²

(C) YJV-3,1×120mm²

(D) VV-1,1×120mm²

解答过程:

题11~15:某电厂位于海拔2000m处,计算建设2台额定功率为350MW的汽轮发电机机组,汽轮机配置30%的起动旁路,发电机采用机端自并励励磁系统,发电机经过主变压器升压接入220kV配电装置。主变额定变比为242/20kV,主变中性点设隔离厂用变压器,机组起动由主变通过厂高变倒送电源,两台机组互为停机电源,不设启动/备用变压器,出线线路侧设电能计费关口表,主变高压侧、发电机出口、厂高变高压侧设电能考核计量表。

11. 若机组最大连续出力为350MW,额定功率因数0.85,若最大连续出力工况的设计厂用电率为6.6%,则主变容量应不小于下列哪项数值? ( )

(A)372MVA

(B)383MVA

(C)385MVA

(D)389MVA

解答过程:

12. 主变压器中性点在不接地运行的工况时，中性点采用避雷器并联间隙保护，主变高压侧接地故障清除时间为2s，假设该220kV系统，$X_0/X_1<2.5$，则考虑系统失地与不考虑系统失地避雷器的额定电压最低值应为下列哪组数值？（　　）

(A) 201.6kV，84.7kV　　(B) 145.5kV，84.7kV

(C) 201.6kV，88.9kV　　(D) 145.5kV，80.8kV

解答过程：

13. 若在主变压器高压侧附近安装一组Y10W－200/500避雷器，根据避雷器保护水平确定的变压器外绝缘雷电冲击耐受试验电压，在海拔0m处最低应为下列哪项数值？（　　）

(A) 1086.4kV　　(B) 894.7kV

(C) 850kV　　(D) 700kV

解答过程：

14. 若厂内220kV配电装置最大接地故障短路电流为30kA，折算至220kV母线的厂内零序阻抗0.04，系统侧零序阻抗0.02，发生单相接地故障时故障切除时间为200ms，220kV的等效时间常数X/R为30，若采用扁钢作为接地极，计算确定扁钢接地极（不考虑引下线）的热稳定截面最小不宜小于下列哪项数值？（　　）

(A) 143.7mm^2　　(B) 154.9mm^2

(C) 174.3mm^2　　(D) 232.4mm^2

解答过程：

15. 请说明下列对于本工程电气设计有关问题的表述哪项是正确的？（　　）

(A) 除了发电机机端PT外，主变低压侧还应设PT，该PT仅用于发电机同期

(B)发电机出口断路器和磁场断路器跳闸后,励磁电流衰减与水轮发电机相比较慢

(C)发电机保护出口应设程序跳闸、解列、解列灭磁、全停

(D)主变或厂高变之一必须采用有载调压

解答过程:

题16~20:某220kV变电站,直流系统标称电压为220V,直流控制与动力负荷合并供电,直流系统设2组蓄电池,蓄电池选用阀控式密封铅酸蓄电池(贫液,单体2V),不设端电池,请回答下列问题(计算结构保留2位小数)。已知直流负荷统计如下:

智能装置、智能组件装置容量	3kW
控制保护装置容量	3kW
高压断路器跳闸	13.2kW(仅在事故放电初期计及)
交流不间断电源装置容量	2×10W(负荷平均分配在2组蓄电池上)
直流应急照明装置容量	2kW

16. 若蓄电池组容量为300Ah,充电装置满足蓄电池均衡充电且同时对直流负荷供电,请计算充电装置的额定电流计算值应为下列哪项数值? ( )

(A)37.50A (B)56.59A

(C)64.77A (D)73.86A

解答过程:

17. 若蓄电池的放电终止电压为1.87V,采用简化计算法,按事故放电初期(1min)冲击条件选择,其蓄电池10h放电率计算容量应为下列哪项数值? ( )

(A)108.51Ah (B)136.21Ah

(C)168.26Ah (D)222.19Ah

解答过程:

18. 直流系统采用分层辐射形供电，分电柜馈线选用直流断路器，断路器安装出口处短路电流为1.47kA，回路末端短路电流为450A，其下级断路器选用额定电流为6A的标准B型脱扣器微型断路器（其瞬时保护动作电流按脱扣器瞬时脱扣范围最大值考虑），该断路器安装处出口短路电流230A，按下一级断路器出口短路，断路器脱扣器瞬时保护可靠不动作计算分电柜馈线断路器短路瞬时保护脱扣器的整定电流，上下级断路器电流比系数取10，请计算该分电柜馈线断路器的短路瞬时保护脱扣器的整定电流及灵敏系数为以下哪组数值？（　　）

(A) 240A, 1.88　　(B) 240A, 6.13

(C) 420A, 1.07　　(D) 420A, 3.50

解答过程：

19. 蓄电池与直流柜之间采用铜导体PVC绝缘电缆连接，电缆截面为70mm^2，蓄电池回路采用直流断路器保护，直流断路器出口处短路电流为4600A，直流断路器短延时保护时间为60ms，断路器全分闸时间为50ms，则蓄电池与直流柜间电缆达到极限温度的允许时间为下列哪项数值？（　　）

(A) 0.11s　　(B) 2.17s

(C) 3.06s　　(D) 4.75s

解答过程：

20. 请说明下列对本变电站直流系统的描述哪项是正确的？（　　）

(A) 事故放电末期，蓄电池出口端电压不应小于187V，采用相控式充电装置时，宜配置2套充电装置

(B) 事故放电末期，蓄电池出口端电压不应小于187V，高压断路器合闸回路电缆截面的选择应满足蓄电池充电运行时，保证最远一台断路器可靠合闸，其允许压降不大于33V

(C) 采用相控式充电装置时，宜配置2套充电装置，高压断路器合闸回路电缆截面的选择应满足蓄电池浮充电运行时，保证最远一台断路器可靠合闸，其允许压降不大于33V

(D) 高压断路器合闸回路电缆截面的选择应满足蓄电池浮充电运行时，保证最

远一台断路器可靠合闸，其允许压降不大于33V。当蓄电池出口保护电器选用断路器时，应选择仅有过载保护和短延时保护脱扣器的断路器。

解答过程：

题21～25：某500kV架空送电线路，相导线采用4×400/35钢芯铝绞线，设计安全系数取2.5，平均运行工况安全系数大于4，相导线均采用阻尼间隔棒且不等距，不对称布置。导线的单位重量为1.348kg/m，直径为26.8mm。假定线路引起振动风速的上下限值为5m/s和0.5m/s，一相导线的最高和最低气温张力分别为82650N和112480N。

21. 请计算导体的最小振动波长为下列哪项数值？（　　）

(A)1.66m　　(B)2.57m

(C)3.32m　　(D)4.45m

解答过程：

22. 请计算第一只防振锤的安装位置距线夹出口的距离应为下列哪项数值？（　　）

(A)0.77m　　(B)1.53m

(C)1.75m　　(D)2.01m

解答过程：

23. 若电线振动的半波长为5m，单峰最大振幅为15mm，请计算此时的最大振动角应为下列哪项数值？（　　）

(A)22′　　(B)24′

(C)32′　　(D)65′

解答过程：

24. 若地线为 GJ-100(直径:13mm)镀锌钢绞线,年平均应力为其破坏力的 23%,且其中某档档距为 480m,则该档每根导、地线所需的防振锤数一般分别为多少个? ( )

(A)6 个、4 个 (B)4 个、2 个

(C)2 个、2 个 (D)0 个、4 个

解答过程：

25. 在轻冰区的某档档距为 480m,该档一相导线安装阻尼间隔棒的数量取下列哪项数值合适? ( )

(A)8 个 (B)6 个

(C)3 个 (D)0 个

解答过程：

2017 年案例分析试题答案(上午卷)

题 1 ~5 答案:**CCDDA**

1.《电力系统设计手册》P180 式(7-13)及表 7-7。

由表 7.7,风电场等效满负荷小时数为 2045h,钢芯铝绞线的经济电流密度取1.65A/mm²。

每回集电线路功率值:$P=300/12=35\text{MW}$

集电线路的经济截面:$S=\dfrac{P}{\sqrt{3}JU_e\cos\varphi}=\dfrac{25000}{\sqrt{3}\times1.65\times35\times0.95}=263.1\text{mm}^2$,取 240mm²。

注:参考《导体与电器选择设计技术规程》(DL/T 5222—2005)第 7.1.6 条 当无合适规格导体时,导体面积可按经济电流密度计算截面相邻下一档选取。

2.《电力工程电气设计手册》(电气一次部分)P232 表 6-3。

按电容器选择时:$I_g=\dfrac{K_rS_{max}}{\sqrt{3}U_N}=\dfrac{0.8\times(1000+350)}{\sqrt{3}\times220}\times10^3=2834\text{A}$

《电力装置电测量仪表装置设计规范》(GB/T 50063—2017)第 7.1.4 条:测量用的电流互感器的额定一次电流应接近但不低于一次回路正常最大负荷电流。因此,取 3000A。

3.《风电场接入电力系统技术规定》(GB/T 19963—2011)第 9.4 条。

风电场额定电流:$I_N=\dfrac{S_N}{\sqrt{3}U_N}=\dfrac{250}{220\times\sqrt{3}}=656.08\text{A}$

风电场并网点电压标幺值:$I_T\geqslant1.5\times(0.9-U_T)I_N=1.5\times(0.9-0.2)\times656.08=688.88\text{A}$

4.《风力发电厂设计规范》(GB 51096—2015)第 7.13.7-1 条:风力发电场内 35kV 架空线路应全线架设地线,且逐基接地,地线的保护角不宜大于 25°。

架空线路(有避雷线)的单相接地电容电流:$I_C=3.3U_eL\times10^{-3}=3.3\times35\times76\times10^{-3}=8.78\text{A}<10\text{A}$

《交流电气装置的过电压保护和绝缘配合设计规范》(GB/T 50064—2014)第 3.1.3-1 条:35kV、66kV 系统,当单相接地故障电容电流不大于 10A 时,可采用中性点不接地方式;当大于 10A 又需再接地故障条件下运行时,应采用中性点谐振接地方式。

《风力发电厂设计规范》(GB 51096—2015)第 7.9.5-1 条:中性点不接地或经消弧线圈接地的汇集线路,宜装设两段式保护,同时配置小电流接地选线装置,可选择跳闸。

综上,与选项 D 相匹配。

注：风力发电场相关规范明确要求35kV线路应全线架设地线。不可依据《交流电气装置的过电压保护和绝缘配合设计规范》(GB/T 50064—2014)第5.3.1-2条的相关内容，即35kV及以下线路，不宜全线架设地线。

5.《光伏发电站接入电力系统技术规定》(GB/T 19964—2012)第6.2.4-a)条。

容性无功容量能够补充光伏发电站满发时汇集线路、主变压器的感性无功及光伏发电站送出线路的全部感性无功之和。

《电力工程电气设计手册》(电气一次部分)P476式(9-2)。

升压站主变压器无功损耗：$Q_{C1}=\left(\frac{U_d\% I_m^2}{100I_e^2}+\frac{I_d\%}{100}\right)S_e=\left(\frac{16}{100}+0\right)\times150=24\text{Mvar}$

《电力系统设计手册》P319式(10-39)。

35kV集电线路感性无功：$Q_{C2}=3I^2X_{L1}=3\times\left(\frac{150}{\sqrt{3}\times35}\right)^2\times0.4\times11\times6=13.47\text{Mvar}$

35kV集电线路感性无功：$Q_{C3}=3I^2X_{L2}=3\times\left(\frac{150}{\sqrt{3}\times220}\right)^2\times0.3\times8=1.12\text{Mvar}$

动态容性无功补充容量：$Q_\Sigma=Q_{C1}+Q_{C2}+Q_{C3}=24+1.12+13.47=38.59\text{Mvar}$，$D_f=1.2125$

题6~10答案：**ACCBA**

6.《电力工程电气设计手册》(电气一次部分)P121表4-1、表4-2，P253式(6-14)。

设短路基准容量$S_j=100\text{MVA}$，由表4-1查得：基准值为$U_j=115\text{kV}$，$I_j=0.502\text{kA}$；主变高压侧三相短路电流取断路器短路分断能力，为40kA，则：

系统阻抗标幺值：$X_s=\frac{S_j}{S_S}=\frac{I_j}{I_S}=\frac{100/\sqrt{3}\times115}{40}=0.01255$

变压器阻抗标幺值：$X_T=\frac{U_d\%}{100}\cdot\frac{S_j}{S_e}=\frac{10.5}{100}\times\frac{100}{63}=0.1667$

发电机阻抗标幺值：$X_G=\frac{X''_d\%}{100}\cdot\frac{S_j}{P_e/\cos\varphi}=\frac{17.33}{100}\times\frac{100}{50/0.8}=0.277$

高压厂用电母线前系统短路电抗标幺值：$X_\Sigma=(X_T+X_S)//X_G=(0.01255+0.1667)//0.277=0.1088$

安装限流电抗器后，高压厂用电母线短路电流水平为$I''_z=31.5\text{kA}$，其中包括电动机反馈电流$I''_D=6.2\text{kA}$和系统侧短路电流两部分，因此系统侧短路电流水平为$I''_s=31.5-6.2=25.3\text{kA}$

由表4-1查得：6kV额定电压(厂用高压母线)时，各基准值为$U_j=6.3\text{kV}$，$I_j=9.16\text{kA}$，则：

电抗器的电抗百分值：$X_k\%\geqslant\left(\frac{I_j}{I''}-X_{*j}\right)\frac{I_{ek}}{U_{ek}}\times\frac{U_j}{I_j}\times100\%=\left(\frac{9.16}{25.3}-0.1088\right)\times\frac{1.5}{6.3}\times\frac{6.3}{9.16}\times100\%=4.15\%$

由《导体和电器选择设计技术规定》(DL/T 5222—2005)第14.2.1-1条：普通限流

电抗器的额定电流应按主变压器或馈线回路的最大可能工作电流选择,则:

厂用电最大可能工作电流:$I_g = \dfrac{S_e}{\sqrt{3}U_e} = \dfrac{13960}{\sqrt{3}\times 6.3} = 1279.3\text{A}$,限流电抗器额定电流取 1500kA。

由《标准电压》(GB/T 156—2007)第 4.8 条及表 8"发电机额定电压",可知发电机出口额定电压为 6.3kV,因此接于厂用电母线前端的限流电抗器额定电压应适用发电机出口额定电压,因此应选 6.3kV,而非 6.0kV。

7.《电力工程电气设计手册》(电气一次部分)P80 式(3-1)、P262 相关内容。

发电机电压回路的电容电流应包括发电机、变压器和连接导体的电容电流,则:

$$I_C = \sqrt{3}U_e\omega C_\Sigma \times 10^{-3} = \sqrt{3}\times 6.3\times 2\pi\times 50\times\left(0.22+0.0043+\frac{3.15}{3}\right)\times 10^{-3} = 4.37\text{A}$$

《导体和电器选择设计技术规定》(DL/T 5222—2005)第 18.2.5 条及式 18.2.5-2、式 18.2.5-5,第 18.3.4 条及式 18.3.4-2。

单相接地变压器变比:$n_\varphi = \dfrac{U_N\times 10^3}{\sqrt{3}U_{N2}} = \dfrac{6.3\times 10^3}{\sqrt{3}\times 220} = \dfrac{6.3}{\sqrt{3}}/0.22\text{kV}$

电阻电流值:$I_2 = I_R = KI_c = 1.1\times 4.368 = 4.805\text{A}$

由第 18.3.1 条之条文说明及表 18,接地保护动作调整时间不大于 5min,过负荷系数取 1.6,则:

接地变压器额定容量:$S_N \geqslant \dfrac{1}{K}U_2I_2 = \dfrac{1}{1.6}\times\dfrac{6.3}{\sqrt{3}}\times 4.805 = 10.92\text{kVA}$,取 12.5kVA。

8.《导体与电器选择设计技术规程》(DL/T 5222—2005)第 5.0.1 条"选用电器的最高工作电压不应低于所在系统的系统最高电压",由《标准电压》(GB/T 156—2007)第 4.3 条及表 3,可知设备最高电压为 7.2kV。

《电力工程电气设计手册》(电气一次部分)P232 表 6-3。

发电机回路持续供电电流:$I_g = 1.05\times\dfrac{P_e}{\sqrt{3}U_e\cos\varphi} = 1.05\times\dfrac{50\times 10^3}{\sqrt{3}\times 6.3\times 0.8} = 6014\text{A}$,取 6300A。

(1)系统侧提供的短路冲击电流值

《电力工程电气设计手册》(电气一次部分)P121 表 4-1、表 4-2。

设短路基准容量 $S_j = 100\text{MVA}$,由表 4-1 查得:基准值为 $U_j = 115\text{kV}$,$I_j = 0.502\text{kA}$;$U_j = 6.3\text{kV}$,$I_j = 9.16\text{kA}$,主变高压侧三相短路电流取断路器短路分断能力,为 40kA,则:

系统阻抗标幺值:$X_s = \dfrac{S_j}{S_S} = \dfrac{I_j}{I_S} = \dfrac{100/\sqrt{3}\times 115}{40} = 0.01255$

变压器阻抗标幺值:$X_T = \dfrac{U_d\%}{100}\cdot\dfrac{S_j}{S_e} = \dfrac{10.5}{100}\times\dfrac{100}{63} = 0.1667$

系统侧提供短路电流:$I_k = \dfrac{I_j}{X_\Sigma} = \dfrac{9.16}{0.01255+0.1667} = 51.1\text{kA}$

由《导体与电器选择设计技术规程》(DL/T 5222—2005)附录 F 表 F.4.1。

系统侧提供的冲击电流:$i_{ch1} = \sqrt{2}K_{ch}I_k = \sqrt{2}\times 1.8\times 51.1 = 130.08\text{kA}$

(2)发电机侧提供的短路冲击电流值

《电力工程电气设计手册》(电气一次部分)P131 式(4-21),P135 表 4-7。

设短路基准容量 $S_j = 62.5\text{MVA}$

发电机阻抗标幺值:$X_G = \frac{X''_d\%}{100} \cdot \frac{S_j}{P_e/\cos\varphi} = \frac{17.33}{100} \times \frac{62.5}{50/0.8} = 0.1733$

采用插值法,发电机提供的短路电流标幺值:$I''_{*G} = 6.27$,则:

发电机提供的短路电流:$I''_G = I''_{*G} I_e = 6.27 \times \frac{P_e}{\sqrt{3} U_j \cos\varphi} = 6.27 \times \frac{50}{\sqrt{3} \times 6.3 \times 0.8} =$ 35.91kA

发电机提供的冲击电流:$i_{ch2} = \sqrt{2} K_{ch} I_k = \sqrt{2} \times 1.9 \times 35.91 = 96.49\text{kA}$

峰值耐受电流应大于以上两项之较大者,即 160kA。

注:插值法计算,$I''_{*G} = 6.02 + (6.763 - 6.02) \times \frac{0.18 - 0.1733}{0.18 - 0.16} = 6.27$

9.《电流互感器与电压互感器选择及计算规程》(DL/T 866—2015)第 11.4.1 条、第 11.4.3 条。

第 11.4.1 条:电压互感器额定一次电压应由所用系统的标称电压确定。则:单相式电压互感器,一次额定电压选择 $6.3/\sqrt{3}\text{kV}$。

由第 11.4.3-2 条,主二次绕组连接成星形供三相系统相与地之间用的单相互感器,额定二次电压应为 $100/\sqrt{3}\text{V}$。

由第 11.4.3-3 条,发电机经高压阻接地,为非有效接地系统,其剩余绕组的额定二次电压为 100/3V,选项 B 正确。

10.《导体和电器选择设计技术规定》(DL/T 5222—2005)第 18..3.4 条及条文说明,这样可在发生单相接地,中性点有 1.6 倍相电压的过渡电压时,不致使变压器饱和。

由此可见,发电机中性点在发生单相接地故障时,会产生基于 1.6 倍相电压的过电压值。则:

$$U_N \geqslant 1.6 \times \frac{6.3}{\sqrt{3}} = 5.82\text{kV}$$

只有选项 A 符合。

题 11 ~ 15 答案:**BDBCB**

11.《大中型火力发电厂设计规范》(GB 50660—2011)第 16.1.5 条及条文说明。

第 16.1.5 条:容量 125MW 级及以上的发电机与主变压器为单元连接时,主变压器的容量宜按发电机的最大连续容量扣除不能被高压厂用启动/备用变压器替代的高压厂用工作变压器计算负荷后进行选择。

条文说明:当装设发电机断路器且不设置专用的高压厂用备用变压器,而由另一台机组的高压厂用工作变压器低压侧厂用工作母线引接本机组的高压事故停机电源时,由于该电源不具备检修备用电源的能力,则主变压器的容量即按发电机的最大连续容量扣除本机组的高压厂用工作变压器计算负荷确定。则：

主变压器容量：$S_T = \dfrac{P_m}{\cos\varphi} - S_C = \dfrac{350}{0.85} - 40 = 372\text{MVA}$

12.《电力工程电气设计手册》(电气一次部分)P903"二、系统接地短路时在中性点引起的过电压"。

(1)考虑系统失地(中性点不接地系统)

单相接地时，电网允许短时间运行，此中性点的稳态电压为相电压，则：

$$U_{bo1} = U_{xg} = \frac{U_m}{\sqrt{3}} = \frac{252}{\sqrt{3}} = 145.5\text{kV}$$

(2)不考虑系统失地(中性点直接接地系统)

单相接地时，在中性点直接接地系统中，变压器中性点稳态电压决定于系统零序阻抗与正序阻抗的比值。则：

$$U_{bo2} = \frac{K_x}{1 + K_X} U_{xg} = \frac{2.5}{1 + 2.5} \times \frac{252}{\sqrt{3}} = 80.8\text{kV}$$

(3)《交流电气装置的过电压保护和绝缘配合设计规范》(GB/T 50064—2014)第4.4.2条。

电气装置保护用MOA的额定电压确定参数时应根据系统暂时过电压的幅值、持续时间和MOA的工频电压耐受时间特性。有效接地和低电阻接地系统，接地故障清除时间不大于10s时，MOA的额定电压应按 $U_R \geqslant U_T$ 选取，则：

考虑系统失地时：$U_{R1} \geqslant U_{T1} = U_{bo1} = 145.5\text{kV}$

不考虑系统失地时：$U_{R2} \geqslant U_{T2} = U_{bo2} = 80.8\text{kV}$

注：最高电压值参考《标准电压》(GB/T 156—2007)第4.5条。

13.《交流电气装置的过电压保护和绝缘配合设计规范》(GB/T 50064—2014)第6.4.4-2条及附录A。

由避雷器型号Y10W-200/500，可知标称放电电流下的最大残压为500kV，则：

电气设备外绝缘雷电冲击耐压：$u_{e.l.o} \geqslant k_{17} U_{l.p} = 1.4 \times 500 = 700\text{kV}$

根据附录A进行海拔修正，则：$U_H = k_a U_0 = 700 \times e^{2000/8150} = 894.71\text{kV}$

$$U_H = U_{0e^{H/8150}} = 700 \times e^{2000/8150} = 894.7\text{kV}$$

注：Y10W-200/500含义：Y-氧化锌避雷器；10-标称放电电流10kA；W-无间隙；200-额定电压200kV；500-标称放电电流下的最大残压500kV。高海拔地区由于绝缘水平下降，在海拔0m处进行设备耐压试验时，需要提高试验电压才能满足高海拔地区的运行需求。

14.《交流电气装置的接地设计规范》(GB 50065—2011)第4.3.5-3条、附录B之表B.0.3以及附录E。

查表 B.0.3，衰减系数：$D_f = 1.2125$

第 B.0.1-3 条，经接地网入地的最大不对称接地故障电流：$I_G = D_f \cdot I_f = 1.2125 \times 30 = 30.375A$

第 E.0.2 条：扁钢 C 值取 70，由式（E.0.1），则：

接地导线最小截面：$S_G \geqslant \frac{I_G}{C}\sqrt{t_e} = \frac{30.375}{70} \times \sqrt{0.2} = 232.4mm^2$

第 4.3.5-3 条，接地极的最小截面：$S_g \geqslant 0.75S_G = 0.75 \times 232.4 = 174.3mm^2$

15.《电流互感器与电压互感器及计算过程》（DL/T 866—2015）第 11.2.2 条，选项 A 错误。

《电力工程电气设计手册》（电气一次部分）P139。

制定运算曲线时，励磁回路时间常数，汽轮发电机取 0.25s，水轮发电机取 0.02s。因此，发电机出口断路器和磁场断路器跳闸后，励磁电流衰减汽轮发电机时间常数较水轮发电机更大，因此其衰减较慢。选项 B 正确。

《继电保护和安全自动装置技术规程》（GB 14285—2006）第 4.2.2 条，或《电力装置的继电保护和自动装置设计规范》（GB/T 50062—2008）第 3.0.2 条，选项 C 错误。

《火力发电厂厂用电设计技术规定》（DL/T 5153—2014）第 4.3.3 条，或《大中型火力发电厂设计规范》（GB 50660—2011）第 16.3.5-3 条。选项 D 错误。

题 16 ~ 20 答案：**BADCD**

16.《电力工程直流电源系统设计技术规范》（DL/T 5044—2014）第 4.1.2 条、第 4.2.6 条、附录 D。

经常负荷：智能装置、智能组件装置容量 3kW（负荷系数取 0.8）、控制保护装置容量 3kW（负荷系数取 0.6），则

经常负荷电流：$I_{jc} = \frac{\Sigma P_{jc}}{U_n} = \frac{3 \times 0.8 + 3 \times 0.6}{220} \times 10^3 = 19.09A$

充电装置满足蓄电池均衡充电且同时对直流负荷供电，则：

充电装置额定电流：$I_r = (1.0 \sim 1.25)I_{10} + I_{jc} = (1.0 \sim 1.25) \times \frac{300}{10} + 19.09 = 49.59 \sim 56.59A$

17.《电力工程直流电源系统设计技术规范》（DL/T 5044—2014）第 4.2.5 条、第 4.2.6 条、附录 C。

事故放电初期（1min）冲击负荷包括：

①智能装置、智能组件装置容量 3kW（负荷系数取 0.8）；

②控制保护装置容量 3kW（负荷系数取 0.6）；

③高压断路器跳闸 13.2kW（负荷系数取 0.6）；

④交流不间断电源装置容量 10kW（负荷系数取 0.6）；

⑤直流应急照明装置容量 2kW（负荷系数取 1.0）。

则 1min 冲击负荷电流：

$$I_{cho} = \frac{\Sigma P_{cho}}{U_n} = \frac{3 \times 0.8 + 3 \times 0.6 + 13.2 \times 0.6 + 10 \times 0.6 + 2 \times 1.0}{220} \times 10^3 = 91.45A$$

附录C之表C.3-3,1min冲击负荷的容量换算系数K_{cho}为1.18,则依据式(C.2.3-1)可知,满足1min冲击放电电流计算容量:

$$C_{cho} = K_{\kappa}\frac{I_{cho}}{K_{cho}} = 1.4 \times \frac{91.45}{1.18} = 108.51\text{Ah}$$

18.《电力工程直流电源系统设计技术规范》(DL/T 5044—2014)附录A.5表A.5-2。

分电柜馈线断路器的额定电流:$I_{S3} = K_b I_{S4} = 10 \times 6 = 60\text{A}$

短路瞬时保护脱扣器的整定电流脱扣范围:$I_{DZ} = (4 \sim 7) I_n = (4 \sim 7) \times 60 = 240 \sim 420\text{A}$

灵敏系数:$K_L = \frac{I_{DK}}{I_{DZ}} = \frac{1470}{420} = 3.5$

19.《电力工程直流电源系统设计技术规范》(DL/T 5044—2014)附录E之第E.1.1条及条文说明。

第E.1.1条及条文说明:导体温度系数K,铜导体绝缘PVC≤300mm^{2}取115,则电缆达到极限温度的允许时间:

$$\sqrt{t} = k \times \frac{S}{I_d} = 115 \times \frac{70}{4600} = 1.75 \Rightarrow t = 3.06\text{s}$$

20.《电力工程直流电源系统设计技术规范》(DL/T 5044—2014)第3.2.4条、第3.4.3-1条、第6.3.4-1条、第6.5.1条。

由第3.2.4条,事故放电末期,蓄电池出口端电压不小于87.5% ×220 = 192.5V。选项A、选项B错误。

由第3.4.3-1条,2组蓄电池,采用相控式充电装置时,宜配置3套充电装置。选项C错误。

由第6.3.4-1条,当蓄电池浮充电运行时,其允许压降不大于15% ×220 = 30V,再根据第6.5.1条,可知选项D正确。

题21~25答案:**CBCDA**

21.《电力工程高压送电线路设计手册》(第二版)P230式(3-6-14)。

最小振动半波长:$\frac{\lambda_m}{2} = \frac{d}{400\nu_M}\sqrt{\frac{T_m}{m}} = \frac{26.8}{400 \times 5} \times \sqrt{\frac{82650}{4 \times 1.348}} = 1.66\text{m}$

则,最小振动波长:$\lambda_m = 2 \times 1.66 = 3.32\text{m}$

22.《电力工程高压送电线路设计手册》(第二版)P230式(3-6-14)。

计算因子:$\mu = \frac{\nu_m}{\nu_M}\sqrt{\frac{T_m}{T_M}} = \frac{0.5}{5} \times \sqrt{\frac{82650}{112480}} = 0.0857$,则第一只防振锤的安装位置距线夹出口的距离:

$$b_1 = \frac{1}{1+\mu}\left(\frac{\lambda_m}{2}\right) = \frac{1}{1+0.0857} \times 1.66 = 1.53\text{m}$$

23.《电力工程高压送电线路设计手册》(第二版)P220式(3-6-5)。

最大振动角:$\alpha_M = 60\tan^{-1}\left(\frac{2\pi A}{\lambda}\right) = 60\tan^{-1}\left(\frac{2\pi \times 15}{5000}\right) = 32'$

24.《110kV ~750kV 架空输电线路设计规范》(GB 50545—2010)第 5.0.13 条之表 5.0.13及注解。

4 分裂及以上导线采用阻尼间隔棒时，档距在 500m 及以下可不再采用其他防振措施。则防振锤取 0 个。

《电力工程高压送电线路设计手册》(第二版)P228 表 3-6-9。

由地线直径 13mm，档距为 480m，每档每端需要安装防振锤 2 个，因此，在该档距内共需安装 4 个。

25.《110kV ~750kV 架空输电线路设计规范》(GB 50545—2010)第 5.0.13 条之表 5.0.13及注解。

4 分裂及以上导线采用阻尼间隔棒时，档距在 500m 及以下可不再采用其他防振措施。阻尼间隔棒宜不等距、不对称布置，导线最大次档距不宜大于 70m，端次档距宜控制在 28 ~35m。

该直线耐张段每一档的水平档距为 480m，减去两端次档距，即：$480-2\times350=410\text{m}$

档内需要配置阻尼棒的合理数量为：$410\div70=5.86$ 个，取 6 个。

因此，共需 $6+2=8$ 个，可以满足要求。

2017年案例分析试题(下午卷)

[案例题是4选1的方式，各小题前后之间没有联系，共25道小题，每题分值为2分，上午卷50分，下午卷50分，试卷满分100分。案例题一定要有分析(步骤和过程)、计算(要列出相应的公式)、依据(主要是规程、规范、手册)，如果是论述题要列出论点。]

题1~4：某电厂装有两台660MW火力发电机组，以发电机变压器组方式接入厂内500kV升压站，厂内500kV配电装置采用一个半断路器接线。发电机出口设发电机断路器，每台机组设一台高压厂用分裂变压器，其电源引自发电机断路器与主变低压侧之间，不设专用的高压厂用备用变压器，两台机组的高厂变低压侧母线和联络，互为事故停机电源，请分析计算并解答下列各小题。

1. 若高压厂用分裂变压器的变比为20/6.3-6.3kV，每侧分裂绕组的最大单相对地电容为2.2μF，若规定6kV系统中性点采用电阻接地方式，单相接地保护动作于信号，请问中性点接地电阻值应选择下列哪项数值？（　　）

(A)420Ω　　(B)850Ω

(C)900Ω　　(D)955Ω

解答过程：

2. 当发电机出口发生短路时，由系统侧提供的短路电流周期分量的起始有效值为135kA，系统侧提供的短路电流值大于发电机侧提供的短路电流值，主保护动作时间为10ms，发电机断路器的固有分闸时间为50ms，全分闸时间为75ms，系统侧的时间常数X/R为50，发电机出口断路器的额定开断电流为160kA，请计算发电机出口断路器选择时的直流分断能力不应小于下列哪项数值？（　　）

(A)50%　　(B)58%

(C)69%　　(D)82%

解答过程：

3. 电厂的环境温度为40℃,海拔高度800m,主变压器至500kV升压站进线采用双分裂的扩径导线,请计算进线跨导线按实际计算的载流量且不需进行电晕校验允许的最小规格应为下列哪项数值?(升压主变压器容量为780MVA,双分裂导线的临近效应系数取1.02) ( )

(A)2×LGJK-300 (B)2×LGKK-600

(C)2×LGKK-900 (D)2×LGKK-1400

解答过程:

4. 该电厂以两回500kV线路与系统相连,其中一回线路设置了高压并联电抗器,采用三个单相电抗器,中性点采用小电抗器接地。该并联电抗器的正序电抗值为2.52Ω,线路的相间容抗值为15.5Ω,为了加速潜供电流的熄灭,从补偿相间电容的角度出发,请计算中性点小电抗的电抗值为下列哪项最为合适? ( )

(A)800Ω (B)900Ω

(C)1000Ω (D)1100Ω

解答过程:

题5~8:某风电场220kV配电装置地处海拔1000m以下,采用双母线接线,配电装置为屋外中型布置的敞开式设备,接地开关布置在220kV母线的两端,两组220kV主母线的断面布置情况如图所示,母线相间距$d=4$m,两组母线平行布置,其间距$D=5$m。

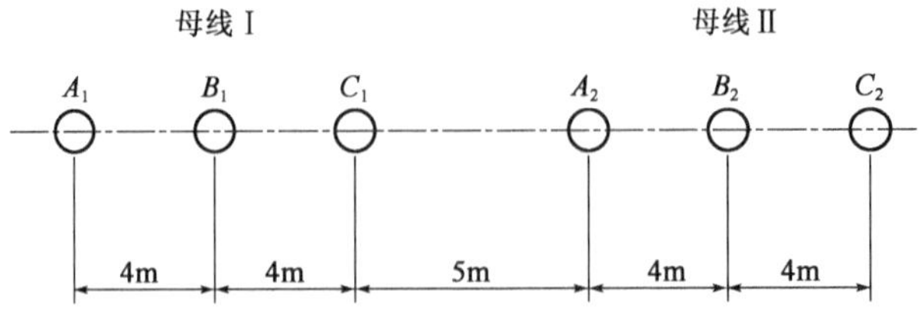

5. 假设母线Ⅱ的A2相相对于母线Ⅰ各相单位长度平均互感抗分别是$X_{A2C1}=2\times10^{-4}\Omega\cdot m$,$X_{A2B1}=1.6\times10^{-4}\Omega\cdot m$,$X_{A2C1}=1.4\times10^{-4}\Omega\cdot m$,当母线Ⅰ正常运行时,其

三相工作电流为1500A，求在母线Ⅱ的A2相的单位长度上感应的电压应为下列哪项数值？（　　）

(A)0.3V/m　　(B)0.195V/m

(C)0.18V/m　　(D)0.075V/m

解答过程：

6. 配电装置母线Ⅰ运行，母线Ⅱ停电检修，此时母线Ⅰ的 C_1 相发生单相接地故障时，假设母线Ⅱ的 A_2 相瞬时感应的电压为4V/m，试计算此故障情况下两接地开关的间距应为下列哪项数值？升压站内继电保护时间参数如下：主保护动作时间30ms，断路器失灵保护动作时间150ms，断路器开断时间55ms。（　　）

(A)309m　　(B)248m

(C)160m　　(D)149m

解答过程：

7. 主变进线跨两端是等高吊点，跨度33m，导线采用LGJ-300/70，在外过电压和风偏($v=10$m/s)条件下校验架构导线相间距时，主变压器进线跨绝缘子的弧垂应为下列哪项数值？计算条件为：无冰有风时导线单位荷载($v=10$m/s)，$q_6=1.415$kgf/m，耐张绝缘子串采用16×(XWP2-7)，耐张绝缘子串水平投影长度为2.75m，该跨计算用弧垂 $f=2$m，无冰有风时绝缘子串单位荷重($v=10$m/s)，$Q_6=31.3$kgf/m。（　　）

(A)0.534m　　(B)1.04m

(C)1.124m　　(D)1.656m

解答过程：

8. 假设配电装置绝缘子串某状态的弧垂 $f'''_1=1$m，绝缘子串的风偏摇摆角为30°，导

线的弧垂 $f''_2=1$m，导线的风偏摇摆角为 50°，导线采用 LGJ-300/70，导线的计算直径 25.2mm。试计算在最大工作电压和风偏（$v=30$m/s）条件下，主变压器进线跨的最小相间距离？（　　）

(A)2191mm　　(B)3157mm

(C)3432mm　　(D)3457mm

解答过程：

题 9～13：某 2×350MW 火力发电厂，高压厂用电采用 6kV 一级电压，每台机组设一台分裂高厂变，两台机组设一台同容量的高压启动/备用变，每台机组设两段 6kV 工作母线，不设公用段。低压厂用电电压等级为 400/230V，采用中性点直接接地系统。

9. 高厂变额定容量 50/30－30MVA，额定电压 20/6.3－6.3kV，半穿越阻抗 17.5%，变压器阻抗制造误差 ±5%，两台机组四段 6kV 母线计及反馈的电动机额定功率之和分别为 19460kW、21780kW、18025kW、18980kW。归算到高厂变变压器的系统阻抗（含厂内所有发电机组）标幺值为 0.035，基准容量 $S_j=100$MVA。若高压启动/备用变带厂用电运行时，6kV 短路电流水平低于高厂变带厂用电运行时的水平，$K_{q\cdot D}$ 取 5.75，$\eta_D\cos\varphi_D$ 取 0.8，则设计用厂用电源短路电流周期分量的起始有效值和电动机反馈电流周期分量的起始有效值分别为下列哪组数值？（　　）

(A)25.55kA，14.35kA　　(B)24.94kA，15.06kA

(C)23.80kA，15.06kA　　(D)23.80kA，14.35kA

解答过程：

10. 假设该工程 6kV 母线三相短路时，厂用电源短路电流周期分量的起始有效值为：$I''_B=24$kA，电动机反馈电流周期分量的起始有效值为：$I''_D=15$kA，则 6kV 真空断路器的额定短路开断电流和动稳定电流选用下列哪组数值最为经济合理？（　　）

(A)25kA，63kA　　(B)40kA，100kA

(C)40kA，105kA　　(D)50kA，125kA

解答过程：

11. 假设该工程 6kV 母线三相短路时，厂用电源短路电流周期分量的起始有效值为：$I''_B = 24kA$，电动机反馈电流周期分量的起始有效值为：$I''_D = 15kA$，6kV 断路器采用中速真空断路器，6kV 电缆全部采用交联聚乙烯铜芯电缆，若电缆的额定负荷电流与电缆的实际最大工作电流相同，则 6kV 电动机回路按短路热稳定条件计算所允许的三芯电缆最小截面应为下列哪项数值？（　　）

(A) $95mm^2$　　(B) $120mm^2$

(C) $150mm^2$　　(D) $185mm^2$

解答过程：

12. 请说明对于发电厂厂用电系统设计，下列哪项描述是正确的？（　　）

(A) 对于 F-C 回路，由于高压熔断器具有限流作用，因此高压熔断器的额定开断电流不大于回路中最大预期短路电流周期分量有效值

(B) 2000kW 及以上的电动机应装设纵联差动保护，纵联差动保护的灵敏系数不宜低于 1.3

(C) 灰场设一台额定容量为 160kVA 的低压变，电源由厂内 6kV 工作段通过架空线引接为节省投资应优先采用 F-C 回路供电

(D) 厂内设一台电动消防泵，电动机额定功率为 200kW，可根据工程的具体情况选用 6kV 或 380V 电动机

解答过程：

13. 某车间采用 PC-MCC 供电方式暗备用接线，变压器为干式，额定容量为 2000kVA，阻抗电压为 6%，变压器中性点通过 2 根 40mm × 4mm 扁钢接入地网，在 PC 上接有一台 45kW 的电动机，额定电压 380V，额定电流 90A，该回路采用塑壳断路器供电，选用 $YJLV_{22}$-1，$3 \times 70mm^2$ 电缆，该回路不单独设立接地短路保护，拟由相间保护兼作

接地短路保护,若保护可靠系数取 2,则该回路允许的电流最大长度是: (　　)

(A)96m　　(B)104m

(C)156m　　(D)208m

解答过程:

题 14 ~ 17:某一与电力系统相连的小型火力发电厂直流系统标称电压 220V,动力和控制负荷合并供电,设一组贫液吸附式的阀控式密封铅酸蓄电池,每组蓄电池 103 只,蓄电池放电终止电压为 1.87V,负荷统计经常负荷电流 48.77A,随机负荷电流 10A,蓄电池负荷计算:事故放电初期(1min)冲击放电电流为 511.04A、1 ~ 30min 放电电流为 361.21A,30 ~ 60min 放电电流 118.79A,直流系统接线见下图。

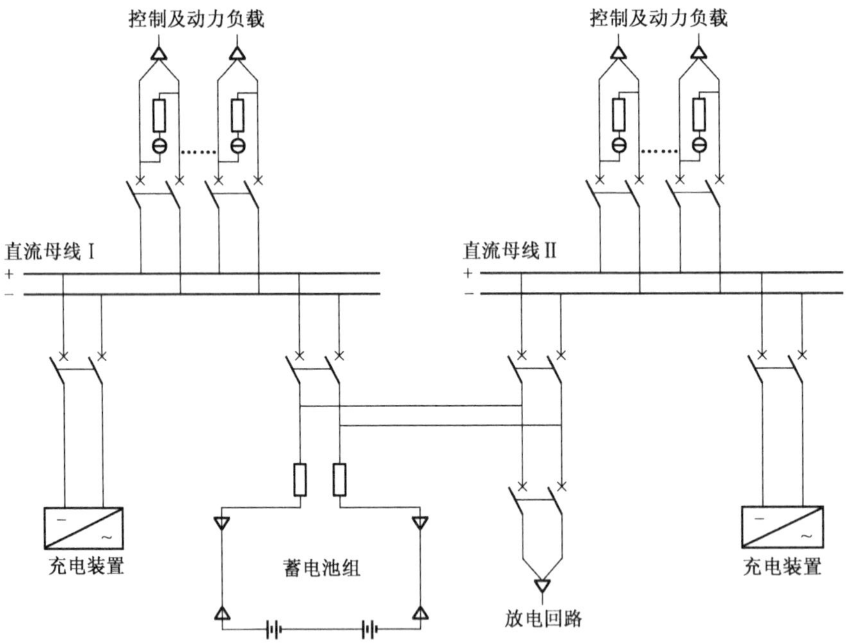

14. 按阶梯法计算蓄电池容量最接近下列哪项数值? (　　)

(A)673.07Ah　　(B)680.94Ah

(C)692.26Ah　　(D)712.22Ah

解答过程:

15. 若该工程蓄电池容量为800Ah，采用20A的高频开关电源模块，计算充电装置额定电流计算值及高频开关电源模块数量应为下列哪组数值？（　　）

（A）50.57A，4个　　（B）100A，6个

（C）129.77A，9个　　（D）149.77A，8个

解答过程：

16. 若该工程蓄电池容量为800Ah，蓄电池至直流柜的铜芯电缆长度为20m，允许电压降为1%。假定电缆的载流量都满足要求，则蓄电池至直流柜电缆规格和截面应选择下列哪项？（　　）

（A）YJV-1，2×150　　（B）YJV-1，2×185

（C）2×（YJV-1，1×150）　　（D）2×（YJV-1，1×185）

解答过程：

17. 若该工程量电池容量为800Ah，蓄电池至直流柜的铜芯电缆长度为20m，单只蓄电池的内阻0.195mΩ，蓄电池之间的连接条0.0191mΩ，电缆芯的内阻0.080mΩ/m，在直流柜上控制负荷馈线2P断路器可选规格有几种，M型：$I_{CS}=6kA$，$I_{CU}=20kA$；L型：$I_{CS}=10kA$，$I_{CU}=10kA$；H型：$I_{CS}=15kA$，$I_{CU}=20kA$。下列直流柜母线上的计算短路电流值和控制馈线断路器的选型中，哪组是正确的？（　　）

（A）5.91kA，M型　　（B）8.71kA，L型

（C）9.30kA，L型　　（D）11.49kA，H型

解答过程：

题18～21：某220kV变电站，远离发电厂，安装两台220/110/10kV，180MVA（容量百分比：100/100/50）主变压器，220kV侧为双母线接线，线路4回，其中线路L_{21}、L_{22}分别连接220kV电源S_{21}、S_{22}，另2回为负荷出线，110kV侧为双母线接线，线路8

回，均为负荷出线。10kV 侧为单母线分段接线，线路 10 回，均为负荷出线，220kV 及 110kV 电源 S_{21} 最大运行方式下系统阻抗标幺值为 0.006、最小运行方式下系统阻抗标幺值为 0.0065，220kV 电源 S22 最大运行方式下系统阻抗标幺值为 0.007，最小运行方式下系统阻抗标幺值为 0.0075；L_{21} 线路阻抗标幺值为 0.011，L_{22} 线路阻抗标幺值为 0.012。（系统准备容量 S_j = 100MVA，不计周期分量的衰减）

请解答以下问题（计算结果精确到小数点后 2 位）。

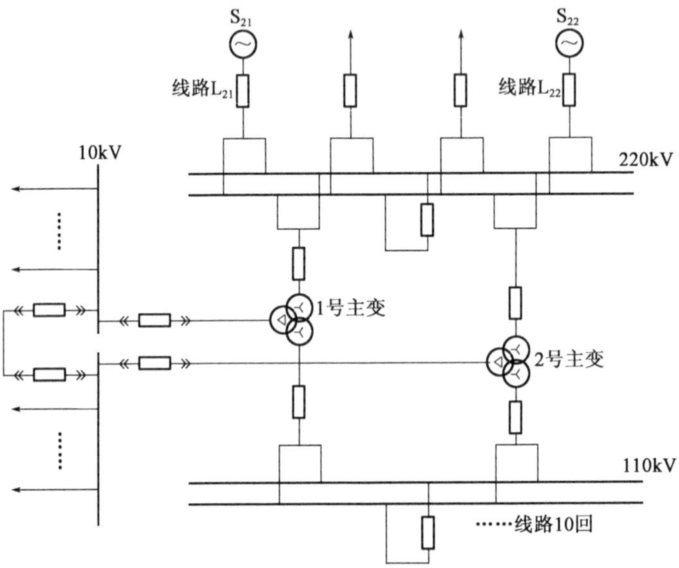

18. 20kV 配电装置主变进线回路选用一次侧变比可选电流互感器，变比为 2 × 600/5，计算一次绕组在串联方式时，该电流互感器动稳定电流倍数不应小于下列哪项数值？（　　）

(A) 41.96　　(B) 44.29

(C) 46.75　　(D) 83.93

解答过程：

19. 变电站 220kV 配置有两套速动主保护、近接地后备保护、断路器失灵保护、主保护动作时间为 0.06s，接地距离 Ⅱ 段保护整定时间 0.5s，断路器失灵保护动作时间 0.52s，220kV 断路器开断时间 0.06s，220kV 配电装置区表层土壤电阻率为 100Ω · m，表层衰减洗漱完诶 0.95，计算其接地装置的跨步电位差不应超过下列哪项数值？（　　）

(A) 237.69V　　(B) 300.63V
(C) 305.00V　　(D) 321.38V

解答过程：

20. 本变电站中有一回 110kV 出线，向一台终端变压器供电，出线间隔电流互感器变比 600/5，电压互感器变比 110/0.1，线路长度 15km，$X_j = 0.31/\text{km}$，终端变压器额定电压比 110/10.5kV，容量 31.5MVA，$U_d\% = 13$。此出线配置距离保护，保护相间距离Ⅰ段按躲 110kV 终端变压器低压侧母线故障整定，计算此线路保护相间距离Ⅰ段二次阻抗整定值应为下列哪项数值？（可靠系数 K 取 0.85）（　　）

(A) 3.95Ω　　(B) 4.29Ω
(C) 4.52Ω　　(D) 41.4Ω

解答过程：

21. 请确定下列有关本站保护相关描述中，哪项是不正确的？并说明理由。（　　）

(A) 220kV 断路器采用分相操作机构，应尽量将三相不一致保护配置在保护装置中
(B) 110kV 线路的后备保护宜采用远后备方式
(C) 220kV 线路能够快速有选择性的切除线路故障的全线速动保护是线路的主保护
(D) 220kV 线路配置两套对全线路内发生的各种类型故障均有完整保护功能的全线速动保护，可以互为近后备保护

解答过程：

题 22～26：某 500kV 变电站 2 号主变及其 35kV 侧电气主接线如下图所示，其中的虚线部分表示远期工程。请回答下列问题。

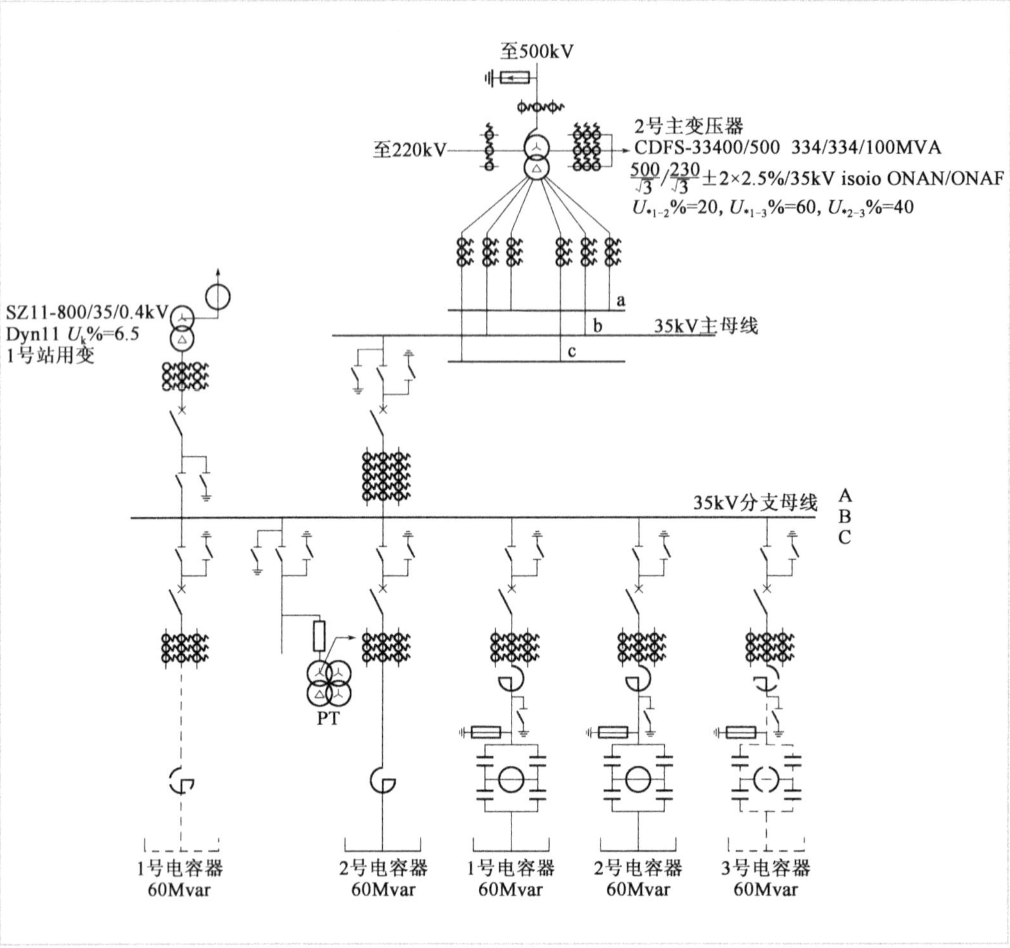

22. 变电站的电容器组接线如下图所示，图中单只电容器容量为500kvar，请判断图中有几处错误，并说明错误原因。（　　）

（A）1　　（B）2

（C）3　　（D）4

解答过程：

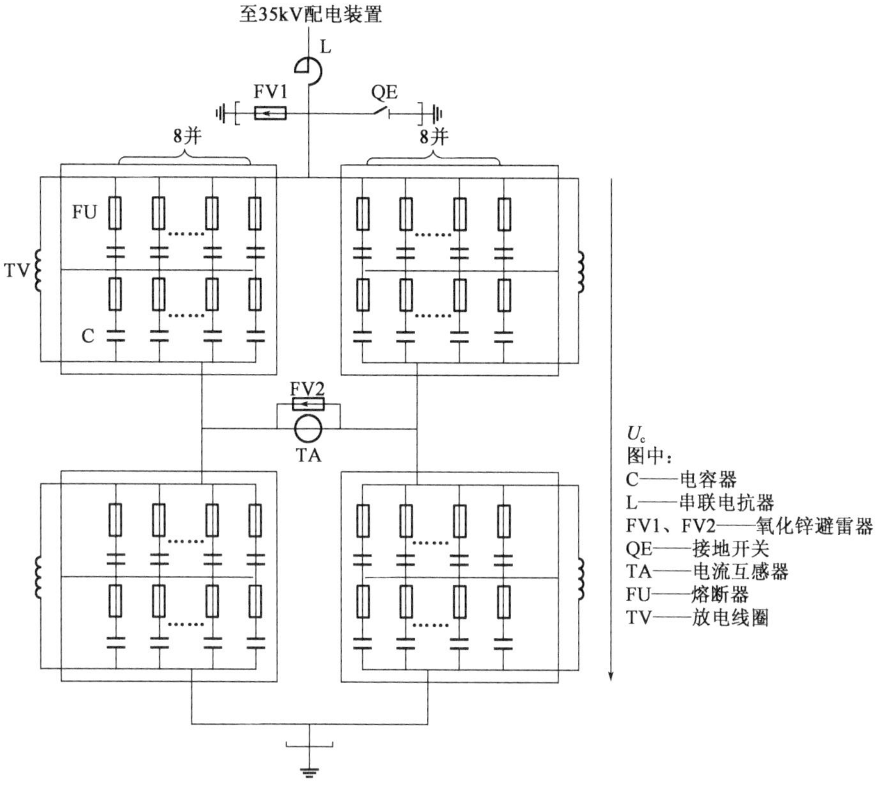

23. 请确定电气主接线图中 35kV 总断路器回路持续工作电流应为以下哪项数值？（　　）

(A)2191.3A　　(B)3860A　　(C)3873.9A　　(D)6051.3A

解答过程：

24. 若该变电站 35kV 电容器组采用单星型桥差接线，每桥臂 7 并 4 串，单台电容器容量 334kvar，电容器组额定相电压 24kV，电容器装置电抗率 12%，求串联电抗器的每相额定感抗和串联电抗器的三相额定容量应为下列哪组数值？（　　）

(A)7.4Ω，4494.1kVA　　(B)7.4Ω，13482.2kVA

(C)3.7Ω，2247.0kVA　　(D)3.7Ω，6741.1kVA

解答过程：

25. 若电容器的额定线电压为38.1kV，采用单星形接线，系统每相等值感抗 $\omega L_0 = 0.05\Omega$，在任一组电容器组投入电网时(投入前母线上无电容器组接入)，满足合闸涌流限制在允许范围内，计算回路串联电抗器的电抗率最小值应为下列哪项数值？ (　　)

(A)0.1%　　(B)0.4%　　(C)1%　　(D)5%

解答过程：

26. 若主接线图中电容器回路的电流互感器变比，$n_1 = 1500/1A$，在任意一组电容器引出线处发生三相短路时，最小运行方式下的短路电流为20kA，则下列主保护二次动作值哪项是正确的？ (　　)

(A)5.8A　　(B)6.7A

(C)1.2A　　(D)1801A

解答过程：

题27～30：某国外水电站安装的水轮发电机组，单机额定容量为120MW，发电机额定电压为13.8kV，$\cos\varphi = 0.85$，发电机、主变压器采用发变组单元接线，未装设发电机断路器，主变高压侧三相短路时流过发电机的最大断路电流为19.6A，发电机中性点接线及CT配置如图所示。

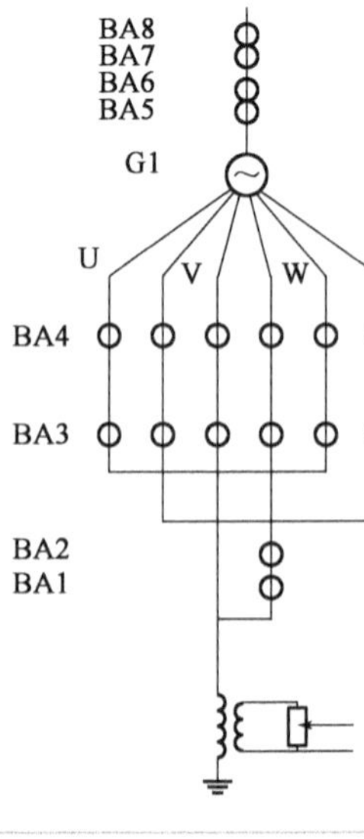

27. 如发电机出口 CT BA8 采用 5P 级 CT,给定暂态系数 $K=10$,互感器实际二次负荷不大于额定二次负荷,试计算确定发电机出口、中性点 CT BA8、BA3 的变比及发电机出口 CT 的准确限值系数最小值应为下列哪组数值? ( )

(A)BA8 和 BA3 变比分别为 8000/1A、8000/1A,BA8 的准确限值系数为 20
(B)BA8 和 BA3 变比分别为 8000/1A、4000/1A,BA8 的准确限值系数为 20
(C)BA8 和 BA3 变比分别为 8000/1A、8000/1A,BA8 的准确限值系数为 30
(D)BA8 和 BA3 变比分别为 8000/1A、4000/1A,BA8 的准确限值系数为 30

解答过程:

28. 假定该电站并网电压为 220kV,220kV 线路保护用电流互感器选用 5P30 级,变比为 500/1A,额定二次容量 20VA,二次绕组电阻 6Ω,给定暂态系数 $K=2$,线路距离保护第一段末端短路电流 15kA,保护装置安装处短路电流 25kA,计算该电流互感器允许接入的实际最大二次负载应为下列哪项数值? ( )

(A)4.8Ω (B)7.0Ω
(C)9.6Ω (D)20Ω

解答过程:

29. 如发电机出口选用 5P 级电流互感器,三相星型连接,假定数字继电器线圈电阻为 1Ω,选择导线截面为 2.5mm^2,铜导体,导线长度为 200m,接触电阻为 0.1Ω,假设不计及继电器线圈电抗和导体电感的影响,计算单相接地时电流互感器实际二次负荷应为下列哪项数值? ( )

(A)1.4Ω (B)2.5Ω
(C)3.9Ω (D)4.9Ω

解答过程:

30. 假设该水轮发电机额定历次电压为 437V,则发电机总装后交接试验时的转子绕

组试验电压应为下列哪些数值？（　　）

(A)3496V　　(B)3899V

(C)4370V　　(D)4874V

解答过程：

题 31～35：某 500kV 架空输电线路工程，导线采用 4×JL/G1A－630/45，子导线直径 33.8mm，自导线截面 674.0mm²，导线自重荷载为 20.39N/m，基本风速 36m/s，设计覆冰 10mm(同时温度 －5℃，风速 10m/s)。覆冰时导线冰荷载为 12.14N/m，风荷载 4.035N/m，基本风速时导线风荷载为 26.23N/m，导线最大设计张力为 56500N，计算时风压高度变化系数均取 1.25。(不考虑绝缘子串重量等附加荷载)

31. 某直线塔的水平档距 $l_S=600m$，最大弧垂时垂直档距 $l_V=500m$，所在耐张段的导线张力，覆冰工况为 56193N，大风工况为 47973N，年平均气温工况为 35732N，高温工况为 33077N，安装工况为 38068N，计算该塔大风工况时的垂直档距应为下列哪项数值？（　　）

(A)455m　　(B)494m

(C)500m　　(D)550m

解答过程：

32. 某直线塔的水平档距 $l_S=500m$，覆冰工况垂直档距 $l_V=600m$，所在耐张段的导线张力，覆冰工况为 55961N，大风工况为 48021N，平均工况为 35732N，安装工况为 43482N，杆塔计算时一相导线作用在该塔上的最大垂直荷载应为下列哪项数值？（　　）

(A)48936N　　(B)78072N

(C)111966N　　(D)151226N

解答过程：

33. 某直线塔的水平档距 $l_S = 600m$，覆冰工况垂直档距 $l_V = 600m$，所在耐张段的导线张力，覆冰工况为 56000N，大风工况为 47800N，满足设计规范要求的单联绝缘子串连接金具强度等级应选择下列哪项数值？（　　）

(A)300kN　　(B)210kN

(C)160kN　　(D)120kN

解答过程：

34. 导线水平张力无风、无冰、−5℃时为 46000N，年平均气温条件下为 36000N，导线耐张串采用双挂点双联型式，请问满足设计规范要求的连接金具强度等级应为下列哪项数值？（　　）

(A)420kN　　(B)300kN

(C)250kN　　(D)210kN

解答过程：

35. 某塔定位结果是后侧档距 550m、前侧档距 350m、垂直档距 310m，在校验电压该塔电气间隙时，风压不均匀系数 α 应取下列哪项数值？（　　）

(A)0.61　　(B)0.63

(C)0.65　　(D)0.75

解答过程：

题 36～40：某 500kV 同塔双回架空输电线路工程，位于海拔高度 500～1000m 地区，基本风速为 27m/s，覆冰厚度为 10mm，杆塔拟采用塔身为方形截面的自力式鼓型塔（塔头示意图如下图所示），相导线均采用 4×LGJ-400/50，自重荷载为 59.2N/m，直线塔上两回线路用悬垂绝缘子串分别悬挂于杆塔两侧。已知某悬垂直线塔（SZ2 塔）

规划的水平档距为600m，垂直档距为900m，且要求根据使用条件采用单联160kN或双联160kN单线夹绝缘子串(参数见下表)，地线绝缘子串长度为500mm。(计算时不考虑导线的分裂间距，不计绝缘子串风压)

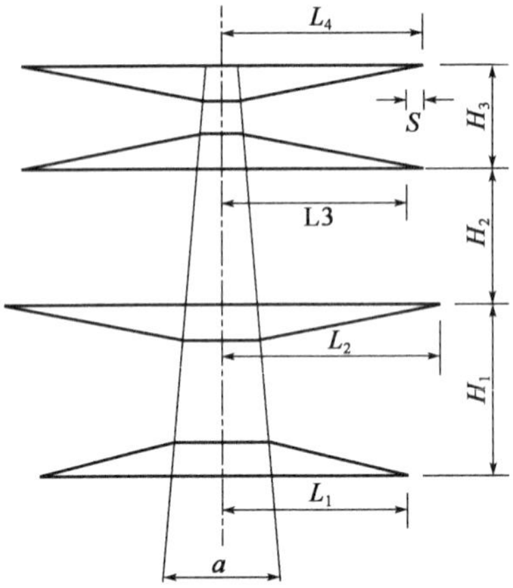

塔头示意图

绝缘子串参数表

绝缘子串型式	绝缘子串长度(mm)	绝缘子串重量(N)
单联160kN	5500	1000
双联160kN	6000	1800

36. 设大风风偏时下相导线的风荷载为45N/m，该工况时SZ2塔的垂直档距系数取0.7，若风偏后导线高度处计及准线、脚钉和裕度等因素后的塔身宽度 a 取6000mm，计算工作电压下要求的下相横担长度 L_1 应为下列哪项数值？(不考虑导线小弧垂及交叉跨越等特殊情况)　(　　)

(A)8.3m　　(B)8.6m

(C)8.9m　　(D)9.2m

解答过程：

37. 设大气过电压条件(无风、无冰、15℃)下的相导线张力为116800N，若要求的最小空气间隙(含裕度等)为4300mm，此时 SZ_2 塔的允许的单侧最大垂直档距800m，且中相导线横担为方形横担，横担长度为 L_2，宽度为4000mm，该条件下要求 SZ_2 塔的上、中导线横担层间距 H_2 应为下列哪项数值？　(　　)

(A)11.9m　　(B)11.1m

(C)10.6m　　(D)10.0m

解答过程：

38. 设线路地线采用铝包钢绞线，某塔的档距使用范围为300～1200m，为满足档距中央导、地线之间距离$S \geqslant 0.12L+1\text{m}$的要求，若控制档距$l_C$为1000m，该塔的地线支架高度$H_3$应取下列哪项数值？（导地线水平偏移取0m，导线绝缘子串长度取5500mm）（　　）

(A)7.0m　(B)2.5m　(C)2.0m　(D)1.5m

解答过程：

39. 设SZ_2塔的最大使用档距不超过1000m，导线最大弧垂为81m，按导线不同步摆动的条件要求的上相导线的横担长度L_3应为下列哪项数值？（　　）

(A)6.4m　(B)6.7m　(C)12.8m　(D)13.3m

解答过程：

40. 该工程某耐张转角塔SJ4的允许转角为40°～60°，建设时按角分线放置，且已知：在不计导地线水平偏移情况下，地线支架高度满足档距中央导地线间距离的要求，该塔导、地线绝缘子串挂点间的水平距离S应取下列哪项数值？（计算时不计横担宽度）（　　）

(A)1.50m　(B)1.86m　(C)2.02m　(D)3.50m

解答过程：

2017 年案例分析试题答案(下午卷)

题 1 ~4 答案:**ABBA**

1.《电力工程电气设计手册》(电气一次部分)P80 式(3-1)。

单相接地电容电流:$I_C=\sqrt{3}U_e\omega C=\sqrt{3}\times 6.3\times 2\pi\times 50\times 2.2\times 10^{-3}=7.54A$

《火力发电厂厂用电设计技术规定》(DL/T 5153—2014)附录 C 式(C.0.2)。

系统中性点的等效电阻:$R_N=\dfrac{U_e}{\sqrt{3}I_R}\leqslant\dfrac{U_e}{\sqrt{3}\times 1.1I_c}=\dfrac{6300}{\sqrt{3}\times 1.1\times 7.54}=438.5\Omega$

注:分裂变低压绕组之间仅有磁耦合,无电气连通,故单相接地电容电流仅考虑分裂变压器一侧绕组。

2.《导体和电器选择设计技术规定》(DL/T 5222—2005)第 5.0.11 条、第 9.2.5 条及条文说明、附录 F。

第 5.0.11 条:校验开关设备开断能力时,短路开断电流计算时间宜采用开关设备的实际开断时间(主保护动作时间加断路器开断时间),则分断时间取主保护动作时间与固有分闸时间之和,即 10+50=60ms。

附录 F,式(F.3.1-2),短路电流直流分量:$i_{fzt}=-\sqrt{2}I''e^{-\frac{\omega t}{T_a}}=-\sqrt{2}\times 135\times e^{-\frac{100\pi\times 0.06}{50}}=-130.96kA$

第 9.2.5 条及条文说明,分断能力直流分量百分数:$DC\%=\dfrac{130.96}{160\sqrt{2}}\times 100\%=57.8\%$

注:《导体和电器选择设计技术规定》(DL/T 5222—2005)中的第 9.3.6 条:对发电机断路器而言,系统直流分量衰减时间常数 τ 可能大于 60ms,因此选择发电机出口断路器时必须校验断路器的直流分断能力。

3.《电力工程电气设计手册》(电气一次部分)P232 表 6-3。

进线跨导线最大持续工作电流:$I_g=1.05\times\dfrac{780000}{\sqrt{3}\times 500}=945.73A$

《导体和电器选择设计技术规定》(DL/T 5222—2005)第 7.1.7 条及附录 D 之表 D.8、表 D.11。

由表 D.11,环境温度为 40℃,海拔高度 600m,综合校正系数 $K=0.83$。

考虑邻近效应且经系数校正后的单根导线实际载流量:$I_Z=\dfrac{\sqrt{B}\cdot I_g}{nK}=\dfrac{\sqrt{1.02}\times 945.7}{2\times 0.83}=575.39A$

由表 D.8,选择导线最小截面 2×LGJK-300。

由第 7.1.7 条之表 7.1.7,500kV 不需进行电晕校验允许的最小截面为 2×LGKK-600。

综上,则进线跨导线的最小截面为 2×LGKK-600。

4.《导体和电器选择设计技术规定》(DL/T 5222—2005)第 14.4.1 条及条文说明。

按加速潜供电流选择中性点小电抗:$X_0 = \dfrac{X_L^2}{X_{12} - 3X_L} = \dfrac{2520^2}{15500 - 3 \times 2520} = 800\Omega$

注:也可参考《电力工程电气设计手册》(电气一次部分)P536 式(9-53)进行计算。

题 5~8 答案:**DDCD**

5.《电力工程电气设计手册》(电气一次部分)P574 式(10-2)。

$$U_{A_2} = I_g\left(X_{A_2c_1} - \frac{1}{2}X_{A_2A_1} - \frac{1}{2}X_{A_2B_1}\right) = 1500 \times \left(2 - \frac{1}{2} \times 1.6 - \frac{1}{2} \times 1.4\right) \times 10^{-4} = 0.075\text{V/m}$$

6.《继电保护和安全自动装置技术规程》(GB 14285—2006)第 4.8.1-2 条、《交流电气装置的接地设计规范》(GB 50065—2011)附录 E 第 E.0.3 条。

第 4.8.1-2 条:对双母线接线,为防止母线保护因检修退出失去保护,母线发生故障会危及系统稳定和使事故扩大时,宜装设两套母线保护。

第 E.0.3 条:配有两套速动主保护时,接地故障等效持续时间为:

$$t_e \geq t_m + t_f + t_o = 0.03 + 0.15 + 0.55 = 0.235\text{s}$$

《电力工程电气设计手册》(电气一次部分)P574 式(10-6)。

母线瞬时电磁感应电压:$U_{jo} = \dfrac{145}{\sqrt{t}} = \dfrac{145}{\sqrt{0.235}} = 299\text{V}$

接地开关的间距:$l_{j2} = \dfrac{2U_{j0}}{U_{A2(K)}} = \dfrac{2 \times 299}{4} = 149\text{m}$

7.《电力工程电气设计手册》(电气一次部分)P700 式(附 10-8)~式(附 10-11)。

$$e = 2\left(\frac{\iota - \iota_1}{\iota_1}\right) + \frac{Q_i}{q_i}\left(\frac{\iota - \iota_1}{\iota_1}\right)^2 = 2 \times \frac{2 \times 2.75}{33 - 2 \times 2.75} + \frac{31.3}{1.415} \times \left(\frac{2 \times 2.75}{33 - 2 \times 2.75}\right)^2 = 1.2848$$

$$E = \frac{e}{1 + e} = \frac{1.2848}{1 + 1.2848} = 0.562$$

绝缘子串的弧垂:$f_1 = fE = 2 \times 0.562 = 1.124\text{m}$

8.《高压配电装置设计技术规程》(DL/T 5352—2018)第 5.1.3 条及表 5.1.3-1。

表 5.1.3-1:最大工作电压和风偏(v = 10m/s)条件下,220kV 配电装置 A'''_2 取 900mm。

《电力工程电气设计手册》(电气一次部分)P699 式(附 10-7)。

最小相间距离:$D'''_2 \geq A'''_2 + 2(f'''_1\sin\alpha'''_1 + f'''_2\sin\alpha'''_2) + d\cos\alpha'''_2 + 2r = 900 + 2 \times (1000 \times \sin30° + 100 \times \sin50°) + 0 \times \cos50° + 25.2 = 3457.2\text{mm}$

题 9 ~ 13 答案：**BCBDB**

9.《火力发电厂厂用电设计技术规程》(DL/T 5153—2014)附录 L 式(L.0.2) ~ 式(L.0.6)。

高压厂用变压器阻抗标幺值：$X_T = \dfrac{(1-5\%)\times 17.5}{100}\times\dfrac{100}{50} = 0.3325$

厂用电源短路电流起始有效值：$I''_B = \dfrac{I_j}{X_X + X_T} = \dfrac{1}{0.035+0.3325}\times\dfrac{100}{\sqrt{3}\times 6.3} = 24.94\text{kA}$

分裂变压器低压绕组电动机反馈电流取较大一段，则：

电动机反馈短路电流：$I''_D = K_{q.D}\dfrac{P_{e.D}}{\sqrt{3}U_{e.D}\eta_D\cos\varphi_D}\times 10^{-3} = 5.75\times\dfrac{21780}{\sqrt{3}\times 6\times 0.8}\times 10^{-3}$

$= 15.06\text{kA}$

10.《火力发电厂厂用电设计技术规程》(DL/T 5153—2014)第 6.1.4 条、附录 L 式(L.0.1)。

高压厂用电系统的短路电流计算中应计及电动机的反馈电流对电器和导体的动、热稳定以及断路器开断电流的影响。

短路电流周期分量：$I'' = I''_B + I''_D = 24 + 15 = 39\text{kA}$，则额定短路开断电流取 40kA。

选用分裂变压器，机组容量 350MW，故厂用电源短路峰值系数 K_{chB} 取 1.85，电动机反馈峰值系数 K_{chD} 取 1.7。

短路冲击电流：$i_{ch.B} = \sqrt{2}(K_{ch.B}I''_B + 1.1K_{ch.D}I''_D) = \sqrt{2}\times(1.85\times 24 + 1.1\times 1.7\times 15) = 102.46\text{kA}$，则动稳定电流选用 105kA。

11.《电力工程电缆设计规范》(GB 50217—2018)附录 A、附录 E。

由题意，电缆额定负荷电流与实际最大工作电流相同，可知，$\theta_p = \theta_H$；由附录 A 中表 A，$\theta_m = 250℃$，$\theta_p = \theta_H = 90℃$，另借用附录 E 之表 E.1.3-2，$K$ 值取 1.006，则：

$$C = \frac{1}{\eta}\sqrt{\frac{Jq}{\alpha K\rho}\ln\frac{1+\alpha(\theta_m - 20)}{1+\alpha(\theta_p - 20)}}$$

$$= \frac{1}{0.93}\times\sqrt{\frac{1\times 3.4}{0.00393\times 1.006\times 0.0184\times 10^{-4}}\ln\frac{1+0.00393\times(250-20)}{1+0.00393\times(90-20)}} = 14718.4$$

由附录 E 之表 E.1.3-1 的注解，半穿越电抗 17.5%，则 $T_b = 0.06$；中速断路器，则短路切除时间取 0.15s，则：

$$Q = 0.21I^2 + 0.23II_d + 0.09I_d = 0.21\times 24^2 + 0.23\times 24\times 15 + 0.09\times 15^2$$

$$= 2.24\times 10^8\text{A}^2\text{S}$$

则电缆热稳定最小截面：$S \geqslant \dfrac{\sqrt{Q}}{C}\times 10^2 = \dfrac{\sqrt{2.24\times 10^8}}{14718.4}\times 10^2 = 101.69\text{mm}^2$，取 120mm^2。

12.《火力发电厂厂用电设计技术规程》(DL/T 5153—2014)。

第 6.2.4-2 条：高压熔断器的额定开断电流应于回路中最大预期短路电流周期分量有效值。选项 A 错误。

第 8.6.1-1 条：2000kW 及以上的电动机应装设纵联差动保护。第 8.1.1-1 条：纵联差动保护的灵敏系数不宜低于1.5。选项B错误。

第8.8.3条:6kV~35kV厂用线路或厂用分支线路上的降压变压器保护,宜采用高压跌落式熔断器作为降压变压器的相间短路保护。选项C错误。

第5.2.1-1条:当高压厂用电压为6kV一级时,200kV以上的电动机可采用6kV,200kV以下的电动机宜采用380V,200kV左右的电动机可按工程的具体情况确定。选项D正确。

13.《火力发电厂厂用设计技术规程》(DL/T 5153—2014)附录P第P.0.3条、附录N表N.2.2-2。

断路器脱扣器整定电流:$I_Z > KI_Q = 2 \times 520 = 1040\text{A}$

电动机端部最小短路电流:$I > 1.5I_Z = 1.5 \times 1040 = 1560\text{A}$

附录N.2.2及表N.2.2-2,$\text{YJLV}_{22} - 13 \times 70\text{mm}^2$电缆,2000kVA干式变压器,阻抗电压6%,则:

电缆长度为100m时的单相接地短路电流:$I_{d(100)}^{(1)} = 1630\text{A}$

回路允许的电缆最大长度:$L = I_{d(100)}^{(1)} \cdot \dfrac{100}{I_d^{(1)}} = 1630 \times \dfrac{100}{1560} = 104.5\text{m}$

题14~17答案:**BDDB**

14.《电力工程直流电源系统设计技术规范》(DL/T 5044—2014)附录C第C.2.3条及表C.3-3。

查表C.3-3,5s换算系数1.27,1min换算系数1.18,29min换算系数0.764,30min换算系数0.755,59min换算系数0.548,60min换算系数0.52,则:

第一阶段计算容量:$C_{c1} = K_k \dfrac{I_1}{K_c} = 1.4 \times \dfrac{511.04}{1.18} = 606.32\text{Ah}$

第二阶段计算容量:$C_{c2} = K_k \left(\dfrac{I_1}{K_{c1}} + \dfrac{I_2 - I_1}{K_{c2}} \right) = 1.4 \times \left(\dfrac{511.04}{0.755} + \dfrac{361.21 - 511.04}{0.764} \right)$

$= 673.07\text{Ah}$

第三阶段计算容量:

$$C_{c2} = K_k \left(\frac{I_1}{K_{c1}} + \frac{I_2 - I_1}{K_{c2}} + \frac{I_3 - I_2}{K_{c3}} \right)$$

$$= 1.4 \times \left(\frac{511.04}{0.755} + \frac{361.21 - 511.04}{0.764} + \frac{118.79 - 361.21}{0.755} \right) = 543.58\text{Ah}$$

随机负荷容量:$C_r = \dfrac{I_r}{K_{cr}} = \dfrac{10}{1.27} = 7.87\text{Ah}$

与第二阶段叠加,即$673.07 + 7.87 = 680.94\text{Ah}$

15.《电力工程直流电源系统设计技术规范》(DL/T 5044—2014)第6.2.3-2条、附录D。

由题干附图,直流系统未脱离母线均衡充电,因此按满足均衡充电要求确定充电装置的额定电流,则:

$$I_r = (1.0 \sim 1.25)I_{10} + I_{jc} = (1.0 \sim 1.25) \times \frac{800}{10} + 49.77 = 129.77 \sim 149.77\text{A}$$

第6.2.3-2条：1组蓄电池配置2套充电装置，应按额定电流选择高频开关电源基本模块，不宜设备用模块。则 $n=\frac{I_r}{I_{me}}=\frac{149.77}{20}=7.49$，取8个。

16.《电力工程直流电源系统设计技术规范》(DL/T 5044—2014)第6.3.2条、附录A、附录E。

第A.3.6-1条：蓄电池1h放电率：$I_{d.1h}=5.5I_{10}=5.5\times800/10=440A$

由表E.2-1，蓄电池回路长期工作计算电流：$I_{ca1}=I_{d.1h}=440A$

蓄电池回路短时工作计算电流：$I_{ca2}=I_{ch0}=511.04A$

取较大者 $I_{ca}=I_{ca2}=511.04A$，则：

最小电缆截面：$S_{cac}=\frac{\rho\cdot 2LI_{ca}}{\Delta U_p}=\frac{0.0184\times2\times20\times511.04}{220\times1\%}=171mm^2$，取 $185mm^2$。

第6.3.2条：蓄电池引出线为电缆时，电缆宜采用单芯电力电缆。

故，选用两根单芯电缆2×(YJV-1，1×185)。

17.《电力工程直流电源系统设计技术规范》(DL/T 5044—2014)附录G式(G.1.1-2)。

$$I_k=\frac{U_n}{n(r_b+r_1)+r_c}=\frac{220}{103\times(0.195+0.0191)+2\times20\times0.08}=8.712kA$$

L型直流断路器参数满足要求。

题18~21答案：**DBCA**

18.《导体和电器选择设计技术规定》(DL/T 5222—2005)附录F。

主变进线回路CT的最大短路电流，取最大运行方式下，两电源同时供电的母线短路电流，则：

电源侧总等效电抗标幺值：$X_\Sigma=(X_{S21}+X_{121})//(X_{S22}+X_{122})$

$=(0.006+0.011)//(0.007+0.012)=0.009$

《电力工程电气设计手册》(电气一次部分)P120表4-1中基准电流 $I_j=0.251kA$

最大运行方式的三相短路电流：$I''_k=\frac{I_j}{X_\Sigma}=\frac{0.251}{0.009}=27.89kA$

短路冲击电流：$i_{ch}=\sqrt{2}K_{ch}I''_k=\sqrt{2}\times1.8\times27.89=71.12kA$

《电流互感器与电压互感器及计算过程》(DL/T 866—2015)第3.2.8条。

CT动稳定倍数：$K_d\geqslant\frac{i_{ch}}{\sqrt{2}I_{pr}}\times10^3=\frac{71.12}{\sqrt{2}\times600}\times10^3=83.82$

19.《交流电气装置的接地设计规范》(GB 50065—2011)第4.2.2条、附录E第E.0.3条。

配有两套速动主保护时，接地故障等效持续时间为：$t_e\geqslant t_m+t_f+t_o=0.06+0.52+0.06=0.64s$

跨步电压允许值：$U_s=\frac{174+0.7\rho_sC_s}{\sqrt{t_s}}=\frac{174+0.7\times100\times0.95}{\sqrt{0.64}}=300.63V$

20.《电力工程电气设计手册》(电气二次部分)P576表28-18。

变压器阻抗有名值(归算到 110kV 侧):$X_T = \frac{U_k\%}{100} \cdot \frac{U_e^2}{S_e} = \frac{13}{100} \times \frac{110^2}{31.5} = 49.94\Omega$

按躲 110kV 终端变压器低压侧母线故障整定,则:

一次动作阻抗 $Z_{DZ1} \leqslant K_k Z_{L1} + K_B Z_B = 0.85 \times 0.31 \times 15 + 0.75 \times 49.94 = 41.41\Omega$

折算至相间距离保护二次阻抗整定值:$Z_2 = Z_{DZ1} \times \frac{n_T}{n_v} = 41.41 \times \frac{600/5}{110/0.1} = 4.52\Omega$

21.《继电保护和安全自动装置技术规程》(GB 14285—2006)。

第 4.1.15 条:对 220 ~500kV 断路器三相不一致,应尽量采用断路器本题的三相不一致保护,而不再另设置三相不一致保护。如断路器本身无三相不一致保护,则应为该断路器配置三相不一致保护。选项 A 错误。

第 4.6.1.3 条:110kV 线路的后备保护宜采用远后备方式。选项 B 正确。

第 4.6.2-c)条:线路主保护和后备保护的作用。

能够快速有选择性地切除线路故障的全线速动保护以及不带时限的线路 I 段保护都是线路的主保护。选项 C 正确。

每一套全线速动保护对全线路内发生的各种类型故障均有完整的保护功能,两套全线速动保护可以互为近后备保护。选项 D 正确。

题 22 ~26 答案:**BCDBA**

22.《并联电容器装置设计规范》(GB 50227—2017)。

第 4.1.2-1 条:在中性点非直接接地的电网中,星形接线电容器组的中性点不应接地。图中中性点接地,错误 1。

第 4.1.2-3 条:每个串联段的电容器并联总容量不应超过 3900kvar。图中并联容量为 4000kvar,错误 2。

23.《35kV ~ 220kV 变电站无功补偿装置设计技术规定》(DL/T 5242—2010)第 7.5.2 条:用于并联电容器装置的开关电器的长期容性允许电流,应不小于电容器组额定电流的 1.3 倍。

《并联电容器装置设计规范》(GB 50227—2017)第 5.1.3 条:并联电容器装置总回路和分组回路的电器导体选择时,回路工作电流应按稳态过电流最大值确定。

本题中,并联电容器最大容量为 3 ×60Mvar,则:

电容器额定电流:$I_C = 1.3 \times \frac{3 \times 60}{\sqrt{3} \times 35} \times 10^3 = 3860\text{A}$

考虑站用变负荷电流:$I_g = 1.05 \times \frac{800}{\sqrt{3} \times 35} = 13.9\text{A}$

则,35kV 总断路器回路持续工作电流为:$I_\Sigma = 3860 + 13.9 = 3873.9\text{A}$

24.《电力工程电气设计手册》(电气一次部分)P509 式(9-26)、式(9-27)。

电容器采用单星形桥差接线,每桥臂 7 并 2 串,则:

单台电容器额定电压为:$U_{CN} = \frac{24}{4} = 6\text{kV}$

单台电容器额定容抗为：$X_{Ce}=\dfrac{U_{CN}^2}{Q_C}=\dfrac{6^2}{0.334}=107.78\Omega$

由两个桥臂容抗为并联，则电容器组一相的额定容抗和额定感抗分别为：

$$X_{C.p}=\frac{1}{2}\cdot\frac{N}{M}\cdot X_{Ce}=\frac{1}{2}\times\frac{4}{7}\times107.78=30.8\Omega$$

$$X_{L.p}=AX_{C.p}=12\%\times30.8=3.7\Omega$$

由串并联原理可知，n 个电容并联，容抗值为其的$\dfrac{1}{n}$，则每个并联电容的桥臂额定电流为：$I_{Ce}=K_1K_2\dfrac{Q_C}{U_{CN}}=2\times7\times\dfrac{334}{6}=779.3\text{A}$，由式(9-28)，即为串联电抗器一相额定电流，则：

串联电抗器的三相额定容量为：

$$Q_{Lse}=3Q_{Le}=3I_{Le}^2X_{Le}\times10^{-3}=779.3^2\times3.7\times10^{-3}=6741.1\text{kvar}$$

25.《330kV～750kV 变电站无功补偿装置设计技术规定》(DL/T 5014—2010)第7.5.3条、附录B。

第7.5.3条，电容器组的合闸涌流宜限制在电容器额定电流的20倍以内。依据附录B，则：

合闸涌流峰值：$I_{y.max}=\sqrt{2}I_e\left(1+\sqrt{\dfrac{X_C}{X'_L}}\right)<20I_e\Rightarrow X'_L>\dfrac{24.19}{\left(\dfrac{20}{\sqrt{2}}-1\right)^2}=0.14\Omega$

其中 $X_C=\dfrac{U_{Ce}^2}{Q_e}=\dfrac{38.1^2}{60}=24.19\Omega$

串联电抗器电抗率：$A=\dfrac{X_L}{X_C}>\dfrac{0.14-0.05}{24.19}=0.37\%$，取0.4%。

注：也可参考《并联电容器装置设计规范》(GB 50227—2017)第5.5.3条。

26.《330kV～750kV 变电站无功补偿装置设计技术规定》(DL/T 5014—2010)第9.5.2条。

第9.5.2-1条：限时速断保护动作值按最小运行方式下电容器组端部引线两相短路时灵敏系数为2整定。则：

速断保护一次动作电流为：$I_{dz1}=\dfrac{I_{d.min}^{(2)}}{K_{sen}}=\dfrac{0.866\times20}{2}=8.66\text{kA}$

折算至二次动作电流为：$I_{dz2}=\dfrac{I_{dz1}}{n_T}=\dfrac{8.66\times10^3}{1500/1}=5.8\text{A}$

题27～30答案：**DBCA**

27.《电流互感器与电压互感器及计算过程》(DL/T 866—2015)第2.1.8条～第2.1.9条、第6.2.1-1条、第10.2.3条。

发电机最大连续出力时运行电流：$I_g=1.05\times\dfrac{P_N}{\sqrt{3}U_N\cos\varphi}=1.05\times\dfrac{120\times10^3}{\sqrt{3}\times13.8\times0.85}$

$$=6202\text{A}$$

则发电机出口 CT BA8 变比选择8000/1A，中性点每相2个支路，流过中性点每相每个支路电流为6202/2 = 3101A，因此中性点CT BA3的变比选择4000/1A。

准确限值系数：$K_{alf} > K \cdot K_{pcf} = K \cdot \frac{I_{pcf}}{I_{pr}} = 10 \times \frac{19.6}{8} = 24.5$，取30倍。

注：给定暂态系数和保护校验系数参考第2.1.8～9条。

28.《电流互感器与电压互感器及计算过程》(DL/T 866—2015)第2.1.8条、第10.2.3条。

CT额定二次阻抗：$R_b = \frac{20}{1^2} = 20\Omega$

CT额定二次极限感应电动势：$E_{al} = K_{alf} I_{sr}(R_{ct} + R_b) = 30 \times 1 \times (6 + 20) = 780V$

(1)按保护末端短路校验

保护校验系数：$K_{pcf} = \frac{I_{pcf}}{I_{pr}} = \frac{15000}{500} = 30$

保护校验要求的二次感应电势：$E'_{al} = KK_{alf} I_{sr}(R_{ct} + R'_b) = 2 \times 30 \times 1 \times (6 + R'_b) \leqslant E_{al} = 780V$

则允许接入的实际二次负载为：$R'_b \leqslant 7\Omega$

(2)按保护装置出口处短路校验

保护校验系数：$K_{pcf} = \frac{I_{pcf}}{I_{pr}} = \frac{25 \times 1000}{500} = 50$

保护校验要求的二次感应电势：$E'_{al} = K_{alf} I_{sr}(R_{ct} + R'_b) = 50 \times 1 \times (6 + R'_b) \leqslant E_{al} = 780V$

允许接入的实际二次负载为：$R'_b \leqslant 9.6\Omega$

综上，取较小值，$R'_b = 7.0\Omega$

29.《电流互感器与电压互感器及计算过程》(DL/T 866—2015)第10.2.6-2条。

连接导线的电阻：$R_1 = \frac{L}{\gamma A} = \frac{200}{57 \times 2.5} = 1.4\Omega$

由表10.2.6，CT采用三相星形接线，单相接地时，继电器电流线圈的阻抗换算系数$K_{rc} = 1$，连接导线的阻抗换算系数$K_{lc} = 2$，则CT实际二次负荷：

$$Z_b = \Sigma K_{rc} Z_r + K_{lc} R_1 + R_c = 1 \times 1 + 2 \times 1.4 + 0.1 = 3.9\Omega$$

30.《大中型水轮发电机基本技术条件》(SL 321—2005)第8.2.4条表5及注解。

水轮发电机额定励磁电压为500V及以下时，转子绕组试验电压应为10倍额定励磁电压(最低为1500)，则为437 × 10 = 4370V

由注解1，交接试验电压为表中试验电压的0.8倍，即4370 × 0.8 = 3496V

题31～35答案：**ABAAB**

31.《电力工程高压送电线路设计手册》(第二版)P184式(3-3-12)、P187"最大弧垂判别法"。

最大气温时：$\frac{\gamma_1}{\sigma_1} = \frac{g_1}{T_1} = \frac{4 \times 20.39}{33077} = 2.53 \times 10^{-3}$

覆冰工况时：$\frac{\gamma_7}{\sigma_7}=\frac{g_7}{T_7}=\frac{4\times\sqrt{(20.39+12.14)^2+4.035^2}}{33077}=2.33\times10^{-3}$

由$\frac{\gamma_1}{\sigma_1}>\frac{\gamma_7}{\sigma_7}$，故最大弧垂发生在最高气温时。

最高气温时的垂直档距：$l_V=l_H+\frac{\sigma_0}{\gamma_V}\alpha\Rightarrow500=600+\frac{33077/S}{20.39/S}\alpha\Rightarrow\alpha=-0.061644$

大风工况时的垂直档距：$l_{V1}=l_H+\frac{\sigma_{01}}{\gamma_V}\alpha=600+\frac{47973/S}{20.39/S}\times(-0.061644)=454.96$

注：最高气温时与最大风速时的垂直比载相同。

32.《电力工程高压送电线路设计手册》（第二版）P327 式（6-2-5）、P329 式（6-2-10）及表 6-2-8。

（1）覆冰工况垂直荷载（导线的自重荷载加冰荷载，不考虑绝缘子串重量等附加荷载）

$$P_1=nl_V(g_1+g_2)=4\times600\times(20.39+12.14)=78072\text{N}$$

（2）大风、年均气温工况垂直荷载（自重荷载，不考虑绝缘子串重量等附加荷载）

$$l_{V1}=l_H+\frac{\sigma_{01}}{\gamma_V}\alpha\Rightarrow600=500+\frac{55961/S}{(20.39+12.14)/S}\alpha\Rightarrow\alpha=0.058129$$

$$l_{V2}=l_H+\frac{\sigma_{02}}{\gamma_V}\alpha=500+\frac{47973/S}{20.39/S}\times0.058129=636.9\text{m}$$

$$P_2=nl_{V2}g_1=4\times636.9\times20.39=51945\text{N}$$

（3）安装工况垂直荷载

被吊导线、绝缘子及金具的重量：$G=600\times4\times20.39=48816\text{N}$，安装附加荷载 4000N，则：

$$G_\Sigma=1.1G+G_a=1.1\times48816+4000=57968\text{N}$$

综上，取较大者，则该塔一相的最大垂直荷载为 78072。

33.《电力工程高压送电线路设计手册》（第二版）P184 式（3-3-12）。

覆冰工况垂直档距：$l_{V1}=l_{H1}+\frac{\sigma_0}{\gamma_V}\alpha\Rightarrow600=600+\frac{\sigma_0}{\gamma_V}\alpha\Rightarrow\alpha=0$

则大风工况垂直档距为：$l_{V2}=l_{H2}=600\text{m}$

故，两工况下的绝缘子串最大荷载分别为：

覆冰工况：$F_7=n\sqrt{(g_3l_V)^2+(g_3l_V)^2}=4\times\sqrt{(20.39+12.14)^2+4.035^2}\times600$
$=78670.3\text{N}$

大风工况：$F_6=n\sqrt{(g_1l_V)^2+(g_4l_V)^2}=4\times\sqrt{(20.39+26.32\times1.25)^2}\times600$
$=92894.6\text{N}$

综上，取较大者，即 $F=92894.6\text{N}$

由《110kV～750kV 架空输电线路设计规范》（GB 50545—2010）第 6.0.3 条。

金具的破坏荷载：$T_R=KT=2.5\times92894.6\times10^{-3}=232.2\text{kN}$，故选择单联 300kN 绝

缘子可满足使用要求。

34.《110kV～750kV 架空输电线路设计规范》(GB 50545—2010)第 6.0.3 条。

导线最大设计张力为 $T_{max}=56500N$，采用双挂点双联型式，导线为 4 分裂，故每联绝缘子需承受两根导线的张力，则金具破坏荷载：

$$T_R=KT=2.5\times2\times56500=282500=282.5kN$$

按断联工况下校核，则金具破坏荷载：$T_R'=KT=1.5\times4\times56500=339000=339kN$

综上，选取 420kN。

35.《110kV～750kV 架空输电线路设计规范》(GB 50545—2010)第 10.1.18 条及表 10.1.18-2。

由《电力工程高压送电线路设计手册》(第二版)P183 式(3-3-10)，则水平档距：

$$l_H=\frac{l_1+l_2}{2}=\frac{550+350}{2}=450m$$

故由表 10.1.18-2，风压不均匀系数为 $\alpha=0.63$。

题 36～40 答案：**BBCBC**

36.《电力工程高压送电线路设计手册》(第二版)P103 式(2-6-44)。

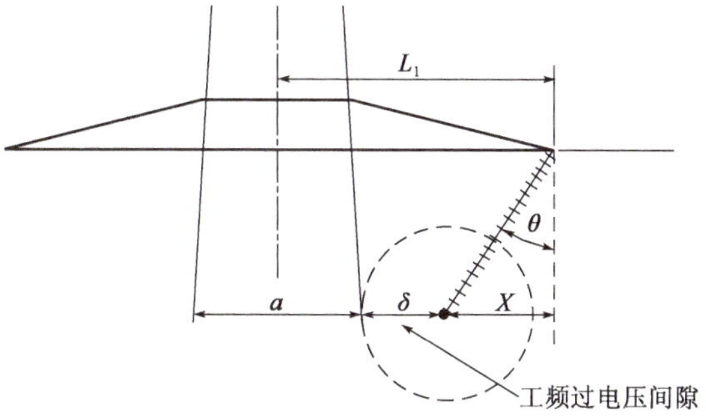

如图所示，设下相横担长度为 L_1，则其包括：塔身宽度一半 $\frac{a}{2}$、工频过电压间隙 δ、绝缘子串风偏时下方水平长度 X，则先确定绝缘子串风偏角如下：

采用单联悬垂绝缘子串时：$\theta_1=\tan^{-1}\left(\frac{Pl_H}{G/2+Wl_V}\right)=\tan^{-1}\left(\frac{600\times45}{1000/2+420\times59.2}\right)=$ 46.79°

采用双联悬垂绝缘子串时：$\theta_2=\tan^{-1}\left(\frac{Pl_H}{G/2+Wl_V}\right)=\tan^{-1}\left(\frac{600\times45}{1800/2+420\times59.2}\right)=$ 46.34°

显然，$X_1=5500\times\sin46.79°=4008.67mm<X_2=6000\times\sin46.34°=4340.69mm$，则取较大者，即 $X=X_2=4340.69mm=4.34m$

《110kV～750kV 架空输电线路设计规范》(GB 50545—2010)第 7.0.9 条及表 7.0.9-1，工频电压下间隙(相地)为 $\delta=1.3m$，则：

$$L_1=\frac{a}{2}+\delta+X=\frac{6}{2}+1.3+4.34=8.64\text{m}$$

37.《电力工程高压送电线路设计手册》(第二版)P605 式(8-2-10)"导线悬垂角计算"。

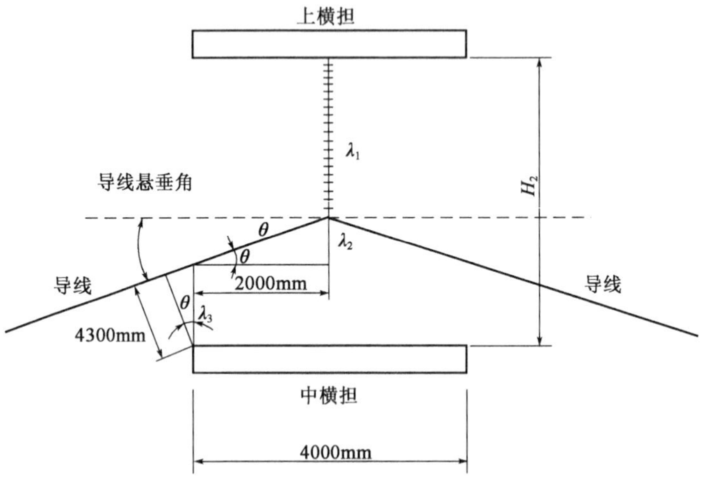

如图所示,设上、中横担间距为 H_2,其包括:绝缘子长度 λ_1、导线悬垂角作用下的导线与中横担的空气间隙 λ_2 和 λ_3,则先确定导线悬垂角如下:

$$\theta=\tan^{-1}\left(\frac{\gamma l_V}{\sigma}\right)=\tan^{-1}\left(\frac{59.2\times800}{116800}\right)=22.07°$$

根据角度确定以下两个计算因子:

$$\lambda_2=\frac{4}{2}\times\tan22.07°=0.81\text{m},\lambda_3=\frac{4.3}{\cos22.07°}=4.64\text{m}$$

按双联绝缘子计算,则:$H_2=\lambda_1+\lambda_2+\lambda_3=6+0.81+4.64=11.45\text{m}$

注:题目答案应近似直接引用 4.3m 进行计算,即 $H_2=\lambda_1+\lambda_2+\lambda_3=6+0.81+4.3=11.11\text{m}$。

38.《电力工程高压送电线路设计手册》(第二版)P186 式(3-3-18)。

当 $S=0$ 时,控制档距:$l_C=\dfrac{h-1}{0.006}=1000\text{m}$,则导、地线悬挂点垂直距离 $h=7\text{m}$

导线绝缘子串长 5.5m,地线绝缘子串长 0.5m,则。

地线支架高度:$H_3\geqslant7-5.5+0.5=2.0\text{m}$

39.《110kV ~ 750kV 架空输电线路设计规范》(GB 50545—2010)第 8.0.1 条、第 8.0.3 条。

按双联悬垂绝缘子工况,水平线间距为:$D=k_iL_k+\dfrac{U}{110}+0.65\sqrt{f_C}=0.4\times6+\dfrac{500}{110}+0.65\sqrt{81}=12.8\text{m}$

第 8.0.3 条:双回路及多回路杆塔不同回路的不同相导线间的水平或垂直距离,应按第 8.0.1 条的规定值增加 0.5m，故取 $12.8+0.5=13.3\text{m}$，则 $L_3=\dfrac{13.3}{2}=6.65\text{m}$

40.《110kV ~750kV 架空输电线路设计规范》(GB 50545—2010)第 8.0.2 条。

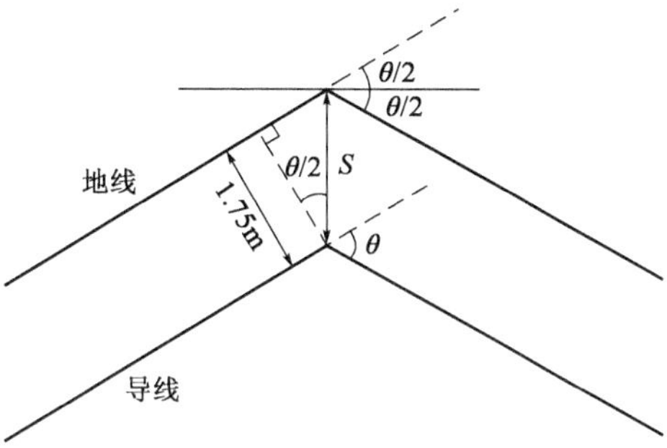

由表 8.0.2，10mm 覆冰时 500kV 线路中导线与地线的最小水平偏移为 1.75m，则如图所示：

$$S=\frac{1.75}{\cos\left(\dfrac{40^\circ\sim60^\circ}{2}\right)}=1.86\sim2.02\text{m}$$

取较大者，即为 2.02m。

2018年

注册电气工程师(发输变电)执业资格考试

专业考试试题及答案

2018年专业知识试题(上午卷)

一、单项选择题(共40题,每题1分,每题的备选项中只有1个最符合题意)

1. 在高压配电装置的布置设计中,下列哪种情况应设置防止误入带电间隔的闭锁装置? ( )

(A)屋内充油电气设备间隔

(B)屋外敞开式配电装置接地刀闸间隔

(C)屋内敞开式配电装置母线分段处

(D)屋内配电装置设备低式布置时

2. 下面是对风力发电场机组和变电站电气接线的阐述,其中哪一项是错误的? ( )

(A)风力发电机组与机组变电单元宜采用一台风力发电机组对应一组机组变电单元的单元接线方式

(B)风电场变电站主变压器低压侧母线短路容量超市设备允许值时,应采取限制短路电流的措施

(C)风电场机组变电单元的低压电气元件应能保护风力发电机组出口断路器到机组变电单元之间的短路故障

(D)规模较大的风力发电厂变电站与电网联结超过两回线路时应采用单母线接线型式

3. 中性点直接接地的交流系统中,当接地保护动作不超过1min切断故障时,电力电缆导体与绝缘屏蔽层之间的额定电压选择,下列哪项符合规范要求? ( )

(A)应不低于100%的使用回路工作相电压选择

(B)应不低于133%的使用回路工作相电压选择

(C)应不低于150%的使用回路工作相电压选择

(D)应不低于173%的使用回路工作相电压选择

4. 某额定容量63MVA,额定电压比110/15kV升压变压器,其低压侧导体宜选用下列哪种截面形式?

(A)钢芯铝绞线 (B)圆管形铝导体

(C)矩形铜导体 (D)槽形铝导体

5. 某电厂500kV屋外配电装置设置相间运输检修道路,则该电路宽度不宜小于下列哪项数值? ( )

(A)1000mm (B)3000mm

(C)4000mm　　(D)6000mm

6. 某35kV不接地系统，发生单相接地后不迅速切除故障时，其跨步点位允许值为(表层土壤电阻率取2000Ω·m，表层衰减系数取0.83)：（　　）

(A)50V　　(B)133V
(C)269V　　(D)382V

7. 在选择电流互感器时，对不同电压等级的短路持续时间，下列哪条不满足规程要求？（　　）

(A)550kV为2s　　(B)252kV为2s
(C)126kV为3s　　(D)72.5kV为4s

8. 当火力发电厂的厂用电交流母线由厂内交流电源供电时，交流母线的频率波动范围不宜超过：（　　）

(A) ±1%　　(B) ±1.5%
(C) ±2%　　(D) ±2.5%

9. 下列哪种光源不宜作为火力发电厂应急照明光源？（　　）

(A)荧光灯　　(B)发光二极管
(C)金属卤化物灯　　(D)无极荧光灯

10. 某架空送电线路采用单悬垂线夹XGU-5A，破坏荷重为70kN，其最大使用荷载不应超过下列哪项数值？（　　）

(A)26kN　　(B)28kN
(C)30kN　　(D)25kN

11. 在下列变电站设计措施中，减少及防治对环境影响的是哪一项？（　　）

(A)六氟化硫高压开关室设置机械排风设施
(B)生活污水应处理达标后复用或排放
(C)微波防护设计满足GB 10436标准
(D)站内总事故油池应布置在远离居民侧

12. 下面是对光伏发电站电气接线及设备配置原则的叙述，其中哪一项是错误的？（　　）

(A)光伏发电站安装容量大于30MWp，宜采用单母线或单母线分段接线
(B)光伏发电站一台就地升压变压器连接两台不自带隔离变压器的逆变器时，宜选用分裂变压器
(C)光伏发电站35kV母线上的电压互感器和避雷器不宜装设隔离开关

(D)光伏发电站内各单元发电模块与光伏发电母线的连接方式可采用辐射连接方式或"T"接式连接方式

13. 变压器回路熔断器的选择应符合:变压器突然投入时的励磁涌流通过熔断器产生的热效应可按变压器满载电流的倍数及持续时间计算,下列哪组数值是正确的? (   )

(A)10 ~ 20,0.1s (B)10 ~ 20,0.01s
(C)20 ~ 25,0.1s (D)20 ~ 25,0.01s

14. 下列是关于敞开式配电装置各回路相许排列顺序的要求,其中不正确的是: (   )

(A)一般按面对出线,从左到右的顺序,相序为 A、B、C
(B)一般按面对出线,从近到远的顺序,相序为 A、B、C
(C)一般按面对出线,从上到下的顺序,相序为 A、B、C
(D)对于扩建工程应与原有配电装置相序一致

15. 对于发电厂、变电站避雷针的设置,下列哪项设计是正确的? (   )

(A)土壤电阻率为 400Ω · m 地区的火力发电厂变压器门型架构上装设避雷针
(B)土壤电阻率为 400Ω · m 地区的 110kV 配电张志架构上装设避雷针
(C)土壤电阻率为 600Ω · m 地区的 66kV 配电装置出线架构连接线路避雷器
(D)变压器门型架构上的避雷针不应与接地网连接

16. 某热电厂 50MW 级供热式机组,其集中控制的厂用电动机应根据其控制地点、操作设备、重要程度以及全厂总体控制规划和要求采用不同的控制方式,以下哪种方式是不符合规范要求的? (   )

(A)分散控制系统(DCS) (B)可编程控制器(PLC)
(C)现场总线控制系统(FCS) (D)硬手操一对一控制

17. 在厂用电电源快切装置整定计算中,下列哪条内容是不合适的? (   )

(A)并联切换时,并联跳闸延时定值可取 0.1 ~ 1.0s
(B)同时切换合备用延时定值可取 20 ~ 50ms
(C)快切频差定值的整定计算中 Δf 可取 1Hz
(D)快切相差定值的整定计算中实际频差 Δf_{xx} 可取 1Hz

18. 对于火力发电厂的高压厂用变压器调压方式的选择,以下哪项描述是正确的? (   )

(A)采用单元接线且不装设发电机出口断路器时，厂用分支上连接的高厂变不应采用有载调压

(B)当装设发电机出口断路器时，厂用分支上连接的高厂变应采用有载调压

(C)当电力系统对发电机有进相运行要求时，厂用分支上连接的高厂变应采用有载调压

(D)采用单元接线且不装设发电机出口断路器时，厂用分支上连接的高厂变是否采用有载调压应计算确定

19. 在发电厂照明系统设置插座时，下列要求不正确的是：（　　）

(A)有酸、碱、盐腐蚀的场所不应装设插座

(B)应急照明回路中不应装设插座

(C)当照明配电箱插座回路采用空气断路器供电时应采用双投断路器

(D)由专门支路供电的插座回路，插座数量不宜超过 20 个

20. 已知空气间隙的雷电放电电压海拔修正系数为 1.45，海拔高度与以下哪个选项最接近？（　　）

(A)2860m　　(B)3028m

(C)4120m　　(D)4350m

21. 在发电厂与变电所的屋外油浸变压器布置设计中，单台油量超过下列哪项数值时应设置储油或档油设施？（　　）

(A)800kg　　(B)1000kg

(C)1500kg　　(D)2500kg

22. 在电力系统中，计算三相短路电流周期分量时，当供给电源为无穷大，下列哪一条规定是适用的？（　　）

(A)不考虑短路电流的非周期分量

(B)不考虑短路电流的衰减

(C)不考虑电动机反馈电流

(D)不考虑短路电流周期分量的衰减

23. 一般电力设施中的电气设施，耐受设计基本地震加速度为 0.20g 时，此值对应的抗震设防烈度为：（　　）

(A)6 度　　(B)7 度

(C)8 度　　(D)9 度

24. 选择 500kV 屋外配电装置的导体和电气设备时的最大风速，宜采用：（　　）

(A)离地 10m 高，10 年一遇 10min 平均最大风速

(B)离地10m高,20年一遇10min平均最大风速
(C)离地10m高,30年一遇10min平均最大风速
(D)离地10m高,50年一遇10min平均最大风速

25. 下列关于VFTO的防护措施最有效的是:　　(　　)

(A)合理装设避雷针
(B)采用选相合闸断路器
(C)在隔离开关加装合闸电阻
(D)装设线路并联电抗器

26. 火力发电厂有关高压电动机的控制接线,下列哪条不符合规程的要求?(　　)

(A)对断路器的控制回路应有电源监视
(B)有防止断路器“跳跃”的电气闭锁装置,宜使用断路器机构内的防跳回路
(C)接线应简单可靠,使用电缆芯最少
(D)仅监视跳闸绕组回路的完整性

27. 某有人值班变电站采用220V直流系统,以下符合规程要求的选项是:(　　)

(A)蓄电池组选用一根$2\times185mm^2$电缆为引出线
(B)蓄电池组至直流柜的连接电缆按蓄电池1h放电率电流进行选取长期允许电流载流量
(C)蓄电池组至直流柜的连接电缆允许电压降的计算电流只按事故初期1min放电电流选取
(D)直流柜与直流分电柜之间的电缆电压降按标准电压1.5%

28. 下列负荷中属于变电站站用Ⅰ类负荷的是:　　(　　)

(A)直流充电装置　　(B)备品备件库行车
(C)继电保护试验电源屏　　(D)强油风冷变压器的冷却负荷

29. 下列并联电容器组设置的保护及投切装置中设置错误的是:　　(　　)

(A)内熔丝保护　　(B)过电流保护
(C)过电压保护　　(D)自动重合闸

30. 某工程导线采用钢芯铝绞线,其计算拉断力为105000N,导线的最大使用张力为33250N,导线悬挂点的张力最大不能超过以下哪个数值?　　(　　)

(A)46666.67N　　(B)44333.33N
(C)33250.00N　　(D)29925.00N

31. 变电站内两座相邻建筑物,当较高一面的外墙为防火墙时,则两座建筑物门窗

之间的净距不应小于下列哪项数值? （ ）

(A)3m (B)4m
(C)5m (D)6m

32. 短路电流使用计算法采用了假设条件和原则,以下哪条是错误的? （ ）

(A)短路发生在短路电流最大值的瞬间
(B)电力系统中所有电源都在额定负荷下运行,其中60%负荷接在高压母线上
(C)用概率统计法制定短路电流运算曲线
(D)元件的计算参数均取额定值,不考虑参数的误差和调整范围

33. 某10kV开关柜的额定短路开断电流为50kA,沿此开关柜整个长度延伸方向装设专用接地导体所承受的热稳定电流不得小于下列哪项数值? （ ）

(A)25kA (B)35kA
(C)43.3kA (D)50kA

34. 发电厂的屋外配电装置周围围栏高度不低于下列哪个数值? （ ）

(A)1200mm (B)1500mm
(C)1700mm (D)1900mm

35. 关于雷电保护接地和防静电接地,下列表述正确的是: （ ）

(A)无独立避雷针保护的露天储氢罐应设置闭合环形接地装置,接地电阻不大于30Ω
(B)两根净距为80mm的平行布置的易燃油管道,应每隔20m用金属线跨接
(C)易燃油管道在始端、末端、分支处及每隔100m处设置防静电接地
(D)不能保持良好电气接触的易燃油管道法兰处的跨接线可采用直径为6mm的圆钢

36. 发电厂电气二次接线设计中,下列哪条不符合规程的要求? （ ）

(A)各安装单位主要保护的正电源应经过端子排
(B)保护负电源应在屋内设备之间接成环形,环的两段应分别接至端子排
(C)端子排连接的导线不应超过$8mm^2$
(D)设计中将一个端子排的任一端接两根导线

37. 某火力发电厂选用阀控式密封铅酸蓄电池,容量为500Ah,符合规程要求的选项是: （ ）

(A)蓄电池采用柜安装,布置于继电器室内
(B)设置蓄电池室,室内的窗玻璃采用毛玻璃,阳光不应直射室内

(C)蓄电池室内的照明灯具应为防爆型,布置在蓄电池架的上方,室内不应装设开关和插座

(D)蓄电池室的门应向内开启,蓄电池室有良好的通风设施,进风电动机采用防爆式

38. 变电站站用电电能计量表配置正确的是: (　　)

(A)站用工作变压器高压侧有功电能表精度为1.0s级

(B)站用工作变压器低压侧有功电能表精度为1.0s级

(C)站用外引备用变压器高压侧有功电能表精度为1.0s级

(D)站用外引备用变压器低压侧有功电能表精度为0.2s级

39. 在光伏发电站的设计和运行中,下列陈述哪一项是错误的? (　　)

(A)光伏发电站的安装容量单位峰瓦(Wp),是指光伏组件为光伏方阵在标准测试条件下,最大功率点的输出功率的单位

(B)在正常运行情况下,光伏发电站有功功率变化速率应不超过10%装机容量/min,允许出现因太阳能辐射照度降低而引起的光伏发电站有功功率变化速率超出限值的情况

(C)光伏发电系统直流侧的设计电压应高于光伏组件串在当地昼间极端气温下的最大开路电压,系统中所采用的设备和材料的最高允许电压应不低于该设计电压

(D)光伏发电站并网点电压跌至0%标称电压时,光伏发电站应能不脱网连续运行0.625s

40. 某220kV线路采用2xJL/G1A-630/45钢芯铝绞线,导线计算拉断力为150500N,单位重量20.39N/m,设计气象条件为基本风速27m/s,覆冰厚度10mm,计算应用于山地的悬垂直线塔断导线时的纵向不平衡张力为: (　　)

(A)30108N　　(B)34314N

(C)85785N　　(D)90300N

二、多项选择题(共30题,每题2分。每题的备选项中有2个或2个以上符合题意。错选、少选、多选均不得分)

41. 下列对电气设备的安装设计中,哪些是符合抗震设防烈度为8度的要求的? (　　)

(A)油浸变压器应固定在基础上　　(B)电容器引线宜采用软导线

(C)车间照明宜采用软线吊灯　　(D)蓄电池安装应装设抗震架

42. 电缆持续允许载流量的环境温度,应按使用地区的气象温度多年平均值确定,但选取的环境温度为最热月的日最高温度平均值,下列哪些场所不合适? (　　)

(A)户外空气中

(B)户内电缆沟,无机械通风

(C)一般性厂房、室内,无机械通风

(D)隧道,无机械通风

43. 下列对屋外高压配电装置与冷却塔的距离要求叙述正确的是: ( )

(A)配电装置架构边距机力通风冷却塔零米外壁的距离,非严寒地区应不小于 40m

(B)配电装置架构边距机力通风冷却塔零米外壁的距离,严寒地区应不小于 50m

(C)配电装置布置在自然通风冷却塔冬季盛行风向的上风侧时,配电装置架构边距自然通风冷却塔零米外壁的距离应不小于 25m

(D)配电装置布置在自然通风冷却塔冬季盛行风向的下风侧时,配电装置架构边距自然通风冷却塔零米外壁的距离应不小于 40m

44. 某电厂 330kV 配电装置单相接地时其地电位升为 3kV,则其接地网及有关电气装置应符合: ( )

(A)保护接地接至厂区接地网的站用变压器的低压侧,应采用 TN 系统且低压电气装置采用保护等电位联结接地系统

(B)应采用扁钢(或铜绞线)与二次电缆屏蔽层并联敷设

(C)向厂外供电的厂用变压器 400V 绕组短时交流耐受电压为 3.5kV

(D)对外的非光纤通信设备加隔离变压器

45. 电力工程直流电源系统的设计中,对于直流断路器的选取,下列哪些要求是符合规程的? ( )

(A)直流断路器额定电压应大于或等于回路的最高工作电压

(B)直流断路器额定短路分断电流及短时耐受电流,应大于本系统的最大短路电流

(C)直流电动机回路直流断路器额定电流可按电动机的额定电流选择

(D)直流电源系统应急联络断路器额定电流应大于蓄电池出口熔断器额定电流的 50%

46. 在设计发电厂和变电站照明时,下列要求正确的有: ( )

(A)照明主干线路上连接的照明配电箱数量不宜超过 6 个

(B)照明网络的接地电路不应大于 10Ω

(C)由专门支路供电的插座回路,插座数量不宜超过 15 个

(D)对应急照明,照明灯具端电压的偏移不应高于额定电压的 105%,且不宜低于其额定电压的 90%

47. 对于架空线路的防雷设计,以下哪几项要求是正确的? ( )

(A)750kV 线路应全线架设双地线
(B)500kV 双回路线路地区保护角应取 10°
(C)750kV 单回路电路地线保护角不宜大于 10°
(D)500kV 单回路线路易选用单地线

48. 对于同一走廊内的两条 500kV 架空输电线路,最小水平距离应满足下列哪项规定? ( )

(A)在开阔地区,最小水平距离应不小于最高塔高
(B)在开阔地区,最小水平距离应不小于最高塔高加 3m
(C)在路径受限制地区,最小水平距离应不小于 13m
(D)在路径受限制地区,两线路铁塔交错排列时导线在最大风偏角情况下应不小于 7m

49. 在发电厂厂用电系统设计中,下列哪几项措施能改善电气设备的谐波环境? ( )

(A)空冷岛设专用变压器
(B)采用低功耗变压器
(C)采用低阻抗变压器
(D)母线上加装滤波器

50. 关于电气设施的抗震设计,以下哪些表述不正确? ( )

(A)单机容量为 135MW 的火力发电厂中的电气设施,当地震烈度为 8 度时,应进行抗震设计
(B)电气设备应根据地震烈度提高 1 度设计
(C)对位于高烈度区且不能满足抗震要求的电气设施,可采用隔振措施
(D)对于基频高于 33Hz 的刚性电气设施,可采用静力法进行抗震设计,设计内容至少应包括地震作用计算和抗震强度验算

51. 下列限制电磁式电压互感器铁磁谐振措施正确的是: ( )

(A)选用励磁特性饱和点较高的电磁式电压互感器
(B)电压互感器高压绕组中性点接入单相电压互感器
(C)电压互感器开口三角绕组装设电阻
(D)采用氧化锌避雷器限制

52. 发电厂电气二次接线设计中,下列哪些原则符合规程的要求? ( )

(A)发电机的励磁回路正常工作时应为不接地系统
(B)UPS 配电系统若采用单相供电,应采用接地系统
(C)电流互感器的二次回路宜有一个接地点
(D)电压互感器开口三角绕组的引出线之一应一点接地

53. 110kV 变电站，选取一组 220V 蓄电池组，充电装置和直流系统的接线可以采用如下哪几种方式？ (   )

(A)如采用相控式充电装置时，宜配置 2 套充电装置，采用单母线分段接线
(B)如采用高频开关电源模块型充电装置时，宜配置 1 套充电装置，采用单母线接线
(C)如采用相控式充电装置时，应配置 1 套充电装置，采用单母线接线
(D)如采用高频开关电源模块型充电装置时，可配置 2 套充电装置，采用单母线分段接线

54. 下列哪几组数据，是满足光伏发电站低电压穿越要求的？ (   )

(A)并网点电压跌至 0.1p.u.，光伏发电站能够不脱网连续运行 0.2s
(B)并网点电压跌至 0.2p.u.，光伏发电站能够不脱网连续运行 0.6s
(C)并网点电压跌至 0.5p.u.，光伏发电站能够不脱网连续运行 1.0s
(D)并网点电压跌至 0.9p.u.，光伏发电站能够不脱网连续运行

55. 关于架空线路的地线支架高度，下列哪些表述是正确的？ (   )

(A)满足雷击档距中央地线时的反击耐雷水平要求
(B)满足地线对边导线保护角的要求
(C)满足档距中央导、地线间距离的要求
(D)满足地线上拔对支架高度的要求

56. 架空输电线路导线发生舞动的原因是： (   )

(A)不对称覆冰
(B)大截面导线
(C)风速大于 27m/s
(D)风向与导线的夹角

57. 在光伏发电站的设计原则中，下列哪些论述是错误的？ (   )

(A)光伏发电站安装总容量小于 30MWp 时，母线电压宜采用 0.4kV 电压等级
(B)光伏发电站安装总容量小于或等于 30MWp 时，宜采用单母线接线
(C)经汇集形成光伏发电站群的大中、中型光伏发电站，其站内汇集系统宜采用高电阻接地方式
(D)光伏发电站的 110kV 并网线路的电压互感器与耦合电容器应合用一组隔离开关

58. 导体与导体之间、导体与电器之间装设伸缩接头，其主要目的是为了： (   )

(A)铜铝材质过渡
(B)防止接头温升
(C)防振
(D)防止不均匀沉降

59. 500kV 线路控制合闸、单相重合闸过电压的主要限制措施有：（ ）

(A)装设断路器合闸电阻
(B)采用选相合闸断路器
(C)利用线路保护装置中的过电压保护功能跳闸
(D)采用截流数值低的断路器

60. 发电厂电气二次接线设计中，下列哪些要求是负荷规程的？（ ）

(A)控制用屏蔽电缆的屏蔽层应在开关场和控制室内两端接地
(B)计算机监控系统的模拟量信号回路，对于双层屏蔽电缆、内屏蔽应一端接地，外屏蔽应两端接地
(C)传送数字信号的保护与通信设备间的距离大于 100m 时，应采用光缆
(D)传送音频信号应采用屏蔽双绞线，其屏蔽层应在两端接地

61. 关于火力发电厂厂用电负荷的分类，以下哪些描述不正确？（ ）

(A)按其对人身安全和设备安全的重要性，可分为 0 类负荷和非 0 类负荷
(B)在机组运行、停机过程及停机后需连续供电的负荷为 1 类负荷
(C)短时停电可能影响人身和设备安全，使生产停顿或发电量大量下降的负荷为 1 类负荷
(D)停电将直接影响到重大设备安全的厂用电负荷称为 0 类负荷

62. 高压电缆在电缆隧道（或其他构筑物）内敷设时，有关通道宽度的规定，以下哪些表述是错误的？（ ）

(A)电缆沟深度为 1.6m，两侧设置支架，通道宽度需大于 600mm
(B)电缆沟深度为 0.8m，单侧设置支架，通道需大于 450mm
(C)电缆隧道两侧设置支架，通道需大于 700mm
(D)无论何种电缆通道，通道宽度不能小于 300mm

63. 对于送电电路设计，以下哪些是影响振动强度的因素？（ ）

(A)风输入给电线的功率　　(B)电线的振动自阻尼
(C)地形和地物　　(D)电线的疲劳极限

64. 验算导体和电器动稳定、热稳定以及电器开断电流所用的短路电流，可按照下列哪几条原则确定？（ ）

(A)应按本工程的设计规划容量计算，并考虑电力系统的远景发展规划
(B)应按可能发生最大短路电流的接线方式，包括在切换过程中可能并列运行的接线方式
(C)在电气连接网络中应考虑具有反馈作用的异步电动机的影响和电容补偿装置放电电流的影响

(D)一般按三相短路电流验算

65. 对于移动式电气设备的电缆形式选择,下列哪几项正确? (　　)

(A)钢丝铠装　　(B)橡皮外护层
(C)屏蔽　　(D)铜芯

66. 发电厂下列哪些装置或设备应接地? (　　)

(A)电力电缆镀锌钢管埋管
(B)屋内配电装置的金属构架
(C)电缆沟内的角钢支架
(D)110V 蓄电池室内的支架

67. 在 30MW 的发电机保护配置中的匝间保护、定子绕组星形接线,下列哪几项继电保护配置是符合规程的? (　　)

(A)每相有并联分支且中性点有分支引出端应装设匝间保护可选用零序电流型横差保护
(B)每相有并联分支且中性点有分支引出端应装设匝间保护可选用裂相横差保护
(C)中性点仅有三个引出端子可装设专用匝间短路保护
(D)每相有并联分支且中性点有分支引出端应装设匝间保护可选用不完全纵差保护

68. 对于变电站用交流不停电电源,下列表述哪些是符合设计规程要求的? (　　)

(A)由整流器、逆变器、自带直流蓄电池等组成个一种电源装置
(B)750kV 变电站分散设计于各就地继电器小室内的交流不停电电源可与小室内的直流电源配合,以提供符合要求的不间断交流电源
(C)变电站内交流不停电电源正常时采用交流输入电源,交流失电时快速切换至自带直流蓄电池供电
(D)220kV 全户内变电站可按全部负载集中设置交流不停电电源装置

69. 送电线路耐张塔设计时,需确定跳线最小弧垂的允许弧垂以下哪些选项是正确的? (　　)

(A)满足导线各种工况下对横担的间隙要求
(B)满足导线各种工况下对绝缘子串横担侧铁帽的间隙要求
(C)选取两侧(或一侧)绝缘子串倾斜角较小者
(D)不需要考虑跳线风偏影响

70. 设计规范对导线的线间距离作出了规定,下列哪些描述是正确的? (　　)

(A)国内外使用的水平线间距离公式大都为经验公式
(B)我国采用的水平线间距离公式与国外公式比较,计算值偏小
(C)垂直线间距离主要是确定于覆冰脱落时的跳跃,与弧垂即冰厚有关
(D)上下导线间最小垂直线间距离是根据绝缘子串长度和工频电压的要求确定

2018 年专业知识试题答案(上午卷)

1. 答案:D

依据:《高压配电装置设计技术规程》(DL/T 5352—2018) 第 2.1.11 条。

2. 答案:D

依据:《风力发电场设计规范》(GB 51096—2015) 第 7.1.1 条、第 7.1.2 条。

3. 答案:A

依据:《电力工程电缆设计规范》(GB 50217—2018) 第 3.2.2-1 条。

4. 答案:C

依据:《导体和电器选择设计技术规定》(DL/T 5222—2005) 第 7.3.2 条。

回路持续工作电流:$I_g = 1.05 \times \dfrac{63000}{\sqrt{3} \times 15} = 2546\text{A}$

5. 答案:B

依据:《高压配电装置设计技术规程》(DL/T 5352—2018) 第 5.4.2 条。

6. 答案:D

依据:《交流电气装置的接地设计规范》(GB/T 50065—2011) 第 4.2.2-4 条。

$U_t = 50 + 0.2 \times 2000 \times 0.83 = 382\text{V}$

7. 答案:B

依据:《电流互感器和电压互感器选择及计算规程》(DL/T 866—2015) 第 3.2.7-2 条。

8. 答案:C

依据:《火力发电厂厂用电设计技术规程》(DL/T 5153—2014) 第 3.3.1-2 条。

当由厂内交流电源供电时,交流母线的频率波动范围不宜超过 49 ~ 51Hz,即(49 ~ 51)/50 = 98% ~ 102%。

9. 答案:C

依据:《发电厂和变电站照明设计技术规定》(DL/T 5390—2014) 第 4.0.4 条及条文说明。

10. 答案:B

依据:《110kV ~ 750kV 架空输电线路设计规范》(GB 50545—2010) 第 6.0.3-1 条。

11. 答案:B

依据:《220kV ~ 750kV 变电站设计技术规程》(DL/T 5218—2012) 第 11.4.2 条。

12. **答案**:C

依据:《光伏发电站设计规范》(GB 50797—2012) 第8.2.1-2条、第8.2.3-2条、第8.2.5条、第8.2.6条。

13. **答案**:A

依据:《导体和电器选择设计技术规定》(DL/T 5222—2005) 第17.0.10-2条。

14. **答案**:B

依据:《高压配电装置设计技术规程》(DL/T 5352—2018) 第2.1.2条。

15. **答案**:B

依据:《交流电气装置的过电压保护和绝缘配合设计规范》(GB/T 50064—2014) 第5.4.7-1条。

16. **答案**:D

依据:《火电厂厂用电设计技术规程》(DL/T 5153—2014) 第9.1.3-2条。

17. **答案**:C

依据:《厂用电继电保护整定计算导则》(DL/T 1502—2016) 第10.3.1条、第10.3.2条、第10.3.3-a)条。

18. **答案**:A

依据:《火力发电厂厂用电设计技术规程》(DL/T 5153—2014) 第4.3.3条、第4.3.4条。

19. **答案**:D

依据:《发电厂和变电站照明设计技术规定》(DL/T 5390—2014) 第5.6.5-3条、第8.4.7条、第8.6.3条、第8.8.1条。

20. **答案**:B

依据:《交流电气装置的过电压保护和绝缘配合设计规范》(GB/T 50064—2014) 附录A。

$$k_a = e^{m(H/8150)} \Rightarrow H = 8150 \times \ln 1.45 = 3028\text{m}$$

21. **答案**:B

依据:《高压配电装置设计技术规程》(DL/T 5352—2018) 第5.5.3条。

22. **答案**:D

依据:《导体和电器选择设计技术规范》(DL/T 5222—2005) 附录F。

23. **答案**:C

依据:《电力设施抗震设计规范》(GB 50260—2013) 第5.0.3条及表5.0.3-1。

24. **答案**:D

依据:《高压配电装置设计技术规程》(DL/T 5352—2018) 第3.0.6条。

25. **答案:**C

依据:《交流电气装置的过电压保护和绝缘配合设计规范》(GB/T 50064—2014) 第4.3.1条。

26. **答案:**D

依据:《火电厂厂用电设计技术规程》(DL/T 5153—2014) 第9.1.4-1条。

27. **答案:**B

依据:《电力工程直流电源系统设计技术规程》(DL/T 5044—2014) 第6.3.3条。

28. **答案:**D

依据:《220kV ~ 1000kV 变电站站用电设计技术规程》(DL/T 5155—2016) 附录A。

29. **答案:**D

依据:《并联电容器装置设计规范》(GB 50227—2017) 第6.2.4条。

30. **答案:**B

依据:《110kV ~ 750kV 架空输电线路设计规范》(GB 50545—2010) 第5.0.7条、第5.0.8条及条文说明。

$$T_{max} \leqslant \frac{T_p}{K_c} = \frac{0.95 \times 105000}{2.25} = 44333.33\text{N}$$

31. **答案:**B

依据:《火力发电厂与变电站设计防火规范》(GB 50229—2019) 第11.1.5条及表11.1.5注2。

32. **答案:**B

依据:《导体和电器选择设计技术规范》(DL/T 5222—2005) 附录F.1.5。

33. **答案:**C

依据:《导体和电器选择设计技术规范》(DL/T 5222—2005) 第13.0.6条。

34. **答案:**B

依据:《高压配电装置设计技术规程》(DL/T 5352—2018) 第5.4.7条。

35. **答案:**B

依据:《交流电气装置的接地设计规范》(GB/T 50065—2014) 第4.5.2条。

36. **答案:**C

依据:《火力发电厂、变电站二次接线设计技术规范》(DL/T 5136—2012) 第7.4.6-3条、第7.4.8条及条文说明。

37. **答案**:B

依据:《电力工程直流电源系统设计技术规程》(DL/T 5044—2014)第7.2.1条、第8.1.2条、第8.1.4条、第8.1.7条、第8.1.8条。

38. **答案**:A

依据:《220kV~1000kV变电站站用电设计技术规程》(DL/T 5155—2016)第10.3.2条;《电力装置的电测量仪表装置设计规范》(GB/T 50063—2017)第4.2.1-6条。

39. **答案**:D

依据:《光伏发电站设计规范》(GB 50797—2012)第2.1.24条及图9.2.4。

40. **答案**:C

依据:《110kV~750kV架空输电线路设计规范》(GB 50545—2010)第5.0.8条及条文说明、表10.1.7。

$$T'_{max} = 0.95 \times 150500 \times 0.3 \times 2 = 85785\text{N}$$

41. **答案**:ABD

依据:《电力设施抗震设计规范》(GB 50260—2013)第6.7.2条、第6.7.4-1条、第6.7.7-1条。

42. **答案**:BD

依据:《电力工程电缆设计规范》(GB 50217—2018)第3.7.5条及表3.7.5。

43. **答案**:ACD

依据:《高压配电装置设计技术规程》(DL/T 5352—2018)第3.0.2条及条文说明。

44. **答案**:ABD

依据:《交流电气装置的接地设计规范》(GB/T 50065—2011)第4.3.3-1条、第4.3.3-2条、第4.3.3-4-2条。

45. **答案**:AC

依据:《电力工程直流电源系统设计技术规程》(DL/T 5044—2014)第6.5.2-1条、第6.5.2-2-3)条、第6.5.2-4条以及附录A第A.2.1条。

46. **答案**:CD

依据:《发电厂和变电站照明设计技术规定》(DL/T 5390—2014)第8.4.1-3条、第8.9.5条、第8.6.3条、第8.1.2-3条。

47. **答案**:AC

依据:《交流电气装置的过电压保护和绝缘配合设计规范》(GB/T 50064—2014)第5.3.1-2条、第5.3.1-4-1)条。

48. **答案**:ACD

依据:《110kV~750kV架空输电线路设计规范》(GB 50545—2010)表13.0.11

及注 2。

49. **答案:**ACD

依据:《火力发电厂厂用电设计技术规定》(DL/T 5153—2014) 第 4.7.3 条及条文说明、第 4.7.5 条、第 4.7.6 条。

50. **答案:**AB

依据:《电力设施抗震设计规范》(GB 50260—2013) 第 6.1.2 条、第 6.2.1-1 条。

51. **答案:**AB

依据:《交流电气装置的过电压保护和绝缘配合设计规范》(GB/T 50064—2014) 第 4.1.11-4 条。

52. **答案:**AD

依据:《火力发电厂、变电站二次接线设计技术规程》(DL/T 5136—2012) 第 5.4.9 条、第 5.4.18-4 条、第 8.1.12 条、第 10.2.15 条。

53. **答案:**ABD

依据:《电力工程直流电源系统设计技术规程》(DL/T 5044—2014) 第 3.4.2 条、第 3.5.1 条。

54. **答案:**BCD

依据:《光伏发电站设计规范》(GB 50797—2012) 图 9.2.4。

55. **答案:**ABC

依据:未明确出处。

56. **答案:**AB

依据:《电力工程高压送电线路设计手册》(第二版)表 3-6-1。

57. **答案:**ACD

依据:《光伏发电站设计规范》(GB 50797—2012)第 8.2.2 条、第 8.2.3-1 条、第 8.2.7 条、第 8.2.6 条。

58. **答案:**CD

依据:《导体和电器选择设计技术规定》(DL/T 5222—2005) 第 7.3.10 条。

59. **答案:**AB

依据:《交流电气装置的过电压保护和绝缘配合设计规范》(GB/T 50064—2014) 第 4.2.1-5 条。

60. **答案:**ABD

依据:《火力发电厂、变电站二次接线设计技术规范》(DL/T 5136—2012) 第 16.4.6-2 条、第 16.4.6-1 条、第 16.4.6-5 条、第 16.4.6-4 条。

61. **答案**:BD

依据:《火力发电厂厂用电设计技术规程》(DL/T 5153—2014) 第3.1.1条、第3.1.2-1条、第3.1.3条。

62. **答案**:ACD

依据:《电力工程电缆设计规范》(GB 50217—2018) 第5.5.1条、第5.6.1条。

63. **答案**:ABC

依据:《电力工程高压送电线路设计手册》(第二版)P220~221 相关内容。

64. **答案**:ACD

依据:《电力工程电气设计手册 电气一次部分》P119 第4-1节"二、一般规定"。

65. **答案**:BD

依据:《电力工程电缆设计规范》(GB 50217—2018) 第3.1.1条、第3.4.5条。

66. **答案**:ABC

依据:《交流电气装置的接地设计规范》(GB/T 50065—2011) 第3.2.1条。

67. **答案**:ABD

依据:《大型发电机变压器继电保护整定计算导则》(DL/T 684—2012) 图3。

68. **答案**:BD

依据:《220kV~1000kV变电站站用电设计技术规程》(DL/T 5155—2016) 第2.0.4条、第3.6.1条、第3.6.2条。

69. **答案**:ABC

依据:《电力工程高压送电线路设计手册》(第二版)P109。

70. **答案**:AC

依据:《110kV~750kV架空输电线路设计规范》(GB 50545—2010) 第8.0.1条及条文说明。

2018 年专业知识试题(下午卷)

一、单项选择题(共 40 题,每题 1 分,每题的备选项中只有 1 个最符合题意)

1. 各种爆炸性气体混合物的最小点燃电力比是其最小点燃电流值与下列哪种气体的最小点燃电流值之比? ( )

(A)氢气　(B)氧气

(C)甲烷　(D)瓦斯

2. 下列关于变电站 6kV 配电装置雷电侵入波保护要求正确的是: ( )

(A)6kV 架空进线均装设电站型避雷器

(B)监控进线全部在站区内,且受到其他建筑物屏蔽时,可只在母线上装设 MOA

(C)有电缆段的架空进线,MOA 接地端不应与电缆金属外皮连接

(D)雷季经常运行的进线回路数为 2 回且进线均无电缆段时,MOA 至 6kV 主变压器距离可采用 25m

3. 以下有关 220kV ~ 750kV 电网继电保护装置运行整定的描述,哪项是错误的? ( )

(A)当线路保护装置拒动时,一般情况只允许相邻上一级的线路保护越级动作,排除故障

(B)330kV、500kV、750kV 线路采用三相重合闸方式

(C)不宜在大型电厂向电网送电的主干线上接入分支线或支线变压器

(D)相间距离Ⅰ段的定值,按可靠躲过本线路末端相间故障整定,一般为本线路阻抗的 0.8 ~ 0.85

4. 某单回输电线路,耐张绝缘子串采用 4 联绝缘子串,如单联绝缘子操作过电压闪络概率为 0.002,则该塔耐张绝缘子串操作过电压闪络概率与以下哪个选项最接近? ( )

(A)0.0897　(B)0.0469

(C)0.0237　(D)0.0158

5. 在计算风力发电或光伏发电上网电量时,下列各因素中哪一项是与发电量无关的? ( )

(A)集电线路损耗　(B)水平面太阳能总辐照量

(C)切入风速　(D)标准空气密度

6. 某 220/33kV 变电站的 220kV 侧为中性点有效接地系统，则变压器高压侧配置的交流无间隙氧化锌避雷器持续运行电压、额定电压为下列哪项数值？（　　）

(A)116kV,146.2kV　　(B)116kV、189kV

(C)145.5kV,189kV　　(D)202kV、252kV

7. 检修电源的供电半径不宜大于：（　　）

(A)30m　　(B)50m

(C)100m　　(D)150m

8. 500kV 架空输电线路地线采用 JLH20A-150，防振锤防振，档距为 600m 时，该档地线需要安装多个防振锤？（　　）

(A)2　　(B)4

(C)6　　(D)8

9. 缆式线性感温火灾探测器的探测区域的长度，最长不宜超过下列哪项数值？（　　）

(A)20m　　(B)60m

(C)100m　　(D)150m

10. 配电变压器设置在建筑物外其低压采用 TN 系统时，低压线路在引入建筑物处 PE 或 PEN 应重复接地，其接地电阻不宜超过：（　　）

(A)0.5Ω　　(B)4Ω

(C)10Ω　　(D)30Ω

11. 并联电容器组额定容量 60000kvar，额定电压 24kV，采用单星形双桥差接线，每臂 6 并 4 串，单台电容器至母线的连接线长期允许电流不宜小于：（　　）

(A)120.3A　　(B)156.4A

(C)180.4A　　(D)240.6A

12. 在风力发电厂的设计中，下面的描述中哪一条是错误的？

(A)风力发电机组变电单元的高压电气元件应具有保护机组变电单元内部短路故障的功能

(B)风力发电场主变压器低压侧母线电压宜采用 35kV 电压等级

(C)当风力发电场变电站装有两台及以上主变压器时，主变压器低压侧母线宜采用单母线分段接线，每台主变压器对应一段母线

(D)风力发电场变电站主变压器低压侧系统，当不需要再单相接地故障条件下运行时，应采用消弧线圈接地方式，迅速切除故障

13. 定子绕组中性点不接地的发电机，当发电机出口侧 A 相接地时发电机中性点的电压为：（　　）

（A）线电压　　（B）相电压

（C）1/3 相电压　　（D）$1/\sqrt{3}$相电压

14. 某电厂照明检修电源采用 TN-S 系统，某检修用三相电源进线采用交联聚乙烯绝缘铜导线电缆，电缆的相线 10mm^2，则下列电缆选择哪种是正确的？（　　）

（A）YJV-5 $\times 10\text{mm}^2$　　（B）YJV-3 $\times 10 + 2 \times 6\text{mm}^2$

（C）YJV-3 $\times 10 + 6\text{mm}^2$　　（D）YJV-5 $\times 10\text{mm}^2$

15. 在导线力学计算时，对年平均运力应力的限制主要是：（　　）

（A）导线防振的要求　　（B）避免覆冰时导体

（C）避免高温时导线损坏　　（D）减小导线弧垂

16. 若 220/35kV 变电站地处海拔 3800m，b 级污秽（可按Ⅰ级考虑）地区，其主变 220kV 门型架耐张绝缘子串 XP-6 绝缘子片数应为下列哪项数值？（　　）

（A）15 片　　（B）16 片

（C）17 片　　（D）18 片

17. 以下对二次回路端子排的设计要求正确的是：（　　）

（A）正、负电源之间的端子排应排列在一起

（B）电流互感器的二次侧可连接成星形或三角形，并不经过试验端子

（C）强电与弱电回路端子应分开布置，强、弱电端子之间应有明显的标志，应设隔离措施

（D）屏内与屏外二次回路的连接，应经过端子排

18. 已知某悬垂直线塔的设计水平档距为 480m，垂直档距为 600m，条件允许时可作 1°转角使用，若大风时的导体水平风荷载为 16N · m，导线水平张力为 N，从杆塔荷载方面考虑，线路转角为 1°时该塔的允许水平档距为多少米？（不计地线的影响）（　　）

（A）426m　　（B）480m

（C）546m　　（D）600m

19. 在验算支持绝缘子的地震弯矩时，如绝缘子的破坏弯矩 2500N · m，则绝缘子允许的最大地震弯矩应小于下列哪个数值？（　　）

（A）625N · m　　（B）1000N · m

（C）1250N · m　　（D）1447N · m

20. 某电厂以自然通风水泵房内,设计应采用下列哪种环境温度条件来确定其电缆持续允许载流量? ( )

(A)最热月的日最高水温平均值
(B)最热月的日最高温度平均值
(C)最热月的日最高温度平均值另加5℃
(D)自然通风设计温度

21. 某电厂500kV电气主接线为一个半断路器接线,其中一串为线路变压器串,依据规程这一串安装单位的应划分为几个安装单位,分别是什么? ( )

(A)共4个安装单位,分别是母线、变压器、出线、断路器共4个安装单位。
(B)共4个安装单位,分别是母线、变压器、出线、电压互感器共4个安装单位
(C)共5个安装单位,分别是断路器、变压器、出线、电压互感器、电流互感器共5个安装单位
(D)共5个安装单位,分别是变压器、出线、本串的3个断路器共5个安装单位

22. 双联及以上的多联绝缘子串应验算断一联后的机械强度,其断联情况下的安全系数不应小于以下哪个数值? ( )

(A)1.5 (B)2.0
(C)1.8 (D)2.7

23. 某电厂高压厂用工作变压器为16MVA、13.8/6.3kV、U_d = 10.5%,若其低压侧单芯电缆敷设采用扎带规定,其固定电缆用的扎带的机械强度不应小于下列哪项?(忽略系统电抗及电动机反馈,电缆直径3cm,扎带间隔25cm) ( )

(A)1513N (B)2589N
(C)3026N (D)3372N

24. 下列有关安全稳定控制系统的描述,哪项是错误的? ( )

(A)安全稳定控制系统是保证电网安全稳定运行的第二道防线
(B)地区或局部电网与主网解列后的频率问题由各自电网解决
(C)优先采用解列措施,其次是切机和切负荷措施
(D)220kV及以上电网的操控系统宜采取双重化配置

25. 220kV线路在最大计算弧垂情况下,下列导线对地面的最小距离哪项正确?
( )

(A)居民区,7.5m (B)居民区,7.0m
(C)非居民区,7.5m (D)非居民区,7.0m

26. 对配电装置最小安全净距的要求，下列表述不正确的是：（　　）

（A）单柱垂直开启式隔离开关在分闸状态下，动静触头间的最小电气距离不应小于配电装置的最小安全净距 A_2 值

（B）屋外配电装置电气设备外绝缘体最低部分距离小于 2500mm 时，应装设固定遮拦

（C）屋内配电装置电气设备外绝缘体最低部位距离小于 2300mm 时，应装设固定遮拦

（D）500kV 的 A_1 值，分裂软导线至接地部分之间可取 3500mm

27. 某工程采用强电控制，下列控制电缆的选择哪一项是正确的？（　　）

（A）双重化保护的电流回路、电压回路、直流电气回路可以合用一根多芯电缆

（B）少量弱电信号和强电信号宜共用一根电缆

（C）7 芯及以上的芯线截面小于 $4mm^2$ 控制电缆必须

（D）控制电缆芯线截面为 $2.5mm^2$，电缆芯数不宜超过 24 芯

28. 某双分裂导线架空线路的一悬垂直线塔，导线悬点较前后端均低 28m，前后侧的档距分别为 426m 和 488m，在大风工况下子导线的单位水平荷载为 13.64N · m，单位荷载 21.10N · m，水平张力为 36515N，则此时该塔的导线垂直荷载为：（　　）

（A）7856N　　（B）3928N

（C）5725N　　（D）2863N

29. 海拔 1000m 以下 750kV 室外配电装置中，下图中的 L_1 不应小于下列哪项数值？（　　）

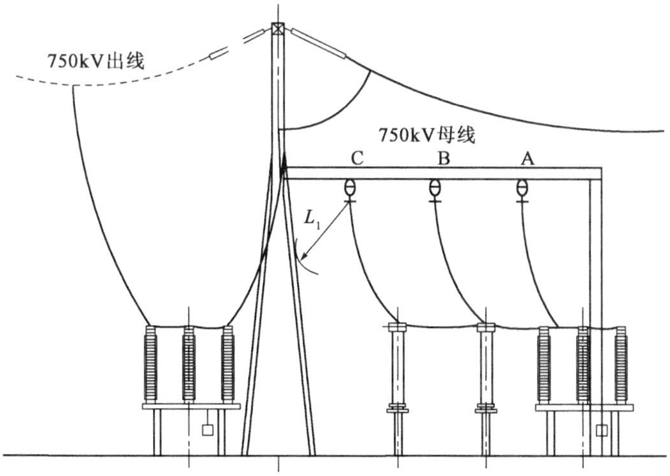

（A）5500mm　　（B）6250mm

（C）7200mm　　（D）7550mm

30. 为控制发电厂厂用电系统的谐波，下列哪项措施不正确？（　　）

(A)给空冷岛空冷风机用变频器供电用低压厂用变压器，可通过合理选择接线组别的方式抵消高压母线上的谐波

(B)空冷岛空冷风机用变频器应设专用低压厂用变压器，空冷岛其他符合宜就近由此变压器供电

(C)可通过加装滤波器的措施抑制谐波

(D)可通过降低变压器阻抗，提高系统短路容量的方式提高电气设备承受谐波影响的能力

31. 按照操作过电压要求，500kV 输电线路绝缘子串正极性操作冲击电压 50% 放电电压应符合下列哪项数值要求？（　　）

(A)570.2kV　　(B)698.5kV

(C)828.4kV　　(D)1140.5kV

32. 并联电容器组采用单星形接线，6 并 4 串，单台容量 500kvar，额定电压 6kV，并联电容器组的均压线导线的额定电流不应小于：（　　）

(A)500A　　(B)650A

(C)780A　　(D)908A

33. 某发电厂的高压配电装置中，单支避雷针高度为 25m，被保护物高度为 12m，则被保护物高度水平面上的保护半径为下列哪项数值？（　　）

(A)6m　　(B)13m

(C)13.5m　　(D)37.5m

34. 某电厂主变至 252kV GIS 采用 220kV 单芯交联聚乙烯绝缘电缆（无中间接头），220kV 电缆金属护套和屏蔽层在 GIS 端直接接地，在正常满负载情况下，未采取防止人员任意接触金属护套或屏蔽层的安全措施时，220kV 电缆主变端的金属护套或屏蔽层上的正常感应电压，不应超过下列哪项数值？（　　）

(A)24V　　(B)36V

(C)50V　　(D)100V

35. 某电厂 220kV 配电装置最大接地故障电流为 35kA，252kV 新路器 3s 短时耐受电流为 50kA，断路器开断时间为 60ms，220kV 接地故障的等效持续时间为 0.5s 断路器底座采用 2 根相同截面镀锌钢接地，则每根接地扁钢规格不应小于下列哪种？（　　）

(A)$(50\times6)\text{mm}^2$　　(B)$(60\times6)\text{mm}^2$

(C)$(50\times8)\text{mm}^2$　　(D)$(60\times8)\text{mm}^2$

36. 电力工程设计中，直流系统蓄电池组数的确定，下列哪项原则符合规程的要求？（　　）

(A)单机容量为300MW级机组的火力发电厂，每台机组应装设3组蓄电池，其中2组对控制负荷供电，1组对动力负荷供电
(B)发电厂升压站设由电力网络计算机监控系统时，110kV及以上的配电装置应独立设置2组控制负荷和动力负荷合并供电的蓄电池组
(C)220～750kV变电站应装设2组蓄电池
(D)1000kV变电站宜安直流负荷相对集中配置1组直流电源系统，每组直流电源系统装设2组蓄电池（　　）

37. 并网运行的风电场，每次频率低于49.5Hz时，要求风电场至少具有运行多长时间的能力？（　　）

(A)5min　　(B)10min
(C)30min　　(D)40min

38. 自带蓄电池的应急灯放电时间，下列要求不正确的是：（　　）

(A)风电场应按不低于90min计算
(B)火力发电厂应按不低于60min计算
(C)220kV有人值守变电站应按不低于60min计算
(D)无人值守变电站应按不低于120min计算

39. 安装了并联电抗器/电容器组成调压式无功补偿装置的光伏发电站，在电网故障或异常情况下，引起光伏发电站并网点电压高于1.2倍标称电压时，无功补偿装置容性部分应退出运行的时限和感性部分应能至少持续运行的时间是下列哪一组数据？（　　）

(A)容性0.1s、感性3min　　(B)容性0.15s、感性4min
(C)容性0.2s、感性5min　　(D)容性0.5s、感性10min

40. 一架空线路某耐张段内的档距分别为315m、386m、432m、346m、444m、365m、435m、520m和428m，则该耐张段的代表档距为多少米？（　　）

(A)535m　　(B)520m
(C)420m　　(D)315m

二、多项选择题（共30题，每题2分。每题的备选项中有2个或2个以上符合题意。错选、少选、多选均不得分）

41. 下列对专用蓄电池室要求的表述不正确的是：（　　）

(A)蓄电池室内的照明灯具及通风电动机应为防爆型

(B)包含蓄电池的直流电源成套装置柜布置在继电器室时，不宜设置通风装置

(C)蓄电池室内不应设置采暖设施

(D)蓄电池的哆面照度标准值为 50lx

42. 在屋外高压配电装置中，下列哪几种带电安全距离采用 B_1 值进行校验？ (　　)

(A)设备运输时，设备外廓至无遮拦带电部分之间距离

(B)交叉的不同时停电检修的无遮拦带电部分之间距离

(C)平行的不同时停电检修的无遮拦带电部分之间距离

(D)栅状遮拦至绝缘体和带电部分之间距离

43. 下列对 220kV 线路保护的描述，哪几项正确？ (　　)

(A)对于 220kV 线路保护，宜采用近后备保护方式

(B)220kV 线路能够有选择性的切除线路故障的带实现的线路Ⅰ段保护是线路的主保护

(C)220kV 线路能够快速有选择性的切除线路故障的全线速度保护是线路的主保护

(D)采用远后备保护方式时，上一级线路或变压器的后备保护整定值，应保证当下一级线路末端故障或变压器对侧母线故障时有足够灵敏度

44. 下列对 2 台机组之间的 220V 直流电源系统应急联络回路设计，描述正确的是： (　　)

(A)应急联络回路断路器额定电流不应大于蓄电池出口熔断器额定电流的 50%

(B)互联电缆电压降不宜大于 11V

(C)互联电缆长期允许载流量的计算电流可按负荷统计表中的 1.0h 放电电流的 50% 选取

(D)应急联络断路器应与直流系统母线进线断路器之间闭锁，不允许两个系统并列运行

45. 采用串联间隙金属氧化物避雷器进行雷电过电压保护时，下列哪几项表述错误？ (　　)

(A)66kV 低电阻接地系统，其额定电压不低于 $0.75U_m$

(B)110kV 及 220kV 有效接地系统，其额定电压不低于 $0.8U_m$

(C)330～750kV 有效接地系统，其额定电压不低于 $1.38U_m$

(D)35kV 不接地系统，其额定电压不低于 $1.38U_m$

46. 某 500kV 变电站规划建设 4 台主变，一期建设 1 台主变，其附近有一间隔 4 回

路架空线路，上面2回220kV线路，下面2回35kV线路，靠近站区的道路一侧建设有1回400V线路供附近村庄用电，一期在主变低压侧引接1回工作电源，以下对该站站用电源的设置原则哪些是错误的？ (　　)

(A)从400V线路T接1回电源作为本站站用电源的备用电源
(B)从一回35kV线路T接1回电源作为本站站用电源的备用电源
(C)从一回35kV线路以专线形式改接至本站，作为本站站用电源
(D)在站内设置柴油发电机组，作为本站站用电源的应急电源

47. 在电缆敷设路径中，下列哪些部位需要采取阻火措施？ (　　)

(A)电缆沟通向建筑物的入口处
(B)电缆桥架每间距100m处
(C)电缆中间接头附近
(D)电缆隧道的人孔处

48. 发电厂和变电站电气装置中，以下哪些部分应采用专门敷设的接地导体(线)接地？ (　　)

(A)发电机机座或外壳
(B)110kV及以上钢筋混凝土构件支座上电气装置的金属外壳
(C)非可燃液体的测量和信号用低压电气装置
(D)直接接地的变压器中性点

49. 变电站中设置了5%、12%两种电抗率的电容器组，以下对投切顺序及后果的描述错误的是： (　　)

(A)5%电抗率的电容器组先投后切会造成谐波放大
(B)12%电抗率的电容器组先投后切会造成谐波放大
(C)哪种电抗率的电容器组先投后切均会造成谐波放大
(D)哪种电抗率的电容器组先投后切均不会造成谐波放大

50. 在光伏发电站的设计中，下列哪些论述是正确的？ (　　)

(A)光伏发电站安装总容量小于或等于1MWp时，母线电压宜采用0.4～10kV电压等级
(B)光伏发电站主变压器中性点避雷器不应装设隔离开关
(C)当光伏发电站内10kV或35kV系统中性点采用消弧线圈接地时，不应装设隔离开关
(D)光伏发电站母线分段电抗器的额定电流应按其中一段母线上所联接的最大容量的电流值选择

51. 某500kV变电站用于主变压器的电流互感器，其接线及要求，下列哪几项正确？ (　　)

(A)保护用电流互感器的二次回路在配电装置端子箱和保护屏处分别接地
(B)保护用电流互感器的接线顺序先接变压器保护，再接故障录波
(C)测量仪表与保护共用同一个电流互感器二次绕组时，可以先接保护，再接指示仪表、最后接计算机监控系统
(D)500kV 电流互感器额定二次电流宜选用1A，变压器差动保护的各侧电流互感器铁芯形式宜相同

52. 对于线路绕击率计算，与下列哪项因素有关？　　(　)

(A)地形　　(B)保护角
(C)地线高度　　(D)杆塔接地电阻

53. 为校验电器的开断电流，在下列哪些情况除进行三相短路电流计算外，还应进行两相、两相接地、单相接地短路电流计算，并按最严重情况验算？　　(　)

(A)发电机出口　　(B)中性点直接接地系统
(C)自耦变压器回路　　(D)不接地系统

54. 关于发电厂的主厂房、主控制室，变电站控制室和配电装置室的直击雷过电压保护，下列哪几项要求是正确的？　　(　)

(A)发电厂的主厂房、主控制室可不装设直击雷保护装置
(B)强雷区的主厂房、主控制室、变电站控制室和配电装置宜有直击雷保护
(C)在主控制室、配电装置室和35kV 及以下变电站的屋顶上装设直击雷保护，应将屋顶金属部分接地
(D)已在相邻建筑物保护范围内的主控制室、变电站控制室需加装直击雷保护装置

55. 在设计发电厂制氢站照明时，下列要求正确的是：　　(　)

(A)使用的灯具应符合《爆炸危险环境电力装置设计规范》(GB 50058—2014)中有关规定
(B)照明配电箱不应装在制氢间等有爆炸危险的场所而应装设在临近正常环境的场所，该照明配电箱的出线回路应装设双极开关
(C)制氢间的照明线路应采用钢芯绝缘导线串热镀锌钢管敷设
(D)制氢间内不宜装设照明开关和插座

56. 当在屋内使用时，绝缘子及高压套管应按下列哪几项使用环境条件校验？
(　)

(A)环境温度　　(B)海拔高度
(C)相对湿度　　(D)最大风速

57. 采用断路器作为保护和操作电器的的异步电动机，下列保护配置哪几条是正

确的？ （　　）

（A）2000kW 及以上的电动机，应装设纵联差动保护

（B）装设磁通平衡相差动保护的电动机，若引线电缆不在保护范围内应加电流速动保护

（C）装设了纵联差动保护的电动机宜增设过电流保护作为纵联差动保护的后备

（D）装设磁通平衡相差动保护的电动机，对引线电缆已装设速断保护，仍宜增设过电流保护

58. 轻冰区一般输电线路设计时，导线间的水平、垂直距离需满足规程要求，下列哪些表述是正确的？ （　　）

（A）水平线间距离计算公式中的系数是考虑各地经验提出的

（B）按推荐的水平线间距离公式控制，在一般情况下是安全的

（C）垂直线间距离主要是考虑满足舞动的要求

（D）垂直线间距离主要是考虑脱冰跳跃

59. 对于变电站开关柜的防护等级选择，要能防止物体接近带电部分，如只需阻挡手指，可不必选： （　　）

（A）IP2X　　　　（B）IP3X

（C）IP4X　　　　（D）IP5X

60. 以下有关电力系统安全稳定的描述，有哪几项正确？ （　　）

（A）静态稳定是指电力系统受到小干扰后，不发生非周期性失步，自动恢复到初始运行状态的能力

（B）静态稳定的判据为 $dP/d\delta<0$ 或 $dQ/dU<0$

（C）动态稳定是指电力系统受到小的或大的干扰后，在自动调节和控制装置的作用下，保持长过程的运行稳定性的能力

（D）稳定控制分为静态稳定控制、暂态稳定控制、过负荷控制

61. 对电气设施抗震设计，下列表述正确的是： （　　）

（A）对单机容量为 300MW 的火力发电厂的电气设施，当抗震设防烈度为 6 度及以上时，应进行抗震设计

（B）当抗震设防泪滴为 8 度及以上时，220kV 管型母线配电装置的管型母线宜采用悬挂式结构

（C）当抗震设防烈度为 8 度及以上时，干式空心电抗器不宜采用三相垂直布置

（D）当抗震设防烈度为 7 度及以上时，蓄电池安装应装设抗震架

62. 下列光伏发电站的运行原则哪些是错误的？ （　　）

（A）夜晚不发电时，站内的无功补偿装置可不参与电网调节

(B)并网点电压高于 1.2 倍标称电压时，站内安装的并联电抗器应在 0.2s 内退出运行

(C)站内无功补偿装置应配合站内其他无功电源按照低电压穿越无功支持的要求发出无功功率

(D)站内安装的 SVO 装置响应时间应不大于 30ms

63. 关于油浸变压器防火措施，下列表述正确的是： ( )

(A)当油浸变压器设置总事故储油池时，则总事故储油池的容量宜安最大一个油箱容量的 100% 确定

(B)220kV 屋外油浸变压器之间的最小防火间距为 10m

(C)油浸变压器之间防火墙的高度应高于变压器油枕，长度应大于变压器储油池两侧各 1000mm

(D)油浸变压器之间防火墙的耐火极限不宜小于 0.9h

64. 送电线路的防雷设计需要开展耐雷水平计算，下列表述正确的是： ( )

(A)线路的耐雷水平是雷击线路绝缘不发生闪络的最大雷电流幅值

(B)雷击塔顶的耐雷水平与绝缘的 50% 雷电冲击放电电压有关

(C)雷击线路附近大地时，地线会使线路感应过电压降低

(D)计算雷击塔顶的耐雷水平不需要考虑塔头间隙影响

65. 关于发电厂和变电所雷电保护的接地要求，下列哪几项正确？ ( )

(A)高压配电装置构架上避雷针的接地引下线应与接地网连接，并应在连接处加装集中接地装置

(B)避雷器的接地导体(线)应与接地网连接，并应在连接处加装集中接地装置

(C)无独立避雷针或避雷线保护的露天贮藏罐周围应设置环形接地装置，接地电阻不应超过 30Ω，油罐接地点不应少于 2 处

(D)主厂房装设避雷针时，应采取加强分流，设备的接地点远离避雷针接地引下线的入地点，避雷针引下线远离电气装置等防雷反击的措施

66. 关于电线的微风振动，下列表述哪些是正确的？ ( )

(A)电线微风振动的波形有驻波、拍频波、行波等

(B)一有微风存在，电线就发生振动

(C)电线的单位重量越大，振动频率越低

(D)电线的张力越大，振动频率越低

67. 下列发电厂电力网络计算机监控系统配置符合规程的是： ( )

(A)电力网络计算机监控系统应该采用直流电源或 UPS 电源，间隔层设备采用双回 UPS 供电

(B)NCS 主机采用 NTP 对时，间隔层智能测控单元宜采用 IRIG-B 对时

(C)NCS 不设置计算机系统专用接地网
(D)NCS 交、直流电源的输出端配置电涌保护器

68. 对于火力发电厂备用电源的设置原则,以下哪几项是正确的? ( )

(A)停电直接影响到重要设备安全的负荷,应设置备用电源
(B)停电将使发电量大量下降的负荷,应设置备用电源
(C)对于接有Ⅰ类负荷的低压动力中心的厂用母线,宜设置备用电源
(D)对于接有Ⅰ类负荷的高压厂用母线,应设置备用电源

69. 在风电场的设计和运行中,下列表述哪些是错误的? ( )

(A)风电场有功功率在总额定出力的 20% 以上时,场内所有运行机组应能够实现有功功率的连续平滑调节,并能够参与系统有功功率控制
(B)风电场安装的风电机组应满足功率因数在超前 0.98 到之后 0.98 的范围内连续可调
(C)风力发电机组应具备顺桨保护、逆桨保护、消防保护、锁定保护、外挂保护
(D)220kV 及以上风力发电场送出线路宜配置一套全线速动保护和一套独立的后备保护

70. 对于 110 ~750kV 架空输电线路的导、地线选择要求,下列哪些表述不正确? ( )

(A)导线的设计安全系数不应小于 2.5
(B)地线的设计安全系数不应小于 2.5
(C)地线的设计安全系数不影响小于导线的安全系数
(D)稀有风或稀有冰气象条件时,最大张力不应超过其导、地线拉断力的 70%

2018 年专业知识试题答案(下午卷)

1. **答案**:C

依据:《爆炸危险环境电力装置设计规范》(GB 50058—2014) 第 3.4.1 条及表 3.4.1 之注 2。

2. **答案**:B

依据:《交流电气装置的过电压保护和绝缘配合设计规范》(GB/T 50064—2014) 第 5.4.13-12 条。

3. **答案**:B

依据:《220kV ~ 750kV 电网继电保护装置运行整定规程》(DL 559—2007) 第 5.10.3 条。

4. **答案**:B

依据:《交流电气装置的过电压保护和绝缘配合设计规范》(GB/T 50064—2014) 附录 C(式 C.2.5)。

每相:$P = 1 - (1 - 0.002) \times 4 = 0.007976$,与杆塔相连接共 6 相;

杆塔:$P = 1 - (1 - 0.0.007976) \times 6 = 0.0469$。

5. **答案**:D

依据:《风力发电场设计规范》(GB 51096—2015) 第 3.3.1 条、《光伏发电站设计规范》(GB 50797—2012) 第 6.6.2 条。

6. **答案**:C

依据:《交流电气装置的过电压保护和绝缘配合设计规范》(GB/T 50064—2014) 第 4.4.3 条及表 4.4.3。

$$U_c = \frac{U_m}{\sqrt{3}} = \frac{252}{\sqrt{3}} = 145.5\text{kV},\ U_R = 0.75U_m = 0.75 \times 252 = 189\text{kV}$$

注:最高电压 U_m 取值参见《标准电压》(GB/T 156 - 2007) 第 4.4 条。

7. **答案**:B

依据:《220kV ~ 1000kV 变电站站用电设计技术规程》(DL/T 5155—2016) 第 8.0.1 条。

8. **答案**:B

依据:《电力工程高压送电线路设计手册》(第二版) P228 表 3-6-9。

当外径 $12 \leqslant D \leqslant 22$ 时,每档每端防振锤个数为 2 个,每档两端防震锤为 $2 \times 2 = 4$ 个。

9. **答案**:C

依据:《火灾自动报警系统设计规范》(GB 50116—2013) 第3.3.2-2条。

10. **答案**:C

依据:《交流电气装置的接地设计规范》(GB/T 50065—2011) 第7.2.2条。

11. **答案**:C

依据:《并联电容器装置设计规范》(GB 50227—2017) 第5.8.1条。

电容器组的额定电流:$I_n = \dfrac{60 \times 10^3}{\sqrt{3} \times 24} = 1443.38\text{A}$

单星形双桥差接线:$M = 2 \times 6 = 12$

单台电容器电流:$I_{ce} = 1.5 \times \dfrac{I_n}{12} = 180.4\text{A}$

12. **答案**:D

依据:《风力发电场设计规范》(GB 51096—2015) 第7.1.1-2条、第7.1.2-5条、第7.1.3-2条、第7.1.4-2条。

13. **答案**:B

依据:基本概念。

14. **答案**:D

依据:《电力工程电缆设计规范》(GB 50217—2018) 第3.6.10条及表3.6.10。

15. **答案**:A

依据:《110kV ~750kV 架空输电线路设计规范》(GB 50545—2010) 第5.0.13条。

16. **答案**:C

依据:《导体和电器选择设计技术规定》(DL/T 5222—2005) 第21.0.9条、第21.0.11条、第21.0.12条。

查表21.0.11,绝缘子片数为13片,海拔修正为:

$N_H = N[1 + 0.1(H - 1)] = 13 \times [1 + 0.1 \times (3.8 - 1)] = 1.28$,取2片。

另考虑预留零值绝缘子2片,故设$13 + 2 + 2 = 17$片。

17. **答案**:D

依据:《火力发电厂、变电站二次接线设计技术规程》(DL/T 5136—2012) 第7.4.6-3条、第7.4.6-4条,第7.4.11条、第7.4.6-1条。

18. **答案**:A

依据:《电力工程高压送电线路设计手册》(第二版)P328式(6-2-9)。

$$L_{H1}P_1 = L_{H2}P_2 + (T_1 + T_2)\sin\frac{\alpha}{2} = L_{H2}P_2 + 2T\sin\frac{\alpha}{2}$$

$$480 \times 16 = L_{H2} \times 16 + 2 \times 49140 \times \sin(\frac{1}{2}°)$$

故 $L_{H2} = 426\text{m}$

19. **答案**:D

依据:《导体和电器选择设计技术规定》(DL/T 5222—2005)第5.0.15条及表5.0.15。

地震条件下适用荷载短期作用,故安全系数为1.67,则绝缘子允许的最大地震弯矩为2500/1.67=1497N·m。

20. **答案**:B

依据:《电力工程电缆设计规范》(GB 50217—2018)第3.6.5条及表3.6.5。

21. **答案**:D

依据:《火力发电厂、变电站二次接线设计技术规程》(DL/T 5136—2012)第5.1.7条。

22. **答案**:A

依据:《110kV~750kV架空输电线路设计规范》(GB 50545—2010)第6.0.1条及表6.0.1。

23. **答案**:B

依据:《电力工程电缆设计规范》(GB 50217-2018)第6.1.10条。

$$i_{ch} = 1.8\sqrt{2} \times 13.965 = 35.544\text{kA},\text{设 } S_j = 16\text{MVA}, I_j = \frac{16}{6.3 \times \sqrt{3}} = 1.466\text{kA}$$

$$I'' = \frac{I_j}{X_\Sigma} = \frac{1.466}{0.105} = 13.965\text{kA}$$

$$F \geqslant \frac{2.05 \times i^2 LK}{D} \times 10^{-7} = \frac{2.05 \times 35.544^2 \times 25 \times 2}{5} \times 10^{-7} = 2589.92\text{N}$$

24. **答案**:C

依据:《电力系统安全稳定控制技术导则》(GB/T 26399—2011)第4.2.2-C条、第4.3.1条、第9.2.4条、第11.2.7条。

25. **答案**:A

依据:《110kV~750kV架空输电线路设计规范》(GB 50545—2010)第13.0.2-1条及表13.0.2-1。

26. **答案**:A

依据:《高压配电装置设计技术规程》(DL/T 5352—2018)第4.3.3条。

27. **答案**:D

依据:《电力工程电缆设计规范》(GB 50217—2018)第3.7.4-3条;《火力发电厂、变电站二次接线设计技术规程》(DL/T 5136—2012)第7.5.11条、第7.5.9条。

注:选项A原考查旧规《电力工程电缆设计规范》(GB 50217—2007)第3.6.1条。

28. **答案**:C

依据:《电力工程高压送电线路设计手册》(第二版)P184 式(3-3-12)。

$$l_v = \frac{l_1 + l_2}{2} + \frac{\sigma_0}{\gamma_v}(\frac{h_1}{l_1} + \frac{h_2}{l_2}) = \frac{426 + 488}{2} + \frac{36515/S}{\sqrt{21.10^2 - 13.64^2}/S}(\frac{-28}{426} + \frac{-28}{488})$$

$$= 177.77\text{m}$$

$$G = 2 \times 177.77 \times \sqrt{21.10^2 - 13.64^2} = 5724\text{N}$$

29. **答案**:A

依据:《高压配电装置设计技术规程》(DL/T 5352—2018)第5.1.2条及表5.1.2-2。

30. **答案**:B

依据:《火力发电厂厂用电设计技术规定》(DL/T 5153—2014)第4.7.4条、第4.7.3条及条文说明、第4.7.6条、第4.7.5条。

31. **答案**:D

依据:《交流电气装置的过电压保护和绝缘配合设计规范》(GB/T 50064－2014)第6.2.1-2条。

$$U_{l.i.s} \geqslant k_1 U_s = 1.27 \times 2 \times \frac{\sqrt{2}}{\sqrt{3}} \times 550 = 1140.6\text{kV}$$

32. **答案**:B

依据:《并联电容器装置设计规范》(GB 50227—2007)第5.8.2条。

$$U_l = 6 \times 4 \times \sqrt{3} = 41.57\text{V}$$

$$I = \frac{1.3S}{\sqrt{3}U_e} = \frac{1.3 \times (500 \times 3 \times 4 \times 4)}{\sqrt{3} \times 41.57} = 650\text{A}$$

33. **答案**:C

依据:《交流电气装置的过电压保护和绝缘配合设计规范》(GB/T 50064—2014)第5.2.1条式(5.2.1-3)。

$$h_X < 12 < 12.5 = 0.5h, r_X = (1.5h - 2h_X)P = (1.5 \times 25 - 2 \times 12) \times 1 = 13.5\text{m}$$

34. **答案**:C

依据:《电力工程电缆设计规范》(GB 50217—2018)第4.1.11条。

35. **答案**:B

依据:《交流电气装置的接地设计规范》(GB/T 50065—2011)附录E式(E.0.1)。

$$S_g \geqslant \frac{I_g}{C}\sqrt{t_e} = \frac{35 \times 10^3}{70} \times \sqrt{0.5} = 353\text{mm}^2 < 360\text{mm}^2 = (60 \times 6)\text{mm}^2$$

36. **答案**:C

依据:《电力工程直流电源系统设计技术规程》(DL/T 5044—2014)第3.3.3条。

37. **答案**:C

依据：《风电场接入电力系统技术规定》(GB/T 19963—2011) 第 10.2 条“频率范围”之表 3。

38. 答案：A

依据：《发电厂和变电站照明设计技术规定》(DL/T 5390—2014) 第 5.1.8 条。

39. 答案：C

依据：《光伏发电站无功补偿技术规范》(GB/T 29321—2012) 第 7.2.3 条。

40. 答案：C

依据：《电力工程高压送电线路设计手册》(第二版) P182 式(3-3-4)。

$$l_{cr} = \sqrt{\frac{315^2 + 386^2 + 432^2 + 346^2 + 444^2 + 365^2 + 435^2 + 520^2 + 428^2}{315 + 386 + 432 + 346 + 444 + 365 + 435 + 520 + 428}} = 420\text{m}$$

41. 答案：BCD

依据：《电力工程直流电源系统设计技术规程》(DL/T 5044—2014) 第 7.1.2 条、第 8.1.4 条、第 8.1.7 条；《发电厂和变电站照明设计技术规定》(DL/T 5390—2014) 表 6.0.1-1。

42. 答案：ABD

依据：《高压配电装置设计技术规程》(DL/T 5352—2018) 第 5.1.2 条。

43. 答案：ACD

依据：《继电保护和安全自动装置技术规程》(GB/T 14285—2006) 第 4.5.2.2 条、第 4.6.2-c 条；《220kV ~ 750kV 电网继电保护装置运行整定规程》(DL/T 559—2007) 第 5.6.6 条。

44. 答案：ABC

依据：《电力工程直流电源系统设计技术规程》(DL/T 5044—2014) 第 3.5.2 条、第 6.5.2-4 条、第 6.3.8 条。

45. 答案：ACD

依据：《导体和电器选择设计技术规定》(DL/T 5222—2005) 第 20.1.6 条。

46. 答案：ABD

依据：《220kV ~ 1000kV 变电站站用电设计技术规程》(DL/T 5155—2016) 第 3.1.3 条及条文说明。

47. 答案：AC

依据：《火力发电厂与变电站设计防火规范》(GB 50229—2006) 第 11.3.1 条、第 6.7.4 条。

48. 答案：ABD

依据:《交流电气装置的接地设计规范》(GB/T 50065—2011)第3.2.1条、第3.2.2-2条。

49. 答案:BCD

依据:《并联电容器装置设计规范》(GB 50227—2017)第6.2.3条及条文说明。

50. 答案:ABD

依据:《光伏发电站设计规范》(GB 50797—2012)第8.2.2条、第8.2.4条、第8.2.8条、第8.2.10条。

51. 答案:BD

依据:《火力发电厂、变电站二次接线设计技术规程》(DL/T 5136—2012)第5.4.5条、第5.4.6条、第5.4.9条、第6.7.5条。

52. 答案:ABC

依据:《电力工程高压送电线路设计手册》(第二版)P125式(2-7-11)、式(2-7-12)。

53. 答案:ABC

依据:《导体和电器选择设计技术规定》(DL/T 5222—2005)第5.0.9条及条文说明。

54. 答案:ABC

依据:《交流电气装置的过电压保护和绝缘配合设计规范》(GB/T 50064—2014)第5.4.2条。

55. 答案:ABD

依据:《发电厂和变电站照明设计技术规定》(DL/T 5390—2014)第5.1.1-7条、第5.6.2-3条、第8.8.2条、第8.7.2条以及附表A之表A。

56. 答案:ABC

依据:《导体和电器选择设计技术规定》(DL/T 5222—2005)第21.0.3条。

57. 答案:ABC

依据:《火力发电厂厂用电设计技术规定》(DL/T 5153—2014)第8.6.1条。

58. 答案:ABD

依据:《110kV ~750kV架空输电线路设计规范》(GB 50545—2010)第8.0.1条及条文说明。

59. 答案:BCD

依据:《导体和电器选择设计技术规定》(DL/T 5222—2005)第13.0.4条及条文说明。

60. 答案:AC

依据：《电力系统安全稳定导则》(DL/T 755—2001) 第4.3.1条、第4.5.1条。

61. 答案：BCD

依据：《电力设施抗震设计规范》(GB 50260—2013) 第1.0.6条、第6.1.1条、第6.5.2条、第6.5.4条；《电力工程直流电源系统设计技术规程》(DL/T 5044—2014) 第8.1.5条。

62. 答案：AB

依据：《光伏发电站接入电力系统技术规定》(GB/T 19964—2012) 第7.1-1条；《光伏发电站无功补偿技术规范》(GB/T 29321—2012) 第5.2.2条、第7.2.3条、第7.2.5条。

63. 答案：ABC

依据：《高压配电装置设计技术规程》(DL/T 5352—2018) 第5.5.3条、第5.5.4条、第5.5.6条、第5.5.7条。

64. 答案：ABC

依据：《电力工程高压送电线路设计手册》(第二版) P126 ~ 127 式(2-7-16)、式(2-7-23)。

65. 答案：ABD

依据：《交流电气装置的过电压保护和绝缘配合设计规范》(GB/T 50064—2014) 第5.4.7-4条、第5.4.13-6条、第5.4.1-2条、第5.4.2-3条。

66. 答案：AC

依据：《电力工程高压送电线路设计手册》(第二版) P219"二电线微风振动的基本理论"。

67. 答案：BC

依据：《发电厂电力网络计算机监控系统设计技术规程》(DL/T 5226—2013)第5.8.1条、第8.1.1条、第8.3.2条、第8.2.2条。

68. 答案：AB

依据：《火力发电厂厂用电设计技术规定》(DL/T 5153—2014) 第3.7.1条；《大中型火力发电厂设计规范》(GB 50660—2011) 第16.3.9条。

69. 答案：BD

依据：《风电场接入电力系统技术规定》(GB/T 19963—2011) 第5.1.3条、第5.3.1条、第7.1.1条。

70. 答案：BD

依据：《110kV ~ 750kV 架空输电线路设计规范》(GB 50545—2010) 第5.0.7条、第5.0.9条。

2018年案例分析试题(上午卷)

[案例题是4选1的方式,各小题前后之间没有联系,共25道小题,每题分值为2分,上午卷50分,下午卷50分,试卷满分100分。案例题一定要有分析(步骤和过程)、计算(要列出相应的公式)、依据(主要是规程、规范、手册),如果是论述题要列出论点。]

题1~5:某城市电网拟建一座220kV无人值班重要变电站(远离发电厂),电压等级为220/110/35kV,主变压器为2×240MVA,220kV电缆出线4回,110kV电缆出线10回,35kV电缆出线16回。请分析计算并解答以下各小题。

1. 该无人值班变电占各侧的主接线方式,采用下列哪一组接线是符合规程要求的?并简述选择的理由。 (　　)

(A)220kV侧双母线接线,110kV侧双母线接线,35kV侧双母线分段接线

(B)220kV侧单母线分段接线,110kV侧双母线接线,35kV侧单母线分段接线

(C)220kV侧扩大桥接线,110kV侧双母线分段接线,35kV侧单母线接线

(D)220kV侧双母线接线,110kV侧双母线接线,35kV侧单母线分段接线

解答过程:

2. 由该站220kV出线转供的另一个变电站,设两台主变压器,若一级负荷100MW,二级负荷110MW,无三级负荷。请计算选择主变电站单台主变压器容量为系列下列哪项数值比较经济合理?(主变过负荷能力按30%考虑) (　　)

(A)120MVA　　(B)150MVA

(C)180MVA　　(D)240MVA

解答过程:

3. 若主变压器 35kV 侧保护用电流互感器变比为 4000/1A，35kV 母线最大三相短路电流周期分量有效值为 26kA，请校验该电流互感器动稳定电流倍数应大于等于下列哪项数值？（　　）

(A)6.5　　(B)11.7

(C)12.4　　(D)16.5

解答过程：

4. 经评估该变电站投运后，该区域 35kV 供电网的单向接地电流为 600A，本站 35kV 中性点拟采用低电阻接地方式，考虑到电网发展和指正地下管线的统一布置规划，拟选用单相接地电流为 1200A 的电阻器，请计算电阻器的计算值是多少？（　　）

(A)16.8Ω　　(B)29.2Ω

(C)33.7Ω　　(D)50.5Ω

解答过程：

5. 该变电站 35kV 电容器组，采用单台容量为 500kvar 的电容器，双星形接线，每相由 1 个串联段组成，每台主变压器装设下列哪组容量的电容组不满足规程要求？（　　）

(A)2 × 24000kvar　　(B)3 × 18000var

(C)4 × 12000kvar　　(D)4 × 9000kvar

解答过程：

题 6 ~ 9：某电厂装有 2 × 300MW 发电机组，经主变压器升压至 220kV 接入系统，发电机额定功率为 300MW，额定电压为 20kV，额定功率因数 0.85，次暂态电抗为 18%，暂态电抗为 20%。发电机中性点经高电阻接地，接地保护动作于跳闸时间为 2s，该电厂建于海拔 3000m 处。请分析计算并解答下列各小题。

6. 计算确定装设于发电机出口的金属氧化锌避雷器的额定电压和持续运行电压不应低于下列哪项数值？并说明理由。（　　）

(A)20kV,11.6kV　　(B)21kV,16.8kV

(C)25kV,11.6kV　　(D)26kV,20.8kV

解答过程：

7. 该厂主变压器额定容量370MVA，变比230/20kV，$U_d = 14\%$，由系统提供的短路电抗（标幺值）为0.00767（正序）（基准容量$S_j = 100$MVA），请计算220kV母线处发生三相短路时的冲击电流值最接近下列哪项数值？（　　）

(A)85.6kA　　(B)93.6kA

(C)101.6kA　　(D)104.3kA

解答过程：

8. 220kV配电装置采用户外敞开式管形母线布置，远景目前最大功率为1000MVA，若环境空气温度为35℃，选择以下哪种规格铝镁系（LDRE）管能满足要求？（　　）

(A)ϕ110/100　　(B)ϕ120/110

(C)ϕ130/116　　(D)ϕ150/136

解答过程：

9. 该电厂绝缘配合要求的变压器外绝缘的雷电耐受电压为950kV，工频耐受电压为395kV，计算其出厂试验电压应选择下列哪组数值？（按指数公式修正）（　　）

(A)雷电冲击耐受电压950kV，工频耐受电压395kV

(B)雷电冲击耐受电压1050kV，工频耐受电压460kV

(C)雷电冲击耐受电压 1214kV,工频耐受电压 505kV

(D)雷电冲击耐受电压 1372kV,工频耐受电压 571kV

解答过程:

题 10~13:某电厂的 750kV 配电装置采用屋外敞开式布置,750kV 设备的短路电流水平 63A(3s),800kV 断路器 2s 短时耐受电流为 63kA,断路器开断时间为 60ms。750kV 配电装置最大接地故障(单相接地故障)电流为 50kA,其中电厂发电机组提供的接地故障电流为 15kA,系统提供的接地故障电流为 35kA。

假定 750kV 配电装置区域接地网敷设在均匀土壤中,土壤电阻率为 150Ω·m,750kV 配电装置区域地面铺 0.15m 厚的砾石,砾石土壤电阻率为 5000Ω·m,请分析计算并解答下列各小题。

10. 750kV 配电装置区域接地网是以水平接地极为主边缘闭合的复合接地网,接地网总面积为 54000m^2,请简易计算 750kV 配电装置区域接地网的接地电阻为下列哪项数值? ( )

(A)4Ω (B)0.5Ω

(C)0.32Ω (D)0.04Ω

解答过程:

11. 假定 750kV 配电装置的接地故障电流持续时间为 1s,则 750kV 配电装置内的接触电位差和跨步电位差允许值(可考虑误差在 5% 以内)应为下列哪组数值? ( )

(A)199.5V,279V (B)245V,830V

(C)837V,2904V (D)1024V,3674V

解答过程:

12. 假定电厂750kV架空送电线路，厂内接地故障避雷线的分流系数K_{f1}为0.65，外接地故障避雷线的分流系数K_{f2}为0.54，不计故障电流的直流分量的影响，则经750kV配电装置接地网的入地电流为下列哪项数值？（　　）

(A)6.9kA　　(B)12.25kA

(C)2.05kA　　(D)63kA

解答过程：

13. 若750kV最大接地故障短路电流为50kA，电厂接地网导体采用镀锌扁钢，两套速动主保护动作时间为100ms，后备保护动作时间为1s，断路器失灵保护动作时间为0.3s，则750kV配电装置主接地网不考虑腐蚀的导体截面不宜小于下列哪项数值？（　　）

(A)$363mm^2$　　(B)$484mm^2$

(C)$551mm^2$　　(D)$757mm^2$

解答过程：

题14～18：某火力发电厂机组直流系统，蓄电池拟选用阀控式密封铅酸蓄电池（贫液、单体2V），浮充电压为2.23V。本工程直流动力负荷见下表。

序号	名　称	数　量	容量(kW)
1	直流常明灯	1	1
2	直流应急照明	1	1.5
3	汽机直流事故润滑油泵	1	30
4	发电机空侧密封直流油泵	1	15
5	主厂房不停电电源(静态)	1	80($\eta=1$)
6	小机直流事故润滑油泵	2	11

直流电动机启动电流按2倍电动机额定电流计算。

14. 该电厂设专用动力直流电源，请计算蓄电池的个数，事故末期终止放电电压应为下列哪组数值？（　　）

(A)51 只，1.83V　　(B)52 只，1.85V

(C)104 只，1.80V　　(D)104 只，1.85V

解答过程：

15. 请计算该电厂直流动力负荷事故放电初期 1min 的放电电流是下列哪项数值？（　　）

(A)497.73A　　(B)615.91A

(C)802.27A　　(D)838.64A

解答过程：

16. 假设动力用蓄电池组选用 1200Ah，每组蓄电池直流充电器选用一套高频开关电源，蓄电池均衡充电时考虑供正常负荷，并且均衡充电系数均选最大值，充电模块选用 20A，请计算充电装置所选模块数量及该回路电流表的测量范围，应为下列哪组数值？（　　）

(A)7 个，0 ~ 150A　　(B)9 个，0 ~ 200A

(C)10 个，0 ~ 200A　　(D)10 个，0 ~ 300A

解答过程：

17. 本工程动力用蓄电池组选用 1200Ah，直流事故停电时间按 1h 考虑，如果直流馈电屏中汽机直流事故润滑油泵、主厂房不停电电源、发电机空侧密封直流油泵回路的直流开关额定电流分别选 125A、300A、63A，请计算蓄电池组出口回路熔断器的额定电流及两台机组动力直流系统之间应急联络断路器的额定电流，下列哪组数值是合适的？

(其中应急联络断路器的额定电流按与蓄电池出口熔断器配合进行选择)　　(　　)

(A)630A,300A　　(B)630A,350A

(C)800A,400A　　(D)800A,500A

解答过程:

18. 汽机直流事故润滑油泵距离直流屏电缆长度为150m,并通过电缆桥架敷设。汽机直流事故润滑油泵额定电流按136A考虑。(已知:铜电阻系数:$\rho = 0.0184\Omega \cdot mm^2/m$,铝电阻系数:$\rho = 0.031\Omega \cdot mm^2/m$),则下列汽机直流事故润滑油泵电缆选择哪一项是正确的?　　(　　)

(A)NH-YJV-0.6/1.0　$2 \times 150mm^2$　　(B)YJV-0.6/1.0　$2 \times 150mm^2$

(C)YJLV-0.6/1.0　$2 \times 240mm^2$　　(D)NH-YJV-0.6/1.0　$2 \times 120mm^2$

解答过程:

题19~20:某电网拟建一座220kV变电站,主变容量2×240MVA,电压等级为220/110/10kV,10kV母线三相短路电流为20kA,在10kV母线上安装数组单星形接线的电容器组,电抗率选5%和12%两种。请回答以下问题:

19. 假设该变电站某组10kV电容器单租容量为8Mvar,拟抑制3次及以上谐波,请计算串联电抗器的单相额定容量和电抗率应选择下列哪项数值?　　(　　)

(A)133kvar,5%　　(B)400kvar,5%

(C)320kvar,12%　　(D)960kvar,12%

解答过程:

20. 请计算当电网背景谐波为3次谐波时,能发生谐振的电容组容量和电抗率是下列哪组数值?　　(　　)

(A) −3.2Mvar,12%　　(B)1.2Mvar,5%

(C)12.8Mvar,5%　　　　(D)22.2Mvar,5%

解答过程：

题21~25：某单回路220kV架空送电线路，采用2分裂LGJ-400/35导线，导线的基本参数见下表：

导线型号	拉断力(N)	外径(mm)	截面(mm^2)	单重(kg/m)	弹性系数(N/mm^2)	线膨胀系数(1/℃)
LGJ-400/35	98707.5	26.82	425.24	1.349	65000	20.5×10^{-6}

注：拉断力为试验保证拉断力。

该线路的主要气象条件为最高温度40℃，最低温度-20℃，年平均气温15℃，基本风速27m/s(同时气温-5℃)，最大覆冰厚度10mm(同时气温-5℃，同时风速10m/s)，重力加速度取$10m/s^2$。

21.若该线路导线的最大使用张力为39483N，请计算导线的最大悬点张力大于下列哪项数值时，需要放松导线？　　(　　)

(A)39283N　　　　(B)43431N

(C)43870N　　　　(D)69095N

解答过程：

22.在塔头设计时，经常要考虑导线Δf(导线在塔头处的弧垂)及其风偏角，如果在计算导线对杆塔的荷载时，得出大风(27m/s)条件下的水平比载$\gamma_4=26.45\times10^{-3}N/(m\cdot mm^2)$，那么大风条件下导线的风偏角应为下列哪项数值？　　(　　)

(A)34.14°　　　　(B)36.88°

(C)39.82°　　　　(D)42.00°

解答过程：

23. 施工图设计中，某基直线塔水平档距600m，导线悬挂点高差系数为 -0.1，悬垂绝缘子串重1500N，操作过电压工况的导线张力为24600N，风压为4N/m，绝缘子串风压260N，计算操作过电压工况下导线悬垂绝缘子串风偏角最接近下列哪项数值？（　　）

(A) 12.64°　　(B) 20.51°

(C) 22.18°　　(D) 25.44°

解答过程：

24. 设年平均气温条件下的比载为 $31.7\times10^{-3}\text{N/m}\cdot\text{mm}^2$，水平应力为 50N/mm^2，且某档的档距为500m，悬点高差为50m，问该档的导线长度为下列哪项数值？（按平抛公式计算）

(A) 502.09m　　(B) 504.60m

(C) 507.13m　　(D) 512.52m

解答过程：

25. 某线路两耐张转角塔 Ga、Gb 档距为300m，处于平地，Ga 呼称高为24m，Gb 呼称高为24m，计算风偏时导线最大风荷载11.25m/s，此时导线张力为，距 Ga 塔70m处有一建筑物（见下图），请计算导线在最大风偏情况下距建筑物的净空距离为下列哪项数值？（采用平抛物线公式）（　　）

(A) 8.76m　　(B) 10.56m

(C) 12.31m　　(D) 14.89m

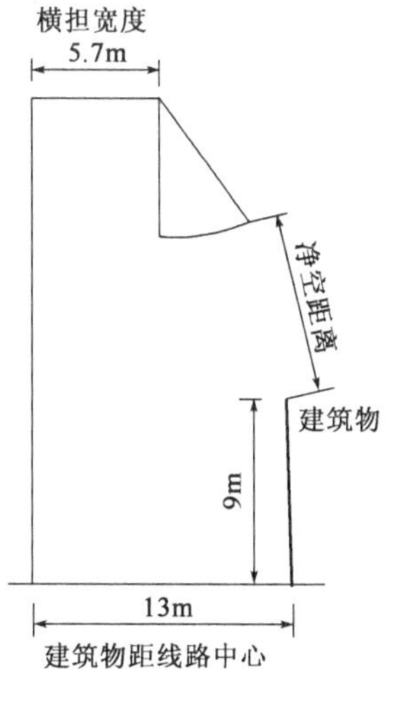

解答过程：

2018 年案例分析试题答案(上午卷)

题 1 ~ 5 答案:**DCBAC**

1.《220kV ~ 750kV 变电站设计技术规程》(DL/T 5218—2012)第 5.1.6 条、第 5.1.7 条。

第 5.1.6 条:220kV 变电站中的 220kV 配电装置,当在系统中居重要地位、出线回路数为 4 回及以上时,宜采用双母线接线。

第 5.1.7 条:220kV 变电站中的 110kV、66kV 配电装置,当出线回路数在 6 回以下时,宜采用单母线或单母线分段接线,6 回及以上时,可采用双母线或双母线分段接线。35kV、10kV 配电装置宜采用单母线接线,并根据主变压器台数确定母线分段数量。

该 220kV 变电站中 220kV 出线 4 回,110kV 出线 10 回,35kV 出线 16 回,故 220kV 采用双母线接线,110kV 可采用双母线或双母线分段接线,35kV 采用单母线分段接线。

2.《220kV ~ 750kV 变电站设计技术规程》(DL/T 5218—2012) 第 5.2.1 条。

第 5.2.1 条:凡装有 2 台(组)及以上主变压器的变电站,其中 1 台(组)事故停运后,其余主变压器的容量应保证该站在全部负荷 70% 时不过载,并在计及过负荷能力后的允许时间内,应保证用户的一级和二级负荷。

按全部负荷的 70% 不过载: $S_T \geq 70\% \times \dfrac{\sum P}{\cos\varphi} = 70\% \times \dfrac{100 + 110 + 0}{0.95} = 154.7\text{MVA}$

按计及过负荷能力,保证一、二级负荷:

$$S_T \geq \frac{P_1 + P_2}{1.3 \times \cos\varphi} = 1.3 \times \frac{100 + 110}{1.3 \times 0.95} = 170\text{MVA}$$

故单台主变压器容量为 180MVA。

注:有关功率因数 $\cos\varphi$ 的取值可参考《并联电容器装置设计规范》(GB 50227—2017)第 3.0.2 条及条文说明。

3.《导体和电器选择设计技术规定》(DL/T 5222—2005) 附录 F.4。

短路冲击电流: $i_{ch} = \sqrt{2}K_{ch}I'' = \sqrt{2} \times 1.8 \times 26 = 66.185\text{kA}$

《电流互感器与电压互感器选择及计算规程》(DL/T 866—2015) 第 3.2.8 条。

动稳定倍数: $K_d \geq \dfrac{i_{ch}}{\sqrt{2}I_{pr}} \times 10^{-3} = \dfrac{66.185}{\sqrt{2} \times 4000} \times 10^3 = 11.7$

4.《导体和电器选择设计技术规定》(DL/T 5222—2005) 第 18.2.6 条。

电阻器电阻: $R_N = \dfrac{U_N}{\sqrt{3}I_d} = \dfrac{35 \times 10^3}{\sqrt{3} \times 1200} = 16.8\Omega$

5.《并联电容器装置设计规范》(GB 50227—2017) 第 4.1.2-3 条。

第 4.1.2-3 条:每个串联段的电容器并联总容量不应超过 3900kvar。

双星形接线中含有两个星形接线，每个星形接线均有三相，每相一个串联段，则每组电容器最大容量为：

$Q_d \leqslant 2\times3\times3900=23400$kvar，故仅选项 A 不满足要求。

题 6～9 答案：**BCDC**

6.《交流电气装置的过电压保护和绝缘配合设计规范》（GB/T 50064—2014）第 4.4.4 条

第 4.4.4 条：具有发电机和旋转电机的系统，相对地 MOA 的额定电压，对应接地故障清除时间不大于 10s 时，不应低于旋转电机额定电压的 1.05 倍；接地故障清除时间大于 10s 时，不应低于旋转电机额定电压的 1.3 倍。旋转电机用 MOA 的持续运行电压不宜低于 MOA 额定电压的 80%。旋转电机中性点用 MOA 的额定电压，不应低于相应相对地 MOA 额定电压的 $1/\sqrt{3}$。

避雷器额定电压：$U_R\geqslant1.05U_N=1.05\times20=21$kV

避雷器持续运行电压：$U_c\geqslant80\%U_R=0.8\times21=16.8$kV

7.《电力工程电气设计手册》（电气一次部分）P121 表 4-1、表 4-2，P253 式(6-14)。

短路基准容量 $S_j=\dfrac{P_G}{\cos\varphi}=\dfrac{300}{0.8}=353$MVA，由表 4-1 查得：基准值为 $U_j=230$kV，则 $I_j=\dfrac{353}{\sqrt{3}\times230}=0.886$kA。

发电机阻抗标幺值：$X_{*G}=X''_d=0.18$

由表 4-2，变压器阻抗标幺值：$X_T=\dfrac{U_d\%}{100}\cdot\dfrac{S_j}{S_e}=\dfrac{14}{100}\cdot\dfrac{62.5}{63}=0.134$

单台发电机变压器组支路阻抗标幺值：$X_{*\Sigma}=X_{*T}+X_{*G}=0.134+0.18=0.314$

查图得发电机支路 0s 三相短路电流标幺值：$I_{*kG}=3.5$

发电机支路提供短路电流周期分量初始值：

$I''_G=I_{*kG}\times I_j=2\times3.5\times0.886=6.202$kA

系统提供的短路电流周期分量初始值：$I''_S=\dfrac{I_j}{X_{*s}}=\dfrac{0.251}{0.00767}=32.725$kA

发电厂高压侧母线短路时，冲击系数取 1.85，短路冲击电流为：

$i_{ch}=\sqrt{2}K_{ch}(I''_G+I''_s)=\sqrt{2}\times1.85\times(6.202+32.725)=101.8$kA

8.《电力工程电气设计手册》（电气一次部分）P232 表 6-3。

母线最大持续供电电流：$I_g=1.05\times\dfrac{S_e}{\sqrt{3}U_e}=1.05\times\dfrac{1000}{\sqrt{3}\times220}\times10^3=2755.5$A。

《导体与电器选择设计技术规程》（DL/T 5222—2005）附录 D，表 D.11，综合校正系数取 0.76，故：

管形母线载流量：$I_{js}\geqslant\dfrac{2755.5}{0.76}=3625.677$kA

查附录 D 表 D.2，故对应选择管形母线规格为 $\phi150/36$。

9.《绝缘配合　第1部分：定义、原则和规则》（GB 311.1—2012）附录B.3。

雷电冲击电压耐压和工频耐压电压海拔修正指数 $q=1$，海拔3000m修正，则：

雷电冲击电压耐压和耐受电压：$U'_{\mathrm{w}}=K_{\mathrm{a}}U_{\mathrm{w}}=\mathrm{e}^{q\frac{H-1000}{8150}}U_{\mathrm{w}}=\mathrm{e}^{1\times\frac{3000-1000}{8150}}\times950=1214\mathrm{kV}$

工频耐受电压：$U'_{\mathrm{g}}=K_{\mathrm{a}}U_{\mathrm{g}}=\mathrm{e}^{q\frac{H-1000}{8150}}U_{\mathrm{g}}=\mathrm{e}^{1\times\frac{3000-1000}{8150}}\times395=505\mathrm{kV}$

题10～13答案：**CCBA**

10.《交流电气装置的接地设计规范》（GB 50065—2011）附录A.0.4。

接地电阻：$R\approx0.5\dfrac{\rho}{\sqrt{S}}=0.5\times\dfrac{150}{\sqrt{54000}}=0.32\Omega$。

11.《交流电气装置的接地设计规范》（GB 50065—2011）第4.2.2条及附录C.0.2。

表层衰减系数：$C_{\mathrm{s}}=1-\dfrac{0.09\times(1-\rho/\rho_{\mathrm{s}})}{2\times h_{\mathrm{s}}+0.09}=1-\dfrac{0.09\times(1-150/5000)}{2\times0.15+0.09}=0.776$。

接触电压允许值：$U_{\mathrm{t}}=\dfrac{174+0.7\rho_{\mathrm{s}}C_{\mathrm{s}}}{\sqrt{t_{\mathrm{s}}}}=\dfrac{174+0.7\times5000\times0.776}{\sqrt{1}}=837\mathrm{V}$

跨步电压允许值：$U_{\mathrm{s}}=\dfrac{174+0.7\rho_{\mathrm{s}}C_{\mathrm{s}}}{\sqrt{t_{\mathrm{s}}}}=\dfrac{174+0.7\times5000\times0.776}{\sqrt{1}}=2904\mathrm{V}$

12.《电力工程电气设计手册》（电气一次部分）P920式（16-32）、式（16-33）。

依据题意，流过主变压器中性点的接地故障电流为电厂发电机提供的接地故障电流15kA，故

厂内短路时入地电流：

$I=(I_{\max}-I_{\mathrm{n}})(1-K_{\mathrm{f1}})=(50-15)\times(1-0.65)=12.25\mathrm{kA}$

厂外短路时入地电流：$I=I_{\mathrm{n}}(1-K_{\mathrm{f2}})=15\times(1-0.54)=6.9\mathrm{kA}$

经750kV配电装置接地网的入地电流取两种情况较大值，即12.25kA。

13.《交流电气装置的接地设计规范》（GB 50065—2011）第4.3.5-3条及附录E第E.0.3条。

第E.0.3条：配有两套速动主保护时，接地故障等效持续时间为：

$t_{\mathrm{e}}\geqslant t_{\mathrm{m}}+t_{\mathrm{f}}+t_{\mathrm{o}}=0.1+0.3+0.06=0.46\mathrm{s}$

接地导线最小截面：$S_{\mathrm{G}}\geqslant\dfrac{I_{\mathrm{G}}}{C}\sqrt{t_{\mathrm{e}}}=\dfrac{50\times10^3}{70}\times\sqrt{0.46}=484.5\mathrm{mm}^2$

依据第4.3.5-3条，接地极最小截面取接地线的75%，故

$S_{\mathrm{g}}\geqslant75\%\times484.5=363.3\mathrm{mm}^2$

题14～18答案：**DCCCA**

14.《电力工程直流电源系统设计技术规范》（DL/T 5044-2014）第3.2.1-2条及附录C.1.1、C.1.3。

第3.2.1-2条：专供动力负荷的直流电源系统电压宜采用220V，故

蓄电池个数：$n = 1.05 \times \frac{U_n}{U_f} = 1.05 \times \frac{220}{2.23} = 103.6$ 个，取 104 个；

事故末期终止放电电压：$U_m = 0.875\frac{U_n}{n} = 0.875 \times \frac{220}{104} = 1.85V$

15.《电力工程直流电源系统设计技术规范》(DL/T 5044—2014) 第 4.2.5 条、第 4.2.6 条。

直流动力负荷事故放电初期 1min 放电电流为：

$$I = \frac{1 + 1.5 + 2 \times 30 + 2 \times 15 + 80 \times 0.5 \times 2 \times 2 \times 11}{0.22} = 802.27A$$

注：事故放电初期 1min 负荷电流按电动机起动电流考虑，且不考虑负荷系数，可参考《电力工程直流系统设计手册》(第二版) 相关内容。

16.《电力工程直流电源系统设计技术规范》(DL/T 5044—2014) 第 4.2.5 条、第 4.2.6 条、附录 D。

经常负荷电流：$I_{jc} = \frac{\sum P_{jc}}{U_n} = \frac{1000}{220} = 4.55A$；

附录 D.1.1，充电装置额定电流：

$I_r = (1.0 \sim 1.25)I_{10} + I_{jc} = (1.0 \sim 1.25) \times \frac{1200}{10} + 4.55 = (124.55 \sim 154.55)A$，取较大值；

附录 D.2.1，基本模块数量：$n_1 = \frac{I_r}{I_{me}} = \frac{154.55}{20} = 7.73$，取 8 个，故附加模块数量 $n_2 = 2$ 个；

总模块数量：$n = n_1 + n_2 = 8 + 2 = 10$ 个；

查表 D.1.3 可知，充电装置额定电流取 160A，该回路电流表的测量范围为 0 ~ 200A。

17.《电力工程直流电源系统设计技术规范》(DL/T 5044—2014) 第 6.5.2-4 条、第 6.6.3-2-1 条、附录 A。

第 6.6.3-2-1 条：蓄电池出口回路熔断器应按事故停电时间的蓄电池放电率电流和直流母线上最大馈线直流断路器额定电流的 2 倍选择，两者取较大者。

附录 A.3.6，蓄电池 1h 放电率电流：$I_{d\cdot1h} = 5.5I_{10} = 5.5 \times 1200/10 = 660A$；蓄电池出口回路熔断器额定电流：$I_r \geq I_{d\cdot1h} = 660A$，取 800A。

第 6.5.2-4 条：直流电源系统应急联络断路器额定电流不应大于蓄电池出口熔断器额定电流的 50%，取 $I_e = 50\% \times 800 = 400A$

18.《电力工程直流电源系统设计技术规范》(DL/T 5044—2014) 第 6.3.1 条、附录 E。

由表 E.2-1，直流电动机回路：$I_{ca2} = K_{stm}I_{nm} = 2 \times 136 = 272A$

由表 E.2-2，直流电动机回路允许电压降：$\Delta U_p \leq 5\% U_n$

最小电缆截面：$S_{cac} = \frac{\rho \cdot 2LI_{ca}}{\Delta U_p} = \frac{0.0184 \times 2 \times 150 \times 272}{5\% \times 220} = 136.5mm^2$

由第6.3.1条，直流电源系统明敷电缆应选用耐火电缆或采取了规定的耐火防护措施的阻燃电缆，故选取 NH-YJV-0.6/1kV，$2\times150mm^2$。

题19～20答案：**CD**

19.《并联电容器装置设计规范》（GB 50227—2017）第5.5.2条。

第5.5.2条：当谐波为5次及以上时，电抗率宜取5%；当谐波为3次及以上时，电抗率宜取12%，亦可采用5%与12%两种电抗率混装方式，故电抗率取12%。

串联电抗器的单相额定容量：$Q_{Le}=K\dfrac{Q_{Ce}}{3}=12\%\times\dfrac{8000}{3}=320\text{kvar}$

20.《并联电容器装置设计规范》（GB 50227—2017）第3.0.3-3条。

三相短路容量：$S_d=\sqrt{3}U_jI''_k=\sqrt{3}\times10.5\times20=363.73\text{MVA}$；

当电抗率为12%时，$Q_{cx}=S_d\left(\dfrac{1}{n^2}-K\right)=363.73\times\left(\dfrac{1}{3^2}-12\%\right)=-3.2\text{Mvar}$，可抑制3次谐波，不会发生谐振；

当电抗率为5%时，$Q_{cx}=S_d\left(\dfrac{1}{n^2}-K\right)=363.73\times\left(\dfrac{1}{3^2}-5\%\right)=22.2\text{Mvar}$，会发生谐振。

题21～25答案：**CACBC**

21.《110kV～750kV架空输电线路设计规范》（GB 50545—2010）第5.0.7条、第5.0.8条。

导线悬挂点最大张力：$T_{max}=\dfrac{T_P}{K_c}\Rightarrow T'_{max}=\dfrac{39483\times2.5}{2.25}=43870\text{N}$

22.《110kV～750kV架空输电线路设计规范》（GB 50545—2010）第10.1.18条。

在大风（27m/s）条件下，计算杆塔的荷载时，风压不均匀系数$\alpha=0.75$，计算塔头间隙时，风压不均匀系数$\alpha=0.61$，故水平比载折算为塔头间隙时：

$\gamma'_4=\dfrac{0.61}{0.75}\gamma_4=\dfrac{0.61}{0.75}\times26.45\times10^{-3}=22.41\times10^{-3}(\text{N/m}\cdot\text{mm}^2)$

根据《电力工程高压送电线路设计手册》（第二版）P106，导线风偏角：

$\eta=\tan^{-1}\left(\dfrac{\gamma_4}{\gamma_1}\right)=\tan^{-1}\left(\dfrac{22.41}{31.72}\right)=34.14°$

23.《110kV～750kV架空输电线路设计规范》（GB 50545—2010）第4.0.13条、《电力工程高压送电线路设计手册》（第二版）P103（式2-6-44）。

由第4.0.13条，操作过电压工况下不考虑覆冰，垂直比载取自重比载γ_1。

导线垂直档距：$l_v=l_H+\dfrac{\sigma_0}{\gamma_v}=600+\dfrac{24600}{1.349\times10}\times(-0.1)=417.6\text{m}$

导线分裂数为2，则绝缘子串风偏角：

$\theta_1=\tan^{-1}\left(\dfrac{P_1/2+Pl_H}{G/2+W_1l_V}\right)=\tan^{-1}\left(\dfrac{200/2+600\times4\times2}{1500/2+417.6\times1.349\times10\times2}\right)=22.18°$

24.《电力工程高压送电线路设计手册》(第二版)P179~180 表 3-3-1。

档距内导线长度：$L = l + \frac{h^2}{2l} + \frac{\gamma^2 l^3}{24\sigma_0^2} = 500 + \frac{50^2}{2 \times 500} + \frac{0.0317^2 \times 500^2}{24 \times 50^2} = 504.6\text{m}$

25.《电力工程高压送电线路设计手册》(第二版)P106,P179~180 表 3-2-3、表 3-3-1。

导线风偏角：$\eta = \tan^{-1}\left(\frac{\gamma_4}{\gamma_1}\right) = \tan^{-1}\left(\frac{11.25}{1.349 \times 10}\right) = 39.83°$

大风工况下综合比载：

$$\gamma_6 = \sqrt{\gamma_1^2 + \gamma_4^2} = \sqrt{\left(\frac{11.25}{425.24}\right)^2 + (31.72 \times 10^{-3})^2} = 41.3 \times 10^{-3}(\text{N/m} \cdot \text{mm}^2)$$

距 Ga 塔 70m 处导线弧垂：$f'_x = \frac{\gamma x'(l - x')}{2\sigma_0} = \frac{0.0413 \times 70 \times (300 - 70)}{2 \times 31000/425.24} = 4.56\text{m}$

故导线在最大风偏情况下距建筑物的净空距离：

$$\begin{aligned} s &= \sqrt{(24 - 9 - f'_x\cos\eta)^2 + (13 - 5.7 - f'_x\sin\eta)^2} \\ &= \sqrt{(15 - 4.56 \times \cos39.83)^2 + (7.3 - 4.56\sin39.83)^2} \\ &= 12.31\text{m} \end{aligned}$$

2018 年案例分析试题(下午卷)

[案例题是 4 选 1 的方式,各小题前后之间没有联系,共 25 道小题,每题分值为 2 分,上午卷 50 分,下午卷 50 分,试卷满分 100 分。案例题一定要有分析(步骤和过程)、计算(要列出相应的公式)、依据(主要是规程、规范、手册),如果是论述题要列出论点。]

题 1 ~ 3:某城区电网 220kV 变电站现有 3 台主变,220kV 户外母线采用 ϕ100/90 铝锰合金管形母线。根据电网发展和周边负荷增长情况,该站将进行增容改造。具体规模详见下表,请分析计算并解答下列各小题。

主要设备	现状	增容改造后
主变容量	3×120MVA	3×180MVA
220kV 侧	4 回出线、双母线接线	6 回出线、双母线接线
110kV 侧	8 回出线、双母线接线	10 回出线、双母线接线
35kV 侧	9 回出线、单母线分段接线	12 回出线、单母线分段接线

1. 该变电站原有四回 220kV 出线 L1 ~ L4,其中 L1 出线为放射型负荷线路,L2、L3、L4 出线为联络线路,其断路器开断能力均为 40kA。增容改造后,该站 220kV 母线三相短路容量为 16530MVA,L2、L3、L4 出线系统侧短路容量分别为 2190MVA、1360MVA、395MVA。请核算改造需要更换几台断路器(U_B = 230kV)? ( )

(A)1 台　　(B)2 台

(C)3 台　　(D)4 台

解答过程:

2. 站址区域最大风速为 25m/s,内过电压风速为 15m/s,三相短路电流峰值为 58.5kA,母线结构尺寸:跨距为 12m,支持金具长 0.5m,相间距离 3m,每跨设一个伸缩接头。隔离开关静触头加金具重 17kg,装于母线跨距中央。导体技术特性:自重为 4.08kg/m,导体截面系数为 33.8cm^2。请计算发生短路时该母线承受的最大应力并复核现有母线是否满足要求? ( )

(A)$3639N/cm^2$，母线满足要求　　(B)$7067.5N/cm^2$，母线满足要求

(C)$7224.85N/cm^2$，母线满足要求　　(D)$9706.7N/cm^2$，母线满足要求

解答过程：

3. 增容改造后，该站 110kV 母线接有两台 50MW 分布式燃机，均采用发电机变压器线路组接入，线路长度均为 5km，发电机 $X''_d=14.5\%$，$\cos\varphi=0.8$，主变采用 65MVA、110/10.5kV 变压器，$U_K=14\%$，并网线路电抗值为 0.4Ω/km，当 110kV 母线发生三相短路时，由燃气电厂提供的零秒三相短路电流周期分量有效值最接近下列哪项数值？（　　）

(A)1.08kA　　(B)2.16kA

(C)3.90kA　　(D)23.7kA

解答过程：

题 4～7：某电厂的海拔为 1300m，厂内 220kV 配电装置的电气主接线为双母线接线，220kV 配电装置采用屋外敞开式布置，220kV 设备的短路电流水平为 50kA，其主变进线部分截面见下图。厂内 220kV 配电装置的最小安全净距：A_1 值为 1850mm，A_2 值为 2060mm，分析计算并解答下列各小题。

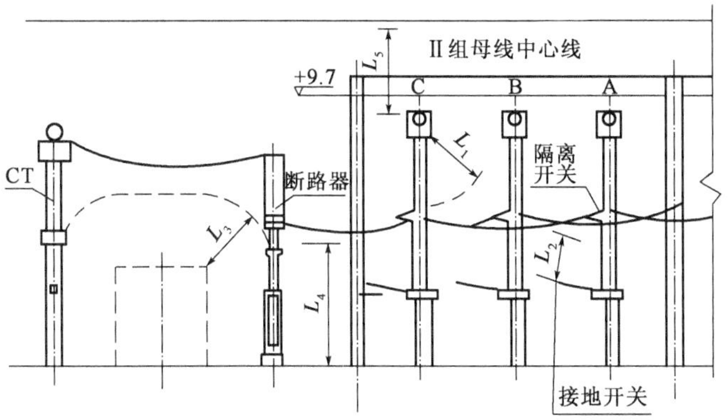

4. 判断下列关于上图中最小安全距离的表述中哪项是错误的？并说明理由。（　　）

(A)带电导体至接地开关之间的最小安全净距 L_2 应不小于1850mm
(B)设备运输时，其外廓至断路器带电部分之间的最小安全距离 L_3 应不小于2600mm
(C)断路器与隔离开关连接导线至地面之间的最小安全距离 L_4 应不小于4300mm
(D)主变进线与Ⅱ组母线之间的最小安全距离 L_5 应不小于2600mm

解答过程：

5. 220kV配电装置共7个间隔，每个间隔宽度15m，假定220kV母线最大三相短路电流为45kA，短路电流持续时间为0.5s，母线最大工作电流为2500A，Ⅱ母线三相对Ⅰ母线C相单位长度的平均互感抗为 $1.07\times10^{-4}\Omega/m$，请计算母线接地开关至母线端部距离不应大于下列哪项数值？（　　）

(A)35m　　(B)42.6m
(C)44.9m　　(D)46.7m

解答过程：

6. 假定220kV配电装置最大短路电流周期分量有效值为50kA，短路电流持续时间为0.5s，发生短路前导体的工作温度为80℃，不考虑周期分量的衰减，请以周期分量引起的热效应计算配电装置中铝绞线的热稳定截面应为下列哪项数值？（　　）

(A)383mm²　　(B)406mm²
(C)426mm²　　(D)1043mm²

解答过程：

7. 电厂主变压器额定容量为370MVA，主变额定电压比 $242 \pm 2 \times 2.5\%/20kV$，机组最大运行小时数为5000h，220kV 配电装置主母线最大工作电路为2500A，电厂铝绞线载流量修正系数取0.9。按照《电力工程电气设计手册》(电气一次部分)，主变进线和220kV 配电装置主母线宜选择下列哪组导线？　(　　)

(A) 2×LGJ-240，2×LGJ-800　　(B) 2×LGJ-400，2×LGJ-800

(C) 2×LGJ-240，2×LGJ-1200　　(D) LGJK-800，2×LGJK-800

解答过程：

题8～10：某电厂装有2×1000MW纯凝火力发电机组，以发电机变压器组方式接至厂内500kV升压站，每台机组设一台高压厂用无励磁调压分裂变压器，容量80/47-47kVA，变比27/10.5-10.5kV，半穿越阻抗设计值为18%，其电流引自发电机出口与主变低压侧之间，设10kV A、B两段厂用母线。请分析计算并解答下列各小题。

8. 若该电厂建设地点海拔高度2000m，环境最高温度30℃，厂内所用电动机的额定温升90K，则电动机的实际使用容量 P_s 与其额定功率 P_e 的关系为：　(　　)

(A) $P_s = 0.8P_e$　　(B) $P_s = 0.9P_e$

(C) $P_s = P_e$　　(D) $P_s = 1.1P_e$

解答过程：

9. 高压厂用分裂变压器的单侧短路损耗为350kW，10kV A段最大计算负荷为43625kVA，最小计算负荷为25877kVA，功率因数均按0.8考虑，请问10kV A段母线正常运行时的电压波动范围是多少？(高厂变引接处的电压波动范围为±2.5%，变压器处于0分接位置)　(　　)

(A) 90.4%～98.3%　　(B) 91.1%～98.7%

(C) 95.3%～103.8%　　(D) 95.9%～104.2%

解答过程：

10. 发电机厂用高压变分支引线的短路容量为 12705MVA，10kV A 和 B 段母线计及反馈的电动机额定功率分别为 35540kW 和 27940kW，电动机平均的反馈电流倍数为 6，请计算当 10kV 母线发生三相短路时，最大的短路电流周期分量的起始有效值接近下列哪项数值？（　　）

(A)36.9kA　　(B)37.57kA

(C)39kA　　(D)40.86kA

解答过程：

题 11 ~ 14：某燃煤发电厂，机组电气主接线采用单元制接线，发电机出线经主变压器升压接入 110kV 及 220kV 系统，单元机组厂用高压变支接于主变低压侧与发电机出口断路器之间。发电机中性点经消弧线圈接地。发电机参数为 P_e = 125MW，U_e = 13.8kV，I_e = 6153A，$\cos\varphi_e$ = 0.85. 主变为三绕组油浸式有载调压变压器，额定容量为 150MVA，YNynd 接线。厂用高压变额定容量为 16MVA，额定电压为 13.8/6.3kV，计算负荷为 12MVA。高压厂用启动/备用变压器接于 110kV 母线，其额定容量及低压侧额定电压与厂高变相同。

11. 现对热力系统进行了通流改造，汽机额定出力由原来的 125MW 提高到 135MW。若发电机、电气设备及厂用负荷不变，问当汽机达到改造后的额定出力时，主变压器运行的连续输出容量最大能接近下列哪项数值？（不考虑机械系统负载能力）（　　）

(A)135MVA　　(B)138MVA

(C)147MVA　　(D)159MVA

解答过程：

12. 若对电气系统设备更新，将原国产发电机出口少油断路器更换为进口 SF_6 断路器，由于 SF_6 断路器的两侧增加了对地电容器，故需要对消弧线圈进行核算。已知：SF_6 断路器两侧的电容器分别为 120nF 和 80nF；原有消弧线圈补偿容量为 35kVA，其补偿系数为 0.8。若忽略断路器本体的对地电容且脱谐度降低 5%（绝对值），请计算并确定消弧线圈容量应变更为下列哪项数值？（　　）

(A)44.57kVA　　(B)47.35kVA

(C)51.15kVA　　(D)51.58kVA

解答过程：

13. 厂用高压变 13.8kV 侧采用安装于母线桥内的矩形铜母线引接，三相导体水平布置于同一平面，绝缘子间跨距 800mm，相间距 600mm。若厂用分支三相短路电流起始有效值为 80kA，则三相短路的电动机为（假定振动系数 =1）　　(　　)

(A)1472N　　(B)5974N

(C)10072N　　(D)10621N

解答过程：

14. 高压厂用启动/备用变压器布置于 110kV 配电装置。其 6.3kV 侧采用交联聚乙烯铜芯电缆数根并联引出，通过 A 排外综合管架无间距并排敷设于一独立的无盖板梯架上。请计算确定下列电缆的界面和根数组合中，选择哪组合适？（环境温度为 +40℃）　　(　　)

(A)8 根 $(3\times120)\text{mm}^2$　　(B)6 根 $(3\times150)\text{mm}^2$

(C)5 根 $(3\times185)\text{mm}^2$　　(D)4 根 $(3\times240)\text{mm}^2$

解答过程：

题 15～19：一台 300MW 水氢氢冷却汽轮发电机经过发电机断路器、主变压器接入 330kV 系统，发电机额定电压 20kV，发电机额定功率因数 0.85，发电机中性点经高阻接地，主变参数为 370MVA，345/20kV，U_d = 14%（负误差不考虑），主变压器 330kV 侧中性点直接接地。请根据题意回答下列问题。

15. 若主变压器参数为 $I_0 = 0.1\%$，$P_0 = 213\text{kW}$，$P_k = 1010\text{kW}$，当发电机以额定功率、额定功率因数(滞后)运行时，包含了厂高变自身损耗的厂用负荷为 23900kVA，功率因数 0.87，计算主变高压侧测量的功率因数应为下列哪项数值？(不考虑电压变化，忽略发电机出线及厂用分支等回路导体损耗) (　　)

(A) 0.850　　(B) 0.900

(C) 0.903　　(D) 0.916

解答过程：

16. 若 330kV 系统单相接地时经接地网入地的故障对称电流为 12kA，330kV 的等效时间常数 X/R 为 30，主保护动作时间为 100ms，后备保护动作时间为 0.95s，断路器开断时间为 50ms，失灵保护动作时间为 0.6s，计算扁钢接地体的最小截面计算值应为下列哪项数值？ (　　)

(A) 148.46mm^2　　(B) 157.6mm^2

(C) 171.43mm^2　　(D) 179.43mm^2

解答过程：

17. 若该工程建于海拔 1900m 处，电气设备外绝缘雷电冲击耐压(全波)1000kV，计算确定避雷器参数应选择下列哪种型号？(按 GB50064 选择) (　　)

(A) Y20W-260/600　　(B) Y10W-280/714

(C) Y20W-280/560　　(D) Y10W-280/560

解答过程：

18. 发电机装设了转子负序过负荷保护，保护装置反回系数0.95，计算其定时限过负荷保护的一次电流定值应为下列哪项数值？（　　）

(A)875.17A　　(B)1029.6A

(C)1093.96A　　(D)1287.01A

解答过程：

19. 若330kV母线短路电流为40kA（不含本机组提供的短路电流）、系统时间常数按45ms考虑，主变压器时间常数为120ms，故障发生至发电机断路器断开的时间按60ms考虑，计算发电机断路器开断的主变侧短路电流其非周期分量应为下列哪项数值？（　　）

(A)25.6kA　　(B)54.2kA

(C)58.91kA　　(D)65.41kA

解答过程：

题20～23：某火力发电厂350MW发电机组为采用发变组单元接线，励磁变额定容量为3500kVA，励磁变变比20/0.82kV；接线组别Yd11，励磁变短路阻抗为7.45%；励磁变高压侧CT变比为200/5A；低压侧CT变比为3000/5A。发电机的部分参数见下表，主接线图见下图。请解答下列问题。

发电机参数表

名　称	单　位	数　值	备　注
额定容量	MVA	412	
额定功率	MW	350	
功率因数		0.85	
额定电压	kV	20	定子电压
CT变比	—	15000/5A	
X''_d	%	17.51	
负序电抗饱和值X_2	%	21.37	

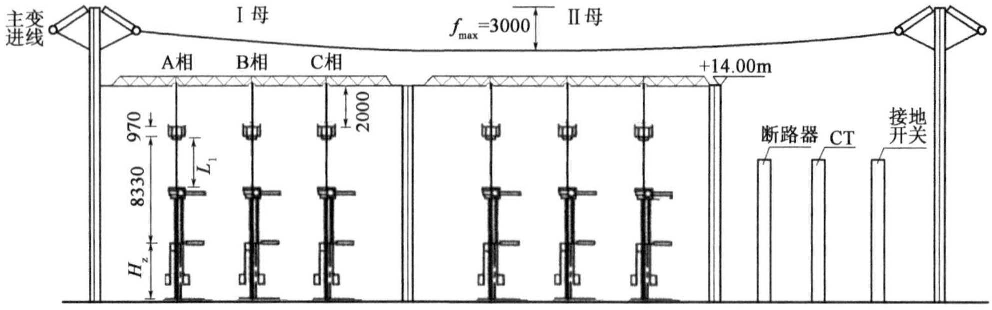

厂内330kV配电装置主变进线间隔断面示意图(尺寸单位：mm)

20. 发电机测量信号通过变送器接入DCS，发电机测量CT为三相星形接线，每相电流互感器接5只变送器，安装在变送器屏上，每只变送器交流电流回路负载1VA，发电机CT至变送器屏的长度为150m，电缆采用4mm^2铜芯电缆，铜电阻系数$\rho=0.0184\Omega\cdot mm^2/m$，总结出电阻按0.1Ω考虑。请分析计算测量CT的实际负载值，保证测量精度条件下测量CT的最大允许额定二次负载值。 (　　)

(A)0.99Ω，3.96VA　　(B)0.99Ω，99VA

(C)1.68Ω，168VA　　(D)5.79Ω，23.16VA

解答过程：

21. 请判断下列关于高压厂用工作变压器的保护配置与动作出口的描述中哪项是正确的？并说明依据和理由。（　　）

(A) 除非电量保护外，保护双重化配置，配置速断保护动作于发电机变压器组总出口继电器及高压侧过电流保护带时间动作于发电机变压器组总出口继电器。厂用高压变压器 6kV 侧断路器配置过电流保护及过电流限时速断均动作于跳本分支断路器

(B) 除非电流保护外，保护双重化配置，配置纵联差动保护于发电机变压器组总出口继电器，配置高压侧过电流保护带时限动作于发电机变压器组总出口继电器，厂用高压变压器 6kV 侧断路器配置过电流保护及过电流限时速断均动作于跳本侧分支断路器

(C) 主保护和后备保护分别配置，配置高压侧过电流保护带时限动作于发电机变压器组总出口继电器，厂用高压变压器 6kV 侧断路器配置过电流保护动作于跳本分支断路器

(D) 主保护和后备保护分别配置，配置纵联差动保护动作于发电机变压器组总出口继电器，配置高压侧过电流保护带时限动作于发电机变压器组总出口继电器。厂用高压变压器 6kV 侧断路器配置过电流保护及过电流限时速断动作于发电机变压器组总出口继电器

解答过程：

22. 判断下列关于高压厂用工作变压器高低压侧电测量量的配置中，哪项最合适？并说明依据和理由。（符号说明如下：I 为单相电流，I_A、I_B、I_C 分别为 A、B、C 相电流，P 为单向三相有功功率，Q 为单向三相无功功率，W 为单向三相有功电能，W_Q 为单向三相无功电能，U 为线电压）（　　）

(A) 高压侧：计算机控制系统配置 I 及 P、W；低压侧：计算机控制系统及开关柜均配置 I

(B) 高压侧：计算机控制系统配置 I_A、I_B、I_C 及 P、W；低压侧：计算机控制系统配置 I

(C) 高压侧：计算机控制系统配置 I_A、I_B、I_C 及 P、Q、W、W_Q；低压侧：计算机控制系统及开关柜均配置 I

(D) 高压侧：计算机控制系统配置 I 及 P、W、W_Q；低压侧：计算机控制系统及开关柜均配置 I

解答过程：

23. 已知最大运行方式下励磁变高压侧短路电流为120.28kA，请计算励磁变压器速断保护的二次整定值应为下列哪项数值？（整定计算可靠系数 $K_{rel}=1.3$）（　　）

（A）2.90A　　（B）2.94A

（C）43.58A　　（D）44.08A

解答过程：

题24～27：某500kV变电站一期建设一台主变，主变及其35kV侧电气主接线如图所示，其中的虚线部分表示远期工程，请回答下列问题。

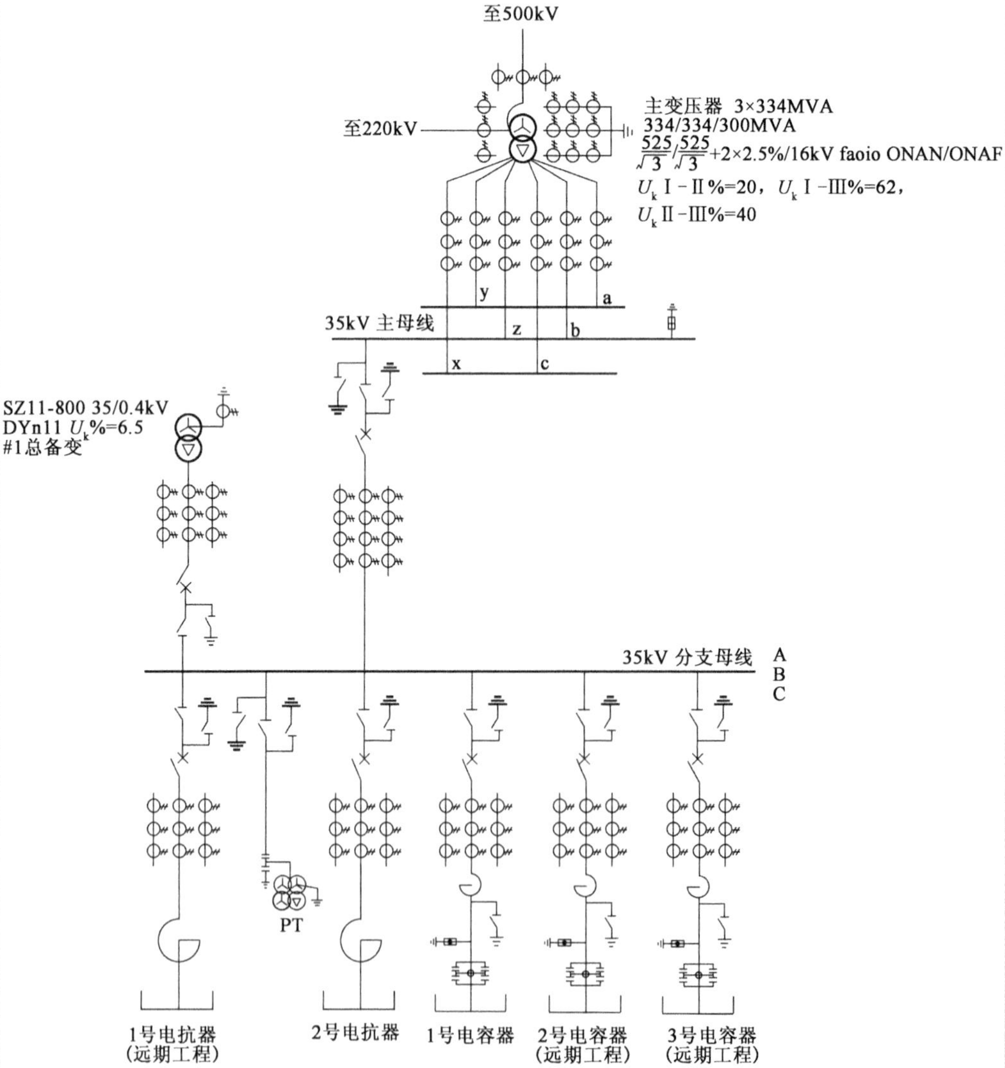

24. 请判断本变电站 35kV 并联电容器装置设计下列哪几项是正确的、哪几项是错误的？并说明理由。 ( )

①站内电容器安装容量，应根据所在电网无功规划和国家现行标准中有关规定经计算后确定。

②并联电容器的分组容量按各种容量组合运行时，必须避开谐振容量。

③站内一期工程电容器安装容量取为 $334 \times 20\% = 66.8\text{MVA}$。

④并联电容器装置安装在主要负荷侧。

(A)①正确，②③④错误　　(B)①②正确，③④错误

(C)①②③正确，④错误　　(D)①②③④正确

解答过程：

25. 若该变电站 35kV 母线正常运行时电压波动范围为 $-3\% \sim +7\%$，最高位 $+10\%$，电容器组采用单星形双桥差接线，每桥臂 5 并 4 串，电容器装置电抗率 12%，并联电容器额定电压的计算值和正常运行时电容器输出容量的变化范围应为下列哪项数值？（以额定容量的百分比表示） ( )

(A)6.03kV，94.15% ~110.3%　　(B)6.03kV，94.10% ~114.5%

(C)6.14kV，94.10% ~114.5%　　(D)6.31kV，94.10% ~121.0%

解答过程：

26. 若该变电站 35kV 电容器采用单星形双桥差接线，每桥臂 5 并 4 串，单台电容器容量 500kvar，电容器组额定相电压 22kV，电容器装置电抗率 5%，则串联电抗器的额定电流及其允许过电流应为下列哪一组数值？ ( )

(A)956.9A，1435.4A　　(B)956.9A，1244.0A

(C)909.1A，1363.7A　　(D)909.1kA，1181.8A

解答过程：

27. 若该变电站35kV电容器组采用单星形单桥差接线，内熔丝保护，每桥臂7并4串，单台电容器容量500kvar，额定电压5.5kV。电容器回路电流互感器变比 $N_1=5/1A$，电容器击穿元件百分数 β 对应的过电压见下表，请计算桥式差电流保护二次保护动作值应为下列哪项数值？（灵敏系数取1.5） （　　）

电容器击穿元件百分数 β	10%	20%	25%	30%	40%	50%
健全电容器电压升高	$1.05U_{ce}$	$1.07U_{ce}$	$1.1U_{ce}$	$1.15U_{ce}$	$1.2U_{ce}$	$1.3U_{ce}$

(A)5.06A　　(B)6.65A

(C)8.41A　　(D)33.27A

解答过程：

题28～30：某2×350MW火力发电厂，每台机组各设一台照明变，为本机组汽机房、锅炉房和属于本机组的主厂房公用部分提供正常照明电源，电压为380/220V。两台机组设一台检修变兼做照明备用变压器。请根据题意回答下列问题。

28. 其中一台机组照明变压器的供电范围包括：

(1)汽机房：48套400W的金属卤化物灯，160套175W的金属卤化物灯，150套2×36W的荧光灯，30套32W的荧光灯。

(2)锅炉房及锅炉本体：360套175W的金属卤化物灯，20套32W的荧光灯。

(3)集控楼：150套2×36W的荧光灯，40套4×18W的荧光灯。

(4)煤仓间：36套250W的金属卤化物灯。

(5)主厂房A列外变压器区：8套400W的金属卤化物灯。

(6)插座负荷：40kW。

其中锅炉本体、煤仓间照明负荷同时系数按锅炉房取值，集控楼照负荷同时系数取值同主控制楼，A列外变压器区照明负荷同时系数按汽机房取值。假设所有灯具的功率中未包含镇流器及其他附件损耗，插座回路只考虑功率因数取0.85，计算确定该机组照明变压器容量选择下列哪项最合理？ （　　）

(A)160kVA　　(B)200kVA

(C)250kVA　　(D)315kVA

解答过程：

29. 该电厂汽机房运转层长130.6m，跨度28m，运转层标高为12.6m，正常照明采用单灯功率为400W的金属卤化物灯，吸顶安装在汽机房运转层屋架下，灯具安装高度为27m，照明灯具按照每年擦洗2次考虑，在计入照明维护系统的前提下，如汽机房运转层地面照度要达到200lx(不考虑应急照明)，根据照明功率密度值现行值的要求，计算装设灯具数量至少应为下列哪项数值？ ( )

(A)53盏 (B)64盏 (C)75盏 (D)92盏

解答过程：

30. 厂内有一电缆隧道，照明电源采用AC24V，其中一个回路共安装6只60W的灯具，照明导线采用BV-0.5型10mm^{2}单芯电缆，假设该回路的功率因素为1，且负荷均匀分布，这在允许的压降范围内，该回路的最大长度应为下列哪项数值？ ( )

(A)11.53m (B)19.44m

(C)23.06m (D)38.88m

解答过程：

题31～35：某500kV架空输电线路工程，最高运行电压550kV，导线采用4×JL/GIA-500/45，子导线直径30mm，导线自重荷载为16.529N/m，基本风速27m/s，设计覆冰厚10mm。请回答下列问题。

31. 根据以下情况，计算确定导线悬垂串片数为下列哪项数值？ ( )

(1)所经地区海拔为1000m，等值盐密为0.10mg/cm^2，统一爬电比距(最高运行相电压)要求按4.0cm/kV设计。

(2)假定绝缘子的公称爬电距离为450mm，结构高度为146mm，在等值盐密为0.10mg/cm^{2}时的爬电距离有效系数取0.95。

(A)25片 (B)27片 (C)29片 (D)30片

解答过程：

32. 根据以下情况,计算确定导线悬垂串片数应为下列哪项数值? ( )

(1)所经地区海拔为3000m,污秽等级为C级,统一爬电比距(最高运行相电压)要求按4.5cm/kV设计。

(2)假定绝缘子的公称爬电距离为550mm,爬电距离有效系数为0.9,特征指数 m_1 取0.40。

(A)28片 (B)30片

(C)32片 (D)34片

解答过程:

33. 根据以下情况,计算确定导线悬垂绝缘子片数应为下列哪项数值? ( )

(1)所经地区海拔高度为500m。

(2)D级污秽区,统一爬电比距(最高运行相电压)要求按5.0cm/kV设计。

(3)假定盘型绝缘子的爬电距离有效系数为1.0。

(A)1083cm (B)1191cm

(C)1280cm (D)1400cm

解答过程:

34. 根据以下情况,计算确定导线悬垂绝缘子片数应为下列哪项数值? ( )

(1)某跨越塔全高100m,海拔高度600m。

(2)统一爬电比距(最高运行相电压)要求按4.0cm/kV设计。

(3)假定绝缘子的公称爬电距离为480mm,结构高度170mm,爬电距离有效系数为1.0,特征指数 m_1 取0.40。

(A)25片 (B)26片

(C)27片 (D)28片

解答过程:

35. 位于3000m海拔高度时输电线路带电部分与杆塔构件工频电压最小空气间隙应为下列哪项数值？（提示：工频间隙放电电压 $U_{50\%}=kd$，d 为间隙）（　　）

(A)1.3m　　(B)1.66m　　(C)1.78m　　(D)1.9m

解答过程：

题 36～40：500kV 架空输线路工程，导线采用 4×JL/GIA-500/35，导线自重荷载为 16.18N/m，基本风速 27m/s，设计覆冰 10mm（同时温度 -5℃，风速 10m/s）。10mm 覆冰时，导线冰荷载为 11.12N/m，风荷载 3.76N/m；导线最大设计张力为 45300N，大风工况导线张力为 36000N，最高气温工况导线张力为 25900N，某耐张段定位结果见下表，请解答下列问题。（提示：以下计算均按平抛物线考虑，且不考虑绝缘子串的影响）

36. 计算确定2号ZM2塔最高气温工况下的垂直档距应为下列哪项数值？（　　）

塔号	塔型	档距	挂点高度
1	JG1		
		500	20
2	ZM2		
		600	50
3	ZM4		
		1000	150
4	JG2		

(A)481m　　(B)550m

(C)664m　　(D)747m

解答过程：

37. 计算2号ZM2塔覆冰工况下导线产生的垂直荷载应为下列哪项数值？（　　）

(A)45508N　　(B)52208N

(C)60060N　　(D)82408N

解答过程：

38. 假定该耐张段导线耐张绝缘子串采用同一串型，且按双联点型式设计，计算导线耐张串重挂点金具的强度等级应为下列哪项数值？（　　）

(A) 300kN　　(B) 240kN

(C) 210kN　　(D) 160kN

解答过程：

39. 假定 3 号 ZM4 塔导线采用单联悬垂玻璃绝缘子串，计算悬垂串重连接金具的强度等级应为下列哪项数值？（　　）

(A) 420kN　　(B) 300kN

(C) 210kN　　(D) 160kN

解答过程：

40. 已知导线的最大风荷载为 13.72N/m，计算 2 号 ZM2 塔导线悬垂 I 串最大风偏角应为下列哪项数值？（　　）

(A) 29.5°　　(B) 35.6°

(C) 45.8°　　(D) 53.9°

解答过程：

2018 年案例分析试题答案(下午卷)

题 1 ~3 答案:**BCB**

1.《电力工程电气设计手册》(电气一次部分) P120 式(4-2)及表 4-1。

220kV 母线三相短路电流:$I''_{\Sigma}=\dfrac{S_j}{\sqrt{3}U_j}=\dfrac{16530}{\sqrt{3}\times 230}=41.5\text{kA}$

L2 出线系统侧三相短路电流:$I''_{L2}=\dfrac{S_{j2}}{\sqrt{3}U_j}=\dfrac{2190}{\sqrt{3}\times 230}=5.5\text{kA}$

L3 出线系统侧三相短路电流:$I''_{L3}=\dfrac{S_{j3}}{\sqrt{3}U_j}=\dfrac{1360}{\sqrt{3}\times 230}=3.4\text{kA}$

L4 出线系统侧三相短路电流:$I''_{L4}=\dfrac{S_{j4}}{\sqrt{3}U_j}=\dfrac{395}{\sqrt{3}\times 230}=1.0\text{kA}$

故增容改造后,各出线侧断路器最大短路电流为:

L1 出线侧:$I''_{L1}=I''_{\Sigma}=41.5\text{kA}>40\text{kA}$,需更换;

L2 出线侧:$I''_{\Sigma}-I''_{L2}=41.5-5.5=36\text{kA}<40\text{kA}$,不需更换;

L3 出线侧:$I''_{\Sigma}-I''_{L3}=41.5-3.4=38.1\text{kA}<40\text{kA}$,不需更换;

L4 出线侧:$I''_{\Sigma}-I''_{L4}=41.5-1=40.5\text{kA}>40\text{kA}$,需更换。

2.《电力工程电气设计手册》(电气一次部分) P344 表 8-17。

发生短路时荷载组合条件为 50% 最大风速,且不小于 15m/s,应考虑自重、引下线重和短路电动力。故需考虑垂直弯矩和水平弯矩两个因素,分别计算如下:

(1)垂直弯矩

参见 P345 表 8-19,单跨均布荷载最大弯矩系数 0.125,集中荷载最大弯矩系数 0.25;

母线自重产生的垂直弯矩:

$M_{cj}=0.125q_1l_{js}^2\times 9.8=0.125\times 4.08\times(12-0.5)^2\times 9.8=661.0\text{N}\cdot\text{m}$

集中荷载(静触头 + 金具)产生的垂直弯矩:

$M_{cj}=0.125Pl_{js}\times 9.8=0.25\times 17\times(12-0.5)\times 9.8=479.0\text{N}\cdot\text{m}$

(2)水平弯矩(风压)

参见 P386 式(8-58),风速不均匀系数 $\alpha_v=1$,空气动力系数 $K_v=1.2$,内过电压风速 15m/s;

单位长度风压:$f_v=\alpha_v k_v D_1\dfrac{v_{max}^2}{16}=1\times 1.2\times 0.1\times\dfrac{15^2}{16}=1.6875\text{kg/m}$

风压产生的水平弯矩:

$M_{sf}=0.125f_v l_{js}^2\times 9.8=0.125\times 1.6875\times(12-0.5)^2\times 9.8=273.4\text{N}\cdot\text{m}$

(3)水平弯矩(短路电动力)

参见 P338 式(8-8),P343 ~344,最后一段,为了安全,在工程计算时管形母线 $\beta=$

0.58，故三相短路时母线单位长度产生的最大电动力为：

$$f_d=\frac{F}{l}=17.248\frac{1}{\alpha}i_{ch}^2\beta\times10^{-2}=17.248\times\frac{1}{3}58.5^2\times0.58\times10^{-2}=11.645\text{kg/m}$$

短路电动力产生的水平弯矩为：

$$M_{sd}=0.125f_{sd}l_{js}^2\times9.8=0.125\times11.645\times(12-0.5)^2\times9.8=1886.6\text{N}\cdot\text{m}$$

(4)母线最大弯矩及应力

参见 P344 式(8-41)、式(8-42)，短路时管形母线承受的最大弯矩为：

$$M_d=\sqrt{(M_{sd}+M_{sf})^2+(M_{cz}+M_{cl})^2}=\sqrt{(1886.6+273.4)^2+(661.0+479.0)^2}$$
$$=2442.37\text{N}\cdot\text{m}$$

短路时管形母线承受的最大应力为：

$$\sigma_{max}=100\frac{M_d}{W}=100\times\frac{2442.37}{33.8}=7226.0\text{N/cm}^2$$

依据《导体和电器选择设计技术规定》(DL/T 5222—2005) 第 7.3.3 条及表 7.3.3，3A21(H18)型铝锰合金最大允许应力为 $\sigma_P=100\text{MPa}=100\text{N/mm}^2=10000\text{N/cm}^2>\sigma_{max}$，故满足要求。

3.《电力工程电气设计手册》(电气一次部分) P120 表 4-1、表 4-2。

基准容量：$S_j=\frac{P_G}{\cos\varphi}=\frac{50}{0.8}=62.5\text{MVA}$，则发电机阻抗标幺值为 $X_{*G}=X_d''=0.145$

变压器阻抗标幺值：$X_{*T}=\frac{U_d\%}{100}\cdot\frac{S_j}{S_e}=\frac{14}{100}\cdot\frac{62.5}{65}=0.1346$

110kV 线路阻抗标幺值：$X_{*l}=X_l\cdot\frac{S_j}{U_j^2}=0.4\times5\times\frac{62.5}{115^2}=0.0095$

发电机支路总阻抗标幺值：

$X_{*\Sigma}=X_{*G}+X_{*T}+X_{*l}=0.145+0.1346+0.0095=0.289$

查图 4-6，每台发电机支路 0s 短路电流标幺值：$I''_{*k3}=3.5\text{kA}$

每台发电机提供的短路电流有名值：

$$I''_{k3}=I''_{*k3}\cdot\frac{P_e}{\sqrt{3}U_p\cos\varphi}=3.5\times\frac{50}{\sqrt{3}\times115\times0.8}=1.10\text{kA}$$

故两台发电机合计短路电流有名值：$2I''_{k3}=2\times1.1=2.2\text{kA}$

题 4～7 答案：**CBCB**

4.《高压配电装置设计技术规程》(DL/T 5352—2018) 第 5.1.2 条及表 5.1.2。

根据题干中已明确的 220kV 配电装置的最小安全净距(海拔修正后) $A_1=1850\text{mm}$，$A_2=2600\text{mm}$ 可知，带电导体至接地开关之间的最小安全净距 L_2 应不小于 A_1 值，即 1850mm，选项 A 正确；

设备运输时，其外廓至断路器带电部分之间的最小安全净距 L_3 应不小于 B_1 值，即 $A_1+750=2600\text{mm}$，选项 B 正确；

断路器与隔离开关连接导线至地面之间的最小安全净距 L_4 应不小于 C 值，即 $A_1+2300+200=4350\text{mm}$，选项 C 错误；

主变进线与Ⅱ组母线之间的最小安全净距 L_5,按交叉不同时停电检修设备之间距离确定,应不小于 B_1 值,即为 $A_1+750=2600\text{mm}$,选项 D 正确。

5.《电力工程电气设计手册》(电气一次部分) P574 式(10-2)、式(10-5)、式(10-6)。

(1)按长期电磁感应电压计算

母线单位长度电磁感应电压:$U_{A2}=I_gX_{av}=1500\times1.07\times10^{-4}=0.2675\text{V/m}$

母线接地开关至母线端部距离:$l_{j1}=\dfrac{12}{U_{A2}}=\dfrac{12}{0.2675}=44.9\text{m}$

(2)按最大三相短路电磁感应电压计算

母线单位长度电磁感应电压:$U_{A2(K)}=I_KX_{av}=45000\times1.07\times10^{-4}=4.815\text{V/m}$

母线接地开关至母线端部距离:$l_{j2}=\dfrac{2U_{j0}}{U_{A2(K)}}=\dfrac{205.06}{4.815}=42.6\text{m}$

综合上述取较小值 42.6m。

6.《导体和电器选择设计技术规定》(DL/T 5222—2005) 第 7.1.8 条及附录 F.6。

依据第 7.1.8 条,铝绞线短路前导体的工作温度为 80℃,故热稳定系数 $C=83$;

不考虑非周期分量,短路电流热效应:

$Q_t=Q_z+Q_f=I''^2t+Q_f=50^2\times0.5+0=1250\text{kA}^2\text{s}$

热稳定最小截面:$S\geqslant\dfrac{\sqrt{Q_d}}{C}=\dfrac{\sqrt{1250}}{83}\times10^3=426\text{mm}^2$

7.《电力工程电气设计手册》(电气一次部分) P232 表 6-3、P377 图 8-30。

(1)主变压器进线规格

变压器回路持续工作电流:$I_g=1.05\times\dfrac{S}{\sqrt{3}\times U_e}=1.05\times\dfrac{370000}{\sqrt{3}\times242}=926.86\text{A}$

由图 8-30 可知,当机组最大运行小时数为 5000h 时,经济电流密度 $j=1.1$,

故按经济电流密度选择截面:$S=\dfrac{I_g}{j}=\dfrac{926.86}{1.1}=842.6\text{mm}^2$

故可选择 2×LGJ-400 或 LGJK-800。

(2)220kV 主母线规格

根据题干条件,母线载流量:$I'_g=\dfrac{I_g}{K}=\dfrac{2500}{0.9}=2777.78\text{A}$

根据 P411 ~413 的附表 8-4 和附表 8-5 的数据可知:

2×LGJ-800 的载流量为 $I_{z1}=2\times1399=2798\text{A}>I'_g$,满足要求。

2×LGJK-800 的载流量为 $I_{z2}=2\times1150=2300\text{A}<I'_g$,不满足要求。

注:《导体和电器选择设计技术规定》(DL/T 5222—2005) 第 7.1.6 条:当无合适规格导体时,导体截面积可按经济电流密度计算截面的相邻下一档选取。

题 8 ~10 答案:**CCD**

8.《火力发电厂厂用电设计技术规程》(DL/T 5153—2014) 第 5.2.4 条。

第 5.2.4 条：当电动机用于 1000～4000m 的高海拔地区时，使用地点的环境最高温度随海拔高度递减并满足式(5.2.4)时，则电动机额定功率不变。

$\frac{h-1000}{100}\Delta Q-(40-\theta)=\frac{2000-1000}{100}\times 90\times 1\%-(40-30)=-1<0$，满足条件，故电动机实际使用容量 $P_s=P_e$。

9.《火力发电厂厂用电设计技术规程》(DL/T 5153—2014) 附录 G。

高压厂用变压器电阻标幺值：$R_T=1.1\frac{P_t}{S_{2T}}=1.1\times\frac{0.35}{47}=0.0082$

高压厂用变压器电抗标幺值：$X_T=1.1\frac{U_d\%}{100}\times\frac{S_{2T}}{S_T}=1.1\times\frac{18}{100}\times\frac{47}{80}=0.1163$

负荷压降阻抗标幺值：

$Z_\varphi=R_T\cos\varphi+X_T\sin\varphi=0.0082\times 0.8+0.1163\times 0.6=0.0763$

(1)厂用最大负荷运行

厂用负荷标幺值：$S_{max*}=\frac{43625}{47000}=0.928$

变压器低压侧额定电压标幺值：$U_{2e*}=\frac{U_{2e}}{U_n}=\frac{10.5}{10}=1.05$

电源电压标幺值：$U_{g*}=1-2.5\%=0.975$

低压侧空载电压标幺值：$U_{0*}=\frac{U_{g*}U_{2e*}}{1+n\frac{\delta_u\%}{100}}=\frac{0.975\times 1.05}{1+0}=1.024$

厂用母线电压标幺值：

$U_{m\cdot min}=U_{0*}-S_{max*}Z_\varphi=1.024-0.928\times 0.0763=0.953=95.3\%$

(2)厂用最小负荷运行

厂用负荷标幺值：$S_{min*}=\frac{25877}{47000}=0.551$

变压器低压侧额定电压标幺值：$U_{2e*}=\frac{U_{2e}}{U_n}=\frac{10.5}{10}=1.05$

电源电压标幺值：$U_{g*}=1+2.5\%=1.025$

低压侧空载电压标幺值：$U_{0*}=\frac{U_{g*}U_{2e*}}{1+n\frac{\delta_u\%}{100}}=\frac{1.025\times 1.05}{1+0}=1.08$

厂用母线电压标幺值：

$U_{m\cdot max}=U_{0*}-S_{min*}Z_\varphi=1.08-0.551\times 0.0763=1.038=103.8\%$

10.《火力发电厂厂用电设计技术规程》(DL/T 5153—2014) 附录 L 第 L.0.1 条。

高压厂用变压器阻抗标幺值：$X_T=\frac{(1-7.5\%)\times 18}{100}\times\frac{100}{80}=0.2081$

系统阻抗标幺值：$X_S=\frac{S_j}{S''}=\frac{100}{12075}=0.0079$

厂用电源短路电流起始有效值：$I''_B = \frac{I_j}{X_s + X_T} = \frac{5.5}{0.0079 + 0.2081} = 25.46\text{kA}$

电动机反馈短路电流：$I''_D = K_{qD} \frac{P_{eD}}{\sqrt{3} U_{eD} \eta_D \cos\varphi_D} \times 10^{-3} = 6 \times \frac{35540}{\sqrt{3} \times 10 \times 0.8} = 15.39\text{kA}$

短路电流周期分量初始值：$I'' = I''_B + I''_D = 25.46 + 15.39 = 40.85\text{kA}$

题 11 ~ 14 答案：**DBDD**

11.《大中型火力发电厂设计规范》(GB 50660—2011) 第 16.1.5 条。

第 16.1.5 条：容量为 125MW 及以上的发电机与主变压器为单元连接时，主变压器的容量宜按发电机的最大连续容量扣除不能被高压厂用启动/备用变压器替代的高压厂用工作变压器计算负荷后进行。

根据题干，起动/备用变压器容量与高压厂用变压器容量相同，故无需扣除，则主变压器连续输出容量最大值为：$S_{max} = \frac{P_{max}}{\cos\varphi} = \frac{135}{0.85} = 159\text{MVA}$。

12.《导体和电器选择设计技术规定》(DL/T 5222—2005) 第 18.1.4 条、第 18.1.7 条。

电容电流：$I_c = \frac{\sqrt{3}Q}{KU_N} = \frac{\sqrt{3} \times 35}{0.8 \times 13.8} = 5.49\text{A}$

脱谐度：$\nu = \frac{I_C - I_L}{I_C} = 1 - K = 1 - 0.8 = 0.2$

忽略断路器本体对地电容，同时考虑本体两侧电容后，其电容电流为：

$I'_c = I_c + \sqrt{3} U_e \omega C \times 10^{-3} = 5.49 + \sqrt{3} \times 13.8 \times 100\pi \times (0.12 + 0.08) \times 10^{-3} = 7\text{A}$

脱谐度降低 5% 后，则补偿系数：$K' = 1 - (20\% - 5\%) = 0.85$

消弧线圈容量：$Q' = K' I'_C \frac{U_N}{\sqrt{3}} = 0.85 \times 7 \times \frac{13.8}{\sqrt{3}} = 47.35\text{kVA}$

13.《电力工程电气设计手册》(电气一次部分) P338 式(8-8)。

短路冲击电流：$i_{ch} = \sqrt{2} K_{ch} I'' = 2 \times 1.9 \times 80 = 214.96\text{kA}$

三相短路的电动力：

$$F = 17.248 \frac{l}{\alpha} i_{ch}^2 \beta \times 10^{-2} = 17.248 \times \frac{80}{60} \times 214.96^2 \times 1 \times 10^{-2} = 10626.6\text{N}$$

注：《导体和电器选择设计技术规定》(DL/T 5222—2005) 附录 F.4，发电机端出口短路时，冲击系数 $K_{ch} = 1.9$。

14.《电力工程电缆设计规范》(GB 50217—2018) 附录 C、附录 D。

由第 D.0.1 条及表 D.0.1 可知，环境温度校正系数 $K_1 = 1$；

由第 D.0.6 条及表 D.0.6 可知，梯架敷设校正系数 $K_2 = 0.8$；

依据附录 C.0.2,交联聚乙烯铝芯电缆,无钢铠护套在空气中的载流量,经修正为:

8 根 $3\times120\text{mm}^2$:$I_1=8\times246\times1.29\times0.8\times1=2031.0\text{A}$

6 根 $3\times150\text{mm}^2$:$I_2=6\times277\times1.29\times0.8\times1=1715.2\text{A}$

5 根 $3\times185\text{mm}^2$:$I_3=5\times323\times1.29\times0.8\times1=1292\text{A}$

4 根 $3\times240\text{mm}^2$:$I_4=4\times378\times1.29\times0.8\times1=1560.4\text{A}$

变压器 6.3kV 侧持续工作电流:$I_g=1.05\times\dfrac{S_e}{\sqrt{3}U_e}=1.05\times\dfrac{16000}{\sqrt{3}\times6.3}=1539.6\text{A}$

综合比较,选项 D 最为经济。

题 15 ~ 19 答案:**CBDBB**

15.《电力系统设计手册》P320 式(10-43)、式(10-44):潮流计算内容。

发电机额定有功功率为 $P_G=300\text{MW}$,则额定无功功率:

$Q_G=P_G\tan(\cos^{-1}0.85)=300\times\tan(\cos^{-1}0.85)=185.9\text{Mkar}$

厂高变自身损耗吸收有功功率:$P_c=23.9\times0.87=20.79\text{MW}$

厂高变自身损耗吸收无功功率:

$Q_C=S_C\sin(\cos^{-1}0.87)=23.9\times\sin(\cos^{-1}0.87)=11.78\text{Mkar}$

则通过变压器的总视在功率:

$S=\sqrt{(300-20.79)^2+(185.92-11.78)^2}=329.06\text{MVA}$

主变压器有功损耗:$\Delta P_T=\Delta P_0+\beta^2\Delta P_k=0.213+\left(\dfrac{329.06}{370}\right)^2\times1.01=1.011\text{MW}$

主变压器无功损耗:

$\Delta Q_T=\left(\dfrac{I_0\%}{100}+\beta^2\dfrac{U_d\%}{100}\right)S_e=\left[\dfrac{0.1}{100}+\left(\dfrac{329.06}{370}\right)^2\times\dfrac{14}{100}\right]\times370=41.31\text{Mvar}$

主变高压侧测量的有功功率:$P=P_G-P_C-\Delta P_T=300-20.79-1.011=278.20\text{MW}$

主变高压侧测量的无功功率:

$Q=Q_G-Q_C-\Delta Q_T=185.92-11.78-41.31=132.83\text{Mvar}$

故主变高压侧测量的功率因数:$\cos\varphi=\dfrac{P}{\sqrt{P^2+Q^2}}=\dfrac{278.20}{\sqrt{278.20^2+132.83^2}}=$ 0.902

16.《交流电气装置的接地设计规范》(GB 50065—2011)第4.3.5-3 条、附录 B、附录 E 第 E.0.3 条。

配有两套速动主保护时,接地故障等效持续时间为:

$t_e\geqslant t_m+t_f+t_o=0.1+0.6+0.05=0.75\text{s}$

附表 B.0.3,故障切除时间为 0.75s,等效时间常数$\dfrac{X}{R}=30$,衰减系数 $D_f=1.0618$

最大入地故障不对称电流:$I_G=D_fI_g=12\times1.0618=12.7416\text{kA}$

接地线最小截面:$S\geqslant\dfrac{I_F}{C}\sqrt{t_e}=\dfrac{12.7416\times10^3}{70}\times\sqrt{0.75}=157.6\text{mm}^2$

17.《交流电气装置的过电压保护和绝缘配合设计规范》(GB/T 50064—2014) 第4.4.3 条、第6.3.1 -3 条、第6.4.4-2 条。

(1)第4.4.3 条及表4.4.3 无间隙氧化物避雷器相地额定电压:$0.75U_m = 0.75 \times 363 = 272.25\text{kV}$,取280kV。

(2)第6.3.1-3 条之条文说明:对于750kV、500kV 取标称雷电流20kA,对330kV 取标称雷电流10kA 和对220kV 及以下取标称雷电流5kA 下的额定残压值。

(3)第6.4.4-2 条:变压器电气设备与雷电过电压的绝缘配合符合下列要求:电气设备外绝缘的雷电冲击耐压,即 $U_R \leqslant \frac{\overline{u_1}}{K_5} = \frac{1000}{1.4} = 714.3\text{kV}$,取714kV。

故选项B正确。

注:(1) Y10W-300/698 含义:Y-氧化锌避雷器,10-标称放电电流10kA,W-无间隙,300-额定电压300kV,698-标称放电电流下的最大残压698kV,另最高电压值可参考《标准电压》(GB/T 156—2007) 第4.5 条。

(2)《交流电气装置的过电压保护和绝缘配合设计规范》(GB/T 50064—2014) 第4.1.3 条,范围Ⅱ系统的工频过电压应符合下列要求:

①线路断路器的变电所侧:1.3p.u.。

②线路断路器的线路侧:1.4p.u.。

(3)《电力工程电气设计手册》(电力一次部分) P876 ~ 8780 阀式避雷器参数选择:

①330kV 及以上避雷器的灭弧电压(又称避雷器的额定电压),应略高于安装地点的最大工频过电压:$U_{mi} \geqslant K_z U_g$。

②避雷器的残压根据选定的设备绝缘全波雷电冲击耐压水平和规定绝缘配合系数确定:$U_{bc} \leqslant BIL/1.4$。

18.《大型发电机变压器继电保护整定计算导则》(DL/T 684—2012) 第4.5.3 条及附录E。

发电机额定容量:$S_{GN} = \frac{P_{GN}}{\cos\varphi} = \frac{300}{0.85} = 352.94\text{MVA}$

附录E表E1,转子直接冷却的发电机功率 $350\text{MVA} < S_{gn} \leqslant 900\text{MVA}$ 时,连续运行的 $\frac{I_2}{I_{gn}}$ 最大值为:$\frac{I_2}{I_{gn}} = 0.08 - \frac{S_{gn} - 350}{3 \times 10^4} = 0.08 - \frac{352.94 - 350}{3 \times 10^4} = 0.08$

发电机额定一次电流:$I_{GN} = \frac{P_{GN}}{\sqrt{3}U_{GN}\cos\varphi} = \frac{300 \times 10^3}{\sqrt{3} \times 20 \times 0.85} = 10188.53\text{A}$

定时限过负荷保护整定值:$I_{2.op} = \frac{K_{rel}I_{2\infty}I_{GN}}{k_r} = \frac{1.2 \times 0.08 \times 10188.53}{0.95} = 1029.6\text{A}$

19.《电力工程电气设计手册》(电气一次部分) P121 表4-1、表4-2。

设短路基准容量 $S_j = 100\text{MVA}$,$U_j = 1.05 \times 20 = 21\text{kV}$,$I_j = 2.75\text{kA}$,则:

系统阻抗标幺值:$X_s = \frac{S_j}{S_S} = \frac{100}{\sqrt{3} \times 345 \times 40} = 0.0042$

变压器阻抗标幺值：$X_T = \frac{U_d\%}{100} \cdot \frac{S_j}{S_e} = \frac{14}{100} \cdot \frac{100}{370} = 0.0378$

发电机阻抗标幺值：$X_G = \frac{X''_d\%}{100} \cdot \frac{S_j}{P_e/\cos\varphi} = \frac{17.33}{100} \cdot \frac{100}{50/0.8} = 0.277$

主变侧短路电流周期分量：$I''_T = \frac{I_j}{(X_T + X_S)} = \frac{2.75}{(0.0042 + 0.0378)} = 65.48\text{kA}$

《导体和电器选择设计技术规定》(DL/T 5222—2005) 附录 F.3。

系统时间常数为 45ms，由 $\frac{X_s}{R_s} = \omega t_s$，则系统电阻标幺值：

$$R_s = \frac{X_s}{\omega t_s} = \frac{0.0042}{100\pi \times 0.045} = 0.0003$$

主变时间常数为 120ms，由 $\frac{X_T}{R_T} = \omega t_s$，则系统电阻标幺值：

$$R_T = \frac{X_T}{\omega t_s} = \frac{0.0378}{100\pi \times 0.12} = 0.001$$

系统侧综合时间常数：

$$T_a = \frac{X_\Sigma}{R_\Sigma}/\omega = \frac{0.0042 + 0.0378}{0.0003 + 0.001}/100\pi = 0.10284\text{s} = 102.84\text{ms}$$

故 60ms 主变侧短路电流非周期分量为：

$$i_{fz} = -\sqrt{2}I''_T e^{-\frac{\omega t}{T_a}} = -\sqrt{2} \times 68.73 \times e^{-\frac{60}{102.84}} = -54.24\text{kA}$$

题 20 ~ 23 答案：**BBAC**

20.《电流互感器与电压互感器及计算过程》(DL/T 866—2015) 第 10.1.1 条、第 10.1.2 条。

由表 10.1.2，发电机测量 CT 为三相星形接线，仪表接线的阻抗换算系数 $K_{mc} = 1$；连接线的阻抗换算系数 $K_{1c} = 1$。

五只变送器的阻抗：$Z_m = \frac{P_\Sigma}{I_{sr}^2} = \frac{5 \times 1}{5^2} = 0.2\Omega$

发电机出口 CT 至变送器的电缆电阻：$R = \rho \frac{L}{S} = 0.0184 \times \frac{150}{4} = 0.69\Omega$

测量 CT 的实际负载值：$Z_b = \sum K_{mc} Z_m + K_{lc} Z_l + C = 1 \times 0.2 + 1 \times 0.69 + 0.1 = 0.99\Omega$

折算为二次负载容量：$S_b = I_{sr}^2 Z_b = 5^2 \times 0.99 = 24.75\text{VA}$

测量 CT 的最大允许额定二次负载值：$S_{xu} \leqslant \frac{S_b}{25\%} = \frac{24.75}{25\%} = 99\text{VA}$

21.《火力发电厂厂用电设计技术规程》(DL/T 5153—2014)。

第 8.4.1 条：当单机容量为 100MW 级及以上机组的高压厂用工作变压器装设数字式保护时，除非电量保护外，保护应双重化配置，故选项 C、D 错误。

第 8.4.2-1 条：容量在 6.3MVA 及以上的高压厂用工作变压器应装设纵差保护，用于保护绕组内及引出线上的相间短路故障。保护瞬时动作于变压器各侧断路器跳闸。当变压器高压侧无断路器时，应动作于发电机变压器组总出口继电器，使各侧断路器及灭磁开关跳闸，故选项 A 错误。

第 8.4.2-4 条：过电流保护，用于保护变压器及相邻元件的相间短路故障，保护装于变压器的电源侧。当 1 台变压器供电给 2 个母线段时，保护装置带时限动作于各侧断路器跳闸。当变压器高压侧无断路器时，其跳闸范围应按本条第 1 款的规定。

第 8.4.2-6 条：低压侧分支差动保护，当变压器供电给 2 个分段，且变压器至分段母线间的电缆两端均装设断路器时，每分支应分别装设纵联差动保护。保护瞬时动作与本分支两侧断路器跳闸。

故选项 B 符合规范要求。

22.《电力装置电测量仪表装置设计规范》(GB/T 50063—2017) 附录 C 表 C.0.2-值及注解 2。

高压侧：计算机控制系统配置 I 及 P、W；

低压侧：计算机控制系统及开关柜均配置 I。

23.《厂用电继电保护整定计算导则设计规范》(DL/T 1502—2016) 第 4.4.1 条式(38)。

设短路基准容量 $S_j = 100\text{MVA}$，则

系统阻抗标幺值：$X_s = \dfrac{S_j}{S_S} = \dfrac{100}{\sqrt{3} \times 20 \times 120.28} = 0.024$

励磁变压器阻抗标幺值：$X_T = \dfrac{U_d\%}{100} \cdot \dfrac{S_j}{S_e} = \dfrac{7.45}{100} \cdot \dfrac{100}{3.5} = 2.129$

励磁变压器低压侧短路时，流过高压侧的最大短路电流：

$$I'' = \frac{I_j}{(X_T + X_S)} = \frac{1}{(0.024 + 2.129)} \times \frac{100}{\sqrt{3} \times 20} = 1.341\text{kA}$$

励磁变压器短路保护的二次整定值：$I_{op} = \dfrac{K_{rel} I_{k\cdot\max}^{(3)}}{n_a} = \dfrac{1.3 \times 1341}{200/5} = 43.58\text{A}$

注：励磁变压器速断保护按躲过高压厂用变压器低压侧出口三相短路时流过保护的最大短路电流整定。短路计算中基准电压实应为 1.05 倍的额定电压，本题数据稍不严谨。

题 24 ~ 27 答案：**ABDB**

24.《并联电容器装置设计规范》(GB 50227—2017)。

第 3.0.2 条：变电站的电容器安装容量，应根据本地区电网无功规划和国家现行标准中有关规定后计算后确定，也可根据有关规定按变压器容量进行估算，①正确。

第 3.0.3-2 条：当分组电容器按各种容量组合运行时，应避开谐振容量，②错误，必须≠应该。

第 3.0.4 条：并联电容器装置宜装设在变压器的主要负荷侧。当不具备条件时，可装设在三绕组变压器的低压侧。本题补偿安装在低压侧，非主要负荷侧（中压

侧)。且按题意1号主变压器容量:3×334MVA,故安装容量应取3×334×20%,故③④错误。

25.《并联电容器装置设计规范》(GB 50227—2017)第5.2.2条及条文说明。

并联电容器额定电压:$U_{\mathrm{CN}}=\dfrac{1.05U_{\mathrm{SN}}}{\sqrt{3}S(1-K)}=\dfrac{1.05\times 35}{\sqrt{3}\times 4\times(1-12\%)}=6.03\mathrm{kV}$

正常运行时电容器输出容量的变化范围:

$$\frac{Q_{\mathrm{C}}}{Q_{\mathrm{CN}}}=\left(\frac{U}{U_{\mathrm{N}}}\right)^2=(0.97\sim 1.07)^2=94.1\%\sim 114.5\%$$

26.《并联电容器装置设计规范》(GB 50227—2017)第5.1.3条、第5.5.5条、第5.8.2条。

第5.5.5条:串联电抗器的额定电流应等于所连接的并联电容器组的额定电流,其允许过电流不应小于并联电容器组的最大过电流值。

串联电抗器的额定电流:$I_{\mathrm{Ln}}=I_{\mathrm{Cn}}=2m\dfrac{q_{\mathrm{e}}}{U_{\mathrm{Ce}}/n}=2\times 5\times\dfrac{500}{22/4}=909.1\mathrm{A}$

第5.1.3条:并联电容器装置总回路和分组回路的电器导体选择时,回路工作电流应按稳态过电流最大值确定。

第5.8.2条:并联电容器装置的分组回路,回路导体截面应按并联电容器组额定电流的1.3倍选择。

串联电抗器的允许过电流:$I_{\mathrm{g}}=1.3I_{\mathrm{Ce}}=1.3\times 909.1=1181.1\mathrm{A}$

27.《330kV~750kV变电站无功补偿装置设计技术规定》(DL/T 5014—2010)第9.5.4条。

第9.5.4条:并联电容器组应设置母线过电压保护,保护动作值按电容器额定电压的1.1倍整定,动作后带时限切除电容器组,故对应表格中电容器击穿元件百分数$\beta=25\%$。

按最不利情况,25%的击穿元件均在同一个串联段内,故

桥臂输入电流:$I_{\mathrm{in}}=\omega(7C_0//7C_0)\times 1.1\times 2\times U_{\mathrm{ce}}=7.7\omega C_0U_{\mathrm{ce}}$

桥臂输出电流:$I_{\mathrm{out}}=\omega[7(1-25\%)C_0//7C_0]\times 1.1\times 2\times U_{\mathrm{ce}}=6.6\omega C_0U_{\mathrm{ce}}$

桥臂上的不平衡电流:

$$\Delta I_{\mathrm{c}}=\frac{I_{\mathrm{in}}-I_{\mathrm{out}}}{2}=\frac{(7.7-6.6)}{2}\omega C_0U_{\mathrm{ce}}=0.55\frac{Q_{\mathrm{ce}}}{U_{\mathrm{ce}}}=0.55\times\frac{500}{5.5}=50\mathrm{A}$$

桥式差电流保护二次动作电流:$I_{\mathrm{dz}}=\dfrac{\Delta I_{\mathrm{c}}}{nk_{\mathrm{sen}}}=\dfrac{50}{5\times 1.5}=6.67$

题28~30答案:**CAD**

28.《发电厂和变电所照明设计技术规定》(DL/T 5390——2014)第8.5.1条、第8.5.2条。

照明设备负荷计算表

位置	灯具类型（功率 kW）	设备功率（kW）	同时系数 k	损耗系数 α	功率因数	计算负荷（kVA）
汽机房	金属卤化物灯(48×0.4)	19.2	0.8	0.2	0.85	21.68
	金属卤化物灯(160×0.175)	28			0.85	31.62
	荧光灯(150×2×0.036)	10.8			0.9	11.52
	荧光灯(30×0.32)	9.6			0.9	1.02
锅炉房	金属卤化物灯(360×0.175)	63			0.85	71.15
	荧光灯(20×0.032)	0.64			0.9	0.68
集控室	荧光灯(150×2×0.036)	10.8			0.9	11.52
	荧光灯(40×4×0.018)	2.88			0.9	3.07
煤仓间	金属卤化物灯(36×0.25)	9			0.85	10.16
主厂房	金属卤化物灯(8×0.4)	3.2			0.85	3.61
插座	插座(40)	40			0.85	47.06
合计						213.09

其中计算负荷 $S_t \geqslant \sum\left[\dfrac{K_t P_z(1+\alpha)}{\cos\varphi}+\dfrac{P}{\cos\varphi}\right]$，故取 250kVA。

29.《发电厂和变电所照明设计技术规定》(DL/T 5390—2014)第 5.1.4 条、第 7.0.4 条、第 10.0.8 条、第 10.0.10 条及附录 B。

由第 5.1.4 条可知，室形指数：

$$RI=\frac{L\times W}{h_{re}\times(L+W)}=\frac{130.6\times28}{(27-12.6)\times(130.6+28)}=1.6$$

由第 10.0.8 条、第 10.0.10 条可知，照明功率密度限值为 7W/m^2，修正系数为 0.82，由第 2.0.35 条的照明功率密度定义可知灯具数量为：

$$N\geqslant\frac{130.6\times28\times7\times0.82}{400}=52.5\text{，取 53 个。}$$

由第 7.0.4 条，照度维护系数为 0.7，再依据附录 B.0.1 及条文说明内容，计算可得汽机房运转层地面照度：

$$E_c=\frac{\Phi\times N\times CU\times K}{A}=\frac{35000\times53\times0.55\times0.7}{130.6\times28}=195.3\text{lx}$$

《建筑照明设计标准》(GB 50034—2013)第 4.1.7 条，设计照度与照度标准值的偏差不应超过 ±10%，显然 E_c = 195.3lx 校验可满足 200lx 的偏差范围。

30.《发电厂和变电所照明设计技术规定》(DL/T 5390—2014)第 8.1.2-3 条、第 8.6.2-2 条。

第 8.1.2-3 条：12～24V 的照明灯具端电压的偏移不宜低于其额定电压的 90%。

由第 8.6.2-2 条，电压损失 $\Delta U_y\% \geqslant \Delta U\% = \dfrac{\sum P_{js}L}{CS}$，故回路导体的最大长度为：

$$L\leqslant\frac{CS\Delta U_y\%}{\sum P_{js}}=\frac{0.14\times10\times(100-90)}{6\times0.06}=38.88\text{mm}^2$$

题 31 ~ 35 答案：**DCDDB**

31.《110kV ~ 750kV 架空输电线路设计规范》（GB 50545—2010）第 7.0.5 条。

绝缘子片数：$n \geqslant \frac{\lambda U}{K_e L_{01}} = \frac{4 \times 550/\sqrt{3}}{0.95 \times 45} = 29.7$，取 30 片。

注：架空送电线路绝缘子片数量应采用 GB 50545—2010 中的公式计算，选用标称电压及其爬电比距，且不再考虑增加零值绝缘子，题干要求按系统标称电压取最高运行相电压。变电站绝缘子的爬电比距参考《导体与电器选择设计技术规程》（DL/T 5222—2005）附录 C 表 C.2。

32.《110kV ~ 750kV 架空输电线路设计规范》（GB 50545—2010）第 7.0.5 条、第 7.0.8 条。

绝缘子片数：$n \geqslant \frac{\lambda U}{K_e L_{01}} = \frac{4 \times 550/\sqrt{3}}{0.9 \times 55} = 28.9$，取 29 片。

海拔修正后的绝缘子片数：$n_H = ne^{0.1215 m_1 \frac{H-1000}{1000}} = 28.9 \times e^{0.1215 \times 0.4 \times \frac{3000-1000}{1000}} = 31.9$，取 32 片。

33.《污秽条件下使用的高压绝缘子的选择和尺寸确定　第 1 部分：定义、信息和一般原则》（GB/T 26218.1—2010）第 3.1.5 条、第 3.1.6 条。

盘形绝缘子爬电距离：$L_p \geqslant \lambda_p U_{mg} = 5 \times \frac{550}{\sqrt{3}} = 1587.75\text{cm}$

根据《110kV ~ 750kV 架空输电线路设计规范》（GB 50545—2010）第 7.0.7 条，故

复合绝缘子爬电距离：$L_f \geqslant \frac{3}{4} L_p = \frac{3}{4} \times 1587.75 = 1191\text{cm}$，且不小于 2.8cm/kV；

且 $L_f' \geqslant \lambda_f U = 2.8 \times 500 = 1400\text{cm}$，取较大者即 1400cm。

34.《110kV ~ 750kV 架空输电线路设计规范》（GB 50545—2010）第 7.0.2 条、第 7.0.3 条、第 7.0.5 条。

(1)按操作过电压及雷电过电压配合选择

由表 7.0.2，500kV 线路悬式绝缘子串需 25 片结构高度 155mm 的绝缘子片；

由第 7.0.3 条内容，结合绝缘子高度为 170mm，则绝缘子片数修正为：

$n = \frac{155 \times 25 + 146 \times (100 - 40)/10}{170} = 27.9$，取 28 片。

(2)按爬电比距法选择

绝缘子片数：$n \geqslant \frac{\lambda U}{K_e L_{01}} = \frac{4 \times 550/\sqrt{3}}{1.0 \times 48} = 26.5$，取 27 片。

综上，取较大者 28 片。

35.《绝缘配合　第 1 部分：定义、原则和规则》（GB 311.1—2012）附录 B 式(B.2)。

工频间隙放电电压 $U_{50\%}$ 海拔修正系数 $K_a = e^{m \frac{h-1000}{8150}} = e^{1 \times \frac{3000-1000}{8150}} = 1.278$

《交流电气装置的过电压保护和绝缘配合设计规范》（GB/T 50064—2014）第 6.2.4

条,500kV 输电线路带电部分与杆塔构件工频电压最小空气间隙为 1.3m,故根据题干提示,海拔修正后的最小空气间隙为:

$$d' = \frac{U'_{50\%}}{k} = \frac{K_a U'_{50\%}}{k} = K_a d = 1.278 \times 1.3 = 1.66\text{m}$$

题 36 ~40 答案:**ABACC**

36.《电力工程高压送电线路设计手册》(第二版) P184 式(3-3-12)。

最高气温工况下垂直比载取自重力荷载 γ_1,则垂直档距为:

$$l_v = \frac{l_1 + l_2}{2} + \frac{\sigma_0}{\gamma_1}\left(\frac{h_1}{l_1} + \frac{h_2}{l_2}\right) = \frac{500 + 600}{2} + \frac{25900/A}{16.18/A} \times \left(\frac{20}{500} - \frac{50}{600}\right) = 481\text{m}$$

其中 A 代表导线截面积。

37.《电力工程高压送电线路设计手册》(第二版) P184 式(3-3-12)、P327 式(6-2-5)。

覆冰工况下垂直比载取自重力 + 冰重力荷载 $\gamma_3 = \gamma_1 + \gamma_2$,则垂直档距为:

$$l_v = \frac{l_1 + l_2}{2} + \frac{\sigma_0}{\gamma_3}\left(\frac{h_1}{l_1} + \frac{h_2}{l_2}\right) = \frac{500 + 600}{2} + \frac{45300/A}{(16.18 + 11.12)/A} \times \left(\frac{20}{500} - \frac{50}{600}\right)$$

$$= 478.1\text{m}$$

其中 A 代表导线截面积。

忽略绝缘子、金具、防震锤、重锤等产生的垂直荷载,导线产生的垂直荷载为:

$$G = Lvqn = 478.1 \times (16.18 + 11.12) \times 4 = 52208\text{N}$$

38.《110kV ~750kV 架空输电线路设计规范》(GB 50545—2010) 第 6.0.3 条、第 6.0.7 条及条文说明。

第 6.0.3-1 条:金具强度的安全系数,最大使用荷载情况不应小于 2.5;且导线为 4 分裂导线,双联双挂点形式,则每一联的破坏荷载为:

$$T_R = \frac{KT}{2} = \frac{2.5 \times 45.3 \times 4}{2} = 226.5\text{kN},\ 取\ 240\text{kN}。$$

第 6.0.7 条及条文说明:与横担连接的第一个金具应转动灵活且受力合理,其强度应高于串内其他金具强度,故横担挂点金具强度应较非挂点的其他金具提高一个等级,故取 300kN。

39.《电力工程高压送电线路设计手册》(第二版) P184 式(3-3-12)。

覆冰工况下垂直比载取自重力 + 冰重力荷载 $\gamma_3 = \gamma_1 + \gamma_2$,则垂直档距为:

$$l_v = \frac{l_1 + l_2}{2} + \frac{\sigma_0}{\gamma_3}\left(\frac{h_1}{l_1} + \frac{h_2}{l_2}\right) = \frac{600 + 1000}{2} + \frac{45300/A}{(16.18 + 11.12)/A} \times \left(\frac{50}{600} - \frac{150}{1000}\right)$$

$$= 689.3\text{m}$$

其中 A 代表导线截面积。

覆冰工况综合荷载:

$$F_7 = \sqrt{(g_3 L_v)^2 + (g_5 L_H)^2} = 4 \times \sqrt{[(16.18 + 11.12) \times 689.3]^2 + (3.76 \times \frac{600 + 1000}{2})^2}$$

$$= 76229.3\text{N}$$

第6.0.3-1条，金具强度的安全系数，最大使用荷载情况不应小于2.5，则导线破坏荷载 $T_R = KT = 2.5 \times 76.23 = 190.6\text{kN}$，故可选择单联210kN绝缘子串。

40.《电力工程高压送电线路设计手册》（第二版）P103式（2-6-44），P183～184式（3-3-10）、式（3-3-12）。

大风工况与最高气温工况时，垂直比载取自重力荷载 γ_1，则垂直档距为：

$$l_v = \frac{l_1 + l_2}{2} + \frac{\sigma_0}{\gamma_1}\left(\frac{h_1}{l_1} + \frac{h_2}{l_2}\right) = \frac{500 + 600}{2} + \frac{36000/A}{16.18/A} \times \left(\frac{20}{500} - \frac{50}{600}\right) = 453.6\text{m}$$

其中 A 代表导线截面积。

忽略绝缘子串影响，绝缘子风压 $P_1 = 0$，绝缘子串自重 $G_1 = 0$，故绝缘子串最大风偏角为：

$$\varphi = \tan^{-1}\left(\frac{P_1/2 + Pl_H}{G_1/2 + W_1 l_v}\right) = \tan^{-1}\left(\frac{0 + 13.72 \times 550}{0 + 16.18 \times 453.6}\right) = 45.8°$$

2019年

注册电气工程师(发输变电)执业资格考试

专业考试试题及答案

2019年专业知识试题(上午卷)

一、单项选择题(共40题,每题1分,每题的备选项中只有1个最符合题意)

1. 在未采取场压措施或对地面进行特殊处理的道路或出入口,其与独立避雷针及其接地装置的距离不宜小于下列哪项数值? (　　)

(A)1.5m　　(B)2.0m

(C)3.0m　　(D)4.0m

2. 机组容量为135MW的火力发电厂,所配三绕组主变压器变比为242/121/13.5kV,额定容量为159MVA,请问该变压器每个绕组的通过功率至少应为下列哪项数值? (　　)

(A)24MVA　　(B)48MVA

(C)53MVA　　(D)79.5MVA

3. 某中性点采用消弧线圈接地的10kV三相系统中,当一相发生接地时,未接地两相对地电压变化值为下列哪项数值? (　　)

(A)10kV　　(B)5774V

(C)3334V　　(D)1925V

4. 低压并联电抗器中性点绝缘水平应按下列哪项设计? (　　)

(A)线端全绝缘水平

(B)线端半绝缘水平

(C)线端半绝缘并提高一级绝缘电压水平

(D)线端全绝缘并降低一级绝缘电压水平

5. 抗震设防烈度为几度及以上时,海上升压变电站还应计算竖向地震作用? (　　)

(A)6度　　(B)7度

(C)8度　　(D)9度

6. 某10kV配电装置采用低电阻接地方式,10kV配电系统单相接地电流为1000A,则其保护接地的接地电阻不应大于下列哪项数值? (　　)

(A)2Ω　　(B)42Ω

(C)5.8Ω　　(D)30Ω

7. 下列关于电流互感器的型式选择，哪项不符合规程要求？（　　）

(A) 330 ~ 1000kV 系统线路保护用电流互感器宜采用 TPY 级互感器
(B) 断路器失灵保护用电流互感器宜采用 P 级互感器
(C) 高压电抗器保护用电流互感器宜采用 TPY 级互感器
(D) 500 ~ 1000kV 系统母线保护宜采用 TPY 级电流互感器

8. 关于火电厂和变电站的柴油发电机组选择，下列叙述哪项不符合规范？（　　）

(A) 柴油机的启动方式宜采用电启动
(B) 柴油机的冷却方式应采用封闭式循环水冷却
(C) 发电机宜采用快速反应的励磁系统
(D) 发电机宜采用三角形接线

9. 干式空心低压并联电抗器的噪声水平不应超过下列哪项数值？（　　）

(A) 60dB　　(B) 62dB
(C) 65dB　　(D) 75dB

10. 输电线路跨越三级弱电线路(不包括光缆和埋地电缆)时，输电线路与弱电线路的交叉角应符合下列哪项？（　　）

(A) ≥45°　　(B) ≥30°
(C) ≥15°　　(D) 不限制

11. 对于 10kV 公共电网系统，若其最小短路容量为 300MVA，则用户注入其与公共电网连接处的 5 次谐波电流最大允许值为下列哪项数值？（　　）

(A) 20A　　(B) 34A
(C) 43A　　(D) 60A

12. 电压互感器二次回路的设计，以下叙述哪项是不正确的？（　　）

(A) 电压互感器的一次侧隔离开关断开后，其二次回路应有防止电压反馈的措施
(B) 电压互感器二次侧互为备用的切换应设切换开关控制
(C) 中性点非直接接地系统的母线电压互感器应设有抗铁磁谐振措施
(D) 中性点直接接地系统的母线电压互感器应设有绝缘监察信号装置

13. 在 500kV 变电站中，下列短路情况中哪项需考虑并联电容器组对短路电流的助增作用？（　　）

(A) 短路点在出线电抗器的线路侧
(B) 短路点在主变压器高压侧

(C)短路点在站用变压器高压侧

(D)母线两相短路

14. 关于气体绝缘金属封闭开关设备(GIS)配电装置,下列哪个位置不宜设置独立的隔离开关? (　　)

(A)母线避雷器
(B)电压互感器和电缆进出线间
(C)线路避雷器
(D)线路电压互感器

15. 330kV 系统的相对地统计操作过电压不宜大于下列哪项数值? (　　)

(A)296.35kV
(B)461.08kV
(C)651.97kV
(D)1026.6kV

16. 某电厂燃油架空管道每 20m 接地一次,每个接地点设置集中接地装置,则该接地装置的接地电阻值不应超过下列哪项数值? (　　)

(A)4Ω
(B)10Ω
(C)30Ω
(D)40Ω

17. 关于电压互感器二次绕组的接地,下列叙述哪项是不正确的? (　　)

(A)对中性点直接接地系统,电压互电器星形接线的二次绕组宜采用中性点经自动开关一点接地方式

(B)对中性点非直接接地系统,电压互感器星形接线的二次饶组宜采用中性点一点接地方式

(C)几组电压互感器二次绕组之间无电路联系时,每组电压互感器的二次绕组可在不同的继电器至或配电装置内分别接地

(D)已在控制室或继电器室一点接地的电压互感器二次绕组,宜在配电装置内将二次绕组中性点经放电间隙或氧化锌阀片接地

18. 对海上风电场的 220kV 海上升压变电站,其应急电源对应急照明供电的持续时间不应小于下列哪项数值? (　　)

(A)1h
(B)2h
(C)18h
(D)24h

19. 某架空送电线路采用单联悬垂瓷绝缘子串,绝缘子型号为 XWP2-160,其最大使用荷载不应超过下列哪项数值? (　　)

(A)80kN
(B)64kN
(C)59.3kN
(D)50kN

20. 若钢芯铝绞线的铝钢比为 10,其单一的弹性系数分别为 181000N/mm^2(钢)和

65000N/mm²(铝),假定铝和钢的伸长相同,不考虑扭绞等其他因素的影响,这种绞线的弹性系数 E 的计算值为下列哪项数值? ( )

(A)181000N/mm² (B)170455N/mm²
(C)75545N/mm² (D)65000N/mm²

21. 在发电厂与变电所中,总油量超过下列哪项数值的屋内油浸变压器应设置单独的变压器室? ( )

(A)80kg (B)100kg
(C)150kg (D)200kg

22. 水电厂的装机容量不小于以下哪项数值时,应对电气主接线进行可靠性评估? ( )

(A)500MW (B)750MW
(C)1000MW (D)1250MW

23. 发电机断路器三相不同期分闸、合闸时间应分别不大于下列哪组数值? ( )

(A)5ms,5ms (B)5ms,10ms
(C)10ms,5ms (D)10ms,10ms

24. 某发电厂的环境条件如下:极端最高温度39.7℃,年最高温度38.5℃,最热月平均最高温度30℃,年平均温度11.9℃,最热月平均温度26℃。则在选择电厂220kV屋外敞开式布置配电装置中的SF6断路器和架空导线时,其最高环境温度分别不低于下列哪组数值? ( )

(A)39.7℃,38.5℃ (B)38.5℃,38.5℃
(C)38.5℃,30℃ (D)30℃,26℃

25. 发电厂独立避雷针与5000m²以上氢气贮罐呼吸阀的水平距离不应小于下列哪项数值? ( )

(A)3m (B)5m
(C)6m (D)8m

26. 下列哪种材料不适合用于腐蚀较重地区水平敷设的人工接地极? ( )

(A)$\phi 8$ 的铜棒
(B)截面面积为 40×5mm² 的铜覆扁钢
(C)截面面积为 25×4mm² 的铜排
(D)截面面积为100mm²、单股直径为1.5mm的铜绞线

27. 已知某电厂主厂房10kV母线接有断路器20台。在计算机组220V直流系统负

荷统计事故初期(1min)负荷时,下列原则哪项是不正确的? ( )

(A)备用电源开关自投有 2 台,负荷系数为 1
(B)低频减载保护跳闸 4 台,负荷系数为 1
(C)直流润滑油泵 1 台,负荷系数为 1
(D)热控 DCS 交流电源 18A,负荷系数为 0.6

28. 下列哪项不属于电力平衡中的备用容量? ( )

(A)负荷备用容量 (B)受阻备用容量
(C)检修备用容量 (D)事故备用容量

29. 高压电缆确定绝缘厚度时,导体与金属屏蔽间的额定电压是一个重要参数。220kV 电缆选型时,该额定电压不应低于下列哪项数值? ( )

(A)127kV (B)169kV
(C)220kV (D)231kV

30. 若高山区某直线塔的前后侧档距均为 400m,悬点高差分别为 40m 和 -50m(计算塔高时为正,反之为负),所在耐张段的导线应力和垂直比载分别为 $48N/mm^2$ 和 $30.3\times10^{-3}N/(m\cdot mm^2)$,该塔的垂直档距为下列哪项数值? ( )

(A)360m (B)400m
(C)450m (D)760m

31. 校验跌落式高压熔断器开端能力和灵敏性时,不对称短路分断电流计算时间应取下列哪项数值? ( )

(A)0.5s (B)0.3s
(C)0.1s (D)0.01s

32. 计算分裂导线次档距长度和软导线短路摇摆时,应选取下列哪项短路点? ( )

(A)弧垂最低点
(B)导线断点
(C)计算导线通过最大短路电流的短路点
(D)最大受力点

33. 下列直流负荷中,哪项属于事故负荷? ( )

(A)正常及事故状态皆运行的直流电动机
(B)高压断路器事故跳闸
(C)只在事故运行时的汽轮发电机直流润滑泵

(D) DC/DC 变换装置

34. 500kV 屋外配电装置的安全净距 C 值,由下列哪种因素确定? ( )

(A) 由(A_1 +2300 +200) mm 确定
(B) 由地面静电感应场强水平确定
(C) 由导体电晕确定
(D) 由无线电干扰水平确定

35. 某 35kV 系统采用中性点谐振接地方式,对于其配置的自动跟踪补偿消弧装置,下列描述哪项是正确的? ( )

(A) 应确保正常运行时中性点的长时间电压位移不超过 2kV
(B) 系统接地故障残余电流不应大于 7A
(C) 当消弧部分接于 YN,yn 接地变压器(零序磁通经铁芯闭路)中性点时,容量不应超过变压器三相总容量的 20%
(D) 消弧部分可接在 ZN,yn 接线变压器中性点上

36. 有关电测量装置及电流、电压互感器的准确度最低要求,下列描述哪项是正确的? ( )

(A) 电测量装置的准确度为 1.0,电流互感器准确度为 1.0 级
(B) 电测量装置的准确度为 1.0,需经中间互感器接线,中间互感器准确度为 0.5级
(C) 电测量装置的准确度为 0.5,电流互感器准确度为 0.5 级
(D) 采用综合保护的测量部分准确度为 1.0

37. 在正常工作情况下,下列关于火力发电厂厂用电电能质量的要求哪项是不正确的? ( )

(A) 10kV 交流母线的电压波动范围在母线标称电压的 95% ~105%
(B) 当由厂内交流电源供电时,10kV 交流母线的频率波动范围宜为 49.5 ~50.5Hz
(C) 10kV 交流母线的各次谐波电压含有率不宜大于 3%
(D) 10kV 厂用电系统电压总谐波畸变率不宜大于 4%

38. 有关电力系统调峰原则,下列描述哪项是错误的? ( )

(A) 火电厂调峰应优先安排经济性好、有调节能力的机组调峰
(B) 对远距离的水电站,应论证其担任系统调峰容量的经济性
(C) 系统调峰应针对不同的系统调峰方案进行论证
(D) 系统调峰容量应满足设计年不同季节系统调峰的需要

39. 500kV 线路海拔不超过 1000m 时,工频要求的悬垂绝缘子片数为 28 片。请计

算海拔 3000m 处,需选用多少片?(特征系数取 0.65)（　　）

(A)25 片　　(B)29 片

(C)30 片　　(D)33 片

40. 直流架空输电线路的导线选择要满足载流量及机械强度等方面的要求,还要对电晕特性参数等方面进行校验,下列描述哪项是正确的?（　　）

(A)非居民区地面最大合成场强不应超过 40kV/m

(B)负极性导线的可听噪声大于正极性导线的可听噪声

(C)下雨时的无线电干扰大于晴天时的无线电干扰

(D)下雨时的可听噪声小于晴天时的可听噪声

二、多项选择题(共 30 题,每题 2 分。每题的备选项中有 2 个或 2 个以上符合题意,错选、少选、多选均不得分)

41. 爆炸性粉尘环境的电力设施应符合下列哪些规定?（　　）

(A)宜将正常运行时发生火花的电气设备,布置在爆炸危险性较小或没有爆炸危险的环境内

(B)在满足工艺生产及安全的前提下,不限制防爆电气设备的数量

(C)应尽量减少插座的数量

(D)不宜采用携带式电气设备

42. 机组容量为 600MW 的火力发电厂,其发电机应具备一定的非正常运行及特殊运行能力,包含下列哪几种?（　　）

(A)进相和调峰

(B)短暂失步和失磁异步

(C)次同步谐振和非周期并列

(D)不平衡负荷和单相重合闸

43. 某火力发电厂,电缆通道受空间限制,下列关于电缆敷设的要求哪些项是正确的?（　　）

(A)同一层支架上电缆排列控制和信号电缆可紧靠或多层叠置

(B)同一通道同一侧的多层支架,支架层数受通道空间限制时,35kV 及以下的相邻电压级电力电缆也不应排列于同一层支架

(C)明敷电力电缆与热力管道交叉,并且之间无隔板防护时的允许最小净距为 500mm

(D)在电缆沟中可以布置有保温层的热力管道

44. 在电力工程设计中,下列哪些部位要求必须接地?（　　）

(A)封闭母线的外壳
(B)电容器组金属围栏
(C)蓄电池室内 220V 蓄电池支架
(D)380V 厂用电进线屏上的电流表金属外壳

45. 高压配电装置 3/2 断路器接线系统中,当线路检修相应出线闸刀拉开,开关合上后需投入短引线保护,以下描述哪些是正确的? ( )

(A)短引线保护动作电流躲正常运行时的负荷电流,可靠系数不小于 2
(B)短引线保护动作电流躲正常运行时的不平衡电流,可靠系数不小于 2
(C)金属性短路按灵敏度不小于 2 考虑
(D)金属性短路按灵敏度不小于 3 考虑

46. 对于一般线路金具强度的安全系数,下列表述哪些是正确的? ( )

(A)在断线时金具强度的安全系数不应小于 1.5
(B)在断线时金具强度的安全系数不应小于 1.8
(C)在断联时金具强度的安全系数不应小于 1.5
(D)在断联时金具强度的安全系数不应小于 1.8

47. 下列关于架空线路地线的表述哪些是正确的? ( )

(A)500kV 及以上线路应架设双地线
(B)220kV 线路不应架设单地线
(C)重覆冰线路地线保护角可适当加大
(D)雷电活动轻微地区的 110kV 线路可不架设地线

48. 在覆冰区段的输电线路,采用镀锌钢绞线时与导线配合的地线最小标称截面大于无冰区段的地线,主要是考虑了下列哪些因素? ( )

(A)因覆冰地线的弧垂增大,档距中央导、地线配合的要求
(B)加大地线截面及加强地线支架强度可以提高线路的抗冰能力
(C)从导、地线的过载能力方面考虑
(D)从地线的热稳定方面考虑

49. 发电厂内的噪声应首先按国家规定的产品噪声标准从声源上进行控制,对于声源上无法根治的生产噪声可采用有效的噪声控制措施,下列措施哪些是正确的?

( )

(A)对外排气阀装设消声器　　(B)设备装设隔声罩
(C)管道增加保温材料　　(D)建筑物内敷吸声材料

50. 在水力发电厂电气主接线设计时,以下哪些回路在发电机出口必须装设断路器? ( )

(A)扩大单元回路
(B)发变单元回路
(C)三绕组变压器或自耦变压器回路
(D)抽水蓄能电厂采用发电机电压侧同期与换相或接有启动变压器的回路

51. 在500kV屋外敞开式高压配电装置设计中，关于隔离开关的设置原则下列表述哪些是正确的？ (　　)

(A)母线避雷器和电压互感器宜合用一组隔离开关
(B)母线电压互感器不宜装设隔离开关
(C)出线电压互感器不应装设隔离开关
(D)母线避雷器不应装设隔离开关

52. 火力发电厂电力网络计算机监控系统(NCS)，下列关于NCS系统的对时要求哪些是错误的？ (　　)

(A)NSC主机可采用串行口对时或NTP、SNTP对时
(B)NSC间隔层智能测控单元宜采用IRIG-B对时
(C)主时钟应按主备方式配置，两台主时钟中至少有一台无限授时基准信号取自GPS卫星导航系统
(D)采用从时钟扩展时，从时钟设置一路有线授时基准信号，一路无线授时基准信号

53. 发电厂一房间长15m，宽9m，灯具安装高度为4.5m，工作面高度为1m，则下列灯具的间距值哪些是符合要求的？ (　　)

(A)4m　　(B)5m
(C)6m　　(D)7m

54. 110V电缆在隧道或电缆沟敷设时常采用支架支持，支架的允许跨距宜符合下列哪些规定？ (　　)

(A)水平敷设时，1500mm　　(B)水平敷设时，3000mm
(C)垂直敷设时，1500mm　　(D)垂直敷设时，3000mm

55.《110～750kV架空输电线路设计规范》(GB 50545—2010)中给出了选用《圆线同心绞架空导线》(GB/T 1179—2017)中的钢芯铝绞线时，可不验算电晕的导线最小外径(海拔不超过1000m)，其值的确定主要取决于以下哪些条件？ (　　)

(A)输电线路边相导线投影外20m处，离地2m高度处，频率0.5MHz时的无线电干扰(海拔不超过1000m)不超过允许值
(B)输电线路边相导线的投影外20m处，湿导线条件下的可听噪声(海拔不超过1000m)不超过55dB(A)

(C)导线表面电场强度 E 不宜大于全面电晕电场强度的80% ~85%

(D)年平均电晕损失不宜大于线路电阻有功损失的20%

56. 电线微风振动发生的事故较多,危害也很大,因此,对电线的微风振动动弯应变有一定限制(许用动弯应变),下列说法哪些是错误的? ( )

(A)许用动弯应变与电线的材质有关

(B)许用动弯应变与电线的振动幅值有关

(C)许用动弯应变与采用的防振方案有关

(D)电线的动弯应变与电线的直径无关

57. 下列哪些场所宜选用C类阻燃电缆? ( )

(A)地下变电所电缆夹层

(B)燃机电厂的天然气调压站

(C)125MW燃煤电厂的主厂房

(D)300MW燃煤电厂的运煤系统

58. 发电厂机组采用单元接线时,厂用分支的短路电流通常比较大,要限制厂用分支或高压厂用母线的短路电流,下列措施哪些是正确的? ( )

(A)采用厂用分支电抗器

(B)工作厂变采用分裂变压器

(C)发电机出口采用GCB

(D)厂用负荷采用F+C回路

59. 对于额定功率300MW的发电机,其发电机内部发生单相接地故障时的电容电流为2A,要求此故障状况时不瞬时切机,应采用下列哪几种接地方式? ( )

(A)发电机中性点采用不接地

(B)厂用变压器中性点采用谐振接地

(C)发电机中性点采用谐振接地

(D)发电机中性点采用电阻接地

60. 关于电测量用电压互感器二次回路允许电压降,下列表述哪些是错误的?
( )

(A)I类电能计量装置二次专用测量回路电压降不应大于二次额定电压的0.1%

(B)频率显示仪表二次测量回路的电压降不应大于二次额定电压的1.0%

(C)电压显示仪表二次测量回路的电压降不应大于二次额定电压的3.0%

(D)综合测控装置二次测量回路的电压降不应大于二次额定电压的3.0%

61. 干式低压并联电抗器的布置安装设计中,下列表述哪些是正确的? ( )

(A)低式布置时,其围栏可选用玻璃钢围栏

(B)干式并联电抗器的基础内钢筋在满足防磁空间距离要求后可接成闭合环形

(C)其各组件的零部件宜采用非导磁的不锈钢螺栓连接

(D)其板形引接线宜立放布置

62. 架空线路绝缘子串在雷电冲击闪络后，建弧率与下列哪些选项有关？（　　）

(A)额定电压　(B)绝缘子串闪络距离

(C)绝缘子串爬电距离　(D)架空线对地高度

63. 架空输电线路控制导线允许载流量的最高允许温度是由下列哪些条件确定的？（　　）

(A)导线经长期运行后的强度损失

(B)连接金具的发热

(C)导线热稳定

(D)对地距离和交叉跨越距离

64. 对于特高压直流换流站交流滤波器的接线，下列描述哪些是正确的？（　　）

(A)交流滤波器宜采用大组的方式接入换流器单元所联接的交流母线

(B)交流滤波器的高压电容器前应设接地开关

(C)交流滤波器接线主要应满足直流系统对交流滤波器投切的要求

(D)交流滤波器应与无功补偿并联电容器统一设计

65. 在选择保护电压互感器的熔断器时，应考虑下列哪些条件？（　　）

(A)额定电压　(B)开断电流

(C)动稳定　(D)热稳定

66. 关于电流互感器的二次回路的接地设计要求，下列表述哪些是正确的？（　　）

(A)电流互感器的二次回路应在高压配电装置处和继电器室分别接地

(B)500kV 配电装置采用 3/2 断路器接地，当有电路直接联系的回路时，其电流互感器二次回路应在和电流处一点接地

(C)高压厂用电开关柜中，各馈线回路的电流互感器二次回路宜在高压开关柜中经端子排接地

(D)当有电路直接联系的回路时，350MW 机组的主变压器差动保护的电流互感器二次回路宜在继电器室接地

67. 在 300MW 机组的大型火力发电厂中，下列关于厂用电的自动装置设计原则的描述哪些是正确的？（　　）

(A)对高压厂用电正常切换宜采用同步检定的电源快速切换装置

(B)对低压厂用电源正常切换宜采用手动并联切换

(C)对低压厂用电源设有专用备用变压器的事故切换时应采用备用电源自投装置

(D)对低压厂用电源为两电源“手拉手”方式，事故切换宜采用带厂用母线等保护闭锁的电源切换装置

68. 输电线路设计用年平均气温应按下列哪些规定取值？（　　）

（A）当地区年平均气温在 3 ~ 17℃之间，宜取年平均气温实际值

（B）当地区年平均气温在 3 ~ 17℃之间，宜取与年平均气温值相邻的 5 的倍数值

（C）当地区年平均气温小于 3℃或大于 17℃时，分别按年平均气温减少 3℃和 5℃后取值

（D）当地区年平均气温小于 3℃或大于 17℃时，分别按年平均气温减少 3℃和 5℃后，取与此数相邻的 5 的倍数值

69. 送电线路设计在校验塔头间隙时，下列原则哪些是错误的？（　　）

（A）带电作业工况时，安全间隙由雷电过电压确定

（B）操作过电压工况时，最小间隙可不考虑海拔影响

（C）雷电过电压工况，最小间隙应计入海拔影响

（D）带电作业工况，风速按 15m/s 考虑

70. 下列哪些设计要求属于现行的防舞动措施？（　　）

（A）提高导线使用张力，以减小舞动几率

（B）避开易于形成舞动的覆冰区域与线路走向

（C）提高线路系统抵抗舞功的能力

（D）采取各种防舞动装置与措施，抑制舞动的发生

2019年专业知识试题答案(上午卷)

1. **答案**:C

依据:《交流电气装置的过电压保护和绝缘配合设计规范》(GB/T 50064—2014)第4.5.4.6-4条。

2. **答案**:A

依据:《大中型火力发电厂设计规范》(GB 50660—2011)第16.1.6-1条。

$S_{cy} = 159 \times 15\% = 23.85\text{MVA}$

3. **答案**:A

依据:无。

中性点非直接接地电力系统中发生单相接地短路时,非故障相电压升高到线电压,中性点电压升高到相电压。

4. **答案**:A

依据:《35~220kV变电站无功补偿装置设计技术规定》(DL/T 5242—2010)第7.3.5条及条文说明。

5. **答案**:C

依据:《风电场工程110~220kV海上升压变电站设计规范》(NB/T 31115—2017)第7.4.6条。

6. **答案**:A

依据:《交流电气装置的接地设计规范》(GB/T 50065—2011)第4.2.1条、第6.1.2条。

$$R \leqslant \frac{2000}{I_G} = \frac{2000}{1000} = 2\Omega$$

7. **答案**:C

依据:《电流互感器和电压互感器选择及计算规程》(DL/T 866—2015)第7.1.8条。

8. **答案**:D

依据:《火力发电厂厂用电设计技术规程》(DL/T 5153—2014)附录D第D.0.1条。

9. **答案**:A

依据:《330~750kV变电站无功补偿装置设计技术规定》(DL/T 5014—2010)第7.4.6条。

10. **答案**:D

依据:《110~750kV架空输电线路设计规范》(GB 50545—2010)第13.0.7条。

11. **答案**:D

依据：《电能质量 公用电网谐波》(GB/T 14549—1993)表2、附录B式(B1)。

查表可知，对应允许值为20A，$I_h = \frac{S_{k1}}{S_{k2}} I_{hp} = \frac{300}{100} \times 20 = 60A$

12. 答案：D

依据：《火力发电厂、变电站二次接线设计技术规程》(DL/T 5136—2012)第5.4.20条。

13. 答案：C

依据：《导体和电器选择设计技术规定》(DL/T 5222—2005)附录F第F.7.1条。

14. 答案：C

依据：《高压配电装置设计技术规程》(DL/T 5352—2018)第2.2.2条。

15. 答案：C

依据：《交流电气装置的过电压保护和绝缘配合设计规范》(GB/T 50064—2014)第4.2.1-4条。

$$2.2\text{p.u.} = 2.2 \times \frac{\sqrt{2}}{\sqrt{3}} \times 363 = 651.97\text{kV}$$

16. 答案：C

依据：《交流电气装置的接地设计规范》(GB/T 50065—2011)第4.5.1-3条。

17. 答案：A

依据：《火力发电厂、变电站二次接线设计技术规程》(DL/T 5136—2012)第4.1.18-1条。

18. 答案：C

依据：《风电场工程110~220kV海上升压变电站设计规范》(NB/T 31115—2017)第5.5.1条。

19. 答案：C

依据：《110~750kV架空输电线路设计规范》(GB 50545—2010)第6.0.1条及表6.0.1。

$$\frac{160}{2.7} = 59.3\text{kN}$$

20. 答案：C

依据：《电力工程高压送电线路设计手册》(第二版)P177式(3-2-2)。

$$E = \frac{181000 + 10 \times 65000}{1 + 10} = 75545\text{N/mm}^2$$

21. 答案：B

依据：《高压配电装置设计技术规程》(DL/T 5352—2018)第5.5.1条。

22. **答案**:B

依据:《水力发电厂机电设计规范》(DL/T 5186—2004)第5.2.1条。

23. **答案**:B

依据:《导体和电器选择设计技术规定》(DL/T 5222—2005)第9.3.3条。

24. **答案**:C

依据:《导体和电器选择设计技术规定》(DL/T 5222—2005)第6.0.2条及表6.0.2。

25. **答案**:B

依据:《交流电气装置的过电压保护和绝缘配合设计规范》(GB/T 50064—2014)第5.4.4-1条。

26. **答案**:D

依据:《交流电气装置的接地设计规范》(GB 50065—2011)第4.3.4条、表4.3.4-2及注1。

27. **答案**:C

依据:《电力工程直流电源系统设计技术规程》(DL/T 5044—2014)第4.2.6条及表4.2.6。

28. **答案**:B

依据:《电力系统设计技术规程》(DL/T 5429—2009)第5.2.3条。

29. **答案**:A

依据:《电力工程电缆设计标准》(GB 50217—2018)第3.2.2-1条。

$$U=\frac{220}{\sqrt{3}}=127\text{kV}$$

30. **答案**:A

依据:《电力工程高压送电线路设计手册》(第二版) P184 式(3-3-12)。

$$l_v=\frac{l_1+l_2}{2}+\frac{\sigma_0}{\gamma_v}\left(\frac{h_1}{l_1}+\frac{h_2}{l_2}\right)=\frac{400+400}{2}+\frac{48}{30.3\times10^{-3}}\left(\frac{40}{400}-\frac{50}{400}\right)=360\text{m}$$

31. **答案**:D

依据:《导体和电器选择设计技术规定》(DL/T 5222—2005)第5.0.12条。

32. **答案**:C

依据:《导体和电器选择设计技术规定》(DL/T 5222—2005)第5.0.7条。

33. **答案**:C

依据:《电力工程直流系统设计技术规程》(DL/T 5044—2014)第4.1.2-2条。

34. **答案**:B

依据:《高压配电装置设计技术规程》(DL/T 5352—2018)第5.1.2条及条文说明。

35. **答案**:D

依据:《交流电气装置的接地设计规范》(GB/T 50065—2014)第3.1.6条。

36. **答案**:C

依据:《电力装置的电测量仪表装置设计规范》(GB/T 50063—2017)第3.1.3条及表3.1.3。

37. **答案**:B

依据:《火力发电厂厂用电设计技术规程》(DL/T 5153—2014)第3.3.1-2条。

38. **答案**:A

依据:《电力系统设计技术规程》(DL/T 5429—2009)第5.3.2条。

39. **答案**:D

依据:《110~750kV架空输电线路设计规范》(GB 50545—2010)第7.0.8条。

$n_h = 28 \times e^{0.1215 \times 0.65 \times (3000-1000)/1000} = 32.8$,取33片。

40. **答案**:D

依据:《高压直流架空送电线路技术导则》(DL/T 436—2005)第5.1.3.4条。

---

41. **答案**:ACD

依据:《爆炸危险环境电力装置设计规范》(GB 50058—2014)第5.1.1条。

42. **答案**:AB

依据:《大中型火力发电厂设计规范》(GB 50660—2011)第16.1.2-3条。

43. **答案**:AC

依据:《电力工程电缆设计规范》(GB 50217—2018)第5.1.4-1条、第5.1.3-2条、第5.1.7条、第5.1.9条。

44. **答案**:AB

依据:《交流电气装置的接地设计规范》(GB/T 50065—2011)第3.2.1条、第3.2.2条。

45. **答案**:BC

依据:《220~750kV电网继电保护装置运行整定规程》(DL/T 559—2007)第7.2.12条。

46. **答案**:AC

依据:《110~750kV架空输电线路设计规范》(GB 50545—2010)第6.0.3条。

47. **答案**:ACD

依据:《110~750kV架空输电线路设计规范》(GB 50545—2010)第7.0.13条、

第7.0.14条。

48. **答案**:BC

依据:《110~750kV架空输电线路设计规范》(GB 50545—2010)第5.0.12条及条文说明。

49. **答案**:ABD

依据:《大中型火力发电厂设计规范》(GB 50660—2011)第21.5.2条及条文说明。

50. **答案**:ACD

依据:《水力发电厂机电设计规范》(DL/T 5186—2004)第5.2.4条。

51. **答案**:BC

依据:《高压配电装置设计规范》(DL/T 5352—2018)第2.1.5条。

52. **答案**:CD

依据:《发电厂电力网络计算机监控系统设计技术规程》(DL/T 5226—2013)第5.8.1条、第5.8.3条、第5.8.4条。

53. **答案**:AB

依据:《发电厂和变电站照明设计技术规定》(DL/T 5390—2014)第5.1.4条及表5.1.4。

查表5.1.4,灯具最大允许距高比$\frac{L}{H}=0.8\sim1.5$,故$L=(0.8\sim1.5)\times3.5=(2.8\sim5.25)$m。

54. **答案**:AD

依据:《电力工程电缆设计标准》(GB 50217—2018)第6.1.2条及表6.1.2。

55. **答案**:CD

依据:《110~750kV架空输电线路设计规范》(GB 50545—2010)第5.0.2条及条文说明。

56. **答案**:ABD

依据:《电力工程高压送电线路设计手册》(第二版)P223"判断振动强度的标准"。

57. **答案**:ABD

依据:《火力发电厂与变电所设计防火规范》(GB 50229—2006)第11.3.3条、第10.7.2条、第6.7.1条。

58. **答案**:AB

依据:《电力工程电气设计手册》(电气一次部分)P119~P120"三 限流措施"。

59. **答案**:BC

依据:《交流电气装置的过电压保护和绝缘配合设计规范》(GB/T 50064—2014)第3.1.3条及表3.1.3。

60. **答案**:AB

依据:《电流互感器和电压互感器选择及计算规程》(DL/T 866—2015)第12.2.1条。

61. **答案**:ACD

依据:《35~220kV变电站无功补偿装置设计技术规定》(DL/T 5242—2010)、《330~750kV变电站无功补偿装置设计技术规定》(DL/T 5014—2010)。

选项A:根据《35~220kV变电站无功补偿装置设计技术规定》(DL/T 5242—2010)第8.3.3条、《330~750kV变电站无功补偿装置设计技术规定》(DL/T 5014—2010)第8.4.1条"低位品字形"。

选项B:根据《330~750kV变电站无功补偿装置设计技术规定》(DL/T 5014—2010)第8.4.2条。

选项C:根据《35~220kV变电站无功补偿装置设计技术规定》(DL/T 5242—2010)第8.3.5条、《330~750kV变电站无功补偿装置设计技术规定》(DL/T 5014—2010)第8.4.3条。

选项D:根据《35~220kV变电站无功补偿装置设计技术规定》(DL/T 5242—2010)第8.3.5条、《330~750kV变电站无功补偿装置设计技术规定》(DL/T 5014—2010)第8.4.3条。

62. **答案**:AB

依据:《交流电气装置的过电压保护和绝缘配合设计规范》(GB/T 50064—2014)附录D式(D.1.8)。

63. **答案**:AB

依据:《110~750kV架空输电线路设计规范》(GB 50545—2010)第5.0.6条及条文说明。

64. **答案**:ABD

依据:《±800kV直流换流站设计规范》(GB 50789—2012)第5.1.4条、第4.2.7-2条。

65. **答案**:AB

依据:《导体和电器选择设计技术规定》(DL/T 5222—2005)第17.0.8条。

66. **答案**:BC

依据:《火力发电厂、变电站二次接线设计技术规程》(DL/T 5136—2012)第5.4.9条。

67. **答案**:ABC

依据:《火力发电厂厂用电设计技术规程》(DL/T 5153—2014)第9.3.1-1条、第9.3.2-1条。

68. **答案**:BD

依据:《110 ~ 750kV 架空输电线路设计规范》(GB 50545—2010)第 4.0.10 条。

69. **答案**:ABD

依据:《110 ~ 750kV 架空输电线路设计规范》(GB 50545—2010)第 7.0.9 条、第 7.0.10条、第 7.0.12 条。

70. **答案**:BCD

依据:《110 ~ 750kV 架空输电线路设计规范》(GB 50545—2010)第 5.0.14 条及条文说明。

2019 年专业知识试题(下午卷)

一、单项选择题(共 40 题,每题 1 分,每题的备选项中只有 1 个最符合题意)

1. 关于 3/2 断路器接线的特点,下列表述哪项是错误的? ( )

(A)继电保护及二次回路较为复杂,接线至少应有三个串,才能形成多环形,当只有两个串时,属于单环形,类同桥型接线

(B)同名回路应布置在不同串上,如有一串配两条线路时,应将电源线路和负荷线路配成一串

(C)正常时两组母线和全部断路器都投入工作,从而形成多环形供电,运行调度灵活

(D)每一回路由两台断路器供电,发生母线故障时,只跳开与此母线相连的所有断路器,任何回路不停电

2. 在校核发电机断路器开断能力时,应分别校核系统源和发电源在主弧触头的短路电流值,但不包括下列哪项? ( )

(A)非对称短路电流的直流分量值　　(B)厂用高压电动机的反馈电流

(C)对称短路电流值　　(D)非对称短路电流值

3. 220kV 系统主变压器,当油量为 2500kg 及以上的屋外油浸变压器之间的距离为 8m 时,下列哪项说法是不正确的? ( )

(A)防火墙的耐火极限不宜小于 3h

(B)防火墙的高度应高于变压器油枕 0.5m

(C)防火墙长度应大于变压器储油池两侧各 1m

(D)变压器之间应设置防火墙

4. 各风力发电机组之间,风力发电机组塔顶与地面之间,风力发电机组与控制室语音,在风力发电场通信距离小于下列哪项数值时,可选用对讲机或车载台进行通信? ( )

(A)1km　　(B)3km

(C)5km　　(D)10km

5. 发电机额定电压为 6.3kV,额定容量为 25MW,当发电机内部发生单相接地故障不要求瞬时切机且采用中性点不接地方式时,发电机单相接地故障电容电流最高允许值为多少?大于该值时,应采用哪种接地方式? ( )

(A)最高允许值为 4A,大于该值时,应采用中性点谐振接地方式

(B)最高允许值为4A,大于该值时,应采用中性点直接接地方式
(C)最高允许值为3A,大于该值时,应采用中性点谐振接地方式
(D)最高允许值为3A,大于该值时,应采用中性点直接接地方式

6. 有关电力网中性点接地方式,下列表述哪项是正确的? ( )

(A)中性点不接地方式,单相接地时允许带故障运行2h,宜用于110kV及以上电网
(B)中性点直接接地方式的单相短路电流大,一般适用于6~63kV电网
(C)中性点经高电阻接地方式改变接地电流相位,加速泄放回路中的残余电荷,促使接地电弧自熄,提高弧光间隙接地过电压
(D)电力网中性点接地方式与电压等级、单相接地短路电流、过电压水平、保护配置等有关

7. 大型光伏发电系统按安装容量可分为小、中、大型,关于安装容量的表述下列哪项是正确的? ( )

(A)小型光伏发电系统,安装容量小于或等于1MWp
(B)小型光伏发电系统,安装容量小于或等于5MWp
(C)中型光伏发电系统,安装容量大于1MWp和小于或等于25MWp
(D)大型光伏发电系统,安装容量大于25MWp

8. 厂用电电动机供电回路中,一般会装有隔离电器、保护电器及操作电器,也可采用保护和操作合一的电气,则下列有关低压电气组合的表述哪项是不正确的? ( )

(A)用熔断器和接触器组成电动机供电回路,应装设带断相保护的热继电器
(B)用熔断器和接触器组成电动机供电回路,应装设带触点的熔断器作为断相保护
(C)当隔离开关和组合电气需要切断负荷电流时,应校验其切断能力,并按短路电流峰值校验其关合能力
(D)对起吊设备的电源回路,宜增设接地安装的隔离电器

9. 30MW小型发电机端电压为10.5kV,采用共箱封闭母线出线,共相式封闭母线各制造段间导体连接处可采用焊接或螺栓连接,则下列有关导体及与设备连接的说法哪项是正确的? ( )

(A)导体接触面应镀银
(B)可采用普通碳素钢紧固件
(C)应采用非磁性材料紧固件
(D)与设备的连接应采用焊接

10. 某220kV变电站内设2×150MVA的主变压器,规格为150/150/75MVA,分别用架空线和电缆接入110kV和35kV的屋外配电装置,预计35kV侧运行第一年的负载率为60%,第二年负载率升高至80%,按经济电流密度选择35kV电缆导线标称截面面积应为下列哪项数值?(经济电流密度 $J=1.56\text{A/mm}^2$) ( )

(A)$2\times240mm^2$　　(B)$2\times300mm^2$

(C)$2\times400mm^2$　　(D)$3\times240mm^2$

11. 对于基频为100Hz的刚性电气设施,其抗震设计宜采用下列哪种方式?（　　）

(A)时程分析法　　(B)底部剪力法

(C)振型分解反应谱法　　(D)静力法

12. 空气中敷设的1kV电缆在环境温度为40℃时载流量为100A,其在25℃时的载流量为下列哪项数值?(电缆导体最高温度为90℃,基准环境温度为40℃)（　　）

(A)100A　　(B)109A

(C)113A　　(D)114A

13. 某组阀控式密封铅酸蓄电池组采用单母线分段接线,母线联络采用刀开关,Ⅰ段母线的经常负荷电流为196A,初期持续放电电流为275A,Ⅱ段母线经常负荷电流为201A,初期持续放电电流为291A,请问刀开关额定电流应选择下列哪项数值?（　　）

(A)160A　　(B)250A

(C)400A　　(D)630A

14. 下列有关发电厂采用控制方式的说法哪项是不正确的?（　　）

(A)单机容量为125MW以下的机组可采用非单元制控制方式

(B)单机容量为125MW的机组宜采用单元制控制方式

(C)单机容量为125MW的机组应采用非单元制控制方式

(D)单机容量为200MW及以上的机组应采用单元制控制方式

15. 主厂房内低压电动机采用电动机控制中心(MCC)供电方式,总进线回路工作电流为620A,MCC供电的最大电动机为55kW,则进线断路器整定电流宜为下列哪项数值?(起动电流倍数为6.5,功率因数为0.8)（　　）

(A)1000A　　(B)1250A

(C)1600A　　(D)2000A

16. 某电厂建设规模为两台300MW机组,高压厂用备用电源的设置原则中,下列哪项是符合规定的?（　　）

(A)两机组可设一台高压厂用备用变压器

(B)宜按机组设置高压厂用备用变压器,且两台变压器彼此独立

(C)宜按机组设置高压厂用备用变压器,且两台变压器互为备用

(D)远离主厂房的负荷,宜采用邻近两台变压器互为备用的方式供电

17. 火灾自动报警系统设计时,总线系统上应设置总线短路隔离器,每只总线短路隔离器保护的消防设备总数不应超过下列哪项数值?（　　）

(A)16 个　　(B)32 个
(C)48 个　　(D)64 个

18. 关于爆炸性气体环境中,非爆炸危险区域的划分,下列哪项是错误的?　(　　)

(A)没有释放源且不可能有可燃物侵入的区域
(B)可燃物质可能出线的最高浓度不超过爆炸下限值的 15 倍
(C)在生产过程中使用明火的设备附近,或炽热部件的表面温度超过区域内可燃物质引燃温度的设备附近
(D)在生产装置区外,露天或敞开设置的输送可燃物质的架空管道地带(但其阀门处按具体情况确定)

19. 下列有关 110kV 的供电电压正、负偏差符合规范要求的是哪项?　(　　)

(A) +10%, -10%　　(B) +7%, -10%
(C) +7%, -7%　　(D) +6%, -4%

20. 某单机容量为 125MW 的小型火力发电厂,下列有关电缆敷设的表述哪项是正确的?　(　　)

(A)主厂房到网络控制楼的每条电缆隧道容纳不应超过 1 台机组的电缆
(B)主厂房到主控制楼的每条电缆隧道容纳不宜超过 1 台机组的电缆
(C)主厂房到网络控制楼的每条电缆隧道容纳不应超过 2 台机组的电缆
(D)主厂房到主控制楼的每条电缆隧道容纳不宜超过 2 台机组的电缆

21. 位于海滨的 100MW 光伏发电站设置防洪堤时,防洪标准除需满足不小于 50 年一遇的高水位外,还需满足下列哪项要求?　(　　)

(A)重现期为 50 年、波列累计频率为 1% 的浪爬高加上 0.5m
(B)重现期为 50 年、波列累计频率为 1% 的浪爬高加上 1.0m
(C)重现期为 100 年、波列累计频率为 1% 的浪爬高加上 1.0m
(D)重现期为 100 年、波列累计频率为 1% 的浪爬高加上 0.5m

22. 330kV 室外配电装置,设备遮拦外的静电感应场强水平(离地 1.5m 空间场强)、配电装置外侧(非出线方向,围墙外为居民区)的静电感应场强水平(离地 1.5m 空间场强)分别不宜超过下列哪组数值?　(　　)

(A)10kV/m,15kV/m　　(B)10kV/m,10kV/m
(C)10kV/m,4kV/m　　(D)5kV/m,10kV/m

23. 关于主厂房集中交流应急照明变压器的表述,下列哪项是正确的?　(　　)

(A)主厂房集中交流应急照明变压器的容量,可按单台正常集中照明变压器容量的 25% 核算

(B)重要的辅助车间采用分散交流应急照明变压器时,单台容量宜为 5 ~ 10kVA
(C)主厂房采用分散交流应急照明变压器时,单台容量可以为 10kVA
(D)200MW 及以上机组每台机组设一台交流应急照明变压器,同时需设置备用变压器(照明用)

24. 根据规范要求,每个报警区域内均应设置火灾警报器,其声压级不应小于 60dB,若当环境噪声为 75dB 时,火灾警报器应大于下列哪项数值时,才能满足规范要求? ( )

(A)75dB　　(B)80dB
(C)85dB　　(D)90dB

25. 下列有关发电厂和变电站照明节能的要求,哪项是错误的? ( )

(A)气体放电灯应装设补偿电容器,补偿电容器的功率因数不应低于 0.95
(B)优先采用开敞式灯具,少采用装有格栅、保护罩等附件的灯具
(C)生产车间、宿舍和住宅的照明用电应设置单独计量
(D)生产厂房的一般照明,宜按生产工艺的要求或自然采光情况,分区分组在照明配电箱内集中控制

26. 共用电网谐波检测可采用连续检测,在谐波监测点,宜装设谐波电压和谐波电流测量仪表,按规范要求,下列哪项不宜设置谐波检测点? ( )

(A)系统指定谐波监测点(母线)
(B)一条供电线路上接有两个及以上不同部门的谐波源用户时,谐波源用户的受电端
(C)向谐波源用户供电的线路送电端
(D)10kV 无功补偿装置所连接母线的谐波电压

27. 下列直流负荷中,哪项不属于控制负荷? ( )

(A)控制继电器
(B)用于通讯设备的 220V/48V 变换装置
(C)继电保护装置
(D)功率测量仪表

28. 220kV 及以上的变电站中,宜优先选择自耦变压器,一般地,为了增加自耦变压器切除单相接地短路的可靠性,应在变压器中性点回路增加下列哪项? ( )

(A)零序过电流保护　　(B)小电抗器
(C)负序过电流保护　　(D)零序过电压保护

29. 经计算,某有效接地系统的发电厂接地网在发生故障后,地电位升高达到 2147V,为了不将接地网的高电位引向厂外,采取下列哪项措施是不正确的? ( )

(A)通向厂外的管道采用绝缘段
(B)对外的非光纤通信设备加隔离变压器
(C)向厂外供电的低压高压线路,其电源中性点不在厂内接地,改在场外适当地点接地
(D)铁路轨道分别在两处加绝缘鱼尾板

30. 单机容量为300MW发电厂中,主厂房、运煤、燃气及其他易燃易爆场所宜选用下列哪项电缆? ( )

(A)矿物绝缘电缆
(B)交联聚乙烯耐火电缆
(C)交联聚乙烯低烟无卤阻燃A级电缆
(D)交联聚乙烯低烟无卤阻燃C级电缆

31. 火力发电厂主厂房到网络控制楼的每条电缆隧道中的电缆回路情况,下列哪项应采取防火分隔措施? ( )

(A)单机容量为300MW,电缆隧道中仅敷设该机组的电缆
(B)单机容量为200MW,电缆隧道中敷设2台机组的电缆
(C)单机容量为125MW,电缆隧道中敷设2台机组的电缆
(D)单机容量为50MW,电缆隧道中敷设3台机组的电缆

32. 下列哪项为照明光源对物体色表的影响,该影响是由于观察者有意识或无意识地将其与参比光源下的色表相比较而产生的? ( )

(A)显色性 (B)相关色温度
(C)色温度 (D)一般显色指数

33. 有关火力发电厂高压厂用母线的电气主接线方案,下列表述哪项是正确的? ( )

(A)独立供电的主厂房照明母线应采用单母线接线,每个单元机组可设置1台照明变压器
(B)单机容量100MW的机组,每台机组可由2段高压厂用母线供电
(C)锅炉容量300t/h,机炉不对应设置时,每台锅炉可由1段高压厂用母线供电
(D)锅炉容量300t/h时,机炉对应设置时,每台锅炉可由2段低压厂用母线供电

34. 在选择380V低压配电设备时,下列哪项不能作为功能性开关电器? ( )

(A)接触器 (B)插头与插座
(C)隔离器 (D)熔断器

35. 作为总等电位联接的保护联接导体,其各种材质的截面面积最小值下列哪项是

不正确的？（ ）

(A)铜，$6mm^2$ (B)镀铜钢，$25mm^2$
(C)铝，$16mm^2$ (D)钢，$35mm^2$

36. 对波动负荷供电时，需要降低波动负荷引起的电网电压波动和电压闪变时，采取下列哪项措施是不正确的？（ ）

(A)采用动态无功补偿装置或动态电压调节装置
(B)与其他负荷共用配电线路时，提高配电线路阻抗
(C)由短路容量较大的电网供电
(D)采用专线供电

37. 某300MW发电机组带空载220kV架空线路，线路充电功率80Mvar，发电机等值同步电抗标幺值为2.78，则下列关于发电机的哪项说法是正确的？（ ）

(A)发生自励磁过电压 (B)不发生自励磁过电压
(C)发生自励磁过电流 (D)不发生自励磁过电流

38. 电力系统出现大扰动时，应采用紧急控制改变系统状态，以提高安全稳定水平，下列哪项紧急控制方式不属于发电端控制手段？（ ）

(A)动态电阻制动 (B)励磁控制
(C)无功补偿控制 (D)切除发电机

39. 海拔500m的500kV架空线路有一90m杆塔，为满足操作及雷电过电压要求，耐张绝缘子串应采用多少片绝缘子？（绝缘子高度155mm）（ ）

(A)25片 (B)28片
(C)30片 (D)32片

40. 有关架空线路设计安全系数的说法，下列哪项是不正确的？（ ）

(A)导线在弧垂最低点：不小于2.5
(B)地线在弧垂最低点：不小于2.5
(C)导、地线悬挂点：不小于2.25
(D)地线设计安全系数不宜小于导线设计安全系数

二、多项选择题（共30题，每题2分。每题的备选项中有2个或2个以上符合题意，错选、少选、多选均不得分）

41. 在进行导体和设备选择时，下列哪些情况除计算三相短路电流外，还应进行两相、两相接地、单相接地短路电流计算，并按最严重情况验算？（ ）

(A)发电机出口 (B)中性点直接接地系统

(C)自耦变压器回路　　(D)不接地系统

42. 电力设备的抗震计算有多种方法，下列哪些项是正确的？　　(　　)

(A)静力设计法　　(B)动力设计法
(C)底部剪力法　　(D)时程分析法

43. 校核发电机断路器开断能力时，应分别校核系统源和发电源在主弧触头分离时哪些短路电流值？　　(　　)

(A)高压电动机反馈电流值　　(B)对称短路电流值
(C)非对称短路电流值　　(D)非对称短路电流的直流分量值

44. 光伏电站的设计中，应了解需接入电网处的电力系统现状，其中电力负荷现状应包括下列哪些项？　　(　　)

(A)最小负荷　　(B)全社会用电量
(C)最大负荷　　(D)负荷特性

45. 某500kV单回路架空线路全程架设双地线，采用酒杯塔，杆塔高度37m，若为了使平原地区线路的绕击率不大于0.04%，则双地线对边相导线的保护角度可为下列哪些数值？　　(　　)

(A)10°　　(B)8°
(C)7°　　(D)6°

46. 电网方案设计中，水电比重大于80%的电力系统中，电力电量平衡计算及编制应有下列哪些项？　　(　　)

(A)用丰水年和特枯水年校核电力电量平衡
(B)电量平衡按丰水年编制
(C)电力平衡按枯水年编制
(D)用平水年和枯水年进行电力电量平衡

47. 输电线路分裂导线间隔棒的主要用途是限制子导线之间的相对运动及在正常运行情况下保持分裂导线的几何形状，则间隔棒的安装距离与下列哪些因素有关？
(　　)

(A)在分裂导线发生短路的瞬时产生的短路张力
(B)按最大可能出现的短路电流值确定
(C)短路时次导线允许的接触状态
(D)导线绝缘子金具受力的限制

48. 关于气体绝缘金属封闭开关设备的元件中，对电缆终端与引线套管的要求，应

考虑下列哪些因素？（　　）

（A）套管的管径　（B）动稳定电流
（C）安装时的允许倾角　（D）热稳定电流

49. 对屋外配电装置，为保证电气设备和母线的检修安全，每段母线上应装设接地开关或接地器，接地开关和接地器的安装数量应根据下列哪些内容确定？（　　）

（A）母线的电压等级　（B）平行母线的间隔距离
（C）母线的电磁感应电压　（D）平行母线的长度

50. 下列关于发电厂低压厂用电系统短路电流计算，下列哪些表述是正确的？（　　）

（A）低压厂用变压器高压侧电压在短路时按额定值的0.9考虑
（B）计及电阻
（C）在动力中心的馈线回路短路时，应计及馈线回路的阻抗
（D）计及异步电动机的反馈电流

51. 下列有关厂用电装设断路器的说法，哪些是正确的？（　　）

（A）厂用分支线采用分相封闭母线时，则在该分支线上应装设
（B）高压厂用电抗器装设在断路器之后，断路器的分段能力和动热稳定可按电抗器后短路条件进行验算
（C）单机100MW火电机组在厂用分支线上装设能满足动稳定要求的断路器
（D）单机100MW火电机组在厂用分支线上装设能满足动稳定要求的隔离开关和连接片

52. 下列有关风电场无功容量补偿装置的说法哪些是正确的？（　　）

（A）无功电源包括风电机组及风电场无功补偿装置
（B）满足功率因数在超前0.9到滞后0.9的范围内连续可调
（C）无功容量不能满足系统电压调节需要时，应集中加装适当容量的无功补偿装置
（D）风电场不可加装动态无功补偿装置

53. 在110kV变电站内建筑物，应同时具备下列哪些条件，可不设消防给水设施？（　　）

（A）消防用水总量不大于10L/s　（B）耐火等级不低于二级
（C）体积不超过3000m^3　（D）火灾危险性为戊类

54. 光伏发电站设计中应先进行太阳能资源分析，下列哪些项宜在分析范围内？（　　）

(A)总辐射最大辐照度

(B)最近三年内连续 12 个月各月辐射量日变化及各月典型日辐射量小时变化

(C)5 年以上的年总辐射量平均值和月总辐射量平均值

(D)长时间序列的年总辐射量变化和各月总辐射量年际变化

55. 对电缆可能着火蔓延导致严重事故的回路、易受外部影响波及火灾的电缆密集场所,应设置适当的防火分隔,下列有关防火分隔方式选择为防火墙或阻火段的描述,哪些是符合规范要求的? ( )

(A)多段配电装置对应的电缆沟、隧道分段处

(B)隧道通风区段处,厂、站外相隔约 200m 处

(C)架空桥架至控制室或配电装置的入口处

(D)架空桥架相隔约 200m 处

56. 发电厂、变电所中,下列哪些情况正常照明的灯具应选用 24V 及以下的特低电压供电? ( )

(A)安装高度为 1.8m 的高温场所

(B)具有防止触电措施和专用接地线的电缆隧道

(C)供检修用便携式作业灯

(D)安装高度为 1.8m 且具有铁粉尘的场所

57. 高压直流输电大地返回运行系统中,有关接地极址的选择下列说法哪些是正确的? ( )

(A)有条件的地方宜优先考虑采用海岸接地极

(B)有条件的地方宜优先考虑采用海洋接地极

(C)没有洪水冲刷和淹没的地区

(D)远离城市和人口稠密的乡镇,交通不便的地区

58. 规范要求单机容量为 200MW 及以上的机组应采用单元制控制方式,下列有关发电厂单元控制的表述哪些是正确的? ( )

(A)柴油发电机交流事故保安电源、高压厂用电源线、发电机及励磁系统为单元控制系统控制的设备

(B)交流事故保安电源的起动及电源自动切换功能应由计算机监控系统控制

(C)单元制机组应采用炉、机、电集中控制方式,且应采用一机一控制方式

(D)交流事故保安柴油发电机、交流不间断电源、直流系统宜采用就地控制方式

59. 下列关于电压互感器二次绕组自动开关选择的规定中,哪些是正确的? ( )

(A)自动开关应附有常闭辅助触点用于空气开关跳闸时发出报警信号

(B)自动开关瞬时脱扣器断开短路电流的时间不应大于 10ms

(C)自动开关瞬时脱扣器的动作电流,应按大于电压互感器二次回路的最大负荷电流整定

(D)加于继电器线圈上的电压低于70%额定电压时,自动开关应自动闭锁,并返回低电压报警信号

60. 电力系统静态稳定是指电力系统受到小干扰后,不发生非周期性失步,自动恢复到起始运行状态的能力,下列有关电力系统静态稳定计算分析的目的描述哪些是正确的? (　　)

(A)对继电保护和自动装置以及各种应急措施提出相应的要求

(B)确定电力系统的稳定性

(C)输电线路的输送功率极限

(D)检验在给定方式下的稳定储备

61. 某发电机定子绕组为星形接线,每相有并联分支且中性点侧有分支引出端,该发电机定子匝间短路应设置下列哪些保护? (　　)

(A)不完全纵差保护　　(B)零序电流型横差保护

(C)温度保护　　(D)裂相横差保护

62. 风力发电场正常运行时,向电力系统调度机构提供的信号包括下列哪些? (　　)

(A)风电场低压侧出线的有功功率、无功功率、电流

(B)高压断路器和隔离开关的位置

(C)风电场测风塔的实时风速和风向

(D)风电场并网点电压

63. 对发电机中性点接地方式,下列表述哪些是正确的? (　　)

(A)一般地,发电机中性点采取经消弧线圈或高电阻接地的方式,以避免单相接地故障时损坏发电机

(B)采用消弧线圈接地方式时,对单元接线的发电机,宜采用欠补偿方式

(C)采用消弧线圈接地方式时,经补充后的单相接地电流一般小于3A,一般仅作用于信号

(D)采用高电阻接地方式时,总的故障电流不小于3A,以保证接地保护可速断跳闸停机

64. 下列有关剩余电流动作保护电器的选择,哪些是正确的? (　　)

(A)在TN-S系统中,剩余电流动作保护电器可选用3P型

(B)在TN-S系统中,剩余电流动作保护电器可选用3P+1N型

(C)在TN-C系统中,剩余电流动作保护电器可选用3P型

(D)在 TN-C 系统中,剩余电流动作保护电器可选用 3P + 1N 型

65. 接地装置应充分利用自然接地极接地,接地按功能分,下列哪些是正确的? (　　)

(A)防静电接地　　(B)保护接地
(C)系统接地　　(D)等电位接地

66. 电力变压器的选型中,下列哪些情况需要在工程设计采取相应防护措施或与制造厂协商? (　　)

(A)安装环境含易爆粉尘或气体混合物
(B)安装环境含易燃物质
(C)带冲击性负载
(D)三相交流电压波形中的谐波总含量大于 1%

67. 下列关于电压互感器的配置原则中,哪些表述是正确的? (　　)

(A)发电机配有双套自动电压调整装置,且采用零序电压式匝间保护时,发电机出口应装设 3 组电压互感器
(B)兼作为并联电容器组泄能的电磁式电压互感器,其与电容器组之间应设保护电器
(C)凡装有断路器的回路均应装设电压互感器,其数量应满足测量、保护和自动装置的要求
(D)220kV 双母线接线,宜在每回出线和每组母线的三相上装设电压互感器

68. 输电线路跨越 500kV 线路、铁路、高速公路、一级公路等时,悬垂绝缘子串宜采用下列哪些形式? (　　)

(A)双联串双挂点　　(B)双联串单挂点
(C)两个单联串　　(D)三个单联串

69. 耐张杆塔安装时,除应按 10m/s 风速、无冰、相应气温的气象条件外,还应满足下列哪些条件? (　　)

(A)紧线塔临时拉线对地夹角不应大于 45°,其方向与导、地线方向一致
(B)临时拉线一般可平衡导、地线张力的 33%
(C)500kV 杆塔,4 分裂导线的临时拉线按平衡导线张力标准值 30kN 考虑
(D)500kV 杆塔,6 分裂导线的临时拉线按平衡导线张力标准值 40kN 考虑

70. 杆塔荷载一般分为永久荷载与可变荷载,下列哪些属于永久荷载? (　　)

(A)导、地线的张力荷载　　(B)导、地线的重力荷载
(C)拉线的初始张力荷载　　(D)各种振动动力荷载

2019 年专业知识试题答案(下午卷)

1. **答案**:A

依据:《电力工程电气设计手册 电气一次部分》P56“二、一台半断路器接线”。

2. **答案**:B

依据:《导体和电器选择设计设计规定》(DL/T 5222—2005)第 9.3.6 条。

3. **答案**:B

依据:《高压配电装置设计规程》(DL/T 5352—2018)第 5.5.7 条。

4. **答案**:C

依据:《风力发电场设计技术规范》(DL/T 5383—2007)第 6.7.5 条。

5. **答案**:A

依据:《交流电气装置的过电压保护和绝缘配合设计规范》(GB/T 50064—2014)第 3.1.3-3 条及表 3.1.3。

6. **答案**:D

依据:《电力工程电气设计手册 电气一次部分》P69“电力网中性点接地方式”的相关内容。

7. **答案**:A

依据:《光伏发电站设计规范》(GB 50797—2012)第 6.2.3 条。

8. **答案**:C

依据:《火力发电厂厂用电设计技术规定》(DL/T 5153—2014)第 6.5.14 条、第 6.5.15条。

9. **答案**:B

依据:《隐极同步发电机技术要求》(GB/T 7064—2008)第 5.2 条、《导体和电器选择设计技术规定》(DL/T 5222—2005)第 7.5.14 条。

查表 4 可知,功率因数为 0.8。

额定电流:$I_n = \dfrac{P}{\sqrt{3}U_n\cos\varphi} = \dfrac{30}{\sqrt{3}\times 10.5\times 0.8} = 2.062\text{kA} = 2062\text{A}$

10. **答案**:A

依据:《电力工程电缆设计规范》(GB 50217—2018)附录 B 式(B.0.1-1)。

回路持续工作电流:$I = \dfrac{1.05\times S}{\sqrt{3}U_n} = 0.6\times\dfrac{1.05\times 75}{\sqrt{3}\times 35} = 0.779\text{kA} = 779\text{A}$

导体经济截面面积：$S_j = \frac{I_g}{J} = \frac{779}{1.56} = 499.4\text{mm}^2$，因此选择标称截面面积为 $2 \times 240\text{mm}^2$。

注：当采用经济电流密度选择电缆截面介于两标称截面之间，可视其接近程度，选择较接近一档截面。

11. **答案**：D

依据：《电力设施抗震设计规范》(GB 50260—2013)第6.2.1条。

12. **答案**：B

依据：《电力工程电缆设计标准》(GB 50217—2018)附录D第D.0.2条。

13. **答案**：B

依据：《电力工程直流系统设计技术规程》(DL/T 5044—2014)第6.7.2-3条。

14. **答案**：C

依据：《火力发电厂、变电所二次接线设计技术规程》(DL/T 5136—2012)第3.2.2条。

15. **答案**：B

依据：《火力发电厂厂用电设计技术规定》(DL/T 5153—2014)附录P表P.0.3。

断路器整定电流：

$$I_z \geq 1.35(I_Q + \sum I_{qi}) = 1.35\left(\frac{6.5 \times 55}{\sqrt{3} \times 0.38 \times 0.8} + 620 - \frac{55}{\sqrt{3} \times 0.38 \times 0.8}\right) = 1194.5\text{A}$$

注：题干中未告知MCC进线处短路电流，否则还需校验其灵敏度。

16. **答案**：A

依据：《火力发电厂厂用电设计技术规定》(DL/T 5153—2014)第3.7.5条。

17. **答案**：B

依据：《火灾自动报警系统设计规范》(GB 50116—2013)第3.1.6条。

18. **答案**：B

依据：《爆炸危险环境电力装置设计规范》(GB 50058—2014)第3.3.2条。

19. **答案**：D

依据：《电能质量 供电电压偏差》(GB/T 12325—2008)第4.1条。

第4.1条：35kV及以上供电电压正、负偏差绝对值之和不超过标称电压的10%。

20. **答案**：D

依据：《火力发电厂与变电站设计防火规范》(GB 50229—2019)第6.8.5条。

21. **答案**：A

依据：《光伏发电站设计规范》(GB 50797—2012)第4.0.3-2条。

22. **答案**:C

依据:《高压配电装置设计规程》(DL/T 5352—2018)第3.0.11条。

23. **答案**:C

依据:《火力发电厂和变电所照明设计技术规定》(DL/T 5390—2014)第8.3.4条。

24. **答案**:D

依据:《火灾自动报警系统设计规范》(GB 50116—2013)第6.5.2条。

25. **答案**:A

依据:《火力发电厂和变电所照明设计技术规定》(DL/T 5390—2007)第10.0.3条。

26. **答案**:D

依据:《电力装置的电测量仪表装置设计规范》(GB/T 50063—2008)第3.6.6条。

27. **答案**:B

依据:《电力工程直流系统设计技术规程》(DL/T 5044—2014)第4.1.1-1条。

28. **答案**:A

依据:《继电保护和安全自动装置技术规程》(GB/T 14285—2006)第4.3.7.5条。

29. **答案**:C

依据:《交流电气装置的接地设计规范》(GB/T 50065—2011)第4.3.3-4条。

30. **答案**:D

依据:《火力发电厂与变电站设计防火规范》(GB 50229—2019)第6.8.1条。

31. **答案**:B

依据:《火力发电厂与变电站设计防火规范》(GB 50229—2019)第6.8.5条。

32. **答案**:A

依据:《火力发电厂和变电所照明设计技术规定》(DL/T 5390—2007)第2.1.29~第2.1.32条。

33. **答案**:C

依据:《高压配电装置设计技术规程》(DL/T 5153—2014)第3.5.1条。

34. **答案**:A

依据:《低压配电设计规范》(GB 50054—2011)第3.1.9条、第3.1.10条。

35. **答案**:D

依据:《交流电气装置的接地设计规范》(GB/T 50065—2011)第8.3.1条。

36. **答案**:B

依据:《供配电系统设计规范》(GB 50052—2009)第5.0.11条。

37. **答案**:B

依据:《电力系统设计技术规程》(DL/T 5429—2009)第9.1.4条。

38. **答案**:C

依据:《电力系统安全稳定控制设计导则》(DL/T 723—2000)第6.2.1条“发电端的控制手段”。

39. **答案**:D

依据:《110～750kV架空输电线路设计规范》(GB 50545—2010)第7.0.2条、第7.0.3条。

第7.0.3条:全高超过40m有地线的杆塔,高度每增加10m,应比表7.0.2增加1片相当于高度146mm的绝缘子。

则 $n' = \frac{90-40}{10} \times \frac{146}{155} = 4.7$ 片

第7.0.2条:耐张绝缘子串的绝缘子片数应在表7.0.2的基础上增加,对500kV输电线路应增加2片。

则 $n = 25 + 4.7 + 2 = 31.7$ 片,取32片。

40. **答案**:D

依据:《110～750kV架空输电线路设计规范》(GB 50545—2010)第5.0.7条。

---

41. **答案**:ABC

依据:《导体与电器选择设计技术规程》(DL/T 5222—2005)第5.0.9条条文说明。

42. **答案**:ACD

依据:《电力设施抗震设计规范》(GB 50260—2013)第5.0.2条。

43. **答案**:BCD

依据:《导体与电器选择设计技术规程》(DL/T 5222—2005)第9.3.6条。

44. **答案**:BCD

依据:《光伏发电站接入电力系统设计规范》(GB/T 50866—2013)第4.1.4条。

45. **答案**:CD

依据:《电力工程高压送电线路设计手册》(第二版)P125 式(2-7-11)。

$$\lg P_\theta = \frac{\theta\sqrt{h}}{86} - 3.9 \Rightarrow \theta = \frac{3.9 \times 86 + 86\lg P_\theta}{\sqrt{h}} \leqslant \frac{3.9 \times 86 + 86\lg(0.0004)}{\sqrt{37}} = 7.10°$$

46. **答案**:ACD

依据:《电力系统设计技术规程》(DL/T 5429—2009)第5.2.2条。

47. **答案**:ABC

依据:《电力工程电气设计手册》(电气一次部分)P380“次档距长度的确定”。

48. 答案:BCD
依据:《导体与电器选择设计技术规程》(DL/T 5222—2005)第12.0.4-3条。

49. 答案:BCD
依据:《高压配电装置设计技术规程》(DL/T 5352—2018)第2.1.8条。

50. 答案:BC
依据:《火力发电厂厂用电设计技术规定》(DL/T 5153—2014)第6.3.3条。

51. 答案:BCD
依据:《火力发电厂厂用电设计技术规定》(DL/T 5153—2014)第3.6.3条~第3.6.5条。

52. 答案:AC
依据:《风电场接入电力系统技术规定》(GB/T 19963—2011)第7.1条。

53. 答案:BCD
依据:《火力发电厂与变电站设计防火规范》(GB 50229—2019)第11.5.1条注解。

54. 答案:ABD
依据:《光伏发电站设计规范》(GB 50797—2012)第5.4.4条。

55. 答案:ABC
依据:《电力工程电缆设计标准》(GB 50217—2018)第7.0.2条。

56. 答案:ACD
依据:《火力发电厂和变电站照明设计技术规定》(DL/T 5390—2014)第8.1.3条、第8.1.5条。

57. 答案:ABC
依据:《高压直流输电大地返回运行系统设计技术规定》(DL/T 5224—2014)第4.1.4条。

58. 答案:AD
依据:《火力发电厂、变电站二次接线设计技术规程》(DL/T 5136—2012)第3.2.5条。

59. 答案:AC
依据:《火力发电厂、变电站二次接线设计技术规程》(DL/T 5136—2012)第7.2.9-2条。

60. 答案:BCD
依据:《电力系统安装自动装置设计技术规定》(DL/T 5147—2001)第4.3.2条。

61. **答案**:ABD

依据:《继电保护和安全自动装置技术规程》(GB/T 14285—2006)第4.2.5.1条。

62. **答案**:BCD

依据:《风电场接入电力系统技术规定》(GB/T 19963—2011)第13.2条。

63. **答案**:ABD

依据:《电力工程电气设计手册 电气一次部分》P70"发电机中性点接地方式"的相关内容。

64. **答案**:ABC

依据:《低压配电设计规范》(GB 50054—2011)第3.1.4条、第3.1.11-1条。

65. **答案**:ABC

依据:《交流电气装置的接地设计规范》(GB/T 50065—2011)第3.1.1条。

66. **答案**:AC

依据:《导体与电器选择设计技术规程》(DL/T 5222—2005)第8.0.3条。

67. **答案**:AD

依据:《电力工程电气设计手册 电气一次部分》P71"三 电压互感器配置"的相关内容。

68. **答案**:AC

依据:《110~750kV架空输电线路设计规范》(GB 50545—2010)第13.0.10条。

69. **答案**:ACD

依据:《110~750kV架空输电线路设计规范》(GB 50545—2010)第10.1.13-2条。

70. **答案**:BC

依据:《110~750kV架空输电线路设计规范》(GB 50545—2010)第10.1.1条。

2019 年案例分析试题(上午卷)

[案例题是4选1的方式,各小题前后之间没有联系,共25道小题,每题分值为2分,上午卷50分,下午卷50分,试卷满分100分。案例题一定要有分析(步骤和过程)、计算(要列出相应的公式)、依据(主要是规程、规范、手册),如果是论述题要列出论点]

题1~6:某垃圾焚烧电厂汽轮发电机组,发电机额定容量 $P_{eg}=20000kW$,额定电压 $U_{eg}=6.3kV$,额定功率因数 $\cos\varphi_e=0.8$,超瞬变电抗 $X''_d=18\%$。电气主接线为发电机变压器组单元接线,发电机端装设出口断路器GCB,发电机中性点经消弧线圈接地。高压厂用电源从主变低压侧引接,经限流电抗器接入6.3kV厂用母线。主变压器额定容量 $S_n=25000kVA$,短路电抗 $U_k=12.5\%$,主变高压侧接入110kV配电装置,统一用10km长的110kV线路连接至附近变电站,电气主变接线见下图,试分析并计算解答下列各小题。

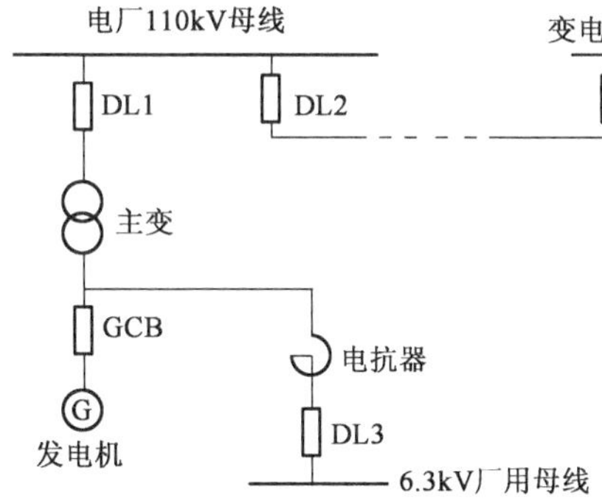

1.若高压厂用电源由备用电源供电,即DL3断开时,发电机在额定工况下运行,请计算此时主变压器的无功消耗占发电机发出的无功功率的百分比为下列哪项数值?(请忽略电阻和激磁电抗) ( )

(A)12.5% (B)18%

(C)20.8% (D)60%

解答过程:

2.已知110kV线路电抗为0.4Ω/km,发电机变压器组在额定工况下运行。求机组通过110kV线路提供给变电站110kV母线的短路电流周期分量起始有效值最接近下列

哪项数值?(按短路电流实用计算法计算) ( )

(A)0.43kA (B)0.86kA

(C)1.63kA (D)3.61kA

解答过程:

3. 已知发变组未接入时,电厂 110kV 母线短路电流周期分量的有效值为 16kA,且不随时间衰减,当发变组接入后,求电厂厂用分支(限流电抗器的主变侧)三相短路后 $t=100$ms 时刻的短路电流周期分量有效值最接近下列哪项数值?(按短路电流实用计算法计算,忽略厂用电动机反馈电流) ( )

(A)1.62kA (B)13.3kA

(C)28.02kA (D)30.5kA

解答过程:

4. 已知发电机回路衰减时间常数 $T_a=100(X/R)$,若需要满足主变低压侧三相金属性短路 60ms 时刻,发电机侧短路电流能被 GCB 开断,问 GCB 应具备的短路电流非周期分量开断能力至少为下列哪项数值? ( )

(A)11.0kA (B)16.09kA

(C)18.8kA (D)25.2kA

解答过程:

5. 为了抑制 6kV 厂用系统的谐波,6.3kV 母线的短路容量应大于 200MVA,假定限流电抗器的主变侧短路电流周期分量起始有效值为 80kA,若电抗器额定电流为 800A,厂用分支断路器的额定开断电流为 31.5kA,请计算确定满足上述要求的电抗器的电抗百分值应为下列哪项数值?(忽略电动机反馈电流) ( )

(A)1.5%　　　　　　　　　　(B)3%

(C)4.5%　　　　　　　　　　(D)6%

解答过程：

6. 已知 GCB 两端并联的对地电容器之和为每相 150nf，假定消弧线圈的电感为 1.5H，以过补偿方式，用于发电电机中性点接地。若过补偿系数为 1.2，问本单元机组 6kV 系统，除 GCB 并联电容提供的单相接地电容电流以外，其余部分的单相接地电容电流为下列哪项数值？（　　）

(A)0.5A　　　　　　　　　　(B)2.5A

(C)5.9A　　　　　　　　　　(D)6.4A

解答过程：

题 7～11：某电厂的海拔为 1350m，厂内 330kV 配电装置的电气主接线为双母线接线，330kV 配电装置采用屋外敞开式中型布置，主母线和主变进线均采用双分裂铝钢扩径空芯导线（导线分裂间距 400mm），330kV 设备的短路电流水平为 50kA(2s)。

厂内 330kV 配电装置的最小安全净距：A_1 值为 2650mm，A_2 值为 2950mm。

请分析并计算下列各小题（厂内 330kV 配电装置间隔断面示意图见下图）。

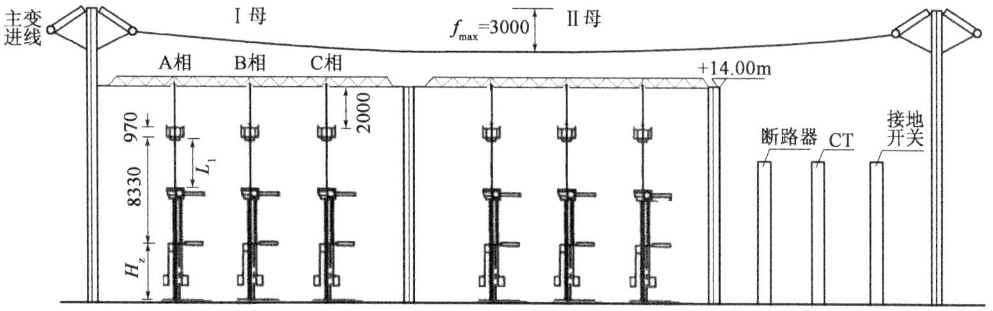

厂内330kV配电装置主变进线间隔断面示意图(尺寸单位：mm)

7. 请判断图中所示的安全距离 L_1 不得小于下列哪项数值？并说明理由。（　　）

(A)2650mm　　　　　　　　　　(B)2950mm

(C)3250mm　　(D)3400mm

解答过程：

8. 母线隔离开关启用 GW22B-363/2500 型垂直伸缩式隔离开关，其底座下沿与静触头（静触头可调范围为 500 ~ 1500mm）中心线的距离为 8330mm。A 相静触头中心线与 A 相母线中心线的距离确定为 970mm。主母线挂线点高度为 14m，A 相母线最大弧垂为 2000mm，若不计导线半径，则隔离开关支架高度为下列哪项数值？（　　）

(A)2500mm　　(B)2700mm　　(C)3170mm　　(D)3670mm

解答过程：

9. 330kV 配电装置的主变间隔中，主变进线跨过主母线，主变进线最大弧垂为 3000mm，主母线挂线点高度为 14m，若假定主母线弧垂为 1800mm，不计导线半径，不考虑带电检修，请计算主变进线架构高度不应小于下列哪项数值？（　　）

(A)15.6m　　(B)18.6m

(C)19.6m　　(D)20.4m

解答过程：

10. 根据电厂的环境气象条件，计算主变进线（包括绝缘子串）在不同风速条件下的风偏为：雷电过电压时风偏 600mm，内过电压时风偏 900mm，最高工作电时风偏 1450mm。假定主变进线无偏角，跳线风偏相同，不计导线半径和风偏角对导线分裂间距的影响，且不考虑海拔修正时，请计算主变线门型架构的宽度宜为下列哪项数值？（架构柱直径为 500mm）（　　）

(A)10.6m　　(B)11.2m

(C)17.2m　　(D)17.7m

解答过程：

11. 330kV 配电装置出线回路的 330kV 母线隔离开关额定电流为 2500A，该母线隔离开关应切断母线环流的能力是，当开合电压 300V，开合次数 100 次，其开断母线环流的电流应至少为下列哪项数值？（按规程规定计算） （ ）

(A)0.5A (B)2A

(C)2000A (D)2500A

解答过程：

题 12～15：某发电厂采用 220kV 接入系统，其汽机房 A 列防雷布置图如下图所示，1 号、2 号避雷针的高度为 40m，3 号、4 号、5 号避雷针的高度为 30m，被保护物高度为 15m，请分析并解答下列各小题。（避雷针的位置坐标如下图所示）

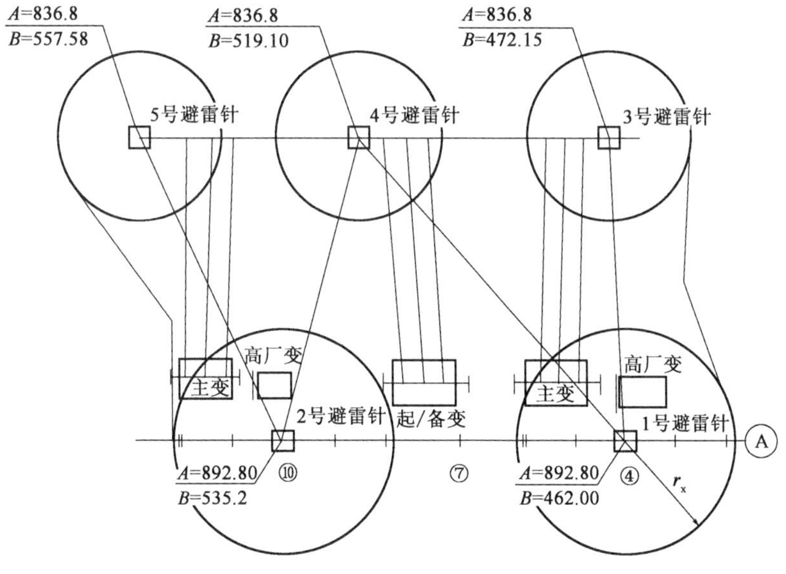

A列外防雷布置图(单位：m)

12. 请计算 1 号避雷针在被保护物高度水平面上的保护半径 r_x 为下列哪项数值？

（ ）

(A)21.75m (B)26.1m

(C)30m (D)52.2m

解答过程：

13. 请计算2号、5号避雷针两针间的保护最低点高度h_0为下列哪项数值？( )

(A)8.47m (B)4.4m

(C)21.53m (D)30m

解答过程：

14. 该电厂的220kV出线回路在开断空载架空长线路时，宜采用哪种措施限制其操作过电压，其过电压不宜大于下列哪项数值？ ( )

(A)采用重击穿概率极低的断路器，617kV

(B)采用重击穿概率极低的断路器，436kV

(C)采用截流数值较低的断路器，617kV

(D)采用截流数值较低的断路器，436kV

解答过程：

15. 该电厂220kV变压器高压绕组中性点经接地电抗器接地，接地电抗器的电抗值与主变压器的零序电抗值之比为0.25，主变压器中性点外绝缘的雷电冲击耐受电压为185kV，在中性点处装设无间隙氧化锌避雷器保护，按外绝缘配合可选择下列哪种避雷器型号？ ( )

(A)Y1.5W-38/132 (B)Y1.5W-38/148

(C)Y1.5W-89/286 (D)Y1.5W-146/320

解答过程：

题 16～20：某 220kV 无人值班变电站设置一套直流系统，标准电压为 220V，控制与动力负荷合并供电。直流系统设 2 组蓄电池，蓄电池选用阀控式密封铅酸（贫液，单体 2V），每组蓄电池容量为 400Ah。充电装置满足蓄电池均衡充电且同时对直流系统供电，均衡充电电流取最大值，已知经常负荷、事故负荷统计见下表。

序号	名　　称	容量(kW)	备注
1	智能装置、智能组件	3.5	
2	控制、保护、继电器	3.0	
3	交流不间断电流	2×15	负荷平均分配在 2 组蓄电池上，$\eta=1$
4	直流应急照明	2.1	
5	DC/DC 变换装置	2.2	$\eta=1$

16. 请计算充电装置的额定电流计算值应为下列哪项数值？（计算结果保留 2 位小数）（　　）

(A)50.00A　　(B)70.91A

(C)78.91A　　(D)88.46A

解答过程：

17. 若变电站利用高额开关电源型充电装置，采用一组电池配置一套充电装置方案，单个模块额定电流为 10A。若经常负荷电流 $I_{jc}=20A$，计算全站充电模块数量应为下列哪项数值？（　　）

(A)9 块　　(B)14 块

(C)16 块　　(D)18 块

解答过程：

18. 若变电站 220kV 侧为双母线接线，出线间隔 6 回，主变压器间隔 2 回，220kV 配电装置已达终极规模。220kV 断路器均采用分相机构，每台每相跳闸电流为 2A，事故初期高压断路器跳闸按保护动作跳开 220kV 母线上所有断路器考虑，不考虑高压断路器自投。取蓄电池的放电终止电压为 1.85V，采用简化计算法，求满足事故放电初期 (1min) 冲击放电电流的蓄电池 10h 放电率计算容量应为下列哪项数值？(计算结果保留 2 位小数) (　　)

(A) 100.44Ah　　(B) 101.80Ah

(C) 126.18Ah　　(D) 146.63Ah

解答过程：

19. 若直流馈线网络采用集中辐射型供电方式，上级直流断路器采用标准型 C 型脱扣器，安装出口处短路电流为 2500A，回路末端短路电流为 1270A；其下级直断路器采用额定电流为 6A 的标准型 B 型脱扣器。上级断路器要求下级断路器回路压降 $\Delta U_{p2} = 4\% U_n$。请查表选择此上级断路器额定电流并计算其灵敏系数。(脱扣电流按瞬时脱扣范围最大值选取，计算结果保留 2 位小数) (　　)

(A) 40A, 2.12　　(B) 40A, 4.17

(C) 63A, 1.34　　(D) 63A, 2.65

解答过程：

20. 若直流馈线网络采用分层辐射形式供电方式，变电站设直流分电柜。经计算直流分电柜至终端回路的电压降为 4.4V，直流柜至直流分电柜电缆长度为 90m，允许电压降计算电流为 80A，回路长期工作电流为 40A。按回路压降计算，至直流分电柜的电缆线截面面积选择下列哪项最为经济？(采用铜芯电缆) (　　)

(A) $16mm^2$　　(B) $25mm^2$

(C) $35mm^2$　　(D) $50mm^2$

解答过程：

题 21～25：某 220kV 架空输电线路工程导线采用 2×JL/G1A-630/45，子导线直径为 33.8mm，自重荷载为 20.39N/m，安全系数为 2.5 时最大设计张力为 57kN，基本风速 33m/s，设计覆冰厚度 10mm（同时温度 -5℃，风速 10m/s）。10mm 厚覆冰时，子导线冰荷载为 12.14N/m，风荷载 4.04N/m，子导线最大风时风荷载为 22.11N/m。

21. 导线悬重绝缘子串中固定式悬重线夹的握力应不小于下列哪项数值？（　　）

(A)34.2kN　　(B)36.0kN

(C)57.0kN　　(D)60.0kN

解答过程：

22. 某基塔定位后的水平档距为 500m，垂直档距为 400m，导线悬垂线夹的机械强度应不小于下列哪项数值？（不考虑气象条件变化对垂直档距以及风压高度比系数的影响）（　　）

(A)32.92kN　　(B)34.35kN

(C)68.69kN　　(D)137.38kN

解答过程：

23. 导线双联耐张绝缘子金具串中压缩型耐张线夹的握力应不小于下列哪项数值？（　　）

(A)142.5kN　　(B)135.4kN

(C)71.25kN　　(D)67.7kN

解答过程：

24. 某悬垂直线塔使用于山区，该塔设计时导线的纵向不平衡张力应取下列哪项数值？（　　）

(A)22.8kN　　(B)28.5kN

(C)34.2kN　　(D)79.8kN

解答过程：

25. 假设某档的档距为700m(一般档距)，两端直线塔的悬垂绝缘子串(Ⅰ串)长度均为2.5m，地线串长度为0.5m，地线串挂点比导线串挂点高2.5m，地线与边导线间的水平偏移为1.0m。若导线为水平排列，在15℃无风时档距中央导线的弧垂为35m，请计算该档距满足档距中央导地线距离要求时的地线弧垂不应大于下列哪项数值？（　　）

(A)28.15m　　(B)30.15m

(C)30.65m　　(D)32.65m

解答过程：

2019年案例分析试题答案(上午卷)

题1~6答案:**CACBBC**

1. 根据《电力系统设计手册》P320式(10-46),忽略电阻与激磁电抗变压器,变压器空载电流$I_0\%=0$。

当DL3断开时,变压器负载容量$S=P_e/\cos\varphi_e=20000/0.8=25000\text{kVA}$。

此时主变消耗的无功功率为:

$$\Delta Q=\frac{I_0\%}{100}S_N+\frac{U_k\%}{100}S_N\left(\frac{S}{S_N}\right)^2=0+\frac{12.5}{100}\times25000\times\left(\frac{25000}{25000}\right)^2=3125\text{kVA}$$

发电机额定发出的无功功率为:

$Q_G=P_e\tan\varphi_e=P_e\tan(\arccos0.8)=20000\times0.75=15000\text{kvar}$

最终比值为:$\Delta Q/Q_G=3125/15000\times100\%=20.8\%$

2.《电力工程电气设计手册》(电气一次部分)P121表4-2、P129式(4-20)、P131式(4-21)、P135表4-7。

设$S_j=25\text{MVA}$

发电机电抗标幺值:$X_{d*}=\frac{U_d\%}{100}\cdot\frac{S_j}{P_e/\cos\theta}=8\times\frac{25}{20/0.8}=0.18$

变压器电抗标幺值:$X_{T*}=\frac{U_k\%}{100}\cdot\frac{S_j}{S_{nT}}=\frac{12.5}{100}\times\frac{25}{25}=0.125$

110kV线路电抗标幺值:$X_{l*}=X\frac{S_j}{U_j^2}=0.4\times10\times\frac{25}{115^2}=0.0076$

额定容量S_e下的计算电抗:

$X_{js}=X_{\Sigma*}\frac{S_e}{S_j}=(0.18+0.125+0.0076)\times\frac{20/0.8}{25}=0.313$

查表4-7,取相邻的两个值使用插值法:$\frac{0.313-0.32}{0.3-0.32}=\frac{I''_*-3.368}{3.603-3.368}\Rightarrow I''_*=3.46$

短路电流周期分量起始有效值:$I''=I''_*I_e=I''_*\frac{P_e}{\sqrt{3}U_j\cos\varphi}=3.46\times\frac{20/0.8}{115/\sqrt{3}}=0.43\text{kA}$

3.《电力工程电气设计手册》(电气一次部分)P120表4-1、P129式(4-20)、P131式(4-21)、P135表4-7。

系统侧提供的短路电流:设$S_j=100\text{MVA}$,$U_j=115\text{kV}$

系统电抗标幺值:$X_{s*}=\frac{S_j}{S_s}=\frac{100}{\sqrt{3}\times115\times16}=0.031$

变压器电抗标幺值:$X_{d*}=\frac{U_d\%}{100}\times\frac{S_j}{S_{nT}}=\frac{12.5}{100}\times\frac{100}{25}=0.5$

系统侧提供的短路电流(不考虑周期分量衰减):$I_{k1}=\frac{I_j}{X_{\Sigma*}}=\frac{9.16}{0.031+0.5}=17.25\text{kA}$

发电机侧提供的短路电流:设$S_j=25\text{MVA}$

发电机电抗标幺值：$X_{d*}=\frac{X''_d\%}{100}\times\frac{S_j}{P_e/\cos\varphi}=\frac{18}{100}\times\frac{25}{20/0.8}=0.18$

查表 4-7，$t=0.1s$ 时，$I_*=4.697$。

发电机侧提供的短路电流（考虑周期分量衰减）：

$$I_{k2}=I_*I_e=4.697\times\frac{20/0.8}{6.3\times\sqrt{3}}=10.67kA$$

故总短路电流：$I_k=I_{k1}+I_{k2}=17.25+10.67=28.01kA$

4.《电力工程电气设计手册》（电气一次部分）P131 式（4-21）、P135 表 4-7、P139 式（4-28）。

发电机侧提供的短路电流：设 $S_j=25MVA$

发电机计算电抗：$X_{js}=X''_d=0.18$，查表 4-7 可知，$I_*=6.02$。

短路电流：$I_k=I_*I_e=6.02\times\frac{20/0.8}{6.3\times\sqrt{3}}=13.39kA$

60ms 时短路电流非周期分量：

$$i_{fst}=-\sqrt{2}I''_e e^{-\frac{\omega t}{T_a}}=-\sqrt{2}\times13.79\times e^{-\frac{3.14\times60\times10^{-3}}{100}}=16.09kA$$

5.《电力工程电气设计手册》（电气一次部分）P253 式（6-14）。

6.3kV 母线短路电流满足：$\frac{200}{\sqrt{3}\times6.3}=18.33kA\leqslant I_k\leqslant31.5kA$

电抗器电抗百分比最小值：

$$X_k\%\geqslant\left(\frac{I_j}{I''}-X_{*j}\right)\frac{I_{ek}}{U_{ek}}\cdot\frac{U_j}{I_j}\times100\%=\left(\frac{1}{31.5}-\frac{1}{80}\right)\times\frac{0.8}{6.3}\times6.3\times100\%=1.54\%$$

电抗器电抗百分比最大值：

$$X_k\%\leqslant\left(\frac{I_j}{I''}-X_{*j}\right)\frac{I_{ek}}{U_{ek}}\cdot\frac{U_j}{I_j}\times100\%=\left(\frac{1}{18.33}-\frac{1}{80}\right)\times\frac{0.8}{6.3}\times6.3\times100\%=3.36\%$$

故取 $X_k\%=3\%$

6.《电力工程电气设计手册》（电气一次部分）P80 式（3-1）。

消弧线圈的电感电流：$I_L=\frac{U_{ph}}{\omega L}=\frac{6.3\times10^3/\sqrt{3}}{314\times1.5}=7.72A$

参考《导体与电器选择设计技术规程》（DL/T 5222—2005）第 18.1.4 条式（18.1.4），由题意补偿系数 $K=1.2$ 可得：$I_c=\frac{I_L}{K}=\frac{7.72}{1.2}=6.43A$。

GCB 并联对地电容电流：

$$I_c=\sqrt{3}U_e\omega C\times10^{-3}=\sqrt{3}\times6.3\times314\times150\times10^{-3}\times10^{-3}=0.51A$$

故其余部分的单相接地电容电流：$I'_c=6.43-0.51=5.92A$

题 7～11 答案：**DBBD**

7.《高压配电装置设计规范》（DL/T 5352—2018）第 4.3.3 条、表 5.1.2-1。

第 4.3.3 条：单柱垂直开启式隔离开关在分闸状态下，动静触头间的最小电气距离不应小于配电装置的最小安全净距 B_1 值。

L_1 为 B_1 值：$B_1=A_1+750=2650+750=3400mm$

8.《电力工程电气设计手册》(电气一次部分)P703 式(附10-45)。

隔离开关支架高度:

$H_z = H_m - H_g - f_m - r - \Delta h = 14 - 8.33 - 0.97 - 2 = 2.7m = 2700mm$

9.《电力工程电气设计手册》(电气一次部分)P699 ~ P704 式(附10-1)、式(附10-51)。

$B_1 = A_1 + 750 = 2650 + 750 = 3400mm$

忽略导线半径:$H_{c3} \geqslant H_m - f_{m3} + B_1 + f_{c3} + r = 14 - 1.8 + 3.4 + 3 = 18.6m$

注:也可参考《高压配电装置设计规范》(DL/T 5352—2018)第5.1.2条表5.1.2-1。

10.《电力工程电气设计手册》(电气一次部分)P699 式(附10-1) ~ 式(附10-7)、P702 式(附10-34) ~ 式(附10-36)、P703 式(附10-43)。

不考虑导线半径和风偏角对导线分裂间距的影响。

(1)大气过电压:

相地距离:$D_1' = A_1' + f' + \frac{d}{2} = 2400 + 600 + \frac{400}{2} = 3200mm$

相间距离:$D_2' = A_2' + 2f' + d = 2600 + 2 \times 600 + 400 = 4200mm$

(2)内部过电压:

相地距离:$D_1' = A_1' + f' + \frac{d}{2} = 2500 + 900 + \frac{400}{2} = 3600mm$

相间距离:$D_2' = A_2' + 2f' + d = 2800 + 2 \times 900 + 400 = 5000mm$

(3)最高工作电压:

相地距离:$D_1' = A_1' + f' + \frac{d}{2} = 1100 + 1450 + \frac{400}{2} = 2750mm$

相间距离:$D_2' = A_2' + 2f' + d = 1700 + 2 \times 1450 + 400 = 5000mm$

进出线门型构架的宽度(考虑架构柱直径500mm):

$S = 2(D_1 + D_2) = 2 \times (5000 + 3600) + 500 = 17700mm = 17.7m$

注:也可参考《高压配电装置设计规范》(DL/T 5352—2018)第5.1.2条表5.1.2-1。

11.《导体和电器选择设计技术规定》(DL/T 5222—2005)第11.0.9条及条文说明。

对一般隔离开关的开断电流为$0.8I_n$(I_n为产品的额定电流),开合次数100次,故$I_n' = 0.8 \times 2500 = 2000A$。

题12 ~ 15答案:**BCAA**

12.《交流电气装置的过电压保护和绝缘配合设计规范》(GB/T 50064—2014)第5.2.1条式(5.2.1-3)。

计算因子:$h = 40m$,$h_x = 15m$,$P = \frac{5.5}{\sqrt{40}}$,故有$h_x < \frac{h}{2}$。

保护半径:$r_x = (1.5h - 2h_x)P = (1.5 \times 40 - 2 \times 15) \times \frac{5.5}{\sqrt{40}} = 26.09m$

13.《交流电气装置的过电压保护和绝缘配合设计规范》(GB/T 50064—2014)第5.2.1条式(5.2.1-2)、第5.2.6条式(5.2.6)。

2 号避雷针计算因子：$h=40\text{m}$，$h_x=30\text{m}$，$P=\frac{5.5}{\sqrt{40}}$，故有 $h_x>\frac{h}{2}$。

保护半径：$r_x=(h-h_x)P=(40-30)\times\frac{5.5}{\sqrt{40}}=8.7\text{m}$

2 号、5 号避雷针之间的距离：

$D=\sqrt{(892.8-836.8)^2+(557.58-535.2)^2}=60.31\text{m}$

5 号避雷针和等效 2 号避雷针之间的距离：$D'=D-r_x=60.31-8.7=51.61\text{m}$

等效 2 号避雷针 $h=30\text{m}$，故 $P=1$，则圆弧的弓高：$f=\frac{D'}{7P}=\frac{51.61}{7\times1}=7.37\text{m}$。

2 号、5 号避雷针两针间的保护最低点高度 h_0：$h_0=h-f=30-7.37=22.63\text{m}$

14.《交流电气装置的过电压保护和绝缘配合设计规范》(GB/T 50064—2014)第 3.2.2 条、第 4.2.6-1 条。

第 4.2.6-1 条：对 110kV 及 220kV 系统，开断空载架空线路宜采用重击穿概率极低的断路器，开断电缆线路采用重击穿概率极低的断路器，过电压不宜大于 3.0p.u.，即：

$3.0\text{p.u.}=3\times\frac{\sqrt{2}}{\sqrt{3}}U_m=3\times\frac{\sqrt{2}}{\sqrt{3}}\times252=617.27\text{kV}$

其中，操作过电压的基准电压：$1.0\text{p.u.}=\frac{\sqrt{2}}{\sqrt{3}}U_m$，最高电压值 U_m 参考《标准电压》(GB/T 156—2017)第 3.4 条表 4。

15.《交流电气装置的过电压保护和绝缘配合设计规范》(GB/T 50064—2014)第 4.4.3 条表 4.4.3、第 6.4.4 条式(6.4.4-3)。

注 3：220kV 变压器中性点经接地电抗器接地，当接地电抗器的电抗与变压器或高压并联电抗器的零序电抗之比等于 n 时，则 $k=\frac{3n}{1+3n}=\frac{3\times0.25}{1+3\times0.25}=0.43$。

避雷器额定电压：$U_R=0.35kU_m=0.35\times0.43\times252=37.8\text{kV}$

避雷器雷电冲击保护水平：$U_{1.p}\leqslant\frac{u_{e.1.o}}{k_{17}}=\frac{185}{1.4}=132.14\text{kV}$

注：Y1.5W-38/132 含义：Y 表示氧化锌避雷器，1.5 表示标称放电电流为 1.5kA，W 表示无间隙，38 表示额定电压为 38kV，132 表示标称放电电流下的最大残压为 132kV；最高电压值 U_m 可参考《标准电压》(GB/T 156—2007)第 4.5 条。

题 16~20 答案：**CDCBC**

16.《电力工程直流电源系统设计技术规范》(DL/T 5044—2014)第 4.2.5 条表 4.2.5、附录 D。

经常负荷电流：$I_{jc}=\frac{\sum P_{jc}}{U_n}=\frac{3.5\times0.8+3.0\times0.6+2.2\times0.8}{220}\times10^3=28.91\text{A}$

根据附录 D.1.1，充电装置额定电流：

$I_r=1.25I_{10}+I_{jc}=1.25\times\frac{400}{10}+28.91=78.91\text{A}$

17.《电力工程直流电源系统设计技术规范》(DL/T 5044—2014)附录 D

式（D.1.1-5）。

根据附录D.1.1，充电装置额定电流：$I_r = 1.25I_{10} + I_{jc} = 1.25 \times \frac{400}{10} + 20 = 70A$。

根据附录D.2.1，基本模块数量：$n_1 = \frac{I_r}{I_{me}} = \frac{70}{10} = 7$ 个，故附加模块数量 $n_2 = 2$ 个。

全站直流系统设2组蓄电池，总模块数量：$n = 2(n_1 + n_2) = 2 \times (7 + 2) = 18$ 个。

18.《电力工程直流电源系统设计技术规范》（DL/T 5044—2014）第4.2.5条表4.2.5、附录C。

事故放电电流：

$$I_{cho} = \frac{3.5 \times 0.8 + 3 \times 0.6 + 15 \times 0.6 + 2.1 + 2.2 \times 0.8}{220} \times 10^3 + (6 + 2 + 1) \times 3 \times 2 \times 0.6$$

$$= 111.76A$$

其中跳闸回路共考虑9台断路器（馈线6台、主变压器进线2台、母联1台）

由表C.3-3，蓄电池的放电终止电压为1.85V时，容量换算系数：$K_{cho} = K_c = 1.24$。

蓄电池10h放电率计算容量：$C_{cho} = K_K \frac{I_{cho}}{K_{cho}} = 1.4 \times \frac{111.76}{1.24} = 126.18Ah$

19.《电力工程直流电源系统设计技术规范》（DL/T 5044—2014）附录A表A.5-1、式（A.4.2-5）。

上级断路器要其下级断路器回路压降 $\Delta U_{p2} = 4\% U_n$，下级直断路器（S_3）采用额定电流为6A的标准型B型脱扣器，则 S_2 为额定电流为40A的C型脱扣器。

计算其灵敏系数：$K_L = \frac{I_{DK}}{I_{DZ}} = \frac{2500}{15 \times 40} = 4.17$

20.《电力工程直流电源系统设计技术规范》（DL/T 5044—2014）第6.3.6-3条及附录E。

第6.3.6-3条：保证直流柜与直流终端断路器之间允许总电压降不大于标称电压的6.5%。

直流分电柜至终端回路的电压降：$\Delta U_{p3} = \frac{4.4}{220} = 2\%$

直流柜至直流分电柜的电压降：$\Delta U_{p2} = 6.5\% - 2\% = 4.5\%$

由附录E式（E.1.1-2）：$S_{cac} = \frac{\rho \cdot 2LI_{ca}}{\Delta U_p} = \frac{0.0184 \times 2 \times 90 \times 80}{4.5\% \times 220} = 26.76mm^2$，故取 $35mm^2$。

题21～25答案：**BBACB**

21.《电力工程高压送电线路设计手册》（第二版）P292表5-2-2、P769表11-2-1。

由表11-2-1可知，JL/G1A-630/45的铝芯截面面积为 $623.45mm^2$，钢芯截面面积为 $43.1mm^2$。

铝钢截面比：$m = \frac{623.45}{43.1} = 14.47$，由表5-2-2可知，导线拉断力百分数为24%。

悬垂线夹的握力：$T = 24\% \times \frac{T_P}{0.95} = 24\% \times \frac{57 \times 2.5}{0.95} = 36kN$

22.《电力工程高压送电线路设计手册》(第二版) P176“二 线路正常运行情况下的气象组合”。

线路在正常运行中使电线及杆塔产生较大受力的气象条件,包括出现大风、覆冰及最低气温这三种因素,根据题意,考虑大风、覆冰两种工况,即:

(1)覆冰工况:$T_1=\sqrt{[(20.39+12.14)\times400]^2+(4.04\times500)^2}=13.17\text{kN}$

(2)大风工况:$T_2=\sqrt{(20.39\times400)^2+(22.11\times500)^2}=13.74\text{kN}$

取较大者,$T_{max}=13.74\text{kN}$。

根据《110~750kV 架空输电线路设计规范》(GB 50545—2010)第 6.0.3 条,导线悬垂线夹的机械强度:$T_p=KT_{max}=2.5\times13.74=34.35\text{kN}$。

23.《电力工程高压送电线路设计手册》(第二版) P294“三 对耐张线夹的要求”。

各类耐张线夹对导线或地线的握力,压缩型耐张线夹应不小于导线或地线计算拉断力的 95%,故耐张线夹的握力:$T_p\geqslant0.95\times\dfrac{57\times2.5}{0.95}=142.5\text{kN}$。

24.《110~750kV 架空输电线路设计规范》(GB 50545—2010)第 10.1.7 条表 10.1.7。

由题意,查表 10.1.7 可知,山地悬垂塔双分裂导线最大使用张力的百分比为 30%,故导线的纵向不平衡张力:$T=30\%\times2\times57=34.2\text{kN}$。

25.根据《交流电气装置的过电压保护和绝缘配合设计规范》(GB/T 50064—2014)第 5.3.1-7 条及条文说明,220kV 线路为范围Ⅰ输电线路。

档距中央导地线距离:$S\geqslant0.012L+1=0.012\times700+1=9.4\text{m}$

如图所示,档距中央导地线有如下关系:$S^2=L^2+1^2$

$L=h+L_d+f_d-L_e-f_e=2.5+2.5-0.5+35-f_e=39.5-f_e$

故 $9.4^2=(39.5-f_e)^2+1$,求得 $f_e=30.15\text{m}$。

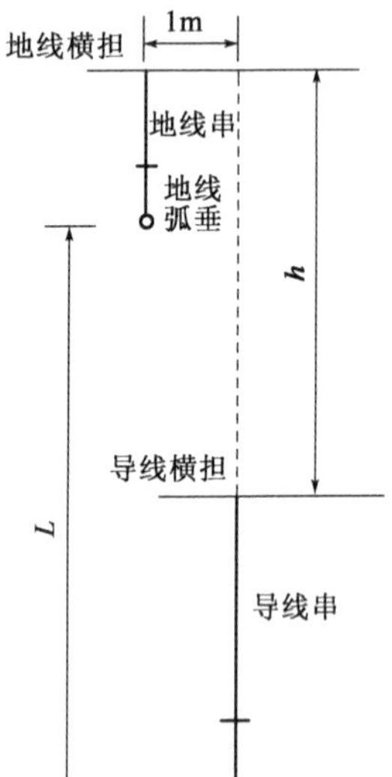

2019 年案例分析试题(下午卷)

[案例题是 4 选 1 的方式,各小题前后之间没有联系,共 25 道小题,每题分值为 2 分,上午卷 50 分,下午卷 50 分,试卷满分 100 分。案例题一定要有分析(步骤和过程)、计算(要列出相应的公式)、依据(主要是规程、规范、手册),如果是论述题要列出论点]

题 1～3:某 600MW 汽轮发电机组,发电机额定电压为 20kV,额定功率因数 0.9,主变压器为 720MVA、550-2×2.5%/20kV、Y/d-11 接线三相变压器,高压厂用变压器电源从主变低压侧母线支接;发电机回路单相对地电容电流为 5A,发电机中性点经单相变压器二次侧电阻接地,单相变压器二次侧电压为 220V。

1. 根据上述已知条件,发电机中性点变压器二次侧接地阻值为下列哪项数值?[按《导体和电气设备选择规定》(DL/T 5222—2005)计算]　　(　　)

(A)0.44Ω　　(B)0.762Ω
(C)0.838Ω　　(D)1.32Ω

解答过程:

2. 若发电机回路发生 b、c 两相短路,短路点在主变低压侧和厂高变电源支接点之间的主变低压侧封闭母线上,主变侧提供的短路电流周期分量为 100kA,则主变高压侧 A、B、C 三相绕组中的短路电流周期分量分别为下列哪组数值?　　(　　)

(A)0kA,3.64kA,3.64kA　　(B)0kA,2.1kA,2.1kA
(C)2.1kA,2.1kA,4.2kA　　(D)3.64kA,2.1kA,3.64kA

解答过程:

3. 当 500kV 线路发生三相短路时,发变组侧提供的短路电流为 3kA,500kV 系统侧提供的短路电流为 36kA,保护动作时间为 40ms,断路器分断时间为 50ms。发电机出口保护用电流互感器采用 TPY 级,依据该工况计算电流互感器额定暂态面积系数及暂态

误差分别为下列哪组数值？（电流互感器一次时间常数取0.2s，二次时间常数取2s）（　　）

(A)19.2,3.06%　　(B)23.2,3.69%

(C)25.1,3.99%　　(D)25.1,3.53%

解答过程：

题4～6：某西部山区有一座水力发电厂，安装有3台320MW的水轮发电机组，发电机—变压器接线组合为单元接线，主变压器为三相双绕组无载调压变压器，容量为360MVA。变比为550-2×2.5%/18kV，短路阻抗U_k为14%，接线组别为Ynd11，总损耗为820kW(75℃)。因水库调度优化，电厂出力将增加，需要对该电厂进行增容改造，改造后需要的变压器容量为420MVA，其调压方式、短路阻抗、导线电流密度和铁心磁密保持不变。请分析计算并解答下列各题。

4. 若增容改造后的变压器型式为单相双绕组变压器，即每台(组)主变压器为三台单相变压器组，选用额定冷却容量为150kW的冷却器，每台冷却器主要负荷为2台同时运行的1.6kW油泵，则每台(组)主变压器冷却器计算负荷约为下列哪项数值？(参照《电力变压器选用导则》《水电站机电设计手册》及相关标准计算)（　　）

(A)38.4kW　　(B)28.8kW

(C)23.2kW　　(D)12.8kW

解答过程：

5. 增容改造后电厂需要引接一回220kV出线与地区电网连接，采用的变压器型式为三相自耦变压器，变比为550/230±8×1.25%/18kV，采用中性点调压方式。当高压侧为530kV时，要求中压侧仍维持230kV，则调压后中压侧实际电压最接近230kV的分接头位置为下列哪项？（　　）

(A)230+5×1.25%　　(B)230+6×1.25%

(C)230-5×1.25%　　(D)230-6×1.25%

解答过程：

6. 增容改造后电厂需要引接一回 220kV 出线与地区电网连接，采用的变压器型式三相自耦变压器，假定变比为 525kV/230 ±4 ×1.25%/18kV，采用中性点调压方式。若自耦变中性点接地遭到损坏断开，中压侧出线发生单相短路时，考虑所有分接情况时自耦变压器中性点对地电压升高最高值约可达到下列哪项数值？（忽略线路阻抗，正常运行时保持中压侧电压约为 230kV）（ ）

(A)231kV　　(B)236kV

(C)242kV　　(D)247kV

解答过程：

题 7～9：某小型热电厂建设两机三炉，其中一台 35MW 的发电机经 45MVA 主变接 110kV 母线，发电机出口设发电机断路器。此机组设 6kVA 段、B 段向其中两台炉的厂用负荷供电，两 6kV 段经一台电抗器接至主变低压侧，6kV 厂用 A 段计算容量为 10512kVA，B 段计算容量为 5570kVA。发电机、变压器、电抗器均装设差动保护，主变差动和电抗器差动保护电流互感器装设在电抗器电源侧断路器的电抗器侧。已知发电机主保护动作时间为 30ms，主变主保护动作时间 35ms，电抗器主保护动作时间为 35ms，电抗器后备保护动作时间为 1.2s，电抗器主保护若经发电机、变压器保护出口需增加动作时间 10ms，断路器全分断时间 50ms。本机组的电气接线示意图、短路电流计算结果如下。［按《三相交流系统短路电流计算 第 1 部分：电流计算》(GB/T 15544.1—2013)计算］

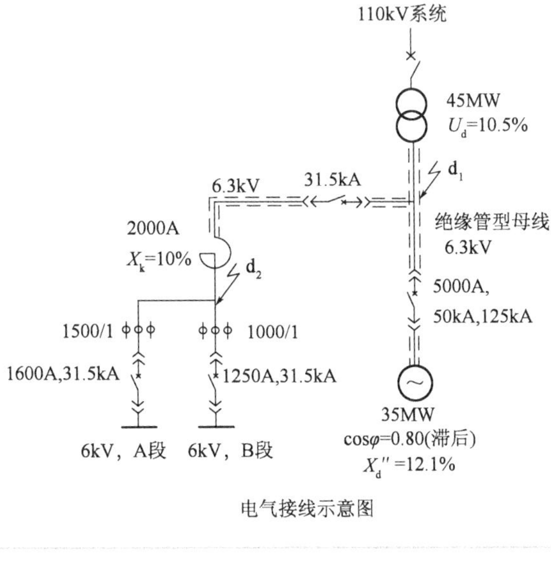

电气接线示意图

短路点编号	基准电压(kV)	基准电流(kA)	短路类型	分支线名称	短路电流值(kA)		
					I''_k	$I_b(0.07)$	$I_b(0.1)$
1	6.3	9.165	三相短路	系统	38.961	38.961	38.961
				电抗器	6.899	5.856	5.200
				汽轮发电机	37.281	26.370	24.465
2	6.3	9.165	三相短路	系统	17.728	17.686	17.683
				电动机反馈电流	9.838	7.157	5828

注：I''_k 为对称短路电流初始值，I_b 为对称开断电流。

7. 根据给出的短路电流计算结果表，发电机出口断路器的额定短路开断电流交流分量应选取下列哪项数值？(短路电流简化计算可用算术和方式)　(　　)

(A)30.293kA　(B)37.28kA
(C)44.162kA　(D)44.819kA

解答过程：

8. 为校验 6kV 电抗器电源侧断路器与主变低压侧厂用电分支回路连接的管型母线的动、热稳定，计算此处短路电流峰值和热效应分别为下列哪组数值？[短路电流峰值计算系数 k 取 1.9，非周期分量的热效应系数 m 取 0.83，交流分量的热效应系数 n 取 0.97，按《三相交流系统短路电流计算　第 1 部分：电流计算》(GB/T 15544.1—2013)计算]　(　　)

(A)204.86kA，889.36$(kA)^2s$　(B)204.86kA，994.00$(kA)^2s$
(C)223.40kA，1057.69$(kA)^2s$　(D)223.40kA，14932.08$(kA)^2s$

解答过程：

9. 已知 6kV 厂用 A 段上最大一台电动机额定功率为 1800kV，额定电流为 200A，堵转电流倍数为 6.5，计算电抗器负荷侧分支限时速断保护与此电动机启动配合的保护整定值和灵敏系数分别是下列哪组数值？(假设主题干中短路电流值为最小运行方式下

的数值，可靠系数取1.2)　　（　　）

(A)保护整定值为1.04A，灵敏系数为9.84
(B)保护整定值为1.65A，灵敏系数为6.20
(C)保护整定值为2.48A，灵敏系数为6.41
(D)保护整定值为2.48A，灵敏系数为7.41

解答过程：

题10~13：某燃煤电厂2台350MW机组分别经双卷变接入厂内220kV屋外配电装置，220kV配电装置采用双母线接线，普通中型布置，主母线采用支撑式管母水平布置，主母线和进出线间距为4m，出线2回。

10. 若电厂海拔高度为1500m，大气压为85000Pa，母线采用单根ϕ150/136铝镁硅系(6036)管型母线，则雨天该母线的电晕临界电压是下列哪项数值？　　（　　）

(A)834.2kV　　(B)847.3kV
(C)943.9kV　　(D)996.8kV

解答过程：

11. 若220kV母线采用单根ϕ150/136铝镁硅系(6036)管型母线，母线支柱绝缘子间距15m，支撑托架长3m。当220kV母线三相短路电流周期分量起始有效值为40.7kA，β取0.58时，校验母线支柱绝缘子动稳定的短路电动力为下列哪项数值？　　（　　）

(A)994.28N　　(B)1242.85N
(C)3402.91N　　(D)4253.64N

解答过程：

12. 该电厂220kV母线发生三相短路时的短路电流周期分量起始有效值为40.7kA，其中系统提供的电流为33kA，每台机组提供的电流为3.85kA。其中一台机组通过220kV铜芯交联电缆接入厂内220kV配电装置，若该回路主保护动作时间为20ms，后备保动作时间为2s，断路器开断时间为50ms，电缆导体的交流电阻与直流电阻之比为1.01，不考虑短路电流非周期分量的影响以及周期分量的衰减，则该回路电缆的最小热稳定截面面积是下列哪项数值？（　　）

(A) $69.08mm^2$　　(B) $76.30mm^2$

(C) $373.85mm^2$　　(D) $412.91mm^2$

解答过程：

13. 若一台机组采用220V电缆经电缆沟敷设接入厂内220kV母线，电缆型号为 $YJLW_{03}$-1×$1200mm^2$，三相电缆水平等间距敷设，相邻电缆之间的净距为35cm，电缆外径为115.6mm，电缆金属套的外径为100mm，电缆长度为200m，电缆采用一端互联接地，一端经护层接地保护器接地。当电缆中流过电流为1000A时，电缆金属套的正常感应电势是下列哪项？（　　）

(A) A、C相28.02V，B相22.63V　　(B) A、C相29.78V，B相24.45V

(C) A、C相31.49V，B相26.22V　　(D) A、C相33.26V，B相28.04V

解答过程：

题14～16：某660MW汽轮发电机组，发电机额定电压20kV，采用发电机—变压器—线路组接线，经主变压器升压后以1回220kV线路送出；主变中性点经隔离开关接地，中性点设并联的避雷器和放电间隙。请解答下列各题。

14. 该机组接入的220kV系统为有效接地系统，其零序电抗与正序电抗之比为2.5。220kV送出线路相间电容与相对地电容之比为1.2，当变压器中性点隔离开关打开运行时220kV线路发生单相接地，此时变压器高压侧中性点的稳态与暂态过电压分别是下列哪组数值？（变压器绕组的振荡系数取1.5）（　　）

(A) 77.37kV，146.01kV　　(B) 77.37kV，292.02kV

(C) 80.83kV，152.04kV　　(D) 80.03kV，304.08kV

解答过程：

15. 若该电站位于海拔1800m处，其使用的220kV断路器是在位于海拔500m处制造厂通过的雷电冲击试验，假定其试验电压为1000kV。则依据该试验电压，确定站址处220kV避雷器与断路器的电气距离不大于下列哪项数值？（　　）

(A)121.5m　　(B)125m

(C)168.75m　　(D)195m

解答过程：

16. 若电站位于海拔1500m处，避雷器操作冲击保护水平为420kV，预期相对地2%统计操作过电压为2.5p.u.。依据规范《绝缘配合 第1部分：定义、原则和规则》(GB 311.1—2012)采用确定性法计算，若电气设备在海拔0m处，其相对地外绝缘缓波前过电压的要求耐受电压应为下列哪项数值？（　　）

(A)478.5kV　　(B)429.2kV

(C)563.7kV　　(D)598.9kV

解答过程：

题17～20：某2×660MW燃煤电厂的水源地分别由两台机组的6kV高压厂用电系统A段(以下简称“厂用6kV”)双电源供电。水源地设置一段6kV配电装置(以下简称“水源地6kV段”)，水源地6kV段向水源地的6kV电动机(设置变频器)和低压配电变压器供电。厂用6kV段至水源地6kV段的每回电源均采用电缆YJV-6.0kV-3×185供电，每回电缆长度为2km。机组6kV开关柜的短时耐受电流选择为40kA，耐受时间为4s。

高压厂用变压器二次绕组中性点通过低电阻接地，高压厂用变压器参数如下：

(1)额定容量：50/25-25MVA。

(2)电压比：22±2×2.5%/6.3-6.3kV。

(3)半穿越阻抗:17%。

(4)中性点接地电阻:18.18Ω。

水源地设置独立的接地网,水源地主接地网是围绕取水泵房外敷设一个矩形20m×60m的水平接地极的环形接地网,水平接地极埋深0.8m,水源地土壤电阻率为150Ω·m。

请分析计算并解答下列各小题。

17. 假定水源地主接地网的水平接地极采用50×6mm镀锌扁钢,计算水源地接地网的接地电阻为下列哪项数值? ( )

(A)4Ω (B)2.25Ω

(C)0.5Ω (D)0.041Ω

解答过程:

18. 按《交流电气装置的接地设计规范》(GB/T 50065—2011),若不考虑电源电缆阻抗的影响,则水源地接地网的接地电阻不应大于下列哪项数值? ( )

(A)10Ω (B)4Ω

(C)0.6Ω (D)0.5Ω

解答过程:

19. 假定6kV配电装置的接地故障电流持续时间为1s,当水源地不采取地面处理措施时,则其接触电位差和跨步电位差允许值(可考虑误差在5%以内)分别为下列哪组数值? ( )

(A)199.5V,279V (B)99.8V,139.5V

(C)57.5V,80V (D)50V,50V

解答过程:

20. 水源地主接地网导体采用镀锌扁钢，镀锌扁钢腐蚀速率取 0.05mm/年，接地网设计寿命为 30 年。若不考虑电缆电阻对短路电流的影响，也不计电动机反馈电流，取 6kV 厂用电系统的两相接地短路故障时间为 1s，则水源地主接地网的导体截面面积按 6kV 系统两相接地短路电流选择时，不宜小于下列哪项数值？（若扁钢厚度取 6mm）（ ）

(A) $168.5mm^2$　　(B) $194.3mm^2$

(C) $270.6mm^2$　　(D) $334.4mm^2$

解答过程：

题 21～23：某工程 2 台 660MW 汽轮发电机组，电厂启动/备用电源由厂外 110kV 变电站引接，电气接线如图所示，启动/备用变压器采用分裂绕组变压器，变压器变比为 110±8×1.25%/10.5-10.5kV，容量为 60/37.5-37.5MVA；变压器低压绕组中性点采用低电阻接地；高压侧保护用电流互感器参数为 400/1A，5P20，低压侧分支保护用电流互感器参数为 3000A/1A，5P20。请根据上述已知条件，解答下列问题。

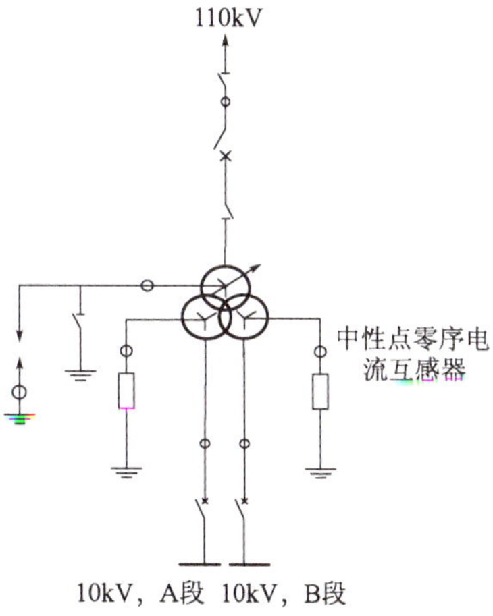

21. 已知 10kV 母线最大运行方式下三相短路电流为 36.02kA，最小运行方式下三相短路电流为 33.95kA。其中电动机反馈电流为 10.72kA。若启动/备用变压器高压侧复合电压闭锁过电流保护的二次整定值为 2A，请计算该电流元件对应的灵敏系数是下列哪项数值？（ ）

(A) 2.4　　(B) 2.61

(C) 2.77　　　　　　　　　　　　　　(D) 3.5

解答过程:

22. 已知启动/备用电压器低压侧中性点电流互感器变比为100/5A，电流互感器至保护屏电缆长度为100m，采用$4mm^2$截面铜芯电缆，铜电导系数取$57m/(\Omega \cdot mm^2)$。其中接触电阻取0.1Ω，保护装置交流电流负载为1VA，请计算电流互感器的实际二次负荷是下列哪项数值？　(　　)

(A) 14.48VA　　　　　　　　　　　　(B) 22.95VA

(C) 25.45VA　　　　　　　　　　　　(D) 49.45VA

解答过程:

23. 发电厂通过计算机监控系统对电气设备进行监控，并且启动/备用变压器高压侧为关口计量点。对于启动/备用变压器，下列测量表计的配置哪项是符合规程要求的？　(　　)

(A) 计算机监控系统：①高压侧：三相电流，有功功率，无功功率；②低压侧，备用分支B相电流
高压测电能计量表：单表
10kV开关柜：各备用分支上配B相电流表

(B) 计算机监控系统：①高压侧：B相电流，有功功率，无功功率；②低压侧：备用分支B相电流
高压侧电能计量表：配主、副电能表
10kV开关柜：各备用分支配B相电流表

(C) 计算机监控系统：①高压侧：三相电流，有功功率；②低压侧：备用分支B相电流
高压侧电能计量表：单表
10kV开关柜：各备用分支配B相电流表

(D) 计算机监控系统：①高压侧：B相电流，有功功率；②低压侧：备用分支B相电流
高压侧电能计量表：配主、副电能表
10kV开关柜：各备用分支配B相电流表

解答过程：

题 24～27：某 220kV 变电站，电压等级为 220/110/10kV，每台主变配置数组 10kV 并联电容器组，各分组采用单星接线，经断路器直接接入 10kV 母线；每相串联段数为 1 段，并联台数 8 台。拟毗邻建设一座 500kV 变电站，电压等级为 500/220/35kV，每台主变配置数组 35kV 并联电容器组及 35kV 并联电抗器，各回路经断路器直接接入母线，35kV 母线短路容量为 1964MVA。请回答以下问题。

24. 已知 220kV 变电站某电容器组，其串联电抗器电抗率为 12%，请计算单台电容器的额定电压计算值最接近以下哪项数值？（　　）

(A)6.06kV　　(B)6.38kV

(C)6.89kV　　(D)7.23kV

解答过程：

25. 若 220kV 变电站电容器内部故障采用开口三角电压保护，单台电容器内部小元件先并联后串联且无熔丝，电容器设专用熔断器，电容器组的额定相电压为 6.35kV，抽取二次电压的放电线圈一二次电压比 6.35/0.1kV，灵敏系数 $K_{lm}=1.5$，$K=2$。依据以上条件计算开口三角电压二次整定值为下列哪项数值？（　　）

(A)1.73V　　(B)18.18V

(C)27.27V　　(D)31.49V

解答过程：

26. 已知 500kV 变电站安装 35kV 电容器 4 组，每组电容器组采用双星形接线，每臂电容器采用先并后串接线方式，由 2 个串联段串联组成，每个串联段由若干台单台电容器并联（不采用切断均压线的分隔措施）。若单台电容器的容量为 417kvar，请计算每组

电容器的最大容量计算值为下列哪项数值？（　　）

(A)22.52Mvar　　(B)25.02Mvar

(C)40.00Mvar　　(D)45.04Mvar

解答过程：

27. 若 500kV 变电站安装 35kV 电容器 4 组，各组容量为 40Mvar，均串 12% 电抗器。串联电抗器及连接线每相电感 $L=16.5\text{mH}$。请计算最后一组电容器投入时的合闸涌流最接近下列哪项数值？[电源产生的涌流忽略不计，采用《330～500kV 变电所无功补偿装置设计技术规定》(DL/T 5014—2010)公式计算]（　　）

(A)1.70kA　　(B)2.27kA

(C)2.94kA　　(D)5.38kA

解答过程：

题 28～30：某燃煤电厂设有正常照明和应急照明，照明网络电压均为 380/220V，请解答下列问题。

28. 有一锅炉检修用携带式作业灯，功率为 60W，功率因数为 1，采用单根双芯铜电缆供电，若电缆长度为 65m，则电缆允许最小截面面积应选择下列哪项数值？（　　）

(A)4mm^2　　(B)6mm^2

(C)16mm^2　　(D)25mm^2

解答过程：

29. 该电厂有一配电室，长 15m，宽 6m，在配电室内 3m 高度均布了 3 排 2×36W 荧光灯为其提供照明，每排装设 6 套灯具，其中 5 套为正常照明，1 套为应急照明。正常照明由专用照明变供电，应急照明由保安段供电，应急照明平常点亮。已知每套荧光灯的光通量为3250lm，利用系数为0.7，照度均匀度U_0为0.6，则所有灯具正常工作时配电室地面的最小照度为下列哪项数值？（　　）

（A）182lx　　（B）218.4lx

（C）303.33lx　　（D）364lx

解答过程：

30. 每台机组设一台干式照明变，照明变参数为：$S_e = 400\text{kVA}$，$6.3 \pm 2 \times 2.5\%/0.4\text{kV}$，$U_d = 4\%$，Dynll，变压器额定负载短路损耗$P_d = 3.99\text{kW}$，当在该变压器低压侧出口发生三相短路时，其三相短路电流周期分量的起始值是下列哪项数值？（　　）

（A）14.00kA　　（B）14.43kA

（C）14.74kA　　（D）15.19kA

解答过程：

题31～35：某220kV架空输电线路工程，采用2×JL/G1A-500/45导线，导线外径为30mm，自重荷载为16.53N/m，子导线最大设计张力为45300N。（提示：覆冰比重为0.9g/cm^3，$g = 9.80\text{m/s}^2$）

31. 假定单联悬垂玻璃绝缘子串连接金具及绝缘子破坏强度为100kN，悬垂线夹破坏强度为45kN，无冰区。某直线塔排位水平档距为550m，大风工况的风荷载25.0N/m。计算在最大使用荷载控制时，采用该悬垂绝缘子串的大风工况允许垂直档距为下列哪项数值？（　　）

（A）703m　　（B）750m

（C）802m　　（D）879m

解答过程：

32. 假定某直线塔采用悬垂 I 型绝缘子串时的最大风偏角为 60°，计算采用悬垂 V 形串时两肢绝缘子串之间的夹角不宜小于下列哪项数值？（ ）

(A) 60°　　(B) 80°

(C) 90°　　(D) 100°

解答过程：

33. 假定某基直线塔前后侧档距分别为 450m 和 550m，且与相邻塔导线挂点高程相同，计算覆冰厚度为 10mm 时导线垂直荷载为下列哪项数值？（ ）

(A) 27.61kN　　(B) 30.37kN

(C) 33.13kN　　(D) 36.44kN

解答过程：

34. 某直线塔位于 30m/s，5mm 厚覆冰地区，水平档距为 850m，假定 30m/s 大风时垂直档距为 650m，风荷载为 21.5N/m。5mm 厚覆冰时垂直档距为 630m，覆冰时冰荷载为 4.85N/m，风荷载为 3.85N/m。导线采用单联悬垂玻璃绝缘子串，则垂悬串中连接金具的强度等级应选择以下哪项数值？（ ）

(A) 20kN　　(B) 100kN

(C) 120kN　　(D) 160kN

解答过程：

35. 已知某档档距为 600m，高差为 200m，假定最高气温时导线最低点的张力为

28000N，计算该档最高气温时最大弧垂为下列哪项数值？（提示：采用斜抛物线公式计算）（　　）

(A) 23.70m　　(B) 25.25m

(C) 26.57m　　(D) 28.00m

解答过程：

题 36 ~ 40：某 500kV 架空输电线路工程，导线采用 4 × LGJ-500/45 钢芯铝绞线，按导线长期允许最高温度 70℃ 设计，给出的主要气象条件及导线参数见下表。（提示：计算时采用平抛物线公式）

主要气象条件及导线参数

外径 d(mm)			30.0
截面 S(mm^2)			531.37
自重力比载 g_1[$\times 10^{-3}N/(m \cdot mm^2)$]			30.28
计算拉断力(N)			119500
年平均气温	$T = 150℃$ $v = 0m/s$ $b = 0mm$	导线应力(N/mm^2)	50.98
最低气温	$T = -200℃$ $v = 0m/s$ $b = 0mm$	导线应力(N/mm^2)	56.18
最高气温	$T = 150℃$ $v = 0m/s$ $b = 0mm$	导线应力(N/mm^2)	47.98
设计覆冰厚度	$T = -50℃$ $v = 10m/s$ $b = 10mm$	冰重力比载[$\times 10^{-3}N/(m \cdot mm^2)$]	20.86
		覆冰风荷比载[$\times 10^{-3}N/(m \cdot mm^2)$]	6.92
		导线应力(N/mm^2)	85.40
基本风速(风偏)	$T = -50℃$ $v = 30m/s$ $b = 0mm$	无冰风荷比载[$\times 10^{-3}N/(m \cdot mm^2)$]	20.88

36. 设计覆冰时综合比载为下列哪项数值？（　　）

(A) $51.61 \times 10^{-3}N/(m \cdot mm^2)$　　(B) $51.14 \times 10^{-3}N/(m \cdot mm^2)$

(C) 45.37×10^{-3} N/(m · mm^2)　　(D) 31.16×10^{-3} N/(m · mm^2)

解答过程：

37. 年平均气温条件下，计算得知某直线塔塔前后两侧的导线悬点应力分别为56N/m^{2}和54N/m^2，则该塔上每根子导线的垂直荷重为下列哪项数值？（　　）

(A) 58451N　　(B) 45872N

(C) 32765N　　(D) 21786N

解答过程：

38. 若某直线塔的水平档距为420m，最大弧垂时的垂直档距为273m，采用合成绝缘子串，在基本风速（风偏）时，该塔的绝缘子串摇摆角为下列哪项数值？（绝缘子串重量取500N，风荷载取300N）（　　）

(A) 46.5°　　(B) 48.3°

(C) 52.0°　　(D) 56.3°

解答过程：

39. 基本风速（风偏）条件下，导线的风偏角为下列哪项数值？（　　）

(A) 22.2°　　(B) 34.6°

(C) 40.5°　　(D) 43.2°

解答过程：

40. 档距大于500m时，拟采用防振锤进行导线防振。若导线采用固定型单悬垂线夹且导线在悬垂线夹内的接触长度为300mm，当振动的最小半波长和最大半波长分别为1.558m和20.226m时，悬垂直线塔处第一个防振锤距线夹中心的安装距离为下列哪项数值？（　　）

(A)1.45m　　(B)1.60m

(C)1.75m　　(D)1.98m

解答过程：

2019年案例分析试题答案(下午卷)

题1～3答案:**BCB**

1.《导体和电器选择设计技术规定》(DL/T 5222—2005)第18.2.5条式(18.2.5-4)。

接地电阻值:$R_{N2}=\dfrac{U_N\times10^3}{1.1\times\sqrt{3}I_c\eta_\varphi^2}=\dfrac{20\times10^3}{1.1\times\sqrt{3}\times5\times(20\times10^3/220\sqrt{3})^2}=0.76\Omega$

2. Y/d-11接线三相变压器,B、C两相短路。

设$\dot I_A$、$\dot I_B$、$\dot I_C$为星形侧各相电流,$\dot I_a$、$\dot I_b$、$\dot I_c$为三角形侧各相电流,如图所示。

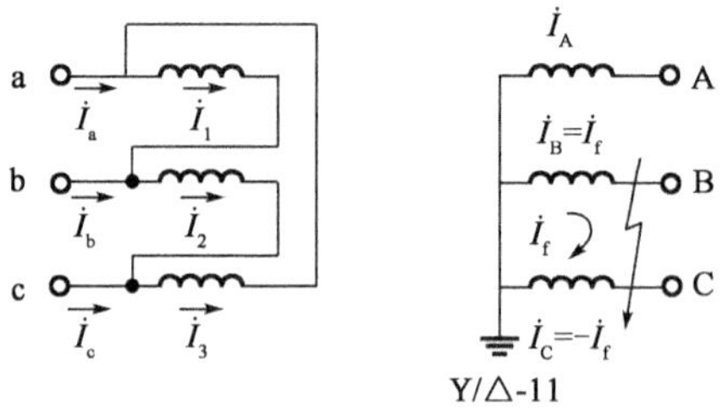

由两相短路边界条件可知,$\dot I_A=0$,$\dot I_B=\dot I_f=100\angle0°$kA,$\dot I_C=-\dot I_f=-100=100\angle180°$kA,则高压侧各相短路电流周期分量分别为:

$$\dot I_a=\frac{\dot I_1-\dot I_3}{n_T}=\frac{\dot I_A-\dot I_C}{\sqrt{3}n_T}=\frac{0+100}{\sqrt{3}}\cdot\frac{1}{550/20}=2.1\text{kA}$$

$$\dot I_b=\frac{\dot I_2-\dot I_1}{n_T}=\frac{\dot I_B-\dot I_A}{\sqrt{3}n_T}=\frac{100-0}{\sqrt{3}}\cdot\frac{1}{550/20}=2.1\text{kA}$$

$$\dot I_c=\frac{\dot I_3-\dot I_2}{n_T}=\frac{\dot I_C-\dot I_B}{\sqrt{3}n_T}=\frac{-100-100}{\sqrt{3}}\cdot\frac{1}{550/20}=4.2\angle180°\text{kA}$$

3.《电流互感器和电压互感器选择及计算规程》(DL/T 866—2015)第10.3.1条式(10.3.1-6)、第10.3.3条式(10.3.3-3)。

电流互感器暂态面积系数:

$$K_{td}=\frac{\omega T_pT_s}{T_p-T_s}(e^{-\frac{t}{T_P}}-e^{-\frac{t}{T_S}})+1=\frac{314\times0.2\times2}{0.2-2}(e^{-\frac{0.09}{0.2}}-e^{-\frac{0.09}{2}})+1=23.2$$

电流互感器暂态误差:$\hat\varepsilon=\dfrac{K_{td}}{2\pi f\times T_s}\times100\%=\dfrac{23.2}{314\times2}\times100\%=3.69\%$

题4～6答案:**AAC**

4.《水电站机电设计手册》P204式(5-10)。

一相冷却器的台数:$N\geqslant\dfrac{1.15\times\text{变压器}75℃\text{时总损耗}}{\text{选用的冷却器额定容量}}+1(\text{备用})=\dfrac{1.15\times840/3}{150}+1=3.1$台,故取4台。

因此每台冷却器含有2个油泵,一台(组)变压器的冷却器计算负荷为:

$P = 3 \times 4 \times 2 \times 1.6 = 38.4\text{kW}$

5.《电力工程电气设计手册》(电气一次部分)P219 例 1。

$W_1 : W_2 : W_3 = U_1 : U_2 : U_3 = 550 : 230 : 18$,故可假定 $W_1 = 550$ 匝,$W_2 = 230$ 匝,$W_3 = 18$ 匝。

调整前后的中压侧电压维持不变,其调整后的匝数比和电压比为:

$$\frac{W_1 - \Delta W}{W_2 - \Delta W} = \frac{530}{230} \Rightarrow \Delta W = -15.33 \text{ 匝}$$

中压每抽头相应变化匝数:$k = 230 \times 1.25\% = 2.875$ 匝,则需调整的抽头档数为 $\frac{-15.33}{2.875} = -5.33 \approx -5$。

故分接头应放在 $230 + 5 \times 1.25\%$ 上,选 A。

6.《电力工程电气设计手册》(电气一次部分)P220 ~ P225 式(5-9),中性点接地问题(2)系统中性点接地的情况。

如图 5-9 所示,中压侧发生单相接地时,过电压倍数为 $k = \frac{U_2}{U_1 - U_2}$。

(1)当变压器中压绕组选用 $+4 \times 1.25\%$ 分接头时,过电压倍数为:

$$k_1 = \frac{U_2}{U_1 - U_2} = \frac{230 \times (1 + 4 \times 1.25/100)}{525 - 230} = \frac{241.5}{525 - 230} = 0.818$$

高压侧电压为:$U_1 = \frac{525 + 230 \times 4 \times 1.25/100}{230 \times (1 + 4 \times 1.25/100)} \times U_2 = 510.95\text{kV}$

中性点对地电压升高值为:$U_{0a} = \frac{U_1}{\sqrt{3}} \times k_1 = \frac{510.95}{\sqrt{3}} \times 0.818 = 242\text{kV}$

(2)当变压器中压绕组选用 $-4 \times 1.25\%$ 分接头时,过电压倍数为:

$$k_1 = \frac{U_2}{U_1 - U_2} = \frac{230 \times (1 - 4 \times 1.25/100)}{525 - 230} = \frac{241.5}{525 - 230} = 0.740$$

高压侧电压为:$U_1 = \frac{525 - 230 \times 4 \times 1.25/100}{230 \times (1 - 4 \times 1.25/100)} \times U_2 = 540.53\text{kV}$

中性点对地电压升高值为:$U_{0a} = \frac{U_1}{\sqrt{3}} \times k_1 = \frac{540.53}{\sqrt{3}} \times 0.740 = 231\text{kV}$

综上所述,中性点对地电压升高值最大为 242kV。

题 7 ~ 9 答案:**DAB**

7.《导体和电器选择设计技术规定》(DL/T 5222—2005)第 5.0.8 条、第5.0.13条。

设备实际开断时间 = 主保护动作时间 + 断路器开断时间,即 $t = 0.03 + 0.05 = 0.08\text{s}$,校验时间略小于此时间,故按 0.07 查表,可知:

(1)当发电机出口断路器的发动机侧短路时,$I_{k1} = 38.961 + 5.856 = 44.817\text{kA}$。

(2)当发电机出口断路器的主变侧短路时,$I_{k2} = 26.37\text{kA}$。

第 5.0.8 条:用最大短路电流校验开关设备和高压熔断器的开断能力时,应选取使被校验开关设备和熔断器通过的最大短路电流的短路点。

故取其较大值,即 $I_k = 44.817\text{kA}$。

8.《三相交流系统短路电流计算 第 1 部分:电流计算》(GB/T 15544.1—2013)式(54)、式(102),《导体和电器选择设计技术规定》(DL/T 5222—2005)第 5.0.13 条。

短路电流峰值：$\dot{I}_p = k\sqrt{2}I''_k = 1.9\times\sqrt{2}\times(38.961+37.281) = 204.86\text{kA}$

短路电流周期分量热效应：

$$Q = I''^2_k(m+n)T_K = (38.961+37.281)^2\times(0.83+0.97)\times(0.035+0.05)$$
$$= 889.36\text{kA}^2\text{s}$$

其中短路电流热效应计算时间宜采用主保护动作时间加相应断路器开断时间。

9.《厂用电继电保护整定计算导则》(DL/T 1502—2016)第4.2.1条式(22)、式(25)。

电动机启动电流整定值：

$$I_{op} = \frac{K_{rel}[I_E+(K_{st}-1)I_{M.N.max}]}{n_a} = 1.2\times\left[\frac{10512}{\sqrt{3}\times6.3}+(6.5-1)\times200\right]/1500$$
$$= 1.65\text{A}$$

灵敏度系数：$K_{sen} = \dfrac{I^{(2)}_{k.min}}{I_{op}n_a} = \dfrac{0.866\times17.728\times10^3}{1500\times1.65} = 6.2$

题10～13答案：**BCDD**

10.《导体和电器选择设计技术规定》(DL/T 5222—2005)第7.1.7条。

计算因子：$m_1=0.9, m_2=0.85, K=0.96, n=1, r_0=\dfrac{150}{2}=75\text{mm}=7.5\text{cm}$

$$\delta = \frac{2.895p}{273+t}\times10^{-3} = \frac{2.895\times85}{273+25-0.005\times1500} = 0.847$$

$$K_0 = 1+\frac{r_0}{d}2(n-1)\sin\frac{\pi}{n} = 1, r_d = r_0 = 7.5\text{cm}, a_{jj} = 1.26a = 1.26\times400 = 504$$

电晕临界电压：$U_0 = 84m_1m_2K\delta^{\frac{2}{3}}\dfrac{nr_0}{K_0}\left(1+\dfrac{0.301}{\sqrt{r_0\delta}}\right)\lg\dfrac{a_{jj}}{r_d}$

$$= 84\times0.9\times0.85\times0.96\times0.847^{\frac{2}{3}}\times7.5\times\left(1+\frac{0.301}{\sqrt{7.5\times0.847}}\right)\lg\frac{504}{7.5}$$
$$= 847.25\text{kV}$$

11.《电力工程电气设计手册》(电气一次部分)P338 式(8-8)。

计算因子：$l=(15-3)\times100=1200\text{cm}, a=4\times100=400\text{cm}$

短路冲击电流：$i_{ch} = \sqrt{2}K_{ch}I'' = \sqrt{2}\times1.85\times40.7 = 106.48\text{kA}$

短路电动力：

$$F = 17.428\frac{l}{a}i^2_{ch}\beta\times10^{-2} = 17.428\times\frac{12}{4}\times106.48^2\times0.58\times10^{-2} = 3402.91\text{N}$$

注：为了安全，工程计算一般取$\beta=0.58$。

12.《电力工程电缆设计规范》(GB 50217—2018)附录E。

计算因子：$\eta=1, J=1, \alpha=0.00393, q=3.4, K=1.01, \rho=0.01724\times10^{-4}, \theta_m=250℃, \theta_p=90℃$，则短路热稳定系数为：

$$C = \frac{1}{\eta}\sqrt{\frac{Jq}{\alpha K\rho}\ln\frac{1+\alpha(\theta_m-20)}{1+\alpha(\theta_p-20)}}\times10^{-2}$$
$$= 1\times\sqrt{\frac{3.4}{0.00393\times1.01\times0.01724\times10^{-4}}\times\ln\frac{1+0.00393\times230}{1+0.00393\times70}}\times10^{-2} = 141.13$$

最小热稳定截面面积：$S \geqslant \frac{\sqrt{40.7^2 \times (2+0.05)} \times 10^3}{141.13} = 412.91\text{mm}^2$

13.《电力工程电缆设计规范》(GB 50217—2018)附录F。

计算因子：$X_s = \left(2\omega \ln \frac{S}{r}\right) \times 10^{-4} = 2 \times 314 \times \ln \frac{35+11.56}{5} \times 10^{-4} = 0.14\Omega/\text{km}$

$a = 2\omega \ln 2 \times 10^{-4} = 2 \times 314 \times \ln 2 \times 10^{-4} = 0.0435\Omega/\text{km}$

$Y = X_s + a = 0.1401 + 0.0435 = 0.1836\Omega/\text{km}$

A、C相正常感应电势为：

$$E_{SA} = E_{SC} = E_{S0}L = \frac{I}{2} \times \sqrt{3Y^2 + (X_S - a)^2}L$$

$$= \frac{1000}{2} \times \sqrt{3 \times 0.1836^2 + (0.1401 - 0.0435)^2} \times 0.2 = 33.26\text{V}$$

B相正常感应电势为：$E_{SB} = E_{S0}L = IX_S L = 1000 \times 0.1401 \times 0.2 = 28.03\text{V}$

题14～16答案：**DAC**

14.《电力工程电气设计手册》(电力一次部分) P903式(附15-31)、式(附15-32)。

注意本题为发电厂变压器，实际上为终端变压器(起始端)，因此变压器中性点暂态过电压：

$$U_{b0} = 2\gamma_0 \frac{1+2K_c}{3} U_{xg} = 2 \times 1.5 \times \frac{1+2 \times 0.545}{3} \times \frac{252}{\sqrt{3}} = 304.08\text{kV}$$

其中，$K_c = \frac{C_{ab}}{C_{ab} + C_0} = \frac{1.2}{1+1.2} = 0.545$

变压器中性点稳态过电压：$U_0 = \frac{K_x}{2+K_x} U_{xg} = \frac{2.5}{2+2.5} \times \frac{252}{\sqrt{3}} = 80.03\text{kV}$

15.《交流电气装置的过电压保护和绝缘配合设计规范》(GB/T 50064—2014)第5.4.13-6条表5.4.13-1、附录A。

由于设备是在位于海拔500m处制造厂通过的雷电冲击试验，该电站位于海拔1800m处，因此需要进行海拔修正，雷电冲击电压耐压海拔修正指数 q 取1.0。

海拔修正系数：$K_a = e^{q\left(\frac{H-500}{8150}\right)} = e^{1 \times \left(\frac{1800-500}{8150}\right)} = 1.103$

在该处断路器雷电耐受电压为 $U_w = \frac{U}{K_a} = \frac{1000}{1.103} = 852.56\text{kV} < 850\text{kV}$

220kV避雷器与断路器的电气距离：$L = 90 \times (1+35\%) = 121.5\text{m}$

16.《绝缘配合 第2部分：使用导则》(GB 311.2—2013)第5.3.3.1条，附录G第G.2.1.1.3条、第G.2.1.3.1条。

相对地2%统计操作过电压为2.5p.u.，故 $U_{e2} = 2.5\text{p.u.} = 2.5 \times \frac{\sqrt{2} \times 252}{\sqrt{3}} = 514.4\text{kV}$。

其中，根据《交流电气装置的过电压保护和绝缘配合设计规范》(GB/T 50064—2014)第3.2.2条，操作过电压基准电压1.0p.u. $= \frac{\sqrt{2}U_m}{\sqrt{3}}$。

相对地：$\frac{U_{ps}}{U_{e2}} = \frac{420}{514.4} = 0.8165$，查图6确定配合因数 $K_{cd} = 1.075$。

配合耐受电压：$U_{cw}=K_{cd}U_{rp}=1.075\times420=451.5kV$

根据《绝缘配合 第1部分：定义、原则和规则》(GB 311.1—2012)附录B图B.1，查得 $q=0.94$，再由式(B.2)可得：

设备外绝缘水平的海拔修正系数：$K_a=e^{0.94\times\frac{1500}{8150}}=1.189$

根据第G.2.1.3.1条，对外绝缘的安全因数：$K_s=1.05$。

相对地外绝缘缓波前过电压：$U_{rw}=U_{cw}\times K_s\times K_a=451.5\times1.189\times1.05=563.7kV$

题17～20答案：**BBAC**

17.《交流电气装置的接地设计规范》(GB 50065—2011)附录A第A.0.3条。

各算子：$L_0=2\times(20+60)=160$，$L=160$，$S=20\times60=1200$，$h=0.8$，$\rho=150$，$d=0.025$

$$\alpha_1=\left(3\ln\frac{L_0}{\sqrt{S}}-0.2\right)\frac{\sqrt{S}}{L_0}=\left(3\times\ln\frac{160}{\sqrt{1200}}-0.2\right)\frac{\sqrt{1200}}{160}=0.95$$

$$B=\frac{1}{1+4.6\cdot\frac{h}{\sqrt{S}}}=\frac{1}{1+4.6\times\frac{0.8}{\sqrt{1200}}}=0.904$$

$$R_e=0.213\frac{\rho}{\sqrt{S}}(1+B)+\frac{\rho}{2\pi L}\left(\ln\frac{S}{9hd}-5B\right)$$

$$=0.213\frac{150}{\sqrt{1200}}(1+0.904)+\frac{150}{2\pi\times160}\left(\ln\frac{1200}{9\times0.8\times0.025}-5\times0.904\right)=2.39$$

$$R_n=\alpha_1\cdot R_e=0.95\times2.39=2.27\Omega$$

18.《导体和电器选择设计技术规定》(DL/T 5222—2005)第18.2.6条及式(18.2.6-2)，《交流电气装置的接地设计规范》(GB 50065—2011)第4.2.1条及式(4.2.1)、第6.1.2条。

(1)按厂用电中性点采用低电阻接地方式，计算其电阻值：$R_N=\frac{U_N}{\sqrt{3}I_d}\Rightarrow I_d=\frac{6300}{\sqrt{3}\times18.18}=200\Omega$。

(2)按有效接地和低电阻接地系统要求，计算其电阻值：$R\leqslant\frac{2000}{I_c}=\frac{2000}{200}=10\Omega$。

(3)第6.1.2条：低电阻接地系统的高压配电电气装置，其保护接地的接地电阻应符合式(4.2.1-1)的要求，且不应大于4Ω。

综上，接地电阻值不应大于4Ω。

19.《交流电气装置的接地设计规范》(GB/T 50065—2011)第4.2.2条。

6～35kV低电阻接地系统发生单相接地，发电厂、变电所接地装置的接触电位差和跨步电位差不应超过下列数值：

(1)接触电位差：$U_t=\frac{174+0.17\rho_tC_s}{\sqrt{t_s}}=\frac{174+0.17\times150\times1}{\sqrt{1}}=199.5V$

(2)跨步电位差：$U_s=\frac{174+0.7\rho_tC_s}{\sqrt{t}}=\frac{174+0.7\times150\times1}{\sqrt{1}}=279V$

20.(1)计算6kV系统两相接地短路电流

根据《火力发电厂厂用电设计技术规程》(DL/T 5153—2014)附录 L.0.1，高压厂用变压器正负零序阻抗标幺值为：$X_T = \frac{(1-7.5\%)\times 17}{100}\times\frac{100}{50}=0.3145$。

查《电力工程电气设计手册 电气一次部分》P190，6kV 电缆的电抗标幺值：$X_L = 0.166\times 2 = 0.332$。

忽略系统阻抗，需要注意的是双电源两回路电缆分为运行和备用，不同时运行，计算时不按并联考虑；按照最严重的情况下，两相接地短路电流可直接取两相短路电流。

短路电流为：

$$I^{(1,1)} = I^{(2)} = \frac{\sqrt{3}}{2}I'' = \frac{\sqrt{3}}{2}\times\frac{I_j}{X_X + X_T + X_L} = \frac{\sqrt{3}}{2}\times\frac{1}{0+0.3145+0.332}\times\frac{100}{\sqrt{3}\times 6.3}$$

$$=14.175\text{kA}$$

(2)计算主接地网的导体截面面积

根据《交流电气装置的接地设计规范》(GB/T 50065—2011)附录 E.0.1、附录 E.0.2，镀锌扁钢的 C 值取 70，接地导体要求截面面积为：

$$S \geqslant \frac{I^{(1,1)}}{C}\sqrt{t_e} = \frac{14175}{70}\times\sqrt{1} = 202.5\text{mm}^2$$

在不考虑腐蚀的情况下，水源地主接地网的导体要求截面面积取接地导体最小截面面积的 75%，即 $75\%\times 202.5 = 151.875\text{mm}^2$；在考虑腐蚀的情况下，根据第 4.3.6 条条文说明，镀锌扁钢腐蚀速率取 0.05mm/年，接地网设计寿命为 30 年，则腐蚀厚度 $d = 0.05\times 30 = 1.5\text{mm}$。

$$S_{gg} = 151.875\times\frac{6}{6-1.5} = 202.5\text{mm}^2$$

题 21～23 答案：**ACB**

21.《厂用电继电保护整定计算导则》(DL/T 1502—2016)。

电流元件灵敏系数：

$$K_{sen} = \frac{I^{(2)}_{k.min}}{n_a I_{op}} = \frac{(33.95-10.72)\times 10^3\times(10.5/110)\times 0.866}{400\times 2} = 2.4$$

22.《电流互感器和电压互感器选择及计算规程》(DL/T 866—2015)第 10.2.6 条式(10.2.6-2)。

电流互感器二次阻抗：$Z_b = \sum K_{rc}Z_r + K_{lc}R_l + R_c = K_{lc}R_l + R_c$

根据表 10.2.6，对于单相接线换算系数，$K_{lc}=2$。

连接导线电阻：$R_l = \frac{L}{\gamma\cdot A} = \frac{100}{57\times 4} = 0.44\Omega$

故除保护装置外，电流互感器二次阻抗：$Z_b = 2\times 0.44 + 0.1 = 0.98\Omega$。

电流互感器的二次负荷：$S_b = I^2 Z_b + 1 = 25\times 0.98 + 1 = 25.50\text{VA}$

23. 根据《电力装置电测量仪表装置设计规范》(GB/T 50063—2017)附录 C.0.2 与第 4.1.10 条，高压启动/备用变压器高压侧需要测量三相电流与有功、无功，开关柜与低压侧分支需要测量单相电流。本题明确为发电电能关口计量点，应装设两套准确度相同的主、副电能表。

题 24～27 答案：**CBDA**

24.《并联电容器装置设计规范》(GB 50227—2017)第 5.2.2 条及条文说明、式

(2)。

电容器额定电压：$U_{CN}=\frac{1.05\times U_{SN}}{\sqrt{3}S(1-K)}=\frac{1.05\times 10}{\sqrt{3}\times 1\times(1-0.12)}=6.89\text{kV}$

25.《3～110kV 电网继电保护装置运行整定规程》(DL/T 584—2017)表 7。

单台电容器内部元件先并联后串联，电容器回路设专用熔断器，则：

开口三角一次侧零序电压：$U_{CH}=\frac{3KU_{NX}}{3N(M-K)+2K}=\frac{3\times 2\times 6.35}{3\times 1\times(8-2)+2\times 2}=1.73\text{kV}$

开口三角电压二次整定值：$U_{op}=\frac{U_{CH}}{K_{sen}}=\frac{1.73\times 10^3}{(6.35/0.1)\times 1.5}=18.18\text{V}$

26.《并联电容器装置设计规范》(GB 50227—2017)第 4.1.2-3 条。

第 4.1.2-3 条：电容器并联总容量不应超过 3900kvar。

单个串联段最大并联台数：$M\leqslant\frac{3900}{417}=9.37$，取 9 台，则每台电容器的最大容量为：

$Q=2\times 3\times 2\times 9\times 417=45036\text{kvar}=45.036\text{Mvar}$

27.《330～500kV 变电所无功补偿装置设计技术规定》(DL/T 5014—2010)附录 B 式(B.5)。

合闸涌流峰值：$I_{y.\min}=\frac{m-1}{m}\sqrt{\frac{2000Q_{cd}}{2\omega L}}=\frac{3}{4}\sqrt{\frac{2000\times 40\times 10^3}{2\times 314\times 16.5\times 10^{-3}}}=1.70\text{kA}$

题 28～30 答案：**CAB**

28.《火力发电厂和变电站照明设计技术规定》(DL 5390—2014)第 8.1.2 条、第 8.1.3条、第 8.6.2 条。

变压器每相电阻：

第 8.1.2-2 条：原理供电电源的小面积一般工作场所，照明灯具端电压的偏移不宜低于 90%，故电压损失 $\Delta U\%=10\%$。

第 8.1.3 条：供锅炉本体、金属容器检修用携带式作业灯，其电压应为 12V。

电缆允许最小截面面积：$\Delta U\%=\frac{\sum M}{CS}\Rightarrow S=\frac{\sum P_{js}L}{\Delta U\%\cdot C}=\frac{60\times 10^{-3}\times 65}{10\times 0.035}=11.14\text{mm}^2$

其中，查表 8.6.2-1，$C=0.035$。

29.《火力发电厂和变电站照明设计技术规定》(DL 5390—2014)第 2.1.20 条、第 7.0.4 条及表 7.0.4、附录 B 式(B.0.1)。

配电室地面平均照度：$E_c=\frac{\Phi\times N\times CU\times K}{A}=\frac{3250\times 3\times 6\times 0.7\times 0.8}{6\times 15}=364\text{lx}$

其中，维护系数 $K=0.8$。

根据第 2.1.20 条，$E_{\min}=U_0\times E_c=0.6\times 364=218.4\text{lx}$。

30.《电力工程电气设计手册》(电气一次部分)P151～P152 式(4-60)、式(4-68)。

变压器每相电阻：$R_b=\frac{P_d U_e^2}{S_e^2}\times 10^3=\frac{3.39\times 10^3\times 0.4^2}{400^2}\times 10^3=3.39\text{m}\Omega$

变压器电阻电压百分值：$U_b\%=\frac{P_d}{10S_e}=\frac{3.39\times 10^3}{10\times 400}=0.85$

变压器电抗电压百分值：$U_x\%=\sqrt{(U_d\%)^2-(U_b\%)^2}=\sqrt{4^2-0.85^2}=3.91$

变压器每相电抗：$X_D = \dfrac{10 \times U_x^2\% U_e^2}{S_e} \times 10^3 = \dfrac{10 \times 3.91 \times 0.4^2}{400} \times 10^3 = 15.64\text{m}\Omega$

变压器短路电流周期分量起始有效值：

$$I_k = \frac{U}{\sqrt{3}\sqrt{R_\Sigma^2 + X_\Sigma^2}} = \frac{400}{\sqrt{3} \times \sqrt{3.39^2 + 15.64^2}} = 14.43\text{kA}$$

题 31 ~ 35 答案：**ADACD**

31.《110 ~ 750kV 架空输电线路设计规范》(GB 50545—2010)第 6.0.1 条、第 6.0.3 条。

连接金具的每根子导线的综合荷载：$T = \dfrac{T_R}{K} = \dfrac{100/2}{2.5} = 20\text{kN}$

连接玻璃绝缘子(盘型)的每根子导线的综合荷载：$T = \dfrac{T_R}{K} = \dfrac{100/2}{2.7} = 18.52\text{kN}$

线夹允许的每根子导线的综合荷载：$T = \dfrac{T_R}{K} = \dfrac{45}{2.5} = 18\text{kN}$

综上，每根子导线最大综合荷载取 18kN。

《电力工程高压送电线路设计手册》(第二版)P296 式(5-3-1)。

最大风工况时导线综合荷载：

$$P = \sqrt{P_H^2 + W_V^2} = \sqrt{l_H^2 W_4^2 + l_V^2 W_1^2} \Rightarrow 18000 = \sqrt{550^2 \times 25^2 + l_V^2 \times 16.53^2}$$

求得：$l_V = 703\text{m}$。

32.《110 ~ 750kV 架空输电线路设计规范》(GB 50545—2010)第 6.0.8 条。

第 6.0.8 条：输电线路悬垂 V 形串两肢之间夹角的一半可比最大风偏角小 5° ~ 10°，则悬垂 V 形串时两肢绝缘子串之间的夹角为：$(60-10) \times 2 = 100° < \alpha < (60-5) \times 2 = 110°$，取 100°。

33.《电力工程高压送电线路设计手册》(第二版)P179 表 3-2-3，P183 式(3-3-9)、式(3-3-12)。

导线挂点高度相同，水平和垂直档距：$l_H = l_V = \dfrac{450 + 550}{2} = 550\text{m}$。

冰重力荷载：

$$g_2 = 9.8 \times 0.9\pi\delta(\delta + d) \times 10^{-3} = 9.8 \times 0.9\pi \times 10(10 + 30) \times 10^{-3} = 11.08\text{N/m}$$

导线垂直荷载：$P = g_3 l_V = (g_1 + g_2) l_V = (11.08 + 16.53) \times 2 \times 500 = 27.61\text{kN}$

34.《电力工程高压送电线路设计手册》(第二版)P179 表 3-2-3、P296 式(5-3-1)。

大风工况综合荷载：

$$P = \sqrt{P_H^2 + W_V^2} = \sqrt{l_H^2 W_4^2 + l_V^2 W_1^2} = \sqrt{21.5^2 \times 850^2 + 16.53^2 \times 650^2} = 21199.5\text{N}$$

覆冰工况综合荷载：

$$P = \sqrt{P_H^2 + W_V^2} = \sqrt{l_H^2 W_4^2 + l_V^2 W_1^2} = \sqrt{3.85^2 \times 850^2 + (16.53 + 4.85)^2 \times 650^2} = 13861.2\text{N}$$

综上，取较大者，大风工况下金具强度：$T_W \geq 21.1995 \times 2 \times 2.5 = 106\text{kN}$，取 120kN。

35.《电力工程高压送电线路设计手册》(第二版)P179 表 3-3-1。

最高气温时最大弧垂：$f_m = \dfrac{\gamma l^2}{8\sigma_0 \cos\beta} = \dfrac{16.53 \times 600^2}{8 \times 28000 \times \cos[\tan^{-1}(200/600)]} = 28.0\text{m}$

题 36 ~ 40 答案：**ADCBB**

36.《电力工程高压送电线路设计手册》(第二版)P179 表 3-2-3。

覆冰时综合荷载：

$$\gamma_7 = \sqrt{\gamma_3^2 + \gamma_5^2} = \sqrt{(30.28 + 20.86)^2 + 6.92^2} \times 10^{-3} = 51.61 \times 10^{-3} \text{N/(m} \cdot \text{mm}^2)$$

37.《电力工程高压送电线路设计手册》(第二版)P179 表 3-3-1。

前侧悬挂点应力垂直分量：$\sigma_{Av} = \sqrt{\sigma_A^2 - \sigma_0^2} = \sqrt{56^2 - 50.98^2} = 23.17\text{N/m}^2$

前侧悬挂点应力垂直分量：$\sigma_{Bv} = \sqrt{\sigma_B^2 - \sigma_0^2} = \sqrt{54^2 - 50.98^2} = 17.81\text{N/m}^2$

每根子导线垂直荷载：$g_v = (\sigma_{AV} + \sigma_{BV}) \times S = (23.17 + 17.81) \times 531.37 = 21776\text{N}$

38.《电力工程高压送电线路设计手册》(第二版)P188"三 最大弧垂判别法"、P184 式(3-3-12)。

利用最大弧垂比较法：

$$\frac{\gamma_7}{\sigma_7} = \frac{51.61 \times 10^{-3}}{85.4} = 0.604 \times 10^{-3}, \frac{\gamma_1}{\sigma_1} = \frac{30.28 \times 10^{-3}}{47.98} = 0.631 \times 10^{-3}, \text{故} \frac{\gamma_7}{\sigma_7} < \frac{\gamma_1}{\sigma_1}。$$

则最大弧垂发生在最高气温时，杆塔的综合高差系数：

$$\alpha = \frac{l_V - l_H}{\sigma_0}\gamma_V = \frac{273 - 420}{47.98} \times 30.28 \times 10^{-3} = -0.0928$$

垂直档距：$l_V = l_H + \frac{\sigma_0}{\gamma_V}\alpha = 420 - 0.0928 \times \frac{63.82}{30.28 \times 10^{-3}} = 224.4\text{m}$

垂直荷载：$P_V = W_1 l_V = 4 \times 30.28 \times 10^{-3} \times 531.37 \times 224.4 = 14442.4\text{N}$

水平荷载：$P_H = Pl_H = 4 \times 20.86 \times 10^{-3} \times 531.37 \times 420 = 18621.6\text{N}$

根据 P103 式(2-6-44)，绝缘子串摇摆角：

$$\varphi = \arctan\left(\frac{P_1/2 + Pl_H}{G_1/2 + W_1 l_v}\right) = \arctan\left(\frac{300/2 + 18621.6}{500/2 + 14442.4}\right) = 51.95°$$

39.《电力工程高压送电线路设计手册》(第二版)P106 倒数第四行。

导线风偏角：$\eta = \arctan\frac{\gamma_4}{\gamma_1} = \arctan\left(\frac{20.88}{30.28}\right) = 34.6°$

40.《电力工程高压送电线路设计手册》(第二版)P230 式(3-6-14)。

防振锤距线夹出口距离：$b_1 = \dfrac{\frac{\lambda_m}{2} \times \frac{\lambda_M}{2}}{\frac{\lambda_m}{2} + \frac{\lambda_M}{2}} = \dfrac{1.558 \times 20.226}{1.558 + 20.226} = 1.45\text{m}$

防振锤距线夹中心距离：$S = 1.45 + \frac{0.3}{2} = 1.6\text{m}$

2020 年

注册电气工程师(发输变电)执业资格考试

专业考试试题及答案

2020年专业知识试题(上午卷)

一、单项选择题(共40题,每题1分,每题的备选项中只有1个最符合题意)

1. 电气防护设计中,下列哪项措施不符合规程要求? ( )

(A)独立避雷针距道路宜大于3m
(B)不同电压的电气设备应使用不同的接地装置
(C)隔离刀闸闭锁回路不能用重动继电器
(D)防静电接地的接地电阻不超过30Ω

2. 规划建设一项±800kV特高压直流输电工程,额定输送容量为8000MW。按照设计规范要求,该直流输电系统允许的最小直流电流不宜大于下列哪项数值? ( )

(A)250A (B)500A
(C)800A (D)1000A

3. 某一装机容量为1200MW的风电场,通过220kV线路与电力系统连接。当电力系统发生三相短路故障引起电压跌落时,风电场并网点电压处于下列哪个区间内时,风电场应能注入无功电流支撑电压恢复? ( )

(A)22~209kV (B)33~209kV
(C)44~198kV (D)66~209kV

4. 某火电厂220kV配电装置采用气体绝缘金属封闭开关设备,下列哪一项不符合规程要求? ( )

(A)气体绝缘金属封闭开关设备所配置电压互感器宜采用电容式电压互感器
(B)在出线端安装的避雷器宜选用敞开式避雷器
(C)如分期建设时,宜在将来的扩建接口处装设隔离开关和隔离气室,以便将来不停电扩建
(D)长母线应分成几个隔室,以便于维修和气体管理

5. 当系统最高电压有效值为U_m时,相对地的工频过电压和操作过电压的基准电压(1.0p.u.)分别为多少? ( )

(A) $U_m/\sqrt{3}$和$U_m/\sqrt{3}$ (B) $U_m/\sqrt{3}$和U_m
(C) $U_m/\sqrt{3}$和$\sqrt{2}U_m/\sqrt{3}$ (D) U_m和$\sqrt{2}U_m$

6. 在中性点经消弧线圈接地的系统中,校核沿屋外安装避雷器支架下引的设备接地线在单相接地故障时的热稳定,该接地线长时间温度不应高于多少? ( )

(A)70℃　　(B)80℃
(C)100℃　　(D)150℃

7. 某火力发电厂 10kV 厂用电系统三相短路电流为 39kA,中速磨电动机额定电流为 70A,保护最大动作一次电流为 735A,电流互感器选用 100/1A。下列哪组电流互感器准确限值是合适的? (　　)

(A)10P40　　(B)10P30
(C)10P20　　(D)10P10

8. 如果 500kV 变电站高压侧电源电压波动,当经常引起的站用电母线电压偏差超过下列哪项数值时应采用有载调压站用变压器? (　　)

(A) ±5%　　(B) ±7%
(C) ±10%　　(D) ±15%

9. 电力系统电源方案设计时需进行电力电量平衡,下列描述中不正确的是哪项? (　　)

(A)调节性能好和靠近负荷中心的水电站,可担负较大的事故备用容量
(B)系统总备用容量可按系统最大发电负荷的 15% ~20% 考虑,低值适用于小系统,高值适用于大系统
(C)事故备用为 8% ~10%,但不小于系统一台最大的单机容量
(D)水电比重较大的系统一般应选择平水年、枯水年两种水文年进行平衡;电力平衡按枯水年编制,电量平衡按平水年编制

10. 500kV 线路在海拔不超过 1000m 地区,导线分裂数及导线型号为下列哪项时,可不验算电晕? (　　)

(A)2 × JL/G1A-500/45　　(B)3 × JL/G1A-300/40
(C)4 × JL/G1A-300/40　　(D)1 × JL/G1A-500/45

11. 对于燃机厂用电系统,因接有变频启动装置而需要抑制谐波,下列哪项措施无效? (　　)

(A)在变频器电源侧母线上装设滤波装置
(B)在变频器电源侧串接隔离变
(C)降低高压厂变的阻抗
(D)装设发电机出口断路器

12. 对于 ±800kV 特高压换流站(额定容量为 8000MW)的直流开关场接线,下列哪项不满足要求? (　　)

(A)故障极或换流器单元的切除和检修不应影响健全极或换流器单元的功率

输送

(B)应满足双极、单极大地返回、单极金属回路等基本运行方式

(C)当双极中的任一极运行时,大地返回方式与金属回线方式的转换不应中断直流功率输送,且保持直流输送功率为8000MW

(D)当换流站内任一极或任一换流器单元检修时应能对其进行隔离和接地

13. 采用短路电流实用计算法计算,在电源容量相同时,下列关于计算电抗 X_{js} 的描述正确的是哪项? ( )

(A) X_{js} 越大,短路电流周期分量随时间的衰减程度越大

(B) X_{js} 越大,短路点至电源的距离越近

(C) X_{js} 越小,短路电流周期分量的标么值在某一时刻的值越大

(D) X_{js} 越小,电源的相对容量越大

14. 某220kV变电站控制电缆的选择,下列哪项符合规程要求?

(A)控制、信号电缆选用多芯电缆,芯线截面积为 $4mm^2$ 时电缆芯数不宜超过14芯

(B)控制电缆的额定电压不得低于所接回路的工作电压,宜选用450/750V

(C)交流电流和交流电压回路电缆可以合用同一根控制电缆

(D)强电控制回路截面积不应小于 $2.5mm^2$

15. 在110kV系统中,工频过电压不应大于下列哪项数值? ( )

(A)1.1p.u. (B)1.3p.u.

(C)1.4p.u. (D) $\sqrt{3}$ p.u.

16. 若发电厂采用单元控制方式,对于应在单元控制系统控制的电子设备和元件,下列描述中哪项是不正确的? ( )

(A)发电机及励磁系统

(B)发电机变压器组

(C)高压厂用工作变压器、高压厂用电源线

(D)220kV双母线接线的出线线路设备

17. 有关电力系统解列的描述,下列哪项是不正确的? ( )

(A)超高压电网失步后应尽快解列

(B)对220kV电网解列时刻宜选1~3个震荡周期

(C)为协调配合,低一级电压等级电网可比高一级电压等级电网减少1个振荡周期

(D)同一联络线的解列装置的双重化配置既可将两套装置装设在该线路的同一侧,又可在线路两侧各装一套

18. 关于 500kV 变电站内低压电器的组合方式,下列哪项说法是正确的? ( )

(A)供电回路应装设具有短路保护和过负荷保护功能的电器,对不经常操作的回路,保护电器应兼作操作电器

(B)用熔断器和接触器组成的三相电动机回路,不应装设带有断相保护的热继电器或采用带触点的熔断器作为断相保护

(C)用于站内消防的重要回路,宜适当增大导体面积,且应配置短路保护和过负荷保护,动作于回路跳闸

(D)远方控制的电动机应有就地控制和解除远方控制的措施

19. 对于高压直流输电工程,下列描述哪项是错误的? ( )

(A)高压滤波器在滤波的同时也提供工频无功电力

(B)换流站的电容分组容量的约束条件之一是投切最大分组时,静态电压波动不超过 ±2.5%

(C)在不额外增加无功补偿容量的前提下,直流输电系统任一极都应具备降低直流运行电压的能力,降压运行的电压值宜为额定电压的 70% ~80%

(D)直流输电系统的过负荷能力应包括连续过负荷能力、短时过负荷能力、暂态过负荷能力

20. 某 220kV 交联聚乙烯绝缘铜芯电缆短路时,电缆导体的最高允许温度为下列哪项数值? ( )

(A)70℃ (B)90℃

(C)160℃ (D)250℃

21. 屋外油浸变压器之间的防火墙,其耐火极限不宜小于下列哪项数值? ( )

(A)2h (B)2.5h

(C)3h (D)3.5h

22. 某 220kV 变电站中,110kV 配电装置有 8 回出线回路,则 110kV 配电装置的电气主接线宜采用下列哪种接线方式? ( )

(A)单母线接线 (B)单母线分段接线

(C)双母线接线 (D)一个半断路器接线

23. 某主变进线回路采用耐热铝合金钢芯绞线,当其工作温度为 120℃时,其热稳定系数为多少? ( )

(A)57.87 (B)66.33

(C)75.24 (D)83.15

24. 水力发电厂 600kW 柴油发电机组发电机端与墙面净距不宜小于下列哪项数值？（　　）

(A) 2000mm　　(B) 1800mm

(C) 1500mm　　(D) 700mm

25. 对于变电接地系统的设计，下列哪项描述不正确？（　　）

(A) 220kV 架空出线的地线应与变电站的接地网直接相连

(B) 对于 10kV 变电站，当采用建筑的基础作接地极，且接地电阻满足规定值时，可不另设人工接地

(C) 在永冻土地区，可通过将接地网敷设在房屋溶化盘内降低接地电阻

(D) 若变电站处于高土壤电阻率地区，在其 3000m 以内有较低电阻率土壤时，可通过敷设外引接地极降低电厂接地网的接地电阻

26. 某 220kV 变电站，下列对于电站监控系统的同期功能描述哪项是正确的？（　　）

(A) 计算机监控系统宜具有同期功能

(B) 同期功能宜在间隔层完成

(C) 不同断路器的同期指令间可相互闭锁，一次也可允许多个断路器同期合闸

(D) 同期功能宜能进行状态自检和设定，同期成功与失效均应有信息输出

27. 某 50MW 级火电厂机组具备黑启动能力，在 220V 直流系统负荷计算时，事故放电计算时间持续为 1.5h 的负荷统计应计入下列哪项负荷？（　　）

(A) 汽机控制系统(DEH)　　(B) 发电机空侧密封油泵

(C) 直流润滑油泵　　(D) 高压断路器自投

28. 使用电感镇流器的气体放电灯应在灯具内设置电容补偿，荧光灯功率因数不应低于多少？（　　）

(A) 0.8　　(B) 0.85

(C) 0.9　　(D) 0.95

29. 若无功补偿装置所在的母线存在 3 次及 5 次谐波，当需要投入一组无功补偿设备以使母线电压升高时，应投入下列哪个设备？（　　）

(A) 1 组低压并联电抗器　　(B) 1 组 1% 电抗率的电容器

(C) 1 组 6% 电抗率的电容器　　(D) 1 组 12% 电抗率的电容器

30. 某线路全线共有 21 个绝缘，绝缘水平相等，在操作冲击电压波下闪络概率为 0.1，则全线闪络概率为下列哪项数值？（　　）

(A)0.12　　(B)0.53

(C)0.89　　(D)0.99

31. 若在发电厂装设电气火灾探测器，下列设置中不正确的是哪项？（　　）

(A)在 110kV 电缆头上装设光栅光纤测温探测器

(B)在发电机出线小室装设红外测温探测器

(C)在 PC 的馈线端装设剩余电流探测器

(D)在低压厂变的电源侧装设剩余电流探测器

32. 电力系统故障期间没有脱网的光伏发电站，其有功功率在故障清除后应快速恢复，自故障清除时刻开始，电站恢复至正常发电状态的功率变化率应不低于多少？（　　）

(A)额定功率的 25%/s　　(B)额定功率的 30%/s

(C)额定功率的 35%/s　　(D)额定功率的 40%/s

33. 某 220kV 屋外配电装置采用支撑式管型母线，支柱绝缘子高 2300mm，母线为 ϕ200/184mm 铝镁管型母线，母线中心线高出支柱绝缘子顶部 210mm。当母线发现三相短路时，单位长度母线短路电动力为 68N/m，则校验支柱绝缘子机械强度时其单位长度短路电动力为下列哪项数值？（　　）

(A)62.3N/m　　(B)68N/m

(C)74.2N/m　　(D)77.2N/m

34. 户外油浸式变压器之间设置防火墙时，按照《电力设备典型消防规程》(DL 5027—2015)的规定，防火墙与变压器散热器外轮廓的距离不应小于下列哪项数值？（　　）

(A)0.5m　　(B)0.8m

(C)1.0m　　(D)1.5m

35. 对于变电站电气装置接地导体的连接，下列叙述错误的是哪项？（　　）

(A)采用铜覆钢材接地导体可采用搭接焊接，其搭接长度不小于直径的 6 倍

(B)采用铜覆钢材接地导体应采用放热焊接

(C)铜接地导体与电气装置的连接可采用螺栓连接

(D)铜接地导体与电气装置的连接可采用焊接

36. 在电流互感器中，没有一次绕组但有一次绝缘的是哪项？（　　）

(A)套管式电流互感器　　(B)母线式电流互感器

(C)电缆式电流互感器　　(D)分裂铁芯电流互感器

37. 某发电厂一组 220V 阀控铅酸蓄电池，容量为 1200Ah，其相应的直流柜内元件的短路水平至少应为下列哪项数值？（ ）

(A)10kA　　(B)20kA

(C)25kA　　(D)30kA

38. 某厂区道路照明采用 LED 光源，其中一回采用 10mm^{2}铜芯电缆供电且灯具等间距布置，采用单相 220V 供电，假设该线路负荷的功率因数为 1，当该线路末端照明灯具端电压为 210V 时，其总负荷力矩为下列哪项数值？（ ）

(A)531.8kW · m　　(B)480.6 kW · m

(C)410.5 kW · m　　(D)316.4 kW · m

39. 某地区一座 100MW 风发电场，升压站拟采用一台 110kV/35kV 主变压器（Y/△），以一回 110kV 线路接入公共电网 220kV 变电站的 110kV 母线，对于中性点接地方式下列哪条不满足技术要求？（ ）

(A)主变高压侧中性点采用直接接地方式

(B)35kV 系统可采用低电阻接地方式，迅速切除故障

(C)主变低电压侧接地电阻可接在低压绕组的中性点上

(D)在主变低压侧装设专用接地变压器

40. 对于钢芯铝绞线，假定铝和钢的伸长相同，不考虑扭绞等其他因素对应力大小的影响时，绞线的综合弹性系数 E 与下列哪项无关？（ ）

(A)铝、钢单丝的弹性系数　　(B)铝、钢截面的比值

(C)电线的扭绞角度　　(D)铝、钢单丝的膨胀系数

二、多项选择题（共 30 题，每题 2 分。每题的备选项中有 2 个或 2 个以上符合题意。错选、少选、多选均不得分）

41. 在风力发电场设计中，为了保护环境，下列哪几项措施是正确的？（ ）

(A)风力发电场的选址应避开生态保护区

(B)场内升压站布置宜远离居民侧

(C)风力发电场的废水不应排放

(D)风力发电场的布置应考虑降低噪声影响

42. 采用等效电压源法进行短路电流计算时，应以下面哪些条件为基础？（ ）

(A)不考虑故障点电弧的电阻

(B)不考虑变压器的励磁电流

(C)变压器的阻抗取自分接开关处于主分接头位置时的阻抗

(D)电网结构不随短路持续时间变化

43. 某电厂110kV屋外配电装置采用双母线接线，通过2回架空线路接入系统，架空线路采用同塔双回路铁塔，架空线路长度20km，全线有地线。关于电厂110kV系统中，金属氧化物避雷器（以下简称MOA）至电气设备间的最大电气距离，下列哪些项是正确的？（　　）

(A) MOA至主变压器间的最大电器距离为125m
(B) MOA至主变压器间的最大电气距离为170m
(C) MOA至断路器间的最大电气距离为168m
(D) MOA至电压互感器间的最大电气距离为230m

44. 下列哪些设施可作为接地网的自然接地极？（　　）

(A) 基坑支护用长10m的锚杆
(B) 屋外高压滤波器组的金属围栏
(C) 发电厂内地下绿化管网的钢管
(D) 埋设于地下的电缆金属护管

45. 3/2断路器接线系统，当线路或变压器检修相应出线开关拉开，开关合环运行时投入过电流原理的短引线保护。下列描述不正确的是哪几项？（　　）

(A) 短引线保护动作电流躲正常运行时的负荷电流，可靠系数不小于2
(B) 短引线保护动作电流躲正常运行时的不平衡电流，可靠系数不小于2
(C) 保护灵敏系数按母线最小故障类型校验，灵敏系数不小于1.5
(D) 保护灵敏系数按母线最小故障类型校验，灵敏系数不小于2

46. 某发电厂设有柴油发电机组作为交流保安电源，主厂房应急照明电源从保安段引接，则主厂房应急照明宜采用下列哪些光源？（　　）

(A) 金属卤化物灯　　(B) 发光二极管
(C) 高压钠灯　　(D) 无极荧光灯

47. 在架空输电线路设计中，安装工况风速应采用10m/s，覆冰厚度应采用无冰，同时气温应按下列哪些规定取值？（　　）

(A) 最低气温为-40℃的地区，宜采用-15℃
(B) 最低气温为-20℃的地区，宜采用-12℃
(C) 最低气温为-10℃的地区，宜采用-6℃
(D) 最低气温为-5℃的地区，宜采用0℃

48. 架空线护线条的作用有哪些？（　　）

(A) 提高线夹出口附近的导线刚度
(B) 分担导线张力
(C) 改善导线在悬垂线夹中的应力集中现象

(D)可完全替代防振锤防振

49. 对于容量为8000MW的±800kV直流换流站电气主接线,下列哪些叙述是正确的? ( )

(A)换流站每极宜采用两个12脉动换流器单元串联的接线方式
(B)无功补偿设备宜分成若干个小组,且分组中至少有一小组是备用
(C)平波电抗器可串接在每级直流母线上或分置串接在每极直流极母线和中性线母线上
(D)当双极中的任一极运行时,大地返回方式与金属回线方式之间的转换不应中断直流功率输送,且输送功率宜保持在4000MW

50. 当海上风电场设置220kV海上升压变电站时,下列哪些要求正确? ( )

(A)海上升压变电站的工作接地,保护接地、防雷接地应共用一个接地装置
(B)应急负荷、重要负荷的设备应采用双回路供电
(C)应急配电装置可与站用电低压工作段布置在一个舱室内
(D)海上升压站的控制室、继保室和通信机房宜合并设置

51. 下列关于变压器侵入波防护的叙述,哪些项是正确的? ( )

(A)自耦变压器高压侧侵入雷电波时,若中压侧避雷器先于高压侧避雷器动作,则中压侧避雷器额定电压应低于高压侧换算到中压侧的电压值
(B)与架空线路相连的三绕组变压器的第三开路绕组应装设避雷器
(C)高压侧无架空线的发电厂高压厂用工作变分裂绕组不需装设感应过电压防护避雷器
(D)自耦变压器的两个自耦合绕组出线上可不装设避雷器

52. 某台300MW火力发电机组,发电机采用自并励励磁方式,以发电机—变压器组单元接线接入220kV升压站。220kV配电装置为双母线接线,下列哪些回路应测量交流电流? ( )

(A)发电机的定子回路电流
(B)主变压器高压侧电流
(C)220kV母线联络断路器回路电流
(D)发电机转子回路电流

53. 在直流系统设计中,对于充电装置的选择和设置要求,下列哪几项是正确的? ( )

(A)充电装置电源输入宜为三相50Hz
(B)充电装置额定输出电流应满足浮充电和均衡充电要求
(C)蓄电池试验放电回路宜采用熔断器保护

（D）充电装置屏的背面间距不得小于800mm

54. 下列有关光伏电站接入电力系统的相关描述，正确的有哪几项？ （ ）

（A）对于有升压站的光伏发电站，并网点是升压站高压侧母线或节点
（B）对于接入200kV及以上电压等级的光伏发电站应配置相角测量系统
（C）光伏发电站并网点电压跌至0时，光伏发电站应能不脱网连续运行150ms
（D）当公共电网电压处于正常范围时，通过110（66）kV接入电网的光伏发电站应能控制并网点电压在标称电压的100% ~110%范围内

55. 固定型悬垂线夹除必须具有一定的曲率半径外，还必须有足够的悬垂角，其作用是什么？ （ ）

（A）能阻止导线或地线在线夹内移动
（B）能防止导线或地线的微风振动
（C）避免发生导线或地线局部机械损伤，引起断股或断线
（D）保证导线或地线在线夹出口附近不受较大的弯曲应力

56. 110kV架空输电线路与特殊管道平行、交叉时，下列哪些规定是正确的？ （ ）

（A）邻档断线情况下应进行检验
（B）交叉点不应选在管道的检查井（孔）处
（C）导线或地线在跨越档内允许有接头
（D）管道应接地

57. 在330kV屋外敞开式高压配电装置中关于隔离开关的设置，下列哪些叙述是正确的？ （ ）

（A）出线电压互感器不应装设隔离开关
（B）母线电压互感器不宜装设隔离开关
（C）母线并联电抗器回路不应装设断路器和隔离开关
（D）母线避雷器不应装设隔离开关

58. 下列对高压隔离开关的选择，哪几项是符合规程要求的？ （ ）

（A）隔离开关的选择应考虑分合小电流、旁路电流和母线环流
（B）110kV及以下隔离开关的操作机构宜选用手动操作机构
（C）隔离开关的接地开关，应根据其安装处的短路电流进行动、热稳定校验
（D）隔离开关未规定承受持续过电流的能力，当回路中有可能出现经常性断续过电流的情况时，应与制造厂协商

59. 下列关于电网中性点接地情况与电网 X_0/X_1 值关系的叙述，哪些是正确的？ （ ）

(A) X_0/X_1值在 $-\infty$ 以内附近时，电网为消弧线圈接地、欠补偿
(B) X_0/X_1值在 $-\infty$ 以内附近时，电网为消弧线圈接地、过补偿
(C) X_0/X_1值在 $3.5\sim+\infty$ 时，中性点直接接地的变压器占电网总容量的1/3以下
(D) X_0/X_1值在 $2.5\sim3.5$ 时，中性点直接接地的变压器占电网总容量1/2～1/3，且接地的变压器有三角绕组

60. 假定电测量变送器额定二次负荷为2.5VA，编号①②③④⑤的五只仪表负荷分别为0.05VA、0.1VA、0.5VA、1.2VA、1.8VA，如不考虑连接导线及接触电阻的影响，则下列哪几项仪表组合可串联接入该变送器输出回路？（　　）

(A)②③④　　(B)①②
(C)②④　　(D)③⑤

61. 关于水力发电厂低压厂用电系统电缆选型的要求，下列哪几项是正确的？（　　）

(A)电力电缆宜采用铜芯交联聚乙烯绝缘阻燃型电缆
(B)对接有产生高次谐波负荷的电源回路，应采用中性线和相导体相同截面积的电力电缆
(C)对装设剩余电流动作保护器的三相回路应采用三相四芯电力电缆
(D)厂外敷设的低压电力电缆宜采用钢带(丝)内铠装

62. 电容器回路选用的负荷开关应满足下列哪些性能？（　　）

(A)开合容性电流的能力应满足国标中C2级断路器要求
(B)应能开合电容器组的关合涌流和工频短路电流，以及高频涌流的联合作用
(C)合、分时触头弹跳不应大于限定值
(D)应具备频繁操作的性能

63. 某架空输电线路，最高气温为40℃，导线采用钢芯铝绞线并按经济电流密度选择导线截面，导线的允许温度按70℃设计，若将允许温度提高到80℃，在校验对地安全距离时，下列哪些取值是不合适的？（　　）

(A)导线运行温度取80℃
(B)导线运行温度取70℃
(C)导线运行温度取50℃
(D)导线运行温度取40℃

64. 在电力系统事故或紧急情况下，下列关于光伏发电站运行的规定中哪些描述是正确的？（　　）

(A)电力系统事故或特殊运行方式下，按照电网调度机构的要求增加光伏发电

站有功功率

(B)当电力系统频率高于50.2Hz时,按照电网调度机构指令降低光伏发电站有功功率,严重情况下切除整个光伏发电站

(C)若光伏发电站的运行危及电力系统安全稳定,电网调度机构按相关规定暂时将光伏发电站切除

(D)事故处理完毕,电力系统恢复正常运行状态后,光伏发电站可随时并网运行

65. 屋外配电装置采用软导线时,带电部分至接地部分之间以及不同相带电部分之间的最小电气距离,应按下列哪几种条件校验? ( )

(A)外部过电压和风偏
(B)内部过电压和风偏
(C)外部过电压、短路摇摆
(D)最大工作电压、短路摇摆和风偏

66. 接地系统按功能可分为哪些类型? ( )

(A)系统接地 (B)谐振接地
(C)雷电保护接地 (D)防静电接地

67. 对于发电厂3~10kV高压厂用电系统,当中性点为低电阻接地方式,接地电流为200A时,对于零序电流互感器选择和安装正确的是哪些项? ( )

(A)中性点零序电流互感器一次电流为80A
(B)中性点零序电流互感器一次电流为100A
(C)中性点零序电流互感器布置在电阻器和地面之间
(D)中性点零序电流互感器布置在中性点和电阻器之间

68. 在发电厂厂用电系统中,对下列哪几项的电动机需进行正常启动时的电压水平校验? ( )

(A)电动机的功率为电源容量的15%
(B)电动机的功率为电源容量的30%
(C)2000kW的6/10kV电动机
(D)2500kW的6/10kV电动机

69. 某地区规划建设一座100MW光伏电站,拟通过一回110kV线路接入电网,下列关于光伏电站设备配置的描述中哪些不满足技术要求? ( )

(A)配置的光伏发电功率预测系统具有0h~36h的短期光伏发电功率预测以及15min~2h的超短期光伏发电功率预测功能

(B)配置的感性无功容量能够补偿光伏电站自身的容性充电无功功率及光伏电

站送出线路的全部充电无功功率之和

(C)当公共电网电压处于正常范围内时，光伏电站能够控制其并网点电压在标称电压的97% ~107%范围内

(D)光伏电站主变压器可选择无励磁调压变压器

70.4 分裂导线产生次档距振荡主要有下列哪些原因？ ( )

(A)分裂间距太小

(B)导线直径太大

(C)分裂间距与导线直径的比值太小

(D)次档距太大

2020年专业知识试题答案(上午卷)

1. **答案**:B

依据:《火力发电厂职业安全设计规程》(DL 5053—2012)第6.5.2条。

2. **答案**:B

依据:《±800kV直流换流站设计规范》(GB/T 50789—2012)第4.2.3条。

$$I \leq \frac{8000000}{800 \times 2} \times 10\% = 500\text{A}$$

3. **答案**:C

依据:《风电场接入电力系统技术规定》(GB/T 19963—2011)第9.4条。

并网点电压范围为:220×(20%~90%)=(44~198)kV

4. **答案**:A

依据:《导体和电器选择设计技术规定》(DL/T 5222—2005)第12.0.5条、第12.0.8条。

5. **答案**:C

依据:《交流电气装置的过电压保护和绝缘配合设计规范》(GB/T 50064—2014)第3.2.2条。

6. **答案**:D

依据:《交流电气装置的接地设计规范》(GB/T 50065—2011)第4.2.3-5条。

7. **答案**:C

依据:《电流互感器与电压互感器选择及计算规程》(DL/T 866—2015)第8.2.5条。

8. **答案**:A

依据:《220kV~1000kV变电站站用电设计技术规程》(DL/T 5155—2016)第5.0.6条。

9. **答案**:B

依据:《电力系统设计技术规程》(DL/T 5429—2009)第5.2.2条、第5.2.3条、第5.4.2-2条。

10. **答案**:C

依据:《电力工程高压送电线路设计手册》(第二版)P770表11、《110kV~750kV架空输电线路设计规范》(GB 50545—2010)表5.0.2。

11. **答案**:D

依据:《火力发电厂厂用电设计技术规程》(DL/T 5153—2014)第 4.7.5 条、第 4.7.6 条。

12. **答案**:C

依据:《±800kV 直流换流站设计规范》(GB/T 50789—2012)第 5.1.3 条。

13. **答案**:C

依据:《导体和电器选择设计技术规定》(DL/T 5222—2005)附录 F.2.1、附录 F.2.2。

14. **答案**:B

依据:《电力工程电缆设计规范》(GB 50217—2018)第 3.7.2 条、第 3.7.4-1 条、第 3.7.4-3 条、第 3.7.5-4 条。

15. **答案**:B

依据:《交流电气装置的过电压保护和绝缘配合设计规范》(GB/T 50064—2014)第 4.1.1-3 条。

16. **答案**:D

依据:《火力发电厂、变电所二次接线设计技术规程》(DL/T 5136—2012)第 3.2.5-3 条。

17. **答案**:C

依据:《电力系统安全稳定控制技术导则》(GB/T 26399—2011)第 7.1.2.4 条、第 7.1.3.2 条。

18. **答案**:D

依据:《220kV ~ 1000kV 变电站站用电设计技术规程》(DL/T 5155—2016)第 6.3.10-1 条、第 6.3.10-4 条、第 6.3.10-6 条、第 6.3.10-7 条。

19. **答案**:A

依据:《±800kV 直流换流站设计规范》(GB/T 50789—2012)第 4.2.2 条、第 4.2.4 条、第 4.2.7 条。

20. **答案**:D

依据:《电力工程电缆设计规范》(GB 50217—2018)附录 A。

21. **答案**:C

依据:《电力工程电缆设计规范》(GB 50217—2018)第 6.7.4 条条文说明。

22. **答案**:C

依据:《220kV ~ 500kV 变电所设计技术规程》(DL/T 5218—2012)第 5.1.7 条。

23. **答案**:B

依据:《导体和电器选择设计技术规程》(DL/T 5222—2005)式(7.1.8)。

$$C=\sqrt{K\ln\frac{\tau+t_2}{\tau+t_1}\times10^{-4}}=\sqrt{222\times10^6\times\ln\frac{\tau+200}{\tau+120}\times10^{-4}}=66.3$$

24. **答案**:B

依据:《水力发电厂厂用电设计规程》(NB/T 35044—2014) 表 9.3.3。

25. **答案**:D

依据:《交流电气装置的接地设计规范》(GB/T 50065—2011) 第 4.3.1-3 条 ~ 第 4.3.1-5 条、第 4.3.2-4 条。

26. **答案**:B

依据:《220kV ~550kV 变电所计算机监控系统设计技术规程》(DL/T 5149—2001) 第 6.5.1 ~ 第 6.5.4 条。

27. **答案**:A

依据:《电力工程直流电源系统设计技术规程》(DL/T 5044—2014) 第 4.2.5 条条文说明。

28. **答案**:C

依据:《发电厂和变电站照明设计技术规定》(DL/T 5390—2014) 第 10.0.3 条。

29. **答案**:D

依据:《并联电容器装置设计规范》(GB 50227—2017) 第 5.5.2 条。

30. **答案**:C

依据:《交流电气装置的过电压保护和绝缘配合设计规范》(GB/T 50064—2014) 附录 C 式(C.2.5)。

$$P'\approx1-(1-P_S)^N=1-(1-0.1)^{21}=0.89$$

31. **答案**:D

依据:《火灾自动报警系统设计规范》(GB 50116—2013) 第 9.2.1 条、第 9.3.1 条、第 9.3.3 条。

32. **答案**:B

依据:《光伏发电站接入电力系统技术规定》(GB/T 19964—2012) 第 8.3 条。

33. **答案**:C

依据:《导体与电器选择设计技术规定》(DL/T 5222—2005) 第 21.0.5 条及条文说明式(1)。

$$F'=F\cdot\frac{H'}{H}=68\times\frac{2300+210}{2300}=74.2\text{N/m}$$

34. **答案**:C

依据:《电力设备典型消防规程》(DL 5027—2015) 第 10.3.6 条。

35. **答案**:A

依据:《交流电气装置的接地设计规范》(GB/T 50065—2011)第4.3.7-6条。

36. **答案**:B

依据:《电流互感器与电压互感器选择及计算规程》(DL/T 866—2015)第2.1.2~第2.1.5条。

37. **答案**:B

依据:《电力工程直流电源系统设计技术规范》(DL/T 5044-2014)第6.9.6-2条。

38. **答案**:A

依据:《发电厂和变电站照明设计技术规定》(DL/T 5390—2014)第8.6.2-11条。

$\sum M = \Delta U\% CS = (220-210) \div 220 \times 100 \times 11.7 \times 10 = 531.8\text{kW}\cdot\text{m}$

39. **答案**:C

依据:《风力发电场设计规范》(GB 51096—2015)第7.1.4条。

40. **答案**:D

依据:《电力工程高压送电线路设计手册》(第二版)P177有关弹性系数 E 的说明。

---

41. **答案**:ABD

依据:《风力发电场设计规范》(GB 51096—2015)第11.2.1-3条、第11.2.2-2条、第11.2.3-3条、第11.2.4条。

42. **答案**:ACD

依据:《三相交流系统短路电流计算 第1部分:电流计算》(GB/T 15544.1—2013)第2.2条。

43. **答案**:AC

依据:《交流电气装置的过电压保护和绝缘配合设计规范》(GB/T 50064—2014)第5.4.13-6条、表5.4.13-1。

MOA至主变距离为125m,至其他电器设备距离为 $125 \times (1+0.35) = 168.75\text{m}$。

44. **答案**:ACD

依据:《交流电气装置的接地设计规范》(GB/T 50065—2011)第4.3.7-2条。

45. **答案**:BD

依据:《220kV~750kV电网继电保护装置运行整定规程》(DL/T 559—2018)第7.2.12条。

46. **答案**:BD

依据:《发电厂和变电站照明设计技术规定》(DL/T 5390—2014)第4.0.4条与条文说明。

47. **答案**:AD

依据:《110kV~750kV架空输电线路设计规范》(GB 50545—2010)第4.0.11条。

48. **答案**:ABC

依据:《电力工程高压送电线路设计手册》(第二版)P227护线条部分说明。

49. **答案**:ABC

依据:《±800kV直流换流站设计规范》(GB/T 50789—2012)第4.2.7-3条、第5.1.3-3条、第5.1.2-3条、第5.1.3-4条。

50. **答案**:ABD

依据:《风电场工程110kV~220kV海上升压变电站设计规范》(NB/T 31115—2017)第5.3.3-2条、第5.4.4条、第5.8.6条、第6.7.2条。

51. **答案**:BC

依据:《电力工程电气设计手册 电气一次部分》P879自耦变避雷器说明,《交流电气装置的过电压保护和绝缘配合设计规范》(GB/T 50064—2014)第5.4.13-9条、第5.4.13-11条。

52. **答案**:ABC

依据:《电力装置电测量仪表装置设计规范》(GB/T 50063—2017)第3.2.1条。

53. **答案**:AB

依据:《电力工程直流电源系统设计技术规范》(DL/T 5044—2014)第5.1.2-2条、第6.2.1-5条、第6.2.2条,《火力发电厂、变电站二次接线设计技术规程》(DL/T 5136—2012)附录A表A。

54. **答案**:ABC

依据:《光伏发电站接入电力系统技术规定》(GB/T 19964—2012)第3.3条、第7.2条、第8.1条、第12.4.6条。

55. **答案**:CD

依据:《电力工程高压送电线路设计手册》(第二版)P292悬垂角部分。

56. **答案**:ABD

依据:《110kV~750kV架空输电线路设计规范》(GB 50545—2010)表13.0.11。

57. **答案**:ABD

依据:《高压配电装置设计技术规程》(DL/T 5352—2018)第2.1.5条、第2.1.6条。

58. **答案**:ACD

依据:《导体和电器选择设计技术规定》(DL/T 5222—2005)第 11.0.1 条、第 11.0.5 条、第 11.0.8 条、第 11.0.11 条与条文说明。

59. **答案**:ABD
依据:《电力工程电气设计手册 电气一次部分》P865 表 15-8。

60. **答案**:CD
依据:《电力装置电测量仪表装置设计规范》(GB/T 50063—2017)第 6.0.5 条。

61. **答案**:AD
依据:《水力发电厂厂用电设计规程》(NB/T 35044—2014)第 8.2.15 条。

62. **答案**:ACD
依据:《并联电容器装置设计规范》(GB 50227—2017)第 5.3.1 条。

63. **答案**:ABD
依据:《110kV~750kV 架空输电线路设计规范》(GB 50545—2010)第 13.0.1 条。

64. **答案**:BC
依据:《光伏发电站接入电力系统技术规定》(GB/T 19964—2012)第 4.3.1 条、第 4.3.2 条。

65. **答案**:ABD
依据:《高压配电装置设计技术规程》(DL/T 5352—2018)表 5.1.3-1。

66. **答案**:ACD
依据:《交流电气装置的接地设计规范》(GB/T 50065—2011)第 3.1.1 条。

67. **答案**:BCD
依据:《电流互感器与电压互感器选择及计算规程》(DL/T 866—2015)第 8.2.1-3 条、第 8.2.6-4 条。

68. **答案**:BD
依据:《火力发电厂厂用电设计技术规程》(DL/T 5153—2014)第 4.5.3 条。

69. **答案**:ABD
依据:《光伏发电站接入电力系统技术规定》(GB/T 19964—2012)第 5.1 条、第 6.2.3 条、第 7.2.1 条、第 7.3 条。

70. **答案**:ABCD
依据:《电力工程高压送电线路设计手册》(第二版)P218 表 3-6-1。

2020年专业知识试题(下午卷)

一、单项选择题(共40题,每题1分,每题的备选项中只有1个最符合题意)

1. 配电装置室内任一点到房间疏散门的直线距离不应大于多少米? ( )

(A)7m (B) 10m
(C)15m (D) 20m

2. 傍晚在户外GIS地面照度降低至下列哪项数值时,必须开灯? ( )

(A)25lx (B)20lx
(C)15lx (D)10lx

3. 某建筑面积为160m^2的专用锂电池室,下列哪项消防措施是符合规程要求的? ( )

(A)设置消火栓 (B)设置水喷雾装置
(C)设置干粉灭火器和消防沙箱 (D)设置气体灭火系统

4. 对于特高压直流换流站平波电抗器的设置,下列哪项叙述是错误的? ( )

(A)需考虑设备的制造能力、运输条件
(B)需考虑换流站的过电压水平
(C)必须串接在每极直流母线上
(D)分置串接在每极直流母线上和中性母线上

5. 某海上风电场装机容量400MW(功率因数为1),其海上升压站主变压器数量和容量为下列哪组数值较合适? ( )

(A)1台,400MVA (B)2台,200MVA
(C)2台,240MVA (D)3台,200MVA

6. 某热电厂设置2套6F级燃气联合循环机组,每套联合循环机组的燃机发电机额定功率80MW,汽轮发电机额定功率40MW,每套联合循环机组的两台发电机与1台三绕组主变压器做扩大单元连接。关于发电机断路器(以下简称GCB)设置,下列哪项叙述是正确的? ( )

(A)燃机发电机和汽轮发电机出口均不设GCB
(B) 燃机发电机出口设GCB,汽轮发电机出口不设GCB
(C)燃机发电机出口不设GCB,汽轮发电机出口设GCB

(D)燃机发电机和汽轮发电机出口均设 GCB

7. 当短路点电气距离很远时，可按三相短路电流乘以系数来估算两相短路电流，这个系数是下列哪项数值？ ( )

(A)3 (B)$\frac{\sqrt{3}}{2}$

(C)$\frac{1}{3}$ (D)$\frac{1}{2}$

8. 采取下列哪项措施不利于限制电力系统的短路电流？ ( )

(A)采用直流输电

(B) 提高系统的电压等级

(C) 采用带第三绕组三角形接线的变压器

(D) 增大系统的零序阻抗

9. 当共箱封闭母线额定电流大于下列哪项数值时宜采用铝外壳？ ( )

(A)2000A (B)2500A

(C)3000A (D)3150A

10. 对于限流电抗器的选择，下列哪项符合规程要求？ ( )

(A)变电站母线回路的限流电抗器的额定电流应满足用户的一级负荷和二级负荷的要求

(B)限流电抗器的额定电流按主变压器或馈线回路的额定工作电流选取

(C)发电厂母线分段回路的限流电抗器，应根据母线上事故切断最大一台发电机时，可能通过电抗器的电流选择，一般取该台发电机额定电流的 40% ~80%

(D)限流电抗器的电抗百分值的选取应将短路电流限制到要求值

11. 配电装置中电气设备的网状遮拦高度不应小于下列哪项数值？ ( )

(A)1200mm (B)1500mm

(C)1700mm (D)2500mm

12. 1000kV 出线 B、C 相避雷器均压环间最小安全净距为下列哪项数值？ ( )

(A)7500mm (B)9200mm

(C)10100mm (D)11300mm

13. 当抗震设防烈度为几度及以上时，安装在屋外高架平台上的电气设施应进行抗震设计？ ( )

(A)6 度 (B)7 度

(C)8 度　　(D)9 度

14. 水电工程中,500kV 架空出线跨越门机运行区段时,门机上层通道的静电感应场强不应超过下列哪项数值？（　　）

(A)10kV/m　　(B)15kV/m
(C)20kV/m　　(D)25kV/m

15. 两支避雷针高度分别为 30m 和 45m,间距为 60m,计算两支避雷针间 12m 高水平面上保护范围的一侧最小宽度为下列哪项数值？（　　）

(A)12.1m　　(B)14.4m
(C)16.2m　　(D)33m

16. 110kV 线路防止反击要求的大跨越档导线与地线间的距离不得小于下列哪项数值？（　　）

(A)6.0m　　(B) 7.0m
(C)7.5m　　(D)8.5m

17. 两根平行避雷线高 20m,水平间距 14m,两线中间保护范围最低点的高度为下列哪项数值？（　　）

(A)10m　　(B)14m
(C)16.5m　　(D)20m

18. 容量为 40000kW 的旋转电机,其进线段上的 MOA 的接地端,应与电缆金属外皮和地线连在一起接地,接地电阻不应大于下列哪项数值？（　　）

(A)1Ω　　(B)3Ω
(C)4Ω　　(D)10Ω

19. 对于不接地系统中电气装置接地导体的设计,下列哪项叙述是正确的？（　　）

(A)可不校验其热稳定最小截面
(B)敷设在地上的接地导体长时间温度不应高于 100℃
(C)敷设在地上的接地导体长时间温度不应高于 150℃
(D)敷设在地上的接地导体长时间温度不应高于 250℃

20. 当利用埋于地下的排水钢管作为自然接地极时,与水平接地网的连接下列哪项叙述是符合规范要求的？（　　）

(A)应采用不少于 2 根导线在不同地点与水平接地网连接
(B)应采用不少于 4 根导线在不同地点与水平接地网连接
(C)应采用不少于 2 根导线在水区中心地带一点与水平接地网可靠焊接

(D)应采用不少于4根导线在水区中心地带一点与水平接地网可靠焊接

21. 某330kV变电站所在区域方圆5km均为高土壤电阻率地区，站区地下80～200m范围内土壤电阻率为60～100Ω·m，下列哪项降低接地电阻的措施不宜采用？ ( )

(A)敷设引外接地极　　(B)井式接地极
(C)深钻式接地极　　(D)爆破式接地技术

22. 有关发电机、变压器、电动机纵差保护应满足的灵敏系数，下列哪项是正确的？ ( )

(A)1.3～1.5　　(B)1.5
(C)2.0　　(D)2.5

23. 对于发电厂(站)有功功率测量的叙述，下列哪项是不恰当的？ ( )

(A)内桥断路器和外桥断路器回路，应测量有功功率
(B)双绕组变压器的一侧和自耦变压器的三侧，应测量有功功率
(C)双绕组厂(站)用变压器的高压侧或三绕组厂(站)用变压器的三侧，应测量有功功率
(D)抽水蓄能机组和具有调相运行工况的水轮发电机，应测量双方向有功功率

24. 假设某同步发电机额定励磁电流为990A，其励磁系统在2倍额定励磁电流条件下可持续运行时间不小于10s，当装设在发电机励磁屏上的转子电流表采用指针式直流仪表时，其量程上限宜取下列何值？ ( )

(A)1000A　　(B)1200A
(C)1500A　　(D)2000A

25. 对于发电厂3～10kV高压厂用电系统，当中性点为低电阻接地方式，接地电流为200A时，对于馈线的零序电流互感器的变比选择，下列哪项数值按规程规定基本满足要求？ ( )

(A) 50/1A　　(B) 75/1A
(C) 100/1A　　(D)150/1A

26. 某调度自动化系统主站系统兼控制中心系统功能，厂站端无须向主站端传送的信息是下列哪项？ ( )

(A)测控装置切换至就地位置
(B)智能变电站户内柜的温度及湿度
(C)通信网关机告警
(D)换流站直流功率的调整速率

27. 下列哪类保护在继电保护整定计算时,可靠系数取值大于1? ( )

(A)线路相间距离保护
(B)发电机全阻抗特性整定的误上电保护中的过电流元件整定
(C)发电机的逆功率保护动作功率整定
(D)发电机纵向零序过电压保护

28. 关于直流电源系统中熔断器和断路器的设置,下列哪项原则是不正确的? ( )

(A)应保证具有可靠性、选择性、灵敏性、速动性
(B)熔断器和断路器配合时,断路器额定电流至少是熔断器的2倍
(C)当上下级断路器电气距离较近而难以配合时,上级断路器应选用短路短延时脱扣器
(D)直流电动机回路断路器额定电流应不小于电动机额定电流

29. 某大型火电厂配置1台1200kW柴油发电机组,下列关于柴油发电机装设保护的要求,哪项是错误的? ( )

(A)应设置电流速断保护作为主保护,保护动作于发电机出口断路器跳闸
(B)应设置过电流保护作为后备保护
(C)过电流保护装置宜装设在发电机中性点的分相引出线上
(D)当发电机供电给2个分段时,每个分支回路应分别装设过电流保护

30. 在厂用电交流负荷分类中,防止危及人身安全的负荷应为下列哪类负荷? ( )

(A)0Ⅰ类　　(B)0Ⅱ类
(C)0Ⅲ类　　(D)Ⅰ类

31. 关于厂用电电能质量和谐波抑制,下列哪项叙述是不正确的? ( )

(A)正常工作情况下交流母线的各次谐波电压含有率不宜大于3%
(B)正常工作情况下380V厂用电系统电压总谐波畸变率不宜大于5%
(C)在空冷岛接有集中变频器的低压厂用变压器宜合理选择接线组别,以有效抵消低压厂用母线上奇次电流谐波
(D)集中设置的低压变频器由专用低压厂用变压器供电,且只接变频器负荷;非变频器类负荷由其他低压厂用变压器供电

32. 采用F-C作为保护及操作电器的低压变压器的保护,下列哪项叙述是不正确的? ( )

(A)630kVA油浸变压器的电流速断保护,由熔断器按熔断特性曲线实现
(B)630kVA油浸变压器的重瓦斯保护,由熔断器按熔断特性曲线实现

(C)630kVA 干式变压器的电流速断保护,由熔断器按熔断特性曲线实现

(D)630kVA 干式变压器的温度保护,跳闸由高压侧真空接触器和低压侧断路器实现

33. 一办公室长 6m,宽 3.6m,高 3.6m,在房间顶部安装嵌入式荧光灯。在办公室有一办公桌,桌面高 0.8m,当计算办公桌面的照度时,其室形指数为下列哪项数值? ( )

(A)0.625　　(B)0.672

(C)0.727　　(D)0.804

34. 某单回 500kV 架空输电线路,相导线采用 4 分裂钢芯铝绞线,三相导线水平布置,线间距离为 12m 时其正序阻抗为 0.273Ω/km,若相导线不变、线间距离值不变,将该线路的三相导线改为垂直布置,此时正序阻抗为下列哪项数值? ( )

(A)0.258Ω/km　　(B)0.273Ω/km

(C)0.285Ω/km　　(D)0.296Ω/km

35. 某单回 500kV 架空输电线路,相导线采用 4 分裂钢芯铝绞线,三相导线水平布置,线间距离为 12m 时其正序电纳为 4.080×10^{-6}S/km,若相导线不变、线间距离值不变,将该线路的三相导线改为垂直布置,此时正序电纳为下列哪项数值? ( )

(A)3.127×10^{-6}S/km　　(B)3.506×10^{-6}S/km

(C)4.080×10^{-6}S/km　　(D)4.313×10^{-6}S/km

36. 规划设计 220kV 同塔双回路悬垂直线塔时,假定悬垂 I 串长度为 3.0m,要求最大档距为 800m,对应的导线最大弧垂为 49m。计算不同回路不同相导线间最小水平线距离是下列哪项数值? ( )

(A)5.75m　　(B)6.55m

(C)7.75m　　(D)8.25m

37. 500kV 线路在最大计算弧垂情况下,非居民区导线与地面的最小距离由下列哪个因素确定? ( )

(A)由最大场强 7kV/m 确定

(B)由最大场强 10kV/m 确定

(C)由操作间隙 2.7m 加裕度确定

(D)由雷电间隙 3.3m 加裕度确定

38. 下列有关电力系统设计的描述哪项是错误的? ( )

(A)主干电网在事故后经调整的运行方式下应有规定的静态储备,并满足再次发生单一元件故障后的暂态稳定和其他元件不超过规定事故过负荷能力的

要求

(B)系统间有多回联络线时,交流一回线或直流单极故障,应保持稳定运行并不损失负荷

(C)相邻分区之间下级电压电网联络线应解列运行,并保持互为备用

(D)电网输电容量必须满足各种正常和事故运行方式的输电需要,水电站因水文变化引起的出力变化属于非正常运行方式

39. 大容量电容器组选用具有内熔丝单台容量为 500kvar 的电容器,下列哪项不宜作为该电容器回路的配套设备? ( )

(A)断路器、隔离开关及接地开关

(B)操作过电压保护用避雷器

(C)放电线圈

(D)单台电容器保护用额定电流 60A 的外熔断器

40. 某地区电网现有一座 50MW 光伏电站,通过一回 35kV 线路并入某个 220kV 变电站 35kV 母线,对于该光伏电站无功补偿装置,下列哪项叙述不满足规程要求? ( )

(A)光伏电站动态无功响应时间不应大于 30ms

(B)光伏电站功率因数应能在超前 0.95 和滞后 0.95 范围内连续可调

(C)光伏电站配置的无功电压控制系统响应时间不应超过 10s

(D)该光伏电站的无功电源包括并网逆变器和无功补偿装置(SVG)

二、多项选择题(共 30 题,每题 2 分。每题的备选项中有 2 个或 2 个以上符合题意。错选、少选、多选均不得分)

41. 下列关于爆炸性危险环境的电气设计的说法哪些符合规定? ( )

(A)电动机均应装设断相保护

(B)当控制室为正压室时,可布置在爆炸性环境 21 区内

(C)在爆炸性环境 1 区内应采用铜芯电缆

(D)架空电力线路不得跨越爆炸性气体环境

42. 关于电缆敷设,下列哪些防火措施符合标准要求? ( )

(A)严禁油管路穿越电缆隧道

(B)穿防火墙的电缆孔洞封堵材料的耐火极限不应低于 1.0h

(C)200MW 燃煤电厂的主厂房应采用 C 类阻燃电缆

(D)靠近带油设备的电缆沟盖板应密封

43. 特高压直流换流站中交流滤波器的配置应根据下列哪些因素确定? ( )

(A)直流线路等效干扰电流 (B)换流站产生的谐波

(C)交流系统的背景谐波　　(D)交流谐波干扰指标

44. 某电厂建设2台660MV燃煤机组，采用发电机—变压器组单元接线接至厂内500kV配电装置，500kV配电装置采用500kV GIS，电厂通过2回500kV架空线路接入附近变电站，线路长度10km，电网对电厂主接线没有特殊要求，500kV配电装置不再扩建，电厂宜简化接线形式，关于电厂500kV配电装置的电气主接线，可采用下列哪些接线形式？（　　）

(A)发电机—变压器—线路组接线　　(B)桥形接线
(C)一个半断路器接线　　(D)四角形接线

45. 风力发电场运行适应性应符合下列哪些规定？（　　）

(A)风力发电场并网点电压在标称电压的0.9倍~1.1倍额定电压范围(含边界值)内时，风力发电机组应能正常运行
(B)风力发电场并网点电压在标称电压的0.8倍~0.9倍额定电压范围(含0.8倍)内时，风力发电机组应能不脱网运行30min
(C)电力系统频率在49.5~50.2Hz范围内时(含边界值)，风加发电机组应能正常运行
(D)电力系统频率在48~49.5Hz范围内时(含48Hz)，风力发电机组应能不脱网运行60min

46. 下列叙述哪些是正确的？（　　）

(A)当离相封闭母线通过短路电流时，其外壳的感应电压应不超过50V
(B)对35kV及以上并联电容器装置，宜选用SF6断路器或负荷开关
(C)发电机断路器三相不同期合闸时间应不大于10ms，不同期分闸时间应不大于5ms
(D)校验支柱绝缘子机械强度时，应将作用在母线截面重心上的母线短路电动力换算到绝缘子重心上

47. 对于交流单芯电力电缆金属套接地的方式，下列描述哪几项是符合标准要求的？（　　）

(A)交流单芯电力电缆金属套上应至少在一端直接接地
(B)线路不长，且能满足标准中的要求时，应采取中央部位单点直接接地
(C)线路较长，单点直接接地方式无法满足标准的要求时，水下电缆、35kV及以下电缆或输送容量较小的35kV以上电缆，可采取在线路两端直接接地
(D)110kV及以下单芯电力电缆金属套单点直接接地，且有增强护层绝缘保护需要时，可在线路未接地的终端设置护层电压限制器

48. 下列关于变压器布置的叙述，哪些是正确的？（　　）

(A)66kV 及以下屋外油浸变压器最小间距为 5m
(B)室内布置的无外壳干式变压器的距离不小于 800mm
(C)总油量超过 100kg 的室内油浸变压器应布置在单独的变压器间内
(D)总事故储油池容量宜按接入的油量最大一台设备的全部油量确定

49. 当抗震设防烈度为 8 度及以上时,下列电气设施的布置要求哪些是正确的? ( )

(A)220kV 配电装置宜采用半高型布置
(B)干式空心电抗器采用三相水平布置
(C)110kV 管型母线采用悬挂式结构
(D)110kV 电容器平台采用悬挂式结构

50. 对于 500kV 3/2 断路器接线的屋外敞开式配电装置,断路器宜采用下列哪几种布置方式? ( )

(A)单列式布置　　(B)双列式布置
(C)三列式布置　　(D)品字形布置

51. 关于发电厂直击雷保护设置,下列哪几项是正确的? ( )

(A)屋外配电装置应设直击雷保护
(B)火力发电厂的烟囱、冷却塔应设直击雷保护
(C)屋外 GIS 的外壳应设直击雷保护
(D)输煤系统的地面转运站、输煤栈桥等应设直击雷保护

52. 对于发电厂接地系统的设计,下列叙述哪些是错误的? ( )

(A)发电厂的接地网除应利用自然接地极外,还应敷设人工接地极;敷设的人工接地极需校验其热稳定截面,当利用自然接地极时,可不进行热稳定校验
(B)当接触电位差和跨步电位差满足要求时,可不再对接地网接地电阻值提具体要求
(C)集拉楼内安装的 220V 动力蓄电池组的支架可不接地
(D)屋内外配电装置的钢筋混凝土架构应接地

53. 现需设计一新建 220kV 变电站,在开始设计接地网时,设计人员应掌握下列哪些内容? ( )

(A)工程地点的地形地貌
(B)工程地点的气候特点
(C)实测或搜集站址土壤电阻率分布资料、土壤的种类和分层状况、站址处较大范围土壤的不均匀程度
(D)土壤的腐蚀性能数据

54. 根据规程要求，下列关于高压断路器控制回路的要求，哪些是正确的？（　　）

(A)应有电源监视，并宜监视跳、合闸绕组回路的完整性

(B)合闸或跳间完成后应使命令脉冲自动解除。应能指示断路器合闸与跳闸的位置状态；自动合闸或跳闸时应能发出报警信号

(C)有防上断路器"跳跃"的电气闭锁装置，宜使用操作箱内的防跳回路

(D)分相操作的断路器机构有非全相自动跳闸回路，并能够发出断路器非全相信号

55. 在下列哪些发电设施的主控制室（或中央控制室），监视并记录的电气参数应至少包括主要母线的频率及电压、全厂总和有功功率、全厂总和无功功率？（　　）

(A)在总装机容量为300MW火力发电厂的主控制室

(B)在总装机容量为50MW水力发电厂的主控制室

(C)在大型风力发电站的主控制室

(D)在大型光伏发电站的主控制室

56. 对于发电厂3～10kV高压厂用电系统，馈线回路零序电流互感器采用与小电流接地故障检测装置配套使用的互感器时，适用于下列哪些厂用电系统中性点接地方式？（　　）

(A)经消弧线圈接地方式

(B)经低电阻接地方式

(C)不接地方式

(D)经高电阻接地方式

57. 下列有关继电保护整定的描述哪些是错误的？（　　）

(A)220～750kV线路重合闸整定时间是指从装置感知断路器断开（无流）到断路器主断口重新合上的时间

(B)配合是指在两维平面上（横坐标保护范围，纵坐标保护时间），整定定值曲线与配合定值曲线不相交，其间的空隙是配合系数

(C)对于220～750kV电网的母线，母线差动保护是其主保护；由于采用近后备保护方式，无须再设其他后备保护

(D)继电保护整定时短路电流计算值可不计暂态电流中非周期分量

58. 关于直流电缆的技术要求，下列哪几条是符合设计规程要求的？（　　）

(A)不得采用多芯电缆

(B)直流电动机正常运行时其回路电缆压降不宜大于标称电压的3%

(C)供DCS系统的直流回路应选用屏蔽电缆

(D)直流电源系统明敷电缆应选用铜芯电缆

59. 对于500kV 变电站,当站用电电气装置的电击防护采用安装剩余电流动作保护电器时,下列哪几项描述是正确的? ( )

(A)保护单相回路和设备,应选用二极保护电器
(B)保护三相三线回路和设备,应选用三极保护电器
(C)保护三相四线制回路时,应选用三极保护电器,严禁将保护接地中性导体接入开关电器
(D)三相五线制系组回路中,应选用三极保护电器

60. 下列哪些措施可以抑制谐波? ( )

(A)对高压变频器选用高—高型
(B)加大低压厂用变压器容量,降低变压器阻抗,提高系统短路容量
(C)在空冷岛接有集中变频路的低压厂用变压器合理选择接线组别
(D)对变频器设备的电缆敷设路径、屏蔽措施、接地设计采取措施降低高次谐波带来的空间电磁干扰

61. 对发电厂照明,下列哪些要求是正确的? ( )

(A)照明变压器宜采用 Dy11 接线
(B)制氢站电解间照明线路采用铜芯绝缘导线穿阻燃塑料管敷设
(C)为爆炸危险场所提供照明电源的照明配电箱出线回路应采用双极开关
(D)厂区道路照明的每个照明灯具应单独安装就地短路保护

62. 下列有关电力系统电压和无功电力的相关描述,正确的有哪几项? ( )

(A)对进、出线以电缆为主的220kV 变电站,可根据电缆长度配置相应的感性无功补偿设备
(B)10kV 及以下配电线路上可配置高压并联电容器,当线路最小负荷时,不应向变电站倒送无功
(C)新装调相机应具有长期吸收80% ~90%额定容量无功电力的能力
(D)当运行电压低于90%系统标称电压时,应闭锁有载调压变压器的分接开关调整

63. 下列哪些情况宜选用一体化集合式电容器装置? ( )

(A)电容器单组容量较大的500kV 及以上电压等级变电站
(B)特大城市中心城区的变电站
(C)8 度地震烈度的变电站
(D)拉萨城区的变电站

64. 某地区规划建设风电基地,风电装机容量2000MW,拟通过一回500kV 线路并入电网(并网点标称电压为525kV),当电网发生故障时,该风电场群低电压穿越能力下

列哪几项不满足技术要求？（　　）

（A）当电网发生两相短路故障，风电场500kV并网点电压跌至105kV时，风电机组应能保证不脱网连续运行625ms
（B）当电网发生单相短路故障，风电场500kV并网点电压跌至210kV时，风电机组应能保证不脱网连续运行1s
（C）当电网发生三相短路故障，风电场500kV并网点电压跌至315kV时，风电机组应能保证不脱网连续运行1.2s
（D）当电网发生故障时，风电场500kV并网点电压跌落后2S内恢复至490kV，风电机组应保证不脱网连续运行

65. 在架空输电线路设计中，330kV及以上线路的导线绝缘子串应考虑下列哪些措施？（　　）

（A）均压措施　　（B）防电晕措施
（C）防振措施　　（D）防舞措施

66. 高压电缆考虑设置回流线时，下列哪些说法正确？（　　）

（A）回流线可用于抑制短路时电缆金属护套工频感应电压
（B）回流线可用于抑制电缆对邻近弱电线路电气干扰
（C）回流线截面选择时满足电缆最大稳态电流时的热稳定要求
（D）回流线截面选择时满足电缆最大暂态电流时的热稳定要求

67. 计算高压单芯电缆载流量时，下列哪些说法正确？（　　）

（A）交叉互联接地单芯电缆三段不等长时，需考虑金属护套损耗影响
（B）有通风设计的电缆隧道，环境温度应按通风设计温度另加5℃
（C）无需考虑防火涂料、包带对载流量的影响
（D）排管中不同孔位的电缆需计入互热因素的影响

68. 一般架空输电线路验算导线允许载流量时，关于导线允许温度的取值，下列哪些选项是错误的？（　　）

（A）钢芯铝绞线宜采用70℃，必要时采用80℃
（B）钢芯铝合金绞线宜采用80℃
（C）钢芯铝包钢绞线可采用80℃
（D）铝包钢绞线可采用90℃

69. 某架空送电线路，地线型号为GJ-80，选用悬垂线夹时，下列哪些要求是错误的？（　　）

（A）最大使用荷载情况时安全系数不应小于2.5
（B）最大使用荷载情况时安全系数不应小于2.7

(C)线夹握力不应小于地线计算拉断力的18%
(D)线夹握力不应小于地线计算拉断力的24%

70. 关于架空线路绝缘子污闪电压的结论,下列哪些叙述是正确的? ( )

(A)绝缘子污闪电压提高倍数低于泄漏比距提高倍数
(B)绝缘子污闪电压提高倍数高于泄漏比距提高倍数
(C)绝缘子形状对污闪电压没有影响
(D)相同爬电距离、相同结构高度情况下,复合绝缘子污闪电压高于瓷绝缘子

2020 年专业知识试题答案(下午卷)

1. **答案**:C

依据:《火力发电厂与变电站设计防火标准》(DL/T 50229—2019) 第 5.2.5 条。

2. **答案**:D

依据:《发电厂和变电站照明设计技术规定》(DL/T 5390—2014) 第 10.0.4 - 3 条、表 6.0.1-3。

照明需求:20lx × 50% = 10lx。

3. **答案**:C

依据:《电力设备典型消防规程》(DL 5027—2015) 第 10.6.2 条。

4. **答案**:C

依据:《 ±800kV 直流换流站设计规范》(GB/T 50789—2012) 第 5.1.3-4 条。

5. **答案**:C

依据:《风电场工程 110kV ~ 220kV 海上升压变电站设计规范》(NB/T 31115—2017) 第 5.1.3 条、第 5.2.2-2 条。

需要的变压器容量为 400 × 60% = 240MVA。

6. **答案**:D

依据:《小型火力发电厂设计规范》(GB 50049—2011) 第 17.2.7 条。

7. **答案**:B

依据:《电力工程电气设计手册 电气一次部分》P144。

8. **答案**:C

依据:《电力工程电气设计手册 电气一次部分》P119。

9. **答案**:B

依据:《导体和电器选择设计技术规定》(DL/T 5222—2005) 第 7.5.6 条。

10. **答案**:D

依据:《导体和电器选择设计技术规定》(DL/T 5222—2005) 第 14.2.1 条、第 14.2.3 条。

11. **答案**:C

依据:《高压配电装置设计技术规程》(DL/T 5352—2018) 第 5.4.9 条。

12. **答案**:C

依据:《高压配电装置设计技术规程》(DL/T 5352—2018) 第 5.1.2-2 条。

13. **答案**:B

依据:《电力设施抗震设计规范》(GB 50260—2013) 第 6.1.1-3 条。

14. **答案**:B

依据:《水电工程劳动安全与工业卫生设计规范》(NB/T 35074—2015) 第 5.5.3 条。

15. **答案**:C

依据:《交流电气装置的过电压保护和绝缘配合设计规范》(GB/T 50064—2014) 第 5.2.6 条。

$$h_2 = 30\text{m} > \frac{1}{2}h_1 = \frac{1}{2} \times 45 = 22.5\text{m}$$

等效距离 $D' = D - (h_1 - h_2)P = 60 - (45 - 30) \times \frac{5.5}{\sqrt{45}} = 47.7\text{m}$

查《交流电气装置的过电压保护和绝缘配合设计规范》(GB/T 50064—2014) P18 图 5.2.2-2，可得：$\frac{h_x}{h} = \frac{12}{30} = 0.4$，$\frac{D}{h_a P} = \frac{47.7}{(30-12) \times 1} = 2.65$，可得 $\frac{b_x}{h_a P} = 0.9$，解出 $b_x = 16.2\text{m}$。

16. **答案**:C

依据:《交流电气装置的过电压保护和绝缘配合设计规范》(GB/T 50064—2014) 第 5.3.3 条。

17. **答案**:C

依据:《交流电气装置的过电压保护和绝缘配合设计规范》(GB/T 50064—2014) 式 (5.2.5-1)。

$h_o = 20 - 14/4 \times 1 = 16.5\text{m}$

18. **答案**:B

依据:《交流电气装置的过电压保护和绝缘配合设计规范》(GB/T 50064—2014) 第 5.6.5 条。

19. **答案**:C

依据:《交流电气装置的接地设计规范》(GB/T 50065—2011) 第 4.3.5-2 条。

20. **答案**:A

依据:《交流电气装置的接地设计规范》(GB/T 50065—2011) 第 4.3.1-2 条。

21. **答案**:A

依据:《交流电气装置的接地设计规范》(GB/T 50065—2011) 第 4.3.1-4 条。

22. **答案**:B

依据:《继电保护和安全自动装置技术规程》(GB/T 14285—2006)附录 A。

23. **答案**:A

依据:《电力装置电测量仪表装置设计规范》(GB/T 50063—2017)第 3.1.1 条、第 3.4.3 条。

24. **答案**:C

依据:《电力装置电测量仪表装置设计规范》(GB/T 50063—2017)第 3.1.10 条。

最小量程为 $1.3\times990=1287\text{A}$。

25. **答案**:C

依据:《电流互感器与电压互感器选择及计算规程》(DL/T 866—2015)第 8.2.1-3 条。

一次额定电流值 $I_{pr}>40\%\times200=80\text{A}$,取 100/1A。

26. **答案**:B

依据:《电力装置的电测量仪表装置设计规范》(GB/T 50063—2008)附录 B.1.1-1、B.1.2-1、B.10.1、B.10.3。

27. **答案**:D

依据:《大型发电机变压器继电保护整定计算导则》(DL/T 684—2012)第 4.1.7 条、第 4.8.3 条、第 4.8.6 条,《220kV ~ 750kV 电网继电保护装置运行整定规程》(DL/T 559—2018)第 7.2.4 条。

28. **答案**:B

依据:《电力工程直流电源系统设计技术规范》(DL/T 5044—2014)第 5.1.3 条、第 5.1.4 条、第 6.5.2 条。

29. **答案**:A

依据:《火力发电厂厂用电设计技术规程》(DL/T 5153—2014)第 8.9.2 条。

30. **答案**:C

依据:《火力发电厂厂用电设计技术规程》(DL/T 5153—2014)第 3.1.2 条。

31. **答案**:C

依据:《火力发电厂厂用电设计技术规程》(DL/T 5153—2014)第 3.3.1-3 条、第 4.7.3 条、第 4.7.4 条。

32. **答案**:B

依据:《火力发电厂厂用电设计技术规程》(DL/T 5153—2014)第 8.5.2 条。

33. **答案**:D

依据:《发电厂和变电站照明设计技术规定》(DL/T 5390—2014)第 5.1.4 条。

$$RI = \frac{6 \times 3.6}{(3.6 - 0.8) \times (6 + 3.6)} = 0.804$$

34. **答案**:B

依据:《电力工程高压送电线路设计手册》(第二版)P16 式(2-1-6),所有参数不发生变化,则正序电抗也不变。

35. **答案**:C

依据:《电力工程高压送电线路设计手册》(第二版)P22 式 2-1-32,所有参数不发生变化,则正序电纳也不变。

36. **答案**:D

依据:《110kV ~750kV 架空输电线路设计规范》(GB 50545—2010) 第 8.0.1 条、第 8.0.3 条。

$$D = 0.4 \times 3 + \frac{220}{110} + 0.65 \times \sqrt{49} + 0.5 = 8.25\text{m}$$

37. **答案**:B

依据:《110kV ~750kV 架空输电线路设计规范》(GB 50545—2010) 第 13.0.2 条条文说明。

38. **答案**:D

依据:《电力系统设计技术规程》(DL/T 5429—2009) 第 6.2.4 条、第 6.2.5 条、第 6.2.7 条、第 6.2.8-1 条。

39. **答案**:D

依据:《并联电容器装置设计规范》(GB 50227—2017) 图 4.2.1。

40. **答案**:B

依据:《光伏发电站接入电力系统技术规定》(GB/T 19964—2012) 第 6.1.1 条、第 6.2.2 条、第 8.4 条、第 9.2.4 条。

---

41. 答案:ACD

依据:《爆炸危险环境电力装置设计规范》(GB 50058—2014) 第 5.3.3 条、第 5.3.5-1 条、第 5.4.1-3 条、第 5.4.3-8 条。

42. 答案:AD

依据:《火力发电厂与变电站设计防火标准》(GB 50229—2019) 第 6.8.1 条、第 6.8.4 条、第 6.8.9 条、第 6.8.11 条。

43. 答案:BCD

依据:《 ±800kV 直流换流站设计规范》(GB/T 50789—2012) 第 4.2.9-2 条。

44. 答案:ABD

依据:《大中型火力发电厂设计规范》(GB 50660—2011) 第 16.2.11-4 条、第 16.2.12 条。

45. 答案:AC

依据:《风力发电场设计规范》(GB 51096—2015) 第 5.2.2-6 条。

46. 答案:CD

依据:《导体和电器选择设计技术规定》(DL/T 5222—2005) 第 5.3.1 条、第 7.4.5 条、第 9.3.3 条、第 21.0.5 条。

47. 答案:AC

依据:《电力工程电缆设计规范》(GB 50217—2018) 第 4.1.11 条 ~ 第 4.1.13 条。

48. 答案:CD

依据:《高压配电装置设计技术规程》(DL/T 5352—2018) 表 5.5.6、第 5.4.6 条、第 5.5.1 条、第 5.5.4 条。

49. 答案:BCD

依据:《电力设施抗震设计规范》(GB 50260—2013) 第 6.5.2-1 条、第 6.5.2-2 条、第 6.5.3 条、第 6.5.4 条。

50. 答案:ACD

依据:《高压配电装置设计技术规程》(DL/T 5352—2018) 第 5.3.6 条。

51. 答案:ABC

依据:《交流电气装置的过电压保护和绝缘配合设计规范》(GB/T 50064—2014) 第 4.1 条、第 5.4.3 条。

52. 答案:AB

依据:《交流电气装置的接地设计规范》(GB/T 50065—2011) 第 3.2.1-9 条、第 3.2.2-4 条、第 4.2.1 条、第 4.3.1-1 条。

53. 答案:ACD

依据:《交流电气装置的接地设计规范》(GB/T 50065—2011) 第 4.1.1 条。

54. 答案:ABD

依据:《火力发电厂、变电所二次接线设计技术规程》(DL/T 5136—2012) 第 5.1.2 条、第 5.1.11 条。

55. 答案:BCD

依据:《电力装置电测量仪表装置设计规范》(GB/T 50063—2017) 第 3.7.1 条、第 3.7.2 条、第 3.7.4 条。

56. 答案:CD

依据:《火力发电厂厂用电设计技术规程》(DL/T 5153—2014) 第 3.4.1 条、第 8.1.6 条、第 8.1.7 条。

57. 答案:ACD

依据:《220kV ~ 750kV 电网继电保护装置运行整定规程》(DL/T 559—2018) 第 3.1 条、第 3.2 条、第 5.2.3 条、第 7.1.2 条。

58. 答案:CD

依据:《电力工程直流电源系统设计技术规范》(DL/T 5044—2014) 第 6.3.1 条、第 6.3.2 条、第 6.3.7-2 条,《电力工程电缆设计规范》(GB 50217—2018) 第 3.1.1-3 条。

59. 答案:AC

依据:《220kV ~ 1000kV 变电站站用电设计技术规程》(DL/T 5155—2016) 第 9.0.3 条。

60. 答案:BCD

依据:《火力发电厂厂用电设计技术规程》(DL/T 5153—2014) 第 4.7.3 条 ~ 第 4.7.5 条、第 4.7.7 条。

61. 答案:ACD

依据:《发电厂和变电站照明设计技术规定》(DL/T 5390—2014) 第 5.5.6 条、第 8.2.5 条、第 8.7.2 条、第 8.8.2 条。

62. 答案:ABD

依据:《电力系统电压和无功电力技术导则》(DL/T 1773—2017) 第 6.2.4 条、第 6.5.3 条、第 7.5 条、第 10.5 条。

63. 答案:ABC

依据:《并联电容器装置设计规范》(GB 50227—2017) 第 5.2.1 条条文说明。

64. 答案:BC

依据:《风电场接入电力系统技术规定》(GB/T 19963—2011) 第 9.1 条图 1、表 2。

65. 答案:AB

依据:《110kV ~ 750kV 架空输电线路设计规范》(GB 50545—2010) 第 6.0.4 条。

66. 答案:ABD

依据:《电力工程电缆设计规范》(GB 50217—2018) 第 4.1.16 条、4.1.17 条。

67. 答案:AD

依据:《电力工程电缆设计规范》(GB 50217—2018) 第 3.6.3 条、表 3.6.5。

68. 答案:AC

依据:《110kV ~750kV 架空输电线路设计规范》(GB 50545—2010) 第 5.0.6 条。

69. 答案:BCD

依据:《110kV ~750kV 架空输电线路设计规范》(GB 50545—2010) 第 6.0.3 条、《电力工程高压送电线路设计手册》(第二版)P292 表 5-2-2。

70. 答案:AD

依据:《110kV ~750kV 架空输电线路设计规范》(GB 50545—2010) 第 7.0.7 条、《电力工程高压送电线路设计手册》(第二版)P79 污闪部分。

2020年案例分析试题(上午卷)

［案例题是4选1的方式，各小题前后之间没有联系，共25道小题，每题分值为2分，上午卷50分，下午卷50分，试卷满分100分。案例题一定要有分析(步骤和过程)、计算(要列出相应的公式)、依据(主要是规程、规范、手册)，如果是论述题要列出论点］

题1~4：某电厂建设2×350MW燃煤汽轮机发电机组，每台机组采用发电机—变压器(以下称主变)组单元接线，通过主变升压接至厂内220kV配电装置，220kV配电装置的电气主接线为双母线接线，220kV配电装置采用屋外敞开式中型布置，电厂通过两回220kV架空线路接至附近某一变电站。发电机额定功率P_e=350MW，额定电压U_n=20kV。请分析计算并解答下列各小题。

1. 发电机中性点采用高电阻接地，接地故障清除时间大于10s，发电机出口设置金属氧化物避雷器(以下简称MOA)，根据相关规程，计算确定该避雷器的持续运行电压和额定电压宜取下列哪组数值？（　　）

(A)20kV,25kV　　(B)20.8kV,26kV

(C)24kV, 26kV　　(D)24kV,30kV

解答过程：

2. 若电厂海拔高度为0m，发电机定子绕组冲击试验电压值(峰值)取交流工频试验电压峰值，发电机采用高电阻接地，发电机出口MOA靠近发电机端子布置，根据相关规程，发电机与避雷器绝缘配合采用确定性法，计算确定该避雷器的标称放电电流和残压宜取下列哪组数值？（　　）

(A)2.5kA,41.4kV　　(B)2.5kA,46kV

(C)5kA,41.4kV　　(D)5kA,46.4kV

解答过程：

3. 电厂 220kV 配电装置的两组母线均设置标准特性的 MOA，主变额定总量 420MVA，额定电压 242kV，主变采用标准绝缘水平，主变至 220kV 配电装置均采用架空导线，电厂每回 220kV 线路均能送出 2 台机组的输出功率，当主变至 MOA 间的电气距离最大不大于下列哪项数值时，主变高压端可不装设 MOA？并说明理由。（　　）

(A) 90m　　(B) 125m

(C) 140m　　(D) 195m

解答过程：

4. 若电厂海拔高度为 2500m，主变高压侧装设 MOA，其残压为 520kV，请计算确定主变标准额定雷电冲击耐受电压宜选择下列哪项数值？（　　）

(A) 750kV　　(B) 850kV

(C) 950kV　　(D) 1050kV

解答过程：

题 5～7：某水电站直流电源系统电压为 220V，直流控制负荷与动力负荷合并供电。直流系统负荷由 2 组阀控式密封铅酸蓄电池(胶体)、3 套高频开关电源模块充电装置供电，不设端电池。单体蓄电池的额定电压为 2V，事故末期放电终止电压为 1.87V，电站设有柴油发电机组作为保安电源，交流不停电电源 UPS 从直流系统取电。请分析计算并解答下列各小题。

5. 假设直流负荷统计见下表，事故持续放电时间为 2h，请按阶梯计算法计算每组蓄电池容量应为下列哪项数值？（　　）

序号	负荷名称	负荷容量(kW)	备注
1	控制和保护负荷	12.5	
2	监控系统负荷	2	
3	励磁控制负荷	1	
4	高压断路器跳闸	14.3	
5	高压断路器自投	0.55	电磁操动合闸机构
6	直流应急照明	15	
7	直流应急照明(UPS)	2×10	从直流系统取电

(A)600Ah　　(B)700Ah
(C)800Ah　　(D)900Ah

解答过程：

6. 假设每组蓄电池容量为900Ah，直流经常负荷为90A，充电装置选用额定电流为25A的高频开关充电模块，请计算充电模块的数量应取下列哪项数值？（　　）

(A)7　　(B)8
(C)9　　(D)10

解答过程：

7. 假设直流负荷采用辐射形供电，直流柜至直流分电柜电缆长度为80m，计算电流为160A；直流分电柜至直流终端负荷断路器A的电缆长度为32m，计算电流为10A，已选电缆截面积为$4mm^2$；直流分电柜至直流终端负荷断路器B电缆长度为28m，计算电流为10A，已选电缆截面积为$2.5mm^2$，请计算直流至直流分电柜电缆最小计算截面积最接近下列哪项数值？（所用电缆均为铜芯，取铜电阻率$\rho = 0.0175\Omega \cdot mm^2/m$）
（　　）

(A)$38.9mm^2$　　(B)$40.7mm^2$
(C)$43.1mm^2$　　(D)$67.9mm^2$

解答过程：

题8～10：某电厂采用220kV出线，220kV配电装置设置以水平接地极为主的接地网，土壤电阻率为100Ω·m。请分析计算并解答下列各小题。

8. 该电厂6kV系统采用中性点不接地方式，6kV配电装置室内地表层的土壤电阻率为1500Ω·m，表层衰减系数为0.9，接地故障电流持续时间为0.2s，计算由6kV系统决定的接地装置跨步电位差最大允许值不超过下列哪项数值？（　　）

(A)117.5V　　(B)320V

(C)902V　　(D)2502V

解答过程：

9. 厂内220kV系统最大运行方式下发生单相接地短路故障时的对称电流有效值为35kA，流经厂内变压器中性点的电流为8kA，厂内发生接地故障时的分流系数 S_{f1} 为0.4，厂外发生接地故障时的分流系数 S_{f2} 为0.8，接地故障电流持续时间为0.5s，假定 X/R 值为40，计算该厂接地网的接地电阻应不大于以下哪项数值，才能满足地电位升不超过2kV？（　　）

(A)0.17Ω　　(B)0.25Ω

(C)0.28Ω　　(D)0.31Ω

解答过程：

10. 若接地网为方形等间距布置，水平接地网导体的总长度为10000m，接地网的周边长度为1000m，只在接地网中少数分散布置了部分垂直地极，垂直接地极的总长度为50m，如果发生接地故障时的入地电流为15 kA，请计算该接地网的接触电位差应为下列哪项数值？（按规程计算，校正系数 $K_m=1.2$，$K_i=1$）（　　）

(A)163V　　(B)179V

(C)229V　　(D)239V

解答过程：

题 11～13：某火力发电厂设有两台 600MW 汽轮发电机组，均采用发电机—变压器组接入厂内 220kV 配电装置。厂用电源由发电机出口引接，高压厂变采用分裂变压器，厂内设高压启动备用变，其电源由厂内 220kV 母线引接。

发电机的额定功率为 600MW，额定电压为 20kV，额定功率因数为 0.9，次暂态电抗 X_d''为 20%，负序电抗 X_2 为 21.8%，主变压器容量为 670MVA，阻抗电压为 14%。

220kV 系统为无限大电源，若取基准容量为 100MVA，最大运行方式下系统正序阻抗标么值 $X_{1\Sigma}=0.0063$，最小运行方式下系统正序阻抗标么值 $X_{1\Sigma}=0.007$，系统负序阻抗标么值 $X_{2\Sigma}=0.0063$，系统零序阻抗标么值 $X_{0\Sigma}=0.0056$。请分析计算并解答下列各小题。（短路电流计算采用实用计算法）

11. 请分别计算 220kV 母线在下列各种短路故障时由系统侧提供的短路电流，确定下列哪种短路故障时由系统侧提供的短路电流最大？（　　）

(A) 三相短路　　(B) 两相短路

(C) 单相接地　　(D) 两相接地短路

解答过程：

12. 若高压厂用分裂变压器的容量为 50/28-28MVA，变比 20/6.3-6.3kV，半穿越阻抗电压为 16%、穿越电抗为 12%（以高压绕组容量为基准，制造误差 ±5%）。假定发电机出口短路时系统侧提供的三相交流短路容量为 3681MVA，发电机提供的三相交流短路容量为 3621MVA，接于每段 6kV 母线的电负荷额定总功率为 30000kW，每段参加反馈的 6kV 电动机的额定功率为 25000kW，电动机平均反馈电流倍数为 6，请计算 6V 母线三相短路电流的周期分量起始有效值应为下列哪项数值？（　　）

(A) 37.85kA　　(B) 46.87kA

(C) 48.17kA　　(D) 50.48kA

解答过程：

13. 若 220kV 起备变出线所配保护的动作时间为 0.5s，断路器操作机构的固有动作时间为 0.04s，全分闸时间为 0.07s。请问 220kV 起备变回路所配断路器的最大三相短

路电流热效应计算值最接近以下哪项数值?(不考虑发电机提供短路电流交流分量的衰减) ( )

(A)904kA^2·s (B)1303kA^2·s

(C)1446kA^2·s (D)1704kA^2·s

解答过程:

题 14~16:国内某燃煤电厂安装一台 135MW 汽轮发电机组,机组额定参数 $P=135\text{MW}$,$U=13.8\text{kV}$,$\cos\varphi=0.85$,发电机中性点采用不接地方式。该机组通过一台 220kV 双卷主变压器接入厂内 220kV 母线,厂用电源自发电机至主变低压侧母线支接,当该发电机出口厂用分支回路发生三相短路时(基准电压为 13.8kV),短路电流周期分量起始有效值为 97.24kA,其中本机组提供的为 51.28kA,请分析计算并解答下列各小题。

14. 发电机出口至主变低压侧采用槽型铝母线连接,发电机出口短路主保护动作时间为 60ms,后备保护动作时间为 1.2s,断路器开断时间为 50ms。若主保护不存在死区且不考虑三相短路电流周期分量的衰减,当槽型母线工作温度按照 80℃考虑时,该槽型母线需要的最小热稳定截面积为下列哪项数值?(精确到小数点后一位) ( )

(A)204.9mm^2 (B)344.0mm^2

(C)388.6mm^2 (D)652.3mm^2

解答过程:

15. 发电机至主变低压侧出线采用双槽型铝母线,母线规格为 2×200×90×12,三相母线水平布置且位于同一平面,相间距为 90cm。若导体按[ ][ ][ ]布置,每相导体每隔 40cm 设间隔垫(视为实连),间隔垫采用螺栓固定,固定槽型母线的支柱绝缘子间距为 120cm,绝缘子安装位置位于两个间隔垫的中间。不考虑振动影响,当在槽型母线上发生三相对称短路时,计算该槽型母线所承受的相间应力应为下列哪项数值? ( )

(A)106.93N/cm^2 (B)384.49N/cm^2

(C)563.39N/cm^2 (D)2025.83N/cm^2

解答过程：

16. 发电机至主变低压侧出线采用双槽型铝母线，母线规格为 2×200×90×12，三相母线、绝缘子水平布置且位于同一平面，相间距为 90cm。若固定槽型母线的支柱绝缘子选用 ZD-20F，采用等间距布置，支柱绝缘子的抗弯破坏负荷 P_{xu} = 20000N，当在发电机出口发生三相短路时，该支柱绝缘子的最大允许跨距应为下列哪项数值？（　　）

(A) 149.8cm　　(B) 222.9cm

(C) 323.2cm　　(D) 371.5cm

解答过程：

题 17～20：某海上风电场安装 75 台单机容量为 4MW 的风力发电机组，总装机容量 300MW。风电场配套建设 35kV 场内集电线路、220kV 海上升压站和 220kV 送出海缆，220kV 电缆选用交联聚乙烯绝缘电缆，从 220kV 海上升压站经过海底、滩涂、海陆缆转接井转为陆缆，请分析计算并解答下列各小题。

17. 若选用截面为 3×400＋2×36C 的 220kV 海底电缆，在进入 GIS 进线套管前进行分相，海底电缆外径为 240mm，其无绕包三相分体外径为 100mm，则满足要求的 J 型管最小内径应为下列哪项数值？（　　）

(A) 180mm　　(B) 200mm

(C) 360mm　　(D) 480mm

解答过程：

18. 220kV 海缆直埋段设计路径为 46600m(含海床及滩涂段,滩涂段直埋视同海床段)。海缆从海上升压站 J 型管入口引上至升压站内长度为 80m,海缆登陆点至陆缆连接点长度为 20m,弯曲限制器长度为 20m,忽略终端及中间接头制作长度,则单根海缆供货长度最小应为下列哪项数值? (　　)

(A)46720m　　(B)47632m

(C)47998m　　(D)48122m

解答过程:

19. 在风电场升压变压器选型时,按风电场全场可能同时满发考虑,风电场海上升压站最经济的变压器台数和容量应为下列哪项? (　　)

(A)1 台 320MVA　　(B)2 台 200MVA

(C)3 台 90MVA　　(D)3 台 120MVA

解答过程:

20. 220kV 海上升压站设计使用年限为 50 年,升压站海域平均海平面高程为 0.26m,50 年一遇高潮位高程为 3.42m,100 年一遇高潮为高程为 5.56m,底层甲板结构高度为 2.0m,50 年一遇最大波高位 0.45m,100 年一遇最大波高为 0.6m,则海上升压站底层甲板上表面高程最低为下列哪项数值? (　　)

(A)7.22m　　(B)7.48m

(C)9.46m　　(D)9.72m

解答过程:

题 21 ~25：某单回路 220kV 架空送电线路，海拔高度 120m，采用单导线 JL/G1A-400/50。该线路的气象条件见表 1（$g=9.81m/s^2$），导线参数见表 2。

线路气象条件　　表 1

工况	气温(℃)	风速(m/s)	冰厚(mm)
最高气温	40	0	0
最低气温	-20	0	0
年平气温	15	0	0
覆冰工况	-5	10	10
基本风速	-5	27	0

导 线 参 数　　表 2

型号	每米质量 (kg/m)	直径 d (mm)	截面积 S (mm^2)	额定拉断力 T_k(N)	线性膨胀系数 α(1/℃)	弹性模量 E (N/mm^2)
JL/G1A-400/50	1.511	27.63	451.55	123000	19.3×10^{-6}	69000

21. 有一 π 型等径独立水泥杆，横担水平布置，导线挂点距水泥杆净距离为 2.5m（已考虑爬梯、金具等的裕度），假定悬垂单串长度为 2.80m，请计算确定悬垂串最大摇摆角应为下列哪项数值？（　　）

(A)63.23°　　(B)45.86°

(C)44.14°　　(D)38.50°

解答过程：

22. 已知最低气温和最大覆冰是两个有效控制条件，存在有效临界档距，请计算该临界档距应为下列哪项数值？[设最大覆冰时比载为 $0.056N/(m\cdot mm^2)$]（　　）

(A)190.2m　　(B)200.2m

(C)118.9m　　(D)126.5m

解答过程：

23. 若导线在最大风速时应力为 $85N/mm^2$，最高气温时应力为 $55N/mm^2$，某直线塔的水平档距为 430m，最高气温时的垂直档距为 320m，计算最大风速时的垂直档距应为下列哪项数值？（　　）

(A)600m　　(B)260m

(C)359m　　(D)380m

解答过程：

24. 某塔定位结果是后侧档距 500m，前侧档距 300m，垂直档距 310m，在校验该塔电气间隙时，风压不均匀系数 α 取值应为下列哪项？（　　）

(A)0.61　　(B)0.63

(C)0.65　　(D)0.75

解答过程：

25. 假设有一档的档距 $l = 1050m$，导线悬点高差 $h = 155m$，最高气温时导线最低点应力 $\sigma = 55N/mm^2$，请采用平抛物线公式计算档内高塔侧导线最高气温时悬垂角应为下列哪项数值？（　　）

(A)8.40°　　(B)9.41°

(C)17.40°　　(D)24.75°

解答过程：

2020年案例分析试题答案(上午卷)

题1~4答案:**BDBC**

1.《交流电气装置的过电压保护和绝缘配合设计规范》(GB/T 50064—2014)第4.4.4条。

本题题干明确接地故障时间为大于10s,因此额定电压 $U_R = 1.3U_N = 1.3\times20 = 26.0$kV,持续运行电压 $U_C = 80\% U_R = 0.8\times26 = 20.8$kV。

2.根据《交流电气装置的过电压保护和绝缘配合设计规范》(GB/T 50064—2014)第6.3.1-3条条文说明,避雷器雷电冲击保护水平对220kV及以下取标称雷电流5kA,根据发电机电压,本题应该选择5kA避雷器,排除选项A、B。

根据《隐极同步发电机技术要求》(GB/T 7064—2017)附录C表C.1,工频试验电压峰值:

$$U_{e.l.i} = \sqrt{2}(2U_N + 1) = \sqrt{2}\times(2\times20+1) = 57.98\text{kV}$$

本题中保护的是发电机内绝缘,且避雷器紧靠发电机,根据《交流电气装置的过电压保护和绝缘配合》(GB/T 50064—2014)式(6.4.4-1),残压为:

$$U_{l.p.''} = \frac{U_{e.l.i}}{k_{16}} = \frac{57.98}{1.25} = 46.4\text{kV}$$

注:发电机为内绝缘,且避雷器紧靠发电机。

3.根据《交流电气装置的过电压保护和绝缘配合》(GB/T 50064—2014)表5.4.13-1及注解,标准绝缘水平为950kV。题干中提示电厂每回220kV线路均能送出2台机组的输出功率,显然需要考虑N-1工况,按1回路查表得到:主变至MOA间的电气距离最大不大于125m。

注:标准绝缘水平为950kV,注意题干是主变,不需要额外增加35%。

4.根据《交流电气装置的过电压保护和绝缘配合设计规范》(GB/T 50064—2014)式(6.4.4-3),雷电冲击耐压:$u_{e.l.o} \geqslant k_{17}U_{l.p} = 1.40\times520 = 728$kV。

根据《绝缘配合 第1部分:定义、原则和规则》(GB 311.1—2012)附录B.3,雷电冲击系数 $q = 1.0$。

$$U_H = u_{e.l.o}e^{\frac{H-1000}{8150}} = 728\times e^{\frac{2500-1000}{8150}} = 875.11\text{kV}$$

按标准绝缘系列取950kV。

注:本题有争议,关于海拔修正是否采用式B.1,此时结果为 $U_H = U_{e.l.o.}e^{\frac{H}{8150}} = 728\times e^{\frac{2500}{8150}} = 989.35$kV,此时选D。

题5~7答案:**BBC**

5.根据《电力工程直流电源系统设计技术规范》(DL/T 5044—2014)第4.2.1条,每组蓄电池上应计入100%控制负荷，特别注意本发电厂有保安电源，直流应急照明按100%计入，动力负荷应当平均分配，UPS每组只统计10kW。

根据第4.2.5条、第4.2.6条计算各阶段电流，见下表。

序号	负荷名称	负荷容量 P(kW)	设备电流 I(A)	负荷系数	计算电流 I_{js}(A)
1	控制和保护负荷	12.5	56.82	0.6	34.09
2	监控系统负荷	2	9.09	0.8	7.27
3	励磁控制负荷	1	4.55	0.6	2.73
4	高压断路器跳闸	14.31	65	0.6	39
5	高压断路器自投	0.55	2.5	1	2.5
6	直流应急照明	15	68.18	1	68.18
7	交流不间断电源(UPS)	10	45.45	0.5	22.73

计算各个阶段的放电电流

(1) $I_{30\min}=34.09+7.27+2.73+39+2.5+68.18+22.73=176.5\text{A}$

(2) $I_{30\min}=I_{1h}=I_{2h}=34.09+7.27+2.73+68.18+22.73=135\text{A}$

由于 $I_{30\min}=I_{1h}=I_{2h}$，可以简化为1min与2h两阶段计算。

查《电力工程直流电源系统设计技术规范》(DL/T 5044—2014)附录C.2.3表C.3-5，1min换算系数为0.94，119min换算系数为0.292，2h换算系数为0.29。

第一阶段：$C_{c1}=K_k\dfrac{I_1}{K_c}=1.4\times\dfrac{176.5}{0.94}=262.87\text{Ah}$

第二阶段：$C_{c2}=K_k\left(\dfrac{I_1}{K_{c1}}+\dfrac{I_2-I_1}{K_{c2}}\right)=1.4\times\left(\dfrac{176.5}{0.29}+\dfrac{135-176.5}{0.292}\right)=653.1\text{Ah}$

取700Ah满足要求。

6. 根据《电力工程直流电源系统设计技术规程》(DL/T 5044—2014)附录D.1.1，充电装置额定电流：

$$I_r=(1.0\sim1.25)I_{10}+I_{jc}=(1.0\sim1.25)\times\frac{900}{10}+90=(180\sim202.5)\text{A}$$

根据附录D.2.1，本题中2套蓄电池由3套充电装置充电，不需要考虑附加模块，$n=\dfrac{I_r}{I_{me}}=\dfrac{180\sim202.5}{25}=7.2\sim8.1$，故取8块。

7. 根据《电力工程直流电源系统设计技术规范》(DL/T 5044—2014)第6.3.6-3条，直流柜与终端之间允许电压降不大于标称电压的6.5%，总允许电压降为 $220\times6.5\%=14.3\text{V}$。

根据附录E式(E.1.1-2)，直流分电柜至直流终端负荷断路器A的电缆压降：

$$\Delta U_A=\frac{\rho\cdot 2LI_{ca}}{S_A}=\frac{0.0175\times2\times32\times10}{4}=2.8\text{V}$$

分电柜至直流终端负荷断路器B电缆压降：

$$\Delta U_B=\frac{\rho\cdot 2LI_{ca}}{S_B}=\frac{0.0175\times2\times28\times10}{2.5}=3.92\text{V}$$

取较大值3.92V，直流柜至分电柜允许压降取14.3-3.92=10.38V。

计算最小截面积：$S_{cac}=\dfrac{\rho\cdot 2LI_{ca}}{\Delta U_p}=\dfrac{0.0175\times2\times80\times160}{10.38}=43.16\ \text{mm}^2$

题8～10答案：**BAB**

8.《交流电气装置的接地设计规范》(GB/T 50065—2011)式(4.2.2-4)。

6kV接地装置的跨步电位差：$U_s=50+0.2\rho_s C_s=50+0.2\times1500\times0.9=320\text{V}$

$$U_s=\frac{174+0.7\rho_s C_s}{\sqrt{t_s}}=\frac{174+0.7\times1500\times0.9}{\sqrt{0.2}}=2502\text{V}$$

注：此题存在争议。本题题干中明确接地故障持续时间为0.2s，可以推断出6kV系统采用低电阻接地方式，应当按照式(4.2.2-2)计算跨步电压允许值

9.《交流电气装置的接地设计规范》(GB/T 50065—2011)附录B.0.1。

厂内短路时：$I_g=(I_{max}-I_n)S_{f1}=(35-8)\times0.4=10.8\text{kA}$

厂外短路时：$I_g=I_n S_{f2}=8\times0.8=6.4\text{kA}$

两者取较大的数值10.8kA。

查附录表B.0.3，切除故障时间$t=0.5\text{s}$，等效X/R为40，则可查$D_f=1.1201$

根据条文说明式(12)，$I_G=D_f I_g=1.1201\times10.8=12.097\text{kA}$

根据附录B.0.4可知，$R\leqslant2000/I_G=2000/(12.097\times1000)=0.17\Omega$

10.《交流电气装置的接地设计规范》(GB/T 50065—2011)附录D.0.3式(D.0.3-1)、式(D.0.3-11)。

有效埋设长度：$L_m=L_C+L_R=10000+50=10050\text{m}$

则跨步电压为：$U_m=\dfrac{\rho I_G K_m K_i}{L_M}=\dfrac{100\times15000\times1.2\times1.0}{10050}=179.1\text{V}$

题11～13答案：**CBD**

11.《电力工程电气设计手册 电气一次部分》P129式(4-20)、P143式(4-38)、P144式(4-40)～式(4-42)。三相短路电流：$I_{k3}=\dfrac{I_j}{X_{1\Sigma}}=\dfrac{0.251}{0.0063}=39.84\text{kA}$

两相短路电流：$I_{k2}=mI_{k3}=\sqrt{3}\times\dfrac{I_j}{X_{1\Sigma}+X_{2\Sigma}}=\sqrt{3}\times\dfrac{0.251}{0.0063+0.0063}=34.5\text{kA}$

单相短路电流：

$$I_{k1}=mI_{k1}=3\times\frac{I_j}{X_{1\Sigma}+X_{2\Sigma}+X_{0\Sigma}}=3\times\frac{0.251}{0.0063+0.0063+0.0056}=41.37\text{kA}$$

两相接地短路电流：

$$I_{k11}=mI_{k1}=\sqrt{3}\times\sqrt{1-\frac{X_{2\Sigma}X_{0\Sigma}}{(X_{2\Sigma}+X_{0\Sigma})^2}}\times\frac{I_j}{X_{1\Sigma}+\dfrac{X_{2\Sigma}X_{0\Sigma}}{X_{2\Sigma}+X_{0\Sigma}}}$$

$$=\sqrt{3}\times\sqrt{1-\frac{0.0063\times0.0056}{(0.0063+0.0056)^2}}\times\frac{0.251}{0.0063+\dfrac{0.0063\times0.0056}{0.0063+0.0056}}=40.66\text{kA}$$

综合比较，单相短路电流最高。

12.《火力发电厂厂用电设计技术规程》（DL/T 5153—2014）附录 L。

取基准容量 $S_j=100\text{MVA}$，对应的基准电流 $I_j=9.16\text{kA}$，注意题目中明确变压器制造误差为5%。

系统阻抗标幺值为：$X_x=\frac{S_j}{S_d}=\frac{100}{3681+3621}=0.0137$

变压器组抗标幺值为：$X_T=\frac{(1-0.05)U_d\%}{100}\times\frac{S_j}{S_{e.B}}=\frac{0.95\times16}{100}\times\frac{100}{50}=0.304$

对应的短路电流为：

$$I''=I''_B+I''_D=\frac{I_j}{X_X+X_T}+K_{qD}\frac{P_{cD}}{\sqrt{3}U_{cD}\eta_D\cos\varphi_D}\times10^{-3}$$

$$=\frac{9.16}{0.304+0.0137}+6\times\frac{25000\times10^{-3}}{\sqrt{3}\times6\times0.8}=46.87\text{kA}$$

13.《电力工程电气设计手册 电气一次部分》P121 表 4-2。

基准容量 $S_j=600/0.9=666.7\text{MVA}$，计算发电机、变压器阻抗标幺值：

$$X_G=\frac{X''_d\%}{100}\times\frac{S_j}{P_e/\cos\varphi}=0.2\times\frac{666.7}{600/0.9}=0.2$$

$$X_T=\frac{U_k\%}{100}\times\frac{S_j}{S_e}=0.14\times\frac{666.67}{670}=0.1393$$

则系统计算电抗为 $X_{js}=X_G+X_T=0.2+0.1393=0.3393$

查《电力工程电气设计手册 电气一次部分》P135 表 4-7，有 $I^*\approx3.159$，所以发电机组提供的短路电流为：

$$I_{kG}=2\times3.159\times\frac{P_e/\cos\varphi}{\sqrt{3}U_p}=2\times3.159\times\frac{600/0.9}{\sqrt{3}\times230}=10.57\text{kA}$$

根据《电力工程电气设计手册 电气一次部分》P129 式(4-20)，系统提供的短路电流为（此时取 $S_j=100\text{MVA}$，与第 11 题相同）：$I_{ks}=\frac{I_j}{X_{1\Sigma}}=\frac{0.251}{0.0063}=39.84\text{kA}$

总短路电流为：$I_k=I_{ks}+I_{kG}=39.84+10.57=50.41\text{kA}$

根据《导体和电器选择设计技术规程》（DL/T 5222—2005）附录 F.6，周期分量热效应 $Q_z=I_k^2t=50.41^2\times(0.5+0.07)=1448.47\ \text{kA}^2\cdot\text{s}$。

短路持续时间为 0.57s，非周期分量等效时间为 $T=0.1\text{s}$，非周期分量热效应 $Q_f=TI_k^2=0.1\times50.41^2=254.12\ \text{kA}^2\cdot\text{s}$。

最大三相短路热效应计算值为：$Q_t=Q_z+Q_f=1448.47+254.12=1702.59\ \text{kA}^2\cdot\text{s}$

题 14～16 答案：**BAB**

14.《导体和电器选择设计技术规定》（DL/T 5222—2005）第 5.0.13 条、第 7.1.8 条、附录 F.6。

变压器低压侧电路时，流过母线的短路电流为发电机提供的短路电流 $I''_G=51.28\text{kA}$

发电机出口短路时，流过母线的短路电流为系统与其他机组提供 $I''_S=I''_k-I''_G=$

97.24 − 51.28 = 45.96kA

两者取较大数值 51.28kA。

周期分量热效应 $Q_z \approx I''^2_G t = 51.28^2 \times (0.06 + 0.05) = 289.26\ kA^2 \cdot s$

查表 F.6.3,发电机出口非周期分量等效时间取 $T = 0.2s$。

非周期分量热效应: $Q_f = TI''^2_G = 0.2 \times 51.28^2 = 525.93\ kA^2 \cdot s$

槽型铝母线 C 值取 83,母线截面积:

$$S = \frac{\sqrt{Q_d}}{C} = \frac{\sqrt{Q_z + Q_f}}{C} = \frac{\sqrt{289.26 + 525.93}}{83} \times 10^3 = 344.0\ mm^2$$

15. 根据《电力工程电气设计手册 电气一次部分》P141 式(4-32)、表 4-15,发电机端冲击系数 K_{ch} 取 1.9。

$$i_{ch} = \sqrt{2} K_{ch} I'' = 1.2 \times 1.9 \times 51.28 = 137.79kA$$

根据《电力工程电气设计手册 电气一次部分》P231 表 8-3,$W_{y0} = 490cm^3$,不考虑振动影响,则振动系数 $\beta = 1$。

由 P338 式(8-9),相间应力:

$$\sigma_{x\text{-}x} = 17.248 \times 10^{-3} \times \frac{l^2}{aW} i^2_{ch} \beta = 17.248 \times 10^{-3} \times \frac{120^2}{90 \times 490} \times 137.79^2 \times 1$$

$$= 106.93N/cm^2$$

16.《电力工程电气设计手册 电气一次部分》P141 式(4-32)、表 4-15,P255 式(6-27)、表 6-40、表 6-41。

变压器低压侧电路短路时,流过母线的短路电流为发电机提供的短路电流 $I''_G = 51.28kA$。

发电机出口短路时,流过母线的短路电流为系统与其他机组提供 $I''_s = I''_k - I''_G = 97.24 - 51.28 = 45.96kA$。

两者取较大数值 51.28kA。

发电机出口短路冲击系数 $K_{ch} = 1.9$,槽型[ ]150 及以上折算系数 K_f 取 1.45。

绝缘子承受电动力:

$$P = K_f F = K_f \times 1.76 \times 10^{-1} \times \frac{i^2_{ch} l_p}{a} = K_f \times 1.76 \times 10^{-1} \times \frac{(\sqrt{2} K_{ch} I''_G)^2 l_p}{a} = 0.6 P_{xu}$$

代入数据,得:$1.45 \times 1.76 \times 10^{-1} \times \frac{(1.414 \times 1.9 \times 51.28)^2 l_p}{90} = 0.6 \times 20000$

解得绝缘子最大允许跨距 $l_p = 222.9cm$。

题 17 ~ 20 答案:**CBBC**

17. 根据《风电场工程 110kV ~ 220kV 海上升压变电站设计规范》(NB/T 31115—2017)第 7.6.2 条,电缆套管的内径宜为海缆外径的 1.5 倍 ~ 2.0 倍,因此可以得到 $d \geq 1.5 \times 240 = 360mm$。

18.《海上风电场交流海底电缆选型敷设技术导则》(NB/T 31117 − 2017)第 5.5.4-3 条。

$L=46600\times[(1+2\%\sim3\%)]+80+20=(47632\sim48098)\text{m}$

本题选择最短，应当选 B。

注：弯曲限制器不影响电缆设计长度，已经包含在海缆从海上升压站 J 型管入口引上至升压站内长度。

19.《风电场工程 110kV ~ 220kV 海上升压变电站设计规范》(NB/T 31115—2017)第 5.1.3 条、第 5.2.2-2 条。

按 2 台变压器设计时，满足满发要求 $S_T>300/2=150\text{MVA}$；满足 N-1 发出 60% 功率要求，$S_T>300\times0.6=180\text{MVA}$。

按 3 台变压器设计时，满足满发要求 $S_T>300/3=100\text{MVA}$；满足 N-1 发出 60% 功率要求，$S_T>300\times0.6/2=90\text{MVA}$。

故排除选项 A、C。

根据第 4.0.9 条，海上升压变电站电气设备布置应适应生产的要求，做到设备布局和空间利用紧凑、合理，因此应当尽量减少变压器台数。综上所述，选项 B 比较合理。

20.《风电场工程 110kV ~ 220kV 海上升压变电站设计规范》(NB/T 31115—2017)第 4.0.12 条。

海上升压站底层甲板上表面高程：

$$T\geqslant H+\frac{2}{3}H_b+\Delta+H_1=5.56+\frac{2}{3}\times0.6+1.5+2=9.46\text{m}$$

题 21 ~ 25 答案：**CABCD**

21. 根据《110 ~ 750kV 架空输电线路设计技术规程》(GB 50545—2010)表 7.0.9-1，大风工况下 220kV 线路允许间隙为 0.55m，因此悬垂单串最大风摇摆角最大允许值 $\theta=\arcsin\dfrac{2.5-0.55}{2.8}=44.14°$。

22.《110kV ~ 750kV 架空输电线路设计规范》(GB 50545—2010)第 5.0.7 条、第 5.0.8 条。

导线最大运行张力：$T=T_N/K_C=123000\times95\%/2.5=46740\text{N}$

允许使用应力：$\sigma_m=T/A=46740/451.55=103.51\text{N/mm}^2$

最低温时线路比载：$\gamma_m=\gamma_1=\dfrac{9.81p_1}{A}=\dfrac{1.511\times9.81}{451.55}=0.0328\text{N/(m}\cdot\text{mm}^2)$

两种工况下最大允许应力相等，根据《电力工程高压送电线路设计手册》(第二版)P187 式(3-3-20)，此时临界档距为：

$$l_{cr}=\sigma_m\sqrt{\frac{24a(t_m-t_n)}{\gamma_m^2-\gamma_n^2}}=103.51\times\sqrt{\frac{24\times19.3\times10^{-6}\times(20-5)}{0.056^2-0.328^2}}=190.1\text{m}$$

23. 根据《电力工程高压送电线路设计手册》(第二版)P184 式(3-3-12)，$l_v=l_H+$

$\frac{\sigma_0}{\gamma_v}\alpha$。

代入高温工况有 $320 = 430 + \frac{55}{\gamma_v}\alpha$，代入大风工况有 $l_v = 430 + \frac{85}{\gamma_v}\alpha$。联立两式有：

$$l_v = \frac{85}{55} \times (320 - 430) + 430 = 260\text{m}$$

24. 根据《电力工程高压送电线路设计手册》(第二版) P183 式(3-3-10)，水平档距 $l_H = (l_1 + l_2)/2 = (500 + 300)/2 = 400\text{m}$。

查《110～750kV 架空输电线路设计技术规程》(GB 50545—2010) 表 10.1.18-2，可得 $\alpha = 0.65$。

25.《电力工程高压送电线路设计手册》(第二版) P181 表 3-3-1。

$$\theta = \arctan\left(\frac{\gamma l}{2\sigma_0} + \frac{h}{l}\right) = \arctan\left(\frac{1.511 \times \frac{9.81}{451.55} \times 1050}{2 \times 55} + \frac{155}{1050}\right) = 24.75^\circ$$

2020年案例分析试题(下午卷)

[案例题是4选1的方式,各小题前后之间没有联系,共25道小题,每题分值为2分,上午卷50分,下午卷50分,试卷满分100分。案例题一定要有分析(步骤和过程)、计算(要列出相应的公式)、依据(主要是规程、规范、手册),如果是论述题要列出论点]

题1~4:某受端区域电网有一座500kV变电站,其现有规模及远景规划见下表,主变采用带第三绕组的自耦变压器,第三绕组的电压为35kV,除主变回路外220kV侧无其他电源接入,站内已配置并联电抗器补偿线路充电功率。投运后,为在事故情况下给近区特高压直流换流站提供动态无功/电压支撑,拟加装2台调相机,采用调相机变压器单元接至站内500kV母线,加装调相机后该站500kV母线起始三相短路电流周期分量有效值为43kA,调相机短路电流不考虑非周期分量和励磁因素,请解答以下问题。

项　目	远景规划	现　状	本期建设规模
主变压器	4×1000MVA(自耦变)	2×1000MVA(自耦变)	
500kV出线	8回	4回	
220kV出线	16回	10回	
500kV主接线	3/2接线	3/2接线	
220kV主接线	双母线双分段接线	双母线接线	
调相机			2×300Mvar, X''_d=9.73%, U_N=20kV
调相机变压器			2×360MVA, U_k=14%

1. 若500kV变电站调相机年运行时间为8300h/台,请按电力系统设计手册估算全站调相机年空载损耗至少不小于下列哪项数值? (　　)

(A)24900MWh　　(B)19920MWh

(C)9960MWh　　(D)7470MWh

解答过程:

2. 当变电站500kV母线发生三相短路时,请计算电网侧提供的起始三相短路电流周期分量有效值应为下列哪项数值? (　　)

(A)41.46kA　　(B)39.9kA

(C)36.22kA　　(D)43kA

解答过程：

3. 该变电站 220kV 出线均采用 $2\times$LGJ-400 导线，单回线路最大输送功率为 600MVA，220kV 母线最大穿越功率为 1500MVA，则 220kV 母联断路器额定电流宜取下列哪项数值？（　　）

(A)1500A　　(B)2500A

(C)3150A　　(D)4000A

解答过程：

4. 该变电站 500kV 线路均采用 $4\times$LGJ-630 导线（充电功率 1.18Mvar/km），现有 4 回线路总长度为 390km，500kV 母线装设了 120Mvar 并联电抗器，为补偿充电功率，则站内的 35kV 侧需配置电抗器容量应为下列哪项数值？（　　）

(A)8×60Mvar　　(B)4×60Mvar

(C)2×60Mvar　　(D)1×60Mvar

解答过程：

题 5～8：某热电厂安装有 3 台 50MW 级汽轮发电机组，配 4 台燃煤锅炉，3 台发电机组均通过双绕组变压器（简称“主变”）升压至 110kV，采用发电机—变压器组单元接线，发电机设 SF6 出口断路器。厂内设 110kV 配电装置，电厂以 2 回 110kV 线路接入电网。其中 1 号、2 号厂用电源接于 1 号机组的主变低压侧与发电机断路器之间，3 号、4 号厂用电源分别接于 2 号、3 号机组的主变低压侧与发电机断路器之间，每台炉的厂用分支回路设置 1 台限流电抗器（以下称“厂用电抗器”）。全厂设置 1 台高压备用变压器（以下简称“高备变”），高备变的额定容量为 12.5MVA，由厂内 110kV 配电装置引接。

发电机主要技术参数如下：发电机额定功率 50MW，额定电压 6.3kV，额定功率因数 0.8（滞后），频率 50Hz，直轴超瞬态电抗（饱和值）$X''_d=12\%$，电枢短路时间常数 $T_a=0.31$s，每相定子绕组对地电容 0.14μF。（短路电流计算按实用计算法）

5. 根据技术协议，汽轮发电机组的额定功率为46.5MW，最大连续功率为50.3MW，发电机的最大连续功率与汽轮发电机组的最大连续出力匹配；假定每台厂用电抗器的计算负荷均为10.5MVA，按有关标准要求，计算确定主变的计算容量和额定容量应取下列哪组数值？（　　）

(A)41.8MVA,50MVA　　(B)46.6MVA,50MVA
(C)58.1MVA,63MVA　　(D)62.8MVA,63MVA

解答过程：

6. 按照短路电流实用计算法，假定主变高压侧为无限大电流，当发电机出口短路时，系统及其他机组通过主变提供的三相对称短路电流为54.9kA，主变回路 $X/R=65$；一台电抗器所带厂用电系统电动机初始反馈电流3.2kA，若发电机断路器分闸时反馈交流电流衰减为初始值的0.8倍，厂用分支回路 $X/R=15$。发电机断路器最小分闸时间为50ms，主保护动作时间取10ms，则发电机断路器开断时系统源、发电机源对应的最大对称短路开断电流计算值、最大直流分量百分数计算值应为下列哪组数值？（　　）

(A)41.2kA,103%　　(B)57.46kA,72.6%
(C)60.02kA,70.6%　　(D)60.02kA,103%

解答过程：

7. 若发电机中性点采用消弧线圈接地，每相SF6发电机断路器的主变侧和发电机侧均安装50nF电容，发电机与主变电之间采用离相封闭母线连接，离相封闭母线的每相的电容为10nF，不计主变电容，每台电抗器连接的6.3kV厂用电系统的每相电容值为0.75μF，请计算2号机组发电机中性点的消弧线圈的补偿容量宜选用下列哪项数值？（　　）

(A)1.5kVA　　(B)2.5kVA
(C)15.2kVA　　(D)16.8kVA

解答过程：

8. 当发电机出口短路时，系统及其他机组通过主变提供的三相对称短路电流为 54.9kA；厂用电抗器额定电压 U_{eK} 为 6kV，额定电流 I_{eK} 为 1500A；正常时，单台厂用电抗器的最大工作电负荷为 10.5MVA，厂用电抗器供电的所有电动机和参加成组自起动的电动机额定功率总和均为 8210kW，其中最大 1 台电动机额定功率为 2800kW。为了将 6kV 厂用电系统的短路电流水平限制到 31.5kA，且电动机成组自起动时，6kV 母线电压不低于 70%，则 2 号机组所接厂用电抗器的电抗应选下列哪项数值？　　（　　）

(A)3.17%　　　　(B)5%

(C)13%　　　　(D)18.85%

解答过程：

题 9～12：某发电场建设于海拔 1700m 处，以 220kV 电压等级接入电网，其 220kV 采用双母线接线，升压站Ⅱ母线局部断面及主变进线间隔面如下图所示，请分析计算并解答下列各小题。

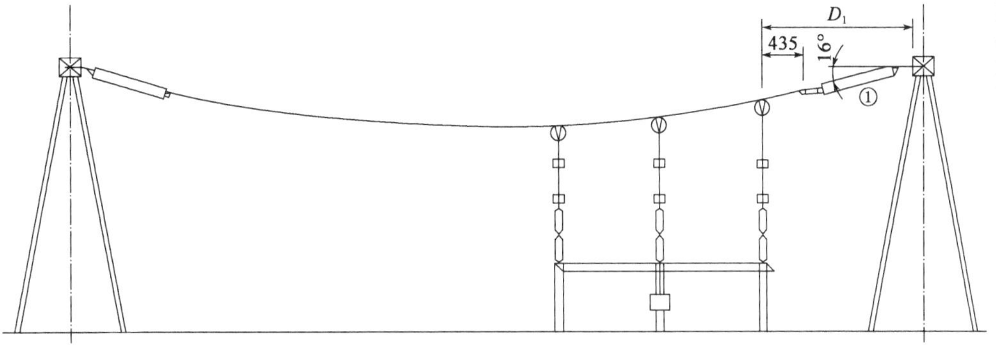

图 1　Ⅱ母线局部断面图(尺寸单位：mm)

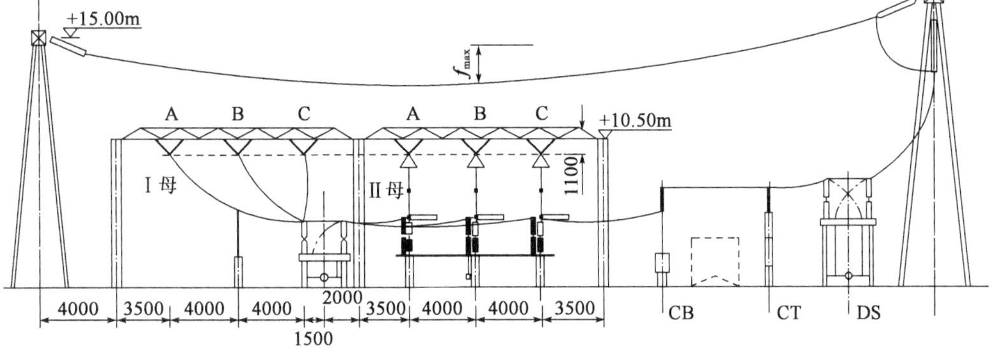

图 2　主变进线断面图(尺寸单位：mm)

9. 图1中若污秽等级Ⅲ级，绝缘子串①采用XWP-100绝缘子组成，单片绝缘子公称高度160mm、公称爬电距离450mm，绝缘子数量按爬电比距选择后即可满足大气过电压及操作过电压耐压，绝缘子串两端连接金具包括挂环、挂板等总长度按460mm考虑，则图1中隔离开关静触头中心线与框架边缘的距离 D_1 的最小值为下列哪项数值？（　　）

（A）3185mm　　（B）3382mm

（C）3492mm　　（D）3615mm

解答过程：

10. 若进线构架高度由母线及进线不同时停电检修工况确定，母线及进线导线均按LGJ-500/35考虑，进线构架边相导线下方母线弧垂为900mm，则图2中弧垂计算最大允许值 f_{max} 应为下列哪项数值？（　　）

（A）1750mm　　（B）2000mm

（C）2680mm　　（D）2790mm

解答过程：

11. 若220kV母线长度170m，母线三相短路电流为38kA、单相短路电流为35kA，母线保护动作时间为80ms，断路器全分闸时间为40ms，计算Ⅱ母两组母线接地开关的最大距离应为下列哪项数值？（　　）

（A）121m　　（B）132m

（C）161m　　（D）577m

解答过程：

12. 发电机参数为350MW、20kV、$\cos\varphi = 0.85$、$X''_d = 15\%$、$X'_d = 15\%$，主变压器参数

为 420MVA、230 ±2 ×2.5%/20kV、X_T = 14%，若变压器高压侧装设了阻抗保护，正方向指向变压器，计算正向阻抗和反向阻抗的整定值为下列哪组数值？（　　）

(A)12.34Ω,0.49Ω　　(B)25.83Ω,1.03Ω

(C)34.83Ω,1.74Ω　　(D)51.84Ω,2.07Ω

解答过程：

题 13～15：某水力发电厂地处山区峡谷地带，海拔高度 300m，装设两台 18MW 水轮发机电组，升压站为 110kV 户外敞开式布置，升压站内设有 1 号、2 号独立避雷针和 3 号框架避雷针，其布置如下图所示（尺寸单位为 mm）。110kV 配电装置母线采用管母，管母型号为 LF-21Y-70/64。请回答下列问题。

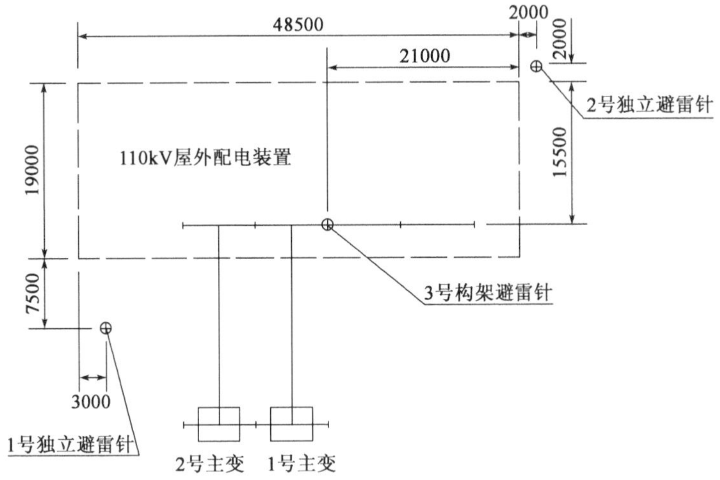

13. 若不计 3 号框架避雷针的影响，1 号、2 号独立避雷针高度均为 36m，则 1 号避雷针和 2 号避雷针在 h_x = 11m 水平面上的最小保护宽度 b_x 为下列哪项数值？（　　）

(A)15.8m　　(B)16.9m

(C)21.1m　　(D)22.5m

解答过程：

14. 若不计 1 号独立避雷针影响，升压站内 2 号独立避雷针高度为 36m，3 号框架避雷针高度为 25m，则 2 号避雷针和 3 号框避雷针联合保护范围上部边缘最低点圆弧弓高为下列哪项数值？（　　）

(A) 2.69m　　(B) 2.93m

(C) 3.76m　　(D) 4.10m

解答过程：

15. 110kV 管母短路时电网提供的短路电流为 5kA，电厂侧提供的短路电流为 1.5kA，冲击系数取 1.85，管型母线自重 $q_1 = 1.732\text{kg/m}$，连续跨度为 2，跨距 $l = 8.0\text{m}$，支持金具长 0.5m，相间距为 1.5m，母线弹性模数 $E = 7.1 \times 10^5 \text{kg/cm}^2$，惯性矩 $J = 35.51\text{cm}^4$；β 值按管型母线二阶自振频率为 3Hz 计算，则短路时单位长度母线所受电力应为下列哪项数值？（　　）

(A) 9.21N/m　　(B) 15.62N/m

(C) 16.27N/m　　(D) 19.3N/m

解答过程：

题 16～19：某供热电站安装 2 台 50MW 机组，低压公用厂用电系统采用中性点直接接电式，设 1 台容量为 1250kVA 的低压公用干式变压器为低压公用段 380V 母线供电，变压器变比为 10.5 ±2 ×2.5%/0.4kV，阻抗电压为 6%，采用明备用方式。

16. 假设低压公用段母线所接负荷见下表，采用换算系数法计算公式变压器计算负荷为下列哪项数值？（　　）

序号	负荷类别	电动机或馈线容量	台数或回路数	运行方式
1	低压电动机	200	1	经常、连续
2	低压电动机	150	2	经常、连续（同时运行）
3	低压电动机	150	1	经常、短时
4	低压电动机	30	1	不经常、连续（机组运行时）
5	低压电动机	150	1	不经常、短时

续上表

序号	负荷类别	电动机或馈线容量	台数或回路数	运行方式
6	低压电动机	50	2	经常、连续(同时运行)
7	低压电动机	150	1	经常、断续
8	电子设备	80	2	经常、连续(互为备用)
9	加热器	60	1	经常、连续

(A)636kVA (B)756kVA

(C)856kVA (D)1070kVA

解答过程：

17. 假设低压公用段母线上参与反馈的电动机容量为变压器容量的60%，变压器高压侧按无穷大系统考虑，不考虑变压器阻抗负误差，且不考虑每相电阻的影响，则该母线三相短路电流周期分量起始值最接近下列哪项数值？ ( )

(A)6.67kA (B)28.57kA

(C)35.24kA (D)36.74kA

解答过程：

18. 假设低压公用段母线上接有一台容量为250kW的电动机，其启动电流为电动机额定电流的7倍，假设电动机额定效率和额定功率因数的乘积为0.8。如电动机启动时该母线上已带700kVA负荷，试计算电动机启动时该母线电压标幺值最接近下列哪项数值？ ( )

(A)0.8 (B)0.91

(C)0.93 (D)0.95

解答过程：

19. 当发电机出口厂用分支发生三相短路时，发电机侧提供的短路电流周期分量起始有效值为21kA，系统及其他机组提供的短路电流周期分量起始有效值为31kA，若短路电流持续时间为0.5s，且不考虑短路电流周期分量的衰减。选择厂用分支电流互感器额定短时热稳定电流及持续时间参数时，下列哪组参数最合理？（　　）

(A)31.5kA,1s　　(B)40kA,1s

(C)50kA,1s　　(D)63kA,1s

解答过程：

题20～22：某660MW级火力发电厂10kV厂用电系统中性点为低电阻接地系统，在10kV厂用配电装置F-C回路接有中速磨煤机。电动机参数为：功率750kW，功率因数0.78，效率93.6%，额定电流59.6A，启动时间为8s。其F-C回路参数为：熔断器熔件额定电流为200A，真空接触器额定电流400A，额定分断能力4kA，电流互感器75/1A。请解答以下问题。

20. 关于磨煤机电动机的电流速断保护低定值，下列哪项数值是正确的？（　　）

(A)5.165A　　(B)6.198A

(C)7.152A　　(D)8.344A

解答过程：

21. 若电压互感器二次侧额定电压为100V，关于磨煤机电动机的低电压保护整定计算和动作时间，下列哪组数值是正确的？（　　）

(A)45V,0.5s　　(B)48V,9s

(C)68V,0.5s　　(D)70V,9s

解答过程：

22. 当磨煤机采用 F-C 回路供电，保护装置电流速断动作于跳接触器，则保护装置用于接触器的大电流闭锁定值应取下列哪项数值？（ ）

(A) 26.67A　　(B) 38.01A

(C) 44.44A　　(D) 53.33A

解答过程：

题 23 ~ 27：某 220kV 变电站，安装两台 180MVA 主变，连接组别为 YN/yn0/d11，主变压器变比为 230 ± 8 × 1.25%/121/10.5kV。220kV 侧及 110kV 侧均为双母线接线，10kV 侧为单母线分段接线，线路 10 回。站内采用铜芯电缆，γ 取 57m/(Ω · mm^2)。请解答以下问题(计算结果精确到小数点后两位)。

23. 主变电流互感器采用 5P 级，变比分别为 600/1A(高压侧)、1250/1A(中压侧)、6000/1A(低压侧)，二次均侧为 Y 接线。主变主保护采用带比率制动特性的纵差保护，采用《大型发电机变压器继电保护整定计算导则》(DL/T 684—2012)第一种整定法按有名值方式进行整定(有名值以高压侧为准)，可靠系数取 1.5，则主变纵差保护最小动作电流整定值应为下列哪项数值？（ ）

(A) 0.19A　　(B) 0.24A

(C) 0.30A　　(D) 0.33A

解答过程：

24. 本变电站中有一回 110kV 出线间隔，电流互感器变比 600/1A，电压互感器变比 110/0.1kV。线路长度 18km，X_1 = 0.4Ω/km。终端变压器变比为 110/10.5kV，容量 50MVA，U_d = 17%。此出线配置有距离保护，相间距离Ⅱ段按 110kV 终端变压器低压侧母线故障整定(K_{KT}取 0.7，K_K取 0.8，助增系数 K_Z取 1)。请计算此线路保护相间距离Ⅱ段阻抗保护二次整定值应为下列哪项数值？（ ）

(A) 3.14Ω　　(B) 18.85Ω

(C) 29.12Ω　　(D) 34.56Ω

解答过程：

25. 某 10kV 出线设有结算用计量点，电压互感器二次绕组为三相星形接线，电压互感器变比为$\frac{10}{\sqrt{3}}/\frac{0.1}{\sqrt{3}}$，每相负荷 40VA，电压互感器到电能表电缆长度为 100m。请计算该电缆最小截面积应为下列哪项数值？（　　）

(A) $0.70mm^2$　　(B) $4.21mm^2$

(C) $10.53mm^2$　　(D) $18.24mm^2$

解答过程：

26. 110kV 出线设置电能计量装置，其三台电流互感器二次绕组与电能表间采用六线连接。电缆长度 200m，截面积 $4mm^2$，采用铜芯电缆，表计负荷 0.4Ω/相，接触电阻取 0.1Ω。则电流互感器二次负荷计算值应为下列哪项数值？（　　）

(A) 1.28Ω　　(B) 1.78Ω

(C) 2.25Ω　　(D) 2.65Ω

解答过程：

27. 若变电站 220kV 某出线间隔电流互感器采用备品，电流互感器的保护绕组为 P 级，参数如下：变比 1250/1，$K_{alf}=35$，$R_{ct}=7\Omega$，$R_b=20\Omega$。线路配置双套微机距离保护，距离保护第一段末端短路电流为 37.5kA，互感器实际二次负荷 $R'_b=8\Omega$，给定暂态系数 $K=2$。按距离保护第一段末端短路校验，电流互感器实际需要的等效极限电动势应为下列哪项数值？（　　）

(A) 900V　　(B) 945V

(C) 1620V　　(D) 1890V

解答过程：

题 28～30：某发电站 110kV 变电站，安装 2 台 50MVA、110/10kV 主变，U_d = 17%，空载电流 I_0 = 0.4%。110kV 侧单母线分段接线，两回电缆进线；10kV 侧为单母线分段接线，线路 20 回，均为负荷出线。无功补偿装置设在主变低压侧。请计算并回答以下问题。

28. 在正常运行方式下，装设补偿装置后的主变低压侧最大负荷电流为 0.8 倍低压侧额定电流，计算每台主变压器所需补偿的最大容性无功量应为下列哪项数值？（　　）

(A)5.44Mvar　　(B)5.64Mvar

(C)8.70Mvar　　(D)8.90Mvar

解答过程：

29. 若主变低压侧设置一组 6012kvar 电容器组，单台点容器额定相电压 $11/\sqrt{3}$ 。断路器与电容器组之间采用电缆连接，在空气中敷设，环境温度 40℃，并行敷设系数为 1。计算该电缆截面选择下列哪种最为经济合理？（　　）

(A)ZR-YJV-3×120mm²　　(B)ZR-YJV-3×150mm²

(C)ZR-YJV-3×185mm²　　(D)ZR-YJV-3×240mm²

解答过程：

30. 变电站 10kV 侧设有一组 6Mvar 补偿电容器组，额定相电压为 $11/\sqrt{3}$kV。内部故障采用开口三角电压保护，放电线圈额定电压比 6.35/0.1kV。单台电容器容量 200kvar，额定电压 6.35kV，单台电容器容量内部小元件先并联后串联且无熔丝，电容器设专用熔断器。灵敏系数取 1.5，允许过电压系数取 1.15，计算开口三角电压二次整定

值应为下列哪项数值？（　　）

(A)29.31V　　(B)30.77V

(C)46.15V　　(D)53.29V

解答过程：

题 31～35：500kV 输电线路，地形为山地，设计基本风速 30m/s，覆冰厚度 10mm，采用 4×LGJ-400/50 导线，导线直径 27.63mm，截面积 451.55mm²，最大设计张力 46892N，导线悬垂绝缘子串长度为 5.0m，某耐张段定位结果见下表。请解答以下问题。（提示：按平抛物线计算，不考虑导线分裂间距影响；高差以前进方向高为正）

杆塔号	塔型	呼称高(m)	塔位高程(m)	档距(m)	导线线点高差(m)
1	JG1	25	200	450	12
2	ZB1	27	215	500	27
3	ZB2	29	240	600	21
4	ZB2	30	260	450	30
5	ZB3	30	290	800	60
6	JG2	25	350		

已知条件

设计工况	最低气温	平均气温	最大风速	覆冰工况	最高气温	断联
比载[N/(m·mm²)]	0.03282	0.03282	0.04834	0.05648	0.03282	0.03282
应力(N/mm²)	65.2154	61.8647	90.7319	103.8486	58.9459	64.5067

31. 假定导线平均高度为 20m，计算 3 号塔 ZB2 的一相导线产生的最大水平荷载应为下列哪项数值？（　　）

(A)33850N　　(B)38466N

(C)42313N　　(D)45234N

解答过程：

32. 计算 4 号塔 ZB2 的定位时垂直档距应为下列哪项数值？（　　）

(A)468m　　(B)525m

(C)610m　　(D)708m

解答过程：

33. 6 号塔 JG2 导线采用双联耐张绝缘子串，选择联中连接金具的强度等级应为下列哪项数值？（　　）

(A)160kN　　(B)210kN

(C)240kN　　(D)300kN

解答过程：

34. 假定按照该耐张段定位结果设计 ZB2 型直线塔，计算导线的最小水平线距离应为下列哪项数值？（　　）

(A)9.17m　　(B)9.80m

(C)10.56m　　(D)11.50m

解答过程：

35. 500kV 线路在距离 5 号塔大号侧方向 120m 处跨越一条 220kV 线路，跨越点处 220kV 线路地线高程为 290m，计算跨越点处 500kV 线路导线距 220kV 线路地线的最小垂直距离应为下列哪项数值？（　　）

(A)6.50m　　(B)8.50m

(C)11.30m　　(D)13.80m

解答过程：

题 36 ~ 40：某 500kV 架空输电线路，最高运行电压 550kV，线路所经地区海拔高度小于 1000m。基本风速 30m/s，设计覆冰 0mm，年平均气温为 15℃，年平均雷暴日数为 40d。相导线采用 4 × JL/GIA-500/45，子导线直径 30.0mm，导线自重荷载为 16.529N/m。导线悬垂串采用 I 型绝缘子串。请解答以下问题。

36. 按以下给定情况，计算确定直线塔导线悬垂串绝缘子片数应选下列哪项数值？（　　）

(1) SPS(现场污秽度)按 C 级、统一爬电比距(最高运行相电压)按 34.7mm/kV 设计。

(2) 假定绝缘子的公称爬电距离为 455mm，结构高度为 170mm，爬电距离有效系数取 0.94。

(3) 直线塔全高按 85m 考虑。

(A) 25 片　　(B) 26 片

(C) 27 片　　(D) 28 片

解答过程：

37. 某段线路位于重污秽区，按以下假定情况，计算确定直线塔导线垂直盘式绝缘子串片数应选下列哪项数值？（　　）

(1) 按现行设计规范，采用复合绝缘子时，其爬电距离需要 14700mm。

(2) 盘式绝缘子的公称爬电距离为 620mm，结构高度为 155mm，爬电距离有效系数取 0.935。

(A) 25 片　　(B) 26 片

(C) 32 片　　(D) 34 片

解答过程：

38. 假设线路位于内陆田野、丛林等一般农业耕作区，采用酒杯形直线杆塔，导线平均高度为 20m，按操作过电压情况校验间隙时，相应的风速应取下列哪项数值？（ ）

(A)10m/s　　(B)15m/s

(C)17m/s　　(D)19m/s

解答过程：

39. 按以下给定情况计算，当负极性雷电绕击耐雷水平 I_{min} 为 18.4kA（最大值）时，导线绝缘子串需采用多少片绝缘子（结构高度为 155mm）？（ ）

(1)绝缘子串负极性雷电冲击 50% 闪络电压绝对值 $U_{-50\%}=531L$。

(2)导线波阻抗取 400Ω，闪电通道波阻抗取 600Ω，计算范围内波阻抗不发生变化。

(3)雷电闪络路径均为沿绝缘子串闪络（即线路的耐雷水平由绝缘子串长度确定）。

(A)25 片　　(B)28 片

(C)30 片　　(D)38 片

解答过程：

40. 某单回线路直塔导线采用悬垂盘式绝缘子串，若每串采用 28 片绝缘子（绝缘子结构高度为 155mm）时，线路的绕击跳闸率计算值为 0.1200 次/(100km · a)，则根据以下的假设条件，若每串采用 32 片绝缘子（绝缘子结构高度为 155mm）、其他条件不变时，计算线路的绕击跳闸率应为下列哪项数值？[提示：$N=N_L\eta(gP_1+P_{sf})$]（ ）

(1)计算范围内，雷击时的闪络路径均为沿绝缘子串闪络（绝缘子串决定线路的绕击闪络率）。

(2)绝缘子串的放电路径取绝缘子的结构高度之和。

(3)在计算范围内，每增加 1 片绝缘子（结构高度 155mm），绕击闪络率减少 28 片绝缘子时闪络率的 1/28。

(A)0.0732 次/(100km · a)　　(B)0.0915 次/(100 km · a)

(C)0.1029 次/(100 km · a)　　(D)0.1278 次/(100 km · a)

解答过程：

2020年案例分析试题答案(下午卷)

题1~4答案:**BBCC**

1.《电力系统设计手册》P322式(10-53),注意题干问的是最小值。

调相机年空载损耗:

$$\Delta A = 0.4\Delta P_e T_{max} = 0.4\times(1\%\sim1.5\%)Q_c T_{max} = 0.4\times(0.01\sim0.015)\times600\times8300 = (19920\sim29880)\text{MWh}$$

2.《导体和电器选择设计技术规定》(DL/T 5222—2005)附录F.2。

取$S_j=100$MVA,对应的$I_j=0.11$kA,注意本题明确不考虑非周期分量和励磁因素,因此不需要查表。

发电机与变压器阻抗标幺值为:

$$X_{*G} = \frac{X''_d\%}{100}\times\frac{S_j}{P_e/\cos\varphi} = \frac{9.73}{100}\times\frac{100}{300} = 0.0324$$

$$X_{*T} = \frac{U_k\%}{100}\times\frac{S_j}{S_e} = \frac{14}{100}\times\frac{100}{360} = 0.0389$$

单个发电机提供的短路电流为:$I''_G = \dfrac{I_j}{X_{*G}+X_{*T}} = \dfrac{0.11}{0.0324+0.0389} = 1.54\text{kA}$

系统提供短路电流为:

$$I''_S = I''_k - 2\times I''_G = 43 - 2\times1.54 = 39.92\text{kA}$$

3.《电力工程电气设计手册 电气一次部分》P232表6-3。母线联络回路的计算工作电流1个最大电源元件的计算电流,由题目可知每个元件容量均为1000MVA,因此母线联络回路最大持续电流为:$I_g = 1.05\dfrac{S_e}{\sqrt{3}U_e} = 1.05\times\dfrac{1000\times10^3}{\sqrt{3}\times220} = 2755.5\text{A}$

根据《导体和电器选择设计技术规定》(DL/T 5222—2005)第9.2.1条,断路器额定电流应大于2755.5A,故选择3150A断路器。

4.《330kV~750kV变电站无功补偿装置设计技术规定》(DL/T 5014—2010)第5.0.3条及条文说明。

站内需要配置的低压电抗器容量为:

$$Q = \frac{l}{2}q_c - Q_{高抗} = \frac{390\times1.18}{2} - 120 = 110.1\text{Mvar}$$

取2×60Mvar满足补偿要求。

题5~8答案:**DDDB**

5.根据《小型火力发电厂设计规范》(GB 50049—2011)第17.1.2条,当发电机与主变压器为单元连接时,该变压器的容量宜按发电机的最大连续容量扣除高压厂用工作变压器计算负荷与高压厂用备用变压器可能替代的高压厂用工作变压器计算负荷的差值进行选择。

本站设专用备用变，需要考虑由专用备用变共给全部厂用电的工况，此时发电机发出的功率全部由主变送出，黑体字部分表示的差值可能为0。因此主变容量为：

$$S \geqslant \frac{P_{max}}{\cos\varphi} - 0 = \frac{60.3}{0.8} = 63.875\text{MVA}$$

主变可以取63MVA。

注：本题中为50MW小型发电机，不能根据《大中型火力发电厂设计规范》(GB 50660—2011)计算。

6.《导体和电器选择设计技术规定》(DL/T 5222—2005)附录F.2、附录F.4。

(1)首先最大对称短路开断电流计算值

取：$S_j = P_e/\cos\varphi = 50/0.8 = 62.5\text{MVA}$

则：$I_j = P_g/(\sqrt{3}\cos\varphi \cdot U_j) = 50/1.732 \times 0.8 \times 6.3 = 5.727\text{kA}$

对于发电机出口短路 $X_{js} = X''_d = 0.12 < 3$ 需要查询运算曲线。

当 $t = 0.01 + 0.05 = 0.06\text{s}$ 时，查询运算曲线可知 $I^* = 7.19$。

此时 $I''_{G(0.06s)} = I^* I_j = 7.19 \times 5.727 = 41.18\text{kA}$

此时其他机组，系统与电抗器的反馈电流为：

$I''_\Sigma = I''_S + 2I''_D = 54.9 + 3.2 \times 0.8 \times 2 = 60.02\text{kA} \geqslant I''_{G(0.06s)}$

因此断路器最大开断电流取60.02kA。

(2)计算最大直流分量百分数

①对于发电机侧，首先计算发电机0s时短路电流大小。当 $t = 0\text{s}$ 时，查询运算曲线可知 $I^* = 8.96$，此时 $I''_{G(0s)} = I^* I_j = 8.96 \times 5.727 = 51.32\text{kA}$。

0.06s时短路直流分量为：

$$i_{fz(0.06s)} = -\sqrt{2} I''_{G(0s)} e^{-\frac{\omega t}{T_a}} = -\sqrt{2} \times 51.32 \times e^{-\frac{0.06}{0.31}} = -59.81\text{kA}$$

短路电流百分数为：$DC\% = \dfrac{-i_{fz(0.06s)}}{\sqrt{2} I''_{G(0.06s)}} = \dfrac{59.81}{41.18 \times \sqrt{2}} \times 100\% = 102.7\%$

②对于系统侧：

0.06s时系统提供的直流分量为：

$$i_{fz.s} = -\sqrt{2} I''_{0s} e^{-\frac{\omega t}{T_a}} = -\sqrt{2} \times 54.9 \times e^{-\frac{100\pi \times 0.06}{65}} = -58.1\text{kA}$$

0.06s时电抗器提供的直流分量为：

$$i_{fz.D} = -\sqrt{2} I''_{0s} e^{-\frac{\omega t}{T_a}} = -\sqrt{2} \times 2 \times 3.2 \times e^{-\frac{100\pi \times 0.06}{15}} = -2.58\text{kA}$$

短路电流百分数为：

$$DC\% = \frac{-i_{fz.S} - i_{fz.D}}{\sqrt{2} I''_\Sigma} = \frac{58.1 + 2.58}{\sqrt{2} \times 60.02} \times 100\% = 71.5\% < 102.7\%$$

因此，最大直流分量百分比取102.7%。

7.根据《电力工程电气设计手册 电气一次部分》P80式(3-1)，计算电容电流为：$I_C = \sqrt{3} U_e \omega C \times 10^{-3} = \sqrt{3} \times 6.3 \times 314 \times (0.14 + 2 \times 50 \times 10^{-3} + 10 \times 10^{-3} + 0.75) \times 10^{-3} = 3.426\text{A}$

根据《导体和电器选择设计技术规程》(DL/T 5222—2005)第18.1.6条，中性点的消弧线圈的补偿容量为：

$$Q = KI_c \frac{U_N}{\sqrt{3}} = 1.35 \times 3.43 \times \frac{6.3}{\sqrt{3}} = 16.8\text{kVA}$$

注：本题有争议，实际上按照《导体和电器选择设计技术规程》（DL/T 5222—2005）第18.1.4条，本题发电机属于单元接线，应当采用欠补偿；根据第18.1.7条，脱谐度应当≤30%，即 $0.7 < K < 1$，代入得到 $Q = KI_c \frac{U_N}{\sqrt{3}} = (0.7 \sim 1) \times 3.43 \times \frac{6.3}{\sqrt{3}} = (8.7 \sim 12.44)\text{kVA}$，但是题目中无对应选项。

8.《火力发电厂厂用电设计技术规程》（DL/T 5153—2014）附录J.0.1、附录H.0.1，《导体和电器选择设计技术规定》（DL/T 5222—2005）附录F.2、附录F.4，《电力工程电气设计手册电气一次部分》P253式(6-14)。

(1)从限制短路电流考虑

取 $S_j = P_e/\cos\varphi = 50/0.8 = 62.5\text{MVA}$

发电机计算电抗 $X_{js} = X''_d = 0.12 < 3$

对于发电机出口短路，需要查询运算曲线。当 $t = 0\text{s}$ 时，查询运算曲线可知 $I^* = 8.96\text{kA}$。

发电机出口短路电流：$I''_G = I^* \times \frac{P_e/\cos\varphi}{\sqrt{3}U_N} = 8.96 \times \frac{50}{\sqrt{3} \times 6.3 \times 0.8} = 51.32\text{kA}$

电动机反馈电流初始值：

$$I''_D = K_{qD} \frac{P_{eD}}{\sqrt{3}U_{eD}\eta_D \cos\varphi_D} \times 10^{-3} = 5 \times \frac{8210}{\sqrt{3} \times 6 \times 0.8} \times 10^{-3} = 4.938\text{kA}$$

安装电抗器前，厂用变母线的短路电流为 $I'' = I''_G + I''_S = 51.32 + 54.9 = 106.22\text{kA}$，流过电抗器短路电流目标值为 $31.5\text{-}4.938 = 26.562\text{kA}$。

限流电抗器电抗百分值：

$$X_k\% \geqslant \left(\frac{I_j}{I''} - X_{*j}\right)\frac{I_{ek}}{U_{ek}} \cdot \frac{U_j}{I_j} \times 100\% = \left(\frac{1}{26.562} - \frac{1}{106.22}\right) \times \frac{1.5 \times 6.3}{6} \times 100\% = 4.45\%$$

(2)从电动机自启动时保持6kV母线角度考虑

本题为50MW小机组，应按慢速切换考虑，取自启动电流倍数 $K_g = 5$。

取基准容量：$S_j = \sqrt{3}U_e I_e = \sqrt{3} \times 6 \times 1500 = 15588.46\text{kVA}$

自启动容量标幺值：$S_{qz} = \frac{K_{qz}\sum P_e}{S_j \eta_d \cos\varphi_d} = \frac{5 \times 8210}{15588.46 \times 0.8} = 3.292$

成组自启动，启动前为空载，因此母线电压最低标幺值 $U_m = \frac{U_0}{1 + SX} = \frac{1}{1 + (0 + 3.292)X} \gg 70\%$，解得 $X < 0.13$；即限流电抗器电抗百分值 $X_k\% < 13$。

(3)按最大一台电动机启动电压选择

取基准容量：$S_j = \sqrt{3}U_e I_e = \sqrt{3} \times 6 \times 1500 = 15588.46\text{kVA}$

电动机启动前，厂用母线上的已有负荷标幺值：

$$S_k=\frac{S_{max}-\dfrac{P_{max}}{\eta_d\cos\varphi_d}}{S_j}=\frac{10500-2800/0.8}{15588.46}=0.449$$

启动容量标幺值：$S_{qz}=\dfrac{K_q P_c}{S_k\eta_d\cos\varphi_d}=\dfrac{5\times2800}{15588.46\times0.8}=1.123$

合成负荷标幺值：$S=S_1+S_{qz}=0.449+1.123=1.572$

一台最大电压母线电压最低标幺值 $U_m=\dfrac{U_0}{1+SX}=\dfrac{1}{1+1.572X}>80\%$，解得 $X<0.159$，即限流电抗器电抗百分值 $X_k\%<15.9$。

综上所述，选择5%电抗器满足要求。

题9～12答案：**CCBA**

9.《导体和电器选择设计技术规定》（DL/T 5222—2005）第21.0.9条及条文说明式（13）、附录C表C.2。

查附录C表C.2，Ⅲ级污秽区爬电比距 $\lambda=2.5\text{cm/kV}$。

绝缘子数量：$m\geqslant\dfrac{\lambda U_m}{K_e l_0}=\dfrac{2.5\times252}{1\times45}=14$ 片

根据第21.0.12条，海拔修正后绝缘子数量：

$n_H=N[1+0.1(H-1)]=14\times[1+0.1\times(1.7-1)]=14.98$ 片

故取15片。

根据第21.0.9条考虑两片零值绝缘子2片，绝缘子应该选17片。

故隔离开关静触头中心线距构架边缘距离 D_1 最小值为：

$D_1=435+(460+17\times160)\times\cos16^\circ=3492\text{mm}$

10.《高压配电装置设计规范》（DL/T 5352—2018）表5.1.2-1及附录A.0.1。

当海拔为1700m时，$B'_1=A'_1+750=1940+750=2690\text{mm}$

查《电力工程电气设计手册 电气一次部分》附表8-4，LGJ-50/35导线外径为30mm。

根据P704式（附10-51），可以推导出弧垂计算最大允许值为：

$f_{c3}\leqslant H_{c3}-H_m+f_{m3}-B'_1-r_1-r=15-10.5+0.9-2.69-0.015-0.015=2.68\text{m}$

11.《电力工程电气设计手册 电气一次部分》P574式（10-2）～式（10-7）。

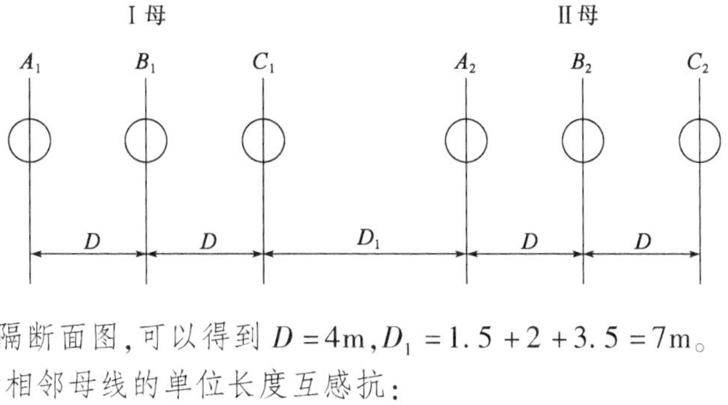

根据主变间隔断面图，可以得到 $D=4\text{m}$，$D_1=1.5+2+3.5=7\text{m}$。

计算 A_2 对于相邻母线的单位长度互感抗：

$$X_{A2C1}=0.628\times10^{-4}\times\left(\ln\frac{2l}{D_1}-1\right)=0.628\times10^{-4}\times\left(\ln\frac{2\times170}{7}-1\right)$$

$= 1.81 \times 10^{-4}\Omega/\text{m}$

$$X_{A2B1} = 0.628 \times 10^{-4} \times \left(\ln\frac{2l}{D_1 + D} - 1\right) = 0.628 \times 10^{-4} \times \left(\ln\frac{2\times170}{11} - 1\right)$$

$= 1.53 \times 10^{-4}\Omega/\text{m}$

$$X_{A2A1} = 0.628 \times 10^{-4} \times \left(\ln\frac{2l}{D_1 + 2D} - 1\right) = 0.628 \times 10^{-4} \times \left(\ln\frac{2\times170}{14} - 1\right)$$

$= 1.33 \times 10^{-4}\Omega/\text{m}$

三相短路时最大单位长度感应电压：

$$U_{A2} = I_{k3}\left(X_{A2C1} - \frac{1}{2}X_{A2A1} - \frac{1}{2}X_{A2B1}\right) = 38 \times \left(1.81 - \frac{1.53}{2} - \frac{1.33}{2}\right) \times 10^{-4} \times 10^3$$

$= 1.44\text{V/m}$

单相短路时最大单位长度感应电压：

$U'_{A2} = I_k X_{A2C1} = 35 \times 1.81 \times 10^{-4} \times 10^3 = 6.34\text{V/m}$

取较大的数值，即单相短路时最大单位长度感应电压 6.34V/m。

短路时母线允许产生的感应电压为：$U_{j0} = 145/\sqrt{t} = 145/\sqrt{0.12} = 418.58\text{V}$

因此，$l_{j2} = \dfrac{2U_{j0}}{U'_{A2(K)}} = \dfrac{2\times418.58}{6.34} = 132\text{m}$。

12.《大型发电机变压器继电保护整定计算导则》(DL/T 684—2012)第 5.5.4.2 条。

变压器高压侧装设了阻抗保护，正方向指向变压器时，正向阻抗的整定值：

$$Z_{Fop.1} = K_{rel}Z_t = K_{rel} \times \frac{U_k\%}{100} \times \frac{U_e^2}{S_e} = 0.7 \times 0.14 \times \frac{230^2}{420} = 12.34\Omega$$

反方向阻抗整定原则为按正方向阻抗的 3% ~5% 整定，即：

$Z_{Bop.1} = (3\% \sim 5\%)Z_{Fop.1} = (0.37 \sim 0.617)\Omega$

题 13 ~15 答案：**BCB**

13.《交流电气装置的过电压保护和绝缘配合》(GB/T 50064—2014)第 5.2.1 条、第 5.2.2 条、第 5.2.7 条。

被保护物的高度：$h_x = \dfrac{11}{36}h = 0.306h < 0.5h$

1 号、2 号独立比雷政高度影响系数：$P = \dfrac{5.5}{\sqrt{36}} = 0.916$

两针之间的距离为：$D = \sqrt{28.5^2 + 47.5^2} = 55.394\text{m}$

计算得 $\dfrac{D}{h_aP} = \dfrac{55.349}{(36-11)\times0.916} = 2.42$，查图 5.2.2-2 可知，$\dfrac{b_x}{h_aP} = 0.98$，得到：

$b_x = 0.98h_aP = 0.98 \times (36-11) \times \dfrac{5.5}{\sqrt{36}} = 22.5\text{m}$

峡谷地区属于山地，保护宽度要乘以 0.75，即 $b'_x = 0.75 \times 22.5 = 16.9\text{m}$。

14.《交流电气装置的过电压保护和绝缘配合》(GB/T 50064—2014)第 5.2.1 条、第 5.2.2 条、第 5.2.7 条。

两支避雷针间距：$D=\sqrt{(15.5+2)^2+(21+2)^2}=28.9\text{m}$

2 号避雷针高度影响系数：$P_1=\dfrac{5.5}{\sqrt{36}}=0.916$

高针在低针处保护范围为：$r_x=(h-h_x)P_1=(36-25)\times 0.916=10.08\text{m}$

两个避雷针等效间距：$D'=D-r_x=28.9-10.08=18.82\text{m}$

3 号避雷针高度为 25m，高度影响系数 $P_2=1$，山地坡地圆弧弓高：

$$f=\frac{D'}{5P_2}=\frac{18.82}{5\times 1}=3.76\text{m}$$

注：请特别注意山地避雷器保护范围计算与平原地区的区别。

15.《导体和电器选择设计技术规定》（DL/T 5222—2005）附录 F.4，《电力工程电气设计手册 电气一次部分》P338 式(8-8)、P344 表 8-16、P352 表 8-20。

发电厂高压侧 $K_{ch}=1.85$，短路冲击电流为 $i_{ch}=\sqrt{2}K_{ch}I''=\sqrt{2}\times 1.85\times(5+1.5)=17.01\text{kA}$。

管型母线二阶自振频率为 3Hz 时，连续跨数为 2，对应的一阶自振频率为 3/1.563 =1.919Hz。

一阶自振频率 <2Hz，则振动系数 $\beta=0.47$。

母线受到的总电动力为：

$$F=17.248\frac{l}{a}i_{ch}^2\beta=17.248\times\frac{8-0.5}{1.5}\times 17.01^2\times 0.47\times 10^{-2}=117.3\text{N}$$

单位长度母线所受应力为：$F'=\dfrac{F}{l}=\dfrac{117.3}{8-0.5}=15.64\text{N/m}$

题 16 ~ 19 答案：**BDBC**

16.《火力发电厂厂用电设计技术规程》（DL/T 5153—2014）附录 F.0.1。

首先列出负荷计算表，见下表。

序号	负荷类别	电动机或馈线容量(kVA)	台数或回路数	运行方式	换算系数	同时率	计算负荷(kVA)
1	低压电动机	200	1	经常、连续	0.8	1	160
2	低压电动机	150	2	经常、连续（同时运行）	0.8	1	240
3	低压电动机	150	1	经常、短时	0.8	0.5	60
4	低压电动机	30	1	不经常、连续（机组运行时）	0.8	1	24
5	低压电动机	150	1	不经常、短时	0	0	0
6	低压电动机	50	2	经常、连续（同时运行）	0.8	1	80
7	低压电动机	150	1	经常、断续	0.8	0.5	60
8	电子设备	80	2	经常、连续（互为备用）	0.9	0.5	72
9	加热器	60	1	经常、连续	1	1	60

变压器计算负荷为：$S_{js}=160+240+60+24+80+60+72+60=756\text{kVA}$

17.《火力发电厂厂用电设计技术规程》（DL/T 5153—2014）附录 M.0.1。

变压器阻抗有名值：$X_T=\frac{U_k\%}{100}\times\frac{U_e^2}{S_e}=\frac{6}{100}\times\frac{0.4^2}{1.25}=7.68\text{m}\Omega$

不考虑电阻影响，则系统侧短路电流为：$I''_B=\frac{U}{\sqrt{3}X_T}=\frac{400}{\sqrt{3}\times7.68}=30.07\text{kA}$

电动机反馈电流：$I''_D=3.7\times10^{-3}\times\frac{P_e}{\sqrt{3}\times U_e}=3.7\times10^{-3}\times\frac{1250}{\sqrt{3}\times0.4}=6.67\text{kA}$

短路电流为：$I''=I''_B+I''_D=30.07+6.67=36.74\text{kA}$

18.《火力发电厂厂用电设计技术规程》(DL/T 5153—2014)附录G.0.1、附录H。

电动机启动之前负荷标幺值为：$S_1=S/S_{2T}=700/1250=0.56$

电动机的启动容量标幺值：$S_q=\frac{K_qP_e}{S_{2T}\eta_d\cos\varphi_d}=\frac{7\times250}{1250\times0.8}=1.75$

合成负荷标幺值：$S=S_1+S_q=0.56+1.75=2.31$

变压器阻抗标幺值：$X_T=1.1\times\frac{U_1\%}{100}\times\frac{S_{21}}{S_T}=1.1\times\frac{6}{100}\times\frac{1250}{1250}=0.066$

题干中明确为无励磁调压变压器，空载母线电压为 $U_0=1.05$，母线启动标幺值为 $U_m=\frac{U_0}{1+SX}=\frac{1.05}{1+2.31\times0.066}=0.91$ 。

19.根据《导体和电器选择设计技术规定》(DL/T 5222—2005)附录F.6，不考虑短路电流衰减，周期分量短路热效应为 $Q_z\approx I''^2t=(21+31)^2\times0.5=1352\ \text{kA}^2\cdot\text{s}$

发电机出口短路，短路持续时间为0.5s时，非周期分量等效时间为 $T=0.2\text{s}$。

$Q_f=TI''^2=0.2\times(21+31)^2=540.8\ \text{kA}^2\cdot\text{s}$

断路器承受的热效应为 $Q_t=Q_z+Q_f=1352+540.8=1892.8\ \text{kA}^2\cdot\text{s}$

根据《电力工程电气设计手册 电气一次部分》P233式(6-3)、《电流互感器和电压互感器选择及计算规程》(DL/T 866—2015)第3.2.7-1条，短路持续时间取1s，电流互感器热稳定电流 $I>\sqrt{\frac{Q_d}{t}}=\sqrt{\frac{1892.8}{1}}=43.51\text{kA}$，取50kA符合要求。

题20~22答案：**BBB**

20.《厂用电继电保护整定计算导则》(DL/T 1502—2016)第7.3条b款。

(1)按躲过电动机自启动电流计算：$I_{op1}=K_{rel}K_{ast}I_e=1.3\times5\times59.6/75=5.165\text{A}$。

(2)按躲过区外出口短路时最大电动机反馈电流计算：$I_{op1}=K_{rel}K_{fb}I_e=1.3\times6\times59.6/75=6.198\text{A}$。

综上所述，可以取 $I_{op1}=6.198\text{A}$。

21.根据《火力发电厂厂用电设计技术规程》(DL/T 5153—2014)附录B表B可知，磨煤机为I类负荷。

根据《厂用电继电保护整定计算导则》(DL/T 1502—2016)第7.9条e款，磨煤机电动机的低电压保护整定值为 $U_{op}=(45\%\sim50\%)U_N=(45\%\sim50\%)\times100=(45\sim50)$ V，动作时间为9~10s。

22.《厂用电继电保护整定计算导则》(DL/T 1502—2016)第7.3条e款。

有大电流闭锁跳闸出口功能时,其整定值为:

$$I_{art}=\frac{I_{brk}}{K_{rel}n_a}=\frac{4000}{(1.3-1.5)\times75}=(35.6\sim41.03)\text{A}$$

可取38.01A。

题23~27答案:**ABCCA**

23.《大型发电机变压器继电保护整定计算导则》(DL/T 684—2012)第5.1.4.3条。

以主变压器高压侧为基准侧,二次额定电流:$I_e=\frac{S}{\sqrt{3}U_Nn_a}=\frac{180000}{\sqrt{3}\times230\times600}=0.753\text{A}$

5P型电压互感器比误差 $K_{er}=0.01\times2$,变压器调压引起的误差 $\Delta U=1.25\%\times8=0.1$,电力互感器未完全匹配产生的误差 $\Delta m=0.05$。

最小动作电流为:

$$I_{op,min}=K_{rel}(K_{er}+\Delta U+\Delta m)I_e=1.5\times(0.02+0.1+0.05)\times0.753=0.19\text{A}$$

24.《3kV ~ 110kV 电网继电保护装置运行整定规程》(DL/T 584—2017)第7.2.3.12条表3。

变压器阻抗有名值 $X_T=\frac{U_d\%}{100}\times\frac{U_e^2}{S_e}=\frac{17}{100}\times\frac{110^2}{50}=41.14\Omega$,变压器阻抗可靠系数 $K_{KT}\leqslant0.7$,线路阻抗 $Z_1=18\times0.4=7.2\Omega$,可以得到一次阻抗动作值 $Z_{op''}\leqslant K_kZ_1+K_{kTT}Z'_T=0.8\times7.2+0.7\times41.14=34.558\Omega$

二次阻抗动作值:$Z_2=Z_{op}\times\frac{n_T}{n_v}=34.558\times\frac{600/1}{110/0.1}=18.85\Omega$

25.根据《电力装置电测量仪表装置设计规范》(GB/T 50063—2017)第8.2.3-2条,电能计量装置的二次回路电压降不应大于额定二次电压的0.2%,即 $\Delta U=0.002\times100/\sqrt{3}$。

根据《电力工程电气设计手册 电气二次部分》P103式(20-45),三相星形接线 $K_{lx.zk}=1$。

根据二次电压降公式得出:$\Delta U=\sqrt{3}K_{lx.zk}\times\frac{P}{U_{x-x}}\times\frac{L}{\gamma S}$

因此 $S\geqslant\frac{\sqrt{3}K_{lx.2k}\times\frac{P}{U_{x-x}}\times\frac{L}{\gamma}}{\Delta U}=\frac{\sqrt{3}\times1\times\frac{40}{100}\times\frac{100}{57}}{0.002\times100/\sqrt{3}}=10.53\text{mm}^2$

26.《电流互感器和电压互感器选择及计算规程》(DL/T 866—2015)式(10.1.1)、表10.1.2。

按照题意,六线连接即为表中的单相接线,则仪表阻抗换算系数 $K_{mc}=1$,连接线阻抗换算系数 $K_{lc}=2$。

测量CT的实际负载为 $Z_b=\Sigma K_{mc}Z_m+K_lZ_l+R_c=1\times0.4+2\times\frac{200}{57\times4}+0.1=2.25\Omega$

27.根据《电流互感器和电压互感器选择及计算规程》(DL/T 866—2015)第2.1.8

条、式(10.2.3-2)。

保护校验系数为：$K_{pcf}=\dfrac{I_{pcf}}{I_{pr}}=\dfrac{37500}{1250}=30$

保护校验时的二次感应电动势为：

$E'_{al}=KK_{pcf}I_{sr}(R_{ct}+R'_{b})=2\times30\times1\times(7+8)=900V$

题 28 ~30 答案：**BCB**

28.《电力工程电气设计手册 电气一次部分》P476 式(9-2)。

$$Q_{CB\cdot m}=\left[\frac{U_d(\%)I_m^2}{100I_e^2}+\frac{I_0(\%)}{100}\right]S_e=\left(\frac{17}{100}\times0.8^2+\frac{0.4}{100}\right)\times50=5.64\text{Mvar}$$

29.《并联电容器装置设计规范》(GB 50227—2017)第 5.8.2 条及条文说明,《电力工程电缆设计标准》(GB 50217—2018)附录 C.0.3、附录 D。

电容器额定电流：$I_{ce}=\dfrac{Q_c/3}{U_{ph}}=\dfrac{6012/3}{11/\sqrt{3}}=315.55A$

并联电容器装置的分组回路,回路导体截面应按并联电容器组额定电流的 1.3 倍选择。

电缆回路持续电流：$I_g=1.3I_{ce}=1.3\times315.55=410.2A$

选择电缆时,温度矫正系数为 1,铜铝转换系数 1.29,则电缆载流量为：

$I_z=\dfrac{I_g}{1.29}=\dfrac{410.2}{1.29}=318A$

电缆型号为 ZR-YJV,为无铠装电缆,查附录 C.0.3 可知 $3\times185\text{mm}^2$ 电缆载流量为 324A,满足要求。

30.《3kV ~ 110kV 电网继电保护装置运行整定规程》(DL/T 584—2017)第 7.2.18.9 条表 7。

计算如下：

(1) 因故障切除的同一并联段中的电容器台数：

$M=\dfrac{Q}{3NQ_{ce}}=10,N=1$

$K=\dfrac{3MN(K_v-1)}{K_v(3N-2)}=\dfrac{3\times10\times(1.15-1)}{1.15\times(3\times1-2)}=3.91$ 台

故 K 取 4 台。

(2) 开口三角零序电压(二次)：

$U_{CH}=\dfrac{3KU_{NX}}{3N(M-K)+2K}=\dfrac{3\times4\times100}{3\times1\times(10-4)+2\times4}=\dfrac{1200}{26}=46.15V$

(3)三角电压二次整定值：$U_{op}=U_{CH}/K_{se}=46.15/1.5=30.77V$

题 31 ~35 答案：**CADBC**

31.《电力工程高压送电线路设计手册》(第二版) P183 式(3-3-10),《110kV ~ 750kV 架空输电线路设计规范》(GB 50545—2010)第 10.1.18 条、表 10.1.18-1、表 10.1.22。

水平档距 $l_p=(l_1+l_2)/2=(500+600)/2=550\text{m}$

风压不均匀系数 α 取0.75,风压高度系数 μ_z 取1.25,体型系数 μ_{SC} 取1.1,杆塔风荷载调整系数 β_c 取1.2,覆冰增大系数 B 取1,$W_0=v^2/1600$,则一相导线产生的最大水平荷载为:

$$W_x=n\alpha W_0\mu_z\mu_{SC}\beta_c dL_pB\sin^2\theta=4\times0.75\times\frac{30^2}{1600}\times1.25\times1.1\times1.2\times0.02763\times550\times1\times1=42.313\text{kN}$$

32. 根据《电力工程高压送电线路设计手册》(第二版)P188(三)最大弧垂判别法,首先判别最大弧垂发生工况:

$\frac{\gamma_7}{\sigma_7}=\frac{0.05648}{103.8486}=0.554\times10^{-3}$,$\frac{\gamma_1}{\sigma_1}=\frac{0.03282}{58.9459}=0.557\times10^{-3}$,$\frac{\gamma_7}{\sigma_7}<\frac{\gamma_1}{\sigma_1}$,最大垂弧出现在最高温工况。

根据手册P184式(3-3-12),垂直档距为:

$$l_v=\frac{l_1+l_2}{2}+\frac{\sigma_0}{\gamma_v}\left(\frac{h_1}{l_1}+\frac{h_2}{l_2}\right)=\frac{600+450}{2}+\frac{58.9459}{0.03282}\times\left(\frac{21}{600}-\frac{30}{450}\right)=468\text{m}$$

33.《电力工程高压送电线路设计手册》(第二版)表3-3-1、《110kV~750kV架空输电线路设计规范》(GB 50545—2010)第6.0.3条。

(1)正常工况

导线最大张力发生在覆冰工况:$T_{max}=103.8468\times451.55=46892\text{N}$

此时最低点到较高的悬挂电距离为:

$$l_{OB}=\frac{l}{2}+\frac{\sigma_0}{\gamma}\times\tan\beta=\frac{800}{2}+\frac{103.8468}{0.05648}\times\frac{60}{800}=538\text{m}$$

较高悬挂电点单根导线张力为:

$$T_g=\left(\sigma_0+\frac{\gamma^2\times l_0^2B}{2\sigma0}\right)\times S=\left(103.8468+\frac{0.05648^2\times538^2}{2\times103.8468}\right)\times451.55=48899\text{N}$$

正常工况下,金具的安全系数为2.5,则金具的强度为:

$T_R\geqslant2.5\times4\times48.899/2=244.50\text{kN}$

(2)断联工况条件下

最低点到较高的悬挂电距离为:$l_{OB}=\frac{l}{2}+\frac{\sigma_0}{\gamma}\times\tan\beta=\frac{800}{2}+\frac{64.5067}{0.03282}\times\frac{60}{800}=547\text{m}$

较高悬挂电点单根导线张力为:

$$T_g=\left(\sigma_0+\frac{\gamma^2\times l_0^2B}{2\sigma0}\right)\times S=\left(64.5067+\frac{0.03282^2\times547^2}{2\times64.5067}\right)\times451.55=30256\text{N}$$

断联工况,安全系数取1.5,$T_R=1.5\times4\times30256=181.5\text{kN}$。

综上所述,取300kN金具强度等级可行。

34. 根据《电力工程高压送电线路设计手册》(第二版)P179表3-3-1、P188(三)最大弧垂判别法,首先判别最大弧垂发生工况:

$\frac{\gamma_7}{\sigma_7}=\frac{0.05648}{103.8486}=0.544\times10^{-3}$,$\frac{\gamma_1}{\sigma_1}=\frac{0.03282}{58.9459}=0.557\times10^{-3}$,$\frac{\gamma_7}{\sigma_7}<\frac{\gamma_1}{\sigma_1}$,最大垂弧出现

在最高温工况。

此时线路最大弧垂：$f=\frac{\gamma}{8\sigma_0}l^2=\frac{0.03282}{8\times 58.9459}\times 600^2=25.055\text{m}$

根据《110kV ~ 750kV 架空输电线路设计规范》(GB 50545—2010) 第 8.0.1-1 条，水平线间距为 $D=k_i L_k+\frac{U}{110}+0.65\sqrt{f_c}=0.4\times 5+\frac{500}{110}+0.65\times\sqrt{25.055}=9.8\text{m}$。

35.《电力工程高压送电线路设计手册》(第二版) P179 表 3-2-3、P188(三) 最大弧垂判别法。

首先判别最大弧垂发生工况：$\frac{\gamma_7}{\sigma_7}=\frac{0.05648}{103.8468}=0.528\times 10^{-3}$，$\frac{\gamma_1}{\sigma_1}=\frac{0.03282}{58.9459}=0.557\times 10^{-3}$，

$\frac{\gamma_7}{\sigma_7}<\frac{\gamma_1}{\sigma_1}$，最大垂弧出现在最高温时。

显然，高温时最大弧垂会大于覆冰的垂直弧垂，所以最恶劣工况应在高温时

距离 5 号塔 120m 处垂弧 $f_x=\frac{\gamma x'(l-x')}{2\sigma_0}=\frac{0.03282\times 120\times(800-120)}{2\times 58.9459}=22.72\text{m}$

5 号塔为直线塔，导线悬挂点 A 高程需要扣除绝缘子串长：$H_A=290+30-5=315\text{m}$

6 号塔为耐张塔，导线悬挂点 B 高程不需要扣除绝缘子串长：$H_B=350+25=375\text{m}$

根据相似三角形可知，$H_0=(375-315)\times 120/800=9\text{m}$

最小垂直距离为：$S=H_A+H_0-f_x-290=315+9-22.72-290=11.28\text{m}$

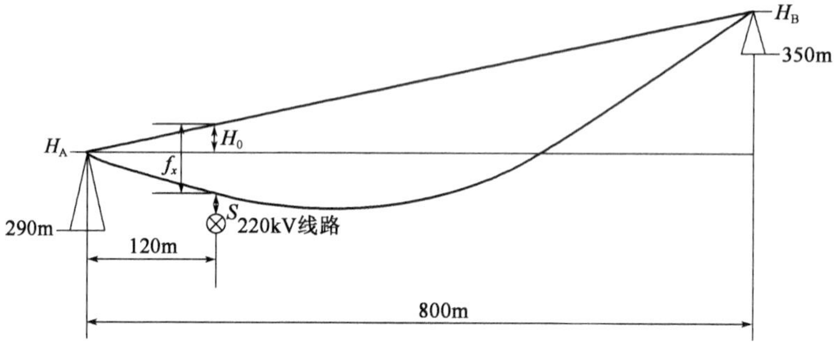

题 36 ~ 40 答案：**CDCCB**

36.《110kV ~ 750kV 架空输电线路设计规范》(GB 50545—2010) 第 7.0.2 条、第 7.0.3 条、第 7.0.5 条。

(1) 操作过电压与雷电过电压。考虑本题杆塔高度超过 40m，需要额外增加绝缘子，此时绝缘子片数为：

$$n\geqslant\frac{155\times 25+146\times\frac{85-40}{10}}{170}=26.7\text{ 片}$$

(2) 按爬电比距法选择

$$n\geqslant\frac{\lambda U}{K_e L_{01}}=\frac{34.7\times 550/\sqrt{3}}{0.94\times 455}=25.8\text{ 片}$$

综上所述，应当取27片绝缘子。

37.《110kV～750kV架空输电线路设计规范》(GB 50545—2010)第7.0.7条。

首先根据复合绝缘子计算盘型绝缘子爬电距离。假设符合绝缘子爬电距离为2.8cm/kV，则其长度$L=2.8\times500=1400\text{cm}<1470\text{cm}$，则可以推断出复合绝缘子时根据盘型绝缘子最小值3/4计算出的。由此可以反推出盘型绝缘子爬电比距为$L/0.75$。

根据第7.0.5条可以算出盘型绝缘子数量$n\geqslant\dfrac{L/0.75}{K_e\times L_1}=\dfrac{14700/0.75}{620\times0.935}=33.8$，故取34片。

38.根据《110kV～750kV架空输电线路设计规范》(GB 50545—2010)表10.1.22，线路处于B类区域，对应高度的风压高度系数$\mu_z=1.25$。

根据《电力工程高压电线路设计手册》(第二版)P172关于风压高度变化系数与风速高度变化系数的说明，此处风速高度系数$K_h=\sqrt{\mu_z}=\sqrt{1.25}=1.12$。

根据《110kV～750kV架空输电线路设计规范》(GB 50545—2010)第4.0.13条，操作过电压情况校验间隙时，风速为$v=0.5\times30\times1.12=16.8\text{m/s}$，该风速大于15m/s，因此取17m/s符合要求。

39.《交流电气装置的过电压保护和绝缘配合》(GB/T 50064—2014)第D.1.5-5条。

因已知条件明确耐雷水平为最大值，故公式括号中同号，则有：

$$I_{min}=\left(U_{-50\%}+\frac{2Z_0}{2Z_0+Z_c}U_{ph}\right)\frac{2Z_0+Z_c}{Z_0Z_c}$$

代入数据得到：$18.4=\left(U_{-50\%}+\dfrac{2\times600}{2\times600+400}\times500\times\dfrac{\sqrt{2}}{\sqrt{3}}\right)\times\dfrac{2\times600+400}{600\times400}$

解得：$U_{-50\%}=2453.8\text{kV}$

根据题目已知条件，可以得到绝缘子串数量$n\geqslant\dfrac{U_{-50\%}}{531H}=\dfrac{2453.8}{531\times0.155}=29.8$片，故取30片。

40.《交流电气装置的过电压保护和绝缘配合设计规范》(GB/T 50064—2014)附录D.1.7、附录D.1.8、附录D.1.9。

首先明确不同条件下N_L为恒定值。

(1)计算28片绝缘子时的情况。

平均电压梯度有效值：$E=\dfrac{U_n}{\sqrt{3}l_i}=\dfrac{500}{\sqrt{3}\times0.155\times28}=66.52\text{kV/m}$

建弧率：$\eta_{28}=(4.5E^{0.75}-14)\times10^{-2}[4.5\times66.52^{0.75}-14]\times10^{-2}=0.908$

(2)计算32片绝缘子时的情况

平均电压梯度有效值 $E=\dfrac{U_n}{\sqrt{3}l_i}=\dfrac{500}{\sqrt{3}\times0.155\times34}=58.2\text{kV/m}$

建弧率：$\eta_{32}=(4.5E^{0.75}-14)\times10^{-2}[4.5\times58.2^{0.75}-14]\times10^{-2}=0.808$

根据假设3，32片绝缘子串时绕击闪络率为：

$$gP1_1 + P_{sf(32)} = (1 - 4/28)[gP1_1 + P_{sf(28)}] = \frac{6}{7}[gP1_1 + P_{sf(28)}]$$

根据提示有：

$$N_{32} = N_L\eta_{32}[gP1_1 + P_{sf(32)}] = \frac{\eta_{32}[gP1_1 + P_{sf(32)}]}{\eta_{28}[gP1_1 + P_{sf(28)}]}N_L\eta_{28}[gP1_1 + P_{sf(28)}]$$

$$= \frac{\eta_{32}[gP1_1 + P_{sf(32)}]}{\eta_{28}[gP1_1 + P_{sf(28)}]}N_{28} = \frac{0.808}{0.908} \times \frac{6}{7} \times 0.1200 = 0.915\ 次/(100km \cdot a)$$

2021 年

注册电气工程师(发输变电)执业资格考试

专业考试试题及答案

2021 年专业知识试题(下午卷)❶

一、单项选择题(共 40 题,每题 1 分,每题的备选项中只有 1 个最符合题意)

1. 若建筑物内电气转置采用保护总等电位连接系统,则金属送风管与总接地母线之间连接的导体称为下列哪一项? ( )

(A)接地导体 (B)保护导体

(C)辅助连接导体 (D)保护连接导体

2. 某垃圾电厂设置 1 台 35MW 汽轮发电机组,采用发电机变压器单元接线,接入 35kV 系统,设置发电机断路器(以下简称 GCB),厂用电源由 GCB 和主变低压侧之间引接,则发电机的额定电压宜采用下列哪项数值? ( )

(A)3.15kV (B)6.3kV

(C)10.5kV (D)13.8kV

3. 对于安装在环境空气温度 50℃的 35kV 开关,其外绝缘在干燥状态下的相对地额定短时工频试验电压应取下列哪项数值? ( )

(A)95kV (B)98kV

(C)118kV (D)185kV

4. 1000kV 屋外配电装置电气设备最大风速宜选择: ( )

(A)离地面 10m 高、30 年一遇 10min 平均最大风速

(B)离地面 10m 高、50 年一遇 10min 平均最大风速

(C)离地面 10m 高、100 年一遇 10min 平均最大风速

(D)离地面 10m 高、100 年一遇 15min 平均最大风速

5. 进行绝缘配合时,下列哪项描述是正确的? ( )

(A)对 220kV 系统,相间操作过电压最小应为相对地过电压的 2 倍

(B)雷电冲击电压的波形应取波前时间 1.2μs,波尾时间 50μs

(C)操作冲击电压的波形应取波前时间 200μs,波尾时间 2500μs

(D)电气设备内、外绝缘雷电冲击绝缘水平,宜以最大操作过电压为基础,用确定法确定

6. 假设某 220kV 枢纽变电站的土壤具有较重腐蚀性,则下列关于接地网防腐蚀设计的说法,哪项不正确? ( )

❶ 2021 年专业知识试题(上午卷)暂缺。

(A)计及腐蚀影响后，接地装置的设计使用年限应与地面工程的设计使用年限一致

(B)接地网不应采用热镀锌钢材

(C)接地装置的防腐蚀设计宜按当地的腐蚀数据进行

(D)通过技术经济比较后，可采用铜材、覆铜钢材

7. 某 2×300MW 火力发电机组，每台机组配置一台厂用高压变压器，两台机组配置一台启动备用变压器。每台发电机经主变压器升压到 220kV，通过 2 回 220kV 线路接入系统，220kV 升压站为双母线接线。启动备用变压器电源由 220kV 升压站引接。下列该电厂向调度传送的遥测量中，哪一项不符合标准要求？ (　　)

(A)发电机有功功率、无功功率

(B)启动备用变压器有功功率、无功功率

(C)厂用高压变压器有功功率、无功功率

(D)220kV 线路电压

8. 某 220V 阀控铅酸蓄电池组，其容量为 1600Ah，蓄电池内阻和其连接条电阻总和为 11.3mΩ。其相应的直流柜内元件应至少能达到的短路水平为下列哪项数值？

(　　)

(A)10kA　　　　(B)20kA

(C)25kA　　　　(D)30kA

9. 当作业面照度为 500lx 时，则该作业面邻近周围照度值不宜低于下列哪项数值？

(　　)

(A)200lx　　　　(B)300lx

(C)400lx　　　　(D)500lx

10. 在架空送电线路设计中，操作过电压工况的气温可采用年平均气温，风速和覆冰按照以下哪种方案取值？ (　　)

(A)风速宜取基本风速折算到导线平均高度处的 50%，但不宜低于 15m/s，且应无冰

(B)风速宜取基本风速折算到导线平均高度处的数值，且应无冰

(C)风速宜取基本风速折算到导线平均高度处的 50%，但不宜低于 10m/s，且应无冰

(D)取基本风速的 50%，但不宜低于 10m/s，且应无冰

11. 下列对电机型式的选择，哪项不属于节能措施？ (　　)

(A)燃机启动采用变频电动机　　　　(B)汽机润滑油泵采用直流电动机

(C)锅炉引风机采用双速电动机　　(D)输煤皮带机采用绕线式电动机

12. 某 380V 动力中心由一台低压变供电，变压器参数为：S_e = 1000kVA，6.3/0.4kV，U_d = 6%。若该动力中心计及反馈的异步电动机总功率为 750kW，则该动力中心三相短路电流周期分量的起始值为下列哪项数值？（　）

(A)26.44kA　　(B)27.78kA

(C)32.34kA　　(D)33.68kA

13. 以下哪个容量的阀控式密封铅酸蓄电池应设专用蓄电池室？（　）

(A)100Ah　　(B)200Ah

(C)250Ah　　(D)300Ah

14. 以下对于接地装置的设计要求中，哪项叙述不符合规范要求？（　）

(A)当接触电位差和跨步电位差满足要求时，可不再校验接地电阻值

(B)雷电保护接地的接地电阻，可只采用在雷季中的最大值

(C)标称电压 220V 及以下的蓄电池室内的支架可不接地

(D)安装在配电装置上的电测量仪表的外壳可不接地

15. 以下有关变电站防火设计标准，哪一条是不正确的？（　）

(A)油量为 2500kg 及以上的屋外油浸变压器或高压电抗器与油量为 600kg 以上的带油电气设备之间的防火间距不应小于 5m

(B)总油量超过 100kg 的屋内油浸变压器，应设置单独的变压器室

(C)消防用电设备采用双电源或双回路供电时，应在最末一级配电箱处自动切换

(D)变电站的消防水泵、自动灭火系统、与消防有关的电动阀门及交流控制负荷，均按Ⅰ类负荷供电

16. 在空冷岛采用大量低压变频电动机时，以下哪条不是降低谐波危害的措施？（　）

(A)低压变频器应由专用的低压厂用变压器供电，非变频器类负荷宜由其他低压厂用变压器供电

(B)给低压变频器供电的配电装置采用电磁屏蔽隔离，远离其他常规供电的配电装置

(C)加大专用低压厂用变压器的容量，降低变压器阻抗，提高系统的短路容量

(D)多台专用低压厂用变压器宜合理选用不同的接线组别，以有效抵消高压厂用母线上的奇次电流谐波

17. 电容器组额定电压 38kV，单星形接线，每相电容器单元 7 并 4 串，请计算单只电容器应能承受的长期工频过电压最接近下列哪项数值？（　）

(A)5.5kV　　(B)6kV
(C)24kV　　(D)42kV

18. 假定风向与导线垂直时的导线风荷载为16000N，计算风向与导线方向夹角为60°时垂直于导线方向的风荷载为下列哪项数值？（　　）

(A)8000N　　(B)9000N
(C)10000N　　(D)12000N

19. 有火灾危险环境中的明敷低压配电导线，应选择下列哪种型号？（　　）

(A)BX　　(B)BVV
(C)BBX　　(D)BXF

20. 某支路三相短路电流周期分量的起始有效值为20kA，该支路 $R_{\Sigma}/X_{\Sigma}=0.04$，则100ms时该支路三相短路电流的非周期分量值($f=50\text{Hz}$)为下列哪项数值？（　　）

(A) -5.69kA　　(B) -6.45kA
(C) -7.36kA　　(D) -8.05kA

21. 下列关于屋外裸导体选择选用的环境温度哪一项是正确的？（　　）

(A)最热月平均最高温度(最热月每日最高温度的月平均值，取最高年数值)
(B)年最高温度(多年的最高温度值)
(C)最热月平均最高温度(最热月每日最高温度的月平均值，取多年平均值)
(D)年最高温度(多年最高温度平均值)

22. 对线路操作过电压绝缘设计起控制作用的空载线路合闸及单相重合闸过电压设计时，500kV系统的空载线路合闸及单相重合闸产生的相对地统计过电压不宜大于下列哪项数值？（　　）

(A)1.8p.u.　　(B)2.0p.u.
(C)2.2p.u.　　(D)3.0p.u.

23. 关于发电厂同步系统的闭锁措施，下列哪项不正确？（　　）

(A)进行手动调压时，应切除自动准同步装置的调压回路
(B)各同步装置之间应闭锁，最多仅允许两套同步装置进入工作
(C)自动准同步装置仅当同步时才投入使用
(D)自动准同步装置应有投入、退出及试验功能

24. 关于500kV变电站用电供电方式，下列哪项不符合规范要求？（　　）

(A)站用电负荷宜由站用配电屏直配供电
(B)对于重要负荷应采用分别接在两段母线上的双回路供电方式

(C)当站用变压器容量大于400kV时，小于80kVA的负荷宜集中供电就地分供
(D)检修电源网络宜采用按功能区域划分的单回路分支供电方式

25. 某直线塔采用单线夹，线夹为中心回转式，允许悬垂角 $\theta_d=23°$，该塔前侧导线的悬垂角 $\theta_1=25.5°$，后侧导线的悬垂角 $\theta_2=19.5°$，下列判断哪项正确？ ( )

(A) $\theta_1=25.5°>23°$，超过线夹的允许悬垂角，不满足要求
(B) $\theta_2=19.5°<23°$，未超过线夹的允许悬垂角，满足要求
(C)无法判断
(D) $(\theta_1+\theta_2)/2=22.5°<23°$，未超过线夹的允许悬垂角，满足要求

26. 某光伏发电站安装容量为50MWp，该光伏发电站发电母线电压及电气主接线宜为下列哪组？ ( )

(A)6kV，单母线接线　　(B)10kV，单母线分段
(C)35kV，单母线分段　　(D)220kV，双母线接线

27. 中性点非有效接地系统电压互感器剩余电压绕组的额定二次电压应选择下列哪项数值？ ( )

(A)100V　　(B) $100/\sqrt{3}$ V
(C)100/3V　　(D)50V

28. 发电厂控制室的电气报警信号分为事故信号和预告信号，下列哪项表述是正确的？
( )

(A)油浸变压器的轻瓦斯保护动作信号是事故信号
(B)发电机定时限过负荷保护动作信号是事故信号
(C)在高压厂用电中性点不接地系统中，单相接地故障信号是预告信号
(D)变压器有载调压开关的重瓦斯保护动作信号是预告信号

29. 有关发电接入系统，以下描述中不正确的是哪项？ ( )

(A)发电厂接入系统的电压不宜超过两种
(B)对于大型输电通道，送端电厂之间及同一方向输电的几组输电回路之间连接与否应进行论证，在技术经济指标相差不大的情况下，应优先推荐连接的方案
(C)对于利用小时数较低的水电站、风电场等电厂送出，应尽量减少出线回路数，确定出线回路数时可不考虑送出线的“N-1”方式
(D)对核电厂送出线路出口应满足发生三相短路不重合时保持稳定运行和电厂正常送出

30. 某220kV山区架空输电线路工程，地线平均高度为32m，地线挂点高度为40m，保护角为10°，按经验法估算绕击率为下列哪项数值？ ( )

(A)0.2%　　(B)0.24%　　(C)0.28%　　(D)0.45%

31. 海上升压变电站内设置2台及以上主变压器时,当一台主变压器故障退出运行时,剩余的主变压器至少可送出风电场多少容量?　　(　　)

(A)55%　　(B)60%　　(C)65%　　(D)70%

32. 在海拔1000m的高度对安装在海拔高度为1600m的220kV变压器做雷电全波冲击耐压试验,其中性点采用直接接地比采用不接地方式时变压器中性点的雷电全波冲击耐压可降低多少?　　(　　)

(A)115kV　　(B)140kV　　(C)215kV　　(D)231kV

33. 对本单元机组直流分电柜接线,下列哪项说法符合设计规程要求?　　(　　)

(A)应设置两段母线
(B)每段母线宜由来自同一蓄电池组的两回直流电源供电
(C)每段母线宜由来自不同蓄电池组的两回直流电源供电
(D)母线之间可采用手动断电切换方式

34. 当配电装置室的屋顶采用避雷带保护时,以下哪项避雷带及接地引下线的设计满足规范要求?　　(　　)

(A)该避雷带的网格为5m,每隔8m设接地引下线
(B)该避雷带的网格为10m,每隔12m设接地引下线
(C)该避雷带的网格为20m,每隔18m设接地引下线
(D)该避雷带的网格为20m,每隔25m设接地引下线

35. 架空线路的输电能力与电力系统运行经济性稳定性有很大关系,以下描述不正确的是哪项?　　(　　)

(A)线路的自然输送容量与线路额定电压的平方成正比,与线路波阻抗成反比
(B)当线路传输自然功率时,为无功功率损耗传输特征
(C)当输送功率大于自然功率时,线路电压从始端往末端提高
(D)远距离输电线路的传输能力主要取决于发电机并列运行的稳定性,以及为提高稳定性所采取的措施

36. 对于输电线路的无线电干扰,下列哪项叙述是正确的?　　(　　)

(A)交流输电线路晴天的无线电干扰水平比雨天时大
(B)直流输电线路晴天的无线电干扰水平比雨天时大
(C)对于双极直流线路,夏季是一年中无线电干扰水平最低的季节
(D)负极性下的无线电干扰水平比正极性下的高

37. 当断路器的两端为互不联系的电源时，断路器同极断口间的公称爬电比距与对地公称爬电比距之比为下列哪项数值？（　　）

(A) 1.05　　(B) 1.10
(C) 1.20　　(D) 1.35

38. 风电场海上升压变电站中，开关柜设备的柜后通道宽度不宜小于多少？（　　）

(A) 400mm　　(B) 500mm
(C) 600mm　　(D) 800mm

39. 硬接线手动控制方式屏(台)的布置，下列哪项不符合设计规程的要求？（　　）

(A) 测量仪表宜与模拟接线相对应，A、B、C 相按纵向排列
(B) 当光字牌设在控制屏的中间，要求上部取齐
(C) 屏上仪表最低位置不宜小于 1.5m
(D) 采用灯光监视时，红、绿灯分别布置在控制开关的右上侧及左上侧

40. 某 500kV 变电站配置了一组 500kV 并联电抗器。对于该并联电抗器的配置，下列哪项描述是正确的？（　　）

(A) 可装设过电流保护　　(B) 保护应双重化配置
(C) 可不装设过负荷保护　　(D) 应装设匝间短路保护

二、多项选择题(共 30 题，每题 2 分。每题的备选项中有 2 个或 2 个以上符合题意。错选、少选、多选均不得分)

41. 在光伏发电站设计中，下列哪几项是符合规范要求的？（　　）

(A) 光伏发电站的选址不应破坏原有水系
(B) 站内逆变器的噪声可采用隔声、消声、吸声等控制措施
(C) 光伏发电站的污水不应排放
(D) 可以在风力发电场内建设光伏发电站

42. 在大型火力发电厂的高压配电装置中，关于高压并联电抗器回路的断路器设置，下列哪些叙述是正确的？（　　）

(A) 500kV 线路并联电抗器回路应装设断路器
(B) 500kV 母线并联电抗器回路应装设断路器
(C) 750kV 线路并联电抗器回路不宜装设断路器
(D) 750kV 母线并联电抗器回路不宜装设断路器

43. 下列关于高压断路器分、合闸时间选择的叙述哪些是正确的？（　　）

(A)对于 220kV 系统,当电力系统稳定要求快速切除故障时应选用分闸时间不大于 0.04s 的断路器

(B)对于 220kV 系统,当电力系统稳定要求快速切除故障时应选用分闸时间不大于 0.08s 的断路器

(C)系统故障切除前短时给发电机接入加载电阻的断路器合闸时间不大于 0.04 ~ 0.06s

(D)系统故障切除前短时给发电机接入加载电阻的断路器合闸时间不大于 0.08s

44. 对于风电场海上升压变电站主要电气设备,下列布置要求正确的有哪些? ( )

(A)主要电气设备宜采用户内布置,主变压器、无功补偿的散热部件应采用户外布置

(B)主变压器事故集油装置应设置在主变下层区域

(C)开关柜设备的柜前通道不宜小于 400mm

(D)应急配电装置应设置在单独的舱室内

45. 关于独立避雷针的接地装置,下列哪些说法是符合规范要求的? ( )

(A)独立避雷针应设独立的接地装置

(B)在非高土壤电阻率地区,接地装置的接地电阻不宜超过 10Ω

(C)该接地装置可与主接地网连接,避雷针与主接地网的地下连接点至 35kV 及以下设备与主接地网的地下连接点之间,沿接地极的长度不得小于 15m

(D)当不采取措施时,避雷针及其接地装置与道路或出入口的距离不宜小于 3m

46. 下列关于低压电气装置保护导体的叙述,哪些是正确的? ( )

(A)PE 对机械伤害、化学或电化学损伤、电动力和热动力等,应具有适当的防护性能

(B)金属水管、柔性金属部件可作为 PE 或保护连接导体

(C)PEN 应按可能遭受的最高电压加以绝缘

(D)从装置的任一点起,当 N 和 PE 分别采用单独的导体时,不允许该 N 再连接到装置的任何其他的接地部分

47. 对于下列电力装置,哪些回路应计量无功电能? ( )

(A)自耦变压器的三侧

(B)10kV 线路

(C)高压厂用工作变压器高压侧

(D)直流换流站的换流变压器交流侧

48. 某调度自动化系统主站系统不兼具控制中心系统功能,厂站端无须向主站端传

送的信息有哪些？（　　）

(A)直流系统接地　　(B)变压器油温

(C)通信网关告警　　(D)智能变电站户外柜的温度

49. 单机容量为50～125MW级的机组，其高压厂用工作电源的设置应遵循以下哪几项原则？（　　）

(A)每台机组宜采用1台双绕组变压器

(B)当发电机与高压厂用电电压一致时，可不设高压厂用工作变压器，或设限流电抗器限制高压厂用母线的短路电流

(C)在厂用分支上装设断路器时，可采用能够满足动稳定要求的断路器，再采取大电流闭锁措施保证其允许在开断短路电流范围内切除短路故障

(D)在厂用分支上装设限流电抗器后，断路器宜装设在电抗器前，应按电抗器后短路条件验算分断能力和动稳定性

50. 经断路器接入35kV母线的电容器装置应装设下列哪些配套设备？（　　）

(A)负荷开关　　(B)串联电抗器

(C)操作过电压保护用避雷器　　(D)接地开关

51. 关于提高电力系统稳定的二次系统措施，下列哪几项符合规范要求？（　　）

(A)架空线路自动重合闸　　(B)快速减火电机组原动机出力

(C)水轮发电机快速励磁　　(D)切除发电机组

52. 当某殷钢芯铝绞线温度处于拐点温度以上时，计算导线应力应考虑以下哪些选项？（　　）

(A)殷钢芯的弹性系数　　(B)铝线的弹性系数

(C)铝线截面积　　(D)殷钢芯的膨胀系数

53. 在架空送电线路设计中，下列哪些情况下需要校验电线的不平衡张力？（　　）

(A)设计冰厚较大

(B)设计风速较大

(C)档距、高差变化不大

(D)电线悬挂点的高差相差悬殊、相邻档距大小悬殊

54. 海上升压变电站的主要电气设备选择应遵循下列哪些原则？（　　）

(A)能够在无人值守条件下可靠运行

(B)能够适应海上升压变电站的运行环境

(C)能够满足海上升压变电站的水下运行要求

(D)能够适应海上升压变电站在运输、安装及运行期的倾斜、摇晃及振动

55. 在计算短路电流时,下列哪些元件正序与负序阻抗是相同的? ( )

(A)发电机 (B)变压器

(C)电抗器 (D)架空线路

56. 对于发电机离相封闭母线的设计,下列哪些描述是正确的? ( )

(A)当母线通过短路电流时,外壳的感应电压应不超过24V

(B)当母线通过短路电流时,外壳的感应电压应不超过36V

(C)在日环境温度变化比较大的场所宜采用微正压充气

(D)在湿度较大的场所宜采用微正压充气

57. 1kV及以下电源中性点直接接地时,下列单相回路的电缆芯数选择哪些是正确的? ( )

(A)保护导体与受电设备的外露可导电部位连接接地时,TN-C系统应选用3芯电缆

(B)TT系统,受电设备外露可导电部位的保护接地与电源系统中性点接地各自独立时,应选用2芯电缆

(C)TN系统,受电设备外露可导电部位可靠连接至分布在全厂、站公用接地网时,固定安装的电气设备宜选用2芯电缆

(D)TN-S系统,保护导体与中性导体各自独立时,当采用单根电缆时,宜选用3芯电缆

58. 海拔1000m处的屋外配电装置最小安全净距,下列哪几项可取2550mm? ( )

(A)220kV配电装置的交叉不同时停电检修的无遮拦带电部分之间

(B)330kV配电装置的交叉不同时停电检修的无遮拦带电部分之间

(C)220kV配电装置的栅状遮拦至绝缘体和带电部分之间

(D)330kV配电装置的网状遮拦至带电部分之间

59. 发电厂采取雷电过电压保护措施时,下列做法正确的有哪些? ( )

(A)若独立避雷针与主接地网的地下连接点至35kV及以下设备与主接地网的地下连接点之间沿接地极的长度大于15m,则独立避雷针接地装置可与主接地网连接

(B)对220kV屋外配电装置,当土壤电阻率不大于1000Ω·m时可将避雷针装在配电装置的架构上

(C)当土壤电阻率大于350Ω·m时,在采取相应的防止反击措施后,可在变压器门型架构上装设避雷针、避雷线

(D)35kV 和 66kV 配电装置,当土壤电阻率大于 500Ω · m 时,可将线路的避雷线引接到出线门型架构上,并装设集中接地装置

60. 为了防止将接地网的高电位引向厂外,应采取以下哪些措施? ( )

(A)采用扁铜与二次电缆的屏蔽层并联敷设
(B)向厂外供电采用架空线,其电源中性点在厂内外均需接地
(C)向厂外供电的低压厂用变 400V 绕组的短时(1min)交流耐受电压比厂内接地网地电位高 40%
(D)通向厂外的管道采用绝缘段

61. 对于电气控制、继电器屏的端子排,下列哪几项符合规程要求? ( )

(A)端子排应由阻燃材料构成
(B)每个安装单位的端子排各回路的排列顺序(自上而下),控制回路排在开关量信号前
(C)同一屏上的各安装单位之间的转接回路可不经过端子排
(D)安装在屏上每侧的端子距地不宜小于 350mm

62. 下列哪些因素影响架空输电线路导线电晕损失? ( )

(A)空气密度　　(B)相对湿度
(C)环境温度　　(D)降雨、降雪

63. 根据规程要求,下列关于自动重合闸的叙述哪些是正确的? ( )

(A)3kV 及以上的架空线路及电缆线路,在具有断路器的条件下,如用电设备允许且无备用电源自动投入时,应装设自动重合闸装置
(B)自动重合闸装置动作后,应能经整定的时间后自动复归
(C)自动重合闸装置应具有接收外来闭锁信号的功能
(D)在任何情况下,自动重合闸装置的动作次数应符合预先的规定

64. 在直流系统设计中,对于充电装置的选择和设置要求,下列哪几项是正确的? ( )

(A)充电装置的高频开关电源线路的功率因数不应小于 0.9
(B)充电装置额定输出电流应满足浮充电和均衡充电要求
(C)充电装置的直流回路宜采用熔断器保护
(D)充电装置屏的背面间距不得小于 1000mm

65. 某 220kV 架空同塔双回线,降低该线路雷击引起的双回同时跳闸率的有效措施有以下哪些选项? ( )

(A)增加一回路绝缘水平　　(B)避雷线对杆塔绝缘

(C)在一回路上增加绝缘子并联间隙　　(D)适当增大杆塔高度

66. 关于火力发电厂低压厂用电配电装置布置,下列哪几项满足规范要求?(　　)

(A)厂用配电装置的长度大于6m时,其柜(屏)后应设置2个通向本室或其他房间的出口
(B)单排抽屉式配电屏屏前通道宽度不小于1600mm
(C)厂用电屏的排列应具有规律性和对应性,并减少电缆交叉
(D)跨越屏前通道裸导电部分的高度不应低于2.5m,当低于2.5m时应加遮护,遮护后的护网高度不应低于2m

67. 输电线路的基本风速、设计冰厚重现期应符合下列哪些规定?(　　)

(A)750kV、500kV输电线路重现期应取50年
(B)110~330kV输电线路重现期应取30年
(C)110~750kV输电线路大跨越重现期应取50年
(D)110~750kV输电线路大跨越重现期应取30年

68. 直管形荧光灯应配用下列哪些种类镇流器?(　　)

(A)电子镇流器　　(B)传统电感镇流器
(C)节能型电感镇流器　　(D)恒功率镇流器

69. 有关电力系统第一级安全稳定标准,以下哪几项描述是正确的?(　　)

(A)第一级安全稳定标准:保证稳定运行和电网的正常供电
(B)第一级安全稳定标准是指正常运行方式下的电力系统受到单一故障扰动后,保护、开关及重合闸正确动作,不采取稳定控制措施,应能保持电力系统稳定运行和电网的正常供电;其他元件不超过规定的事故过负荷能力,不发生连锁跳闸
(C)任一段母线故障属于第一级安全稳定标准对应故障类型
(D)单回线故障或无故障三相断开属于第一级安全稳定标准对应故障类型

70. 选择电缆绝缘类型时,以下不正确的有哪些选项?(　　)

(A)应符合防火场所的要求
(B)直流输电系统不可选用交联聚乙烯型电缆
(C)有较高柔软性要求的回路不得选用橡皮绝缘电缆
(D)高温场所宜选用普通聚氯乙烯绝缘电缆

2021 年专业知识试题答案(下午卷)

1. 答案:D

依据:《交流电气装置的接地设计规范》(GB/T 50065—2011)第 7.2.10 条及附录 H。

2. 答案:B

依据:《小型火力发电厂设计规范》(GB 50049—2011)第 17.2.1-2 条。

3. 答案:B

依据:《绝缘配合　第 1 部分:定义、原则和规则》(GB 311.1—2012)第 3.3.1 条。

$K_T = 1 + 0.0033(T - 40) = 1 + 0.0033 \times (50 - 40) = 1.033$

$U = K_T \times 95 = 98\text{kV}$

4. 答案:C

依据:《高压配电装置设计规范》(DL/T 5352—2018)第 3.0.6 条。

5. 答案:B

依据:《交流电气装置的过电压保护和绝缘配合设计规范》(GB/T 50064—2014)第 6.1.3-2条、第 6.1.5 条、第 6.1.4-2 条。

6. 答案:B

依据:《交流电气装置的接地设计规范》(GB/T 50065—2011)第 4.3.6 条。

7. 答案:D

依据:《电力系统调度自动化设计规程》(DL/T 5003—2017)附录 B.1.3.1。

8. 答案:B

依据:《电力工程直流电源系统设计技术规程》(DL/T 5044—2014)附录 G、式(G.1.1-1)。

$$I_{bk} = \frac{U_n}{n(r_b + r_1)} = \frac{220 \times 1000}{11.3} = 19.46\text{kA}$$

9. 答案:B

依据:《发电厂和变电站照明设计技术规定》(DL/T 5390—2014)表 9.0.9。

10. 答案:A

依据:《110kV ~ 750kV 架空输电线路设计规范》(GB 50545—2010)第 4.0.13 条。

11. 答案:B

依据:《火力发电厂厂用电设计技术规定》(DL/T 5153—2014)第 5.1.1 条。

12. 答案:B

依据:《火力发电厂厂用电设计技术规定》(DL/T 5153—2014)附录 M。

查表 M.0.3-2,短路电流 $I_B=21.1\text{kA}$,$I''_D=3.7\times10^{-3}\times\dfrac{0.75}{0.6}\times\dfrac{1000}{\sqrt{3}\times0.4}=6.68\text{kA}$

$I''=I''_B+I''_D=21.1+6.68=27.78\text{kA}$

13. 答案:D

依据:《电力工程直流电源系统设计技术规程》(DL/T 5044—2014)第 7.2.1 条。

14. 答案:A

依据:《交流电气装置的接地设计规范》(GB/T 50065—2011)第 3.1.3 条、第 3.2.2-2 条、第 3.2.2-4 条。

15. 答案:D

依据:《火力发电厂与变电站设计防火规范》(GB 50229—2019)第 11.1.9 条、第 11.3.2 条、第 11.7.1-1 条、第 11.7.1-3 条。

16. 答案:D

依据:《火力发电厂厂用电设计技术规定》(DL/T 5153—2014)第 4.7.3 条 ~ 第 4.7.5 条、第 4.7.7 条。

17. 答案:B

依据:《35kV ~ 220kV 变电站无功补偿装置设计技术规定》(DL/T 5242—2010)第 7.2.2-2条。

单只电容器能承受的电压为:$38\times1.1\div\sqrt{3}\div4=6.03\text{kV}$

18. 答案:D

依据:《110kV ~ 750kV 架空输电线路设计规范》(GB 50545—2010)式(10.1.18-1)。

$16000\times(\sin60°)^2=12000\text{N}$

19. 答案:C

依据:《电力设备典型消防规程》(DL 5027—2015)表 10.7.8。

20. 答案:D

依据:《导体和电器选择设计技术规定》(DL/T 5222—2005)附录 F.3。

$T_a=\dfrac{X_\Sigma}{R_\Sigma}=25$,$i_{jzt}=i_{jz0}e^{-\frac{\omega t}{T_a}}=-\sqrt{2}\times20e^{-\frac{314\times0.1}{25}}=-8.055\text{kA}$

21. 答案:C

依据:《导体和电器选择设计技术规定》(DL/T 5222—2005)表 6.0.2。

22. 答案:B

依据:《交流电气装置的过电压保护和绝缘配合设计规范》(GB/T 50064—2014)第 3.3.3条、第 4.1.4 条。

23. **答案**:B

依据:《火力发电厂、变电站二次接线设计技术规程》(DL/T 5136—2012)第9.0.4条。

24. **答案**:C

依据:《220kV～1000kV 变电站站用电设计技术规程》(DL/T 5155—2016)第3.3.1条、第3.3.2条、第3.3.7条。

25. **答案**:D

依据:《电力工程高压送电线路设计手册》(第二版)P605。

26. **答案**:C

依据:《光伏发电站设计规范》(GB 50797—2012)第8.2.2条、第8.2.3条。

27. **答案**:C

依据:《电流互感器和电压互感器选择及计算规程》(DL/T 866—2015)第11.4.3-3条。

28. **答案**:C

依据:《火力发电厂、变电站二次接线设计技术规程》(DL/T 5136—2012)第2.0.11条、第2.0.12条,《继电保护和安全自动装置技术规程》(GB/T 14285—2006)第4.2.8.2条、第4.3.2条,《火力发电厂厂用电设计技术规定》(DL/T 5153—2014)表3.4.1。

29. **答案**:B

依据:《电力系统设计技术规程》(DL/T 5429—2009)第6.3.2条～第6.3.4条。

30. **答案**:B

依据:《电力工程高压送电线路设计手册》(第二版)P125式(2-7-12)。

由 $\lg P'_\theta = \frac{10 \times \sqrt{40}}{86} - 3.35 = -2.614$ 得到 $P'_\theta = 10^{-2.614} = 0.00243 = 0.243\%$

31. **答案**:B

依据:《风电场工程110kV～220kV海上升压变电站设计规范》(NB/T 31115—2017)第5.2.2-2条。

32. **答案**:D

依据:《交流电气装置的过电压保护和绝缘配合设计规范》(GB/T 50064—2014)表6.4.6-3。

$$U = (400 - 185) \times K_a = 215 \times e^{\frac{1600-1000}{8150}} = 231\text{kV}$$

33. **答案**:B

依据:《电力工程直流电源系统设计技术规程》(DL/T 5044—2014)第3.6.5-2条。

34. **答案**:B

依据:《交流电气装置的过电压保护和绝缘配合设计规范》(GB/T 50064—2014)第

5.4.2-4 条。

35. **答案**：C

依据：《电力系统设计手册》P184。

36. **答案**：B

依据：《电力工程高压送电线路设计手册》(第二版)P35、《高压直流架空送电线路技术导则》(DL/T 436—2005)第 8 条。

37. **答案**：C

依据：《导体和电器选择设计技术规定》(DL/T 5222—2005)第 9.2.12-3 条。

38. **答案**：C

依据：《风电场工程 110kV ~ 220kV 海上升压变电站设计规范》(NB/T 31115—2017)第 5.8.5 条。

39. **答案**：B

依据：《火力发电厂、变电站二次接线设计技术规程》(DL/T 5136—2012)第 4.5.2-3 条。

40. **答案**：D

依据：《330kV ~ 750kV 变电站无功补偿装置设计技术规定》(DL/T 5014—2010)第 9.6.1 条、第 9.6.3 条、第 9.6.6 条。

---

41. **答案**：AB

依据：《光伏发电站设计规范》(GB 50797—2012)第 4.0.10 条、第 4.0.12 条、第 12.2.1 条、第 12.2.3 条。

42. **答案**：BC

依据：《高压配电装置设计规范》(DL/T 5352—2018)第 2.1.6 条。

43. **答案**：AC

依据：《导体和电器选择设计技术规定》(DL/T 5222—2005)第 9.2.7 条、第 9.2.10 条。

44. **答案**：ABD

依据：《风电场工程 110kV ~ 220kV 海上升压变电站设计规范》(NB/T 31115—2017)第 5.8.2 条 ~ 第 5.8.6 条。

45. **答案**：BCD

依据：《交流电气装置的过电压和绝缘配合设计规范》(GB/T 50064—2014)第 5.4.6 条。

46. **答案**：ACD

依据：《交流电气装置的接地设计规范》(GB/T 50065—2011)第 8.2.2 条 ~

第8.2.4条。

47. **答案:**ABD

依据:《电力装置的电测量仪表装置设计规范》(GB/T 50063—2017)第4.2.2条。

48. **答案:**AC

依据:《电力系统调度自动化设计规程》(DL/T 5003—2017)第5.1.2条及条文说明。

49. **答案:**AB

依据:《火力发电厂厂用电设计技术规定》(DL/T 5153—2014)第3.6.2条、第3.6.3条、第3.6.5条。

50. **答案:**BCD

依据:《并联电容器装置设计规范》(GB 50227—2017)第4.1.1条、第4.2.1条。

51. **答案:**BCD

依据:《电力系统安全自动装置设计技术规定》(DL/T 5147—2001)第4.7条。

52. **答案:**AD

依据:《电力工程设计手册》"20 架空输电线路设计"(超纲)P302式(5-16)。

53. **答案:**BD

依据:《电力工程高压送电线路设计手册》P198、P202,《110kV ~750kV 架空输电线路设计技术规程》(GB/T 50545—2010)第10.1.9条。

54. **答案:**ABD

依据:《风电场工程110kV ~220kV 海上升压变电站设计规范》(NB/T 31115—2017)第5.2.1条。

55. **答案:**BCD

依据:《电力工程电气设计手册》(电气一次部分)P141"关于不旋转原件负序电抗的说明"。

56. **答案:**ACD

依据:《导体和电器选择设计技术规定》(DL/T 5222—2005)第7.4.5条、第7.4.8条。

57. **答案:**BCD

依据:《电力工程电缆设计标准》(GB 50217—2018)第3.5.2条。

58. **答案:**AC

依据:《高压配电装置设计规范》(DL/T 5352—2018)表5.1.2-1。

59. **答案:**AB

依据:《交流电气装置的过电压保护和绝缘配合设计规范》(GB/T 50064—2014)

第5.4.6-3条、第5.4.7-1条、第5.4.8-1条、第5.4.9-2条。

60. **答案**:CD

依据:《交流电气装置的接地设计规范》(GB/T 50065—2011)第4.3.3条。

61. **答案**:AD

依据:《火力发电厂、变电所二次接线设计技术规程》(DL/T 5136—2012)第7.4.1条、第7.4.2条、第7.4.4条、第7.4.6条。

62. **答案**:ABD

依据:《电力工程高压送电线路设计手册》(第二版)P30"关于大气条件的影响的说明"。

63. **答案**:BCD

依据:《继电保护和安全自动装置技术规程》(GB/T 14285—2006)第5.2.1条、第5.2.2条。

64. **答案**:ABD

依据:《电力工程直流电源系统设计技术规程》(DL/T 5044—2014)第5.1.2-2条、第6.2.1条、第6.2.2条,《火力发电厂、变电站二次接线设计技术规程》(DL/T 5136—2012)附录A。

65. **答案**:AC

依据:《交流电气装置的过电压保护和绝缘配合设计规范》(GB/T 50064—2014)第5.3.4条。

66. **答案**:AC

依据:《火力发电厂厂用电设计技术规定》(DL/T 5153—2014)第7.2.1条、第7.2.7条~第7.2.9条。

67. **答案**:AB

依据:《110kV~750kV架空输电线路设计规范》(GB 50545—2010)第4.0.1条。

68. **答案**:AC

依据:《发电厂和变电站照明设计技术规定》(DL/T 5390—2014)第5.1.9-2条。

69. **答案**:AB

依据:《电力系统安全稳定导则》(GB 38755—2019)第4.2.1条~第4.2.3条。

70. **答案**:BCD

依据:《电力工程电缆设计标准》(GB 50217—2018)第3.3.1条~第3.3.3条、第3.3.5条。

2021 年案例分析试题(上午卷)

[案例题是 4 选 1 的方式,各小题前后之间没有联系,共 25 道小题,每题分值为 2 分,上午卷 50 分,下午卷 50 分,试卷满分 100 分。案例题一定要有分析(步骤和过程)、计算(要列出相应的公式)、依据(主要是规程、规范、手册),如果是论述题要列出论点]

题 1~3:某发电厂建设 6×350MW 燃煤发电机组,以 3 回 500kV 长距离线路接入他省电网。6 台发电机组连续建设,均通过双绕组变压器(简称"主变")升压至 500kV,采用发电机—变压器组单元接线,发电机出口设 SF6 发电机断路器,厂内设 500kV 配电装置,不设启动/备用变压器,全厂设 1 台高压停机变压器(简称"停机变"),停机变电源由当地 220kV 变电站引接。

发电机主要技术参数为:(1)发电机额定功率:350MW;(2)发电机组最大连续输出功率:374MW;(3)额定电压:20kV;(4)额定功率因数:0.85(滞后);(5)相数:3;(6)直轴超瞬态电抗(饱和值)X''_d:17.5%;(7)定子绕组每相对地电容:0.24μF。

SF6 发电机断路器主要技术参数为:(1)额定电压:20kV;(2)额定电流:13300A;(3)每相发电机断路器的主变侧和发电机侧分别设置 100nF 和 50nF 电容。

1. 电厂 500kV 配电装置的电气主接线宜采用下列哪种接线方式?并说明依据。 ( )

(A)单母线分段接线 (B)双母线接线

(C)双母线带旁路接线 (D)4/3 断路器接线

解答过程:

2. 发电机中性点经单相接地变压器(二次侧接电阻)接地,假定离相封闭母线、主变和高厂变的每相对地电容之和为 140nF,接地变压器的过负荷系数取 1.6,接地变压器二次侧电压 U_2 取 220V,采用《电力工程电气设计手册》(电气一次部分)的方法,则接地变压器的额定一次电压、额定容量和二次侧电阻的电阻值分别为下列哪项数值? ( )

(A)11.5kV,24.3kVA,0.72Ω (B)20kV,42kVA,0.24Ω

(C)11.5kV,45.8kVA,0.66Ω (D)20kV,19.1kVA,0.92Ω

解答过程:

3. 由于 500kV 线路较长,中间设开关站,电厂至开关站的 500kV 架空线路距离为 280km,500kV 线路充电功率取 1.18Mvar/km。为了限制工频过电压,每回 500kV 线路的电厂侧与开关站侧均设 1 组中性点不设电抗器的高压并联电抗器,若按补偿度不低于 70% 考虑,电厂选用单相电抗器,则该单相电抗器的额定容量宜为下列哪项数值? ( )

A. 40Mvar (B)50Mvar (C)80Mvar (D)120Mvar

解答过程:

题 4~7:某 300MW 级火电厂,主厂房采用控制负荷和动力负荷合并供电的直流电源系统,每台机组装设两组 220VGFM2 免维护铅酸蓄电池,两组高频开关电源充电装置,直流系统接线方式采用单母线接线,直流负荷统计见下表。

直流负荷统计表

负荷名称	装置容量(kW)	负荷名称	装置容量(kW)
直流长明灯	1.5	电气控制保护	15
应急照明	5	小机事故直流油泵	11
汽机直流事故润滑油泵	45	汽机控制系统(DEH)	5
发电机空侧密封油泵	10	高压配电装置跳闸	4
发电机氢侧密封油泵	4	厂用低电压跳闸	15
主厂房不停电电源(静态)	80	厂用电源恢复时高压厂用断路器合闸	3

4. 请计算经常负荷电流最接近下列哪项数值? ( )

(A)54.54A (B)61.36A

(C)70.45A (D)75.00A

解答过程:

5. 若蓄电池组出口短路电流为 22kA,直流母线上的短路电流为 18kA,蓄电池组端子到直流母线连接电缆的长度为 50m。请计算该铜芯电缆的计算截面面积最接近下列哪项数值?(假定缆芯温度为 20℃,此温度下铜的电阻系数为 0.01724Ω·mm^2/m) ( )

(A)70.5mm^2 (B)141mm^2

(C)388mm^2 (D)776mm^2

解答过程：

6. 已知汽机直流事故润滑油泵电动机至直流屏的聚氯乙烯无铠装绝缘铜芯电缆长度为 80m，请计算并选择该电缆截面宜为下列哪种规格？（假定直流马达启动电流倍数为 2 倍，铜的电阻系数为 0.0184Ω · mm^2/m，采用空气中敷设，电缆敷设系数为 1）（　　）

(A)50mm^2　　(B)70mm^2　　(C)95mm^2　　(D)120mm^2

解答过程：

7. 若系统为集中辐射形，自直流屏引出一路馈线至保护屏，作为电气保护电源使用。保护屏负荷总额定容量为 8kW，单回路最大负荷为 1.2kW。直流屏上馈线开关的额定电流是保护屏上馈线开关的额定电流的 6 倍，问直流屏上馈线开关的额定电流至少为下列哪项数值？（　　）

(A)20A　　(B)40A　　(C)60A　　(D)80A

解答过程：

题 8～10：某 220kV 户外敞开式变电站，220kV 配电装置采用双母线接线，设两台主变压器，连接于站内 220/110/10kV 母线，容量为 240/240/72MVA，变比为 220/115/10.5kV，阻抗电压（以高压绕组容量为基准）为 $U_{1\text{-}2}\%=14$，$U_{1\text{-}3}\%=35$，$U_{2\text{-}3}\%=20$，连接组别 YNyn0d11。220kV 出线 2 回，母线的最大穿越功率为 900MVA。110kV 母线出线为负荷线。220kV 系统为无穷大系统，取 $S_j=100$MVA，$U_j=230$kV，最大运行方式下的系统正序阻抗标幺值 $X_1^*=0.0065$，负序阻抗标幺值 $X_2^*=0.0065$，零序阻抗标幺值 $X_0^*=0.0058$，请分析计算并解答下列各小题。

8. 试计算主变压器高、中、低压侧绕组等值标幺值为下列哪组数值？（　　）

(A)0.145，－0.005，0.205　　(B)0.145，0.005，－0.205

(C)0.0604,0.0854,-0.00208 (D)0.0604,-0.00208,0.0854

解答过程:

9. 请问应依据以下哪组数值选择220kV母联断路器的额定电流及馈线断路器的短路开断电流? ( )

(A)661A,40.1kA (B)2362A,40.1kA
(C)2362A,38.6kA (D)661A,38.6kA

解答过程:

10. 该变电站通过一回15km的110kV架空线路为某企业供电,如线路电抗为0.4Ω/km,请问该企业110kV侧断路器的动稳定电流应依据下列哪项数值选择?(仅考虑三相短路) ( )

(A)6.22kA (B)11.64kA
(C)15.84kA (D)27.39kA

解答过程:

题11~13:某220kV户内变电站,安装两台主变,220kV侧为双母线接线,4回出线;110kV侧为双母线接线,线路8回,均为负荷出线;10kV侧为单母线分段接线,线路10回,均为负荷出线。

主变压器变比为230±8×1.25%/115/10.5kV,容量为180/180/180MVA,连接组别为YN/yn0/d11。站内采用铜芯电缆,γ取57m/(Ω·mm²)。请解答以下问题。(计算结果精确到小数点后2位)

11. 主变三侧电流互感器采用5P级,变比分别为600/1A(高压侧)、1250/1A(中压侧)、10000/1A(低压侧),二次侧均为Y接线。以主变高压侧作为基准侧,请计算主变差动保护低压侧平衡系数。 ( )

(A)0.44　　(B)0.76

(C)1.04　　(D)1.32

解答过程：

12.本变电站中有一回110kV出线间隔，电流互感器变比600/1A，电压互感器变比110/0.1kV。线路长度18km，$X_1=0.4\Omega/km$。终端变压器变比为110/10.5kV，容量为50MVA，$U_d=17\%$。此出线配置距离保护，相间距离Ⅱ段按躲110kV终端变压器低压侧母线故障整定(K_{KT}取0.7，K_K取0.8，助增系数取1)。请计算此线路保护相间距离Ⅱ段阻抗保护二次整定值(计算结果取小数点后两位)。　(　　)

(A)3.14Ω　　(B)18.85Ω

(C)29.12Ω　　(D)34.56Ω

解答过程：

13.110kV出线配置相间及接地距离保护。电流互感器采用三相星形接线，二次每相允许负荷2Ω，保护配置采样元件取三相相线电流，保护配置每相负荷0.5Ω，电流互感器至保护装置之间的电缆长度210m，采用铜芯电缆，忽略接触电阻。此电流回路电缆最小截面面积的计算值为下列哪项数值?　(　　)

(A)$2.46mm^2$　　(B)$3.25mm^2$

(C)$4.91mm^2$　　(D)$7.37mm^2$

解答过程：

题14~16：国内某电厂安装有两台热电联产汽轮发电机组，接线示意图如下图所示，两台机组参数相同，主变高低压侧单相对地电容分别为3000pF、8000pF。110kV系统侧(不含本电厂机组)的正序阻抗为0.0412，零序阻抗为0.0698，$S_j=$ 100MVA。主变及备变均为三相四柱式。

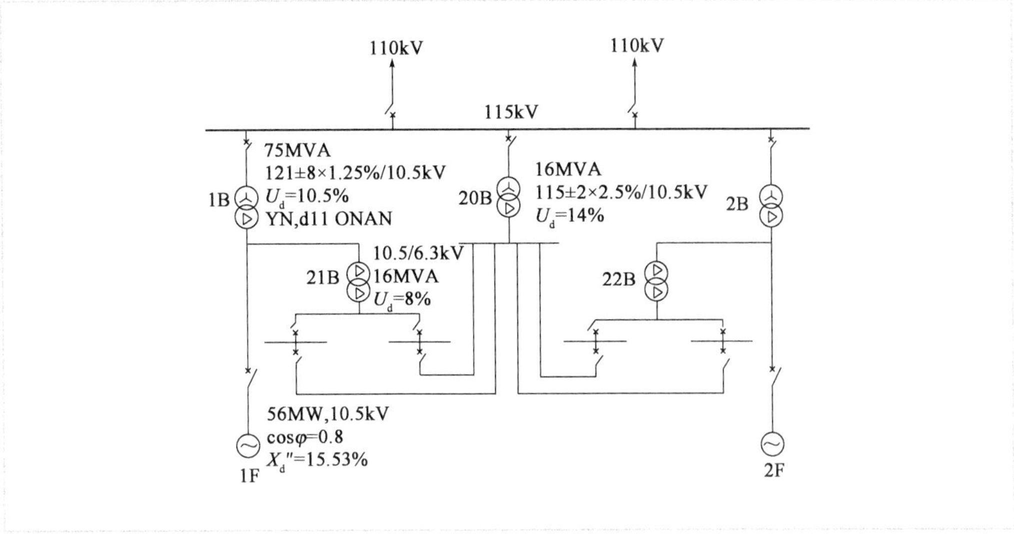

14. 若高厂变高低压侧单相对地电容分别为7500pF、18000pF，发电机出口连接导体的单相对地电容为900pF，则当发电机出口单相接地故障时的接地电容电流为下列哪项数值？（　　）

(A) 1.57A　　(B) 1.94A　　(C) 2.00A　　(D) 2.06A

解答过程：

15. 若发电机回路的单相对地电容电流为10A，两台发电机中性点均采用经消弧线圈接地，当采用欠补偿方式、脱谐度为30%、阻尼率为4%时，消弧线圈的补偿容量以及发电机中性点位移电压分别为下列哪项数值？（　　）

(A) 42.44kVA，0.16kV　　(B) 42.44kVA，0.28kV

(C) 73.50kVA，0.16kV　　(D) 81.84kVA，0.28kV

解答过程：

16. 若高备变（20B）和一台主变高压侧中性点直接接地运行，另一台主变高压侧中性点不接地运行，当110kV系统发生单相接地故障时，主变高压侧中性点的稳态电压为下列哪项数值？（　　）

(A) $0.33U_{xg}$　　(B) $0.37U_{xg}$　　(C) $0.40U_{xg}$　　(D) $0.46U_{xg}$

解答过程：

题17～20：某400MW海上风电场装设60台6.7MW风力发电机组(简称风电机组)，风电机组通过机组单元变压器(简称单元变)升压至35kV，然后通过16回35kV海底电缆集电线路接入220kV海上升压站，海上升压站设置2台低压分裂绕组主变压器(简称主变)，海上升压站通过2回均为25km的220kV三芯海底电缆接入陆上集控中心，再通过2回20km的220kV架空线路并入电网。风电机组功率因数(单元变输入功率因数)范围满足0.95(超前)～0.95(滞后)。

正常运行时，每台主变压器分别连接30台风电机组，根据厂家资料，主变主要技术参数为：

(1)额定容量：240/120-120MVA。

(2)额定电压比：230±8×1.25%/35-35kV。

(3)短路阻抗：全穿越14%，半穿越26%。

(4)空载电流：0.3%。

(5)接线组别：YN，d11-d11。

请分析计算并解答下列各小题。

17. 假设不计单元变和35kV海底电缆集电线路的无功损耗，请计算海上风电场满负荷时主变的最大感性无功损耗为下列哪项数值？（　　）

(A)52.2Mvar　　(B)53.6Mvar　　(C)68.4Mvar　　(D)98.4Mvar

解答过程：

18. 35kV集电线路采用了3×400mm²、3×240mm²、3×120mm²和3×70mm²四种规格的35kV海底电缆，35kV电缆的主要技术参数见下表。

电缆截面面积(mm²)	空气中载流量(A)	单相对地电容(μF/km)	长度(km)
3×400	488	0.217	65
3×240	397	0.181	20
3×120	281	0.146	24
3×70	211	0.124	58

220kV海底电缆主要技术参数为：

(1)型式:3 芯铜导体交联聚乙烯绝缘海底光电复合电缆。

(2)额定电压比:127/220kV。

(3)导体截面面积:500mm^2。

(4)单相对地电容:0.124μF/km。

220kV 架空线路充电功率取 0.19Mvar/km。假定不考虑风电机组功率因数的调节影响,当海上风电场配置感性无功补偿装置时,感性无功补偿装置的容量为下列哪项数值?( )

(A)94.2Mvar (B)98.0Mvar

(C)105.1Mvar (D)108.9Mvar

解答过程:

19. 假定包括接入电网的 220kV 架空线路所需补偿无功功率,风电场全部充电功率为 125Mvar,满载时全部感性无功损耗为 100Mvar,空载时全部感性无功损耗为 5Mvar,集控中心 2 回 220kV 线路均设置 1 套容量 35Mvar 高压并联电抗器(简称高抗)和 2 套 35kV 动态无功补偿装置(SVG),2 套 SVG 通过 1 台变压器接至集控中心 220kV 母线,不计该变压器无功损耗,不考虑风电机组功率因数的调节影响,则每套 SVG 的容量宜取下列哪项数值?( )

(A)±25Mvar (B)±35Mvar

(C)±50Mvar (D)±62.5Mvar

解答过程:

20. 若风电场陆上集控中心设置了 35kV、20Mvar 的固定电容器及动态无功补偿装置,若 35kV 电缆热稳定最小截面面积为 120mm^2,敷设系数取 1,则固定电容器回路用于连接分相布置电抗器的 35kV 电缆宜选用下列哪个规格?( )

35kV 交联聚乙烯电缆空气中敷设载流量

电缆规格(mm^2)	3×95	3×120	3×150	3×185	3×240	3×300
载流量(A)	262	295	328	366	416	460
电缆规格(mm^2)	1×95	1×120	1×150	1×185	1×240	1×300
载流量(A)	288	324	360	402	457	506

(A) YJV-35-3 ×120　　(B) 3 × (YJV-35-1 ×150)

(C) YJV-35-3 ×300　　(D) 3 × (YJV-35-1 ×240)

解答过程:

题 21 ~25:某变电工程选用 220kV 单芯电缆,单相敷设长度为 3km,采用隧道方式敷设。电缆选用交联聚乙烯铜芯电缆,其金属护套采用交叉互联接地方式,正常工作最大电流为 450A,电缆所在区域系统单相短路电流周期分量为 40kA,短路持续时间 1s,短路前电缆导体温度按 70℃ 考虑。电缆采用水平布置,间距 300mm,布置方式见下图。电缆外径为 115mm,导体交直流电阻比按 1.02 计,金属护套平均外径为 100mm。

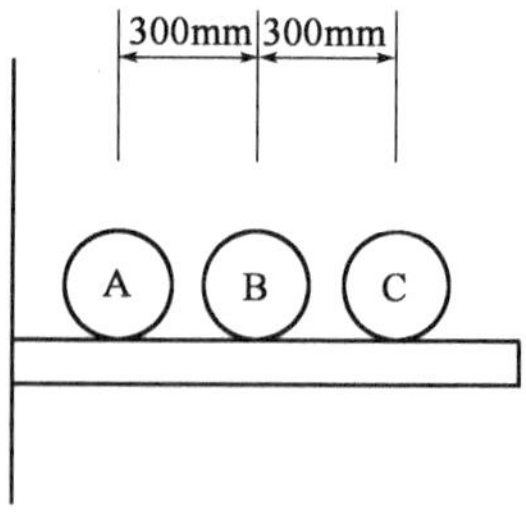

21. 该工程电缆选择了蛇形敷设方式,主要考虑以下哪个选项?　　(　　)

(A)减小电缆轴向热应力

(B)减小施工难度

(C)增大电缆载流量

(D)降低对周边弱电线电磁的影响

解答过程:

22. 该电缆在隧道中采用支架支撑,电缆在支架上用夹具固定,夹具抗张强度不超过 30000N,按单相短路电流计算,电缆支架间距最大应为下列哪项数值?(安全系数按 3.0 考虑)　　(　　)

(A)1.06m　　(B)1.41m

(C)4.22m　　(D)4.85m

解答过程：

23. 在本工程条件下，按短路条件计算得到电缆导体截面面积应不小于 280mm²，如因系统条件发生变化，该线路单相短路电流周期分量有效值为 50kA，短路电流持续时间 1.5s，按此条件计算电缆导体截面面积应不小于下列哪项数值？（忽略短路电流衰减且不计非周期分量） （ ）

(A) $350mm^2$ (B) $402mm^2$ (C) $429mm^2$ (D) $489mm^2$

解答过程：

24. 该工程基段电缆长 650m，该段电缆金属护套一端直接接地，另一端非直接接地，该电缆 A 相金属护套正常工况下最大感应电势值为下列哪项数值？（提示：工作频率为 50Hz，仅考虑单回路情况） （ ）

(A) 28.74V (B) 32.9V (C) 38.3V (D) 40.8V

解答过程：

25. 根据厂家提供样本，本项目中某回线路采用电缆载流量为 534A（环境温度为 40℃），该线路独立敷设于一个电缆隧道内，隧道实际环境温度为 30℃，则该环境温度下载流量可估算为下列哪项数值？（提示：忽略绝缘介质及金属护套损耗影响） （ ）

(A) 445A (B) 487A (C) 585A (D) 640A

解答过程：

2021年案例分析试题答案(上午卷)

题1~3答案:**DBA**

1. 根据《大中型火力发电厂设计规范》(GB 50660—2011)第16.2.11-2条,当电厂装机台数较多,但出线回路数较少时,可采用4/3断路器接线。

该电厂6台燃煤发电机组,以3回500kV长距离线路接入,属于装机台数较多,但出线回路数较少时,可采用4/3断路器接线。

2. 根据《导体和电器选择设计技术规定》(DL/T 5222—2005)第18.3.4-1条,本题变压器额定电压应当取发电机额定电压20kV,此时接地变压器额定电压比:$N=20/0.22=90.91$。

根据《电力工程电气设计手册　电气一次部分》P265式(6-47)、式(6-49),发电机回路中其他设备每相对地电容,包括封闭母线、主变压器、厂用变压器以及发电机断路器的附加电容,由此可得二次侧电阻的电阻值:

$$R \leqslant \frac{1}{N^2 \times 3\omega \times (C_{0f}+C_t)} \times 10^6$$

$$= \frac{1}{90.91^2 \times 3 \times 100\pi \times [0.24+(100+50+140)\times 10^{-3}]} \times 10^6 = 0.24\Omega$$

本题明确过负荷系数$K=1.6$,则接地变压器额定容量为:

$$S \geqslant \frac{U_2^2}{3KR} = \frac{220^2}{3 \times 1.6 \times 0.24} \times 10^{-3} = 42\text{kVA}$$

3. 根据《330kV~750kV变电站无功补偿装置设计技术规定》(DL/T 5014—2010)第5.0.7条与条文说明,按就地平衡原则,变电站装设电抗器的最大补偿容量,一般为其所接线路充电功率的1/2。

因此单相电抗器的额定容量:$Q \geqslant \frac{1}{3} \times \frac{1}{2} \times 70\% \times 280 \times 1.18 = 38.6\text{Mvar}$,取40Mvar。

注:这里是单相电抗器,每条线路需要设置3台,所以除以3。

题4~7答案:**BDDB**

4. 根据《电力工程直流电源系统设计技术规范》(DL/T 5044—2014)第4.2.5条、第4.2.6条,经常负荷包括直流长明灯1.5kW、电气控制保护15kW、汽机控制系统(DEH)5kW,负荷系数分别为1.0、0.6与0.6。则经常负荷电流:

$$I_{jc} = \frac{\sum KP}{U_n} = \frac{1.5 \times 1.0 + 15 \times 0.6 + 5 \times 0.6}{0.22} = 61.36\text{A}$$

5. 根据《电力工程直流电源系统设计技术规范》(DL/T 5044—2014)附录G.1:

根据蓄电池组出口短路电流 $I_{bk}=\dfrac{U_n}{n(r_b+r_1)}$ 与直流母线上的短路电流 $I_k=\dfrac{U_n}{n(r_b+r_1)+r_c}$，推导得到蓄电池连接电缆总电阻：

$$r_c=\frac{U_n}{I_k}-\frac{U_n}{I_{bk}}=\frac{220}{18}-\frac{220}{22}=2.222\text{m}\Omega$$

根据电阻计算公式 $r_c=\rho\dfrac{2L}{S}$，则电缆截面面积：

$$S=\rho\frac{2L}{r_c}=17.24\times\frac{2\times50}{2.222}=775.88\text{mm}^2$$

注：这里需要考虑来回总阻值，所以长度乘以2。

6. 根据《电力工程直流电源系统设计技术规范》（DL/T 5044—2014）附录E，直流电动机回路允许电压降 $\Delta U_p\leqslant5\%U_n$，考虑到题目中给出了电动机启动电流倍数，因此电缆截面按照电动机启动设计。

根据表E.2-1，直流电动机回路 $I_{ca2}=K_{stm}I_{nm}=2\times45/0.22=409.09\text{A}$。

根据式（E.1.1-2），最小电缆截面面积 $S_{cac}=\dfrac{\rho\cdot2LI_{ca2}}{\Delta U_p}=\dfrac{0.0184\times2\times80\times409.09}{5\%\times220}=109.5\text{mm}^2$

本题明确电缆敷设系数为1，因此可以选截面面积为 120mm^2 的电缆。

7. 根据《电力工程直流电源系统设计技术规范》（DL/T 5044—2014）附录A.3.4、表A.5-1，该断路器额定电流应当取以下两者的较大值：

（1）按保护屏负荷总额定容量计算：$I_n\geqslant K_cI_{c\Sigma}=0.8\times8/0.22=29.09\text{A}$。

（2）按照上下级保护配合计算：

①终端断路器宜选用B型脱扣器，额定电流 $I_n\geqslant1.2/0.22=5.45\text{A}$，取6A。

②按与保护屏上的馈线开关上下级配合计算：$I_n\geqslant6\times6=36\text{A}$。

综上，取40A较为合理。

题8～10答案：**DBC**

8. 根据《电力工程电气设计手册　电气一次部分》P121表4-2及P122表4-4：

（1）高压：$X_1=\dfrac{1}{2}\left(\dfrac{U_{1\text{-}2}\%}{100}+\dfrac{U_{1\text{-}3}\%}{100}-\dfrac{U_{2\text{-}3}\%}{100}\right)\dfrac{S_j}{S_e}=\dfrac{1}{2}\times\left(\dfrac{14}{100}+\dfrac{35}{100}-\dfrac{20}{100}\right)\times\dfrac{100}{240}=0.0604$

（2）中压：$X_2=\dfrac{1}{2}\left(\dfrac{U_{1\text{-}2}\%}{100}+\dfrac{U_{2\text{-}3}\%}{100}-\dfrac{U_{1\text{-}3}\%}{100}\right)\dfrac{S_j}{S_e}=\dfrac{1}{2}\times\left(\dfrac{14}{100}+\dfrac{20}{100}-\dfrac{35}{100}\right)\times\dfrac{100}{240}=-0.00208$

（3）低压：$X_3=\dfrac{1}{2}\left(\dfrac{U_{1\text{-}3}\%}{100}+\dfrac{U_{2\text{-}3}\%}{100}-\dfrac{U_{1\text{-}2}\%}{100}\right)\dfrac{S_j}{S_e}=\dfrac{1}{2}\times\left(\dfrac{35}{100}+\dfrac{20}{100}-\dfrac{14}{100}\right)\times\dfrac{100}{240}=0.0854$

9. 根据《电力工程电气设计手册　电气一次部分》P232表6-3，母线联络回路最大持续电流取1个最大电源元件的计算电流，母线最大电流可能为负荷元件的有2台主变压器和220kV出线，变压器元件的容量为240MVA，总容量为480MVA，220kV出线容量为穿越功率900MVA。按极限最大运行方式下，1个最大电源元件可带全部负荷元件容量，则其总容量为母线最大穿越功率900MVA。此时母线联络回路容量为900MVA，最大持续电流为：$I_g=\dfrac{S_{max}}{\sqrt{3}U_N}=\dfrac{900\times10^3}{\sqrt{3}\times220}=2362A$。

根据《导体和电器选择设计技术规定》(DL/T 5222—2005)第5.0.4条、附录F，校验导体和电器动稳定、热稳定以及电器开断电流所用的短路电流，应按系统最大运行方式下可能流经被校验导体和电器的最大短路电流，本题需要校验不同短路条件下短路电流的大小。

由于零序阻抗标幺值小于正序阻抗标幺值，故最大短路故障类型为单相接地短路或两相接地短路。

单相短路电流为：

$$I^{(1)}=mI_{d1}^{(1)}=m\frac{I_j}{X_{1*}+X_{2*}+X_{0*}}=3\times\frac{0.251}{0.0065+0.0065+0.0058}=40.1kA$$

两相短路电流为：$I_d^{(1,1)}=mI_{d1}^{(1,1)}=\dfrac{mI_j}{X_{1*}+\dfrac{X_{2*}X_{0*}}{X_{2*}+X_{0*}}}=\dfrac{1.5\times0.251}{0.0065+\dfrac{0.0065\times0.0058}{0.0065+0.0058}}=39.4kA$，

其中短路电流系数为：$m=\sqrt{3}\times\sqrt{1-\dfrac{X_{2*}X_{0*}}{(X_{2*}+X_{0*})^2}}=\sqrt{3}\times\sqrt{1-\dfrac{0.0065\times0.0058}{(0.0065+0.0058)^2}}=1.5$

取两者较大值40.1kA。

10. 根据《导体和电器选择设计技术规定》(DL/T 5222—2005)第5.0.4条、附录F.2、附录F.4，校验导体和电器动稳定、热稳定以及电器开断电流所用的短路电流，应按系统最大运行方式下可能流经被校验导体和电器的最大短路电流。

正常的最大运行方式需要考虑2台主变压器高、中压侧母线均并列运行，此时短路电流最大。

企业110kV侧断路器短路时，回路总阻抗值为系统阻抗、企业供电线路与两台变压器高中压绕组阻抗并联值之和。

每台变压器高、中压绕组阻抗之和标幺值为：

$$X_{T*}=\frac{U_{1\text{-}2}\%}{100}\times\frac{S_j}{S_e}=\frac{14}{100}\times\frac{100}{240}=0.058$$

企业供电线路阻抗标幺值为：

$$X_{L*}=X_L\frac{S_j}{U_j^2}=0.4\times15\times\frac{100}{115^2}=0.045$$

当企业110kV侧断路器短路时，最大三相短路电流为：

$$I''_{k3}=\frac{I_j}{X_{\Sigma*}}=\frac{I_j}{X_{S*}+\dfrac{X_{T*}}{2}+X_{L*}}=\frac{0.502}{0.0065+\dfrac{0.058}{2}+0.045}=6.236kA$$

变电站冲击系数取1.8，则 $i_{ch}=\sqrt{2}K_{ch}I''_{k3}=\sqrt{2}\times1.8\times6.236=15.87kA$。

题 11 ~ 13 答案:**BBC**

11. 根据《大型发电机变压器继电保护整定计算导则》(DL/T 684—2012)第 5.1.4.1 条表 2:

主变压器高压侧二次额定电流:$I_{eh}=\dfrac{S_N}{\sqrt{3}U_{Nh}}\bigg/\dfrac{I_{h1n}}{I_{h2n}}=\dfrac{180\times10^3}{\sqrt{3}\times230}\bigg/\dfrac{600}{1}=0.7531\text{A}$

高压侧为基准侧,其平衡系数 $K_h=1$。

主变压器低压侧二次额定电流:$I_{el}=\dfrac{S_N}{\sqrt{3}U_{Nl}}\bigg/\dfrac{I_{l1n}}{I_{l2n}}=\dfrac{180\times10^3}{\sqrt{3}\times10.5}\bigg/\dfrac{10000}{1}=0.9898\text{A}$

根据表格注解 3,高、低压侧的平衡系数和二次额定电流满足 $K_hI_{eh}=K_lI_{el}$,可以推导得到低压侧平衡系数 $K_l=\dfrac{K_hI_{eh}}{I_{el}}=\dfrac{1\times0.7531}{0.9898}=0.76$。

12. 根据《电力工程电气设计手册　电气一次部分》P121 表 4-2,归算到高压侧 110kV,变压器阻抗有名值 $Z_T=\dfrac{U_d\%}{100}\times\dfrac{U_c^2}{S_e}=\dfrac{17}{100}\times\dfrac{110^2}{50}=41.14\Omega$,线路阻抗 $Z_1=18\times0.4=7.2\Omega$。

根据《3kV ~ 110kV 电网继电保护装置运行整定规程》(DL/T 584—2017)第 7.2.3.12 条表 3,可得一次动作阻抗公式:

$Z_{opl}\leqslant K_kZ_1+K_{kT}Z_T=0.8\times7.2+0.7\times41.14=34.558\Omega$

并将其折算为二次阻抗整定值 $Z_2=Z_{opl}\times\dfrac{n_T}{n_v}=34.558\times\dfrac{600/1}{110/0.1}=18.85\Omega$。

13. 根据《电流互感器和电压互感器选择及计算规程》(DL/T 866—2015)第 10.2.6 条,三相星形接线,继电器线圈的阻抗换算系数 K_{rc} 为 1,连接导线的阻抗换算系数 K_{lc} 为 2,则每相二次负荷阻抗值 $Z_b=\sum K_{rc}Z_r+K_{lc}R_l+R_c$ 应当小于每相允许负荷 Z_{max}。

推导可得最大允许连接导线电阻为:

$$R_l\leqslant\frac{Z_{max}-\sum K_{rc}Z_r-R_c}{K_{lc}}=\frac{2-1\times0.5-0}{2}=0.75\Omega$$

反推求得电缆最小截面面积为:$A=\dfrac{L}{\gamma R_1}\geqslant\dfrac{210}{57\times0.75}=4.91\text{mm}^2$。

题 14 ~ 16 答案:**BAC**

14. 根据《电力工程电气设计手册　电气一次部分》P262 式(6-37),第一步求得发电机组定子电容:

$$C_{0f}=\frac{2.5KS_{ef}\omega}{\sqrt{3}(1+0.08U_{ef})}\times10^{-9}=\frac{2.5\times0.0187\times\dfrac{30}{0.8}\times2\pi\times50}{\sqrt{3}\times(1+0.08\times10.5)}\times10^{-9}=322.59\times10^{-9}\text{F}$$

为求得发电机出口单相接地故障时的接地电容电流,需要考虑发电机组定子电容、主变低压侧单相对地电容、高厂变高压侧单相对地电容、发电机出口连接导体的单相对地电容。

综上所述,接地电容电流为:

$$I_C=\sqrt{3}\omega C_{0\Sigma}U_{ef}\times 10^3=\sqrt{3}\times 2\pi\times 50\times(322.59+8+7.5+0.9)\times 10^{-9}\times 10.5\times 10^3$$
$$=1.94\text{A}$$

15. 根据《导体和电器选择设计技术规定》(DL/T 5222—2005)第 18.1.4 条、第 18.1.7 条,代入数据直接可以得到中性点位移电压。

脱谐度: $v=\dfrac{I_C-I_L}{I_C}=1-\dfrac{I_L}{I_C}=1-K=30\%$

补偿系数: $K=1-30\%=0.7$

消弧线圈容量: $Q=KI_c\dfrac{U_N}{\sqrt{3}}=0.7\times 10\times\dfrac{10.5}{\sqrt{3}}=42.44\text{kVA}$

中性点位移电压 $U_0=\dfrac{U_{bd}}{\sqrt{d^2+v^2}}=\dfrac{0.8\%U_N/\sqrt{3}}{\sqrt{d^2+v^2}}=\dfrac{0.8\%\times 10.5/\sqrt{3}}{\sqrt{0.04^2+0.3^2}}=0.16\text{kV}$

16. 根据《电力工程电气设计手册　电气一次部分》P121 表 4-2、P903 式(附 15-32):

发电机阻抗标幺值: $X_{*G}=\dfrac{X''_d\%}{100}\times\dfrac{S_j}{P_e/\cos\varphi}=\dfrac{15.53}{100}\times\dfrac{100}{56/0.8}=0.2219$

升压变阻抗标幺值: $X_{*T}=\dfrac{U_d\%}{100}\times\dfrac{S_j}{S_e}=\dfrac{10.5}{100}\times\dfrac{100}{75}=0.14$

启备变阻抗标幺值: $X_{*TQ}=\dfrac{U_d\%}{100}\times\dfrac{S_j}{S_c}=\dfrac{14}{100}\times\dfrac{100}{16}=0.875$

根据电路图,正序综合阻抗考虑两台发电机组支路和系统支路并联。

正序综合阻抗标幺值:

$$X_1=\frac{1}{2}(X_{*G}+X_{*T})//X_{s1}=\frac{1}{2}(0.2219+0.14)//0.0412=0.0336$$

根据电路图,零序综合阻抗需要考虑高备变支路、一台主变支路(低压侧△接线,不用计算发电机零序阻抗,另一台主变高压侧中性点不接地,不考虑)和系统支路并联。

零序综合阻抗标幺值: $X_0=X_{*T}//X_{*TQ}//X_{s0}=0.14//0.875//0.0698=0.0442$

计算得到稳态过电压:

$$U_{b0}=\frac{K_x}{2+K_x}U_{xg}=\frac{X_0/X_1}{2+X_0/X_1}U_{xg}=\frac{0.0442/0.0336}{2+0.0442/0.0336}U_{xg}=0.40U_{xg}$$

题 17 ~20 答案:**BDAD**

17. 根据《电力工程电气设计手册　电气一次部分》P225,半穿越电抗 $U_{k1\text{-}2'}=U_{k1}+U_{k2'}=26\%$,全穿越电抗 $U_{k1\text{-}2}=U_{k1}+\dfrac{1}{2}U_{k2'}=14\%$,推导得到高压绕组短路阻抗 $U_{k1}=2\%$,低压绕组短路阻抗 $U_{k2'}=12\%$。

根据《电力系统设计手册》P320 式(10-47)、式(10-48),每台主变无功损耗:

$$\Delta Q_T=\frac{U_{k1}\%}{100}\times\frac{S_1^2}{S_N}+\frac{U_{k2'}\%}{100}\times\frac{S_{2'}^2}{S_N}+\frac{U_{k2''}\%}{100}\times\frac{S_2^2}{S_N}+\frac{I_0\%}{100}S_N$$
$$=\frac{2}{100}\times\frac{\left(\frac{30\times 6.7}{0.95}\right)^2}{240}+2\times\frac{24}{100}\times\frac{\left(\frac{15\times 6.7}{0.95}\right)^2}{240}+\frac{0.3}{100}\times 240=26.83\text{Mvar}$$

两台主变合计：$2\times26.83=53.66\text{Mvar}$。

18. 根据《风电场接入电力系统技术规定》(GB/T 19963—2011)第7.2.2条，直接接入公共电网的风电场，其配置的感性无功容量能够补偿风电场自身的容性充电无功功率及风电场送出线路的一半充电无功功率。注意本题35kV集电线与220kV海底电缆为变电站内部线路，220kV架空线路为送出线路。

(1)内部线路充电功率。

①35kV集电线路容性无功功率：

$$Q_{35}=\omega C_{\Sigma}U^2=100\pi\times(0.217\times65+0.181\times20+0.146\times24+0.124\times58)\times35^2$$
$$=10.9\text{Mvar}$$

②220kV海底电缆容性充电无功功率：

$$Q_{220}=\omega C_{\Sigma}U^2=100\pi\times2\times25\times0.124\times220^2\times10^{-6}=94.27\text{Mvar}$$

(2)送出线路充电功率。

220kV架空线路充电功率 $Q_{220\text{-}2}=0.19\times2\times20=7.6\text{Mvar}$

需要配置的感性无功补偿装置容量：

$$Q_{35}+Q_{220}+Q_{220\text{-}2}/2=10.9+94.27+7.6/2=108.9\text{Mvar}$$

19. 根据《风电场接入电力系统技术规定》(GB/T 19963—2011)第7.2.2条、第7.2.4条：

(1)满载时，风电场全部充电功率为125Mvar，风电场感性无功损耗为100Mvar，考虑最恶劣情况，将2台高抗全部投入运行，发出 $2\times35=70\text{Mvar}$ 无功，此时SVG需要发出 $(100+70-125)/2=22.5\text{Mvar}$ 容性无功。

(2)空载时，风电场全部充电功率为125Mvar，扣除感性无功损耗5Mvar，其中高抗补偿 $2\times35=70\text{Mvar}$，剩余部分需要SVG发出感性无功补偿，故每套SVG的容量宜取 $(125-5-2\times35)/2=25\text{Mvar}$。

综上所述，两者取大，SVG容量取25Mvar较为合适。

20. 根据《并联电容器装置设计规范》(GB 50227—2017)第5.1.3条、第5.8.2条，并联电容器装置总回路和分组回路的电器导体选择时，回路工作电流应按稳态过电流最大值确定且并联电容器装置的分组回路，回路导体截面应按并联电容器组额定电流的1.3倍选择。

电缆回路持续电流：$I_g=1.3I_N=1.3\times\dfrac{S_N}{\sqrt{3}U_N}=1.3\times\dfrac{20\times10^3}{\sqrt{3}\times35}=428.9\text{A}$

由于电抗器为分相布置，电缆宜选用单芯电缆，排除选项A、C。

根据题干，敷设系数取1，按载流量，宜选择3×(YJV-35-1×240)，该截面面积也大于电缆热稳定截面面积120mm^2。

题21～25答案：**ABCDC**

21. 根据《电力工程电缆设计标准》(GB 50217—2018)第2.0.12条，电缆蛇形敷设是指按定量参数要求减小电缆轴向热应力或有助自由伸缩量增大而使电缆呈蛇形的敷设方式。

22. 根据《电力工程电缆设计标准》(GB 50217—2018)式(6.1.10-1)、《导体和电器选择设计技术规定》(DL/T 5222—2005)附录 F.4.1,本题为变电站,冲击系数 K_{ch} 取 1.8,通过电缆回路的最大短路电流峰值:$i=\sqrt{2}K_{ch}I''=\sqrt{2}\times1.8\times40=101.823\text{kA}$

固定电缆用的夹具抗张强度应大于最大短路电动力,即 $F=\dfrac{2.05i^2Lk}{D}\times10^{-7}\leqslant F_m$。

电缆支架间距:$L\leqslant\dfrac{F_mD}{2.05i^2k}\times10^7=\dfrac{30000\times0.3}{2.05\times101823^2\times3.0}\times10^7=1.41\text{m}$

23. 根据《电力工程电缆设计标准》(GB 50217—2018)附录 E.1.1:

短路条件变更前,电缆导体截面面积:$S\geqslant\dfrac{\sqrt{Q}}{C}=\dfrac{\sqrt{I_{k1}{}^2t}}{C}$

由此推导得到 $C=\dfrac{I_{k1}\sqrt{t}}{S}=\dfrac{40000\times\sqrt{1}}{280}=142.857$

短路条件变更后,电缆导体截面面积:

$S'\geqslant\dfrac{\sqrt{Q'}}{C}=\dfrac{I_{k2}\sqrt{t'}}{C}=\dfrac{50000\times\sqrt{1.5}}{142.857}=428.66\ \text{mm}^2$

24. 根据《电力工程电缆设计标准》(GB 50217—2018)附录 F,三根单芯电缆经电缆沟敷设,三相电缆水平等间距敷设,即直线排列。

计算中间辅助变量:

$X_s=\left(2\omega\ln\dfrac{S}{r}\right)\times10^{-4}=\left(2\times100\pi\times\ln\dfrac{0.3}{0.1}\right)\times10^{-4}=0.1126\Omega/\text{km}$

$a=(2\omega\ln2)\times10^{-4}=(2\times100\pi\times\ln2)\times10^{-4}=0.0436\Omega/\text{km}$

$Y=X_s+a=0.1126+0.0436=0.1562\Omega/\text{km}$

边相(A、C 相)电缆单位长度的正常感应电势:

$E_{so}=\dfrac{I}{2}\sqrt{3Y^2+(X_s-a)^2}=\dfrac{450}{2}\times\sqrt{3\times0.1562^2+(0.1126-0.0436)^2}=62.82\text{V/km}$

电缆正常感应电压:$E_s=LE_{so}=0.65\times62.82=40.83\text{V}$

25. 根据《电力工程电缆设计标准》(GB 50217—2018)附录 A、附录 D.0.2,交联聚乙烯铜芯电缆最高允许温度取 90℃。

环境温度为 30℃下载流量:$I_z'=\sqrt{\dfrac{\theta_m-\theta_2}{\theta_m-\theta_1}}I_z=\sqrt{\dfrac{90-30}{90-40}}\times534=585\text{A}$

2021 年案例分析试题（下午卷）

［案例题是 **4** 选 **1** 的方式，各小题前后之间没有联系，共 **25** 道小题，每题分值为 **2** 分，上午卷 **50** 分，下午卷 **50** 分，试卷满分 **100** 分。案例题一定要有分析（步骤和过程）、计算（要列出相应的公式）、依据（主要是规程、规范、手册），如果是论述题要列出论点］

题 1～3：某地区计划建设一座抽水蓄能电站，拟装设 6 台 300MW 的可逆式水泵水轮机—发电电动机组，主接线采用发电电动机—主变单元接线。全站设 2 套静止变频启动装置（SFC）用于电动机工况下启动机组，每套静止变频启动装置（SFC）支接于两台主变低压侧。

发电电动机的参数为：发电工况额定功率 300MW，额定功率因数 0.9；电动工况额定功率 325MW，额定功率因数 0.98；额定电压为 18kV。

静止变频启动装置的启动输入变压器额定容量 28MVA，启动输出变压器额定容量 25MVA。

为了更好地利用清洁能源，该抽水蓄能电站在建设期结合当地公共电网建设一座交流侧容量为 5MVA 的光伏电站作为施工用电。

请分析计算并解答下列各小题。

1. 若抽水蓄能电站每台机组的励磁变压器均采用单相变压器，每组容量为 3×1000kVA；在每台发电机出口各引接 1 台三相高压厂用电变压器，高压厂用电变压器容量为 6300kVA，并另设外来电源作为厂用备用电源。不考虑主变短时过载，且 6 台主变容量取一致，则主变压器额定容量至少应为下列哪项数值？（　　）

（A）331MVA　　（B）369MVA

（C）371MVA　　（D）394MVA

解答过程：

2. 该抽水蓄能电站采用 2 回 500kV 架空线路送出，导线采用四分裂导线，线路长度分别为 80km 和 120km，在该电站 500kV 母线安装高压并联电抗器，补偿度为 60%，则高压并联电抗器容量为下列哪项数值？（　　）

（A）84.96MVA　　（B）123.6MVA

（C）141.6MVA　　（D）236MVA

解答过程：

3. 5MVA 的光伏电站以 10kV 电压全容量与公共电网变电站连接，变电站有 1 台 50MVA 的主变，变比为 35kV/10kV，10kV 母线短路容量为 120MVA，允许光伏电站注入接入变电站 10kV 母线的五次谐波电流限制为下列哪项数值？（　　）

(A) 2.94A　　(B) 3.52A　　(C) 20A　　(D) 24A

解答过程：

题 4～6：某发电厂两台机组均以发电机—变压器组单元接线接入厂内 220kV 屋外敞开式配电装置，220kV 采用双母线接线，设两回出线，厂址海拔高度 1800m，周围为山区。请分析计算并解答下列各小题。

4. 发电机变压器出线局部断面见下图，带电安全净距校验标注时，a 和 b 允许的最小值应为下列哪项数值？（　　）

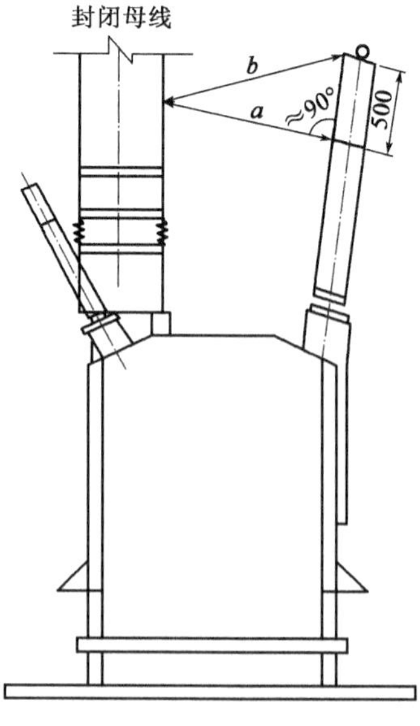

(A) 1729mm，1800mm　　(B) 1895mm，1960mm

(C) 1960mm，1960mm　　(D) 2107mm，2166mm

解答过程：

5. 若 220kV 配电装置发电机进线间隔采用快速断路器，两相短路的暂态正序短路电流有效值为 15kA，钢芯铝绞线相间距为 4m，最大弧垂为 1.75m，单位质量为 2.06kg/m，用综合速断短路法确定的进线间隔短路时的钢芯铝绞线摇摆角为下列哪项数值？（提示：求电动力与重量比值时不再进行单位换算） （ ）

(A)9.5° (B)20.5°

(C)28.0° (D)30.0°

解答过程：

6. 若 220kV 母线三相短路电流为 36kA，其中单台发电机提供的短路电流为 5kA，发电机进线间隔导体长度为 100m，两台发电机进线间隔相邻布置，导体布置断面见下图（尺寸单位：mm），则当一台机组进线间隔三相短路时，作用在另一台停电检修机组进线导体的最大电磁感应电压为下列哪项数值？ （ ）

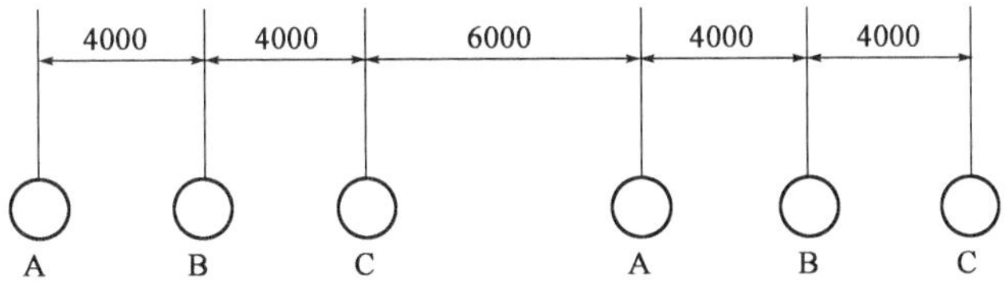

(A)1.11V/m (B)1.38V/m

(C)1.60V/m (D)4.87V/m

解答过程：

题7～9：某水力发电厂主变压器110kV侧门架与开关站进线门架挂线点等高，门架中心间距为12m，采用单根LGJ-400/35导线连接，耐张绝缘子串型号为单串8×XP-7（串中包含QP-7、Z-10、Ws-7）。水电站气象条件为：最高温度+40℃，最低温度-20℃，最大覆冰厚度15mm，最大风速35m/s，安装检修时风速10m/s，覆冰时风速10m/s。

导线参数为：导线计算直径26.82mm，计算截面面积425.24mm²，导线自重1.349kgf/m，温度线膨胀系数$\alpha_x=20.5\times10^{-6}$(1/℃)，弹性模量$E=65000\text{N/mm}^2$。

请分析计算并解答下列各小题。

7. 单串绝缘子串连接金具总长按190mm计，忽略导线弧度，该导线在覆冰状态下所承受的风压力为下列哪项数值？（ ）

(A)19.28N (B)38.77N (C)44.44N (D)474.97N

解答过程：

8. 计算导线在覆冰时，有冰有风状态下的合成单位荷重为下列哪项数值？（ ）

(A)13.87N/m (B)23.69N/m (C)30.9N/m (D)32.03N/m

解答过程：

9. 计算绝缘子串在覆冰时，有冰有风状态下组合绝缘子串的合成荷重为下列哪项数值？（ ）

(A)48.96N (B)88.32N (C)446.98N (D)479.43N

解答过程：

题 10～12：有一座燃煤热电厂，装机为 4 台 440t/h 超高压煤粉锅炉和 3 台 40MW 汽轮发电机组，4 台锅炉正常 3 台运行 1 台备用，全厂热力系统采用母管制。3 台 40MW 机组均采用发电机—变压器单元接线的方式接入厂内 110kV 母线。发电机出口电压为 10.5kV，高压厂用工作电源采用限流电抗器从主变低压侧引接。

请分析计算并解答下列各小题。

10. 该热电厂高压厂用电系统设置厂用电抗器的数量最合理的是下列哪项？请分析并说明理由。 (　　)

(A)2 台　　(B)3 台　　(C)4 台　　(D)8 台

解答过程：

11. 本工程最大一台高压厂用电动机为电动给水泵电动机，额定功率为 3800kW，采用直接启动方式，电动机额定效率为 97%，额定功率因数为 0.89，启动电流倍数为 6.5，假设电抗器额定电流为 1000A，所带的厂用电母线段计算负荷为 12800kVA，请计算满足该电动机正常启动的要求选择电抗器的百分电抗值 X_k，其上限最接近下列哪项数值？ (　　)

(A)10%　　(B)11%　　(C)12%　　(D)15%

解答过程：

12. 本工程设置互为备用的两台水工变压器，采用干式变压器，容量为 1250kVA，短路阻抗 $U_d = 6\%$。水工 PC 为附近的生活污水处理站 MCC 供电，供电回路电缆规格为 YJLV-1-3×70+1×35mm²，长度 56m。MCC 为附近一排水泵电动机供电，供电回路电缆规格为 YJV-1-3×10mm²，长度 20m。请计算电动机接线端子处三相短路电流最接近下列哪项数值？ (　　)

(A)1800A　　(B)2200A　　(C)3000A　　(D)5300A

解答过程：

题13～15：新建一台600MW火力发电机组，发电机额定功率为600MW，出口额定电压为20kV，额定功率因数为0.9，两台机组均采用发电机—变压器线路组的方式接入500kV系统，主变压器的容量为670MVA，短路阻抗为14%，送出500kV线路长度为290km，线路的充电功率为1.18Mvar/km。发电机的直轴同步电抗为215%，直轴瞬变电抗为26.5%，直轴超瞬变电抗为20.5%。主变压器高压侧采用金属封闭气体绝缘开关设备(GIS)。

请分析计算并解答下列各小题。

13. 请判断当机组带空载线路运行时，通过计算，判断是否会产生发电机自励磁？如产生自励磁，当采用高压并联电抗器限制自励磁产生的过电压时，其容量应选择以下哪项？（　　）

(A)否　　(B)是，120MVA

(C)是，70MVA　　(D)是，50MVA

解答过程：

14. GIS与架空线连接处设置避雷器保护，该避雷器的雷电冲击电流残压为1006kV，操作冲击电流残压为858kV，陡波冲击电流残压为1157kV。若该GIS考虑与VFTO的绝缘配合，请问其对地绝缘的耐压水平及断路器同极断口间内绝缘的相对地雷电冲击耐受电压最小值应大于下列哪组数值？（　　）

(A)1330kV，(1257＋315)kV　　(B)987kV，(1257＋315)kV

(C)1330kV，1257kV　　(D)987kV，1257kV

解答过程：

15. 500kV GIS设区域专用接地网，表层混凝土的电阻率近似为250Ω·m，厚度为300mm，下层土壤电阻率为50Ω·m。主保护动作时间为20ms，断路器失灵保护动作时间为250ms，断路器开断时间为60ms，请问该接地网设计时的最大接触电网差应为下列哪项数值？（假定GIS设备到金属因感应产生的最大电压差为20V，接触电位差允许值的计算误差控制在5%以内）（　　）

(A)624.7V　　(B)376.5V
(C)368.5V　　(D)306.0V

解答过程：

题16～18：某发电厂的500kV户外敞开式开关站采用水平接地极为主边缘闭合的复合接地网。接地网采用等间距矩形布置，尺寸为300m×200m，网孔间距为5m，敷设在0.8m深的均匀土壤中，土壤电阻率为200Ω·m。假设不考虑站区场地高差，试回答以下问题。

16. 假设接地网最大入地电流为25kA，如不计垂直接地极的长度，则该接地网的最大跨步电位差最接近以下哪项数值？（　　）

(A)600V　　(B)700V
(C)800V　　(D)900V

解答过程：

17. 假定高压配电装置采用两支独立避雷针进行直击雷防护，避雷针高分别为47m、40m，为保证两针间保护范围上部边缘最低点的高度不小于24m，则两针间的距离不应大于以下哪项数值？（　　）

(A)75m　　(B)103m
(C)113m　　(D)131m

解答过程：

18. 假定开关站内发生接地故障时的最大接地故障电流为45kA，双套速动保护动作时间为90ms，后备保护动作时间为800ms，断路器失灵保护动作时间为500ms，断路器开断时间为50ms。接地导体采用镀锌钢材，则开关站主接地网接地导体的最小截面面积计算值最接近下列哪项数值？（不考虑腐蚀余量）（　　）

(A)$225mm^2$　(B)$386mm^2$　(C)$468mm^2$　(D)$514mm^2$

解答过程：

题19～21：某变电站直流电源系统标称电压为110V，事故持续放电时间为2h，直流控制负荷与动力负荷合并供电。直流系统设2组阀控式密封铅酸蓄电池(胶体)，每组蓄电池配置一组高频开关电源模块型充电装置，不设端电池。单体蓄电池浮充电压为2.24V，均充电压为2.33V，事故末期放电终止电压为1.83V。

19. 每组蓄电池个数为下列哪项数值？（　　）

(A)50个　(B)51个　(C)52个　(D)53个

解答过程：

20. 直流负荷统计表见下表。

直流负荷统计表

序号	负荷名称	负荷容量(kW)	备　注
1	控制和保护负荷	10	
2	监控系统负荷	3	
3	高压断路器跳闸	9	
4	高压断路器自投	0.5	电磁操动合闸机构
5	直流应急照明	5	
6	交流不间断电源(UPS)	2×7.5	从直流系统取电

请按阶梯计算法计算并确定每组蓄电池容量宜选下列哪项数值？（　　）

(A)500Ah　(B)600Ah　(C)700Ah　(D)800Ah

解答过程：

21. 假设蓄电池容量为500Ah，直流负荷采用分层辐射形供电，终端控制负荷计算电流为6.5A,保护负荷计算电流为4A,信号负荷计算电流为2A。若终端断路器选用标准型断路器,且最大分支额定电流为4A,并假定分电柜出线断路器至终端负荷间连接电缆的总电阻为0.16Ω,则分电柜出线断路器宜选用下列哪项? ( )

(A)额定电流为25A的直流断路器

(B)额定电流为32A的直流断路器

(C)额定电流为40A的直流断路器,带三段式保护

(D)额定电流为50A的直流断路器,带三段式保护

解答过程:

题22~24:某220kV变电站,远离发电厂,安装220/110/10kV、180MVA主变两台。220kV侧为双母线接线,线路L1、L2为电源进线,另2回为负荷出线。110kV、10kV侧为单母线分段接线,出线若干回,均为负荷出线。正常运行方式下,L1、L2分别运行不同母线,220kV侧并列运行,110kV、10kV侧分列运行。220kV及110kV系统为有效接地系统。

电源S1最大运行方式下系统阻抗标幺值为0.002,最小运行方式下系统阻抗标幺值为0.006;电源S2最大运行方式下系统阻抗标幺值为0.003,最小运行方式下系统阻抗标幺值为0.008;L1、L2线路阻抗标幺值为0.01(系统基准容量$S_j=100MVA$,不计周期分量的衰减,简图如下)。

请分析计算并解答以下问题。

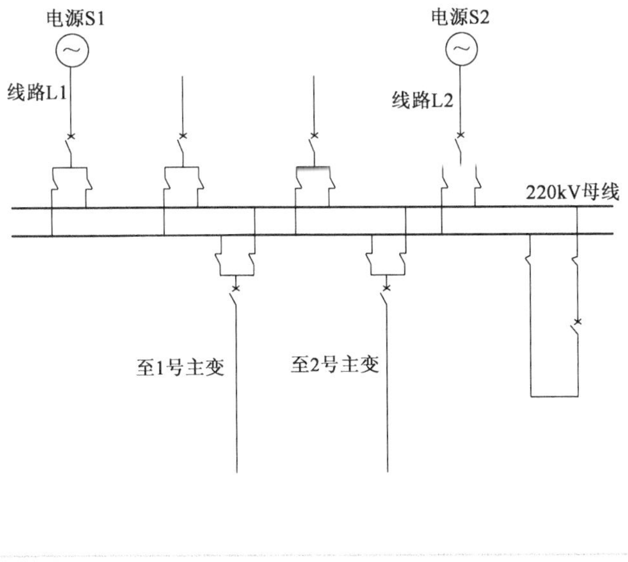

22.若220kV母线差动保护,其差电流启动元件的整定值(一次值)为3.5kA,计算此启动元件的灵敏系数应为下列哪项数值? ( )

(A)7.33　　(B)3.98

(C)3.45　　(D)2.0

解答过程：

23. 该站某110kV出线设贸易结算用计量点，电压互感器二次绕组为三相星形接线，电压互感器二次额定线电压为100V，每相负荷40VA。电压互感器到电能表电缆的长度为100m。铜导体取 $\gamma = 57\text{m}/(\Omega \cdot \text{mm}^2)$，请计算该电缆最小截面面积计算值。（　　）

(A)0.70mm^2　　(B)4.21mm^2

(C)10.53mm^2　　(D)18.24mm^2

解答过程：

24. 10kV直馈线经较长电缆带低压变压器运行。此10kV电缆首端、电缆第一中间接头处、电缆末端的三相短路电流分别为16kA、15.8kA、14.6kA。10kV速断保护动作时间为0.04s，10kV过流保护动作时间为0.5s，断路器开断时间为0.1s。请计算电缆的短路电流热效应 Q 值。（不计非周期分量）（　　）

(A)$153.60\text{kA}^2\text{s}$　　(B)$149.78\text{kA}^2\text{s}$

(C)$127.90\text{kA}^2\text{s}$　　(D)$34.95\text{kA}^2\text{s}$

解答过程：

题25～27：某300MW火力发电机组，已知10kV系统短路电流40kA，采用低电阻接地。汽机低压厂用变接线如下图所示，变压器额定容量2000kVA，变比10.5/0.4kV，短路阻抗10%，变压器励磁涌流为12倍额定电流。

请分析计算并解答下列各小题。

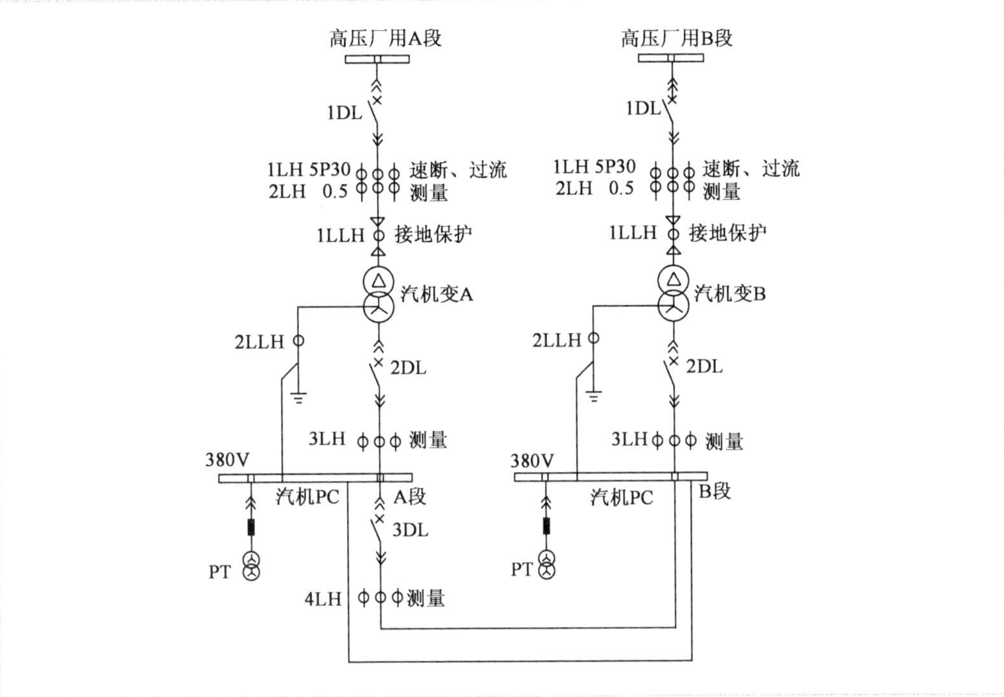

25. 变压器高压侧保护采用电流速断及过电流保护，高压侧电流互感器变比 200/1A。请计算变压器电流速断保护的二次整定值。（　　）

(A)5.35A　　(B)6.96A　　(C)1392.04A　　(D)1429.67A

解答过程：

26. 变压器保护装置安装在 10kV 开关柜内，变压器本体距离 10kV 开关柜的电缆长度为 200m，选用铜芯电缆，γ 取 $57\mathrm{m}/(\Omega\cdot\mathrm{mm}^2)$，电缆截面面积选用 $4\mathrm{mm}^2$，保护装置电流回路额定负载为 1Ω，接触电阻取 0.05Ω。当变压器低压侧中性点零序电流互感器二次额定电流选 1A 及 5A 时，请问实际二次负载为下列哪组数值？（　　）

(A)1.927VA,24.18VA　　(B)2.754VA,44.85VA
(C)2.8VA,46.1VA　　(D)2.8VA,70VA

解答过程：

27. 已知本厂 10kV 段接有额定功率为 630kW 电动机，额定功率因数为 0.87，额定效率为95%，电动机额定电压为10kV，启动电流倍数为7，电动机保护用电流互感器变比为100/5A。电动机电流速断保护具有高低定值判据，求电动机电流速断保护的高定值和低定值二次整定值为下列哪组数值？（　　）

(A)高定值19.8A，低定值14.3A　　(B)高定值19.8A，低定值17.16A

(C)高定值21.95A，低定值16.31A　　(D)高定值23.1A，低定值17.16A

解答过程：

题28～30：某300MW级火电厂，正常照明网络电压为380/220V，交流应急照明网络电压为380/220V，直流应急照明网络电压为220V。主厂房照明采用混合照明方式，环境温度为35℃。

请分析计算并解答下列各小题。

28. 主厂房有一回照明干线连接了两个照明配电箱，提供某区域一般正常照明及插座供电。A照明箱共16路出线，其中6路出线每路接有6盏100W的钠灯；3路出线每路接有24盏28W的荧光灯；3路出线为单相插座回路；还有3路备用。B照明箱共12路出线，其中6路出线每路接有6盏80W的无极灯；3路出线每路接有24盏28W的荧光灯；2路出线为单相插座回路；还有1路备用。请计算该照明干线的计算负荷最接近下列哪项数值？（插座回路按每路1kW计算）（　　）

(A)11.35kW　　(B)14.46kW　　(C)16.35kW　　(D)17.61kW

解答过程：

29. 已知某处装有高压钠灯24盏，每盏100W；无极灯36盏，每盏80W。由一回三相四线照明分支线路供电，请计算该照明线路的计算电流最接近下列哪项数值？（　　）

(A)9.142A　　(B)10.01A　　(C)10.97A　　(D)18.95A

解答过程：

30. 若材料库尺寸为12m×25m，安装有10只壁灯提供工作照明。当平均照度为

200lx 时，请计算光源的光通量最接近下列哪项数值？（利用系数取 0.5）（ ）

(A) 15400lm (B) 17100lm (C) 20000lm (D) 21400lm

解答过程：

题 31 ~ 35：某 500kV 架空输电线路，最高运行电压 550kV，线路所经地区海拔高度小于 1000m。基本风速 30m/s，设计覆冰 10mm，年平均气温为 15℃，年平均雷暴日数为 40d。相导线采用 4 × JL/GIA-500/45，子导线直径 30.0mm，导线悬垂串采用 I 型绝缘子串。

请分析计算并解答下列各小题。

31. 给定以下条件：

(1) SPS（现场污秽度）按 e 级、统一爬电比距（最高运行相电压）按 37.2mm/kV 设计。

(2) 假定绝缘子的公称爬电距离为 480mm，结构高度为 170mm，爬电距离有效系数取 0.95。

(3) 直线塔全高按 100m 考虑。

按以上给定条件，计算确定某直线跨越塔导线悬垂串应采用绝缘子的片数为下列哪项数值？（ ）

(A) 25 片 (B) 26 片 (C) 27 片 (D) 28 片

解答过程：

32. 假定线路位于华东平原地区，线路落雷次数为 1.25 次/(km · a)，要求雷击铁塔时耐雷水平为 175kA。请按线路设计手册计算，满足反击跳闸率小于 0.20 次/(km · a) 的绝缘子串的闪络距离为下列哪项数值？（ ）

(A) 3.9m (B) 4.2m (C) 4.62m (D) 5.2m

解答过程：

33. 某段线路位于重污秽区,假定如下条件:

(1)按现行设计规范,当采用复合绝缘子时,其爬电距离最小需要15000mm。

(2)已知盘式绝缘子的公称爬电距离为635mm,结构高度为155mm,爬电距离有效系数取0.90。

按以上假定情况计算,直线塔导线悬垂串采用盘式绝缘子的片数应为下列哪项数值? ( )

(A)25片 (B)27片 (C)32片 (D)35片

解答过程:

34. 某直线塔在最大风偏时,导线悬垂绝缘子串的带电部分与铁塔构架之间的最小距离为1.95m,若考虑0.3m的设计裕度,计算此条件下该直线塔适用的最高海拔为下列哪项数值?(注:超高压工频电压放电电压与空气间隙呈线性关系,按海拔1000m时500kV线路带电部分与杆塔构件的最小空气间隙进行计算) ( )

(A)1800m (B)2900m (C)3600m (D)4600m

解答过程:

35. 该线路按同塔双回线路设计,已知在海拔1000m以下地区,直线塔导线悬垂绝缘子串按平衡高绝缘配置,采用结构高度为4820mm、最小电弧距离为4480mm的复合绝缘子,试确定雷电过电压要求的最小空气间隙为下列哪项数值?(提示:绝缘子串雷电冲击放电电压 $U_{50\%}=530\times L+35$,空气间隙雷电冲击放电电压 $U_{50\%}=552\times S$) ( )

(A)3.3m (B)3.71m (C)3.99m (D)4.36m

解答过程:

题36～40:500kV架空输电线路工程,导线采用4×JL/G1A-400/35钢芯铝绞线,导线长期允许最高温度取70℃,地线采用GJ-100镀锌钢绞线,给出的主要气象条件及导线参数见下表。

项目			单位	导线	地线
外径 d			mm	26.82	13.0
截面面积 S			mm^2	425.24	100.88
自重力比载 γ_1			$\times10^{-3}N/(m\cdot mm^2)$	31.1	78.0
计算拉断力			N	103900	118530
年平均气温	$T=15℃$ $v=0$ $b=0$	导线应力	N/mm^2	53.5	182.5
最低气温	$T=-20℃$ $v=0$ $b=0$	导线应力	N/mm^2	53.5	182.5
最高气温	$T=40℃$ $v=0$ $b=0$	导线应力	N/mm^2	53.5	182.5
设计覆冰	$T=-5℃$ $v=10m/s$ $b=10mm$	冰重力比载	$\times10^{-3}N/(m\cdot mm^2)$	24.0	
		覆冰风荷比载	$\times10^{-3}N/(m\cdot mm^2)$	8.1	
		导线应力	N/mm^2	92.8	
基本风速（风偏）	$T=-5℃$ $v=10m/s$ $b=10mm$	无冰风荷比载	$\times10^{-3}N/(m\cdot mm^2)$	23.3	
		导线应力	N/mm^2	69.1	

请分析计算并解答下列各小题。(提示:计算时采用平抛物线公式)

36. 按给定条件计算,基本风速(风偏)时综合比载为下列哪项数值? (　　)

(A) $35.6\times10^{-3}N/(m\cdot mm^2)$　(B) $38.9\times10^{-3}N/(m\cdot mm^2)$

(C) $45.3\times10^{-3}N/(m\cdot mm^2)$　(D) $54.4\times10^{-3}N/(m\cdot mm^2)$

解答过程:

37. 耐张段内某直线档(两端为直线塔)的档距为650m,导线悬挂点高差为70m,在最高气温条件下,该档导线的弧垂最低点至最大弧垂点间的水平距离为下列哪项数值? (　　)

(A)497m　(B)478m　(C)172m　(D)153m

解答过程：

38. 在年平均气温条件下，若两直线塔间的距离为500m，且该档的导线长度为505.0m，并假设：

(1)该档前后两侧杆塔的塔型相同。

(2)两杆塔的导线悬垂绝缘子串和地线金具串分别相同，且不考虑绝缘子串、金具的偏斜。

按以上假定条件计算，该档的地线长度为下列哪项数值？（ ）

(A)506.1m (B)505.0m (C)504.2m (D)503.5m

解答过程：

39. 在最高气温条件下，计算得知某直线塔前后两侧的导线悬点应力分别为56N/mm² 和54N/mm²，该塔上导线的悬垂角分别为下列哪项数值？（ ）

(A)25.3°，21.5° (B)27.4°，23.0°

(C)42.0°，38.6° (D)48.4°，47.3°

解答过程：

40. 假定计算杆塔为直线塔，水平档距为800m，子导线的垂直荷重为15000N；前后两侧杆塔与计算杆塔的塔型相同；前后两侧杆塔与计算杆塔的导线绝缘子串和地线金具分别相同，且不考虑绝缘子、金具的偏斜。按以上假定条件，请计算在最低气温条件下，杆塔的单根地线的垂直荷重为下列哪项数值？（ ）

(A)7211N (B)8045N (C)8923N (D)9808N

解答过程：

2021年案例分析试题答案(下午卷)

题1~3答案:**ACB**

1. 根据《水力发电厂机电设计规范》(DL/T 5186—2004)第5.4.1条,蓄能电厂主变压器额定容量应根据发电工况输出的额定容量(或最大发电容量)或电动工况输入的额定容量,以及相连接的厂用电变压器、启动变压器、励磁变压器等所消耗的容量总和确定。

按发电机工况计算为发电机输出额定容量,注意此时厂用变为外来引入电源,不计入。

$$S_{max}=\frac{P_{max}}{\cos\varphi}-S=\frac{300}{0.9}-3\times1=330.3\text{MVA}$$

按电动机工况计算流过主变最大视在功率,需要考虑加上励磁变压器3×1MvA、静止变频启动装置启动输入变压器额定容量28MVA、高压厂用电变压器容量6.3MVA,即:

$$S_{max}=\frac{P_{max}}{\cos\omega}+Q=\frac{325}{0.98}+3\times1+28+6.3=368.93\text{MVA}$$

综合两种工况取369MVA。

注:《水力发电厂机电设计规范》(DL/T 5186—2004)第5.4.1条条文说明提及了启动变压器,本题中机组较多,建议将启动变压器计入主变容量。

2. 根据《电力系统设计手册》P229表8-6,查得线路充电功率为1.18Mvar/km。

根据P234式(8-3),高压并联电抗器容量:

$Q_1=lq_cB=(80+120)\times1.18\times60\%=141.6\text{MVA}$

注:手册中明确补偿度不应小于0.9,但是为高低压并联电抗器总容量,本题只计算高压电抗器,所以补偿度取0.6是合理的。

3. 根据《电能质量　公用电网谐波》(GB/T 14549—1993)第5.1条表2,当基准短路容量为100MVA时,10kV侧公共连接点允许注入的5次谐波电流值为20A。

根据附录B式(B1),10kV侧母线允许注入5次谐波电流值折算为:

$$I_h=\frac{S_{k1}}{S_{k2}}I_{hp}=\frac{120}{100}\times20=24\text{A}$$

根据附录式(C6)、表C2,计算光伏电站允许注入公共连接点5次谐波电流时候相位迭加系数α取1.2,10kV母线的供电设备容量为50MVA,光伏电站并网容量为5MVA,谐波电流折算为:

$$I_{hi}=I_h\left(\frac{S_i}{S_t}\right)^{\frac{1}{\alpha}}=24\times\left(\frac{5}{50}\right)^{\frac{1}{1.2}}=3.52\text{A}$$

题4~6答案:**CCA**

4. 根据《高压配电装置设计技术规范》(DL/T 5352—2018)表5.1.2-1、附录A.0.1,

图中 a、b 为主变压器套管上下端与封闭母线外壳之间的距离，其允许的最小值均为 220J 系统 A_1 值 1800mm，海拔高度 1800m 处 A_1 值修正为 1960mm。

注：本题给出的 500mm 为干扰条件，如果按照勾股定理计算，应当是 $a \geqslant 1960\text{mm}$，$b \geqslant \sqrt{1960^2+500^2}=2023\text{mm}$，而题目中无对应选项。

5. 根据《电力工程电气设计手册　电气一次部分》P708 式（附 10-55）、图 10-19，两相短路的暂态正序短路电流有效值为 15kA，则两相短路电流有效值为 $I''_{(2)}=15\sqrt{3}\text{kA}$。

短路电流电动力 $p=\dfrac{2.04I''^2_{(2)}10^{-1}}{d}=\dfrac{2.04\times(15\sqrt{3})^2\times10^{-1}}{4}=34.43\text{N/m}$

发电机变压器组回路 $t=t_e+0.05=0.06+0.05=0.11\text{s}$

$\dfrac{p}{q}=\dfrac{34.43}{2.06}\approx16.7$，$\dfrac{\sqrt{f}}{t}=\dfrac{\sqrt{1.75}}{0.11}\approx12$，查图可得摇摆角约为 28.0°。

6. 根据《电力工程电气设计手册　电气一次部分》P574 式（10-2）、式（10-5），假定Ⅱ母检修，Ⅰ母运行时发生三相短路，首先 A2 相对 C1 相单位长度的互感抗为：

$$X_{A_2C_1}=0.628\times10^{-4}\left(\ln\frac{2l}{D_1}-1\right)=0.628\times10^{-4}\times\left(\ln\frac{2\times100}{6}-1\right)=1.574\times10^{-4}\Omega/\text{m}$$

A2 相对 A1 相单位长度的互感抗为：

$$X_{A_2A_1}=0.628\times10^{-4}\left(\ln\frac{2l}{D_1+2D}-1\right)=0.628\times10^{-4}\times\left(\ln\frac{2\times100}{6+2\times4}-1\right)$$
$$=1.042\times10^{-4}\Omega/\text{m}$$

A2 相对 B1 相单位长度的互感抗为：

$$X_{A_2B_1}=0.628\times10^{-4}\left(\ln\frac{2l}{D_1+D}-1\right)=0.628\times10^{-4}\times\left(\ln\frac{2\times100}{6+4}-1\right)$$
$$=1.253\times10^{-4}\Omega/\text{m}$$

接着考虑流过母线的最大短路电流：220kV 母线三相短路电流为 36kA，其中单台发电机提供的短路电流为 5kA，可以推导得到系统侧提供的短路电流为 $36-2\times5=26\text{kA}$，当一台机组进线间隔三相短路时，另一台停电检修，流过机组进线间隔根据短路点的大小可以为系统侧电流 26kA 或者机组侧 5kA，两者取大为 26kA。

因此最大单位长度电磁感应电压：

$$U_{A_2}=I_{k3}\left(X_{A_2C_1}-\frac{1}{2}X_{A_2A_1}-\frac{1}{2}X_{A_2B_1}\right)$$
$$=26000\times\left(1.574-\frac{1}{2}\times1.042-\frac{1}{2}\times1.253\right)\times10^{-4}=1.11\text{V/m}$$

题 7～9 答案：**BCD**

7. 根据《电力工程电气设计手册　电气一次部分》P386 式（8-62），覆冰时单位长度导线风荷载：

$q_5=0.075v_f^2(d+2b)\times10^{-3}=0.075\times10^2\times(26.82+2\times15)\times10^{-3}=0.426\text{kgf/m}$

查 P424 附表 8-8，XP-7 绝缘子单片高度为 146mm，耐张绝缘子串 8×XP-7 长度为 $8\times146=1168\text{mm}$。

门架中心之间导线长度需要扣除绝缘子串及连接金具长度，因此 $L=12-2\times(1.168+0.19)=9.284\text{m}$。

代入公式可得，该导线在覆冰状态下所承受的风压力为：$Q_5=q_5Lg=0.426\times9.284=3.955\text{kgf}$，转换单位后为 38.75N。

8. 根据《电力工程电气设计手册　电气一次部分》P386 式(8-59)、式(8-60)、式(8-64)：

导线冰重：$q_2=0.00283b(d+b)=0.00283\times15\times(26.82+15)=1.775\text{kgf/m}$

导线自重加冰重：$q_3=q_1+q_2=1.349+1.775=3.124\text{kgf/m}$

合成荷重：$q_7=\sqrt{q_3^2+q_5^2}=\sqrt{3.124^2+0.426^2}=3.153\text{kgf/m}$，转换单位后为 30.90 N/m。

9. 根据《电力工程电气设计手册　电气一次部分》P387 式(8-67)、式(8-70)：

查 P424 附表 8-8，XP-7 绝缘子单片质量 4.0kg，QP-7 球头挂环质量 0.27kg，Z-10 挂板质量 0.87kg，Ws-7 碗头挂板质量 0.97kg，因此绝缘子串自重为 $Q_{1i}=8\times4.0+0.27+0.87+0.97=34.11\text{kgf}$。

查 P425 附表 8-9，8 片条件下绝缘子串冰重：$Q_{2i}=14.8\text{kgf}$。

绝缘子串自重加冰重：$Q_{3i}=Q_{1i}+Q_{2i}=34.11+14.8=48.91\text{kgf}$

查 P386 表 8-35，15mm 覆冰时，单片 XP-7 绝缘子受风面积 0.029m^2，连接金具受风面积 0.0142m^2，最大覆冰时绝缘子串风荷载：

$Q_{5i}=0.0375K_{ff}(nA_i+A_0)v_f^2=0.0375\times1.1\times(8\times0.029+0.0142)\times10^2=1.016\text{kgf}$

最大覆冰时绝缘子串合成荷载：$Q_{7i}=\sqrt{Q_{3i}^2+Q_{5i}^2}=\sqrt{48.91^2+1.016^2}=48.92\text{kgf}$，转换单位后为 479.42N。

题 10～12 答案：**CBC**

10. 根据《小型火力发电厂设计规范》(GB 50049—2011)第 17.3.11 条，高压厂用电系统应采用单母线接线。

当锅炉容量为 410t/h 级时，每台锅炉每一级高压厂用电压不应少于两段母线。该热电厂每台锅炉需要 2 段厂用电母线供电，4 台锅炉合计设置 8 段母线，高压厂用工作电源采用限流电抗器从主变低压侧引接，每两段母线需要设置 1 台电抗器，合计需要 4 台电抗器。

11. 根据《火力发电厂厂用电设计技术规程》(DL/T 5153—2014)第 4.5.1 条、附录 F0.1、附录 G.0.1、附录 H：

电抗器额定容量：$S_k=\sqrt{3}U_kI_k=\sqrt{3}\times10.5\times1000=18186.53\text{kVA}$

电动机的启动容量标幺值：$S_q=\dfrac{K_qP_e}{S_k\eta_d\cos\varphi_d}=\dfrac{6.5\times3800}{18186.53\times0.97\times0.89}=1.573$

电动给水泵电动机换算系数 K 取 1.0，计算负荷：$1.0\times3800=3800\text{kVA}$。

合成负荷标幺值：$S=S_1+S_q=\dfrac{12800-3800}{18186.53}+1.573=2.068$

最大容量的电动机正常启动时，厂用母线的电压不应低于额定电压的 80%。

启动母线电压标幺值：$U_m=\frac{U_0}{1+SX}\geqslant U_{min}=80\%$

推导得到电抗器百分电抗值：$X\leqslant\frac{\frac{U_0}{U_{min}}-1}{S}=\frac{\frac{1}{0.8}-1}{2.068}=12.09\%$

由于电压调整计算时基准电压为 $U_j=10kV$，与电抗器额定电压不相等，因此电抗百分数值必须折算，按照 10.5kV 基准电压折算电抗百分值为 $X'=\frac{U_j^2}{U_N^2}X\leqslant\frac{10^2}{10.5^2}\times12.09\%=10.97\%$，取 11%。

注：对于不同基准值条件下标幺值的计算公式为 $Z_2=\frac{{U_1}^2S_2}{{U_2}^2S_1}Z_1$。

12. 根据《火力发电厂厂用电设计技术规程》(DL/T 5153—2014) 附录 N.2 式(N.2.1)，低压短路电流使用查图法，首先各供电回路电缆统一折算到 YJLV-1-3 × 70 + 1 × 35mm²。

折算后总长度：$L_c=L_1+L_2\frac{S_1\rho_2}{S_2\rho_1}=56+20\times\frac{70\times0.0184}{10\times0.031}=139.1m$。

查图 N.1.5-4 可知，电动机接线端子处三相短路电流约为 3000A。

题 13 ~ 15 答案：**CAB**

13. 根据《交流电气装置的过电压保护和绝缘配合设计规范》(GB/T 50064—2014) 第 4.1.6 条，发电机容量为：$S=P_e/\cos\varphi=600/0.9=666.67MVA$，本题基准值取发电机容量 $S_j=666.67MVA$。

发电机同步电抗标幺值：$X_{*G}=215\%=2.15$

升压变电抗标幺值：$X_{*T}=\frac{U_d\%}{100}\times\frac{S_j}{S_e}=\frac{14}{100}\times\frac{666.67}{670}=0.139$

发电机系统等值电抗标幺值：$X_{*d}=X_{*G}+X_{*T}=2.15+0.139=2.289$

线路充电功率：$Q_c=1.18\times290=342.2Mvar$

校核自励磁谐振：$Q_cX_{*d}=342.2\times2.289=783.3Mvar>666.67Mvar$，因此会发生自励磁谐振。

需要安装的电抗器容量：$Q_L>\frac{783.3-666.67}{2.289}=50.95Mvar$，向上取 70Mvar。

注：为了避免自励磁谐振，需要安装的电抗器容量需要向上取，满足自励磁谐振校核，才能避免谐振。

14. 根据《交流电气装置的过电压保护和绝缘配合设计规范》(GB/T 50064—2014) 第 6.4.3 条、第 6.4.4 条，GIS 相对地绝缘与 VFTO 的绝缘配合应符合下式的要求：$U_{GIS.1.i}\geqslant k_{14}U_{tw.p}=1.15\times1157\approx1330kV$

断路器同极断口间内绝缘的相对地雷电冲击耐压 $U_{e.1.c.i}$ 应当满足 $U_{e.1.c.i}\geqslant U_{e.l.i}+k_m\frac{\sqrt{2}U_m}{\sqrt{3}}$，其中电气设备内绝缘的雷电冲击耐压应当满足 $U_{e.l.i}\geqslant k_{16}U_{l.p}$，注意本题为内绝

缘，且 MOA 紧靠设备，k_{16}取 1.25，最终可以得到：

$$U_{e.l.c.i} \geqslant U_{e.l.i} + k_m \frac{\sqrt{2}U_m}{\sqrt{3}} = k_{16}U_{l.p} + k_m \frac{\sqrt{2}U_m}{\sqrt{3}} = 1.25 \times 1006 + 0.7 \times \frac{\sqrt{2} \times 550}{\sqrt{3}} = (1257 + 315)\text{kV}$$

注：注意审题，题目中明确为内绝缘。

15. 根据《交流电气装置的接地设计规范》(GB/T 50065—2011)附录 C.0.2，当误差取 5% 时，可以用简易公式计算表层衰减系数：

$$C_s = 1 - \frac{0.09 \times \left(1 - \frac{\rho}{\rho_s}\right)}{2 \times h_s + 0.09} = 1 - \frac{0.09 \times \left(1 - \frac{50}{250}\right)}{2 \times 0.3 + 0.09} = 0.896$$

根据附录 E.0.3，本题配有两套主保护，接地故障等效持续时间：

$t_e \geqslant t_m + t_f + t_o = 0.02 + 0.25 + 0.06 = 0.33\text{s}$

根据第 4.2.2-1 条，接触电位差允许值：$U_t = \frac{174 + 0.17 \times 250 \times 0.896}{\sqrt{0.33}} = 369.2\text{V}$。

根据第 4.4.3 条，GIS 设备到金属因感应产生的最大电压差为 $U'_{tomax} = 20\text{V}$，则该接地网设计时的最大接触电网差：

$$U_{tmax} < \sqrt{U_t^2 - (U'_{tomax})^2} = \sqrt{369.2^2 - 20^2} = 368.7\text{V}$$

题 16～18 答案：**BBB**

16. 根据《交流电气装置的接地设计规范》(GB/T 50065—2011)附录 D.0.3-1、附录 D.0.3-2：

接地网 x 方向导体数：$n_1 = 300/5 + 1 = 61$

接地网 y 方向导体数：$n_2 = 200/5 + 1 = 41$

矩形接地网一个方向的平行导体数：$n = \sqrt{n_1 n_2} = \sqrt{61 \times 41} = 50$

几何校正系数：

$$K_S = \frac{1}{\pi}\left(\frac{1}{2h} + \frac{1}{D+h} + \frac{1 - 0.5^{n-2}}{D}\right) = \frac{1}{\pi} \times \left(\frac{1}{2 \times 0.8} + \frac{1}{5 + 0.8} + \frac{1 - 0.5^{50-2}}{5}\right) = 0.318$$

接地网不规则校正系数：$K_i = 0.644 + 0.148n = 0.644 + 0.148 \times 50 = 8.044$

水平接地网导体的总长度：$L_c = 61 \times 200 + 41 \times 300 = 24500\text{m}$

埋入地中的接地系统导体有效长度：

$L_s = 0.75L_c + 0.85L_R = 0.75 \times 24500 + 0.85 \times 0 = 18375\text{m}$

最大跨步电位差：$U_s = \frac{\rho I_G K_s K_i}{L_s} = \frac{200 \times 25000 \times 0.318 \times 8.044}{18375} = 696.05\text{V}$

注：与 2020 年案例分析（上午卷）第 10 题相对比，本题计算的是最大跨步电压，注意正确应用公式，不能混淆。

17. 根据《交流电气装置的过电压保护和绝缘配合设计规范》(GB/T 50064—2014)第5.2.6条,本题采用倒推法,首先根据两针间保护范围上部边缘最低点高度确定等效避雷针与较低避雷针的距离。

两针间保护范围上部边缘最低点高度:$h_0 = h_2 - f = h_2 - \frac{D'}{7P_2}$,其中高度影响系数按照较低针 $h_2 = 40\text{m}$ 确定,$P_2 = \frac{5.5}{\sqrt{40}} = 0.87$。

推导得到,等效针与较低避雷针间距离:

$D' = 7P_2(h_2 - h_0) \leqslant 7 \times 0.87 \times (40 - 24) = 97.4\text{m}$

接着计算较高针与等效针之间距离,即较高避雷针的保护半径。首先计算高度影响系数:$P_1 = \frac{5.5}{\sqrt{47}} = 0.8$,由于 $h_2 = 40\text{m} > 0.5h_1$,保护半径为 $(h_1 - h_2)P_1 = (47 - 40) \times 0.8 = 5.6\text{m}$。

推导得到,两针间距离:$D \leqslant 97.4 + 5.6 = 103\text{m}$。

18. 根据《交流电气装置的接地设计规范》(GB/T 50065—2011)附录E,题干中明确变电站有两套主保护,故接地故障等效持续时间:$t_e \geqslant t_m + t_f + t_o = 0.09 + 0.5 + 0.05 = 0.64\text{s}$,镀锌钢材 C 值取70,则接地线最小截面面积:

$$S_g \geqslant \frac{I_F}{C}\sqrt{t_e} = \frac{45000}{70} \times \sqrt{0.64} = 514.3\text{mm}^2$$

根据第4.3.5条第3款,开关站主接地网接地导体的最小截面面积取接地线最小截面面积的75%,即 $S \geqslant 75\% S_g = 75\% \times 514.3 = 385.7\text{mm}^2$,本题明确不用考虑腐蚀,故不需要计算余量。

题19~21答案:**CDB**

19. 根据《电力工程直流电源系统设计技术规范》(DL/T 5044—2014)附录C.1,按浮充电运行要求,蓄电池个数:$n = 1.05U_n/U_f = 1.05 \times 110/2.24 = 51.6$ 个,取52个。

接着校验均衡充电与故末期终止放电电压要求。按均衡充电要求,单个电池均衡充电电压为 $U_j = 1.1U_n/n = 1.1 \times 110/52 = 2.33\text{V}$,符合要求。

按事故末期终止放电电压要求,单个事故末期终止放电电压为 $0.875U_n/n = 0.875 \times 110/52 = 1.83\ \text{V} < U_m = 1.85\text{V}$,满足要求。

20. (1)分析负荷分配情况

根据《电力工程直流电源系统设计技术规范》(DL/T 5044—2014)第4.2.1条,控制和保护负荷、监控系统负荷、高压断路器跳闸、高压断路器自投每组负荷应按全部控制负荷统计。本题题干明确为变电站,因此直流应急照明可按100%统计;交流不间断电源(UPS)宜平均分配在2组蓄电池上。

(2)计算各阶段负荷电流

根据第4.2.5条、第4.2.6条,各阶段负荷统计见下表。

序号	负荷名称	负荷容量(kW)	负荷系数	计算电流(A)	1min 放电电流(A)	120min 放电电流(A)
1	控制和保护负荷	10	0.6	54.55	54.55	54.55
2	监控系统负荷	3	0.8	21.82	21.82	21.82
3	高压断路器跳闸	9	0.6	49.09	49.09	0
4	高压断路器自投	0.5	1	4.55	4.55	0
5	直流应急照明	5	1	45.45	45.45	45.45
6	交流不间断电源(UPS)	7.5	0.6	40.91	40.91	40.91
放电电流合计					$I_1=216.37$	$I_4=162.73$

(3)计算蓄电池容量

根据附录C.2.3,第二、三、四阶段计算电流相同,可以归并计算。查表C.3-5,蓄电池1min换算系数为1.06,119min换算系数为0.31,2h换算系数为0.313。

第一阶段:$C_{c1}=K_k\dfrac{I_1}{K_c}=1.4\times\dfrac{216.37}{1.06}=285.77\text{Ah}$

第二~四阶段:

$$C_{c2}=K_k\left(\frac{I_1}{K_{c1}}+\frac{I_2-I_1}{K_{c2}}\right)=1.4\times\left(\frac{216.37}{0.31}+\frac{162.73-216.37}{0.313}\right)=737.23\text{Ah}$$

取较大者,宜选择800Ah。

21. 根据《电力工程直流电源系统设计技术规范》(DL/T 5044—2014)附录A.3.5、表A.5-2,直流分电柜电源回路断路器额定电流应按直流分电柜上全部用电回路的计算电流之和选择,按下列要求选择,并选取大值。

(1)首先根据保护屏负荷总额定容量计算:$I_n\geqslant K_c(I_{cc}+I_{cp}+I_{cs})=0.8\times(6.5+4+2)=10\text{A}$。

(2)上一级直流母线馈线断路器额定电流应大于直流分电柜馈线断路器的额定电流,电流级差宜符合选择性规定,本题可以采用查表法,首先计算L3总压降 $I_nR/U_n\times100\%=10\times0.16/110\times100\%=1.45\%$。

查表A.5-2,终端断路器选用标准型断路器,且最大分支额定电流为4A,此时上级断路器宜选用32A。

综上所述,断路器取32A。

题22~24答案:**CCD**

22. 依据《220kV~750kV电网继电保护装置运行整定规程》(DL/T 559—2018)第7.2.9条,首先分析最小短路电流,在最小运行方式下,电源S1系统阻抗标幺值为0.006,电源S2系统阻抗标幺值为0.008,故当电源S1停运时,电源S2最小运行方式下,220kV母线短路电流最小。

220kV母线三相短路电流:$I_k^{(3)}=\dfrac{I_j}{X_\Sigma}=\dfrac{I_j}{X_{s2}+X_{12}}=\dfrac{0.251}{0.008+0.01}=13.94\text{kA}$

灵敏系数：$k_{sen}=\frac{I_k^{(2)}}{I_{op}}=\frac{\frac{\sqrt{3}}{2}\times 13.94}{3.5}=3.45$

23. 根据《电力工程电气设计手册 电气二次部分》P103 式(20-45)，对于三相星形接线，接线系数取 $K_{lx\cdot zk}=1$。

根据电压降公式 $\Delta U=\sqrt{3}K_{lx\cdot zk}\times\frac{P}{U_{21}}\times\frac{L}{\gamma S}$，推导得到计量回路电缆截面面积 $S\geqslant\frac{\sqrt{3}K_{lx\cdot zk}\times\frac{P}{U_{21}}\times\frac{L}{\gamma}}{\Delta U_{max}}$。

根据《电力装置电测量仪表装置设计规范》(GB/T 50063—2017)第 8.3.2-2 条，$\Delta U_{max}=0.2\% U_N$，最终可以得到 $S\geqslant\frac{\sqrt{3}\times 1\times\frac{40}{100}\times\frac{100}{57}}{0.2\%\times\frac{100}{\sqrt{3}}}=10.53\text{mm}^2$。

24. 根据《电力工程电缆设计标准》(GB 50217—2018)第 3.6.8 条第 2 款、第 5 款关于短路点与短路时间的选取规定，本题电缆较长且有中间接头，因此短路点取第一个中间接头，此时三相短路电流为 15.8kA。

本题为电缆类型为低压厂用变压器进线回路电缆，且题目中明确为直馈线，短路时间取主保护时间与断路器开断时间之和，即 $t=0.04+0.1=0.14\text{s}$。

综上所述，短路电流热效应：$Q=I^2t=15.8^2\times 0.14=34.95\ \text{kA}^2\text{s}$。

题 25～27 答案：**BDD**

25. 根据《厂用电继电保护整定计算导则》(DL/T 1502—2016)第 5.2.1 条式(52)，低压厂用变压器电流速断保护动作电流 I_{op} 应按以下方法进行计算，并取较大值：

(1)按躲过变压器低压侧出口三相短路时流过保护的最大短路电流整定：

根据《导体和电器选择设计技术规定》(DL/T 5222—2005)附录 F 计算低压侧出口三相短路电流，取基准容量 $S_j=10\text{MVA}$，变压器阻抗标幺值：

$$X_{*T}=\frac{U_k\%}{100}\times\frac{S_j}{S_e}=\frac{10}{100}\times\frac{10}{2}=0.5$$

10kV 系统阻抗标幺值：$X_{*s}=\frac{S_j}{\sqrt{3}U_jI''_s}=\frac{10}{\sqrt{3}\times 10.5\times 40}=0.01375$

低压侧出口三相短路：$I''_{k3}=\frac{I_j}{X_{*\Sigma}}=\frac{I_j}{X_{*s}+X_{*T}}=\frac{1}{0.01375+0.5}\times\frac{10}{\sqrt{3}\times 0.4}=28.095\text{kA}$

流过高压侧保护 CT 的一次最大短路电流：$I_k^{(3)}=\frac{28095}{10.5/0.4}=1070.3\text{A}$

二次整定值：$I_{op}=\frac{K_{rel}I_k^{(3)}}{n_a}=\frac{1.3\times 1070.3}{200/1}=6.96\text{A}$

(2)按躲过变压器励磁涌流整定：

$$I_{op}=\frac{KI_E}{n_a}=K\frac{S_N}{\sqrt{3}U_Nn_a}=12\times\frac{2000}{\sqrt{3}\times 10.5\times 200/1}=6.6\text{A}$$

综上所述，取两者较大值6.96A。

26. 根据《电流互感器和电压互感器选择及计算规程》(DL/T 866—2015)第10.2.6条表10.2.6，单项接地且电流互感器采用三相星形接线，继电器电流线圈的阻抗换算系数 K_{rc} 取1，连接导线的阻抗换算系数 K_{lc} 取2。

连接导线的电阻：$R_1=\frac{L}{\gamma A}=\frac{200}{57\times4}=0.877\Omega$

此时实际二次负荷：$Z_b=\sum K_rZ_r+K_{lc}R_l+R_c=1\times1+2\times0.877+0.05=2.8\Omega$

当二次额定电流选1A时，实际二次负载 $S_b=I^2Z_b=1^2\times2.8=2.8VA$。

当二次额定电流选5A时，实际二次负载 $S_b=I^2Z_b=5^2\times2.8=70VA$。

27. 根据《厂用电继电保护整定计算导则》(DL/T 1502—2016)第7.3条式(115)~式(117)：

电动机额定电流二次值：

$$I_e=\frac{I_E}{n_a}=\frac{P_N}{\sqrt{3}U_N\eta\cos\varphi n_a}=\frac{630}{\sqrt{3}\times10\times0.87\times0.95\times100/5}=2.2A$$

动作电流高定值按躲过电动机最大启动电流整定：

$I_{op.h}=K_{rel}K_{st}I_e=1.5\times7\times2.2=23.1A$

动作电流低定值可按如下两种方法计算，并取较大值：

(1)按躲过电动机自启动电流计算：$I_{op.l}=K_{re}K_{ast}I_e=1.3\times5\times2.2=14.3A$。

(2)按躲过区外出口短路时最大电动机反馈电流计算：$I_{op.l}=K_{rel}K_{fb}I_e=1.3\times6\times2.2=17.16A$。

因此，动作电流低定值取较大值17.16A。

题28~30答案：**CCB**

28. 根据《发电厂和变电站照明设计技术规定》(DL/T 5390—2014)第8.5.1条式(8.5.1-2)、表8.5.1：

A照明箱：$P_{jsA}=\sum[K_xP_z(1+a)+P_s]=0.9\times(6\times6\times0.1+3\times24\times0.028)\times1.2+3\times1=9.07kW$

B照明箱：$P_{jsB}=\sum[K_xP_z(1+a)+P_s]=0.9\times(6\times6\times0.08+3\times24\times0.028)\times1.2+2\times1=7.29kW$

该照明干线的计算负荷：$P_{js}=P_{jsA}+P_{jsB}=9.07+7.29=16.36kW$

29. 根据《发电厂和变电站照明设计技术规定》(DL/T 5390—2014)第2.1.36条，可得到本题中高压钠灯属于气体放电灯。

根据第8.5.1条式(8.5.1-1)，高压钠灯计算负荷：

$P_{js1}=P_z(1+a)=24\times100\times(1+0.2)=2880W$

无极灯计算负荷：$P_{js2}=P_z(1+a)=36\times80\times(1+0.2)=3456W$

根据第8.6.2条式(8.6.2-5)，可以计算出高压钠灯计算电流：

$$I_{js1}=\frac{P_{js1}}{\sqrt{3}U_{ex}\cos\Phi_1}=\frac{2880}{\sqrt{3}\times380\times0.85}=5.14A$$

无极灯计算电流：$I_{js2}=\frac{P_{js2}}{\sqrt{3}U_{ex}\cos\Phi_2}=\frac{3446}{\sqrt{3}\times380\times0.9}=5.83\text{A}$

根据式(8.6.2-6)，代入对应数据，计算两种光源条件下线路的计算电流：

$$I_{js}=\sqrt{(I_{js1}\cos\Phi_1+I_{js2}\cos\Phi_2)^2+(I_{js1}\sin\Phi_1+I_{js2}\sin\Phi_2)^2}$$
$$=\sqrt{(5.14\times0.85+5.83\times0.9)^2+(5.14\times0.527+5.83\times0.436)^2}=10.97\text{A}$$

30. 根据《发电厂和变电站照明设计技术规定》(DL/T 5390—2014)第7.0.4条，注意本题需要查询维护系数。材料库属于一般环境，查表7.0.4可得维护系数K取0.7。

根据附录B.0.1，工作面的平均照度：$E_c=\frac{\Phi\times N\times CU\times K}{A}$

推导得到，光源的光通量：$\Phi=\frac{E_c\times A}{N\times CU\times K}=\frac{200\times12\times25}{10\times0.5\times0.7}=17143\text{lm}$，取17000lm。

题31～35答案：**DBDBB**

31. (1)按操作过电压及雷电过电压配合选择

根据《110kV～750kV架空输电线路设计规范》(GB 50545—2010)第7.0.2条、第7.0.3条，本题杆塔高度100m，显然需要增加对应绝缘子以保证绝缘。

当悬垂绝缘子高度为170mm时，绝缘子片数$n=\frac{155\times25+146\times\frac{100-40}{10}}{170}=27.95$片，取28片。

(2)按照爬电比距法选择

根据第7.0.5条，题目已知最高运行相电压下爬电比距按37.2kV/mm考虑，对应电压U应取最高运行相电压$550/\sqrt{3}$V。

绝缘子片数$n\geqslant\frac{\lambda U}{K_e L_{01}}=\frac{37.2\times550/\sqrt{3}}{0.95\times480}=25.9$片，取26片。

综合以上两项，绝缘子片数应取较大者28片。

32. 根据《电力工程高压送电线路设计手册(第二版)》P130式(2-7-40)、式(2-7-41)、式(2-7-45)：

雷击杆塔顶部时耐雷水平的雷电流概率：$P_1=10^{-\frac{i_0}{88}}=10^{-\frac{175}{88}}=0.0103$

平原线路击杆率g取1/6，一般高度的线路的跳闸率：

$n=N\eta[gP_1+P_\theta P_2+(1-g)P_3]$

由于本题只考虑反击跳闸率，即不考虑绕击率，推导得到建弧率：

$$\eta=\frac{n}{N\eta[gP_1+P_\theta P_2+(1-g)P_3]}=\frac{0.2}{1.25\times100\times(0.0103/6+0+0)}=0.932$$

根据建弧率计算公式：$\eta=(4.5E^{0.75}-14)\times10^{-2}$，推导得到平均电压梯度有效值：

$$E=\left(\frac{100\eta+14}{4.5}\right)^{4/3}=\left(\frac{100\times0.932+14}{4.5}\right)^{4/3}=68.55\text{kV/m}$$

根据平均电压梯度有效值计算公式：$E=\frac{U_n}{\sqrt{3}l_i}$，推导得到绝缘子闪络距离：

$$l_i = \frac{U_n}{\sqrt{3}E} = \frac{500}{\sqrt{3} \times 68.55} = 4.2\text{m}$$

33. 根据《110kV ~750kV 架空输电线路设计规范》(GB 50545—2010)第 7.0.7 条,假设复合绝缘子爬电距离取 2.8cm/kV,此时复合绝缘子长度为 2.8 ×500 =1400cm =14000mm <15000mm,已经满足条件,按此推断,复合绝缘子爬电距离 14700mm 是根据盘形绝缘子最小要求值的 3/4 计算得出。推导得出盘形绝缘子爬电距离最小要求值:$L_p = \frac{4}{3}L_{fh} = \frac{4}{3} \times 15000 = 20000\text{mm}$。

根据第 7.0.5 条,计算绝缘子串片数:$n \geqslant \frac{\lambda U}{K_e L} = \frac{L_p}{K_e L} = \frac{20000}{0.9 \times 635} = 35$ 片。

34. 本题采用反推法,首先通过间隙计算出海拔修正系数,接着反推设备海拔高度。

(1)计算海拔修正系数

根据《交流电气装置的过电压保护和绝缘配合设计规范》(GB/T 50064—2014)表 6.2.4-2,500kV 输电线路带电部分与杆塔构件工频电压最小空气间隙 1000m 及以下时为 1.3m。

根据题干提示,工频间隙放电电压与最小空气间隙成正比,设 1000m 处发电电压为 $U_{50\%}$,实际放电电压为 $U'_{50\%}$,海拔修正后最小空气间隙:

$$d' = \frac{U'_{50\%}}{k} = \frac{K_a U_{50\%}}{k} = K_a d = 1.3K_a = 1.95 - 0.3 = 1.65\text{m}$$

按此推导,海拔修正系数 $K_a = 1.65/1.3 = 1.269$。

(2)反推海拔高度

根据《绝缘配合 第 1 部分:定义、原则和规则》(GB 311.1—2012)附录 B 式(B.2):

根据海拔修正系数公式:$K_a = e^{q\frac{H-1000}{8150}}$,本题为工频耐压,$q = 1$。

故本题海拔为:$H = \frac{8150\ln K_a}{q} + 1000 \leqslant \frac{8150\ln 1.269}{1.0} + 1000 = 2942\text{m}$,取 2900m 满足要求。

35. 根据《交流电气装置的过电压保护和绝缘配合设计规范》(GB/T 50064—2014)第 6.2.2 条第 4 款,风偏后线路导线对杆塔空气间隙的正极性雷电冲击电压波 50% 放电电压,可选为绝缘子串相应电压的 0.85 倍。

绝缘子串雷电冲击放电电压:$U_{50\%} = 530 \times L + 35 = 530 \times 4.48 + 35 = 2409.4\text{kV}$

空气间隙雷电冲击放电电压:$U'_{50\%} = 0.85U_{50\%} = 0.85 \times 2409.4 = 2047.99\text{kV}$

最小空气间隙:$S = U'_{50\%}/552 = 2047.99/552 = 3.71\text{m}$

题 36 ~40 答案:**BCCBD**

36. 根据《电力工程高压送电线路设计手册(第二版)》P179 表 3-2-3:

综合比载:$\gamma_6 = \sqrt{\gamma_1^2 + \gamma_4^2} = \sqrt{31.1^2 + 23.3^2} = 38.9 \times 10^{-3}\text{N/(m} \cdot \text{mm}^2)$

37. 根据《电力工程高压送电线路设计手册(第二版)》P179 表 3-3-1,在最高气温时,计算弧垂最低点到悬挂点的水平距离时,按自重比载计算,取 $\gamma=\gamma_1=31.1\times10^{-3}\text{N/(m}\cdot\text{mm}^2)$

最大弧垂点 L_1 在档距中央处,弧垂最低点与悬挂点的距离为 $L_2=\dfrac{L}{2}+\dfrac{\sigma_0}{\gamma_1}\tan\beta$。

$$\Delta L=L_2-L_1=\frac{L}{2}+\frac{\sigma_0}{\gamma_1}\tan\beta-\frac{L}{2}=\frac{\sigma_0}{\gamma_1}\tan\beta=\frac{49.7}{31.1\times10^{-3}}\times\frac{70}{650}=172.1\text{m}$$

38. 根据《电力工程高压送电线路设计手册(第二版)》P179 表 3-3-1,在年平均气温条件下,导、地线均按自重力比载取值:导线自重力比载 $\gamma_1=31.1\times10^{-3}\text{N/(m}\cdot\text{mm}^2)$,地线自重力比载 $\gamma_1'=78.8\times10^{-3}\text{N/(m}\cdot\text{mm}^2)$。

根据线长公式:$L=l+\dfrac{h^2}{2l}+\dfrac{\gamma^2l^3}{24\sigma_0^2}$,可以推导出地线长度:

$$L'=l+\frac{h^2}{2l}+\frac{\gamma_1'^2l^3}{24\sigma_0'^2}=l+\frac{h^2}{2l}+\frac{\gamma_1^2l^3}{24\sigma_0^2}+\left(\frac{\gamma_1'^2l^3}{24\sigma_0^2}-\frac{\gamma_1^2l^3}{24\sigma_0'^2}\right)=L+\left(\frac{\gamma_1'^2l^3}{24\sigma_0^2}-\frac{\gamma_1^2l^3}{24\sigma_0'^2}\right)$$

$$=505+\left(\frac{0.078^2\times500^3}{24\times182.5^2}-\frac{0.0311^2\times500^3}{24\times53.5^2}\right)=504.2\text{m}$$

39. 根据《电力工程高压送电线路设计手册(第二版)》表 3-3-1 与附图:

直线塔前后两侧的悬垂角:$\theta_1=\arccos\dfrac{\sigma_0}{\sigma_1}=\arccos\dfrac{49.7}{56}=27.44°$

$\theta_2=\arccos\dfrac{\sigma_0}{\sigma_2}=\arccos\dfrac{49.7}{54}=23.02°$

40. 根据《电力工程高压送电线路设计手册(第二版)》P184 式(3-3-12):

在最低气温条件下,导线垂直档距:$l_V=\dfrac{G_1}{g_1}=\dfrac{G_1}{\gamma_1A}=\dfrac{15000}{0.0311\times425.4}=1133.8\text{m}$

由此可以反推出高差系数:$a=\dfrac{\gamma_1}{\sigma_1}(l_V-l_H)=(1133.8-800)\times\dfrac{0.0311}{60.5}=0.1716$

由此可以得到地线垂直档距:$l_V'=l_H+\dfrac{\sigma_1'}{\gamma_1'}a=800+\dfrac{202.7}{0.078}\times0.1716=1246\text{m}$

杆塔上单根地线的垂直荷重:$G_1'=l_V'g_1'=l'_V\gamma_1'A'=1246\times100.88\times0.078=9804\text{N}$

附录一　考 试 大 纲

1　法律法规与工程管理

1.1　熟悉我国工程勘察设计中必须执行的法律、法规的基本要求；

1.2　熟悉工程勘察设计中必须执行的建设标准强制性条文的概念；

1.3　了解我国工程项目管理的基本概念和项目建设法人、项目经理、项目招标与投标、项目承包与分包等基本要素；

1.4　了解我国工程项目勘察设计的设计依据、内容深度、标准设计、设计修改、设计组织、审批程序等的基本要求；

1.5　熟悉我国工程项目投资估算、概算、预算的基本概念；

1.6　掌握我国工程项目建设造价的主要构成、造价控制的要求和在工程勘察设计中控制造价的要点；

1.7　熟悉我国工程项目勘察设计过程质量管理的基本规定；

1.8　掌握我国工程勘察设计过程质量管理和保证体系的基本概念；

1.9　了解计算机辅助程序在工程项目管理中的应用；

1.10　了解我国注册电气工程师的权利和义务；

1.11　熟悉我国工程勘察设计行业的职业道德基本要求。

2　环境保护

2.1　熟悉我国对工程项目的主要环保要求和污染治理的基本措施；

2.2　掌握我国工程建设中电气设备对环境影响的主要内容；

2.3　熟悉我国工程项目环境评价的基本概念和环境评价审批的基本要求；

2.4　了解我国清洁能源的基本概念。

3　安全

3.1　熟悉我国工程勘察设计中必须执行的有关人身安全的法律、法规、建设标准中的强制性条文；

3.2　了解我国工程勘察设计中电气安全的概念和要求；

3.3　掌握我国工程勘察设计中电气安全保护的主要方法和措施；

3.4　掌握我国危险环境电力装置的设计要求；

3.5　熟悉电气设备消防安全的措施；

3.6　了解安全电压的概念。

4　电气主接线

4.1　熟悉电气主接线设计的基本要求(含接入系统设计要求)；

4.2　掌握各级电压配电装置的基本接线设计；

4.3　了解各种电气主接线形式设计；

4.4　掌握主接线设计中的设备配置；

4.5　了解发电机及变压器中性点的接地方式。

5　短路电流计算

5.1　掌握短路电流计算方法；

5.2　了解短路电流计算结果的应用；

5.3　熟悉限制短路电流的设计措施。

6　设备选择

6.1　熟悉主设备选择的技术条件和环境条件；

6.2　熟悉发电机、变压器、电抗器、电容器的选择；

6.3　掌握开关电器和保护电器的选择；

6.4　了解电流互感器、电压互感器的选择；

6.5　了解成套电器的选择；

6.6　了解高压电瓷及金具的选择；

6.7　了解中性点设备的选择。

7　导体及电缆的设计选择

7.1　掌握导体设计选择的原则；

7.2　熟悉电缆设计选择的原则；

7.3　了解硬导体的设计选择；

7.4　了解封闭母线和共箱母线的设计选择；

7.5　了解软导线的设计选择；

7.6　掌握电缆敷设设计。

8　电气设备布置

8.1　熟悉各级配电装置设计的基本要求；

8.2　掌握各级电压配电装置的布置设计；

8.3　了解特殊地区的配电装置设计；

8.4　掌握配电装置带电距离的确定及校验方法。

9　过电压保护和绝缘配合

9.1　熟悉电力系统过电压种类和过电压水平；

9.2　掌握雷电过电压的特点及相应的限制和保护设计；

9.3　掌握暂时过电压的特点及相应的限制和保护设计；

9.4　掌握操作过电压的特点及相应的限制和保护设计；

9.5　了解防直击雷保护设计；

9.6　了解输电线路、配电装置及电气设备的绝缘配合方法及绝缘水平的确定。

10　接地

10.1　熟悉A类电气装置接地的一般规定；

10.2　了解A类电气装置接地电阻的要求；

10.3　了解A类电气装置的接地装置设计；

10.4　了解低压系统的接地形式设计和对B类电气装置接地电阻的要求；

10.5　掌握B类电气装置的接地装置设计以及保护线的选择；

10.6　掌握接触电压、跨步电压的计算方法。

11　仪表和控制

11.1　熟悉控制方式的设计选择；

11.2　了解控制室的布置设计；

11.3　掌握二次回路设计的基本要求；

11.4　了解二次回路的设备选择及配置；

11.5　掌握五防闭锁功能的要求及相应的装置；

11.6　熟悉电气系统采用计算机监控的设计方法；

11.7　了解设备及控制电缆需要抗御干扰的要求；

11.8　了解电能测量及计量的设置要求。

12　继电保护、安全自动装置及调度自动化

12.1　掌握线路、母线和断路器继电保护的原理、配置及整定计算；

12.2　熟悉主设备继电保护的配置、整定计算及设备选择；

12.3　了解安全自动装置的原理及配置；

12.4　了解电力系统调度自动化的功能及配置；

12.5　了解远动、电量计费的功能及配置。

13　操作电源

13.1　熟悉直流系统的设计要求；

13.2　掌握蓄电池的选择及容量计算；

13.3　了解充电器的选择及容量计算；

13.4　了解直流设备的选择和布置设计；

13.5　了解直流系统绝缘监测装置的选择及配置要求；

13.6　掌握 UPS 的选择。

14　发电厂和变电所的自用电

14.1　熟悉自用电负荷的分类和自用电电压的选择；

14.2　掌握自用电接线要求、备用方式和配置原则；

14.3　掌握自用电系统的设备选择；

14.4　了解自用电设备布置设计的一般要求；

14.5　熟悉保安电源的设计；

14.6　了解自用电系统保护设计；

14.7　了解自用电系统的测量、控制和自动装置。

15　输电线路

15.1　熟悉输电线路路径的选择；

15.2　掌握输电线路导、地线的选择；

15.3　掌握输电线路电气参数的计算方法；

15.4　了解杆塔塔头设计及导、地线配合；

15.5　了解输电线路对电信线路的影响及防护；

15.6　掌握电线比载、弧垂应力的计算；

15.7　熟悉各种杆塔荷载的一般规定及计算；

15.8　了解杆塔的定位校验；

15.9　了解电线的防振。

16　电力系统规划设计

16.1　熟悉电力系统规划设计的任务、内容和方法；

16.2　熟悉电力需求预测及电力供需平衡；

16.3　掌握电力系统安全稳定运行的基本要求及安全稳定标准以及保障系统安全稳定运行的措施；

16.4　了解电源规划设计；

16.5　了解电网规划设计；

16.6　了解无功补偿形式选择及容量配置；

16.7　掌握潮流、稳定及工频过电压计算。

附录二　规程、规范及设计手册

一、规程、规范

1.《绝缘配合　第 1 部分:定义、原则和规则》(GB 311.1—2012);

2.《绝缘配合　第 2 部分:使用导则》(GB/T 311.2—2013);

3.《油浸式电力变压器技术参数和要求》(GB/T 6451—2015);

4.《电信线路遭受强电线路危险影响的容许值》(GB 6830—1986);

5.《隐极同步发电机技术要求》(GB/T 7064—2017);

6.《同步电机励磁系统大、中型同步发电机励磁系统技术要求》(GB/T 7409.3—2007);

7.《水轮发电机基本技术条件》(GB/T 7894—2009);

8.《电能质量　供电电压偏差》(GB/T 12325—2008);

9.《电能质量　电压波动和闪变》(GB/T 12326—2008);

10.《继电保护和安全自动装置技术规程》(GB/T 14285—2006);

11.《电能质量　公用电网谐波》(GB/T 14549—1993);

12.《电能质量　三相电压不平衡》(GB/T 15543—2008);

13.《三相交流系统短路电流计算　第 1 部分:电流计算》(GB/T 15544.1—2013);

14.《高压交流架空输电线路无线电干扰限值》(GB 15707—2017);

15.《电力变压器选用导则》(GB/T 17468—2008);

16.《风电场接入电力系统技术规定》(GB/T 19963—2011);

17.《光伏发电站接入电力系统技术规定》(GB/T 19964—2012);

18.《污秽条件下使用的高压绝缘子的选择和尺寸确定　第 1 部分:定义、信息和一般原则》(GB/T 26218.1—2010);

19.《污秽条件下使用的高压绝缘子的选择和尺寸确定　第 2 部分:交流系统用瓷和玻璃绝缘子》(GB/T 26218.2—2010);

20.《污秽条件下使用的高压绝缘子的选择和尺寸确定　第 3 部分:交流系统用复合绝缘子》(GB/T 26218.3—2011);

21.《电力系统安全稳定控制技术导则》(GB/T 26399—2011);

22.《 ±800kV 特高压直流换流站设备的绝缘配合》(GB/T 28541—2012);

23.《光伏发电站无功补偿技术规范》(GB/T 29321—2012);

24.《电力系统安全稳定导则》(GB 38755—2019);

25.《小型火力发电厂设计规范》(GB 50049—2011);

26.《供配电系统设计规范》(GB 50052—2009);

27.《低压配电设计规范》(GB 50054—2011);

28.《爆炸危险环境电力装置设计规范》(GB 50058—2014);

29.《35kV ~ 110kV 变电站设计规范》(GB 50059—2011);

30.《3 ~ 110kV 高压配电装置设计规范》(GB 50060—2008);

31.《电力装置的继电保护和自动装置设计规范》(GB/T 50062—2008);

32.《电力装置的电测量仪表装置设计规范》(GB/T 50063—2017);

33.《交流电气装置的过电压保护和绝缘配合设计规范》(GB/T 50064—2014);

34.《交流电气装置的接地设计规范》(GB/T 50065—2011);

35.《火灾自动报警系统设计规范》(GB 50116—2013);

36.《电力工程电缆设计标准》(GB 50217—2018);

37.《并联电容器装置设计规范》(GB 50227—2017);

38.《火力发电厂与变电站设计防火标准》(GB 50229—2019);

39.《电力设施抗震设计规范》(GB 50260—2013);

40.《110kV ~ 750kV 架空输电线路设计规范》(GB 50545—2010);

41.《大中型火力发电厂设计规范》(GB 50660—2011);

42.《 ±800kV 直流换流站设计规范》(GB/T 50789—2012);

43.《光伏发电站设计规范》(GB 50797—2012);

44.《风力发电场设计规范》(GB 51096—2015);

45.《高压直流架空送电线路技术导则》(DL/T 436—2005);

46.《220kV ~ 750kV 电网继电保护装置运行整定规程》(DL 559—2018);

47.《大中型水轮发电机静止整流励磁系统技术条件》(DL/T 583—2018);

48.《3kV ~ 110kV 电网继电保护装置运行整定规程》(DL 584—2017);

49.《大型发电机变压器继电保护整定计算导则》(DL 684—2012);

50.《高压架空送电线路无线电干扰计算方法》(DL/T 691—1999);

51.《大型汽轮发电机励磁系统技术条件》(DL/T 843—2010);

52.《电流互感器和电压互感器选择及计算规程》(DL/T 866—2015);

53.《厂用电继电保护整定计算导则》(DL 1502—2016);

54.《电力系统电压和无功电力技术导则》(DL/T 1773—2017);

55.《地区电网调度自动化设计技术规程》(DL/T 5002—2005);

56.《电力系统调度自动化设计规程》(DL/T 5003—2017);

57.《330kV ~ 750kV 变电站无功补偿装置设计技术规定》(DL/T 5014—2010);

58.《电力设备典型消防规程》(DL 5027—2015);

59.《输电线路对电信线路危险和干扰影响防护设计规程》(DL/T 5033—2006);

60.《火力发电厂厂内通信设计技术规定》(DL/T 5041—2012);

61.《电力工程直流电源系统设计技术规程》(DL/T 5044—2014);

62.《火力发电厂职业安全设计规程》(DL 5053—2012);

63.《变电站总布置设计技术规程》(DL/T 5056—2007);

64.《35kV ~ 220kV 无人值班变电站设计规程》(DL/T 5103—2012);

65.《火力发电厂、变电站二次接线设计技术规程》(DL/T 5136—2012);

66.《电力系统安全自动装置设计技术规定》(DL/T 5147—2001);

67.《220 ~ 500kV 变电所计算机监控系统设计技术规程》(DL/T 5149—2001);

68.《火力发电厂厂用电设计技术规定》(DL/T 5153—2014);

69.《220kV ~ 1000kV 变电站站用电设计技术规程》(DL/T 5155—2016);

70.《水力发电厂机电设计规范》(DL/T 5186—2004);

71.《35kV ~ 220kV 城市地下变电站设计规程》(DL/T 5216—2017);

72.《220kV ~ 500kV 紧凑型架空输电线路设计技术规程》(DL/T 5217—2013);

73.《220kV ~ 750kV 变电站设计技术规程》(DL/T 5218—2012);

74.《导体和电器选择设计技术规定》(DL/T 5222—2005);

75.《高压直流输电大地返回系统设计技术规程》(DL/T 5224—2014);

76.《发电厂电力网络计算机监控系统设计技术规程》(DL/T 5226—2013);

77.《35kV ~ 220kV 变电站无功补偿装置设计技术规定》(DL/T 5242—2010);

78.《高压配电装置设计规范》(DL/T 5352—2018);

79.《发电厂和变电站照明设计技术规定》(DL/T 5390—2014);

80.《电力系统设计技术规程》(DL/T 5429—2009);

81.《换流站站用电设计技术规定》(DL/T 5460—2012);

82.《风电场工程 110kV ~ 220kV 海上升压变电站设计规范》(NB/T 31115—2017);

83.《海上风电场交流海底电缆选型敷设技术导则》(NB/T 31117—2017);

84.《水力发电厂照明设计规范》(NB/T 35008—2013);

85.《水力发电厂厂用电设计规程》(NB/T 35044—2014);

86.《水电工程劳动安全与工业卫生设计规范》(NB 35074—2015)。

注:以上所有规程、规范以考试年度 1 月 1 日以前实施的最新版本为准。

二、设计手册

1.《电力工程电气设计手册》(电气一次部分),西北电力设计院编,中国电力出版社;

2.《电力工程电气设计手册》(电气二次部分),西北电力设计院编,水利电力出版社;

3.《电力系统设计手册》,电力工业部电力规划设计总院编,中国电力出版社;

4.《水电站机电设计手册》(电气一次分册),水利电力部水利水电建设总局编,水利电力出版社;

5.《水电站机电设计手册》(电气二次分册),水利电力部水利水电建设总局编,水利电力出版社;

6.《电力工程高压送电线路设计手册》(第二版),东北电力设计院编,中国电力出版社。

注:设计手册的内容与规程、规范不一致之处,以规程、规范为准。

附录三　注册电气工程师新旧专业名称对照表

专业划分	新专业名称	旧专业名称
本专业	电气工程及其自动化	电力系统及其自动化 高电压与绝缘技术 电气技术(部分) 电机电器及其控制 电气工程及其自动化
相近专业	自动化 电子信息工程 通信工程 计算机科学与技术	工业自动化 自动化 自动控制 液体传动及控制(部分) 飞行器制导与控制(部分) 电子工程 信息工程 应用电子技术 电磁场与微波技术 广播电视工程 无线电技术与信息系统 电子与信息技术 通信工程 计算机通信 计算机及应用
其他工科专业	除本专业和相近专业外的工科专业	

注:表中“新专业名称”指中华人民共和国教育部高等教育司 1998 年颁布的《普通高等学校本科专业目录和专业介绍》中规定的专业名称;“旧专业名称”指 1998 年《普通高等学校本科专业目录和专业介绍》颁布前各院校所采用的专业名称。

附录四　考试报名条件

考试分为基础考试和专业考试。参加基础考试合格并按规定完成职业实践年限者，方能报名参加专业考试。

凡中华人民共和国公民，遵守国家法律、法规，恪守职业道德，并具备相应专业教育和职业实践条件者，只要符合下列条件，均可报考注册土木工程师（水利水电工程）、注册公用设备工程师、注册电气工程师、注册化工工程师或注册环保工程师考试。

1. 具备以下条件之一者，可申请参加基础考试：

（1）取得本专业或相近专业大学本科及以上学历或学位。

（2）取得本专业或相近专业大学专科学历，累计从事相应专业设计工作满1年。

（3）取得其他工科专业大学本科及以上学历或学位，累计从事相应专业设计工作满1年。

2. 基础考试合格，并具备以下条件之一者，可申请参加专业考试：

（1）取得本专业博士学位后，累计从事相应专业设计工作满2年；或取得相近专业博士学位后，累计从事相应专业设计工作满3年。

（2）取得本专业硕士学位后，累计从事相应专业设计工作满3年；或取得相近专业硕士学位后，累计从事相应专业设计工作满4年。

（3）取得含本专业在内的双学士学位或本专业研究生班毕业后，累计从事相应专业设计工作满4年；或取得含相近专业在内双学士学位或研究生班毕业后，累计从事相应专业设计工作满5年。

（4）取得通过本专业教育评估的大学本科学历或学位后，累计从事相应专业设计工作满4年；或取得未通过本专业教育评估的大学本科学历或学位后，累计从事相应专业设计工作满5年；或取得相近专业大学本科学历或学位后，累计从事相应专业设计工作满6年。

（5）取得本专业大学专科学历后，累计从事相应专业设计工作满6年；或取得相近专业大学专科学历后，累计从事相应专业设计工作满7年。

（6）取得其他工科专业大学本科及以上学历或学位后，累计从事相应专业设计工作满 8 年。

3. 截止到 2002 年 12 月 31 日前，符合以下条件之一者，可免基础考试，只需参加专业考试：

(1)取得本专业博士学位后，累计从事相应专业设计工作满 5 年；或取得相近专业博士学位后，累计从事相应专业设计工作满 6 年。

(2)取得本专业硕士学位后，累计从事相应专业设计工作满 6 年；或取得相近专业硕士学位后，累计从事相应专业设计工作满 7 年。

(3)取得含本专业在内的双学士学位或本专业研究生班毕业后，累计从事相应专业设计工作满 7 年；或取得含相近专业在内双学士学位或研究生班毕业后，累计从事相应专业设计工作满 8 年。

(4)取得本专业大学本科学历或学位后，累计从事相应专业设计工作满 8 年；或取得相近专业大学本科学历或学位后，累计从事相应专业设计工作满 9 年。

(5)取得本专业大学专科学历后，累计从事相应专业设计工作满 9 年；或取得相近专业大学专科学历后，累计从事相应专业设计工作满 10 年。

(6)取得其他工科专业大学本科及以上学历或学位后，累计从事相应专业设计工作满 12 年。

(7)取得其他工科专业大学专科学历后，累计从事相应专业设计工作满 15 年。

(8)取得本专业中专学历后，累计从事相应专业设计工作满 25 年；或取得相近专业中专学历后，累计从事相应专业设计工作满 30 年。